항공정비사 표준교재
Aircraft Maintenance Engineer Handbook

개정판

# 항공정비일반

General for AMEs

국토교통부

# 발/간/사

1948년, 첫 민간 항공기가 역사적인 비행을 시작한 이래 우리나라는 세계 7대 항공운송 강국으로 성장했습니다. 현재 세계 177개 도시와 379여개의 항공노선으로 연결 되어 있고, 작년 한 해 만도 1억 2,337만 명의 여객과 427만 톤의 화물을 실어 날랐습니다. 특히, 지난 가을에는 국제민간항공기구(ICAO) 이사국 7연임 달성에 성공함으로써 국제항공 무대에서도 우리나라의 위상은 더욱 높아졌습니다.

국내 항공 산업이 나날이 성장해감에 따라 우리 국토교통부에서는 보다 체계적으로 항공종사자를 양성하고자 2015년 12월부터 항공정비사, 조종사, 항공교통관제사 등을 위한 「항공종사자 표준교재」를 발간하여 왔습니다.

특히 항공정비사를 위한 표준교재는 2015년 12월 초판 발간 후부터 지금까지 많은 예비 항공정비사와 교육 업계의 꾸준한 관심을 받아왔으며, 긍정적인 평가와 동시에 때로는 새로운 교육내용에 대한 건의도 있었습니다.

이에 힘입어 최근 헬리콥터 정비사를 위한 교육교재와 항공전자분야의 전문정비사 양성을 위한 항공전자 · 전기 · 계기(심화) 교재를 발간하였고,

더불어 기존 항공정비사 교육교재 또한 새롭게 바뀐 항공안전법규와 정비기술의 발전 동향을 반영하여 새롭게 개편하였습니다.

이번에 발간하는 제2판 항공정비사 표준교재는 이전의 항공기 형식에는 없던 첨단소재, 동력장치, 전기전자 시스템 등을 갖춘 초대형 항공기의 출현에 따른 새로운 시스템, 장비 및 절차 등을 학습할 수 있도록 최신 동향을 반영 하는 데에 중점을 두었으며,

더불어 초판 교재 중 이해가 어려웠던 용어들을 작업현장에서 실제 사용하는 용어로 수정함과 동시에 한글과 원어를 같이 표기하여 학습자의 이해도를 높이고, 그림자료 또한 국내 작업현장의 자료 등을 활용하는 등 실제 교재 이용자의 다양한 건의사항을 충분히 검토하고 반영하여 학습 편의성을 높일 수 있도록 노력하였습니다.

바라건대, 본 개정판을 통하여 항공정비사를 꿈꾸는 학생, 교육기관의 교수, 현업에 종사하는 항공정비사들에게 교육의 표준 지침서가 되어 우리나라 항공정비 분야의 기초를 튼튼히 하고 저변을 확대하는 데 크게 기여하기를 바랍니다.

끝으로 이 책을 개정 발간하는데 아낌없는 노력과 수고를 하신 개정 집필자, 연구자, 감수자 등 편찬진에게 진심으로 감사드리며 내실 있고 좋은 책을 만들기 위해 노력하신 항공정책실 항공안전정책과장 이하 직원들의 노고에 감사를 표합니다.

항공정책실장 **김 상 도**

# 표준교재 이용 및 저작권 안내

## 표준교재의 목적

본 표준교재는 체계적인 글로벌 항공종사자 인력양성을 위해 개발되었으며 현장에서 항공 안전 확보를 위해 노력하는 항공종사자가 알아야 할 기본적인 지식을 집대성하였습니다.

## 표준교재의 저작권

## 표준교재의 이용 및 주의사항

이 표준교재는「항공안전법」제34조에 따른 항공종사자에게 필요한 기본적인 지식을 모아 제시한 것이며, 항공종사자를 양성하는 전문교육기관 등에서는 이 표준교재에 포함된 내용 이상을 해당 교육과정에 반영하여 활용할 수 있습니다.

또한, 이 표준교재는「저작권법」및「공공데이터의 제공 및 이용 활성화에 관한 법률」에 따른 공공저작물 또는 공공데이터에 해당하므로 관련 규정에서 정한 범위에서 누구나 자유롭게 이용이 가능합니다.

그리고「공공데이터의 제공 및 이용 활성화에 관한 법률」에 따라 이 표준교재를 발행한 국토교통부는 표준교재의 품질, 이용하는 사람 또는 제3자에게 발생한 손해에 대하여 민사상 · 형사상의 책임을 지지 아니합니다.

## 표준교재의 정정 신고

이 표준교재를 이용하면서 다음과 같은 수정이 필요한 사항이 발견된 경우에는 항공교육훈련포털(www.kaa.atims.kr)로 신고하여 주시기 바랍니다.

- 항공법 등 관련 규정의 개정으로 내용 수정이 필요한 경우
- 기술된 내용이 보편타당하지 않거나, 객관적인 사실과 다른 경우
- 오탈자 및 앞뒤 문맥이 맞지 않아 내용과 의미 전달이 곤란한 경우
- 관련 삽화 등이 누락되거나 추가적인 설명이 필요한 경우

※ 주의 : 표준교재 내용에는 오류, 누락 및 관련 규정 미반영 사항 등이 있을 수 있으므로 의심이 가는 부분은 반드시 정확성 여부를 확인하시기 바랍니다.

목 차

CONTENTS

| 항공정비 일반 | General for AMEs

## PART 04 항공기 중량 및 평형관리 4-2



## PART 05 항공기 재료, 공정, 하드웨어 5-2



## PART 06 항공기 세척과 부식 방지처리 6-2

## PART 07 유체 라인과 체결기구 7-2



## PART 08 수공구와 측정기기 8-2



## PART 09 안전, 지상취급과 서비스 작업 9-2

목 차

CONTENTS



## PART 10 검사개념과 기법 10-2



## PART 11 인적요인 11-2

# 01 물리학

Physics

# 1 물리학

Physics

물리학(physics)은 매우 흥미로운 과목 중의 하나로 기술적 문제나 기계를 다루는 사람들에게는 매우 귀중한 도구이다. 물리학은 피스톤(piston engine)엔진이나 가스터빈(gas turbine engine)엔진의 작동원리뿐만 아니라 하면 비행기나 헬리콥터와 같은 비행체들이 어떻게 비행하는지, 그리고 수많은 항공우주 분야의 일들을 설명해 준다. 그뿐만 아니라 우리 주변을 둘러싸고 있는 각종 물체들의 움직임을 물리학을 이용하여 정량적(quantity)으로 나타낼 수 있다. 예를 들어 제트엔진(jet engine)에서 추력(thrust)의 개념이 무엇인지 설명하고, 생성되는 추력의 크기가 얼마인지 수학적 방법으로 계산할 수 있게 한다.

물리학은 물질(matter)과 에너지의 기본적이고 기초적인 성질에 관하여 적용하는 용어이다. 물리학은 물질과 에너지가 물리적인 현상에 관계하여 왜 그렇게 하는지 결정하려는 것이 아니라, 어떻게 작용하는지 알려고 하는 것이다. 그러므로 항공기를 유지 · 보수해야 하는 항공기 정비사는 흔히 물질과 에너지의 과학이라고 하는 물리학의 기초 지식을 배워야 한다.

## 1.1 물질(Matter)

물질은 물리학의 어떠한 논의에서나 기초가 된다. 사전에 따르면, 물질은 모든 것들의 구성 요소이다. 공간을 차지하는 그 어떤 것이라도 질량(mass)을 가지며, 어떠한 방법으로든 감각적으로 느낄 수 있는 것이다. 질량보존의 법칙에 따르면 물질은 생기거나 또는 소멸되지 않으며 단지 물리적 상태만 변한다는 것을 말해 주고 있다. 예를 들어 액체 가솔린(liquid gasoline)이 기화하여 공기와 혼합된 후 연소가 이루어지면 이 물질이 사라져서 더 이상 존재하지 않는 것처럼 보일 수 있다. 하지만 가솔린이라는 물질이 타서 액체상태로 더 이상 존재하지 않지만 방출한 가스의 형태로서 어디엔가 계속 존재한다.

### 1.1.1 물질의 특성(Characteristics of Matter)

#### 1.1.1.1 질량 및 중량(Mass and Weight)

질량은 물체에서 물질의 양을 측정한 것이다. 다른 말로, 물질을 구성하는 분자(molecule)나 원자(atom)가 얼마나 많은가를 의미한다. 좀 더 구체적으로 설명하면 얼마만큼의 양성자(proton), 중성자(neutron), 그리고 전자(electron)가 물질을 구성하고 있는가를 말한다. 물체의 질량은 우주의 어디에서도 변화하지 않으며 상태는 변화되어도 질량은 변화하지 않는다. 물체의 질량이 변화되는 오직 한 가지 방법은 원자를 추가하거나 또는 제거하는 것이다. 어떤 물체가 지구상에 있을 때 물체의 질량은 지구중력(gravity)에 의한 가속도(acceleration)가 작용하게 되는데 이것을 중력 또는 무게(weight)라고 한다. 무게(weight)와 질량(mass), 그리고 중력가속도(gravity acceleration)를 관계식으로 나타내면 다음과 같다.

무게(ω)=질량(m)×중력가속도(g)

지구에서 중력(gravity)에 의한 가속도(acceleration)는 9.8m/s2 이다. 지구에서 1kg중(kgf)으로 측정되는 물체는 1kg(또는 kgm)의 질량을 가졌다고 말할 수 있다. 질량 1kg의 물체에 1뉴턴(Newton, N)의 힘이 작용하면 1m/s2의 가속도를 가지게 된다. 다시 말하면, 표준대기상태(지구중력가속도는 9.8m/s2 이다)에서 9.8N 물체의 질량은 1kg이다. 영국단위로 1[slug]의 질량에 32.2[ft/s**5**]의 중력가속도가 작용하면 물체의 무게는 32.2[lb]이다. 여기에서 slug는 1[lb]의 힘이 작용할 때 1[ft/s2]의 가속도를 붙게 하는 질량의 양이다.

중량은 물체의 질량에 작용하는 중력에 대한 측정량이다. 물체가 더 많은 질량을 가질수록 지구의 중력 하에서 그 물체는 무게가 더 많이 나가게 된다. 물체의 질량을 없앨 수 없기 때문에 물체의 중량을 없애는 유일한 방법은 중력을 없애는 것이다. 우주선에서 우주비행사를 보았을 때 그들은 중량이 없는 것처럼 보인다. 비록 우주선이 지표로부터 수마일 위에 있다고 할지라도 중력은 없어지지 않고, 우주비행사의 중량이 없어지지 않는다. 우주비행사와 우주선이 자유낙하하는 상태에 있다면 우주비행사는 상대적으로 우주선에서 무중력으로 느낄 것이다.

#### 1.1.1.2 인력(Attraction)

인력은 물질의 분자 사이에 작용하는, 서로 끌어당기는 힘이다. 아이작 뉴톤(Issac Newton)은 이것을 만유인력의 법칙(law of universal gravitation)이라 하였다. 그는 모든 물질의 분자가 다른 분자를 어떻게 끌어당기는가, 사람이 어떻게 지구에 붙어 있는가, 태양계에서 혹성이 어떻게 끌어당기는가를 설명했다.

#### 1.1.1.3 다공성(Porosity)

다공성은 혼합물이 발생할 때 작은 입자가 들어갈 수 있는 공극 또는 공간을 의미한다.

때로는 아주 작은 알맹이나 파편으로 구성되어 있어 입자(granular)라고도 한다.

#### 1.1.1.4 불가입성(Impenetrability)

불가입성은 두 물체가 동시에 같은 장소를 공유할 수 없다는 뜻이다. 즉, 물질의 2개 부분이 동시에 동일한 공간을 차지하지 못한다.

#### 1.1.1.5 밀도(Density)

물질의 밀도는 그것의 단위체적(unit volume)당 무게이다. 단위체적은 영국단위법(English system)으로 1[ft3] 이고, 미터단위법(metric system)으로는 1[cm3] 이다. 그러므로 밀도의 단위는 lbs/ft3(pound per cubic foot) 또는 g/cm3(grams per cubic centimeter)로 표시된다.

물질의 밀도를 구하려면 물질의 무게와 체적을 알아야 한다. 무게를 체적으로 나누면, 단위 체적당 무게, 즉 밀도가 구해진다. 예를 들어, 어떤 용기에 담겨 있는 액체(liquid)가 1497.6[lb]의 무게로 측정된다고 가정한다. 이 용기는 길이가 4[feet], 너비가 3[feet], 그리고 깊이가 2[feet] 이다. 체적은 4[feet]×3[feet]×2[feet]=24[feet3]가 된다. 만약 이 24[feet3]의 액체의 무게가 1,497.6[lb]이라면, 1[feet3] 무게는 1,497.6÷24, 즉 62.4[lb]가 된다. 따라서 이 액체의 밀도는

62.4[lbs/feet3] 이다. 이 값은 4[℃]에서의 물의 밀도이며, 보통 다른 물질의 밀도와 비교할 때 표준값으로 사용한다. 미터 단위법에서 물의 밀도는 1[g/cm3] 이다. 액체와 고체(solid)의 밀도를 측정할 때 표준온도(standard temperature)는 보통 4[℃]로 잡는다. 온도가 변하여도 무게는 변하지 않지만, 팽창 또는 수축 때문에 체적은 변하므로, 결국 밀도도 변하게 된다.

모든 물질의 밀도를 구하는 과정은 같다. 그러나 기체(gas)의 밀도를 구할 때는 압력을 고려하지 않는다. 온도는 어떤 물질보다도 기체의 밀도를 측정할 때 더욱 결정적인 영향을 미친다. 기체의 밀도는 기체에 작용하는 압력에 따라 직선적으로 비례하여 증가한다. 온도가 0[℃], 760[cm] 수은주의 압력을 기체의 밀도를 측정할 때의 표준조건(standard condition)으로 선택한다. 기체 밀도 측정을 위한 표준조건(standard condition)은 해수면(sea level)에서 대기의 평균압력이 76cm의 수은주 (Hg) 압력, 온도가 0 ° C에서 설정되다. 밀도는 모든 기체에 대하여 이러한 조건을 기반으로 계산된다.

### 1.1.1.6 비중(Specific Gravity)

가끔 한 물질의 밀도와 다른 물질의 밀도를 서로 비교할 때 어떤 기준이 필요한데 이때 사용하는 것이 비중이다. 물리학자는 액체와 고체의 밀도를 비교할 때는 물의 밀도를 표준으로 삼는다, 기체는 흔히 공기를 기준으로 하며, 수소를 기체의 기준으로 사용할 때도 있다. 물리에서 'specific'은 비(ratio)를 의미한다. 따라서 어떤 물질의 일정체적의 무게와 같은 체적을 가진 물의 무게의 비를 그 물질의 비중이라고 정의한다. 이 비를 때때로 무게비(specific weight), 또는 밀도비(specific density)라고 부르기도 한다.

액체와 고체의 비중을 구하는 데는 다음과 같은 관계식을 사용한다.

$$비중=\frac{물체의\ 무게}{동일\ 부피의\ 물의\ 무게}$$

또는

$$비중=\frac{물질의\ 밀도}{물의\ 밀도}$$

이 공식은 물 대신 공기 또는 수소로 바꾸어 기체의 밀도를 계산하는 데에도 동일하게 사용한다.

비중은 단위를 갖지 않고, 다만 순수한 수로 나타낸다. 예를 들어, 만약 어떤 유압유(hydraulic liquid)가 0.8의 비중값을 갖는다면 1[feet3]의 유압유는 물의 무게의 0.8배, 즉 62.4*0.8=49.92[lb] 이다.

비중과 밀도는 주어진 조건에서 물체의 크기와 무관하고, 단지 그 물체의 재질에 따라 좌우된다. 다양한 물질의 비중에 대한 대표적인 값들은 표 1-1에서 보여준다.

[표 1-1] 비중 값(Typical values of specific gravity)

| 액체 | 비중 | 고체 | 비중 | 기체 | 비중 |
|---|---|---|---|---|---|
| 휘발유 | 0.72 | 얼음 | 0.917 | 수소 | 0.0695 |
| 제트연료 JP-4 | 0.785 | 알루미늄 | 2.7 | 헬륨 | 0.138 |
| 에틸 알코올 | 0.789 | 티타늄 | 4.4 | 아세틸렌 | 0.898 |
| 제트연료 JP-5 | 0.82 | 아연 | 7.1 | 질소 | 0.967 |
| 등유 | 0.82 | 철 | 7.9 | 공기 | 1.000 |
| 윤활유 | 0.89 | 황동 | 8.4 | 산소 | 1.105 |
| 합성 오일 | 0.928 | 구리 | 8.9 | 이산화탄소 | 1.528 |
| 물 | 1.000 | 납 | 11.4 | | |
| 황산 | 1.84 | 금 | 19.3 | | |
| 수은 | 13.6 | 백금 | 21.5 | | |

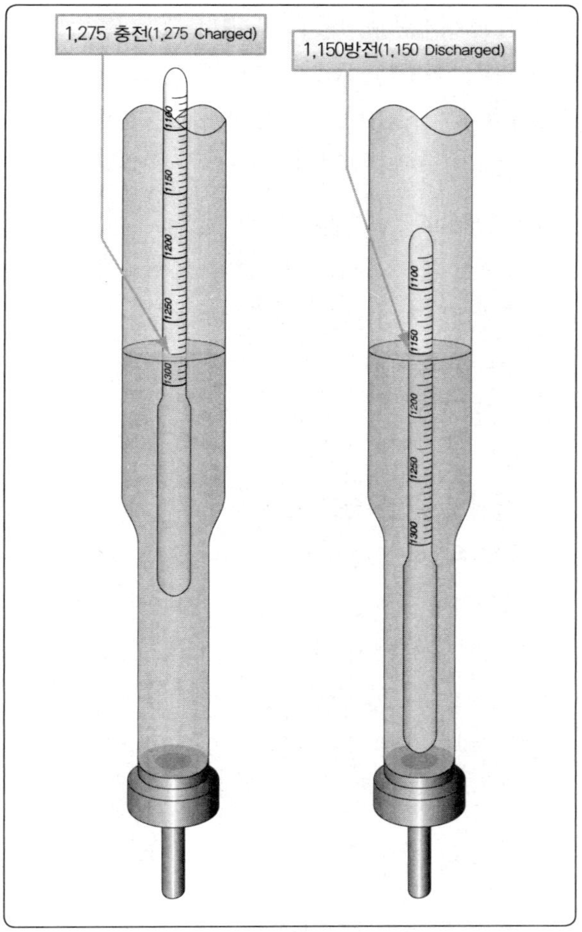


[그림 1-1] 축전지 비중측정용 비중계
(A hydrometer for checking battery specific gravity)

액체의 비중 측정은 비중계(hydrometer)라고 부르는 장치를 사용한다. 그림 1-1에서 보여준 것과 같이, 이 장치는 큰 유리관 내에 포함된 관 모양의 유리 부구(float)로 되어있다.

큰 유리관은 액체의 용기로 사용된다. 고무 흡입구(Rubber Suction Bulb)는 용기 내의 액체를 위쪽으로 끌어올린다. 용기 내에 부구가 떠있고, 또 이 부구가 밑바닥에 닿지 않을 정도로 충분한 액체가 있어야 한다. 부구는 힘을 받게 되고, 또 부구에는 일정한 간격으로 눈금(Scale)이 매겨져 있다. 부구가 액체에 잠길 때의 액면(liquid surface)의 눈금을 읽어 액체의 비중을 구한다. 순수한 물에 부구가 잠겼을 때, 눈금은 1,000을 지시하도록 되어 있다. 밀도가 큰 액체 내에 부구가 잠기면, 부구는 떠올라 비중이 큰 값을 나타내게 되고, 밀도가 적은 액체에서 부구는 가라앉아서 비중은 낮음을 표시한다.

항공기 배터리(battery) 내에 포함된 전해액의 비중을 구할 때도 비중계를 사용한다. 배터리가 충전되지 않았을 경우 전해질 속에 잠겨있는 부구의 눈금은 약 1150이다. 충전 배터리의 부구 눈금은 1275와 1310 사이이다. 방전된 배터리에서 전해액은 물보다 1.15배 밀도가 높으며 충전된 배터리의 전해액은 물보다 1.275~1.31배 밀도가 높다.

## 1.2 에너지(Energy)

에너지는 전형적으로 일을 수행하기 위한 능력을 주는 어떤 것으로 정의된다. 우리가 물질에너지가 충만하다고 느끼는 것은 아마도 많은 양의 일을 수행할 수 있다는 것을 나타낸다. 물질에너지는 위치에너지와 운동에너지로 구분된다.

### 1.2.1 위치에너지(Potential Energy)

위치에너지는 휴식 상태의 에너지, 또는 저장된 에너지라고 정의한다. 위치에너지는 세 가지 그룹, 즉 (1) 위치에 의한 것, (2) 탄성체의 뒤틀림에 의한 것, 그리고 (3) 화학적 반응으로 일어난 일에 의한 것으로 구분한다. 저수조의 물, 그리고 잭으로 지상에서 올려진 비행기 등은 첫 번째 부류, 압축된 스프링은 두 번째 부류, 그리고 항공 연료, 음식물, 그리고 충전된 배터리에 들어 있는 물질 에너지는 세 번째 부류의 예이다.

물체의 위치, 즉 높이로 인한 물체의 위치에너지를 계산하기 위해 다음과 같은 공식을 이용한다.

$$\text{위치에너지} = \text{무게} \times \text{높이}$$

이 공식을 기초로 한 계산은 일에서 적용된 것과 같은 단위인 foot-pound [ft-lb] 또는 inch-pound [in-lb]의 단위로써 답을 구할 것이다. 본 단원 후반부에서는 다루는 일은 측정된 거리에 가해진 힘으로 설명된다.. 여기에서 힘은 pound이고 거리는 feet, 또는 inch로 기술한다. 위치에너지와 일은 공통점이 많다.

**보기문제 1**

무게 450,000[pounds]인 Boeing 747 항공기가 착륙장치 부위에 정비를 수행하도록 지상에서 4[feet] 올릴 필요가 있다. 비행기가 이 상승한 위치에 대해 갖고 있는 위치에너지의 양은 얼마인가?

**문제풀이 1**

위치에너지=무게×높이

위치에너지=450,000lb×4ft=1,8000,000[ft-lb]

이전에 언급하였듯이, 항공용 가솔린(AVGAS, aviation gasoline)은 화학적인 특성 때문에 위치에너지를 갖고 있다. 가솔린은 British Thermal Unit(BTU) 산출량을 기반으로 열에너지(heat energy)를 방출하기 위한 위치에너지를 갖고 있다. 항공용 가솔린 1[pound]는 18,900[BTU]의 열에너지(heat energy)를 함유하고 있으며 1[BTU]는 778[feet-lb]의 일의 능력이다. 그래서 만약 778에 18,900을 곱한다면 항공용 가솔린 1[pound]는 14,704,200[feet-lb]의 일을 할 수 있다는 것을 알 수 있다. 비행기의 연료탱크에 연료를 가득 채운 상태에서 위치에너지를 상상해 보자.

### 1.2.2 운동에너지(Kinetic Energy)

운동에너지는 이동하고 있는 에너지로 정의한다. 비행기가 활주로를 굴러가는 비행기나 엔진에서 회전하는 플라이휠(fly wheel)은 모두 운동에너지의 예이다. 운동에너지는 위치에너지와 같은 foot-pound 또는 inch-pound이다. 움직이고 있는 물체에 대한 운동에너지를 구하기 위해 다음과 같은 공식을 이용한다.

$$\text{운동에너지} = \frac{1}{2} \times \text{질량} \times \text{속도}^2$$

이 공식을 이용하기 위하여 우리는 무게를 중력으로 나누어 질량을 나타내고 물체의 속력은 feet per second로서 나타낼 것이다. 이것은 foot-pound의 단위로서 마무리가 필요하다.

**보기문제 2**

무게가 600,000[pounds]인 Boeing 777 항공기가 200[fps]의 속력으로 이륙하도록 활주로에서 움직인다. 그림 1-2에서 보여준 것과 같이, 비행기가 갖고 있는 운동에너지의 양은 얼마인가?

**문제풀이 2**

$$운동에너지 = \frac{1}{2} \times 질량 \times 속도^2$$

$$운동에너지 = \frac{1}{2} \times (600{,}000lb \div 32.2) \times 200fps^2$$

$$= 372{,}670{,}000[feet-lb]$$

## 1.3 힘, 일, 동력, 회전력 (Force, Work, Power, and Torque)

### 1.3.1 힘(Force)

일, 동력, 또는 회전력의 개념을 논의하기 전에 힘의 의미가 무엇인지를 이해해야 한다. 사전적으로 힘은 자극의 강도(impetus), 또는 입력의 강도이다. 예를 들어, 만약 물체에 힘을 가한다면 물체는 이동하려고 한다. 일, 동력, 또는 회전력이 존재하려면 이러한 과정을 처음 시작하려는 힘이 있어야 한다.

영국체계에서 측정되는 힘의 단위는 pound이며 미터법에서는 N(newton)이다. 1[pound]의 힘은 4448N과 같다. 터빈엔진의 추력을 계산할 때 "힘= 질량×가속도" 공식을 이용한다. 그리고 엔진의 추력은 pound로 나타낸다. 예를 들어, Boeing 777-300 동력장치로 사용하는 GE90-115 터보팬 엔진의 추력은 115,000pound이다.

[그림 1-2] 운동에너지 (Airbus A380 이륙)

### 1.3.2 일(Work)

간단하건 복잡하건 상관없이 기계장치에 대한 연구는 기계적인 일의 에너지에 대한 연구이다. 이것은 모든 기계장치는 기계장치에서 수행된 입력에너지(input energy) 또는 일을 기계장치에 의해 수행된 일 또는 출력에너지(output energy)로 바꾸기 때문에 사실이다.

힘을 가하여 어떤 거리만큼 저항력을 이겨 물체가 움직였을 때, 역학적 의미로는 일이 행하여졌다고 한다. 일을 하는데 두 가지 요인이 있는데, 이는 힘과 움직인 거리이다. 경항공기가 눈 속에 박혀있는 경우를 가정해 보자. 두 사람이 얼마 동안 항공기를 밀었으나 항공기는 움직이지 않는다. 기술적 정의(technical definition)에 따르면 두 사람은 항공기를 밀었지만 항공기가 움직이지 않았기 때문에 일은 행해지지 않았다. 정의에 의하면, 일은 저항력(resistive force)을 이기고 물체를 얼마간의 거리만큼 옮겼을 때 이루어진다. 공식에 따라 다음과 같이 사용한다.

$$일 = 힘(F) \times 거리(d)$$

영국체계에서, 힘은 pound로 나타내며 거리는 feet 또는 inch이다. 그래서 단위는 foot-pound 또는

inch-pound가 될 것이다. 위치에너지와 운동에너지에 사용되는 단위와 같다는 것을 알 수 있다.

미터법(metric system)에서 힘은 newton(N)으로 나타낼 것이며 거리는 meter이다. 합성단위는 joules이다. 1[pound]의 힘은 4.448[N]과 같으며 1[meter]는 3.28[feet]와 같으므로 1[joule]은 1.36[feet-lb]와 같다.

### 보기문제 3

그림 1-3에서 보여준 것과 같이, 150,000[lb]의 A320 비행기를 수직높이 3[feet]로 들어 올렸을 때 얼마만큼의 일을 하였는가?

### 문제풀이 3

일=힘$(F)\times$거리$(d)$

일$=150,000\times 4=600,000[feet-lb]$

### 보기문제 4

견인 트랙터(tow tractor가) 견인봉(tow bar)을 걸고 무게가 130,000[lb]인 Boeing 737-800 비행기 격납고 안쪽으로 80[feet] 밀었을 때 얼마만큼의 일을 하였는가? 견인봉에 가해진 힘은 5,000[lb]이다.

### 문제풀이 4

일=힘$(F)\times$거리$(d)$

일$=5,000lb\times 80ft=400,000[feet-lb]$

마지막 예에서, 힘은 비행기의 무게와 같지 않다는

[그림 1-3] 항공기를 잭으로 들어 올린 모습

것을 명심해야 한다. 비행기는 수평으로 이동하였고 수직으로 올라가지 않았다. 사실상 모든 경우에서 수직으로 비행기를 들어 올리는 것보다 수평으로 이동시키는 것이 일을 적게 한다. 만약 자동차 연료가 떨어졌다면 대부분 사람은 어느 정도는 밀 수 있다. 그러나 차 밑으로 들어가서 지면에서 차를 들어 올릴 수는 없다.

### 1.3.3 마찰력과 일(Friction and Work)

수행된 일을 계산하기 위하여 우리는 이겨낸 실제 저항력을 측정한다. 이 저항력은 반드시 움직이고 있는 물체의 무게는 아니다. 이러한 현상을 그림 1-4에서 알아보자. 900[lb] 무게를 200[feet]의 거리만큼 끌고 갔다. 이때 한 일, 즉 힘×거리는 180,000[feet-lb] (900[lb]×200[feet])가 되는 것은 아니다. 이것은 짐을

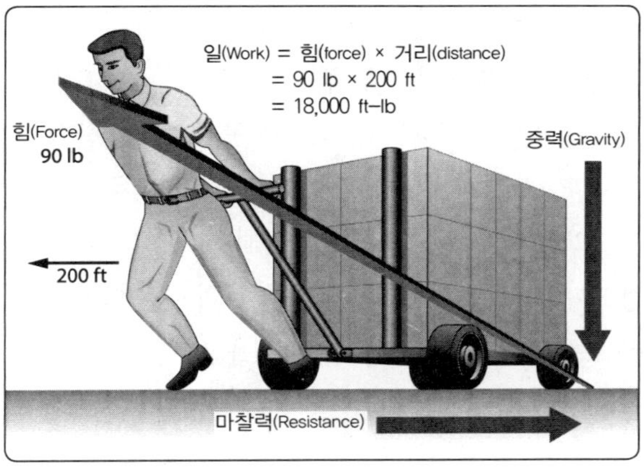


[그림 1-4] 마찰력과 일(Working against friction)

끌어당기는 사람이 짐의 전체 무게에 대하여 일한 것이 아니라, 오히려 90[lb] 이하인, 수레(cart)의 구름마찰에 대하여 일한 것이기 때문이다.

마찰(friction)은 일에서 빠져서는 안 되는 중요한 성질 중 하나이다. 마찰이 없으면 사람은 걸어 다닐 수도 없고, 이리저리 밀려다닐 뿐만 아니라, 목적지에 멈추기 위해서는 어떤 장애물에 부딪힐 수밖에 없다. 그러나 마찰은 인간에게 유용하면서도 동시에 해로운 점도 있으며, 특히 기계장치를 다룰 때는 주의하여야 한다. 마찰에 관련된 실험으로 작용력(applied force)을 구해보면, 세 가지의 종류의 마찰이 있음을 알 수 있다. 물체를 처음 움직이기 시작할 때 필요한 힘(정지마찰)과 움직이고 있는 물체가 일정한 속도를 유지하기 위하여 필요한 힘(미끄럼마찰)이 있다. 또한, 운동을 하고 있는 물체를 굴리는 힘(굴림마찰)보다 미끄러지게 할 때에는 더 많은 힘이 필요하다.

그러므로 마찰은 세 가지 종류, 즉 (1) 정지마찰, (2) 미끄럼마찰, 그리고 (3) 굴림마찰로 구분한다.

#### 1.3.3.1 정지 마찰력(Static Friction)

평면 위에 놓여있는 무거운 물체를 미끄러지게 하려면 먼저 그 물체가 정지 상태에서 풀려나 움직이기 시작하여야 한다. 한번 움직이기 시작한 물체는 좀 더 쉽게 미끄러진다. 물론 정지 상태에서 풀려나는 힘은 물체의 무게에 비례한다. 물체를 처음에 서서히 움직이는 데 필요한 힘을 F, 표면(surface)을 수직으로 누르는 힘을 F'(보통은 물체의 무게와 같다)라고 한다. 서로 마찰하는 표면의 성질이 중요하므로 주의하여야 한다. 표면의 성질은 "k"로 표시되는 정지마찰계수(coefficient of starting friction)로 표시한다. 이 계수의 값은 재료마다 모두 다르고, 흔히 표로 만들어 사용한다. 따라서 하중, 즉 물체의 무게를 알 때에는 정지마찰력을 다음의 공식으로부터 계산할 수 있다.

$$F = kF'$$

예를 들어, 만약 매끄러운 철강과 수평면 사이의 정지마찰계수가 0.3이면, 10[lb]의 철강을 움직이는 데는 3[lb]의 힘이, 40[lb]의 무게를 움직이는 데는 12[lb]의 힘이 필요하다.

차륜과 롤러 베어링을 장착한 물체의 정지마찰력은 미끄러지는 물체의 마찰력보다 매우 작다. 그러나 긴 열차를 모두 동시에 움직이려면 상당한 힘이 필요하다. 따라서 고의적으로 차량 사이를 여유 있게 조금씩 띄어 놓으면 기관사가 열차를 움직일 때, 처음에는 엔진을 후진시켜 모든 차량이 차례로 서로 뒤로 밀리게 하고 다음에 첫 번째 차량을 아주 빠르게 앞으로 출발시켜 이를 움직이게 한다. 이러한 조작은 모든 차륜 사이의 정지마찰력을 이겨내기 위한 것이다. 물론 각 차량의 관성(inertia)을 극복하기 위해 필요하다. 엔진이 낼 수 있는 추진력보다 정지마찰 때문에 발생하는 저항력이 더 크므로, 모든 차량을 동시에 앞으로 출발시킬 수는 없다. 그러나 열차가 한번 움직이지 시작하면, 정지 마찰력은 크게 감소하여, 열차가 정지 상태에서 처음으로 움직일 때보다 필요한 힘은 매우 적다.

#### 1.3.3.2 미끄럼 마찰력(Sliding Friction)

표면 위에서 미끄러지는 물체의 운동을 방해하는 저항력을 미끄럼 마찰력이라 한다. 물체가 운동을 시작한 후에 받는 마찰은 미끄럼마찰에 속하며, 항상 물체의 정지마찰보다는 작다. 미끄럼 마찰력의 크기는 물체가 미끄러지고 있는 표면의 성질, 물체와 표면 사이에 작용하는 수직항력(normal force)과 관계가 있다. 이 저항력은 다음의 공식으로 계산된다.

$$F=\mu N$$

여기서 F는 마찰에 의한 저항력(resistive force)으로 pound로 표시하고, N은 표면에 수직으로 물체가 작용하는 힘, 즉 물체의 무게 때문에 미끄러지는 표면에 수직으로 작용하는 힘이며, $\mu$는 미끄럼마찰계수이다. 수평면에서 N은 pound로 표시한 물체의 무게와 같다. 미끄러지는 물체와 표면이 서로 접촉하는 넓이의 크기는 아무런 영향도 미치지 않는다. 예를 들어, 나무 블록은 모든 면의 미끄럼 마찰계수가 동일하다면 넓은면이라고 해서 좁은 면보다 쉽게 미끄러지지 않는다. 따라서 위의 공식은 넓이를 포함하지 않는다.

#### 1.3.3.3 구름 마찰력(Rolling Friction)

만약 물체가 차륜 또는 롤러(Roller)를 갖춘다면 움직임에 대한 저항은 크게 감소한다. 차륜 또는 롤러를 장치하여 물체를 움직일 경우에 물체가 받는 저항력을 구름 마찰력이라고 부른다. 이 마찰력은 미끄럼 마찰력을 계산할 때 사용한 동일한 공식으로 계산할 수 있지만, 그러나 "$\mu$"의 값은 아주 작아진다. 예를 들어, 콘크리트 위 또는 고무 타이어에 대한 "$\mu$"의 값은 0.02 정도이지만, 롤러 베어링에 대한 "$\mu$"의 값은 매우 작으며 보통 0.001과 0.003 사이의 값을 가지므로 흔히 무시해 버린다.

**문제풀이 5**

총중량이 79,600[lb]의 항공기가 콘크리트 바닥으로 된 격납고 안쪽으로 끌려 들어간다. 운동이 시작된 후에 항공기를 계속 끌려면 견인차는 얼마의 힘을 필요로 하는가?

**보기문제 5**

$$F=\mu N$$
$$=0.02\times 79{,}600lb=1{,}592lb$$

### 1.3.4 동력(Power)

동력의 개념은 이전에 논의한 일과 같이 이동한 거리에 가해진 힘과 비슷하나 한 가지 더 시간을 고려해야 한다. 다시 말해, 일을 하는데 얼마나 오래 걸렸느냐 하는 것이다. 누군가가 평범한 사람에게 백만 pound를 지면에서 5 피트를 들어 올릴 수 있는지 물었다면 가장 확실한 대답은 아니오일 것이다. 만약 그 사람에게 그것을 들어올리기 위해 365일이 주어지고 한번에 조금씩 들어올린다면 어떨까? 일은 무게를 얼마나 긴

시간 동안 들어 올렸는가에 관계없이 투입된 양은 동일하다. 그러나 필요로 하는 동력은 다르다. 만약 동일한 중량을 짧은 기간 내에 들어 올릴 수 있다면 더 많은 동력을 가져야 한다. 공식은 다음과 같다.

$$동력=\frac{힘\times거리}{시간}$$

동력의 단위는 foot-pound per minute, foot-pound per second, inch-pound per minute 또는 inch-pound per second, 그리고 어쩌면 mile-pound pre hour이다. 단위는 소요된 거리와 시간에 따라 결정된다.

사람들은 1600년대에 새롭게 개발한 증기기관(steam engine)의 동력을 말의 동력과 비교하기를 원했다. 증기기관과 같은 동력을 얻기 위해서는 얼마나 많은 말이 있어야 하는지 알고 싶어 했다. 이점 때문에 우리가 현재 마력(Horsepower)이라고 알고 있는 단위(hp)가 개발되었고 마력은 550[feet-lb/sec]와 같다. 평균적인 말은 1초에 550[lb]의 무게를 지면에서 1[feet]를 들어 올릴 수 있었다. 마력을 동력으로 변화하기 위해서 오늘날 우리가 사용하는 마력 값은 다음과 같다.

1[hp] = 550[feet-lb/s]
1[hp] = 33,000[feet-lb/min]
1[hp] = 375[mile-lb/hour]
1[hp] = 746[watt]

동력을 마력으로 변환하기 위해서는 위 식의 변환 값으로 동력을 나누어주면 된다.

**문제풀이 6**

Boeing 777-300 비행기에 GE-90 터보팬 엔진을 장착하기 위해 들어 올리는 데 필요한 동력과 마력은 얼마인가? 엔진 무게는 19,000[lb], 그리고 2분 동안 4[feet] 들어 올려야 한다.

**보기문제 6**

$$동력=\frac{힘\times거리}{시간}$$

$$동력=\frac{19{,}000\times4}{2}=38{,}000[feet-lb/\mathrm{min}]$$

$$동력=\frac{38{,}000feet-lb/\mathrm{min}}{33{,}000feet-lb/\mathrm{min}}=1.15hp$$

보통 사람이 2분 동안 팔로써 1.15[hp]를 생성할 수 없기 때문에 이 엔진을 들어 올리는 데 사용되는 호이스트(hoist)는 전기모터로 구동된다.

### 1.3.5 회전력(Torque)

회전력은 매우 흥미로운 개념이자 사건이며 이것은 명확하게 일 및 동력과 관련한 논의가 필요하다. 일은 이동거리에 작용하는 힘으로 설명되는 반면에 회전력은 힘이 작용되는 거리로 설명된다. 회전력은 비틀림(twisting)을 생성하고 물체를 회전하도록 만드는 것이다.

만약 우리가 10[lb]의 힘으로 물체를 잡아당겨 직선으로 10[inch] 움직인다면, 우리는 100[in-lb]의 일을 한 것이다. 비교하자면 만약 우리는 길이가 10[inch] 길이의 렌치(Wrench)로 볼트를 조이면서 10[lb]의 힘을 쓴다면, 100[lb-in]의 회전력이 볼트에 가해졌다. 만약 렌치에 힘을 가했는데도 볼트가 이미 조여져 있어 움직이지 않는다 하더라도 100[lb-in]의 회전력은 여전히 존재할 것이다. 회전력에 대한 공식은 다음과 같다.

$$회전력 = 힘 \times 거리$$

비록 이 공식이 일을 계산하는 공식과 동일하게 보일지라도 공식에서 거리값은 물체가 움직인 직선 거리가 아니고 힘이 작용하는 점의 거리이다.

회전력은 힘이 거리가 아닌 거리를 따라 가해지기 때문에 회전력을 사용해서 움직일 수 있는 것은 아무것도 없다. 또한, 비록 일과 회전력의 단위가 같아 보여도 그것은 다르다는 것을 주시하라. 일의 단위는 inch-pound이고 회전력의 단위는 pound-inch이다. 그래서 둘은 구별된다.

엔진이 어떻게 일을 하는가를 생각할 때 회전력은 피스톤 엔진과 가스터빈 엔진 모두에서 매우 중요하다. 이 두 가지 형태의 엔진은 일, 또는 동력을 생성하기 이전에 회전력을 먼저 생성한다. 피스톤 엔진에서 힘은 피스톤의 위쪽을 내리눌러서 피스톤을 움직이도록 한다. 한쪽으로 치우쳐서 크랭크축(crankshaft)에 부착된 피스톤은 연접봉(connecting rod)에 부착되어 있다. 치우침은 이전에 설명한 렌치의 길이와 같게 된다. 그리고 그림 1-5에서 보여준 것과 같이 길이를 따라 작용하는 힘은 회전력을 생성한다.

그림 1-5의 실린더에 대해서 500[lb]의 힘이 피스톤의 위쪽을 내리누른다. 연접봉은 4[inch]의 치우친 거리로 크랭크축에 부착되어 있다. 가해진 힘과 생산과 치우친 거리를 곱한 값이 회전력이며, 이 경우에는 2,000[lb-in]이다.

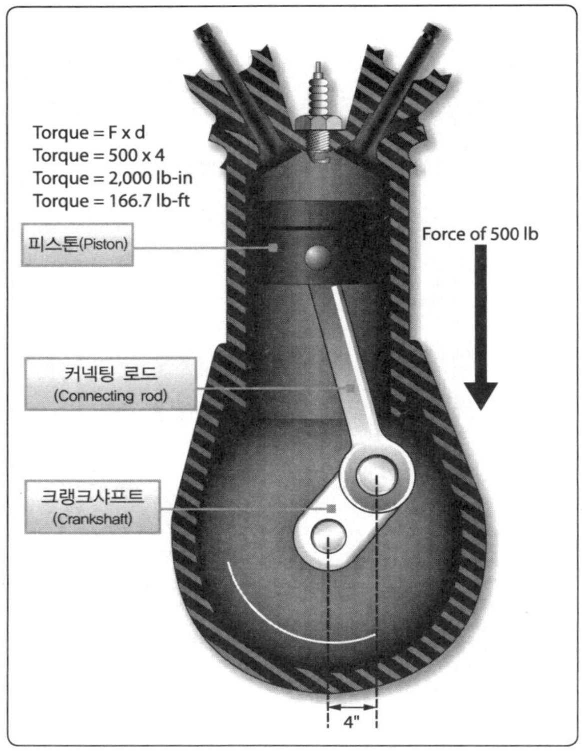


[그림 1-5] 피스톤 엔진과 회전력
(Piston engine and torque)

터빈엔진에서 엔진의 뒤쪽에 있는 터빈 날개깃(turbine blade)은 고속 배기가스로부터 에너지를 추출한다. 추출된 에너지는 축의 중심으로부터 몇 inch 정도 떨어진 터빈 날개깃을 밀어주는 힘이 되어 엔진을 회전하게 만든다. 터빈 날개깃으로부터 축의 중심까지 떨어진 inch 값은 이전에 설명했던 렌치의 길이와 같다.

수학적으로 엔진의 마력과 엔진의 회전력 사이에 관계가 있는데 이 관계를 나타내는 공식은 다음과 같다.

$$회전력 = \frac{마력 \times 5,252}{rpm}$$

**보기문제 7**

Cessna 172R의 Lycoming IO-360 엔진은 2,700[rpm]에서 180[hp]를 생성한다. 이 엔진이 발생시키는 회전력은 얼마인가?

**문제풀이 7**

$$회전력 = \frac{마력 \times 5,252}{rpm}$$

$$= \frac{180 \times 5,252}{2,700} = 350[lb-feet]$$

## 1.4 기계 장치(Simple Machines)

기계장치는 일을 수행할 수 있는 장치를 말한다. 실제 현장에서 기계장치는 다음의 목적 또는 이들 목적의 조합으로 사용할 수 있다.

(1) 기계장치는 발전기가 역학에너지(mechanical energy)를 전기에너지(electrical energy)로 바꾸는 것 처럼 에너지 전환에 사용된다.

(2) 기계장치는 연접봉, 크랭크축, 그리고 감속기어(reduction gear)가 항공기 엔진의 에너지를 프로펠러에 전달하는 것처럼 에너지를 한 곳에서 다른 장소로 전달하는데 사용된다.

(3) 기계장치는 힘을 강화하는 데 사용한다. 예를 들어, 도르래는 무거운 하중을 들어 올리는데 사용된다. 도르래는 끌어 올리려는 하중보다 작은 힘으로 물건을 들어 올리는 데 사용한다.

(4) 기계장치는 속도를 높이는데 사용한다.
큰 힘을 가하여 속도를 얻는 자전거가 가장 좋은 예이다.

(5) 기계장치는 힘의 방향을 바꾸기도 한다. 그 예로 국기 게양대는 한쪽 줄에 아래쪽 방향으로 힘을 주어 다른 쪽에는 위쪽 방향으로 향하는 힘을 받아 깃발은 깃대의 꼭대기로 올리는데 사용된다.

단순 기계장치는 지레, 도르래, 축바퀴, 경사면, 스크루, 그리고 기어 여섯가지 뿐이다. 그러나 물리학자들은 기계작동에 있어 지레와 경사면 2개의 기본 원리만 있으면 된다는 사실을 발견했다. 도르래, 축바퀴, 그리고 기어는 지레의 원리를 응용한 것이고 쐐기(wedge)와 스크루는 경사면의 원리를 이용한 것이다.

복잡한 기계장치를 다루려면 간단한 기계장치의 원리를 파악해야 한다. 복잡한 구조의 기계장치도 결국은 간단한 기계장치의 조합이기 때문이다.

### 1.4.1 기계장치의 이점 (Mechanical Advantage of Machines)

간단한 기계장치에 대하여 앞에서 설명한 바와 같이, 기계장치는 힘 또는 속도를 증가시키는데 데 사용할 수 있다. 그러나 힘과 속도를 동시에 증가시킬 수는 없다. 한 가지를 얻기 위해 다른 것을 잃어야 한다. 그렇지 않도록 하기 위해서는 기계장치에 입력되는 힘보다 출력되는 힘을 더 크게 하면 되는데 그것은 불가능하다.

기계장치에 관하여, 기계적인 이득은 인입력(input

force)에 대한 산출력(output force), 또는 투입거리(input distance)에 대한 산출거리(output distance)의 비교이다. 만약 힘에 대한 기계적인 이득이 있다면 거리에 대한 손해가 있을 것이다. 다음의 공식은 기계적인 이득을 계산하기 위해 사용할 수 있다.

$$\text{기계적 이득} = \frac{\text{산출력}}{\text{인입력}}$$

$$\text{또는 기계적 이득} = \frac{\text{산출거리}}{\text{투입거리}}$$

### 1.4.2 지레(The Lever)

가장 간단하고 널리 알려진 기계장치는 아마도 지레일 것이다. 우리에게 익숙한 시소는 두 사람이 시소판의 양쪽 끝에 앉고 중앙에는 중심점(pivoting point)이 있는 지레의 한 종류이다. 모든 지레에는 기본이 되는 3개의 부분으로 구성되어 있다. 즉, 받침점(fulcrum) 'F', 힘점(force or effort) 'E', 그리고 저항점(resistance) 'R'이 있다. 그림 1-6에서 보여준 것과 같이, 받침점 'F'와 이 받침점에서 거리가 'L'인 곳에 힘점 'E'가 있고, 또 거리가 'I'인 곳에는 저항점 'R'이 있다. 거리 'L'과 'I'는 지레의 팔길이(arm)이다.

회전력의 개념은 이전에 설명하였고 회전력은 지레의 작동과 많은 관계가 있다. 사람이 시소의 한쪽 끝에 앉아 있을 때 그 사람은 시소의 중심으로부터 거리만큼 작용하는 힘을 아래쪽 방향으로 가한다. 이 힘과 거리의 조합은 회전하려는 회전력을 발생시킨다.

#### 1.4.2.1 제1종 지레(First-class Lever)

받침점이 힘점과 저항점 사이에 있는 지레를 제1종 지레라고 한다. 이전에 설명했던 시소는 바로 제1종 지레에 속하는 좋은 예이다. 제1종 지레는 필요에 따라 받침점으로부터 힘점, 또는 저항점까지의 거리를 변경할 수가 있다.

가해진 힘점에서 받침점까지 거리 증가는 받침점에서부터 이동된 무게까지 거리와 비교하여 지레에 의해 제공하는 이득을 증가시킨다. 쇠지렛대(crow bar), 큰가위(shear), 그리고 집게는 자주 사용하는 제1종 지레의 예이다.

또한, 중심점, 즉 지레의 받침점이 되는 날개에서 양력 중심, 힘점과 저항점이 되는 날개의 앞쪽과 뒤쪽에 무게를 가진 비행기의 적절한 균형도 제1종 지레의 좋은 예이다. 특정 무게를 들어 올리는 데 얼마나 많은 힘이 필요한지, 또한 특정 힘에 의해 얼마나 많은 무게를 들어 올릴 수 있는지 계산할 때 다음의 공식을 이용할 수 있다.

$$\text{힘점}(E) \times \text{힘점거리}(L) = \text{저항력}(R) \times \text{저항력 거리}(I)$$

실제로 이 공식은 인입 회전력과 산출 회전력이 같음을 보여준다. 이 공식과 개념은 세 가지 모든 지레에 적용되며, 일반적인 모든 간단한 기계장치에도 적용할 수 있다.

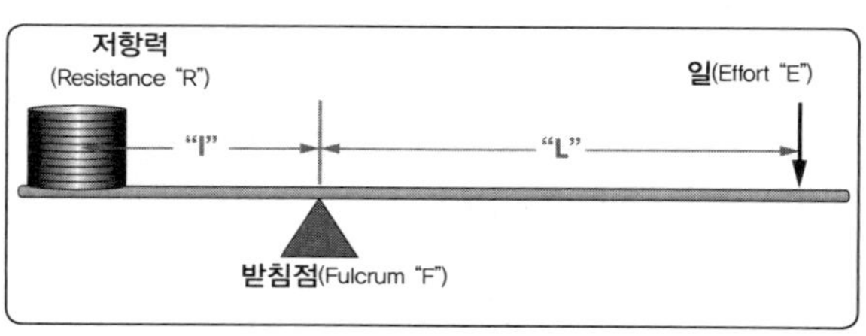


[그림 1-6] 제1종 지레(First class lever)

**보기문제 8**

제1종 지레가 500[lb]의 무게를 들어올리기 위해 사용되고 있다. 무게에서부터 받침점까지의 거리는 12[inch]이며 받침점에서부터 가해진 힘점까지는 60[inch]이다. 이 경우 무게를 들어 올리는 데 얼마나 많은 힘이 요구되는가?

**문제풀이 8**

힘점$(E)\times$힘점거리$(L)=$저항력$(R)\times$저항력 거리$(I$

$$E\times 60=500\times 12$$

$$E=\frac{500\times 12}{60}=100[lb]$$

이 예에서 지레의 기계적 이득은 다음과 같다.

$$\text{기계적 이득}=\frac{Force\ Out}{Force\ In}=\frac{500}{100}=5 \text{ or } 5 \text{ to } 1$$

이 지레의 예에 대하여 흥미로운 것은 만약 가해진 힘점이 10[inch] 아래쪽으로 이동하였다면, 다른 반대쪽 끝의 무게는 오직 위쪽으로 2[inch]만 움직이게 된다. 무게는 오직 1/5 만큼 움직이게 된다. 그 이유는 일의 개념 때문이다. 왜냐하면 지레는 입력보다 출력이 더 많은 일을 할 수 없기 때문이다. 만약 5배 이상의 무게를 들어 올릴 수 있다면, 당신이 힘점을 움직이는 한 무게는 오로지 1/5만 움직일 것이다.

#### 1.4.2.2 제2종 지레(Second-class Lever)

제2종 지레는 받침점이 한쪽 끝에 위치하고, 힘은 반대쪽 끝에서 가해진다. 저항력은 언제나 받침점과 힘점 사이에 있다. 바퀴가 받침점이 되고 반대쪽 손잡이가 힘점이 되며 무게 또는 저항력이 가해지는 중앙 적재공간이 있는 외바퀴 손수레는 제2종 지레의 좋은 예이다.[그림 1-7]

제1종 지레와 제2종 지레는 일반적으로 비교적 작은 힘으로 큰 저항력을 이겨내는 데 도움을 주기 위하여 이용된다. 그러나 제1종 지레는 더욱 다양하게 사용된다. 받침점에서 얼마나 가까이에 있는지, 또는 멀리 있는지에 따라서 제1종 지레는 힘을 얻거나 또는 거리를 얻도록 만들 수 있지만 이를 동시에 얻지는 못한다. 제2종 지레는 단지 힘을 얻을 수 있도록 만들어진다.

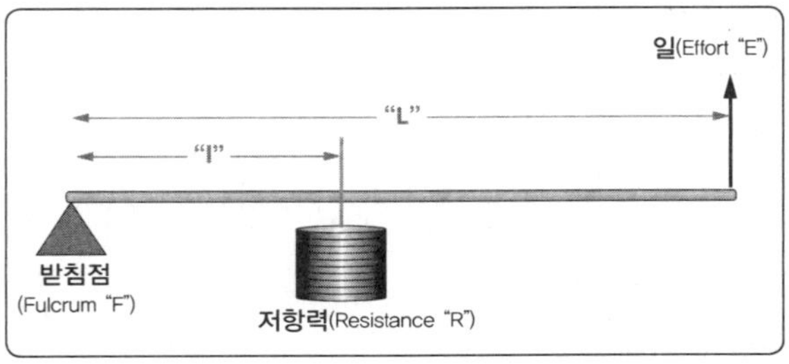


[그림 1-7] 제2종 지레(Second class lever)

**보기문제 9**

수레바퀴의 중심에서 외바퀴 손수레의 손잡이까지의 거리가 60[inch]이고 바구니의 무게는 수레바퀴의 중심에서 18[inch] 거리에 있다. 만약 바구니에 300[lb]를 넣는다면 이때 외바퀴 손수레를 들어올리기 위해 손잡이에 가해져야 하는 힘은 얼마인가?

**문제풀이 9**

$$\text{힘점}(E) \times \text{힘점거리}(L) = \text{저항력}(R) \times \text{저항력 거리}(I)$$

$$E \times 60 = 300 \times 18$$

$$E = \frac{300 \times 18}{60} = 90[lb]$$

이 예에서 지레의 기계적 이득은 다름과 같다.

$$\text{기계적 이득} = \frac{Force\ Out}{Force\ In} = \frac{300}{90} = 3.33$$

#### 1.4.2.3 제3종 지레(Third-class Lever)

비록 많은 노력을 들인다 할지라도 저항의 이동속도를 높이는 것이 필요한 경우가 있다. 이때 사용되는 것이 제3종 지레이다. 그림 1-8에서 보여준 것과 같이, 받침점은 지레의 한쪽 끝에 있으며 이겨내야 하는 무게 또는 저항력은 다른 쪽 끝에 있고 힘점은 지레의 양끝 중간에 있다.

제3종 지레는 힘이 받침점과 저항점 사이에서 가해지기 때문에 쉽게 식별할 수 있다. 비행기에서 접개들이식 주 착륙장치(retractable main landing gear)는 제3종 지레의 좋은 예이다. 비행기에 장착된 착륙장치의 위쪽은 받침점이다. 착륙장치의 아래쪽에서 차륜과 브레이크 어셈블리는 저항력이다. 착륙장치를 접어 들이는 유압 작동기 (hydraulic actuator)는 중간 어딘가에 있고 그것이 가해지는 힘점이다.

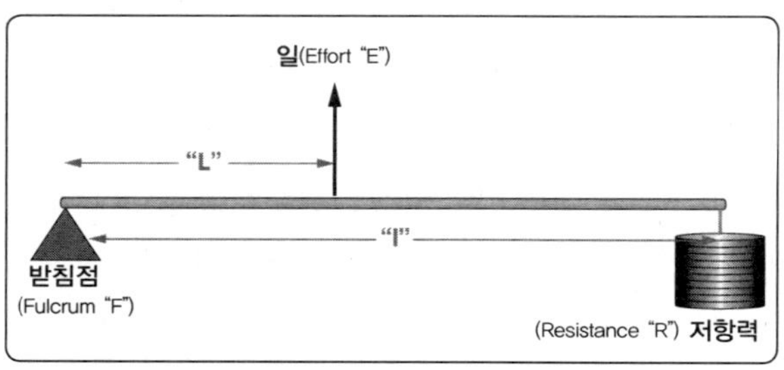


[그림 1-8] 제3종 지레(Third class lever)

### 1.4.3 도르래(Pulley)

도르래는 고정 축에 달린 수레바퀴와 이것을 지지하는 뼈대(frame)로 구성된 간단한 기계장치이다. 수레바퀴, 또는 원반(disk)은 보통 로프(rope)를 감을 수 있게 홈이 패여 있다. 수레바퀴는 도르레 바퀴(Sheave) 또는 도르레뭉치(Sheaf)라고 부른다. 블록과 도르래 장치가 한 쌍으로 구성되면, 각 블록은 1개 이상의 도르래와 각 블록의 도르래를 연결하는 로프로 구성된다.

#### 1.4.3.1 단일 고정 도르래(Single Fixed Pulley)

단일 고정 도르래는 동일한 팔길이(arm)을 가진 제1종 지레이다. 그림 1-9에서 보여준 것과 같이, 지점 'R'에서 지점 'F'까지의 팔길이는 지점 'F'에서 'E'까지의 팔길이와 같다. 두 길이 모두 도르래의 반경과 같은 거리이다. 제1종 지레는 동일한 팔길이를 가지므로 기계적 이득은 1이다. 그러므로 로프를 당기는 힘은 끌어올릴 물건의 무게와 같다. 단일 고정 도르래의 이점은 로프를 끌어당기는 방향, 즉 힘의 방향을 바꾸어 주는 것이다.

#### 1.4.3.2 단일 이동 도르래(Single Movable Pulley)

단일 도르래도 사용된 힘을 증폭시키는 데 사용할 수 있다. 그림 1-10에서 보여준 것과 같이 도르래는 움직일 수 있고 도르래로부터 연장된 두 로프는 무게

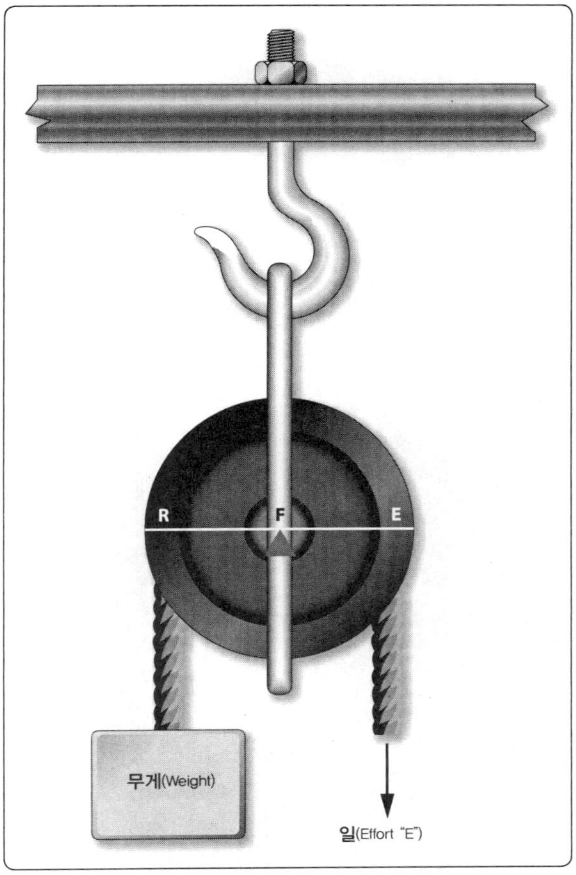


[그림 1-9] 단일 고정 도르래(Single fixed pulley)

를 분담하고 있다.

이 단일 이동 도르래는 도르래의 직경(diameter)이 되는 힘점 팔거리(effect arm(EF))와 도르래의 반경이 되는 저항점 팔거리(resistance arm(FM))를 가진 제2종 지레처럼 작용한다. 이 형태의 도르래는 도르래 직경이 도르래 반경의 2배이기 때문에 2배의 기계적 이득을 갖는다. 사용하는 데 있어서 만약 어떤 사람이 힘점 로프를 4[feet] 당긴다면 무게는 단지 2[feet]만큼 올라가게 된다. 만약 무게가 100[lb]라면 작용력은 단지 50[lb]만 필요하게 된다. 이 형태의 도르래에서 저항력은 항상 들어 올리는 무게의 반이 될 것이다.

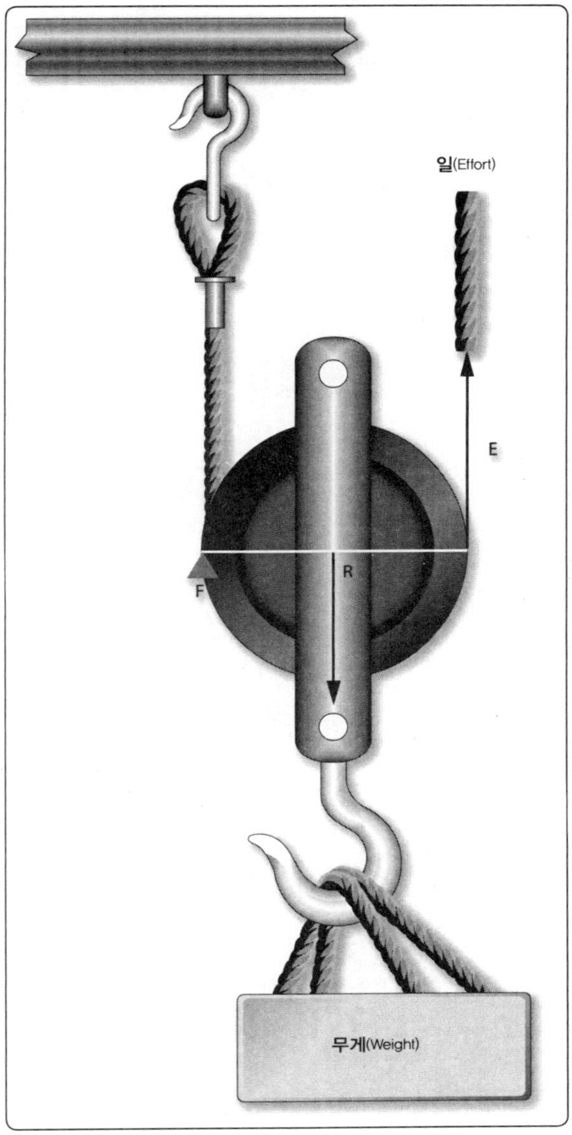


[그림 1-9] 단일 고정 도르래(Single fixed pulley)

### 1.4.3.3 복합 도르래(Block and Tackle)

복합 도르래는 여러 개의 복잡한 도르래로 구성되는데 그들 중 일부는 고정되어 있고 일부는 움직인다. 그림 1-11에서 보여준 것과 같이 복합 도르래는 4개의 도르래로 구성되는데 위쪽의 2개는 고정되어 있고

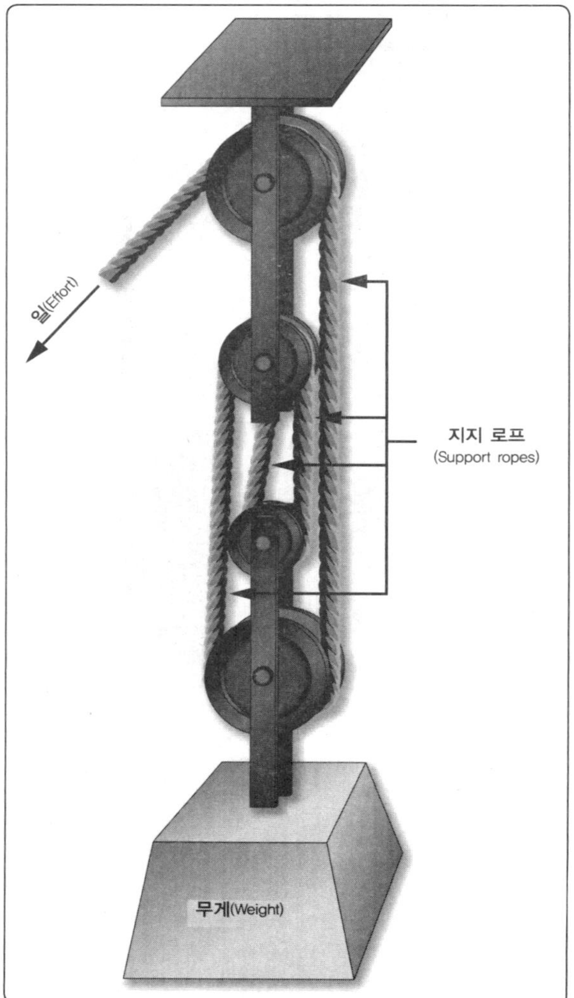


[그림 1-11] 복합 도르래(Block and Tackle)

아래쪽의 2개는 움직인다. 오른쪽에서부터 왼쪽으로 그림을 보면 4개의 로프는 무게를 지지하고 있고 다섯 번째 로프는 힘점으로 작용하고 있다. 무게를 지지하는 로프의 수는 복합도르래의 기계적 이득을 결정한다. 그러므로 이 경우 기계적 이득은 4이다. 200[lb] 무게를 들어 올리는 데 50[lb]의 힘이 필요하다.

[그림 1-12] 평 기어(Spur gears)

### 1.4.4 기어(The Gear)

그림 1-12에서 보여준 것과 같이 바깥쪽 끝에 톱니가 있는 2개의 기어는 하나의 기어가 다른 기어와 맞물릴 때 제1종 지레와 같이 작용한다. 인입력(input force)으로서의 기어를 구동(Drive) 기어라고 하며 다른 것을 피동(Driven) 기어라고 한다. 힘점 팔거리는 피동 기어의 직경이고 저항점 팔거리는 구동기어의 직경이다. 2개의 기어는 반대방향으로 회전한다. 왼

쪽 기어(Blue)는 시계방향이고 오른쪽 기어(Yellow)는 반시계방향으로 회전한다. 오른쪽 기어는 직경이 9[inch] 이고 45개의 톱니(teeth)가 있으며 왼쪽 기어는 직경이 12[inch] 이고 60개의 톱니를 갖고 있다.

왼쪽 기어가 오른쪽 기어를 구동시킨다고 가정한다. 즉, 왼쪽 기어가 구동하여 오른쪽 기어를 구동시킨다. 힘에 대한 기계적 이득은 힘점 팔거리를 저항점 팔거리로 나눈다. 즉, 9÷12=0.75이다. 이것은 실제로 단편적인 불이익이라고 부른다. 왜냐하면 가해주는 힘보다 나오는 힘이 적기 때문이다. 거리에 대한 기계적 이득은 12÷9=1.33이다.

이러한 결과는 큰 기어가 작은 기어를 구동시킬 때, 작은 기어가 빠르게 회전하면서 작은 힘을 전달해주는 것을 보여준다. 기계장치가 힘을 얻기 위해 작은 기어는 큰 기어를 구동시킬 필요가 있다. 프로펠러 감속 기어박스(reduction gearbox)와 같은 감속기어가 사용될 때, 이것은 출력되는 것보다 더 높은 rpm이 있다는 것을 의미한다. 그 결과는 힘에서의 증가로 궁극적으로 회전력이다.

그림 1-13에서 보여준 것과 같이 베벨 기어(bevel gear)는 회전하는 면을 변화시키기 위해 사용된다. 그러므로 수평방향으로 회전하는 축이 수직방향 축을 회전하도록 만들 수 있다. 기어의 크기와 톱니의 수는 힘이 증가하거나 또는 rpm이 증가하도록 하여 기계적 이득을 결정해 준다. 만약 각각의 기어가 같은 수의 톱니를 갖는다면 힘 또는 rpm에서 변화는 없다.

그림 1-14에서 보여준 것과 같이, 웜기어(worm gear)는 극도로 높은 기계적 이득을 갖는다. 인입력은 평기어를 구동시키는 나선형 웜기어로 들어간다. 웜기어의 완전한 1회전은 오직 평기어의 1개의 톱니에 적용할 수 있는 양만큼 회전시킨다. 기계적 이득은 평기어의 톱니 수인 25개와 동일하다. 이것은 힘을 얻는 기계장치이며, 산출력이 25배나 된다.

그림 1-15에서 보여준 것과 같이, 유성기어(planetary sun gear) 시스템은 프로펠러 감속 기어박스에서 볼 수 있는 전형적인 형태이다. 엔진의 출력축은 중앙에 있는 유성기어를 회전시키는 중앙기어(sun gear)를 구동시켜 최종적으로 링기어 (ring gear) 구동

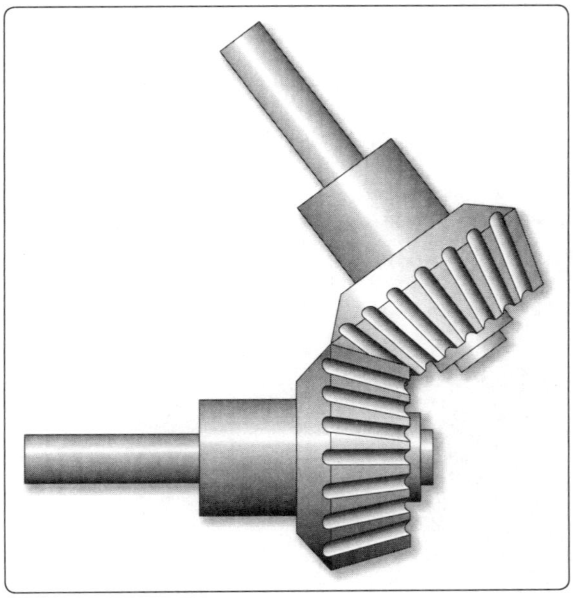

[그림 1-13] 베벨 기어(Bevel gears)

[그림 1-14] 웜 기어(Worm gear)

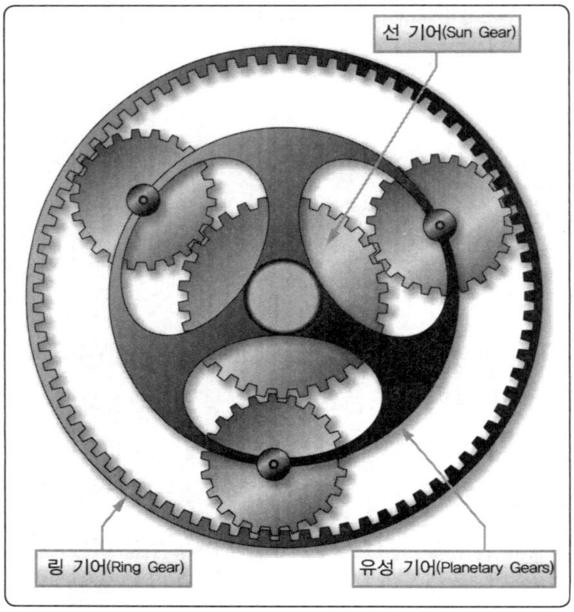


[그림 1-15] 유성 기어(Planetary sun gear)

시킨다. 예를 들어 28개의 톱니를 가진 중앙기어, 22개의 톱니를 가진 유성기어, 그리고 82개의 톱니를 가진 링기어가 있다. 얼마만큼의 기어감속이 일어나는지 알기 위해, 링기어의 톱니를 중앙기어의 톱니로 나눈다. 이 경우에 기어 감속은 2.93이며, 엔진이 프로펠러보다 2.93배 이상의 rpm을 갖는 것을 의미한다.

### 1.4.5 경사면(Inclined Plane)

경사면은 간단한 기계장치로서 작은 힘으로 긴 거리를 이동하여 무거운 물건을 올리거나 내리는 것을 가능하게 한다. 경사면의 예로 산악 고속도로와 이동 트럭의 뒤로 짐을 싣는 경사로가 있다. Cessna 172와 같은 작은 비행기 무게를 측정할 때 비행기를 들어올리기보다 경사면을 이용하여 비행기를 밀어 올림으로써 저울 위로 올릴 수 있다. 그림 1-16에서 볼 수 있는 것과 같은 경사로에서, Cessna 172의 착륙장치 바퀴가 전자저울에 올려져 있는데 이 비행기는 경사로를 따라 밀어서 저울 위에 올려져 있다.

경사면에서 경사면의 길이는 힘점 팔거리이고, 경사면의 높이는 저항점 팔거리이다. 만약 경사면의 길이가 높이보다 5배일 때, 5배의 힘 이득 또는 기계적 이득이 있을 것이다.

그림 1-16의 Cessna 172는 1,600[lb]의 무게이고 경사로의 높이가 6[inch]이며 경사로의 길이는 24[inch]이다. 경사로 위로 비행기를 밀어 올리는 데 필요한 힘을 계산하기 위해 이전에 설명했던 지레와 같은 공식을 사용한다.

$$\text{힘점}(E) \times \text{힘점거리}(L) = \text{저항력}(R) \times \text{저항력 거리}(I)$$

$$E \times 24 = 1{,}600 \times 6$$

$$E = \frac{1{,}600 \times 6}{24} = 400[lb]$$

또한, 볼트, 스크루, 그리고 쐐기는 경사면의 원리를 적용한 장치의 예이다. 예를 들어 볼트는 볼트의 원주

[그림 1-16] Mooney M20 항공기와 램프

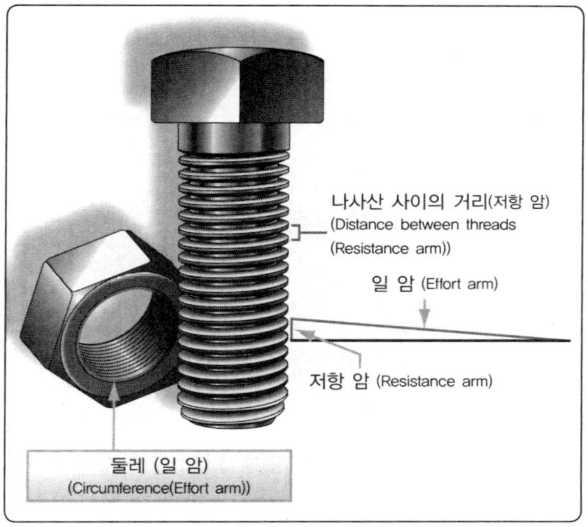


[그림 1-17] 볼트와 너트의 경사면

(circumference) 주위를 따라 이어진 나선상의 나삿니(spiral thread)를 갖고 있다. 나삿니가 볼트의 원주 주위로 나선상을 이룰 때 나삿니 사이에 간격이 일정한 수직거리로 이동한다. 볼트의 원주는 힘점 팔거리이고 나삿니 사이에 수직거리는 저항점 팔거리이다. 그림 1-17에서 보여준 것과 같이, 이 분석을 기본으로 가는 나사볼트는 (inch당 나삿니가 많음) 굵은 나사볼트보다 기계적 이득이 더 크다.

## 1.5 응력(Stress)

기계장치가 지레 또는 스크루와 같은 간단한 기계장치로, 또는 항공기 피스톤 엔진 또는 유압식으로 작동하는 착륙장치와 같이 더 복잡한 기계장치로 작동하고 있을 때, 그 기계장치의 부품은 응력이라 불리는 무언가를 겪는다. 지레의 끝을 눌러주는 무게와 같이 외력(external force)이 물체에 가해질 때, 물체의 내부에서 응력이라고 불리는 반응이 일어날 것이다. 응력은 전형적으로 pounds per square foot 또는 pounds per square inch(psi)로 측정된다.

물체에 작용하는 외력은 이 다섯 가지의 조합이나 다섯 가지 중 하나의 작용으로 응력을 발생시킨다. 이 다섯 가지는 인장력(tension), 압축력(compression), 비틀림(torsion), 굽힘(bending), 그리고 전단(shear) 이다.

### 1.5.1 인장력(Tension)

인장력은 물체를 잡아당기는 힘이다. 이전에 언급된 복합 도르래에서 2개의 고정 도르래를 수용하는 위쪽 블록은 위쪽 보에 고정되어 있었다. 움직일 수 있는 아래쪽 블록과 2개의 도르래는 로프에 의해 매달려 있으며, 무게는 전체 어셈블리를 아래쪽으로 매달고 있다. 로프와 블록의 인장력에 의해서 무게는 들어 올려진다. 무게는 사실상 로프를 따로따로 잡아당기려 한다. 그리고 만약 너무 무거운 무게라면 결국에는 로프는 인장력으로 인하여 끊어지게 된다.

### 1.5.2 압축력(Compression)

압축력은 물체를 누르려는 힘이다. 압축력의 좋은 예는 박판(sheet metal)으로 만들어진 비행기가 리벳(rivet) 체결제(fastener)를 사용할 때 리벳이 박판에 가하는 힘이다. 그림 1-18에서 보여준 것과 같이, 알루미늄(aluminum) 조각에 뚫은 구멍을 통과하여 리벳을 넣고 리벳 머리(rivet head)쪽에는 리벳건(rivet gun)을 그리고 다른 반대쪽에는 버킹바 (bucking bar)를 대고 힘을 가한다. 이 가해진 힘은 리벳을 압착시키

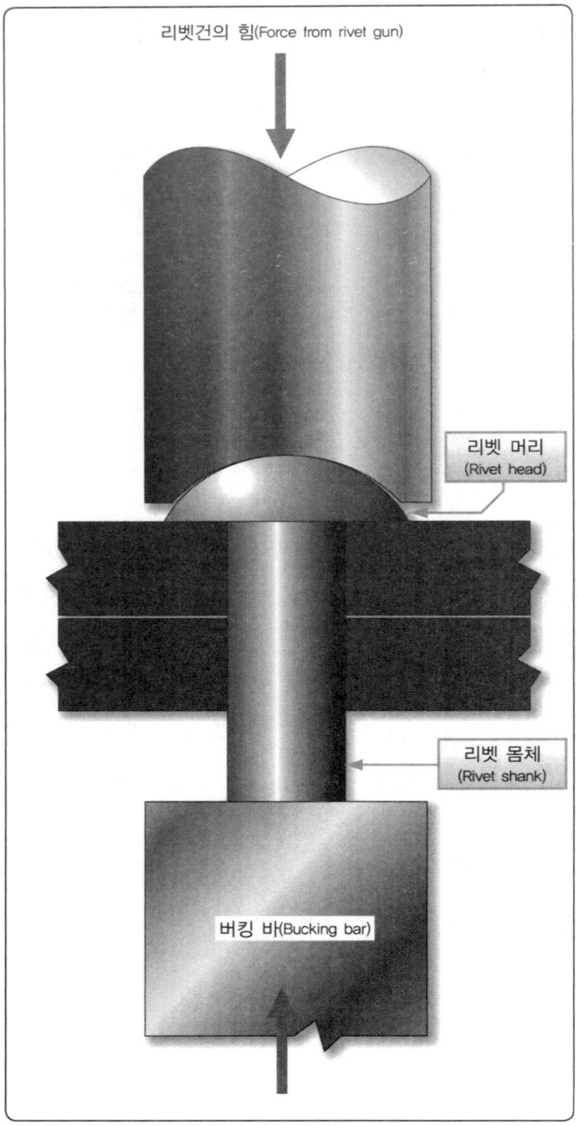


[그림 1-18] 리벳과 압축력(compression)

고 그것은 구멍을 채우기 위해 팽창되어 알루미늄 조각을 단단하게 결합시킨다.

### 1.5.3 비틀림(Torsion)

비틀림은 물체가 비틀릴 때 작용하는 응력으로서, 비틀림이 축(shaft)에 가해질 때 일어난다. 비틀림은 실제로 두 가지의 서로 다른 응력, 즉 인장력과 압축력으로 만들어진다. 그림 1-19에서 보여준 것과 같이, 손잡이가 비틀릴 때, 인장력은 손잡이에 대각선으로 작용하며 압축력은 인장력에 90도 방향으로 작용한다.

압축기를 구동시키기 위해 연결된 터보팬 엔진의 터빈축은 비틀림 응력 상태에 있다. 터빈 날개깃은 고속 공기로부터 에너지를 힘으로 추출한다. 이 힘은 날개

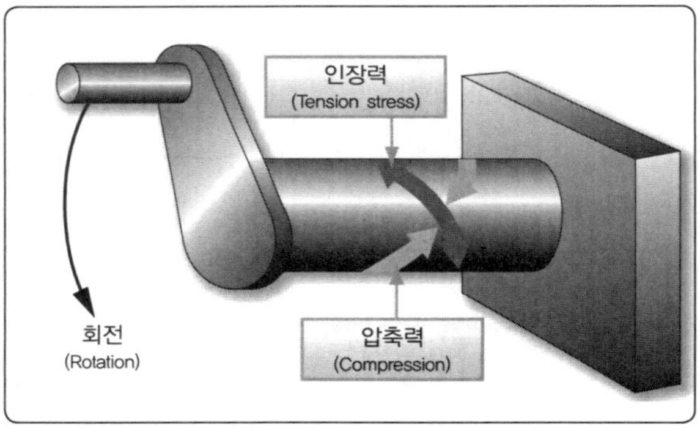


[그림 1-19] 비틀림 - 압축력과 인장력의 합성

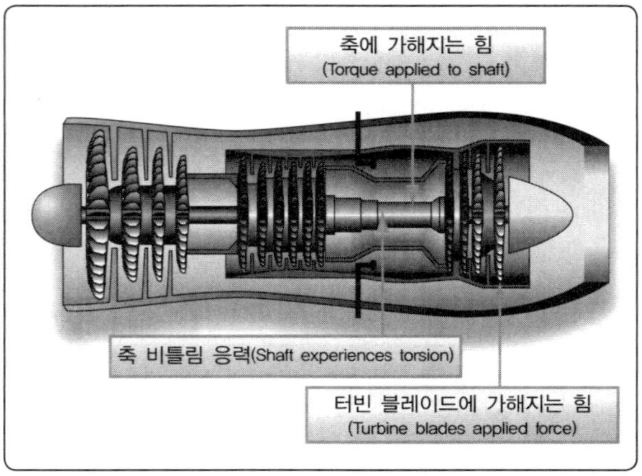


[그림 1-20] 터보팬 엔진의 비틀림

깃으로부터 축의 중심까지의 길이를 따라 작용하고, 회전을 초래하는 회전력을 창출한다.[그림 1-20]

### 1.5.4 굽힘(Bending)

비행 중인 비행기는 공기 역학적인 양력이 날개를 들어 올리려는 것처럼 날개에 굽힘력(bending force)을 발생하게 한다. 이 양력의 힘은 실제로 날개 상면의 외판(skin)이 압축하게 하고 날개 하면의 외판이 인장상태가 되게 한다. 비행기가 착륙장치를 사용하여 지상에 있을 때, 중력은 날개를 아래 방향으로 휘어지게 하여 결과적으로 날개의 하면을 압축 상태로 그리고 날개의 상면을 인장상태로 만든다. 그림 1-21에서 보여준 것과 같이, 제작사는 비행기 인가(certification) 이전에 실시하는 시험운영 기간 동안에 비행기가 결함없이 응력을 견딜 수 있도록 만들기 위하여 고의적으로 날개를 위쪽과 아래쪽으로 구부린다.

### 1.5.5 전단(Shear)

물체에 전단응력이 가해질 때, 힘은 칼로 버터를 자르는 것과 같이 물체를 자르려고 한다. 기체의 일부분에 케이블(cable)을 고정시키기 위해 사용되는 클레비스 볼트(clevis bolt)에는 전단응력이 작용한다. 그림

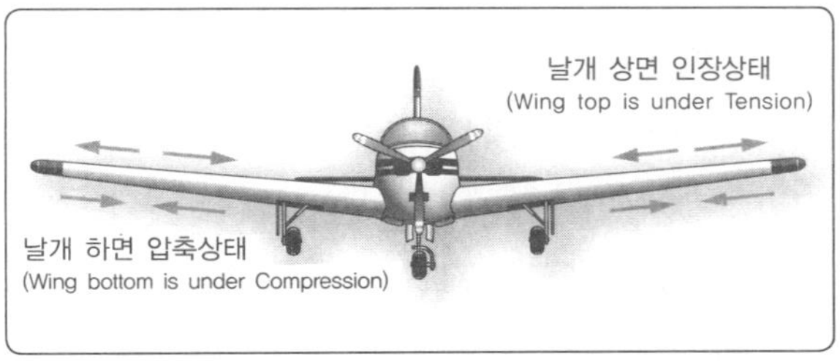


[그림 1-21] 지상에 있는 항공기의 날개 – 인장력과 압축력

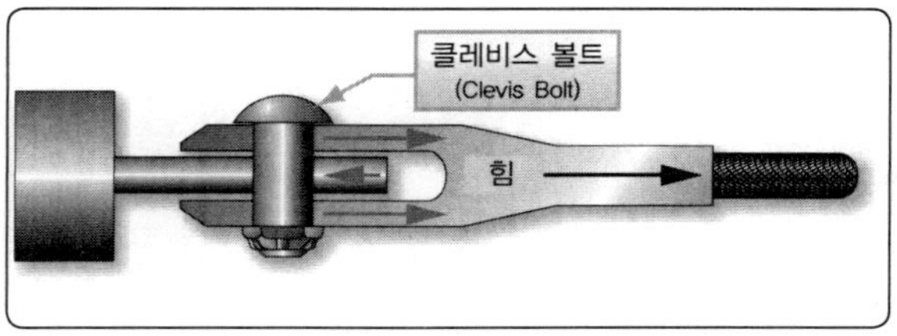


[그림 1-22] 클레비스 볼트(Clevis bolt)
– 적색 화살표는 반대방향의 힘을 보여줌

1-22에서 보여준 것과 같이, 포크 피팅(fork fitting)이 케이블의 끝에 고정되어 있으며 포크는 클레비스 볼트로 기체의 끝부분(eye)에 부착되어 있다. 케이블이 인장 상태에 놓일 때 포크는 클레비스 볼트를 통해 잘라짐으로 해서 동체 끝부분이 미끄러지면서 떨어지지 않게 한다. 이 볼트는 매우 높은 전단 하중(shear load)을 갖도록 설계한다.

### 1.5.6 변형(Strain)

물체에 많은 양의 응력이 작용하면, 물체의 외형 변화 또는 뒤틀림을 유발할 수 있다. 물질의 한 가지 특성은 탄성체가 되려는 경향으로 힘이 가해졌을 때 외형이 변형되고, 힘이 제거되었을 때 원래의 모양으로 되돌아간다. 물체가 가해진 힘에 의해 뒤틀렸을 때 물체는 변형을 일으켰다고 말한다.

터빈 엔진의 테스트 셀(test cell)에서 엔진의 추력은 변형 게이지(strain gage)에 의해 측정된다. 엔진의 힘 또는 추력이 변형 게이지에 대해 당길 때, 변형의 양이 측정되고, 적절한 추력값(thrust reading)으로 표현된다.

토크렌치(torque wrench)의 편향된 빔 모양은 렌치의 구동단(drive end)에서의 변형을 이용하고 결과적인 빔의 비틀림이 볼트, 또는 너트에 가해지는 토크의

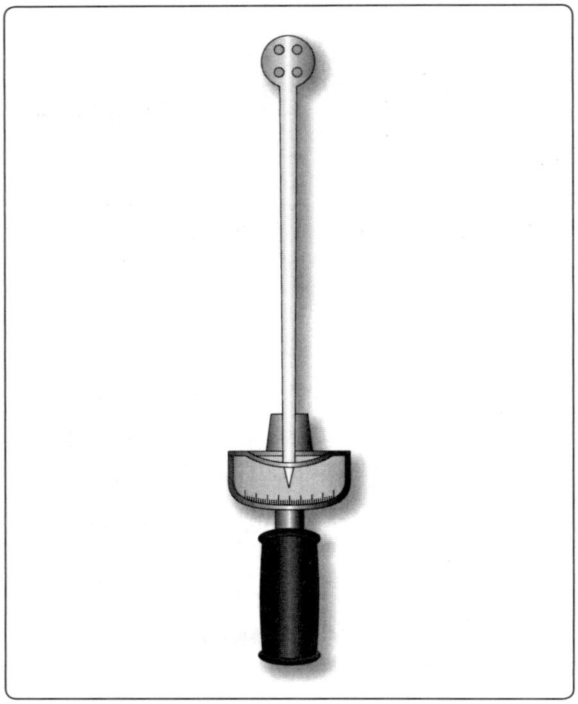

[그림 1-23] 편향 빔 토크렌치
- 왜곡된 정도를 변형으로 측정

양을 나타낸다. [그림 1-23]

## 1.6 운동(Motion)

사물 또는 물체에 작용하는 힘과 운동 사이의 관계를 밝히는 것을 "힘과 운동"의 연구라고 한다. 범위를 좀 더 제한하면 물체의 속력, 가속도, 그리고 거리 사이의 관계를 살피는 학문을 운동학(kinematics)이라고 한다.

### 1.6.1 등속 운동(Uniform Motion)

물체가 위치를 계속 바꾸는 것, 즉 계속하여 변위하는 것을 운동이라고 한다. 공간에 위치한 물체가 시간이 변할 때마다 그 위치가 변하면 물체는 운동을 하고 있다고 하며, 일정한 시간의 주기마다 그 움직인 거리가 일정하면 이 물체의 운동을 등속운동(uniform motion)이라고 한다. 따라서 등속운동을 하는 물체의 속도는 언제나 일정하다.

### 1.6.2 속도와 속력(Speed and Velocity)

일상생활에서는 속도와 속력을 같은 뜻으로 사용한다. 그러나 물리에서 이들은 서로 다른 정의를 갖는다. 속력은 물체가 얼마나 빨리 움직이는가, 즉 물체가 주어진 시간에 얼마나 멀리 움직이는가를 나타낸다. 물체의 속력만으로는 그 물체가 움직이고 있는 방향을 전혀 알 수 없다. 만약 예를 들어, 서울을 출발한 항공기가 150[mph]의 속도로 8시간 비행하면 이 내용의 자료로서는 항공기가 날아가고 있는 방향을 전혀 모른다. 이 항공기는 8시간 후에 하와이에 있거나, 원을 그리며 날고 있으며, 심지어는 다시 서울에 되돌아왔을지도 모른다.

물리에서 물체의 속력뿐만 아니라 물체가 움직이는 방향까지를 나타내는 양을 속도라고 한다. 즉, 속도는 특정한 방향으로 운동하는 비율로 정의한다. 또한, 속도는 벡터양으로 표현되고, 벡터는 특정한 길이의 선으로 나타내며 한쪽 끝이나 다른 쪽 끝에 화살표를 갖는다. 선의 길이는 수치 값을 나타내고, 화살표는 그 수치가 작용하는 방향을 가리킨다.

그림 1-24에 있는 2개의 속도 벡터에서, 하나는 비행기의 속도를 나타내고 다른 하나는 바람의 속도를 나타낼 경우, 두 속도 벡터는 분석에 의해 함께 더해질 수 있다. 비행기와 바람의 속도를 나타낸 벡터 'A'와 벡

터 'B'로서 벡터 'C'를 유도하는 것을 입증한다. 바람이 없는 경우 비행기의 속도와 방향은 벡터 'A'로 표시한다. 바람방향과 속도를 계산할 때 비행기의 최종 속도와 방향은 벡터 'C'로 표시한다.

비행기가 정속(constant speed)으로 원형비행을 한다고 생각해 보자. 원형으로 비행하기 때문에 비행기는 방향이 일정하게 변화되고, 이는 비행기의 속도가 일정하게 변화됨을 의미한다. 그 이유는 속도가 방향을 포함하고 있다는 사실 때문이다.

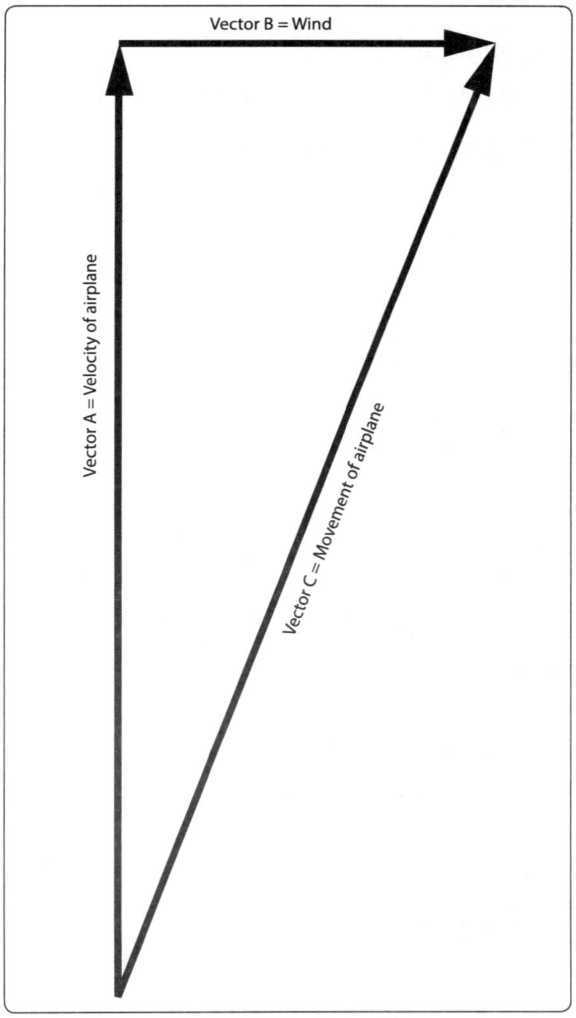


[그림 1-24] 항공기 속도와 바람 속도를 합성한 벡터 해석

어떤 물체의 속력을 계산하려면 물체의 이동거리를 소요시간으로 나누어주면 된다. 만약 거리가 mile로, 소요시간은 시간으로 측정한다면 속력의 단위는 miles per hour(mph)이다. 만약 거리가 feet, 소요시간은 초로 측정한다면 속력의 단위는 feet per second(fps)이다. mph를 fps로 변환하려면 1.467을 곱한다. 속도는 속력과 같은 방법으로 계산하되 방향이 바뀌는 매 순간마다 다시 계산해주어야 한다.

### 1.6.3 가속도(Acceleration)

물리에서 속도의 변화율을 가속도라고 정의한다. 만약 물체의 속도가 20[mph]에서 30[mph]로 증가한다면 물체는 가속되었다고 한다. 만약 5초 동안에 속도가 10[mph]만큼 증가하였다면, 속도의 변화율은 2[mph/sec]가 된다. 만약 여기에 1.467을 곱한다면, 그것은 2.93[feet/sec]의 가속도로 설명된다. 참고로 중력에 의한 가속도는 32.2[fps/s]이다.

가속도를 계산하기 위해서는 다음의 공식을 이용한다.

$$\text{가속도}(A)=\frac{\text{최종속도}(Vf)-\text{초기속도}(Vi)}{\text{시간}(t)}$$

#### 보기문제 10

공군 F-15 전투기가 400[mph]로 순항하고 있다. 조종사는 추력 조종간을 최대로 증가시켜 20초 동안에 1,200[mph]까지 가속시켰다. 평균 가속도를 mph/s, fps/s로 구하여라.

**문제풀이 10**

$$A=\frac{V_f-V_i}{t}=\frac{1,200-400}{20}=40[mph/s]$$

$$A=\frac{V_f-V_i}{t}\times 1,467=\frac{1,200-400}{20}\times 1,467$$

$$=58.7[fps/\text{sec}]$$

위의 예에서 가속도는 58.7[fps/s]라는 것을 알 수 있다. 또한, 중력가속도가 32.2[fps/s]이기 때문에 F-15의 가속도를 32.2로 나누면, 조종사가 경험하는 관성력(G force)의 크기가 얼마나 큰지를 알 수 있다. 이 경우에는 1.82G이다.

## 1.6.4 뉴턴의 운동법칙 (Newton's Law of Motion)

### 1.6.4.1 제1법칙(First Law)

마술사가 식탁보를 확 잡아채어도 식탁 위의 접시는 흐트러지지 않고 그대로 있는 것은 마술사가 마술을 부린 것은 아니며 단지 관성(inertia) 원리를 보여 주었을 뿐이다. 비행기가 활주로에서 갑자기 정지하면 승객이 갑자기 앞쪽방향으로 쏠리게 되는 것은 관성 때문이며 물질이 가진 성질 중의 하나이다. 이와 같은 물질의 성질을 뉴턴 운동 제1법칙으로 설명하였다.

**「만약 외력에 의한 작용이 없다면, 정지한 물체는 그 정지 상태를 계속 유지하려고 하고, 운동 중인 물체는 일정한 방향으로 등속도 운동을 계속 하려는 성질이 있다.」**

### 1.6.4.2 제2법칙(Second Law)

움직이고 있는 물체는 운동량(momentum)이라는 특성을 갖고 있다. 큰 운동량을 가진 물체는 움직임을 계속 유지하려는 경향이 크게 작용하고 따라서 멈추기 어렵다. 예를 들어 움직이고 있는 기차는 아무리 저속력이라고 하더라도 멈추기가 힘든데, 그 이유는 그 질량이 크기 때문이다. 뉴턴의 제2법칙은 이러한 특성을 설명해준다.

**「물체에 힘이 작용하면, 물체의 운동량은 변한다. 이 운동량의 변화율은 가해진 힘에 비례한다.」**

뉴턴 제2법칙에 기초하여 추력을 계산하는 공식을 얻을 수 있다.

$$\text{힘}=\text{질량}\times\text{가속도 or } F=MA$$

본 장의 전반부에서

$$\text{가속도}(A)=\frac{\text{최종속도}(Vf)-\text{초기속도}(Vi)}{\text{시간}(t)}$$

이들 모든 개념을 함께 이용하여 추력을 구하는 공식은 다음과 같다.

$$\text{힘}=\frac{\text{무게}\times(\text{초종속도}-\text{초기속도})}{\text{중력가속도}\times\text{시간}}=\frac{W(V_f-V_i)}{Gt}$$

**보기문제 11**

터보제트 엔진이 초당 150[pound]의 공기를 배출하며 움직이고 있다. 유입되는 공기는 100[fps]이고, 배출되는 공기는 1,200[fps]일 때, 엔진에 의해 발생하는 추력은 몇 pound인가?

**문제풀이 11**

$$F = \frac{W(V_f - V_i)}{G_t} = \frac{150(1{,}200 - 100)}{32.2(1)} = 5{,}124[lb]$$

#### 1.6.4.3 제3법칙(Third Law)

뉴턴의 운동 제3법칙을 흔히 작용(action)과 반작용(reaction)의 법칙이라 한다. 이 법칙은 작용이 있으면 반드시 그와 반대인 반작용이 있음을 말해준다. 즉, 만약 물체에 힘이 가해진다면 이 물체에 가해진 힘과 크기는 똑같고 방향만 반대인 저항이 발생한다. 정지한 물체에 이 법칙이 어떻게 적용되는가를 알아보자. 예를 들어, 사람이 마루 위에 서 있으면 마루는 사람의 무게와 동일한 힘을 사람의 발에 전달한다. 그러나 힘이 운동하는 물체에 가해질 때에도 이 법칙을 적용한다.

힘은 언제나 짝을 지어 일어난다. '작용 힘'은 하나의 물체가 다른 물체에 작용하는 힘을 말하고, 반작용 힘은 다른 물체가 처음 물체에 작용하는 힘을 말한다.

항공기의 프로펠러가 500[lb]의 힘으로써 공기를 뒤쪽으로 밀쳐내면 공기는 프로펠러 날개깃을 500[lb]의 힘으로 앞쪽에 밀어주는 것과 동일하다. 이와 비슷한 과정이 터빈 엔진의 후부 배기관에서 배기가스(exhaust gas)가 방출되어 항공기가 앞쪽으로 전진하는 경우에도 성립한다. 터보팬 엔진은 흡입구로 유입되는 공기를 가속시켜 팬덕트와 후부배기관으로 내보낸다. 뒤쪽에서 가속된 공기는 작용이고 엔진 내부에 힘은 일어나는 유입공기의 가속이 바로 반작용이고, 또한 추력이라고 부른다.

### 1.6.5 원운동(Circular Motion)

물체가 일정한 반지름을 가진 곡선을 따라서 움직이는 운동을 원운동이라 한다. 예를 들어, 팽팽한 줄의 한끝에 물체를 매달아 다른 끝을 손으로 잡고 빙빙 돌리는 것도 원운동의 한 종류이다. 그림 1-25에서 보여준 것과 같이 물체는 줄에 작용하는 당김 때문에 직선 경로로부터 항상 일정하게 비뚤어지게 된다. 지점 A에서의 물체는 관성으로 인해 지점 B까지 직선방향으로 계속 움직이려고 한다. 하지만 줄에 작용하는 힘에 의해 지점 C에서 원형으로 움직이게 된다.

줄은 물체에 구심력(centripetal force)을 주고, 뉴턴 운동 제3법칙에 따라 물체는 줄에 대해 크기가 같은 힘을 작용한다. 구심력과 크기는 같으나, 방향이 반대인 힘을 원심력(centrifugal force)이라 한다. 구심력은 원운동을 하는 물체의 질량에 정비례한다. 그러므로 그림 1-25에서 보여준 것과 같이, 물체의 질량이 2배가 되고, 물체의 속도를 일정하게 유지하고 동일한 곡선의 경로로 회전하면 줄이 끌어당기는 힘은 2배가 된다.

구심력은 물체가 움직이는 원의 반지름에는 반비례한다. 그림 1-25에서 보여준 것과 같이, 만약 줄이 짧아지고 속도가 일정하면 반지름이 감소하였으므로 줄이 끌어당기는 힘은 커져서 줄에 의해 물체는 직선 경로로 더욱 급하게 잡아 당겨지게 된다. 같은 이유로, 만약 물체가 궤도를 더욱 빨리 돌게 되면 줄에 작용하는 잡아당기는 힘은 더욱 커진다. 따라서 구심력은 물체의 속력의 제곱에 비례한다. 구심력을 계산하는 공식은 다음과 같다.

$$구심력=\frac{질량(속도^2)}{반경}$$

위의 공식에서 질량은 무게를 중력으로 나눈 값이고, 속력은 feet per second, 반경은 feet이다.

**보기문제 12**

만약 10[lb]의 무게가 반경이 3[feet]인 원 궤도를 500[fps]로 돌아가고 있다면 구심력은 얼마인가?

**문제풀이 12**

$$구심력=\frac{질량(속도^2)}{반경}=\frac{10(500^2)}{32.2}=25,880[lb]$$

예에서 나타난 상황을 분석해보면, 물체는 마치 실제보다 2,588배 더 무게가 많이 나가는 것처럼 된다. 물체는 2,588G를 경험한 것이라고도 할 수 있다. 엔진이 최대 rpm으로 회전한다면 터보팬 엔진의 깃은 같은 이유로 몇 천배의 G를 경험하게 될 것이다.

## 1.7 열(Heat)

열은 에너지의 한 형태이다. 즉, 다른 형태의 에너지를 변화시키면 열을 얻을 수 있다. 어떤 경우에는 물질이 가진 분자의 총 운동에너지를 열이라 정의하기도 한다.

열에너지로 변환시킬 수 있는 다른 형태의 열에너지로 변환시킬 수 있는 다른 형태의 에너지는 다음과

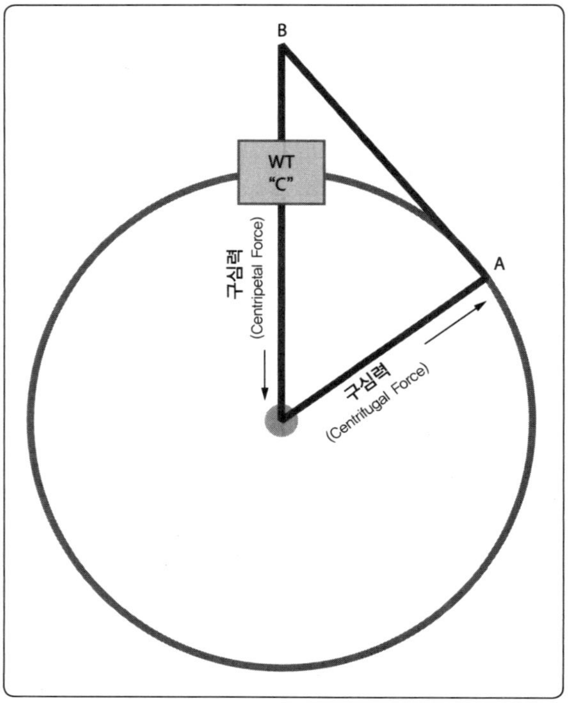


[그림 1-25] 원운동(Circular motion)

같다.

(1) 역학적 에너지(Mechanical Energy)

마찰, 물체의 충돌, 또는 기체의 압축 등과 같이, 분자의 운동을 증가시켜 주는 모든 방법은 역학적 에너지를 열에너지로 변경시킨다.

(2) 전기에너지(Electrical Energy)

전기에너지는 전기다리미, 전등, 또는 전기담요 등과 같이 저항을 통해 전류로 흐를 때 열에너지로 변환된다.

(3) 화학에너지(Chemical Energy)

화학 반응을 일으키는 대부분의 경우에 저장된 위치

에너지는 열에너지로 변환된다. 예를 들어, 화약이 폭발하는 경우, 석유 또는 목재가 연소할 때 그리고 산소와 그리스(grease)가 결합하는 경우에서 볼 수 있다.

(4) 복사에너지(Radiant Energy)

특정한 진동수를 가진 전자파가 물체에 충돌하여 흡수당하면 열이 발생한다. 예를 들어, X-ray, 광선, 자외선 등에 나타난다.

(5) 핵에너지(Nuclear Energy)

원자의 핵 안에 저장된 에너지는 핵 반응로에서 핵폭발이 일어날 때 핵분열이 발생하여 열에너지를 방출한다.

(6) 태양

모든 열에너지는 직접 또는 간접적으로 태양에서 일어나는 핵반응으로부터 얻어진다.

기체가 압축되면 일이 발생되고 기체는 따뜻해지거나 또는 뜨거워진다. 반대로 고압에서 기체가 팽창하면, 팽창된 기체는 차가워진다. 첫 번째의 경우는 일이 에너지의 한 형태인 열로 변하는 경우이고, 두 번째는 열에너지가 소비되는 경우이다. 열을 방출하거나 흡수할 때, 열에너지와 일 사이에는 어떤 관계가 성립해야 한다. 또한, 2개의 표면을 서로 비벼서 마찰시키면 열이 발생한다. 그러나 실험에 의해 열을 발생시키데 필요한 일은 마찰력에 의한 열의 총량은 비례하는 것으로 나타난다. 그러므로 열도 에너지의 한 가지 형태임을 알 수 있다.

열을 에너지의 한 가지 형태로 취급한 이론에 따르면 모든 물체 안의 분자, 원자, 그리고 전자는 끊임없어 운동을 계속한다. 뜨거운 물체 내에서 이러한 미소 입자가 갖는 운동에너지는 상당히 크고, 차가운 물체에서 입자의 운동에너지는 비교적 작다. 미소 입자는 모두 운동을 하고 있으므로 그들 사이를 서로 미끄러져 나가기 위해서는 운동에너지를 필요로 한다. 역학적 에너지는 열로 변환되며, 열은 물질 분자의 운동에너지이다.

### 1.7.1 열에너지 단위(Heat Energy Units)

열에너지를 나타내는 단위로는 칼로리(calorie)와 영국식 열 단위 BTU, 두 가지가 있다. 1칼로리는 물 1g을 온도 1℃로 올리는 데 필요한 열량이다. 대문자 C로 표시하는 칼로리의 1/1000을 나타내는 소문자 c로 표시하는 칼로리는 음식물이 가진 열에너지를 측정할 때 쓰는 단위이다. 1BTU는 물 1lb를 온도 1℉로 올리는 데 필요한 열량이다. 칼로리와 그램(gram)은 가끔 항공기 정비에 사용된다. 그러나 BTU는 일반적으로 엔진 열 효과와 항공연료에 함유된 열을 나타낼 때 사용한다.

열에너지의 양을 측정하기 위해서 열량계로 알려진 장치가 사용된다. 예를 들어, 열량계는 항공용 가솔린 1lb가 낼 수 있는 열에너지를 측정할 때 사용된다. 연료를 열량계 안에서 태워서 방출하는 열에너지를 물에 흡수하게 한다. 물의 무게와 온도의 증가 값을 측정하여 연료가 가지고 있는 열량을 측정한다. 열에너지와 역학에너지 사이에는 일정한 관계가 성립하며 많은 실험에 의해 다음 관계식이 확인되었다.

$$1BTU(\text{에너지}) = 778ft - lb(\text{일})$$

1lb의 항공용 가솔린은 18,900BTU의 열에너지를 포함하고 있다. 또 각 BTU는 778ft-lb의 일을 할 수 있기 때문에, 1lb의 항공용 가솔린은 14,704,200ft-lb의 일을 할 수 있다.

### 1.7.2 열에너지 및 열효율 (Heat Energy and Thermal Efficiency)

열효율이란 특정 열원에 포함된 잠재적인 동력과 열원이 사용될 때 실제로 만들어 낼 수 있는 동력 사이의 관계이다. 열효율을 계산하는 공식은 다음과 같다.

$$\text{열효율} = \frac{\text{생성된 마력}}{\text{연료 내에 잠재된 마력}}$$

예를 들어, 소형 항공기에 사용되는 피스톤엔진을 생각해 볼 수 있다. 이 엔진이 1hp를 생산하는 데 1시간에 0.5lb의 연료를 소비하고, 전체적으로 200hp을 생산한다고 가정해 보자. 200hp을 0.5로 곱하면, 이 엔진이 시간당 100lb, 또는 분당 1.67lb의 연료를 소모한다는 것을 알 수 있다. 1hp는 분당 33,000ft-lb의 일이다. 여기서 예로 든 엔진의 연소된 연료의 잠재 마력은 다음과 같다.

$$Hp = \frac{1.67[lb/\text{min}] \times 18{,}900[BTU/lb] \times 778[ft-lb/BTU]}{33{,}000[ft-lb/min]} = 744$$

예로 든 엔진에 사용된 연료는 744hp를 생산할 수 있는 잠재력을 가지고 있다. 하지만 단지 200hp만을 생산하고 있다. 이 엔진의 열효율은 다음과 같다.

$$\text{열효율} = \frac{\text{생성 마력}}{\text{잠재 마력}} = \frac{200}{744} = 0.2688 \text{ or } 26.88[\%]$$

연료에 있는 에너지의 70% 이상은 생성 가능한 마력을 생산하는 데 사용되지 않는다. 낭비된 에너지는 마찰과 열의 형태이다. 막대한 열의 양이, 엔진 안에서 동력을 생산하는 데 사용되지 못하고 대기 중으로 방출되어 버린다.

### 1.7.3 열전달(Heat Transfer)

열이 한곳에서 다른 곳으로 이동, 또는 하나의 물질에서 다른 물질로 이동하는 전달 방법에는 전도, 대류, 복사 등의 세 가지 방법이 있다.

#### 1.7.3.1 전도(Conduction)

열전달은 항상 고열에너지 영역에서 저열에너지의 영역으로 이동함으로써 발생한다. 열전도에 의한 열전달은 많은 양의 열에너지를 가진 물체와 상대적으로 작은 양의 열에너지를 가진 물체 사이에 물리적 접촉을 필요로 한다.

가열된 팬(pan)의 금속 손잡이를 잡으면, 손을 데는 것을 흔히 경험한다. 그러나 플라스틱 또는 목재 손잡이는 비록 팬에 직접 접촉되어 있지만, 비교적 차가운 상태를 유지한다. 이것은 금속의 열 전도율이 목재의 열 전도율보다 좋기 때문이다. 다른 재료는 서로 다른 비율로 열을 전도한다. 금속 사이에도 열의 전도율이 좋은 것과 나쁜 것으로 구별할 수 있다. 알루미늄과 구리는 열을 매우 신속하게 전도해주기 때문에 냄피와 팬을 만들 때 사용하고, 목재와 플라스틱은 열의 전도가 매우 낮아서 손잡이 등을 만들 때 사용한다.

그림 1-26에서는 여러 금속의 전도 차이를 표시하였다. 이 목록 중에서 최고의 전도체는 은이며, 최저의 전도체는 납이다. 이전에 언급했다시피, 구리와 알루미늄은 좋은 전도체이므로 냄비와 팬에 사용된다.

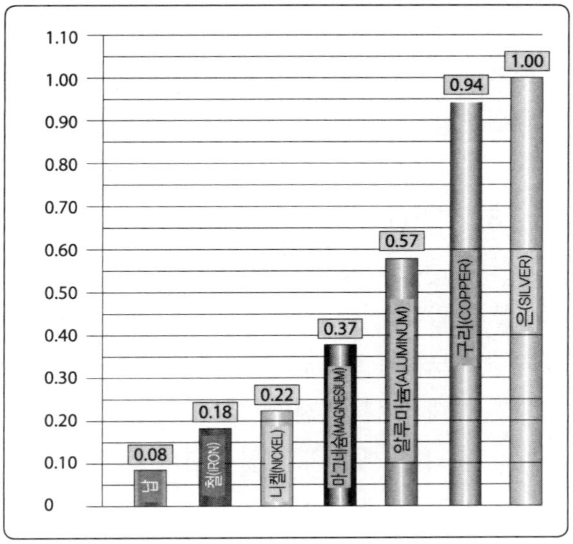


[그림 1-26] 각종 금속의 전도율
(Conductivity of various metals)

또한, 은, 구리, 알루미늄이 우수한 전기 전도체라는 것은 흥미로운 사실이다.

액체는 금속류보다 열의 전도가 나쁘다. 그림 1-27과 같이, 실험관에 들어있는 물은 끓어도 밑의 얼음은 빨리 녹지 않는다. 물은 전도율이 매우 낮아서 얼음을 녹일 만큼 충분한 열이 얼음에 도달하지 못한다.

그러나 기체는 액체보다 열의 전도율이 더 나쁘다.

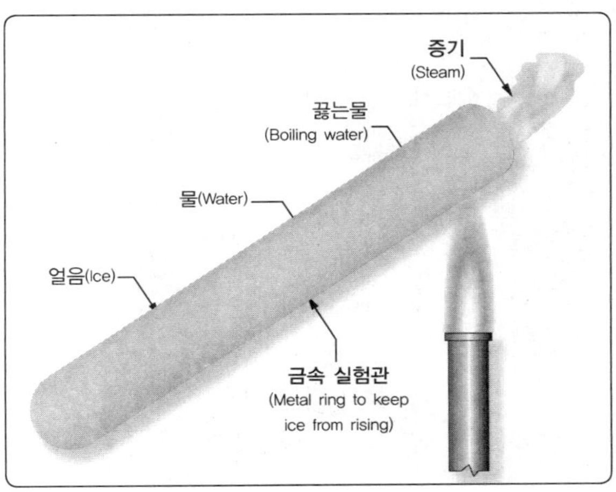


[그림 1-27] 전도율이 낮은 물

공기는 열 전도율이 나쁘기 때문에 사람이 뜨거운 난로에서 아주 가까운 곳에 서 있을 수 있다. 물체 사이에서 실질적인 접촉으로 인하여 증가된 분자의 에너지가 전달되는 과정이 전도이므로, 기체가 나쁜 전도체라는 것은 필연적인 사실이다.

열원의 응용 측면에서 고찰해 보면, 분자는 서로 격렬하게 뒤섞이며 근접해 있는 다른 분자와 충돌하여 운동을 하게끔 만든다. 이 과정은 열에너지가 물질 전체에 퍼질 때까지 계속된다. 따라서 기체 분자는 고체의 분자 사이의 거리보다 더 멀리 떨어져 있으므로, 아주 나쁜 열 전도체이다.

비전도체로 된 재료는 열의 전달을 방해하는데, 이것을 열절연재라고 한다. 냄비 또는 인두기의 목재 손잡이도 열절연재이다. 고온 유리섬유 또는 석면 등은 열전도성이 매우 불량하여 절연체로 많은 분야에 사용된다.

### 1.7.3.2 대류(Convection)

가열된 유체, 즉 기체 또는 액체의 움직임 때문에 열이 전달되는 과정을 대류라고 한다. 예를 들어, 백열등을 가열하면, 이를 둘러싸고 있는 공기가 점점 뜨거워져 움직이기 시작한다. 공기의 이동 방향은 위쪽이며 이 공기의 움직임은 대류에 의하여 뜨거운 전구로부터 멀리 열을 이동시킨다. 대류에 의한 열의 전달은 뜨거운 물체 주위에 공기를 이동시키기 위한 환기팬에서도 볼 수 있다. 만약 뜨거운 표면에서 열을 멀리 전도시켜 주는 구리핀을 붙여준다면, 컴퓨터의 중앙처리장치와 같이 뜨거운 전자부품의 냉각 비율을 증가시킬 수 있다. 핀은 찬공기가 접할 수 있도록 큰 표면을 제공한다.

기체와 마찬가지로 액체에서도 대류 현상은 존재한

다. 난로 위에 놓인 물이 담긴 냄비가 좋은 예이다. 냄비의 바닥은 접촉면으로부터 열이 전도되기 때문에 뜨거워진다. 냄비의 바닥에 물 또한 전도에 의해 가열된다. 가열된 물이 올라오기 시작하고, 차가워진 물은 그 자리를 메우기 위해 이동하면 대류 과정이 시작된다.

기체 또는 액체의 순환만으로 열을 충분히 신속하게 제거할 수 없을 때에는 송풍기 또는 펌프를 사용하여 냉각시킬 물질의 운동을 가속하여 준다. 대형 장치를 냉각하기 위해 물 또는 오일 등을 빨리 순환시켜 펌프를 사용하는 경우가 많다. 항공기 장비 중에서 전기송풍기과 송풍장치 등은 대류를 돕는 데 사용된다.

항공기 공랭식 피스톤 엔진은 열을 전달하기 위해 사용되는 대류의 좋은 예이다. 그림 1-28은 6개의 무거운 핀으로 된 공랭식실린더를 가진 항공기 엔진이다. 이 엔진은 냉각을 위해 자연적인 대류에 의존하지 않고 엔진에 있는 프로펠러로부터 오는 강제 대류 공기를 이용한다. 엔진 내부에서 발생된 열은 전도에 의해 실린더 냉각핀으로 이동한다. 즉, 실린더의 금속내로 이동하는 것이다. 일단 열이 핀에 닿으면, 실린더 주위를 강제로 순환하는 공기가 열을 빼앗아간다.

### 1.7.3.3 복사(Radiation)

열전달과 관련 있는 모든 현상을 전도와 대류만으로 설명할 수 없다. 예를 들어, 모닥불 앞에서 불을 쪼일 때 사람이 느끼는 열은 공기흐름이 불을 향해 이동하기 때문에 대류에서 의해 전달된 열이 아니다. 또한, 공기의 전도율이 매우 작고, 불 주변의 차가운 공기의 이동은 외부에서 전달하는 열의 흐름보다 훨씬 우세하므로 열의 전도에 의하여 전달되는 것도 아니다. 그러므로 전도와 대류에 의해서가 아닌 공간을 통해 열을 이동시켜주는 다른 방법이 있음에 틀림없다.

태양으로부터의 열을 고려해 볼 때, 열전달에 대한 다른 과정의 존재 여부가 명확해진다. 열전도와 대류는 기체 또는 액체와 같은 매개체가 있어야 하는데 거의

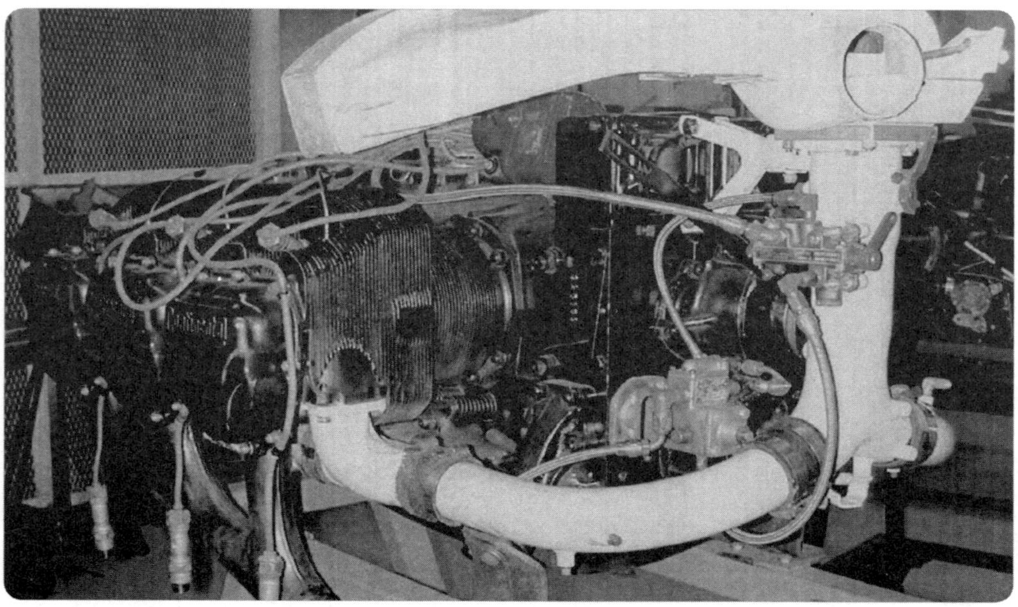

[그림 1-28] 대류로 냉각되는 항공기 피스톤 엔진(Aircraft piston engine cooled by convection)

완전한 진공 상태인 우주를 통과하여 지구에 전달된 태양으로부터의 열은 분명히 다른 수단에 의한 것이다. 이러한 열전달의 세 번째 방법을 복사라고 부른다.

모든 물체의 표면에서 에너지가 끊임없이 방출되는 현상을 복사라고 한다. 복사에너지는 파장만 약간 다르고 거의 비슷한 성질을 가진 전자파, 전파, 또는 X-선 등의 형태로 존재한다. 이러한 파동은 빛과 같은 속력으로 진행하며 공기는 이러한 파동의 일부를 흡수하기 때문에 공기보다는 진공에서 더욱 잘 전해진다. 에너지의 대부분은 태양광선에서 비롯된다. 태양광선은 복사 열에너지의 한 형태로서 우주 공간을 통과하여 지구에 도달한다. 이러한 전자기열은 불투명 물체에 접촉하면 흡수당하고 따라서 물체의 온도가 증가하며 물체의 분자 운동이 더욱 활발하게 된다.

전도, 대류, 복사 사이의 차이점은 첫째, 비록 전도와 대류 현상은 상당히 느리지만 복사 현상은 빛의 속도에서 일어난다. 일식이나 해가 가려져서 광선이 통과하지 못하면 바로 서늘함을 느끼므로 이 사실을 명확히 알 수 있다. 둘째, 복사열은 중간 매질을 가열하지 않아도 통과한다. 예를 들어, 온실 내부의 공기는 태양광선이 직접 통과한 유리보다 더욱 따듯하다. 셋째, 전도 또는 대류에 의한 열전달은 사방으로 흩어져 나아가지만, 복사열은 직선으로 진행한다. 예를 들어, 열의 공급원과 물체 사이에 벽을 설치하여 물체가 받는 복사열을 차단할 수 있다.

### 1.7.4 비열(Specific Heat)

질량을 갖은 물질이 동일한 온도 변화를 가지게 하는 데 필요한 열의 양을 측정하여 비교하는 것도 물질을 구별하는 중요한 방법이다. 단위 질량을 가진 물질을 

[표 1-2] 일반적인 일부 재료의 비열 값
(Specific heat values for some common materials)

| Material | Specific Heat |
|---|---|
| Lead | 0.031 |
| Mercury | 0.033 |
| Brass | 0.094 |
| Copper | 0.095 |
| Iron or Steel | 0.113 |
| Glass | 0.195 |
| Alcohol | 0.547 |
| Aluminum | 0.712 |
| Water | 1.000 |

온도 1℃ 올리는 데 필요한 열을 그 물질의 비열용량이라고 한다. 물의 비열용량에 대한 물질의 비열용량의 비를 비열이라 한다. 비열은 비율의 값을 표시하는 수이므로 단위를 가지지 않는다.

물이 높은 비열용량을 갖고 있으므로 지구상에 존재하는 다량의 물 때문에 지구 주위의 공기와 지구의 표면에 있는 고체 물질은 거의 일정한 온도를 유지한다. 큰 호수나 강물의 온도를 변화시키는 데 막대한 열을 필요로 한다. 따라서 기온이 큰 호수나 강물의 온도보다 낮아지면 매우 많은 양의 열을 방출한다. 지구의 표면에서 대기 온도에 급격한 변화를 막아주는 것이 바로 이러한 과정 때문이다. 표 1-2는 다양한 재료의 비열 값이다.

### 1.7.5 온도(Temperature)

온도는 유체의 물리적 성질에 영향을 미치는 가장 주요한 요소이며, 기체의 상태 변화를 결정하는 중요한 역할을 한다.

온도를 측정하는 단위는 섭씨온도, 화씨온도, 절대온도(Kelvin), 그리고 랭킨온도(Rankine)를 사용한다. 섭씨온도는 표준 상태의 물의 빙점을 0, 비등점을 100으로 놓고 그 사이를 100등분한 것이다. 화씨온도는 물의 빙점을 32℃, 비등점을 212℃로 놓고 그 사이를 180등분한 것이다. 절대온도는 0점을 물의 빙점보다 273℃(−459.4℉) 낮은 온도로 정의하는 방법이다. 그림 1-29는 각 단위의 관계를 보여준다.

온도를 다룰 때는 항상 사용하는 측정 장치를 명확하게 해야 하고, 이 측정 장치가 다른 측정 장치에서 어떻게 변환되는가를 알아야 한다. 이 변환 관계는 다음과 같다.

화씨온도 = (1.8 × 섭씨온도) + 32
섭씨온도 = (화씨온도 − 32) × 5/9
절대온도 = 섭씨온도 + 273
랭킨온도 = 화씨온도 + 460

계산의 편의상 랭킨온도는 보통 화씨온도를 절대온도로 변환하여 사용한다. 화씨온도를 랭킨온도로 나타내려면 460℃를 더한다. 예를 들어, 72℉에 460℃를 더하여 532℃ 랭킨온도가 된다. 만약 화씨온도가 0 이하면 460℃에서 화씨온도 값을 뺀다. 즉, −40℉는 460℃에서 40℃를 빼서 랭킨온도로 420이 된다. 랭킨온도는 절대온도를 나타내지는 않으나, 이러한 온도 변환이 기체 상태의 변화를 살피는 데는 유용하게 사용된다.

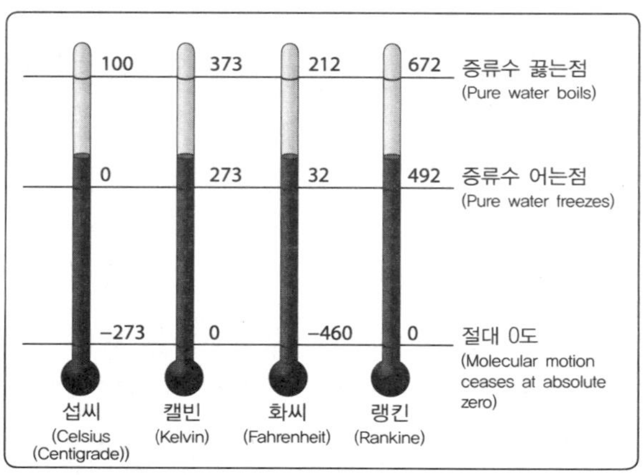


[그림 1-29] 온도 스케일의 비교
(Comparison of temperature scales)

자연 과학의 연구에는 절대온도와 섭씨온도를 널리 사용한다. 일부 기술 교범에는 주어진 방향과 조작 설명서에 이러한 단위를 사용한다.

### 1.7.6 열팽창/수축 (Thermal Expansion/Contraction)

열팽창은 고체, 액체, 기체가 가열되었을 때 일어난다. 일부를 제외하고, 고체는 열을 받으면 팽창하고 냉각되면 수축한다. 고체의 분자는 서로 매우 가까이에 있고 강한 인력이 서로에게 작용하기 때문에, 고체의 열팽창은 액체와 기체의 열팽창에 비해 매우 작다. 유체의 팽창은 보일의 법칙에서 언급된다. 고체의 열

〈표 1-3〉 다양한 재료의 팽창 계수
(Coefficient of expansion for various materials)

| Substance | Coefficient of Expansion Per Degree Centigrade |
|---|---|
| Aluminum | $25 \times 10^{-6}$ |
| Brass or Bronze | $19 \times 10^{-6}$ |
| Brick | $9 \times 10^{-6}$ |
| Copper | $17 \times 10^{-6}$ |
| Glass (Plate) | $9 \times 10^{-6}$ |
| Glass (Pyrex) | $3 \times 10^{-6}$ |
| Ice | $51 \times 10^{-6}$ |
| Iron or Steel | $11 \times 10^{-6}$ |
| Lead | $29 \times 10^{-6}$ |
| Quartz | $0.4 \times 10^{-6}$ |
| Silver | $19 \times 10^{-6}$ |

팽창은 자세히 다루어야 한다. 왜냐하면 그것은 항공기 금속과 재료에 밀접한 관련이 있기 때문이다.

일부 물질은 다른 물질보다 많이 팽창하기 때문에, 각각 팽창하는 비율에 대한 실험적인 측정이 필요하다. 온도가 1℃ 올라가는 것에 따른 팽창하는 물질의 단위길이 양은 물질에 대해 열팽창계수로 알려져 있다. 표 1-3은 다양한 물질의 열팽창계수이다.

철로와 같은 물체의 팽창을 추정하기 위해서 원래 길이, 물체에 가해지는 온도의 증가, 열팽창계수의 세 가지 정보가 필요하다. 이 관계는 아래와 같은 식으로 표현된다.

팽창=(팽창계수)×(길이)×(온도의 증가)

항공기 기체, 동력장치 또는 이와 관련된 장비를 설계할 때는 반드시 열팽창의 영향을 고려해야 한다.

**보기문제 13**

만약 철로가 21℃에서 9feet로 정확히 측정되었다면, 55℃에서의 길이는 얼마인가? 철의 팽창계수는 $11 \times 10^{-6}$이다.

**문제풀이 13**

$$팽창길이=(11 \times 10^{-6}) \times (9) \times (34) = 0.003366 feet$$

## 1.8 압력(Pressure)

압력은 표면적에 작용하는 힘의 크기를 말한다. 압력은 보통 lb/inch2 또는 psi 단위를 사용하며 단위 면적당 작용하는 하중이다. 만약 100lb의 무게가 표면적 10inch2인 평판위에 놓여 있다면, 평균 중량 분포는 100÷10=10lb/inch2 또는 10psi가 된다.

대기압을 psi로 측정하고자 할 때, 다른 압력 측정장치를 사용한다. 단위는 Hg 또는 밀리바(millibar)를 사용한다. 표준 대기압은 14.7psi, 29.92inHg, 760mmHg 또는 1,013.2millibar이다. 이는 다음의 측정단위와 관계된다.

$$1psi = 2.04inHg$$
$$1psi = 51.7mmHg$$
$$1psi = 68.9millibar$$

inHg로 측정하고자 하는 압력pressure은 시험관에 액체 수은을 채워 넣고 위쪽을 막는다. 시험관은 뒤집어서 한쪽이 개방된 수은 용기에 놓는다. 시험관에 있는 수은에 작용하는 중력은 수은을 시험관 밖으로 내

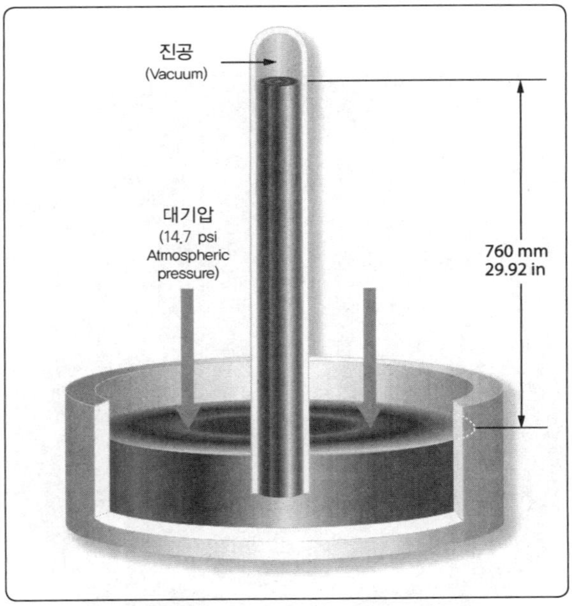


[그림 1-30] 수은에 의한 대기압
(Atmospheric pressure as inches of mercury)

보내려고 할 것이다. 대기압은 개방된 수은용기에 작용하여 수은을 시험관 안에 머물게 한다. 2개의 힘, 즉 중력과 대기압이 같아지는 어떠한 점에서 수은은 시험관에서 일정 높이를 유지하며 안정화 된다. 표준 대기조건에서 1inch2 기둥 안에 있는 공기는 14.7lb의 무게로 모든 방향에 확장된다. 면적 1inch2 및 높이 29.92inch의 수은은 14.7lb 무게가 된다. 이는 14.7psi와 29.92inHg가 같다는 것을 나타낸다. 그림 1-30은 수은에 의한 대기압을 보여주고 있다.

### 1.8.1 계기 압력(Gauge Pressure)

오일 압력계, 연료 압력계, 또는 유압 계통 압력계와 같은 압력 측정 장치가 압력을 표시할 때, 게이지 압력으로 표시한다. 그림 1-31은 연료 압력 게이지를 보여준다. 오일, 연료 또는 유압 펌프가 회전하지 않을 때와 압력이 생성되지 않을 때, 게이지는 0을 나타낸다.

### 1.8.2 절대 압력(Absolute Pressure)

대기압을 포함하고 있는 게이지는 절대 압력 또는 psia라고 알려져 있다. 절대 압력은 게이지 압력에 대기압을 더한 것과 같다. 만약 항공기에 엔진 오일 계통의 psia로 지시하는 계기를 설치한다면, 게이지는 엔진이 작동하지 않을 때 대기압을 표시한다. 이는 운용자에게 좋은 정보를 주지 않기 때문에 사용하지 않고 있다. 피스톤 엔진에서 매니폴드(manifold) 압력에 대해 psia 게이지는 감지 능력이 뛰어나다. 만약 엔진이 과급(supercharge)되지 않았으면 피스톤 엔진의 매니폴드 압력은 대기압 이하로 표시하고, 과급되었다면 대기압 이상으로 표시한다. 절대 압력 게이지는 다양하게 표시할 수 있도록 구성되어 있다. 그림 1-32는 10inHg에서 35inHg의 범위를 갖는 매니폴드 압력계이다. 29.92inHg는 표준 대기 압력이다.

[그림 1-31] Psig read on a fuel pressure gauge

[그림 1-32] 절대 압력을 지시하는 매니 폴드 압력
(Manifold pressure indicating absolute pressure)

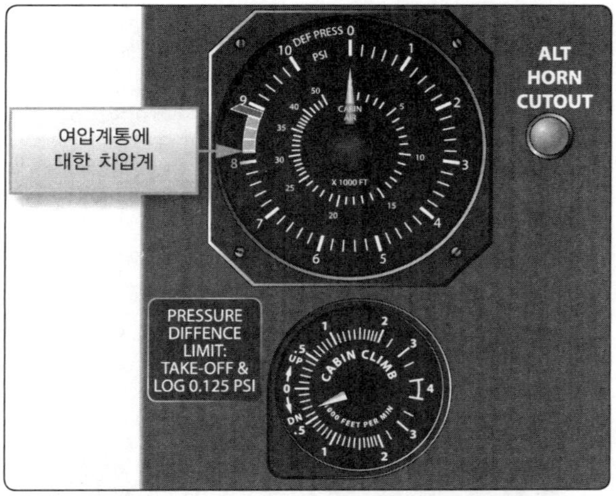


[그림 1-33] 차압계(Differential pressure gauge)

### 1.8.3 차압(Differential Pressure)

차압 또는 psid는 시스템 내의 다른 두 영역에서 지시하는 압력의 차이이다. 예를 들어, 터빈 엔진 오일 계통에서 압력은 오일 필터(fliter)를 들어가는 곳에서 측정하고, 필터를 지나온 곳에서 측정한다. 이 2개의 측정값은 조종실에 위치한 라이트를 켜게 하는 전달장치에 보낸다. 오일 필터와 같이 흐름에 저항의 가능성이 있는 장치에 대해 압력이 낮아진다. 만약 필터가 막히기 시작한다면 압력 강하는 커지게 될 것이고, 결국 조종실에 있는 경고등(advisory light)이 들어오게 된다.

그림 1-33은 Boeing 737에서 여압 계통에 대한 차압계이다. 이 경우에 압력차는 비행기의 안쪽과 바깥쪽의 차이이다. 만약 압력차가 매우 커지게 되면 항공기 구조에 심한 압력이 가해진다.

## 1.9 기체 법칙(Gas Laws)

기체의 간단한 구조는 이미 정립된 기체의 운동이론으로 쉽게 규명할 수 있다. 이것을 기체 운동론이라고 한다. 이 이론에서 기체는 미소한 탄성구와 같이 운동하고, 서로 상당한 공간을 두고 떨어져서 끊임없이 운동을 계속하는 동일한 분자로 구성되었다고 가정한다.

분자 운동의 정도는 기체의 온도에 따라 변화한다. 분자는 서로 끊임없이 충돌하고 용기의 벽과도 부딪치면서 분자의 운동을 더욱 촉진시킨다. 기체 온도의 증가는 분자 사이의 충돌 횟수가 더욱더 증가하게 한다. 이 분자 사이의 충돌 횟수가 증가함에 따라 단위시간당 용기 벽을 두드리는 분자의 수는 더욱 많아져 기체 압력은 증가한다.

만약 용기가 막혀있지 않았다면 기체는 팽창하여 밖으로 빠져나가지만, 완전히 막혀져 있고 탄성을 가지고 있으면 고무풍선과 같이 증가된 기체의 압력으로 용기는 팽창한다. 예를 들어, 더운 날 오랫동안 운행했을 때 자동차 타이어의 압력은 증가한다. 그리고 추운 아침 온도에는 수축된 타이어는 더 높은 정오 온도에서도 정상적으로 나타난다.

이 같은 현상을 규명하기 위하여 운동 이론에 기반을 둔 기체에 관한 법칙의 형태로 설명할 수 있다.

### 1.9.1 보일의 법칙(Boyle's Law)

압축성(compressibility)은 기체의 가장 중요한 특성이다. 영국 과학자 보일(Robert Boyle)은 이런 기체의 특성을 제일 먼저 연구한 사람으로, 이것을 "공기의 탄성"이라고 불렀다. 기체의 온도를 일정하게 유지시키고 압력을 2배로 하면, 체적은 1/2로 감소하는 것을 증명하였다. 즉, 가해진 절대 압력이 감소하였을 때, 결과로서 일어나는 체적은 증가하였다. 보일은 이 관찰로써 일정 온도에서 밀폐된 기체의 체적과 절대 압력의 곱은 일정하다는 것을 알았다. 보일의 법칙은 밀폐된 기체의 체적은 온도를 일정하게 유지시키면 그 압력에 반비례한다. 보일의 법칙은 다음 식과 같이 표현한다.

$$Volume\ 1 \times Pressure\ 1$$
$$= Volume\ 2 \times Pressure\ 2 \text{ 또는 } V_1P_1 = V_2P_2$$

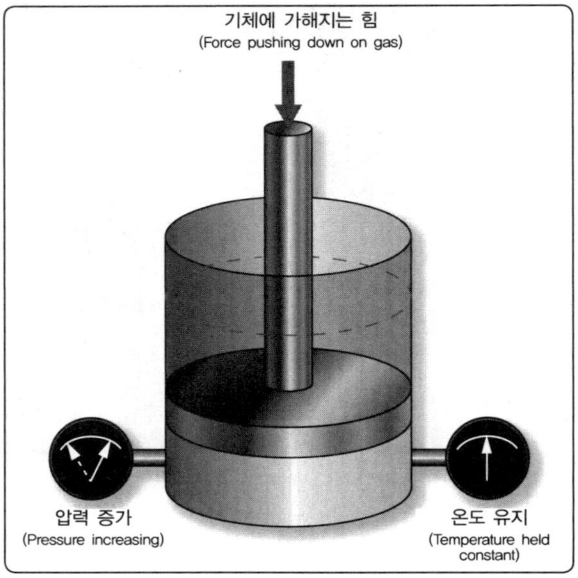

[그림 1-34] 보일의 법칙 예(Boyle's law example)

**보기문제 14**

그림 1-34에서 보여준 것과 같이, 10feet3의 질소가 500psia 압력조건에 있다. 체적이 7feet3으로 감소했다면 압력은 얼마인가?

**문제풀이 14**

$$V_1P_1 = V_2P_2$$

$$10 \times 500 = 7 \times P_2$$

$$P_2 = 10 \times \frac{500}{7} = 714.29psia$$

여러 분야에서 보일의 법칙을 유용하게 활용할 수 있다. 일부 항공 분야에 많이 응용되는 곳은 구명정과 구명조끼에 사용되는 이산화탄소, 용접에 사용되는 압축된 산소탱크와 아세틸렌 탱크, 압축된 공기 제동기와 완충 장치, 고공비행을 위한 산소 탱크 및 위급용 산소 탱크 등이다.

### 1.9.2 샤를의 법칙(Charles' Law)

프랑스 과학자 샤를(Jacques Charles)은 많은 기체 운동론의 기초를 정립하였다. 그는 압력을 일정하게 유지하면, 모든 기체가 절대온도의 변화에 따라 일정한 비율로 팽창하거나 수축하는 현상을 발견하였다. 그 관계식은 아래와 같다.

$$Volume\ 1 \times Asolute\ Temperature\ 2$$
$$= Volume\ 2 \times Absolute\ Temperature\ 1$$
$$\text{또는 } V_1T_2 = V_2T_1$$

만약 체적이 일정하다면 압력과 온도는 아래와 같은 관계가 성립된다. 여기서 압력과 온도는 절대 압력과 절대 온도이다.

$$P_1T_2 = P_2T_1$$

**보기문제 15**

온도가 70°F 이고 압력은 750psig인 15feet3의 산소 실린더가 있다. 이 실린더가 태양 아래에 놓여 있고 온도가 140°F까지 올라가게 되었다. 이때의 새로운 압력 psig는 얼마인가?

**문제풀이 15**

$70^{\circ}\mathrm{F} = 530\ degrees\ Rankine,$

$140^{\circ}\mathrm{F} = 600\ degrees\ Rankine$

$750psig + 14.7 = 764.7psia$

$P_1T_2 = P_2T_1$

$764.7 \times 600 = P_2 \times 530$

$$P_2 = \frac{764.7 \times 600}{530} = 865.7psia$$

$P_2 = 865.7psia - 14.7 = 851psig$

### 1.9.3 일반 기체의 법칙(General Gas Law)

보일의 법칙과 샤를의 법칙을 합치면 두 법칙의 내용을 단 하나의 공식으로 설명할 수 있다. 다음 공식은 일반적인 기체 법칙이라고 하며, 매우 유용하다. 주의할 점은 P는 절대 압력이고, T는 절대 온도라는 것이다.

$$\frac{P_1 \times V_1}{T_1} = \frac{P_2V_2}{T_2}$$

**보기문제 16**

20feet3 기체의 아르곤이 15feet3으로 압축되어 있다. 처음 이 기체의 온도는 60°F, 압력은 1,000psig이고, 압축된 후에 온도는 90°F라고 할 때 압축된 후에 새로운 압력은 몇 psig인가?

**문제풀이 16**

$60^{\circ}\mathrm{F} = 520\ degrees\ Rankine,$

$90^{\circ}\mathrm{F} = 550\ degrees\ Rankine$

$1{,}000psig + 14.7 = 1{,}014.7psia$

$$\frac{P_1 \times V_1}{T_1} = \frac{P_2V_2}{T_2}$$

$$\frac{1{,}014.7 \times 20}{520} = \frac{P_2 \times 15}{550}$$

$$P_2 = \frac{1{,}014.7 \times 20 \times 550}{15 \times 520} = 1{,}431psia$$

$P_2 = 1{,}431psia - 14.7 = 1{,}416.3psig$

### 1.9.4 돌턴의 법칙(Dalton's Law)

만약 화학적으로 결합되지 않은 2개 이상의 기체가 하나의 용기 내에 혼합되어 있으면, 각 기체는 전체 공간으로 퍼져 팽창하고 각 기체의 절대 압력은 더 낮은 값이 되며, 이것을 부분 압력이라고 한다. 이러한 압력 강하는 보일의 법칙에 따른다. 혼합 기체의 압력은 각 기체의 분압을 합한 값과 같다. 이 사실은 영국의 물리학자 돌턴(Dalton)에 의해 발견되어서, 돌턴의 법칙이라고 한다. 화학적인 반응을 일으키지 않는 여러 기체의 혼합물의 압력은 주어진 온도에서 각각의 기체가 그 용기를 채웠을 때 나타나는 압력의 총합과 같다.

## 1.10 유체역학(Fluid Mechanics)

유체의 정의는 제한되거나 한정되어 있지 않고 흘러가는 성질이 있는 물질이다. 액체와 기체는 모두 유체로 분류되고, 유사한 성질을 갖고 있다. 가장 큰 차이점은 힘이 유체에 가해질 때이다. 이 경우에 액체는 비압축성의 경향을 갖고, 기체는 압축성의 경향을 갖는다. 날개에서 양력의 이론과 유압계통에 의해 발생하는 힘과 같은 비행에 기반을 둔 많은 원리를 이 유체역학의 법칙을 적용시킴으로써 설명할 수 있고 정량화할 수 있다.

### 1.10.1 부력(Buoyancy)

액체 또는 기체 내에 잠겨있는 고체의 무게는 자유공간에 있을 때 더욱 가볍다. 그 이유는 고체가 액체에 잠길 때 액체로부터 받는 위쪽 방향의 힘, 즉 부력 때문이다. 만약 물체의 무게보다 유체에 의한 위쪽방향의 힘이 더 클 경우에는 그 물체는 위쪽으로 떠오른다. 유체의 밀도보다 높은 밀도를 가진 물체가 잠기면, 물체는 천천히 가라앉지만, 그 무게는 감소한다. 즉 공기보다 물속에서 더 많은 무게를 들어 올릴 수 있다.

그림 1-35와 같이 실험 장치를 구성하였다. 넘치는 물은 배수관을 통해 빠져 나간다. 무거운 금속 정육면체 구조물이 공기 중에서 10lb의 무게로 측정되었다. 다음에는 물에 완전히 잠겼을 때 그 무게를 측정하니 3lb이다. 이 두 방법의 무게 차이가 물의 부력이다. 금속 구조물이 물에 잠김에 따라 넘쳐흐르는 물은 양동이에 모아두었다. 넘쳐흐른 물의 체적은 금속 구조물의 체적과 같다. 불규칙한 모양을 가진 물체의 체적은 이런 방법으로 측정한다. 만약 실험을 좀 더 정밀하게 하면, 금속 구조물이 잠겨서 넘쳐흐른 물의 무게는 정확히 물의 부력과 같으며 계측하면 7lb로 측정된다.

아르키메데스(Archimedes, B. C. 287~212)는 일찍이 이와 비슷한 실험을 하였다. 그는 실험 결과로서 유체 내에 잠기는 물체가 유체로부터 받은 부력은 그 물체가 밀쳐낸 유체의 무게와 동일함을 발견하였다. 이

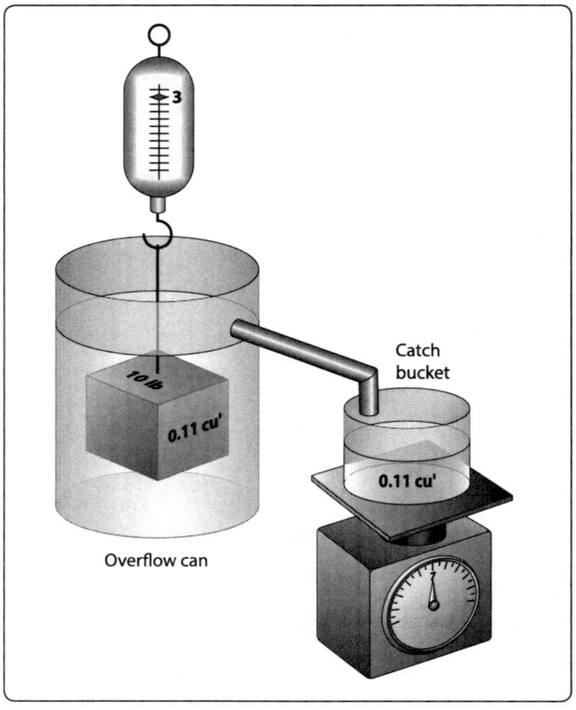


[그림 1-35] 부력의 예(Example of buoyant)

것을 아르키메데스의 원리라 부른다. 이 원리는 액체뿐만 아니라 기체에도 적용된다. 물속에 잠긴 물체에 물이 부력을 주는 것과 마찬가지로 물체가 공기 속에 있을 때는 그 물체는 공기로부터 부력을 받는다. 물체에 작용하는 부력의 양은 아래 공식을 이용하여 구할 수 있다.

부력＝물체의 체적×유체의 밀도

만약 부력이 물체의 무게보다 더 크다면 물체는 뜨게 될 것이다. 부력이 물체의 무게보다 작다면 물체는 가라앉을 것이다. 가라앉는 물체의 무게를 측정하면 대체된 유체의 무게보다 작게 나갈 것이다.

### 보기문제 17

체적이 10ft3, 무게는 700lb인 물체가 물속에 들어있다. 물체는 뜨게 될까? 만약 물체가 가라앉는다면 물속에 잠겨있는 상태에서 물체의 무게는 얼마인가? 만약 물체가 떠오른다면 수면 아래에 물체의 체적은 얼마인가?

### 문제풀이 17

부력＝물체의 체적×유체의 밀도

＝10×62.4

＝$624lb$

부력이 물체의 무게보다 작기 때문에 물체는 가라앉게 된다. 부력과 물체의 무게 사이에 차이는 76lb로 측정될 것이다.

부력의 두 가지 좋은 예는 헬륨(helium)으로 채워진 비행선과 물위에 떠 있는 수상 비행기이다. 비행선은 대기에 떠 있을 수 있으며, 수상 비행기는 물에서 뜰 수 있다. 이 둘 모두 무게보다 부력이 더 크다는 것을 의미한다. 그림 1-36에서 보여준 것과 같이 DeHavilland Twin Otter 수상 비행기의 총 이륙중량은 12,500lb이다. 최소한 비행기가 뜨는 것은 비행기의 무게와 같은 물에서의 무게로 대체할 수 있도록 크거나 충분해야 한다. 미연방 규정(14 CFR) part 23에 따르면, 플로트(float)는 비행기를 지지하기 위해 필요한 최소한의 힘보다 80% 더 커야 한다. 이러한 비행기를 위해 플로트의 필요한 양은 다음과 같이 계산한다.

항공기 무게를 물의 밀도로 나눈다.

$12,500 \div 62.4 = 200.3ft^3$

체적의 80%를 곱한다.

$200.3 \times 80\% = 160.2ft^3$

플로트의 총 체적은 계산된 2개의 체적을 더한다.

$200.3 + 160.2 = 360.5ft^3$

그림 1-36에서 보여준 것과 같이, 수상 비행기를 보

[그림 1-36] 드 하빌랜드 트윈 오토 수상기
(De havilland twin otter seaplane)

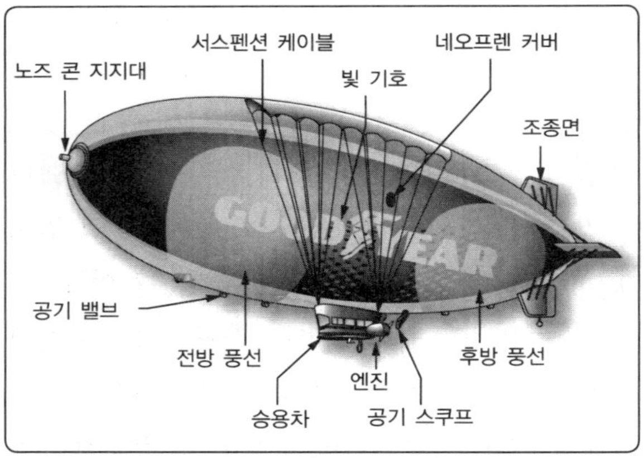


[그림 1-37] 굿 이어 비행선과 부력
(The goodyear airship and buoyancy)

면 플로트의 대부분이 물 밖에 나와 있는 것을 알 수 있다. 플로트를 제작할 때 필요한 양보다 체적이 적어도 80% 이상이어야 한다.

그림 1-37과 같이 대형 비행선은 230,000ft3의 체적을 갖고 있다. 유체로 채워져서 공중에 뜬다. 비행선의 부력을 구하기 위해서 비행선의 체적은 0.07651 lb/ft3 공기의 밀도로 곱한다. 이 비행선에서 부력은 17,597lb이다. 공기 흡입구(air scoop)는 비행선의 무게를 제어하기 위해 보조기낭 내에 공기를 주입하거나 배출하는 역할을 한다. 비행선의 무게를 제어하는 것은 양력의 증가와 감소를 제어하는 것이다. 비행선은 공기보다 가벼운 항공기로 분류되지만 사실은 공기보다 무거운 상태에서 비행한다.

### 1.10.2 유체 압력(Fluid Pressure)

액체에 의해서 용기의 바닥에 가해지는 압력은 액체의 높이에 의해 결정되는 것이며, 용기의 모양에 의해 결정되는 것은 아니다. 그림 1-38에서 보여준 것과 같이, 용기의 다른 모양과 크기로 물이 담겨져 있다. 비

[그림 1-38] 컬럼 높이에 따른 유체 압력
(Fluid pressure based on column height)

록 다른 모양과 다른 액체의 체적이라고 할지라도 각각의 높이는 231in이다. 같은 높이 때문에 각각의 바닥에 가해지는 압력은 8.34psi이다. 1in2의 표면적인 왼쪽의 용기는 체적이 231in3이며 이것을 1gallon이라고 한다. 1gallon의 물의 무게는 8.34lb이고 바닥에 가해지는 압력은 8.34psi이다.

그림 1-38을 보고 유추하면, 만약 압력이 1/2로 측정되면 8.34의 1/2, 즉 4.17psi이다. 다시 말해, 압력은 용기의 높이에 따라 조절할 수 있다. 정압(static pressure)은 유체의 기둥 높이에 기반을 둔다. 예를 들어, 만약 기화기(carburetor)의 입구에 2psi를 가해야 한다면, 이것은 연료탱크를 기화기보다 몇 인치 정도 적절히 높게 위치시킴으로써 달성할 수 있을 것이다.

유체 기둥의 높이로 인한 압력을 정압이라고 부른다. 유체가 이동 중일 때 유체의 속력은 압력으로 변환되는데, 그 압력을 램(ram)이라고 부른다. 램 압력

(ram pressure)과 정압을 합하면 전압(total pressure)이 된다. 예를 들어 가스터빈엔진의 입구에서, 연료계량장치(fuel metering device)에 신호를 보내기 위해서 또는 조종실에 있는 계기에 신호를 주기 위해, 종종 전압을 측정한다.

### 1.10.3 파스칼의 법칙(Pascal's Law)

1653년에 파스칼(Pascal)이 액체 내에서 압력은 모든 방향으로 균일하게 작용한다는 것을 발견함으로써 현대 유압 및 공기 역학의 기초가 확립되었다. 용기 내의 압력은 벽에 수직으로 작용한다. 유체에 압력이 전적으로 유체의 높이 때문이라면, 용기의 벽으로 향하는 압력은 어느 높이에서도 같다. 하지만 바닥에서의 압력과 중간 높이에서의 압력을 비교한다면 같지 않다. 유체에서 형성된 압력의 개념, 유체에 힘이 어떻게 작용하는지 그리고 그 작용을 통해 표면적에는 어떤 관계가 있는지가 파스칼의 법칙이다.

그림 1-38에서, 만약 피스톤이 실린더의 꼭대기에 놓여 있다면 그리고 외력이 피스톤을 아래쪽으로 눌러 준다면, 유체 내에 추가적인 압력이 발생할 것이다. 만약 이 추가적인 압력이 100psi라면, 이 100psi는 실린더의 꼭대기에서 바닥까지 모든 방향으로 감소 없이 균등하게 작용할 것이다. 밑바닥에서 계기는 108.34psi를 지시할 것이며. 만약 계기가 실린더 중간에 위치한다면, 104.17psi를 지시할 것이다. 8.34의 절반에 100을 더한 것이다.

파스칼의 법칙에서 힘, 압력, 면적 등의 변수를 다룰 때, 다음의 공식에 따라 취급한다.

$$\text{하중} = \text{압력} \times \text{면적}$$

이 공식에서 힘은 lb 단위이며, 압력은 psi 단위이고, 면적은 in2 단위이다. 원래의 공식을 변형함으로써 다음과 같이 추가로 두 가지 공식을 얻을 수 있다.

$$\text{압력} = \frac{\text{하중}}{\text{면적}}, \ \text{면적} = \frac{\text{하중}}{\text{압력}}$$

파스칼의 법칙에 관한 공식과 각 변수 간 관계를 쉽고 편리하게 기억하기 위해서, 그림 1-39에서 보여준 것과 같이 삼각형을 이용할 수 있다. 만약 우리가 구하고자 하는 변수를 손으로 가리면, 나머지 두 변수의 위치를 통해 적절한 수식 관계를 알 수 있다. 예를 들어, 만약 "A"(면적)를 가렸다면, 위쪽의 "F"와 아래쪽의 "P"가 남게 된다. 이는 힘을 압력으로 나눠야 함을 의미한다.

그림 1-40에서 보여준 것과 같이, 간단한 유압계통의 1/2in2의 표면적을 가진 피스톤에 작용하는 힘이 5lb이다. 파스칼의 법칙에 의하면, 계통 내부의 압력은 적용된 힘을 피스톤의 면적으로 나눈 값, 즉 10psi와 같다. 또한, 10psi의 압력은 유체 내에 어디에서나

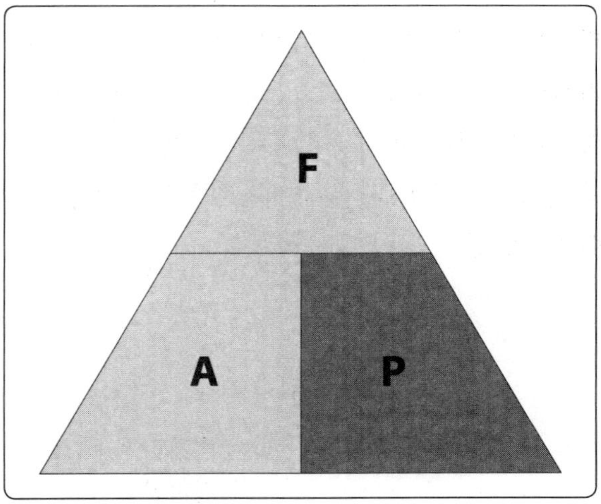


[그림 1-39] 힘, 면적, 압력 관계
(Force, area, pressure relationship)

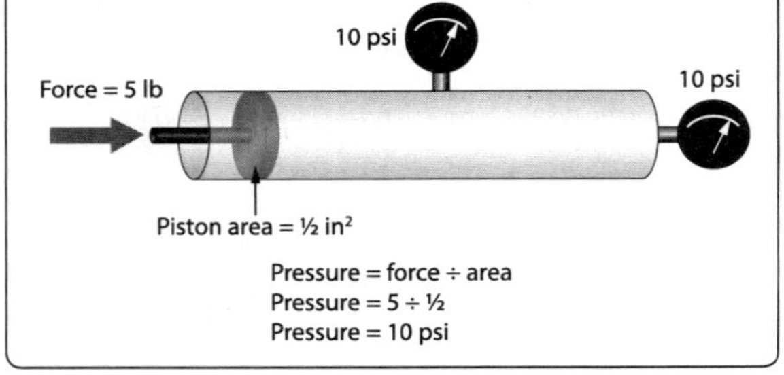


[그림 1-40] 유압계통에서 생성된 압력
(Pressure created in a hydraulic system)

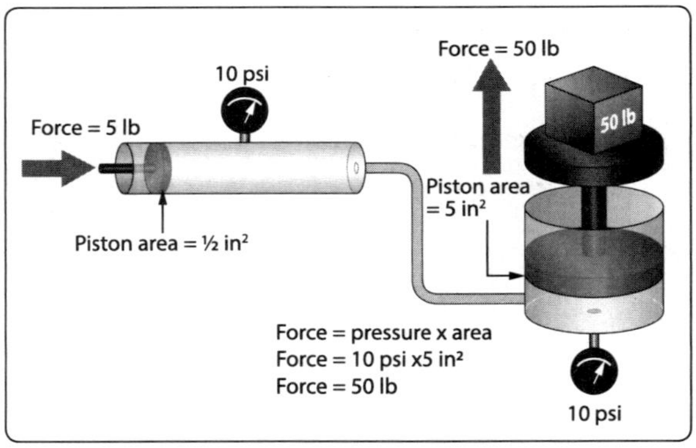


[그림 1-41] 유압계통에서 생성된 출력
(Output force created in a hydraulic system)

일정하게 나타난다.

그림 1-41에서 보여준 유압계통은 그림 1-40에 보여준 것보다 조금 더 복잡하다. 그림 1-41에서 작용하중이 5lb이고, 10psi의 압력을 생성하는 1/2in2의 피스톤이 있다. 입력 실린더와 피스톤은 5in2 피스톤을 가진 두 번째 실린더와 연결되어 있다. 입력 실린더에 의해 생성된 10psi의 압력은 두 번째 실린더에 있는 피스톤을 밀어주어 50lb의 출력 하중을 생성한다.

유압계통의 목적은 작은 입력 하중으로 큰 출력 하중을 생성하는 것이다. 그림 1-41에서 보여준 것과 같이, 입력 하중이 5lb이면 출력 하중은 50lb로서 10배 더 크다. 이러한 출력 하중과 입력 하중 사이의 관계는 기계적 이득(mechanical advantage)으로 알려져 있다. 그림 1-41에서 기계적 이득은 50을 5로 나눈 값, 즉 10이다. 다음의 공식은 기계적 이득을 계산하는 데 이용할 수 있다.

$$\text{기계적 이득} = \frac{\text{출력 하중}}{\text{입력 하중}}$$

$$\text{또는 기계적 이득} = \frac{\text{출력거리}}{\text{입력거리}}$$

본 장 초반에 레버(lever)나 기어(gear)와 같은 간단한 기계장치를 논의할 때 이것은 우리에게 일을 가져다주는 기계장치가 아니라고 정의되었다. 우리가 넣은 힘보다 더 큰 힘을 얻을 수 없는 유압계통도 같은 견해였다. 일은 힘과 거리의 곱이기 때문에 만약 우리가 유압계통으로 힘을 얻으면 우리는 거리를 잃어야 한다. 만약 어떤 계통이 100% 효율이라면 우리는 오직 같은 일을 얻을 수 있다.

입력 피스톤의 움직임에 따라 움직인 출력 피스톤의 거리에 대해 생각하기 위해, 빠져나간 유체의 체적은 고려되어야 한다. 기하학에서 실린더의 체적은 실린더의 표면적에 높이를 곱한 것이다. 그래서 2in2의 피스톤이 10in의 실린더 간격을 내려갈 때 20in3과 같은 유체의 체적이 빠져나간다. 처음 피스톤에 의해 빠져나간 20in3은 두 번째 실린더를 위쪽으로 움직이게 하고 피스톤의 움직임에 원인이 된다. 이러한 간단한 두 가지 피스톤 유압계통에서 피스톤의 면적과 움직인 거리의 관계는 다음의 공식으로 정리된다.

입력 피스톤 면적×움직인 거리
=출력 피스톤 면적×움직인 거리

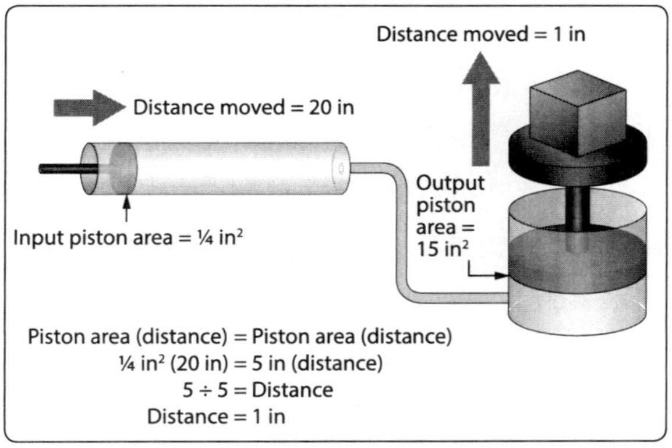


[그림 1-42] 유압계통에서의 피스톤 운동
(Piston movement in a hydraulic system)

결과적으로 이 공식은 들어간 체적과 빠져나온 체적이 같다는 것을 보여준다. 그림 1-42에서 보여준 것과 같이, 작은 피스톤이 20in가 움직이면 큰 피스톤은 1in 움직인다.

### 보기문제 18

그림 1-42에서 보여준 것과 같이, 두 피스톤 유압계통에서 입력 피스톤은 면적이 1/4in2이고 출력 피스톤은 15in2이다. 50lb의 입력 하중을 공급하면 30in가 움직인다. 이 장치에서 압력은 얼마고, 출력 피스톤에 의해 발생된 힘은 얼마인가? 움직인 거리와 이것이 만든 기계적 이득은 얼마인가?

### 문제풀이 18

$$압력=하중\div 면적=50\div\frac{1}{4}=200\text{psi}$$

$$하중=압력\times 면적=200\times 15=3{,}000lb$$

$$기계적\ 이득=\frac{출력\ 하중}{입력\ 하중}=\frac{3{,}000}{50}=60$$

입력 피스톤 면적×움직인 거리
=출력 피스톤 면적×움직인 거리

$$\frac{1}{4}\times 30=15\times 움직인\ 거리$$

$$움직인\ 거리=\frac{1}{4}\times 30\div 15=\frac{1}{2}in$$

파스칼의 법칙과 유압을 이해하는 부분은 공식을 활용하고 각 변수 간의 관계를 아는 데 있다. 수치를 공식에 대입하기 전에, 시스템 내의 변수를 분석하고 어떤 일이 발생할지에 대해 현실화할 수 있다. 예를 들어, 그림 1-42에서 보여준 것과 같이, 출력 피스톤이 입력 피스톤보다 20배 크다는 것을 알 수 있다. 이 비교로 인해 출력 하중이 입력 하중보다 20배 크게 된다는 것과, 출력 피스톤이 기껏해야 1/20in 움직일 것이라는 것을 알 수 있다. 공식을 사용해 계산하지 않고도, 우리는 문제 상의 유압계통이 20의 기계적인 이득이 있다는 것을 알 수 있다.

### 1.10.4 베르누이 원리(Bernoulli's Principle)

베르누이(Bernoulli) 원리는 단면이 다른 관 속에 흐르는 액체의 운동을 설명할 때 이용되었다. 그림 1-43에 나타낸 것과 같은 관이 있다. 이런 방법으로 제작된 관을 벤투리관(venturi tube)이라고 한다. 단면적이 감소하는 곳의 통로는 수축형 덕트(duct)라고 하며 통로가 팽창하기 시작하면 발산형 덕트라고 불린다. 액체, 즉 유체가 벤투리관 안에 흐를 때 A, B, C 지점의 계기는 액체의 속력과 정압을 기록하기 위해 장착하였다. 그림 1-43에서 보여준 것과 같이 벤투리로서 베르누이 원리를 설명할 수 있는데, 유체, 즉 액체 또는 기체의 정압은 유체의 속력이 증가하는 곳에서 감소

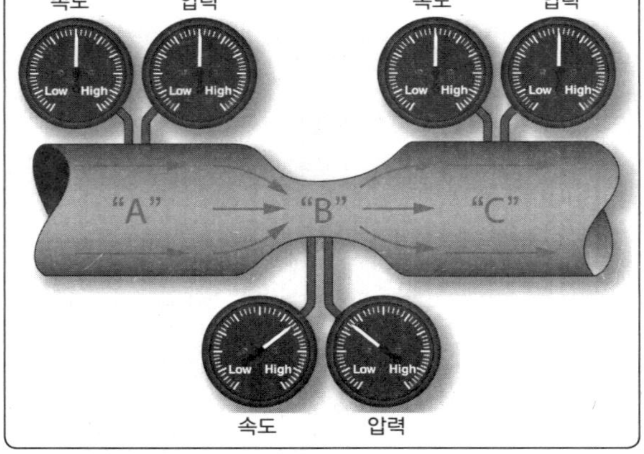


[그림 1-43] 베르누이의 원리와 벤투리
(Bernoulli's principle and a venturi)

한다. 물론 유체에 어떠한 에너지가 추가되거나 감소되지 않았음을 가정한 상태이다. 공기의 속력은 운동에너지이며, 공기의 정압은 위치에너지이다.

그림 1-43에서 보여준 것과 같이, 지점 A와 지점 C의 벤투리 단면이 큰 곳에서는 액체가 저속으로 움직이므로 이 두 곳에서는 높은 정압이 발생한다. 중앙에서 단면은 작아지지만 양쪽 끝부분에서 액체의 체적은 같아야 한다. 따라서 이러한 좁은 부분에서는 액체가 더 고속으로 움직이며 지점 B의 압력은 지점 A 또는 지점 C에서의 압력보다 낮다.

벤투리 원리를 적용한 좋은 예는 플로트 형태 기화기(float-type carburetor)이다. 공기가 엔진으로 향하는 도중 기화기를 통과하여 흘러갈 때, 정압이 감소하는 벤투리를 통과한다. 기화기에 있는 더 고압의 연료는 더 저압의 벤투리 영역 안으로 흘러가며 공기와 혼합된다.

베르누이의 원리는 일부 시스템이 어떻게 항공기에 적용되는지, 비행기의 날개가 어떻게 양력을 발생시키는지, 또는 아음속 비행기의 터빈엔진의 입력 덕트가 왜 발산형인지를 이해하는 데 대단히 중요하다. 천천히 움직이는 비행기의 날개는 휘어진 상단표면과 상대적으로 평평한 바닥면을 갖는다. 휘어진 상단표면은 벤투리의 수축형 중앙부 절반과 같이 작용한다. 공기가 날개의 위쪽을 흘러갈 때, 공기는 속도가 증가하고 정압은 감소한다. 날개의 아래쪽에 정압은 위쪽에 압력보다 커지게 되고, 이러한 압력 차이는 날개에서 양력을 발생시킨다.

## 1.11 소리(Sound)

인간의 귀로 들을 수 있는 물질의 연속적인 교란을 소리라고 한다. 이 정의는 인간의 가청범위를 벗어난 교란에도 적용된다. 소리의 송신과 수신에 필요한 세 가지 요소가 있다. 소리를 전달하고 감지하는 데에는 소리의 근원, 소리를 전달하는 매질 그리고 수신기 이다. 매질을 교란하는 것을 음원이라고 한다.

벨(bell)에 달린 링(ring)은 소리를 발생하고 전달하는 좋은 예이다. 벨을 두드려서 진동이 시작되면 벨과 접촉하고 있는 매질, 즉 주위의 공기의 입자도 진동을 시작하고 이 교란은 매질의 한 입자에서 다음의 입자로 전달하며, 진동은 매질 사이를 파(wave)로써 진행되어 귀에 들린다. 수신기 역할을 하는 고막은 진동하는 공기 입자 때문에 운동이 시작되어 두뇌는 벨과 관련된 소리를 고막의 진동으로써 판별한다.

### 1.11.1 파동 운동(Wave Motion)

소리는 매질 내의 파동의 운동이므로, 물결의 운동을 고찰하여 알 수 있다. 연못에 돌을 던지면, 교란 지점에서 원형 파동이 연속으로 퍼져 나아간다. 그림

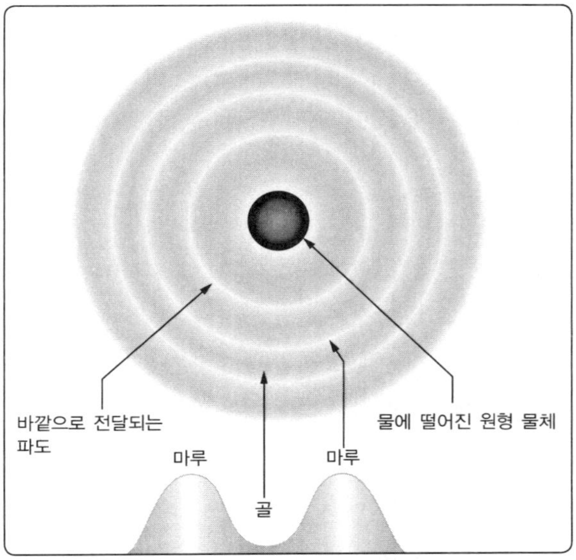


[그림 1-44] 물 속의 소리와 파동의 관계
(Relationship between sound and waves in water)

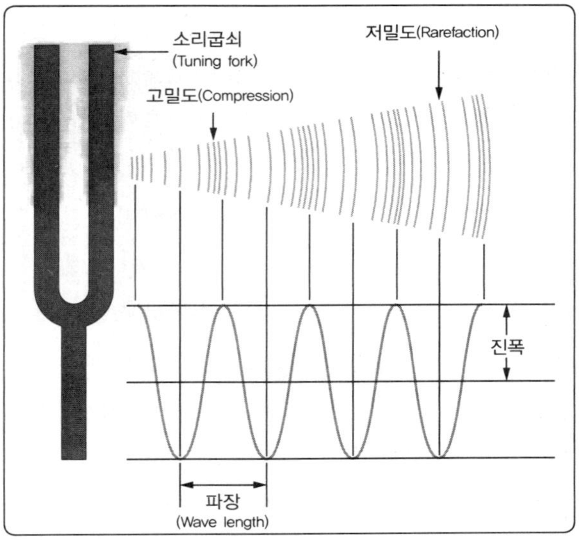


[그림 1-45] 소리굽쇠에 의한 소리 전파
(Sound propagation by a tuning fork)

1-44에는 이러한 파동의 평면도를 보여준다.. 물결파(water wave)는 그림 1-44의 단면도와 같이 마루(crest)와 골(trough)의 연속이다. 파동의 마루와 바로 다음 마루 사이의 거리를 파장이라 한다. 물의 분자가 상하운동, 즉 파동이 진행하는 방향과 직각으로 움직이므로, 이러한 물결파는 횡파(transverse wave)이다. 물 위에 코르크를 띄우면, 코르크는 파동이 지나갈 때, 위쪽과 아래쪽으로만 움직이고 옆쪽으로는 거의 나아가지 않는 것으로 보아 물결파는 횡파라는 것을 알 수 있다.

소리는 종파운동(longitudinal wave motion)을 하며 매질을 통과한다. 그림 1-45에서 보여준 것과 같이, 매질의 입자는 전파 방향과 같은 방향으로 앞쪽과 뒤쪽으로 움직이므로 소리는 종파이다. 그림 1-45에서 보여준 것과 같이, 소리굽쇠(tuning fork)의 한쪽 막대가 바깥쪽으로 움직이면 막대의 바로 앞쪽의 공기는 압축되어 이 압력은 순간적으로 매질의 어떤 곳보다도 높아진다. 공기는 탄성체이기 때문에, 이 교란은 막대의 바깥으로 압축파가 되어 점차 전달된다. 막대가 되돌아 와서 안쪽방향으로 움직일 때, 이 막대의 앞의 공기는 희박해져 그 순간 이곳의 압력은 주위의 어느 곳보다도 낮다. 이 교란은 팽창파(expansion wave)의 형태로 전달되며 압축파의 뒤를 이어서 매질 내를 통과한다. 파동이 진행할 때 다음과 같이 두 가지의 서로 다른 운동을 포함하고 있다. 파동 자신은 일정한 속도로 전진하고 동시에 파동을 전하는 매질의 입자는 괘종시계의 추 운동, 왕복 엔진에서의 피스톤과 비슷한 운동인 조화운동(harmonic motion)을 한다.

### 1.11.2 소리의 속도(Speed of Sound)

주어진 물리적 조건에서, 소리는 균일한 매질에서 항상 일정한 속도로 진행하나 매질이 바뀌면 더 커지는 경우도 있다. 비록 동일한 매질에서라도 압력, 온도 등의 조건이 달라지면 음속은 변한다. 매질의 밀도(密度, density)와 탄성은 음속(音速, velocity of sound)을 결정하는 데 가장 중요한 역할을 담당하는 물리적 성질이다.

일반적으로 물질 사이의 밀도 차이를 알면 어떤 매질이 더 소리를 빨리 전달하는가를 알 수 있다. 예를 들어, 같은 온도에서 공기보다는 물속에서 소리가 더욱 빨리 전파된다. 그러나 예외가 있다. 같은 온도에서 납과 알루미늄 속을 지나가는 음속을 비교해 보면 이러한 예외를 알 수 있다. 20℃에서 알루미늄에서 소리는 16,700fps로 퍼져나가지만, 알루미늄보다 훨씬 밀도가 높은 납 속에서 소리는 단지 4,030fps에 불과하다. 따라서 음속은 매질의 밀도뿐만 아니라 탄성에도 관계가 있음을 알 수 있다.

매질 내에서의 음속은 매질의 밀도로써 대략 짐작할 수 있어서, 음속은 고체 재료에서 가장 빠르고 액체에서는 느려지며, 기체에서 가장 느린 것으로 알려져 있다. 0℃(32℉)의 온도를 가진 공기에서 음속은 1,087fps이며 온도가 1℃씩 높아질 때마다 약 2fps씩 증가한다. 실제 공기에서의 음속은 보통 1,100fps를 사용한다.

### 1.11.3 마하수(Mach Number)

초음속(supersonic speed)으로 비행하는 항공기를 다룰 때는, 보통 음속(59℉에서 760mph)과 관련시켜 항공기 속도를 계산할 때가 많다. 오스트리아 과학자 Ernst Mach의 이름을 따서, 음속에 대한 항공기의 속도의 비를 마하수(Mach Number)라고 부른다. 만약 해수면에서 음속이 760mph이라면, 해수면에서 Mach Number 1.2로 비행하는 항공기는 속도 760mph×1.2=912mph를 갖고 비행하고 있음을 알 수 있다.

### 1.11.4 소리의 주파수(Frequency of Sound)

소리의 주파수를 설명할 때 피치(pitch)라는 용어를 자주 사용한다. 피아노에서 2개의 음질(tone)을 뚜렷이 구별할 수 있는 것은 건반 사이의 피치 차이가 있기 때문이다. 피치는 매초 동안에 변하는 압축과 팽창의 수에 비례한다. 다시 말하면 음원의 진동주파수에 의하여 피치가 결정된다. 주파수의 좋은 예는 상업용 비행기의 터보팬엔진에서 발생하는 소음을 들 수 있다. 엔진의 앞쪽에 있는 팬(fan)의 고선단속도는 고주파음이고, 뜨거운 배기가스는 저주파음을 발생시킨다.

### 1.11.5 소리의 강도(Loudness)

벨이 울릴 때, 음파는 모든 방향으로 퍼져나가고 소리는 모든 방향에서 들린다. 벨을 약하게 두드리면, 진동은 작은 진폭이 되며, 소리는 약해진다. 벨을 세게 두드리면 두드릴수록 더 큰 진폭의 진동을 만들어내고 소리는 더 시끄러워진다. 공기 진동의 진폭은 음원의 진동의 진폭이 증대되었을 때 더 커지는 것은 분명하다. 따라서 음파의 진동의 진폭에 따라서 소리의 세기가 결정된다. 음원으로부터 거리가 점점 멀어지면, 음파에 포함된 에너지는 사방으로 흩어져 소리는 점점 약해진다.

음파가 앞으로 나아갈 때, 압력이 있는 진동은 매질의 모든 점에서 발생한다. 압력이 있는 진동이 커지면 커질수록 파는 더욱 강해진다. 이 세기는 진동수에 비례한다. 즉, 압력의 변화만 측정하면 서로 다른 진동수를 갖는 소리의 세기를 직접 비교할 수 있다.

### 1.11.6 소리의 세기 측정 (Measurement of Sound Intensity)

소리의 세기는 하나의 소리와 다른 소리의 비율이 되는 데시벨(decibe, dBl)로 측정된다. 1데시벨은 사람의 귀가 감지할 수 있는 음의 세기의 가장 작은 변화이다. 조그맣게 속삭이는 소리는 20dB의 세기를 갖게 되고, 공기압드릴은 80dB이 된다. 현대 제트항공기에 엔진의 이륙추력은 150ft 떨어진 사람이 들었을 때 90dB의 세기를 갖는다. 그림 1-46은 다양한 음원에서 소리의 세기를 보여주고 있다.

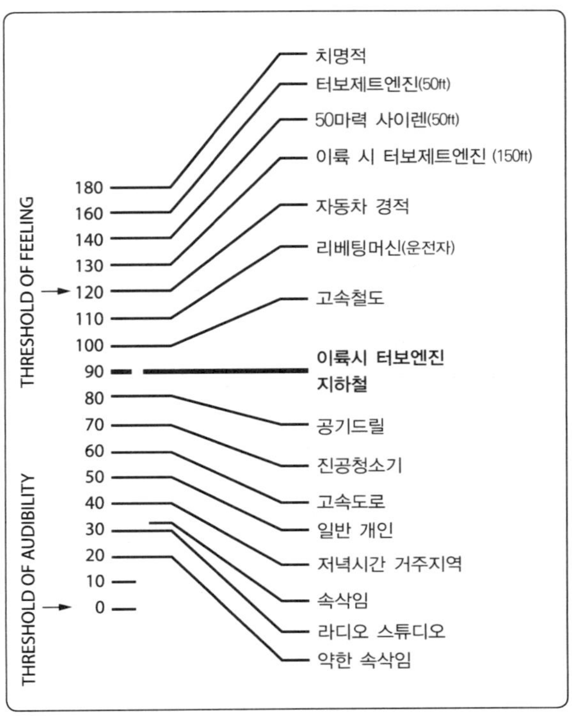


[그림 1-46] 다양한 음원에서의 소리의 세기 (Sound Intensity from different Sources)

### 1.11.7 도플러 효과(Doppler Effect)

소리가 움직이는 물체로부터 들려올 때 물체의 앞쪽 움직임은 앞쪽에서 감지되는 주파수와 가까워지고 뒤쪽에서 감지되는 주파수는 멀어진다. 이 주파수의 변화를 도플러 효과라고 한다. 일반적으로 도플러 효과는 음원과 듣는 사람이 상대적 운동을 하고 있을 때 나타난다. 음원과 관찰자가 서로 가까워지고 있을 때, 관찰자는 음원에서 내는 소리보다 더 높은 음의 소리를 듣게 된다. 반대로 음원과 관찰자가 서로 멀어지는 경우에는 음원에서 나는 소리보다 더 낮은 음을 관찰자가 듣게 된다.

만약 비행기가 음속보다 빠른 속도에서 비행한다면, 소리에너지가 비행기 기체를 벗어나는 순간 비행기가 소리를 따라잡기 때문에 소리에너지는 비행기 앞으로 나갈 수 없다. 소리에너지는 비행기에 의해 겹쳐 쌓여지고 스스로 항공기 기체에 달라붙는다. 비행기가 접근할 때, 지상에 서 있는 사람의 음향에너지는 실제로 비행기 뒤쪽에서 따라오기 때문에 비행기가 그 위치를 지나갈 때까지 소리를 들을 수 없을 것이다. 이러한 비행기의 소리가 들릴 때 이를 소닉 붐(sonic boom)이라고 한다.

### 1.11.8 공진(Resonance)

고체, 액체, 기체와 관계없이 모든 형태의 물질은 진동하는 물질 내부의 원자에서 고유주파수를 갖고 있다. 만약 2개의 물질이 같은 고유주파수를 가지고 있고 그중 하나가 진동을 시작한다면, 진동은 파동에너지를 다른 쪽으로 이동시킬 수 있으며 다른 쪽도 진동을 시작한다. 이 에너지의 이동을 공진이라고 한다.

일부 피스톤 동력비행기는 프로펠러가 해당 rpm에서 회전할 때 진동 문제점을 일으킬 수 있기 때문에 피해야 할 rpm 영역을 제시한다. 프로펠러 금속의 고유진동수와 프로펠러의 특정 끝단 속도의 진동 주파수 때문에 문제가 발생할 수 있다. 특정 rpm에서 응력은 프로펠러를 파손시킬 수 있다.

# 02 항공역학

Aerodynamics

# 2 항공역학

Aerodynamics

## 2.1 개론(Introduction)

항공기의 제작, 작동, 수리에 직접적으로 관련된 분야는 항공역학, 항공기 조립, 그리고 항공기 리깅(aircraft rigging)이다. 각 분야는 궁극적으로 항공기가 비행을 위해 무엇이 필요한지 과학적이고 물리적인 이해를 돕기 위해 연구된다. 항공역학을 통해 항공기 비행의 원리를 이해할 수 있다.

항공역학은 움직이는 물체와 대기 사이의 상호 작용을 연구하는 동역학 분야이다. 즉, 항공기는 대기 상태의 변화에 영향을 받아 대기 공간을 운동하는 물체로 정의한다. 공기가 흐를 때 항공기 주위의 공기 흐름은 배의 뱃머리를 지나가는 물의 유동과 유사하다. 물과 공기의 주요 차이점은 공기는 압축성이고, 물은 비압축성이다.

항공기 주변에 공기흐름의 작용은 항공역학 연구의 중요한 부분이다. 방향타(rudder), 선체(hull), 수선(water line), 킬빔(keel beam)과 같은 일반적인 항공기 용어는 선박 용어에서 가져왔다.

## 2.2 대기(Atmosphere)

비행의 기본법칙을 고찰하기 전에, 항공기는 공기 안에서 작동되는 것을 인지해야 한다. 따라서 항공기의 제어와 성능에 영향을 미치는 공기의 특성에 대해 이해해야 한다.

지구의 대기에 있는 공기는 주로 질소와 산소로 구성되어 있다. 공기는 흐르는 능력이 있으며, 그것이 담겨진 용기의 모양을 취하는 능력을 갖는 물질이기 때문에 유체로 간주된다. 만약 용기가 가열된다면 압력은 증가하고, 만약 냉각된다면 압력은 감소한다. 공기의 무게는 해수면을 기준으로 위쪽의 모든 공기가 누르는 압력이다. 이 압력을 대기압이라 한다.

대기권의 구조는 대류권, 성층권, 중간권, 열권, 극외권으로 구성되어 있다. 대류권과 성층권의 경계면을 대류권계면이라고 하며, 이 영역은 제트기류가 존재하고 대기가 안정되며 구름이 없고 기온이 낮아 항공기의 순항고도로 적합하다.

### 2.2.1 압력(Pressure)

대기압은 보통 그 표면 위쪽에 작용하는 공기의 무게로서 지표면에 대하여 가해진 힘으로 정의한다. 무게는 압력으로 어떤 면적에 가해진 힘이다. 힘(F)은 면적(A) 곱하기 압력(P)으로 F=AP와 같다. 따라서 압력은 힘을 면적으로 나눈 값이다. 즉, P=F/A 이다. 해수면(sea level)에서 대기의 최상부까지 뻗어있는 $1\text{inch}^2$ 면적을 가진 공기 기둥의 무게는 약 14.7lb이다. 따라서 대기압은 pounds per square inch[psi]로 나타낸다. 그러므로 해수면에서 대기압은 14.7psi이다.

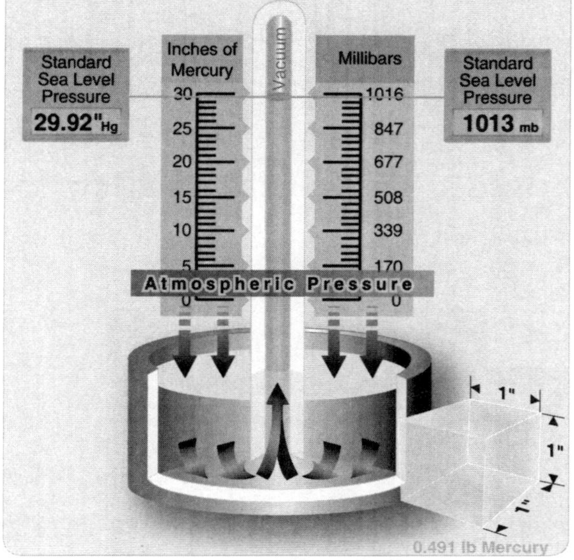


[그림 2-1] 대기압 측정에 사용되는 기압계
(Barometer used to measure atmosphere pressure)

그림 2-1에서 보는 것과 같이 대기압(atmospheric pressure)은 기압계라고 불리는 기구로 측정되며, 기압을 수은인치(inHg) 단위로 기록하는 관내 수은으로 구성되어 있다. 항공용 고도계에서 표준측정과 미국 일기예보에서 단위는 inHg로 표기된다. 그러나 일부 미국 이외에서 제작된 항공기 계기는 미터법 단위인 millibar[mb]로 압력을 지시한다. 해수면에서 평균대기압은 14.7psi이고, 기압은 29.92inHg이며, 미터 측정은 1013.25mb이다.

대기압은 고도에 따라 변화하는 성질을 갖고 있다. 해수면으로부터 고도가 높아질수록 압력은 낮아진다. 항공기가 상승할 때 대기압은 떨어지고, 공기의 산소 함유량은 감소하며 온도는 떨어진다. 고도의 변화는 양력과 엔진마력 등의 항공기 성능에 영향을 미친다.

### 2.2.2 밀도(Density)

밀도는 단위 체적당 무게이다. 공기는 가스의 혼합물이므로 압축될 수 있다. 만약 하나의 용기에 있는 공기가 동일한 용기에 있는 똑같은 양의 공기보다 절반 이하의 압력인 경우, 고압의 공기는 저압의 용기에 있는 공기의 2배의 무게를 갖는다. 고압의 공기는 다른 용기에 있는 공기의 밀도의 2배이다.

기체의 밀도는 다음 법칙에 따른다.
(1) 밀도는 압력에 비례하여 변한다.
(2) 밀도는 온도에 반비례하여 변한다.

그러므로 고고도에서 공기는 저고도에서 공기보다 밀집도가 낮고, 뜨거운 공기의 질량은 찬 공기의 질량보다 밀집도가 낮다.

밀도의 변화는 동일한 마력을 가지고 있는 항공기의 공력특성에 영향을 준다. 항공기는 밀도가 더 큰 저고도에서보다 밀도가 낮은 고고도에서 더 빨리 비행할 수 있다.

이것은 공기가 단위체적당 공기입자 수가 더 적을 때 항공기에 더 적은 저항을 제공하기 때문이다.

### 2.2.3 습도(Humidity)

습도는 공기 중에 포함되어 있는 수증기의 양이다. 공기가 수용할 수 있는 수증기의 최대량은 온도에 따라 변한다. 공기의 온도가 높으면 높을수록, 수증기를 더 많이 흡수할 수 있다.

(1) 절대습도(absolute humidity)는 공기의 단위체적

당 수증기의 무게이다.

(2) 상대습도(relative humidity)는 현재 포함한 수증기량과 공기가 최대로 포함할 수 있는 수증기량(포화수증기량)의 비를 퍼센트(%)로 나타낸다.

온도와 압력을 동일하게 유지한다고 가정하면, 공기의 밀도는 습도에 역으로 변한다. 습한 날에, 공기밀도는 건조한 날보다 더 낮다. 이와 같은 이유로, 항공기는 건조한 날보다 습한 날에 이륙을 위해 더 긴 활주로를 필요로 한다. 수증기는 그 자체로 완전히 건조한 같은 양의 공기의 약 5/8만큼 무게가 나간다. 따라서 공기에 수증기가 포함되어 있을 때는 습기가 없는 건조한 공기만큼 무겁지 않다.

## 2.3 항공역학과 물리법칙 (Aerodynamics and the Laws of Physics)

에너지 보존법칙은 에너지가 새롭게 만들어지거나 소멸되지 않는다는 것이다. 운동이란 장소 또는 위치를 바꾸는 행위, 또는 그 과정을 말한다. 물체의 운동은 상대적으로 어떤 물체에 대하여 움직이게 되고, 다른 물체에 대하여 정지해 있게 된다. 예를 들어, 200knot로 비행하는 항공기에 가만히 앉아있는 사람은 항공기에 대하여 움직이지 않고 정지한 것이지만, 사람과 항공기는 대기에 대하여 그리고 지표면에 대하여 움직이고 있는 것이다.

공기는 움직이고 있지 않는 한 압력을 제외하고는 힘이나 동력이 없다. 그러나 공기가 움직이고 있을 때, 그것의 힘은 명백한 것이 된다. 움직이지 않는 공기 속에서 움직이는 물체는 그 자체의 움직임의 결과로 그 물체에 가해지는 힘을 가지고 있다. 물체가 공기에 대하여 움직이고 있거나, 또는 공기가 물체에 대하여 움직이고 있을 때 그 결과는 동일하다. 물체 주위의 공기의 유동은 공기 또는 물체의 움직임에 의해서 발생하며, 물체주위의 공기 흐름을 상대풍(relative wind)이라고 한다.

### 2.3.1 속도와 가속도 (Velocity and Acceleration)

속력(speed)과 속도(velocity)란 말은 흔히 같은 말로 쓰이지만, 그 뜻은 다르다. 속도는 시간에 대한 운동의 비율이고, 속력은 시간에 대하여 특정한 방향으로 운동하는 비율이다.

어떤 항공기가 서울에서 출발하여 260mph의 평균 속도로 10시간을 비행한다. 10시간 후에 이 항공기는 런던이나 샌프란시스코를 지나고 있을 수 있으며, 순환 비행이라면 다시 서울에 되돌아 올 수도 있다. 만약 이 동일한 항공기가 260mph의 속력으로 남쪽 방향으로 비행했다면, 10시간 후에는 시드니에 도착했을 것이다. 단지 첫 번째 예에서는 움직이는 속도만 나타내고 이는 항공기의 속도를 의미한다. 두 번째 예는 속도에 방향을 포함하고 있으므로 이는 속력의 예이다.

가속(acceleration)이란 속력의 변화 비율로 정의된다. 속력이 증가하고 있는 항공기는 가속도(positive acceleration)를 나타내며, 속력을 줄이고 있는 항공기는 감속도(negative acceleration)를 나타낸다.

### 2.3.2 뉴턴 운동 법칙(Newton's Laws of Motion)

날개 주위의 공기 작용을 규명하는 기본법칙은 뉴턴

의 운동 법칙이다. 뉴턴의 제1법칙은 관성의 법칙이다. 정지해 있는 항공기는 동체에 힘이 가해지지 않으면 움직이지 않고, 외부 힘이 가해지면 움직인다. 동체가 직선으로 균일한 속도로 움직이고 있다면 속도를 증가시키거나 감소시키기 위해서는 힘을 가해야 한다. 항공기가 직선으로 일정불변의 속도로 날아가고 있을 때, 관성은 움직이는 항공기를 유지하려는 경향이 있다. 비행경로에서 항공기를 변화시키려면 약간의 외력(external force)이 요구된다.

뉴턴의 제2법칙은 일정한 속도로 움직이는 항공기에 외력이 작용되면 운동의 변화는 힘의 양에 비례하며, 힘이 작용하는 방향으로 운동이 일어난다고 규정하고 있다. 이 법칙은 다음과 같이 수식으로 나타낼 수 있다.

$$하중=질량\times 가속도(F=ma)$$

만약 항공기가 상대풍을 향하여 비행하면 때, 속도가 떨어진다. 만약 바람이 항공기의 비행방향의

한쪽 측면에서 온다면, 항공기는 조종사가 바람방향을 향하여 교정하지 않는 한 항로를 벗어나 밀려서 움직인다.

뉴턴의 제3법칙은 작용과 반작용의 법칙이다. 이 법칙은 모든 작용(힘)에 대하여 동일하고 정반대의 반작용(힘)이 발생한다고 명시한다. 이 법칙은 총을 발사하는 예로 설명할 수 있다. 작용은 탄알의 전진 이동이고, 반면에 반작용은 총(gun)의 뒤쪽방향으로 반동하는 것이다.

지금까지 설명한 운동의 세 가지 법칙은 비행(flight)의 이론에 적용된다.

수많은 경우에, 세 가지 법칙 모두가 동시에 항공기에 적용될 수 있다.

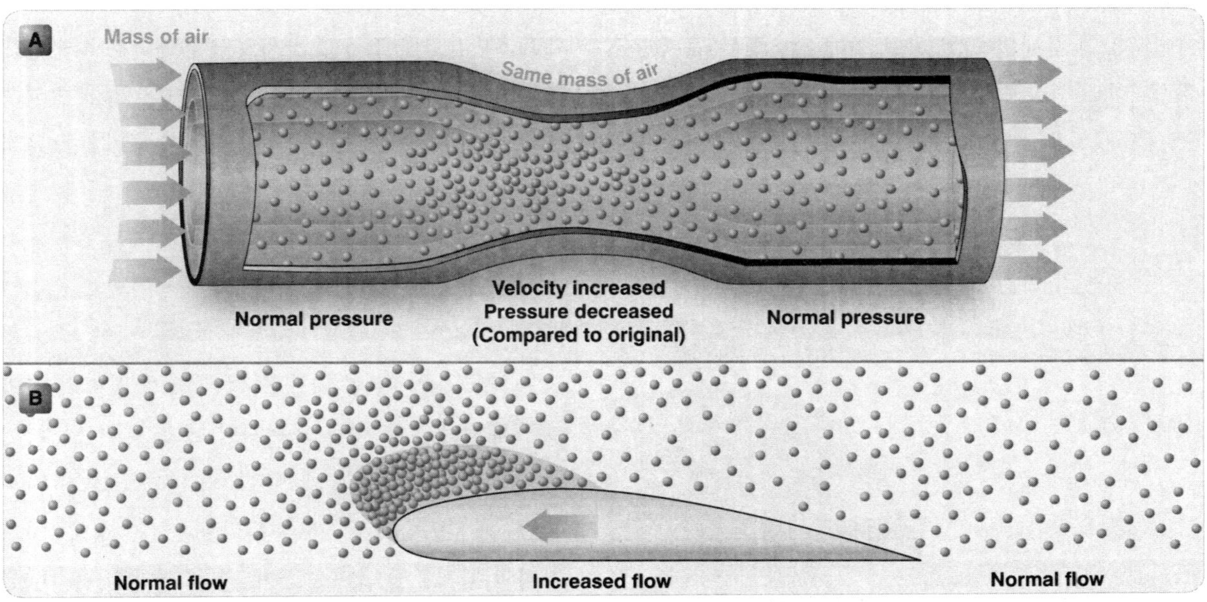


[그림 2-2] 베르누이 원리(Bernoulli's principle)

### 2.3.3 베르누이 원리와 아음속 유동 (Bernoulli's Principle and Subsonic Flow)

그림 2-2에서 보여준 것과 같이, 베르누이의 원리는 관을 통해 흐르는 유체, 즉 공기가 좁아지는 관에 도달할 때, 그 좁아진 관을 통과하여 흐르는 유체의 속도는 증가되고 압력은 감소된다는 원리이다. 날개 단면인 에어포일(airfoil)의 상면은 유선형으로 관이 좁아지는 부분과 유사한 거동을 보여준다. 관이 좁아지는 것이 기류에 영향을 미치는 것처럼 에어포일(날개)의 곡면은 기류에 영향을 미친다.

공기가 에어포일의 윗면으로 흐를 때, 공기의 속도는 증가하고 그 압력은 감소하여 에어포일의 윗면에는 저압이 형성된다. 아랫면에는 더 높은 압력이 형성되고, 그리고 이 높은 압력이 날개를 위쪽방향으로 쳐들게 한다. 날개의 윗면과 아랫면에서의 이 압력 차이를 양력(lift)이라고 부른다. 에어포일의 전체 양력의 3/4은 윗면의 압력 감소에 의한 것이며, 나머지 1/4은 에어포일의 자세에 의한 하단 면에 작용하는 공기의 충격력에 의하여 발생하는 것이다.

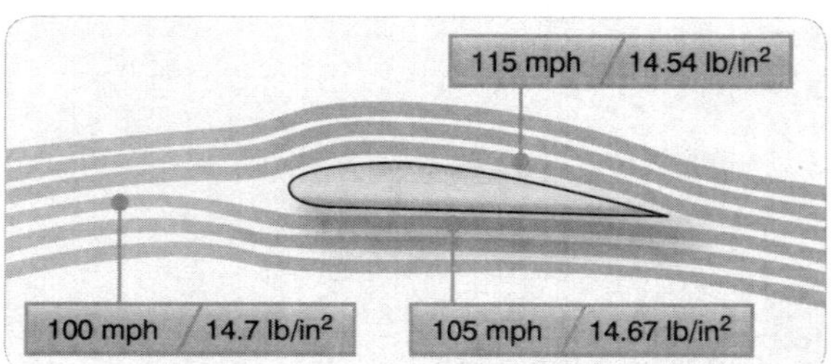


[그림 2-3] 날개 단면의 공기 흐름 (airflow over a wing section)

## 2.4 에어포일(Airfoil)

에어포일이란 공기가 이동하는 곳을 통하여 공기로부터 양력을 얻도록 설계된 표면이다. 따라서 공기 저항을 양력으로 변환하는 항공기의 어떤 부분이라도 에어포일이라고 말할 수 있다. 그림 2-3에서 보여준 것과 같이, 전통적인 날개의 단면은 에어포일의 훌륭한 예이다.

날개의 상단 표면 위로 흐르는 공기는 날개 아래로 흐르는 공기와 동일한 시간 내에 날개의 끝단에 도달해야 한다. 이를 위해 상단 표면 위로 지나가는 공기는 그것이 상단 면을 따라 이동해야 하는 더 긴 거리 때문에 날개 아래로 지나가는 공기보다 더 빠른 속도로 이동한다. 베르누이의 원리에 따르면 이 증가된 속도는 표면에 상응하는 압력 감소를 의미한다. 그래서 날개의 윗면과 아랫면 사이에서 압력 차이가 발생하여 더 저압의 방향인 위쪽으로 날개를 밀도록 한다.

양력은 받음각(AOA, angle-of-attack), 날개면적, 속도, 공기의 밀도를 증가시키거나 에어포일의 형태를 변형하여 증가될 수 있다. 항공기의 날개에 발생하는 양력이 중력과 같을 때 항공기는 수평비행을 유지한다.

### 2.4.1 에어포일의 형태(Shape of the Airfoil)

개별적인 에어포일 단면 특성은 날개 평면형 효과 때문에 날개 또는 항공기 전체의 특성과는 다소 차이가 있다. 날개는 날개 뿌리로부터 날개 끝까지 경사(taper), 꼬임(twist), 또는 후퇴(sweepback)진 여러 가지의 에어포일 단면을 갖게 된다. 날개의 공기역학적 특성은 날개 길이(span)를 따라 각각 단면의 작용에 의해 결정된다. 그 결과로 에어포일의 모양은 난류 또는 표면 마찰의 양을 결정하여 날개의 효율에 영향을 미친다. 난류와 표면 마찰은 최대 두께에 대한 에어포일 시위(chord)의 비율(ratio)이라고 정의된 종횡비(fineness ratio)의 영향을 주로 받는다. 만약 날개가 높은 종횡비를 갖는다면, 그것은 아주 얇은 날개이다. 두꺼운 날개는 낮은 종횡비를 갖는다. 높은 종횡비를 가지고 있는 날개는 많은 양의 표면 마찰을 일으킨다. 낮은 종횡비를 가지고 있는 날개는 많은 양의 난류를 일으킨다. 최상의 날개는 난류와 표면마찰 모두를 최소로 유지하도록 절충된 형태이다.

날개의 효율은 양항비(lift to drag ratio : L/D)로 결정된다. 양항비는 받음각에 따라 변하지만 특정한 받음각에 대해 최대값을 갖는다. 이 각도에서 날개는 최대효율을 갖는다. 에어포일의 모양은 날개가 가장 효율적인 곳에서 받음각을 결정하는 요소이다. 가장 효율적인 에어포일은 날개의 전면에서 뒤쪽으로 약 1/3 지점에서 최대 두께를 갖는다.

고양력 날개와 고양력 장치는 에어포일을 형상화시켜 바람직한 효과를 만들어내도록 개발되었다. 날개 캠버(camber)가 증가하면 에어포일에 의해 발생한 양력도 증가한다. 캠버는 시위선(chord line) 면 위쪽과 아래쪽에 에어포일의 만곡을 말한다. 상부 캠버는 윗면을 말하고, 하부 캠버는 아랫면, 그리고 평균 캠버는 단면의 평균선을 말한다. 캠버는 시위선에서 밖으로 출발하면 양이고, 안쪽으로 향하면 음이다.

### 2.4.2 붙임각(Angle of Incidence)

그림 2-4에서 보여준 것과 같이, 항공기의 세로축(longitudinal axis)과 이루는 날개시위의 각도를 붙임각(angle of incidence), 또는 날개붙임각(angle of wing setting)이라고 부른다. 대부분의 경우에 붙임각은 고정된 붙박이 각도이다. 날개의 앞전(leading edge)이 뒷전(trailing edge)보다 높을 때, 붙임각은 양의 값이라고 말한다. 붙임각은 앞전이 날개의 뒷전보다 더 낮을 때 음의 값이다.

### 2.4.3 받음각 (Angle of Attack(AOA))

받음각(AOA, angle-of-attack)과 에어포일의 효과를 검토하기 전에, 시위(chord)와 압력중심(CP, center of pressure)의 용어를 살펴보자.

그림 2-5에서 보여준 것과 같이, 에어포일의 시위(chord) 또는 날개단면은 앞전과 뒷전까지 단면을 거쳐 지나가는 가상의 직선이다.

[그림 2-4] 붙임각(Angle of incidence)

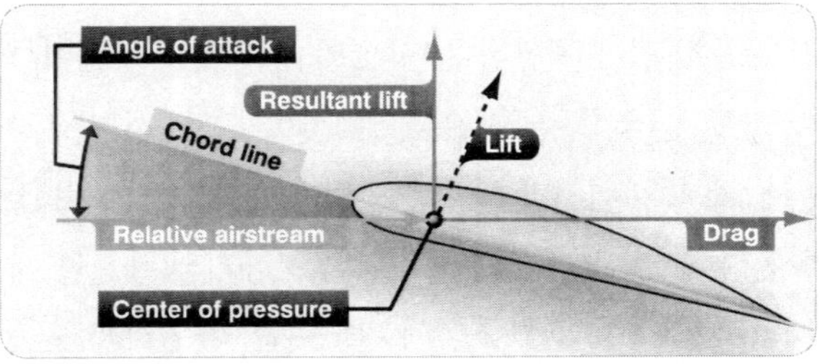


[그림 2-5] 날개 단면의 공기 흐름
(Airflow over a wing section)

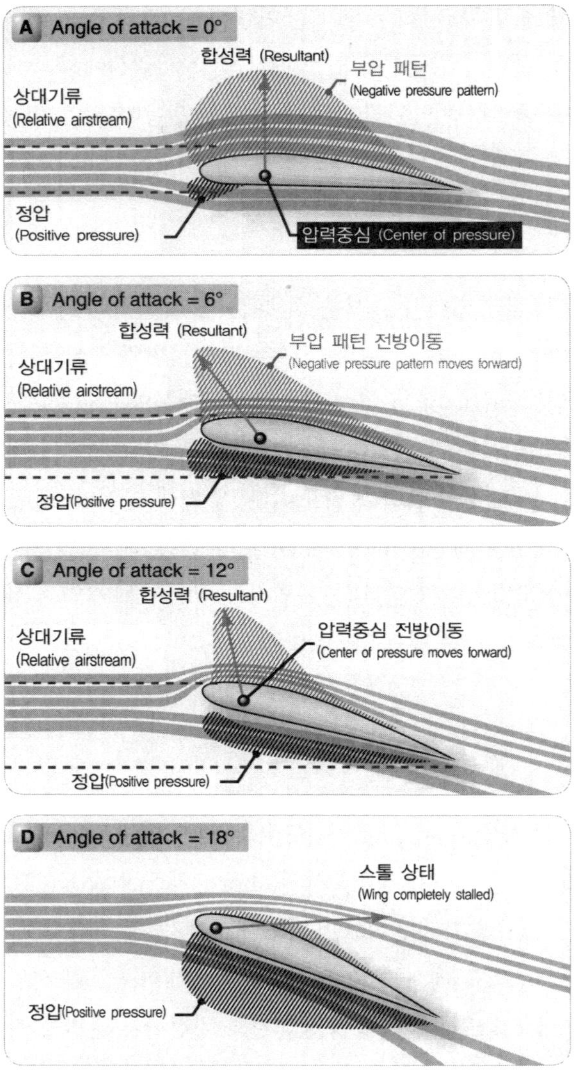


[그림 2-6] Effect on increasing angle of attack

시위선(chord line)은 궁극적으로 AOA를 형성하는 각도의 한 면을 제공한다. 각도의 다른 쪽은 상대기류의 방향을 나타내는 선으로 형성된다. 그래서 받음각은 날개의 시위선과 상대풍의 방향 사이의 각도로 정의된다. 이것은 날개의 시위선과 항공기의 세로축 사이의 각도이다. 그림 2-4에서 보여준, 붙임각과 혼동하지 말아야 한다.

에어포일 또는 날개면의 각 부분에는 작은 힘이 존재한다. 이것은 이 지점에서 앞쪽 또는 뒤쪽으로 다른 지역에 작용하는 어떤 힘과는 크기와 방향이 다르다. 수학적으로 이들 작은 힘을 모두 더하는 것은 가능하며 그 합을 합성력(resultant force) 즉 양력이라고 말한다. 그림 2-5에서 보여준 것과 같이, 이 합성력은 크기, 방향 그리고 위치를 갖고 있으므로 벡터로 나타낼 수 있다. 에어포일의 시위선과 합성력선의 교차 지점은 압력중심(center of pressure (CP))이라고 한다. 압력중심은 받음각이 변화할 때 에어포일 시위를 따라 이동한다. 대부분 비행범위에 걸쳐서 압력중심은 받음각이 증가할 때 앞쪽방향으로 그리고 받음각이 감소할 때 뒤쪽방향으로 이동한다. 그림 2-6에서는 압력중심에서 받음각이 증가했을 때 결과를 보여준다.

받음각은 항공기 자세가 변할 때 변화한다. 적절하게 설계된 에어포일에서, 양력은 받음각이 증가되었을 때 증가한다. 받음각이 양의 받음각 쪽으로 점차적으로 증가되었을 때, 양력 성분은 어떤 지점까지 빠르게 증가하고 그런 다음 급격히 줄어들기 시작한다. 이 작용 내내, 항력 성분은 처음에 서서히 증가하고, 양력이 줄어들기 시작할 때 급격히 증가한다.

받음각이 최대양력의 각도로 증가할 때, 박리점(burble point)에 도달하며 이것을 임계각(critical angle)이라고 한다. 임계각에 도달했을 때 공기는 에어포일의 상단면 위로 원활하게 흐르지 못하고 박리(burble)와 소용돌이(eddy)가 발생한다. 이것은 공기가 날개의 상부캠버에서 이탈하는 것을 의미한다. 이전에 감소된 압력의 영역은 이러한 박리공기로 채워진다. 이 현상이 발생할 때, 양력의 양은 감소하고 항력은 과도하게 증가한다. 중력은 자체에 가해지고 항공기의 기수는 떨어진다. 이것이 실속이다. 그러므로 박리점은 실속각(stalling angle)이다.

### 2.4.4 경계층(Boundary Layer)

물리학과 유체역학의 연구에서, 경계층(boundary layer)은 경계면(bounding surface) 바로 가까이에 있는 유체의 층이다. 항공기에서 경계층은 항공기의 표면에 가장 가까운 공기흐름이다. 고성능 항공기를 설계하기 위해서는 경계층의 작용을 제어하여 압력항력(pressure drag)과 표면마찰항력(skin friction drag)을 최소화하도록 상당한 주의를 기울이는 것이다.

## 2.5 추력과 항력(Thrust and Drag)

그림 2-7에서 보여준 것과 같이 비행중인 모든 항공기는 네 가지 힘의 크기와 방향인 무게, 양력, 항력, 추력에 따라 움직인다.

(1) 무게 (Weight)

항공기를 지구 쪽으로 끌어당기는 힘인 무게는 항공기 자체 무게, 승무원, 승객, 연료, 화물과 같은 항공기에 적용되는 모든 중량에 대한 아래쪽방향으로 작용하는 중력이다.

(2) 양력 (Lift)

항공기를 위쪽방향으로 밀어주는 힘인 양력은 수직으로 작용하고 무게의 영향을 상쇄한다.

(3) 추력 (Thrust)

항공기를 앞쪽방향으로 움직이는 힘인 추력은 항력을 이겨내며 동력장치에 의해 발생된 앞쪽방향의 추진 힘이다.

(4) 항력 (Drag)

항공기를 뒤쪽 방향으로 잡아당기도록 제동동작을 가하는 힘인 항력은 뒤쪽방향의 견제력이고 날개, 동체 및 돌출된 물체에 의해 공기흐름의 와해로 발생한다.

항공기에 작용하는 이들 네 가지 힘은 오직 항공기가 직선-수평-정속 비행을 할 때 균형을 이룬다. 그림 2-8에서 보여준 것과 같이, 양력과 항력의 힘은 상대풍과 항공기 사이의 관계로 발생한다. 양력의 힘은 항상 상대풍에 직각으로 작용하고, 항력의 힘은 상대

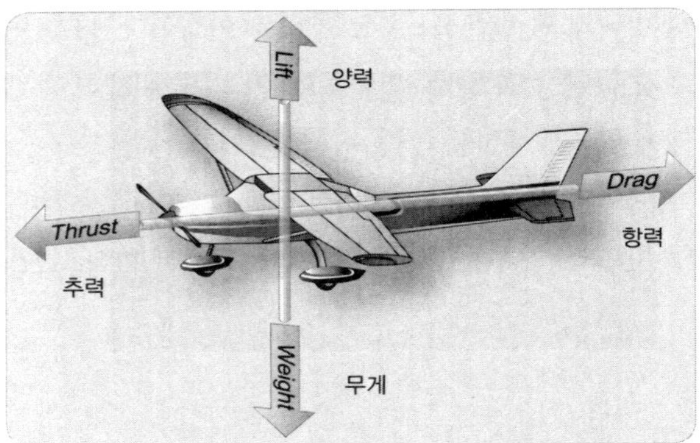


[그림 2-7] 비행 중에 항공기에 작용하는 힘
(Forces in action during flight)

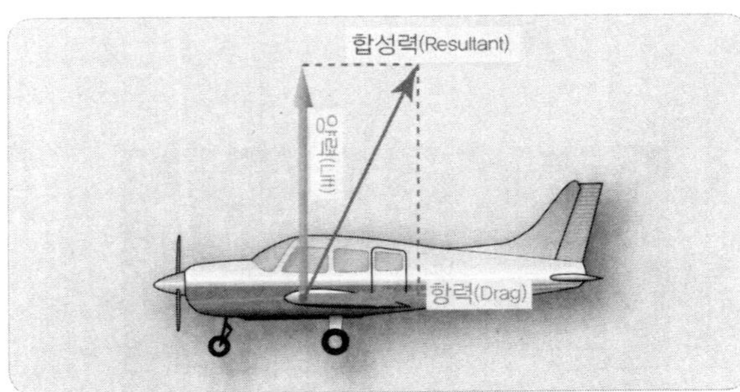


[그림 2-8] 양력과 항력의 합성
(Resultant of lift and drag)

풍에 평행한 방향으로 작용한다. 이들 힘은 실제로 날개에 합성양력(resultant lift)을 만들어 내는 성분이다.

무게는 양력과 명확한 관계를 갖고, 추력은 항력과 명확한 관계를 갖는다. 이들 관계는 아주 간단한 것이지만, 비행의 공기역학을 이해하기 위해서 아주 중요한 것이다. 앞서 서술한 것처럼, 양력은 상대풍에 직각을 이루는 날개 위쪽 방향으로 작용하는 힘이다. 양력은 항공기의 중력에 의해 발생한 항공기의 무게를 상쇄하기 위해 요구된다. 이 무게 힘은 무게중심이라고 부르는 지점을 통해 아래쪽 방향으로 작용한다. 무게중심은 항공기의 모든 무게를 집중시킨 가상의 점이다.

날개면적은 동체에 의해 보이지 않은 부분까지 포함하며 날개 면적은 하단부로 투영된 면적이다. 다른 변수가 동일할 때 날개 면적이 2배가 되면 비례하여 날개에 의해 발생하는 양력, 항력은 2배가 된다.

항공기가 움직이기 위해서는 항력을 극복해야 하며, 양력을 얻기 위해서는 항공기가 움직여야 한다. 이를

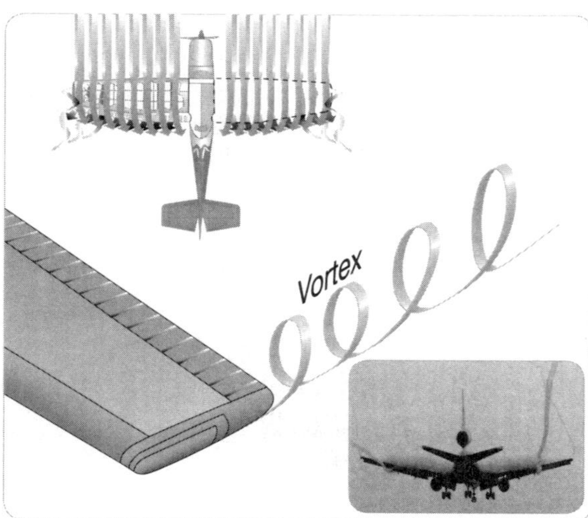

[그림 2-9] 날개 끝 와류(Wingtip vortices)

위해서는 항력을 극복하고 항공기를 전진시키기 위해서는 또 다른 힘이 필수적인데 이 힘은 추력이다. 추력은 제트 추진력 또는 프로펠러와 엔진 조합에서 유도된다. 제트 추진 이론은 뉴턴의 3번째 운동 법칙에 기초한다. 터빈 엔진은 많은 공기를  고속으로 뒤로 이동시켜 공기의 반작용으로 항공기를 전진시키도록 한다.

양력을 만들어내는 물체에 대한 공기의 상대운동은 항력을 같이 발생시킨다. 항력은 공기를 통과하여 움직이는 물체에 작용하는 공기의 저항력이다. 만약 항공기가 수평항로에서 비행하고 있다면, 양력은 그것을 지탱하기 위해 수직으로 작용하는 반면에 항력은 뒤로 그것을 붙들고 있기 위해 수평으로 작용한다. 항공기에 작용하는 항력의 총량은 수많은 부분으로 구성되지만 여기에서는 세 가지를 고려하는데, 유해항력(parasite drag), 형상항력(profile drag) 그리고 유도항력(induced drag)이다.

유해항력은 수많은 다른 항력의 조합으로 구성된다. 비행 중에 노출된 항공기 물체는 공기에 저항을 일으킨다. 이처럼 돌출된 물체가 많으면 많을수록, 유해항력은 많아진다. 유해항력은 항공기가 매끄럽지 않고 거친 표면 형상에 의해서도 발생한다. 형상항력은 에어포일의 유해항력으로 간주된다. 유해항력의 여러 가지 성분은 형상항력과 유사한 성질을 지니고 있다.

그림 2-9에서 보여준 것과 같이, 양력을 만들어내는 에어포일 작용은 또한 유도항력의 원인이 된다. 날개 위쪽 압력은 대기압보다 작고, 날개 아래쪽 압력은 대기압과 같거나 더 크다. 유체는 고압에서 저압으로 이동하기 때문에 날개의 밑면에서 바깥 방향으로 그리고 날개 끝 주위에서 위쪽방향으로 공기 이동이 일어나면서 와류(vortex)가 발생한다. 상부 표면의 공기는

동체 쪽으로 들어와 뒷전을 벗어나려는 경향이 있다. 이러한 공기의 흐름은 날개의 뒷전의 안쪽 부분에서 유사한 와류를 형성한다. 이들 와류는 발생하는 난류 때문에 항력을 증가시키고 유도항력을 구성한다.

받음각이 커지면 양력이 증가하는 것처럼 받음각이 커지면 유도항력도 증가한다. 이것은 받음각이 증가되었을 때 날개의 위쪽과 아래쪽 사이에 압력차는 더 크게 되기 때문에 일어난다. 이는 더 거친 와류를 발생시켜 더 많은 난류와 더 많은 유도항력의 원인이 된다.

## 2.6 무게중심(Center of Gravity(CG))

중력은 지구의 중심으로 지구의 중력장(gravitational field) 내에 있는 모든 물체를 끌어당기려는 인력이다. 무게중심은 항공기의 모든 무게가 집중되는 점으로 가정된 점이다. 만약 항공기가 자신의 정확한 무게중심에서 지탱된다면, 그것은 어떤 위치에서 균형이 잡혀있다고 볼 수 있다. 설계자는 항공기 설계 과정에서 압력중심(CP)의 이동 가능 범위를 고려하여 항공기의 무게중심을 설계한다. 또한 비행 평형상태를 위해 적절한 복원모멘트가 발생할 수 있도록 통상적으로 압력중심의 앞쪽에 무게중심을 설정한다.

## 2.7 비행기의 기체축 (The Axes of an Airplane)

항공기가 비행 중에 항공기의 자세를 변경할 때에는 3개 축(axis) 중 1개 또는 그 이상에 대하여 회전해야 한다. 그림 2-10에서는 항공기의 중심을 거쳐 지나가는 가상선인 3개의 축을 보여준다.

항공기의 3개 축 모두는 교차하는 곳의 중심에서 각각의 축은 다른 2개의 축에 수직이다. 기수에서 꼬리까지 동체를 통과한 세로로 연장한 축은 세로축(longitudinal axis)이라고 부른다. 한쪽 날개 끝에서 다른 쪽 날개 끝까지 가로로 연장한 축은 가로축(lateral axis), 또는 피치축(pitch axis)이다. 항공기 위쪽에서 밑바닥까지, 중심을 거쳐 지나간 축은 수직축(vertical axis) 또는 요축(yaw axis)이라고 부른다. 롤(roll), 피치(pitch), 요(yaw)는 3개의 조종면(control surface)에 의해 조종된다. 롤은 날개의 뒷전에 위치한 보조날개(aileron)에 의해 조종된다. 피치(pitch)는 수평꼬리날개 후방부분에 위치한 승강타(elevator)에 의해 조종된다. 요는 수직꼬리날개의 후방부분에 위치한 방향타(rudder)에 의해 조종된다.

## 2.8 안정성과 제어 (Stability and Control)

항공기는 비행경로를 유지하고 다양한 외부 교란으로부터 회복하기 위해 충분한 안정성을 갖추어야 한다. 항공기가 조종성이 좋다는 것은 항공기가 조종 장치의 움직임에 쉽게 그리고 신속히 반응하는 것을 의미한다. 3개의 조종면은 각각의 축에 대하여 항공기를 조종하는데 사용된다. 항공기의 조종면을 움직이는 것은 항공기의 표면을 흐르는 공기흐름을 변경하기 위한 것이다. 다시 말하면, 이것은 항공기가 직선수평 비행하도록 유지하기 위해 작용하는 힘의 균형에 변화를 만들어내는 것이다.

항공기의 안정성 측면에서 세 가지 용어인 안정

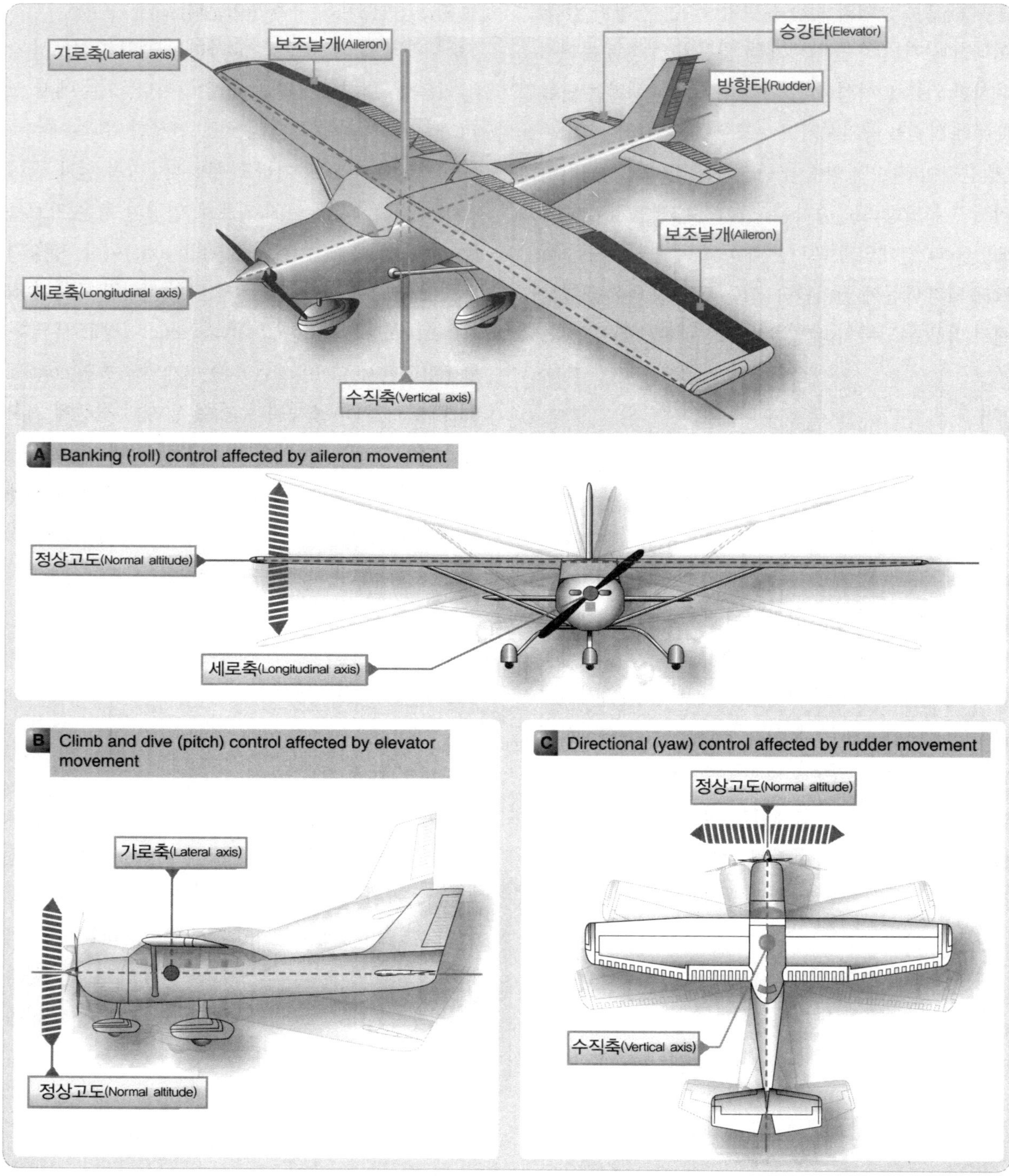


[그림 2-10] 축에 대한 항공기의 운동(Motion of an aircraft about its axes)

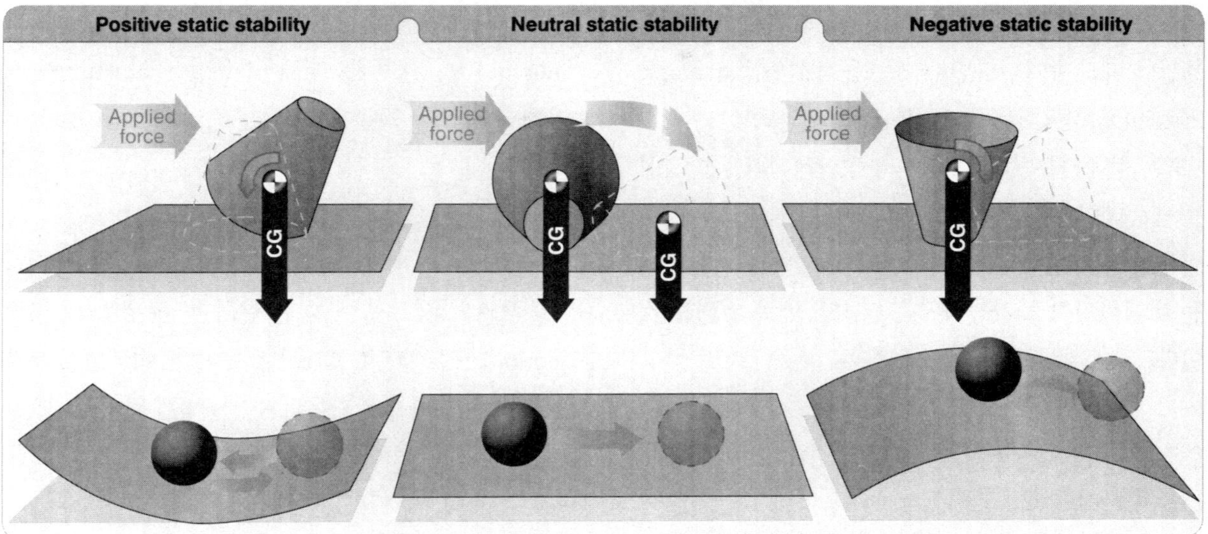


[그림 2-11] 안정성의 세 가지 형태(Three types of stability)

성(stability), 기동성(maneuverability), 조종성(controllability)을 검토할 필요가 있다. 안정성은 항공기가 직선수평 비행경로로 비행하게 하려는 특성이다. 기동성은 요구된 비행경로로 용이하게 비행하게 하는 항공기의 특성이다. 조종성은 항공기를 기동시키는 동안 조종사의 명령에 항공기의 반응성을 나타내는 것이다.

### 2.8.1 정안정성(Static Stability)

항공기에 작용하는 모든 힘과 모든 모멘트의 합이 0일 때 항공기는 평형상태에 있다. 평형상태에 있는 항공기는 가속이 없고 안정된 상황이 지속된다. 돌풍이나 조종간의 작동이 평형상태를 교란(disturbance)시키고 항공기는 모멘트나 힘의 불균형 때문에 가속하게 된다.

정안정성(static stability)의 세 가지 형태는 평형상태로부터 어떠한 교란이 발생했을 때 이에 대한 움직임의 특성에 의해 규정된다. 양(positive)의 정안정성은 교란된 물체가 평형상태로 되돌아오려는 경향이 있을 때 존재한다. 음(negative)의 정안정성 또는 정적 불안정성(static instability)은 교란된 물체가 교란의 방향으로 지속하려는 경향이 있을 때 존재한다. 중립 정안정성(neutral static stability)은 교란된 물체가 어떤 경향도 있지 않고 교란의 방향에서 평형상태로 남아 있지도 않을 때 존재한다. 그림 2-11에서 이들 세 가지 형태의 안정성을 보여주고 있다.

### 2.8.2 동안정성(Dynamic Stability)

동안정성(dynamic stability)은 시간이 흐름에 따라 물체가 움직인 결과를 다룬다. 만약 물체가 평형상태에서 교란된 결과로 초래된 운동이 있다고 할 때 움직인 운동에 대한 시간이력(time history)이 물체의 동적 안정성을 규정한다. 운동의 진폭이 시간의 흐름에 따라 감소한다면 물체는 양의 동안정성(positive dynamic stability)을 나타낸다. 운동의 진폭이 시간의 흐름에 따라 증가한다면 물체는 동적 불안정(dynamic instability)을 갖고 있다.

모든 항공기는 필요한 수준의 정안정성과 동안정성을 입증해야 한다. 만약 항공기가 정적 불안정과 빠른 비율의 동적 불안정을 갖고 설계되었다면, 그 항공기는 비행하기가 불가능하지는 않지만 매우 어려울 것이다.

### 2.8.3 세로 안정성(Longitudinal Stability)

항공기가 상대풍에 대하여 일정한 받음각(AOA)을 유지하려는 경향을 갖고 있을 때 세로 안정성(longitudinal stability)을 갖는다고 말한다. 즉, 항공기가 기수를 강하시키거나 들어 올리려는 힘이 없거나 실속하려는 경향이 없는 상태를 세로안정성이 있다고 한다. 세로안정성은 피치 운동(motion in pitch)을 나타낸다. 수평 안정판(horizontal stabilizer)은 세로안정을 조종하는 1차 조종면이다. 수평 안정판의 작용은 항공기의 속도와 받음각에 따라 달라진다.

### 2.8.4 방향 안정성(Directional Stability)

수직축(vertical axis)에 대한 안정성은 방향안정성(directional stability)으로 정의한다.

항공기가 직선수평비행에 있을 때, 조종사가 항공기의 조종장치에서 그의 손과 발을 떼어도 항공기는 비행방향으로 진로를 유지하도록 설계되어야 한다. 만약 항공기가 미끄럼으로부터 자동적으로 복귀된다면 이 항공기는 방향균형 측면에서 잘 설계된 것이다. 수직 조종면(vertical stabilizer)은 방향안정성을 조종하는 1차 조종면이다. 방향안정성은 대형 등지느러미(dorsal fin), 긴 동체, 후퇴익(sweptback wing)을 사용하여 개선할 수 있다.

### 2.8.5 가로 안정성(Lateral Stability)

항공기의 세로축에 대한 운동은 횡운동(lateral motion) 또는 롤링(rolling) 운동이다. 이러한 운동으로부터 원래 자세로 되돌아가려는 경향을 가로안정성(lateral stability)이라고 정의한다.

### 2.8.6 더치 롤(Dutch Roll)

더치롤(Dutch Roll)은 요와 롤의 비정상 조합으로 이루어진 항공기 운동이다. 더치롤 안정(dutch roll stability)은 요 댐퍼(yaw damper)를 장착하여 인위적으로 증대시킬 수 있다.

## 2.9 1차 조종 장치 (Primary Flight Control)

그림 2-10에서 보여준 것과 같이, 1차 조종장치는 요구된 비행경로 항공기가 비행할 수 있도록 항공기의 공기력을 제어하는데 사용하는 보조날개(aileron), 승강타(elevator), 방향타(rudder)이다. 비행 조종면은 비행 중 항공기 표면 위를 흐르는 공기흐름을 바꿔서 항공기의 자세를 변화하도록 설계되었다. 3가지 조종면은 3개의 축에 대하여 항공기를 움직이는 데 사용된다.

전형적으로, 보조날개와 승강타는 조종간(control stick), 조종핸들(control wheel), 그리고 요크 조립품(yoke assembly)을 사용하여 조종실에서 조작되며 최신 항공기에서는 조이스틱(joy stick)으로 작동된다. 방향타는 대부분의 항공기에서 발 페달(foot pedal)로 작동된다. 가로방향 조종은 보조날개에 의해 조종되는 항공기의 좌우운동(banking movement) 또는 롤(roll)이다. 세로방향 조종은 승강타에 의해 조종되는 항공기의 상승 및 급강하 이동 또는 피치(pitch)이다. 방향 조종은 방향타에 의해 조종되며, 항공기의 왼쪽 이동과 오른쪽 이동 또는 요(yaw)이다.

## 2.10 평형 비행 제어(Trim Controls)

평형비행제어에 속하는 것은 트림 탭(trim tab), 서보 탭(servo tab), 밸런스 탭(balance tab), 그리고 스프링 탭(spring tab)이다. 그림 2-12에서 보여준 것과 같이, 트림 탭은 1차 조종면의 뒷전 안으로 오목한 곳에 있는 작은 에어포일이다.

트림 탭은 항공기가 원하지 않는 비행자세 쪽으로 움직이려는 경향을 수정하기 위해 사용된다. 트림 탭의 목적은 1차 조종장치에 어떤 압력도 가하지 않고, 비행 중 존재하는 불균형 상황을 조종사가 균형을 잡도록 하는 것이다.

때때로 비행 탭(flight tab)이라고도 하는, 서보 탭은 대형 주 조종면(main control surface)에 주로 사용된다. 서보 탭은 주 조종면을 움직이고 원하는 위치에 그것을 유지하는 것을 돕는다. 오직 서보 탭만 1차 비행 조종장치 중 조종사의 움직임에 반응하여 움직인다.

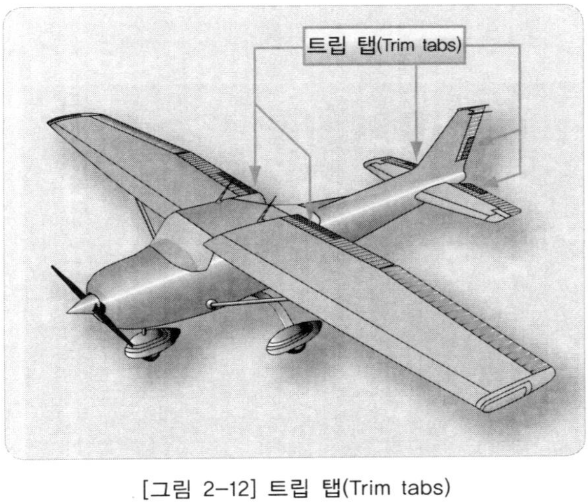


[그림 2-12] 트림 탭(Trim tabs)

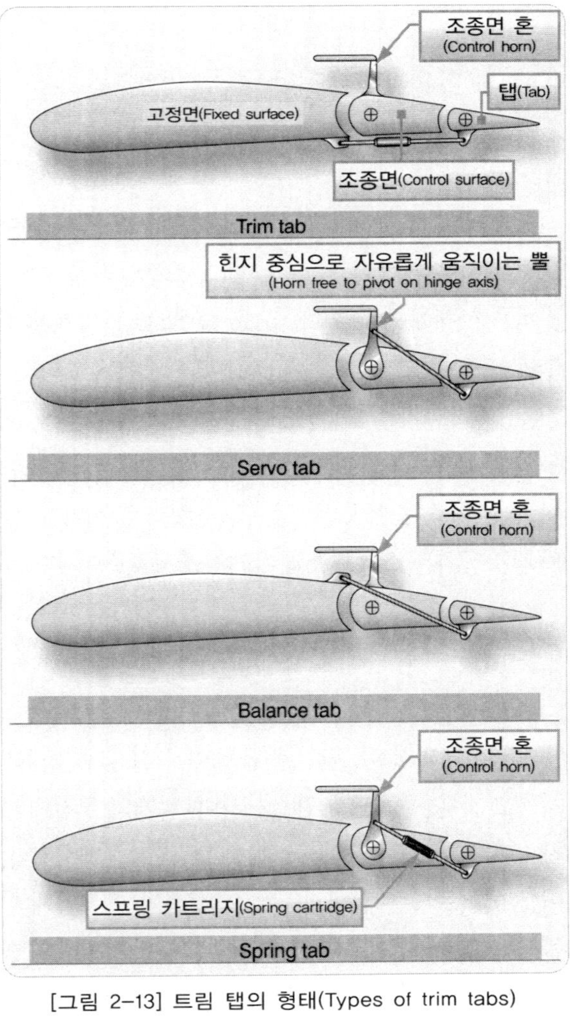


[그림 2-13] 트림 탭의 형태(Types of trim tabs)

밸런스 탭은 1차 비행조종장치 중 반대방향으로 움직이도록 설계되었다. 그래서 밸런스 탭에 작용하는 공기력은 1차 조종면을 움직이게 돕는다. 스프링 탭은 트림 탭과 외관상 유사하지만 완전히 다른 목적을 위해 적용된다. 스프링 탭은 1차 조종면을 움직이도록 조종사를 도와주기 위해 유압작동기와 같은 목적으로 사용된다. 그림 2-13에서는 각각의 트림 탭이 모체 1차 조종면에 어떻게 장착되어 있는지를 보여주지만 독립적인 조종장치에 의해 동작된다.

## 2.11 보조양력장치 (Auxiliary Lift Devices)

비행조종면의 보조양력장치(auxiliary lift device)에 포함된 것은 날개 플랩(wing flap), 스포일러(spoiler), 스피드 브레이크(speed brake), 슬랫(slat), 앞전 플랩(leading edge flap)과 슬롯(slot)이다.

보조양력장치는 2개의 소그룹으로 분류되는데, 이들의 주목적은 양력을 증가시키는 것과 감소시키는 것이다. 양력 증가장치는 플랩, 슬랫과 슬롯이다. 양력 감소장치는 스피드 브레이크와 스포일러이다.

### 2.11.1 양력 증가장치

그림 2-14와 같이, 뒷전 플랩은 이륙 시 양력을 증가시키고 착륙 시 속도를 감소시키며, 날개의 뒷전에 부착되어 앞뒤로 이동하면서 날개 면적을 증가시킨다. 이들 에어포일은 접어서 날개의 형상과 편평하게 만들 수 있다. 슬랫이라고 불리는 앞전 플랩은 날개의 앞전으로부터 펼쳐지고 앞전 안으로 수축시켜지는 에어포일이다. 일부 앞전 플랩은 펼쳐진 에어포일과 앞전 사이에 열린 공간인 슬롯을 만들어낸다. 슬랫이라고도 하는 플랩과 슬롯은 이륙과 착륙 상태에서 추가적인 양력을 만들어낸다.

일부 항공기는 날개의 앞전에 설치된 영구적인 슬롯

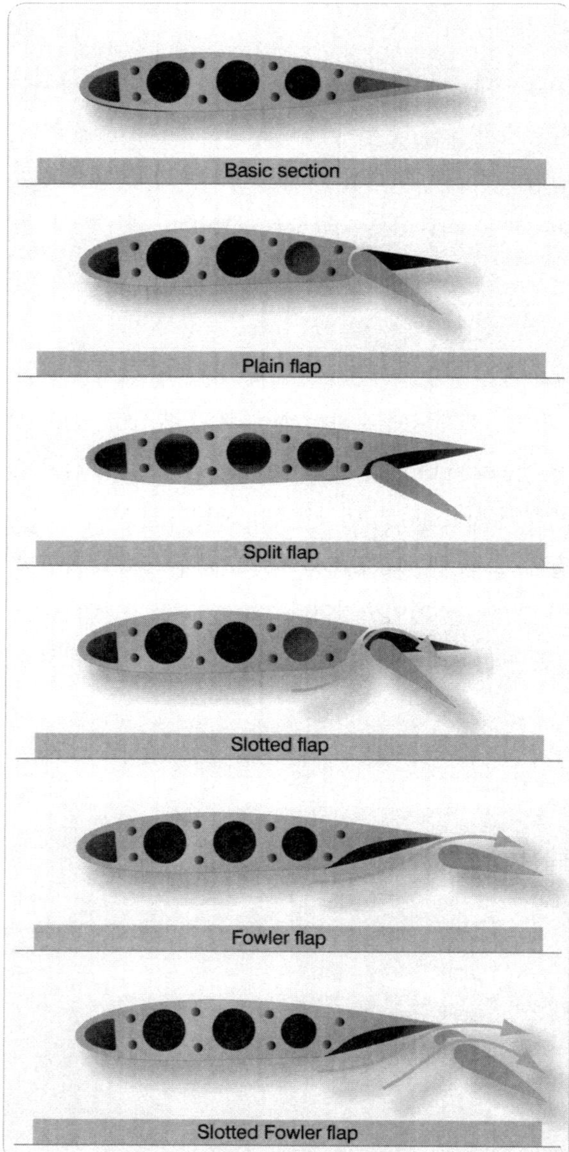


[그림 2-14] 날개 플랩의 형태(Type of wing flaps)

을 갖는다. 순항 속도에서, 뒷전 플랩과 앞전 플랩(슬랫)은 날개 안으로 적절하게 접혀서 들어간다. 슬랫은 날개의 앞전에 부착된 가동 조종면이다. 슬랫이 접혀졌을 때, 그것은 날개의 앞전를 형성한다. 앞쪽방향으로 펼쳐졌을 때, 슬롯은 슬랫과 날개 앞전 사이에 만들어진다. 이렇게 만들어진 슬롯은 낮은 속도에서 양력을 증가시키고 조종 특성을 향상시켜 항공기가 정상 착륙속도 이하의 속도에서 조종할 수 있게 한다.

### 2.11.2 양력 감소장치

양력감소장치는 스피드 브레이크, 즉 스포일러이다. 스포일러는 두 가지 형태이다. 제동동작에 도움을 주는 지상 스포일러(ground spoiler)는 오직 항공기가 지상에 있을 때 펼쳐진다. 비행 스포일러(flight spoiler)는 날개의 보조날개가 위쪽으로 올라갈 때 언제나 펼쳐져 횡방향 제어를 돕는다. 스피드 브레이크로 작동할 때는 양쪽 날개의 스포일러가 모두 위쪽으로 올라간다. 그림 2-16에서 보여준 것과 같이, 비행 중에 비행 스포일러는 날개위에서 오르락 내리락 하고 지상 스포일러는 고정되어 있다.

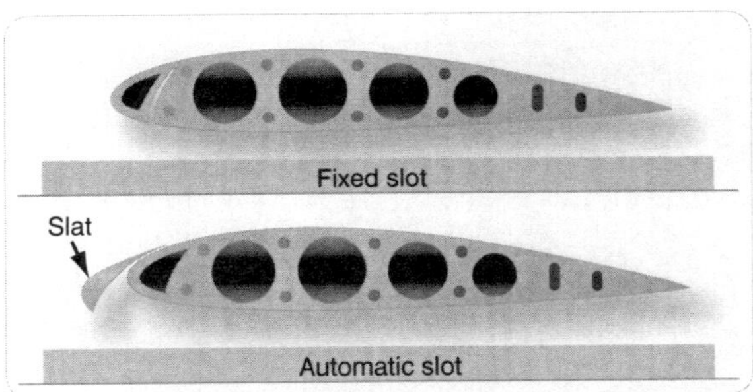


[그림 2-15] 날개 슬롯(Wing slots)

[그림 2-15] 날개 슬롯(Wing slots)

### 2.11.3 윙렛(Winglets)

윙렛(winglet)는 비행기가 공기를 통과하여 이동할 때 날개 끝에서 발생시킨 와류에 관련된 공기항력을 줄이는 날개 끝에 부착된 수직 연장 날개 형태이다. 날개의 끝에서 유도항력(induced drag)을 줄여 연료 소비량은 줄어들고 항속거리는 연장된다. 그림 2-17에서는 윙렛이 장착된 항공기의 예를 보여준다.

### 2.11.4 귀날개(Canard Wings)

전통적인 항공기에서는 수평날개가 주 양력을 내는 날개의 뒤쪽에 있는 것과 반대로 귀날개(canard wing) 항공기는 작은 날개 또는 수평날개가 주 양력

[그림 2-17] Learjet 60의 윙렛 형상
(Winglets on a Learjet 60

을 내는 날개의 앞쪽에 배치한 형태이다. 귀날개는 고정식, 가동식(movable) 두 가지 모두 가능하며 승강타로 설계되기도 한다. 그림 2-18과 그림 2-19에서 보여준 것과 같이, 귀날개를 가지고 있는 항공기의 좋은 예로 Rutan VariEze와 Beechcraft 2000 Starship이 있다.

### 2.11.5 실속막이 판(Wing Stall Fences)

그림 2-20에서 보여준 것과 같이, 실속막이판(wing fences)은 날개의 윗면에 고정된 수직평판이다. 이 장치는 날개를 따라 날개 길이방향 공기흐름을 차단하고 전체 날개가 갑자기 실속되는 것을 방지한다.

[그림 2-18] Rutan VariEze의 귀날개
(Canard wings on a Rutan VariEze)

[그림 2-19] The Beechcraft 2000 Starship의 귀날개
(The Beechcraft 2000 Starship has canard wings)

[그림 2-20] 실속막이 판 (Aircraft stall fence)

실속막이판의 목적은 더 나은 저속 핸들링과 스톨 특성을 제공하는 것이다.

## 2.12 대형 항공기의 제어시스템 (Control Systems for Large Aircraft)

### 2.12.1 기계식 제어(Mechanical Control)

기계식 제어장치는 초기 항공기를 조종하기 위해 사용되었던 기본 장치로 공기력이 과도하지 않은 소형 항공기에는 현재도 사용된다. 조종 장치는 기계식과 수동식이 있다.

항공기를 조종하는 기계식 방식은 케이블(cable), 푸시풀 튜브(push-pull tube), 토크 튜브(torque tube)를 포함한다. 케이블 장치는 케이블이 부착된 구조물의 변형이 그 작동에 영향을 주기 않기 때문에 가장 폭 넓게 사용된다. 일부 항공기는 세 가지 모두를 조합하여 사용한다. 이들 시스템은 케이블 어셈블리(cable assembly), 케이블 유도장치(cable guide), 연결장치(linkage), 가변 정지장치stable stop), 조종면

완충기(control surface snubber) 또는 기계식 고정장치(mechanical locking device)를 포함한다. 일반적으로 돌풍 잠금장치(gust lock)로 부르는 조종면 잠금장치(surface locking device)는 항공기가 주기되어 있는 동안 외부 풍력이 항공기를 손상시키지 않도록 제한한다.

### 2.12.2 유압기계식 제어 (Hydromechanical Control)

항공기의 크기, 복잡성, 속도가 증대되었을 때, 비행 중에 조종 장치의 작동은 더욱 어렵게 된다. 전통적인 조종계통에 의해 동작되었던 스프링 탭은 고속 범위 중 가장 낮은 범위인 250~300mph로 운용하는 항공기에 충분했다. 고속 범위를 위해서는 유압 제어 방식(hydraulic control system)이 설계되었다.

전통적인 케이블 방식 또는 푸시풀 튜브 방식(push-pull tube system)은 유압방식으로 조종 장치를 연결한다. 시스템이 활성화된 상태에서 조종사가 조종 장치를 움직이면 기계적 연결부가 서보 밸브(servo valve)를 작동시켜 유압유를 작동기로 보내 그 유압이 조종면을 움직이도록 변환한다.

유체기계식 비행 조종계통의 효율성 덕택에 조종사는 조종면의 공기력을 느낄 수 없으므로 항공기의 구조물에 과응력을 가할 위험이 있다. 이 문제점을 극복하기 위해 항공기 설계자는 고속에서 조종 장치에 증가된 저항력을 주는 설계인 인공 감각장치(artificial feel system)를 적용시켰다. 유압식 조종계통을 가지고 있는 일부 항공기는 조종사에게 인공 실속 경보를 주는 장치인 스틱 세이커(stick shaker)를 장착하였다.

### 2.12.3 전기 신호 제어(Fly-by-wire Control)

Fly-by-wire(FBW) 조종계통은 조종실에서 컴퓨터를 통해 여러가지의 비행 조종 작동기로 조종사의 동작을 전달하는 전기신호를 사용한다. 전기 신호 제어 시스템은 유압기계식 계통 무게를 줄이고, 정비비용을 절감하며 신뢰성을 향상시키면서 발전하였다. 전자 신호 제어 조종계통은 모든 비행 조건에 대하여 항공기 반응이 일관되도록 비행 제어 움직임을 조정하여 변화하는 공기역학적 조건에 반응할 수 있다.

신형 군용 고성능 항공기의 상당수가 공기역학적으로 안정적이지 못하다. 이 특성은 항공기에 설계되어 기동성과 응답 성능을 향상시킨다. 컴퓨터가 불안정성에 반응하지 않는다면 조종사는 항공기를 통제할 수 없게 될 것이다.

에어버스 A-320은 FBW 제어장치를 사용한 최초의 상용 여객기였다. 보잉사는 B-777 및 그 이후의 최신 상업용 항공기에 이 방식을 사용했다.

## 2.13 고속 항공역학 (High-speed Aerodynamics)

압축성 공기역학 분야인 고속 항공역학(high-speed aerodynamics)은 항공학 연구에 특별한 영역이다. 이 역학은 항공기가 마하(Mach) 1 이상에 도달하는 속도까지 비행할 능력이 있는 항공기를 설계할 때 적용된다.

이 비행체제는 기체역학(gas dynamics)을 연구했던 19세기 후반의 물리학자, 에른스트 마흐(Ernst Mach)의 명성에 이름을 붙인 특별한 매개변수, 마하

수(mach number)로 특징지어진다. 마하수는 음속에 대한 항공기의 속도의 비율이고 다양한 압축성효과의 크기를 결정한다.

항공기가 대기를 통과하여 이동할 때, 항공기 근처에 있는 공기분자는 교란되어 항공기 주위로 이동한다. 공기분자는 마치 보트가 물을 통과하여 이동할 때 선수파(bow wave)를 일으키는 것과 같이 옆으로 밀려난다. 만약 항공기가 전형적으로 250mph 이하의 저속으로 통과한다면 공기의 밀도는 일정하게 유지된다. 그러나 더 고속에서는 항공기의 에너지 중 일부는 공기를 압축시키고 국지적으로 공기의 밀도를 바꾼다.

그림 2-21에서 보여준 것과 같이 속도가 증가할 때 이 효과는 증가한다. 해수면에서 항공기가 약 760mph인 음속 근처에 도달하면 공기의 격렬한 교란은 항공기의 양력과 항력 모두에 영향을 주는 충격파를 초래한다. 충격파는 모든 방향에서 바깥쪽 방향 및 뒤쪽 방향으로 이동하는 압축된 공기분자의 원뿔체를 형성하고 지면으로 퍼진다. 충격파에 의해 형성된 후에, 압력의 격렬한 해방은 음속폭음(sonic boom)처럼 진행된다.

[그림 2-21] 충격파에 의한 음속 장벽
(Breaking the sound barrier)

항공기의 설계속도가 증가할 때 항공기에 의해 발생하는 상황의 범위는 다음과 같다.

① 아음속 조건(subsonic condition)은 항공기 속도가 100~350mph인 마하수 1 이하에서 일어난다. 가장 낮은 아음속조건에서 압축성은 무시할 수 있다.
② 물체의 속도가 음속에 도달할 때, 마하수는 Mach 1(350~760mph)과 같고 흐름은 천음속(transonic)이라고 한다. 물체의 일부 영역에서 공기의 속도는 음속을 초과한다. 압축성효과는 천음속 흐름에서 가장 중요한 것이고 음속장벽(sound barrier)을 발생시킨다.
③ 초음속조건(supersonic condition)은 Mach 1보다는 크고 Mach 3(760~2,280mph)보다는 낮은 속도에서 일어난다. 기체의 압축성 효과는 물체의 표면에 의해 발생된 충격파 때문에 초음속 항공기의 설계에서 중요하다. Mach 3과 Mach 5(2,280~3,600mph) 사이의 극초음속(high-supersonic speed)에서 공력가열(aerodynamic heating)은 항공기 설계에 매우 중요한 요소이다.
④ Mach 5 이상의 속도에서 흐름은 극초음속(hypersonic)이라고 한다. 이들 속도에서 물체의 에너지 중 일부는 바로 공기의 질소분자와 산소분자를 함께 결합시키는 화학결합을 들뜨게 한다. 극초음속에서 공기의 화학반응은 물체에 힘을 결정짓기 때문에 고려되어야 한다. 우주왕복선이 Mach 25에 근접한 고극초음속(high hypersonic speed)에서 대기로 재진입할 때, 가열된 공기는 기체의 이온화된 플라즈마(ionized plasma)가 되고 우주선은 초고온으로부터 절연되어야 한다.

## 2.14 회전익 항공기 형상 (Configurations of Rotary-wing Aircraft)

### 2.14.1 오토자이로(Autogyro)

그림 2-24에서 보여준 것과 같이 오토자이로(Autogyro)는 로터(rotor)를 통해 위쪽방향으로 공기가 통과하면서 회전하는 자유회전 수평로터(free-spinning horizontal rotor)를 가지고 있는 항공기이다. 공기이동은 끌거나(tractor) 미는(pusher) 형식의 엔진 및 프로펠러 설계에서 발생하는 항공기의 전진운동에서 발생한다.

### 2.14.2 단일 회전날개 헬리콥터 (Single Rotor Helicopter)

그림 2-23에서 보여준 것과 같이 양력과 이동방향을 모두 제공하는 단일 수평 주 회전날개(single horizontal main rotor)를 장착한 항공기는 단일 회전날개 헬리콥터(single-rotor helicopter)이다.

꼬리부위에 수직으로 설치된 2차 회전날개는 동체의 요를 교정하기 위해 주 회전날개의 회전력인 토크를 상쇄한다.

[그림 2-22] 오토자이로(Autogyro)

### 2.14.3 이축 회전날개 헬리콥터 (Dual Rotor Helicopter)

그림 2-24에서 보여준 것과 같이 양력과 방향제어 모두를 제공하는 2개의 수평 회전날개(two horizontal rotor)를 가지고 있는 항공기는 이축 회전날개 헬리콥

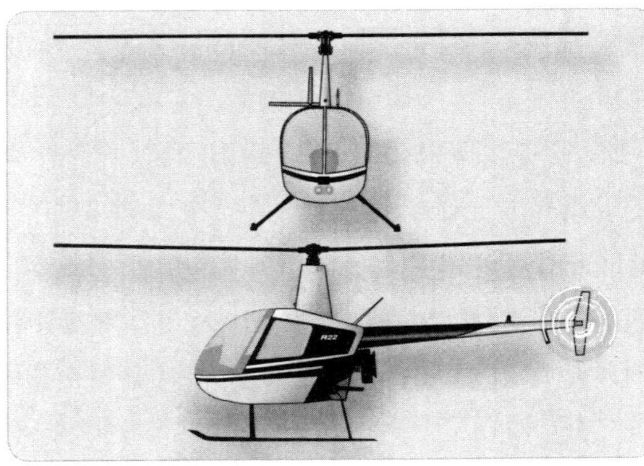

[그림 2-23] 단일 회전날개 헬리콥터 (Single rotor helicopter)

[그림 2-24] 이축 회전날개 헬리콥터 (Dual rotor helicopter)

터(dual rotor helicopter)이다. 2개의 회전날개는 서로 반대로 회전하여 공력 토크(aerodynamic torque)의 균형을 잡고, 독립된 반토크(antitorque) 시시템의 필요성을 배제시킨다.

## 2.15 회전날개 시스템의 형태 (Types of Rotor Systems)

### 2.15.1 완전 관절형 회전날개 (Fully Articulated Rotor)

그림 2-25에서 보여준 것과 같이, 완전 관절형 회전날개(fully articulated rotor)는 2개 이상의 날개깃(blade)을 가지고 있는 항공기에서 찾아볼 수 있고 3방향으로 각각의 날개깃이 움직인다. 이 설계에서 각각의 날개깃(blade)은 피치축(pitch axis)을 중심으로 회전하여 양력을 변화시킬 수 있고, 평면에서 앞뒤로 움직일 수 있으며(lead-lag), 다른 블레이드와 독립된 플래핑 힌지(flapping hinge)를 통해 위아래로 움직이게 할 수 있다(flap).

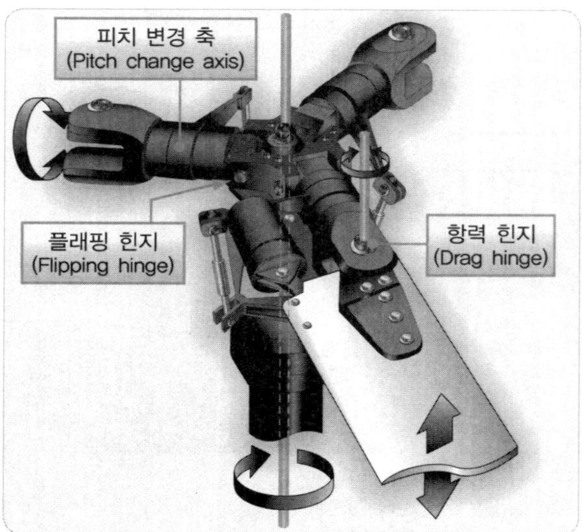


[그림 2-25] 관절형 로터 (Articulated rotor head)

### 2.15.2 반고정형 회전날개(Semirigid Rotor)

반고정형 회전날개(semi-rigid rotor)는 두개의 회전날개깃(two rotor blade)을 가지고 있는 항공기에서 찾아볼 수 있다. 날개깃은 한쪽 깃이 펄럭펄럭 위로 올라가면(flap up), 반대쪽 깃은 펄럭펄럭 아래로 내려앉는(flap down) 방식으로 구성되어 있다.

### 2.15.3 완전고정형 회전날개(Rigid Rotor)

완전고정형 회전날개 방식(rigid rotor system)은 희귀한 설계이지만 완전 관절형 회전날개와 반붙박이 회전날개의 장점을 접목한 것이다. 날개깃은 리드래그 또는 플랩핑을 위한 힌지를 갖고 있지 않다. 대신에 날개깃은 탄성베어링을 사용한다. 탄성베어링은 일반적인 베어링처럼 회전하지 않고 날개깃의 적당한 움직임을 허용하도록 비틀거나(twist) 구부러진다(flex).

## 2.16 헬리콥터의 하중 (Forces Acting on the Helicopter)

헬리콥터와 고정익항공기 차이점 중 한 가지는 양력의 주공급원이다. 고정익항공기는 고정 날개 표면에서 양력이 발생하는 반면 헬리콥터는 로터(rotor)라고

하는 회전날개의 에어포일에서 양력을 발생시킨다.

무풍상황(no-wind condition)에서 공중정지비행(hovering)하는 동안 끝통과면(tip-path plane)은 지면에 평행한 수평위치에 있다. 양력과 추력은 똑바로 위로 작용하고, 무게와 항력은 똑바로 아래로 작용한다. 헬리콥터가 공중정지비행하려면 양력과 추력의 합은 무게와 항력의 합과 같아야 한다.

무풍상황에서 수직비행(vertical flight)할 때 양력과 추력은 수직 위쪽방향으로 작용하고 무게와 항력은 수직 아래쪽방향으로 작용한다. 양력과 추력의 합이 무게와 항력의 합과 동일하면 헬리콥터는 공중정지비행을 하고, 양력과 추력의 합이 무게와 항력의 합보다 적으면 헬리콥터는 수직으로 하강하고, 양력과 추력의 합이 무게와 항력의 합보다 크면, 헬리콥터는 수직으로 상승한다.

전진비행(forward flight)의 경우, 끝통과면은 앞으로 기울어져 총 양력-추력의 힘을 수직으로부터 전방으로 기울인다. 이 결과로 발생하는 양력-추력의 힘은 수직으로 위로 작용하는 양력과 비행 방향으로 수평으로 작용하는 추력의 두 가지 구성 요소로 나누어진다. 양력과 추력 이외에도 아래쪽의 작용력인 무게와 항력이 있다. 항력은 관성 및 풍력 저항의 후방 작용력 또는 지연력이다.

직선수평(straight-and-level) 및 비가속 전진비행(unaccelerated forward flight)에서 양력은 무게와 같고 추력은 항력과 같다. 직선 수평비행(straight-and-level flight)은 일정한 비행 방향과 일정한 고도로 비행한다. 만약 양력이 무게를 초과하면 헬리콥터는 상승하고, 양력이 무게보다 작으면 헬리콥터는 하강한다. 만약 추력이 항력을 초과하면 헬리콥터는 속도가 증가하고, 추력이 항력보다 작으면 속도가 감소한다. 측면비행(sideward flight)에서 끝통과면(tip-path plane)은 비행이 요구하는 방향인 옆쪽으로 기울어져 전체 양력-추력벡터를 측면으로 기울인다. 이런 경우에 수직 또는 양력 성분은 여전히 위로 일직선이고, 무게는 아래로 일직선이지만 수평 또는 추력 성분은 반대쪽으로 작용하는 항력과 함께 측면으로 작용한다.

후진비행(rearward flight)에서 끝통과면(tip-path plane)은 뒤쪽으로 기울어져 양력-추력벡터를 후방으로 기울인다. 그때 전진비행과 정반대로 추력성분은 뒤쪽방향이고 항력성분은 앞쪽방향을 향한다. 후진비행에서 양력성분은 위로 일직선이고, 무게성분은 아래로 일직선이다.

### 2.16.1 회전력 보상(Torque Compensation)

뉴턴의 제3법칙은 작용과 반작용의 법칙이다. 헬리콥터의 주 회전날개가 한쪽방향으로 돌아갈 때, 동체는 그 반대방향으로 회전하려는 경향이 있다. 동체가 회전하려는 이러한 경향을 토크(torque)라고 한다. 동체의 토크효과는 주 회전날개에 공급된 엔진동력의 직접적인 결과이므로 엔진동력 변화는 토크효과에 그에 상응하는 변화를 준다. 엔진동력이 크면 클수록, 토크효과는 커진다. 자동회전(autirotation) 중에는 주 회전날개에 공급되는 엔진동력이 없기 때문에 자동회전 중에는 토크반작용도 없다.

토크를 보상하고 방향조종을 제공하는 힘은 여러 가지 방법으로 생산된다. 단일 주 회전날개는 전형적으로 미익부의 끝단에 위치한 보조 회전날개(auxiliary rotor)가 있다. 그림 2-25에서 보여준 것과 같이, 일반적으로 꼬리 회전날개라고 부르는 보조 회전날개

[그림 2-26] 다양한 헬리콥터 꼬리 회전날개 형태 (Fenestron tail rotor system(left), NOTARⓇ system(right))

(auxiliary rotor)는 주 회전날개에 의해 발생한 토크 반작용의 반대 방향으로 추력을 발생시킨다. 조종실에 있는 페달(foot pedal)은 조종사가 필요에 따라 꼬리 회전날개 추력을 증가시키거나 감소시켜 토크 효과를 무력화할 수 있도록 한다.

그림 2-26에서 보여준 것과 같이 왼쪽 헬리콥터는 Fenestron® 꼬리 회전날개 시스템으로 덕트 내부에 꼬리 회전날개가 삽입된 방식이며, 오른쪽 헬리콥터는 NOTAR® 시스템으로 꼬리 회전날개가 없고 꼬리 뒤쪽에 위치한 일련의 슬롯을 통해 공기를 흡입하여 90° 도관을 통해 공기가 빠져나가면서 균형을 유지하는 방식이다.

## 2.16.2 자이로 하중(Gyroscopic Forces)

회전하는 헬리콥터의 주 회전날개(main rotor)는 자이로스코프(gyroscope)처럼 작용하며 자이로스코프 작용의 특성 중 하나인 편향(프리세션) 특성을 가지고 있다. 편향은 힘이 회전하는 물체에 가해질 때 결과적으로 발생하는 물체의 움직임 즉 처짐이다. 이 작용은 힘이 작용하는 지점에서 회전 방향으로 약 90° 지점에서 발생한다. 이 원리로 인해 주 회전날개의 끝통과면(tip-path plane)은 수평면으로부터 기울어지게 된다.

자이로스코프의 세차운동(gyroscopic precession)이 끝통과면(tip-path plane)의 움직임에 어떻게 영향을 주는지를 보기 위해 두 날개깃(two-bladed)을 가진 회전날개장치(rotor system)를 분석하였다.

주기적 피치 조종장치(cyclic pitch control)를 움직이는 것은 회전면의 해당 지점에 더욱 큰 양력이 가해진 결과로서 하나의 회전날개 깃의 받음각(AOA)을 증가시킨다. 이처럼 동일한 조종운동은 동일한 양으로 다른 날개깃의 받음각을 감소시켜 회전면에서 그 지점

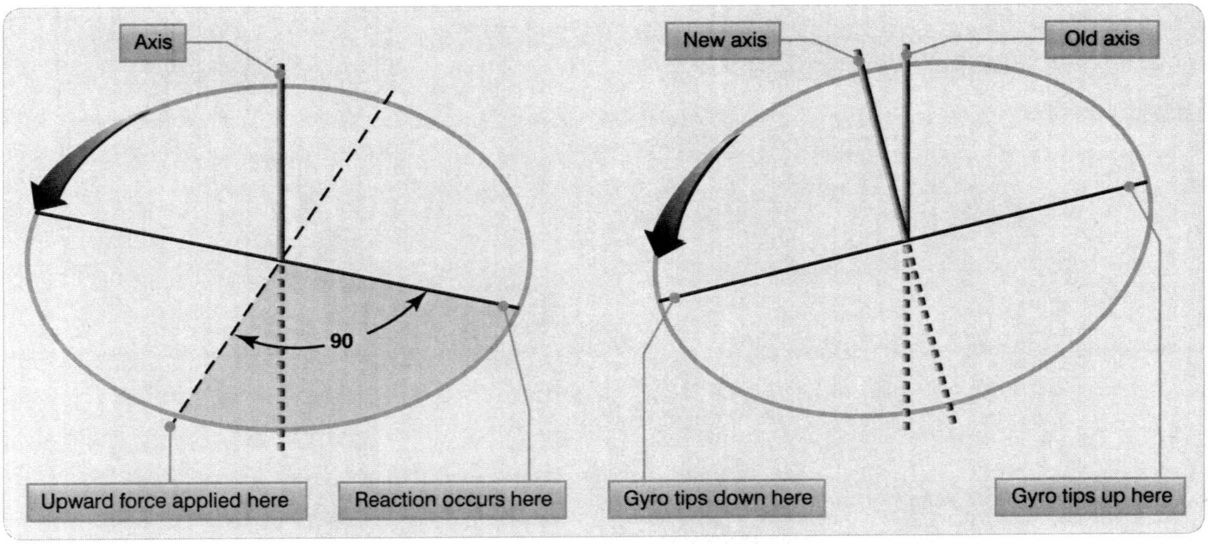


[그림 2-27] Gyroscope precession principle

에 가해지는 양력을 감소시킨다. 증가된 받음각의 날개깃은 위로 퍼덕거리려는 경향이 있고, 감소된 받음각의 날개깃은 아래로 퍼덕거리려는 경향이 있다. 회전날개 디스크(rotor disk)는 자이로처럼 작용하기 때문에 날개깃은 회전면에 약 90° 이후 지점에서 최대편향(maximum deflection)에 도달한다.

그림 2-28에서 보여준 것처럼 최대편향은 날개깃이 따로따로 앞쪽과 뒤쪽에 있을 때 약 90° 이후에 일어나기 때문에 끝통과면(tip-path plane)의 앞쪽방향으로 기울어진다. 따라서 후퇴 날개깃 받음각은 증가되고 전진 날개깃 받음각은 감소된다.

두 날개깃을 가진 회전날개장치에서 주기적 피치 조종장치의 움직임은 회전면에 더 큰 양력이 가해진 결과로 한쪽 회전날개깃의 받음각을 증대시킨다. 이 동일한 조종장치 움직임은 동시에 같은 양으로 회전면에 가해진 양력을 감소시켜 다른 날개깃의 받음각을 감소시킨다. 받음각이 증가한 날개깃은 올리려는 경향이 있고, 받음각이 감소한 날개깃은 내리려는 경향이 있다.

세 날개깃(three-bladed)을 가진 회전날개에서 주기적 피치 조종장치의 움직임은 각각의 날개깃의 받음각을 적절한 양으로 바꾸어 최종결과가 동일하도록 한다. 다시 설명하면 그림 2-28에서 보여준 것처럼 두 날개깃을 가진 회전날개에 대하여 최대증가와 최대감소가 발생한 동일한 지점을 각각의 깃이 통과하는 것처럼 받음각의 최대 변경이 이루어질 때 끝통과면(tip-path plane)이 앞쪽방향으로 기울어진다. 각각의 날개깃이 왼쪽의 90° 위치를 지날 때 받음각의 최대증가가 일어난다. 각각의 날개깃이 오른쪽의 90° 위치를 지날 때 받음각의 최대감소가 일어난다. 최대 편향(maximum deflection)은 뒤쪽에서는 최대 위쪽방향 편향(maximum upward deflection), 전방에서는 최대 아래쪽방향 편향(maximum downward deflection)으로 90° 더 늦게 일어나고, 끝통과면(tip-path plane)은 앞쪽방향으로 기운다.

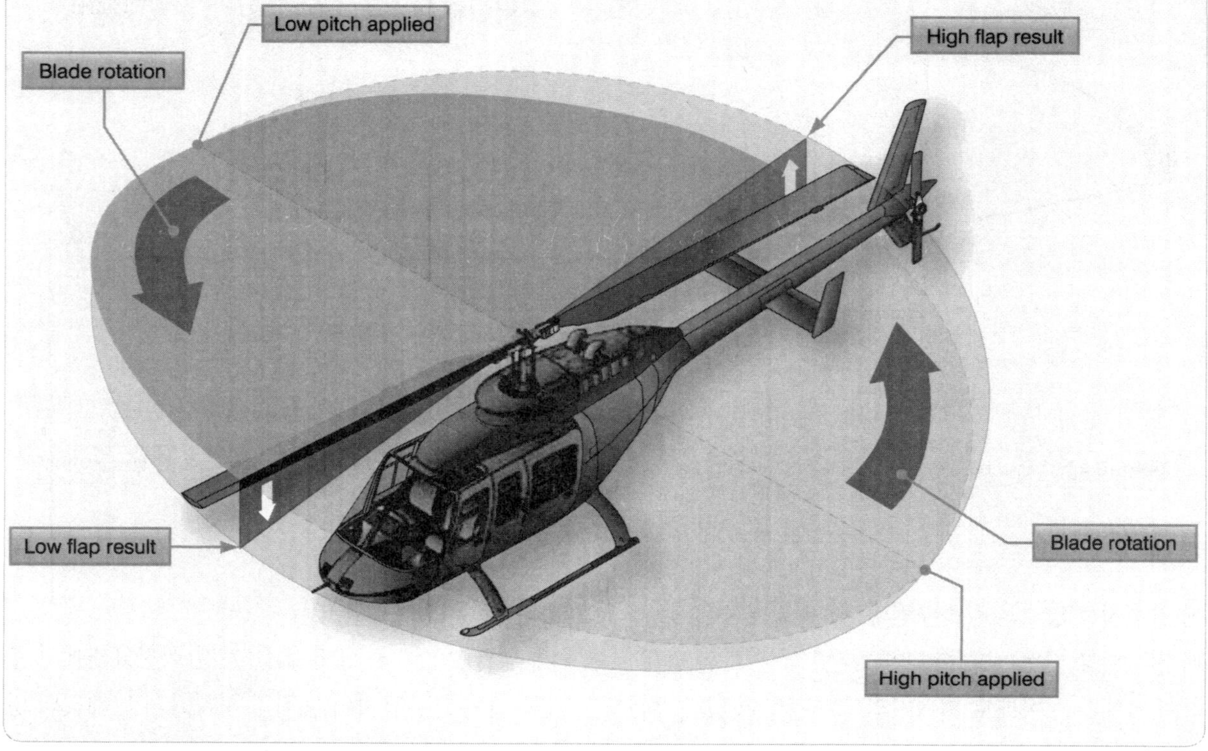


[그림 2-28]자이로스코프 세차운동(Gyroscope precession)

## 2.17 헬리콥터 비행 상태 (Helicopter Flight Conditions)

### 2.17.1 공중정지 비행(Hovering Flight)

공중정지 비행 시, 헬리콥터는 보통 지상에서 몇 피트 상공의 선택된 지점에서 일정한 위치를 유지한다. 그림 2-29에서 보여준 것과 같이 하늘에 멈춰 떠 있기 위한 헬리콥터에서 회전날개장치에 의해 생성된 양력과 추력은 수직 위쪽으로 작용하고 수직 아래쪽으로 작용하는 무게 및 항력과 같아야 한다. 공중정지 동안에 주 회전날개 추력을 변경하여 원하는 공중정지 고도를 유지할 수 있다. 이것은 콜렉티브 피치(collective pitch)를 움직여서 회전날개 깃의 입사각을 변경하여 적용할 수 있다. 받음각을 변경하는 것은 회전날개의 항력을 변경하고, 일정한 회전날개속도를 유지하도록 엔진에 공급되는 동력 역시 변경되어야 한다.

지탱되어야 하는 무게는 헬리콥터와 탑승자의 전체 무게이다. 만약 양력이 실제의 무게보다 더 크다면 헬리콥터는 상승력이 고도를 얻는 무게와 같을 때까지 위쪽방향으로 가속하고, 만약 추력이 무게보다 작다면, 헬리콥터는 아래쪽방향으로 가속한다. 지면근처에서 작동할 때는 지면의 근접 효과 때문에 다소 차이가 있다.

공중정지하기 헬리콥터의 항력은 주로 날개깃이 양력을 발생시키고 있는 동안 초래된 유도항력(induced

[그림 2-29] 동일한 고도로 공중정지비행
(To maintenance a hover at a constant altitude)

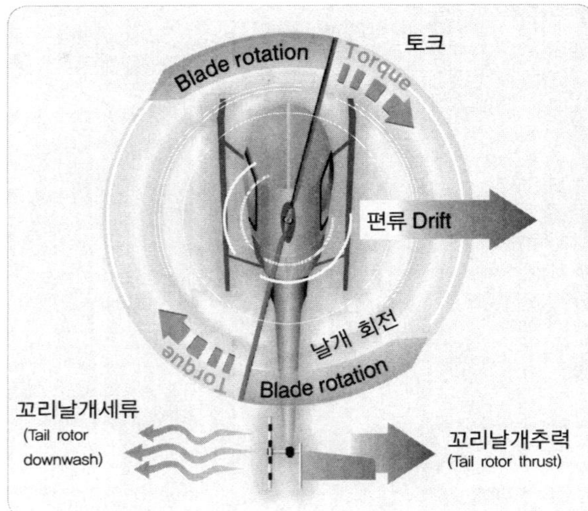


[그림 2-30] 반대 토크 방향으로 추력을 발생시키도록 설계된 꼬리 날개
(A tail rotor is designed to produce thrust in a direction opposite torque)

drag)이다. 그러나 공기 속에서 회전할 때 날개깃에 일부 형상항력(profile drag)이 있다. 여기서 항력은 유도항력과 형상항력 모두를 포함한다.

### 2.17.1.1 평행 이동 또는 편류 경향 (Translating Tendency or Drift)

그림 2-30에서 보여준 것과 같이, 공중정지비행 시 단일 주 회전날개 헬리콥터는 꼬리 회전날개의 추력 방향으로 편류 하려는 경향이 있거나 또는 이동하려는 경향이 있다. 이 편류 경향(drifting tendency)을 평행 이동 경향(translating tendency)이라고 부른다.

이 편류를 방지하기 위해 다음과 같은 방법이 사용되는데 모든 예는 주 회전날개장치를 반시계방향으로 회전하는 방법이다.

① 주변속기는 회전날개가 꼬리 회전날개 추력에 대항하는 내장된 경사를 갖도록 뒤에서 보았을 때 왼쪽으로 약간의 각을 주어 설치된다.

② 비행 조종장치는 주기적(cyclic) 조종장치가 중심에 있을 때 약간 오른쪽으로 기울어져 있도록 조절될 수 있다.

③ 만약 로터축이 동체에 대하여 수직이 되도록 변속기가 설치된다면 헬리콥터 공중정지비행 시 근소한 미끄럼 효과를 발생시킨다.

④ 전진비행에서 꼬리 회전날개는 지속적으로 오른쪽으로 밀고 헬리콥터의 회전날개는 수평이고 슬립 볼(slip ball)이 중간에 있으면 바람과 함께 작은 각도를 만든다. 이것을 고유한 옆으로 미끄러짐(sideslip)이라고 부른다.

### 2.17.1.2 지면 효과(Ground Effect)

지면 근처에서 공중정지비행 때, 지면효과(ground effect)라고 알려진 현상이 일어난다. 이 효과는 보통 지표면과 지표면 위쪽으로 거의 회전날개직경 거리

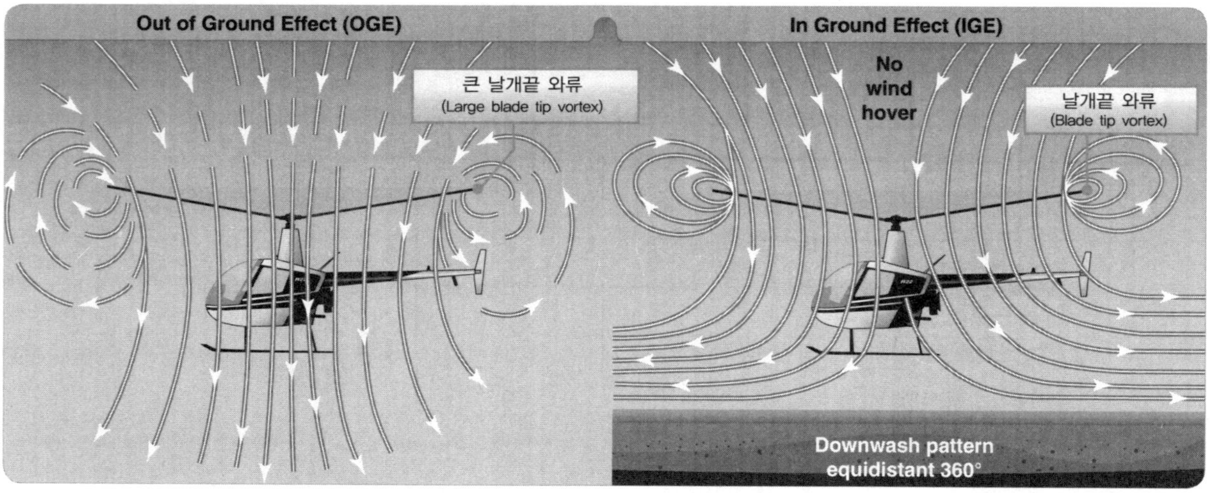


[그림 2-31] Air circulation pattern change when hovering OGE when hovering IGE.

사이의 높이에서 일어난다. 지면의 마찰은 회전날개로부터의 하방 공기흐름(downwash)이 헬리콥터로부터 바깥쪽방향으로 이동하게 한다. 회전날개 디스크를 통한 유도 공기흐름이 표면마찰에 의해 감소함에 따라 양력벡터는 증가한다. 이를 통해 동일한 양력을 얻는데 로터 블레이드 각도를 낮출 수 있으며 유도 항력을 감소시킨다.

지면효과는 또한 양력을 생성하는 날개깃의 더 넓은 부분을 만드는 하강기류(down-wash)와 바깥쪽방향 공기흐름으로 인하여 날개깃 끝(blade tip) 와류의 생성을 제한한다. 헬리콥터가 전진 대기속도(forward airspeed) 없이 수직으로 고도를 늘릴 때 유도된 공기흐름은 더 이상 제한되지 않고 바깥쪽 방향 공기흐름의 감소와 함께 날개깃 끝 와류는 증가한다.

이 결과 항력은 증가하여 피치각은 더 높아지며, 회전날개을 통해 아래쪽으로 공기를 이동하도록 더 많은 동력이 필요하다.

그림 2-31에서 보여준 것과 같이 지면효과는 고정된 매끄러운 표면과 무풍상황에서 최대량을 갖는다. 높은 잔디, 거친 지형 및 물 표면은 기류 패턴을 변화시켜 회전날개 끝에서 와류가 증가하는 원인이 된다.

### 2.17.1.3 코리올리 효과(Coriolis Effect)

코리올리 효과(Coriolis effect)는 각운동량보존의 법칙(Law of Conservation of Angular Momentum) 으로 적용된다. 이는 외력이 가해지지 않는 한 회전체의 각운동량의 값은 변하지 않는다는 것이다. 다시 말해, 회전체는 어떤 외력이 회전의 속도를 변경하도록 가해지기 전까지 동일한 회전속도로 계속 회전한다. 각운동량(angular momentum)은 관성 모멘트(moment of inertia)에 회전 속도를 곱한 값이며 관성 모멘트는 질량에 회전 중심에서 거리를 제곱 한 값이다. 각가속도(angular acceleration)와 각감속도(angular deceleration)로 알려진 각속도(angular velocity)의 변화는 회전체의 질량이 회전축에 더 가깝게 이동하려 할 때, 또는 더 멀리 멀어지려 할 때 일어난다.

회전질량의 속도는 반지름의 제곱에 비례하여 증가하거나 또는 감소한다. 이 원리의 훌륭한 예는 빙상 스케이터가 있다. 스케이터는 한 발로 회전을 시작하고, 다른 쪽 다리와 두 팔을 뻗는다. 스케이터의 몸의 회전은 비교적 느리다. 스케이터가 안쪽방향으로 양쪽 팔과 한쪽 다리를 끌어당길 때, 관성모멘트(질량×반지름2)는 훨씬 작아지고 몸은 눈이 따라가는 것보다 더 빠르게 회전하고 있다.

### 2.17.2 수직 비행(Vertical Flight)

그림 2-32에서 보여준 것과 같이 공중정지비행(hovering)은 실제로 수직비행의 한 요소이다. 일정한 회전속도를 유지하면서 로터 블레이드, 즉 피치의 받음각을 증가시키면 추가적인 양력을 발생시켜 헬리콥터는 상승한다. 피치를 감소시키면 헬리콥터는 하강한다. 바람이 불지 않는 조건에서 양력과 추력이 무게와 항력보다 적을 때 헬리콥터는 수직 하강한다. 반대로 양력과 추력이 무게와 항력보다 크면 헬기는 수직으로 상승한다.

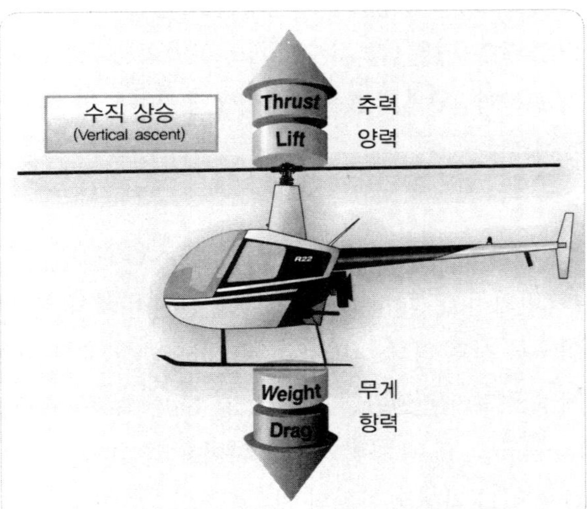


[그림 2-32] 수직 비행(The vertical flight)

### 2.17.3 전진 비행(Forward Flight)

그림 2-33에서 보여준 것과 같이 대기속도 또는 수직속도에 변화 없이 정속 전진 비행(steady forward flight)에서 양력, 추력, 항력, 무게의 네 가지 힘은 균형이 잡혀있어야 한다. 끝통과면(tip-path plane)이 앞쪽방향으로 기울어졌을 때 전체양력-추력 또한 앞쪽방향으로 기울어진다. 이 합성 양력-추력은 두 가지 성분으로 분석되는데, 수직 위쪽방향으로 작용하는 양력과 비행의 방향에서 수평으로 작용하는 추력이다. 양력과 추력에 추가하여 아래쪽 방향으로 작용하는 무게와 공기를 통과하는 에어포일의 운동에 정반대의 힘인 항력이 있다.

그림 2-34에서 보여준 것과 같이 일정한 비행방향과 일정한 고도의 직선수평(traight-and-level), 비가속 전진비행(unaccelerated forward flight)에서, 양력은 무게와 같고 추력은 항력과 같다. 만약 양력이 무게를 넘어선다면, 헬리콥터는 힘이 균형이 잡힐 때까

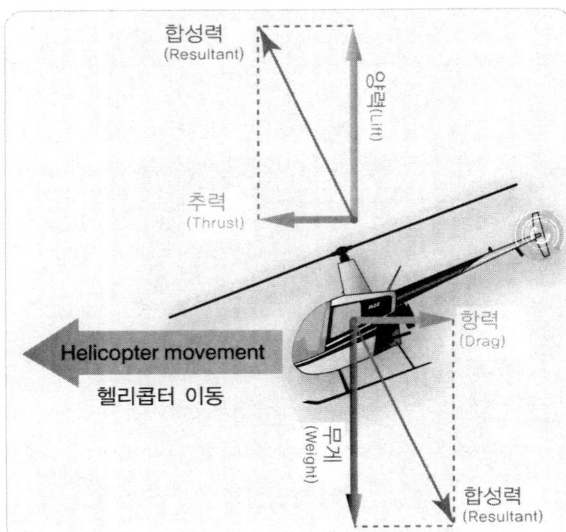


[그림 2-33] 전진 비행(The forward flight)

지 수직으로 가속하고, 만약 추력이 항력보다 작다면, 헬리콥터는 힘이 균형이 잡힐 때까지 속력을 늦춘다. 헬리콥터가 앞쪽방향으로 이동할 때, 추력이 앞쪽방향으로 전환되면서 양력이 상실되기 때문에 헬리콥터는 고도를 상실하기 시작한다. 그러나 헬리콥터가 가속하기 시작할 때 증가된 공기흐름으로 인하여 회전날개는 더 효율적이게 된다. 지속적인 가속은 회전날개 디스크를 통한 공기흐름의 더 큰 증가와 더 많은 잉여동력을 발생시킨다. 비가속비행을 유지하기 위해서 조종사는 동력 또는 주기적 조종장치에서 어떤 변화도 일으키지 않아야 한다. 그런 변화는 헬리콥터를 상승 또는 하강 하게 할 것이다. 직진 및 수평 비행이 확보되면 조종사는 필요한 동력(토크 설정)을 기록하고 비행 제어장치를 크게 조정하지 않아야 한다.

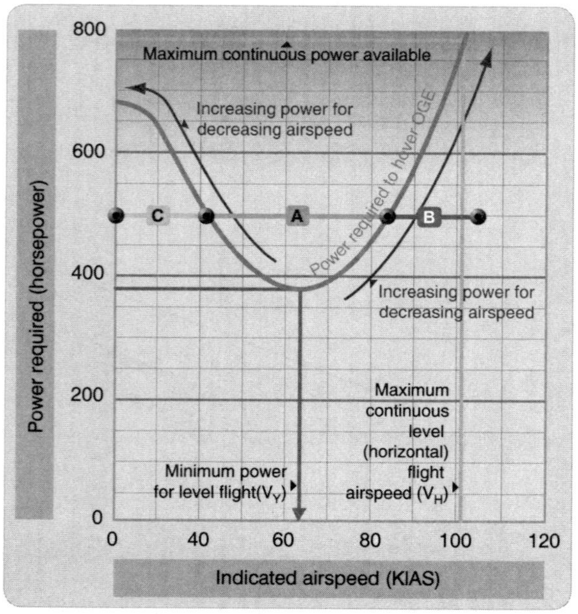


[그림 2-34] 비행 과정에서 하중 벡터의 변화
(Changing force vectors results in aircraft movement)

### 2.17.3.1 전이 양력(Translational Lift)

방향 비행(directional flight)의 결과로서 일어나는 개선된 회전날개 효율(rotor efficiency)을 전이 양력(translational lift)이라고 부른다. 공중정지 회전날개 장치의 효율은 항공기 또는 지상풍(surface wind)의 수평이동에 의해 발생된 유입풍에 의해 크게 개선된다. 항공기 이동으로 생성된 유입풍 또는 지상풍이 회전날개 장치에 들어오는 경우, 난류와 와류는 뒤에 남고 공기의 흐름은 더욱 수평에 가깝게 된다.

공중정지비행에서 전진 비행으로 전환 시 꼬리회전날개(tail rotor)는 항공역학적으로 더 효율적인 역할을 한다. 꼬리회전날개가 계속적으로 적은 난기류에서 작동하는 경우, 이러한 개선된 효율성은 더 많은 반토크 추력을 생성하여 항공기의 기수가 왼쪽으로 쏠리는 현상을 발생시키고(주 회전날개가 반시계방향으로 회전) 조종사가 오른쪽 페달을 밟도록 만든다(꼬리회전날개 블레이드의 받음각 감소). 이러한 단계 동안, 기류는 헬리콥터의 기수를 보다 수평적인 자세로 만드는 대부분의 헬리콥터에서 볼 수 있는 안정판(Stabilizer)의 수평요소에 영향을 미친다. 그림 2-35 및 그림 2-36은 다른 속도에서의 공기의 흐름과 기류가 꼬리회전날개의 효율성에 어떻게 영향을 미치는지 보여준다.

### 2.17.3.2 양력의 비대칭(Dissymmetry of Lift)

양력의 비대칭(dissymmetry)은 전진 비행시 각 반원에서 서로 다른 바람 유속에 의해 발생된 회전날개 디스크의 전진반원(advancing half) 및 후퇴반원(retreating half) 사이의 양력 차이를 의미한다. 이러한 양력의 차이는 안정된 기류에서의 정지비행 이외의 상황에서 헬리콥터의 조종 불능을 야기할 수 있다.

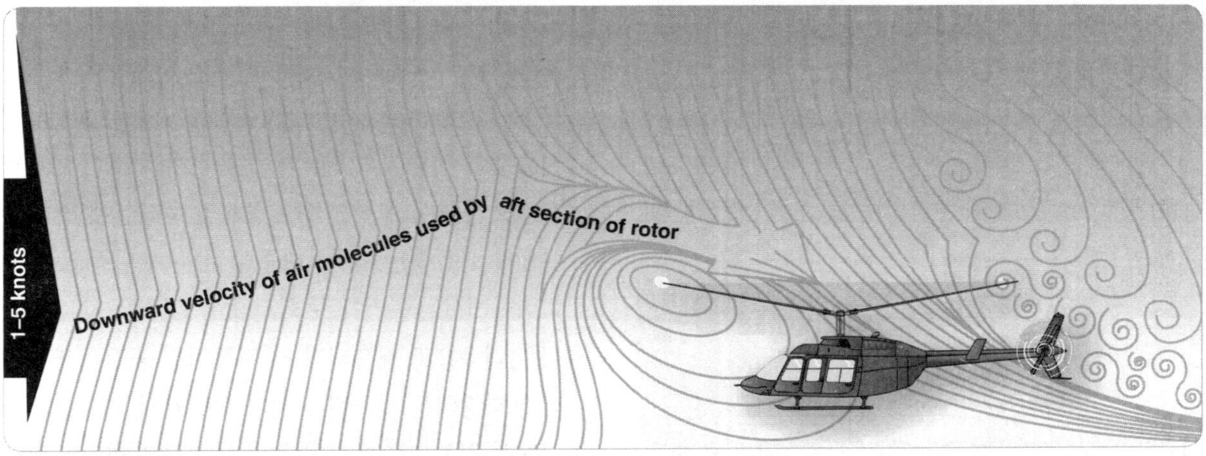


[그림 2-35] 1~5knots 전진 비행의 유동 형태 (The airflow pattern for 1~5 knots of forward airspeed)

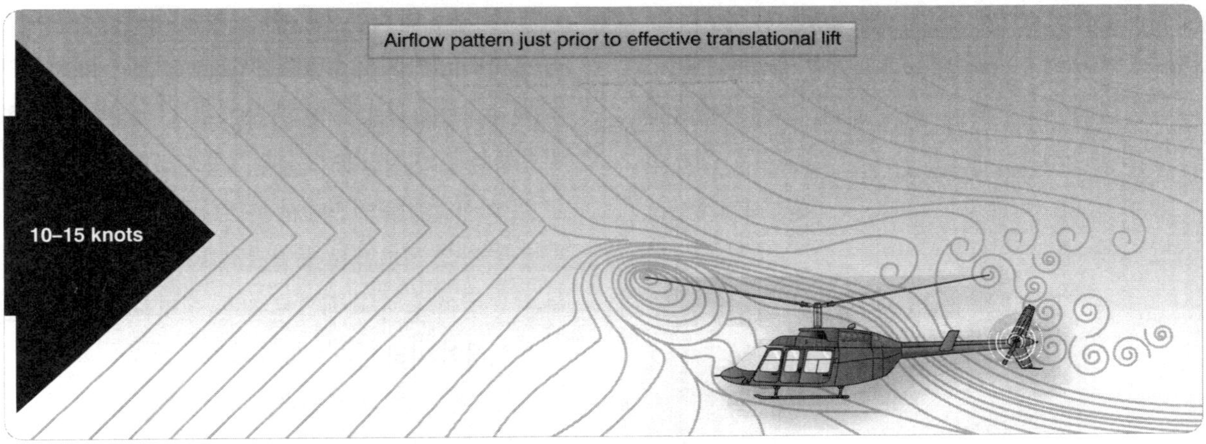


[그림 2-36] 10~15knots 전진 비행의 유동 형태 (An airflow pattern at a speed of 10~15knots)

양력의 대칭을 이루기 위해서는 이러한 비대칭 양력의 보상, 수정 또는 제거 방법이 필요하다.

헬리콥터가 대기를 비행할 때, 주회전날개 디스크를 통한 상대기류는 전진부와 후퇴부에서 서로 다르게 발생한다. 전진 블레이드의 상대 바람(relative wind)는 헬리콥터의 전진 속도에 의해 증가되는 반면 후퇴 블레이드에 작용하는 상대 풍속은 헬리콥터의 전진 속도에 의해 감소한다. 따라서, 상대풍속의 결과로서 회전 날개 디스크의 전진 블레이드 부분은 후퇴 블레이드 부분보다 더 많은 양력을 생성한다. [그림 2-37]

이러한 조건에서 주 회전날개가 반시계방향으로 회전하는 헬리콥터는 양력차이로 인하여 왼쪽으로 회전하게 된다. 실제로, 주회전날개는 플랩 및 페더를 자동으로 작동시켜 주회전날개 디스크의 양력을 균일하게 만든다. 일반적으로 3개 이상의 블레이드가 결합된 주회전날개 시스템은 각 블레이드가 움직이거나 블레이드가 회전할 때 플랩을 올리고 내릴 수 있도록 수평 힌지(플랩핑 힌지)가 통합되어 있다. 반강성

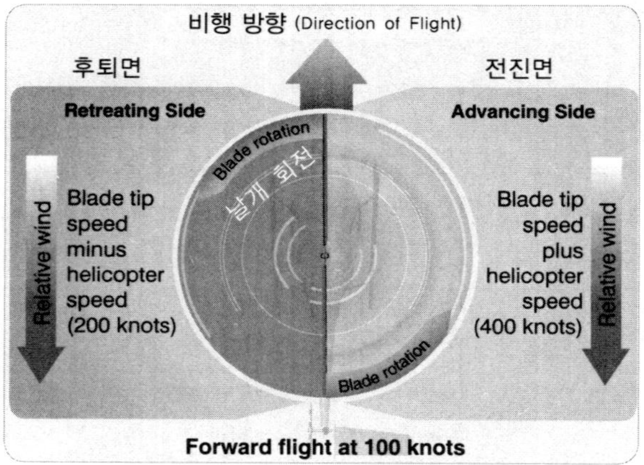


[그림 2-37] 300knots 속도 헬리콥터의 날개깃 끝 속도 (The blade tip speed of this helicopter is approximately 300knots)

(semirigid) 주회전날개 시스템(2개의 블레이드)은 티터링 힌지(teerering hinge)를 사용하여 하나의 유닛으로 플랩되도록 한다. 한 블레이드가 플랩업 되면 다른 블레이드는 플랩다운 된다.

### 2.17.4 자동회전(Auto-rotation)

자동회전(autorotation)은 헬리콥터의 주 회전날개 시스템이 엔진이 회전날개를 움직이는 것이 아니라 회전날개를 통해 상승하는 공기의 움직임에 의해 주 날개가 회전하는 비행상태를 말한다. 일반적으로, 동력비행에서는 공기가 주 회전날개의 위쪽으로 유입되어 아래쪽으로 배출되지만, 자동회전 중에는 헬리콥터가 하강하는 것처럼 공기가 회전날개 시스템의 아래에서 위쪽으로 움직인다. 자동회전은 엔진이 작동하지 않는 상황에서도 주 회전날개가 지속적으로 회전할 수 있도록 하는 특수한 클러치 메카니즘(clutch mechanism)인 자유회전장치(freewheeing unit)에 의해 기계적으로 작동된다. 엔진이 고장난 경우, 자유회전장치는 주 회전날개가 자유롭게 회전하도록 자동으로 주 회전날개를 엔진에서 분리한다. 이는 엔진이 고장났을 경우 헬리콥터가 안전하게 착륙할 수 있도록 하는 방법이다. 결과적으로 모든 헬리콥터는 인증을 받기 위하여 이러한 기능을 포함해야 한다.

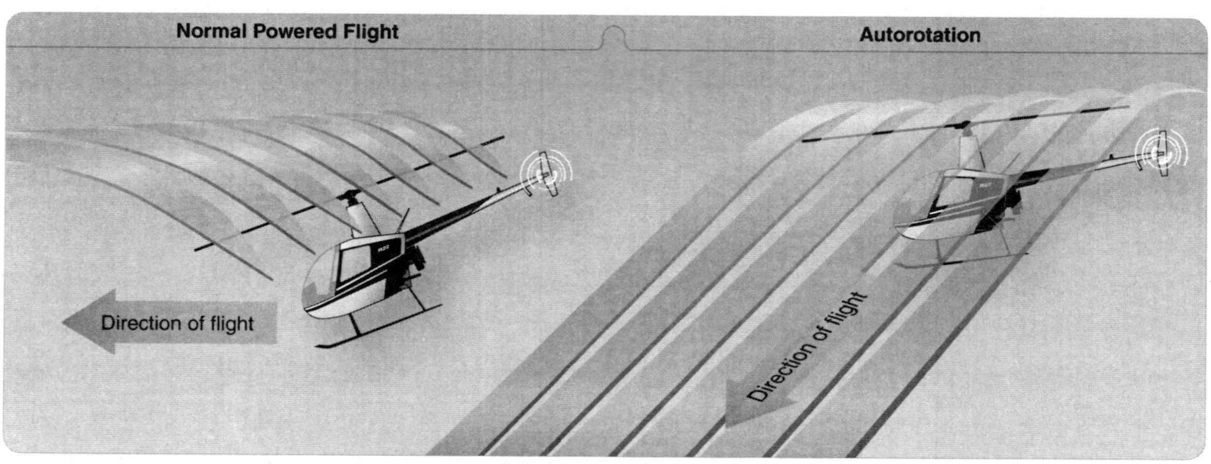


[그림 2-38] 자동 회전 동안 상대풍의 상향 유동 (During an auto-rotation, the upward flow of relative wind)

## 2.18 회전익 항공기 제어 (Rotorcraft Controls)

### 2.18.1 경사판(Swash Plate Assembly)

경사판(swash plate)의 목적은 콜렉티브 조종(collective control)과 주기적 조종(cyclic control)으로부터 주 회전날개 블레이드로 조종입력을 전달하는 것이다. 경사판은 고정경사판(stationary swash plate)과 회전경사판(rotating swash plate) 2개의 주 부품으로 구성된다. [그림 2-39]

고정경사판은 주 회전날개 마스트(main rotor mast) 주위에 장착되고 일련의 푸시로드(pushrod)에 의해 주기적조종과 콜렉티브 조종에 연결되어 있다.

이는 가동방지 연결부(anti-drive link)에 의해 회전이 제한되지만 모든 방향으로 기울어질 수 있고 수직으로 움직일 수 있다. 회전경사판은 유니볼슬리브(uni-ball sleeve)에 의해 고정경사판에 장착된다. 회전경사판은 가동 연결부(drive link)에 의해 마스트(mast)에 연결되어지고 주 회전날개마스트와 함께 회전이 가능하다. 두 경사판은 하나의 유닛으로 기울어지고 위와 아래로 기울어진다. 회전경사판은 피치 연결부(pitch link)에 의해 피치혼(pitch horn)에 연결된다.

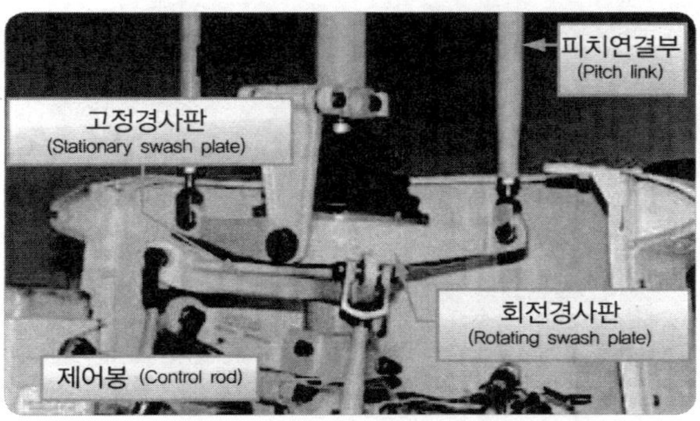


[그림 2-39] 고정 및 회전 경사판 (Stationary and rotating swash plate)

헬리콥터에는 조종사가 사용해야 하는 세 가지 주요 조종기능이 있다. 이는 콜렉티브 조종(collective control), 주기적 조종(cyclic control) 및 반토크 페달(antitorque pe 또는 꼬리 회전날개 조종(tail rotor control)이다. 이러한 세가지 주요 조종 기능 외에도 조종사는 헬리콥터 비행을 위해 콜렉티브 피치 조종에 직접 장착되는 스로틀 제어(throttle control)를 사용해야 한다.

### 2.18.2 콜렉티브 피치 조종 (Collective Pitch Control)

콜렉티브 피치 조종(collective pitch control)은 조종석의 왼쪽에 위치하고 왼손으로 조작한다. 콜렉티브는 이름에서 의미하듯이 동시에 또는 공동으로 모든 주 회전날개 블레이드의 피치각(pitch angle)에 변화를 주기 위해 사용한다. 콜렉티브 피치조종간이 올려졌을 때 모든 주 회전날개깃의 피치각은 동시에 똑같이 증가하고, 내려갔을 때 피치각은 동시에 똑같이 감소한다. [그림 2-40] 이러한 동작은 일련의 기계식 장비를 통해 이루어지고 콜렉티브 레버(collective lever)의 움직임의 양은 날개깃 피치변화의 양을 결정한다. 가변 마찰 제어(adjustable friction control)는 의도되지 않은 콜렉티브 피치 움직임을 방지하는 데 도움을 준다.

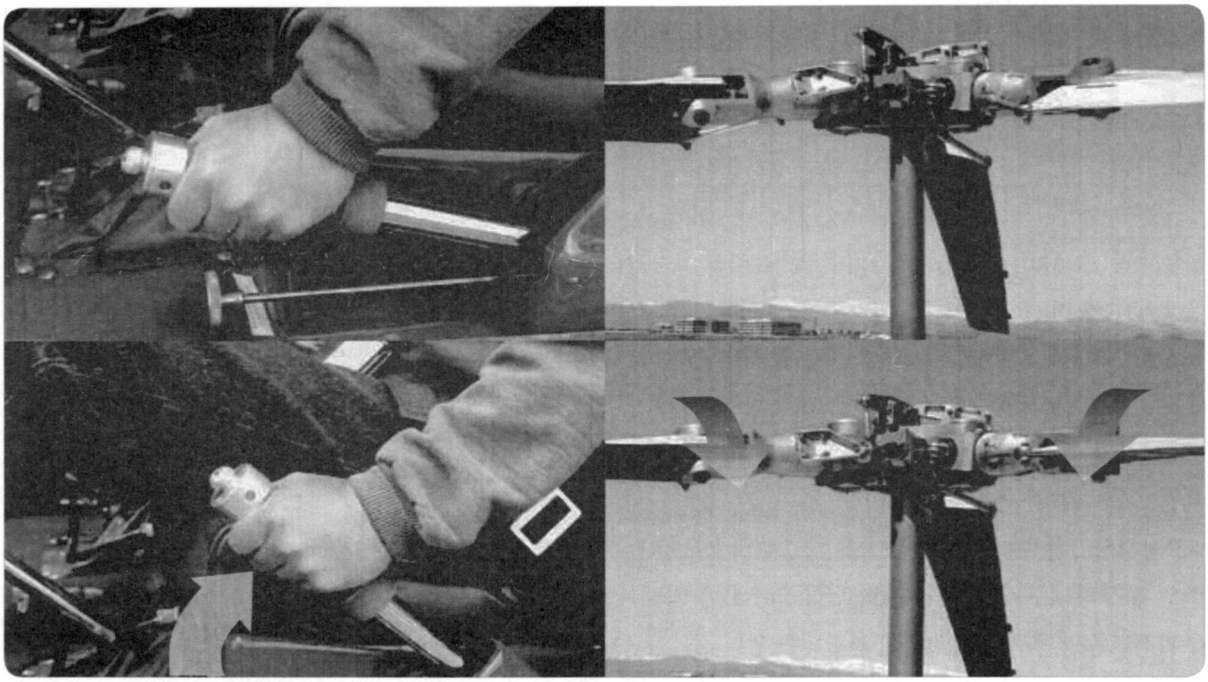

[그림 2-40] 콜렉티브 피치 조종 (Raising the collective pitch control increases the pitch angle)

### 2.18.3 스로틀 조종(Throttle Control)

스로틀(throttle)의 기능은 엔진회전수(rmp)을 조절하는 것이다. 만약 콜렉티브가 끌어올려지거나 또는 내려졌을 때 상관기(correlator) 또는 조속기(governor) 시스템이 요구하는 rpm을 유지하지 못하는 경우 또는 이들 시스템이 장착되지 않은 경우 스로틀(throttle)은 rpm을 유지하기 위해 트위스트 그립(twist grip)으로 수동 조작해야 한다. 스로틀 조종장치는 마치 모터사이클 스로틀과 아주 유사하고 거의 같은 방식으로 작동하는데, 왼쪽으로 스로틀을 돌리면 rpm은 증가하고, 오른쪽으로 스로틀을 돌리면 rpm은 감소한다.

### 2.18.4 주기적 피치 조종 (Cyclic Pitch Control)

주기적 피치 조종장치(cyclic pitch control)는 조종사의 다리 사이 또는 일부 모델은 두 조종석 사이에 바

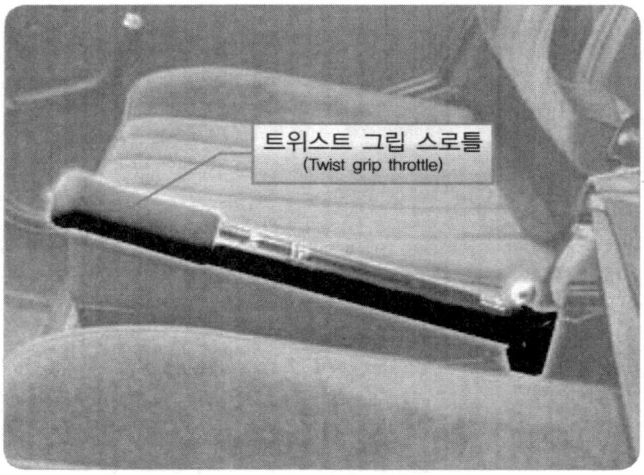


[그림 2-41] 스로틀 조종 (A twist grip throttle is usually mounted on the end of the collective lever)

닥에 수직으로 설치된다.[그림 2-42] 이러한 1차 비행 조종장치(primary flight control)는 조종사가 어떤 수평, 전후, 좌우 방향으로 헬리콥터를 비행하게 한다. 전체양력은 항상 주 회전날개의 끝통과면(tip-path plane)에 수직으로 발생한다. 주기적 피치 조종의 목적은 원하는 수평 방향으로 끝통과면(tip-path plane)을 기울이는 것이다. 주기적 조종(cyclic control)은 이 힘의 방향을 바꾸고 헬리콥터의 자세와 대기 속도를 제어하는 것이다.

회전날개 디스크는 주기적 피치 조종장치가 움직이는 방향과 같은 방향으로 기울어진다. 만약 앞쪽방향으로 움직인다면, 회전날개 디스크는 앞쪽 방향으로 기울어지고 만약 뒤쪽방향으로 움직인다면 회전날개 디스크는 뒤쪽방향으로 기울어진다. 회전날개 디스크는 자이로처럼 작용하기 때문에 주기적 조종간(cyclic control rod)의 기계식 연동장치(mechanical linkage)는 회전날개 디스크 주기적 변위(cyclic displacement)의 방향에 도달하기 전에 회전날개깃 피치 각도를 약 90° 감소시키고 회전날개 디스크의 주기적 변위(cyclic displacement)의 방향을 지나친 후에 회전날개깃의 피치각을 약 90° 증가시키는 방식으로 조작된다. 피치각이 증가하면 받음각(AOA)이 증가하고 피치각이 감소하면 받음각(AOA)이 감소한다. 예를들어 주기적 조종장치가 앞으로 움직이면 회전날개 블레이드가 헬리콥터의 오른쪽 측면을 지남에 따라 받음각이 감소하고 왼쪽 측면을 지날때는 받음각이 증가한다. 이로 인해 헬리콥터 앞쪽의 주 회전날개 블레이드가 최대 하향편향이 발생하고 뒤쪽은 최대 상향편향이 발생하여 회전날개 디스크가 앞으로 기울어진다.

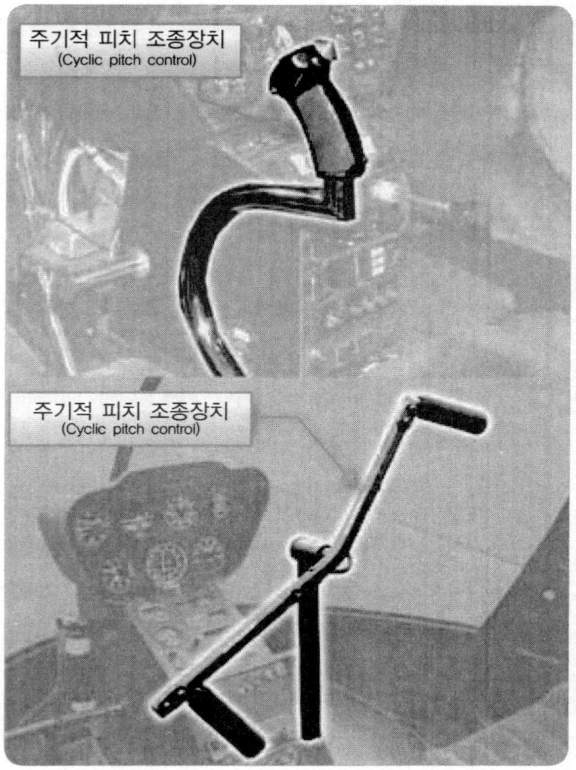


[그림 2-42] 주기적 피치 조종
(The cyclic pitch control may be mounted vertically)

### 2.18.5 반 토크 페달 (Anti-torque Pedals)

반 토크 페달(anti-torque pedal)은 조종사의 발위치에 따라 조종석 바닥에 위치한다. 이 장치는 피치(pitch)를 통해 꼬리 회전날개깃의 추력을 제어한다.[그림 2-43] 뉴턴의 제3법칙은 대응 및 통제가 되지 않는 헬리콥터 동체와 꼬리 회전날개깃(tail rotor blade)이 어떻게 주 회전날개깃(main rotor blade)의 반대방향으로 회전하는지에 적용된다. 비행을 가능하게 하고 이러한 토크를 보상하기 위해 대부분의 헬리콥터 설계는 반토크(anti-torque) 회전날개 또는 꼬리 회전날개가 포함되어 있다. 반 토크 페달은 조종사가 전진 비행 중 헬리콥터를 세로방향으로 트림하고 정지비행 중에는 조종사가 헬리콥터를 360° 회전을 할 수 있도록 하는 꼬리 회전날개 블레이드의 피치각을 제어할 수 있도록 한다. 반 토크 페달은 꼬리 회전날개 기어박스의 피치 변경 메커니즘에 연결되어 있으며 꼬리 회전 날개의 피치각을 높이거나 줄일 수 있다.

종렬 회전날개(tandem rotor)로 설계된 헬리콥터는 반 토크 회전날개가 없다. 이러한 헬리콥터는 꼬리 회전날개를 사용하기보다는 토크를 상쇄하기 위해 반대방향으로 회전하는 쌍방 회전날개장치(both rotor system)로 설계되었다. 방향성 반 토크 페달은 비행 중 항공기의 방향을 제어하고 지상 택시 중 전방 기어를 통해 항공기의 방향을 제어하는데 사용된다. 오른쪽 페달을 밟게 되면 전방 회전날개 디스크는 오른쪽으로 기울어지고 후방 회전날개 디스크는 왼쪽으로 기울어진다. 왼쪽 페달을 밟게 되면 전방 회전날개 디스크는 왼쪽으로 기울어지고 후방 회전날개 디스크는 오른쪽으로 기울어지는 반대 현상이 발생한다. 페달과 주기적 적용(cyclic application)의 다른 조합은 종렬 회전날개 헬리콥터가 후방 또는 전방 수직 축을 중심으로 회전할 뿐 아니라 질량중심을 중심으로 회전할 수 있도록 한다.

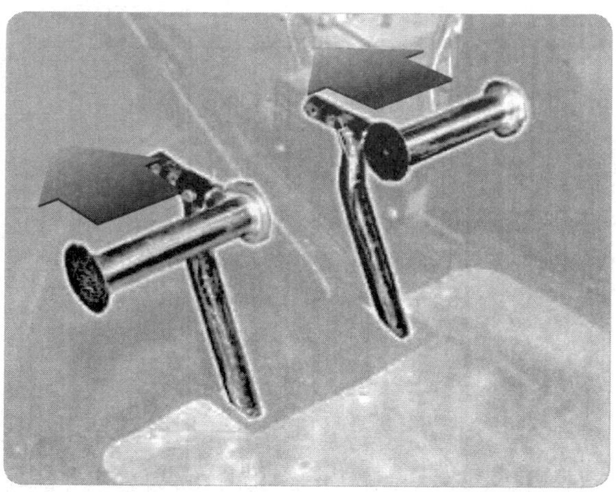

[그림 2-43] 반 토크 페달(Anti-torque pedals)

# 03 항공기 도면

Aircraft Drawings

# 3 항공기 도면

Aircraft Drawings

생각을 명확하게 전달한다는 것은 직업이나 신분을 막론하고 누구에게나 매우 중요한 일이다. 일반적으로 말이나 글로써 그 의미를 전달하고 있지만, 때에 따라서 이것만으로는 부족한 경우가 많다. 복잡하고 예민한 산업분야에서는 작은 표현의 차이가 전혀 다른 결과를 초래할 수 있기 때문에 의사를 명확하게 전달하기 위한 방법이 강구되어야 한다.

항공기는 수많은 부품으로 구성되며, 이 항공기의 복잡한 구조를 완벽히 설계, 제작하고, 설계한 대로 조립되어야만 원하는 성능을 발휘하게 된다. 때문에 타 산업보다도 고도의 기술과 정밀한 작업이 요구된다. 기술 집약체인 항공기는 각 분야별 전문가들의 수많은 아이디어가 집약되어 하나의 완결체로 완성된다. 서로의 아이디어를 소통하기 위하여 말이나 글로써 표현할 때, 적절치 못한 단어의 선택으로 인하여 원래의 뜻으로부터 왜곡될 수 있다. 그래서 아이디어를 표현할 때는 이런 실수를 방지하기 위하여 도면을 사용한다. 도면에서는 물체의 구성 또는 조립에 대한 생각을 전달하기 위하여 상징화된 선, 주석, 약어, 그리고 기호를 이용한다. 항공기나 항공기 부품을 설계, 제작할 때 또는 이를 개량하고자 할 때는 제일 먼저 그 항공기나 부품에 대한 도면을 그린다. 이때 도면은 약속된 선, 문자, 기호 등으로 구성되며, 부품의 형태와 구조, 크기나 재료, 가공법 등을 일정한 규약에 따라 명확하고 간결하게 표현한다. 이렇듯 도면은 그림으로 표현되는 세계 공통의 언어이다. 완전하게 그려진 도면은 누구에게나, 언제 어디서나 같은 내용을 정확하게 전달할 수 있다. 항공기 도면은 항공기 제작에만 필요한 것이 아니고 항공기의 취급, 부품의 장탈 또는 장착과 같은 정비작업 등 여러 분야에서 사용된다. 따라서 항공기 생산 및 정비작업에 직접 관계된 자재구매자, 생산기술자, 작업자 등은 아이디어가 집약된 도면을 정확하게 해독하고, 이에 따랐을 때 비로소 주어진 설계 성능을 만족시키는 제품을 만들고, 운영할 수 있게 된다. 특히 항공기 조립, 제작, 수리 등 정비를 수행하는 항공정비사에게 도면을 해독하고 그 의미를 이해한다는 것은 대단히 중요하다.

## 3.1 컴퓨터 그래픽(Computer Graphics)

항공기를 개발하던 초창기부터 항공기, 엔진 및 부품의 개발에서 도면은 매우 중요한 역할을 했다. 최근 20세기 초까지만 해도 종이 위에 연필이나 펜으로 도면을 그렸다. 그러나 20세기 후반에 들어서면서 컴퓨터의 개발과 발전으로 도면을 그리는 방법이 크게 바뀌었다. 컴퓨터를 이용하면 도면을 그리는 것뿐만 아니라, 그려진 도면을 보는 각도에 따라 각 방향에서 보이게 될 형상을 실제로 구현할 수 있다는 장점이 있다. 더구나 설계된 부품의 상호 연관성을 가상공간에서 확인하면서 조립상태를 점검할 수 있는 컴퓨터 소프트웨어 프로그램들도 개발되었다. 또한, 컴퓨터 네트

워크와 인터넷을 통해 최신의 정보를 공유하는 것이 가능해지면서 설계자는 언제 어디서나 다른 엔지니어나 제작자들과 함께 작업하는 것이 가능해졌다. 말 그대로 컴퓨터 제어를 이용한 제작 기술은 종이에 나타내지 않고도 부품을 설계하고 정밀하게 제작하는 것이 가능하게 하였다. 일반적인 용어와 약어는 다음과 같다.

(1) 컴퓨터 그래픽(Computer Graphic) – 컴퓨터를 사용하여 도면 그리는 작업
(2) 컴퓨터 지원 설계제도(Computer Aided Design Drafting: CADD) – 컴퓨터 지원을 통한 디자인 변환이나 설계과정
(3) 컴퓨터 지원 설계(Computer Aided Design: CAD) – 컴퓨터를 이용한 제품 설계
(4) 컴퓨터 지원 제조(Computer Aided Manufacturing: CAM) – 컴퓨터 지원을 통한 제품 가공
(5) 컴퓨터 지원 공학(Computer Aided Engineering: CAE) – 컴퓨터를 이용한 제품 개발이나 연구

컴퓨터 하드웨어와 소프트웨어가 지속적으로 발전함에 따라, 컴퓨터 지원 공학을 활용하면 저렴한 비용으로 짧은 시간에 제품을 설계할 수 있게 되었다. 또한, 컴퓨터 지원 공학은 제품 설계와 더불어, 제품 분석, 조립, 해석 시뮬레이션 및 정비와 관련된 정보를 제공하기도 한다[그림 3-1].

CATIA, ProEngineer, Solid Works 및 Unigraphics는 항공기 설계 및 제조에 사용되는 대표적인 CAD 소프트웨어 패키지이다. 대부분의 항공기 제조업체들은 항공기를 설계할 때 CATIA 소프트웨어를 사용한다. 완성된 항공기를 제작하기 전에 소프트웨어 패키지를 이용해서 설계하고 조립해 보는 것이 가능하다. 항공기의 모든 부품에 대한 도면을 구할 수 있으며 컴퓨터 소프트웨어를 이용하여 접속할 수 있다. 도면은 더 이상 제1각법, 제2각법 또는 제3각법 등으로 제한되지 않는다. 부품이나 제품의 컴퓨터 모델을 이용하면 모든 각도에서 도면에 쉽게 접근할 수 있다. 정비사는 작업장에서 정비 작업을 수행할 때 노트북이나 모바일 장치를 통해 항공기 도면과 매뉴얼을 이용할 수 있다.

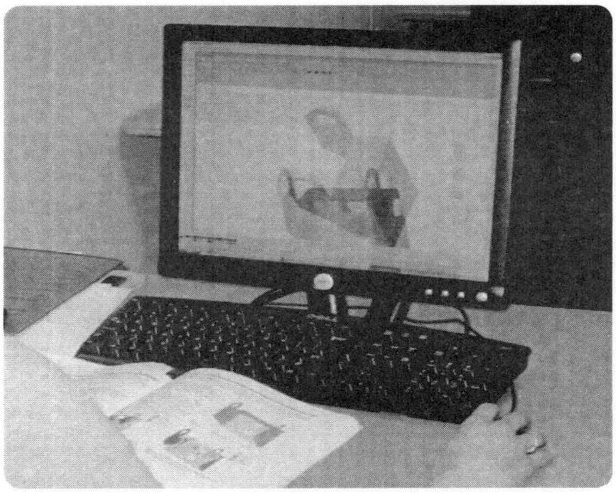

[그림 3-1] 컴퓨터 그래픽 워크스테이션 (Computer graphics work station)

[그림 3-2] 대형 포맷 프린터(LFP; Large format printer)

## 3.2 항공기 도면의 목적과 기능 (Purpose and Function of Aircraft Drawings)

도면이나 청사진은 항공기를 설계하는 엔지니어와 항공기를 제작하거나 수리하는 정비사 사이를 서로 연결해준다. 청사진은 항공기나 부품의 설계도를 복사한 작업도면이라고 생각할 수 있다. 이것은 화학 처리한 종이위에 도면을 복사한 트레이싱페이퍼를 놓고 짧은 시간 동안 강한 빛을 투과시켜 얻는다. 시간이 지나면서 빛이 통과한 바탕은 푸르게 변하고, 잉크 선은 빛이 통과하지 못하므로 흰색 선으로 남게 된다. 다른 종류의 감광지는 종류에 따라 현상하였을 때 흰색 바탕에 색 선으로 나타나거나 색 바탕에 흰색 선으로 나타나기도 한다.

컴퓨터로 그린 도면은 컴퓨터모니터를 통해서 보거나 잉크젯 프린터나 레이저 프린터를 이용하여 복사지에 인쇄한다. 대형도면은 플로터나 또는 대형 포맷 프린터(LFP)를 이용하여 인쇄한다. 대형 프린터는 롤페이퍼를 이용하여 42인치 폭에 600인치 길이의 도면을 인쇄할 수도 있다[그림 3-2].

## 3.3 도면의 관리와 사용 (Care and Use of Drawings)

도면은 값이 비싸고 소중한 것이므로 주의하여 취급해야 한다. 도면을 펼칠 때는 종이가 찢어지지 않도록 천천히 조심해서 펼쳐야 하며, 또한 도면을 펼쳤을 때에도 접혔던 부분을 서서히 펴야 하고 반대로 구부러지는 일이 없도록 해야 한다.

도면을 보호하기 위해서는 바닥에 펼쳐놓아서도 안 되며, 도면 위에 손상을 줄 수 있는 공구나 다른 물건을 올려놓아서도 안 된다. 도면을 취급할 때는 도면을 더럽히거나 또는 오염시킬 수 있는 오일(oil), 그리스(grease), 또는 다른 더러운 것이 손에 묻어 있지 않도록 주의해야 한다.

다른 사람이 혼동하거나 잘못 작업할 수 있기 때문에 절대로 도면에 글씨나 기호를 써서는 안 된다. 만약 그럴 필요가 있다면 인가자의 허락을 얻고 나서, 주석을 달거나 변경하고 반드시 그 사람의 서명과 날짜를 기록해야 한다.

도면을 사용한 후에는 원래 접었던 대로 반드시 접어서 제자리에 놓는다.

## 3.4 도면의 종류(Types of Drawings)

도면은 물체의 크기와 형태, 사용할 재료의 사양, 재료의 완성 방법, 부품의 조립 방법, 그리고 물체를 만들고 조립하는 데 필수적인 모든 정보를 제공해야 한다.

도면은 (1) 상세도 (2) 조립도 (3) 설치도(장착도)로 나눌 수 있다

### 3.4.1 상세도(Detail Drawing)

상세 도면은 단일 부품에 대한 설명으로, 부품 제작에 사용할 크기, 형태, 재료 및 제조 방법에 대한 사양을 선, 주석 및 기호로 기술한다. 부품이 비교적 간단하고 소형일 경우에는 여러 개의 상세도를 도면 한 장에 그릴 수도 있다[그림 3-3].

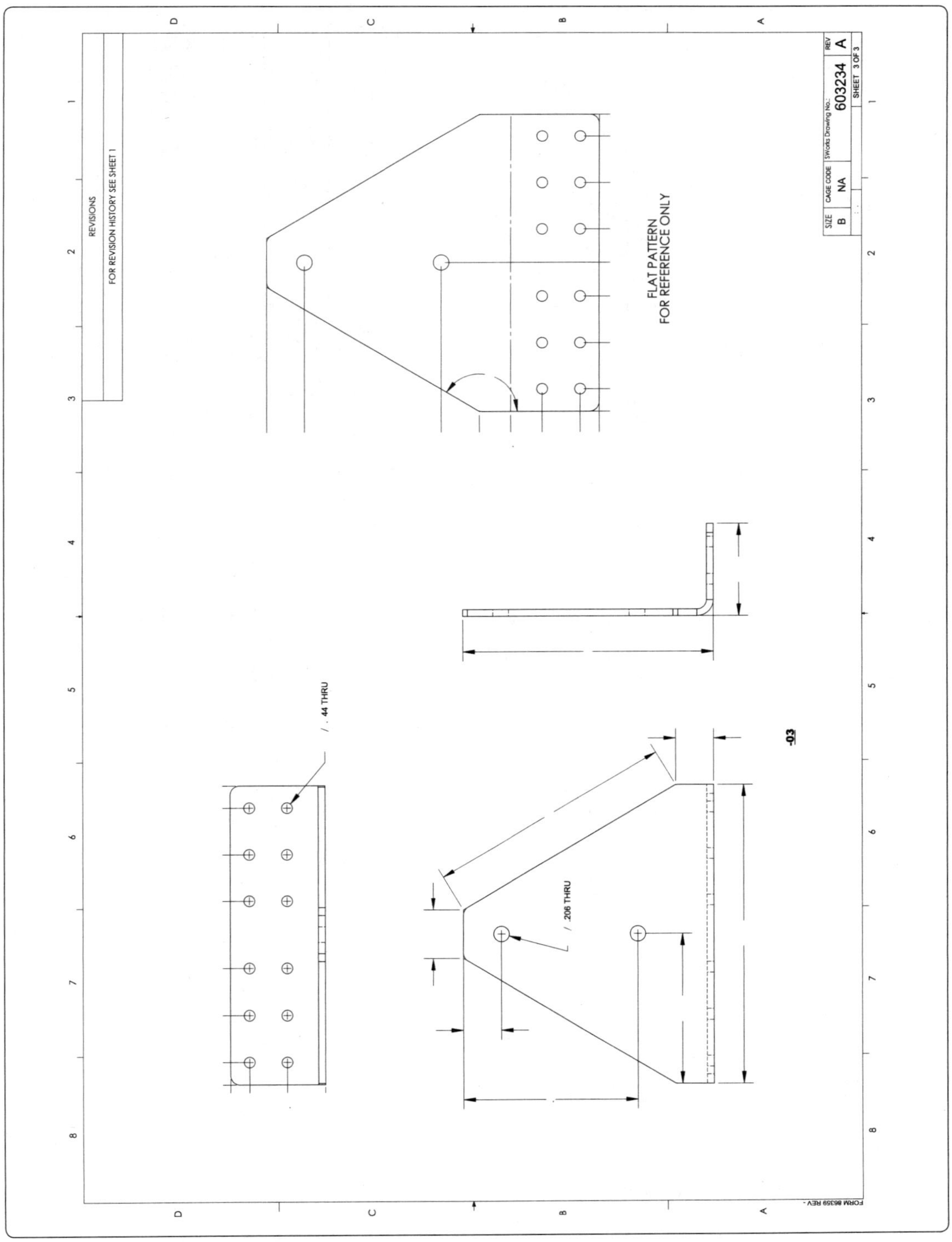


[그림 3-3] 상세도(Detail drawing)

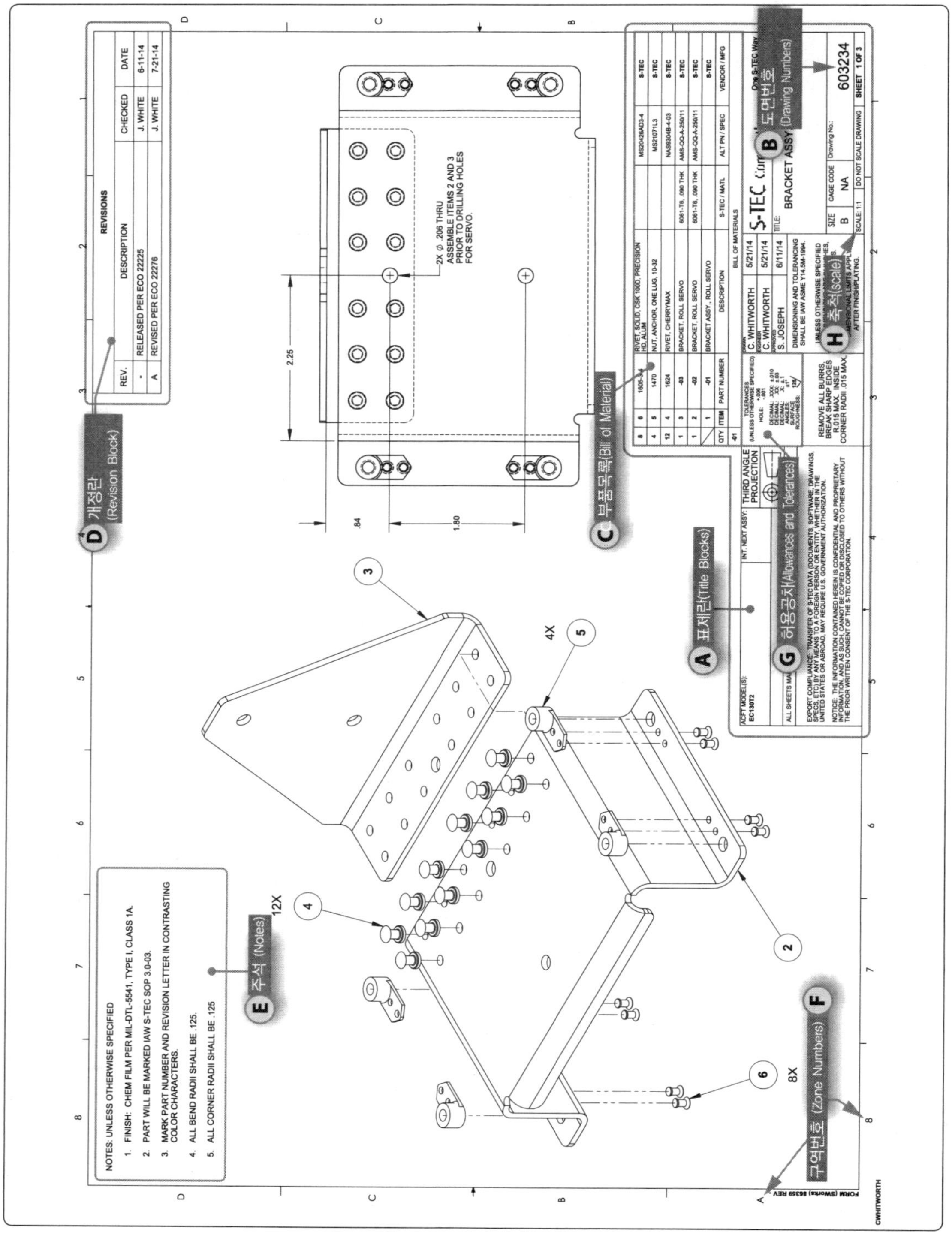


[그림 3-4] 조립도(Assembly Drawing)

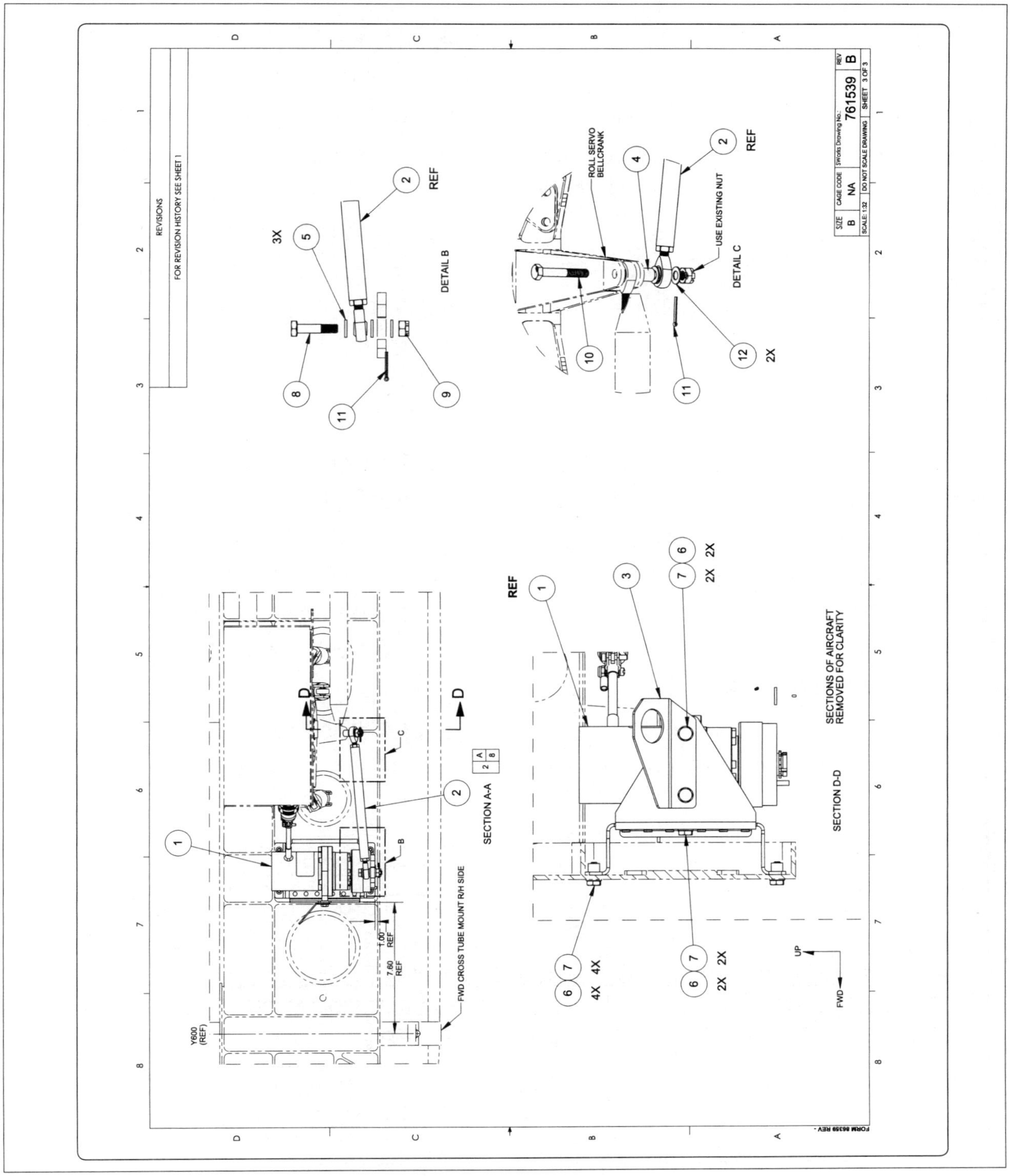


[그림 3-5] 설치도(Installation drawing)

### 3.4.2 조립도(Assembly Drawing)

조립도는 2개 이상의 부품으로 구성된 물체를 설명한다. [그림 3-4]에서 보는 바와 같이 조립도는 보통 물체를 크기와 모양으로 나타낸다. 이 도면의 주목적은 서로 다른 부품들 사이의 상호관계를 보여주는 것이다. 조립도는 일반적으로 여러 부품의 상세도로 이루어지기 때문에 상세도보다 더 복잡하다.

### 3.4.3 설치도(Installation Drawing)

설치도(장착도)는 항공기의 최종 설치 위치에 있는 부품 또는 조립품에 필요한 모든 정보를 포함하는 도면을 말한다. 이 도면은 특정한 부품과 다른 부품과의 상호 위치에 대한 치수나 공장에서 다음 공정에 필요한 기준치수를 표시하고 있다[그림 3-5].

### 3.4.4 단면도(Sectional View Drawings)

단면도는 물체의 한 부분을 절단하고 그 절단면의 모양과 구조를 보여주기 위한 도면이다. 절단 부품이나 부분은 단면선(해칭)을 이용하여 표시한다. 단면도는 물체의 보이지 않는 내부 구조나 모양을 나타낼 때 적합하다. 단면의 종류는 다음과 같다.

#### 3.4.4.1 전단면(Full Section)

전단면은 외관상으로는 물체의 내부 구조나 특징을 나타낼 수 없을 때 사용한다. 예를 들어, 그림 3-6은 동축케이블 커넥터의 전단면으로서 커넥터의 내부구조를 나타낸다.

#### 3.4.4.2 반 단면(Half Section)

반 단면은 물체의 절반을 절단면으로 나타내고, 나머지 절반을 절단면과 연장해서 그 물체의 외형으로 나타낸다. 반 단면은 대칭인 물체에서 내부와 외부를 한꺼번에 나타낼 수 있어 편리하다.

그림 3-7은 캡스턴 서보의의 반 단면도이다.

#### 3.4.4.3 회전단면(Revolved Section)

회전단면은 바퀴의 살(spoke)과 같은 구조에서 단면

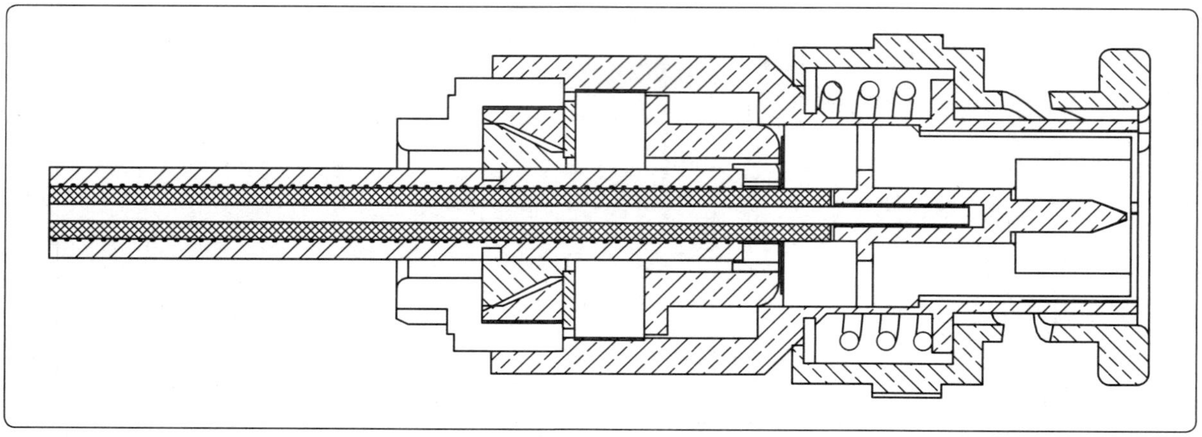

[그림 3-6] 동축케이블 커넥터의 전단면(Sectional view of a cable connector)

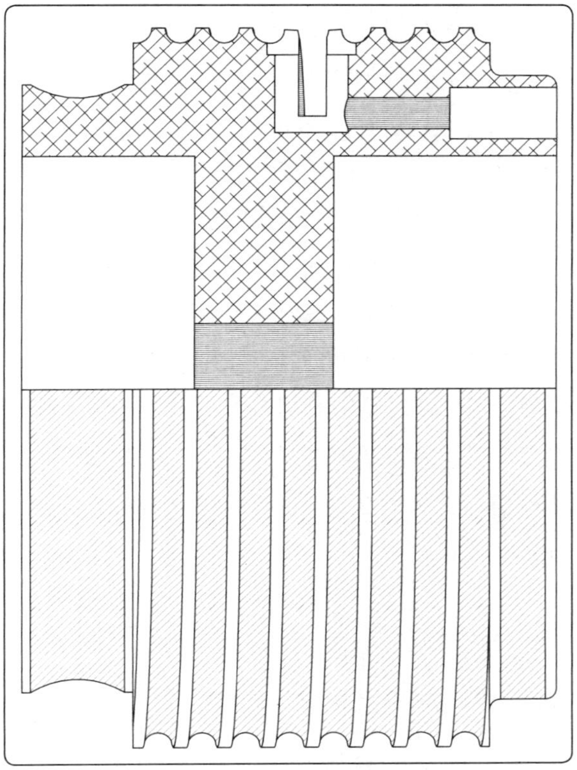

[그림 3-7] 캡스턴 서보의 반 단면
(Half section of a Capstan servo)

모양을 회전시켜 외형상에 직접 그린다. 그림 3-8은 회전단면의 예이다.

### 3.4.4.4 분리단면(Removed Section)

분리단면은 물체의 특정한 부분을 구체적으로 나타낼 때 적합하다. 분리단면은 회전단면과 비슷하게 그리지만, 외형으로부터 옆으로 분리하여 그린다는 점이 다르다. 때에 따라 좀 더 상세하게 표현하고자 할 때는 더욱 큰 축적으로 확대한 분리단면을 그리기도 한다.

그림 3-9는 분리단면의 한 예이다. 단면 A-A는 A-A선을 따라 절단한 곳에서의 단면형상이고, 단면 B-B는 B-B선을 따라 절단한 곳에서의 단면형상이

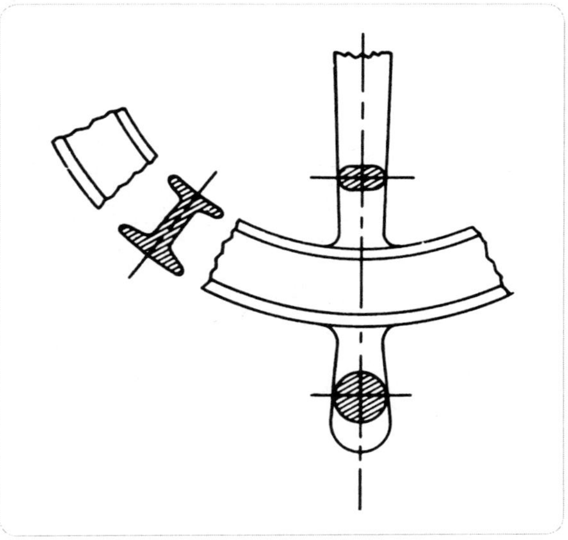

[그림 3-8] 회전 단면(Revolved sections)

다. 이 단면도는 기본 도면에 적용되는 척도와 같은 축적으로 그리지만, 때에 따라서는 관련 항목을 세부적으로 나타내기 위해 더욱 큰 축적으로 확대하여 그리기도 한다.

## 3.5 표제란(Title Blocks)

도면을 다른 도면과 구별하기 위한 방법이 필요한데, 이 방법으로 표제란이 사용된다. 그림 3-10의 표제란은 도면번호와 도면에 관련되는 다른 정보, 그리고 그것을 나타내는 목적 등으로 구성된다. 표제란은 눈에 잘 띄는 장소에 나타내며, 보통 도면의 오른쪽 아래에 많이 나타낸다. 때로는 표제란을 도면 하단의 전체에 걸쳐 좁고 긴 형태로 나타내기도 한다.

비록 표제란의 배치는 표준 형식을 따르지 않더라도, 반드시 다음 사항들은 명시되어 있어야 한다.

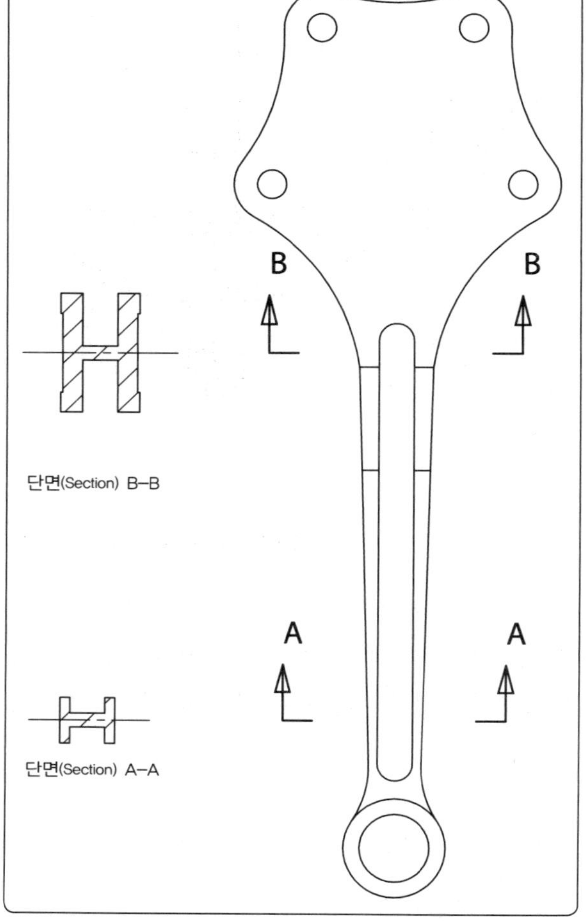


[그림 3-9] 분리 단면(Removed sections)

(1) 도면을 철할 때 구별하고, 다른 도면과 혼동하는 것을 막기 위한 도면번호
(2) 부품 또는 조립품의 명칭
(3) 도면의 축척(scale)
(4) 제도 날짜
(5) 회사명
(6) 제도자, 확인자, 인가자 등의 이름

### 3.5.1 도면 번호 또는 인쇄 번호 (Drawing or Print Numbers)

모든 도면에는 구분을 위한 번호가 오른쪽 하단에 있는 표제란의 번호란에 기재되어 있다. 또한 위쪽 경계선 가까이나 오른쪽 상단, 또는 도면을 접거나 또는 둥글게 말았을 때 번호가 보일 수 있도록 도면의 뒷면 양쪽 끝에 기재한다. 도면 번호는 도면을 쉽고 빠르게 구분하기 위하여 기재한다. 만약 도면이 두 장 이상이고 각 도면이 같은 도면 번호를 가질 때는 도면에 도면번호와 함께 용지의 일련번호를 같이 기재하여 구분한다.

### 3.5.2 참조 번호와 대시 번호 (Reference and Dash Numbers)

표제란에 있는 참조번호는 다른 도면의 숫자를 참조하도록 기재한다. 만일 도면에 그려진 상세도가 두 장 이상일 경우에는 대시번호로 구분한다. 같은 도면번호에 더하여 40267–1 , 40267–2와 같이 부품 각각에 대시번호를 부여한다.

대시번호는 표제란에 기재하지만, 각 부품을 구별하기 위하여 해당 부품의 도면 앞에 추가하기도 한다. 또한, 오른쪽과 왼쪽 부품을 구별하기 위해 대시번호를 사용하기도 한다. 항공기에는 서로 대칭인 부품들이 많이 있으며, 보통 왼쪽에 있는 부품을 도면에 나타내고 오른쪽에 있는 부품은 표제란에만 표시한다. 예를 들어 표제란 위쪽에 470204–1LH라고 표기되어 있다면, 반대쪽은 470204–2RH이다. 두 부품은 같은 번호를 갖고 있지만 대시번호에 의하여 서로 구별된다. 어떤 도면에서는 좌측일 때 홀수번호를, 우측일 때 짝수

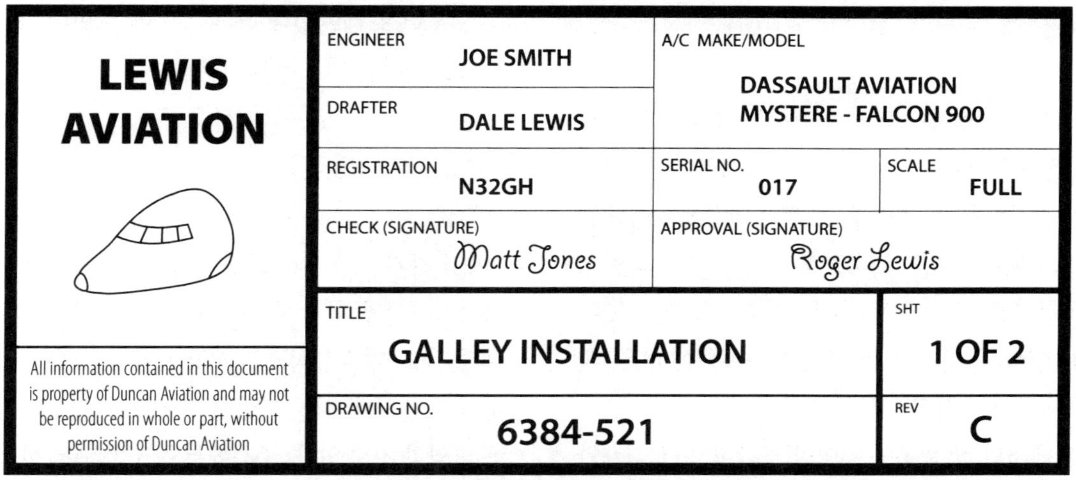


[그림 3-10] 표제란(Title Blocks)

번호를 사용하기도 한다.

## 3.6 일반적인 번호체계 (Universal Numbering System)

### 3.6.1 도면 크기의 식별 (Identifying standard drawing sizes)

일반적인 번호체계는 표준 도면의 크기를 식별할 수 있는 방법을 제공하며, 각 도면번호는 6자리 또는 7자리로 구성된다. 첫 번째 자릿수는 항상 1, 2, 4, 또는 5이고 도면의 크기를 나타낸다. 숫자 1은 도면의 크기가 8.5"×11"이며, 숫자 2는 11"×17", 숫자 4는 17"×22"의 도면을 나타내며, 5는 17"~36" 너비의 연속 롤을 표시한다. 또한 문자는 A에서 E까지를 가장 많이 사용된다. 문자 A는 8.5"×11", B는 11"×17", C는 17"×22", D는 22"×34", E는 34"×44"이다.

D1은 24"×36", E1은 30"×42"와 같은 추가 문자는 큰 형식의 추가적인 특별한 크기이며, 일반적으로 회사 상호간 운영을 위해 약속된 크기를 나타낸다.

나머지 숫자들은 도면을 나타낸다. 많은 회사들이 이런 번호체계를 회사의 여건에 맞게 수정하여 사용하고 있다. 표준도면 크기를 나타내는 문자나 숫자는 대시로 구분하여 숫자에 붙일 수 있다. 또 다른 번호체계는 도면번호 앞에 별도의 사각형 칸을 마련하고 그 칸 안에 도면크기 부호를 기재한다. 이 체계의 또 다른 수정에서는 조립도의 부품번호가 도면번호로 지정된다.

### 3.6.2 도면 기준(Drawing Standards)

도면 기준은 용지 크기, 노트, 번호 매기기 시스템, 기하학적 치수와 공차, 약어, 용접 기호, 거칠기 기호, 전기 기호 등의 항목을 다룬다. 이 기준에서는 미터식과 인치식 뿐만 아니라 컴퓨터 제도 기준도 다룬다. 도면에 대한 다른 기준이 산업에서 사용되며, 보다 일반적인 기준 중 일부는 국제 표준화 기구(ISO)와 미국 국가 표준 연구소(ANSI)에 의해 발표되었다.

## 3.7 부품목록(Bill of Material)

부분품이나 어떤 시스템을 조립하는 데 필요한 재료 또는 구성품의 목록을 종종 도면에 표시한다. 이 목록은 보통 부품번호, 부품명칭, 부품의 제작에 사용되는 재료, 요구되는 수량, 그리고 부품 또는 재료의 출처 등을 목록으로 만들어 표로 기재한다. 그림 3-4C는 대표적인 부품목록이다. 도면에 부품목록이 없을 때, 날짜를 도면에 직접 표시하기도 한다.

조립도에서의 각 품목을 원이나 사각형 안에 기재한 숫자로 구분한다. 부품목록 안에서 품목 번호를 연결하는 화살표는 해당 품목의 위치를 나타내는 것을 지원한다.

## 3.8 기타 도면 자료 (Other Drawing Data)

### 3.8.1 개정란(Revision Block)

설계나 치수 또는 재료를 바꾸고자 할 때는 도면을 변경해야만 한다. 개정란은 대개 표제란 근처나 또는 도면 한쪽 모퉁이에 표를 그리고 해당 목록을 기재한다. 승인된 개정사항은 복제된 모든 도면에도 주의하여 기록해야 한다.

개정사항이 있을 때는 이를 주지시키기 위하여 문자나 숫자로 그것을 표시하고 그 기호에 해당하는 개정사항을 개정란에 기재해야 한다[그림 3-4D]. 개정란에는 식별기호(문자나 숫자), 개정날짜, 개정 내역, 개정 인가자, 개정시킨 제도사의 이름을 기재한다.

대부분의 회사에서는 원도면과 개정도면을 구별할 수 있도록 표제란이나 다른 공간에 도면이 개정되었음을 표시하는 기호를 넣어준다.

### 3.8.2 주석(Notes)

여러 가지 이유에서 도면에 주석을 첨가한다. 장착방법이라든가 제작 방법을 설명하는 주석이 있고, 같은 물건을 다른 유형으로 사용할 수 있도록 표시하는 주석도 있으며, 다른 사람이 사용할 수 있는 수정사항을 나열한 것도 있다. 주석에는 참조가 되는 항목을 함께 찾아볼 수 있다. 주석이 길 때는 도면의 어느 곳에 써도 좋으나 알기 쉽게 숫자나 문자로 표시해야 한다. 주석은 일반적인 방법으로 정보를 적절하게 전달할 수 없을 때, 또는 도면의 복잡함을 피하고자 할 때 사용한다. 그림 3-4E에 주석을 사용한 한 가지 예를 나타냈다.

주석을 어느 특정 부품에 적용할 때는 해당 부품에 화살표로 연결하여야 한다. 만약 주석이 두 가지 이상의 부품에 적용된다면 그것이 해당하는 부품을 혼동하지 않도록 구분해서 나타내야 한다. 만약 주석이 여러 개라면, 한곳에 모아서 쓰고 각각에 번호를 부여한다.

### 3.8.3 구역번호(Zone Numbers)

도면에서의 구역번호는 지도의 모서리에 인쇄된 숫자나 문자와 같은 의미를 가진다. 이 숫자나 문자는 특정한 지점의 위치를 알 수 있도록 한다. 어떤 지점을 찾고자 한다면, 표시된 숫자나 문자로부터 수평선과 수직선을 그렸을 때, 이 두 선의 교차점이 찾고자 하는 위치가 된다[그림 3-4F].

대형 도면, 특히 조립도에서 부품이나 부분품, 또는

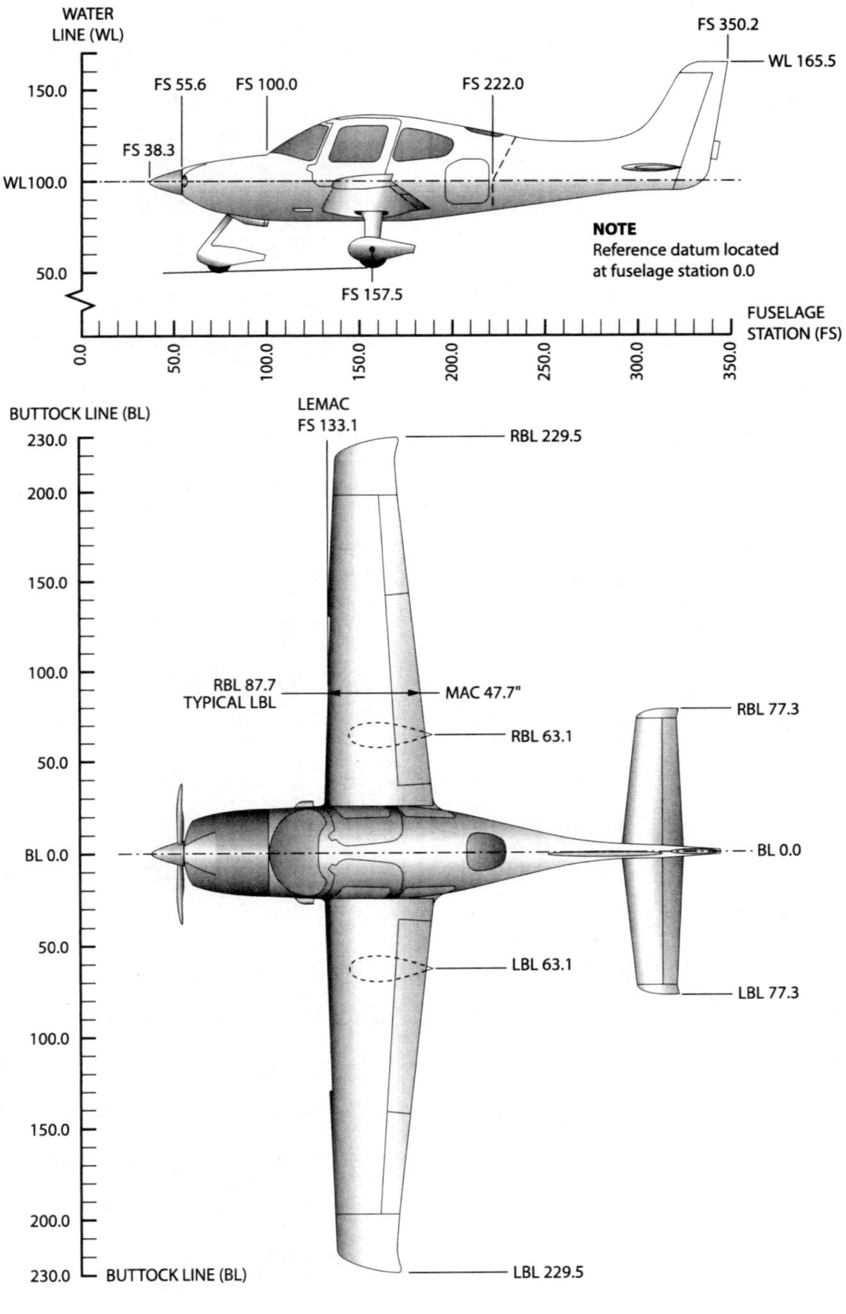


[그림 3-11] 항공기 스테이션 번호 및 위치 표시(Station numbers and location identification on aircraft)

시각적 위치를 표시하기 위해 구역번호를 사용한다. 표제란에 번호가 붙여진 어떤 부품을 찾으려면 도면의 아래쪽 끝에 일정한 간격으로 쓰인 번호를 찾아가면 그 위치를 찾을 수 있다. 구역번호는 오른쪽에서 왼쪽으로 읽어간다.

### 3.8.4 항공기의 스테이션 번호와 위치표시 (Station Numbers and Location Identification on Aircraft)

항공기와 같은 대형 구조물에서는 동체 스테이션(Fuselage Station)과 같은 스테이션 번호부여 방식을 사용한다. 예를 들어 동체 스테이션 185(FS 185.0)는 항공기의 기준선으로부터 185인치 떨어져 있음을 의미한다. 이때 기준선은 일반적으로 항공기 기수에 위치하지만 때로는 방화벽에서 시작하거나 제작사에서 지정한 어떤 지점에서 시작하기도 한다. 항공기 세로축을 기준으로 왼쪽과 오른쪽 위치는 버톡 라인(Buttock Line)으로 표시하며, 버트 위치라고 부른다. 비행기에서 수직 위치는 워터 라인(Waterline)을 기준으로 하여 표시한다.

날개와 꼬리날개에서도 이와 같은 스테이션 번호부여 방식을 사용한다. 위치 측정은 항공기의 중심선이나 또는 별도의 기준선으로부터 시작한다. 그림 3-11에 동체 스테이션(FS), 워터 라인(WL), 그리고 왼쪽과 오른쪽 버톡 라인(RBL과 LBL)의 사용법을 나타내었다.

### 3.8.5 허용공차(Allowances and Tolerances)

도면에 기재한 치수는 완성된 제품의 크기를 나타낸다. 그러나 실제로 부품을 도면에 기재한 치수대로 완벽하게 가공하기란 매우 어렵다. 따라서 부품의 사용목적에 따라 허용할 수 있는 여유 범위를 미리 정하고, 이 오차 범위 내에서 가공하면 매우 편리하다.

도면에 주어진 기준 치수에 허용되는 오차를 고려하여, 허용오차를 더하면(+) 최대허용치수가 되고 허용오차를 빼면(−) 최소허용치수가 된다. 더하고 빼는 허용오차의 합을 공차라고 부른다. 예를 들어 0.225 + 0.0025 − 0.0005로 표기되어 있다면, 기준 치수 0.225보다 0.0025 이상 크지 않아야 하고, 0.225보다 0.005 이상 작지 않아야 한다는 것을 나타내며, 허용공차는 0.0030(0.0025max+0.0005min)이 된다.

만약 더하고 빼는 허용오차가 같을 때는 0.224± 0.0025처럼 나타낸다. 이때 허용공차는 0.0050이 된다. 허용공차는 분수 또는 소수 형태로 표시할 수 있다. 아주 정밀한 치수가 필요할 때는 소수로 나타내고 그렇지 않은 경우에는 분수로 나타낸다. 표제란에는 대부분의 도면에 적용되는 표준 허용공차인 −0.010 또는 −1/32가 표시된다.

### 3.8.6 다듬질 기호(Finish Marks)

표면을 어느 정도로 다듬어야 하는지를 나타내기 위하여 다듬질 기호를 사용한다. 잘 다듬어진 표면은 보기도 좋고 또한 접하는 다른 부분과 잘 밀착된다. 마무리 공정에서는 요구되는 한계와 허용공차를 준수해야만 한다. 페인트나 에나멜, 크롬도금, 또는 이와 유사한 도장작업을 기계로 가공하는 마무리공정과 혼동해서는 안 된다.

#### 3.8.7 축적(Scale)

어떤 도면에서는 그리고자 하는 부품을 실제크기와 같은 크기로 그리는데, 이때의 축적이 1:1이다. 도면에서는 다른 축적도 사용한다. 그러나 컴퓨터를 이용하여 도면을 그리면, 도면의 크기를 쉽게 확대하거나 축소할 수 있다. 이와 같은 기능을 갖춘 전자 프린터도 있다. 그러나 도면을 1:1로 복사할 때, 복사본의 크기는 원본과 약간 다를 수 있다. 정확한 정보는 도면에 나타낸 치수를 참고해야만 한다.

#### 3.8.8 적용(Application)

특정한 항공기, 조립품, 부분품 또는 특별한 적용에 대한 참조사항을 표제란 안이나 그 주변에 표시한다. 예를 들어, 그림 3-4A의 표제란에는 S-Tec 자동조종장치의 롤 서보(Roll Servo) 설치를 위한 브래킷 장착에 대하여 나타내고 있다. 이 도면이 B95 항공기에 장착된 Aero-Tech 에어컨 시스템을 나타내는 것이라면, 그림에 표시된 브래킷 설치가 특별한 경우, 표제란에는 해당 적용 정보를 제공하고 있다. 표제란은 Aero-Tech 에어컨(AT103-1 모델)이 설치된 브래킷 조립품, 롤 서보를 나타낼 것이다.

### 3.9 도면 작도법 (Methods of Illustration)

#### 3.9.1 기하학의 적용(Applied Geometry)

기하학은 선, 각도, 그림, 그리고 도형을 다루는 수학의 한 분야이다. 도면에서처럼 기하학을 적용하면, 사물은 이들 성분을 이용하여 정확하고 올바르게 그림으로 표현할 수 있게 된다. 과거에는 제도사들이 여러 종류의 자를 비롯한 제도기로 형상이나 선 등을 그렸지만, 오늘날에는 제도기 없이 컴퓨터 소프트웨어 프로그램을 이용하여 사물에 대한 형상과 치수, 곡선 등을 그린다.

사물을 그림으로 나타내는 데 많은 방법들이 사용된다. 그중 가장 널리 쓰이는 것으로는 정투영도, 입체도, 도표 그리고 흐름도가 있다.

#### 3.9.2 정투영도 (Orthographic Projection Drawings)

복잡한 물체에 대해 모든 부분의 모양과 크기를 정확하게 나타내고자 할 때는 여러 방향에서 보는 투시도가 필요한데, 이때 사용하는 것이 정투영도이다.

모든 물체는 정면, 평면, 저면, 배면, 우측면, 그리고 좌측면으로 물체의 여섯 방향에서 볼 수 있기 때문에, 여섯 개의 그림으로 물체를 나타낼 수 있다. 그림 3-12의 (a)는 물체를 투명한 상자 속에 넣은 상태이며, 물체를 상자의 여섯 면에 대해 직각으로 보았을 때 보이는 모양을 그리는 것이다. 물체의 모양을 그린 상자의 여섯 면을 펼쳤을 때, 그림 3-12의 (b)와 같이 된다. 그림 3-12의 (c)는 앞의 그림을 평평하게 펼친 모양이며, 이것이 여섯 개의 정투영도가 된다.

대상 물체를 묘사하기 위해 여섯 개의 도면 모두가 필요한 것은 아니기 때문에, 요구되는 물체의 특성을 표현하는데 필요한 면만 그리면 된다. 하나(1면도), 둘(2면도) 또는 세 개(3면도)의 투영도를 가장 널리 선택한다. 선택하는 면의 개수에 관계없이 면의 배치는

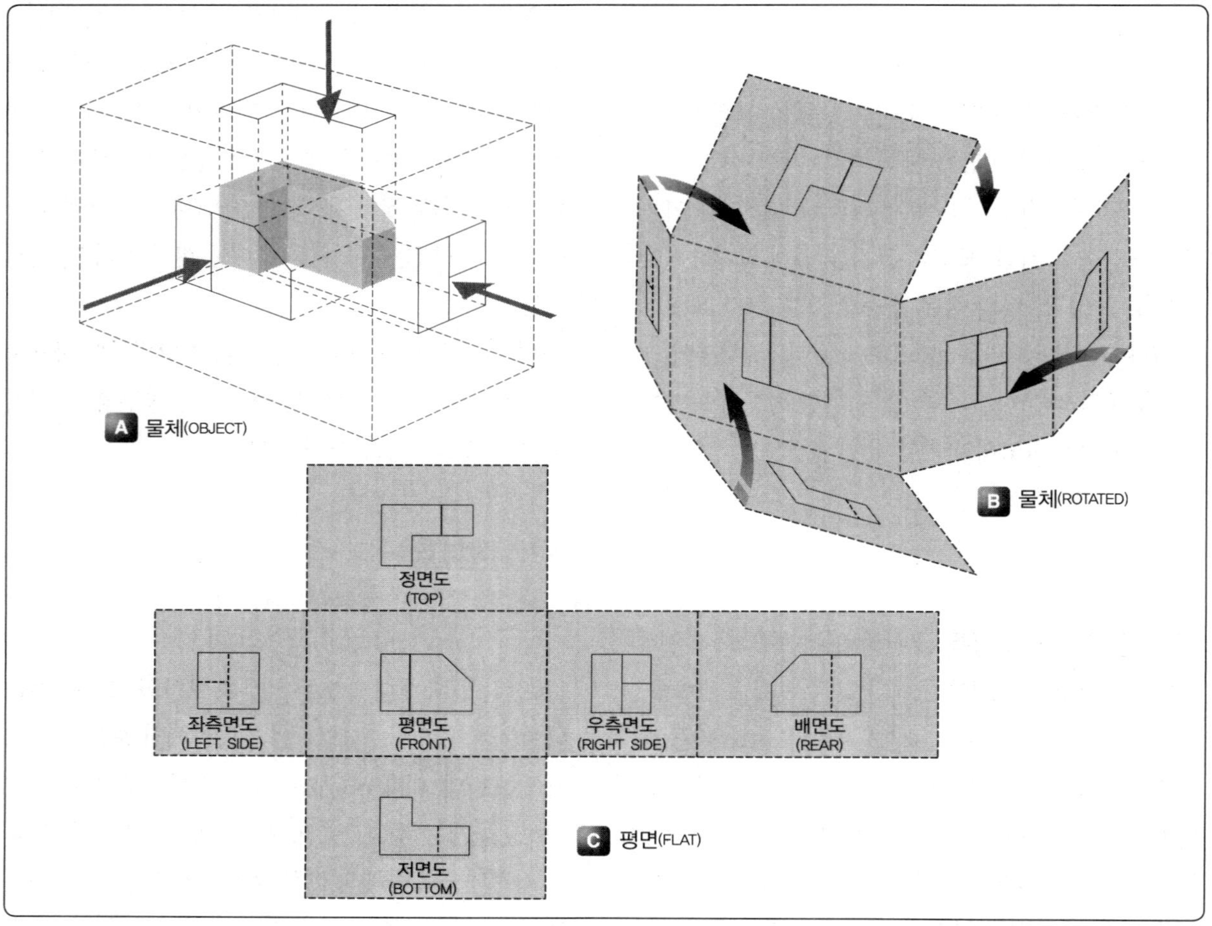


[그림 3-12] 정투영도(Orthographic Projection Drawings)

그림 3-12에 나타낸 것과 같으며, 이 중 정면도를 중심도면으로 한다. 만일 우측면도가 필요하다면 정면도의 우측에 그리고, 좌측면도가 필요하다면 정면도의 좌측에 그리면 된다. 만약 평면도와 저면도가 필요하다면 정면도를 기준으로 각각의 해당 위치에 그리면 된다.

일반적으로 개스킷(Gasket), 심(Shim), 평판 등과 같이 두께가 일정한 물체를 그릴 때는 1면도가 적합하다. 그림 3-13에 나타낸 것처럼, 두께에 대한 치수는 주석으로 표시한다. 또한 원통형, 구형 또는 정사각형 모양의 부품 등을 한 개의 도면으로 충분히 표시할 수 있다면 1면도를 사용한다.

그림 3-14에서 보여준 것과 같이, 좁은 공간에서 2면도를 그려야 하는 경우, 대칭인 물체는 중심선을 기준으로 한쪽은 생략하고 나머지 반만 그리는 것도 가능하다.

항공기 도면에서는 부품을 표현하기 위해 2면도 이상을 필요로 하는 경우는 많지 않다. 대신 전체를 나타

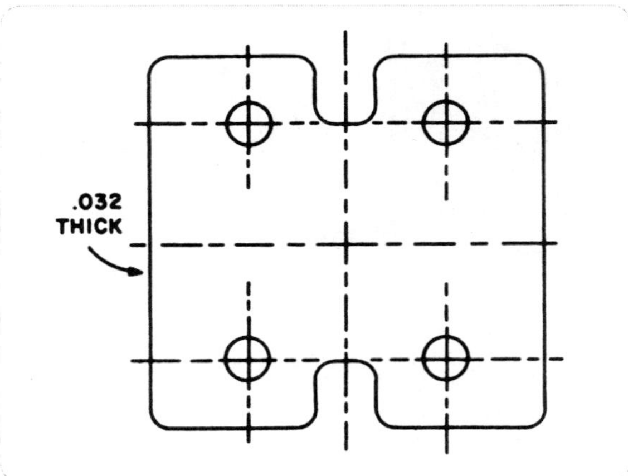


[그림 3-13] 1면도(One-view drawings)

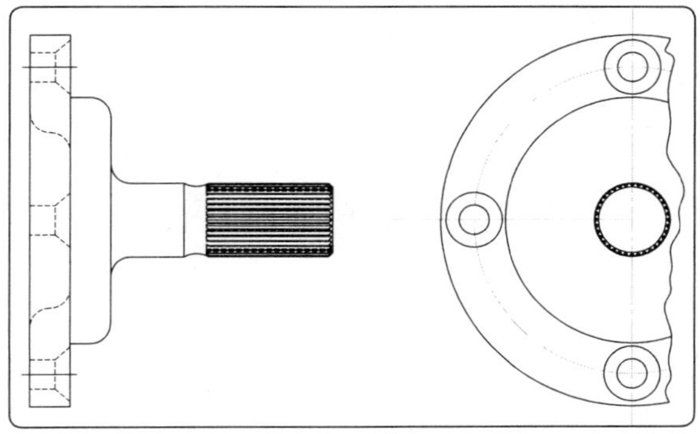

[그림 2-14] 대칭 물체의 2면도
(Symmetrical object with exterior half view)

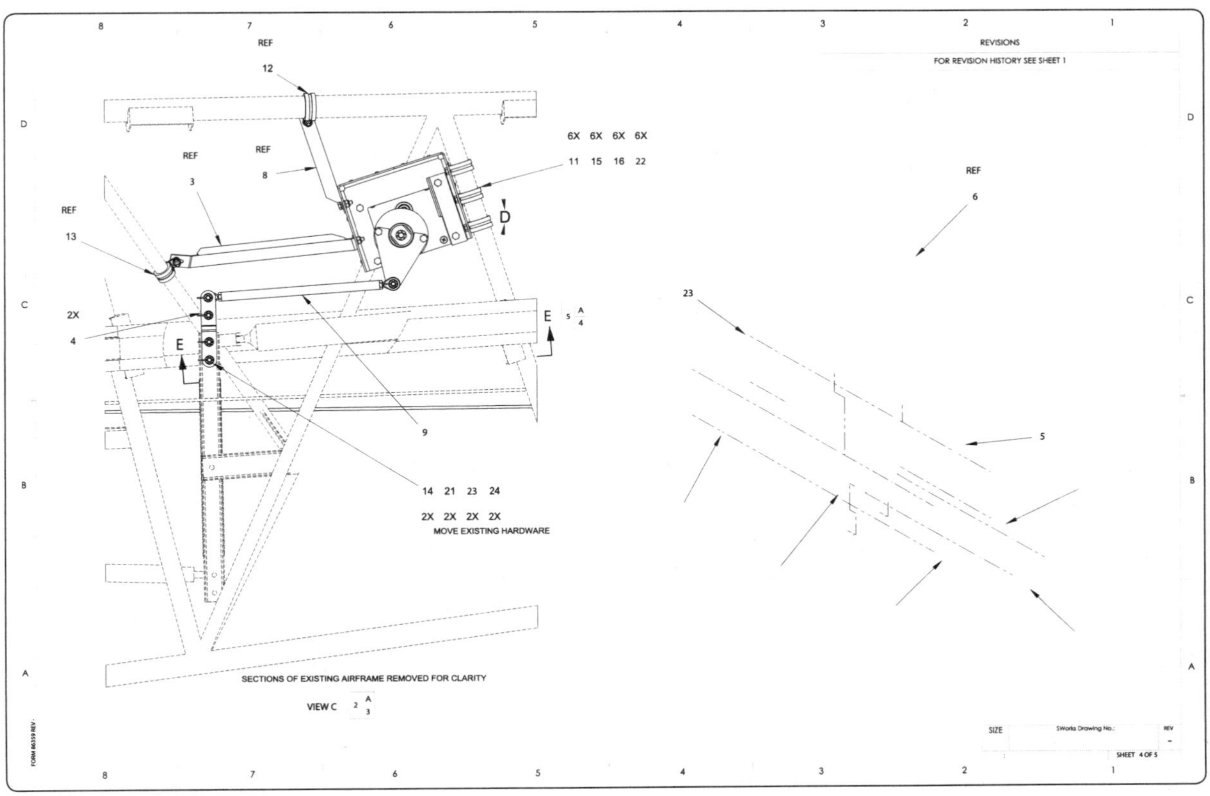


[그림 3-15] 상세도(Detail view)

내는 투영도와 하나 이상의 상세도(세부도) 또는 단면도로 나타내는 것이 일반적이다.

### 3.9.3 상세도(Detail View)

상세도는 물체의 한 부분을 더 큰 축적으로 아주 상세하게 확대하여 그린 투영도이다. 도면에서 상세하게 나타내고자 하는 부분은 굵은 선의 원으로 영역을 표시한다. 그림 3-15은 상세도에 대한 예이다.

기본 투영도는 조종핸들 전체의 모양을 그린 도면이고, 반면에 상세도는 조종핸들의 일부를 확대시킨 도면이다.

### 3.9.4 입체도(Pictorial Drawings)

입체도는 사진과 유사하다[그림 3-16]. 이것은 물체가 눈에 보이는 대로 나타내지만, 그러나 물체가 복잡한 형태일 때는 만족할 만큼 충분히 나타낼 수가 없다. 입체도는 물체의 일반적인 외형을 보여주는 데 유용하며 정투영도로서 광범위하게 사용된다. 입체도는 정비, 오버홀, 그리고 부품 번호를 표기할 때 사용한다. 항공기 엔지니어와 정비사는 세 가지 유형의 입체도를 자주 사용하는데, 그것은 (1) 투시도 (2) 등각투영도 (3) 경사투영도이다.

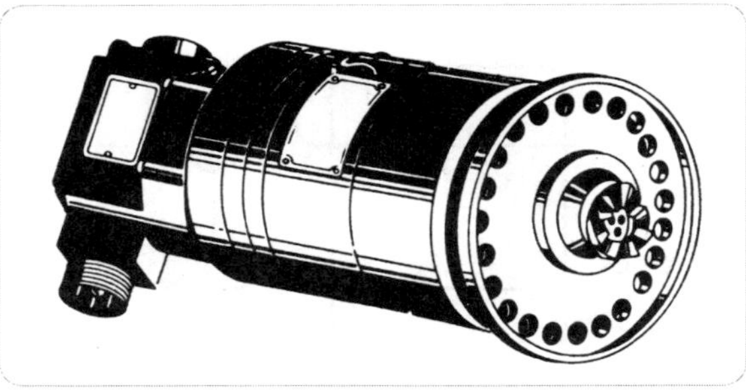

[그림 3-16] 입체도(Pictorial Drawings)

#### 3.9.4.1 투시도 (Perspective Drawings)

그림 3-17의 (a)에 나타낸 것과 같이, 투시도는 물체를 원근법에 따라 그린 그림으로 보는 사람에게 입체적으로 보인다. 투시도는 물체를 사진으로 보는 것과 매우 유사하다. 원근법으로 인하여, 물체의 선 중 일부는 평행하지 않으며, 따라서 실제 각도와 치수가 정확한 것은 아니다.

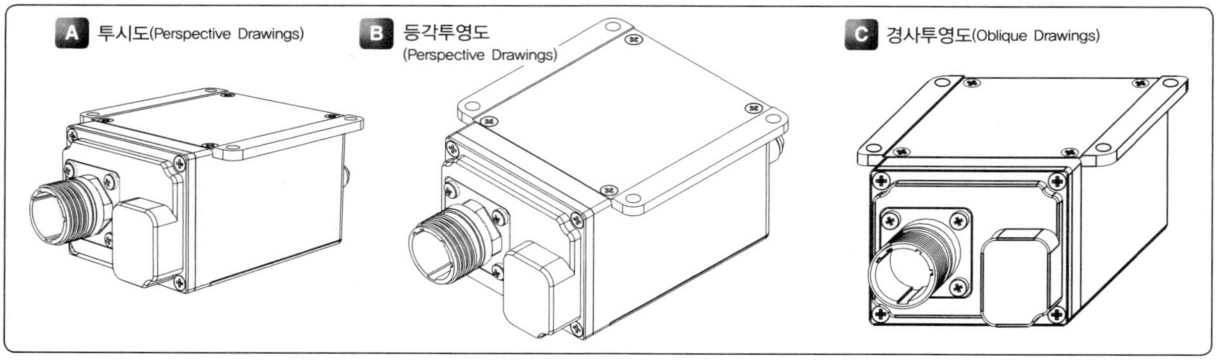


[그림 3-17] (a)원근투영도 (b)등각투영도 (c)경사투영도

### 3.9.4.2 등각투영도(Isometric Drawings)

그림 3-17의 (b)에 나타낸 것과 같이, 등각투영도는 물체의 3면을 하나의 도면에 투영시킨 것으로서 정면도와 그 물체를 앞으로 회전시킨 도면의 조합이며 하나의 도면에서 3면을 볼 수 있도록 하는 방법이다. 이것은 보는 사람에게 3차원 입체 형상으로 보이게 한다. 선이 멀어질수록 좁아져서 실제 치수가 아닌 투시도와는 달리, 등각투영도에서의 선은 평행하며, 이때 선의 길이는 정투상도에서처럼 크기를 의미한다.

### 3.9.4.3 경사투영도(Oblique Drawings)

그림 3-17의 (c)에 나타낸 것과 같이, 경사투영도는 물체의 한 면이 도면과 평행하도록 그린다는 차이를 제외하면 등각투영도와 비슷하다. 경사투영도에서는 항상 3개의 좌표축 중에 2개가 서로 직각이 된다.

### 3.9.4.4 분해도(Exploded View Drawings)

분해조립도는 2개 이상의 부품으로 조립되는 물체를 그림으로 그린 도면이다[그림 3-18]. 이 도면은 각

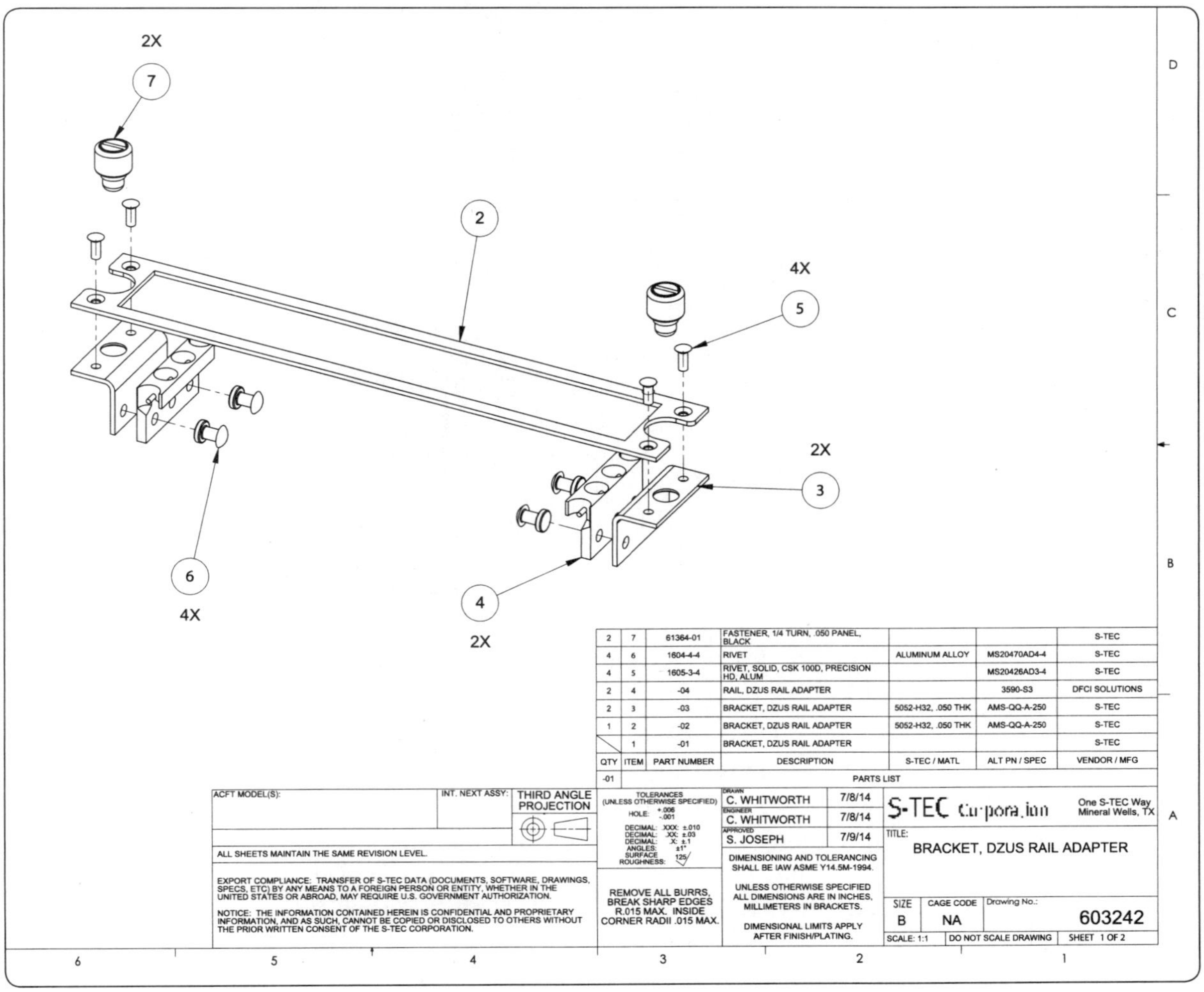


[그림 3-18] 분해도(Exploded View Drawings)

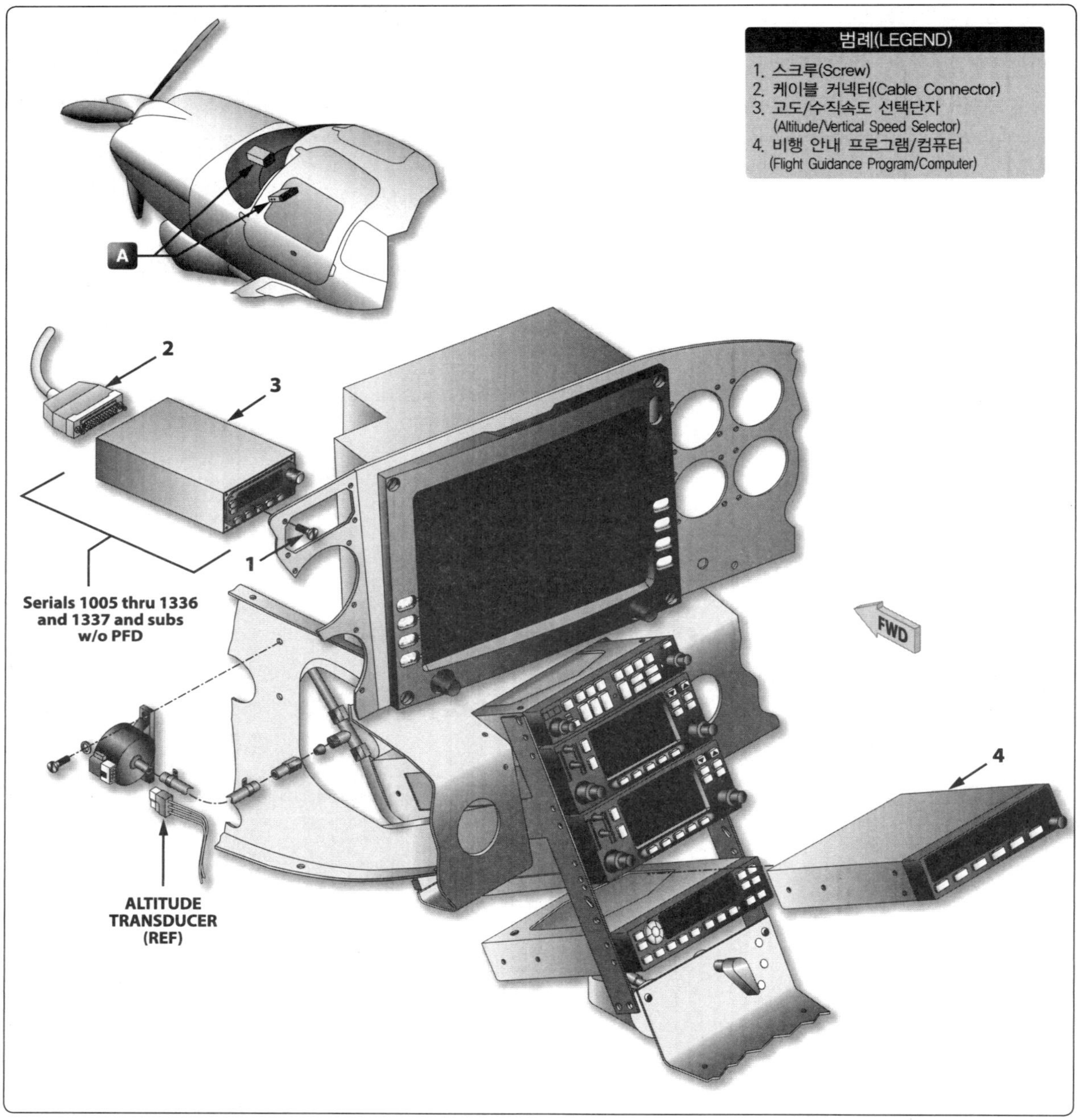


[그림 3-19] 설치도(Installation Diagrams)

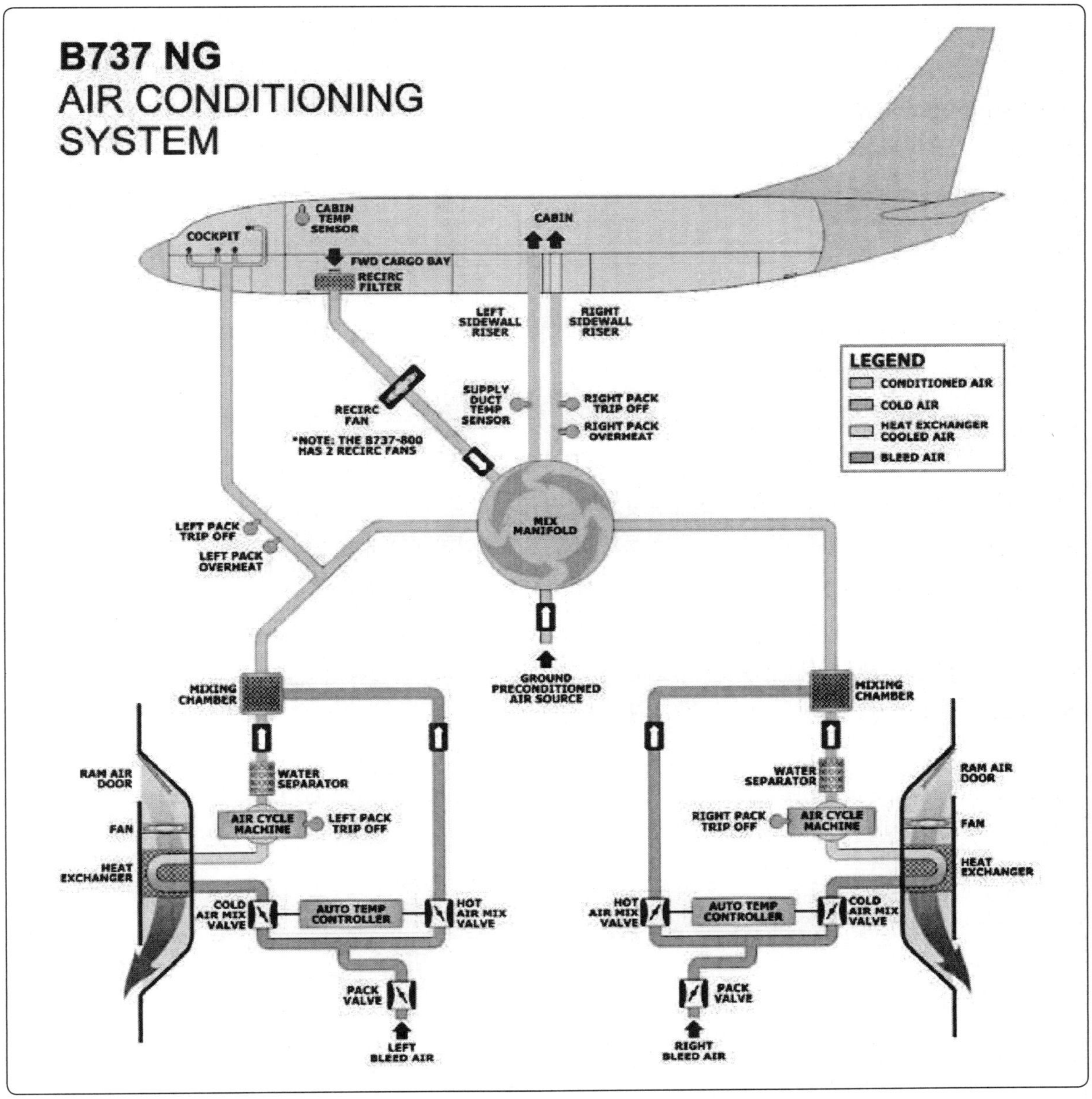


[그림 3-20] B737 NG용 에어컨 시스템의 계통도

각의 부품, 그리고 그들과 관련된 조립되기 이전의 부품들과의 상대적인 위치를 나타낸다.

### 3.9.5 다이어그램(Diagrams)

다이어그램은 하나의 조립품 또는 시스템에 대하여 여러 가지 부분을 가리키거나 작동원리 또는 방법을 도형으로 나타내는 방법이다.

다이어그램은 여러 가지 유형이 있지만, 그러나 항공정비사의 정비작업과 관련된 다이어그램의 종류는 네 가지 유형으로 나눠진다. 즉, (1) 설치도 (2) 계통도 (3) 블록다이어그램 그리고 (4) 배선도로 분류할 수 있다.

### 3.9.5.1 설치도(Installation Diagrams)

그림 3-19는 설치도(장착도)의 한 예이다. 이 그림은 항공기의 비행유도 제어장치에 대한 설치도이다. 시스템을 구성하고 있는 각 구성품을 식별하고, 항공기에서의 위치를 표시한다. 각 숫자(1, 2, 3, 4)는 비행유도 제어장치 구성품의 조종실 안에서 위치를 상세하게 나타내고 있다. 설치도는 항공기 정비교범과 수리교범에 광범위하게 사용되고 있으며, 구성품의 식별과 위치 확인, 다양한 시스템의 동작을 이해하는 데 매우 귀중한 정보를 제공한다.

### 3.9.5.2 계통도(Schematic Diagrams)

계통도에서는 항공기 개별 부품의 정확한 위치, 실제 구성 부품의 크기와 모양을 보여주지 않지만, 계통 내에서 구성 부품 상호간의 위치를 알려준다. 계통도는 항공기 시스템의 작동 원리를 보여주며, 고장 탐구와 교육 목적으로 자주 사용된다.

그림 3-20는 항공기 에어컨 시스템의 계통도를 나타내고 있다. 엔진에서 나오는 고속 브리드 에어(bleed air)는 혼합실(mixing chamber)에서 차가운 공기와 혼합된 다음 매니폴드(manifold)를 거쳐서 항공기 여러 부분으로 공급된다.

각각의 라인은 흐름을 이해하고 추적하기 쉽게 부호로 나타내고 있다. 각 구성부품은 이름으로 식별되고, 장치로 들어오거나 나가는 라인을 살펴보면 시스템 내에서의 위치를 확인할 수 있다. 계통도와 설치도는 항공기 매뉴얼에서 광범위하게 사용된다.

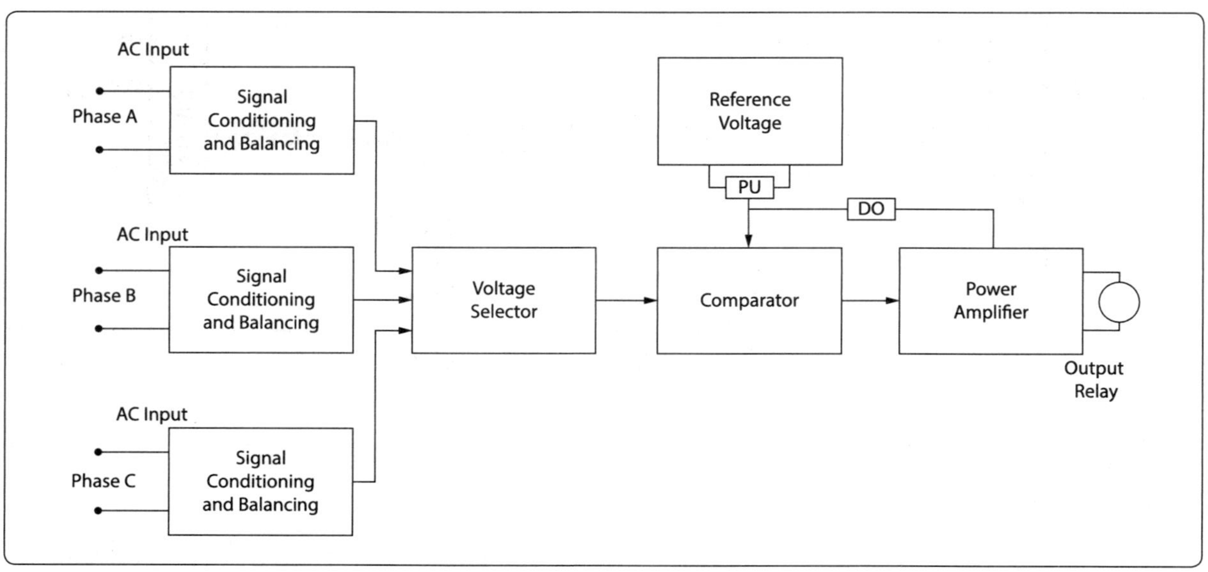


[그림 3-21] 블록다이어그램(Block diagram)

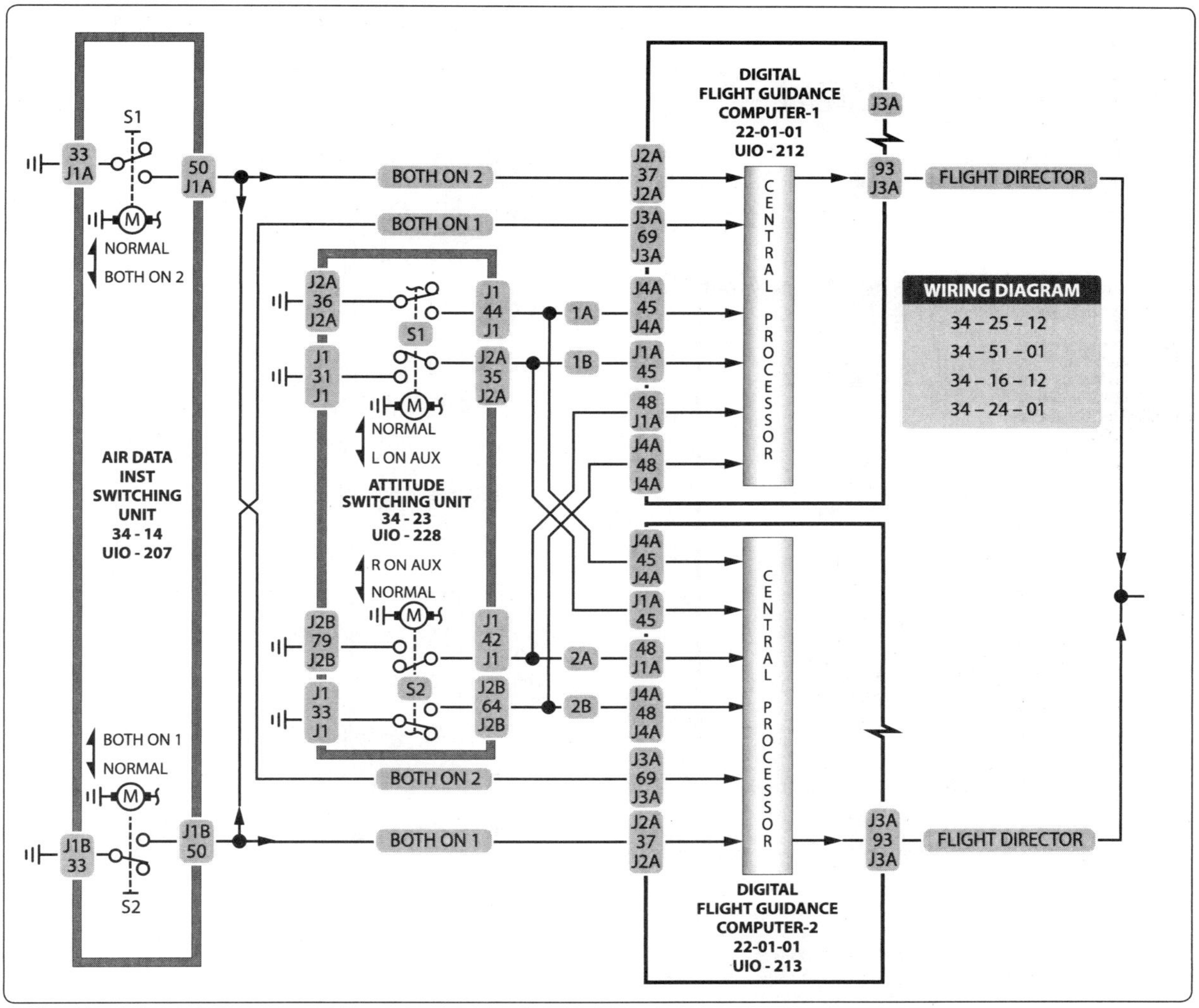


[그림 3-22] 배선도(Wiring diagram)

### 3.9.5.3 블록다이어그램(Block Diagrams)

그림 3-21에 나타낸 것과 같이, 아주 복잡한 시스템에서 구성품을 간략하게 표현할 때는 블록다이어그램을 이용한다. 각 구성품은 사각형 블록으로 간략하게 그리며, 계통 작동 시에 접속되는 다른 구성품 블록과는 선으로 연결된다.

### 3.9.5.4 배선도(Wiring Diagrams)

그림 3-22에 나타낸 것과 같이, 배선도는 항공기에 사용되는 모든 전기기기와 장치들에 대한 전기배선과 회로 부품을 기호화하여 나타낸 그림이다. 이 그림은 비교적 간단한 회로라고 할지라도 매우 복잡할 수 있다. 전기장치를 수리하고 항공기에 장착하는 정비사는 배선도와 전기 도면을 완벽하게 이해하고 있어야 한다.

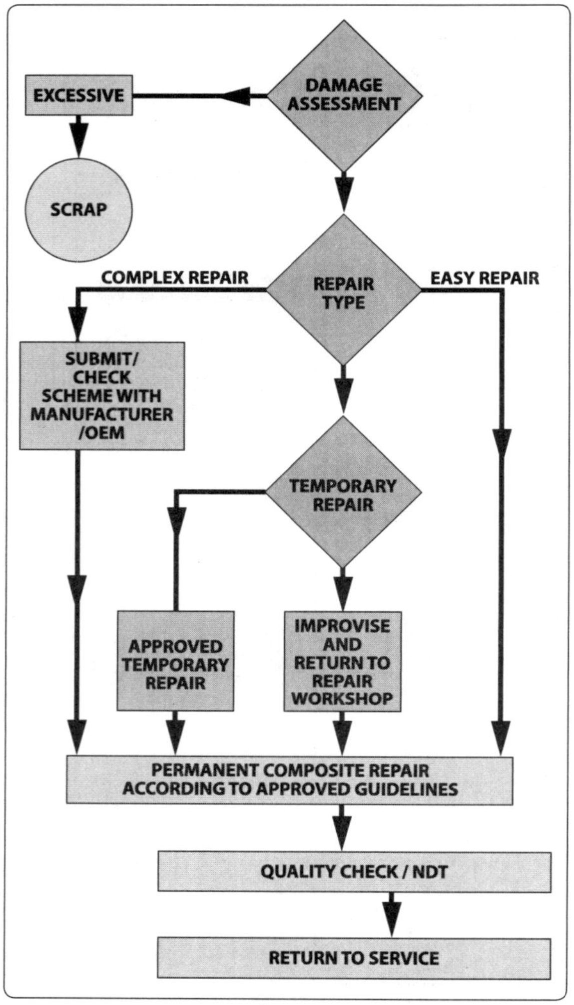


[그림 3-23] 복합재료 구조물의 수리절차 결정을 위한 흐름도

### 3.9.6 흐름도(Flowcharts)

흐름도는 사건의 순서나 흐름을 설명하는데 사용된다. 항공분야에서 가장 많이 사용되는 흐름도는 고장탐구 흐름도와 논리 흐름도 두 가지 유형이 있다.

#### 3.9.6.1 고장탐구 흐름도 (Troubleshooting Flowchart)

고장탐구 흐름도는 결함이 자주 발생하는 부품의 고장 탐구에 이용된다[그림 3-23]. 고장탐구 흐름도는 "예(Yes)" 또는 "아니오(No)"를 묻는 연속적인 질문으로 이루어져 있다. 만약 질문에 대한 대답이 "예"라고 한다면, 다음 과정으로 진행되지만, 대답이 "아니오"라고 한다면, 다른 과정으로 넘어간다. 이런 간단한 방법으로, 특정 문제에 대한 논리적인 해결책을 얻을 수 있다.

#### 3.9.6.2 논리 흐름도(Logic Flowchart)

디지털 방식으로 제어되는 구성 부품과 시스템의 분석을 위해 특별히 개발된 또 다른 종류의 흐름도가 논리 흐름도이다[그림 3-24]. 논리 흐름도는 표준화된 기호를 사용하여 특별한 유형의 논리 게이트와 시스템상의 다른 디지털장치와의 상호 관계를 나타낸다. 디지털 시스템은 전압이 있거나 없을 때, 불이 켜졌거나 꺼졌을 때, 등과 같이 1 또는 0으로 표현할 수 있는 2진법을 이용한다. 따라서 논리 흐름도는 입력에 따라 입력과 같거나 또는 반대로 출력을 제공하는 개별 요소로 구성된다. 입력 또는 다중입력을 분석함으로써 디지털 출력들을 결정하는 것이 가능하다.

## 3.10 선의 종류와 의미 (Lines and Their Meanings)

모든 도면은 선으로 이루어져 있다. 선은 면의 경계, 모서리, 그리고 면의 교차부분을 표시한다. 치수 그리고 보이지 않는 면을 보여주기 위해, 또한 중심을 나타내기 위해 선을 사용한다. 만약 같은 종류의 선으로 이 모든 것을 표시하였다면, 도면은 아무 의미도 없는 선들의 집합이 될 것이다. 이러한 이유로 항공기 도면에

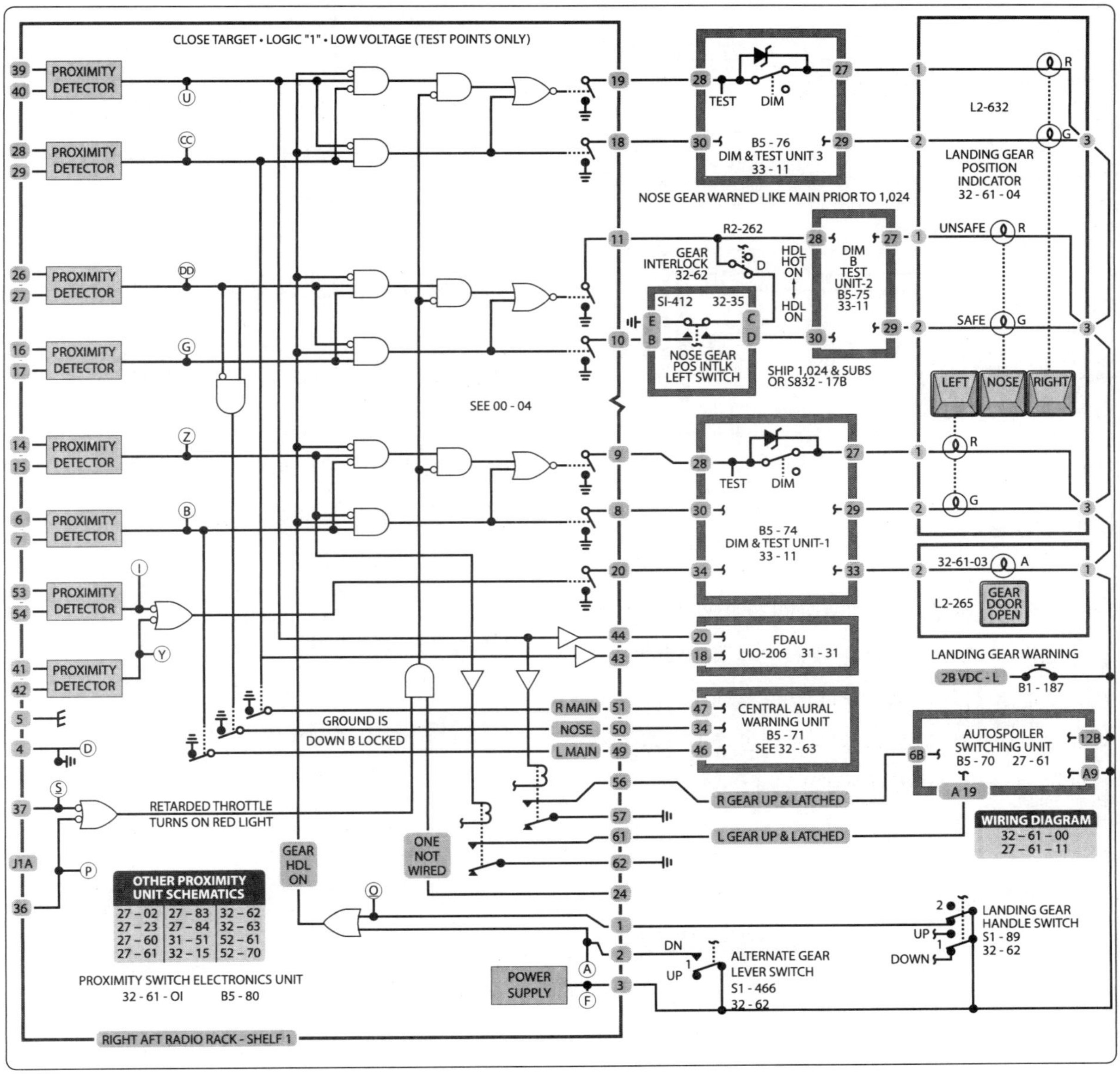


[그림 3-24] 논리 흐름도(Logic flowchart)

서는 여러 종류의 표준화된 선들이 사용된다. 이 선들에 대하여 그림 3-25에서 설명하였으며, 이들의 올바른 사용사례는 그림 3-26에서 보여준다.

대부분 도면에서는 가는 선, 중간 선, 굵은 선의 세 가지 폭, 또는 농도를 사용한다. 물론 이 선들의 폭이 도면마다 차이는 나겠지만, 그러나 항상 가는 선과 굵은 선 사이에는 뚜렷한 구분이 있어야 하며, 중간선의 폭은 이들 두 선의 중간이면 된다.

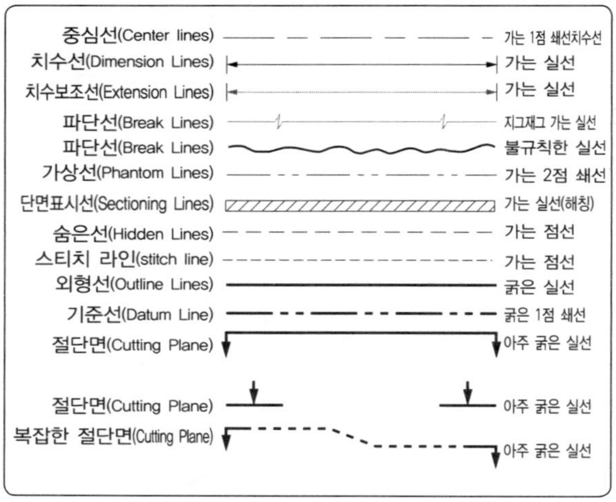


[그림 3-25] 선의 의미

## 3.10.1 중심선(Center lines)

중심선은 일점쇄선(긴 대시선과 짧은 대시선을 번갈아 그은 선)으로 구성된다. 중심선은 물체의 중심을 표시한다. 중심선이 교차할 때는 짧은 대시선을 교차시켜 대칭으로 만든다. 아주 작은 원의 중심선을 표시할 때는 끊어지지 않은 선으로 표시해도 된다.

## 3.10.2 치수선(Dimension Lines)

치수선은 가는 실선을 사용하며, 치수가 들어가는 가운데 부분은 선을 그리지 않는다. 치수선의 양쪽 끝은 바깥을 향한 화살표를 그어서 치수가 측정된 범위를 표시한다. 일반적으로 치수선은 치수를 의미하는 부분과 평행한 선으로 물체의 외곽선과 조금 떨어져서 그린다. 또한 두 개 이상의 그림 사이의 거리를 나타내는 경우에는 그림과 그림 사이에 그려 넣는다.

모든 치수와 문자는 왼쪽에서 오른쪽 방향으로 쓴다. 각도를 표시할 때는 해당 부분에 원호를 그리고 그 원호 안에 각도를 도(degree)단위로 기재한다. 원의 치수는 보통 원의 지름으로 나타내고 치수 뒤에 문자 D, 또는 DIA를 기재한다. 원호의 치수는 그 원호의 반지름으로 나타내고 치수 뒤에 문자 R을 기재한다. 치수선을 평행하게 여러 개 그려야 하는 경우, 치수가 큰 것을 물체 외곽선으로부터 멀리 떨어져 그려야 하고 작은 것을 가깝게 그려야 한다. 여러 개의 그림이 있는

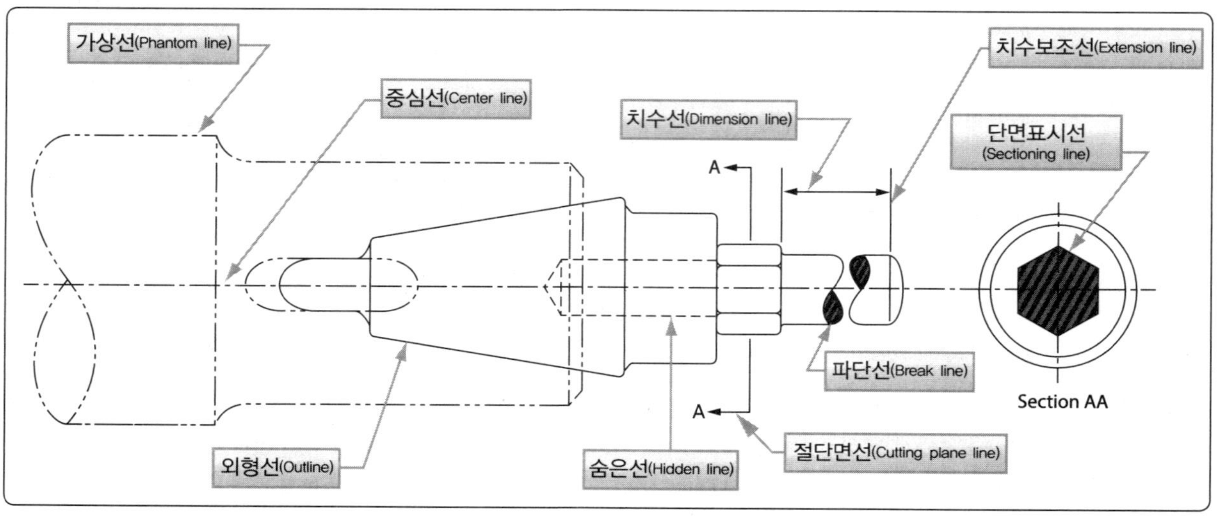


[그림 3-26] 선의 올바른 사용

도면에서는 치수를 명확하게 표현할 수 있는 가장 효과적인 부분에 표시한다.

물체에 있는 구멍 사이의 거리를 표시할 때는, 보통 구멍 중심과 중심 사이의 거리로 표시한다. 서로 다른 크기의 구멍이 여러 개가 있을 때, 구멍 지름의 치수는 지시선을 그리고 각각의 구멍에 대한 가공방법을 나타내는 주석과 함께 표시한다. 만약 같은 크기의 구멍 3개가 동일한 간격으로 배치되어 있다면, 이러한 내용을 간략하게 주석으로 표시할 수 있다. 정밀한 작업이 요구될 때는 크기를 소수점을 써서 표시한다. 완전히 끝까지 뚫지 않는 구멍은 지름과 깊이로 표시한다. 접시머리구멍에서는 접시머리의 각도와 구멍의 지름을 표시한다[그림 3-27].

공차에 대한 치수는 움직이는 부품 사이에 허용할 수

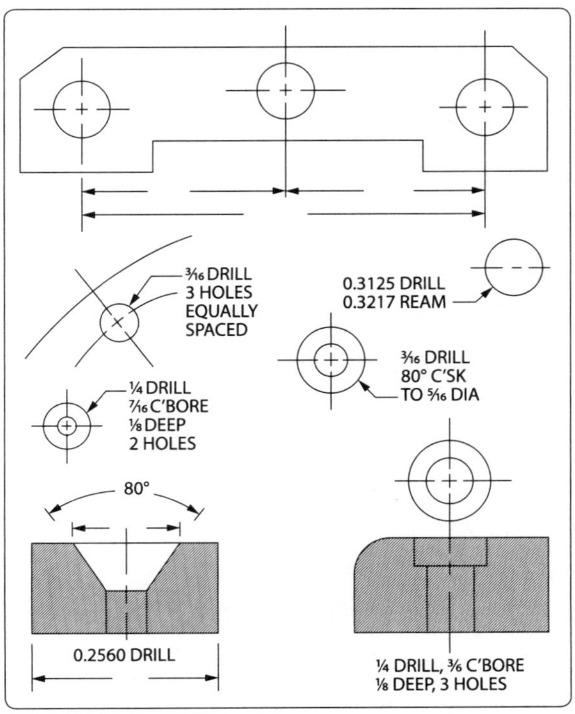


[그림 3-27] 구멍(holes)의 치수표시

있는 간격의 정도를 의미한다. 정(+)의 허용오차는 부품과 다른 부품이 서로 미끄러지거나 회전해야 하는 경우에 적용된다. 부(−)의 허용오차는 압력 끼워 맞춤의 경우를 의미한다. 가능하면 금속의 끼워 맞춤에 대한 공차, 허용오차, 계측은 이에 대한 표준지침을 따른다. 표준지침에 명시된 끼워 맞춤의 등급은 조립도에 표시하게 된다.

### 3.10.3 치수보조선(Extension Lines)

연장선은 치수를 기재할 목적으로 물체 외형선의 측면이나 모서리로부터 연장시킨 선을 의미한다. 이 연장선은 물체로부터 조금 떨어져서 시작하고 치수선의 화살표를 조금 지나간 거리까지 연장해서 짧게 그린다.

### 3.10.4 단면표시선(Sectioning Lines)

단면표시선은 단면도에서 물체의 절단된 면을 나타낸다. 이 단면표시선은 일반적으로 가는 실선을 사용하지만 단면의 재질에 따라 다양하게 사용한다.

### 3.10.5 가상선(Phantom Lines)

가상선은 객체에서 부품의 대체 위치 또는 누락된 부품의 상대적 위치를 나타낸다. 그것들은 1개의 긴 대시와 2개의 짧은 대시로 구성되어 있다.

이점쇄선(한 번의 긴 선과 두 번의 짧은 선을 반복해서 그린 선)으로 구성된 가상선은 물체의 움직임이 되풀이되는 구간을 나타낼 때, 가공전과 가공후의 모양을 나타낼 때, 공구나 지그의 위치를 참고로 표시할 때, 도시된 단면의 앞쪽에 있는 부분 등을 표시할 때 사용한다.

### 3.10.6 파단선(Break Lines)

파단선은 도면상에 물체의 일부를 파단한 경계 또는 일부를 떼어낸 경계를 표시할 때 사용한다. 짧은 파단선은 실선을 불규칙한 파형으로 그린다. 긴 파단선은 굵은 실선을 지그재그로 그린다. 축, 로드, 튜브 등과 같이 긴 부품은 그림 3-26에 나타난 것과 같이 중간을 생략하고 파단하여 그릴 수 있다.

### 3.10.7 지시선(Leader Lines)

지시선은 한쪽에만 화살표를 가진 실선이며 주석, 기호, 또는 기술 등을 표시하기 위해 끌어낼 때 사용한다.

### 3.10.8 숨은선(Hidden Lines)

눈에 보이지 않는 물체의 모서리 또는 윤곽을 표시할 때는 숨은선을 사용한다. 숨은선은 짧은 대시를 일정한 간격으로 그린 선으로 대시선이라 불리기도 한다.

### 3.10.9 외형선 또는 윤곽선 (Outline or Visible Lines)

외형선 또는 윤곽선은 객체의 보이는 부분을 나타내는 선으로 사용된다. 이것은 물체에서 직접 보이는 가장자리 및 표면을 나타내는 중간 굵기의 선이다.

### 3.10.10 스티치 라인(stitch line)

스티치 라인은 기사의 바느질 선 또는 재봉선을 나타내는 데 사용되며, 매우 짧은 일련의 대시 또는 은선이 연속으로 이루어져 있으며, 대략 길이의 절반정도에 해당하는 간격을 일정하게 두고 있다. 긴 스티치 라인은 가상선으로 연결된 일련의 스티치 라인으로 표시할 수 있다.

### 3.10.11 절단면과 평면선 (Cutting Plane and Viewing Plane Lines)

절단면은 물체의 절단부분 모양을 나타내는 도면이다. 그림 2-26에 나타낸 것과 같이, 평면선 A-A는 절단위치를 나타내는 선이다. 절단면은 평면선을 따라 물체를 절단하였을 때 보이게 될 평면모양을 의미한다.

## 3.11 도면기호(Drawing Symbols)

도면은 부품의 모양과 재질을 묘사하는 기호와 규칙으로 이루어진다. 기호는 도면을 그리는 속기 도구이다. 기호의 사용은 최소한의 도면으로 부품의 특성을 묘사하는 것이 가능하게 해준다.

### 3.11.1 재료기호(Material Symbols)

구성하고 있는 부품의 재료 종류를 단면선 기호로 표현한다. 만약 도면의 어딘가에 부품에 대한 정확한 규격을 설명하였다면, 재질을 기호로 나타내지 않을 수 있다. 이런 경우, 재료에 대한 단면 기호를 단면 안쪽

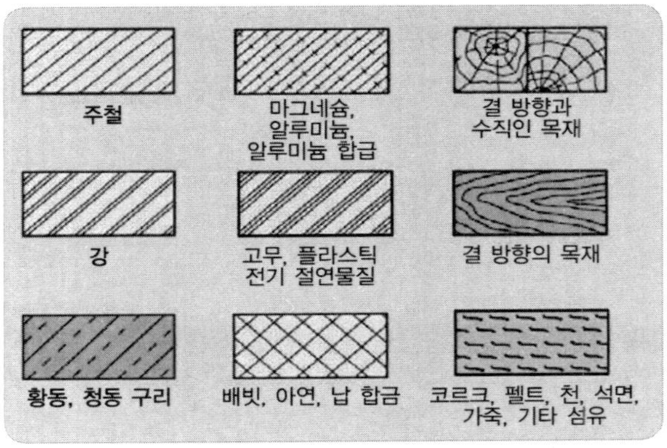


[그림 3-28] 표준 재료 기호

에 그려 넣는다. 재료규격은 부품 목록으로 만들거나 또는 주석으로 표시된다. 그림 3-28은 몇 가지 재료 기호에 대한 예이다.

### 3.11.2 형상기호(Shape Symbols)

형상기호는 물체의 형상을 나타낼 필요가 있을 때 매우 편리한 장점을 가지고 있다. 그림 3-29은 항공기 도면에 사용되는 대표적인 형상기호이다. 형상기호는 일반적으로 회전시킨 단면 또는 제거된 단면처럼 도면에 나타낸다.

### 3.11.3 전기기호(Electrical Symbols)

그림 3-30에 나타난 것과 같이, 전기기호는 부품들의 실제 모양을 나타낸 도면이라기보다는 여러 가지 전기장치를 표현해 준다. 여러 가지 전기 기호를 이해하고 나면, 전기 도면을 보고 각 부품이 무엇인지, 그것이 어떤 역할을 하는지, 그리고 계통 내에서 어떻게 연결되는지 확인하는 것은 비교적 간단하다.

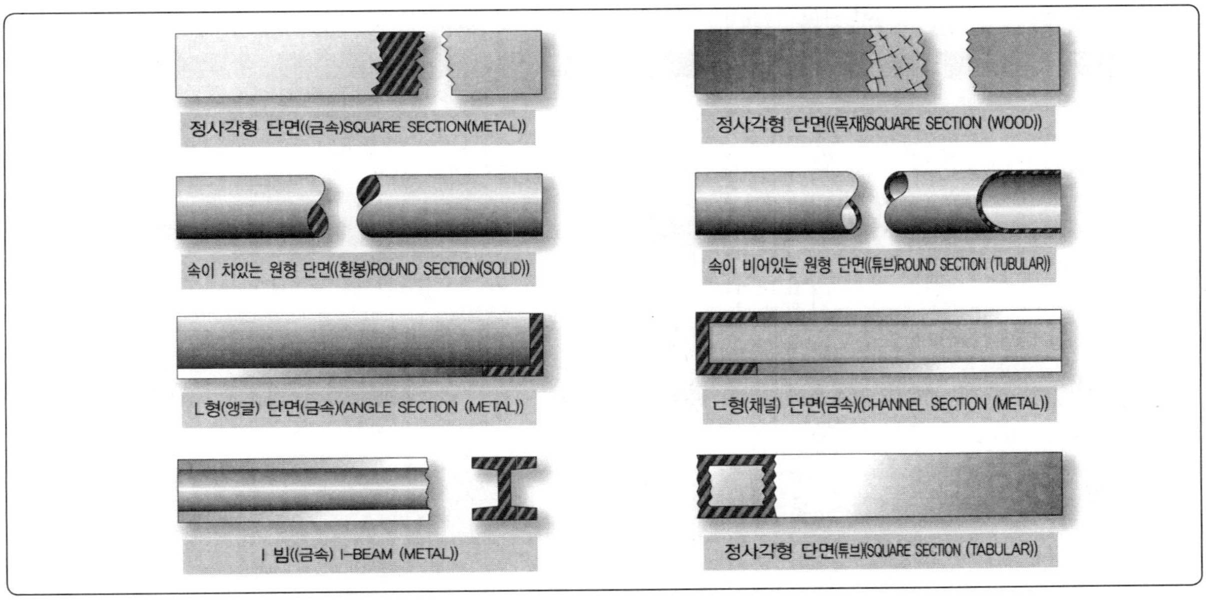


[그림 3-29] 형상 기호(Shape Symbols)

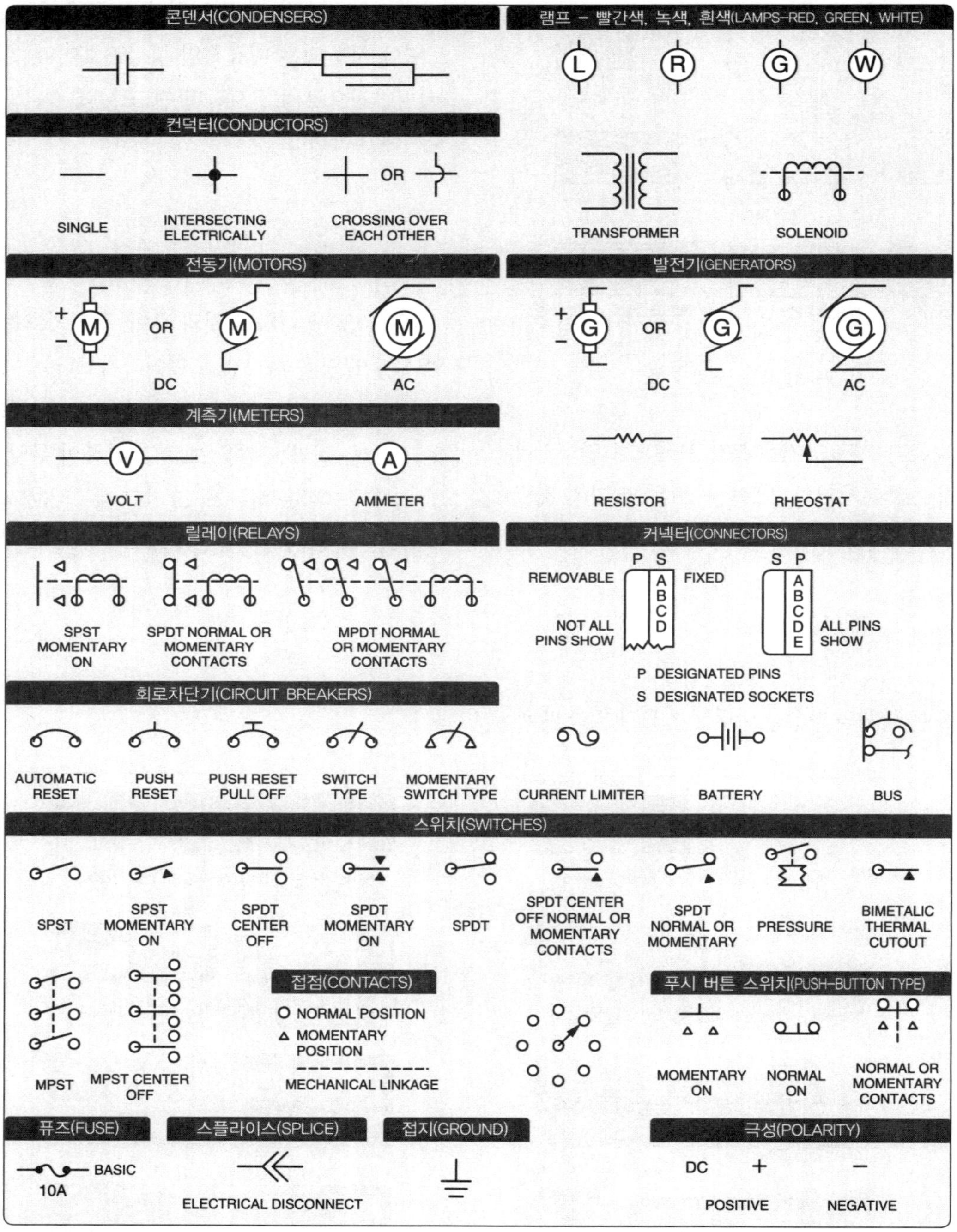


[그림 3-30] 전기 기호(Electrical Symbols)

## 3.12 도면 판독 (Reading and Interpreting Drawings)

항공정비사가 도면 만드는 것을 필요로 하지 않지만, 도면이 전달하고자 하는 정보를 이해하고 이와 관련된 실무를 수행하는 데 필요한 지식은 갖추고 있어야 한다. 새로운 항공기나 부품을 제작 또는 조립하거나, 개조 및 수리를 하는 동안 대부분 도면을 보면서 작업을 수행하기 때문이다.

인쇄된 전 페이지를 한눈에 읽을 수 없는 것처럼, 도면도 동시에 모든 것을 다 판독할 수는 없다. 양쪽 모두 한 번에 한 행씩 읽어가야 한다. 효과적으로 도면을 판독하기 위해서는, 체계적인 절차를 따라야 한다.

도면을 보면, 우선 도면번호와 항목에 대한 설명을 읽는다. 그다음에 적용된 모델, 최종 변경된 내용이나 목록으로 만든 부분품에 대한 조립 명세서를 확인한다. 도면이 정확하다고 판단되면, 도면 판독을 진행한다.

다면도(2면도, 3면도 등)를 판독할 때는, 우선 모든 도면을 자세히 관찰하고 각 도면 사이의 연계성을 분석한다면 물체의 개략적인 형상을 구상할 수 있다. 그 다음, 한 면씩을 선택하여 더욱 자세히 분석한다. 앞뒤로 연계되는 도면을 서로 참조한다면, 각 선들이 무엇을 나타내는지 판독하는 것이 가능해진다.

한 도면에서 각 선은 면의 방향이 변화하는 것을 나타내지만 또 다른 도면을 고려하여 그 변화가 어떤 것인지를 판단해야만 한다. 예를 들어, 그림 3-31에 나타낸 물체의 평면도에서와 같이, 한 면에서 원은 구멍이 될 수도 있고 돌출된 돌기가 될 수 있다. 평면도를 보면, 2개의 원이 보이는데, 연계된 또 다른 면을 보면 평면도에서의 각각의 원이 무엇을 나타내는지를 판독할 수 있다. 여기서 작은 원은 구멍을 나타내고, 큰 원은 돌출된 돌기를 나타낸다.

이처럼 둘 이상의 도면이 주어져 있을 때, 하나의 도면만으로는 물체를 판독할 수 없다는 것을 알 수 있다. 2면도로도 물체를 완벽하게 표현할 없을 경우에는 3면도를 이용하며, 3면도의 연계된 부분을 분석하여 물체의 모양이 정확하게 표현되었는지 확인해야만 한다.

물체의 형태가 결정되고 나면 그 크기를 결정한다. 도면을 그리는 데 필요한 치수나 공차에 관한 정보는 설계 요구조건에 부합하도록 주어진다. 치수에는 인치 표시를 하거나 또는 생략하기도 한다. 만약 단위가 없다면, 치수의 단위는 인치이다. 치수를 기재할 때는, 부분적인 치수와 해당 부분의 전체 길이를 나타내는 전체 치수를 적는 것이 보통이다. 만약 전체 치수를 기재하지 않았다면, 각 부분별 치수를 더하여 판단할 수 있다. 새로운 항공기 및 부품에 사용되는 많은 도면은 현재 미터법을 사용하고 있으며 밀리미터(mm)는

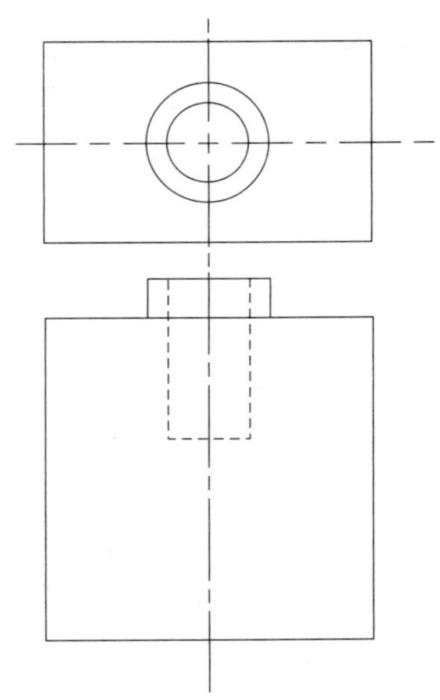

[그림 3-31] 도면 판독

이러한 도면에 사용되는 단위다.

도면에서는 소수와 분수로서 그 치수를 나타내게 된다. 이것은 특히 허용오차에 적용된다. 많은 회사들이 허용오차를 나타낼 때, (+)와 (–) 부호를 사용하는 대신 허용오차를 계산한 완전한 치수로 나타내기도 한다. 예를 들어, 만약 치수가 2±0.01 inch라면, 도면에는 전체치수를 다음과 같이 표시한다.

2.01
1.99

일반적으로 표제란에 기재된 허용오차는 치수를 매우 정밀하게 취급해야 하는 부품이 아닌 보편적인 경우에 적용하는 허용오차이다. 치수선에 별도의 허용오차가 명시되지 않은 경우에는 표제란의 허용오차를 적용한다.

도면 판독을 완료하기 위해서는, 부품 목록의 일반적인 주석이나 내용을 읽고, 편입된 여러 가지 변경사항을 점검하고, 도면과 단면 안이나 주변에 주어진 특별한 정보를 읽어야 한다.

## 3.13 도면 스케치(Drawing Sketches)

스케치는 너무 세밀하지 않게 대강 빨리 그린 밑그림이다. 스케치는 간단한 그림에서부터 복잡한 다면정사투영도에 이르기까지 다양한 형태를 가지게 된다.

도면을 만드는 것과 같은 높은 기술을 필요로 하지 않기 때문에 항공정비사는 완벽한 화가가 될 필요는 없다. 그러나 많은 상황에서, 항공정비사는 새로운 디자인, 개조 또는 수리 방법을 강구하기 위해, 생각을 도면으로 표현할 수 있는 준비가 되어 있어야 한다. 스케치는 이것을 이루기 위한 훌륭한 수단이 된다.

기계적인 도면을 그리는 규칙과 형식은 물체를 정확하게 그리기 위해 필요한 도면들이 적절한 연계성을 가지고 표현되어야 한다는 것이다. 그림 3-25와 그림 3-26에 나타난 것과 같이, 올바른 선의 사용과 크기를 나타내는 치수에 대한 규칙을 준수하는 것이 필요하다.

### 3.13.1 스케치기법(Sketching Techniques)

스케치를 하기 위해 먼저 그 물체를 표현하는 데 필요한 그림이 어떤 것인지를 결정한다. 그 다음 가는 실선을 사용하여 그림을 배치한다. 이어서 상세도를 완성하고, 물체의 외형선을 굵은 실선으로 진하게 그린다. 그리고 연장선과 치수선을 그린다. 주석, 치수, 부품 명칭, 날짜, 그리고 필요한 경우 그린 사람의 이름을 추가하여 도면을 완성한다. 그림 3-32에 물체를 스케치하는 단계를 설명하였다.

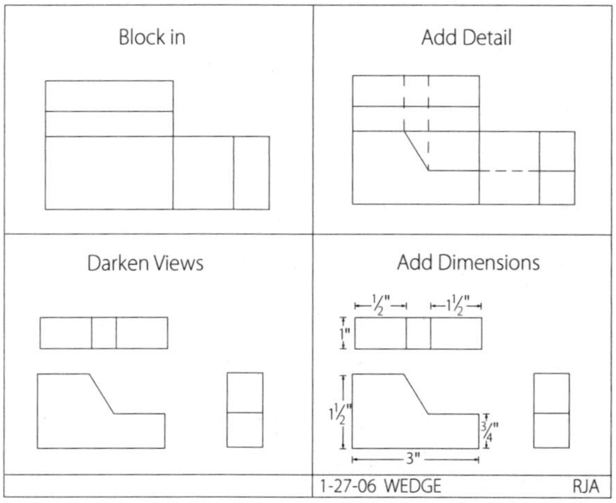


[그림 3-32] 스케치 단계(Steps in sketching)

### 3.13.2 기본도형(Basic Shapes)

스케치의 복잡한 정도에 따라, 원이나 직사각형 같은 기본도형은 제도용구 없이 맨손으로 그리거나 템플릿(운형자)을 사용하여 그린다. 만약 스케치가 아주 복잡하거나 또는 정비사가 자주 스케치를 해야 하는 경우라면, 여러 종류의 템플릿이나 다른 제도용구를 사용하면 편리하다.

### 3.13.3 수리 스케치(Repair Sketches)

수리하거나 또는 교환하고자 하는 부품을 제작하기 위해 스케치하는 경우가 많다. 이런 스케치는 부품을 수리하는 사람이나 제작하는 사람에게 필요한 모든 정보를 제공해야 한다.

스케치를 완성하는 정도는 계획된 사용 목적에 달려 있다. 단지 그림으로 물체를 표현하고자 할 때 사용되는 스케치는 크기를 나타내는 치수를 기재할 필요는 없다. 만약 스케치를 보고 부품을 제작해야 한다면, 필요한 부분을 상세하게 모두 나타내야 한다.

## 3.14 제도용구의 관리 (Care of Drafting Instruments)

좋은 제도용구는 값비싼 정밀 공구이다. 올바른 사용 방법과 보관이 제도용구의 수명을 길게 한다.

T-자, 삼각자, 직선자 등은 그것의 면이나 모서리를 손상시킬 수 있는 곳에서 사용하거나 보관해서는 안 된다. 손상을 방지하기 위해서는 반드시 제도판 위에서 사용하고, 면이나 모서리를 손상시킬 수 있는 방법으로 사용해서는 안 된다.

컴퍼스, 디바이더, 펜 등은 부주의한 취급으로 인해 손상되지 않았고, 정확한 모양을 갖추고 있으며 바늘이 충분히 뾰족하다면 더 좋은 결과를 얻을 수 있다.

제도용구는 다른 공구나 장비와의 접촉으로 인해 손상될 염려가 없는 장소에 별도로 보관한다. 컴퍼스와 디바이더의 바늘은 부드러운 고무나 또는 이와 유사한 재질로 된 조각에 꽂아서 보관한다. 드로잉 펜(drawing pen)의 잉크는 깨끗이 세척한 다음 완전히 건조시켜서 보관해야만 한다.

## 3.15 그래프와 도표 (Graphs and Charts)

그래프와 차트는 정보를 그림으로 전달하거나 특정 조건에서 정보를 전달하는 데 자주 사용된다. 그래프에서의 값은 해당 위치에서 X-축과 Y-축에 수직선을 내리고 각각의 축과 만나는 위치의 값을 이용한다. 또한, 자료가 컴퓨터 데이터베이스(computer database)에 저장되어 있다면, 소프트웨어 프로그램을 이용하여 이 자료를 막대그래프나 원형도표 등의 그림으로 나타낼 수 있다.

### 3.15.1 그래프와 도표의 해석 (Reading and Interpreting Graphs and Charts)

해석하고자 하는 정보가 그래프나 차트(Chart)로 표현되었을 때, 제공된 정보를 올바르게 해석하기 위해서는, 제일 먼저 모든 주석과 범례에 대하여 충분히 이해하는 것이 대단히 중요하다.

**항공연료의 밀도변화(평균 비중)**

Density Variation of Aviation Fuel
Based on Average Specific Gravity

| 연료 종류 (Fuel) | 평균 비중 15℃(59℉) (Average Specific Gravity at 15℃ (59℉)) |
|---|---|
| 항공 등유 제트 A와 제트 A1(Aviation Kerosene Jet A and Jet A1) | 0.812 |
| 항공 등유(Jet B (JP-4)) | 0.785 |
| 항공용 가솔린 등급 100/130 | 0.703 |

NOTE: The fuel quantity indicator is calibrated for correct indication when using Aviation Kerosene Jet A and Jet A1. When using other fuels, multiply the indicated fuel quantity in pounds by 0.99 for Jet B (JP-4) or by 0.98 for Aviation Gasoline (100/130) to obtain actual fuel quantity in pounds.

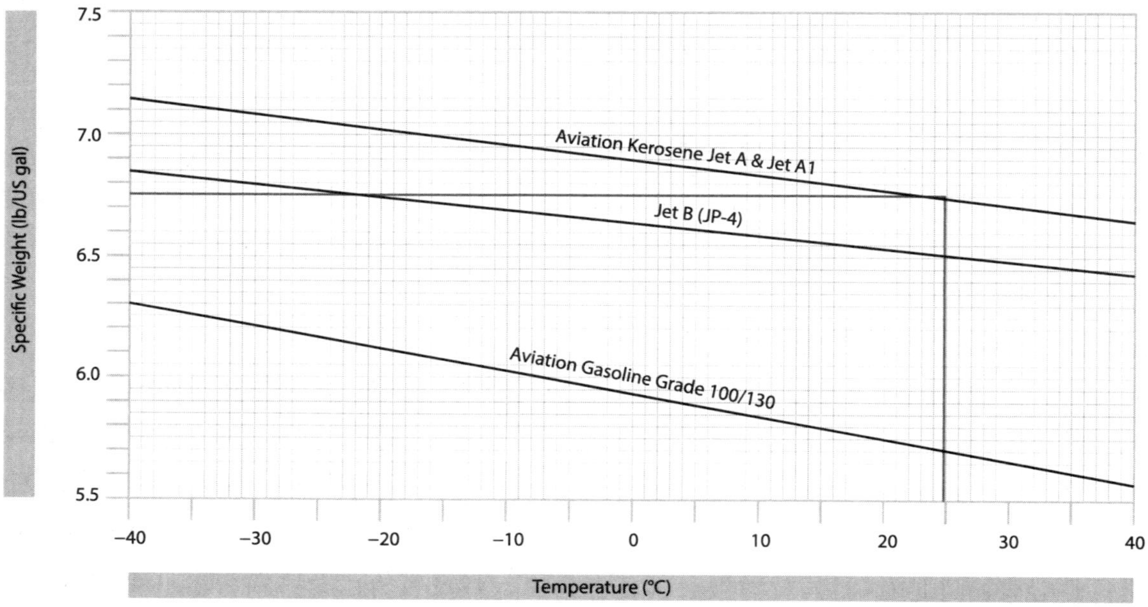


[그림 3-33] 노모그램(Nomograms)

## 3.15.2 노모그램(Nomograms)

노모그램(계산도표)은 보통 3가지 집합의 데이터로 구성되는 그래프이다. 데이터의 집합들 중 두 가지를 알면, 나머지 모르는 세 번째 집합에 상응하는 값을 해석을 통해 구할 수 있다. 노모그램의 한 가지 형식은 그래프의 X-축 값과 Y-축 값이 서로 교차하는 지점에서 세 번째 집합의 곡선이 만났을 때, 이 지점으로부터 세 번째 상응하는 값을 직접 읽을 수 있는 형식이다. 그림 3-33는 항공기연료, 비중, 그리고 온도 사이의 관계를 보여주는 노모그램의 한 가지 예이다.

## 3.16 마이크로필름(Microfilm)과 마이크로피시(Microfiche)

과거에는 도면, 부품 카탈로그(catalogs), 정비교범과 오버홀교범 등을 마이크로필름에 기록하였다. 마이크로필름은 보통 16mm 또는 35mm 필름이며, 35mm 필름이 더 크기 때문에 16mm 필름보다 더 좋은 도면 복사가 가능하다. 마이크로피시는 여러 장의 마이크로필름을 격자 형태로 배열한 한 장의 카드이다. 마이크로필름과 마이크로피시에 기록된 정보를 보거나 복사하기 위해서는 특수한 장치가 필요하다.

현대 대부분 항공기제작사는 마이크로필름과 마이크로피시를 CD, DVD, 기타 저장장치에 저장하는 디지털저장방식을 채택하고 있다. 과거에 수행되었던 항공기 서비스나 수리에 대한 방대한 정보를 디지털 저장장치에 저장하고 있다. 그러나 아직도 옛날 방법으로 정보에 접근해야 하는 경우도 많다. 시설이 잘 갖추어진 사무실이라면 이 두 가지 방법 모두 가능할 것이다.

## 3.17 디지털 이미지(Digital Images)

도면은 아니지만 디지털 카메라로 찍은 디지털 이미지는 항공기의 감항성이나 기타 관련 정보를 평가하고 공유하는 차원에서 항공정비사에게 큰 도움이 된다. 디지털 이미지를 e메일에 첨부하여 인터넷을 통해 빠르게 전송할 수 있다. 요구되는 디자인이나 페인트 방법뿐만 아니라, 구조적 피로균열, 손상 부품, 또는 다른 결함들이 디지털 이미지으로 만들어져 인터넷을 통해 많은 사용자들과 공유할 수 있게 되었다. 그림 3-34은 복합재료구조물의 충격 손상 부분을 간단한 디지털 카메라로 찍은 디지털 이미지이다. 사진 촬영 전에 측정용 자나 동전 등과 같은 물건을 손상부분 근처에 놓는다면 손상된 크기를 상대적으로 비교할 수 있을 것이다. 그리고 손상된 부분의 실제 위치는 동체 스테이션, 날개 스테이션 등 위치표시 방법을 이용하여 e메일의 본문에 설명하면 된다.

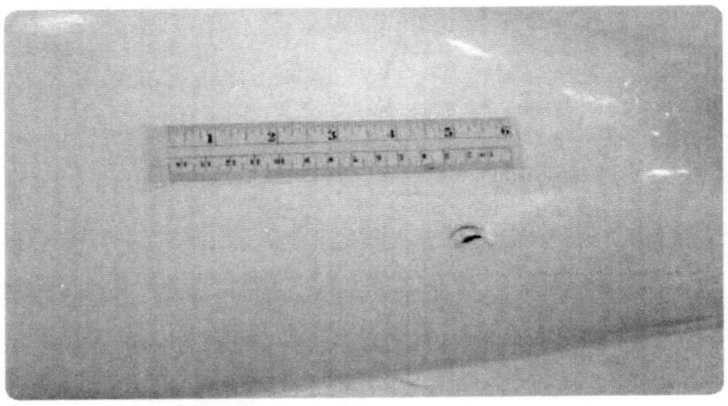

[그림 3-34] 충격 손상의 디지털 이미지

# 04 항공기 중량 및 평형관리

Aircraft Weight & Balance

# 4 항공기 중량 및 평형관리

Aircraft Weight & Balance

## 4.1 개요(Introduction)

항공기 중량과 평형은 항공기의 안전하고 효율적인 운용에 있어 매우 중요한 요소이다. 항공기를 설계하고 제작한 자료에 의하여 감항당국이 인증한 항공기 규격서에는 항공기의 최대 중량과 항공기가 균형을 이루는 한계가 기록되어 있다.

일반적으로 사용되는 항공기 중량 및 평형 관리 시스템은 다음 3가지로 구성된다.

1) 항공기 무게 측정
2) 무게 및 평형 기록 및 관리
3) 항공기의 적정한 탑재 및 관리

항공기의 최대 중량은 항공기의 설계 운용 조건에서 날개나 로터에서 생성할 수 있는 양력에 근거한다. 예를 들어, 소형 비행기가 무게를 지탱할 수 있을 만큼 충분한 양력을 생성하기 위해 시간당 200마일의 이륙 속도가 필요하다면 안전성에 문제가 있을 수 있다. 낮은 속력으로 이착륙하는 것이 고속으로 이착륙하는 것보다 확실히 안전하기 때문이다.

항공기 평형 또한 항공기의 안전 운용의 여부를 결정하는 중요한 요인이다. 평형(균형)이 맞지 않는 항공기는 조종성과 제어성이 떨어져 비행이 어렵거나 불가능할 수 있다. 이로 인해 항공기 파손과 탑승자 부상 등의 사고가 발생할 수 있다. 안전은 항공기의 중량과 균형에 대한 염려의 주요 원인인 것이다.

중량과 균형에 대해 우려하는 또 다른 중요한 이유는 항공기의 효율성이다. 부적절한 하중은 천장, 기동성, 상승 속도, 속도 및 연료 소비의 관점에서 항공기의 효율성을 감소시킨다. 비행기가 앞 부분이 극히 무겁게 탑재되면 수평 비행을 유지하기 위해 꼬리 부분의 힘이 정상보다 크게 가해져야 하고, 꼬리 부분에 가해지는 힘이 정상보다 높으면 추가적인 항력이 발생하여 추가적인 엔진 동력이 필요하고, 따라서 비행 속도를 유지하기 위해 추가적인 연료 흐름이 필요하다.

항공기의 가장 효율적인 운용 조건은 균형이 항공기의 양력 중심에 근접하거나 정확하게 맞아야 한다. 만약 그렇다면, 항공기가 직진하고 수평 유지하는데 비행 통제력이 거의 또는 전혀 필요하지 않게 된다. 그러나 안정성과 안전 측면에서 이 완벽한 평형상태는 바람직하지 않을 수 있다. 중량과 균형 면에서 항공기 안전과 효율에 영향을 미치는 모든 요인에 대해서 이 장에서 설명한다.

### 4.1.1 목적

항공기에 적재하는 중량은 항공기 성능에 크게 영향을 미치고, 최근의 항공기들은 대량의 인원과 화물을 적재하기 때문에 얼마만큼의 중량을, 어디에 싣는지 고려해야 한다. 항공기마다 탑재할 수 있는 중량은 다르지만, 한계를 초과하여 중량을 싣게 되면 항공기 성능의 감소는 물론이고, 구조적으로도 손상을 주게 된다.

또 다른 고려 사항으로 어디에 싣는지가 중요하다. 항공기마다 제작사가 정해 놓은 무게중심한계라는 범위가 있다. 이 한계를 넘어갔다면 승객, 연료, 화물을 재배치하거나 중량을 줄여야 안전하고 효율적인 비행을 할 수 있다. 부적절한 하중은 고도, 기동성, 상승률, 속도 그리고 연료소비율 면에서 효율을 저하시킨다.

지상에서 정비 과정이나 비행 중에 항공기의 무게중심을 알아내는 작업을 하고, 무게중심이 정해진 위치에 놓이도록 중량을 조절하여 평형을 이루도록 하는 작업을 항공의 중량및 평형관리라고 한다. 항공기 설계자는 운항조건에 맞도록 설계한 항공기의 날개나 헬리콥터의 회전날개에서 발생하는 양력의 크기에 근거하여 최대중량을 설정한다. 항공기 구조적 강도도 항공기가 안전하게 운항하도록 최대중량을 제한한다.

무게중심 범위의 이상적 위치는 설계자가 매우 조심스럽게 결정하고, 특정 위치에서의 최대편차로 산출한다. 항공기 제작사는 인도할 때 자중과 무게중심의 위치를 제공한다. 유자격 항공정비사나 항공기 운용자는 중량평형 보고서를 현재 상태로 유지하여야 하며, 수리나 개조로 인한 변화 정도를 기록 유지하여야 한다. 기장은 비행마다 최대허용중량과 무게중심한계를 반드시 알고 있어야 할 책임이 있다. 상용 항공기는 일반적으로 3년 주기로 자중을 측정하고 무게중심의 변화를 계산하여 중량평형 보고서를 현재 상태로 유지하여야 한다.

### 4.1.2 중량 관리(Weight Control)

중량은 항공기 제작과 운항에 있어서 관리되어야 할 주요 요소이고, 중량 초과는 항공기의 효율성을 저하시키고, 비상사태가 발생하는 경우에 대비한 안전 여유를 감소시킨다. 항공기 설계에 있어서 필요 구조 강도는 가능한 한 가벼워야 하고, 날개나 로터는 최대허용중량을 지지할 수 있도록 설계한다. 항공기 중량이 증가되면 날개와 로터는 양력을 추가적으로 발생시켜야 하고, 구조는 추가 정하중뿐만 아니라, 기동에 의한 동하중도 지지할 수 있어야 한다. 예를 들어, 3,000파운드 날개는 수평 비행에서는 3,000파운드를 지지하지만, 항공기가 완만하거나 급격하게 60도 각도로 선회 비행을 한다면 동하중은 2배인 6,000파운드가 필요하다. 심각하게 통제가 어려운 기동이나 난류 속에서의 기동은 구조에 고장을 일으킬 수 있을 정도의 동하중이 부과된다.

감항분류 "N(normal)" 항공기는 중량의 3.8배에 견딜 수 있을 만큼 강해야 한다. 즉, 항공기 1파운드 중량에 대해 기체 구조는 3.8파운드 이상을 지지할 수 있는 기체구조의 강도가 필요하다는 것이다. 감항분류 "U(utility)" 항공기는 4.4의 하중배수(load factor)를 지지하는 구조 강도를 가져야 하고, 감항분류 "A(Acrobatic)" 항공기는 중량의 6배를 견딜 만큼 강한 구조이어야 한다. 날개에서 발생하는 양력은 에어포일 모양, 받음각(angle of attack), 대기 속도, 공기밀도 등에 따라 결정된다. 낮은 밀도 곧, 높은 고도에 위치한 공항에서 항공기 이륙은 해면고도 공항에서 이륙 시에 필요한 만큼 충분한 양력을 얻기 위해서는 항공기 속도를 높여야 하므로 활주거리가 더 길어질 수도 있다. 이 때문에, 고도가 높은 공항에서는 반드시 비행교범 등에 명시된 고도, 온도, 바람의 크기와 방향 및 활주로 상태 등을 고려하여 최대허용중량 이내에서 항공기를 운용하여야 한다.

### 4.1.3 중량 효과(Effects of Weight)

현대 항공기는 승객, 화물, 연료가 모두 최대인 상태에서 운용하도록 설계되므로, 항공기가 자칫 과하중(overload) 상태로 운용될 소지가 있다. 이러한 설계개념으로 조종사는 비행 요건에 세심한 주의를 기울여야 한다. 최대비행거리가 필요한 경우에 탑재량을 제한해야 하며, 최대탑재량을 수송해야 하면, 탑재 연료량에 의해 결정되는 최대항속거리를 줄여야 할 것이다. 하중 초과로 나타나는 문제는 다음과 같다.

- 더 큰 이륙속도를 얻기 위해 더 긴 이륙활주를 하여야 한다.
- 상승각, 상승률 모두 감소한다.
- 서비스 최대고도가 낮아진다.
- 순항속도가 감소한다.
- 순항거리가 짧아진다.
- 기동성능이 감소한다.
- 착륙속도가 커지므로 착륙거리가 길어진다.
- 초과하중으로 착륙장치 등 기체 구조부에 무리가 따른다.

조종사가 준수해야 하는, 항공기 중량별 항공기 성능 도표(chart, graph)가 있다. 비행 계획의 중요한 부분으로, 안전운항을 위한 항공기 탑재중량, 위치를 결정하기 위해는 반드시 제시된 도표에 따라 확인하고 점검하여야 한다.

### 4.1.4 중량 변화(Weight changes)

항공기 최대허용중량(maximum allowable weight)은 설계 고려 요소다. 최대운용중량(maximum operational weight)은 활주로면의 상태, 고도와 길이 등에 제한을 받는다. 비행 전에 또 하나의 고려할 사항으로 항공기 탑재중량의 분배 문제가 있다.

최대착륙중량은 최대허용중량 이하이어야 하고, 비행교범이 조종사 운용 핸드북에 규정된 한계 값 이내로 무게중심이 유지되도록 탑재중량의 적정한 분배가 필요하다. 만약에 무게중심이 전방으로 치우치면, 몸중량이 무거운 승객은 뒷쪽 좌석으로 이동시키거나, 전방화물칸의 화물을 후방 화물칸으로 이동시켜야 한다. 만약에 무게중심이 후방으로 치우치면, 승객이나 화물을 전방으로 이동시켜야 한다.

연료는 항공기 횡축에 따라 균형적으로 탑재되어야 한다. 비행 중에 항공기 평형 유지를 위하여 조종사는 특히 연료계통 작동에 주의를 기울여야 한다. 몇몇 헬리콥터(helicopters)는 이륙 시에 적정하게 연료가 탑재되었어도 장시간 비행 후 착륙할 때에는 연료 탱크가 거의 바닥이 날 수도 있어 평형 유지가 곤란할 정도로 무게중심이 이동될 수도 있다. 장시간 비행하기 전에 반드시 착륙을 대비한 연료 및 무게중심이 허용 범위에 있는지 반드시 점검하고 확인하여야 한다. 일렬식의 의자 배치 항공기의 단독 비행에서 조종사가 전방석에 앉거나 후방석에 앉을 수도 있도록 할 수 있다. 어떤 헬리콥터는 특정한 의자, 즉 좌측, 우측, 중앙 의자에 앉아 단독 비행을 한다. 이러한 착석 제한 사항은 계기판에 플래카드로 붙여 있으므로 반드시 준수하여야 한다.

항공기는 사용 연수가 증가하면 중량도 증가하는 경

향이 있다. 접근이 곤란한 곳에 이물질이 축적되기도 하고, 객실의 보호 설비에 습기가 축적되기 때문이다. 중량 증가량은 크지 않지만, 추정하기보다는 중량을 실측하여 정확하게 알아야 한다.

항공기의 개조 특히, 장비의 변경은 항공기 중량이 변하게 되는 주요 요인이다. 여분의 통신 기기, 계기의 추가 장착으로 오버로드가 되기도 한다. 다행스럽게도 구형 전자장비보다는 신형 장비가 가벼워 중량이 감소한다. 이러한 중량 변화는 무게중심의 이동을 초래하므로 이동 값을 산출하여 중량과 평형 기록에 기록하여 두어야 한다. 수리와 개조는 중량변화의 주요 근원이며, 중량 변화를 수반하는 수리나 개조를 수행한 정비사는 중량과 위치를 확인하여 새로운 자중 및 자중 무게중심 위치를 산출하여 중량과 평형 보고서에 반영하여야 한다. 산출된 무게중심이 제작 시의 무게중심범위를 초과하다면, 탑재의 불합리성을 반드시 점검해야 한다. 무게중심이 무게중심 전방 범위로 이동했는지, 후방으로 이동한 것인지, 그리고 최대 중량을 점검해야 한다. 이 중량과 평형의 극단 상태는 항공기의 최대 전, 후방 무게중심 위치를 말한다. 항공기 설계 무게중심 범위 내에 있지만 가장 극단적인 평형상태를 창출하게 된다. 점검결과 탑재 무게중심 위치가 벗어나면, 위치를 재배열하고, 부적절한 탑재를 방지하도록 플래카드를 붙여야 한다.

정상 무게중심 범위 내에서 항공기를 운용하기 위해 평형추(ballast)를 장착하기도 한다. 정비사는 중량과 평형기록이 현재 상태이고 정확한지 연간 또는 수시로 상태검사를 실시해야 한다. 항공기 운항에 있어 현재의 중량과 평형 자료를 사용해야 한다.

### 4.1.5 안정성과 평형 관리 (Stability and balance Control)

#### 1) 무게중심과 종적 안정성

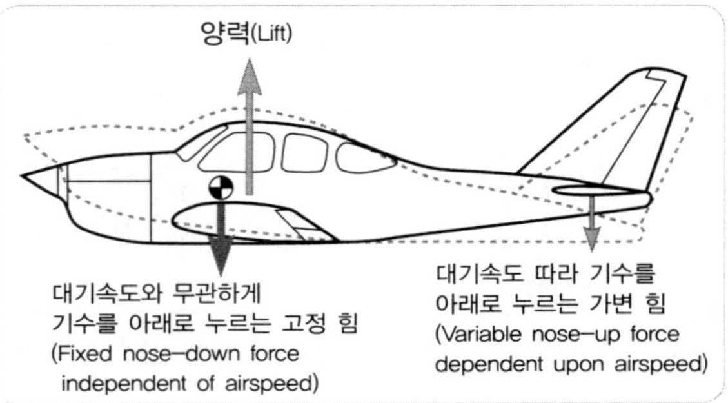


[그림 4-1] 비행중 항공기에 작용하는 종방향 힘
(Longitudinal forces acting on an airplane in flight)

종적 안정성은 무게중심이 양력 중심의 전방에 위치하도록 하여 항공기 기수를 하향으로 누르는 힘을 생성되도록 하는 것이다. 그림 4-1과 같이 기수를 들어 올리는 힘과 수평 미익을 아래로 누르는 힘이과 평형을 이룬다. 만약 상승기류가 기수를 들게 하는 요인이 발생하면 항공기는 속도가 줄어들고 꼬리날개에 걸리는 아래로 누르는 힘도 이 줄어들 것이다.

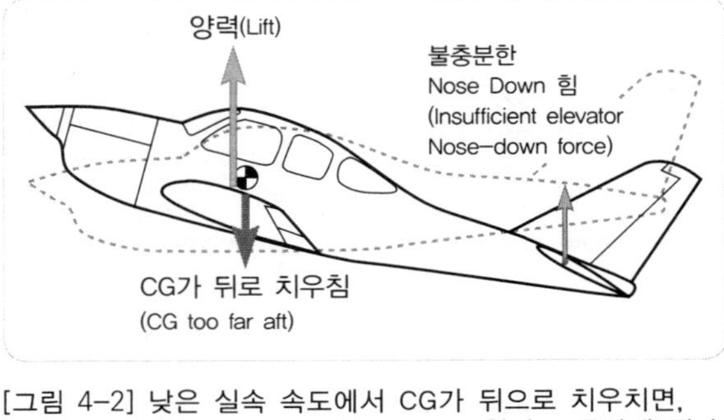


[그림 4-2] 낮은 실속 속도에서 CG가 뒤으로 치우치면, 엘리베이터의 Nose-Down 힘이 부족하게 된다.
(If the CG is too far aft at the low stall airspeed, there might not be enough elevator nose-down authority to get the nose down for recovery)

그림 4-2와 같이 무게중심에 집중된 중량은 무게는 기수를 다시 아래로 끌어내릴 것이다. 만약 비행 중 기수가 아래로 향하면 항공기 속도는 증가하고 꼬리날개에 증가된 가해진 아래 방향의 힘이 기수를 다시 위쪽으로 들게 하여 수평비행을 하게 된다.

무게중심 위치가 너무 앞쪽에 있으면 항공기 앞이 너무 무거워지고, 무게중심 위치가 너무 뒤쪽에 있으면 꼬리가 무거워진다. 무게중심이 매우 앞쪽에 위치하면 수평자세를 유지하기 위해 항공기 꼬리를 누르는 힘이 커져야 한다.

이는 꼬리 쪽에 중량을 추가하는 것과 같은 효과를 낸다. 즉, 항공기는 더 큰 받음각으로 비행하게 되고, 항력도 증가한다. 무게중심 위치가 앞쪽에 치우치면 상승성능이 감소한다. 저속 이륙 시에 엘리베이터는 부양을 위한 충분한 기수 상승력을 생성하지 못하고, 착륙 시에는 최종 단계에서 항공기를 들어 올리는, 즉 플레어하는 상승력을 생성하지 못한다.

그림 4-3과 같이 무게중심이 앞쪽에 치우치면 이착륙 활주 거리 늘어난다.

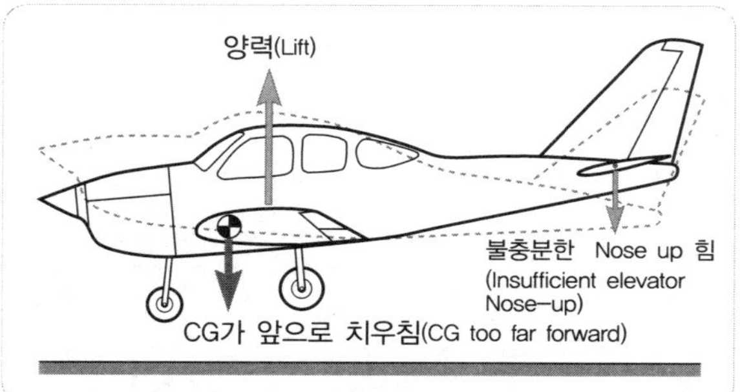


[그림 4-3] CG가 앞쪽으로 치우치면, 착륙할 때 flare를 위한 엘리베이터의 Nose-Up 힘이 부족하게 된다.
(If the CG is too far forward, there will not be enough elevator nose-down force to flare the airplane for landing)

2) 무게중심과 횡적 안정성

종축을 중심으로 좌우 방향, 같은 위치, 높이에 같은 중량의 장비가 장착되도록 설계한다. 횡적 불안정성은 균등하지 않은 연료 탑재나, 소모에서 발생한다. 항공기 횡적 무게중심 위치는 일반적으로 산정하지 않아도 되지만, 조종사는 횡적 불안정성에 의한 비행 특성 변화 효과를 알아야 한다.

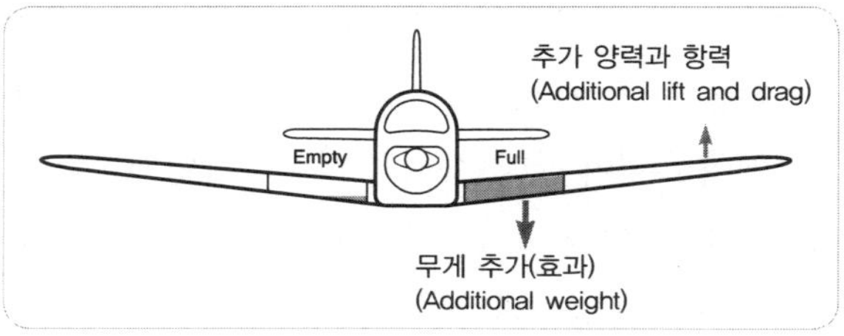


[그림 4-4] 횡방향 불균형은 에일러론으로 보정
(Lateral imbalance causes wing heaviness, which may be corrected by deflecting the aileron.)

그림 4-4와 같이 횡적 안정성은 항공기 평형 유지를 위해 무거운 쪽 연료탱크 연료가 충분히 소모되도록까지 에일러론 트림을 사용한다. 무거운 쪽에 양력을 추가 발생시키고 하지만, 동시에 항력도 발생되므로 어 비효율적이다. 헬리콥터는 횡적 안정성에 크게 영향을 받는다. 연료나 탑재 중량이 한쪽으로 치우치면 평형 유지가 어려워 비행 안전을 해칠 수도 있고, 외부에서의 수송 중량으로 횡적 안정성이 변화되면 수평비행을 유지하기 위한 주기조종효과(cyclic control effectiveness)를 해칠 수도 있다. 뒤제침 날개를 가진 항공기(Swept wing airplanes)는 연료 중량의 불균형에 의한 영향이 매우 크다. 바깥 쪽 탱크 연료를 사용하면 무게중심이 전방으로 이동하게 되고, 안쪽 탱크 연료를 사용하면 무게중심이 후방으로 이동한다.(그림 4-5 참조)

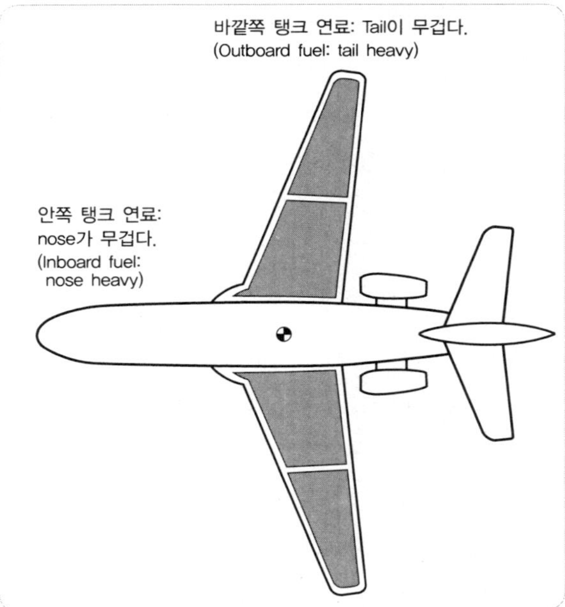


[그림 4-5] Swept wing 항공기의 연료는 종, 횡 방향의 평형에 영향을 준다.
(Fuel in the tanks of a swept wing airplane affects both lateral and longitudinal balance)

## 4.2 중량과 평형관리 이론

### 4.2.1 항공기 중량과 평형 필수 고려 요소

(1) 항공기의 형식별 총중량은 감항당국이 허용한 총중량보다 크면 안된다.

(2) 무게중심 또는 항공기의 모든 중량이 집중되는 지 점은 항공기의 운용 중량의 허용범위 내에 유지되 어야 한다.

#### 4.2.1.1 기준선(Datum Line)

기준선(Datum Line) 위치는 항공기규격서 또는 형식인증 데이터 시트(Type Certicate Data Sheet, TCDS)에서 알 수 있다. 미국의 경우, 1958년 이전에 인증된 항공기는 항공기 규격서에 중량과 평형 정보가 있었으나, 이후 인증된 항공기는 TCDS에 중량 및 평형 정보가 있다. 항공기 규격서에는 항공기의 장비품 목록이 포함되어 있지만, TCDS가 있는 항공기는 장비품 목록이 별도로 있다.

기준선은 날개의 앞전이나, 또는 무게중심 범위에서의 특정 거리에 정한다. 일반적으로 항공기 전방의 특정한 지점(거리)에 정한다. 예를 들어, 항공기 기수로부터, 날개의 앞전부 또는 엔진 방화벽에서 일정한 거리에 가상적 면으로 설정하기도 한다.

#### 4.2.1.2 거리(Arm)

거리는 기준선과 항공기 내의 임의의 지점 사이의 수평거리이고 인치 단위로 측정한다. 이 거리는 정확히 기준선과 같은 지점을 제외하고 양수(+) 또는 음수(-)에 대한 기호가 선행하는데, 양의 기호는 해당 지점이 기준선 뒤에 있음을 나타내고, 음의 기호는 해당 지점이 기준선 앞에 있음을 나타낸다. 제조자가 항공기의 가장 전방 지점에 기준선(점)을 정하는 경우는 모든 거리가 양수가 된다. 그 외에 항공기의 다른 곳에 기준

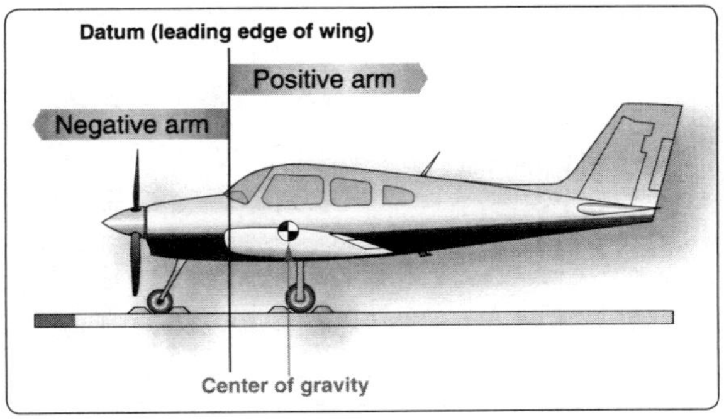


[그림 4-6] 기준선 위치와 거리(arm)의 대수적 부호
(Datum location and its effect on positive and negative arms.)

선 위치를 정하면 기준선 앞에 있는 지점은 음수, 기준선 뒤에 있는 지점은 양수가 된다. 헬리콥터는 기준선을 로터 마스트(Rotor Mast)의 중심에 정하기도 하는데 이 위치로부터의 거리는 양과 음의 값이 병존한다.

#### 4.2.1.3 모멘트(Moment)

항공기 제작사는 기준점과 무게 측정지점과의 수평거리(Arms), 측정한 항공기의 무게를 이용하여 모멘트를 구하고, 무게중심 및 무게중심의 범위를 설정한다. 기준선에서 일정 거리에 위치하는 평균공력시위(MAC, Mean Aerodynamic Chord)의 백분율(%)로 정하기도 한다.

모멘트는 물체를 회전시키려는 힘으로 lb-in 단위, 부호는 방향을 나타낸다. 표 4-1은 중량, 거리, 모멘트의 대수적 부호와 회전과의 관계를 나타낸다. 양의

[표 4-1] 무게, 거리, 모멘트의 대수학적 기호 관계
(Relationship between the algebraic signs of weight, arms, and moments.)

| Weight | Arm | Moment | Rotation |
|---|---|---|---|
| + | + | + | Nose up |
| + | − | − | Nose down |
| − | + | − | Nose down |
| − | − | + | Nose up |

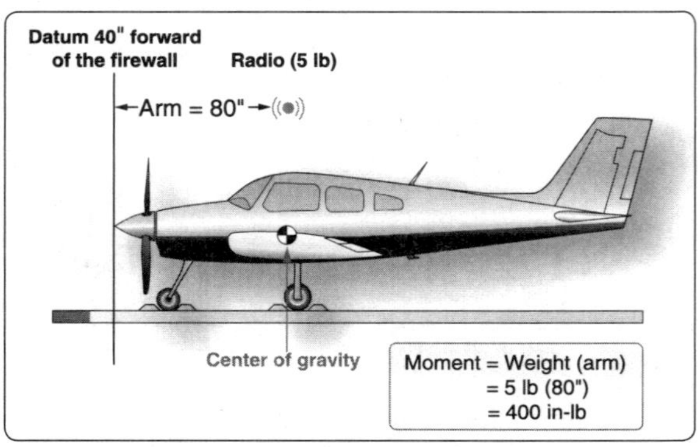


[그림 4-7] 기준점 후방 80인치에 5 lb Radio의 모멘트
(Moment of a radio located aft of the datum.)

모멘트는 항공기 기수를 들어 올리는 회전력, 음의 모멘트는 기수를 누르는 회전력이다.

그림 4-7에서 기준점은 방화벽 앞쪽 40" 지점에 있으며, 5lb 무게의 Radio가 80" 거리에 장착되어 있어 모멘트는 400 lb-in이다.

### 4.2.2 지렛대 법칙(The law of the lever)

1종 지레는 다음 그림과 같다. 받침점의 양쪽 모멘트는 방향이 반대이다. 받침점을 기준으로 왼쪽에 놓인 중량과 받침점에서 거리를 곱한 값, 즉 왼쪽 모멘트와 오른쪽에 놓인 중량과 받침점에서 거리를 곱한 값, 즉 오른쪽의 모멘트가 같으면 평형상태가 된다. 지렛대의 양쪽 모멘트 합이 대수적으로 "0"일 때 평형상태가 된다.

1종 지레 평형상태의 식:

$$\Sigma M_0 = -P_1 l_1 + P_2 l_2 + R \times 0 = 0$$

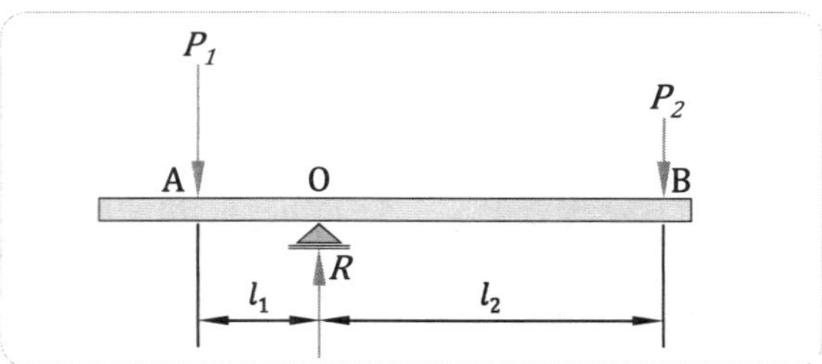


[그림 4-8] 1종 지레(The first class lever)

그림 4-9에서 시계 방향으로 돌리려는 모멘트와 반시계 방향으로 작용하는 모멘트가 같을 때 평형 상태가 된다. 그림 4-9에서 받침점에서 좌측 90" 거리에 700lb 중량이 작용하고 있고, 받침점에서 우측 70" 거리에 900lb 중량이 작용하고 있다. 이를 도표화 하면

표 4-2와 같다. 표 4-2에서 양쪽 모멘트의 합이 "0"이다. 시계 방향으로 돌리려는 모멘트와 반시계방향으로 돌리려는 모멘트가 같아 지렛대가 평형을 이룬다.

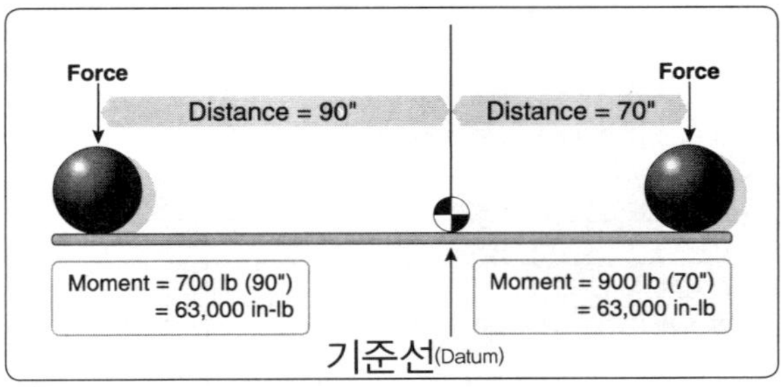


[그림 4-9] 무게중심에서 평형상태인 1종 지레
(C.G. and a first class lever.)

[표 4-2] 모멘트 합이 "0" 인 1종 지레

| 힘 (Force) | 무게 (lb) | 거리 (Arm) | 모멘트 (lb-in) |
|---|---|---|---|
| L/H | | − 90 | − 63,000 |
| R/H | 900 | + 70 | + 63,000 |
| 계 | | | 0 |

### 4.2.3 무게중심 찾기 (Determining the Center of Gravity)

그림 4-10과 같이 기준선은 전방 일정 지점에 설정하고 여러 중량이 작용할 때 무게중심을 다음 순서로 구해 보자.

1) 기준점에서의 각 중량까지 거리를 측정한다.
2) 각각의 중량에서 작용하는 모멘트를 계산한다.
3) 중량의 합과 모멘트의 합을 구한다.
4) 총 모멘트를 총 중량으로 나누어 CG를 구한다.

무게중심이 기준점으로부터 110"에 있음을 증명하기 위해 기준점을 110"으로 변경하면 그림 4-11과 같

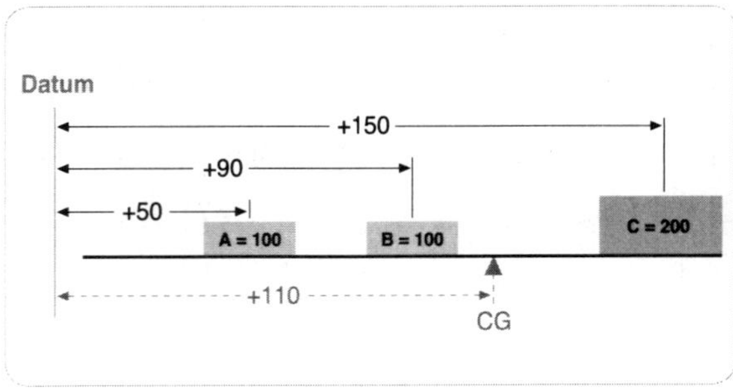


[그림 4-10] 기준점이 지렛대 왼쪽 밖에 있을 때

[표 4-3] 기준점이 왼쪽 밖에 있을 때 무게중심 결정

| Item | Weight | Arm | Moment | CG |
|---|---|---|---|---|
| Weight A | 100 | 50 | 5,000 | |
| Weight B | 100 | 90 | 9,000 | |
| Weight C | 200 | 150 | 30,000 | |
| | 400 | | 44,000 | 110 |

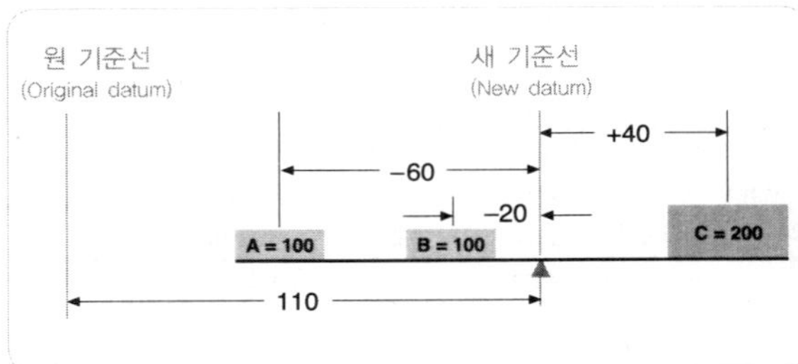


[그림 4-11] 기준점을 C.G와 일치할 때 Arms

[표 4-4] 새 기준선에서의 모멘트

| Item | Weight (lb) | Arm (in) | Moment (lb-in) |
|---|---|---|---|
| Weight A | 100 | −50 | −5,000 |
| Weight B | 200 | +25 | +5,000 |
| | 300 | | 0 |

고, 표 4-4와 같이 계산된다. 모멘트 합이 0일 때가 평형상태이다. 기준선 위치는 어디에 정해도 되나, 이 기준선으로부터 각각의 중량까지 거리를 측정하여야 한다는 것을 알 수 있다.

항공기의 무게중심도 같은 방법으로 구한다. 그림 4-12와 같이 중량 측정 준비를 하고, 저울 위에 항공

기를 올려놓고 중량을 측정한다. 항공기 및 저울을 고정하기 위한 도구(받침목 등)의 중량은 제외되어야 한다. 형식증명서의 기준선에서 인치 단위로 표시되는 위치선 (Station No.)로 중량과 무게중심 위치를 나타낸다.

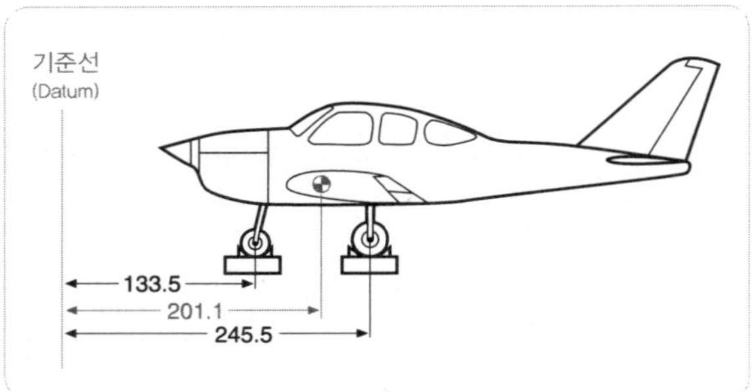


[그림 4-12] 항공기의 중량 측정

[표 4-5] C.G. 계산표

| Item | Weight | Arm | Moment | CG |
|---|---|---|---|---|
| Main wheels | 3,540 | 245.5 | 869,070 | |
| Nose wheel | 2,322 | 133.5 | 309,987 | |
| Total | 5,862 | | 1,179,057 | 201.1 |

## 4.2.4 무게중심 이동(Shifting the CG)

무게중심을 원하는 곳으로 이동시키기 위해서는 승객의 배정 좌석을 변경하거나, 수하물이나 화물을 다른 위치에 탑재하기도 한다. 그림 4-13과 같이 무게중심이 기준선의 72" 지점에 있다.

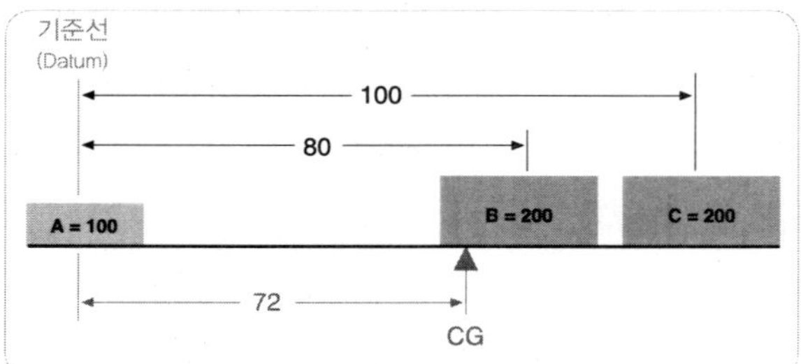


[그림 4-13] 원래 무게 위치

[표 4-6] 원래 무게 위치에서 CG

| Item | Weight | Arm | Moment | CG |
|---|---|---|---|---|
| Weight A | 100 | 0 | 0 | |
| Weight B | 200 | 80 | 16,000 | |
| Weight C | 200 | 100 | 20,000 | |
| | 500 | | 36,000 | 72 |

[표4-7] 무게 A와 C의 모멘트 변화

| Item | Weight | Arm | Moment |
|---|---|---|---|
| Weight A | 100 | –50 | –5,000 |
| Weight B | | | |
| Weight C | 200 | +50 | +10,000 |
| | | | +5,000 |

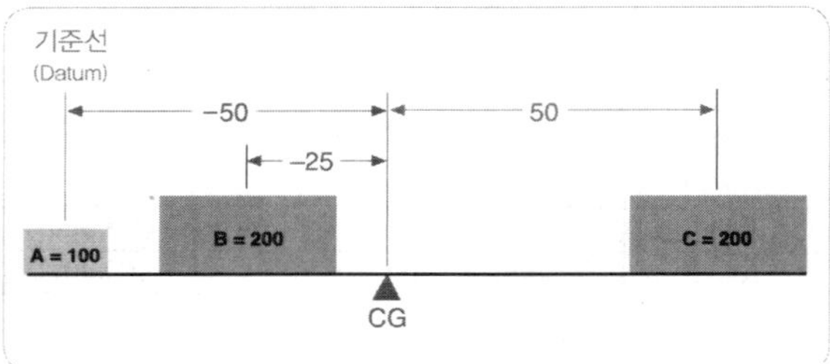


[그림 4-14] 무게 B의 이동 후 C.G 및 평형상태

무게 B를 기준선 후방 50" 또는 중량 A의 50" 후방으로 이동하여 평형을 이루려 한다면 표 4-7과 같이 중량 A와 C에 대한 모멘트가 변화된다.

무게 B의 길이를 구하려면 전체 모멘트 합이 "0"이어야 하므로, 모멘트 -5,000 in-lb를 무게 200lb로 나누어 -25in 거리가 구해진다. 평형 상태를 유지하기 위해서는 그림 4-14과 같이 무게중심 50in의 25in 앞쪽에 무게 B를 위치시켜야 한다.

### 4.2.5 중량과 평형의 기본 방정식

Ws/Wt =△CG/Dw,

Dw = (Wt × △CG)/Ws

△CG = (Dw × Ws)/Wt

Ws = (Wt × △CG)/Wt

Wt = (Dw × Ws)/△CG

여기서, Ws: 이동 중량, Wt: 총중량,

△CG: 무게중심 변화값, Dw: 중량이동거리

그림 4-13에서 무게중심 이동거리는 다음과 같이 구할 수 있다.

△CG = (Dw × Ws)/Wt

= (200 × 55) / 500

= 22in

### 4.2.6 항공기 무게중심 이동

그림 4-16 단발 항공기 탑재 다이어그램의 무게중심 이동을 알아보자.

이 항공기 자중 등 자료는 다음과 같다.

항공기 자중: 1,340lbs

무게중심: +37"

최대총중량: 2,300lbs

무게중심 범위: +35.6" ~ +43.2"

전방좌석 2개 위치: +35

후방좌석 2개 위치: +72

연료량 및 위치: 40gal @ +48"

최대탑재 화물 중량: 60lbs @ +92"

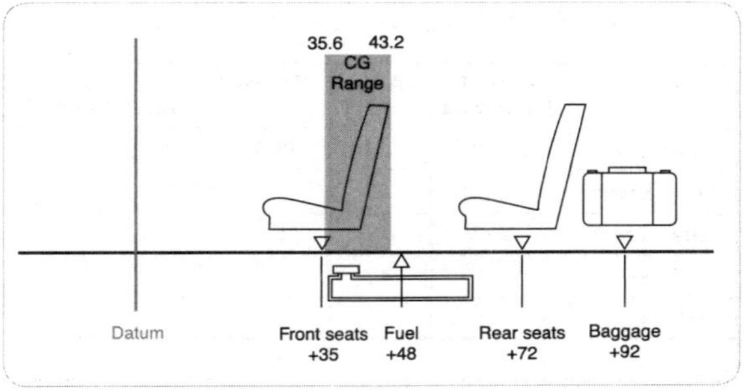


[그림 4-15] 단발항공기 탑재 Loading diagram

[표 4-8] 무게중심 계산표

| Item | Weight 2,300 max | Arm | Moment | CG +35.6 to +43.2 |
|---|---|---|---|---|
| Airplane | 1,340 | 37 | 49,580 | |
| Front Seats | 255 | 35 | 8,925 | |
| Rear Seats | 309 | 72 | 22,248 | |
| Fuel | 240 | 48 | 11,520 | |
| Baggage | 50 | 92 | 4,600 | |
| | 2,194 | | 96,873 | 44.1 |

항공기에는 140lb 조종사와 115lb 승객이 전방 좌석에 앉고, 212lb 와 97lb 승객이 후방석에 앉는다. 수하물은 50lb, 연료는 최대항속거리를 보증하기 위해 최대로 탑재한다. 이 자료로 무게중심을 구하면 표 4-8과 같다.

항공기 총중량은 최대중량 2,300lb 보다 적은 2,194lb 지만, 무게중심이 +0.9in 초과한다. 무게중심 범위 이내로 변경을 위해 212lb 승객과 115lb 승객의 좌석을 바꾸어 무게중심 변화량을 계산해 보면,

△CG = (214−115) × (72 − 35) ÷ 2194 = 1.6(in)

이다.

무게중심이 전방으로 1.6 in 이동하게 된다.

이를 증명하기 위해 무게중심 계산을 하면 표 4-9와 같고 무게와 평형 모두 허용한계 이내에 있음을 알 수 있다.

[표4-9] 무게와 평형 모두 허용한계 이내인 계산표

| Item | Weight 2,300 max | Arm | Moment | CG +35.6 to +43.2 |
|---|---|---|---|---|
| Airplane | 1,340 | 37 | 49,580 | |
| Front Seats | 352 | 35 | 12,320 | |
| Rear Seats | 212 | 72 | 15,264 | |
| Fuel | 240 | 48 | 11,520 | |
| Baggage | 50 | 92 | 4,600 | |
| | 2,194 | | 93,284 | 42.5 |

## 4.3 중량과 평형관리 용어 (Weight & Balance Terminology)

### 4.3.1 기준선(Reference Datum)과 항공기의 축(Axes of an Aircraft)

항공기의 3축이란 항공기의 무게중심을 관통하는 가상의 선들을 가리킨다. 각각의 축은 3차원에서 서로 90도를 이룬다. 기수부터 꼬리까지를 연결하는 축을 종축(Longitudinal Axis)이라고 하고, 좌측 날개 끝과 우측 날개 끝을 연결하는 축을 횡축(Lateral Axis)라고 하며, 기체를 수직으로 관통하는 축을 수직축(Vertical Axis)이라고 한다. 3개의 축, 주조종면, 항공기의 회전운동 관계는 그림 4-16과 같다. 기체의 축과 안정성은 본서 "2-7절 기체의 축"을 참고하라.

기준선은 수평비행 자세에서 정해지는 가상의 수직면으로, 항공기 종축과 수직축과 평행한 종축 위의 어

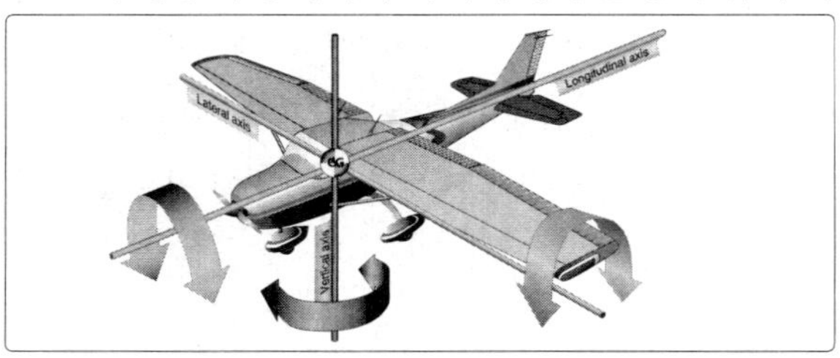


[그림 4-16] 항공기 무게중심을 관통하는 축

떤 지점의 가상의 면이다. 항공기의 도면, 또는 사진에서 보면 수평축 위의 수직선으로 나타난다. 항공기에 장착되는 모든 장비, 부품들은 이 기준선에서의 거리로 표현된다. 예를 들어, 연료 탱크의 연료는 기준선의 뒤쪽 60in에 있게 되고, 조종실에 있는 통신 라디오는 기준선의 앞쪽 방향으로 90in에 있게 된다.

기준선의 위치를 정하는 규칙은 없고, 항공기 제작사가 무게측정의 편의성, 측정장비의 장착 위치, 중량과 평형 계산이 편리한 곳에 이 기준선의 위치를 정한다.(4.2.2.1 참조)

그림 4-17은 날개 앞에 기준선 있는 항공기의 기준선과 무게중심 한계를 보여준다.

### 4.3.2 무게(Weight)-거리(Arm) -모멘트(Moment) 관계

기준선은 항공기 제작사에서 정하여 무게와 평형 보고서에 명시된다. 장비품, 화물, 연료 등의 각 항목과 기준선과의 거리는 항공기 규격서 또는 TCDS의 항목 명칭 또는 장비품 목록의 명칭 뒤에 괄호 안에 표기된다.

예를 들면, TCDS에서 "연료량(Fuel Quantity): 98갤런(gal) (+93.6)"으로 표기되어 있으면, 98gal의 연료

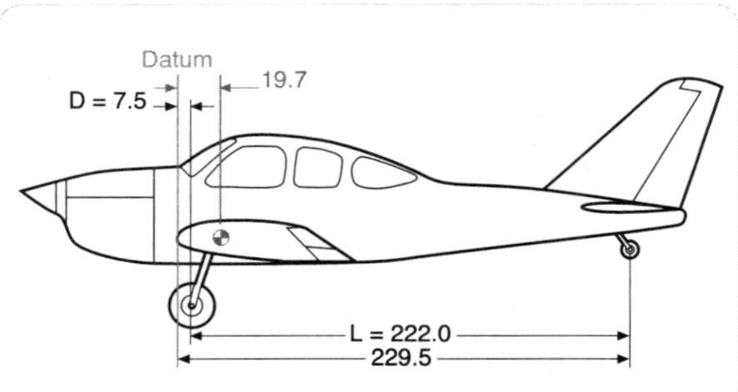


[그림 4-17] 날개 앞에 기준선이 있는 항공기

가 기준선 뒤 93.6"에 탑재된다는 것이다. 또한, "전방 수하물 한계(Forward Baggage Limit): 100파운드(lb) (-22.5)"로 표기되어 있으면, 100lb 무게의 수하물이 기준선 앞 22.5"에 탑재된다는 의미이다.

장비에 대한 거리를 알 수 없다면, 기준선에서부터 장비의 무게중심까지의 거리를 정확하게 측정하여 반영한다.

항공기의 무게중심으로부터 수평거리에 중량을 곱하면 무게중심에서의 모멘트가 된다. 중량증감에 따른 모멘트의 대수적 부호는 기준선의 위치에 따라, 그리고 중량이 증가되었는지 또는 제거되었는지 여부에 따라 다음과 같다.

① 기준선 뒤쪽방향으로 증가된 중량은 (+)모멘트를 만들어낸다.
② 기준선 앞쪽방향으로 증가된 중량은 (-)모멘트를 만들어낸다.
③ 기준선 뒤쪽방향으로 감소된 중량은 (-)모멘트를 만들어낸다.
④ 기준선 앞쪽방향으로 감소된 중량은 (+)모멘트를 만들어낸다.

### 4.3.3 무게중심(Center of Gravity)

무게중심은 항공기의 모든 무게가 집중되고 균형을 이루는 지점이다. 항공기의 무게중심은 그 지점에서 기수 방향의 모멘트와 미익 방향의 모멘트가 정확하게 일치하여 평형을 이루는 지점이다. 수평비행 상태에서 무게중심에서의 모멘트의 합은 "0"이다. 따라서 항공기가 이 지점에서 매달린다면, 기수가 위로 또는 아래로 회전하는 경향은 없다. 그림 6-4를 상기해 보라.

### 4.3.4 평균공력시위 (Mean Aerodynamic Chord-MAC)와 % MAC

무게중심은 항공기의 안정성에 영향을 준다. MAC은 항공기 날개의 공기역학적 특성을 대표하는 시위로, 항공기의 무게중심을 대표하는 기본단위로 쓰이기도 한다. 날개 평면의 도심(centeroid)을 지나는 시위이다. MAC은 항공기 날개의 면적을 날개 폭(Wing Span)의 길이로 나누어 구한다.

CG 한계는 비행 중에 항공기의 CG가 위치해야 하는 전방 및 후방, 또는 측면(좌우) 한계로 지정된다. 한계 사이의 영역을 항공기의 CG 범위라고 한다. 항공기가 안전하게 비행하기 위해서는 CG는 반드시 항공기 제작자가 정한 제한치 이내여야 한다.

중량과 평형에서는 MAC 길이의 백분율로, 즉 % MAC으로 나타낸다. 만약 날개 길이가 1m이고, 항공기의 무게중심이 MAC 위의 30cm에 있다면, 30% MAC에 무게중심이 있다고 한다. (그림 4-18). 이러한 계산을 하기 위해서는 MAC의 전연부(Leading Edge) 위치를 미리 알아야 한다. 보통 1인승이나 2인승 항공기의 경우 가장 전방위적인 위치는 30-35% MAC이다. 따라서 경항공기의 허용 CG 범위는 20% MAC를 초과하면 안 된다.

% MAC 계산 예
1) MAC L/E STATION: 205
2) MAC T/E STATION: 143
3) CG STATION : 160
4) MAC 길이: 62
5) CG in % MAC
= (17/62) x 100 = 27.4(%)

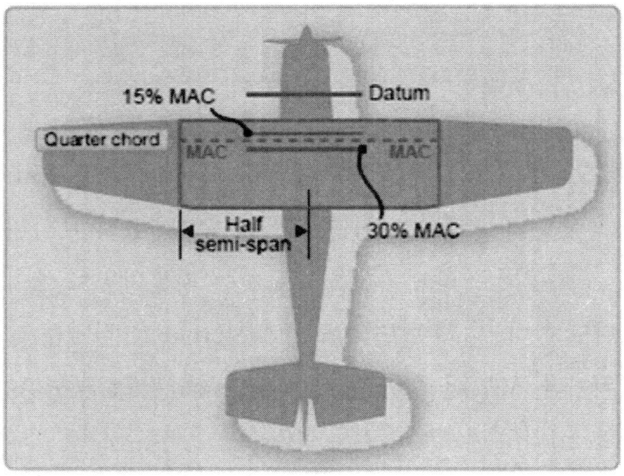


[그림 4-18] % MAC과 CG 범위

### 4.3.5 최대 중량(Maximum Weight)

최대중량은 항공기설계명세서 또는 형식증명자료집에 명기되어 있으며 항공기 중량에 대한 용어 정의는 다음과 같다.

① 최대 램프중량(Maximum Ramp Weight) 최대 램프중량은 항공기가 지상(ground)에 주기하고 있는 동안 적재할 수 있는 가장 무거운 중량이다. 최대 지상이동 중량(maximum taxi weight)이라고도 한다.

② 최대 이륙중량(Maximum Takeoff Weight) 최대 이륙중량은 항공기가 이륙활주를 시작할 때 허용 가능한 최대 항공기 중량으로 가장 무거운 중량이다. 이 중량과 최대램프중량(maximum ramp weight) 사이에 차이는 이륙 이전에 지상 이동 중에 소모되는 연료의 중량과 같게 된다.

③ 최대 착륙중량(Maximum Landing Weight) 최대 착륙중량은 항공기가 정상적으로 착륙할 수 있는 최대 중량이다. 대형 상업용 항공기는 최대이륙중량과 100,000lb 이상 100,000lb 이상 차이가 있다.

④ 최대 무연료 중량(Maximum Zero Fuel Weight) 최대 무연료 중량은 처리할 수 있는 연료와 오일을 탑재하지 않은 상태로 승객, 화물을 최대로 실을 수 있는 중량으로 가장 무거운 중량(weight)이다.

### 4.3.6 자중(Empty Weight)

항공기의 자중은 항공기에 장착되어 동작되는 모든 장비 중량을 포함한 항공기 자체의 중량이다. 동체, 동력장치, 필수장비, 선택장비, 또는 특수장비, 고정 발라스트, 유압유, 잔류연료와 잔류오일의 중량을 포함한다. 잔류연료와 잔류오일은 연료관(fuel line), 오일관(oil line) 등 계통 내에 갇혀 있는, 정상적으로 사용(배출)되지 못한 유체로 항공기 자중에 포함된다. 엔진오일 계통의 냉각을 위해 위해 사용되는 연료량도 자중에 포함된다.

항공기 자중 용어 중 기본자중(basic empty weight), 허가자중(licensed empty weight), 표준자중(standard empty weight)이 있다.

기본자중은 엔진오일계통의 전용량이 포함된다. 허가자중은 잔류오일의 중량이 포함된 자중으로, 1978년 이전에 인가 제작된 항공기에서 사용한다. 표준자중은 항공기 제작사가 제공하는 값으로, 특정한 항공기에만 장착되는 항공기 구매 옵션 장비품의 중량이 포함되지 않은 항공기 자중이다. 항공정비 분야에서 일하는 사람들에게는 기본자중이 가장 중요한 자료이다.

### 4.3.7 자중무게중심 (Empty Weight Center of Gravity)

항공기 자중무게중심은 자중 조건에 있을 때 무게중심으로, 그 지점을 중심으로 평형을 이루게 된다. 항공기를 중량 측정을 하는 이유가 이 자중 무게중심을 알고자 함이다. 비행을 위해 항공기에 승객 탑승, 화물의 탑재, 장비 장착이나 장탈로 무게중심 변화를 계산하는 점검 등 중량과 평형 계산은 알고 있는 자중과 자중무게중심에서 시작된다. 이 중요한 정보가 항공기 무게와 균형 보고서의 일부분이다.

### 4.3.8 유용하중(Useful Load) 과 유상하중(Payload)

항공기의 유용하중은 최대허용총중량에서 자중의 차이이다. 항공기 이륙중량과 표준운항중량 간의 차이이기도 한 유용하중에는 유상하중, 유용한 연료, 및 기타 운항용 물품에 포함되지 않은 유용한 액체들도 포함된다.

정상(Normal) 및 효용(Utility) 범주 모두에서 인증된 항공기의 경우 두 가지 유용하중이 항공기 무게 및 균형 기록에 표기될 수 있다. 감항분류 N의 최대중량이 3,950파운드인 경우, 최대중량이 3,100파운드의 항공기는 850파운드의 유용 하중을 가질 수 있다.

감항분류 U로 운용할 때, 최대중량이 3,700파운드로 감소할 수 있으며, 그에 상응하는 유용하중은 600파운드로 감소할 수 있다.

유용하중은 연료, 자중에 포함되지 않는 액체(fluid), 승객, 수하물, 조종사, 부조종사, 그리고 승무원으로 구성된다. 엔진오일 중량이 유용하중으로 포함 여부는 항공기가 인증될 때에 좌우되며 항공기설계명세서 또는 형식증명자료집에 명기되어 있다. 항공기의 유상하중(payload)은 연료를 포함하지 않는 것을 제외하면 유용하중과 유사하다.

### 4.3.9 최소연료(Minimum Fuel)

현대 항공기는 많은 좌석과 여러 개의 수하물 종종 하나 이상의 짐칸을 가지고 있다. 무게와 균형 극한 조건은 항공기의 최대 전방 및 후방 CG 위치를 나타낸다. 항공기는 앞뒤로 고정된 CG 범위를 가지고 있으며, 비행 중에 CG가 이 범위를 벗어나는 것은 허용되지 않는다.

승무원, 승객, 화물 및 소모품 무게를 추가 또는 제거할 때 CG가 이 한도를 벗어나지 않는지 점검하여야 한다. 항공기가 CG 범위를 벗어난 상태로 비행하면 안정성이 불충분하여 항공기를 조종하기 어려울 수 있다. 무게와 평형이 바뀌는 수리 또는 개조 후에도 법적 탑재 조건이 허용 CG 범위 이내에 있는지 확인해야 한다. 의도적으로 CG 범위 밖에 탑재하여 무게와 평형을 계산해 보는 것이다. 이것을 역하중 점검(Adverse Loading Check)이라고 한다.

예를 들어, 전방 역하중 CG 검사에서, 전방 CG 한계 앞에 있는 모든 유용하중이 탑재되고, 이 한계 뒤에는 모든 유용한 부하가 비어 있게한다. 물론, 항공기는 연료 없이 비행할 수 없으므로 연료탱크가 전방 CG 한계 뒤에 있으면 비워둘 수 없다. 이 연료의 양이 최소연료이다.

무게와 평형을 목적으로, 최소연료는 정격 최대연속동력에서 30분 동안 작동하는데 필요한 연료량보다 작다. 이는 이륙마력(METO hp)을 제외한 최대치에 대해 1/12 갤런이다. AVGAS의 무게는 갤런당 6lb이므로, METO hp를 2로 나누어 최소연료 무게로 한다.

엔진 METO 마력당 1/2lbs 연료가 소모된다. METO 마력이 200 마력인 항공기의 최소연료는 100lb이다. 순항비행에서 피스톤엔진 1마력당, 1시간당, 1lb의 연료를 연소시킬 것이라는 가정에 근거한 것이다. 현재 소형 항공기에 사용되는 피스톤 엔진은 더 효율적이지만, 그러나 최소연료에 대한 기준은 여전히 동일하다.

Minimum Fuel〔pound〕
= Engine METO Horsepower / 2

예를들어, 전방 역하중 점검이 200 METO hp을 피스톤 동력식 단발 항공기에서 수행되었다면, 최소연료는 100lbs가 된다.

터빈엔진 동력식 항공기에서 최소연료는 엔진마력에 근거하지 않는다. 터빈엔진을 장착한 엔진의 역하중 점검은 항공기 제작사에서 제공한 최소연료 정보에 근거하여야 한다.

### 4.3.10 무부하 중량(Tare Weight)

항공기를 저울 위에 놓고 중량을 측정할 때에 항공기를 고정하는 보조 장치가 필요하다. 예를 들어, 항공기 꼬리날개 쪽이 쳐진 항공기는 수평 자세를 확보하기 위해 잭(Jack)으로 받쳐야 하고, 잭은 저울 위에 위치하게 된다. 잭의 중량이 항공기 중량에 포함되어 측정된다. 이 여분의 잭 중량을 무부하 중량이라 하고 측정된 중량에서 제외하여야 정확한 항공기 중량이 측정된다. 무부하 중량의 예는 저울 위에 놓여있는 버팀목(wheel chock)과 착륙장치의 고정 핀(Ground Lock Pin) 등이다.

## 4.4 항공기 중량 측정 절차 (Procedures for Weighing an Aircraft)

### 4.4.1 일반적 개념(General Concepts)

항공기의 중량을 측정하는 중요한 이유는 자중과 자중 무게중심을 찾기 위함이다. 기장은 항공기의 적재 중량과 무게중심이 어디에 있는지 알아야 한다. 운항관리사는 자중과 자중무게중심을 알아야 유상하중, 연료량 등을 산출할 수 있다. 4.2 무게와 평형이론에서 알안본 대로, 항공기는 무게중심의 전방 모멘트와 후방 모멘트가 같으면 평형을 이룬다.

무게중심을 찾기 위해 사용할 수 있는 방법으로 그림 4-19와 같이 매달리는 지점에서의 수직선들이 교차하는 지점을 찾으면, 그 지점이 바로 무게중심이다. 이와 같은 방법을 항공기에 적용한다는 것은 현실성도 없고, 수직선의 교차점을 찾기도 쉽지 않다. 따라서, 최소 2개 지점 이상에서 항공기 무게를 저울로 실측하여, 모멘트를 계산하여 CG를 구하는 것이 현실적이다. 무게중심은 총 모멘트를 총 무게로 나눈 값이다.

### 4.4.2 제작사 제공 무게와 평형 자료

항공기의 무게를 측정하여 자중무게중심을 계산하려면 알아야 할 정보가 있다. 이 정보는 감항당국이 형식증명자료(TCDS) 또는 항공기 규격서로 모든 인증된 항공기에 대해 누구에게나 제공한다. 항공기의 설계 승인이 되면 형식증명서와 TCDS가 발행된다. TCDS는 항공기에 대한 모든 관련 규격을 포함한다. 항공정비사는 매년 또는 100시간의 점검할 때 확인할 책임이 있다.

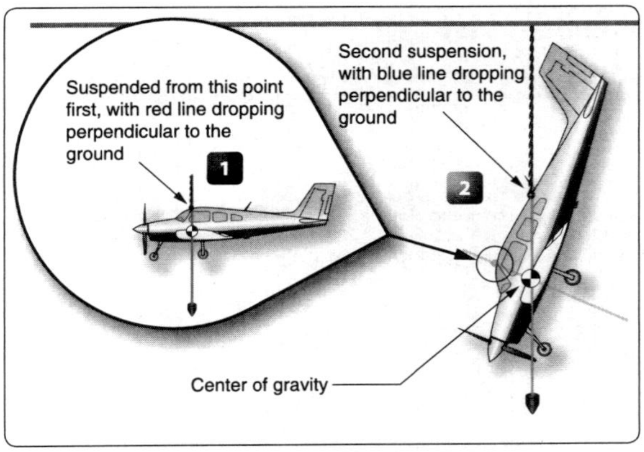


[그림 4-19] 항공기를 공중에 메달아 무게중심 찾기

항공기에 관한 중량과 평형 정보가 기록된 문서는 다음과 같다.

① 항공기설계명세서(Aircraft Specifications)
② 항공기운용한계(Aircraft Operating Limitations)
③ 항공기비행매뉴얼(Aircraft Flight Manual)
④ 항공기 중량과 평형 보고서(Aircraft Weight and Balance Report)
⑤ 항공기 형식증명자료집(Aircraft Type Certificate Data Sheet)

#### 4.4.2.1 항공기 중량과 평형 보고서 (Aircraft Weight and Balance Report)

항공기 중량과 평형 보고서는 초도에는 항공기 제작사에서 측정하여 제공하고, 항공정비사가 주기적으로 자중을 측정하고 무게중심을 계산하여, 항공기 운항부분에 제공한다.

항공기가 처음 인증되었을 때, 항공기의 자중과 자중무게중심은 그림 4-20과 같이 무게와 평형 자료로 인도된다.

필수장비와 선택장비 목록에는 무게 및 장착 위치 정보도 기술된다. 그림 4-21은 어떤 항공기 형식에 대해 승인된 모든 장비 항목을 포함하는 종합 장비 목록의 일부이다. 각 개별 항공기의 POH 또는 AFM에는 이 마스터 목록의 항목 중 특정 항공기의 장비 목록이 포함된다. 항공정비사가 장비를 추가하거나 영구 장탈하는 경우에, 새로운 자중과 자중 무게중심을 수정한다.

| Weight and Balance Data | | | | | |
|---|---|---|---|---|---|
| Aircraft Serial #: 18259080<br>FAA Registration #: N42565<br>Date: 04-22-2005 | | | | | |
| Item | Weight (lb) | × | CG Arm (in) | = | Moment (in-lb) |
| Standard empty weight | 1,876 | | 36.1 | | 67,798.6 |
| Optional equipment | 1.2 | | 13.9 | | 16.7 |
| Special installation | 6.2 | | 41.5 | | 257.3 |
| Paint | – | | – | | – |
| Unusable fuel | 30.0 | | 46.0 | | 1,380 |
| Basic empty weight | 1,913.4 | | | | 69,452.6 |

[그림 4-20] 항공기 무게와 평형 자료(예)

**Comprehensive Equipment List**

This is a comprehensive list of all Cessna equipment that is available for the Model 182S airplane. It should not be confused with the airplane-specific equipment list. An airplane-specific list is provided with each individual airplane at delivery and is typically inserted at the rear of this Pilot's Operating Handbook. The following comprehensive equipment list and the airplane-specific list have a similar order of listing.

The comprehensive equipment list provides the following information in column form:

In the **Item No** column, each item is assigned a coded number. The first two digits of the code represent the assignment of item within the A4A iSPec 2200 breakdown (Chapter 11 for Placards, Chapter 21 for Air Conditioning, Chapter 77 for Engine Indicating, etc.). These assignments also correspond to the Maintenance Manual chapter breakdown for the airplane. After the first two digits (and hyphen), items receive a unique sequence number (01, 02, 03, etc...). After the sequence number (and hyphen), a suffix letter is assigned to identify equipment as a required item, a standard item or an optional item. Suffix letters are as follows:

–R = required items or equipment for FAA certification
–S = standard equipment items
–O = optional equipment items replacing required or standard items
–A = optional equipment items which are in addition to required or standard items

In the **Equipment List Description** column, each item is assigned a descriptive name to help identify its function.

In the **Ref Drawing** column, a drawing number is provided which corresponds to the item.

**Note**

If additional equipment is to be installed, it must be done in accordance with the reference drawing, service bulletin or a separate FAA approval.

In the **Wt Lbs** and **Arm Ins** columns, information is provided on the weight (in pounds) and arm (in inches) of the equipment item.

**Notes**

Unless otherwise indicated, true values (not net change values) for the weight and arm are shown. Positive arms are distances aft of the airplane datum; negative arms are distances forward of the datum.

Asterisks (*) in the weight and arm column indicate complete assembly installations. Some major components of the assembly are listed on the lines immediately following. The sum of these major components does not necessarily equal the complete assembly installation.

[그림 4-21] 장비목록(일부)

#### 4.4.2.2. 항공기 형식증명자료집 (Aircraft Type Certificate Data Sheet)

항공기 형식증명자료집은 항공기에 장착된 장비 목록, 무게, 장착위치 즉 기준선에서의 거리등이 기록된 목록으로 항공기 제작사 감항당국이 인가한 것이다.

그림 4-21은 세네카(PA-34-200)로 알려진 Piper 항공기의 TCDS 이다. 무게와 평형에 활용되는 정보는 노란색으로 강조 표시되어 있다. 그림 4-21에서 다음 정보를 찾아서 기록해 보자.

(1) 무게중심범위(C.G range):
(2) 최대중량(maximum weight):
(3) 수평 도구(leveling means):
(4) 좌석의 수와 설치 위치(location):
(5) 수하물 탑재량(baggage capacity):
(6) 연료 탑재량(fuel capacity):
(7) 기준선 장소(datum location):
(8) 엔진마력(engine horsepower):
(9) 오일용량(oil capacity):
(10) 항공기 자중에서 연료의 양:
(11) 항공기 자중에서 오일의 양:

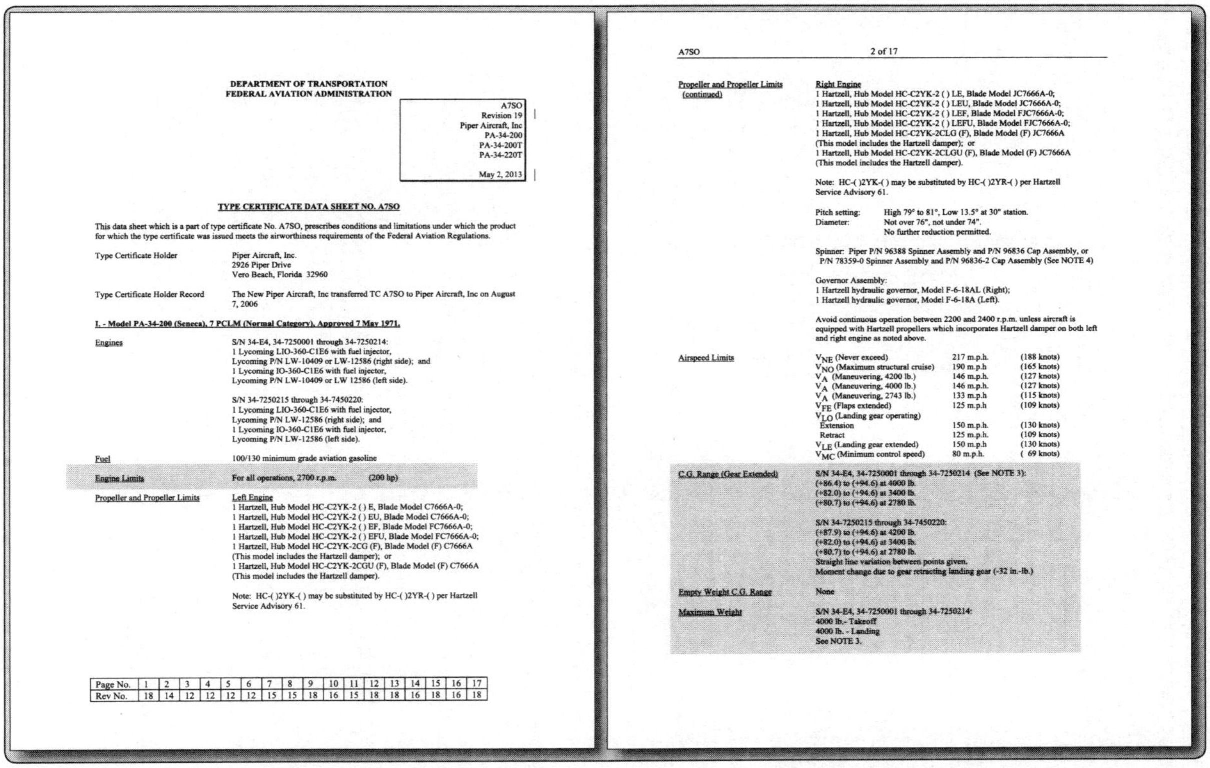

DEPARTMENT OF TRANSPORTATION
FEDERAL AVIATION ADMINISTRATION

A7SO
Revision 19
Piper Aircraft, Inc
PA-34-200
PA-34-200T
PA-34-220T

May 2, 2013

**TYPE CERTIFICATE DATA SHEET NO. A7SO**

This data sheet which is a part of type certificate No. A7SO, prescribes conditions and limitations under which the product for which the type certificate was issued meets the airworthiness requirements of the Federal Aviation Regulations.

Type Certificate Holder: Piper Aircraft, Inc.
2926 Piper Drive
Vero Beach, Florida 32960

Type Certificate Holder Record: The New Piper Aircraft, Inc transferred TC A7SO to Piper Aircraft, Inc on August 7, 2006

**I. - Model PA-34-200 (Seneca), 7 PCLM (Normal Category), Approved 7 May 1971.**

Engines:
S/N 34-E4, 34-7250001 through 34-7250214:
1 Lycoming LIO-360-C1E6 with fuel injector,
Lycoming P/N LW-10409 or LW-12586 (right side); and
1 Lycoming IO-360-C1E6 with fuel injector,
Lycoming P/N LW-10409 or LW 12586 (left side).

S/N 34-7250215 through 34-7450220:
1 Lycoming LIO-360-C1E6 with fuel injector,
Lycoming P/N LW-12586 (right side); and
1 Lycoming IO-360-C1E6 with fuel injector,
Lycoming P/N LW-12586 (left side).

Fuel: 100/130 minimum grade aviation gasoline

Engine Limits: For all operations, 2700 r.p.m. (200 hp)

Propeller and Propeller Limits:
Left Engine
1 Hartzell, Hub Model HC-C2YK-2 ( ) E, Blade Model C7666A-0;
1 Hartzell, Hub Model HC-C2YK-2 ( ) EU, Blade Model C7666A-0;
1 Hartzell, Hub Model HC-C2YK-2 ( ) EF, Blade Model FC7666A-0;
1 Hartzell, Hub Model HC-C2YK-2 ( ) EFU, Blade Model FC7666A-0;
1 Hartzell, Hub Model HC-C2YK-2CG (F), Blade Model (F) C7666A
(This model includes the Hartzell damper); or
1 Hartzell, Hub Model HC-C2YK-2CGU (F), Blade Model (F) C7666A
(This model includes the Hartzell damper).

Note: HC-( )2YK-( ) may be substituted by HC-( )2YR-( ) per Hartzell Service Advisory 61.

| Page No. | 1 | 2 | 3 | 4 | 5 | 6 | 7 | 8 | 9 | 10 | 11 | 12 | 13 | 14 | 15 | 16 | 17 |
|---|---|---|---|---|---|---|---|---|---|---|---|---|---|---|---|---|---|
| Rev No. | 18 | 14 | 12 | 12 | 12 | 12 | 15 | 15 | 18 | 16 | 15 | 18 | 18 | 16 | 18 | 16 | 18 |

A7SO 2 of 17

Propeller and Propeller Limits (continued):
Right Engine
1 Hartzell, Hub Model HC-C2YK-2 ( ) LE, Blade Model JC7666A-0;
1 Hartzell, Hub Model HC-C2YK-2 ( ) LEU, Blade Model JC7666A-0;
1 Hartzell, Hub Model HC-C2YK-2 ( ) LEF, Blade Model FJC7666A-0;
1 Hartzell, Hub Model HC-C2YK-2 ( ) LEFU, Blade Model FJC7666A-0;
1 Hartzell, Hub Model HC-C2YK-2CLG (F), Blade Model (F) JC7666A
(This model includes the Hartzell damper); or
1 Hartzell, Hub Model HC-C2YK-2CLGU (F), Blade Model (F) JC7666A
(This model includes the Hartzell damper).

Note: HC-( )2YK-( ) may be substituted by HC-( )2YR-( ) per Hartzell Service Advisory 61.

Pitch setting: High 79° to 81°, Low 13.5° at 30" station.
Diameter: Not over 76", not under 74".
No further reduction permitted.

Spinner: Piper P/N 96388 Spinner Assembly and P/N 96836 Cap Assembly, or P/N 78359-0 Spinner Assembly and P/N 96836-2 Cap Assembly (See NOTE 4)

Governor Assembly:
1 Hartzell hydraulic governor, Model F-6-18AL (Right);
1 Hartzell hydraulic governor, Model F-6-18A (Left).

Avoid continuous operation between 2200 and 2400 r.p.m. unless aircraft is equipped with Hartzell propellers which incorporates Hartzell damper on both left and right engine as noted above.

Airspeed Limits:

| | | |
|---|---|---|
| $V_{NE}$ (Never exceed) | 217 m.p.h. | (188 knots) |
| $V_{NO}$ (Maximum structural cruise) | 190 m.p.h | (165 knots) |
| $V_A$ (Maneuvering, 4200 lb.) | 146 m.p.h. | (127 knots) |
| $V_A$ (Maneuvering, 4000 lb.) | 146 m.p.h. | (127 knots) |
| $V_A$ (Maneuvering, 2743 lb.) | 133 m.p.h | (115 knots) |
| $V_{FE}$ (Flaps extended) | 125 m.p.h | (109 knots) |
| $V_{LO}$ (Landing gear operating) | | |
| Extension | 150 m.p.h. | (130 knots) |
| Retract | 125 m.p.h. | (109 knots) |
| $V_{LE}$ (Landing gear extended) | 150 m.p.h | (130 knots) |
| $V_{MC}$ (Minimum control speed) | 80 m.p.h. | ( 69 knots) |

C.G. Range (Gear Extended):
S/N 34-E4, 34-7250001 through 34-7250214 (See NOTE 3):
(+86.4) to (+94.6) at 4000 lb.
(+82.0) to (+94.6) at 3400 lb.
(+80.7) to (+94.6) at 2780 lb.

S/N 34-7250215 through 34-7450220:
(+87.9) to (+94.6) at 4200 lb.
(+82.0) to (+94.6) at 3400 lb.
(+80.7) to (+94.6) at 2780 lb.
Straight line variation between points given.
Moment change due to gear retracting landing gear (-32 in.-lb.)

Empty Weight C.G. Range: None

Maximum Weight:
S/N 34-E4, 34-7250001 through 34-7250214:
4000 lb.- Takeoff
4000 lb. - Landing
See NOTE 3.

[그림 4-21]형식증명자료집(Aircraft Type Certificate Data Sheet)

Maximum Weight — 4570 lb. - Takeoff
4342 lb. - Landing (All weight in excess of 4000 lb. must be fuel)
Zero fuel weight may be increased up to a maximum of 4077.7 lb. when approved wing options are installed.
See NOTE 11 for optional weights.

No. of Seats — 7 (2 at +85.5, 3 at +118.1, 2 at +155.7)
7 (2 at +85.5, 3 at +118.1, 2 at +157.6)
6 (2 at +85.5, *2 at +119.1, 2 at +157.6)

* - Optional Club Seats

A

Maximum Baggage — 200 lb. (100 lb. at +22.5, 100 lb. at +178)

Fuel Capacity — 98 gallons (2 wing tanks) at (+93.6) (93 gallons usable)
* 128 gallons (2 wing tanks) at (+93.6) (123 gallons usable)
* - Optional for S/N 34-7570001, 34-7670114 through 34-8170092.
See NOTE 1 for data on system fuel.

Oil Capacity — 8 qts. per engine (5 qts. per engine usable)
See NOTE 1 for data on system oil.

Maximum Operating Altitude 25,000 feet

Control Surface Movements

| | | | | | |
|---|---|---|---|---|---|
| Ailerons | (±2°) | Up | 35° | Down | 20° |
| Stabilator | | Up | 12.5° (+0°, -1°) | Down | 7.5° (±1°) |
| Rudder | (±1°) | Left | 35° | Right | 35° |
| Stabilator Trim Tab (Stabilator neutral) | (±1°) | Down | 10.5° | Up | 6.5° |
| Wing Flaps | (±2°) | Up | 0° | Down | 40° |
| Rudder Trim Tab (Rudder neutral) | (±1°) | Left | 25° | Right | 25° |
| Nose Wheel Travel | (±1°) | Left | 27° | Right | 27° |

Manufacturer's Serial Number — 34-7570001 through 34-8170092 (See NOTE 7).

**IIIA. - Model PA-34-220T (Seneca III), 7 PCLM (Normal Category), Approved December 17, 1980.**
Same as model PA-34-200T series except engines, windshield, instrument panel, landing gear, maximum gross weight and other minor changes.

Engines — 1 Teledyne Continental TSIO-360-KB (left engine),
1 Teledyne Continental LTSIO-360-KB (right engine).

Fuel — 100/100LL minimum grade aviation gasoline

Engine Limits — Takeoff, 5 minutes, 2800 r.p.m. and 40" Hg. manifold pressure (220 hp)
Max. Continuous, 2600 r.p.m. and 40" Hg. manifold pressure (200 hp)

Propeller and Propeller Limits — Left Engine
1 Hartzell, Hub Model BHC-C2YF-2 ( ) UF, Blade Model FC8459-8R.
Right Engine
1 Hartzell, Hub Model BHC-C2YF-2 ( )L ( )UF, Blade Model FJC8459-8R.

---

DEPARTMENT OF TRANSPORTATION
FEDERAL AVIATION ADMINISTRATION

A7SO
Revision 19
Piper Aircraft, Inc
PA-34-200
PA-34-200T
PA-34-220T
May 2, 2013

**TYPE CERTIFICATE DATA SHEET NO. A7SO**

This data sheet which is a part of type certificate No. A7SO, prescribes conditions and limitations under which theproduct for which the type certificate was issued meets the airworthiness requirements of the Federal Aviation Regulations.

Type Certificate Holder — Piper Aircraft, Inc.
2926 Piper Drive
Vero Beach, Florida 32960

Type Certificate Holder Record — The New Piper Aircraft, Inc transferred TC A7SO to Piper Aircraft, Inc on August 7, 2006

**I. - Model PA-34-200 (Seneca), 7 PCLM (Normal Category), Approved 7 May 1971.**

Engines — S/N 34-E4, 34-7250001 through 34-7250214:
1 Lycoming LIO-360-C1E6 with fuel injector,
Lycoming P/N LW-10409 or LW-12586 (right side); and
1 Lycoming IO-360-C1E6 with fuel injector,
Lycoming P/N LW-10409 or LW 12586 (left side).

S/N 34-7250215 through 34-7450220:
1 Lycoming LIO-360-C1E6 with fuel injector,
Lycoming P/N LW-12586 (right side); and
1 Lycoming IO-360-C1E6 with fuel injector,
Lycoming P/N LW-12586 (left side).

Fuel — 100/130 minimum grade aviation gasoline

Engine Limits — For all operations, 2700 r.p.m. (200 hp)

Propeller and Propeller Limits — Left Engine
1 Hartzell, Hub Model HC-C2YK-2 ( ) E, Blade Model C7666A-0;
1 Hartzell, Hub Model HC-C2YK-2 ( ) EU, Blade Model C7666A-0;
1 Hartzell, Hub Model HC-C2YK-2 ( ) EF, Blade Model FC7666A-0;
1 Hartzell, Hub Model HC-C2YK-2 ( ) EFU, Blade Model FC7666A-0;
1 Hartzell, Hub Model HC-C2YK-2CG (F), Blade Model (F) C7666A
(This model includes the Hartzell damper); or
1 Hartzell, Hub Model HC-C2YK-2CGU (F), Blade Model (F) C7666A
(This model includes the Hartzell damper).

Note: HC-( )2YK-( ) may be substituted by HC-( )2YR-( ) per Hartzell Service Advisory 61.

| Page No. | 1 | 2 | 3 | 4 | 5 | 6 | 7 | 8 | 9 | 10 | 11 | 12 | 13 | 14 | 15 | 16 | 17 |
|---|---|---|---|---|---|---|---|---|---|---|---|---|---|---|---|---|---|
| Rev No. | 18 | 14 | 12 | 12 | 12 | 12 | 15 | 15 | 18 | 16 | 15 | 18 | 18 | 16 | 18 | 16 | 18 |

---



Propeller and Propeller Limits (continued) — Right Engine
1 Hartzell, Hub Model HC-C2YK-2 ( ) LE, Blade Model JC7666A-0;
1 Hartzell, Hub Model HC-C2YK-2 ( ) LEU, Blade Model JC7666A-0;
1 Hartzell, Hub Model HC-C2YK-2 ( ) LEF, Blade Model FJC7666A-0;
1 Hartzell, Hub Model HC-C2YK-2 ( ) LEFU, Blade Model FJC7666A-0;
1 Hartzell, Hub Model HC-C2YK-2CLG (F), Blade Model (F) JC7666A
(This model includes the Hartzell damper); or
1 Hartzell, Hub Model HC-C2YK-2CLGU (F), Blade Model (F) JC7666A
(This model includes the Hartzell damper).

Note: HC-( )2YK-( ) may be substituted by HC-( )2YR-( ) per Hartzell Service Advisory 61.

Pitch setting: High 79° to 81°, Low 13.5° at 30" station.
Diameter: Not over 76", not under 74".
No further reduction permitted.

Spinner: Piper P/N 96388 Spinner Assembly and P/N 96836 Cap Assembly, or P/N 78359-0 Spinner Assembly and P/N 96836-2 Cap Assembly (See NOTE 4)

Governor Assembly:
1 Hartzell hydraulic governor, Model F-6-18AL (Right);
1 Hartzell hydraulic governor, Model F-6-18A (Left).

Avoid continuous operation between 2200 and 2400 r.p.m. unless aircraft is equipped with Hartzell propellers which incorporates Hartzell damper on both left and right engine as noted above.

Airspeed Limits

| | | |
|---|---|---|
| $V_{NE}$ (Never exceed) | 217 m.p.h. | (188 knots) |
| $V_{NO}$ (Maximum structural cruise) | 190 m.p.h | (165 knots) |
| $V_A$ (Maneuvering, 4200 lb.) | 146 m.p.h. | (127 knots) |
| $V_A$ (Maneuvering, 4000 lb.) | 146 m.p.h. | (127 knots) |
| $V_A$ (Maneuvering, 2743 lb.) | 133 m.p.h | (115 knots) |
| $V_{FE}$ (Flaps extended) | 125 m.p.h | (109 knots) |
| $V_{LO}$ (Landing gear operating) | | |
| Extension | 150 m.p.h. | (130 knots) |
| Retract | 125 m.p.h. | (109 knots) |
| $V_{LE}$ (Landing gear extended) | 150 m.p.h | (130 knots) |
| $V_{MC}$ (Minimum control speed) | 80 m.p.h. | ( 69 knots) |

C.G. Range (Gear Extended) — S/N 34-E4, 34-7250001 through 34-7250214 (See NOTE 3):
(+86.4) to (+94.6) at 4000 lb.
(+82.0) to (+94.6) at 3400 lb.
(+80.7) to (+94.6) at 2780 lb.

S/N 34-7250215 through 34-7450220:
(+87.9) to (+94.6) at 4200 lb.
(+82.0) to (+94.6) at 3400 lb.
(+80.7) to (+94.6) at 2780 lb.
Straight line variation between points given.
Moment change due to gear retracting landing gear (-32 in.-lb.)

Empty Weight C.G. Range — None

Maximum Weight — S/N 34-E4, 34-7250001 through 34-7250214:
4000 lb.- Takeoff
4000 lb. - Landing
See NOTE 3.

---



Maximum Weight — S/N 34-7250215 through 34-7450220:
4200 lb. - Takeoff
4000 lb. - Landing

No. of Seats — 7 (2 at +85.5, 3 at +118.1, 2 at +155.7)

Maximum Baggage — 200 lb. (100 lb. at +22.5, 100 lb. at +178.7)

Fuel Capacity — 98 gallons (2 wing tanks) at (+93.6) (93 gallons usable)
See NOTE 1 for data on system fuel.

Oil Capacity — 8 qts. per engine (6 qts. per engine usable)
See NOTE 1 for data on system oil.

Control Surface Movements

| | | | | | |
|---|---|---|---|---|---|
| Ailerons | (±2°) | Up | 30° | Down | 15° |
| Stabilator | | Up | 12.5° (+0, -1°) | Down | 7.5° (±1°) |
| Rudder | (±1°) | Left | 35° | Right | 35° |
| Stabilator Trim Tab (Stabilator neutral) | (±1°) | Down | 10.5° | Up | 6.5° |
| Wing Flaps | (±2°) | Up | 0° | Down | 40° |
| Rudder Trim Tab (Rudder neutral) | (±1°) | Left | 17° | Right | 22° |
| Nose Wheel Travel (S/N 34-E4, 34-7250001 through 34-7350353) | (±1°) | Left | 21° | Right | 21° |
| Nose Wheel Travel (S/N 34-7450001 through 34-7450220) | (±1°) | Left | 27° | Right | 27° |

Manufacturer's Serial Number — 34-E4, 34-7250001 through 34-7450220 (See NOTE 7).

**II. - Model PA-34-200T (Seneca II), 7 PCLM (Normal Category), Approved July 18, 1974.**
Same as Model PA-34-200 series except engine installation, maximum gross weight, and other minor changes.

Engines — 1 Teledyne Continental TSIO-360-E or TSIO-360-EB (left engine),
1 Teledyne Continental LTSIO-360-E or LTSIO-360-EB (right engine).

Fuel — 100/130 minimum grade aviation gasoline

Engine Limits — For all operations, 2575 r.p.m. and 40" Hg.
Manifold pressure, 200 hp @ S.L. and 215 hp @ 12,000 ft.

Propeller and Propeller Limits — Left engine
1 Hartzell, Hub Model BHC-C2YF-2 ( )F (See NOTE 10)
or BHC-C2YF-2 ( )UF; Blade Model FC8459-8R or FC8459B-8R.

Right engine
1 Hartzell, Hub Model BHC-C2YF-2 ( )L ( )F (See NOTE 10)
or BHC-C2YF-2 ( )L ( )UF; Blade Model FJC8459-8R or FJC8459B-8R.

Pitch setting at 30" station:
Hub Serial Numbers prior to AN3943:
High 79.3° ± 2.0°, Low 14.4° ± 0.2° or High 80.0° to 81.5°, Low 14.4° ± 0.2°.
Hub Serial Numbers AN3943 and subsequent:
High 80.0° to 81.5°, Low 14.4° ± 0.2°.

15 of 17 A7SO

| MODEL | AFM/POH | REPORT NO. | APPROVED | SERIAL EFFECTIVITY |
|---|---|---|---|---|
| PA-34-220T (Seneca III) | POH | VB-1110 | 1/8/81 | 34-8133001 through 34-8633031, and 3433001 through 3433172 |
| | POH | VB-1150 | 2/20/81 | 34-8133001 through 34-8633031, and 3433001 through 3433172 when Piper Kit 764-099V is installed |
| | POH | VB-1257 | 10/20/89 | 3448001 through 3448037 |
| | POH | VB-1259 | 11/20/89 | 3448001 through 3448037 when Piper Kit 766-203 is installed |
| PA-34-220T (Seneca IV) | POH | VB-1556 | 11/5/93 | 3448038 through 3448079 |
| | POH | VB-1558 | 12/6/93 | 3448038 through 3448079 when Piper Kit 766-283 is installed |
| | POH | VB-1615 | 7/12/95 | 3447001 through 3447029 |
| | POH | VB-1620 | 7/12/95 | 3447001 through 3447029 when Piper Kit 766-608 is installed |
| PA-34-220T (Seneca V) | POH | VB-1638 | 12/6/96 | 3449001 and up |
| | POH | VB-1649 | 1/23/97 | 3449001 and up when Piper Kit 766-632 (or equivalent 88247-{ }) is installed |
| | POH | VB-1930 | 10/25/05 | 3449311 and 3449323 and up when Avidyne Entegra System is installed. |
| | POH | VB-1955 | 3/20/06 | 3449311 and 3449323 and up when Piper kit 766-632 (or equivalent 88247-{ }) and Avidyne Entegra System is Installed. |
| | POH | VB-2186 | 9/2/2010 | 3449410 and up when Garmin G600 System is installed |
| | POH | VB-2193 | 9/10/2010 | 3449410 and up when Piper Kit 766-632 (or equivalent 88247-{ }) and Garmin G600 System is installed. |
| | POH | VB-2230 | 4/30/2013 | 3449459, 3449467 and up when the Garmin G1000 system is installed |

NOTE 1 Current Weight and Balance Report, including list of equipment included in certificated empty weight, and loading instructions when necessary, must be provided for each aircraft at the time of original certification.

The certificated empty weight and corresponding center of gravity locations must include undrainable system oil (not included in oil capacity) and unusable fuel as noted below:

Fuel: 30.0 lb. at (+103.0) for PA-34 series, except Model PA-34-220T (Seneca V), S/N 3449001 and up
Fuel: 36.0 lb. at (+103.0) for Model PA-34-220T (Seneca V), S/N 3449001 and up
Oil: 6.2 lb. at (+ 39.6) for Model PA-34-200
Oil: 12.0 lb. at (+ 43.7) for Models PA-34-200T and PA-34-220T

NOTE 2 All placards required in the approved Airplane Flight Manual or Pilot's Operating Handbook and approved Airplane Flight Manual of Pilot's Operating Handbook supplements must be

11 of 17 A7SO

Control Surface Movements

| | | | | | |
|---|---|---|---|---|---|
| Ailerons | (±2°) | Up | 35° | Down | 20° |
| Stabilator | | Up | 12.5° (+0°, −1°) | Down | 7.5° (±1°) |
| Rudder | (±1°) | Left | 35° | Right | 35° |
| Stabilator Trim Tab (Stabilator neutral) | (±1°) | Down | 10.5° | Up | 6.5° |
| Wing Flaps | | Up | 0° (±1°) | Down | 40° (±2°) |
| Rudder Trim Tab (Rudder neutral) | (±1°) | Left | 26° | Right | 26° |
| Nose Wheel Travel (Maximum) | | Left | 27° | Right | 27° |

Manufacturer's Serial Number 3449001 and up.

DATA PERTINENT TO ALL MODELS

Datum 78.4" forward of wing leading edge from the inboard edge of the inboard fuel tank.

Leveling Means Two screws left side fuselage below window.

Certification Basis Type Certificate No. A7SO issued May 7, 1971, obtained by the manufacturer under the delegation option authorization.
Date of Type Certificate application July 23, 1968.

Model PA-34-200 (Seneca I):
FAR 23 as amended by Amendment 23-6 effective August 1, 1967; FAR 23.959 as amended by Amendment 23-7 effective September 14, 1969; and FAR 23.1557(c)(1) as amended by Amendment 23-18 effective May 2, 1977. Compliance with FAR 23.1419 as amended by Amendment 23-14 effective December 20, 1973, has been established with optional ice protection provisions.

Model PA-34-200T (Seneca II):
FAR 23 as amended by Amendment 23-6 effective August 1, 1967; FAR 23.901, 23.909, 23.959, 23.1041, 23.1043, 23.1047, 23.1143, 23.1305(b)(c)(h)(p) and 23.1527(b) as amended by Amendment 23-7 effective September 14, 1969; and FAR 23.1557(c)(1) as amended by Amendment 23-18 effective May 2, 1977.

Model PA-34-220T (Seneca III and IV):
FAR 23 as amended by Amendment 23-6 effective August 1, 1967; FAR 23.207, 23.901, 23.909, 23.959, 23.1041, 23.1043, 23.1047, 23.1143, 23.1305(b)(c)(h)(p) and 23.1527 as amended by Amendment 23-7 effective September 14, 1969; FAR 23.201 and 23.203 as amended by Amendment 23-14 effective December 20, 1973; FAR 23.1557(c)(1) as amended by Amendment 23-18 effective May 2, 1977; FAR 23.175(a) and 23.1581(b)(2) as amended by Amendment 23-21 effective March 1, 1978; FAR 23.1545(a) as amended by Amendment 23-23 effective December 1, 1978; and FAR 36 through Amendment 36-9 effective January 15, 1979.

## 4.4.3. 무게와 평형 측정 장비

### 4.4.3.1 저울(Scale)

항공기 중량 측정하는 저울은 기계식과 전자식이 있다. 기계식 저울은 균형추와 스프링 등으로 기계적으로 동작된다. 전자식 저울은 로드 셀(Load Cell)이라고 부르는 것으로서 전기적으로 동작한다. 경항공기 등 소형기는 기계적 저울로 무게 측정을 한다. 전자저울은 착륙장치 아래에 놓고 측정하는 플랫폼형과 잭(Jack)의 상부에 부착하는 잭 부착형이 있다. 플랫폼 위에 착륙장치를 안착시키는 플랫폼형 저울은 내부에 중량을 감지하여 전기적 신호를 발생시키는 로드 셀이 있다. 로드 셀 내부에는 가해진 중량을 전기 저항으로 변환하는 전자 그리드(electronic grid)가 있다. 이 저항 값은 케이블에 의해 지시계기로 연결되고, 지시계기는 저항의 변화량을 디지털 숫자로 지시한다.

그림 4-22는플랫폼형 저울로 Piper Archer 항공기 중량을 측정하는 사진이다.

그림 4-23은 Mooney M20 항공기 무게를 휴대용 플랫폼 저울로 측정하고 있다. 항공기 수평비행 자세 유지를 위해 노즈 타이어의 압력을 제거한 상태에 유의하라. 이 저울은 이동하기 쉽고 가정용 전기 또는 내장 배터리로 작동한다.

[그림 4-22] 플랫폼형 저울로 Piper Archer 무게 측정

[그림 4-23] 휴대용 플랫폼 저울로 Mooney M20 무게측정

그림 4-24는 중량 측정기의 디지털 형 지시부이다. 전력공급 스위치, 중량의 단위 선택 스위치, Power On/Off 스위치가 있다. 숫자 키가 아닌 파란색 키가 영점 조정 키이다.

Power On/Off 스위치 3개를 모두 켜면 항공기 총중량을 지시한다.

두 번째 형태의 전자저울은 잭의 맨 위쪽에 로드 셀을 부착하는 형태이다. 잭 상부와 항공기 잭 패드(Jack Pad) 사이에 로드 셀이 장착된다. 모든 로드 셀은 지시계기로 전기 케이블로 연결된다. 플랫폼 형태의 저

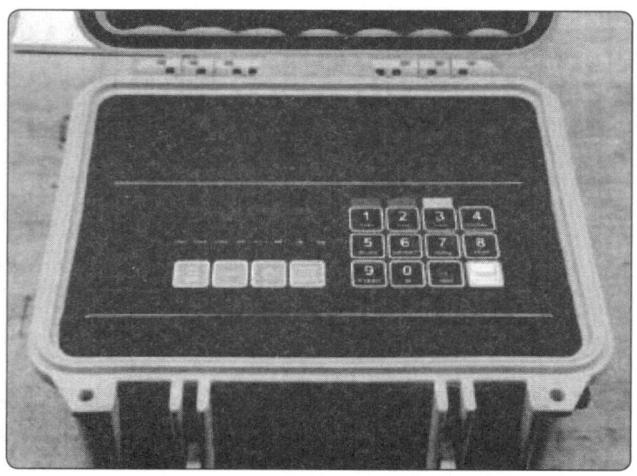

[그림 4-24] 디지털 저울 지시기

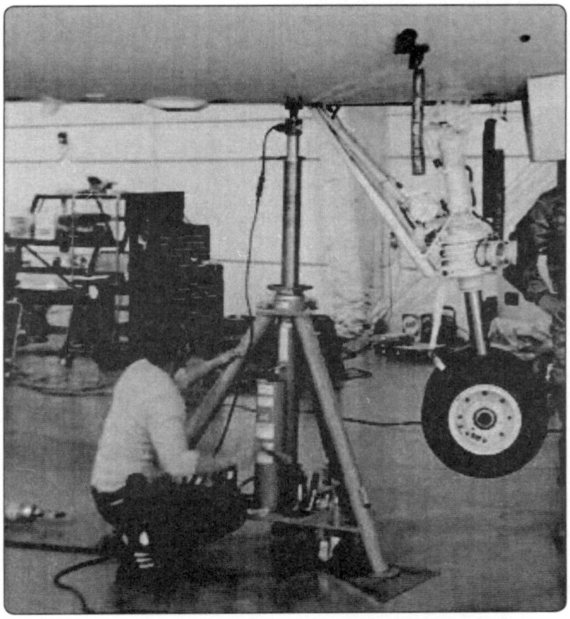

[그림 4-25] 로드 셀 Gulfstream 무게 측정

울은 수평을 잡는 방법으로 항공기의 타이어 공기압력을 제거하거나 착륙장치 스트러트 길이를 조정하여 수평을 잡는다. 잭에 로드셀을 부착하여 무게를 측정할 때, 잭의 높이를 조정하여 항공기 수평을 맞춘다.

[그림 4-25]는 잭과 로드 셀을 이용하여 Gulfstream 항공기의 무게를 측정하고 있다.

#### 4.4.3.2 수평 측정기(Spirit Level)

정확한 중량 측정값을 얻기 위해서는 항공기가 수평 비행자세에 있어야 한다. 항공기 수평 상태 확인에 사용하는 방법은 수평측정기로 수평 상태를 확인하는 것이다. 수평측정기는 작은 기포와 액체를 채운 유리관으로 되어 있다. 기포가 2개의 검은 선 사이에 중심으로 모아질 때, 수평 상태임을 나타낸다. 그림 4-24는 수평측정기로 항공기 수평비행자세를 점검하고 있다. 이 수평 점검 위치는 항공기 형식증명자료

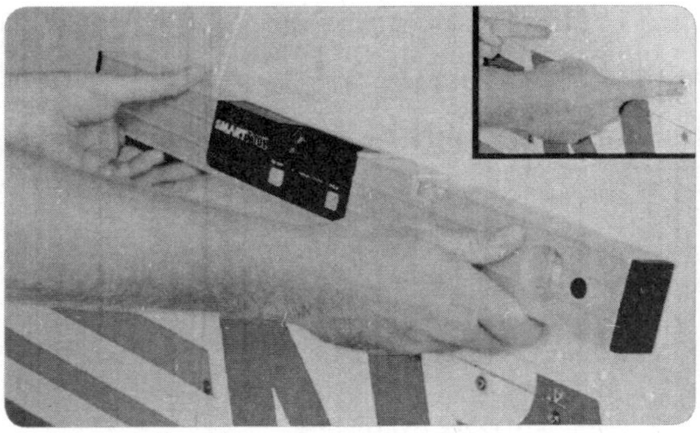

[그림 4-26] Mooney M20의 수평측정기 장착

집(TCDS)에서 구할 수 있고 기체에도 장착 위치 표식(Marking)이 있다.

#### 4.4.3.3 측량추(Plumb Bob)

측량추는 한쪽 끝이 무겁고 날카로운 원추형 추를 줄에 매단 형태이다. 줄을 항공기에 고정하고 추의 끝이 지면에 거의 닿을 정도로 늘어뜨린다면, 추 끝이 닿는 지점과 줄이 부착된 곳은 직각을 이룰 것이다. 측량추를 이용하여 항공기의 기준선으로부터 주 착륙장치 바퀴 축의 중심까지 거리를 측정하는 방법이 있다.

그림 4-25는 항공기 날개의 앞전에서 내려진 측량추이다. 날개의 앞전이 기준점이었다면, 측량추를 앞

[그림 4-27] 날개앞전에서 측량 추를 내림

전에서 내려뜨려 격납고 바닥에 표시하고 또 다른 측량추는 주 착륙장치의 바퀴축 중심에서 내려뜨려 격납고 바닥에 표시하여, 줄자로 이 2개 지점 사이의 거리를 잰다면 기준점에서 주 착륙장치까지의 거리를 구할 수 있다. 측량추는 항공기를 수평을 유지하는 데에도 사용할 수 있다.

#### 4.4.3.3 측량추(Plumb Bob)

측량추는 한쪽 끝이 무겁고 날카로운 원추형 추를 줄에 매단 형태이다. 줄을 항공기에 고정하고 추의 끝이 지면에 거의 닿을 정도로 늘어뜨린다면, 추 끝이 닿는 지점과 줄이 부착된 곳은 직각을 이룰 것이다. 측량추를 이용하여 항공기의 기준선으로부터 주 착륙 장치 바퀴축의 중심까지 거리를 측정하는 방법이 있다. 날개의 앞전이 기준점이었다면, 측량추를 앞전에서 내려뜨려 격납고 바닥에 표시를 하고 또 다른 측량추는 주 착륙 장치의 바퀴축 중심에서 내려뜨려 격납고 바닥에 표시를 하고, 줄자로 2개 지점 사이의 거리를 잰다면 기준점에서 주 착륙장치까지의 거리를 구할 수 있다. 측량추는 항공기를 수평을 유지하는 데에도 사용할 수 있다. 그림 4-27은 항공기 날개의 앞전에서 내려진 측량추이다.

#### 4.4.3.4 비중계(Hydrometer)

항공기 연료탱크에 연료가 가득 찬 상태로 중량을 측정하는 경우에는 해당 연료 무게를 저울의 지시무게에서 빼 주어 실제 항공기 무게를 구한다. 따라서, 연료량을 중량으로 환산하여야 한다. 항공용가솔린(AVGas)의 표준 무게는 6.0lb/gal, 제트연료는 6.7lb/gal로 법적으로 정해져 있지만, 비중은 온도의 영향을 받으므로 항상 이 표준 무게를 사용할 수는 없다. 예를 들어, 기온이 높은 여름철에 비중계로 측정한 AVGas 중량은 5.85~5.9 lb/gal 정도이다. 100 gal의 연료를 탑재하고 중량이 측정되었다면 표준 무게로 환산한 연료의 무게의 차이가 10~15lb 정도가 난다.

항공기 연료가 있는 상태에서, 무게 측정을 라는 경우, 갤런당 연료의 무게는 비중계로 점검해야 한다. 비중계는 튜브 측면의 눈금 세트로 밀봉된 가중 유리 튜브로 구성된다.

눈금 표시와 해당 숫자 값은 갤런 당 파운드 단위(lb/gal)를 나타낸다. 연료가 들어 있는 플라스크에 넣으면 유리관은 연료 밀도에 따라 수평으로 뜬다. 연료가 튜브 측면과 교차하는 위치의 표시는 갤런당 파운드를 나타낸다.

### 4.4.4 중량 측정 준비 (Preparing an Aircraft for Weighing)

항공기의 중량 측정은 항공정비의 매우 중요하고 까다로운 단계이다. 신중한 준비는 시간을 절약하고 실수를 방지한다.

항공기는 바람의 영향을 받지 않는 격납고 안에서 수행되어야 한다. 무게 측정 작업을 하기 전에 항공기는 철저히 세척 한다. 항공기 내부는 물이나 먼지 등 오물이 축적되어 있을 구석, 구석 각별히 주의하여 청소하여야 한다. 항공기 외부는 가능한 모든 진흙과 먼지 등이 없도록 깨끗하게 세척 한다.

다음과 같은 측정 장비의 상태도 사전에 점검한다.

(1) 저울, 호이스트, 잭, 수평장비
(2) 저울 위에 항공기를 고정하는 블록, 받침대, 또는 모래주머니

(3) 곧은 자, 수평측정기, 측량추, 분필, 그리고 줄자
(4) 항공기설계명세서와 중량과 평형 계산 양식
(5) 중량측정은 공기 흐름이 없는 격납고 등 밀폐된 건물 속에서 시행해야 한다.
(6) 옥외에서 측정은 바람과 습기의 영향이 없는 경우에만 가능하다.

#### 4.4.4.1 연료계통(Fuel System)

항공기 자중을 측정하기 위해 항공기의 무게를 재는 경우, 사용할 수 없는 잔류연료의 무게만 포함해야 한다. 잔류 연료 무게만 포함시키려면 다음 세 가지 방법 중 한 방법으로 측정한다.

(1) 항공기 연료탱크 또는 연료관에 연료가 전혀 없는 상태
- TCDS에 명기된 잔류연료 무게와 위치를 모멘트 계산에 반영한다.

(2) 연료탱크나 연료관에 연료가 있는 상태로 측정
- 항공기 제작자 지정한 방식으로 탱크에서 연료를 배출한다.
- 특정 지침이 없는 경우, 연료량 게이지 " Empty", 배출되는 연료가 없을 때까지 연료를 배출한다. 이 경우 항공기 자세에 유의하라.
- 연료 라인이나 계통에는 잔류된 연료의 무게와 거리는 TCDS를 참조한다.

(3) 연료탱크가 완전히 가득 찬 상태로 중량을 측정
- TCDS의 잔존연료 무게는 더하고, 사용할 수 있는 연료 중량은 빼야 한다.
- 비중계를 사용하여 갤런 당 연료 무게 결정하라.
- 잭 부착형 로드셀 저울을 사용하는 경우에는 잭의 용량, 로드 셀 사용 설명서도 검토해야 한다.
- 항공기 정비 매뉴얼(AMM)에 연료 탱크가 가득 찬 상태로 항공기를 잭으로 고정하는 것이 허용되는지 확인해야 한다. 항공기 구조에 추가적인 스트레스를 가중시킬 수 있다.
- 연료 탱크에 부분적으로 차 있을 때는 무게 측정과 평형 작업을 해서는 안된다.
  정확히 얼마의 연료 무게를 반영해야 할지 결정이 불가능하기 때문이다.

#### 4.4.4.2 엔진 오일 계통(Oil System)

1978년 이후에 제작된 항공기의 형식증명서에는 엔진오일 탱크가 가득 찬 상태에서의 오일 중량이 항공기 자중에 포함되었다. 항공기 중량 측정을 준비하는 단계에서 항공기 엔진 오일 양을 점검하여 만충 상태로 서비스한다. 형식증명서에 잔존 오일이 항공기 자중에 포함된 항공기라면, 다음의 두 가지 방법 중 한 가지를 적용해야 한다.

(1) 잔존오일 양이 남을 때까지 엔진오일을 배출한다.
(2) 엔진오일 양을 점검하여, 잔존오일 양만 남기고 산술적으로 뺀다.
    오일의 표준중량은 7.5lb/gal (1.875lb/qt)이다.

#### 4.4.4.3 기타 유체(Miscellaneous Fluids)

항공기설계명세서 또는 제작사 사용 지침에 특별한 주석이 없다면, 항공기의 정상 운항에 필요한 유체를 포함하는 유압유 저장장치 및 기타 모든 저장장치는 가득 차 있는 상태이어야 한다. 항공기의 자중으로 포함되지 않는 유체는 음용수와 화장실 프리차지 물, 엔진으로 주입하는 물을 포함한다. 작동유 리저버, 엔진

의 정속 구동 장치 오일은 채워야 하고, 물탱크, 오물탱크는 완전히 비워야 한다.

#### 4.4.4.4 조종계통(Flight Controls)

**스포일러, 슬래트, 플랩, 헬리콥터 로터 시스템과 같은 품목의 위치는 항공기의 무게를 측정할 때 중요한 요소다. 이러한 품목의 올바른 위치는 제조업체의 지침을 따라야 한다.**

#### 4.4.4.5 기타 고려해야 할 사항(Other Considerations)

**자중에 포함되는 장비나 물품이 해당 장소에 장착되어 있는지 항공기 상태검사를 실시해야 한다.**

(1) 비행 시에 정기적으로 갖추지 않는 물품은 제거해야 한다.
(2) 수하물 실은 비어 있는 상태이어야 한다.
(3) 점검 구, 점검 창, 점검 커버, 오일탱크 뚜껑, 연료탱크 뚜껑, 엔진 카울, 출입문, 비상구 문, 윈도우, 케노피는 정상 비행 상태에서의 위치에 있도록 한다.
(4) 과도한 먼지, 오일, 그리스, 습기는 제거해야 한다.
(5) 측정 작업 중에 구르거나 떨어지는 물건에 의해 항공기, 장비, 인명이 손상을 입지 않도록 유의한다.
(6) 저울에 Wheel을 올려놓고 측정하는 경우에 사이드로드(side load)에 의한 오차 발생을 방지하도록 항공기 제동장치는 풀어 놓는다.
(7) 모든 항공기는 수평 비행과 같은 상태에서 무게 측정 작업이 실시되어야 한다.
고정익 경항공기에서 가로축의 수평은 중요하지 않지만 세로축 수평은 수평비행 상태와 같아야 한다.
(8) 헬리콥터는 가로, 세로 모두 수평 상태에서 작업이 이루어져야 한다.

#### 4.4.4.6 중량측정점(Weighing Points)

중량을 측정할 때 항공기의 중량이 저울로 전달되는 지점을 알아야 기준선으로부터의 거리를 정확히 산출할 수 있다. 착륙장치가 3개인 경항공기를 플랫폼형 저울로 측정할 때 항공기 중량은 엑슬의 중심을 통해 전달된다. 잭에 저울을 부착하여 측정하는 경우는 잭 패드 중심부를 통해 전달된다. 착륙 스키드를 가진 헬리콥터의 경우는 이 중량측정점을 알기 위해 스키드와 저울 사이에 파이프를 삽입하고 측정한다. 이러한 조치가 없다면 저울의 상면 전체와 스키드가 접촉하여 하중 이동의 중심을 정확히 알 수 없을뿐더러 기준선으로부터의 중량측정점까지 거리도 알 수 없다. 중량측정점까지 거리를 알 수 없다면 이전 측정하였을 때의 기록을 참고하거나, 실측한다.

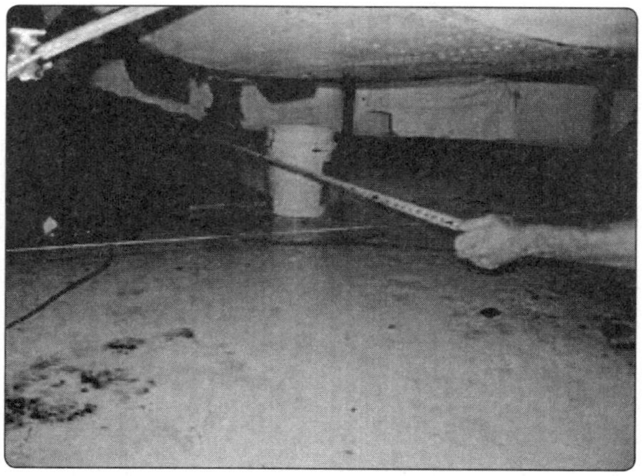

[그림 4-28] 세스나 310 Nosewheel Arm 실측

### 4.4.5 무게중심범위(C.G, Range)

항공기 무게중심범위는 수평비행 상태에서 무게중심이 이 범위 안에 유지되어야 하는 한계로 전방한계와 후방한계로 구별된다. 그림4-21 파이퍼 세네카 항공기의 형식증명자료집에서의 무게중심범위는 다음과 같다.

[표 4-10] Piper Seneca C.G. 범위

| CG Range:(Gear Extended) |
|---|
| S/N 34-E4, 34-7250001 through 34-7250214(See NOTE 3):<br>(+86.4[inch]) to (+94.6[inch]) at 4,000[lb]<br>(+84-0[inch]) to (+94.6[inch]) at 3,400[lb]<br>(+80.7[inch]) to (+94.6[inch]) at 2,780[lb]<br>Straight line variation between points given.<br>Moment change due to gear retracting landing gear(-32[inch-lb]) |

이 항공기는 착륙장치가 전개되었을 때 범위로, 착륙장치가 들어간다면 총 모멘트는 32in 감소된다고 명기되어 있다. 착륙장치가 들어갔을 때 무게중심의 변화를 알려면 탑재된 중량으로 나누면 된다. 항공기가 3,500lb 중량이라면, 무게중심은 전방으로 32÷3,500=0.009in 이동된다. 항공기에 탑재된 중량이 증가할 때, 무게중심범위는 점점 더 작아진다. 전방한계는 뒤로, 후방한계는 동일하여 작아지는 것이다.

그림 4-29는 중량과 무게중심간의 관계를 나타내는 무게중심영역도이다.

#### 4.4.5.1 자중무게중심 범위(Empty Weight C.G Range)

헬리콥터의 경우 자중무게중심 범위로 주어지는 경우도 있다. 범위가 매우 작고 사람과 연료 중량에 제한적인 경우에 적용된다. 만약 항공기의 자중무게중심

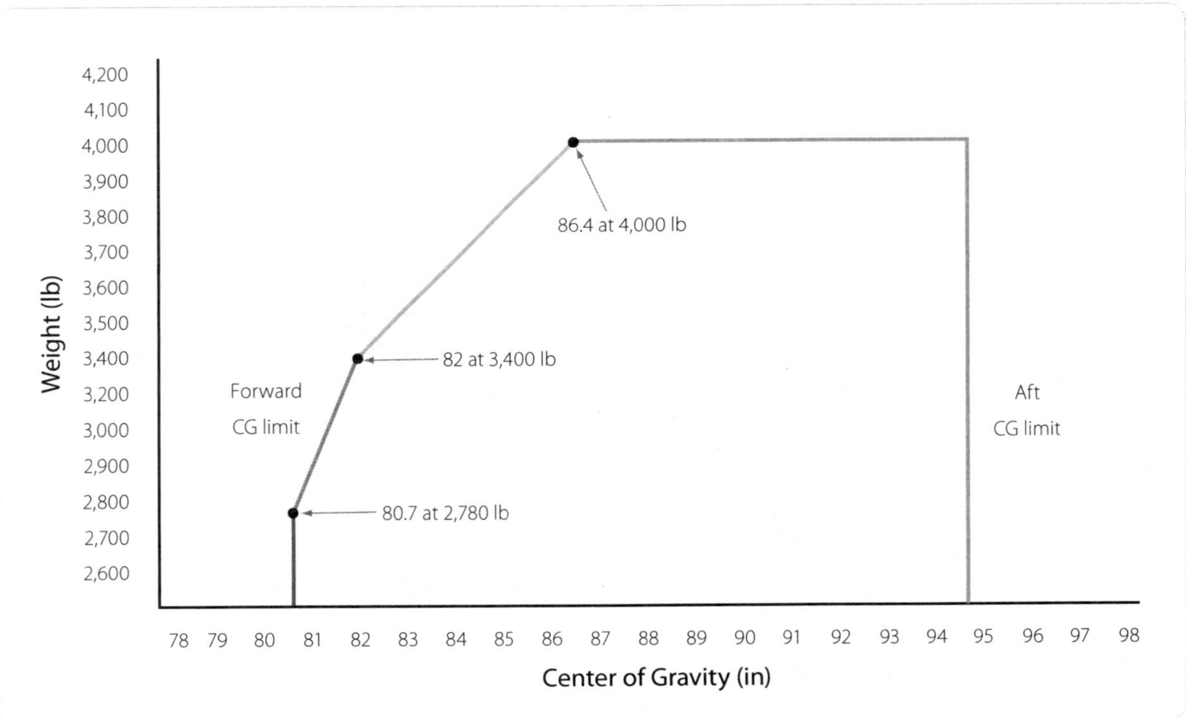


[그림 4-29] Piper Seneca 무게중심 영역 그래프

범위에서 표준 탑재를 한 경우에는 무게중심한계 이내에 중량 중심이 있음을 알 수 있다. 자중무게중심이 적용되지 않는 항공기는 항공기설계명세서 또는 형식증명서자료집에 "None"으로 표시한다.

#### 4.4.5.2 운항무게중심 범위(Operating C.G Range)

무게중심한계를 갖는 항공기는 탑재되고 비행을 위한 준비로 운항 조건을 확인하여야 한다. 항공기가 하나 이상의 감항분류로 인가된 형식증명을 갖고 있다면, 감항분류별 운항무게중심 범위를 설정하고, 항공기 무게중심은 이 한계 내에 있어야 한다.

#### 4.4.5.3 표준중량 (Standard Weights used for Aircraft Weight and Balance)

중량과 평형에서 사용되는 표준중량은 다음과 같다.

- Avgas 6 lb/gal
- Turbine fuel 6.7 lb/gal
- Lubricating oil 7.5 lb/gal
- Water 8.35 lb/gal
- Crew and passengers 170 lb per person

#### 4.4.5.4 무게측정 예 (Example Weighing of an Airplane)

그림 4-30은 플랫폼 저울로 중량을 측정하고 있는 항공기이다.

항공기 형식증명자료집의 무게자료는 표 4-11과 같다.

① 항공기는 가득찬 연료탱크로 중량을 재었으므로 연료 중량은 빼야하고 사용할 수가 없는 연료 중

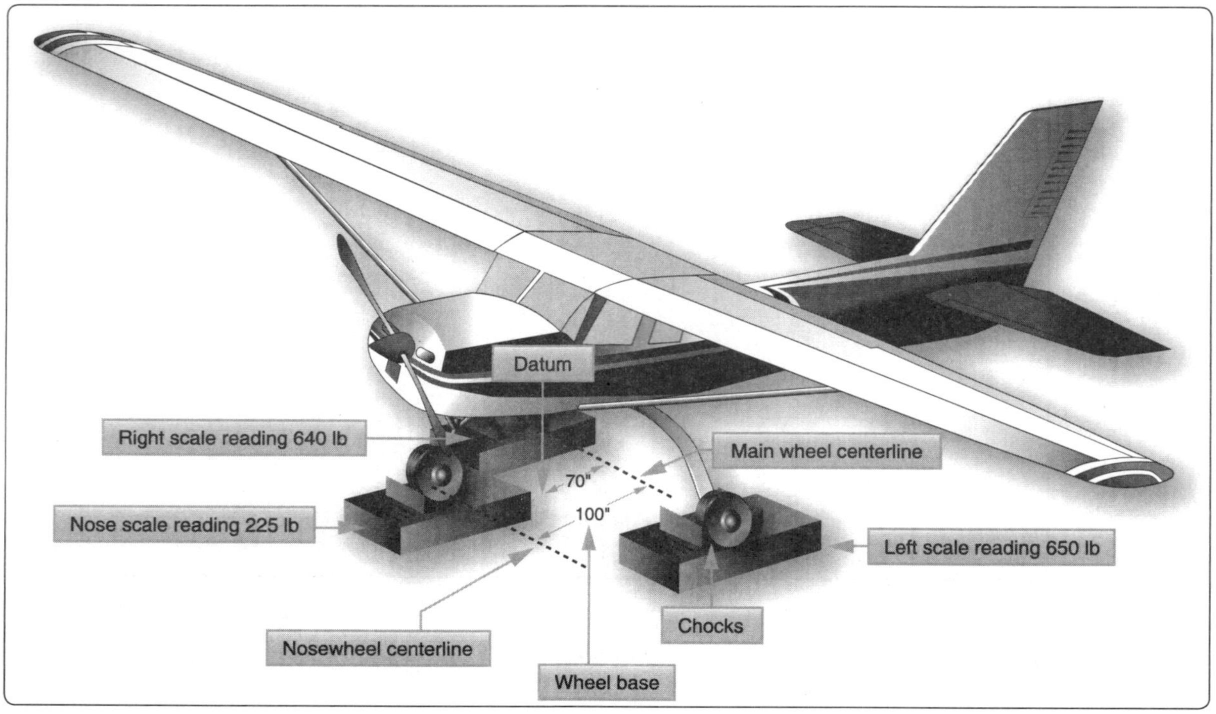


[그림4-30] 무게 측정중인 항공기

[표 4-11] 무게와 평형 자료

| | |
|---|---|
| **Aircraft datum:** | Leading edge of the wing |
| **Leveling means:** | Two screws, left side of fuselage below window |
| **Wheelbase:** | 100" |
| **Fuel capacity:** | 30 gal aviation gasoline at +95" |
| **Unusable fuel:** | 6 lb at +98" |
| **Oil capacity:** | 8 qt at –38" |
| **Note 1:** | Empty weight includes unusable fuel and full oil |
| **Left main scale reading:** | 650 lb |
| **Right main scale reading:** | 640 lb |
| **Nose scale reading:** | 225 lb |
| **Tare weight:** | 5 lb chocks on left main<br>5 lb chocks on right main<br>2.5 lb chock on nose |
| **During weighing:** | Fuel tanks full and oil full<br>Hydrometer check on<br>Fuel shows 5.9 lb/gal |

량은 더한다. 이 중량은 비중, 즉 5.9lb/gal으로 산정한다.

② 고임목 중량은 저울 지시 값에서 빼야 한다.

③ 주륜 중심점은 기준선 뒤쪽 70in에 있기 때문에 거리는 + 70in이다.

④ 전륜 거리는 – 30in이다.

항공기의 자중과 자중무게중심을 계산표는 표 4–12와 같고, 무게중심은 기준선의 뒤쪽 50.1in이다. 무게중심은 기준선의 뒤쪽 50.1"에 있다.

### 4.4.5.5 자중 무게중심 공식(EWCG Formulas)

EWCG는 다음 공식을 사용하여 신속하게 계산할 수 있다. CG의 위치와 기준점과 연관시키는 네 가지 가능한 조건과 공식들이 있다

[표 4-12] 모멘트 및 무게중심 계산표

| Item | Weight (lb) | Tare (lb) | Net Wt. (lb) | Arm (inches) | Moment (in-lb) |
|---|---|---|---|---|---|
| Nose | 225 | –2.5 | 222.5 | –30 | –6,675 |
| Left Main | 650 | –5 | 645 | +70 | 45,150 |
| Right Main | 640 | –5 | 635 | +70 | 44,450 |
| Subtotal | 1,515 | –12.5 | 1,502.5 | | 82,925 |
| Fuel Total | | | –177 | +95 | –16,815 |
| Fuel Unuse | | | +6 | +98 | 588 |
| Oil | | | Full | | |
| **Total** | | | **1,331.5** | **+50.1** | **66,698** |

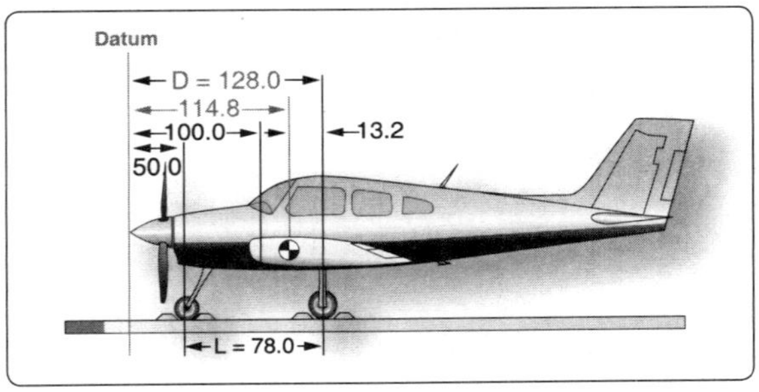


[그림 4-31] 항공기 Nose에 기준선이 있는 항공기 자료

① 그림 4–31: Nosewheel L/G 항공기로 기준선이 항공기 Nose에 있을 때

– 기준선 : Main–wheel 전방 128"(Wing Root의 L/E 전방 100")

– Nosewheel에 340lb

– 항공기 자중 : 2,006lb

– CG = D – (F x L)/W

= 128–{(340 x 78)/2006}

= 114.8"

– 기준선의 114.8" 후방, Main–wheel(무게 측정점)의 13.2" 앞에 있다.

② 그림 4-32: Nosewheel L/G 항공기로 기준선이 Main-wheel 후방에 있을 때

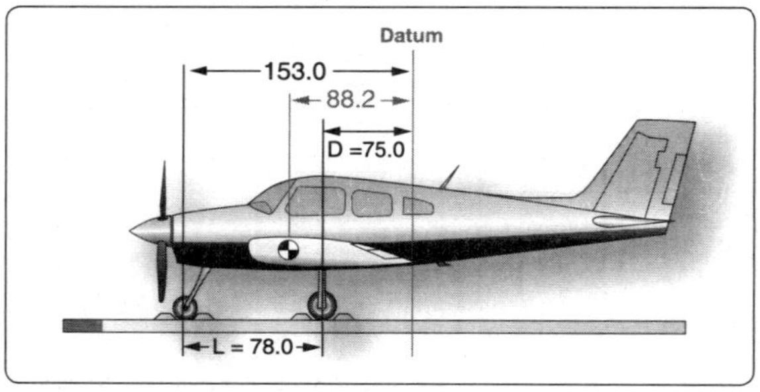


[그림 4-32] 기준선이 Main Gear 뒤에 있을 때

- 기준선 : Main wheel 후방 75"(Wing Root의 L/E 후방 88.2")
- Nosewheel에 340lb
- Main-wheel과 Nosewheel 사이 거리는 78 "
- 항공기 자중 : 2,006lb
- CG = -(D + (F x L)/W)

  = -[75+{(340 x 78)/2006}]

  = -88.2"
- 기준선의 88.2" 전방, Main-wheel의 13.2" 앞에 CG가 있다.

③ 그림 4-33 : Tail wheel L/G 항공기로 기준선이 Main Gear 앞에 있을 때

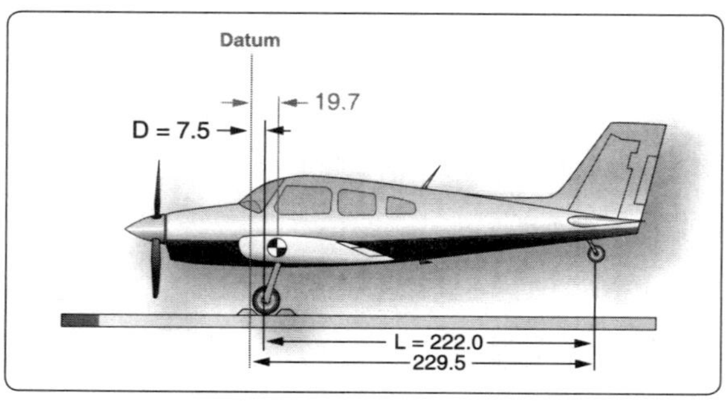


[그림 4-33] 기준선이 Main Gear 앞에 있을 때

-기준선 : 무게측정점(Main Gear) 전방 7.5"
- Tail wheel에 67lb
- Main-wheel과 Tail wheel 사이 거리는 222"
- 항공기 자중 : 1,218lb
- CG = -{D + (R x L)/W}

  = [7.5+{(67 x 222)/1218}]

  = 19.7"
- 기준선 뒤 19.7", Main-wheel의 12.2" 뒤에 CG가 있다.

④ 그림 4-34 : Tail wheel L/G 항공기로 기준선이 Main Gear 뒤에 있을 때

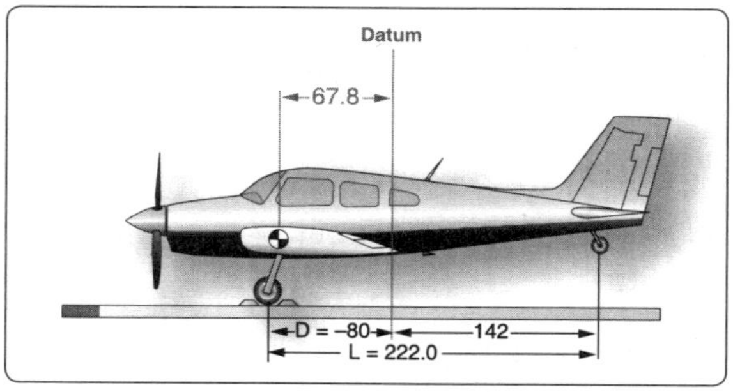


[그림 4-34] 기준선이 Main Gear 뒤에 있을 때

-기준선 : 무게측정점(Main Gear) 후방 80"
- Tail wheel에 67lb
- Main-wheel과 Tail wheel 사이 거리는 222"
- 항공기 자중 : 1,218lb
- CG = -D + (R x L)/W

  = -80+ (67 x 222)/1218

  = -67.8"
- 기준선 앞 67.8", Main-wheel의 12.2" 뒤에 CG가 있다.

## 4.5. 탑재관리 (Loading an Aircraft for Flight)

항공기의 중량과 평형에 문제가 있는지 없는지는 비행을 위해 승객, 화물, 연료를 탑재한 이후에 알 수 있다. 기장은 운항 전에 탑재된 항공기의 중량과 평형을 확인하여야 하고, 비행안전에 영향 여부를 결정하여야 한다.

### 4.5.1 항공기 탑재 사례 (Example Loading of an Airplane)

탑재가 완료된 쌍발 파이퍼 세네카 항공기를 예로 살펴보자. 이 장의 앞부분에 이 항공기의 형식증명서자료집이 제시되어 있다. 형식증명서에서의 중량과 평형 정보는 다음과 같다.

탑재관리를 위한 항공기 정보는 다음과 같다.

| | |
|---|---|
| **CG Range (Gear Extended)** | S/N 34-7250215 through 34-7450220:<br>(+87.9") to (+94.6") at 4,200 lb<br>(+82.0") to (+94.6") at 3,400 lb<br>(+80.7") to (+94.6") at 2,780 lb<br><br>Straight line variation between points given.<br><br>–32 in-lb moment change due to gear retracting landing gear |
| **Empty Weight CG Range** | None |
| **Maximum Weight** | S/N 34-7250215 through 34-7450220:<br>4,200 lb—Takeoff<br>4,000 lb—Landing |
| **No. of Seats** | 7 (2 at +85.5", 3 at +118.1", 2 at +155.7") |
| **Maximum Baggage** | 200 lb (100 lb at +22.5, 100 lb at +178.7) |
| **Fuel Capacity** | 98 gal (2 wing tanks) at (+93.6") (93 gal usable). See NOTE 1 for data on system fuel. |

[그림 4-35] 형식증명자료

- 항공기 일련번호(Airplane Serial Number): 34-7250816
- 항공기 자중(Airplane Empty Weight): 2,650 lb
- 항공기 자중무게중심(Airplane EWCG): +86.8"

금일의 비행을 위한 유용하중과 탑재위치는 다음과 같다.

- 1 pilot at 180 lb at an arm of +85.5"
- 1 passenger at 160 lb at an arm of +118.1"
- 1 passenger at 210 lb at an arm of +118.1"
- 1 passenger at 190 lb at an arm of +118.1"
- 1 passenger at 205 lb at an arm of +155.7"
- 50 lb of baggage at an arm of +22.5"
- 100 lb of baggage at an arm of +178.7"
- 80 gal of fuel at an arm of +93.6"

형식증명자료에 근거하여, 이 항공기의 최대이륙중량은 4,200lb이고, 무게중심한계는 +94.6in이다. 계획된 유용하중을 탑재할 경우 항공기 운항무게는 25lb

| Item | Weight (lb) | Arm (inches) | Moment (in-lb) |
|---|---|---|---|
| Empty Weight | 2,650 | +86.80 | 230,020.0 |
| Pilot | 180 | +85.50 | 15,390.0 |
| Passenger | 160 | +118.10 | 18,896.0 |
| Passenger | 210 | +118.10 | 24,801.0 |
| Passenger | 190 | +118.10 | 22,439.0 |
| Passenger | 205 | +155.70 | 31,918.5 |
| Baggage | 50 | +178.70 | 1,125.0 |
| Baggage | 100 | +93.60 | 17,870.0 |
| Fuel | 480 | +11.87 | 44,928.0 |
| **Total** | **4,225** | **+96.42** | **407,387.50** |

[그림 4-36] 유용하중 탑재 시의 무게와 중량중심

더 무겁고, 무게중심은 1.82in 뒤쪽에 있다.

유용하중은 25lb 감소시키고' 하중의 일부는 앞쪽방향으로 이동시켜야 한다. 예를 들어, 수하물은 25lb로 감소시키고, 100lb 전부는 더 앞쪽에 탑재할 수 있다. 만약 이렇게 변화가 만들어졌다면, 그림 4-37과 같이 탑재 중량은 4,200lb의 최대허용 중량이내이고, 무게중심은 앞쪽방향으로 4.42in 이동된다.

| Item | Weight (lb) | Arm (inches) | Moment (in-lb) |
|---|---|---|---|
| Empty Weight | 2,650 | +86.8 | 230,020.0 |
| Pilot | 180 | +85.5 | 15,390.0 |
| Passenger | 210 | +85.5 | 17,955.0 |
| Passenger | 160 | +118.1 | 24,801.0 |
| Passenger | 190 | +118.1 | 22,439.0 |
| Passenger | 205 | +118.1 | 24,210.5 |
| Baggage | 100 | +22.5 | 2,250.0 |
| Baggage | 25 | +178.7 | 4,467.5 |
| Fuel | 480 | 93.6 | 44,928.0 |
| **Total** | **4,200** | **+92.0** | **386,461.0** |

[그림 4-37] 유용하중 감소/이동 후 무게중심계산표

## 4.5.2. 역하중 C.G. 점검 (Adverse Loaded CG Checks)

중량과 평형의 양극단 상태 점검은 가능한 한 기수방향으로 무겁게 또는 그 반대로 미익 방향으로 무겁게 탑재하여 무게중심이 허용 한계 이내인지 계산상으로 점검하는 것이다. 무게중심전방한계의 앞쪽에 모든 유용하중이 탑재되고, 그 뒤쪽은 비워둔 상태로 점검하는 것을 무게중심전방극단 상태점검이라 한다. 만약 무게중심전방한계의 앞쪽에 2개의 좌석과 수하물실이 있다면, 170lb 중량 두 사람은 좌석에 앉고, 최대허용수화물을 탑재한다. 무게중심전방한계 뒤쪽의 좌석 또는 수하물실은 비워 둔다. 만약 연료가 무게중심전방한계 뒤쪽에 위치했다면, 최소연료 중량을 고려한다. 최소연료는 엔진의 METO 마력을 2로 나누어 계산한다. 무게중심후방한계의 앞쪽에 모든 유용하중이 탑재되고, 그 뒤쪽은 비워둔 상태로 점검하는 것을 무게중심후방극단 상태점검이라 한다. 무게중심후방한계 뒤쪽에 모든 유용하중이 탑재되고, 그 앞쪽은 빈곳으로 남긴다. 비록 조종사의 좌석이 무게중심후방한계의 앞쪽에 위치하겠지만, 조종사의 좌석은 빈곳으로 남겨둘 수가 없다. 만약 연료탱크가 무게중심후방한계의 앞쪽에 위치했다면 최소연료로 계산한다.

### 4.5.2.1 전 · 후방 역하중 점검 사례

그림 4-38의 사례를 살펴보자. 전방점검에서 89in의 앞쪽에 모든 유용하중을 탑재하고, 그 뒤쪽은 비워둔다. 후방점검에서는 최대중량은 99in 뒤쪽에 추가되고, 앞쪽에 최소중량이 탑재될 것이다. 만약 연료가 최대중량 장소에 위치되지 않았다면, 최소연료로 계산한다. 앞쪽의 좌석은 그들이 앞쪽과 뒤쪽으로 조정할 수 있는 것을 의미하는 82~88in를 유의하라. 전방점검에서는 조종사의 좌석은 82in로, 후방점검에서는 88in로 한다.

| | | |
|---|---|---|
| 1 | Airplane Empty weight | 1,850[lb] |
| 2 | Empty weight CG | +94-45[inch] |
| 3 | CG Limit | +89 to +99[inch] |
| 4 | Maximum weight | 3,200[lb] |
| 5 | Fuel Capacity | 45[gal] at +95[inch] (44 usable)<br>40[gal] at +102[inch] (39 usable) |

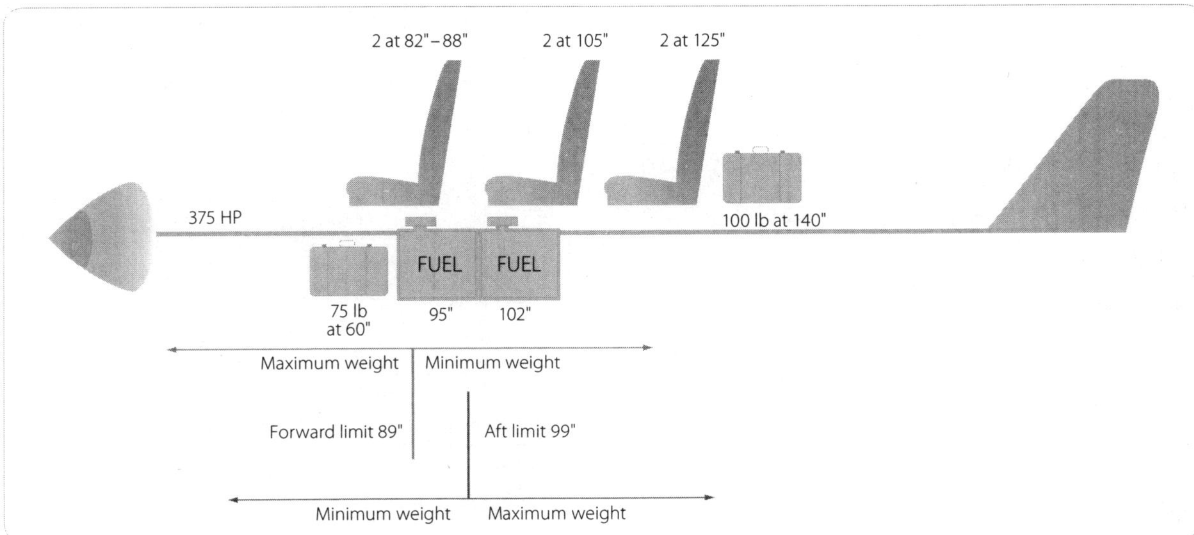


[그림 4-38] 역하중 점검 사례 항공기

[표 4-13] 전/후방 역하중 점검표

| Extreme Condition Forward Check | | | |
|---|---|---|---|
| Item | Weight (lb) | Arm (inches) | Moment (in-lb) |
| Empty Weight | 1,850.0 | +92.45 | 171,032.5 |
| Pilot | 170.0 | +82.00 | 13,940.0 |
| Passenger | 170.0 | +82.00 | 13,940.0 |
| Baggage | 75.0 | +60.00 | 4,500.0 |
| Fuel | 187.5 | +95.00 | 17,812.5 |
| **Total** | **2,452.5** | **+90.20** | **221,225.0** |

| Extreme Condition Aft Check | | | |
|---|---|---|---|
| Item | Weight (lb) | Arm (inches) | Moment (in-lb) |
| Empty Weight | 1,850 | +92.45 | 171,032.5 |
| Pilot | 170 | +88.00 | 14,960.0 |
| 2 Passengers | 340 | +105.00 | 35,700.0 |
| 2 Passengers | 340 | +125.00 | 42,500.0 |
| Baggage | 100 | +140.00 | 14,000.0 |
| Fuel | 234 | +102.00 | 23,868.0 |
| **Total** | **3,034** | **+99.60** | **302,060.5** |

표 4-13의 무게중심극단 점검표에서 다음과 같은 사실을 알 수 있다.

(1) 항공기 무게중심이 Total-Arm 난에 나타나 있다.

(2) 전방점검에서, 전방한계 뒤쪽에 탑재된 물건은 단지 최소연료다.

(3) 전방점검에서, 조종사 좌석과 승객좌석은 82in 위치다.

(4) 전방점검에서, 무게중심은 항공기가 비행할 수 있는 한계 이내에 있다.

(5) 후방점검에서, 후방한계의 앞쪽에는 88in 거리의 조종사이다.

(6) 후방점검에서, 102in에 있는 연료탱크의 연료는 최소연료보다 많다.

(7) 후방점검에서, 무게중심은 항공기가 비행할 수 없는 0.6in 벗어났다.

## 4.6 항공기 개조와 장비품 교환 (Equipment Change and Aircraft Alteration)

새로운 레이다 계통, 지상접근경고장치의 장착, 좌석의 장탈 등 항공기에 있는 장비가 변경되었을 때, 항공기 중량과 평형도 변경된다.

화물실문 날개보에 보강판을 부착하는 것과 같이 항공기의 장비, 계통, 구조의 개조로 인해 항공기의 중량과 평형도 변경된다. 실측에 의한 산정이나, 또는 산술적으로 계산하 여 산출할 수도 있다. 그러나 산술적인 방법은 모든 변경된 거리와 중량을 알 수 있을 때 가능하다.

### 4.6.1 장비변경 사례 (Example Calculation After an Equipment Change)

쌍발 경항공기에 새로운 장비를 장착하고, 기존장비를 장탈/착한 내역은 다음과 같다.

[표 4-14] 장비 장탈/착 내역

| | |
|---|---|
| **Airplane empty weight:** | 2,350 lb |
| **Airplane EWCG:** | +24.7" |
| **Airplane datum:** | Leading edge of the wing |
| **Radio installed:** | 5.8 lb at an arm of –28" |
| **Global positioning system installed:** | 7.3 lb at an arm of –26" |
| **Emergency locater transmitter installed:** | 2.8 lb at an arm of +105" |
| **Strobe light removed:** | 1.4 lb at an arm of +75" |
| **Automatic direction finder (ADF) removed:** | 3 lb at an arm of –28" |
| **Seat removed:** | 34 lb at an arm of +60" |

새로운 자중과 자중무게중심을 계산하면 표 4-15와 같다. 다음과 같은 내용을 인지할 수 있다.

[표 4-15] 장비변경 후 CG 계산표

| Item | Weight (lb) | Arm (inches) | Moment (in-lb) |
|---|---|---|---|
| Empty Weight | 2,350.0 | +24.70 | 58,045.0 |
| Radio Install | +5.8 | –28.00 | –162.4 |
| GPS Install | +7.3 | –26.00 | –189.8 |
| ELT Install | +2.8 | +105.00 | 294.0 |
| Strobe Remove | –1.4 | +75.00 | –105.0 |
| ADF Remove | –3.0 | –28.00 | 84.0 |
| Seat Remove | –34.0 | +60.00 | –2,040.0 |
| **Total** | **2,327.5** | **24.03** | **55,925.8** |

① 장비의 중량은 추가 장착 또는 제거 되었는지를 + 또는 –로써 표기되었다.

② 모멘트의 부호는 중량과 거리의 부호에 의해 결정된다.

③ Strobe와 ADF는 제거되었으나, 오직 Strobe 만이 –모멘트이다.

④ 항공기의 무게중심은 Total–arm에 있다.

⑤ 항공기의 중량이 22.5lb 감소하였고 무게중심은 앞쪽방향 0.67in 이동하였다.

### 4.6.2 평형추 사용(The use of Ballast)

평형추는 평형을 얻기 위하여 항공기에 사용된다. 보통 무게중심 한계 이내로 무게중심이 위치하도록, 최소한의 중량으로 가능한 전방에서 먼 곳에 둔다.

영구적 평형추는 장비 제거 또는 추가 장착에 대한 보상 무게의 물체로 거의 영구적으로 남아있게 된다. 그것은 일반적으로 항공기 구조물에 볼트로 체결된

납봉이나 판(Lead Bar, Lead Plate)이다. 빨간색으로 "PERMANENT BALLAST – DO NOT REMOVE"라 명기되어 있다. 영구 평형추의 장착은 항공기 자중의 증가를 초래하고, 유용하중을 감소시킨다.

임시평형추는 탑재 상태에 따라 장탈되거나 장탁되는 것으로, 납탄 주머니, 모래주머니 등이다. 임시 평형추는 "BALLAST OOO LBS. REMOVE REQUIRES WEIFGHT AND BALANCE CHECK." 명기되고 수하물 실에 싣는 것이 보통이다.

평형추는 항상 인가 장소에 비행 중 움직이지 않도록 철저히 고정한다.

#### 4.6.2.1 임시 평형추 공식(Temporary Ballast Formula)

임시 평형추는 항공기가 난기류나 비정상적 비행 상태에서 쏟아지거나 이동되지 않도록 고정한다. 필요한 평형추 중량은 다음과 같이 구한다.

평형추 무게 = (총무게 × CG 이동 거리)/(평형추와 요구 CG 사이 거리)

그림 4-38의 항공기의 후방 역하중 점검 사례에서 CG 가 0.6" 정도 벗어나 비행할 수 없으므로 항공기의 앞쪽에 임시평형추를 장착한다.

후방 CG 한계는 99"이고, 60" 거리의 화물실에 실어야 할 평형추 무게는 다음과 같다.

$$\frac{3{,}3034[\text{lb}](0.6[\text{inch}])}{39[\text{inch}]} = 46.68[\text{lb}]$$

[표 4-16] 평형추 추가에 의한 CG 계산표

| Item | Weight (lb) | Arm (inches) | Moment (in-lb) |
|---|---|---|---|
| Loaded Weight | 3,034 | +99.60 | 302,060.5 |
| Ballast | 47 | +60.00 | 2,820.0 |
| **Total** | **3,081** | **+98.96** | **304,880.5** |

표 4-16과 같이 무게중심은 후방한계 99in 이내인 98.96in다.

평형추 장착에 대한 다음 사항을 기억하라.

① 무게중심이 한계를 벗어났을 때 어떻게 측정하였는가를 고려하라.

② 무게중심이 한계를 벗어난 간격은 무게중심 위치와 무게중심한계 위치의 차이다.

③ 영향을 받는(affected) 한계는 초과된 무게중심한계다.

④ 후방한계와 평형추 사이의 거리가 이 식의 분모이다.

표 4-16를 제1종 지렛대로 표현하면 그림 4-39와 같다.

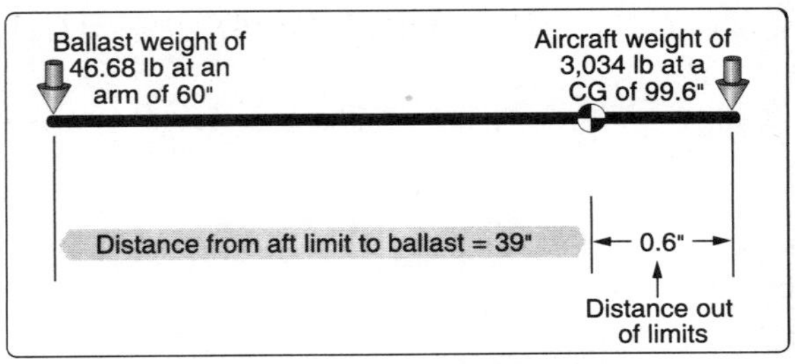


[그림 4-39] 1종 지렛대로 표현한 평형추

#### 4.6.2.1 영구 평형추(Permanent Ballast)

영구 평형추 작업은 수리나 개조로 항공기 무게중심을 변경해야 할 때 수행한다. 평형추 작업을 위하여 설계, 승인된 곳으로 작업이 한정되고, 감항당국의 승인사항이기도 하다. 영구 밸러스트를 설치하면 항공기의 자중이 증가하고 유용한 하중이 줄게된다.

CG가 한도를 벗어난 양, 밸러스트 위치와 영향을 받는 한도 사이의 거리를 알면 필요한 평형추 무게를 구할수 있다.

예로, 자중 1,876 lb 항공기가 개조하여 EWCG가 +32.2, 최대 2,250 lb까지의 무게에 대한 CG 범위가 +33.0 ~ +46.0가 되었다. EWCG를 +33.0으로 유지하기 위해 동체 스테이션 228에 평형 무게를 장착한다.

평형추 무게 = (총무게 X CG 이동거리) / (평형추 와 요구 CG 거리)

=(1876lb X 0.8")/228-33

=7.7lb

## 4.7 탑재그래프와 무게중심한계범위도 (Loading Graphs and CG Envelopes)

이 방법은 탑재 물품의 배치와 무게중심 위치를 결정하는 우수하고 빠른 방법이다. 이 방법은 모든 형식의 항공기에 적용될 수 있지만 주로 소형기에서 사용한다.

항공기 제작사에서는 형식증명자료로 항공기 형식별로 그림 4-40과 4-41와 같은 그래프를 준비하여 인가를 받는다. 이 그래프들은 항공기의 영구 보존 문서이며, 비행교범과, 운항 핸드북에서도 볼 수 있다. 조종사는 중량과 평형 보고서의 자중과 자중무게중심 자료와 이 그래프를 이용하여 탑재 항공기의 무게 중심을 구할 수 있다.

그림 4-40은 탑재되어야 하는 모든 인원, 물품의 중량과 모멘트(1/1000 INDEX) 관계를 그래프로 나타낸 것이다. 알고 있는 중량을 나타내는 Y축에서 찾아 X축과 수평하게 직선을 그어 품목별 직선과 만나는 지점에서 Y축과 평행하게 수직선을 그어 X축의 모멘트를 찾으면 된다.

그림 4-41에서 총중량과 총모멘트가 만나는 지점의 좌표를 구한다. 그림에는 2가지 감항분류별 무게중심

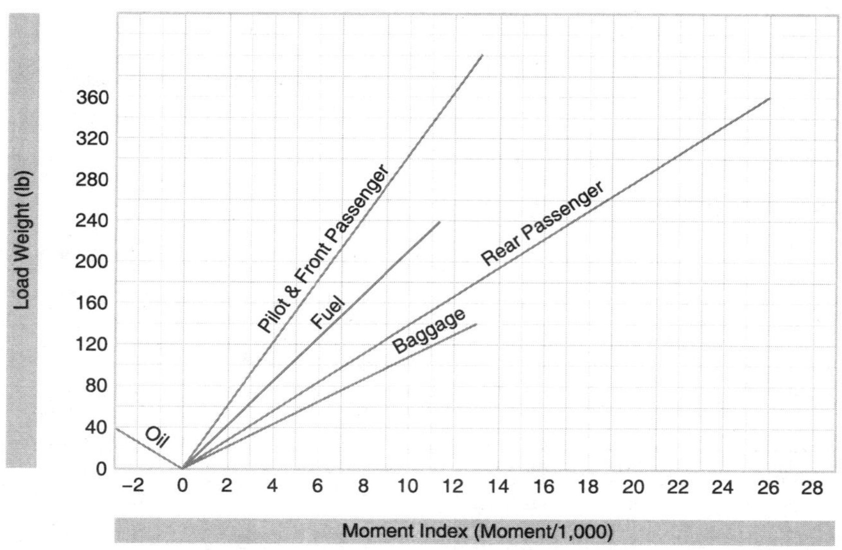


[그림4-40] 항공기 탑재 그래프

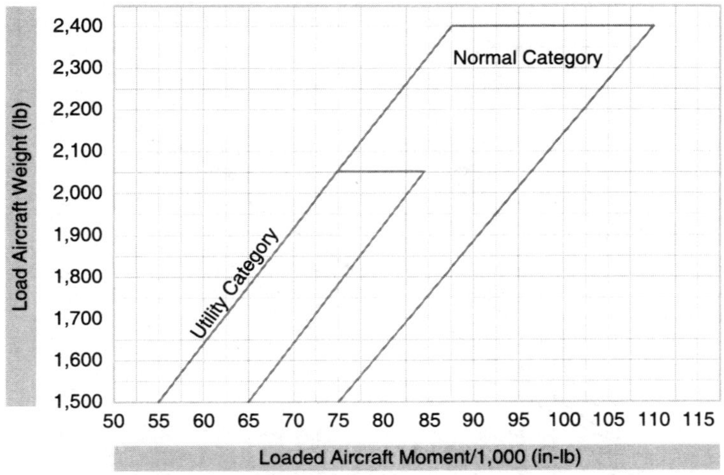


[그림 4-41] 무게중심 한계 범위도

한계범위가 주어져 있다. 감항분류 N으로 비행하기 위해서는 이 총중량과 총 모멘트가 만나는 지점의 좌표가 "Normal Category" 안에 있어야 한다.

그림 4-40과 4-41과 다음의 중량과 평형 자료를 이용하여 탑재 무게중심을 찾아보자.

- Number of seats: 4
- Fuel capacity (usable): 38 gal of Avgas
- Oil capacity: 8 qt (included in empty weight)
- Baggage: 100 lb
- Empty weight: 1,400 lb
- EWCG: 38.5"
- Empty weight moment: 53,900 in-lb

각 품목별 모멘트는 그림 4-42에서 구할 수 있고, 표 4-17과 같이 총 탑재중량과 총 탑재모멘트를 알 수 있다.

[표 4-17] 탑재무게와 모멘트

| Item | Weight (lb) | Moment (in-lb) |
|---|---|---|
| Aircraft Empty Weight | 1,400 | 53,900 |
| Pilot | 180 | 6,000 |
| Front Passengers | 140 | 4,500 |
| Rear Passengers | 210 | 15,000 |
| Baggage | 100 | 9,200 |
| Fuel | 228 | 10,800 |
| **Total** | **2,258** | **99,400** |

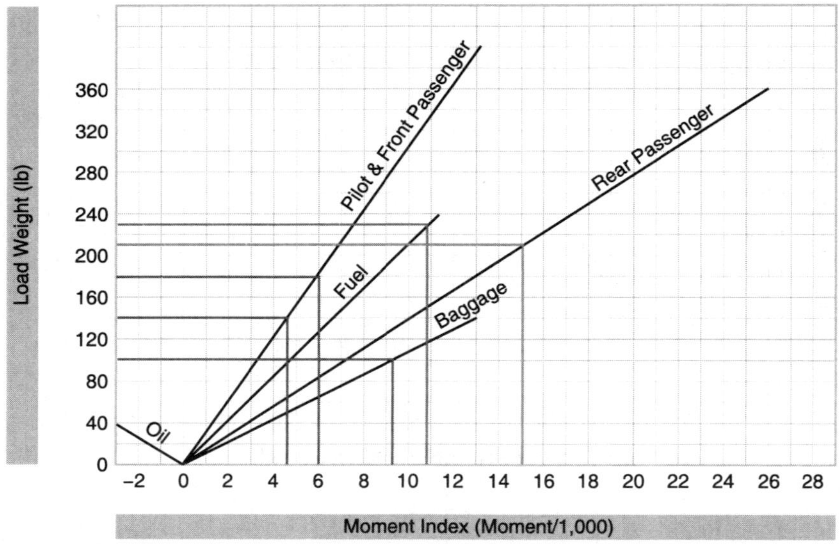


[그림 4- 42] 탑재 무게와 모멘트

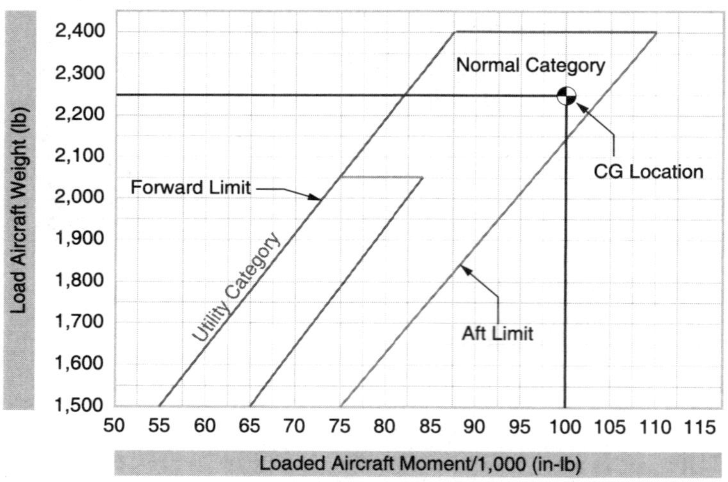


[그림 4-43] 탑재무게와 모멘트에 의한 무게중심 찾기

총탑재중량 2,258lb, 총 탑재모멘트 99,400in-lb이므로 그림 4-43에서, 감항분류 N 범주 내에 있는 무게중심을 찾을 수 있다. 그림에서 빨간 선은 전방한계를 나타내고, 파란 선과 녹색 선은 감항분류 2가지에 대한 후방한계선이다.

## 4.8 헬리콥터 중량과 평형 (Helicopter Weight and Balance)

### 4.8.1 일반

항공기 중량과 평형에 적용되는 대부분의 용어와 개념이 헬리콥터 중량과 평형에도 적용된다. 헬리콥터는 훨씬 더 제한된 무게중심범위를 갖고 있다. 대부분의 헬리콥터에는 비행기보다 훨씬 제한된 CG 범위에서 기동한다. 경우에 따라 이 범위는 3 인치 미만이다. CG 범위의 정확한 위치와 길이는 개개 헬리콥터에 대해 지정되며, 일반적으로 메인 로터 마스트의 앞뒤, 또는 듀얼 로터의 경우 메인 로터 사이에 무게중심을 둔다.

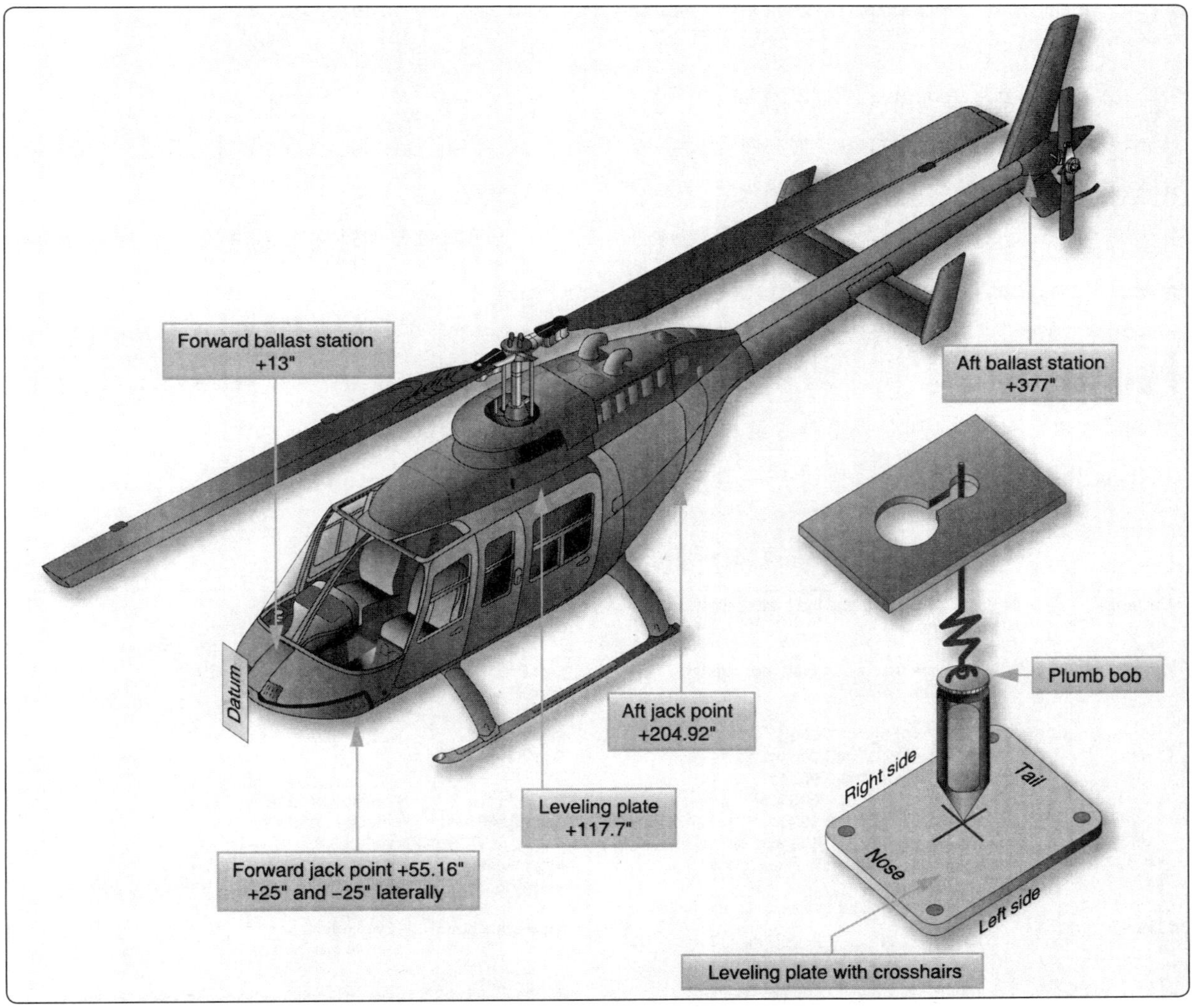


[그림 4-44] Bell Jetranger 무게측정

항공기는 종축을 따라서 만 CG 범위를 갖는 반면, 헬리콥터는 종 방향과 횡 방향의 CG 범위가 있어 횡 안정성이 크다. 반면에 헬리콥터는 진자처럼 기동하며 헬리콥터의 무게는 메인 로터 샤프트에 매달려 있는 것이다. 이상적으로 헬리콥터는 호버링 상태에서 동체가 수평으로 유지되도록 완벽한 균형을 갖고 있다.

### 4.8.2 헬리콥터 중량측정 (Helicopter Weighing)

헬리콥터의 중량을 측정하여 무게중심 위치를 알고자 하는 경우에는 세로와 가로축 중량측정 위치를 알아야 한다. 세로축의 기준선 뒤쪽은 + 거리로, 기준선의 앞쪽 위치는 −로 측정한다. 가로축 거리는 헬기 앞을 보고 Butt Line의 오른쪽 거리는 +이고, 왼쪽 거리는 −이다. 헬리콥터는 수평적으로, 수직적으로 모두 평형상태이어야 한다.

수평측정기도 사용하지만 측량추가 주로 사용된다.

Bell Jet Ranger 헬리콥터는 측량 추를 부착 하는 장소가 마련되어 있고, 바닥으로 내리도록 되어 있다. 가로축과 세로축에 의한 십자 형태로 되어 있으며, 측량추 원뿔 끝이 교차점을 가리키면 가로 세로 모두 수평 상태이다. 이 헬리콥터는 앞쪽에 2개 그리고 뒤쪽에 1개의 잭패드가 있다. 잭패드에 잭을 고정하고 잭 아래에 저울을 놓는다. 헬리콥터의 수평을 유지하기 위해 측량추 끝이 정확하게 십자선의 중앙을 가리킬 때까지 잭의 높이를 조정한다.

### 4.8.3 헬리콥터 중량 측정 예

그림 4−44 Bell Jetranger의 중량측정, 무게중심을 알아보자.

이 항공기의 무게와 평형 관련 자료는 표 4−18과 같다.

표 4−19에 가로, 세로 무게중심이 나타나 있다. 자중은 1,985lb, 세로 무게중심은 +108.73in, 가로무게중심은 − 0.31in이다.

[표4−18] Bell JetRanger 무게와 평형자료

| | | | |
|---|---|---|---|
| **Datum:** | 55.16" forward of the front jack point centerline | **Left Front Scale Reading:** | 650 lb |
| **Leveling Means:** | Plumb line from ceiling left rear cabin to index plate on floor | **Left Front Jack Point:** | Longitudinal arm of +55.16"<br>Lateral arm of −25" |
| **Longitudinal CG Limits:** | +106" to +111.4" at 3,200 lb<br>+106" to +112.1" at 3,000 lb<br>+106" to +112.4" at 2,900 lb<br>+106" to +113.4" at 2,600 lb<br>+106" to +114.2" at 2,350 lb<br>+106" to +114.2" at 2,100 lb<br>Straight line variation between points | **Right Front Scale Reading:**<br><br>**Right Front Jack Point:** | 625 lb<br><br>Longitudinal arm of +55.16"<br>Lateral arm of +25" |
| **Lateral CG Limits:** | 2.3" left to 3.0" right at longitudinal CG + 106.0"<br>3.0" left to 4.0" right at longitudinal CG +108" to +114.2"<br>Straight line variation between points | **After Scales Reading:**<br><br>**Aft Jack Point:**<br><br>**Notes:** | 710 lb<br><br>Longitudinal arm of +204.92"<br>Lateral arm of 0.0"<br><br>The helicopter was weighed with unusable fuel and oil. Electronic scales were used and zeroed with the jacks in place, so no tare weight needs to be accounted for. |
| **Fuel and Oil:** | Empty weight includes unusable fuel and unusable oil | | |

[표 4-19] Bell JetRanger의 가로/세로 C.G 계산표

| Longitudinal CG Calculation | | | | | |
|---|---|---|---|---|---|
| Item | Scale (lb) | Tare Wt. (lb) | Nt. Wt. (lb) | Arm (inches) | Moment (in-lb) |
| Left Front | 650 | 0 | 650 | +55.16 | 35,854.0 |
| Right Front | 625 | 0 | 625 | +55.16 | 34,475.0 |
| Aft | 710 | 0 | 710 | +204.92 | 145,493.2 |
| **Total** | **1,985** | | **1,985** | **+108.73** | **215,822.2** |
| **Lateral CG Calculation** | | | | | |
| Item | Scale (lb) | Tare Wt. (lb) | Nt. Wt. (lb) | Arm (inches) | Moment (in-lb) |
| Left Front | 650 | 0 | 650 | −25 | −16,250 |
| Right Front | 625 | 0 | 625 | +25 | +15,625 |
| Aft | 710 | 0 | 710 | 0 | 0 |
| **Total** | **1,985** | | **1,985** | **+.31** | **−625** |

## 4.9 체중이동형비행장치(Trikes)와 동력식 낙하산의 중량과 평형

일부 경량 항공기는 전통적인 고정익 또는 헬리콥터와 다른 조종계통을 갖고 있기 때문에 중량과 평형을 결정하는 방법도 다르다. 주목할 항공기는 체중 이동형 비행장치, 동력 낙하산, 그리고 항공기구(balloons)이다.

감항당국도 형식증명자료나 무게와 평형 자료를 인증하지 않고, 오직 최대 중량(중량) 만에 의해 인증한다. 자중무게중심이나 무게중심 범위를 규정하지 않는다. 그 이유는 이들 항공기구가 어떻게 조종되는지 알면 쉽게 이해할 수 있다.

항공기구나 체중이동형비행장치 모두 비행에 양력, 중력, 추력, 그리고 항력과 3개축을 중심으로 조종한다. 그러나 조종방법의 차이로 체중이동형비행장치는 오직 중량만 필요하다.

체중이동형경비행장치는 상대적으로 플랫폼한 날개로 되어 있다. 조종사는 중량을 이동시켜가면서 조

[그림 4-45] 체중이동형 비행장치

[그림 4-46] 체중이동형 비행장치의 날개 장착부

종한다. 날개의 한 지점에 동체 중량과 페이로드 중량을 담당하도록 매다는 형태로 설계한다(그림 4-46). 조종은 이 팬들럼 길이(Arm)와 조종면을 조절하여 비행한다. 항공기의 중량을 적절한 거리와 방향으로 이동하여 비행 특성을 바꾼다. 이 변화는 순간적으로 4가지 힘의 평형상태를 변화시킨다.

항공기 중량이 한 점에 매달려있고, 중량 중심의 변화는 단순히 팬들럼 길이에 의해 변화한다. 연료가 소모되더라도 중량이 날개에 부착된 포인트에 집중되어 있고, 이동 범위가 고정되어 있어 새로운 무게중심 위치를 산출할 필요가 없다는 것이다.

동력 낙하산 역시 이런 원리와 같다. 동체 무게중심이 팬들럼 형태로 고정되어 있다.

Pitch 조종은 주로 동력 조절로 얻는다. 동력을 증가시켜 양력을 얻는데 수평 비행을 할 수 있는 순항 동력을 활용하고, 하강 시에는 동력을 줄인다. 무게중심이 항공기 날개 한 지점에 고정되어 있으므로 무게중심 범위가 없다는 것이다. 동력 낙하산의 Roll 조종은 날개 모양을 변화시켜 얻는다. 날개 끝 뒤쪽에 달린 줄로 양력을 변화시킨다. 낙하산의 뒤쪽 오른쪽을 약하게 당기면, 반대편에는 항력이 발생한다. 이러한 항력 변화로 항공기 방향을 조종하게 된다.

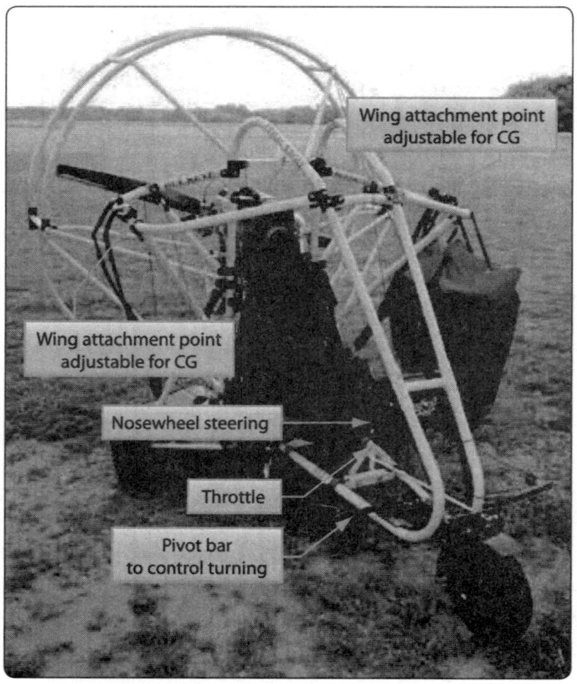


[그림 4-47] 동력식 낙하산

풍선기구(비행선)는 수직적 차원을 이용한다. 다른 형태의 항공기와 반대로 양력과 중량을 통하여 조종된다. 바람이 다른 움직임을 담당한다. 곤도라 무게중심은 기구의 풍선 바로 밑에 유지된다.

체중이동형경비행장치와 동력낙하산과 같이 무게중심 한계가 없다. 안전성과 효율성은 규정된 중량과 평형특성을를 유지하고 있을 때 달성된다. 항공기에 적용했던 중량과 평형의 용어, 이론, 개념 등은 또한 중심이동항공기, 동력낙하산에도 적용된다

## 4.10 대형항공기의 중량과 평형 (Weight and Balance for Large Airplanes)

대형항공기에 대한 중량과 평형은 소형기에서와 매우 유사하다. 잭과 저울은 더 커질 것이고, 더 많은 개수가 소요된다. 이 장비들을 다루는 더 많은 사람을 동반하게 되지만, 개념과 과정은 동일하다.

### 4.10.1 부착식 전자 중량측정 (Built-in Electronic Weighing)

대형 항공기에서 찾아볼 수 있는 한 가지 차이점은 항공기의 착륙장치에 전자로드셀(electronic load cell)

이 부착되어 있다는 것이다. 이러한 시스템으로 항공기가 활주로에 착륙할 때, 자체의 중량 측정을 할 수가 있다. 로드셀을 착륙장치의 액슬, 또는 스트럿에 부착하여 측정한다.

B777 항공기의 경우 비행관리컴퓨터(FMC)에 비행정보를 공급하는 2개의 독립된 시스템을 활용한다. 이 2개의 시스템의 중량과 무게중심에 일치한다면, 정보의 정확성을 믿고 항공기를 출발시키는 것이다. 조종사가 FMC의 중량과 평형 자료를 디스플레이하여 확인한다.

### 4.10.2 평균공력시위와 무게중심

대형항공기의 무게중심과 범위는 % MAC으로 나타낸다. % MAC은 용어 설명에서 설명한 바 있다. 중량과 평형에서는 평균공력시위 길이의 백분율인 % MAC

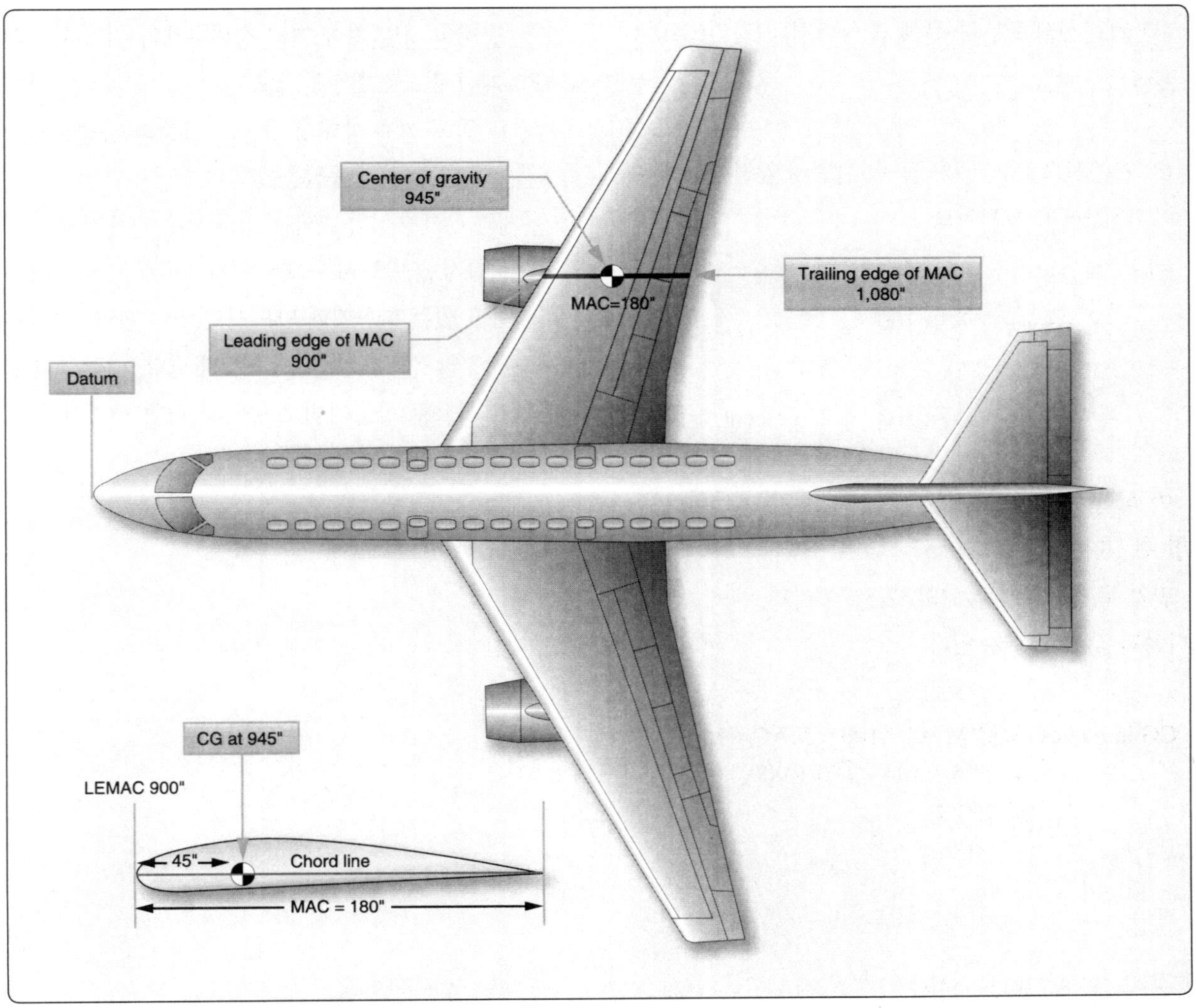


[그림 4-48] 대형 항공기 C.G 위치

으로 나타낸다. 만약 날개 길이가 100in이고, 항공기의 중심이 평균공력시위 위의 20in에 있다면 20 % MAC에 무게중심이 있다고 한다. 그것은 뒤쪽방향으로 1/5 떨어져 있다는 의미이다.

그림 4-48 항공기의 % MAC을 알아보자. 기준선은 항공기의 기수의 앞쪽에 있고, 이 지점에서 모든 중량까지의 거리가 나타나있다.

% MAC으로 무게중심 위치를 변환해 보자.

(1) 기준선으로부터 무게 중심까지의 거리(CG) = 945,

(2) 기준선으로부터 평균공력 시위의 앞전까지 거리(LEMAC) = 900이므로

$$= \frac{CG - LEMAC}{MAC} \times 100$$

$$= \frac{945 - 900}{180} \times 100 = 25 \text{ percent}$$

이 식을 이용하여, 평균공력시위를 길이 단위로 구할 수 있다.

만약 무게중심이 MAC의 32.5% 이라면, 무게중심을 다음과 같이 구할 수 있다.

$$\begin{aligned} \text{CG in inches} &= \%\,MAC \div 100 \times MAC + LEMAC \\ &= 32.5 \div 100 \times 180 + 900 \\ &= 958.5 \end{aligned}$$

## 4.11 중량과 평형 기록 (Weight and Balance Records)

항공정비사는 항공기의 중량과 평형과 관련된 작업을 할 때 자중과 자중무게중심을 산출한다. 빈도는 낮지만 평형추 무게와 장착위치 계산도 하고, 역하중 탑재상황에서 무게중심을 계산하기도 한다. 자중은 저울로 측정하기도 하고, 계산적으로 수행하기도 한다. 자중무게중심 역시 자중 실측에 의한 계산적인 개정 또는 장비의 장탈,착에 따라 장비무게와 위치를 고려하여 계산적으로 개정하기도 한다. 감항당국은 비행안전을 위해 현재 상태의 항공기 자중과 자중무게중심을 알고 있는지 감독활동을 한다.

무게와 무게중심의 변화는 영구 보존 기록인 중량과 평형보고서에 반드시 포함되어야 한다. 이 보고서는 비행하고 있는 항공기에 반드시 있어야 한다. 형식은 규정하지 않지만 대부분 표 4-20과 같다. 일반적인 형식의 양식으로 항공기별로 중량과 평형 산출란을 변경하여 사용하면 된다.

[표 4-20] Aircraft weight and balance report

# Aircraft Weight and Balance Report

## Results of Aircraft Weighing

Make ______________________ Model ______________________

Serial # ______________________ N# ______________________

Datum Location ______________________

Leveling Means ______________________

**Scale Arms:** Nose ________ Tail ________ Left Main ________ Right Main ________

**Scale Weights:** Nose ________ Tail ________ Left Main ________ Right Main ________

**Tare Weights:** Nose ________ Tail ________ Left Main ________ Right Main ________

## Weight and Balance Calculation

| Item | Scale (lb) | Tare Wt. (lb) | Net Wt. (lb) | Arm (inches) | Moment (in-lb) |
|---|---|---|---|---|---|
| Nose | | | | | |
| Tail | | | | | |
| Left Main | | | | | |
| Right Main | | | | | |
| Subtotal | | | | | |
| Fuel | | | | | |
| Oil | | | | | |
| Misc. | | | | | |
| **Total** | | | | | |

Aircraft Current Empty Weight: ______________________

Aircraft Current Empty Weight CG: ______________________

Aircraft Maximum Weight: ______________________

Aircraft Useful Load: ______________________

Computed By: ______________________ (print name)

______________________ (signature)

Certificate #: ______________________ (A&P, Repair Station, etc.)

Date: ____________

참고문헌:

1. Aircraft Weight & Balance Handbook, N0. FAA-H-8083-1B, 2016
2. Aviation Maintenance Technician Handbook(General), No. FAA-H-8083-30, 2018
3. 항공기 중량 및 평형 관리 기준, [2013.4.15.] [국토교통부고시 제2013-85호]

# 05 항공기 재료, 공정, 하드웨어

## Aircraft Metals, Processes & Hardware

# 5 항공기 재료, 공정, 하드웨어

Aircraft Metals, Processes & Hardware

## 5.1 항공기 금속(Aircraft Metals)

구조용 금속의 용도, 강도, 제한사항, 기타 특성에 대한 지식과 이해는 어떤 장비, 특히 항공기 기체를 적절하게 제작하고 운영하는 데 매우 중요하다. 항공기 정비나 수리에 있어서, 설계 명세서와의 사소한 차이나 불량 자재의 사용은 인명손상과 장비의 손실을 초래할 수 있다. 부적당한 자재의 사용은 숙련된 재능을 쉽사리 무력화시킬 수 있다. 요구되는 수리 작업에 적합한 재료를 선택하기 위해서는 각종 금속의 물리적 성질을 알아야 한다.

### 5.1.1 금속의 특성(Properties of Metals)

항공기 정비에 있어서 일차적으로 고려되는 것은 금속이나 그 합금의 경도, 전성, 연성, 탄성, 인성, 밀도, 취성, 가용성, 전도성, 수축 및 팽창, 등과 같은 일반적인 성질들이다.

#### 5.1.1.1 경도(hardness)

경도는 마모, 침투, 절삭, 영구 변형 등에 저항할 수 있는 금속의 능력을 말한다. 금속은 냉간 가공함으로써 경도를 증가시킬 수 있다. 강과 일부 알루미늄합금의 경우는 열처리함으로써 경도를 증가시킬 수 있다. 구조용 부품은 금속이 연한 상태에서 성형하고 완성된 다음 그 모양이 유지될 수 있도록 경도를 증가시키기 위해 열처리를 한다. 경도와 강도는 서로 밀접하게 연관되는 금속의 성질들이다.

#### 5.1.1.2 강도(strength)

재료의 가장 중요한 성질 중 하나가 강도이다. 강도는 변형에 저항하려는 재료의 능력이다. 또한, 강도는 외력에 대항하여 파괴되지 않고 응력(stress)에 견디는 재료의 성질이다. 재료에 작용하는 하중 또는 응력의 종류에 따라 강도는 다르게 나타난다.

#### 5.1.1.3 밀도(Density)

재료의 밀도는 단위 체적당 질량을 의미한다. 항공기 작업에서, 재료의 밀도는 실제 제작하기 전에 부품의 무게를 계산할 수 있기 때문에 유용하게 사용된다. 밀도는 항공기의 적절한 무게와 평형을 유지하기 위해, 부품의 설계에서 사용하고자 하는 재료를 선택할 때 고려해야 할 중요한 사항이다.

#### 5.1.1.4 전성(malleability)

균열이나 절단 또는 다른 어떤 해로운 영향을 남기지 않고 단조, 압연, 압출 등과 같은 가공법으로 판재처럼 넓게 펴는 것이 가능하다면 이 금속은 가연성(전성)이 좋다고 말한다. 엔진 카울링(Cowling), 페어링(fairing), 날개끝(wing tip)과 같은 곡선모양을 만드는 판금가공에서는 이런 성질이 필요하다.

#### 5.1.1.5 연성(ductility)

연성은 끊어지지 않고 영구적으로 잡아 늘리거나 굽히고, 또는 비틀어 꼬는 것이 가능하게 하는 금속의 성질이다. 이것은 철사(wire)나 튜브(tubing)를 만드는 데 필요한 금속의 본질적인 성질이다. 연성이 우수한 금속은 가공성과 내충격성 때문에 항공기에서 광범위하게 사용된다. 이와 같은 이유에서, 엔진 카울링(cowlings), 동체나 날개의 외피(skin), 리브(rib), 스파(spar), 벌크헤드(bulkhead) 등의 부품은 연성이 우수한 알루미늄합금으로 성형하거나 압출하여 제작한다. 크롬·몰리브덴강(chrome molybdenum steel) 또한 원하는 모양으로 쉽게 성형할 수 있다. 연성은 전성과 유사하다.

#### 5.1.1.6 탄성(elasticity)

물체의 변형을 일으키게 했던 하중을 제거하면, 원래 형태로 되돌아가는 금속의 성질을 탄성이라고 한다. 가해진 하중이 제거된 후에도 부품이 영구적으로 변형되어 있다면, 대단히 바람직하지 못한 결과를 낳게 되므로 이 성질은 매우 중요하다. 각 금속은 영구변형을 일으키지 않고 하중을 가할 수 있는 탄성한계를 갖는다. 항공기의 구조 부재나 부품에 작용하는 최대하중은 재료의 탄성한계(elastic limit)를 넘지 않도록 설계한다.

#### 5.1.1.7 인성(toughness)

인성이 큰 재료는 찢어짐이나 전단에 잘 견디고, 파괴됨이 없이 늘리거나 변형시킬 수 있다. 인성은 항공기 금속으로서 갖추어야할 성질 중 하나이다.

#### 5.1.1.8 취성(brittleness)

취성은 약간 굽히거나 변형시키면 깨져버리는 금속의 성질이다. 취성이 큰 금속은 형태의 변화 없이 깨지거나 균열이 발생하는 경향이 있다. 구조용 금속은 가끔 충격하중을 받을 수 있기 때문에, 취성이 큰 것은 바람직하지 못하다. 주철, 주조알루미늄, 그리고 초경합금(hard steel)은 깨지기 쉬운 금속에 속한다.

#### 5.1.1.9 가용성(Fusibility)

가용성은 열에 의해 고체에서 액체로 변하는 금속의 성질이다. 용접은 금속을 녹여서 접합하는 방법이다. 강은 약 2,600°F에서 녹고 알루미늄합금은 약 1,100°F에서 녹는다.

#### 5.1.1.10 전도성(conductivity)

전도성은 금속에서 열이나 전기가 전달되는 성질이다. 용접에서는 용융에 필요한 열을 적절히 조절해야 하기 때문에 금속의 열전도성이 매우 중요하다. 금속의 전도성에 따른 팽창과 수축을 고려하여 사용되는 지그의 형식을 결정한다. 항공기에서는 전파간섭을 제거하기 위해, 전기전도성을 고려한 본딩(bonding: 전기적인 접합)을 할 것인지 검토하여야 한다.

#### 5.1.1.11 열팽창(thermal expansion)

열팽창은 가열 또는 냉각에 의해서 금속이 수축하거나 팽창하는 물리적인 크기의 변화를 의미한다. 금속에 가해진 열은 그 금속을 팽창시키거나 늘어나게 하는 원인이 된다. 냉각이나 가열에 의한 열팽창은 용접 지그, 주물의 설계, 열간압연 재료의 허용공차에 필연적으로 영향을 미친다.

## 5.1.2 항공기용 철강 금속 (Ferrous Aircraft Metals)

항공기 수리에는 수많은 종류의 금속들이 사용된다. 이것은 특정 구조나 부품의 노후화에 따른 강도, 무게, 내구성, 저항력 등의 요구조건을 폭넓게 고려한 결과이다. 추가로, 재료의 특수한 모양이나 형태도 중요한 고려사항이다. 항공기 수리를 위해 선택하는 재료는 이런 요소들과 더불어, 기계적인 성질과 물리적인 성질도 고려하여 선택한다. 일반적으로 사용되는 재료 중 하나가 철강 금속이다. "철강(Ferrous)"는 주성분이 철(iron)인 금속을 말한다.

### 5.1.2.1 철(Iron)

철에 약 1% 정도의 탄소가 함유된다면, 그 합금은 순철보다 매우 우수하며 탄소강으로 분류한다. 탄소강(carbon steel)은 강의 성질을 개선하기 위해 다른 원소를 첨가하여 합금강으로 만들 때 모재금속이 된다. 철과 같은 모재금속에 소량의 다른 금속을 첨가해서 만든 금속을 합금이라고 한다. 이와 같이 특수한 용도를 위해 다른 금속을 첨가함으로써 모재금속의 물리적인 성질과 화학적인 성질을 변화시키거나 개선시킨다.

### 5.1.2.2 강과 강 합금(Steel and Steel Alloys)

미국의 자동차기술자협회(SAE, society of automotive engineers)와 철강협회(AISI, american iron and steel institute)는 자동차 및 항공기 구조재로 사용되는 강을 분류하였다. 이들 규격에서, 4자리 계열은 일반적인 탄소강과 합금강에 대하여 분류하였으며, 5자리 계열은 특수 합금강에 대하여 분류하였다. 앞의 두 자리는 강의 종류, 두 번째 자리는 주 합금원소의 함유량을 나타내고, 마지막 두 자리(또는 세 자리)는 그 합금에 함유된 탄소 함유량을 백분율로 나타낸다.

함유량이 소량인 원소는 그 양을 명시하지 않고 합금강으로서 제시한다. 이 원소들은 부수적인 것으로 간주되며, 구리(copper) 0.35%, 니켈(nickle) 0.25%, 크롬(chromium) 0.20%, 몰리브덴(molybdenum) 0.06% 등과 같이 최대함유량을 나타낸다. 표 5-1은 SAE에서 분류한 합금강의 규격번호이다.

금속재료는 판재, 봉(rod), 튜브(tubing), 압출가공품, 단조품 그리고 주조품 등과 같은 여러 가지 형태의 부품으로 제조된다. 판재는 여러 종류의 두께와 크기로 만들어지며, 두께는 1/1,000인치 단위로 명시한다. 튜브의 크기는 일반적으로 바깥지름과 두께로 명시한다.

판재는 보통 프레스(Press), 절곡기(Bending Brake), 드로우 벤치(draw-bench), 롤러 (Roller) 등과 같은 기계로 냉간가공해서 만든다. 단조(forging)는 가열한 금속을 형틀 위에 놓고 압착하거나 망치로 두드려서 형태를 성형하는 방법이다. 주조는 주형(mold) 안에 용융 금속을 부어서 형태를 만드는 방법이다. 주물은 기계가공을 통해서 마무리한다.

불꽃시험(spark testing)은 각종 철금속의 종류를 식별하는 일반적인 방법이다. 이 시험에서 철이나 강 시험편을 회전하는 연삭기에 접촉시킬 때 발생하는 불꽃의 상태로 금속을 식별한다. 각 철 금속은 그 자신의 특유한 불꽃 특성을 갖고 있다. 이때 불꽃은 매우 좁은 폭으로 몇 feet의 길이에 달할 정도로 발생한다. 일부의 비철금속은 연삭기에 접촉시킬 때 불꽃이 약하게 발생하기 때문에 불꽃시험으로 식별하는 것이 어렵다.

불꽃시험은 숙련된 정비사에 의해 수행되어야 하며,

[표 5-1] SAE 규격번호(SAE numbering index)

| Series Designation | Types |
|---|---|
| 10xx | Non-sulfurized carbon steels |
| 11xx | Resulfurized carbon steels (free machining) |
| 12xx | Rephosphorized and resulfurized carbon steels (free machining) |
| 13xx | Manganese 1.75% |
| *23xx | Nickel 3.50% |
| *25xx | Nickel 5.00% |
| 31xx | Nickel 1.25%, chromium 0.65% |
| 33xx | Nickel 3.50%, chromium 1.55% |
| 40xx | Molybdenum 0.20 or 0.25% |
| 41xx | Chromium 0.50% or 0.95%, molybdenum 0.12 or 0.20% |
| 43xx | Nickel 1.80%, chromium 0.5 or 0.80%, molybdenum 0.25% |
| 44xx | Molybdenum 0.40% |
| 45xx | Molybdenum 0.52% |
| 46xx | Nickel 1.80%, molybdenum 0.25% |
| 47xx | Nickel 1.05% chromium 0.45%, molybdenum 0.20 or 0.35% |
| 48xx | Nickel 3.50%, molybdenum 0.25% |
| 50xx | Chromium 0.25, or 0.40 or 0.50% |
| 50xxx | Carbon 1.00%, chromium 0.50% |
| 51xx | Chromium 0.80, 0.90, 0.95 or 1.00% |
| 51xxx | Carbon 1.00%, chromium 1.05% |
| 52xxx | Carbon 1.00%, chromium 1.45% |
| 61xx | Chromium 0.60, 0.80, 0.95%, vanadium 0.12%, 0.10% min., or 0.15% min. |
| 81xx | Nickel 0.30%, chromium 0.40%, molybdenum 0.12% |
| 86xx | Nickel 0.55%, chromium 0.50%, molybdenum 0.20% |
| 87xx | Nickel 0.55%, chromium 0.05%, molybdenum 0.25% |
| 88xx | Nickel 0.55%, chromium 0.05%, molybdenum 0.35% |
| 92xx | Manganese 0.85%, silicon 2.00%, chromium 0 or 0.35% |
| 93xx | Nickel 3.25%, chromium 1.20%, molybdenum 0.12% |
| 94xx | Nickel 0.45%, chromium 0.40%, molybdenum 0.12% |
| 98xx | Nickel 1.00%, chromium 0.80%, molybdenum 0.25% |
| *Not included in the current list of standard steels | |

다. 니켈강은 불꽃의 중심에 작은 흰색 띠가 있는 불꽃을 일으킨다.

### 5.1.2.3 강 합금의 종류, 특성과 용도 (Types, Characteristics, and Use of Alloyed Steels)

탄소가 0.10~0.30% 함유된 강을 저탄소강으로 분류하고, SAE 규격번호로는 1010~1030이 여기에 해당한다. 이 탄소강은 안전결선(safety wire), 너트(nut), 케이블 부싱(cable bushing), 나사를 낸 봉(rod) 등과 같은 부품을 만들 때 사용한다. 이 탄소강으로 만든 판재는 2차 구조부에 사용하며, 튜브 형태는 중간 정도의 응력을 받는 구조부품에 사용한다.

탄소가 0.30~0.50% 함유된 강을 중탄소강으로 분류한다. 이 탄소강은 특히 기계가공 또는 단조가공용 재료로 사용하며, 표면경도를 요구하는 곳에 적합하다. 로드 엔드(rod end)와 경량 단조품 등은 SAE 1035 탄소강으로 만든다.

탄소를 0.50~1.05% 함유하고 있는 강을 고탄소강으로 분류한다. 이 탄소강에 추가로 다른 원소를 적당량 첨가시키면 경도가 증가한다. 이 탄소강은 적절히 열처리하면 매우 단단해지고, 큰 전단하중이나 마모에 잘 견디고, 변형이 감소한다. 이 탄소강은 항공기에 제한적으로 사용되는데, SAE 1095 탄소강은 판 형태로는 판스프링(flat spring)을 만들 때 사용하고, 철사 형태로는 코일스프링(coil spring)을 만들 때 사용한다.

여러 가지 니켈강은 탄소강에 니켈(nickel)을 첨가시켜서 만든다. 3~3.75% 니켈을 함유하고 있는 강을 주로 사용한다. 니켈은 강의 연성을 감소시키지 않고 경도, 인장강도, 탄성한계 등을 증가시킨다. 또한, 열처리를 통해 경도를 증강시킨다. SAE 2330 강은 볼트(bolt), 터미널(Terminal), 키이(Key), 클레비스(clevis), 핀(Pin) 등과 같은 항공기 부품을 만들 때 사용한다.

크롬-니켈강(chrome-nickel steel)은 경도, 강도, 내식성이 우수하며, 일반적인 탄소강보다 더 큰 인성과 강도를 요구하는 열처리 단조품에 특히 적합하다. 이것은 마찰을 감소시키기 위한 베어링(bearing)의 볼(Ball)이나 롤러(Roller) 등과 같은 부품을 만들 때 사용한다.

크롬-니켈강 또는 스테인리스강(stainless steel)은 내식성이 큰 금속이다. 이 강의 내식성은 합금원소의 조성(composition), 온도, 농도 등에 따라 결정되며, 금속의 표면 상태에 따라 다르게 나타난다. 스테인리스강의 주 합금원소는 크롬(Cr)이다. 항공기 구조재로 자주 사용되는 내식강은 18% 크롬과 8% 니켈을 함유하고 있는 18-8 스테인리스강이다. 18-8 스테인리스강의 특징 중 하나는 냉간가공에 의해 강도가 증가한다는 것이다.

스테인리스강은 다양한 형상으로 압연, 인발, 굽힘 성형하는 것이 가능하다, 이 스테인리스강은 연강보다 약 50% 더 팽창하며 약 40% 정도 열을 전도시키기 때문에, 용접하는 것이 매우 어렵다. 항공기의 많은 부품에 스테인리스강을 사용할 수 있지만, 일반적으로 배기 컬렉터(exhaust collectors), 스택(stacks)과 매니폴드(manifolds), 구조부품과 기계 가공부품, 스프링, 주조품(casting), 타이 로드(tie rod), 그리고 조종케이블(control cable) 등의 제작에 사용한다.

크롬-바나듐강(chromium-molybdenum steel)은 약 18% 바나듐과 약 1% 크롬으로 만든다. 열처리하면, 이것은 강도, 인성이 커지고 마모와 피로에 대한 저항이 우수해진다. 이 크롬-바나듐강에서 특수 등급은 판 형태로 된 복잡한 형상으로 냉간가공 하는 것이 가능하다. 이것은 파괴나 파손 현상 없이 접거나 펼칠 수 있다. SAE 6150은 스프링을 만드는 데 사용하고, 탄소함유량이 많은 크롬 · 바나듐강인 SAE 6195는 볼베어링(ball bearing)과 롤러베어링(roller bearing) 제작에 사용한다.

항공기에서는 크롬–바나듐강을 성형하기 위해 적은 양의 몰리브덴(molybdenum)을 크롬에 첨가하여 다양하게 사용한다. 몰리브덴은 강한 합금원소로서, 연성이나 가공성에 영향을 주지 않고 강의 극한강도(ultimate strength)를 증가시킨다. 몰리브덴강은 단단하고 내마모성이 우수하며, 열처리되었을 때 완전히 경화된다. 이 강은 특히 용접에 적합하기 때문에 용접으로 제작하는 구조부나 조립품에 사용한다. 이 종류의 강은 탄소강을 대체해서 항공기 동체의 응력튜브, 엔진마운트(engine mount), 착륙장치(landing gear), 그리고 다른 구조부의 제작에 사용되고 있다. 예를 들어, 열처리된 SAE X4130 튜브는 같은 중량과 크기로 만든 SAE 1025 튜브보다 약 4배 더 강하다.

항공기 구조재로 가장 많이 사용되는 크롬 · 몰리브덴강은 탄소 0.25~0.55%, 몰리브덴 0.15~0.25%, 크롬 0.50~1.10%를 포함하는 계열이다. 이 강은 적절히 열처리하면 완전히 경화되며, 기계 가공이 쉽고, 가스나 전기를 이용한 용접이 용이하며, 특히 고온 부분 사용에 적합하다.

인코넬(inconel)은 외형상 스테인리스강 즉 내식강(CRES; corrosion–resistant steel)과 거의 유사한 니켈–크롬–철(chromium–molybdenum steel)로 구성된 합금이다. 이 두 합금은 매우 비슷하기 때문에 항공기 배기계통에서 이들을 서로 대체하여 사용하기도 한다. 이 두 합금은 매우 유사하기 때문에, 특별한 시험을 통해서 구분하며 그 방법 중 한 가지는 전기화학 분석방법을 통하여 합금에서의 니켈 함유량을 확인하는 것이다. 인코넬은 니켈함유량이 50% 이상이므로 전기화학시험(electrochemical test)을 하면 니켈이 다량 검출된다.

인코넬의 인장강도는 풀림처리 하였을 때 100,000psi, 압연처리 하였을 때 125,000psi 정도이다. 이 합금은 바닷물과 같은 염수에 대한 내식성이 우수하며 1,600°F 정도의 고온에 견딜 수 있다. 또한, 인코넬은 용접성이 좋고 내식강과 유사한 기계가공성을 갖는다.

### 5.1.3 전기화학 시험(Electrochemical Test)

그림 5–1과 같이, 전기회로 배선을 준비하고, 불화암모늄($2NH_4F$)과 디메틸글리옥심($C_4H_8N_2O_2$) 용액이 든 시약병을 각각 준비한다. 시험하기 전에, 전극과 금속을 완벽하게 세척한다. 비금속 수세미 또는 320~600grit의 크로커스 천(Crocus Cloth)을 사용하여 피복과 부식생성물 등을 제거한다.

시험하고자 하는 금속에 배선을 연결한다. 1 $inch^2$ 여과지의 중앙에 증류수로 0.05% 희석한 불화암모니아용액을 한 방울 떨어뜨린다. 시험하고자 하는 합금 위에 적셔진 여과지를 놓는다. 이 여과지의 중앙 위에 알루미늄 봉 끝을 10초 동안 단단히 고정시켜놓는다. 이 시간 동안 전기적인 접촉과 전류흐름이 양호한가를 확인하기 위해 발광다이오드(LED, light emitting diode)에 불이 켜져 있는지 확인한다. 배선을 불리하고 여과지를 떼어내서 접촉되었던 부분을 검사한다.

여과지(filter paper)에서 시험금속이 접촉되었던 곳에 에틸알코올(ethyl alcohol)에 1.0%로 희석한 디메

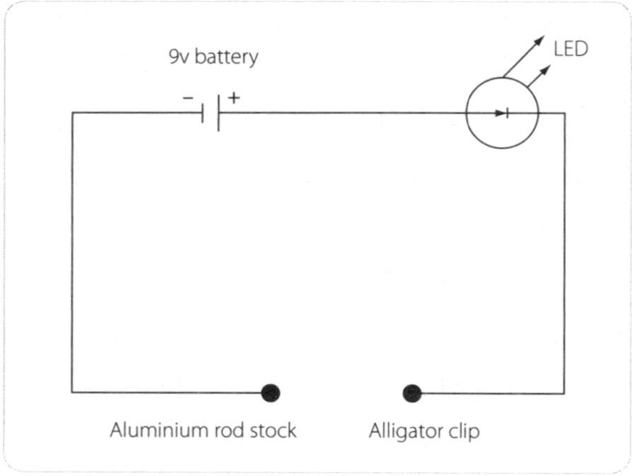


[그림 5-1] 전기 배선 회로도(Wiring assembly schematic)

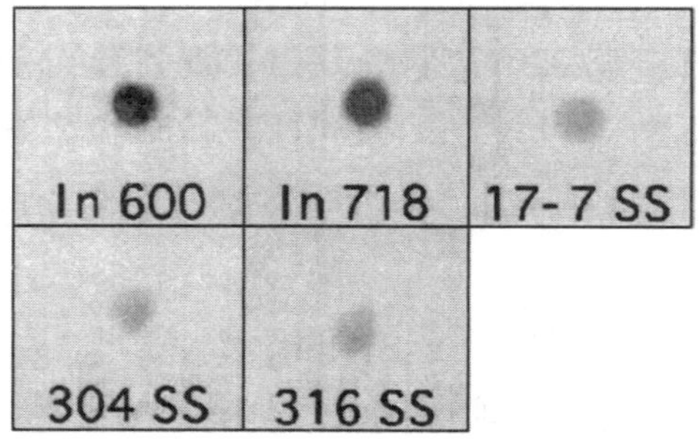


[그림 5-2] 전기 화학 테스트 결과, 인코넬(Inconel) 및 스테인리스 스틸(Stainless steel) 합금

틸글리옥심(Dimethylglyoxime) 용액 한 방울을 떨어뜨린다. 이때 시험한 금속이 인코넬이라면, 밝고 뚜렷한 분홍색 점이 여과지에 잠깐 나타난다. 만약 시험금속이 스테인리스강이라면 갈색점이 나타난다. 일부의 스테인리스강합금은 매우 엷은 분홍색점이 나타나기도 하지만 색의 명암과 농도가 인코넬에서 나타난 것보다 훨씬 엷게 나타난다. 그림 5-2에 시험결과의 예를 나타냈다. 이 시험은 용접물의 열 영향 구역 또는 니켈피복표면에 사용해서는 안 된다.

### 5.1.4 항공기용 비철금속 (Nonferrous Aircraft Metals)

비철(nonferrous)이라는 말은 금속의 주성분이 철이 아닌 다른 원소로 이루어진 모든 금속을 의미한다. 이 종류에는 모넬(monel, 니켈-구리 합금)과 배빗(babbit, 주석, 납, 아연, 안티몬 합금) 같은 합금은 물론 알루미늄, 티타늄(titanium), 구리, 마그네슘 등과 같은 금속들이 포함된다.

#### 5.1.4.1 알루미늄과 알루미늄 합금 (Aluminum and Aluminum Alloys)

공업용 순수 알루미늄은 전성이 두 번째, 연성은 여섯 번째 등급에 위치하며, 내식성도 우수한 흰색 광택을 띠는 금속이다. 여러 가지 다른 금속을 첨가한 알루미늄합금은 항공기 구조재로 많이 사용되고 있다.

주 합금성분으로는 망간(manganese), 크롬(chromium), 마그네슘, 규소(Silicon) 등이며, 이 알루미늄합금은 부식 환경에서도 잘 견딘다. 구리를 많이 첨가한 알루미늄합금은 부식(corrosive action)이 잘 발생한다. 단조가공용(wrought alloy) 알루미늄합금은 합금원소의 총 함유량이 6% 또는 7%를 넘지 않는다.

알루미늄은 오늘날 항공기 제작에 가장 널리 사용되는 금속이다. 이 알루미늄은 중량에 대한 강도비가 높으며, 비교적 제작이 용이하기 때문에 항공 산업에서 매우 중요한 부분을 차지한다. 알루미늄의 두드러진 특성은 가볍다는 것이다. 알루미늄은 비교적 낮은 온도(1,250°F)에서 녹으며, 비자성체이고 전도성이 우수하다.

공업용 순수 알루미늄은 약 13,000psi의 인장강도를 갖지만, 그러나 이 강도는 압연이나 다른 냉간가공을 통해서 약 2배까지 증가시킬 수 있다. 다른 금속과 합금처리하거나, 또는 열처리함으로써 인장강도를 구조용 강에 준하는 65,000psi까지 올릴 수 있다. 알루미늄합금은 비록 강하지만, 전성과 연성이 있기 때문에 쉽게 가공할 수 있다. 이것은 압연으로 0.0017인치 만큼 얇은 두께의 판을 만들거나 또는 인발과정을 통해 0.004인치 지름의 철사로 뽑아낼 수 있다. 항공기 구조부재에 사용되는 대부분 알루미늄 합금판의 두께는 0.016~0.096인치 범위이지만, 더 큰 항공기의 일부에서는 0.356인치 정도로 두꺼운 판을 사용하기도 한다.

여러 가지 알루미늄은 일반적으로 두 가지 부류로 구분하는데, (1) 주조용 알루미늄합금(모래주형주조, 영구주형주조, 다이캐스팅(die casting)에 적합한 것들)과 (2) 가공용 알루미늄합금(압연, 인발, 또는 단조 가공에 의해 성형되는 것들)이다. 이 두 가지 중에서 가공용 알루미늄합금은 스트링거(stringer), 벌크헤드(bulkhead), 외피(skin), 리벳(rivet), 압출 가공된 부분 등에 사용하며, 항공기 구조부분에서 가장 폭넓게 사용한다.

주조용 알루미늄합금은 다시 두 종류로 분류된다. 하나는 합금의 물리적인 성질이 합금원소에 의해 결정되며, 금속이 주조된 후에는 변화시킬 수 없는 것이다. 또 다른 하나는 합금원소가 필요한 물리적인 성질을 만들어내기 위해 열처리가 가능한 것이다.

주조합금은 합금번호 앞에 문자를 붙여서 구분하며, 문자가 번호 앞에 있으면, 그 문자는 원래 합금의 구성성분에 약간의 변화가 있음을 나타낸다. 구성성분에서의 이 변화는 단순히 어떤 개선된 품질을 부여하기 위한 것이다. 예를 들어, 주조합금 214에, 유동성을 향상시키기 위해 아연(zinc)을 첨가하였다면 숫자 앞에 문자 A를 붙여서 A214로 표기한다.

주물(casting)을 열처리하였을 때, 그 주물의 열처리와 구성성분은 합금번호 뒤에 문자 T를 붙여서 구분한다. 예를 들어 사형주조 합금인 355는 355-T6, 355-T51, 또는 C355-T51 등과 같이 명시하며, 서로 다른 구성성분과 열처리공정을 구분하고 있다.

알루미늄합금 주물은 (1) 사형(sand mold), (2) 영구주형(permanent mold), 그리고 (3) 다이캐스팅(die casting)으로 이 세 가지 기본 방법 중의 한 가지로 만든다. 알루미늄 주조에서, 대부분의 경우 종류가 다른 합금은 서로 다른 종류의 주물을 사용해야 함에 주의해야 한다.

사형 또는 영구주형 주조는 금속이 응고 또는 냉각되는 것이 가능하도록 먼저 준비한 주형 안에 용융금속을 주입하고 응고시킨 다음에 주물을 떼어낸다. 만약 주형이 모래로 만들어졌다면, 이를 사형주조(sand casting)라고 하고, 만약 금형(보통 주철로 제작)으로 만들어졌다면, 영구주형 주조(permanent casting)라고 한다. 사형주조와 영구주조는 주형(mold) 안에 액체금속을 부으면 금속이 중력에 의해 흘러들어간다.

사형주조(sand casting) 합금의 대표적인 두 가지 종류는 112와 212이다. 두 가지 금속 모두 광범위하게 활용할 수 있는 것이지만, 기계적 성질에서 약간의 차이는 있다.

영구주형 주조방법은 사형주조 방법보다 뒤늦게 개발되었으며, 주형을 만드는 재료에 차이가 있다. 이 방법의 장점은 사형주조에서보다 주물 표면이 매끄럽고 구멍이 적게 발생한다는 것이다. 모래를 결합시키기 위해 사용하는 접합제는 사형주조 과정에서 열로 인해 가스를 발생시키며, 이 가스가 주물에 기공으로 남게 된다.

영구주형 주조방법은 더욱 높은 기계적 성질, 매끄러운 표면, 정확한 치수를 얻기 위해 사용된다. 영구주형 주조의 특수한 종류로는 (1) 금속 코어(metal core)를 가지고 있는 영구금속주형과 (2) 사형 코어를 가진 반영구주형 두 가지가 있다. 금속주형의 미세한 결정구조가 신속히 냉각시키는 합금을 만들 수 있기 때문에 사형 주물보다 더욱 우수한 제품을 만들 수 있다. 합금 122, A132, 그리고 142는 일반적으로 내연기관에 사용되는 부품을 제작하기 위한 영구주형 주조에 사용된다.

항공기에 사용되는 다이캐스팅(die casting) 주물은 보통 알루미늄이나 마그네슘합금으로 되어 있다. 마그네슘합금은 알루미늄합금보다 가볍기 때문에 중량을 더 감소시키고자 하는 곳에 사용한다. 그러나 알루미늄합금이 대부분의 마그네슘합금보다 강하기 때문에 더 많이 사용된다.

다이캐스팅 주물은 금속형틀 안에 용융금속을 주입하고 주형의 미세한 부분까지 용융금속이 침투할 수 있도록 압력을 가하는 방법으로 만든다. 다이캐스팅 주조 작업에서는, 용융 금속을 높은 압력으로 주형에 밀어 넣는다. 다이캐스팅 주물은 비교적 큰 부품을 생산할 경우에 적용하며, 단조 가공할 수 있는 어떤 모양으로든지 주조할 수 있다.

가공용 알루미늄과 알루미늄합금은 일반적으로 열처리할 수 있는 합금과 열처리할 수 없는 합금 두 가지 종류로 구분된다. 열처리할 수 없는 합금은 최종 풀림처리(annealing) 후 실시한 냉간가공의 정도에 따라 기계적인 성질이 결정된다. 냉간가공에 의해 얻어진 기계적인 성질은 어떤 가열로 인해 변질될 수 있으며, 다시 냉간가공을 거치지 않고는 회복될 수 없다. 뜨임(tamper)의 완전경화는 공업용으로 실용성이 있는 최대의 냉간가공에 의해 발생한다. 제조당시의 금속은 냉간가공 또는 열처리에 대한 어떤 조치도 하지 않은 주괴(ingot)로부터 만들어진다. 그 결과로서 단면 두께에 따라 가공경화(strain hardening)의 정도가 결정된다.

열처리할 수 있는 알루미늄합금의 기계적인 성질은 적당한 온도로 열처리함으로써 얻어진다. 이 열처리는 합금원소가 고용체 안으로 침투할 수 있도록 그 온도를 충분히 오랫동안 유지하고, 그다음 고용체(solid solution)내에 그 조성이 그대로 남아있도록 급냉처리하여 얻는다. 금속은 과포화된 상태, 즉, 불안정한 상태에 놓이게 되며 이후에 상온에서 자연시효경화 되거나 약간 가열된 상태에서 인공시효에 의해 경화된다.

#### 5.1.4.2 가공용 알루미늄(Wrought aluminum)

가공용 알루미늄 또는 가공용 알루미늄합금은 4자리수로 규격을 표시한다. 이 규격은 크게 세 그룹으로 나눠지는데, 1xxx 그룹, 2xxx~8xxx 그룹, 그리고 현재는 사용되지 않는 9xxx 그룹이다.

규격번호의 첫 번째 자리 수(Digit)는 합금 종류를 나타낸다. 두 번째 자리 수는 특정한 합금의 개량 여부(modification)를 나타낸다. 두 번째 자리 수가 0이면, 특별한 개량을 하지 않았다는 것을 의미한다. 이 그룹의 두 번째 숫자는 합금성분에 대하여 개량한 회수를 1~9까지 중 연속적으로 할당하여 나타낸다. 1xxx 그룹에서 끝의 두 자리는 금속의 순도가 99%를 초과한 정도를 1/100% 단위로 나타낼 때 사용된다. 예를 들어 끝의 두 자리가 30이라면, 순수 알루미늄 99%에 0.30%를 더해서 99.30% 순수 알루미늄이 된다. 이 그룹에 해당하는 합금의 예는 다음과 같다.

1100 99.00 % 순수 알루미늄 1회 성능 개량하였음
1130 99.30 % 순수 알루미늄 1회 성능 개량하였음
1275 99.75 % 순수 알루미늄 2회 성능 개량하였음

2xxx~8xxx 그룹에서, 첫 번째 자리는 다음과 같이 합금에 첨가시킨 주 합금원소를 의미한다.

2xxx 구리
3xxx 망간
4xxx 규소
5xxx 마그네슘
6xxx 마그네슘 규소
7xxx 아연
8xxx 그 밖의 원소

2xxx~8xxx 합금그룹에서, 합금 규격번호의 두 번째 자리 수는 합금의 개량 여부를 나타낸다. 만약 두 번째 자리 수가 0이면, 그것은 원래의 합금임을 의미하고, 반면에 1~9사이의 수자는 합금의 개량회수를 나타낸다.

표 5-2에 나타난 것과 같이, 네 자리 중 끝의 두 자리는 그룹에서 다른 합금 성분을 표시한다.

### 5.1.4.3 합금원소에 따른 영향 (Effect of Alloying Element)

(1) 1000 계열

99% 이상의 순수 알루미늄으로, 우수한 내식성(corrosion resistance), 높은 열전도율(thermal

[표 5-2] 가공용 알루미늄 합금의 공칭 성분(Nominal composition of wrought aluminum alloys)

| Alloy | Percentage of Alloying Elements Aluminum and normal impurities constitute remainder | | | | | | | | |
|---|---|---|---|---|---|---|---|---|---|
| | Copper | Silicon | Manganese | Magnesium | Zinc | Nickel | Chromium | Lead | Bismuth |
| 1100 | — | — | — | — | — | — | — | — | — |
| 3003 | — | — | 1.2 | — | — | — | — | — | — |
| 2011 | 5.5 | — | — | — | — | — | — | 0.5 | 0.5 |
| 2014 | 4.4 | 0.8 | 0.8 | 0.4 | — | — | — | — | — |
| 2017 | 4.0 | — | 0.5 | 0.5 | — | — | — | — | — |
| 2117 | 2.5 | — | — | 0.3 | — | — | — | — | — |
| 2018 | 4.0 | — | — | 0.5 | — | 2.0 | — | — | — |
| 2024 | 4.5 | — | 0.6 | 1.5 | — | — | — | — | — |
| 2025 | 4.5 | 0.8 | 0.8 | — | — | — | — | — | — |
| 4032 | 0.9 | 12.5 | — | 1.0 | — | 0.9 | — | — | — |
| 6151 | — | 1.0 | — | 0.6 | — | — | 0.25 | — | — |
| 5052 | — | — | — | 2.5 | — | — | 0.25 | — | — |
| 6053 | — | 0.7 | — | 1.3 | — | — | 0.25 | — | — |
| 6061 | 0.25 | 0.6 | — | 1.0 | — | — | 0.25 | — | — |
| 7075 | 1.6 | — | — | 2.5 | 5.6 | — | 0.3 | — | — |

conductivity)과 전기전도성, 낮은 기계적 성질, 우수한 가공성(workability) 등의 장점을 가진다. 철과 규소가 주 합금 원소이다.

(2) 2000 계열

구리가 주 합금원소이며 부식에 취약하다. 이 계열은 보통 6000계열보다 고강도 합금이며 외피용으로 적합하다. 이 계열 중 가장 잘 알려진 합금은 2024이다.

(3) 3000 계열

일반적으로 열처리(heat-treatment) 하지 않는 망간이 이 그룹의 주 합금원소이다. 효율적인 합금이 되기 위한 망간의 함유량은 1.5% 정도이다. 가장 대표적인 것은 3003이고, 가공특성이 우수하다.

(4) 4000 계열

규소가 이 그룹의 주 합금원소이며, 다른 알루미늄 합금에 비해 더 낮은 용융온도(melting temperature)를 갖는다. 이 그룹의 주사용처는 용접(welding)과 납땜(brazing)이다. 이 그룹은 열처리할 수 있는 합금을 용접할 때, 열처리하는 것과 같은 반응을 하게 된다.

(5) 5000 계열

이 그룹은 마그네슘이 주 합금원소이다. 이 계열은 용접성이 양호하고 내식성이 우수한 특성을 갖는다. 150°F 이상의 고온 또는 과도한 냉간가공은 부식에 대한 저항을 감소시킨다.

(6) 6000 계열

이 계열은 규소와 마그네슘이 주 합금원소이며, 열처리할 수 있는 합금인 마그네슘-규소 화합물(silicide)을 형성한다. 이 계열의 대표적인 합금은 6061이다. 그것은 중간 정도의 강도, 우수한 성형 가공성, 내식성 등의 특성을 갖는다.

(7) 7000 계열

이 계열의 주 합금원소는 아연이다. 마그네슘을 함께 첨가하면 열처리할 수 있는 아주 높은 강도의 합금이 만들어진다. 이 합금에는 보통 구리와 크롬이 첨가된다. 이 계열의 대표적인 합금은 7075이다.

### 5.1.4.4 경도 식별(Hardness Identification)

열처리 기호는 7075-T6, 7075-T4 등과 같이 합금 규격번호 뒤에 대시를 써서 분리해서 표기한다. 열처리 기호는 기본적인 열처리를 나타내는 문자(Digit)에 1개 또는 그 이상의 문자를 추가함으로써 더욱 구체적으로 명시할 수 있다. 이에 대한 예는 다음과 같다.

| | |
|---|---|
| F | 제조된 그대로의 상태 |
| O | 풀림처리한 상태 |
| H | 가공경화된 상태 |
| H1 (plus one or more digits) | 가공경화만 한 상태 |
| H2 (plus one or more digits) | 가공경화 후 부분적으로 풀림 처리한 상태 |
| H3 (plus one or more digits) | 가공경화 및 안정경화 처리한 상태 |

### 5.1.4.5 마그네슘과 마그네슘 합금 (Magnesium and Magnesium Alloys)

마그네슘은 세상에서 가장 가벼운 구조금속으로 알루미늄의 2/3에 해당하는 무게를 가지며 은(silver)과 같이 흰색을 띤다. 마그네슘은 순수한 상태에서는 구조재로서의 충분한 강도를 가지지 못하지만 아연, 알루미늄, 망간 등을 첨가하여 합금으로 만들면 일반적인 금속 중 중량에 대비하여 가장 높은 강도를 가지는 합금이다.

마그네슘은 다른 어떤 금속보다 더 자연에 널리 분포되어 있다. 그것은 백운암(Dolomite)과 마그네사이트(Magnesite와 같은 광석(ores)으로부터, 또는 바닷물, 지하의 소금물, 그리고 잿물(potash)의 폐기 용매로부터 채취할 수 있다. 바닷물 1 $mile^3$당 약 천만 파운드(10,000,000 lb)의 마그네슘이 있으며, 공급이 감소될 염려는 없다.

오늘날 항공기 중 일부는 이 금속을 100여 곳에 사용하며, 그 양이 0.5톤에 해당할 정도이다. 일부 날개 판은 표준알루미늄 판보다 18%나 가벼운 마그네슘합금으로 제조되며, 수백 시간을 안전하게 비행할 수 있다. 무게를 감소시키기 위하여 마그네슘으로 만든 항공기부품으로는 앞바퀴도어(nosewheel door), 플랩(flap) 외피(Cover Skin), 에어론(aileron) 외피, 오일탱크(oil tank), 동체 마루바닥(Floorings), 동체부품, 날개 끝(wingtip), 엔진 나셀(engine nacelle), 계기판, 전파안테나(radio antenna), 유압유 탱크, 산소통 케이스(Oxygen Bottle Cases), 덕트(Ducts), 좌석 등이다.

마그네슘합금은 좋은 주조 특성을 가지고 있으며, 이는 주조알루미늄의 성질보다도 우수하다. 단조에서는 임의의 조건에서 기계 프레스(Press)나 드롭 해머(drop hammer)로 가공하기도 하지만 유압 프레스(Hydraulic Press)가 널리 사용되고 있다.

마그네슘합금은 풀림, 담금질(quenching), 용체화처리(solution heat-treatment), 시효처리(aging), 그리고 안정화처리(stabilizing) 등의 처리과정을 거친다. 판재 그리고 평판 마그네슘은 압연기(rolling mill)에서 풀림처리 된다. 인장강도와 연성을 향상시키는 용체화처리는 가능한 많은 합금원소들을 금속에 침투시키기 위해 사용된다. 시효처리는 경도와 항복강도가 요구되는 곳에 사용되며, 열처리를 수반하는 주물에 적용된다.

마그네슘은 예측할 수 없는 갑작스런 화재 위험성을 가지고 있다. 큰 덩어리로 있을 때는 높은 열전도율 때문에 점화(ignite)되기 어렵고, 1,204°F의 용융점에 도달할 때까지 연소되지 않을 것이다. 그러나 마그네슘 분말이나 미세한 조각들은 쉽게 점화되므로 필요하다면 사전에 이것을 예방하기 위한 조치를 취해야 한다. 만약 화재가 발생한다면, 동석(soap stone) 분말이나 흑연(graphite) 분말과 같은 소화용 분말(powder)을 이용해서 소화시킬 수 있다. 물소화기 또는 다른 액체나 거품소화기는 마그네슘을 더욱 급격히 연소하게 하는 원인이 되어 폭발을 일으킬 수 있다.

미국에서 생산되는 마그네슘합금은 알루미늄, 망간, 아연을 다양한 비율로 첨가시켜 만든 합금이다. 이 합금은 높은 순도와 최대의 내식성을 나타내는 숫자 1과 함께 알파벳 문자를 써서 표기한다.

미국에서 제조되고 있는 많은 마그네슘합금은 다우케미컬 사(Dow Chemical Company)에서 생산하고 있으며 다우메탈(Dow-metal) 합금이라는 상품명을 붙이고 있다. 이들 합금들을 구분하기 위해, 각각은 Dow-metal J, Dow-metal M 등과 같이 문자(Letter)를 부여하였다.

마그네슘합금의 또 다른 제조사는 미국알루미늄사의 자회사인 미국마그네슘회사(American Magnesium Corporation)이다. 이 회사는 마그네슘합금번호 앞에 문자 AM을 붙이며, 알루미늄합금에서 사용한 것과 유사한 식별방법을 사용한다. 예를 들어 AM240C는 주조합금이고, AM240C4는 같은 합금을 열처리한 것이다. AM3S0은 풀림처리한 가공용 합금이고, AM3SRT는 같은 합금을 열처리한 후 압연가공한 것이다.

### 5.1.4.6 티타늄과 티타늄 합금 (Titanium and Titanium Alloys)

티타늄은 영국 성직자 Gregot에 의해 발견되었으며, 1825년에 천연 광석으로부터 티타늄을 분리해냈다. 1906년에 충분한 양의 순수티타늄을 금속 형태로 추출하는 연구가 이루어졌고, 1932년에 티타늄을 생산하기 위한 최초의 상업적 추출법(extraction process)이 개발되었다. 미국 광산국은 1946년에 티타늄 스펀지(sponge)를 개발했으며, 그로부터 4년 후에는 용융법을 개발하였다.

티타늄의 용도는 광범위하다. 이 티타늄은 기업에서 상업적으로 많이 사용하고 있으며, 부식이 발생하기 쉬운 펌프(pump), 스크린(Screen), 다른 공구(tool)나 설비(fixture)와 같은 품목에 사용하고 있다. 항공기 제작과 수리에서, 티타늄은 동체, 외피, 엔진 슈라우드(engine shroud), 방화벽(firewall), 세로대(longeron), 프레임(frame), 피팅(Fitting), 공기 덕트(air duct), 파스너(fastener) 등에 사용한다.

티타늄은 압축기디스크(compressor disk), 스페이서 링(Spacer Ring), 압축기 블레이드(compressor blade)와 베인(vane), 관통볼트, 터빈 하우징(Turbine Housing)과 라이너(Liner), 터빈엔진(turbine engine)의 여러 가지 하드웨어(hardware)를 만드는 데 사용한다.

티타늄은 외관상으로 스테인리스와 유사하며, 이 티타늄을 판정하기 위한 빠른 방법이 불꽃시험 방법이다. 티타늄은 밝게 빛나는 흰색 파열의 불꽃 줄기를 발생시킨다. 또한, 다른 식별 방법으로는 티타늄을 액체에 적신 상태에서 유리판위에 선을 그어보면, 연필자국과 유사한 검은 선을 남기게 된다.

티타늄은 탄성, 밀도, 고온강도에서 알루미늄과 스테인리스강의 중간 정도에 해당한다. 티타늄은 2,730℉~3,155℉의 용융점과 낮은 열전도율, 낮은 팽창계수를 갖는다. 이것은 가볍고, 강하며, 그리고 응력부식(stress corrosion)으로 인한 균열에 저항력을 갖는다. 티타늄은 알루미늄보다 약 60% 정도가 더 무겁고 스테인리스강보다는 약 50%로 가볍다.

티타늄은 용융점이 높으며, 고온 성질은 좋지 않다. 티타늄의 극한강도는 800℉ 이상에서 급격히 낮아진다. 1,000℉ 이상의 온도에서는 공기 중의 산소와 질소를 흡수하게 되므로, 높은 온도 환경에 오랜 시간 동안 노출되면 취성이 증가하여 기계적 성질이 나빠진다. 그러나 티타늄은 강도가 중요하지 않은 경우에는 3,000℉ 정도의 온도에 단기간 노출되더라도 견딜 수 있는 장점을 갖는다. 따라서 이런 성질을 필요로 하는 항공기 방화벽을 티타늄으로 만들기도 한다.

티타늄은 비자성체이며 스테인리스강과 비슷한 전기저항을 갖는다. 티타늄의 기본합금은 매우 단단하다. 합금강은 어떤 열처리나 합금 처리하더라도 티타늄의 경도만큼을 가지지는 못한다. 최근 열처리할 수 있는 티타늄합금이 개발되었다. 이 합금을 개발하기 전에는, 가열하고 압연하는 것이 성형할 수 있는 유일한 방법이었으나, 개발 후에는 연질의 새로운 합금을 성형하고 경도를 높이기 위해 열처리하는 것이 가능해졌다.

철(Fe), 몰리브덴(Mo), 크롬(Cr) 등은 티타늄을 안정화시키기 위해 첨가하고, 담금질경화와 시효경화하는 합금을 만들어낸다. 이 금속의 첨가는 또한 연성을 증가시킨다. 티타늄의 피로저항은 알루미늄이나 강보다 더 크다.

티타늄은 순도가 증가할수록 더 부드러워진다. 공업용에서 화학분석으로 순수티타늄 또는 합금이 아닌 티타늄의 등급을 구별하려는 것은 실질적으로 의미가 없다. 따라서 등급은 기계적인 성질에 의해서만 구분한다.

(1) 티타늄의 명명(Titanium, Designations)

티타늄합금의 A-B-C 분류는 모든 티타늄합금을 편리하게 식별하기 위한 수단으로 마련되었다. 티타늄과 티타늄합금은 기본적으로 A(Alpha), B(Beta), C(Alpha와 Beta의 결합형)인 세 가지 종류의 결정체를 가지며, 그 특성은 다음과 같다.

① A(Alpha): 모든 작업
우수한 용접성, 냉간 또는 열간에서 모두 인성과 강도가 크며, 산화에 대한 안정성이 좋다.

② B(Beta): 우수한 굽힘 연성
냉간(cold) 또는 열간(hot)에서 강하지만 오염에는 취약한 단점이 있다.

③ C(Alpha와 Beta를 결합한 중간 성능)
저온 또는 중간 정도의 온도에서는 강하지만, 고온에서는 약해지며, 우수한 굽힘성, 오염에 대한 양호한 저항력, 우수한 단조성능 등을 가진다.

티타늄은 상용 목적에서 두 가지 종류로 제조하는데, 공업용 순수티타늄과 합금처리한 티타늄이다. A-55 티타늄은 공업용 순수티타늄의 한 예이다. 이 티타늄은 55,000~80,000psi의 항복강도(yield strength)를 가지며 심한 성형에 적합한 다목적용이다. 이것은 항공기 비구조 부품이나 배관과 같이 내식성을 필요로 하는 부분에 사용한다. A-70 티타늄은 A-55와 비슷하지만, 70,000~95,000psi의 항복강도를 갖는다. 이것은 더욱 높은 강도가 요구되는 곳에 사용하며, 적당히 응력을 받는 항공기 부품 제작에서 많이 거론되고 있다. 이 티타늄은 부식을 방지하기 위한 장소에서는 Type A-55와 교체해서 사용할 수 있다.

티타늄계열 합금 중 널리 사용하고 있는 한 가지는 C-110M라고 불리는 것이다. 항공기 일차구조부재와 외피(skin)에 사용하는 이것은 110,000psi의 최소항복강도를 가지며, 8%의 망간을 첨가하였다.

A-110AT는 5%의 알루미늄과 2.5%의 주석(Tin)을 첨가한 티타늄합금이며, A-형 티타늄합금으로서 고유의 우수한 용접특성과 고온에서 높은 최소항복강도를 갖는다.

(2) 부식 특성(Corrosion Characteristics)

티타늄의 내식성은 특별히 주의해야만 한다. 금속의 부식에 대한 저항력은 잘 떨어지지 않는 산화물이나 산화보호피막을 형성함으로써 발생하게 된다. 이 피막은 산소나 산화제에 의해서 만들어진다.

티타늄의 부식은 균일하게 발생하며, 움푹 파인 흔적이나 일부로 국한된 심한 형태의 흔적은 거의 없다. 티타늄은 정상적인 상태에서 응력부식(stress corrosion), 피로부식(corrosion fatigue), 입자간 부식(inter-granular corrosion), 이질금속간의 부식(동전기 부식, galvanic corrosion) 등이 발생하지 않는다. 이 내식성은 18-8 스테인리스강과 같거나 그보다 더 높다.

실험실에서 산성용액(acid solution)이나 염류용액(saline solution)으로 시험하면 티타늄이 쉽게 분극화되는 것을 볼 수 있다. 일반적으로 이 분극 효과는 갈바니(Galvanic)와 부식 셀(Cell)에서의 전류흐름을 감소시키게 된다. 티타늄과 금속으로 된 한 쌍의 표면상에 흐르는 부식전류는 자연적으로 제한된다. 이것은 부분적으로 많은 화학물질에 대한 저항력을 갖도록 해준다. 또한, 해로운 갈바니 현상 없이 약간의 서로 다른 금속을 함께 사용하는 것이 가능하게 된다.

### 5.1.4.7 구리와 구리합금(Copper and Copper Alloy)

구리는 가장 널리 분포되어 있는 금속 중의 하나이다. 구리는 붉은 갈색을 띤 금속으로서 은(Ag) 다음으로 우수한 전기전도도를 갖는다. 구조재로 사용기에는 너무 무겁기 때문에 제한되지만, 그러나 높은 전기전도도와 열전도성 같은 뛰어난 장점이 있기 때문에 관련분야에서는 우선적으로 사용하고 있다.

구리는 매우 큰 전성과 연성을 가지기 때문에, 전선을 만드는 데 이상적이다. 이것은 소금물에는 부식되지만 순수한 물에는 영향을 받지 않는다. 구리의 최대 인장강도는 크게 변하는데, 주조 구리에서의 인장강도가 약 25,000psi이고, 냉간압연하거나 냉간인발했을 때 인장강도는 40,000~67,000psi의 범위로 증가한다.

항공기에서 구리는 버스 바(Bus Bar), 접지선(bonding), 전기계통의 안전결선(Lock-wire) 등에 주로 사용된다.

구리계열합금 중에서 최근에 개발된 가장 성공적인 하나는 베릴륨(beryllium copper)구리이다. 이 베릴륨(beryllium copper)구리는 구리 97%, 베릴륨(Be) 2 %, 그리고 연신율을 증가시키기 위해 충분한 니켈을 첨가한 합금이다. 이 금속의 가장 뛰어난 특징은 물리적인 성질을 열처리에 통해 향상시킬 수 있다는 것이다. 예를 들어 베릴륨구리의 인장강도는 풀림처리 된 상태에서 70,000psi이고 열처리된 상태에서 200,000psi로 크게 올릴 수 있다는 것이다. 베릴륨구리의 내피로성과 내마모성은 다이아프램(Diaphragm), 정밀베어링과 부싱(Bushing), 볼 케이지(Ball Cage), 스프링와셔(spring washer) 등의 제작에 적합하다.

황동은 아연과 소량의 알루미늄, 철, 납(Pb), 망간, 니켈, 인(P), 주석을 첨가한 구리합금이다. 아연 함유량이 30~35% 인 황동은 연성이 매우 크지만, 아연 함유량이 45% 인 황동은 비교적 높은 강도를 갖는다.

문즈메탈(Muntz metal)은 구리 60%와 아연 40%로 구성된 황동으로 소금물에서도 우수한 내식성을 갖는다. 이 합금의 강도는 열처리를 통해 증가시킬 수 있는데, 주조한 금속은 50,000psi의 최대인장강도를 가지며, 열처리를 통해 최대인장강도를 18% 더 늘릴 수 있다. 이 금속은 소금물과 접촉되는 부품은 물론 볼트와 너트를 제작하는 데도 이용한다.

주석 함유량 때문에 때로는 청동이라 불리는 적색황동(red brass)은 연료나 오일 라인의 피팅(Fitting)을 제작할 때 사용한다. 이 금속은 양호한 주조성과 다듬질 성능을 가지고 있으며 손쉽게 기계 가공할 수 있다.

청동은 주석을 첨가한 구리합금이다. 순 청동은 주석을 25% 정도 첨가하지만, 특히 11% 이하로 첨가한 청동은 항공기 튜브 피팅(Tube Fitting)과 같은 부품에 매우 유용하게 사용한다.

구리합금 중에는 구리알루미늄합금이 있으며, 이 합금은 항공기용으로 매우 높은 등급을 준다. 이 합금은 합금강과 비교해서 무게에 대한 강도비만 상관없다면 구조재로서 더욱 유용하게 사용되었을 것이다. 가공용 알루미늄청동은 거의 중탄소강만큼 강하고 연성이 있으며, 공기, 소금물, 화학제품으로 인한 부식에 대하여 높은 저항력을 가지고 있다. 이 합금은 쉽게 단조, 열간압연 또는 냉간압연 가공이 가능하며, 열처리에 따라 다양한 결과를 얻을 수 있다.

이 구리계열 합금은 철, 니켈, 망간 등과 같은 다른 금속을 첨가하는 것으로, 알루미늄을 16%(보통 5~11%)까지 함유한다. 알루미늄청동은 큰 강도와 경도, 그리고 충격과 피로에 대한 저항력을 갖는다. 이 성질 때문에, 다이아프램(Diaphragm), 기어(Gear), 펌프(pump) 등에 사용한다. 알루미늄청동은 봉, 바(Bar), 판, 판재, 스트립(Strip), 그리고 단조품을 제작하는데 이용할 수 있다.

구리 약 89%, 알루미늄 9%, 2%의 기타 원소를 첨가한 주조 알루미늄청동은 연성과 함께 고강도를 가지며, 부식, 충격(shock), 피로에 잘 견디는 성질이 있다. 이 성질 때문에, 주조 알루미늄청동은 베어링(Bearing)과 펌프의 주요부분에 사용한다. 이 합금은 소금물이나 부식성 기체에 노출된 곳에서도 유용하다.

망간청동(manganese bronze)은 특히 높은 강도와 인성을 가지고 있으며, 알루미늄, 망간, 철 그리고 경우에 따라서 니켈이나 주석을 첨가한 내식성의 구리 · 아연합금이다. 이 금속은 원하는 모양으로 성형, 압출, 인발, 또는 압연이 가능하며, 일반적으로 봉 형태의 기계 가공 부품, 항공기 착륙장치(landing gear) 부품, 브라켓(Bracket) 등에 사용한다.

가장 최근에 개발된 규소청동은 구리 약 95%, 규소 3%, 망간 2%와 약간의 아연, 철, 주석, 알루미늄 등으로 이루어진다. 비록 이 합금이 적은 주석 함유량 때문에 진정한 의미로서의 청동이 아니라 할지라도, 규소청동은 고강도와 큰 내식성을 갖는다.

(1) 모넬(Monel)

니켈합금의 대표격인 모넬은 높은 강도와 우수한 내식성을 함께 가지고 있다. 이 금속은 니켈 68%, 구리 29%, 철 0.2%, 망간 1%, 기타 1.8%로 구성되며, 일반적으로 열처리에 의해 경화되지 않는다.

모넬은 주조, 열간가공 또는 냉간가공이 가능하며 용접성도 양호하다. 이 금속은 강과 비슷한 가공성을 갖는다. 단조 및 풀림처리하면 80,000psi의 인장강도를 갖는데, 냉간가공에 의해 고인성(high-toughness) 합금으로 분류하기에 충분한 125,000psi까지 증가한다.

모넬은 항공기에서 접이식 착륙장치를 작동시키는 기어와 체인, 부식이 발생하기 쉬운 구조부 등에 사용하며, 배기 매니폴드(Exhaust Manifolds), 기화기 니들 밸브(Needle Valve), 슬리브(Sleeves) 등과 같이 높은 강도와 내식성을 모두 필요로 하는 부품제작에 사용된다.

(2) K-모넬 (K-Monel)

K-모넬은 주로 니켈, 구리, 알루미늄을 첨가한 비철합금이며, 모넬 제조방법에 소량의 알루미늄을 첨가하여 만든다. 이 금속은 내식성이 있으며 열처리를 하면 경화된다.

K-모넬은 착륙장치, 항공기 구조부재 중에 부식이 발생할 수 있는 곳에 사용한다. 이 합금은 모든 온도에서 비자성이며, K-모넬 판재는 산소 · 아세틸렌용접이나 전기아크용접으로 접합이 가능하다.

#### 5.1.4.8 니켈과 니켈합금(Nickel and Nickel Alloys)

기본적으로 항공기에서 사용하는 니켈합금은 모넬과 인코넬 두 가지가 있다. 모넬은 68% 니켈과 29% 구리, 소량의 철과 마그네슘을 첨가한다. 니켈합금은 용접이나 기계가공이 용이하다. 니켈모넬 중 일부, 특히 소량의 알루미늄을 함유한 니켈모넬은 열처리하면 강과 비슷한 정도의 인장강도를 얻을 수 있다. 니켈모넬은 착륙장치, 고온에서 고강도와 내식성을 요구하는 배기계통, 등과 같이 고강도와 고인성을 요구하는 부품 제작에 사용한다.

니켈 인코넬합금(inconel alloy)은 약 80% 니켈, 14% 크롬, 소량의 철, 기타 원소로 구성된 합금으로 고온에서도 고강도를 유지한다. 니켈·인코넬합금은 초고온 상태에서도 고강도와 내식성을 유지할 수 있다는 성질 때문에 터빈엔진에 많이 사용한다.

인코넬과 스테인리스강은 외형상으로 유사하며, 같은 엔진 분야에서 자주 찾아 볼 수 있다. 종종 금속 사이의 차이점을 식별해야 하는 것이 중요할 때가 있다. 이 금속을 식별하기 위한 일반적인 시험방법은 알고자하는 금속 시험편에 염화제이구리용액(cupric chloride) 한 방울을 떨어뜨리고 2분정도 기다렸을 때, 해당부분이 밝게 빛나면 니켈인코넬이라는 것을 의미하고, 구리색을 띠면 스테인리스강이라는 것을 의미한다.

## 5.1.5 항공기용 금속의 대체 (Substitution of Aircraft Metals)

항공기 수리와 정비를 위해 적절한 대체 금속을 찾기 위해서는 구조수리교범을 참조하는 것이 매우 중요하다. 항공기제작사들은 각각의 항공기에 대한 고유의 하중요구조건을 만족한다는 전제하에 구조부재를 설계한다. 구조가 거의 비슷하더라도 이들 부재를 수리하는 방법은 다른 항공기와 아주 다를 수 있다.

대체 금속을 선정할 때, 다음 네 가지 필요조건을 명심하여야 한다. (1) 가장 중요한 것으로 구조물의 원래 강도를 유지할 것 (2) 외형 또는 공기역학적인 매끄러움을 유지할 것, (3) 원래의 무게를 유지할 것, 또는 가능한 추가되는 무게를 최소로 유지할 것, 그리고 (4) 금속 원래의 내식성을 유지하는 것 등이다.

## 5.1.6 금속가공 절차 (Metalworking Processes)

대표적인 금속가공방법은 (1) 열간가공, (2) 냉간가공, (3) 압출 등이다. 적용되는 방법은 비록 하나의 부품을 만들기 위해 열간가공과 냉간가공 모두를 사용하게 될지라도, 금속의 종류와 요구되는 부품을 고려하여 결정한다.

### 5.1.6.1 열간가공(Hot-working)

대부분의 강철은 주괴(ingot)를 열간가공해서 필요한 형태로 만들고, 다시 열간가공이나 냉간가공을 거쳐 최종적인 모양을 완성한다. 주괴를 만드는 과정에서, 주형으로부터 분리되는 순간에는 주괴의 표면이 응고되어 있지만, 내부는 용융 상태 그대로를 유지하고 있다. 이 주괴를 로(pit) 안에 넣고, 온도를 조절하면서 서서히 냉각시키면 가공하기 쉽고 균일한 상태로 만들어지며, 이 주괴를 압연가공해서 중간 정도의 크기로 만든다.

압연된 주괴의 정사각형 단면치수가 6×6inch$^2$ 이상일 때는 괴철(bloom)이라고 부르고, 그 이하일 때는 강편(billet)이라고 부른다. 또한, 폭이 두께의 2배 이상인 직사각형 단면을 가지면 평판(slab)이라고 부른다. 평판은 압연가공을 통해서 판재로 만들어진다.

괴철(bloom), 강편(billet), 또는 평판(slab)을 임계온도 이상으로 가열한 다음 압연가공해서 다양한 단면

모양을 가진 재료를 만든다. 이렇게 압연 가공하여 만든 단면 모양은 일반적으로 판재(sheet), 봉(Bar), 채널(Channel), 앵글(Angle), I-빔(beam) 등이다. 이 장의 뒷부분에 설명한 바와 같이, 열간 압연 가공한 재료를 정밀한 치수와 매끄러운 표면으로 만들기 위해서는 여러 차례에 걸쳐 냉간압연 가공 또는 인발과정을 거쳐야 한다.

압연 가공할 수 없을 정도로 복잡한 단면이 필요하거나, 소량만을 제작해야 하는 경우에는 단조 가공한다. 강의 단조는 요구하는 모양을 만들기 위해 임계온도 이상으로 가열한 상태에서 기계적으로 가공하는 것이다. 단조과정은 가열한 강을 요구하는 모양이 만들어질 때까지 프레스로 눌러 찍어내거나 망치로 두드려서 가공한다.

프레스(pressing)는 가공하고자 하는 부품이 크고 무거울 때 적합하다. 또한, 고강도 강이 필요한 경우에는 망치로 여러 차례 두드려서 가공한다. 프레스는 천천히 작동하기 때문에, 힘이 단면의 중앙까지 균일하게 작용한다. 그러므로 외부뿐만 아니라 내부까지 구조물 전체에 걸쳐 영향을 주기 때문에 최상의 결정구조를 얻을 수 있다.

망치로 두드리는 단조 가공은 비교적 작은 재료에 적합하다. 망치로 두드리면 힘이 순간적으로 전달되기 때문에, 그 영향은 낮은 깊이까지밖에 미치지 않는다. 따라서 단면 전체에 걸쳐 완전하게 가공하기 위해서는 아주 무거운 망치를 사용하거나 반복적으로 타격해서 부품을 가공하는 것이 필요하다. 만약 중심까지 힘이 충분히 전달되지 않는다면, 단조가공 후 마무리된 표면은 오목한(concave) 모양이 될 것이다. 만약 중심까지 충분하게 가공되었다면, 표면은 볼록한(convex) 모양이 될 것이다. 망치로 하는 단조가공의 장점은 작업자가 가하는 힘의 크기와 온도 등을 모두 조절할 수 있다는 것이며, 따라서 최상의 소형 부품을 만들어 낼 수 있다. 보통 이런 단조를 대장간 단조(smith forging)라고도 하며, 소량의 부품을 만들고자 하는 경우에 적용한다.

강을 그대로 사용하기에는 필요이상으로 너무 단단하거나 내부 변형이 심하게 일어나면, 가끔 쉽게 부서지는 경우도 있다. 이런 변형으로 인한 응력과 취성을 감소시키기 위해, 뜨임처리(tempered) 한다. 뜨임은 강을 노에 넣고 정해진 온도로 가열한 다음 공기, 오일, 물, 또는 특수용액에 넣어 냉각시킨다. 뜨임 조건은 경도나 인성에 대하여 금속이나 합금의 상태에 따라 다르다. 압연, 단조, 굽힘, 열처리, 또는 시효처리는 인성과 경도를 증가시키는 원인이 된다. 합금을 성형하기(forming)에 너무 단단한 경우, 재열처리하거나 풀림처리(annealed) 한다.

금속의 내부응력(internal stress)을 제거하거나 연화(soften)시켜 연성(ductile)을 증가시키기 위해, 또는 결정구조를 개선하기 위해 풀림처리 한다. 풀림처리(annealing)는 규정된 온도까지 금속을 가열해서 일정 시간 동안 유지한 다음, 상온에서 서서히 냉각하는 과정이다. 최대의 연성을 얻기 위해서는 금속을 노(furnace)속에 넣고 아주 천천히 냉각시켜야 한다. 일반적으로는 공기 중에서 냉각시킨다.

불림처리(normalizing)는 오직 철강재료에만 적용된다. 불림처리는 적당한 온도까지 부품을 가열하고, 균일하게 가열될 때까지 그 온도를 유지한 다음 공기 중에서 냉각하는 공정이다. 불림처리는 금속에 있는 잔류응력을 제거하기 위해 실시한다.

강도(strength), 무게(weight), 그리고 신뢰도(reliability)는 기체 제작과 수리에 사용되는 재료가 가지고 있어야 하는 필수요소이다. 기체는 가능한 가벼우면서도 충분히 강해야 한다. 강도증가는 무게증가를 동반하게 된다. 항공기에 사용되는 금속은 양호한 강도/무게비(strength/weight ratio)를 갖고 있어야 함은 물론, 충분한 신뢰도를 가지고 있어서 위험이나 갑작스러운 파손 가능성을 최소화해야 한다. 이와 같은 일반적 성질뿐만 아니라, 특별한 사용을 위해 선택된 재료는 목적에 부합하는 특정한 품질도 가지고 있어야 한다.

재료는 치수, 무게, 용도에 따라 요구되는 강도를 가지고 있어야 한다. 금속이 잘 견디기 위해 필요한 다섯 가지 기본적인 응력은 인장(tension), 압축(compression), 전단(shear), 굽힘(bending), 그리고 비틀림(torsion)이다.

재료의 인장강도(tensile strength)는 끌어당겨 늘리려고 하는 힘에 대한 저항력이다. 인장강도는 p.s.i(lb/inch$^2$) 단위로 측정하며, 재료를 끌어당기는 하중(lb)을 힘이 작용하는 단면적(inch$^2$)으로 나눔으로써 계산된다.

재료의 압축강도(compression strength)는 인장강도와 반대로 눌러 압착하려는 힘에 대한 저항력(resistance)이다. 압축강도도 또한 psi 단위로 측정된다. 금속이 절단될 때, 재료는 절삭날의 접촉에 의해, 전단하중을 받게 된다. 전단하중은 서로 반대방향으로 평행하게 미끄러지듯이 작용하는 하중에 의해 부재에 발생한다. 전단은 가위의 날 사이에 종이 또는 실을 놓고 자르는 것과 같다. 전단응력은 재료가 파손되는 전단력크기를 psi 단위로 나타낸 것이며, 하중을 전단면적으로 나눈 값이다.

굽힘은 부재에 작용하는 하중으로 인해 부재가 구부러지는 것이라고 말할 수 있다. 재료의 굽힘강도는 구부리려는 하중(deflecting force)에 대한 저항력이다. 비틀림은 뒤틀리는 하중이다. 한 끝은 고정되어 있고 다른 쪽 끝이 뒤틀리는 부재에서 이와 같은 작용이 일어나게 된다. 재료의 비틀림강도(torsional strength)는 뒤틀리는 것에 대한 저항력이다.

재료의 강도를 단위 체적(inch$^3$)당 재료의 무게로 나눈 값을 강도/무게비라 한다. 이 강도/무게비는 기체의 제작과 수리에 사용하고자 하는 재료들을 비교하는 기본이 된다. 강도나 무게 단독으로는 비교하는 수단이 될 수는 없다. 모노코크구조(monocoque structure)의 외피와 같은 경우, 두께는 강도보다 더 중요하며 주어진 두께에서 가장 가벼운 재료가 최상인 재료이다. 두께 또는 부피는 부주의한 취급으로 인해 발생할 수 있는 좌굴이나 손상을 방지하기 위해 필요하다.

부식은 금속의 표면이나 내부에서 발생하는 침식(pitting away) 또는 점식(pitting)이다. 항공기 설계와 제작에 사용되는 얇은 단면과 안전계수(safety factor) 때문에, 내식성이 충분치 못한 재료를 선택하는 것은 위험하다.

정비와 수리에서 고려해야 하는 또 하나의 중요한 요소는 요구되는 모양으로 성형하고, 기계로 가공할 수 있는 재료의 가공성이다. 냉간가공 또는 성형에 의해 금속이 딱딱해지는 것을 가공경화(work-hardening)라 한다. 만약 금속이 차가운 상태에서 굽히거나 성형했다면, 냉간가공 했다고 말한다. 실제로 항공정비사가 수행하는 대부분의 금속 가공작업은 냉간가공에 해당한다. 이런 냉간가공은 편리한 반면에, 금속의 경도와 취성이 과도하게 증가하는 단점도 있다. 예를 들어 금속을 앞뒤로 굽혔다 폈다 한다거나 같은 곳을 계속 망치로 때리는 등으로 지나치게 냉간가공(cold-working)한다면, 금속은 끊어지거나 부서지게 될 것이다. 보통 연성이 큰 금속은 더 많이 늘리기 위해 많은 냉간가공을 하더라도 견딜 수 있다.

금속을 가열하거나 냉각시키는 과정을 조절해서 경도, 연화, 연성, 인장강도, 또는 정밀한 결정구조와 같은 특성을 갖도록 하는 것을 열처리(heat-treating)라고 한다. 강의 "열처리"라는 말은 넓은 의미를 가지며, 풀림(annealing), 불림(normalizing), 경화(hardening), 그리고 뜨임(tempering)와 같은 과정을 포함한다.

알루미늄합금의 열처리는 단지 두 가지 과정만이 포함되는데, (1)경화(hardening)와 강인화(toughening) 과정, 그리고 (2)연화(softening) 과정이다. 경화와 강인화 과정은 열처리라고 부르고, 연화 과정은 풀림이라고 부른다. 항공기 금속은 충격(shock)과 진동(vibration) 등에 의한 피로응력(fatigue stress)을 모두 받는다. 피로는 재료가 피로한도 이상으로, 빈번한 하중의 반전이나 반복하중을 받았을 때 발생한다. 반복되는 진동이나 굽힘은 가장 약한 지점에서 작은 균열을 발생시킨다. 진동이나 굽힘이 지속되면, 균열은 부품이 완전히 고장 날 때까지 성장한다. 이것을 충격파괴와 피로파괴라고 하며, 이런 상황에 대한 저항력을 내충격성(shock resistance)과 내피로성(fatigue resistance)이라 한다. 중요한 부분에 사용되는 재료는 이런 응력에 견딜 수 있도록 하는 것이 필수적이다.

열처리란 고체상태의 금속의 가열과 냉각을 수반하는 일련의 작업이다. 열처리의 목적은 금속을 유용하고 안전하게 사용하기 위하여 기계적 성질이나 기계적 성질의 조합을 변화시키는 것이다. 열처리하면, 금속은 더 단단하고, 더 강해지며, 충격에도 잘 견디게 만들 수 있다. 또한, 열처리하면 더 연하고 연성이 있는 금속으로 만들 수도 있다. 그러나 어떤 열처리 작업도 이들 특성 모두를 갖도록 할 수는 없다. 사실상, 일부의 성질을 개선하기 위해서는 어떤 다른 성질의 손실을 감수해야 한다. 예를 들면, 금속은 경화할수록 더 잘 부서지게 된다.

여러 가지 열처리과정들은 금속의 가열과 냉각을 모두 수반한다는 점에서는 비슷하다. 그러나 금속이 가열하는 온도나 냉각하는 속도에 따라 결과는 다르게 나타난다.

철강금속의 일반적인 열처리에는 경화(hardening), 뜨임(tempering), 불림(normalizing), 풀림(annealing), 그리고 표면경화(case-hardening) 등이 있다. 대부분 비철금속 열처리는 풀림(annealing)과 경화(hardening)가 있다. 그러나 비철금속 중 유일하게 티타늄만이 표면경화시킬 수는 있지만, 뜨임이나 불림처리는 할 수 없다.

### 5.1.6.2 금속의 내부조직 (Internal Structure of Metals)

열처리에 의해 얻어진 결과는 금속이 가열되고 냉각될 때 금속 조직과 조직이 변화되는 형태에 따라 좌우된다. 순수한 금속은 가열하였을 때 조직의 변화가 거의 없기 때문에 열처리에 의해 경화되지 않는다. 반대로 대부분 합금은 가열과 냉각에 의해 조직이 변화되기 때문에 열처리에 의한 영향을 받는다.

합금(alloy)은 고용체(solid solution), 기계적인 혼합(mixture), 또는 이들의 조합으로 존재하게 된다. 합금이 고용체로 존재할 때는 소금(salt)이 물에 용해되는 것처럼 합금을 구성하는 원소들이 화합물로 흡수되고, 그래서 구성 성분은 현미경으로도 식별할 수 없다.

기계적인 혼합에 의해 두 가지 이상의 원소가 혼합되

었다면 현미경으로 식별이 가능하다. 모래와 자갈이 혼합된 콘크리트(Concrete)와 같은 경우를 기계적인 혼합이라고 한다. 모래와 자갈은 모두 식별이 가능하다. 마치 시멘트(cement) 모재(matrix)에 모래와 자갈이 자리를 잡고 있는 것처럼, 주성분으로 구성된 모체에 합금의 다른 구성 원소들이 끼워 넣어진 것처럼 보인다.

상온에서 기계적인 혼합 형태이던 합금은 가열하면 고용체 형태로 변화하게 된다. 다시 원래의 상온상태로 냉각되면, 합금은 원래의 조직으로 환원하게 될 것이다. 다른 한편으로는 고용체로 남아 있든지 또는 고용체와 기계적인 혼합의 조합을 형성하게 될 것이다. 정상온도에서 고용체와 기계적인 혼합의 조합으로 이루어지는 합금은 가열했을 때 고용체로 변화하게 된다. 다시 냉각시키면, 합금은 고용체 상태로 남던지, 그 원래의 조직으로 환원되든지, 또는 복잡한 고용체를 형성하게 된다.

### 5.1.6.3 열처리 장비(Heat-treating Equipment)

성공적인 열처리를 위해서는 금속의 가열과 냉각 등 영향을 주는 모든 인자를 정밀하게 제어하는 것이 필요하다. 이런 제어는 특수한 작업에 적합하도록 적절한 장비(equipment)를 선정하였을 때 가능하다. 열처리로는 적절한 크기와 종류여야 하고, 각각의 작업에서 요구하는 한계 이내로 온도를 제어할 수 있어야 한다. 심지어 열처리로 안의 공기(atmosphere)환경까지도 부품의 열처리 상태에 영향을 준다. 더욱이 담금질 설비와 담금질 매질(quenching medium)도 금속과 열처리 작업에 알맞게 선택해야 한다. 끝으로 부품과 재료의 취급하고 금속을 세척하기 위한 설비, 그리고 부품을 바르게 교정하기 위한 장비 등이 있어야 한다.

(1) 열처리로와 소금욕조(Furnaces and Salt Baths)

열처리에 사용되는 노(furnace)는 다양한 종류와 크기가 있다. 일반적으로, 노는 어떤 특정 온도범위에서 동작하도록 설계되었으며, 때로는 저품질(inferior quality)의 작업 결과를 얻기는 하지만 다른 온도범위에서도 사용할 수 있다. 추가로 노의 정격최대온도를 초과해서 사용하는 것은 노의 수명을 단축시키고 비용을 낭비하게 되며 수리에 더 많은 시간을 필요하게 된다.

가스(gas)나 오일 연소로(Fuel-fired furnace)는 적절한 연소를 위해 공기가 많이 필요하기 때문에 공기압축기(air compressor) 또는 송풍기(blower)가 필요하다.

전기로 가열하는 노의 발열체(heating element)는 일반적으로 전선(wire) 또는 리본(ribbon) 형태로 되어 있다. 최대열손실이 예상되는 장소에는 추가적인 발열체를 설치하도록 설계하는 것이 필요하다. 그런 노는 보통 최대 2,000°F의 온도까지 동작한다. 약 2,500°F까지의 온도에서 동작하는 노는 보통 소결 탄화물(sintered carbide)의 저항선(Resistor Bar)을 사용한다.

(2) 온도 측정과 제어(Temperature Measurement and Control)

열처리로에서의 온도는 고온도계(pyrometer)라고 하는 열기전력형계기(thermoelectric instrument)로 측정한다. 이 계기는 가열되는 금속의 온도를 열전쌍(열전대, thermocouple)의 전기적인 효과를 이용해서 측정한다. 고온도계는 세 가지 부품인 열전쌍, 연결선, 계기로 구성된다.

주로 뜨임에 쓰이는 노는 가스나 전기로 가열하며,

뜨거운 공기를 순환시키기 위한 팬(Fan)을 설치한다. 소금욕조(salt bath)는 뜨임이나 경화처리 시의 온도 조절에 이용된다. 소금욕조의 구성에 따라, 낮게는 325°F에서 높게는 2,450°F 온도까지 가열할 수 있다. 납 욕조(lead bath))는 650°F에서 1,700°F 온도범위에서 사용할 수 있다. 가열 속도는 납 욕조나 소금욕조에서보다 노가 훨씬 빠르다.

열처리로는 크기, 모양, 용량, 구조, 작동방법 및 제어방법에 따라 분류된다. 이것은 원형 또는 사각형으로 만들며, 바닥에 그냥 놓거나 받침대를 깔고 그 위에 놓는다. 또한, 바닥 표면 아래로 파낸 구덩이 형태의 노도 있다. 금속이 용해된 소금 욕조 또는 납 욕조 속에서 가열될 때, 노안에는 용융조(molten bath)로 쓰일 항아리(pot)나 도가니(crucible)를 넣어야 한다.

열처리로의 크기와 용량은 계획된 용도에 따라 다르며, 필요한 최대온도 또는 중량에 관계없이 빠르고 균일하게 가열할 수 있어야 한다. 오븐 형태(Oven-type)의 노는 가열하고자 하는 부품 폭의 3배, 길이의 2배 이상 작업 공간(가마 안의 공간)을 갖추어야 한다.

우수한 열처리를 위해 정밀한 온도 측정은 필수적이다. 보통은 열전쌍(thermocouple)을 이용하여 측정하는데, 가장 일반적인 열전쌍으로는 약 700°F까지 사용가능한 구리 · 콘스탄탄(copper-constantan), 약 1,400°F까지 사용가능한 철 · 콘스탄탄(iron-constantan), 약 2,200°F까지 사용가능한 크로멜 · 알루멜(chromel-alumel)이 있다. 약 2,800°F까지 사용할 수 있는 열전쌍으로는 순수한 백금(platinum)과 쌍을 이룬 백금-로듐 합금(platinum-rhodium alloy)이 있으며, 백금(87%)-로듐(13%) 합금, 또는 백금(90%)-로듐(10%)합금이 사용된다.

열전쌍의 수명은 제시된 온도를 초과해서 작용한 최대온도의 횟수와 노안의 공기환경(furnace atmosphere)에 따라 영향을 받는다. 철 · 콘스탄탄은 환원 분위기에 사용하는 것이 적당하고 크로멜 · 알루멜은 산화 분위기일 때 더 적합하다. 열전쌍은 보통 노안의 가스로부터 보호하기 위해 화염을 차단하는 금속튜브(metallic tube) 또는 세라믹튜브(ceramic tube)로 감싼다. 추가로 필요한 구성품은 열전쌍에 의해 발생하는 기전력을 측정하기 위한 밀리볼트 전압계(Millivoltmeter) 또는 전위차계(Potentiometer) 등이다. 정밀한 제어를 위해, 열전쌍의 측정 단자를 가능한 가공물 가까이에 놓는다. 자동 제어 장치를 사용하면 손쉽게 요구되는 온도로 제어할 수 있다.

고온도계(pyrometer)는 지시형(indicating-type)과 기록형(recording-type)이 있다. 지시형 고온도계는 노안의 온도를 직접 지시한다. 기록형은 가열 작업하는 동안의 온도변화를 규격화한 종이나 온도도표에 선으로 기록한다.

현대식 열처리로에 설치된 고온도계는 요구되는 설정에 따른 온도자동조절기능도 있다. 이런 종류의 계기를 제어분압기 고온도계라고 한다. 이것은 릴레이와 같은 전류제어장치와 작동기구를 갖추고 있다.

### (3) 가열(Heating)

가열의 목적은 강이 임계온도(critical range) 범위 내에서 가열될 때, 펄라이트조직(페라이트(ferrite)와 탄화철(iron carbide) 입자가 교대로 띠(strip)처럼 혼합되어 있는 조직)을 오스테나이트(austenite) 조직으로 변태시키기 위해서이다. 이 변태는 시간을 요하기 때문에, 비교적 느린 속도로 가열해야 하며, 보통 열처리로의 온도가 경화온도 이하인 300°F~500°F일 때 강을 넣는다. 이처럼 하면, 임계온도를 지나서 너무 급격하게 가열되는 것을 예방할 수 있다.

만약 온도측정 장비를 사용할 수 없다면, 다른 어떤 수단을 통해 온도를 판단하는 것이 필요하다. 125~1,600℉ 범위 내에서 비용은 많이 들지 않으면서도 적절하게 사용할 수 있는 방법으로 다양한 온도에서 융해되는 상용 크레파스(Crayon), 플라스틱 펠릿(Pellet), 또는 페인트(paint) 등을 사용하는 것이다. 온도 추정의 가장 정밀한 방법은 뜨거운 노의 바닥 또는 가공물의 색상을 관찰하는 것이다. 관측된 열 색상은 인공광(artificial light)이나 자연광, 가공물의 척도 특성, 등과 같은 수많은 요소들의 영향을 받는다. 강은 약 1,000℉에서 흐릿한 적색(dull red)을 나타내기 시작하고, 온도가 증가함에 따라, 색상은 점차 밝은 적색을 거쳐 오랜지색(Orange), 노란색(Yellow), 그리고 최종으로는 백색(White)으로 변한다. 그림 5-3에는 색상과 온도 사이의 대략적인 관계를 나타냈다. 뜨임에 적용하는 낮은 온도범위에서 가공물을 가열하였을 때 강의 표면에 형성된 얇은 산화피막(oxide film)의 색상으로부터 탄소결정 또는 저합금강결정의 온도를 예측하는 것도 또한 가능하다.

때로는 강이나 주철의 표면산화(surface oxidation)로 인한 침식을 방지하고, 표면층의 탄소 손실을 방지하는 것이 필요할 때가 있다. 그래서 상업용 열처리로에는 일반적으로 노안의 공기를 제어할 수 있는 어떤 수단을 갖추고 있다. 이것은 보통 버너 형태로 노안의 가스와 공기의 양을 조절해서 연소(burning)시키는 방법이며, 노안에 연소생성물(product of combustion)이 발생한다.

이 연소생성물인 수증기는 유해하므로 많은 열처리로들이 수증기를 제거하는 수단을 갖추고 있다. 공기 제어장치를 갖추지 않은 노에서는, 여러 가지 외부공

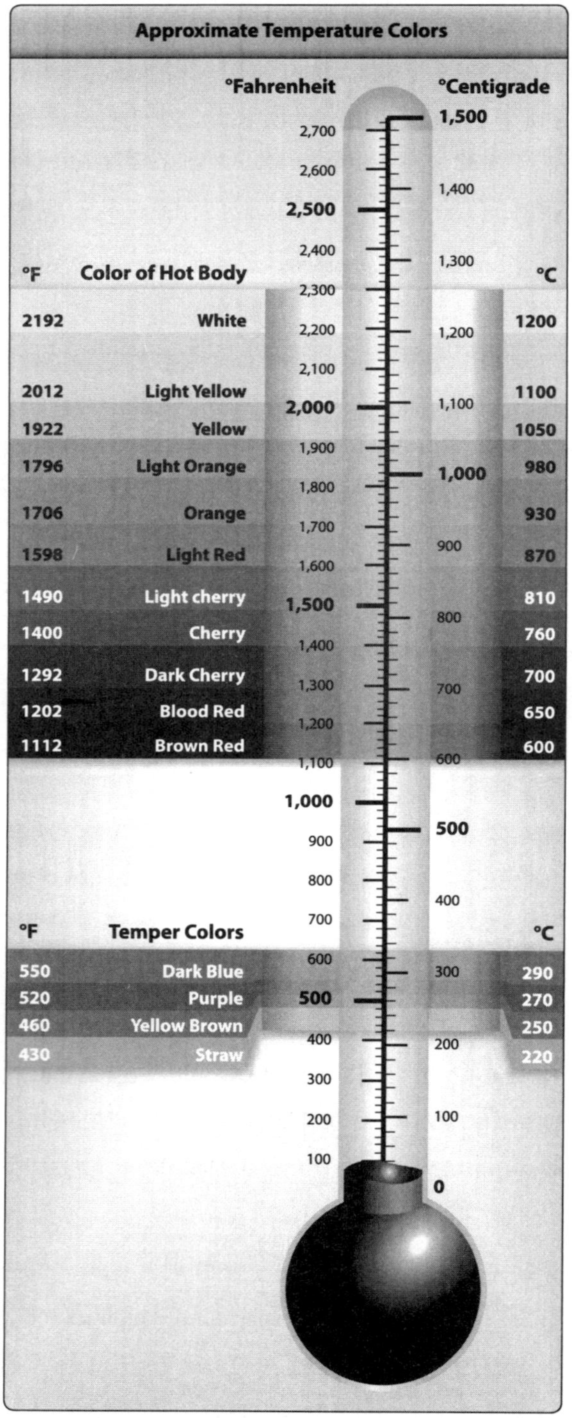

[그림 5-3] 섭씨온도에서 화씨온도로의 변환 또는 그 반대의 변환을 나타내는 온도 차트, 경화 온도 범위의 색 온도 척도 및 뜨임(tempering) 온도 범위.

기발생기(external atmosphere generator)를 이용하기도 한다. 그렇게 하나의 공기발생기에서 발생시킨 가스는 배관을 통해 여러 개의 노에 공급하기도 한다. 만약 공기제어 방법이 없다면, 주철조각(cast iron Chip)으로 가공물을 덮음으로써 어느 정도 보호한다.

소금 욕조 또는 납 욕조에서는 가공물이 액체가열매질(liquid heating medium)에 담가지기 때문에, 침식(scaling)이나 탈탄(decarburization)을 방지해야하는 문제점은 간단하게 해결된다. 또한, 진공로는 강의 풀림처리에서 빛나는 비산화 표면을 얻고자 할 때 특별히 진공로를 사용한다.

### 5.1.6.4 균열처리(Soaking)

노의 온도는 강의 내부조직을 재배열시키기 때문에 균열처리(soaking)기간 동안 온도가 일정하게 유지되어야 한다. 균열처리온도(soaking temperature)는 표 5-3에 나타난 것과 같이, 100°F 정도 편차 범위를 두고 여러 단계로 나누어진다. 작은 부품은 명시된 범위의 낮은 온도에서, 그리고 무거운 부품은 높은 온도에서 균열처리 한다. 균열처리기간의 길이는 강의 종류와 부품의 크기에 따라 좌우된다. 당연히 더 두꺼운 부품은 전체에 걸쳐 균일하게 가열하기 위해서는 더 긴 균열처리시간이 필요할 것이다. 일반적인 열처리 작업이라면 보통 30분에서 1시간 정도의 균열처리시간이면 충분하다.

### 5.1.6.5 냉각(Cooling)

임계온도 이하로의 냉각 속도는 강의 상태를 결정한다. 다양한 냉각 속도가 원하는 결과를 얻기 위해 사용된다. 정지상태의 공기는 느린 냉각매질이지만 노안에서의 냉각보다는 훨씬 빠르다. 액체(liquid)는 가장 급속한 냉각 매질이며, 그래서 강을 경화시킬 때 사용한다.

주로 사용되는 담금질 용액으로는 소금물(brine), 물(water), 그리고 오일(oil) 세 가지가 있으며, 소금물은 가장 급속한 담금질매질이고, 물이 그다음이며, 오일이 가장 느리다. 일반적으로 오일 담금질은 합금강에서 사용하고, 탄소강은 소금물이나 물을 사용한다.

### 5.1.6.6 담금질 처리(Quenching Media)

담금질 용액은 오직 강을 냉각시키는 작용을 하며, 담금질한 강에 어떤 화학작용을 일으키지는 않는다. 담금질매질로서의 필요조건은 식용소금(table salt)이나 가성소다(caustic soda)와 같은 무기성소금(inorganic salt)의 수용액에 의해, 또는 일부 종류의 오일에 의해 충족된다. 냉각속도는 소금물로 담금질할 때 비교적 빠르고, 물로 하면 중간 정도이며 오일인 경우는 느리게 냉각된다. 소금물은 보통 물에 5~10% 소금, 즉 염화나트륨을 용해시켜서 만든다. 소금물은 큰 냉각속도와 더불어, 담금질하는 동안 강으로부터 산화물이 떨어지게 하는 청정능력도 가지고 있다. 물과 소금물의 냉각 능력은 그 온도에 따라 상당한 영향을 받는다. 물과 소금물은 60°F 이하로 차게 유지되어야 한다. 만약 담금질 하는 강의 양이 많아 욕조의 온도가 상승한다면, 담금질욕조를 냉각시키기 위해 얼음을 넣거나 냉각장치를 사용해야한다.

시중에는 특별하게 준비된 많은 종류의 담금질 오일이 있는데, 냉각속도에서 큰 차이는 없다. 일반적으로 100°F에서 약 100정도의 세이-볼트(Say bolt) 점성도(viscosity)를 가지는 광물성 오일을 많이 사용한다. 소금물이나 물과는 달리, 오일은 온도가 상승하면 점성이 서서히 감소하기 때문에, 약 100~140°F의 온도에

[표 5-3] 강의 열처리 절차

| Steel Number | Temperatures | | | Quenching Medium (n) | Tempering (drawing) Temperature for Tensile Strength (psi) | | | | |
|---|---|---|---|---|---|---|---|---|---|
| | Normalizing Air Cool (°F) | Annealing (°F) | Hardening (°F) | | 100,000 (°F) | 125,000 (°F) | 150,000 (°F) | 180,000 (°F) | 200,000 (°F) |
| 1020 | 1,650–1,750 | 1,600–1,700 | 1,575–1,675 | Water | — | — | — | — | — |
| 1022 (x1020) | 1,650–1,750 | 1,600–1,700 | 1,575–1,675 | Water | — | — | — | — | — |
| 1025 | 1,600–1,700 | 1,575–1,650 | 1,575–1,675 | Water | (a) | — | — | — | — |
| 1035 | 1,575–1,650 | 1,575–1,625 | 1,525–1,600 | Water | 875 | — | — | — | — |
| 1045 | 1,550–1,600 | 1,550–1,600 | 1,475–1,550 | Oil or water | 1,150 | — | — | (n) | — |
| 1095 | 1,475–1,550 | 1,450–1,500 | 1,425–1,500 | Oil | (b) | — | 1,100 | 850 | 750 |
| 2330 | 1,475–1,525 | 1,425–1,475 | 1,450–1,500 | Oil or water | 1,100 | 950 | 800 | — | — |
| 3135 | 1,600–1,650 | 1,500–1,550 | 1,475–1,525 | Oil | 1,250 | 1,050 | 900 | 750 | 650 |
| 3140 | 1,600–1,650 | 1,500–1,550 | 1,475–1,525 | Oil | 1,325 | 1,075 | 925 | 775 | 700 |
| 4037 | 1,600 | 1,525–1,575 | 1,525–1,575 | Oil or water | 1,225 | 1,100 | 975 | — | — |
| 4130 (x4130) | 1,600–1,700 | 1,525–1,575 | 1,525–1,625 | Oil (c) | (d) | 1,050 | 900 | 700 | 575 |
| 4140 | 1,600–1,650 | 1,525–1,575 | 1,525–1,575 | Oil | 1,350 | 1,100 | 1,025 | 825 | 675 |
| 4150 | 1,550–1,600 | 1,475–1,525 | 1,550–1,550 | Oil | — | 1,275 | 1,175 | 1,050 | 950 |
| 4340 (x4340) | 1,550–1,625 | 1,525–1,575 | 1,475–1,550 | Oil | — | 1,200 | 1,050 | 950 | 850 |
| 4640 | 1,675–1,700 | 1,525–1,575 | 1,500–1,550 | Oil | — | 1,200 | 1,050 | 750 | 625 |
| 6135 | 1,600–1,700 | 1,550–1,600 | 1,575–1,625 | Oil | 1,300 | 1,075 | 925 | 800 | 750 |
| 6150 | 1,600–1,650 | 1,525–1,575 | 1,550–1,625 | Oil | (d)(e) | 1,200 | 1,000 | 900 | 800 |
| 6195 | 1,600–1,650 | 1,525–1,575 | 1,500–1,550 | Oil | (f) | — | — | — | — |
| NE8620 | — | — | 1,525–1,575 | Oil | — | 1,000 | — | — | — |
| NE8630 | 1,650 | 1,525–1,575 | 1,525–1,575 | Oil | — | 1,125 | 975 | 775 | 675 |
| NE8735 | 1,650 | 1,525–1,575 | 1,525–1,575 | Oil | — | 1,175 | 1,025 | 875 | 775 |
| NE8740 | 1,625 | 1,500–1,550 | 1,500–1,550 | Oil | — | 1,200 | 1,075 | 925 | 850 |
| 30905 | — | (g)(h) | (i) | — | — | — | — | — | — |
| 51210 | 1,525–1,575 | 1,525–1,575 | 1,775–1,825 (j) | Oil | 1,200 | 1,100 | (k) | 750 | — |
| 51335 | — | 1,525–1,575 | 1,775–1,850 | Oil | — | — | — | — | — |
| 52100 | 1,625–1,700 | 1,400–1,450 | 1,525–1,550 | Oil | (f) | — | — | — | — |
| Corrosion resisting (16-2)(1) | — | — | — | — | (m) | — | — | — | — |
| Silicon chromium (for springs) | — | — | 1,700–1,725 | Oil | — | — | — | — | — |

**NOTES:**

(a) Draw at 1,150 °F for tensile strength of 70,000 psi.
(b) For spring temper draw at 800–900 °F. Rockwell hardness C-40–45.
(c) Bars or forgings may be quenched in water from 1,500–1,600 °F.
(d) Air cooling from the normalizing temperature produces a tensile strength of approximately 90,000 psi.
(e) For spring temper draw at 850–950 °F. Rockwell hardness C-40–45.
(f) Draw at 350–450 °F to remove quenching strains. Rockwell hardness C-60–65.
(g) Anneal at 1,600–1,700 °F to remove residual stresses due to welding or cold work. May be applied only to steel containing titanium or columbium.
(h) Anneal at 1,900–2,100 °F to produce maximum softness and corrosion resistance. Cool in air or quench in water.
(i) Harden by cold work only.
(j) Lower side of range for sheet 0.06 inch and under. Middle of range for sheet and wire 0.125 inch. Upper side of range for forgings.
(k) Not recommended for intermediate tensile strengths because of low impact.
(l) AN-QQ-S-770—It is recommended that, prior to tempering, corrosion-resisting (16 Cr-2 Ni) steel be quenched in oil from a temperature of 1,875–1,900 °F, after a soaking period of 30 minutes at this temperature. To obtain a tensile strength at 115,000 psi, the tempering temperature should be approximately 525 °F. A holding time at these temperatures of about 2 hours is recommended. Tempering temperatures between 700 °F and 1,100 °F is not approved.
(m) Draw at approximately 800 °F and cool in air for Rockwell hardness of C-50.
(n) Water used for quenching shall be within the temperature range of 80–150 °F.

서 가장 빠른 냉각속도를 갖는다.

강(steel)을 담금질할 때, 뜨거운 표면에 직접 접촉되는 액체는 기화(vaporize)되는데, 이 기포는 열 방출속도를 현저하게 감소시킨다. 강을 활발하게 흔들거나, 압력분사 담금질을 하면 이 기포막이 제거되므로, 요구되는 냉각 속도를 얻을 수 있다.

담금질 과정에서 강이 뒤틀리거나 균열(crack)이 생기는 성향(tendency)은 위치에 따라 냉각속도가 균등하지 않기 때문이며, 이것을 극복하기란 쉽지 않다. 이와 같은 뒤틀림 성향을 줄일 수 있는 방법은 다음과 같다.

(1) 담금질 욕조 안으로 부품을 던지지 말아야 하며, 욕조 바닥에 닿으면 바닥 쪽보다 위쪽에서 더 빨리 냉각되기 때문에, 뒤틀리거나 균열이 생기는 원인이 된다.

(2) 균일하고 급격한 냉각을 위해 부품을 감싸고 있는 기포막이 제거되도록 부품을 약하게 흔들어 준다. 이렇게 하면 담금질 욕조로부터 공기 중으로 열이 잘 방출된다.

(3) 형상이 불규칙한 부품은 무거운 쪽이 먼저 담금질 욕조(bath)에 들어가도록 한다.

#### 5.1.6.7 담금질 장비(Quenching Equipment)

담금질 탱크(quenching tank)는 담금질하는 재료를 다루기에 충분한 크기여야 한다. 많은 양을 담금질할 때는 순환펌프와 냉각기를 사용해서 일정한 온도를 유지할 수 있어야 한다. 담금질 탱크에 소금의 농축되는 것을 방지하기 위해, 용융염욕(molten salt bath)에 사용되는 욕조는 순수한 물을 보충할 수 있는 설비가 구비되어 있어야 한다.

열처리로와 담금질 탱크사이의 거리는 대단히 중요하다. 노로부터 담금질매질까지 부품을 신속하게 이동시킬 수 있는 위치에 탱크를 놓아야 한다. 많은 경우에 이 이동시간이 수 초 이상 지연되면 열처리 효율은 급격히 감소한다. 얇은 단면 재료를 열처리할 때는 담금질 탱크로 이동하는 동안 열 손실을 방지하기 위한 보호 판재를 사용하는 것이 좋다. 만약 담금질 탱크에서 소금이 적절히 제거되지 않는다면, 담금질 후 재료로부터 소금을 제거하기 위해 헹구는 탱크를 별도로 마련한다.

### 5.1.7 철강재료의 열처리 (Heat-treatment of Ferrous metals)

강부품의 열처리에서 가장 주의해야 할 사항은 강의 화학조성을 아는 것이다. 다시 말해, 이 화학적 조성에 따라 강의 상임계점(upper critical point)이 결정되기 때문이다. 상임계점을 알고 난 다음 검토해야할 사항은 적용하게 될 가열속도와 냉각속도이다. 이때 작업을 수행하는 데 적합한 가열로, 적당한 온도조절 방법, 그리고 적합한 담금질 용액 등을 결정한다.

#### 5.1.7.1 가열과 냉각에 따른 강의 변화 (Behavior of Steel During Heating and Cooling)

철금속의 내부구조를 변화시키는 것은 상임계점 이상의 온도로 가열하고, 내부의 변화가 완전히 일어날 충분한 시간 동안 그 온도를 유지한 다음, 미리 정해진 조건에 따라 냉각시키는 과정을 통해서 이루어진다.

상온에서는, 강에 침투해있는 탄소는 페라이트로 알

려진 모철(iron matrix) 전체에 걸쳐 산재된 탄화철 미립자 형태로 존재한다. 이 미립자의 수, 크기, 그리고 분포에 따라 강의 경도가 결정된다. 고온에서, 탄소는 오스테나이트(austenite)라고 부르는 고용체형태의 모철 속에 용해되고, 탄화물 미립자들은 강이 냉각된 후에라야 나타난다. 만약 냉각속도가 느리다면, 탄화물 미립자는 비교적 거칠고 소량이 남아있으며, 이 상태에서의 강은 연하다. 만약 오일이나 물로 담금질해서 냉각속도를 빠르게 한다면, 탄화물 미립자는 아주 미세하게 응결되며, 강은 단단하게 된다. 탄화물 미립자가 오스테나이트상태로 용해된다는 사실이 강의 열처리에 대한 기본이 된다. 이 변태가 일어나는 온도를 임계점이라고 부르고 강의 구성성분에 따라 다르다. 강의 열처리 임계점에 가장 큰 영향을 주는 요소는 탄소 함유량이다.

### 5.1.7.2 경화(Hardening)

순철, 연철, 그리고 탄소 함유량이 아주 적은 저탄소강은 경화 원소를 포함하고 있지 않기 때문에, 열처리에 의해 뚜렷한 정도로 경화되지 않는다.주철은 경화될 수는 있지만, 열처리를 제한한다. 주철을 빠르게 냉각하면 단단하고 부서지기 쉬운 백주철이 되며, 서서히 냉각하면 연하지만 충격에 잘 깨지는 회주철이 된다.

보통 탄소강에서, 최대경도는 강의 탄소함유량에 의해 좌우되며, 탄소함유량이 증가하면, 강은 경도가 증가한다. 그러나 탄소함유량의 증가에 따른 경도 증가는 단지 어느 정도까지만 지속된다. 실제로 그 정도는 탄소함유량이 0.85%까지이다. 탄소함유량이 0.85% 이상으로 증가되면, 내마모성의 증가는 일어나지 않는다.

대부분의 강에서, 경화처리는 상임계점 바로 위의 온도까지 강을 가열하고, 요구되는 시간 동안 유지한 다음, 고온의 강을 오일, 물, 또는 소금물 안에 빠르게 담가서 냉각시키는 과정이다. 비록 대부분 강은 경화처리를 위해 빠르게 냉각시켜야 하지만, 약간은 정지공기 중에서 냉각시키는 것도 있다. 경화는 강의 경도와 강도를 증가시키지만, 연성은 감소시킨다.

탄소강을 경화시킬 때는, 1초안에 1,000°F 이하까지 냉각시켜야 한다. 만약 1,000°F까지 떨어뜨리는 데 걸리는 시간이 1초 이상 걸린다면, 오스테나이트조직은 미세한 펄라이트조직(pearlite)으로 변태되기 시작한다. 이 펄라이트 조직은 경도는 변화되지만, 그러나 풀림처리에 의해 형성된 펄라이트보다는 상당히 단단하고 요구되는 마텐자이트조직(martensite)보다는 상당히 무르다. 만약 마지막 조직까지 모두 마텐자이트로 되려면, 온도가 1,000°F까지 떨어진 후에도 급냉이 지속되어야 한다.

강에 합금이 첨가되면, 1,000°F까지의 온도강하 제한시간은 탄소강의 경우인 1초보다는 증가한다. 따라서 합금강에서는 조금 느린 담금질 매질로도 요구되는 경도를 만들어낼 수 있다.

담금질에 따른 높은 내부응력 때문에, 강은 냉각되기 바로 전에 뜨임시켜야 한다. 200°F에서 상온까지의 온도범위가 균열이 발생하는 범위이기 때문에, 부품은 약 200°F 온도일 때 담금질 욕조로부터 꺼내야 한다.

표 5-3에 강의 경화 온도와 담금질 매질에 대한 종류를 나타내었다.

#### ※ 경화시 주의사항(Hardening Precautions)

뜨거운 강을 취급하기 위해 다양한 모양과 크기의 집게를 준비해야 한다. 집게가 접촉되는 부분은 냉각이

지연될 수 있으며, 특히 만약 강이 표면 경화하는 제품이라면 그 부분은 경화되지 않을 것이라는 것을 명심해야 한다. 작은 부품은 함께 묶어서 하거나 철망으로 만든 바구니에 넣어서 담금질한다. 부품의 비틀림을 방지하기 위해 담금질하는 동안 강을 고정시키는 특별한 담금질 지그(Jig)나 정착대(fixture)를 사용하는 것이 좋다.

부분경화가 요구될 때는, 강의 나머지부분을 알런덤(alundum) 시멘트(Cement)나 다른 절연물질로 덮어서 보호한다. 부분경화는 또한 경화시키고자 하는 부분에만 담금질매질을 분사함으로서 이루어진다. 또한, 대형제품에 대한 작업은 유도전기를 이용하거나 불꽃경화 방법을 이용한다.

일반 탄소강이나 특정 종류의 합금강과 같은 표면 경화강을 경화하기 위해서는 높은 임계냉각속도를 갖는 물이나 소금물로 담금질해야 한다. 일반적으로 복잡한 단면 모양을 가진 부품은 경화하는 동안 뒤틀리거나 균열이 발생하려는 성향 때문에 표면 경화강으로 만들지 말아야 한다. 그런 부품은 오일 또는 공기로 담금질해서 경화될 수 있는 심층 경화강으로 만들어야 한다.

#### 5.1.7.3 뜨임(tempering)

뜨임은 경화로 인해 발생하는 취성을 감소시키고 강 내부에 일정한 물리적 성질을 부여하기 위한 처리과정이다. 뜨임처리는 항상 경화 후에 실시한다. 뜨임은 취성을 감소시키는 것 이외에도 강을 연하게 한다.

뜨임은 항상 강의 하 임계점 이하의 온도에서 이루어진다. 뜨임은 이런 관점에서 볼 때 상 임계점 이상의 온도에서 실시되는 풀림, 불림, 경화와는 다르다. 경화된 강을 재가열할 때, 뜨임은 212°F에서 시작되고 온도가 하 임계점까지 증가하는 동안 지속된다. 일정한 뜨임 온도를 선정함으로써, 최종적인 경도와 강도를 미리 결정할 수 있다. 표 5-3에 여러 인장강도에 대한 적합한 온도를 나타내었다. 뜨임 온도에서 최소 처리시간은 1시간이며, 부품의 두께가 1인치 이상일 때는 두께가 1인치 증가할 때마다 1시간씩 증가시켜야 한다. 항공기에서 사용하는 뜨임처리 한 강은 125,000~200,000psi의 최대인장강도를 갖는다.

일반적으로 뜨임 온도로부터의 냉각 속도는 강의 조직에 영향을 주지 않으므로 보통 노에서 꺼낸 후 공기 중에서 냉각시킨다.

#### 5.1.7.4 풀림(annealing)

풀림처리는 강을 내부응력이나 잔류변형을 제거하고 미세한 입자구조, 연화, 연성 금속으로 만들어준다. 풀림 상태일 때, 강은 가장 낮은 강도를 갖는다. 일반적으로 풀림처리는 경화와는 반대이다.

강의 풀림처리는 금속을 상임계점 바로 위까지 가열하고, 그 온도에서 균열처리한 후, 노안에서 아주 서서히 냉각시킴으로써 이루어진다. 적합한 온도는 표 5-3을 참조한다. 균열처리 시간은 재료의 두께 1인치당 약 1시간씩으로 한다. 강에 최대 연성을 부여하기 위해, 금속을 아주 서서히 냉각해야만 한다. 서냉방법으로는 열을 차단하고, 노속에 금속을 넣어 놓고 900°F 이하까지 냉각한 다음, 노에서 꺼내 공기 중에서 냉각시킨다. 또 다른 방법으로는 가열된 강을 재, 모래, 등과 같이 열을 쉽게 전달하지 않는 물질로 덮어 놓는 것이다.

#### 5.1.7.5 불림(normalizing)

강의 불림은 열처리, 용접, 주조, 성형, 또는 기계로 가공 등에 의해 발생한 내부응력을 제거하기 위한 처리과정이다. 만약 이 응력을 제거하지 않는다면 강은 손상될 것이다. 항공기에는 좋은 물리적 성질 때문에, 불림처리 상태의 강을 자주 사용하지만, 풀림처리 상태의 강은 거의 사용하지 않는다.

항공기 제작에서 용접된 부품의 불림처리는 매우 중요하며 꼭 필요하다. 용접은 인접한 재료에 변형을 일으키기 때문이다. 부가적으로, 용접된 부분은 나머지 다른 부분의 연조직과는 대조적인 주조조직을 갖는다. 이 두 가지 종류의 조직은 서로 다른 입자크기를 가진다. 모든 용접 부품들은 내부응력을 감소시키고 결정입자를 정련시키기 위해 제조 후에는 반드시 불림처리를 해야 한다.

불림은 강을 상임계점 이상으로 가열한 다음 정지공기 중에서 냉각시키는 처리과정이다. 노 냉각과 비교할 때, 공기 중에서 더 빨리 냉각되기 때문에, 풀림으로 얻어진 것보다 더 단단하고 더 강한 재료를 만든다. 그림 5-6에는 항공기에 사용되는 여러 가지 강에 대한 불림처리 온도를 나타내었다.

### 5.1.7.6 표면 경화(Casehardening)

표면경화는 단단한 내마모성 표면과 강인한 코어(core)로 된 케이스(Case)를 만들기 위한 열처리이다. 표면경화는 내마모성 표면과 동시에 내부는 가해지는 하중을 견딜 만큼 충분한 인성을 가져야 하는 제품을 만들고자 할 때 이상적이다. 표면경화에 적합한 강은 저탄소강과 저합금강이다. 만약 고탄소강을 표면경화 처리하면, 경도가 내부까지 스며들어 취성이 증가된다. 표면경화하면, 금속표면은 침투한 탄소나 질소 함유량에 의해 화학적으로 변하지만, 내부는 화학적으로 아무런 영향을 받지 않는다. 열처리하였을 때, 표면은 경화되지만, 내부는 강인한 상태가 유지된다.

표면경화의 일반적인 방법은 침탄법(carburizing), 질화법(nitriding), 시안화법(cyaniding) 등이 있다. 시안화법은 항공기 제작에서 사용하지 않기 때문에, 침탄법과 질화법에 대해서만 설명한다.

(1) 침탄법(Carburizing)

침탄법은 저탄소강 표면에 탄소를 침투시켜서 표면을 경화시키는 방법이다. 그러므로 침탄된 강의 표면은 고탄소강이 되고 내부는 저탄소강 상태를 유지한다. 침탄처리한 강을 열처리하면 표면은 단단해지지만 심층은 유연하면서도 강인한 상태로 남아있게 된다.

침탄법의 일반적인 방법은 고체침탄법이다. 고체침탄법을 하고자 할 때, 강을 석탄과 같이 탄소가 풍부한 다른 재료와 함께 용기에 채워 넣는다. 그다음 용기를 내화점토로 밀폐시켜서 노속에 넣고, 약 1,700°F로 가열한다. 그리고 몇 시간 동안 그 온도에서 탄소를 흡수시킨다. 온도가 증가하면 밀폐용기 내부에 일산화탄소가스가 형성되고, 강 표면의 감마철(gamma iron)과 결합한다. 탄소가 침투되는 깊이는 균열시간에 따라서 좌우된다. 예를 들어, 탄소를 8시간 동안 침투시키면, 약 0.062인치 깊이까지 침투한다.

침탄법의 또 다른 방법은 탄소가 풍부한 가스를 노 안으로 주입하는 가스침탄법이 있다. 가스침탄법은 오일, 나무, 또는 다른 재료를 연소시킬 때 발생하는 가스를 사용한다. 강을 이런 공기속에서 가열하면 고체침탄법에서와 같이 탄소가 표면의 감마철과 결합한다.

침탄법의 세 번째 방법은 액체침탄법이다. 이 방법은 고체침탄법이나 가스침탄법에서와 같이 표면경화시키는 데 필요한 화학성분(탄소 등)을 가지고 있는 용융염욕 속에 강을 넣고 가열하는 처리과정이다.

저탄소강은 물론 저탄소합금강도 이 세 가지 방법 중 한 가지로 침탄처리하게 된다. 그러나 니켈(nickel)과 같은 일부 합금원소는 탄소 침투를 지연시키는 경향이 있다. 결과적으로 원하는 표면경화깊이를 만들기 위해 소요되는 시간은 금속의 화학 성분에 따라 다르다.

(2) 질화법(Nitriding)

질화법은 질화되기 전에, 일정한 물리적 성질을 얻어내기 위해 열처리한다는 점에서 다른 표면경화법과 다르다. 즉, 부품은 질화되기 전에 경화되고 뜨임처리된다. 대부분의 강은 질화될 수 있지만, 특수 합금일 때 더 좋은 결과가 나타난다. 이 특수 합금 중 하나가 알루미늄을 합금원소로 함유하고 있는 질화강이다.

질화법에서, 부품을 특수한 질화로에 넣고 약 1,000°F의 온도까지 가열한다. 이 온도에서 특수하게 제작한 노안으로 암모니아가스를 순환시킨다. 고온상태에서 암모니아가스는 질소와 수소로 분해되며, 분해되지 않은 암모니아 가스는 아래쪽에 있는 물에 녹아들어 배출장치를 통해 배출 된다. 질소는 철과 반응하여 질화물을 형성한다. 표면에서부터 부품안쪽으로 미소한 미립자형태의 질화 철이 형성된다. 침투깊이는 처리 시간에 따라서 좌우된다. 질화법에서, 원하는 표면경화 두께를 얻기 위해서는 약 72시간 정도의 긴 균열시간이 필요하다.

질화법은 비교적 낮은 온도에서 표면경화가 이루어지기 때문에, 그리고 암모니아가스에 노출시킨 후 담금질처리가 필요치 않기 때문에 변형을 최소화시킬 수 있다.

### 5.1.8 비철금속 열처리 (Heat-treatment of Nonferrous Metals)

#### 5.1.8.1 알루미늄 합금(Aluminum Alloys)

1100은 매우 연한 순수 알루미늄으로 내식성이 크며, 복잡한 모양이라도 쉽게 성형할 수 있다. 그러나 이 순수 알루미늄은 비교적 강도가 낮기 때문에, 항공기 구조용 부품의 제작에 사용하기는 어렵다. 일반적으로 고강도 재료는 합금처리해서 만들며, 이렇게 만든 합금은 성형하기 어렵고, 약간의 예외는 있으나, 1100 알루미늄보다 내식성이 떨어진다.

합금처리하는 것이 알루미늄의 강도를 증가시킬 수 있는 유일한 방법은 아니다. 다른 금속처럼, 알루미늄도 압연이나 성형할 때, 또는 냉간가공할 때 더 강해지고 단단해진다. 경도는 냉간가공 정도에 따라 좌우되기 때문에, 1100이나 일부 연질 알루미늄합금은 여러 가공경화한 후 뜨임을 적용할 수 있다.

만약 재료를 연화 또는 풀림처리 하였다면 O로 표시하고, 가공경화 하였다면 H로 표시한다.

| | |
|---|---|
| W | 용체화처리(Solution heat treated), 불안정한 열처리(unstable temper) |
| T | F, O, 또는 H 보다 안정화처리한 것 |
| T2 | 풀림처리한 것(단 주조품) |
| T3 | 용체화처리 후 냉간가공한 것 |
| T4 | 용체화처리한 것 |
| T5 | 인공시효 처리(Artificially aged)한 것 |
| T6 | 용체화처리 후 인공시효처리한 것 |
| T7 | 용체화처리 후 안정화처리한 것 |
| T8 | 용체화처리 후 냉간가공하고 인공시효처리한 것 |
| T9 | 용체화처리 후 인공시효처리하고 냉간가공한 것 |
| T10 | 인공시효처리 후 냉간가공한 것 |

항공기 구조에서 널리 사용되는 합금은 냉간가공에 의한 것보다는 열처리에 의해 경화된다. 이 합금은 서로 다른 부호를 붙여 표시하는데, T4와 W는 용체화처리하였으나 시효처리하지 않았음을 표시하고, T6는 용체화처리 후 인공시효경화 처리한 합금임을 나타낸다.

문자 뒤에 추가된 숫자는 재료의 특성을 크게 변화시킨 처리과정을 표시하기 위해 T1~T10까지 추가한다.

알루미늄합금판재에는 매 $ft^2$ 간격마다 규격번호를 표시한다. 만약 이 식별표시가 없다면 10% 가성소오다(caustic soda, 수산화나트륨 용액)에 재료 샘플(Sample)을 담가서 열처리할 수 없는 합금과 열처리할 수 있는 합금을 식별할 수 있다. 열처리할 수 있는 합금은 구리를 함유하고 있기 때문에 검은색으로 변하게 되고, 열처리할 수 없는 합금은 표면이 밝게 빛나게 될 것이다. 알크래드(Alclad) 판의 경우, 중앙은 밝게 빛나지만 모서리 부분은 검게 변할 것이다.

### 5.1.8.2 알크래드 알루미늄(Alclad Aluminum)

알크래드(Alclad) 또는 순수 크래드(Pureclad)란 용어는 코어(Core) 알루미늄합금판재 양쪽에 약 5.5% 정도 두께로 순수한 알루미늄 피복을 입힌 판재를 가리키는 말이다. 순수한 알루미늄 코팅(coating)은 어떤 부식성 물질의 접촉으로부터 부식을 방지하고 긁힘이나 또 다른 어떤 마모의 원인으로부터 코어 금속을 보호하는 역할을 한다.

알루미늄합금 열처리에는 두 가지 방법이 적용된다. 한 가지는 용체화처리(solution heat-treatment)라 부르고, 다른 한 가지는 석출열처리(precipitation heat-treatment)라고 부른다. 2017과 2024 같은 일부 합금은 용체화처리 후 상온에서 약 4일의 시효경화를 거쳐야만 완전한 특성을 갖추게 된다. 2014와 7075 같은 합금은 두 가지 열처리 모두 실시해야 한다.

석출열처리, 즉 인공시효처리(artificial aging)를 해야 하는 합금은 상온에서 시간이 지남에 따라 서서히 경화되어 완전한 강도를 갖추게 되며, 강도와 진행시간은 합금의 성분에 따라 좌우된다. 어떤 합금은 수일 동안 자연시효 또는 상온시효처리를 해야만 그 금속의 최대강도에 도달한다. 이 경우 규격번호 뒤에 -T4 또는 -T3을 붙여 표시한다. 어떤 합금은 상당히 오랜 기간에 걸쳐 경화가 진행되는 경우도 있다.

자연시효경화에서, -W 표시는 7057-W(0.5시간)와 같이, 시효처리 기간이 명시될 때만 기입한다. 그러므로 새롭게 담금질처리 한 -W 재료는 -T3나 -T4 재료와 기계적, 물리적 성질에서 중요한 차이가 있다.

열처리에 의한 알루미늄합금의 경화는 네 가지 단계로 구성된다.

(1) 지정된 온도까지 가열(heating)
(2) 지정된 온도에서 정해진 시간 동안 균열처리(soaking)
(3) 저온까지 신속하게 담금질처리(quenching)
(4) 상온에서 자연시효처리나 인공시효처리 또는 석출경화(precipitation hardening)

위에서 앞의 세 가지 단계는 용체화처리라고 알려져 있긴 하지만, 짧게 열처리라고 부르기도 한다. 상온에서 하는 시효경화를 자연시효라 하고 반면에 지정된 온도로 조절하고 수행하는 시효경화를 인공시효 또는 석출경화라고 한다.

### 5.1.8.3 용체화처리(Solution Heat-treatment)

(1) 온도(Temperature)

용체화처리에 적용하는 온도는 각종 합금성분에 따라 다르며 825°F~980°F까지의 범위이다. 일반적으로 각종 합금은 원하는 성질을 얻기 위해 매우 좁은 온도범위(±10°F) 까지 제어한다.

만약 온도가 너무 낮으면, 최대강도는 얻어지지 않을 것이다. 온도가 너무 높으면, 합금의 물리적 성질이 떨어지고, 일부 낮은 용융점을 가진 합금 성분은 융해될 수 있는 위험도 있다. 만약 융해가 일어나지 않더라도, 지정된 온도보다 높은 온도의 적용은 변색을 일으키고 변형을 증가시킬 수 있다.

(2) 온도 유지시간(Time at Temperature)

표 5-4에 나타난 것과 같이, 균열시간(soaking time)으로 언급되는 온도유지시간은 금속이 요구되는 온도범위에서 가장 낮은 최저한도에 도달하는 데 걸리는 시간을 의미한다. 균열시간은 합금성분과 두께에 따라 다르며, 얇은 판재의 경우 10분에서부터, 두꺼운 단조품의 경우 약 12시간 정도까지 되는 것도 있다. 큰 두께의 경우, 대략적인 균열시간은 단면 두께 1인치당 약 1시간 정도이다.

균열시간은 요구되는 물리적 성질을 부여하기 위해 필요한 최소시간을 선택한다. 단축된 균열시간의 효과는 확실하게 나타나며, 과도한 균열기간은 고온 산화를 촉진시킨다. 크래드 판재의 경우, 오랜 가열은 구리나 다른 용해될 수 있는 성분들이 보호 피막으로 과도하게 확산될 수 있으며, 크래드의 기본 목적인 내식성성에 좋지 않은 영향을 끼치게 된다.

[표 5-4] 일반적인 열처리 시간

| Thickness (inch) | Time (minutes) |
|---|---|
| Up to 0.032 | 30 |
| 0.032 to ⅛ | 30 |
| ⅛ to ¼ | 40 |
| Over ¼ | 60 |
| NOTE: Soaking time starts when the metal (or the molten bath) reaches a temperature within the range specified above. | |

(3) 담금질(Quenching)

녹기 쉬운 합금성분들이 고용체가 된 후, 그 재료의 즉각적인 재석출을 방지하거나 지연시키기 위해 담금질을 한다. 담금질 방법으로는 세 가지가 있다. 사용되는 방법은 부품, 합금, 그리고 요구되는 성질을 고려하여 선택한다.

① 냉수 담금질(Cold Water Quenching)

판재, 압출성형품, 배관, 작은 단조품, 그리고 비슷한 종류의 재료로 만든 부품은 일반적으로 냉수욕조에서 담금질한다. 담금질 전에 물의 온도는 85°F를 초과하지 않아야 한다.

충분한 양의 물 사용하여 처음보다 20°F 이상 온도가 상승하는 것을 방지해야 한다. 이런 철저한 담금질은 최대의 내식성을 얻을 수 있다. 이것은 2017, 2024, 그리고 7075와 같은 합금의 열처리 작업에서 특히 중요하다. 비록 요구되는 기계적 성질을 얻기 위해 열처리하는데 더 많은 시간이 걸리더라도, 이런 철저한 담금질을 선호하는 이유이다.

② 온수 담금질(Hot Water Quenching)

큰 단조품 및 주물의 두께가 두꺼운 부분은 온수 또는 끓는 물로 담금질한다. 이 방법의 담금질은 담금질

하는 동안 균일하지 못한 온도로 인해 발생하는 변형을 최소화하고 균열을 감소시킨다. 온수 담금질은 물의 온도가 단조 합금의 내식성에 크게 영향을 주지 않기 때문에 이런 부품에 적용된다. 추가적으로, 주물의 두께가 얇은 부분과 비교해서 두께가 두꺼운 부분에서는 내식성이 중대한 요소는 아니다.

③ 분무 담금질(Spray Quenching)

고속 물분사는 다른 금속을 입힌 크래드 판으로 만든 부품과 큰 단면으로 된 거의 대부분의 합금 열처리에 유용하다. 이 방법의 담금질은 또한 변형을 최소로 하고 담금질균열을 감소시킬 수 있다. 그러나 많은 명세서에서 크레드 처리하지 않은 2017과 2024 판재 부품은 내식성 때문에 분무 담금질 사용을 제한하고 있다.

④ 균열열처리와 담금질 사이의 시간지연(Lag between Soaking and Quenching)

어떤 합금에서는 노로부터 재료를 꺼내서 담금질하기까지 걸리는 시간이 매우 중요하기 때문에 최소로 해야 하는 경우도 있다. 2017 또는 2024 판재 부품을 용체화처리할 때, 이 지연 시간은 10초를 초과하지 않아야 한다. 주물의 두께가 두꺼운 부분에서는 허용시간이 약간 더 길어야 한다.

담금질 전에 금속이 약간이라도 냉각된다면 고용체로부터 재석출이 일어난다. 석출은 결정입계를 따라 발생하고, 따라서 이 결정단면에서 더 약한 성형성을 가진다. 이것은 입자간부식(inter-granular corrosion)에 대한 저항력에 악영향을 준다.

(4) 재열처리(Reheat-treatment)

한번 열처리한 재료를 재열처리 할 때는 신중하게 검토해야 한다. 다른 금속을 입히지 않은 순수한 열처리 가능 합금은 해로운 영향을 일으키지 않으면서 반복적으로 용체화처리 할 수 있다.

다른 금속을 입힌 크래드 판재는 매번 재가열할 때마다 코어의 합금원소가 피막으로 확산되기 때문에 용체화처리 허용 횟수를 제한한다. 현행 규정에서는 다른 금속을 입힌 크래드 판재의 경우 크래드 피막 두께를 고려하여 재열처리 가능횟수를 3번까지 허용하고 있다.

#### 5.1.8.4 용체화처리 후 교정 (Straightening after Solution Heat-treatment)

용체화처리를 하는 동안 약간의 꼬임(kink), 굽힘(buckle), 물결모양의 주름(wave), 비틀림(twist) 등이 발생한다. 일반적으로 이런 원하지 않는 변형은 교정작업이나 평탄화 작업(flattening operation)을 통해 교정한다.

변형 교정작업에서 인장강도와 항복강도는 어느 정도 증가하지만 신장률은 약간 감소된다. 이런 재료는 -T3 로 표시하며, 앞의 값들이 현저하게 영향을 받지 않은 재료라면 -T4 로 표시한다.

#### 5.1.8.5 석출 열처리(Precipitation Heat Treating)

앞에서 언급한 바와 같이, 알루미늄합금은 용체화처리 온도에서 담금질한 직후에는 비교적 연질의 상태이다. 따라서 최대강도를 얻기 위해서는, 자연시효경화처리 하거나 인공시효(석출)경화처리를 해야 한다.

이와 같이 고용체로부터 과포화된 성분이 석출되는 동안 경도와 강도를 증가한다. 석출이 진행함에 따라 재료의 강도는 최대에 도달할 때까지 증가하여 일련의 최고점에 도달한다. 또한, 시효(과잉시효)처리는 어느 정도 안정된 상태가 될 때까지 강도를 꾸준히 증가시키는 원인이 된다. 석출된 극소 미립자는 입자구조 내에서 어떤 종류의 하중이 작용했을 때 미립자 사이에서 내부손실과 변형에 저항하는 해결책이 마련된다. 이와 같은 방법으로, 합금의 강도와 경도가 증가한다.

석출경화는 재료의 연성은 감소시키지만 강도와 경도를 크게 증가시킨다. 강도를 요구하는 만큼 증가시키기 위해 사용되는 이 과정을 시효처리 또는 석출경화라 부르고 있다.

열처리가 가능한 합금의 시효처리에 의한 강도증가는 단순히 석출의 존재로 인한 것만은 아니다. 강도는 미세하게 산재된 극소 미립자 석출의 균일분포와 합금 결정구조에 의한 영향에 기인한 것이다.

사용되는 시효처리는 강도 외에도 많은 성질에 영향을 끼친다. 일반적으로 인공시효 처리한 합금은 내식성을 증가시키기 위해 약간 과시효 처리(over-aged)한다. 이런 현상은 특히 구리의 함유량이 많은 합금을 인공시효 처리할 경우, 불충분한 시효 처리로 인해 쉽게 발생하는 입자간부식을 보면 알 수 있다.

열처리될 수 있는 알루미늄합금은 두 가지 종류로 구분하는데, 상온에서 완전강도를 얻는 것과 인공시효를 필요로 하는 것이다.

상온에서 4~5일 후 완전강도를 얻는 합금은 자연시효 합금으로 알려져 있다. 일반적으로 과포화된 고용체로부터의 석출은 담금질 후 곧바로 시작되며, 24시간 이내에 최대강도의 90%가 얻어진다. 합금 2017과 2024는 대표적인 자연시효 합금이다.

합금의 완전강도를 얻기 위해 석출 열처리가 필요한 합금은 인공시효 합금에 해당한다. 그러나 이 합금의 경우, 상온에서는 제한된 양이 시효처리되며, 강도의 비율과 정도는 합금 상태에 의존한다.

인공시효 처리한 많은 합금은 몇 일후 최대자연시효 강도 또는 상온시효 강도에 도달한다. 이것은 가공을 위해 -T4 또는 -T3 상태로 저장할 수 있다. 7075와 같이 아연(zinc) 함유량이 많은 합금은 상당히 오랜 시간에 걸친 시효과정을 통해 성형성(formability)이 감소되는 기계적 성질 변화가 지속된다.

-W 상태에서 성형성의 장점은, 즉 용체화처리 후 곧바로 가공하든지 또는 냉동보관해서 성형성을 유지하는 방법은, 자연시효처리와 같은 방법으로 활용할 수 있다.

냉동은 자연시효의 속도를 지연시킨다. 32℉에서는 시효 작용의 시작이 몇 시간 동안 지연되지만, 드라이아이스(Dry Ice, -50℉에서 -100℉)는 저장하는 시간 동안은 시효 작용을 지연시킬 수 있다.

(1) 석출 작업(Precipitation Practices)

표 5-5에 나타난 것과 같이, 석출 경화를 위해 적용되는 온도는 요구되는 합금과 성질에 따라 결정하며, 250℉~375℉ 범위를 사용한다. 이 온도는 더 좋은 결과를 얻기 위해서는 ±5℉편차 이내로 매우 정밀한 제어가 이루어져야 한다.

온도에 대응하는 시간은 사용 온도, 요구되는 성질과 합금 성분에 관계된다. 그 시간은 8~96시간까지의 범위이다. 시효 온도를 적절히 증가시키면 시효에 필요한 균열 시간이 감소된다. 그러나 고온을 사용할수록 시간과 온도 모두를 더욱 정밀하게 제어해야만 한다.

열석출 처리(thermal precipitation treatment)를 한 재료는 상온에서 공랭되어야 한다. 반면에 필요한 것은 아니지만 물 담금질도 나쁜 영향을 주지는 않는다. 노 냉각은 과시효처리될 우려가 있다.

[표 5-5] 알루미늄 합금의 열처리 조건

| Alloy | Solution Heat—Treatment | | | Precipitation Heat—Treatment | | |
|---|---|---|---|---|---|---|
| | Temperature (°F) | Quench | Temperature Designation | Temperature (°F) | Time of Aging | Temperature Designation |
| 2017 | 930–950 | Cold water | T4 | | | T |
| 2117 | 930–950 | Cold water | T4 | | | T |
| 2024 | 910–930 | Cold water | T4 | | | T |
| 6053 | 960–980 | Water | T4 | 445–455<br>345–355 | 1–2 hours<br>or<br>8 hours | T5<br>T6 |
| 6061 | 960–980 | Water | T4 | 315–325<br>345–355 | 18 hours<br>or<br>8 hours | T6<br>T6 |
| 7075 | 870 | Water | | 250 | 24 hours | T6 |

(2) 알루미늄 합금의 풀림처리(Annealing of Aluminum Alloys)

알루미늄합금의 풀림 절차는 ① 합금의 온도상승을 위한 가열, ② 금속의 크기에 따라 결정되는 시간에서 균열처리하고, 그다음 ③ 정지공기 안에서 냉각, 등으로 이루어진다. 풀림처리는 금속을 냉간가공하기에 가장 좋은 상태로 만들어 준다.

성형 작업이 이루어지면, 금속은 가공경화가 일어나서 가공하는 것이 점점 더 어려워진다. 그래서 부품을 성형하는 동안 균열을 방지하기 위해서 여러 번 풀림처리 하는 것이 필요하다. 그러나 알루미늄합금 부품 또는 조립품은 풀림처리 상태로 사용해서는 안 된다.

다른 금속을 입힌(clad) 부품은 오랜 시간 열에 노출시키면 코어(core) 성분 중 일부가 피막(cladding) 안으로 확산하는 경향이 있고, 이렇게 되면 피막의 내식성이 감소되기 때문에 가능한 빠르고 조심스럽게 가열해야 한다.

### 5.1.8.6 알루미늄합금 리벳의 열처리 (Heat-treatment of Aluminum Alloy Rivets)

알루미늄합금 리벳(rivet)은 1100, 5056, 2117, 2017, 및 2024 등의 합금 성분으로 만들어진다. 1100 리벳은 낮은 강도 리벳이 적합한 곳에 리벳으로 알루미늄합금판재를 체결하기 위하여 제조된 상태 그대로 사용된다. 5056 리벳은 마그네슘합금판재를 리벳 체결할 때 처음 제조된 상태 그대로 사용된다.

2117 리벳은 조금 높은 강도를 가지며, 알루미늄합금판재를 리벳 체결할 때 적합하다. 이 리벳은 제작사에서 단 한 번 열처리를 수행하고, 열처리한 후 양극산화 처리한다. 이 리벳을 사용되기 전에 더 이상의 열처리할 필요는 없다. 2117 리벳은 열처리 후 그 특성이 그대로 유지되며 언제든지 사용할 수 있다. 이 합금으로 만든 리벳은 항공기 구조물 체결에 가장 널리 사용된다.

2017과 2024 리벳은 고강도 리벳으로서 높은 하중을 받는 알루미늄합금 구조물을 체결할 때 적합하다. 이 리벳은 제작사로부터 열처리된 상태로 구입하며, 상온에서는 시효경화 특성이 있기 때문에 리벳 작업에는 부적당하다. 따라서 사용하기 전에 재열처리를 해야 한다. 2017 리벳은 담금질 후 약 1시간이면 매우 단단해 져서 리벳 작업하기 어렵다. 2024 리벳은 담금질 후 약 10분이면 경화된다. 이들 합금을 사용하기 위해서는 가끔 재열처리를 해야 하지만, 재료의 입자간 부식을 방지하기 위해 재열처리하기 전에 먼저 양극산화처리를 해야 한다. 만약 이 리벳을 담금질 후 즉시 32℉ 이하의 온도로 냉장고에 보관한다면, 보관하는 동안은 몇 일간 작업할 수 있을 정도로 충분한 연질이 유지된다.

열처리를 필요로 하는 리벳은 관모양의 용기에 넣고 소금욕조(salt bath) 안에서 가열하거나, 또는 작은 철망용기에 넣고 공기 로(air furnace)에서 가열한다. 2017 리벳의 열처리는 930℉~950℉ 사이의 온도에서 약 30분 동안 리벳에 열을 가하고, 곧바로 냉수로 담금질함으로써 이루어진다. 이 리벳은 체결작업하고 난 후 9일 정도 지나면 최대강도에 도달한다. 2024 리벳은 910℉~930℉의 온도로 가열하고 곧바로 냉수로 담금질한다. 이 리벳은 2017보다 더 큰 전단강도를 가지게 되고, 특히 높은 강도가 요구되는 장소에 사용한다. 2024 리벳은 체결작업 후 하루만 지나면 최대전단강도를 가지게 된다.

열처리 후 또는 냉장고에서 꺼낸 후, 2017 리벳은 약 1시간 이내에 체결작업을 마쳐야 하고, 2024 리벳은 10~20분 이내에 체결작업을 완료해야 한다. 만약 이 시간 내에 사용하지 못했다면, 리벳을 재열처리한 후 냉동보관을 해야 한다.

#### 5.1.8.7 마그네슘합금 열처리 (Heat-treatment of Magnesium Alloys)

항공기 제작에 사용되는 마그네슘의 약 95%는 주조형태이며, 이 마그네슘합금 주물은 열처리에 의해 쉽게 반응한다. 마그네슘합금 주물의 열처리는 알루미늄합금 열처리와 비슷하며 (1) 용체화처리, (2) 석출경화 또는 시효경화 두 가지 방법으로 나누어진다. 그러나 마그네슘은 상온에서 자연시효처리 할 때 그 성질 변화는 거의 일어나지 않는다.

(1) 용체화처리(Solution Heat-treatment)

마그네슘합금 주물은 인장강도, 연성, 충격강도 등을 향상시키기 위해 용체화처리를 한다. 이 열처리 상태는 합금의 규격표시 다음에 -T4를 붙여서 나타낸다. 용체화처리 후 인공시효를 더하면 -T6을 붙여서 표시한다. 인공시효는 금속의 모든 성질을 발휘시키고자할 때 필요하다.

마그네슘합금 주물의 용체화처리 온도는 730℉~780℉까지의 범위에서 합금의 종류에 따라 정확한 범위를 정한다. 각각의 합금 종류에 대한 온도범위는 MIL-H6857 규격 목록에 표시되어 있다. 규격목록에 표시된 각 범위의 상한치는 합금 용융되지 않게 가열할 수 있는 최대온도를 의미한다.

균열시간은 10~18시간까지의 범위에서 부품의 두께와 합금의 종류에 따라 정확한 시간을 정한다. 두께가 2인치를 넘는 주물에는 18시간 이상의 균열시간을 적용한다. 마그네슘합금은 폭발을 일으킬 수 있기 때문에 소금 욕조에 넣고 가열해서는 절대로 안 된다.

마그네슘합금 열처리 과정에는 급격한 화재 위험이 항상 잠재되어 있으며, 만약 장비의 관리소홀 또는 기능불량으로 인해 최대온도를 초과하게 되면, 주물은 급격하게 점화되어 타버린다. 이런 이유로, 만약 사용되는 노의 제어장치가 제대로 동작하지 않거나 고장이 발생한 경우, 발열 장치와 송풍기로 공급되는 전원을 차단시킬 수 있는 안전차단 장치를 갖추고 있어야 한다.

일부 마그네슘합금을 용체화처리 동안 아황산가스 공기로 보호하는 것을 필요로 한다. 이렇게 하면 온도 한계를 조금 초과하더라도 화재 발생을 억제하는 효과가 있다.

마그네슘합금의 용체화처리에서 액체담금질 방법이 그다지 큰 장점을 보이지 않기 때문에 공기담금질 방법을 사용한다.

(2) 석출 열처리(Precipitation Heat-treatment)

마그네슘합금은 용체화처리 후 경도와 항복강도를 증가시키고자 시효처리를 하게 된다. 일반적으로 시효처리는 주로 응력을 감소시키고, 특히 기계 가공하는 동안 또는 가공 후에 합금을 안정화시켜 치수변화를 방지하고자 할 때 사용된다. 이 처리를 함으로써 연성이 조금 감소하더라도 항복강도와 경도는 어느 정도 향상된다.

석출 열처리 온도는 용체화처리 온도보다 많이 낮은 325℉~500℉까지의 범위이다. 균열시간은 4~8시간의 범위에서 정한다.

### 5.1.8.8 티타늄의 열처리 (Heat-treatment of Titanium)

티타늄은 다음과 같은 목적에서 열처리된다.

① 냉간성형 또는 기계 가공에 의해 발생한 응력을 제거하기 위해

② 열간가공 또는 냉간가공 후 풀림, 또는 다음 냉간가공을 위한 최대연성(maximum ductility)을 부여하기 위해

③ 강도를 증가시키기 위해

(1) 응력 제거(Stress Relieving)

응력제거는 일반적으로 티타늄판재 성형에서 발생한 응력집중을 제거하기 위해 사용되며 650℉~1,000℉까지의 온도범위에서 수행한다. 온도유지 시간은 아주 얇은 판재의 경우이면 몇 분정도이고, 두꺼운 판재의 경우는 한 시간 이상으로 다양하게 적용한다. 전형적인 응력제거 방법은 900℉에서 30분 동안 유지하고 나서 공기 중에서 냉각시킨다.

응력제거 하는 동안 금속의 표면에 형성된 변색 또는 산화물은 산성용액으로 세척하면 쉽게 제거된다. 추천하는 세제는 10~20%의 질산(nitric acid)과 1~3%의 불화수소산(hydrofluoric acid) 혼합용제이며, 상온이나 이보다 약간 높은 온도에서 사용한다.

(2) 완전 풀림(Full Annealing)

티타늄과 티타늄합금의 풀림처리는 상온일 때 인성과 연성을 부여하고, 고온일 때 치수안정성과 조직안정성을 마련해주고, 절삭성을 향상시킨다.

완전풀림은 보통 추가 작업을 위한 준비에 해당하며, 1,200℉~1,650℉에서 수행한다. 온도유지 시간은 재료의 두께와 수행하고자 하는 냉간가공의 정도에 따라 16분에서 몇 시간에 이르기까지 다양하다. 주로 사용되는 합금에 대한 일반적인 처리는 1,300℉에서 1시간 동안 유지하고, 공기 중에서 냉각한다. 완전풀림 작업에서는 수소화나트륨(sodium hydride) 염욕과 같은 부식제거 작업(de-scaling)이 요구되는 부식성 산

화물이 형성된다.

(3) 열 경화(Thermal Hardening)

순수 티타늄은 열처리할 수 없지만, 일반적으로 항공기 제작에 사용되는 티타늄 합금은 열처리를 통해 연성은 약간 감소시키고 강도는 높일 수 있다. 1,450°F에서 냉수 담금질한 다음 이어서 900°F에서 8시간 동안 재가열하면 최상의 결과를 얻을 수 있다.

(4) 표면 경화(Case-hardening)

티타늄의 화학작용과 비교적 저온에서 산소, 질소, 그리고 탄소의 급속한 흡수는 특수용도에 맞게 표면을 경화시킨다. 질화처리, 침탄처리, 또는 침탄질화처리는 약 0.0001~0.0002인치 깊이의 내마모성 표면을 만들어내는 데 적합하다.

### 5.1.8.9 경도시험(Hardness Testing)

경도시험은 열처리 이전에 금속 상태뿐만 아니라 열처리 결과를 알아보는 측정방법이다. 경도지수는 인장강도 및 부분적인 내마모성과 밀접한 관계를 가지고 있기 때문에, 경도시험은 열처리 제어와 재질의 특성을 알기 위한 중요한 점검항목이다.

실제로 모든 경도시험 장비는 경도 측정에 있어 압축하중에 대한 저항력을 이용한다. 이 장에서는 잘 알려진 경도계인 브리넬경도시험기(Brinell hardness tester)와 로크웰경도 시험기(Rockwell hardness tester)에 대하여 설명한다. 또한, 오늘날 사용되고 있는 휴대용 경도계도 여기서 설명하였다.

(1) 브리넬 경도 시험기(Brinell Tester)

그림 5-4에 나타난 것과 같은 브리넬경도시험기는 금속 표면을 누르는 단단하고 둥근 스피리얼 볼(Spherical Ball)을 사용한다.

이 스피리얼 볼은 지름이 10㎜(0.3937인치)이며, 시험을 위해 청강금속에는 3,000kg의 힘을 작용시키고, 비철금속이면 500kg의 힘을 가한다. 압력은 철금속이면 10초 이상을 유지하고 비철금속이면 30sec 이상을 유지해야 한다. 유압을 이용하여 힘을 가하며, 이 유압은 측정기의 모델(Model)에 따라 수동펌프 또는 전동펌프에 의해 만들어 진다. 가해지는 압력은 압력계에 표시된다. 측정이 완료된 후 압력을 제거하기 위한 감압장치가 있고, 눌린 자국의 지름을 밀리미터(mm) 단위로 측정하기 위한 눈금이 있는 확대경이 구비되어 있다. 기계장치는 시편을 고정하기 위해 다양한 형태로 만든 받침대와 시편을 스피리얼 볼에 밀착시키기 위해 밀어 올리는 스크루가 있다.

금속에 대한 브리넬경도지수를 판정하기 위해서는 측정기에 장착된 확대경을 사용하여 눌린 부분의 지름을 측정한 다음 측정기에 부착되어 있는 환산표를 통해서 브리넬경도지수를 계산한다.

(2) 로크웰 경도시험기(Rockwell Tester)

그림 5-5에 나타난 것과 같이, 로크웰 경도시험기도 브리넬경도측정기처럼 압축저항력을 측정하는 것은 같지만, 로크웰 경도시험기에서는 눌린 자국의 지름을 측정하는 대신에 깊이를 측정하고, 그 경도는 시험기에 부착된 계기에 직접 표시된다. 계기의 바깥 다이얼에 있는 다이얼숫자는 검정색이고, 안쪽에 있는 숫자는 빨강색이다. 로크웰 경도시험기는 큰 하중과 작은 하중에 의해서 눌린 깊이의 차이에 기초한다. 이 차이가 큰 것일수록 더 낮은 경도지수이고 더 연질의 재료임을 뜻한다.

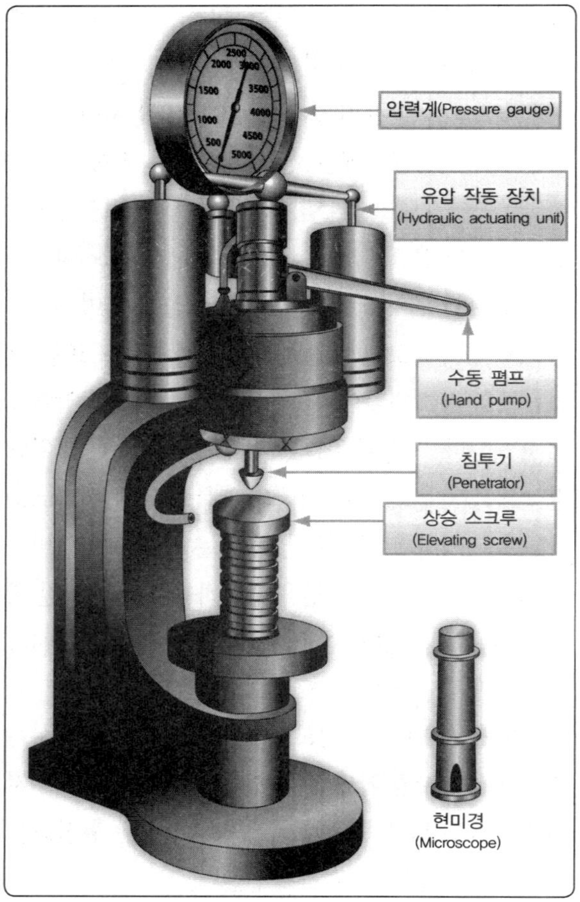


[그림 5-4] 브리넬 경도 시험기(Brinell hardness tester)

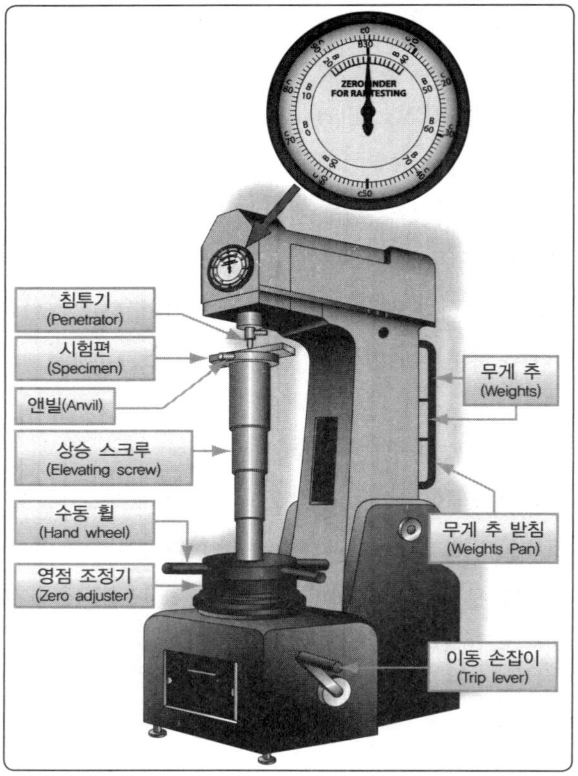


[그림 5-5] 로크웰 경도 시험기(Rockwell hardness tester)

로크웰 경도시험기에는 두 가지 종류의 침투기(Penetrator)가 사용되는데, 그것은 원뿔모양의 다이아몬드(Diamond Cone) 재질과 경화시킨 강철 볼(steel ball))이다. 시편을 침투기(Penetrator)로 누르는 하중을 주하중이라고 부르며 kg단위로 측정한다. 표 5-6에는 각 침투기(Penetrator)의 종류와 주하중의 조합에 따른 척도문자와 그에 해당하는 눈금을 표시하였다.

시험하는 금속의 종류에 따라 침투기(Penetrator) 종류, 주하중 크기, 그리고 눈금 종류가 다르다. 경화 강철인 경우, 다이아몬드 침투기(Penetrator)를 사용하며 주하중은 150kg이고, 경도는 "C" 척도(Scale)로 지시한다. 이 결과를 기록할 때, 문자 "C"는 지침이 지시한 숫자 앞에 기록한다. C-척도 설정은 보통 C-20부터 약 C-70(경도가 가장 높은)까지의 경도를 가지는 금속을 시험할 때 사용한다. 만약 금속이 C-20보다 더 연질이면 B-척도 설정을 사용한다. 이 설정은 1/16인치 스피리얼 볼 침투기(Penetrator)를 사용하며, 주하중은 100kg이고, 경도는 B-척도에서 읽는다.

"C"와 "B" 척도 이외에도, 특별한 시험을 위한 다른 설정도 있다. 표 5-6에는 읽어야 하는 등급, 침투기(Penetrator)종류, 주하중의 크기, 그리고 다이얼숫자(dial number) 색상을 표로 나타냈다.

로크웰 경도시험기는 2개의 무게 추(weight)와 1개의 앤빌(Anvil)이 설치되어 있다. 하나의 추는 붉은색으로 표시하고, 다른 하나는 검정색으로 표시한다. 기계장치의 앤빌에 추가 없을 때, 주하중은 60kg이 가해진다. 만약 주하중 설정이 100kg이라면, 붉은 색 추를 앤빌에 올려놓고, 주하중이 150kg일 경우는 검정색과 붉은 색 모두 올려놓는다. 검정색 추는 항상 붉은 색 추와 함께 사용되며, 단독으로는 사용되지 않는다.

실질적으로 대부분 시험은 B-척도 설정이나 C-척도 설정으로 수행된다. 이들 척도는, 추의 색깔과 다이얼(dial)을 선택하고 읽는 기준이 된다. B-척도 시험에서는 붉은 색 추를 사용하고 붉은 색 눈금을 읽는다. C-척도 시험에서는 두 가지 추를 모두 사용하고 검정색 눈금을 읽는다.

로크웰 경도시험기에서, 단단한 재료 시험에는 다이아몬드 침투기(Penetrator)를 사용한다. 만약 경도가 알려지지 않았다면, 시험하는 재료가 단단한 재료일 경우 강철 볼이 손상될 수 있기 때문에, 다이아몬드 압입자로 시험한다. 만약 금속이 C-22 이하일 때 강구로 바꾼다.

[표 5-6] 표준 로크웰 경도 척도

| Scale Symbol | Penetrator | Major Load (kg) | Dial Color/Number |
|---|---|---|---|
| A | Diamond | 60 | Black |
| B | 1/16" ball | 100 | Red |
| C | Diamond | 150 | Black |
| D | Diamond | 100 | Black |
| E | 1/8" ball | 100 | Red |
| F | 1/16" ball | 60 | Red |
| G | 1/16" ball | 150 | Red |
| H | 1/8" ball | 60 | Red |
| K | 1/8" ball | 150 | Red |

시험 결과가 B-100 이하인 모든 연질의 재료 시험에는 강철 볼을 사용한다. B-척도의 최대와 C-척도의 최소가 겹쳤을 경우에는 C-척도 설정을 사용한다.

주 하중을 가하기 전에, 적절한 위치에 앤빌과 침투기(Penetrator)를 고정시키고 그곳에 시편이 미끄러지지 않도록 단단히 고정한다. 이를 위해서, 이동 레버(lever)를 작동시키기 전에 10kg의 하중을 가한다. 이 예비 하중은 부(minor) 하중이라고 부른다. 이 부하중은 척도의 설정과 관계없이 항상 10kg이다.

로크웰 경도시험기에서 시험하고자 하는 금속은 양면이 매끄럽게 다듬질되어 있어야 하고 긁힘(scratch)이나 다른 이물질이 없어야 한다. 표면은 가압방향과 정확히 수직을 이루어야 하며, 두 면이 서로 평행해야만 한다. 만약 시편이 테이퍼형태(tapered)라면, 테이퍼(taper) 정도에 따라 오차가 발생할 수 있다. 또한 곡면도 경도시험에서 미세한 오차의 원인이 될 수 있다. 오차의 정도는 곡률에 따라 다르며, 곡률 반경이 작으면 작을수록 오차는 더 커진다. 그런 오차를 방지하기 위해, 가능하다면 곡면 위에 작은 평면을 만들어서 측정한다.

알크래드 알루미늄합금판재는 직접 로크웰 경도시험기로 정확하게 측정할 수 없다. 만약 코어금속의 경도를 측정하고자 한다면, 시험하기 전에 측정하고자 하는 곳의 순수알루미늄 피막을 제거해야 한다.

(3) 바콜 시험기(Barcol Tester)

그림 5-6에 나타난 것과 같이, 바콜경도계는 알루미늄합금, 구리, 황동, 그 밖의 비교적 연질의 재료를 시험하기를 위해 개발된 휴대용 시험기이다. 이 바콜경도계는 항공기용 강에는 사용되지 않는다. 바콜경도계의 대략적인 측정범위는 25~100 Brinell이다. 바콜

경도계는 측정자의 손이 닿는 곳이라면, 어떤 자세나 공간에서라도 사용될 수 있다. 바콜경도계는 특히 조립품이나 장착된 부품의 열처리 상태를 점검하기 위한 경도시험에 매우 유용하다. 경도는 편리하게 100등급으로 구분된 다이얼에 표시된다.

바콜경도계는 조작 경험이 없이도 사용할 수 있도록 간편하게 설계하였다. 아주 간단하게 시험하고자 하는 재료에 스프링작동식(spring-loaded) 인덴터(Indenter)를 접촉시켜 가볍게 누르면, 경도가 계기에 바로 표시된다.

표 5-7에는 알루미늄합금에 대한 몇 가지 대표적인 표시 목록을 나타냈다. 재질이 단단할수록 바콜 수치는 더 높아진다. 침투기 포인트(point)의 손상을 방지하기 위해, 시험하는 재료와 접촉하고 있을 때 미끄러지거나 긁히는 것을 방지해야 한다. 만약 포인트가 손상되었다면, 새것으로 교체해야 하며 갈아(grind) 쓰려고 시도해서는 안 된다.

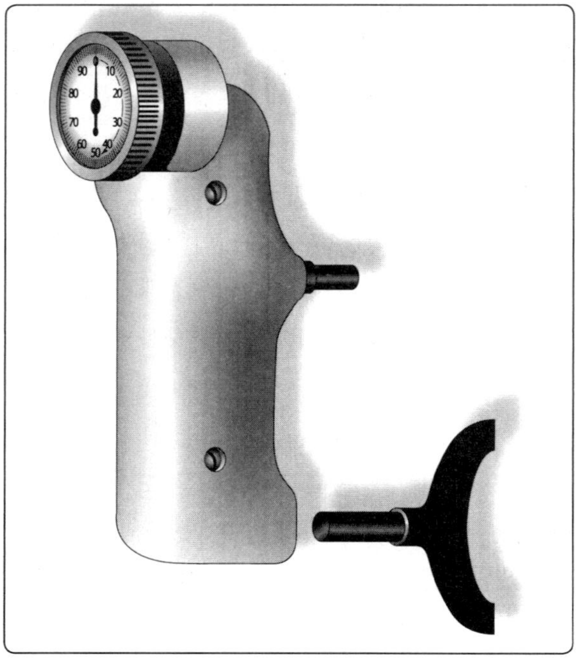


[그림 5-6] 바콜 휴대용 경도 시험기(Barcol portable hardness tester)

각 시험기는 표준시험판을 이용하여 포인트의 상태를 점검한다. 포인트를 점검하기 위해, 표준시험판에 대고 시험기를 아래쪽으로 누르면, 이 힘에 의해 하부 플런저 가이드(Plunger Guide)의 끝이 시험판(Test Disk) 표면을 누르면서 계기에 경도가 표시된다. 계기에 표시된 값이 시험판에 표시된 범위 내에 있어야 한다.

### 5.1.9 단조(Forging)

단조는 망치로 두드리거나 프레스(press)로 압착해서 제품을 성형하는 과정이다. 재료를 재결정온도 이하에서 단조하면 냉간 단조라 부르고 재결정온도 이상에서 작업하면, 열간 단조라고 부른다. 낙하단조(drop forging)는 기계장치에서 한 쌍의 성형형틀 사이에 뜨거운 주괴(ingot)를 놓고 낙하해머(drop hammer)라고 부르는 수 톤에 달하는 상부형틀을 떨어뜨려서 망치질하는 과정이다. 이 결과 뜨거운 금속에 형틀 모양을 따라서 힘이 작용한다. 이 과정은 매우 빠르게 진행되기 때문에, 완성 제품의 결정구조가 바뀌고, 그 결과 강도를 상당히 증가시킨다.

[표 5-7] 알루미늄 합금에 대한 일반적인 바콜 수치

| Alloy and Temper | Barcol Number |
|---|---|
| 1100-O | 35 |
| 3003-O | 42 |
| 3003-H14 | 56 |
| 2024-O | 60 |
| 5052-O | 62 |
| 5052-H34 | 75 |
| 6061-T | 78 |
| 2024-T | 85 |

### 5.1.10 주조(Casting)

주조는 금속을 융해시키고 원하는 모양의 주형(mold) 안에 녹인 쇳물을 부어서 만드는 과정이다. 금속은 소성변형(plastic deformation)되지 않기 때문에, 입자 조직이나 본질의 변화 없이 제작이 가능하다. 금속의 결정크기는 냉각속도, 금속의 합금성분, 그리고 열처리에 의해 조절할 수 있다. 주조제품은 보통 같은 재료의 가공제품보다 강도는 낮고, 취성은 높다. 터빈 블레이드(turbine blade)와 같이 내부가 복잡한 모양이나 항목에는 주조가 가장 경제적인 방법이 될 수 있다. 항공기에는 엔진부품을 제외하면, 대부분의 금속 부품들은 주조 대신에 가공한 것이 많다.

모든 금속 제품은 주조 형태에서 시작된다. 가공금속은 주조로 만든 주괴를 변환해서 만든다. 고강도 알루미늄합금에서, 재료 두께의 80~90%에 달하는 치수 변화는 완전한 가공조직의 높은 기계적 성질을 얻기 위해 필요하다.

항공기에 사용하기 위한 철과 알루미늄합금 원재료는 제일 먼저 주조로 만든다. 주철은 2~8% 탄소와 규소를 함유한다. 주철은 주형 안으로 용융시킨 쇳물을 부어서 만든, 전성이 없는 단단한 선철(pig iron)이다. 주조알루미늄합금은 용융상태까지 가열해서 녹인 용융 금속을 주형 안에 부어서 원하는 모양을 만든다.

### 5.1.11 압출(Extruding)

압출 과정은 형틀에 있는 구멍을 통해 금속을 밀어 넣고, 형틀 구멍의 모양과 같은 단면모양을 갖는 긴 제품을 만드는 과정이다. 형틀의 구멍 모양은 앵글(Angle), 채널(Channel), 관(tube), 기타 다양한 모양의 단면을 가진다. 납(Lead), 주석(tin), 알루미늄 등과 같은 금속은 상온에서 열을 가하지 않고도 압출가공이 되지만, 대부분 금속은 압출가공을 위해서 가열해야만 한다. 압출가공 과정의 장점은 가연성이다. 예를 들어, 알루미늄은 가연성이 우수하기 때문에, 압출가공으로 더 복잡한 모양이나 더 큰 크기를 제작하는 것이 가능하며, 실제적인 측면에서 보다 경제적이고, 다른 금속들보다 실용적이다.

압출 가공한 모양은 아주 간단한 형태에서부터 대단히 복잡한 단면까지도 만들 수 있다. 예를 들어, 이 과정에서 알루미늄 실린더(cylinder)를 750~850℉로 가열한 다음 유압펌프(hydraulic ram)를 이용하여 형틀 구멍으로 밀어 넣는다. 구멍 모양은 완성된 압출가공 제품의 단면모양이 된다.

채널, 앵글, T-형, Z-형 등과 같은 많은 구조부재가 압출가공에 의해 만들어진다.

항공기에 사용되는 압출가공 금속은 대부분 알루미늄이다. 알루미늄은 700~900℉(371~482℃) 온도에서 80,000psi(553MPa)의 압력으로 압출가공 한다. 압출가공 후, 생산품은 때에 따라 요구되는 성질을 얻기 위해 열처리나 기계가공하기도 한다. 압출가공은 연성이 있는 재료로 한정한다.

### 5.1.12 냉간가공/경화 (Cold-working/Hardening)

냉간가공은 임계온도 이하의 온도에서 이루어지는 기계가공을 의미한다. 이것은 금속의 가공경화를 초래한다. 사실상 금속은 가끔 풀림처리해서 연화시키지 않으면 너무 단단해져서 지속적으로 가공하는 것이 어려워진다.

냉간가공에서 수축으로 인한 오차는 고려하지 않아도 되기 때문에, 더 정밀하고 우수한 제품을 만들 수 있다. 냉간가공하면 탄성 한계뿐만 아니라 강도와 경도는 증가되지만, 연성은 감소한다. 이것은 더 쉽게 부서지는 금속이 되는 것이기 때문에, 어떤 작업에서는 가공에 의한 좋지 않은 영향을 제거하기 위하여 이따금씩 가열해야 한다.

몇 가지 냉간가공 방법이 있지만, 항공정비사와 주로 관련된 것은 냉간압연(cold-rolling)과 냉간인발(cold-drawing), 두 가지가 대표적이다. 이들의 과정은 열간가공에서는 얻을 수 없는 우수한 품질을 제공한다.

냉간압연은 보통 상온에서 금속을 압연가공하는 것을 말한다. 이 작업에서, 적당한 크기의 재료는 냉각시킨 롤러(Roller) 사이를 통과하고 나서 산화물을 제거하기 위해 묽은 산 용액으로 세척한다. 이렇게 하면 매끈한 표면이 만들어지고, 또한 정확한 치수로 만들 수 있다. 단조 금속을 냉간압연으로 만든 재료는 판재, 봉(Bar), 그리고 로드(rod) 등이다.

냉간인발은 이음매 없는 배관, 와이어, 유선형 타이로드(tie rod), 다른 모양의 지지대를 만들 때 사용한다. 열간압연으로 제작한 로드를 원료로 해서 다양한 지름의 와이어를 만든다. 이 로드는 산화물을 제거하기 위해 묽은 산 용액으로 세척하고, 석회수에 담근 다음 증기실(vapor room)에서 건조시킨다. 금속에 증착된 석회성분은 인발작업 시에 윤활제 역할을 하게 된다.

인발에 사용된 로드의 크기는 원하는 와이어의 지름에 좌우된다. 로드는 요구되는 크기로 줄이기 위해서, 열을 가하지 않은 상온에서 형틀 구멍을 통과시켜 잡아 늘인다. 로드의 한쪽 끝은 망치로 두드리거나 줄지어 미끄러지게 하고 다른 한쪽 끝은 형틀 구멍을 통해 인발블록(drawing block)의 조(jaw)로 꽉 잡아 끌어당긴다. 이 일련의 작업은 드로 벤치(draw-bench)라고 하는 기계장치에 의해 이루어진다.

로드를 요구하는 크기로 점차 줄이기 위해서는, 와이어를 점점 더 작은 형틀 구멍으로 연속해서 통과시켜 잡아 늘리는 것이 필요하다. 이들 각각의 인발은 와이어의 연성을 감소시키기 때문에, 인발을 계속해서 늘리고자 할 때는 가끔씩 풀림처리 해야 한다. 비록 냉간가공이 와이어의 연성은 감소시킬지라도, 인장강도는 증가시킨다.

항공기용 이음매 없는 강관을 인발작업으로 만들 때는 열을 가하지 않은 상온에서, 관 안쪽을 금속 막대(mandrel)로 지탱하면서 고리모양의 형틀을 통과시켜 관을 잡아 늘인다. 이때 금속을 형틀과 금속막대 사이로 지나가도록 밀어 넣는다. 관의 두께, 안지름과 바깥지름은 형틀과 금속 막대 크기를 통해 조절할 수 있다.

## 5.2 항공기 비금속 재료 (Nonmetallic Aircraft Materials)

항공기 구조에서 마그네슘, 플라스틱, 섬유, 목재의 사용은 1950년대 중반 이후에 거의 자취를 감추었다. 알루미늄 또한 1950년대에는 기체의 80%정도 차지하였으나, 오늘날에는 알루미늄 또는 알루미늄 합금이 기체 구조의 15%정도로 사용이 크게 줄어들었다. 이런 재료들은 강화 플라스틱이나 개량된 복합소재 등과 같은 비금속 재료로 교체되고 있다.

### 5.2.1 목재(Wood)

초기의 항공기는 목재와 천으로 조립되었다. 오늘날 복원되는 항공기와 일부 자작 항공기를 제외하고, 목재는 항공기 구조물로 사용하지 않는다.

### 5.2.2 플라스틱(Plastics)

플라스틱은 현대항공기의 많은 곳에 사용된다. 사용범위는 유리섬유(fiberglass)로 보강된 열경화성 플라스틱 구조부분품에서부터 창문 등과 같은 열가소성 플라스틱 내장용 재료에 이르기까지 다양하게 사용되고 있다.

### 5.2.3 투명 플라스틱(Transparent Plastics)

항공기의 조종실 캐노피(Canopy), 윈드쉴드(Windshield), 창문, 기타 투명한 곳에는 투명플라스틱 재료가 사용되며, 열에 대한 반응에 따라 다음 두 가지 종류로 구분된다. 한 가지는 열가소성수지(thermoplastic)이고 다른 한 가지는 열경화성 수지(thermosetting)이다.

열가소성수지는 가열하면 연해지고 냉각시키면 딱딱해진다. 이 재료는 유연해질 때까지 가열시킨 다음 원하는 모양으로 성형하고, 다시 냉각시키면 그 모양이 유지된다. 같은 플라스틱 재료를 가지고 재료의 화학적 손상을 일으키지 않고도 여러 차례 성형하는 것이 가능하다. 폴리에틸렌, 폴리스티렌, 폴리염화비닐 등이 여기에 속한다.

열경화성수지는 열을 가하면 연화되지 않고 경화된다. 이 플라스틱은 완전히 경화된 상태에서 다시 열을 가하더라도 다른 모양으로 성형할 수 없다. 에폭시(epoxy)수지, 폴리아미드 수지(Polyimid Resin), 페놀수지(Phenolic Resin), 폴리에스테르 수지(polyester resin) 등이 열경화성수지에 속한다.

추가로 투명플라스틱은 두 가지 형태로 제조되는데, 한 가지는 덩어리로 된 고형(solid)이고 다른 한 가지는 얇은 조각으로 된 층형(laminated)이다. 층형 투명플라스틱은 보통 폴리비닐부티릴(polyvinyl butyryl)을 함유한 내층 재료에 의해 접착된 투명플라스틱판재로 만들어진다. 층형 플라스틱은 내파열 특성이 있어, 고형플라스틱보다 우수하기 때문에 여압을 하는 항공기에 많이 사용된다.

항공에 사용되는 대부분 투명판재는 여러 가지의 군용규격(Military Specification)에 따라 제조된다. 투명플라스틱으로 새로 개발된 재질은 신축성이 있는 아크릴(acrylic)수지이다. 신축성이 있는 아크릴은 성형하기 전에 분자구조(molecular structure)의 재배열을 위하여 양방향으로 잡아 당겨서 제조한 플라스틱의 일종이다. 신축성 아크릴 판넬(Acrylic Panel)은 충격과 파손에 대해 큰 저항력을 가지며, 내화학 특성이 있다. 가장자리는 단순하며 잔금(crazing)이나 긁힌 스크래치(scratch)이 적게 발생한다.

각각의 플라스틱 판재는 접착제가 첨가된 두터운 보호용 필름(masking film)으로 덮여있다. 이 필름은 저장과 취급 시 우연한 긁힘을 방지하는 데 도움을 준다. 취급 시 서로 비벼서 긁히거나 파손이 생기지 않도록 주의해야 하며, 거칠거나 더러운 작업대 위에서 작업하는 것은 피해야 한다. 만약 가능하다면, 판재를 수직면으로부터 약 10° 정도 경사진 선반에 보관한다. 만약 수평으로 보관해야 한다면, 쌓아올린 높이는 18인치 이상 되지 않아야 하고, 큰판재가 받쳐져서 걸치는 것을 피하기 위해 작은 판재를 큰 판재 위에 쌓아야 한다. 플라스틱은 솔밴트, 연무(fume), 가열코일(heating coil), 방열기(radiator), 증기 파이프(steam-pipe) 등으로부터 떨어진, 차고 건조한 곳에 보관해야 한다. 보관 장소의 온도는 120°F를 초과해서는 안 된다.

태양 직사광선은 아크릴플라스틱(acrylic plastic)을 손상시키지는 않지만, 보호용 필름의 접착제를 건조시키고 경화시키기 때문에 필름 제거하는 것을 어렵게 한다. 만약 필름이 쉽게 제거되지 않는다면, 판재를 250°F 정도 되는 오븐에 약 1분 정도 넣어 놓으면, 필름이 떨어지기 쉽게 열에 의해 보호용 접착제가 부드러워 진다.

만약 오븐이 없다면, 지방족나프타(aliphatic naphtha)로 접착제를 연화시켜서 경화된 보호용 필름을 제거한다. 나프타로 흠뻑 적신 천으로 보호용 필름을 문지르면, 접착제가 연화되고 플라스틱으로부터 필름을 손쉽게 제거할 수 있다. 필름을 제거한 플라스틱 판재는 즉시 깨끗한 물로 씻고 표면이 긁히지 않도록 주의해야 한다.

주의: 지방족나프타(aliphatic naphtha)는 플라스틱에 악영향을 미치는 방향족 나프타나 기타 드라이클리닝용제(dry cleaning solvent)와 혼합해서는 안 된다. 또한 지방족나프타는 가연성이므로 가연성액체 사용에 따른 주의사항을 준수해야 한다.

### 5.2.4 복합재료(Composite Materials)

1940년대부터 항공 산업은 전체적인 항공기 성능을 향상시킬 수 있는 합성섬유(synthetic fiber) 개발에 집중하기 시작했다. 그 이후로 더욱더 많은 복합재료들이 사용되고 있다. 복합재료를 언급할 때, 많은 사람들은 단순히 유리섬유(fiberglass)를 생각하거나, 또는 그래파이트(graphite), 아라미드(Aramid, 케블라(Kevlar) 등을 생각하게 된다. 복합재료는 항공용으로 개발되었지만, 지금은 자동차, 운동기구, 선박, 뿐만 아니라 방위산업을 포함한 다른 많은 산업분야에서도 사용되고 있다.

복합재료는 서로 다른 재료나 물질을 인위적으로 혼합한 혼합물로 정의한다. 이 정의에서처럼 강도, 연성, 전도성, 또는 다른 어떤 특성을 향상시키기 위해 서로 다른 금속으로 만든 몇몇의 합금은 너무도 일반화되었다. 복합재료는 일반적으로 보강재(reinforcement)와 모재(matrix)로 구성된다. 보강재는 모재에 의해 접합되거나 둘러싸여 있으며, 섬유(fiber), 휘스커(whisker) 또는 미립자(particle)로 만들어진다. 모재는 액체인 수지(resin)가 일반적이며, 보강재를 접착하고 보호하는 역할을 담당한다. 예를 들어, 콘크리트(Concrete)는 수지에 해당하는 시멘트와 보강재로서의 자갈 또는 철근으로 구성된다. 비록 보강재와 수지가 조합된 상태에서, 각각을 식별할 수 있고 구조적으로 분리할 수 있더라도, 그들이 단독으로 있을 때와 조합된 상태일 때는 매우 다르다.

#### 5.2.4.1 복합재료의 장/단점 (Advantage/Disadvantages of Composites)

복합재료는 아주 많은 장점을 가지고 있으며 다음은 그중 일부이다.

(1) 중량당 강도비가 높다.
(2) 섬유 간의 응력 전달은 화학결합에 의해 이루어진다.
(3) 강성과 밀도비가 강 또는 알루미늄의 3.5~5배

이다.

(4) 금속보다 수명이 길다.

(5) 내식성이 매우 크다.

(6) 인장강도는 강 또는 알루미늄의 4~6배이다.

(7) 복잡한 형태나 공기역학적 곡률 형태의 제작이 가능하다.

(8) 결합용 부품(Joint)이나 파스너(fastener)를 사용하지 않아도 되므로 제작이 쉽고 구조가 단순해진다.

(9) 손쉽게 수리할 수 있다.

복합재료의 단점은 다음과 같다.

(1) 박리(Delamination, 들뜸 현상)에 대한 탐지와 검사가 어렵다.

(2) 새로운 제작 방법에 대한 축적된 설계 자료(design database)가 부족하다.

(3) 비용(cost)이 비싸다.

(4) 공정 설비 구축에 많은 예산이 든다.

(5) 제작방법의 표준화된 시스템이 부족하다.

(6) 재료, 과정 및 기술이 다양하다.

(7) 수리 지식과 경험에 대한 정보가 부족하다.

(8) 생산품이 종종 독성(toxic)과 위험성을 가지기도 한다.

(9) 제작과 수리에 대한 표준화된 방법이 부족하다.

오늘날 항공기에 사용되는 복합재료 생산품은 강도 증가와 필요한 성능을 부여하기 위한 설계 능력 측면에서 전통적인 재료보다 더 훌륭하기 때문에 점점 더 많이 사용되고 있다. 항공기 구조에 대한 재료선택에 있어서 강도 대 무게비율, 비용, 설계, 검사의 편리성, 관련 정보 등을 고려할 때 복합소재가 더 유리할 것이다.

#### 5.2.4.2 복합재료 취급 시 안전(Composite Safety)

복합재료 제품은 피부, 눈, 폐 등에 매우 해로울 수 있다. 인체 건강에 단기 또는 장기적으로, 심각한 자극과 해를 입을 수 있다. 개인 보호용구착용이 때에 따라 덥고 불편하며, 착용에 어려움이 있을 수 있지만, 그러나 복합재료 작업에서 이 약간의 불편함이 건강문제, 심지어 죽음까지도 막을 수 있다.

작은 유리 기포(glass bubble)나 섬유 조각으로 인한 폐의 영구적인 손상으로부터 신체를 보호하기 위해 방독면(respirator)을 착용하는 것은 매우 중요하다. 먼지마스크(dust mask)는 유리섬유 작업에 인가된 최소한의 필수품이며, 최선의 보호 방법은 먼지필터(dust filter)를 갖춘 방독면을 착용하는 것이다. 만약 주위의 공기가 그대로 흡입된다면, 마스크는 착용한 사람의 폐를 보호할 수 없기 때문에, 방독면이나 먼지마스크의 정확한 착용이 매우 중요하다. 수지 작업을 할 때, 발생하는 증기에 대한 보호를 위해 방독면을 착용하는 것은 매우 중요하다. 방독면에 있는 숯 여과기는 한동안 증기를 제거해준다. 만약 마스크를 뒤집어 놓고 휴식을 취한 다음 다시 착용하였을 때 수지 증기 냄새를 느낄 수 있다면, 곧바로 여과기를 교체해야 한다. 숯 여과기의 사용시간은 일반적으로 4시간 이하이다. 사용하지 않을 때는 밀폐된 가방에 방독면을 보관해야 한다. 만약 오랜 시간 동안 유독성물질로 작업을 해야 한다면, 두건(hood)딸린 송풍식 마스크(supplied-air Mask)를 사용하는 것이 좋다.

긴 바지와 장갑까지 내려오는 긴 소매를 입거나 보호크림(barrier cream)을 발라주면 섬유나 다른 미립자가 피부에 접촉되는 것을 방지할 수 있다. 보통 눈의 화학적인 손상은 회복될 수 없기 때문에 수지나 용제로 작업할 때는 통기구멍이 없는 누설방지 고글

(goggle)을 착용하여 눈을 보호해야 한다.

### 5.2.4.3 섬유강화 재료(Fiber Reinforced Materials)

강화플라스틱(reinforced plastic)에서 강화재의 역할은 최상의 강도를 마련해 주는 것이다. 섬유강화재의 세 가지 주요 형태는 미립자(particle), 휘스커(whisker), 그리고 섬유(fiber)이다.

미립자는 재료의 정방형 조각이다. 유리 기포(Q-cell)는 속이 빈 유리구이고, 그들의 치수는 모든 방향에 대하여 동일하기 때문에, 미립자라고 부른다.

휘스커는 폭이 더 긴 재료의 조각이다. 휘스커(whisker)은 보통 단결정(single crystal) 이다. 그들은 매우 강하고 강화 세라믹이나 강화 금속에 사용한다.

섬유는 폭보다 길이가 긴 한 가닥의 필라멘트(filament)이다. 섬유는 거의 모든 재료로 만들 수 있으며, 휘스커과 같은 결정체는 아니다. 섬유는 대부분 복합재료의 기본 재료이다. 섬유는 가장 가는 인간의 머리카락보다 더 가늘며, 보통 직물과 같은 재료로 만든다.

강화재로는 유리섬유(Glass Cloth), 탄소섬유(Carbon/Graphite), 아라미드(Aramid) 및 보론(Boron)섬유 등이 사용되고, 모재에는 열경화성(Thermoset) 수지(Resin), 열가소성(Thermoplastic) 수지(Resin), 금속(Metallic), 세라믹(Ceramic) 등이 사용된다. 근래에 와서 항공기 연료비 절감과 성능 향상을 위해 기체구조물의 높은 강도와 경량화가 요구됨에 따라 금속재료보다 가볍고 강도가 높은, 여러 종류의 새로운 복합재료들이 개발되고 있다.

### 5.2.4.4 박판 구조(Laminated Structures)

복합재료를 만들 때는 재료의 중심 코어가 있을 수도 있고 없을 수도 있다. 중심 코어가 있는 박판 구조(laminated structure)를 샌드위치구조(sandwich structure)라고 부른다. 박판 구조는 강하고 딱딱하지만 무겁다. 샌드위치 구조는 같은 강도라도 무게는 훨씬 가볍다. 항공용 제품으로서 무게가 가볍다는 것은 매우 중요하다.

박판의 코어는 거의 모든 재질로 만들 수 있으며, 그에 대한 결정은 보통 용도, 강도 그리고 적용하고자 하는 제조 방법에 따른다. 박판 구조에 대한 코어의 종류는 단단한 폼(foam), 목재, 금속, 또는 항공우주산업에서 많이 사용되는 종이, 노멕스(Nomex), 탄소, 유리섬유 또는 금속으로 만든 허니콤(Honeycomb) 등을 포함한다. 그림 5-7에는 일반적인 샌드위치구조를 보여준다. 강도를 확실히 하기 위해서, 박판구조를 제작 또는 수리할 때 적합한 기술이 뒷받침되어야 함은 대단히 중요하다. 샌드위치 어셈블리(sandwich assembly)는 고밀도 박판이나 단단한 면으로 된 앞판과 뒤판으로 구성되고 중심에는 코어를 삽입하여 제작한다. 앞판과 뒤판에 대한 재료의 선정은 부품의 용도에 따라 설계엔지니어(design engineer)가 결정한다. 특정한 항공기에 적용할 때 시험과 수리절차에 관련한 제작사 정비매뉴얼 특별사용법설명서(manufacturer's maintenance manual specific instruction)의 지침을 따라야 한다.

### 5.2.4.5 강화 플라스틱(Reinforced Plastic)

강화 플라스틱은 레이돔(Radome), 안테나 덮개(Antenna Cover), 날개 끝(wing tip) 등의 제작, 전기장치와 연료 셀(fuel cell), 다양한 부분품에 대한 절연물(insulation)로 사용되는 열경화성 재료이다. 그것은 우수한 절연 특성을 갖고 있어 레이돔을 만드는 데

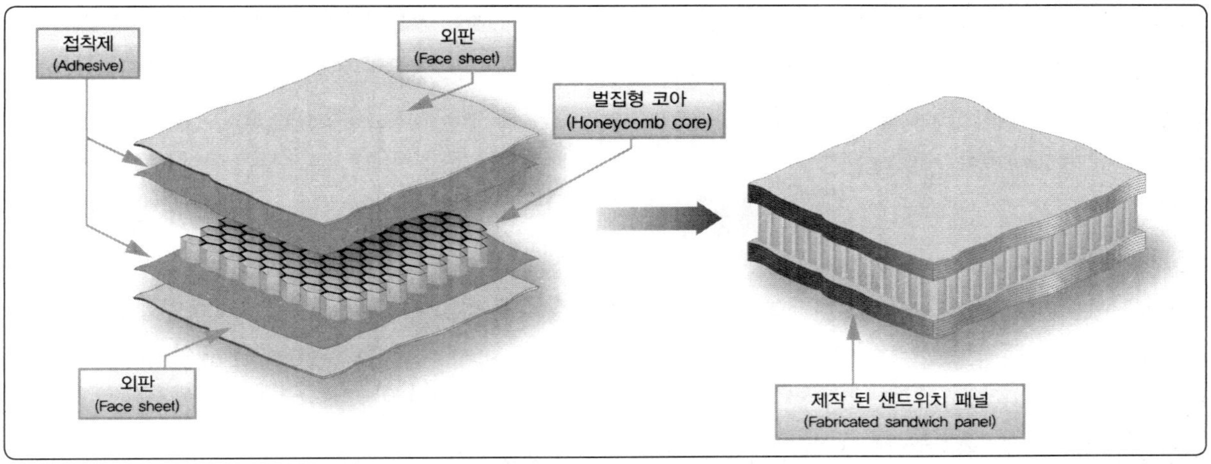


[그림 5-7] 샌드위치 구조(Sandwich structure)

이상적이며, 또한 강도대 무게비가 크고, 곰팡이, 녹, 부식에 대한 저항력과 제작의 용이성 때문에 항공기의 다른 부분에도 널리 사용한다.

항공기에 사용되는 강화 플라스틱 구성품은 고형판(Solid Laminate)으로 된 것과 샌드위치형판(Sandwich-type Laminate)으로 구성된 것이 있다. 유리섬유직물에 주입되는 수지는 경화하는 동안에 거의 압력을 필요로 하지 않는 접착 · 압력방식이다. 이런 수지는 물과 비슷한 농도에서 끈끈한 시럽정도의 점도를 유지하는 액체 상태로 제조된다. 경화나 중화 작용은 보통 과산화벤졸(benzoyl peroxide)을 촉매(catalyst)로 해서 반응이 일어난다.

고형판은 고형 판재 또는 주형(molded) 모양을 형성하기 위해, 수지를 침투시킨 습식 박판(wet laminated)을 3겹 이상 적층하여 조립한다.

샌드위치형판은 내부에 있는 유리섬유로 만든 벌집형(Honeycomb-type) 코어나 거품형(Foam-type) 코어를 두 장 혹은 그 이상의 판형이나 주형으로 둘러싸고 있다. 벌집형 코어는 폴리에스테르(Polyester) 또는 나일론(Nylon)과 페놀수지(phenolic resin)의 혼합물을 침투시킨 유리섬유 천으로 만든다. 벌집형 코어의 기본 밀도와 셀(Cell)의 크기는 다양하다. 벌집형 코어는 틀에서 제조한 후 기계톱으로 원하는 크기만큼 잘라서 사용한다.

거품형 코어는 알키드수지(alkyd resin)와 메타톨루엔(meta-toluene) 디-이소시안 에스테르(Di-isocyanate)의 혼합물로 만들어진다. 거품형 코어로 채워진 샌드위치형 유리섬유 제품은 주형 면과 코어 재료의 전체 두께를 매우 정밀한 공차로 제작한다. 이러한 정밀도를 얻기 위해, 수지(거품형 코어)를 정밀한 공차로 제작한 주형틀에 주입시킨다. 수지는 즉시 거품을 일으키며 흘러들어가 주형 공간을 채우고 외판과 코어를 결합시킨다.

### 5.2.5 고무(Rubber)

고무는 먼지나 습기 혹은 공기가 들어오는 것을 방지하고 액체, 가스 혹은 공기의 손실을 방지할 목적으로 사용된다. 또한, 진동을 흡수하고, 잡음을 감소시키며 충격 하중을 감소시키는 데도 사용된다.

고무라는 용어는 금속이라는 용어와 같이 포괄적인 의미를 가진다. 그러나 여기서의 고무는 천연고무뿐만 아니라 합성고무(synthetic rubber), 또는 실리콘고무(silicone rubber)까지 포함한다.

### 5.2.5.1 천연고무(Natural Rubber)

천연고무는 합성고무 또는 실리콘고무보다 더 좋은 가공성과 물리적 성질을 갖는다. 이들 성질은 신축성, 탄성, 인장강도, 전단강도, 유연성으로 인한 저온 가공성 등을 포함한다. 천연고무는 용도가 다양한 제품이다. 그러나 쉽게 변질되고 모든 영향에 대하여 저항성이 부족하기 때문에 항공용으로는 부적합하다. 비록 우수한 밀폐능력을 가지지만, 모든 항공기 연료나 나프타(naphtha) 등과 같은 용제에 의해 부풀거나 유연해지는 단점이 있다. 천연고무는 합성고무보다 훨씬 잘 변질된다. 이 고무는 물-메탄올 계통(water-Methanol System)에서의 밀봉재(sealing material)로 사용하고 있다.

### 5.2.5.2 합성고무(Synthetic Rubber)

합성고무는 여러 종류로 만들어지고 있으며, 각각 요구되는 성질을 부여하기 위하여 여러 가지 재료를 합성해서 만든다. 가장 널리 사용되는 것으로는 부틸(Butyl), 부나(Buna), 네오프렌(neoprene) 등이 있다.

부틸(Butyl)은 가스 침투에 높은 저항력을 갖는 탄화수소 고무이다. 이 고무는 또한 노화에 대한 저항성도 있지만 물리적인 특성은 천연고무보다 상당히 적다. 부틸은 산소, 식물성 기름, 동물성지방, 염기성(Alkali), 오존 및 풍화작용에 견딜 수 있다. 부틸은 천연고무와 마찬가지로 석유나 콜타르 용제(coal tar solvent)에 부풀어 오르며, 습기 흡입성은 낮으나 고온과 저온에는 좋은 저항력을 가지고 있다. 등급에 따라 −65°F에서 300°F의 온도 범위에서 사용이 가능하다. 부틸은 에스테르 유압유(Skydrol), 실리콘 유체, 가스 케톤(Ketone), 아세톤 등과 같은 곳에 사용한다.

부나(Buna)−S는 처리나 성능특성에 있어서 천연고무와 비슷하다. 부나−S는 천연고무와 같이 방수 특성을 가지며, 어느 정도 우수한 시효특성을 가지고 있다. 열에 대한 저항성은 강하나 유연성은 부족하다. 부나−S는 일반적으로 가솔린, 오일(oil), 농축된 산(Acid), 솔벤트 등에는 취약한 저항성을 갖는다. 부나−S는 천연고무의 대용품으로 타이어나 튜브에 일반적으로 사용한다.

부나−N은 탄화수소나 다른 솔벤트에 대한 저항력은 우수하지만 낮은 온도의 솔벤트에는 저항력이 약하다. 부나−N 합성고무는 300°F 이상의 온도에서 좋은 저항성을 가지고 있으며 −75°F까지 온도에 적용되는 저온용도 있다.

부나−N은 균열이나 태양광, 오존에 대해 좋은 저항성을 가지고 있다. 또한, 금속과 접촉해서 사용될 때 내마모성과 절단특성이 우수하다. 유압피스톤(hydraulic piston)의 밀폐시일(seal)로 사용될 때에도 실린더 벽(cylinder wall)에 고착되지 않는다. 부나−N은 오일호스나 가솔린 호스, 탱크내벽(tank Lining), 개스킷(gasket) 및 실(Seal)에 사용된다.

네오프렌(neoprene, 합성고무의 일종)은 천연고무보다 더 거칠게 취급할 수 있고 더 우수한 저온 특성을 가지고 있다. 또한, 오존, 햇빛, 시효에 대한 특별한 저항성을 가지고 있다. 네오프렌은 고무처럼 보이고 그렇게 느껴진다. 그러나 네오프렌은 부틸이나 부나보다 몇 가지 특성에서 고무와 같은 특성이 좀 부족하다. 인장강도, 신장력 등과 같은 네오프렌의 물리적 특성은 천연고무와 같지 않고 한정된 범위에서만 유사성을 가진다. 마모저항과 마찬가지로 균열저항도 천연고무보다는 조금 부족하다. 비록 변형에 대한 회복은 완전하게 이루어지나 천연고무처럼 신속하지 못하다.

네오프렌은 오일(oil)에 대해 우수한 저항성을 갖는다. 비록 비방향족 가솔린 계통(nonaromatic gasoline system)에는 좋은 재료이지만 방향족 가솔린 계통(aromatic gasoline system)에는 저항력이 약하다. 네오프렌은 주로 기밀용 실, 창문틀(Window Channel), 완충패드(Bumper Pad), 오일 호스, 카브레타 다이아프램(Carburetor Diaphragm)에 주로 사용한다. 이것은 또한 프레온(Freons)이나 규산염 에스테르(silicate ester)윤활제와 함께 사용하기도 한다.

다황화고무(poly-sulfide rubber)로도 알려진 티오콜(thiokol)은 노화에 가장 높은 저항력을 갖지만, 그러나 물리적 성질에 있어서는 최하위를 차지한다. 일반적으로 티오콜은 석유(petroleum), 탄화수소(Hydrocarbon), 에스테르(Ester), 알코올(alcohol), 가솔린, 또는 물에 대하여 심각한 영향을 받지 않는다. 티오콜은 압축 방향, 인장강도, 탄성, 그리고 인열마멸저항과 같은 그런 물리적 성질에서 하위등급을 차지한다. 티오콜은 오일호스(oil hose), 방향족 항공기용 가솔린(AV-Gas)을 위한 탱크 내벽(Tank Lining), 개스킷, 그리고 시일(seal) 등에 사용한다.

실리콘고무(silicone rubber)는 규소(Silicon), 수소, 그리고 탄소로 만들어진 플라스틱 고무 재질에 속한다. 실리콘 고무는 우수한 열안정성과 저온에서의 유연성을 갖는다. 이 고무는 개스킷, 시일(seal) 또는 600℉까지의 고온이 작용하는 곳에 사용하기 적합하다. 실리콘고무는 또한 -150℉에 이르는 저온에 대한 저항력을 갖는다. 실리콘고무는 이 온도범위에 걸쳐 경화되거나 점착(gumminess)되지 않으며, 유연성과 유용성이 유지된다. 비록 이 재료가 오일에는 우수한 저항력을 갖지만, 방향족 가솔린이나 비방향족 가솔린에는 좋지 못한 반응을 보인다.

가장 잘 알려진 실리콘고무 중 한 가지인 실라스틱(Silastic)은 전기계통과 전자 장비 의 절연에 사용된다. 폭넓은 온도범위에 걸쳐 유연하고 잔금이 생기지 않기 때문에 절연특성이 우수하다. 또한, 실라스틱(Silastic)은 특정 오일계통의 개스킷이나 시일(seal)로 사용하기도 한다.

### 5.3 완충 코드(Shock Absorber Cord)

완충 코드(shock absorber cord)는 천연고무 가닥을 산화와 마모에 잘 견디도록 처리한 무명실로 짠 외피를 씌워서 만든다. 고무줄 다발을 원래 길이의 약 3배 정도 늘리고, 이 고무줄에 무명실로 짠 외피를 직조해 넣으면, 큰 장력과 신장을 얻을 수 있다.

탄성식(elastic) 완충 코드는 두 가지 종류가 있는데, 제1형은 직선코드(straight cord)이고, 제2형은 "번지(Bungee)"라고 알려진 연결고리형태이다. 제2형 코드의 장점은 쉽고 신속하게 교환할 수 있으며, 신장이나 꼬임에 대한 안정성이 크다는 것이다. 완충 코드는 표준 지름이 1/4에서 13/16인치까지 이용된다.

코드의 전체 길이에 걸쳐 세 가지색으로 채색된 가는 무명실을 외피에 꼬아 넣었다. 이가는 실들 중 2개는 같은 색상이며 제작년도를 표시한다. 다른 색상인 세 번째 가는 실은 코드가 제작된 시기를 1/4년 단위로 구분하여 표시한다. 코드 표시는 5년을 단위로 구분하고 그 기간이 지나면 처음부터 다시 반복한다. 표 5-8에는 연도별 색상구분을 나타냈다.

## 5.4 시일(Seals)

시일(Seal)은 그것이 사용되는 계통에서 공기, 오물(dirt) 등과 같은 유체의 흐름을 차단하거나, 누설을 방지하기 위해 사용한다. 항공기 시스템에서 유압과 공압의 사용빈도 증가로 인해 패킹(packing)과 개스킷(gasket)의 필요성도 증가하였고, 해당하는 운영속도와 온도에 알맞게 여러 가지 모양으로 설계된다. 같은 형상이나 종류의 시일(Seal)로 모든 장치를 만족시

[표 5-8] 완충코드(Shock absorber cord)의 연도별 색 표시

| Year | Threads | Color |
|---|---|---|
| 2000 | 2 | Black |
| 2001 | 2 | Green |
| 2002 | 2 | Red |
| 2003 | 2 | Blue |
| 2004 | 2 | Yellow |
| 2005 | 2 | Black |
| 2006 | 2 | Green |
| 2007 | 2 | Red |
| 2008 | 2 | Blue |
| 2009 | 2 | Yellow |
| 2010 | 2 | Black |

| Quarter Marking | | |
|---|---|---|
| Quarter | Threads | Color |
| January, February, March | 1 | Red |
| April, May, June | 1 | Blue |
| July, August, September | 1 | Green |
| October, November, December | 1 | Yellow |

킬 수는 없다. 이에 대한 몇 가지 이유로는 (1)시스템의 작동 압력 (2)시스템에 사용되는 유체 종류 (3)인접한 부품 사이에 있는 금속의 거친 정도와 유격, 그리고 (4)회전운동 또는 왕복운동과 같은 운동형태 등이다. 시일(Seal)은 세 가지 종류인 패킹, 개스킷, 와이퍼(Wiper)로 분류한다.

### 5.4.1 패킹(Packings)

그림 5-8에 나타난 것과 같이, 패킹(packing)은 합성고무나 천연고무로 만들어진다. 패킹은 보통 "작동실(seal)"로써 작동실린더(actuating cylinder), 펌프(pump), 선택밸브(selector valve) 등과 같이 움직이고 있는 부분의 기밀을 위해 사용된다. 패킹은 특수목적을 위해 설계한 O-링(ring), V-링, 그리고 U-링 형태로 만든다.

#### 5.4.1.1 O-링 패킹(O-ring Packing)

O-링 패킹은 내부와 외부누설을 방지하기 위해 사용한다. 이 형태의 링을 가장 일반적으로 사용하고 있으며, 양쪽 방향 모두에 대한 기밀작용이 효과적이다. 1,500psi이상의 압력으로 작동하는 장비에서, O-링이 밀려 나오는 것을 방지하기 위해 백업 링(backup ring)을 함께 사용된다. 작동실린더에서 O-링 양쪽에서 압력의 영향을 받을 때는 O-링의 양쪽에 각각 1개씩의 백업 링을 사용한다. 일반적으로 O-링의 한쪽에서만 압력이 작용할 때는 하나의 백업 링을 사용한다. 이런 경우, 백업 링의 위치는 항상 압력이 작용하는 O-링의 뒤쪽에 배치해야 한다.

O-링의 재질은 작동조건, 온도, 그리고 유체의 종류 등을 고려해서 여러 가지로 제작한다. 움직이지

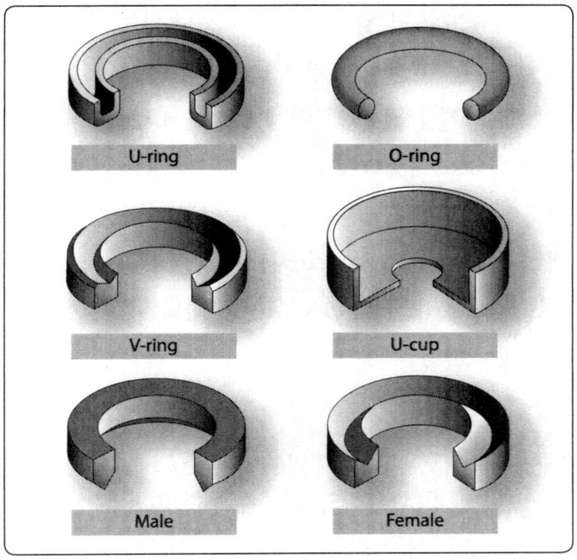


[그림 5-8] 링 패킹(Packing rings)

않는 정적인 실(seal)로 설계된 O-링을 유압피스톤(hydraulic piston)과 같이 움직이는 부분에 사용하게 되면 그 역할을 다하지 못한다. 대부분의 O-링은 외형이나 구조에 있어 비슷하게 보이지만, 특성은 매우 다르다. 만약 O-링이 작동유체와 작동온도에 적합한 것이 아니라면 사용해서는 안 된다.

항공기 설계가 발전함에 따라 변화되는 작동조건에 부합하는 새로운 O-링의 개발이 필요해졌다. MIL-H-5606을 사용하는 유압계통의 O-링은 원래 -65℉에서 +160℉까지의 온도범위에서 설계규격번호가 AN6227, AN6230, 그리고 AN6290인 것을 사용하였다. 새로운 설계에서 작동온도가 275℉까지 요구됨에 따라, 많은 합성수지를 개발해서 완성하였다. 최근에는, 고온 성능의 손실 없이 저온성능을 향상시킨 MS28775 계열의 재질도 개발하였다. 이 계열은 MIL-H-5606 유압계통에서 온도가 -65℉에서 275℉까지 변하는 곳에 표준으로 사용하고 있다.

제작사는 일부 O-링에 색표시(color coding)를 하지만, 이것만으로는 완벽한 식별이 불가능하다. 색표시로는 크기를 나타내지 못하지만, 계통에 사용되는 유체에 대한 적합성을, 그리고 어떤 경우는 제작사를 표시하기도 한다. MIL-H-5606 유체에 적합한 O-링의 색표시는 푸른색이지만, 적색이나 다른 색으로 표시할 수도 있다. 스카이드롤(Skydrol®) 유체에 적합한 패킹과 개스킷에는 항상 녹색줄무늬로 표시하도록 하고 있지만, 색표시 방법으로 청색, 적색, 녹색 또는 노란색 점을 찍어 표시하기도 한다. 탄화수소 유체에 적합한 O-링의 색표시는 항상 적색이며, 절대 청색으로 표시해서는 안 된다. 링의 주위에 둘러서 그려진 색띠는 O-링이 속이 비어 있는 개스킷이란 것을 의미한다. 이 색띠의 색상은 유체에 대한 적합성을 나타내는데, 연료에는 적색, 유압유에 청색이 적용된다.

일부 링에서는 표시가 영구적인 것이 아닐 수 있으며, 제작 상 어려움 또는 작동에 대한 간섭으로 인하여 생략되기도 한다. 더구나 색표시 방법으로는 O-링의 사용수명이나 사용온도 한계를 입증하기 위한 수단이 마련되어 있지 않다. 색표시의 어려움 때문에, O-링은 밀봉한 봉투에 개별로 넣은 다음 관련된 모든 자료를 라벨(label)로 해서 붙인다. 장착을 위해 O-링을 선택할 때, 밀봉한 봉투에 쓰인 부품번호를 보면 대부분 식별할 수 있도록 되어 있다.

처음 겉보기에는 O-링이 완전한 것처럼 보일 수 있지만, 표면에 약간의 흠집이 존재할 수 있다. 가끔 이런 흠집이 항공기 계통의 다양한 작동압력 하에서 O-링의 기능을 만족스럽게 발휘하지 못하도록 방해한다. 그러므로 O-링은 그 성능에 영향을 줄 수 있는 흠집이 있을 경우에는 제거하여야 한다. 그런 흠집을 발견하기란 매우 어렵기 때문에 항공기제작사에서는 O-링을 장착하기 전에 적당한 불빛 아래에서 ×4배율 정도의 확대경을 사용해서 검사할 것을 권장하고 있다.

검사용 콘(Cone)이나 다우엘(Dowel)에 링을 끼우고 회전시키면서 안지름 부분에 균열이 있는지 여부를 검사한다. 또한, 누설이나 O-링의 수명을 단축시키는 원인이 될 수 있는 작은 흠집, 외부 이물질의 유무 등 다른 어떤 이상에 대하여 점검한다. 링을 뒤집어 비틀어 보면 링이 약간 늘어남으로 인해 드러나지 않았던 작은 흠집을 발견하는 데 도움이 될 것이다.

### 5.4.1.2 백업 링(Backup Rings)

백업 링(MS28782)은 시간이 지나도 노화되지 않는 테프론(Teflon™)으로 만든다. 어떤 계통 유체나 증기에도 영향을 받지 않으며, 고압의 유압계통에 나타나는 높은 온도에 대해서도 잘 견딜 수 있다. 백업 링의 대시번호는 그 크기뿐만 아니라 치수 상으로 적합한 O-링의 대시번호와 직접적인 관계를 나타낸다. 백업 링은 기본 부품 번호의 숫자로 찾을 수 있지만 그것이 적용되는 O-링을 지원하기 위해 적합한 치수인 경우 상호교환이 가능하다. 즉, 테프론 백업 링은 사용할 부분에 치수만 맞는다면 다른 테프론 백업 링으로 교환이 가능하다. 백업 링에는 색표시나 다른 표식이 되어 있지 않으며 포장에 있는 표시로 식별할 수 있다.

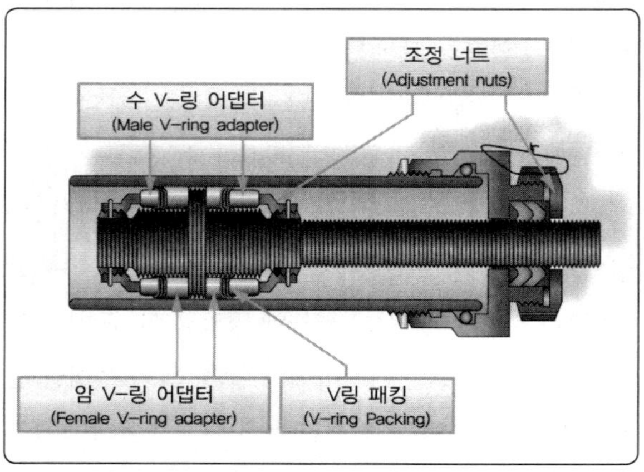


[그림 5-9] V링의 장착(V-ring installation)

백업 링의 검사는 표면이 불규칙한 곳은 없는지, 모서리 윤곽이 깨끗하게 잘려서 예리한 상태인지, 이음부분이 평행한지 등을 확인해야 한다. 나선형 테프론 백업 링(spiral backup ring)을 검사할 때는 자유로운 상태에서 코일의 1/4인치 이상 분리되지 않았는가를 확인해야 한다.

### 5.4.1.3 V-링 패킹(V-ring Packing)

V형 링 패킹(AN6225)은 한쪽 방향 밀폐용 실(seal)이며 항상 압력작용 방향을 향해서 "V"의 벌어진 부분이 향하도록 장착해야 한다. V형 링 패킹을 장착한 후 적당한 위치에 자리 잡아주는 한 쌍의 어댑터(adapter)가 있어야 한다. 또한, 해당 부품의 실 리테이너(seal retainer)에 제작자가 제시한 규정 값으로 토크(torque)작업하는 것이 필요하다. 그렇지 않으면 시일은 만족스러운 역할을 못하게 된다. V-링을 장착한 상태는 그림 5-9에서 볼 수 있다.

### 5.4.1.4 U-링 패킹(U-ring Packing)

U-링 패킹(AN6226)과 U-캡 패킹은 브레이크 장치(brake assembly)와 브레이크마스터실린더(brake master cylinder)에 사용된다. U-링과 U-캡은 오직 작용하는 압력에 대하여 한쪽 방향만을 밀폐시키며, 그렇기 때문에 패킹의 열린 부분이 압력이 작용하는 방향으로 향하도록 장착해야 한다. U-링은 원래 1,000psi이하의 압력에 사용되는 저압용 패킹이다.

### 5.4.2 개스킷(Gaskets)

개스킷은 고정된 또는 움직이지 않는 2개의 납작한 부품 사이를 밀폐시키기 위하여 사용된다. 개스킷 재질은 일반적으로 석면(asbestos), 구리(copper), 코르크(cork), 고무(rubber) 등이다. 판형태의 석면 개스킷은 내열성을 필요로 하는 곳이면 어디든지 사용할 수 있으며, 배기계통의 개스킷으로 광범위하게 사용하고 있다. 대부분 배기계통 석면 개스킷(asbestos exhaust gasket)은 수명을 연장시키기 위해 얇은 판에 구리테두리를 입힌다.

점화플러그 개스킷으로는 연소실의 밀폐를 위해 약간 연질인 구리와셔를 사용하고 있다. 코르크개스킷은 엔진 크랭크케이스(crankcase)와 액세서리(보기품, accessory) 사이의 오일 실(seal)로 사용하고 있으며, 개스킷이 굴곡표면이나 울퉁불퉁하게 생긴 불규칙한 공간을 메꿔서 밀폐시켜야 하는 곳에 사용한다.

고무판 형태의 개스킷은 압축성 개스킷이 필요한 곳에 사용한다. 가솔린이나 오일이 접촉하는 부분에서 고무가 이 물질들과 접촉하면, 아주 빠르게 변질될 수 있기 때문에, 고무 개스킷을 사용해서는 안 된다. 개스킷은 작동실린더, 밸브(valve), 기타 구성부품 끝 덮개부분의 유체밀폐용으로도 사용한다. 이런 목적으로 사용하는 개스킷은 대체로 O-링 패킹과 비슷한 모양을 가지고 있다.

### 5.4.3 와이퍼(Wipers)

와이퍼는 피스톤 축(piston shaft)의 노출된 부분을 청소하거나 윤활유를 바르기 위해 사용한다. 그들은 계통으로 들어가려는 이물질을 막아주고 긁힘을 방지함으로써 피스톤 축을 보호한다.

와이퍼의 재질은 금속이나 펠트(felt)이다. 때로는 그것을 함께 사용하는데, 이때는 펠트와이퍼(felt wiper)를 금속와이퍼 뒤쪽에 장착한다.

### 5.4.4 기밀용 실란트(Sealing Compounds)

모든 항공기는 여압을 위하여 공기 누설을 방지하고, 연료의 누설이나 가스의 유입을 막기 위해, 또는 기후를 차단시키고 부식을 방지하기 위하여 해당 부분을 밀폐시킨다. 대부분 실란트(밀폐제, sealant)는 최상의 결과를 얻기 위해 2가지 이상의 성분을 적절한 비율로 혼합하여 사용한다. 어떤 재료는 포장된 상태의 것을 그대로 사용하는 것도 있고, 다른 것은 사용하기 전에 적절히 혼합해야 하는 것도 있다.

#### 5.4.4.1 일액성 실란트(One-part Sealants)

일액성 실란트는 바로 사용할 수 있도록 제조사에서 조제하여 포장한 것이다. 그러나 이 화합물 중 일부는 특별한 방법으로 사용할 수 있도록 농도를 조절하기도 한다. 만약 희석이 요구된다면, 희석제(thinner)는 실란트 제조사에서 권고하는 것을 사용해야 한다.

#### 5.4.4.2 이액성 실란트(Two-part Sealants)

이액성 실란트는 기제(base compound)와 촉진제로 구분되며, 사용하기 전에는 경화되지 않도록 따로따로 포장한다. 이 실란트는 적절한 비율로 혼합하여 사용하며, 규정된 비율을 변경시키면 재료의 품질이 저하될 수 있다. 일반적으로 2액성 실란트는 기제와 촉진제의 무게비로 규정된 혼합비율에 맞춘다. 모든 실란트의 재료는 실란트 제조사의 권고에 따라 정확하게 무게를 측정해야 하는데, 보통 천칭저울을 이용하여 무게를 잰다.

실란트 재료의 무게를 측정하기 전에, 기제와 촉진제는 충분히 저어서 섞어줘야 한다. 건조되었거나, 덩어리 진, 또는 조각이 된 촉진제를 사용해서는 안 된다. 무게를 측정해서 포장한 실란트 키트 전체를 혼합하고자 할 때는 실란트와 촉진제의 무게를 다시 측정하지 않아도 된다.

기제 화합물과 촉진제의 적당한 양을 결정하고 난 다음에, 기제 화합물에 촉진제를 첨가해야 한다. 촉진제를 첨가한 후 즉시, 휘젓거나 아래위로 흔들어서 그 재료의 농도에 맞게 섞음으로써 2개 화합물이 충분히 섞이도록 해야 한다. 혼합물에 공기침투를 방지하기 위해 재료를 조심스럽게 섞어야 한다. 지나치게 과격하게 또는 오래 동안 섞는 것은 혼합물에 열을 발생시키고 혼합된 실란트의 정상적인 경화시간과 작업가능 시간을 단축시게 된다.

화합물이 잘 혼합되었는지 확인하기 위해, 평평한 금속 또는 유리판 위의 깨끗한 부분에 문질러서 검사한다. 만약 작은 부스러기나 덩어리가 발견된다면, 계속해서 혼합한다. 만약 작은 부스러기나 덩어리가 제거되지 않는다면, 그것은 버려야 한다.

혼합된 실란트의 작업가능 시간은 30분부터 4시간까지인데, 이것은 실란트의 종류에 따라 다르다. 그러므로 혼합된 실란트는 가능한 빨리 사용해야 하며, 그렇지 않으면 냉동고에 보관한다. 표 5-9에는 여러 가지 실란트에 대한 일반적인 정보를 소개하였다.

혼합된 실란트의 양생률(curing rate)은 온도와 습도에 따라 변한다. 실란트의 양생(curing)은 온도가 60℉ 이하일 때 가장 늦다. 대부분 실란트 양생을 위한 가장 이상적인 조건은 상대습도가 50%이고 온도는 77℉일 때이다.

양생은 온도를 증가시키면 촉진되지만, 그러나 양생하는 동안 언제라도 온도가 120℉을 초과해서는 안 된다. 열은 적외선램프나 가열한 공기를 이용해서 가한다. 만약 가열한 공기를 사용한다면, 공기로부터 습기와 불순물을 여과해서 적절히 제거시켜야 한다.

모든 작업준비가 끝날 때까지 어떠한 실란트 접합면에라도 열을 가해서는 안 된다. 접합면에 영구적이거나 임시로 부착하는 모든 구조물들은 실란트의 사용 제한시간 안에 결합시켜야 한다. 실란트는 점성이 없는 이형층으로 마무리 하고나서 경화시켜야 한다. 실란트 위에 셀로판지(Cellophane) 한 장을 덮어 마무리하면 달라붙지 않기 때문에 외형 필름을 쉽게 분리할 수 있다.

## 5.5 항공기 하드웨어(Aircraft Hardware)

항공기 하드웨어(hardware)는 항공기의 제작과 수리에 사용되는 여러 가지 종류의 고정용 기구와 기타 작은 부품을 포괄적으로 지칭해서 이르는 용어이다. 항공기 하드웨어의 중요성은 그 크기가 작기 때문에 가끔 경시하는 경향이 있지만, 그러나 항공기 하드웨어의 올바른 선택과 사용은 항공기의 안전과 효율적인 운영에 매우 큰 영향을 준다.

항공기를 비록 최고의 재료와 강한 부품으로 만들었더라도 만약 이 부품들이 서로가 단단하게 고정되지 않는다면 믿을 수 없게 된다. 금속부품들을 서로 결합하기 위해서 몇 가지 방법이 사용된다. 그것에는 리벳체결(riveting), 볼트체결(bolting), 납땜(brazing), 용접(welding) 등이 포함된다. 사용되는 방법은 결합될 부

[표 5-9] 실란트(sealant)에 대한 정보

| Sealant Base | Accelerator (Catalyst) | Mixing Ratio by Weight | Application Life (Work) | Storage (Shelf) Life After Mixing | Storage (Shelf) Life Unmixed | Temperature Range | Application and Limitations |
|---|---|---|---|---|---|---|---|
| EC-801 (black) MIL-S-7502A Class B-2 | EC-807 | 12 parts of EC-807 to 100 parts of EC-801 | 2–4 hours | 5 days at −20 °F after flash freeze at −65 °F | 6 months | −65 °F to 200 °F | Faying surfaces, fillet seals, and packing gaps |
| EC-800 (red) | None | Use as is | 8–12 hours | Not applicable | 6–9 months | −65 °F to 200 °F | Coating rivet |
| EC-612 P (pink) MIL-P-20628 | None | Use as is | Indefinite non-drying | Not applicable | 6–9 months | −40 °F to 200 °F | Packing voids up to ¼" |
| PR-1302HT (red) MIL-S-8784 | PR-1302HT-A | 10 parts of PR-1302HT-A to 100 parts of PR-1302HT | 2–4 hours | 5 days at −20 °F after flash freeze at −65 °F | 6 months | −65 °F to 200 °F | Sealing access door gaskets |
| PR-727 potting compound MIL-S-8516B | PR-727A | 12 parts of PR-727A to 100 parts of PR-727 | 1½ hours minimum | 5 days at −20 °F after flash freeze at −65 °F | 6 months | −65 °F to 200 °F | Potting electrical connections and bulkhead seals |
| HT-3 (grey-green) | None | Use as is | Solvent release, sets up in 2–4 hours | Not applicable | 6–9 months | −60 °F to 200 °F | Sealing hot air ducts passing through bulkheads |
| EC-776 (clear amber) MIL-S-4383B | None | Use as is | 8–12 hours | Not applicable | Indefinite in airtight containers | −65 °F to 200 °F | Top coating |

품만큼 충분히 강한 결합을 만들어낼 수 있어야 한다.

### 5.5.1 개요(Identification)

항공기 하드웨어의 대부분은 그것의 규격번호나 상품명에 의해서 식별한다. 나사식 파스너(threaded fastener)와 리벳은 보통 AN규격, NAS규격, 또는 MS규격 번호에 의해서 식별한다. 신속분리파스너(quick-release fastener)는 보통 제조회사의 상품명과 지정크기기에 따라 식별한다.

### 5.5.2 나사식 체결부품(Threaded Fasteners)

여러 종류의 나사식 체결 부품들이 항공기 부품을 빈번하고 신속하게 분해, 조립, 교환이 가능하도록 해준다. 만약 정비할 때마다 이 부품들을 리벳체결이나 용접접합 한다면 그 연결부위는 약해지거나 파손될 것이다. 또한, 어떤 결합부분에서는 리벳보다 더 큰 인장강도와 강성이 필요하기도 한다. 볼트와 스크루는 결합에 요구되는 안전성과 강성을 줄 수 있는 체결장치의 대표적인 종류이다. 일반적으로, 볼트는 큰 강도가 요구되는 곳에 사용하고, 스크루는 강도가 그다지 중요시 취급되지 않는 곳에 사용한다. 볼트와 스크루는 여러 가지 측면에서 비슷하다. 그것은 모두 체결을 위해 사용하며, 한쪽 끝에는 머리를 가지고 있으며 다른 쪽 끝에는 나사산(screw thread)을 가지고 있다. 이와 같이 비슷한 점도 있는 반면에 몇 가지 뚜렷한 차이점을 가지기도 한다. 볼트에 나사산이 난 끝단은 항상 뭉툭한 반면에 스크루의 끝은 뭉툭하거나 뾰족한 것도 있다.

보통 결합을 완성하기 위해서는 볼트의 나사산이 난 끝단 부분에 같은 부류의 나사산을 가진 너트를 체결한다. 스크루에 나사산이 나있는 끝은 암나사를 가진 리셉터클(receptacle)에 끼워지거나 접합할 재료에 직접 끼워지게 된다. 볼트는 짧은 나사산 부분과 비교적 긴 그립(나사산을 내지 않은 부분)을 갖는데 반하여, 스크루는 나사산을 낸 부분이 길고 명확한 그립의 경계가 정해지지 않은 것이 특징이다. 일반적으로 볼트 조립은 볼트에 너트를 끼워 넣고 돌려줌으로써 결합된다. 볼트를 회전시키기 위해 머리가 만들어져 있지만, 머리가 없는 것도 있다. 스크루는 항상 머리를 돌림으로써 조여진다.

항공기 체결부품을 교체해야 하는 경우, 가능하면 원래 사용했던 체결부품과 같은 것을 사용해야 한다. 만약 같은 규격의 체결부품이 없어서 대체품을 사용해야 한다면, 상당한 주의를 기울여서 대체품을 선택해야 한다.

#### 5.5.2.1 나사의 구분(Classification of Thread)

항공기용 볼트, 스크루, 너트 등은 NC(American National Coarse) 나사계열, NF(American National Fine) 나사계열, UNC(American Standard Unified Coarse) 나사계열, 또는 UNF(American Standard Unified Fine) 나사계열 등으로 나사산을 만든다. NF(미국 국가)계열과 UNF(미국 표준 통합)계열 사이에는 주목할 만한 한 가지 차이가 있다. 지름이 1인치인 경우, NF계열은 1인치 길이당 14개 나사산(1-14NF)을 가지고 있고, 반면에 UNF 계열은 1인치 길이당 12개 나사산(1-12 UNF)을 가지고 있다. 이들 계열의 나사는 주어진 지름의 볼트나 스크루의 1인치 길이당 나사산의 수로 표시한다. 예를 들어, 4-28 나사는 볼트 지름이 4/16인치이고 1인치당 28개의 나사산을 갖는다는 것을 의미한다.

나사는 끼워 맞춤의 등급으로도 구분한다. 나사의 등급은 제작과정에 적용되는 허용공차를 제한한다. 등급 1은 헐거운 끼워 맞춤(loose fit), 등급 2는 느슨한 끼워 맞춤(Free Fit), 등급 3은 중간 끼워 맞춤(medium fit), 그리고 등급 4는 밀착 끼워 맞춤(close fit)이다. 항공기용 볼트는 대개 등급 3인 중간 끼워 맞춤으로 제작한다.

너트(nut)를 볼트에 조립할 때, 등급 4는 너트를 돌리기 위해 렌치(Wrench)를 사용해야 하지만, 등급 1은 맨손으로도 쉽게 돌아간다. 일반적으로 항공기용 스크루는 조립이 용이하도록 등급 2인 나사산으로 제작한다. 볼트와 너트는 또한 오른 나사와 왼 나사로도 구분한다. 오른 나사는 시계방향으로 돌리면 조여지고, 왼 나사는 반시계방향으로 돌려야 조여진다.

#### 5.5.2.2 항공기용 볼트(Aircraft Bolts)

항공기용 볼트는 카드뮴도금(cadmium-plated)이나 아연도금(zinc-plated) 처리한 내식강, 도금하지 않은 내식강, 또는 양극산화(anodized) 처리한 알루미늄합금 등으로 제작한다. 항공기 구조부에 사용되는 대부분의 볼트는 일반용 AN 볼트, 또는 NAS 내부 렌치 볼트(Internal Wrenching bolt), 또는 정밀공차 볼트, MS 볼트 등이다. 어떤 경우 항공기제작사는 표준규격과 다른 치수 또는 더 큰 강도의 볼트를 만들기도 한다. 이런 볼트는 특수 목적을 위해 만들기 때문에, 이것을 교환할 때는 같은 볼트를 사용하도록 각별히 주의해야 한다. 특수 볼트는 보통 머리에 문자 "S"를 새겨 넣어 구분하고 있다.

그림 5-19에서 AN 볼트는 세 가지 머리모양을 가지는데 육각머리볼트, 클레비스볼트(clevis bolt), 그리고 아이볼트(eye bolt) 등이다. NAS 볼트는 육각머리, 내부 렌치 볼트, 접시머리 모양(countersunk head style) 등이 있다. MS 볼트는 육각머리와 내부 렌치 볼트로 되어 있다.

(1) 일반목적용 볼트(General-purpose Bolts)

항공용 육각머리 볼트(AN-3에서 AN-20까지)는 다목적 구조용 볼트로서 인장하중 또는 전단하중이 작용하는 일반적인 곳에 사용하며, 약간 느슨한 끼워 맞춤(5/8인치 구멍일 때 0.006인치이고 그 이상에서는 이에 비례해서 유격을 허용함)으로 결합된다.

No.10-32보다 작은 합금강볼트와 지름이 1/4인치 이하인 알루미늄합금볼트는 1차구조물에 사용해서는 안 된다. 알루미늄합금볼트와 너트는 정비와 검사 목적으로 자주 장탈 또는 장착하는 곳에는 사용하지 않는다. 알루미늄합금너트는 육상비행기에서 전단하중을 받는 카드뮴도금 강철볼트와 함께 사용하기도 하지만, 수상비행기에서는 이질금속간의 부식이 발생할 수 있기 때문에 함께 사용되지 않는다.

AN-73 머리에 구멍 뚫린 볼트는 표준육각볼트와 비슷하지만, 안전고정을 위한 안전결선용 구멍을 뚫기 위해 조금 더 두꺼운 머리로 되어 있다. 실제로 AN-3과 AN-73 계열 볼트는 인장강도와 전단강도 측면에서 보면, 상호 호환해서 사용할 수 있다.

(2) 정밀 공차 볼트(Close-tolerance Bolts)

이 종류의 볼트는 일반용 볼트보다 더 정밀하게 가공된다. 정밀공차볼트는 육각머리(AN-173에서 AN-186까지), 또는 100° 접시머리(NAS-80에서 NAS-86까지)로 되어 있다. 이 볼트는 단단히 끼워 맞춰야 하는 곳에 사용한다. 이 볼트는 12~14온스[ounce] 정도의 쇠망치로 쳐야 원하는 위치까지 집어넣을 수 있다.

(3) 내부 렌치 볼트(Internal-wrenching Bolts)

이 볼트(MS-20004에서 MS-20024까지, 또는 NAS-495)는 고강도강으로 만들며, 인장하중과 전단하중 모두가 작용하는 곳에 적합하다. 이 볼트를 강철부품에 사용할 때는, 볼트구멍 입구를 약간 접시모양으로 넓혀서 머리와 생크(shank) 사이의 완곡 된 부분이 안착될 수 있도록 해야 한다. 두랄루민(duralumin) 재질에서는 머리에 작용하는 하중을 분산시키고 부품을 보호하기 위해 열처리된 특수 와셔를 사용해야 한다. 내부 렌치 볼트의 머리는 볼트를 장탈 또는 장착하고자 할 때, 렌치를 결합시킬 수 있도록 적절한 홈이 파여 있다. 이 볼트에는 특수 고강도 너트가 사용된다. 내부렌치 볼트를 교환하고자 할 때는 같은 규격의 내부렌치 볼트로 해야만 한다. AN 표준육각머리볼트와 와셔로는 요구되는 강도를 충족시키지 못하기 때문에 대체하여 사용해서는 안 된다.

#### 5.5.2.3 볼트의 식별과 기호 (Identification and Coding)

볼트는 여러 가지 모양과 다양한 방법으로 제작하고 그 종류도 다양해서 명확하게 분류하는 것은 쉽지 않다. 일반적으로 볼트는 머리 모양, 안전고정 방법, 재질, 용도 등에 따라 분류한다.

AN-형식의 항공기용 볼트는 볼트머리에 있는 식별기호로 구별할 수 있다. 이 기호는 일반적으로 볼트 제조회사, 재질, 볼트가 AN-표준 형식의 볼트인지 또는

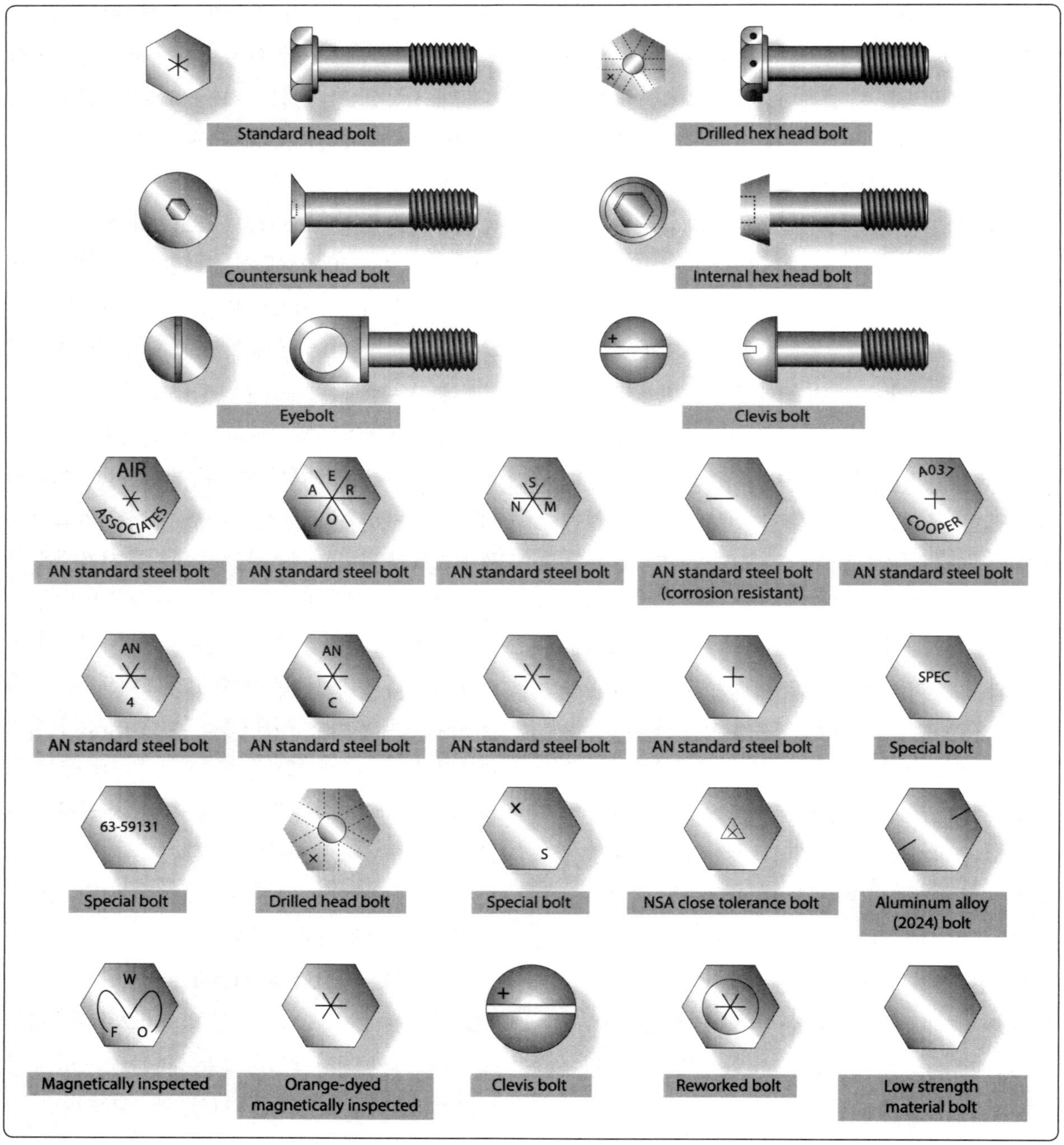


[그림 5-10] 항공기 볼트의 식별(Aircraft bolt identification)

특수용 볼트인지 등을 나타낸다. AN 표준 강철볼트는 돌출된(raised) "-" 또는 별표가 표시되고, 내식강은 단 하나의 돌출된 "-"로 나타낸다. AN 알루미늄합금 볼트는 2개의 돌출된 "-"로 표시한다. 볼트 지름, 볼트 길이, 그립 길이(Grip Length) 등은 볼트의 부품번호를 봐야만 알 수 있다.

예를 들어, 볼트 부품번호가 AN3DD5A라고 하면, "AN"은 미공군-해군(Air Force-Navy) 규격 표준 볼트라는 것을 의미하고, "3"은 지름(1/16 인치단위로 나눈 값), 즉 3/16 인치지름을 나타내며, "DD"는 재질이 2024 알루미늄합금임을 나타낸다. "DD" 대신에 문자 "C"를 쓰면 내식강임을 나타내고, 그리고 문자가 쓰여 있지 않으면 카드뮴도금 강철 볼트임을 의미한다. 숫자 "5"는 볼트 길이(1/8 인치단위로 나눈 값), 즉 5/8 인치길이임을 나타낸다. 그리고 "A"는 생크에 구멍을 뚫지 않았다는 것을 의미한다. 만약 문자 "H"가 "5" 앞쪽에 오고 뒤쪽에 "A"가 추가된다면, 볼트머리에 안전결선을 위해 구멍이 뚫려 있음을 의미한다.

NAS 정밀공차 볼트는 돌출되거나 움푹 들어간 삼각형을 머리에 표시한다. NAS 볼트에 대한 재질 기호는 돌출되거나 움푹 들어간 삼각형이 있는 것만 다를 뿐, AN 볼트와 같다. 자력검사나 형광침투검사를 받은 볼트는 채색을 하거나 특수한 기호를 머리에 표시한다.

#### 5.5.2.4 특수목적 볼트(Special-purpose Bolts)

특별한 목적을 위해 설계된 특수 목적용 볼트는 특수 볼트로 분류하며, 클레비스볼트(clevis bolt), 아이볼트(Eye-bolt), 조-볼트(jo-bolt), 고정 볼트(lock-bolt) 등이 이에 해당한다.

(1) 클레비스볼트(Clevis Bolt)

그림 5-11에 나타난 것과 같이, 클레비스볼트의 머리는 둥글고 일반적인 스크루드라이버(screwdriver) 또는 십자 스크루드라이버를 사용해서 풀거나 잠글 수 있도록 홈이 파져 있다. 이 종류의 볼트는 인장하중은 작용하지 않고 오직 전단하중만이 작용하는 곳에 사용된다. 이것은 종종 조종계통에서 기계적인 핀(Pin)처럼 사용하기도 한다.

Code Number AN24-14A

| | |
|---|---|
| 2 = | clevis bolt |
| 4 = | 4/16 inch diameter |
| 14 = | 14/16 inch long |
| A = | shank not drilled for cotter Pin |

(2) 아이볼트(Eye Bolt)

이 종류의 특수 볼트는 외부에서 인장하중이 작용하는 곳에 사용된다. 아이볼트의 머리에는 고리가 있어서 턴버클(Turnbuckle)의 클레비스(clevis), 케이블 샤클(shackle)과 같은 장치를 부착할 수 있도록 설계되었다. 나사산의 끝부분에 구멍이 뚫린 것은 안전고정(Safetying)을 위한 것이다.

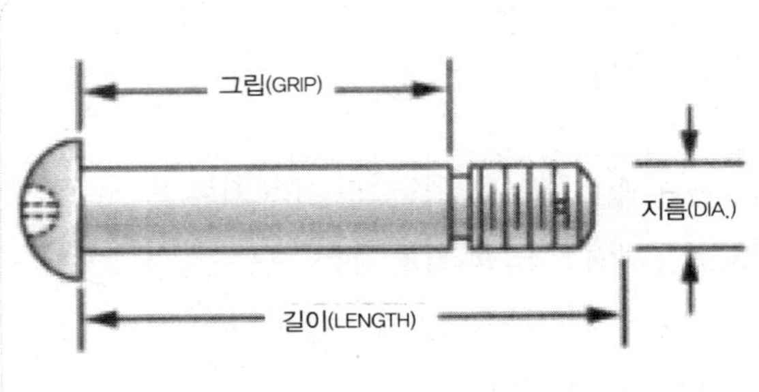


[그림 5-11] 클레비스 볼트(Clevis bolts)

(3) 조-볼트(Jo-bolt)

조-볼트(jo-bolt)는 상표명으로서 내부에 나사산이 있으며, 세 부분으로 구성된 리벳(rivet)의 일종이다. 조-볼트는 나사산을 낸 합금강볼트, 나사가 있는 강철너트, 그리고 확장되는 스테인리스강 슬리브(stainless steel sleeve) 세 부분으로 구성된다. 이 부품들은 제조사에서 조립하여 제작한다. 조-볼트를 장착할 때, 볼트와 맞물린 너트는 고정하고 볼트를 회전시킨다. 이렇게 하면 슬리브가 너트 끝부분 위로 확장되어 블라인드머리(blind head)를 형성하면서 부품이 고정된다. 점진적으로 볼트와 너트사이의 마찰저항이 증가하다가 임계하중에 도달하면 볼트의 끝부분이 절단되어 분리된다. 조-볼트는 높은 전단강도와 인장강도를 가지기 때문에 다른 블라인드 리벳을 사용할 수 없는 고응력 부분에 적합하다. 조-볼트는 현대 항공기 구조물을 영구적으로 고정하기 위해 사용하기도 하며, 교환 또는 수리를 자주 하지 않는 곳에 사용한다. 이것은 세 부분으로 구성된 체결부품이기 때문에, 부품이 풀려서 엔진 흡입구(engine Air Intake) 안으로 끌려 들어갈 수 있는 곳에 사용해서는 안 된다. 조-볼트를 사용하는 또 다른 이유는 진동에 탁월한 저항력이 있고, 무게가 가벼우며, 혼자서도 빠르게 장착할 수 있다는 장점이 있기 때문이다.

현재 사용되고 있는 조-볼트는 다음 4종류의 지름으로 분류한다.

- 200 계열(Series) : 약 3/16 인치 지름
- 260 계열 : 약 1/4 인치 지름
- 312 계열 : 약 5/16 인치 지름
- 375 계열 약 ⅜ 인치 지름

조-볼트의 머리모양은 F(flush), P(hex-head), 그리고 FA(flush millable) 등 3가지로 분류한다.

(4) 고정 볼트(Lock-bolts)

고정 볼트는 2개의 부품을 영구적으로 체결할 때 사용하며, 경량이고 표준 볼트에 준하는 강도를 가진다. 고정 볼트는 미군 규격(MS; Military Standard)에 따라 몇몇 회사에서 제작하고 있다. MS규격에서는 생크(shank)의 지름과 연계된 고정 볼트의 머리 크기, 재질에 대하여 명시하고 있다. 볼트-너트 체결과 비교해서 고정 볼트로 장착하는 것의 유일한 단점은 쉽게 제거할 수 없다는 것이다.

그림 5-12에 나타난 것과 같이, 고정 볼트는 고강도 볼트와 리벳의 특징을 결합시킨 것처럼 보이지만, 양

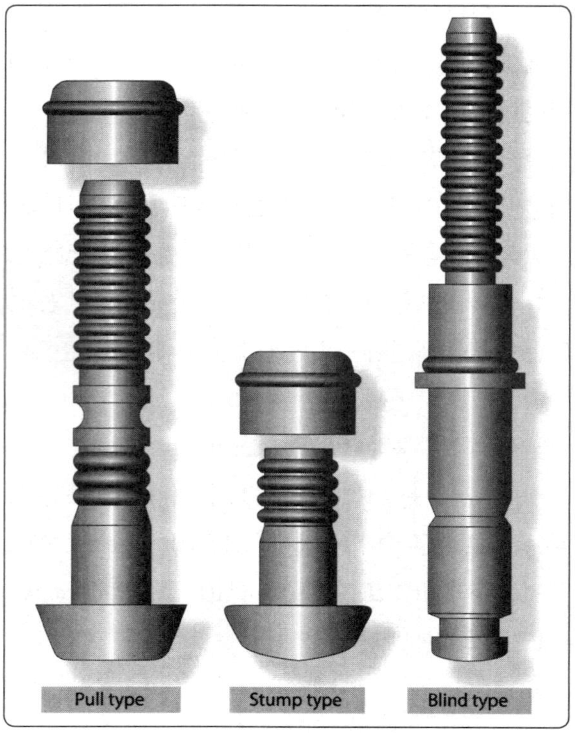


[그림 5-12] 고정볼트의 종류(Lock-bolt types)

쪽을 능가하는 장점을 가지고 있다. 고정 볼트는 일반적으로 날개 연결부(Wing-splice Fitting), 착륙장치(landing gear) 연결부, 연료 탱크(Fuel-cell), 동체의 세로대(longeron), 빔(Beam), 외피(Skin), 기타 주구조부의 접합에 사용된다. 그것은 전통적인 리벳(rivet)이나 볼트보다 더 쉽고 빠르게 장착할 수 있으며, 고정와셔(Lock-washer), 코터핀(cotter pin), 특수너트 등을 필요로 하지 않는다. 리벳과 같이, 고정 볼트를 장착하기 위해 에어 해머(pneumatic hammer) 또는 "풀건(Pull Gun)"이 필요하며, 한번 장착하면 제자리에 단단하게 영구적으로 고정된다. 고정 볼트는 보통 풀(Pull) 형, 스텀프(Stump) 형, 블라인드(Blind) 형으로 세 가지 종류가 사용된다.

① 풀 형(Pull-type)

풀(Pull) 형 고정 볼트는 항공기의 1차 구조부재(primary structure)와 2차 구조부재(second structure)에 주로 사용한다. 이 고정 볼트는 매우 신속하게 장착할 수 있고 동등한 AN 강철볼트-너트 무게의 약 50%정도밖에 안 된다. 이 종류의 고정 볼트는 특수한 공기압 "풀건(Pull Gun)"을 이용하여 장착한다. 장착과정에서 압착할 필요가 없기 때문에 혼자서도 완성할 수 있다.

② 스텀프 형(Stump-type)

스텀프 형 고정 볼트는 비록 잡아당기기 위해 홈이 파인 연장 스템(stem)은 없지만, 풀 형 고정 볼트에 짝을 이루는 체결부품이다. 이 종류는 풀 형 고정 볼트를 장착할 만큼의 여유 공간이 없는 곳에 사용한다. 핀 고정을 위한 홈 안으로 칼라(Collar)를 압착시키기 위한 장착작업을 위해 표준공기압 리벳 해머(Standard Pneumatic Riveting Hammer)와 버클링 바 세트(Buckling Bar Set)가 필요하다.

③ 블라인드 형(Blind-type)

블라인드(Blind) 형 고정 볼트는 완제품 또는 완전조립품으로 생산된다. 이것은 독특한 강도를 가지고 있으며, 결합하고자 하는 판을 밀착시키는 특성을 가지고 있다. 블라인드형 고정 볼트는 일반적으로 작업공간이 한쪽에서만 접근이 가능하기 때문에 전통적인 리벳 작업을 할 수 없는 곳에 사용한다. 이 종류의 고정 볼트는 풀(Pull)형 고정 볼트와 같은 방법으로 장착한다.

④ 공통 특징(Common Features)

3가지 종류의 고정 볼트의 공통적인 특징은 핀에 원주방향으로 고정 홈이 나있고 인장 또는 압축 하중을 가하여 고정 홈 안으로 고정 칼라(Collar)를 압착시켜서 핀을 고정시킨다는 점이다. 풀형과 블라인드(Blind)형 고정 볼트의 핀은 풀 공구를 장착할 수 있도록 길게 연장되어 있다. 연장된 핀 부분은 체결작업이 마무리되면 잡아당기는 인장력에 의해 절단되면서 분리된다.

⑤ 구성(Composition)

풀(Pull) 형과 스텀프(Stump) 형 고정 볼트의 핀은 열처리된 합금강 또는 고강도 알루미늄합금으로 되어 있다. 함께 사용되는 칼라는 알루미늄합금 또는 연강으로 만든다. 블라인드(Blind)형 고정 볼트는 열처리된 합금강 핀, 블라인드 슬리브(Blind Sleeve)와 필러 슬리브(Filler Sleev), 연강 칼라, 그리고 탄소강와셔로 구성된다.

⑥ 대체(Substitution)

합금강 고정 볼트는 강철 고전단 리벳, 강철 솔리드 생크리벳(solid shank rivet), 또는 같은 지름과 머리모양의 AN 볼트로 교체하여 사용할 수 있다. 알루미늄 합금 고정 볼트는 같은 지름과 머리모양의 솔리드생크알루미늄합금 리벳으로 교체하여 사용할 수 있다. 강과 알루미늄합금 고정 볼트는 또한 각각 같은 지름의 강과 2024T 알루미늄합금볼트로 교체하여 사용할 수 있다. 블라인드(Blind) 형 고정 볼트는 솔리드 생크 알루미늄합금 리벳, 스테인리스 강 리벳(stainless steel rivet), 또는 같은 지름의 모든 블라인드리벳(blind rivet)을 교체하여 사용할 수 있다.

⑦ 규격번호 표시 방법(Numbering System)

표 5-10에서는 여러 가지 종류의 고정 볼트 규격번호에 대하여 상세하게 설명하고 있다.

⑧ 그립 길이(Grip Range)

체결을 위해 요구되는 볼트 그립 범위(Grip Range)를 결정하기 위해, 먼저 구멍에 삽입하여 깊이를 측정하는 자(Scale)를 이용하여 체결하고자 하는 부품의 두께를 측정한다. 측정한 치수를 기준으로 리벳제조사에서 제시한 도표를 참조하여 정확한 그립 범위를 선택한다. 표 5-11과 표 5-12에서는 그립 범위 도표의 예를 보여준다.

장착했을 때, 고정 볼트 칼라는 칼라의 전체 길이가 모두가 완전히 압착되어야 한다. 표 5-13에 나타난 것과 같이, 칼라 상부에서부터 절단된 핀 끝까지의 거리에 대한 허용 오차는 다음 치수 이내에 있어야 한다.

고정 볼트를 제거하고자 할 때는, 예리한 금속용 정

[표 5-10] 고정볼트의 규격번호 표시 체계

**Pull-type lockbolt**

**ALPP H T 8 8**

| | |
|---|---|
| ALPP | **Head type**<br>ACT509 = close tolerance AN-509 C-sink head<br>ALPP = pan head<br>ALPB = brazier head<br>ALP509 = standard AN-509 C-sink head<br>ALP426 = standard AN-426 C-sink head |
| H | **Class fit**<br>H = hole filling (interference fit)<br>N = non-hole filling (clearance fit) |
| T | **Pin Materials**<br>E = 75S-T6 aluminum alloy<br>T = heat-treated alloy steel |
| 8 | Body diameter in 32nds of an inch |
| 8 | Grip length in 16ths of an inch |

**Blind-type lockbolt**

**BL 8 4**

| | |
|---|---|
| BL | Blind lockbolt |
| 8 | Diameter in 32nds of an inch |
| 4 | Grip length in 16ths of an inch, ± 1/32 inch |

**Lockbolt collar**

**LC C C**

| | |
|---|---|
| LC | Lockbolt collar |
| C | **Material**<br>C = 24ST aluminum alloy (green color). Use with heat-treated alloy lockbolts only.<br>F = 61ST aluminum alloy (plain color). Use with 75ST aluminum alloy lockbolts only.<br>R = mild steel (cadmium plated). Use with heat-treated alloy steel lockbolts for high temperature applications only. |
| C | Diameter of a pin in 32nds of an inch |

**Stump-type lockbolt**

**ALSF E 8 8**

| | |
|---|---|
| ALSF | **Head type**<br>ASCT509 = close tolerance AN-509 C-sink head<br>ALSF = flathead type<br>ALS509 = standard AN-509 C-sink head<br>ALS426 = standard AN-426 C-sink head |
| E | **Pin materials**<br>E = 75S-T6 aluminum alloy<br>T = heat-treated alloy steel |
| 8 | Body diameter in 32nds of an inch |
| 8 | Grip length in 16ths of an inch |

(cold chisel)을 이용하여 축 방향으로 칼라를 쪼갬(splitting)으로써 칼라를 제거한다. 구멍에 균열이 생기거나 변형되지 않도록 주의해야 하며, 쪼개는 칼라의 뒤쪽에 받침대를 대주는 것이 이를 방지할 수 있는 좋은 방법이다. 나머지 핀은 핀펀치(pin punch)를 사용해서 제거한다.

### 5.5.2.5 항공기용 너트(Aircraft Nuts)

항공기용 너트의 모양과 크기는 다양하다. 너트는 카드뮴도금 탄소강, 스테인리스강, 또는 양극산화 처리한 2024T 알루미늄합금 등으로 만들며, 왼 나사산 또는 오른 나사산으로 만들어진다. 너트에는 식별을 위한 표시나 문자가 없다. 단지 알루미늄, 황동 등 고유의 광택이나 색상으로 구분할 수 있다. 너트가 자동 고정식일 때는 내부의 특징에 따라 구분할 수 있다. 또한 너트는 그 자체의 모양에 따라 쉽게 식별할 수 있다.

일반적으로 항공기용 너트는 두 가지 그룹으로 분류할 수 있는데, 비자동고정너트(nonself-locking nut)

[표 5-11] 풀 타입(Pull-type) 및 스텀프 타입(stump-type) 고정 볼트 그립 범위

| Grip Number | Grip Range | | Grip Number | Grip Range | |
|---|---|---|---|---|---|
| | Minimum | Maximum | | Minimum | Maximum |
| 1 | 0.031 | 0.094 | 18 | 1.094 | 1.156 |
| 2 | 0.094 | 0.156 | 19 | 1.156 | 1.219 |
| 3 | 0.156 | 0.219 | 20 | 1.219 | 1.281 |
| 4 | 0.219 | 0.281 | 21 | 1.281 | 1.344 |
| 5 | 0.281 | 0.344 | 22 | 1.344 | 1.406 |
| 6 | 0.344 | 0.406 | 23 | 1.406 | 1.469 |
| 7 | 0.406 | 0.469 | 24 | 1.469 | 1.531 |
| 8 | 0.469 | 0.531 | 25 | 1.531 | 1.594 |
| 9 | 0.531 | 0.594 | 26 | 1.594 | 1.656 |
| 10 | 0.594 | 0.656 | 27 | 1.656 | 1.718 |
| 11 | 0.656 | 0.718 | 28 | 1.718 | 1.781 |
| 12 | 0.718 | 0.781 | 29 | 1.781 | 1.843 |
| 13 | 0.781 | 0.843 | 30 | 1.843 | 1.906 |
| 14 | 0.843 | 0.906 | 31 | 1.906 | 1.968 |
| 15 | 0.906 | 0.968 | 32 | 1.968 | 2.031 |
| 16 | 0.968 | 1.031 | 33 | 2.031 | 2.094 |
| 17 | 1.031 | 1.094 | | | |

[표 5-12] 블라인드형(Blind-type) 고정 볼트 그립 범위

| ¼" Diameter | | | 5/16" Diameter | | |
|---|---|---|---|---|---|
| Grip Number | Grip Range | | Grip Number | Grip Range | |
| | Minimum | Maximum | | Minimum | Maximum |
| 1 | 0.031 | 0.094 | 2 | 0.094 | 0.156 |
| 2 | 0.094 | 0.156 | 3 | 0.156 | 0.219 |
| 3 | 0.156 | 0.219 | 4 | 0.219 | 0.281 |
| 4 | 0.219 | 0.281 | 5 | 0.281 | 0.344 |
| 5 | 0.281 | 0.344 | 6 | 0.344 | 0.406 |
| 6 | 0.344 | 0.406 | 7 | 0.406 | 0.469 |
| 7 | 0.406 | 0.469 | 8 | 0.469 | 0.531 |
| 8 | 0.469 | 0.531 | 9 | 0.531 | 0.594 |
| 9 | 0.531 | 0.594 | 10 | 0.594 | 0.656 |
| 10 | 0.594 | 0.656 | 11 | 0.656 | 0.718 |
| 11 | 0.656 | 0.718 | 12 | 0.718 | 0.781 |
| 12 | 0.718 | 0.781 | 13 | 0.781 | 0.843 |
| 13 | 0.781 | 0.843 | 14 | 0.843 | 0.906 |
| 14 | 0.843 | 0.906 | 15 | 0.906 | 0.968 |
| 15 | 0.906 | 0.968 | 16 | 0.968 | 1.031 |
| 16 | 0.968 | 1.031 | 17 | 1.031 | 1.094 |
| 17 | 1.031 | 1.094 | 18 | 1.094 | 1.156 |
| 18 | 1.094 | 1.156 | 19 | 1.156 | 1.219 |
| 19 | 1.156 | 1.219 | 20 | 1.219 | 1.281 |
| 20 | 1.219 | 1.281 | 21 | 1.281 | 1.343 |
| 21 | 1.281 | 1.343 | 22 | 1.343 | 1.406 |
| 22 | 1.344 | 1.406 | 23 | 1.406 | 1.469 |
| 23 | 1.406 | 1.469 | 24 | 1.460 | 1.531 |
| 24 | 1.469 | 1.531 | | | |
| 25 | 1.531 | 1.594 | | | |

[표 5-13] 핀 공차 범위(Pin tolerance ranges)

| Pin diameter | Tolerance | | |
|---|---|---|---|
| | Below | | Above |
| 3/16 | 0.079 | to | 0.032 |
| ¼ | 0.079 | to | 0.050 |
| 5/16 | 0.079 | to | 0.050 |
| 3/8 | 0.079 | to | 0.060 |

와 자동고정너트(self-locking nut)이다. 비자동고정너트는 코터핀, 안전결선, 또 다른 고정너트와 같은 별도의 안전장치를 이용해서 풀림방지를 해야 한다. 자동고정너트는 중요한 부분을 고정시키는 기능을 가지고 있다.

(1) 비자동고정너트(Nonself-locking Nuts)

그림 5-13에서 보는 바와 같이, 평 너트(Plain Nut), 캐슬 너트(Castle Nut), 전단 캐슬 너트(Castellated Shear Nut), 평 육각 너트, 얇은 육각 너트(Light Hex Nut), 체크 너트(Check Nut) 등은 대표적인 비자동고정너트이다.

AN310 캐슬 너트는 생크(shank)에 구멍이 뚫린 AN 육각머리볼트, 클레비스볼트(clevis bolt), 아이볼트(eye bolt), 머리에 구멍이 뚫린 볼트(drilled head bolt), 스터드(stud) 등과 함께 사용한다. 이 너트는 성곽처럼 요철 모양으로 만들어져 있고, 큰 인장하중에 견딜 수 있다. 너트의 윗부분에 있는 요철 틈새(Slot)는 풀림 방지를 위한 코터핀(cotter pin) 작업이나 안전결선(lock-wire) 작업을 할 수 있도록 설계되었다.

AN 320 전단 캐슬 너트는 일반적으로 전단응력만이 작용하는 곳에서 생크에 구멍이 뚫린 클레비스볼트(clevis bolt)나 나사산이 있는 테이퍼 핀(Taper Pin) 등과 같은 장치의 체결을 위해 사용한다. 캐슬 너트와 같이, 이 전단 캐슬 너트도 안전 고정 작업을 위한 구조로 만들어져 있다. 그러나 이 너트는 캐슬 너트보다 두께가 얇고, 강도가 강하지 않으며, 요철부분도 깊지 않다는 것에 주의해야 한다.

AN315(고운 나사산)와 AN335(거친 나사산) 평 육각너트는 투박한 구조로 만들어지며, 큰 인장하중이 작용하는 부품의 고정용으로 적합하다. 그러나 이 너트는 체크너트나 고정 와셔와 같은 보조 풀림 방지장치를 필요로 하기 때문에, 항공기 구조물에 이 너트를 단독으로 사용하는 것은 어느 정도 제한하고 있다.

AN340(고운 나사산)과 AN 345(거친 나사산) 얇은 육각 너트는 평 육각 너트보다 가벼우며 반드시 보조 장치로 풀리지 않도록 고정해야 한다. 이 너트는 작은 인장하중이 작용하는 곳에 폭넓게 사용한다.

AN316 평 체크너트는 평 너트, 세트 스크루(Set Screw), 나사산을 낸 로드엔드(Rod end), 기타 장치에서 풀림 방지를 위한 고정장치로 사용한다.

AN350 나비너트(Wing Nut)는 조이고 푸는 작업을 손가락으로 할 수 있는 정도의 토크(torque)가 요구되는 곳에, 그리고 부품을 자주 장탈/장착하는 곳에 사용한다.

(2) 자동고정너트(Self-locking Nut)

명칭이 내포하는 것처럼 자동고정너트는 풀림방지를 위한 보조방법이 필요 없고, 구조적으로 고정역할을 하는 부분이 포함되어 있다. 많은 종류의 자동고정너트가 개발되었고 그 용도도 아주 널리 보급되었다. 일반적으로 사용되는 곳은 (1)마찰 방지 베어링(antifriction bearing)과 조종 풀리(control Pulley)의 장착, (2)보기품(accessory)의 장착, 점검구멍 주변의 앵커너트(Anchor Nut) 및 소형 탱크(tank)의 장착구멍 (3)로커 박스 덮개(Rocker Box Cover)와 배기관(Exhaust Stack)의 장착 등이다. 자동고정너트를 항공기에 사용할 때는 제작사에서 제시하는 지침을 준수해야만 한다.

자동고정너트는 격심한 진동상태에서 흔들려 볼트가 느슨하게 풀리지 않도록 단단히 고정하기 위해 항공기에 사용한다. 볼트 또는 너트가 회전력을 받는 연

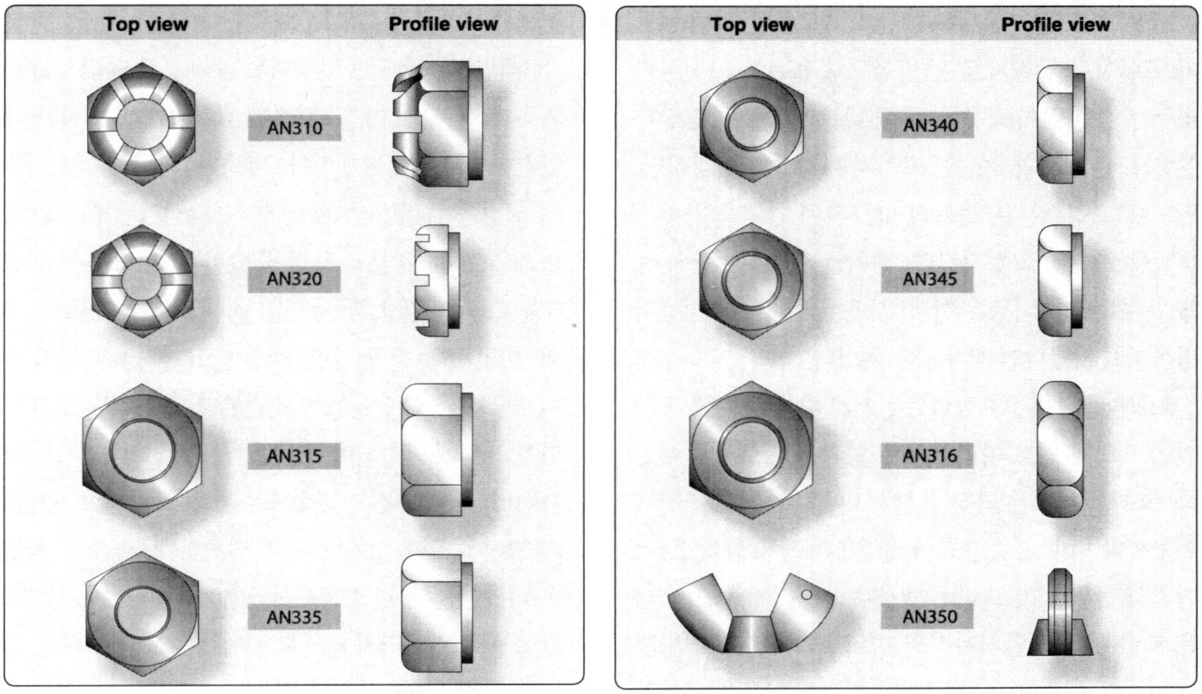


[그림 5-13] 비자동 고정너트(Nonself-locking nuts)

결부분에 자동고정너트를 사용해서는 안 된다. 이 너트는 마찰 방지 베어링과 조종풀리(control pulley)를 고정하기 위해 사용하는데, 이 경우에는 볼트와 너트에 의해 베어링의 안쪽 레이스(inner race)가 지지구조물에 고정되도록 체결해야 한다. 판은 볼트나 스크루를 조일 때 회전하거나 잘 맞지 않는 것을 방지하기 위해 적합한 방법으로 구조물에 고정시켜야 한다.

현재 사용되고 있는 자동고정너트의 일반적인 종류는 순금속 형과 화이버형 고정너트이다. 여기서는 전형적인 세 가지 자동고정너트 종류에 대해서만 설명하기로 한다. 순금속형(all-metal Type)을 대표하는 부츠(Boots) 자동 고정너트와 스테인리스강 자동고정너트, 그리고 화이버형(Fiber-insert Type)을 대표하는 탄성 스톱너트(stop Nut)이다.

**① 부츠 자동 고정너트(Boots Self-locking Nut)**

부츠 자동 고정너트는 전체가 금속으로 만들어지며, 격심한 진동에도 불구하고 단단히 고정시킬 수 있도록 설계하였다. 그림 5-14에서 보는 바와 같이, 고정용 너트 부분과 하중담당 너트 부분으로 구성되어 있지만, 본질적으로는 2개의 너트가 하나로 결합된 형태이다. 너트의 2부분은 스프링에 의해 하나로 연결된다.

스프링은 고정부분과 하중담당부분의 간격을 일정하게 유지하며, 2부분 나사산의 피치가 위상차를 가지도록 한다. 즉, 이 위상차로 인하여 하중담당부분에 조여진 볼트가 고정부분의 나사산에 맞물릴 때 고정부분을 바깥쪽으로 밀어내려는 힘이 발생하며 이 힘은 스프링에 의해 적절한 간격으로 고정된다.

그러므로 고정부분에는 중간의 스프링에 의해 너트가 조여지는 방향과 같은 방향으로 볼트를 고정시키려는 일정한 힘이 작용한다. 이 너트에서, 하중담당부분은 표준 너트와 동등한 크기의 나사강도를 갖지만, 반면에 고정부분은 볼트의 나사산에 압력을 가해서 너트를 단단히 고정시킨다. 렌치를 사용해야만 너트를 풀 수 있다. 너트는 한 번 사용했더라도 그 기능이 떨어지지 않았다면 재사용할 수 있다.

부츠(Boots) 자동고정너트는 서로 다른 세 가지 종류의 스프링이 있고 여러 가지 모양과 크기로 만들어진다. 크기의 범위는 가장 흔한 나비 형은 No.6부터 1/4인치까지이며, 롤 탑(Rol-top)은 1/4인치에서 ⅜인치까지의 범위이고, 그리고 벨로우즈 형(Bellows-type)은 No.8부터 ⅜인치까지의 범위로 정한다. 나비 형(Wing-type) 너트는 양극산화 처리된 알루미늄합금, 카드뮴 도금한 탄소강, 또는 스테인리스강으로 만든다. 롤 탑(Rol-top) 너트는 카드뮴 도금한 강으로 만들고, 그리고 벨로우즈 형(Bellows-Type)은 알루미늄합금으로만 만든다.

② 스테인리스강 자동고정너트(Stainless Steel Self-locking Nut)

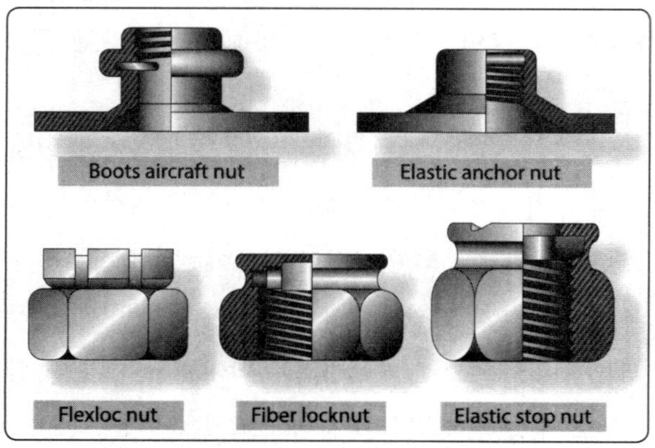


[그림 5-14] 자동 고정너트(Self-locking nuts)

스테인리스강 자동고정너트는 손으로 돌려서 조이거나 풀 수 있으며, 고정력은 너트가 단단한 표면에 안착하면서부터 발생한다. 너트는 2개 부품, 즉 경사진 고정용 숄더(Shoulder)와 키(Key)가 들어가는 케이스(Case), 그리고 고정용 숄더(Shoulder)와 키홈(Keyway)이 있고, 나사산을 낸 너트 코어(core)로 되어 있다. 너트를 돌리면, 적절한 크기의 나사산을 낸 너트 코어가 쉽게 볼트에 체결된다. 그러나 너트가 단단한 표면에 안착되어 조여질 때, 너트 코어의 고정용 숄더(Shoulder)는 아래쪽으로 계속 조여지고 케이스의 고정용 숄더(Shoulder)와 밀착하게 된다. 이 작용은 나사산을 낸 너트 코어를 압착시키려 하며, 상대적으로 볼트가 풀리지 않도록 잡아주는 원인이 된다. 그림 5-15에 나타난 단면도는 케이스의 키(Key)와 너트

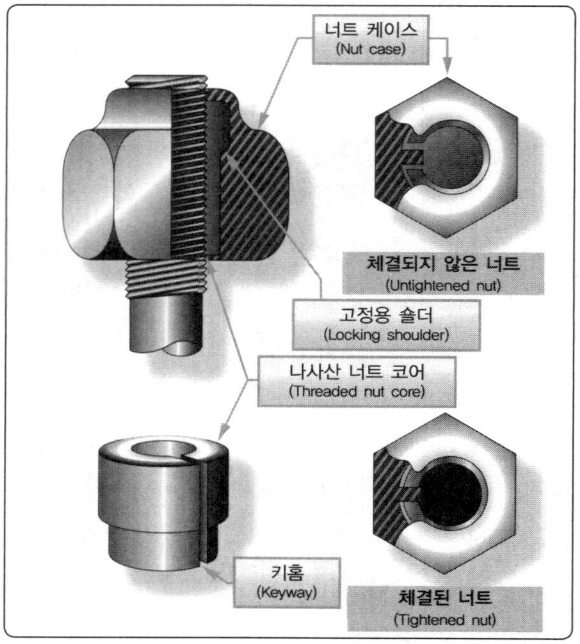


[그림 5-15] 스테인리스강 자동고정너트(Stainless steel self-locking nut)

코어의 키홈이 어떻게 고정되는지를 보여준다. 키홈은 키보다 조금 넓게 제작한다. 이것은 너트가 조여질 때 너트 코어가 압착되어 키홈이 좁혀지는 것이 가능케 한다.

③ 탄성 고정너트(Elastic Stop Nut)

탄성 고정너트는 화이버 고정(Fiber-locking) 칼라(Collar)를 수용할 수 있도록 높이를 증가시킨 표준너트이다. 이 화이버 칼라는 아주 단단하고 내구성이 있으며, 온수나 냉수 또는 에테르기(ether), 사염화탄소(carbon tetrachloride), 오일, 그리고 항공유와 같은 일반적인 용제(solvent)에는 영향을 받지 않으며, 볼트의 나사산이나 도금(plating)을 손상시키지 않는다.

그림 5-16에 나타난 것과 같이, 화이버 고정 칼라에는 나사산을 내지 않았고 그것의 안지름은 너트 나사산 부분의 가장 작은 안지름 또는 체결되는 볼트의 바깥지름보다 더 작다. 너트를 볼트에 체결할 때, 볼트가 화이버 칼라에 도달될 때까지 너트는 일반적인 너트처럼 작용한다. 그러나 볼트가 화이버 칼라 안으로 조여질 때, 화이버 칼라와의 마찰 저항은 화이버 칼라를 위쪽방향으로 밀어 올리려는 원인이 된다. 이 원인으로 인하여 아래쪽방향 하중담당 부분으로 큰 압력이 작용하며, 상대적으로 너트와 볼트의 풀림을 방지하는 고정력이 발생한다. 이 압력은 격심한 진동상태에서도 너트를 단단히 고정시켜 제자리에 위치시킨다.

거의 모든 탄성 고정 너트는 강이나 알루미늄합금으로 만들어지지만 어떤 종류의 금속이라도 이용할 수 있다. 알루미늄합금 탄성 고정 너트는 양극산화 처리한 상태에서 공급된다. 강 너트는 카드뮴도금(cadmium-plated)을 한다.

일반적으로, 탄성 고정 너트는 효율적인 안전고정장치로서 그것의 고정 능력이 감소되지 않고 여러 번 사용할 수 있다. 탄성 고정 너트를 재사용할 때는 화이버가 그것의 고정 마찰 저항을 잃지 않았는지, 또는 부서지기 쉽게 경화되었는지를 확인해야 한다. 만약 너트가 손으로도 돌아간다면, 그것은 폐기해야 한다.

너트가 조여진 후, 볼트, 스터드(Stud), 또는 스크루의 나사산이 너트 밖으로 최소한 한 바퀴 이상 나와야 하며, 끝이 평평한 볼트, 스터드, 또는 스크루 등은 너트 밖으로 최소한 1/32인치 이상 나와야 한다. 지름이 5/16인치이고 끝에 코터핀 구멍이 있는 볼트에서 코터핀 구멍 주위가 거칠지만 않다면 자동고정너트를 사용해도 되지만, 나사산이 손상되었거나 끝이 거칠어진 볼트에는 사용할 수 없다. 그리고 화이버 고정 칼라 부분을 두드려서는 안 된다. 탄성 고정 너트의 자동

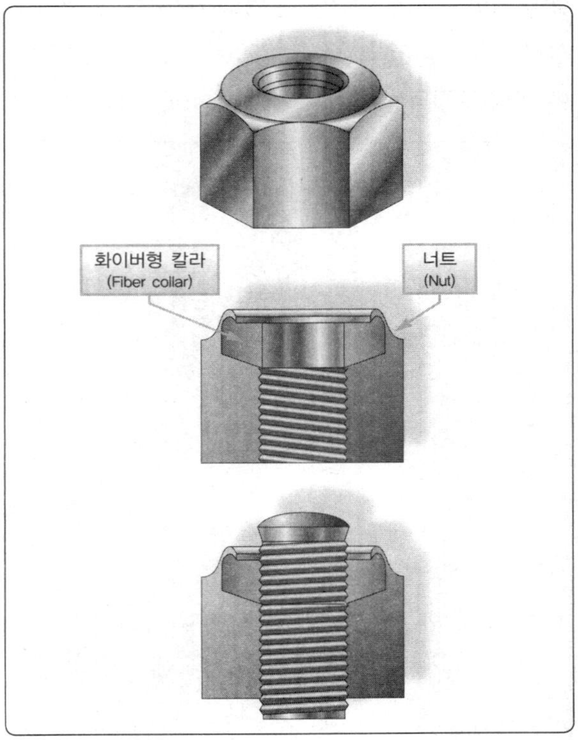


[그림 5-16] 탄성 고정 너트(Elastic stop nut)

고정 작용은 나사산이 나있지 않은 화이버 속으로 볼트가 파고들면서 나사산을 만들기 때문에 발생한다.

온도가 250℉ 이상인 곳에서는 자동고정 작용이 감소되기 때문에 탄성 고정너트를 사용하지 않는다. 자동고정너트는 엔진제작사에 의해 사용이 명시된 것을 엔진이나 보기품 등에 사용할 수 있다.

그림 5-17에 나타난 것과 같이, 자동고정너트 받침(Base)은 리벳이나 용접에 의해 다양한 모양과 재질로서 항공기의 구조물 또는 부품에 만들어진다. 채널에 여러 개의 너트를 장착해야 하는 경우에 단 몇 개의 리벳으로 많은 자동고정너트를 장착시키는 것이 가능하다. 이 채널(Channel)은 트랙(track)처럼 생겼으며, 너트를 분리할 수 있는 것과 분리할 수 없는 것으로 구분된다. 분리할 수 있는 종류는 채널의 안쪽과 바깥쪽에 움직일 수 있는 유동적인 너트를 가지고 있어서 손상된 너트를 손쉽게 교환할 수 있다. 너트 고정이 마찰에 의해 고정되는 클린치 형(Clinch-type) 또는 스플라인 형(Spline-type)과 같은 너트는 항공기 구조물에 사용해서는 안 된다.

(3) 판스프링 너트(Sheet Spring Nuts)

스피드 너트(Speed Nut)와 같은 판스프링 너트(sheet spring nut)는 표준 판금 셀프 탭핑(Self-tapping) 스크루와 함께 비구조부에 사용한다. 그들은 전선 클램프(clamp), 도관 클램프, 전기 장비, 점검창(Access Door), 또는 이와 유사한 것을 지지하기 위해 사용하며 몇 가지 종류가 사용되고 있다. 스피드 너트는 스프링 강으로 만들며 조여주기 전에는 활처럼 휜 모양으로 되어 있다. 이 활 모양으로 된 스프링 고정 너트는 스크루가 느슨하게 풀리는 것을 방지한다. 이 너트는 항공기 조립에서 원래 사용했던 곳에만 다시 사용할 수 있다.

(4) 내부와 외부 렌치너트(Internal and External

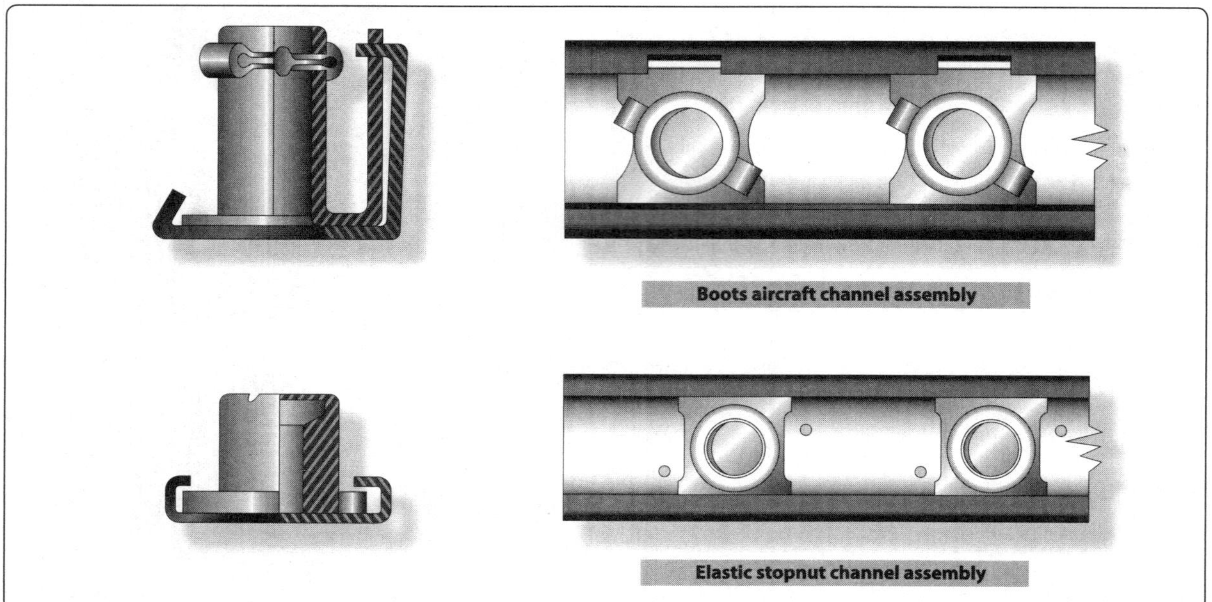


[그림 5-17] 자동고정너트 베이스(Self-locking nut bases)

Wrenching Nuts)

고강도 내부 또는 외부 렌치너트에는, 내부와 외부 렌치 탄성 고정너트와 언브라코(Unbrako) 내부와 외부 렌치너트 등 2종류가 이용되고 있다. 자동고정식인 이것은 열처리하였고 고강도 볼트의 인장하중에 견디는 능력이 있다.

(5) 너트의 식별과 기호(Identification and Coding)

너트의 종류는 부품번호로 표시하는데, 일반적으로 평너트는 AN315와 AN335, 캐슬(Castle) 너트는 AN310, 평체크 너트는 AN316, 얇은 육각너트는 AN340과 AN345, 전단 캐슬 너트는 AN320 등이다. 특허를 받은 자동고정 형태는 MS20363에서 MS20367의 범위에 걸쳐 부품번호를 부여하였다. 부츠너트, 플랙스락(Flex loc), 화이버 고정너트, 탄성 고정너트, 그리고 자동고정너트가 이 그룹에 속한다. 부품번호 AN350은 나비너트(Wing Nut)이다.

부품번호에 이어 문자나 숫자는 재질, 크기, 1인치당 나사산의 수, 그리고 나사산의 방향이 오른 나사산인지 아니면 왼 나사산인지를 나타낸다. 부품번호에 이어 문자 "B"는 황동(brass) 재질을 나타내며, 문자 "D"는 2017-T 알루미늄합금을 나타낸다. 그리고 문자 "DD"는 2024-T 알루미늄합금을 나타내며, 문자 "C"는 스테인리스강을 나타내고, 그리고 문자 대신 "-"는 카드뮴 도금한 탄소강을 의미한다.

"-" 다음에 오는 숫자(보통 2자리), 재질 부호 문자 다음에 오는 숫자는 생크의 크기와 너트가 장착될 볼트의 인치당 나사산 수를 나타낸다. 대시번호(Dash Number)는 일반용 볼트의 부품번호에 나타나는 첫 번째 숫자에 해당한다. 예를 들어, 대시와 3번은 AN3 볼트(10-32)에 맞는 너트라는 것을 나타내고, 대시와 4번은 AN4 볼트(1/4-28)에 맞는 너트라는 것을 의미하며, 대시와 5번은 AN5 볼트(5/16-24)에 맞는 너트라는 것을 나타낸다.

자동고정너트에 대한 코드(Code) 번호는 3자리 또는 4자리이며 마지막 2자리는 인치당 나사산 수를 나타낸다. 그리고 앞쪽의 첫 자리 또는 2자리는 1/16인치 단위로 표시한 너트의 크기를 나타낸다. 다음은 일반적인 너트와 그것의 코드 번호에 대한 예이다.

Code Number AN310D5R

AN310 = aircraft castle nut
D = 2024-T aluminum alloy
5 = 5/16 inch diameter
R = right-hand threaded
(usually 24 threadeds per inch)

Code Number AN320-10

AN320 = aircraft castellated shear nut,
cadmiumplated carbon steel
10 = 5/8 inch diameter, 18 threadeds per inch
(this nut is usually right-hand threaded)

Code Number AN350B1032

AN350 = aircraft wing nut
B = brass
10 = number 10 bolt
32 = threadeds per inch

### 5.5.2.6 항공기용 와셔(Aircraft Washers)

항공기 기체수리에 사용되는 와셔는 평 와셔, 고정 와셔, 특수와셔 등이다.

(1) 평 와셔(Plain Washer)

그림 5-18에 나타난 것과 같이, AN960과 AN970 평 와셔 모두는 육각 너트 아래에 사용한다. 이 너트는 매끄러운 접촉면을 제공하고 볼트와 너트조립을 위해 정확한 그립 길이(Grip Length)를 맞추기 위해 심(Shim)처럼 사용한다. 이 와셔는 코터핀(cotter pin)을 위한 구멍이 뚫린 볼트에 캐슬너트(castellated nut)의 정확한 위치를 조정하기 위해 사용하기도 한다. 평 와셔는 부품 표면의 손상을 방지하기 위해 고정와셔 아래에 사용한다.

알루미늄과 알루미늄합금 와셔는 이질금속에 의한 부식을 방지하기 위해 알루미늄합금 또는 마그네슘합금으로 된 구조물에 체결되는 볼트 또는 너트의 아래에 사용한다. 이 방법으로 사용할 때, 와셔와 강철볼트 사이에는 약간의 전위차가 생길 수 있다. 그러나 카드뮴 도금한 강철와셔가 알루미늄합금 와셔보다 이 전위차가 적게 발생하고, 이로 인한 부식에 잘 저항할 것이기 때문에 구조물에 접촉되는 와셔는 너트 아래에 카드뮴 도금한 강철와셔를 사용하는 것이 일반적이다.

AN970 강철와셔는 AN960 와셔보다 더 큰 접촉면적을 가지며, 특히 목재와 같은 연질의 구조물에서 부품 표면이 눌려 손상되는 것을 방지하기 위해 볼트의 머리와 너트 양쪽 모두 이 와셔를 사용한다.

(2) 고정 와셔(Lock-washers)

그림 5-31에 나타난 것과 같이, AN935와 AN936 고정와셔 모두는 자동고정너트 또는 캐슬형 너트가 적합하지 않은 곳에 기계용 스크루(machine screw)나 작은 볼트와 함께 사용된다. AN935 와셔의 스프링 작용은 진동으로 인하여 너트가 풀리는 것을 방지할 수 있는 만큼의 충분한 마찰을 발생시킨다.

고정와셔는 다음과 같은 상태에서는 사용하지 말아야 한다.

① 1차구조물 또는 2차구조물에 체결부품과 함께 사용될 때
② 파손되었을 때 항공기 또는 인명 피해나 위험을 초래하게 되는 부품에 체결부품과 함께 사용될 때
③ 파손되었을 때 공기흐름에 접합부분이 노출될 수 있는 곳
④ 스크루를 자주 장탈/장착하는 곳
⑤ 와셔가 공기흐름에 노출되는 곳
⑥ 와셔에 부식이 발생할 수 있는 환경인 곳
⑦ 표면을 손상시키지 않기 위해 평와셔를 고정와셔 아래에 사용하지 않고 연질의 부품과 바로 와

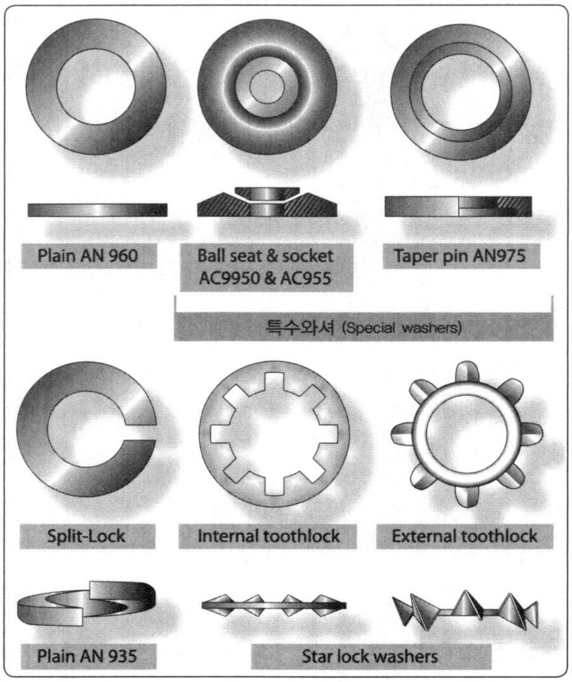


[그림 5-18] 다양한 유형의 와셔

셔를 끼워야 하는 곳

(3) 셰이크 프루프 고정와셔(Shake proof Lock Washer)

셰이크 프루프 고정와셔는 너트를 제자리에 고정시키기 위하여 육각 너트 또는 볼트의 측면을 따라 위쪽 방향으로 구부릴 수 있는 탭(Tap) 또는 립(Lip)을 가진 둥근 와셔이다. 고정 와셔가 회전하지 못하도록 지지하는 방법으로는 몇 가지가 있다. 외부 탭(External Tab)의 경우 아래로 굽혀서 부품 표면에 있는 작은 구멍에 끼워 넣거나, 내부 탭의 경우 굽혀서 볼트의 키(key) 홈에 고정한다.

셰이크 프루프 고정와셔는 다른 어떤 안전고정 장치보다 더 높은 열에 견딜 수 있고 심한 진동 상황에서도 안전하게 사용된다. 이 탭은 두 번 굽힐 때 부러질 수 있기 때문에 오직 한 번만 구부려서 사용해야 하며, 펼쳐서 재사용해서는 안 된다.

(4) 특수 와셔(Special Washers)

그림 5-33에 나타난 것과 같이, 볼 소켓(Ball Socket)과 시트(Seat) 와셔 AC950과 AC955는 볼트가 표면에 비스듬히 장착되는 곳에 또는 표면에 완전히 일치하게 체결해야 하는 곳에 사용하는 특수와셔이다. 이 와셔들은 함께 사용한다.

NAS143과 MS30002 와셔는 NAS144~NAS158 계열의 내부 렌치 볼트에 사용된다. 이 와셔의 모양은 평형 또는 접시형(Countersunk)이다. NAS143C와 MS20002C로 표시된 접시형(Countersunk) 와셔는 볼트머리와 생크 사이의 만곡부가 안착되도록 하기 위해 사용하며, 평와셔는 너트 아래에 사용한다.

### 5.5.2.7 너트와 볼트의 장착 (Installation of Nuts and Bolts)

(1) 볼트와 구멍크기(Bolt and Hole Sizes)

볼트구멍의 미세한 유격은 볼트가 인장을 받는 곳과 역방향의 하중이 작용하지 않는 곳이라면 허용된다. 구멍의 유격이 허용되는 곳의 몇 가지 예로는 풀리 브라켓(Pulley Bracket), 도선 박스(Conduit Box), 라인 트림(Lining Trim), 그리고 기타 지지대와 브라켓(Bracket) 등이다.

볼트구멍은 볼트머리와 너트에 대해 완전한 접촉면적을 제공하기 위해 접촉표면에 직각이어야 하고, 너무 크거나 늘어나지 않아야 한다. 볼트는 이런 구멍에서 전단하중을 지탱할 수 없으며, 볼트가 과도하게 큰 구멍에 접촉되어 전단하중을 지탱할 만큼 충분한 접촉면적이 허용될 때까지 변형되거나 파괴될 것이다. 이런 점에서, 볼트는 리벳과 같이 구멍을 메우기 위해 압착되지 않는다는 것에 염두를 두어야 한다.

중요한 부재에서 너무 큰 또는 늘어난 구멍은, 한 단계 더 큰 치수의 볼트를 장착하기 위해 구멍을 뚫거나 넓히기 전에 항공기제작사, 또는 엔진제작사로부터 지침을 받아야 한다. 보통 연거리(edge distance), 유격(clearance), 하중계수(load Factor)와 같은 요소들을 고려해야 한다. 중요하지 않은 부재에서는 너무 큰, 또는 늘어난 구멍은 보통 한 치수 더 큰 크기로 구멍을 뚫거나 넓혀서 사용할 수 있다.

특히 주 연결부재에 사용되는 많은 볼트구멍은 정밀공차를 갖는다. 밀착 끼워 맞춤이 적용되는 AN 육각볼트나 NAS 정밀공차볼트 또는 AN 클레비스볼트가 사용되는 곳을 제외하면 일반적으로 볼트규격표시의 첫 번째 숫자는 실제 볼트 지름보다 크며, 표준 볼트

지름보다 한 치수 더 큰 드릴크기를 사용하여 구멍을 뚫는 것이 허용된다.

볼트의 가벼운 끼워 맞춤(볼트와 구멍 사이의 최대 유격은 0.0015인치로 수리도면에서 명시된)이 요구되는 부분의 수리에 볼트가 사용될 때, 또는 그들이 원래 구조물에 장착될 때이다.

구멍과 볼트의 끼워 맞춤은 축과 구멍의 지름으로 정해지지 않는다. 구멍 안으로 볼트가 들어갈 때 구멍과 볼트 사이에서 발생하는 마찰에 따라 결정된다. 예를 들어, 단단한 끼워 맞춤은 12~14온스 쇠망치로 강하게 때렸을 때 볼트가 움직이는 정도이다. 몹시 강한 타격을 요구하거나 빽빽한 소리가 나는 볼트는 너무 강한 끼워 맞춤되었음을 의미한다. 경미한 끼워 맞춤은 망치 손잡이로 볼트 머리를 내리누를 때 밀려들어 가는 정도이다.

(2) 장착 실습(Installation Practice)

볼트 머리에 있는 표시를 검사해서 각각의 볼트가 정확한 재질인가를 확인해야 한다. 특히 볼트를 교환하는 경우 같은 규격의 볼트를 사용하는 것은 가장 중요하다. 모든 경우에서, 해당 정비매뉴얼(maintenance instruction manual)과 부품도해교범(Illustrated Parts Breakdown)을 참조해야 한다.

특별한 지시가 없다면 볼트와 너트 아래에는 와셔를 사용해야 한다. 와셔는 볼트와의 마찰로 인한 부품의 기계적인 손상을 방지하며, 부품의 이질금속 간 부식을 방지한다. 알루미늄합금 와셔는 알루미늄합금 또는 마그네슘합금 부재를 결합시킬 때, 강철볼트의 머리와 너트 아래에 사용되어야 한다. 그러면 부식은 부재가 아닌 와셔에서 일어난다. 강철와셔는 강철볼트와 함께 강철부재를 결합할 때 사용해야 된다.

가능한 언제나, 볼트의 머리는 위쪽방향, 앞쪽방향, 회전하는 방향을 향하도록 체결해야 한다. 이렇게 체결하면 만약 너트가 갑자기 빠지더라도 볼트가 완전히 이탈하는 것을 방지할 수 있다.

볼트 그립길이가 정확한지 확인해야 한다. 그립길이는 볼트 생크의 나사산이 없는 부분의 길이이다. 일반적으로, 그립길이는 볼트로 조여지는 재료의 두께와 같아야 한다. 그러나 약간 큰 그립길이의 볼트에는 와셔를 너트 또는 볼트머리 아래에 추가해서 그립길이를 조절하여 사용하면 된다. 플레이트 너트의 경우에는 플레이트 아래에 심(Shim)을 추가한다.

### 5.5.2.8 너트와 볼트의 안전조치 (Safetying of Nuts and Bolts)

자동 고정 형식을 제외하고, 모든 볼트나 너트는 장착 후 풀림 방지를 위한 안전조치를 하는 것이 매우 중요하다. 이것은 비행 중 진동으로 인하여 볼트나 너트가 풀리는 것을 방지해 준다. 안전조치를 하는 방법은 이장의 뒤쪽에서 설명한다.

### 5.5.2.9 손상된 암 나사산의 수리 (Repair of Damaged Internal Threaded)

볼트의 장착 또는 교체는 스터드의 장착 또는 교체에 비교하면 아주 간단한 편이다. 주물 또는 조립된 구조물에 암나사를 내고 그곳에 장착하는 스터드에 비교해서, 볼트와 너트는 머리와 너트가 모두 외부로 노출되어 있다. 볼트 또는 너트에 손상된 나사산이 있으면 결함이 있는 부품만을 교환하는 것이 여러 가지 측면에서 유리하다. 만약 암나사가 손상되었다면, 부품을 교체하거나 나사산만을 수리하거나 교체하는 두 가지 해결 방법이 있다. 보통 손상된 나사산의 수리는 저렴하고 좀 더 편리하다. 수리하는 두 가지 방법은 부싱(Bushing) 또는 헬리 코일(Heli-coil)을 교체하는 것이다.

### 5.5.2.10 부싱의 교환(Replacement Bushings)

부싱은 보통 알루미늄 실린더헤드(aluminum cylinder head) 안에 장착한 강 또는 황동 점화플러그 부싱(spark plug bushing)과 같이 특별한 재료이며, 장탈과 장착을 자주하는 곳에 사용하는 내마모성물질이다. 부싱에 있는 외부 나사산은 보통 거칠다. 부싱은 나사산 고정용 접착제를 사용하기도 하며, 풀림 방지를 위한 핀을 끼우기도 한다. 많은 부싱에서 외부는 왼 나사산이고 내부는 오른 나사산으로 만든다. 이것을 장착하면, 오른나사볼트나 스터드를 풀기 위한 회전력은 부싱을 조이려고 하는 쪽으로 작용한다.

점화플러그와 같은 상용 장착을 위한 부싱은 0.040인치(0.005인치씩 증가) 더 크게 제작된다. 제조 공장이나 오버홀공장(overhaul shop)에서 교체할 때, 실린더 헤드는 가열하고 부싱은 냉각시켜서 접합한다(shrink 접합).

### 5.5.2.11 헬리 코일(Heli-coil)

그림 5-19에 나타난 것과 같이, 헬리 코일의 단면모양은 마름모 형태이며, 18-8 스테인리스강 와이어를 정밀한 단면모양으로 가공해서 만든 스크루나사식 코일이다. 이것은 등급 2, 밴드 3B의 등급으로 나사산을 낸 구멍에 조립하면, 유니파이 거친 나사 또는 유니파이 고운 나사를 형성한다. 조립된 헬리코일은 조절되는 루트 지름의 UNJ 수 나사산을 낸 부재와 결합된다. 각각의 헬리 코일을 헬리코일 나사구멍 안으로 돌려 장착하며, 체결이 완료된 다음 탱(Tang)의 제거를 손쉽게 하기 위해 헬리코일 탱의 목 부분에 홈이 만들어져 있다.

헬리 코일은 스크루 나사산 부싱처럼 사용된다. 손상된 나사산을 복원시키기 위해 사용하며, 특히 헬리코일은 미사일(Missile), 항공기 엔진, 기타 기계장비와 부속장치 등에서 연질의 금속이나 플라스틱 구조물에 있는 스크루 고정용 암나사를 강화하고 보호하기 위해 사용하며, 특히 빈번한 분해조립이 이루어지는 장소에 사용된다.

그림 5-20에 나타난 것과 같이, 헬리코일 장착작업은 5~6단계로 분류한다.

**Step 1**

나사산이 어떻게 손상되었는지를 검사한다.

**Step 2**

(a) 헬리코일의 재장착

규정된 최소 깊이로 손상된 나사산 구멍을 뚫는다.

(b) 이전에 장착된 헬리코일

적절한 크기의 장탈공구를 사용하여, 헬리코일의 끝

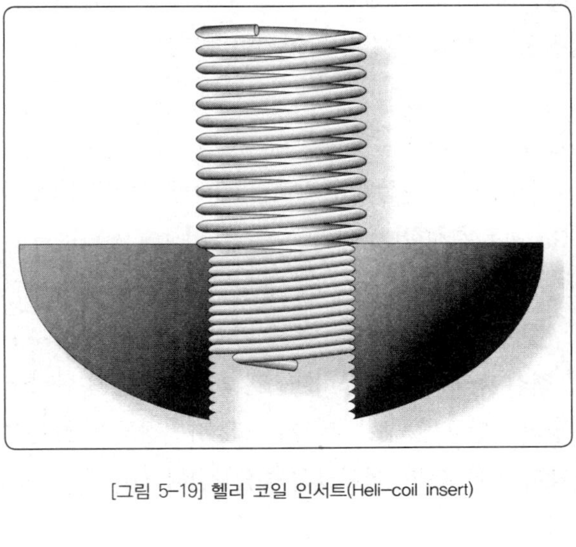

[그림 5-19] 헬리 코일 인서트(Heli-coil insert)

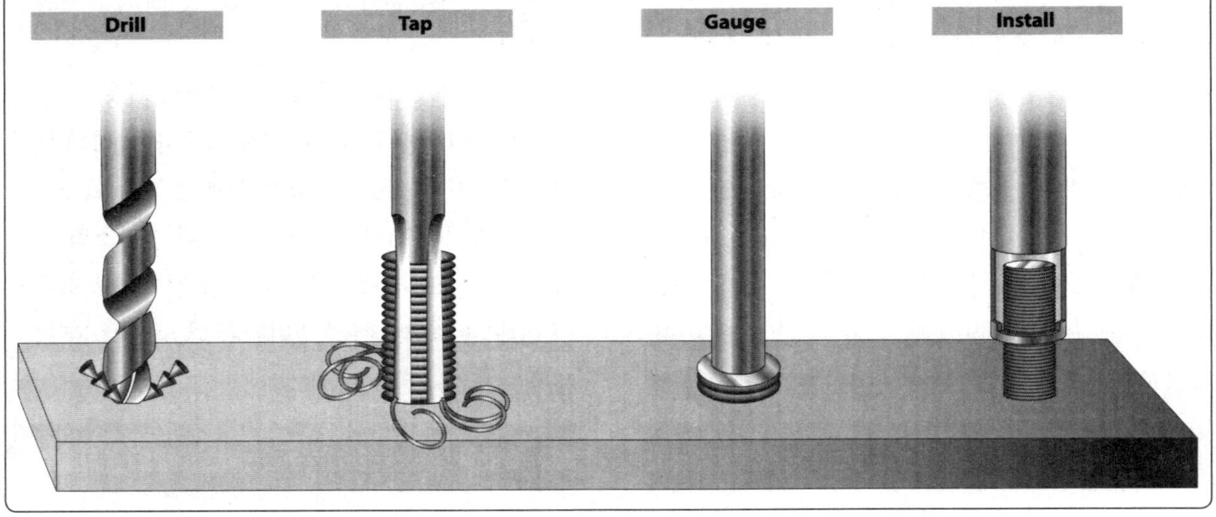


[그림 5-20] 헬리코일 장착 작업

으로부터 수직이 되도록 날의 모서리를 일치시킨다. 공구를 쇠망치로 가볍게 두드린다. 헬리코일이 빠질 때까지 힘을 가하며 왼쪽으로 돌린다. 만약 헬리코일을 적절하게 제거한다면 나사산은 손상되지 않는다.

**Step 3** 탭(Tap) 작업

요구되는 나사산 크기의 탭을 사용한다. 탭작업 절차는 표준나사의 암나사 깎는 작업과 같다. 탭 길이는 필요한 길이와 같거나 조금 커야 된다.

**Step 4** 측정

탭작업한 나사산은 헬리코일 나사산 게이지(Thread Gage)로 측정한다.

**Step 5** 헬리코일 장착

적절한 공구를 사용하여, 헬리코일의 끝이 나사구멍의 상단표면으로부터 1/4~1/2 바퀴정도 더 들어갈 때까지 회전시켜 헬리코일을 장착한다.

**Step 6** 탱(Tang) 절단

적절한 절단 공구를 선정해서, 탱을 뚫린 구멍으로부터 제거해야 한다. 나사구멍의 한 쪽 끝이 막힌 경우, 만약을 장착한 헬리코일 아래 충분한 깊이의 공간이 있다면 탱을 제거할 수 있다.

반드시 이 헬리코일 장착절차를 따라야 하는 것은 아니며, 장착할 때는 제작사의 지시를 따라야 한다.

### 5.5.2.12 토크 작업(Fastener Torque)

(1)토크와 토크렌치(Torque and Torque Wrenches)

항공기 속도가 증가하면, 각각의 구조부재에 더 강한 응력이 가해진다. 그러므로 각각의 부재가 설계된 하중보다 많지도 또는 적지도 않게 견디는 것은 매우 중요하다. 구조물의 전체에 걸쳐 안전하게 하중을 분포시키기 위해서, 모든 너트, 볼트, 스터드, 스크루 등을 적정한 토크로 조여 주는 것이 중요하다. 적정한 토크를 적용한다는 것은 구조물이 설계 강도를 발휘할 수 있도록 하고, 또한 피로로 인한 파손 가능성을 최소화할 수 있도록 해준다.

(2) 토크렌치(Torque Wrenches)

그림 5-21에 나타난 것과 같이, 가장 일반적으로 사용되는 토크렌치(torque wrench)는 플렉시블 빔(Flexible Beam), 리지드 프레임(rigid frame)형, 그리고 래칫(Ratchet)형으로 세 가지 종류가 있다. 플렉시블 빔형과 리지드 프레임형 토크렌치를 사용할 때, 토크 값은 렌치의 손잡이에 설치된 눈금을 직접 읽는다.

래칫(Ratchet) 형을 사용하기 위해서, 그립의 잠금 장치를 풀고 요구되는 마이크로미터형 눈금을 조정하여 토크값을 설정한 다음 그립을 다시 잠근다. 토크렌치와 체결 작업에 필요한 소켓(Socket)이나 어댑터(Adapter)를 조립한다. 조립된 토크렌치를 너트 또는 볼트에 장착하고 시계방향으로 천천히 안정되게 손잡이를 끌어당긴다. 너무 빠르거나 갑작스런 움직임은 부적절한 토크 값을 초래하게 된다. 가해진 토크가 설정한 토크 값에 도달하면, 손잡이가 자동적으로 풀리거나 살짝 꺾여 아주 잠깐 동안 자유롭게 움직인다.

풀림과 자유로운 움직임은 쉽게 느낄 수 있으며, 토크 작업이 종료되면 요구하던 토크 값을 만족하게 된다.

모든 토크렌치는 정확한 토크 값을 얻기 위해서, 적어도 한 달에 1번 또는 만약 필요하다면 더 자주 교정해야만 한다.

**NOTE** 플렉시블 빔(Flexible Beam) 형 토크렌치에 손잡이 길이를 연장해서 사용하는 것은 권장되지 않는다. 손잡이 연장공구 자체는 측정에 영향을 주지 않는다. 어떤 종류의 토크렌치에서는 연장공구를 필수적으로 사용해야 하는 경우도 있다. 이런 경우 공식

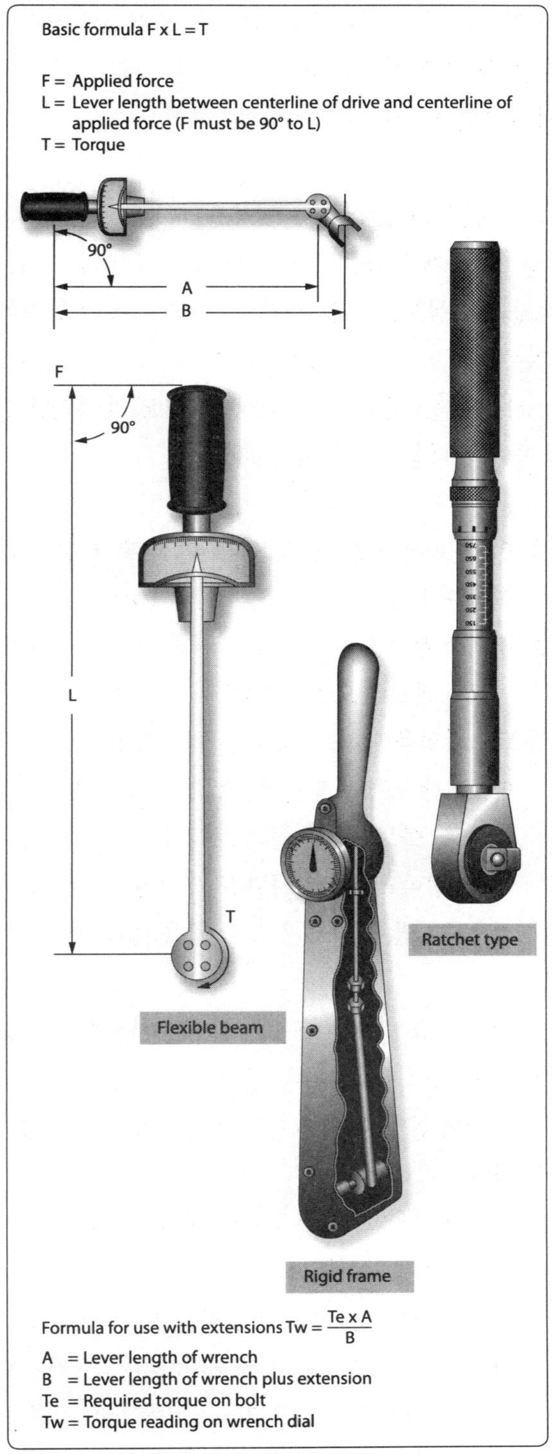


[그림 5-21] 일반적인 토크 렌치(torque wrenches)

을 적용할 때, 측정이 취해지는 곳으로부터 토크렌치 손잡이까지의 거리를 고려해야 한다. 만약 이렇게 하지 않으면, 얻어진 토크는 부정확하게 된다.

(3) 표준 토크 값(Torque Tables)

정비절차에 명확한 토크 값이 나와 있지 않을 때는 체결되는 볼트, 너트, 스터드, 스크루 등의 규격에 맞는 표준 토크 값은 표 5-14에 나타난 토크 테이블(Table) 값을 따른다. 토크 테이블(Table)의 정확한 사용을 위해 다음 규칙을 따라야한다

① 인치-파운드 값을 12로 나누면 피트-파운드 값이 얻어진다.
② 내식강 부품 또는 별도로 지시하는 곳이 아니면, 너트나 볼트에 오일(윤활)을 바르지 않는다.
③ 토크작업을 할 때 가능하면, 너트를 돌려서 잠근다. 공간적으로 볼트머리를 돌려 잠근다. 공간적으로 볼트머리를 돌려 토크작업을 해야 경우에는, 정비교범에 지시된 토크 범위의 상한 값을 적용하지만, 최대허용 토크 값을 초과해서는 안된다.
④ 최대 토크 범위는 오직 결합되는 부품이 충분한 두께, 면적을 가지며, 끊김, 뒤틀림, 또는 다른 손상에 견딜 수 있는 충분한 강도일 때 적용해야 한다.
⑤ 내식강너트는 전단형 너트에 대해 주어진 토크 값을 적용한다.
⑥ 토크렌치에 어떤 형식의 연장공구를 사용하였다면, 표준 토크 테이블에서 제시하는 실제 작용하는 값을 얻기 위해 요구되는 다이얼(dial) 지시 값을 수정해야 한다. 연장공구를 사용할 때, 토크렌치 지시 값은 적절한 공식을 이용하면 계산할 수 있다.

(4) 코터핀 구멍 맞추기(Cotter Pin Hole Line-up)

볼트에 캐슬 너트를 체결할 때, 코터핀 구멍이 권고된 범위에서 너트에 있는 홈과 정렬되지 않는 경우도 있다. 큰 응력을 받는 엔진부품을 제외하고, 너트는 토크 범위를 넘지 않도록 해야 한다. 이런 경우 와셔, 볼트 등의 하드웨어를 교체하여 구멍 위치를 재조정한다. 제시되는 토크 값은 거의 같은 나사산의 수와 같은 접촉면적을 갖는 고운나사 또는 거친나사 계열의 기름을 바르지 않은 카드뮴도금 강철너트 모두에 대해 적용하게 된다. 이 값은 정비매뉴얼에 특별한 토크 요구사항이 제시된 곳에는 적용하지 않는다.

만약 너트가 아닌 볼트머리 쪽에서 토크작업을 해야 한다면, 최대토크 값은 생크의 마찰에 따른 크기만큼 추가해야 한다. 추가되하는 값은 너트가 체결되지 않은 상태에서 볼트만을 회전시켰을 때 토크렌치에 측정된 토크 값이다.

## 5.6 항공기용 리벳(Aircraft Rivets)

금속 판재는 항공기 구조물을 형성하기 위해 함께 결합되어야 하는데, 이것은 보통 알루미늄합금 리벳으로 결합한다. 리벳은 제작할 때 한쪽 끝에 머리를 성형한 금속핀처럼 생겼다. 리벳의 생크를 규정된 구멍 안으로 집어넣고, 반대편으로 돌출된 생크는 수공구나 공기압 공구를 이용하여 뭉툭하게 변형시킨다. 수공구 또는 공기압 공구로 성형한 두 번째 머리를 "샵 헤드(Shop Head)"라고도 부른다. 샵 헤드는 볼트-

너트 체결에서 너트와 같은 역할을 한다. 항공기 외피를 접합하는 데 사용될 뿐만 아니라, 스파 부분(Spar Section)을 접합시키고, 리브(Rib)를 고정하며, 항공기의 여러 부품들을 단단하게 고정하기 위한 피팅을 결합하기 위하여, 그리고 수없이 많은 보강용 부재와 다른 부품을 서로 고정시키는 데 사용한다. 리벳은 적어도 재료가 접합되고 있는 한 강한 결속을 만들어낸다.

항공기에 사용되는 리벳은 두 가지 형식으로 나뉘는데, 버킹바(Bucking Bar)를 사용하여 성형하는 일반적인 솔리드생크리벳(solid-shank rivet)과 버킹바를 사용할 수 없는 곳에서 체결작업하기 위한 특수리벳, 즉 블라인드리벳(blind rivet)이 있다.

항공기 리벳은 일반 철물점에서 구매한 리벳으로 대체하여 사용해서는 절대 안 된다. 항공기 리벳은 철물점 리벳과는 아주 다른 재질로 만들어지고, 리벳의 강도도 크게 다르며, 그러므로 리벳의 품질이 매우 다르다. 철물점 리벳의 접시머리는 78°임에 반하여, 항공기 리벳의 머리는 더 많은 표면접속을 위해 100° 각도로 만든다.

### 5.6.1 규격과 사양 (Standard and Specification)

FAA는 형식증명항공기의 구조강도와 완전성이 모든 감항성 필요조건에 부합할 것을 요구하고 있다. 이들의 필요조건은 비행 특성뿐만 아니라 성능, 구조강도, 그리고 완전성에 적용된다. 각각의 항공기는 이들 필요조건을 만족시키기 위해서는 같은 표준조건에 부합되어야 한다. 표준화를 이루기 위해, 모든 재료와 하드웨어의 품질은 표준규격에 따라 제조되어야 한다. 항공기 하드웨어에 대한 설계기준과 표준규격은 보통 그것을 설립한 조직에 의해 정의된다. 대표적인 표준화 조직은 다음과 같다.

| | |
|---|---|
| AMS | Aeronautical material Specifications |
| AN | Air Force–Navy |
| AND | Air Force–Navy Design |
| AS | Aeronautical Standard |
| ASA | American Standards Association |
| ASTM | American Society for Testing materials |
| MS | Military Standard |
| NAF | Naval Aircraft Factory |
| NAS | National Aerospace Standard |
| SAE | Society of Automotive Engineers |

MS20426-AD4-6 리벳이 필요하다면, 이것에 대한 규격은 미군 설계규격(MS)에 상세히 기록되어 있다. 그에 대한 정보는 정비사뿐만 아니라 항공기제작사와 리벳제조사에서 이용한다. 설계규격은 리벳머리 모양, 지름, 길이뿐만 아니라 사용되는 재질을 명시한다. 항공기 생산에서 표준화된 재료의 사용은 이전에 생산한 항공기와 같은 유형의 항공기를 제작할 수 있게 하고 그래서 제작비용을 줄이게 된다.

항공기 리벳은 일반용 리벳보다 아주 높은 표준규격과 설계기준으로 제조한다. 1930년대, 항공기제작사들이 순금속 항공기를 조립하기 시작했을 때, 제작사들은 각자 서로 다르게 리벳머리를 설계하였다. 브레지어 헤드, 개량된 브레지어 헤드, 둥근머리, 버섯형머리, 납작머리, 그리고 78° 접시형머리 등 다양하게 제작되었다. 항공기가 표준화되면서부터는 네 가지 대표적인 리벳머리로 통합하여 설계하였다. 구조물의 외부로 공기흐름에 드러난 부분의 리

[표 5-14] 표준 토크 값[inch-pound]

| Series Designation | Types |
|---|---|
| 10xx | Non-sulfurized carbon steels |
| 11xx | Resulfurized carbon steels (free machining) |
| 12xx | Rephosphorized and resulfurized carbon steels (free machining) |
| 13xx | Manganese 1.75% |
| *23xx | Nickel 3.50% |
| *25xx | Nickel 5.00% |
| 31xx | Nickel 1.25%, chromium 0.65% |
| 33xx | Nickel 3.50%, chromium 1.55% |
| 40xx | Molybdenum 0.20 or 0.25% |
| 41xx | Chromium 0.50% or 0.95%, molybdenum 0.12 or 0.20% |
| 43xx | Nickel 1.80%, chromium 0.5 or 0.80%, molybdenum 0.25% |
| 44xx | Molybdenum 0.40% |
| 45xx | Molybdenum 0.52% |
| 46xx | Nickel 1.80%, molybdenum 0.25% |
| 47xx | Nickel 1.05% chromium 0.45%, molybdenum 0.20 or 0.35% |
| 48xx | Nickel 3.50%, molybdenum 0.25% |
| 50xx | Chromium 0.25, or 0.40 or 0.50% |
| 50xxx | Carbon 1.00%, chromium 0.50% |
| 51xx | Chromium 0.80, 0.90, 0.95 or 1.00% |
| 51xxx | Carbon 1.00%, chromium 1.05% |
| 52xxx | Carbon 1.00%, chromium 1.45% |
| 61xx | Chromium 0.60, 0.80, 0.95%, vanadium 0.12%, 0.10% min., or 0.15% min. |
| 81xx | Nickel 0.30%, chromium 0.40%, molybdenum 0.12% |
| 86xx | Nickel 0.55%, chromium 0.50%, molybdenum 0.20% |
| 87xx | Nickel 0.55%, chromium 0.05%, molybdenum 0.25% |
| 88xx | Nickel 0.55%, chromium 0.05%, molybdenum 0.35% |
| 92xx | Manganese 0.85%, silicon 2.00%, chromium 0 or 0.35% |
| 93xx | Nickel 3.25%, chromium 1.20%, molybdenum 0.12% |
| 94xx | Nickel 0.45%, chromium 0.40%, molybdenum 0.12% |
| 98xx | Nickel 1.00%, chromium 0.80%, molybdenum 0.25% |

*Not included in the current list of standard steels

벳은 보통 유니버설 헤드(MS20470) 또는 100° 접시머리(MS20426) 리벳을 사용한다. 내부구조물에 사용되는 리벳으로는 둥근머리(MS20430)와 납작머리(MS20442)가 일반적이다.

## 5.6.2 솔리드생크리벳(Solid-shank Rivets)

솔리드생크리벳(solid-shank rivet)은 일반적인 수리작업에 사용된다. 그들은 재질의 종류, 머리오양, 생크의 지름, 열처리 상태 등에 의하여 구분된다. 표 5-17에 나타난 것과 같이, 유니버설 헤드(universal head), 둥근머리(roundhead), 납작머리(flathead), 접시형머리(countersunk head), 그리고 브레지어 헤드(brazier head)처럼 솔리드생크리벳머리의 명칭(solid-shank rivet head-type)은 머리 부분의 단면 모양에 따른다. 열처리 상태와 강도는 리벳의 머리에 있는 특별한 기호에 의해 표시된다.

항공기 솔리드생크리벳에 사용되는 재질은 대부분 알루미늄합금이다. 알루미늄합금 리벳의 강도와 열처리 상태는 앞에서 언급했던 알루미늄, 알루미늄합금과 같은 문자나 숫자로 표시한다. 대표적으로 많이 사용하고 있는 리벳은 1100, 2017-T, 2024-T, 2117-T, 5056 등 다섯 가지 종류가 있다.

(1) 1100 리벳(Rivet)

99.45% 순 알루미늄으로 제작한 1100 리벳은 매우 연하다. 이것은 강도를 그다지 중요하게 생각하지 않아도 되는 비구조부분의 리벳 작업에 사용한다. 1100, 3003, 5056은 연한 알루미늄합금 리벳으로 지도(map) 보관함과 같은 비구조 부분이나 비금속 부품을 고정하고자 할 때 사용gks다.

(2) 2117-T 리벳

현장리벳(field rivet)으로 알려져 있는 2117-T 리벳은 알루미늄합금 구조물의 리벳 작업에 가장 많이 사용된다. 이 리벳은 현장에서 별도의 열처리과정없이 바로 사용할 수 있기 때문에 편리하고 광범위하게 사용된다. 이것은 또한 부식에 대한 높은 저항력을 갖는다.

(3) 2017-T와 2024-T 리벳

2017-T와 2024-T 리벳은 같은 크기의 2117-T 리벳보다 더 큰 강도를 필요로 하는 알루미늄합금 구조물에 사용한다. "아이스박스 리벳(Icebox Rivet)"이라고도 알려져 있는 이 리벳들은 풀림처리(annealing)한 다음 사용할 때까지 냉동고에 보관해야 한다. 2017-T 리벳은 냉동고에서 꺼낸 다음 약 1시간 이내에 리벳작업을 끝내야 하고, 2024-T 리벳은 10~20분 이내에 끝내야 한다.

(4) 5056 리벳

5056 리벳은 마그네슘합금리벳으로 그것의 내식성 마그네슘합금 때문에 구조물 리벳작업에 사용된다.

(5) 연강(Mild Steel) 리벳

연강(mild steel) 리벳은 강철부품의 리벳작업에 사용한다. 내식강 리벳은 방화벽(firewall), 배기관(Exhaust Stack), 그리고 이와 유사한 구조물을 고정할 때 사용한다.

(6) 모넬(Monel) 리벳

모넬 리벳(monel rivet)은 니켈강합금(nickel-steel alloy) 리벳작업에 사용된다. 때에 따라 이것은 내식강으로 만든 리벳을 대체하여 사용할 수도 있다. 항공기

수리에서 구리리벳(copper rivet)의 사용은 제한된다. 구리리벳은 단지 구리합금 또는 가죽과 같은 비금속 재료에만 사용한다.

금속의 열처리는 특히 알루미늄합금 리벳작업 과정에서 중요한 요소가 된다. 알루미늄합금 리벳도 알루미늄합금 원 재료와 같은 열처리 특성을 갖고 있다. 이 리벳도 알루미늄처럼 같은 방법으로 경화시키거나, 풀림처리 할 수 있다. 리벳은 머리가 완전히 성형되기 전에는 비교적 연한 상태이어야 한다. 2017-T와 2024-T 리벳은 리벳작업 전에 풀림처리 해야 하며, 이것은 상온에서 시효경화 된다.

리벳의 열처리, 즉 풀림처리 과정은 원 재료의 열처리와 매우 흡사하며, 전기-공기가열로, 소금욕조, 또는 열간 기름욕조 등을 이용한다. 알루미늄 합금 종류에 따른 열처리 온도는 625°F에서 950°F범위이다. 편의상 리벳은 쟁반 또는 철망 바구니에서 가열한다. 이 리벳은 열처리 후 즉시 70°F의 냉수로 급랭시킨다.

열처리할 수 있는 2017-T와 2024-T 리벳은 상온에 노출시키면 몇 분 이내에 시효경화가 시작되므로 그들을 급랭처리한 후에는 냉장실에 보관하거나, 즉시 사용해야 한다. 열처리한 리벳을 보관하는 방법은 32°F 이하의 저온 냉장고에 보관하는 것이다. 그래서 이 리벳들을 "아이스박스(Icebox) 리벳"이라고도 부른다. 이렇게 저장하면 리벳작업을 할 수 있는 충분한 연질상태를 2주 이상 유지한다. 그러나 그 시간 이내에 사용하지 않은 리벳은 재열처리(reheat treatment)해서 사용해야 한다.

아이스박스리벳은 리벳작업 후 약 1시간이면 최대강도의 1/2에 도달하고 4일 정도 후에는 최대강도에 도달한다. 2017-T 리벳은 1시간 이상 상온에 노출되었을 때는, 재열처리를 해야 한다. 또한, 10분 이상 상온에 노출된 2024-T 리벳도 마찬가지로 재열처리를 해야 한다. 일단 한 번 냉장고에서 꺼내진 아이스박스 리벳은 냉장고에 있는 리벳과 섞여서는 안 된다. 만약 15분 이내에 사용할 수 있는 양보다 많은 양을 냉장고에서 꺼냈다면, 남은 리벳은 재열처리를 위해 다른 용기에 담아서 보관해야 한다. 리벳의 열처리를 적절히 수행하였다면 수차례 반복할 수 있다. 표 5-15에는 열처리를 위한 적당한 가열 시간과 온도를 나타내었다.

대부분 금속과 마찬가지로 항공기 리벳도 부식을 고려해야 한다. 부식은 지리적인 기후 조건이나 사용되는 제작 과정 등의 영향을 받는다. 이런 부식은 내식성이 우수하고 적절한 강도대 중량비를 가진 금속을 사용함으로써 최소한으로 줄일 수 있다.

염분기가 있는 공기와 접촉한 철은 적절하게 보호하지 않는다면 녹슬게(rust) 된다. 철 성분이 없는 비철금속은 쉽게 녹슬지 않지만, 부식(corrosion)이라고 일컬어지는 유사한 과정은 일어난다. 바닷가의 습한 공기 중에 있는 염분은 알루미늄합금을 침식(attack)시킨다. 해안가에서 운영되고 있는 항공기를 검사해보면 이런 현상으로 인해 심하게 부식된 리벳을 쉽게 찾아볼 수 있다.

만약 구리리벳이 알루미늄합금 구조물에 체결되었다면, 서로 다른 이질금속이 접촉한 상황으로 된다. 이렇게 재질이 서로 다른 금속 사이에는 전위차가 형성되고, 이 금속들이 습기에 직면하면 전류가 흐르면서 화학적인 부산물을 발생시킨다. 이런 현상은 주로 한쪽 금속의 침식을 유발한다.

알루미늄합금 중에도 서로 반응을 일으키는 것이 있으며, 이런 알루미늄은 이질금속으로 간주해야 한다. 일반적으로 사용되는 알루미늄합금은 표 5-16에 나타난 것과 같이 두 가지 그룹으로 분류한다.

[표 5-15] 리벳 가열 시간 및 온도

| Heating Time—Air Furnace | | |
|---|---|---|
| Rivet Alloy | Time at Temperature | Heat Treating Temperature |
| 2024 | 1 hour | 910 °F–930 °F |
| 2017 | 1 hour | 925 °F–950 °F |
| **Heating Time—Salt Bath** | | |
| Rivet Alloy | Time at Temperature | Heat Treating Temperature |
| 2024 | 30 minutes | 910 °F–930 °F |
| 2017 | 30 minutes | 925 °F–950 °F |

같은 A그룹에 속하거나 B그룹에 속한 금속끼리는 서로 동종의 금속으로 간주되며 서로 반응하지 않지만, 습기가 있는 환경에서 A그룹과 B그룹에 각각 속한 금속이 접촉한다면 부식작용은 언제든지 일어날 수 있다. 가능한 언제든지 이질금속의 사용은 피해야 한다. 리벳 제조사는 AN 표준 규격에 부합하기 위해서, 리벳에 보호용 피막처리를 해야 한다. 피막처리하는 방법으로는 크롬산아연처리(zinc chromate), 금속분무도금(metal spray), 양극산화처리(anodized finish) 등이 있다.

리벳의 표면처리 여부는 색상으로 구분한다. 크롬산아연 처리한 리벳은 황색(Yellow)이고, 양극산화 처리한 것은 진주색(pearl gray), 그리고 금속분무 도금 처리한 리벳은 은회색(Silvery Gray)으로 구분한다. 만약 현장 작업도중 보호용 피막처리를 해야 한다면, 리벳을 사용하기 전에 크롬산아연 용액을 발라서 표면처리를 하고 작업이 완료된 후에 한 번 더 한다.

(7) 리벳의 식별(Identification)

리벳은 특성을 분류하기 위해 머리에 기호로 표시한

[표 5-16] 알루미늄 그룹

| Group A | Group B |
|---|---|
| 1100 | 2117 |
| 3003 | 2017 |
| 5052 | 2124 |
| 6053 | 7075 |

다. 이 표시는 1개 또는 2개의 돌출된 점, 움푹 들어간 점, 돌출된 한 쌍의 대시(–) 기호, 돌출된 십자(+) 기호, 삼각형, 돌출된 하나의 대시(–) 기호 등이 있으며, 일부는 머리에 아무런 표시도 없는 것이 있다. 이와 같이 리벳 머리에 있는 표시는 리벳의 재질을 나타낸다. 앞에서 설명한 바와 같이, 리벳의 보호 표면처리를 구분하기 위해 색상으로 표시한다.

둥근머리 리벳(round–head rivet)은 부재가 인접해서 여유 공간이 없는 곳을 제외한 항공기 내부에 사용한다. 둥근머리 리벳은 두껍고, 둥글게 된 상단표면을 갖는다. 머리는 구멍 주위의 판재를 압착하고 동시에 인장하중에 저항할 만큼 충분히 커야 한다.

납작머리리벳(flat–head rivet)은 둥근머리리벳과 마찬가지로 내부구조에 사용한다. 이것은 최대강도가 필요한 곳과 둥근머리리벳을 사용하기에 충분한 여유 공간이 없는 곳에 사용한다. 가끔 드물기는 하지만 외부에 사용하기도 한다.

브레지어 헤드리벳(brazier–head rivet)은 얇은 판재를 접합하는 데 알맞도록 머리 지름이 크고 두께가 얇은 리벳이다. 브레지어 헤드리벳은 공기저항이 적게 발생하기 때문에, 항공기 외피, 특히 후방동체나 꼬리부분 외피의 리벳 작업에 자주 사용한다. 이 리벳은 프로펠러 후류에 노출되는 얇은 판재를 접합하기 위한 리벳작업에 사용한다. 개량된 브레지어 헤드리벳은 머리의 지름을 감소시켜 개선한 리벳이다.

유니버설 헤드리벳(universal-head rivet)은 둥근머리, 납작머리, 브레지어 헤드가 조합된 형태이다. 이 리벳은 항공기 제작과 수리에서 내부와 외부 모두에 사용한다. 돌출머리리벳(둥근머리, 납작머리, 브레지어 헤드 등)의 교환이 필요할 때, 유니버설 헤드리벳으로 교체할 수 있다.

접시머리(countersunk-head)리벳은 카운터성크(countersunk)나 딤플링한(dimpled) 구멍 안에 맞도록 머리 윗면은 평평하고 생크 쪽으로 경사진 면을 가지고 있어서, 결합한 부품의 표면과 일치되는 리벳이다. 머리의 경사각도는 78° ~120° 까지 다양하며, 100° 접시머리리벳이 가장 많이 사용된다. 이 리벳은 고정된 판재 위에 또 다른 판재를 고정하거나 부품을 얹어야 하는 곳에 사용한다. 이 리벳은 공기저항이 거의 없으며, 난류 발생을 최소로 하기 때문에 항공기 외부 표면에 사용한다.

리벳 머리에 있는 기호는 리벳의 재질, 즉 리벳의 강도를 표시한다. 표 5-17에는 리벳머리 기호와 그에 해당하는 재질을 나타냈다. 머리에 아무런 표시가 없는 경우는 세 가지가 있는데, 그런 경우 재질을 색상으로 구별하는 것이 가능하다. 1100은 알루미늄 색이고, 연강은 전형적인 철강 색이고, 구리리벳은 구리색이다.

표 5-17에 나타난 것과 같이, 각각의 리벳 종류는 부품번호를 통해 식별하며, 정비사는 이 번호를 통해 작업에 필요한 정확한 리벳을 선택할 수 있다. 리벳머리의 종류는 AN 또는 MS 표준 규격번호로 식별한다. 선택된 번호는 계열별로 되어 있고 각각의 계열 번호는 머리모양을 나타낸다. 대표적인 리벳의 머리 종류와 규격번호는 다음과 같다.

| | |
|---|---|
| AN426 or MS20426 | 접시머리 리벳 (100°) |
| AN430 or MS20430 | 둥근머리 리벳 |
| AN441 | 납작머리 리벳 |
| AN456 | 브레지어 헤드 리벳 |
| AN470 or MS20470 | 유니버설 헤드 리벳 |

또한, 부품번호에 부가되는 문자와 숫자가 있는데, 문자는 합금성분을 표시하고 숫자는 리벳지름과 길이를 표시한다. 합금성분을 표시하기 위해 사용되는 문자는 다음과 같다.

| | |
|---|---|
| A | 1100 or 3003 알루미늄 합금 성분 |
| AD | 2117-T 알루미늄 합금 성분 |
| D | 2017-T 알루미늄 합금 성분 |
| DD | 2024-T 알루미늄 합금 성분 |
| B | 5056 알루미늄 합금 성분 |
| C | 구리 |
| M | 모넬 |

AN 표준 규격번호 뒤에 아무런 문자도 없다면, 연강으로 제조된 리벳임을 의미한다.

그림 5-22와 같이, 합금 성분을 나타내는 문자 다음에 첫 번째 숫자는 리벳 생크의 지름을 1/32인치 단위로 표현한 것이다. 예를 들어, 3이 오면 3/32인치, 5는 5/32인치임을 의미한다.

그림 5-22에서 리벳 생크의 지름을 의미하는 앞의 숫자와 대시(-)로 구분된 마지막 숫자는 리벳생크의 길이를 1/16인치 단위로 표현한 것이다. 예를 들어, 3이 오면 생크 길이가 3/16인치, 7은 7/16인치, 11은 11/16인치임을 의미한다.

[표 5-17] 리벳 식별 차트(Rivet identification chart)

| Material | Head Marking | AN Material Code | AN425 78° Counter-sunk Head | AN426 100° Counter-sunk Head MS20426* | AN427 100° Counter-sunk Head MS20427* | AN430 Round Head MS20470* | AN435 Round Head MS20613* MS20615* | AN441 Flat Head | AN442 Flat Head MS20470* | AN455 Brazier Head MS20470* | AN456 Brazier Head MS20470* | AN470 Universal Head MS20470* | Heat Treat Before Use | Shear Strength psi | Bearing Strength psi |
|---|---|---|---|---|---|---|---|---|---|---|---|---|---|---|---|
| 1100 | Plain | A | X | X | | X | | | X | X | X | X | No | 10,000 | 25,000 |
| 2117T | Recessed Dot | AD | X | X | | X | | | X | X | X | X | No | 30,000 | 100,000 |
| 2017T | Raised Dot | D | X | X | | X | | | X | X | X | X | Yes | 34,000 | 113,000 |
| 2017T-HD | Raised Dot | D | X | X | | X | | | X | X | X | X | No | 38,000 | 126,000 |
| 2024T | Raised Double Dash | DD | X | X | | X | | | X | X | X | X | Yes | 41,000 | 136,000 |
| 5056T | Raised Cross | B | | X | | X | | | X | X | X | X | No | 27,000 | 90,000 |
| 7075-T73 | Three Raised Dashes | | X | X | | X | | | X | X | X | X | No | | |
| Carbon Steel | Recessed Triangle | | | | X | | X MS20613* | X | | | | | No | 35,000 | 90,000 |
| Corrosion Resistant Steel | Recessed Dash | F | | | X | | X MS20613* | | | | | | No | 65,000 | 90,000 |
| Copper | Plain | C | | | X | | X | X | | | | | No | 23,000 | |
| Monel | Plain | M | | | X | | | X | | | | | No | 49,000 | |
| Monel (Nickel-Copper Alloy) | Recessed Double Dots | C | | | | | X MS20615* | | | | | | No | 49,000 | |
| Brass | Plain | | | | | | X MS20615* | | | | | | No | | |
| Titanium | Recessed Large and Small Dot | | | MS20426 | | | | | | | | | No | 95,000 | |

* New specifications are for design purposes.

다음은 알루미늄합금 리벳의 규격표시에 대한 예이다.

Code Number AN470AD3-5
AN = 미 공군-해군(Air Force-Navy) 표준 규격 번호
470 = 유니버설 헤드(universal head) 리벳
AD = 2117-T 알루미늄 합금
3 = 지름 3/32 인치
5 = 길이 5/16 인치

### 5.6.3 블라인드 리벳(Blind Rivets)

항공기에는 리벳작업을 위해 구조물이나 부품의 양쪽에서 접근하는 것이 불가능하거나, 버킹 바(Bucking Bar)의 사용이 불가능한 곳이 많이 있다. 또한, 항공기 내부 장식, 바닥(Flooring), 제빙 부츠(Deicing Boots)와 같이 강도가 큰 솔리드생크리벳을 사용하지 않아도 될 비구조부분도 많이 있다. 이런 곳에 사용하기 위해 특수리벳이 개발되었다. 이런 리벳은 사용목적을 만족시킴에도 불구하고 솔리드생크리벳보다 경량이다. 이런 리벳은 몇몇 제조사에서 생산하고 있으며, 독특한 특성을 가지고 있어서 특수한 장착공구나 특수한 장착절차를 필요로 한다. 이런 이유에서 특수리벳이라고 부른다. 이 리벳들은 때로는 샵헤드(Shop Head)를 볼 수 없는 장소에서 사용되기 때문에, "블라인드리벳(blind rivet)"이라고도 부른다.

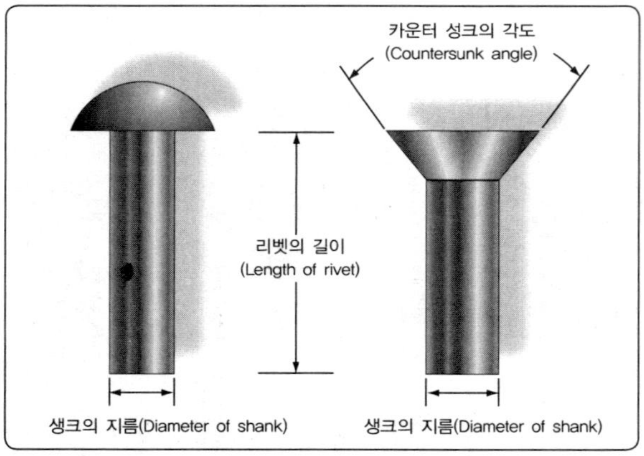


[그림 5-22] 리벳 측정 방법

#### 5.6.3.1 기계적 확장 리벳 (Mechanically Expanded Rivets)

기계적 확장 리벳은 두 가지부류로 분류할 수 있다.

① 비구조용(Non-structural)
  ⓐ 셀프 플러깅(Self-plugging; 마찰 고정) 리벳
  ⓑ 풀 스루(Pull-thru) 리벳
② 기계적 고정(Mechanical Lock), 플러시 프랙처링(Flush Fracturing), 셀프 플러깅(Self-plugging) 리벳

(1) 셀프 플러깅(Self-plugging Rivets)

셀프 플러깅(마찰고정) 블라인드리벳은 몇몇 회사에서 제조하고 있으며, 그것의 재질, 용도, 선택, 장착, 검사, 및 제거 절차에 관한 기본적인 자료는 모두 적용된다.

셀프 플러깅(마찰고정) 리벳은 2부분으로 구성되는데, 속이 빈 생크 또는 슬리브를 가지고 있는 리벳머리 부분과 속이 빈 생크 안을 통과하는 스템 부분이다. 그림 5-23에는 어떤 제조회사에서 생산되는 돌출머리 리벳과 접시머리의 셀프 플러깅(마찰고정) 리벳을 설명하였다.

리벳 스템을 잡아당기면 다음과 같은 현상들이 순차적으로 발생한다.

스템이 리벳생크를 통해 끌어당겨진다.

스템의 축(mandrel) 부분이 리벳생크로 끌려들어가

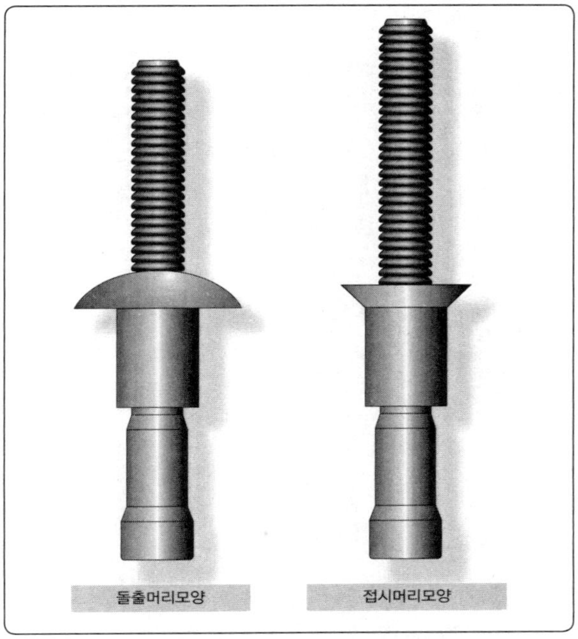


[그림 5-23] 셀프 플러그(마찰 고정)
(리벳Self-plugging(friction lock) rivets)

면서 생크를 확장시킨다.

마찰 또는 끌어당기는 압력이 충분히 커지면 스템(Stem)의 홈이 끊어져서 분리된다. 분리된 플러그 부분, 즉 스템의 잔여 부분(bottom end)은 큰 전단강도를 주기 위해 리벳의 생크 부분에 남겨진다. 셀프 플러깅(마찰고정) 리벳의 대표적인 머리모양은 (1) 유니버설 헤드(MS20470)와 유사한 돌출머리, (2) 100° 접시머리 두 가지가 있다.

그림 5-23에 나타난 것과 같이, 셀프 플러깅(마찰고정) 리벳의 스템 윗부분에는 마디(knot)나 혹(knob), 또는 톱니모양의 홈을 가지고 있다.

셀프 플러깅(마찰고정) 리벳은 몇 가지 재질로 제조한다. 리벳은 다음과 같은 재료의 조합으로 제조할 수 있는데, 예를 들어 2017 알루미늄합금 스템(Stem)과 2117 알루미늄합금 슬리브(Sleeve), 2017 알루미늄합금 스템과 5056 알루미늄합금 슬리브, 강철 스템과 강철 슬리브 등이다.

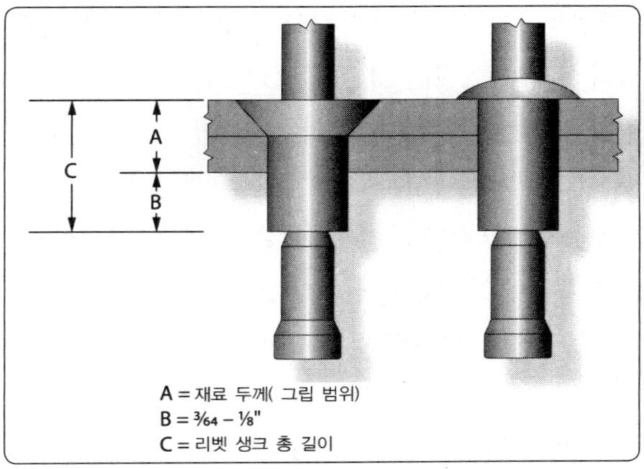


[그림 5-24] 마찰 고정 리벳의 길이 결정

셀프 플러깅(마찰고정) 리벳은 혼자서도 장착할 수 있도록 설계되었기 때문에 리벳 작업을 위해 부품의 양쪽으로 반드시 접근할 수 있어야 하는 것은 아니다. 리벳 스템의 인장강도는 일률적인 작업이 이루어질 만큼 거의 일정하다. 작업물의 반대쪽에 접근하지 않아도 되기 때문에, 셀프 플러깅(마찰고정) 리벳은 속이 빈 관, 주름진 판재, 속이 빈 박스 등의 부품을 부착하는 데 사용한다. 또한, 리벳 장착을 위한 망치질이 필요치 않기 때문에, 연질의 합판이나 플라스틱 부품을 부착하는 데 사용할 수 있다.

장착 시 올바른 리벳을 선정하기 위해 고려해야 하는 요소는 (1) 장착 위치, (2) 체결부품의 재질, (3) 체결부품의 두께, (4) 요구되는 강도 등이다.

만약 리벳을 공기역학적으로 매끄러운 표면에 장착하고자 한다거나, 또는 만약 부품에 유격이 필요하다면, 접시머리리벳을 선택해야 한다. 유격이나 평평한 표면이 요구되지 않는 곳에는, 돌출머리형리벳을 사용한다.

리벳생크의 재질은 리벳작업 할 부품의 재질에 달려 있다. 알루미늄합금 2117 생크리벳은 대부분 알루미늄합금에 사용할 수 있다. 알루미늄합금 5056 생크리벳은 리벳 체결하고자 하는 부품의 재질이 마그네슘일 때 사용해야 한다. 강철리벳은 항상 강으로 제조된 조립품 리벳 작업에 사용해야 한다.

그림 5-24에 나타난 것과 같이, 체결할 부품의 두께에 따라 리벳 생크의 전체 길이가 결정된다. 일반적으로, 리벳의 생크는 체결부품의 전체 두께보다 약 3/64 인치에서 1/8인치 이상 길어야 한다.

(2) 풀 스루 리벳(Pull-thru Rivets)

풀 스루 블라인드리벳은 몇몇 회사에서 제조하고 있으며, 그들의 제작, 구성, 용도, 선택, 장착, 검사, 그리고 제거 절차에 관한 기본적인 자료는 모두에 적용된다.

풀 스루 블라인드리벳은 2부분으로 구성되는데, 속이 빈 생크 또는 슬리브를 갖고 있는 리벳머리부분과, 그리고 속이 빈 생크 안에 들어가는 스템(Stem) 부분이다. 그림 5-25에는 돌출머리와 접시머리 풀 스루 리벳을 나타냈다.

다음과 같은 순서로 리벳작업이 진행된다.

리벳생크를 통과하는 스템을 잡아당긴다.

스템의 축(mandrel) 부분이 리벳생크 안으로 끌려 들어가면서 생크를 확장시켜 블라인드 머리를 형성한다.

풀 스루 리벳의 대표적인 머리모양은, (1) 유니버설 헤드(MS20470)와 비슷한 돌출머리, 그리고 (2) 100° 접시머리 두 가지이다.

풀 스루 리벳은 몇 가지 재질로 제조한다. 가장 일반적으로 사용되는 재질로는, 2117-T4 알루미늄합금, 5056 알루미늄합금, 모넬 등이다.

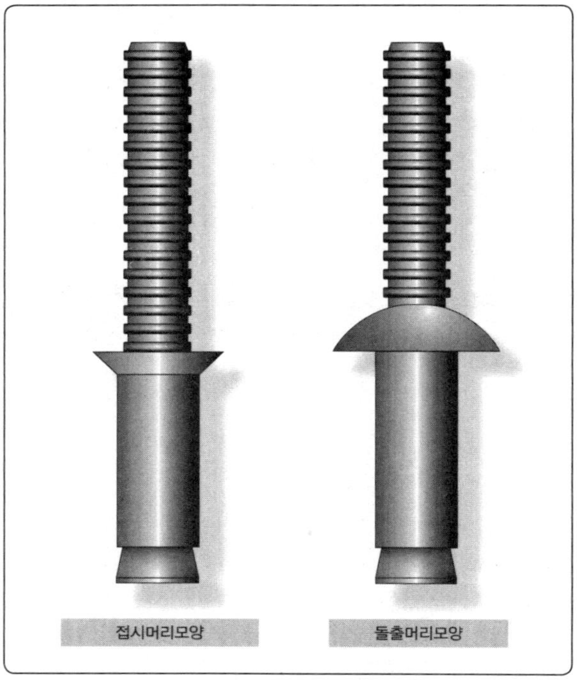


[그림 5-25] 풀 스루 리벳(Pull-thru rivets)

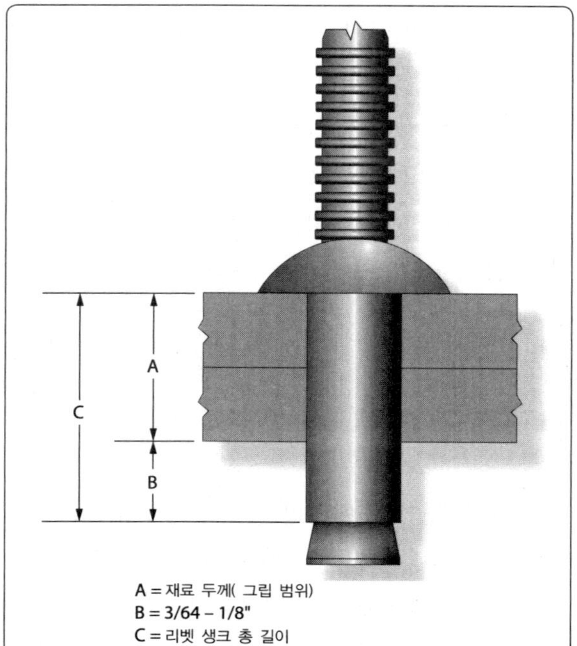


[그림 5-26] 풀스루 리벳(pull-thru rivets)의 길이 결정

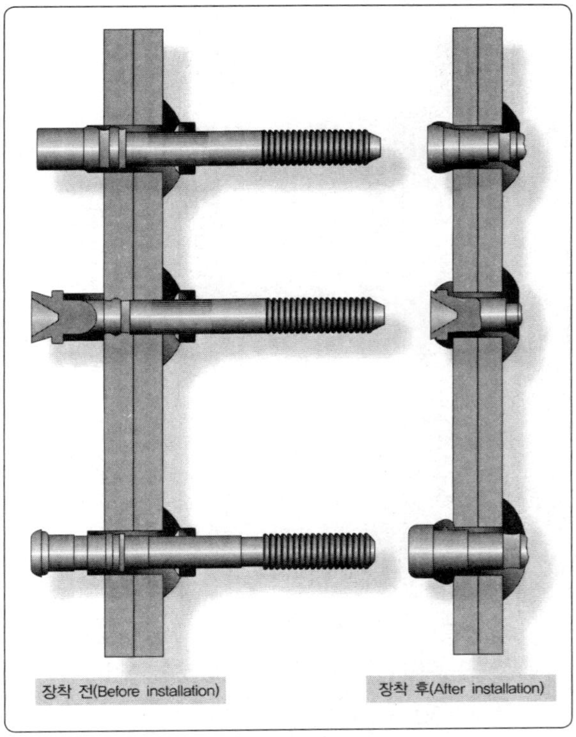


[그림 5-27] 자동 플러그(기계 잠금) 리벳 (Self-plugging(mechanical lock) rivets)

풀 스루 리벳도 혼자서 장착할 수 있도록 설계되었기 때문에 리벳 작업을 위해 부품의 양쪽으로 접근해야 할 필요는 없다.

장착 시 올바른 리벳을 선정하기 위해 고려해야 하는 요소는 (1) 장착 위치, (2) 체결부품의 재질, (3) 체결부품의 두께, (4) 요구되는 강도 등이다.

그림 5-26에 나타난 것과 같이, 리벳 체결을 요하는 부품의 두께는 리벳 생크의 전체 길이를 결정한다. 일반적으로, 리벳의 생크는 체결부품의 전체 두께보다 약 3/64인치에서 1/8인치 이상 길어야 한다.

풀 스루 리벳을 제조하는 각각의 회사는 사용자가 장착 그립 범위에 맞는 정확한 리벳을 선택할 수 있도록 코드 번호를 부여하고 있다. 또한, 앞에서 설명한 것과 같이 식별을 위해 MS 규격번호를 사용한다.

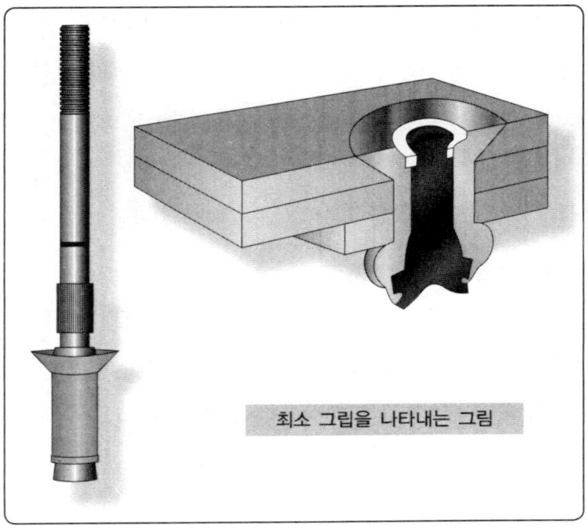


[그림 5-28] 벌브 체리 로크 리벳(Bulbed cherry-lock rivets)

(3) 셀프 플러깅(기계 고정) 리벳(Self-plugging Rivets(Mechanical Lock))

셀프 플러깅(기계 고정) 리벳은 스템을 리벳 슬리브에 고정하는 방법을 제외하면, 셀프 플러깅(마찰고정) 리벳과 비슷하다. 그림 5-27에 나타난 것과 같이, 이 종류의 리벳은 마찰 고정리벳처럼 진동에 의해 느슨해져 빠지는 것을 방지하기 위해 확실한 기계 고정 칼라(Collar)를 갖추고 있다. 또한, 리벳 스템은 머리 높이와 일치해서 끊어지기 때문에 남아있는 스템을 다시 다듬는 작업이 필요치 않다. 셀프 플러깅(기계 고정) 리벳은 솔리드생크리벳의 모든 강도 특성을 가지고 있기 때문에 대부분 솔리드생크리벳을 이 리벳으로 대체할 수 있다.

(4) 벌브 체리 로크 리벳(Bulbed Cherry-lock Rivets)

그림 5-28에 나타난 것과 같이, 이 체결부품의 큰 블라인드머리 때문에 "벌브(Bulb)"라는 이름이 붙었다.

큰 스템 절단하중이 만들어내는 잔여 하중으로 인해, 피로강도 측면에서 구조계통의 솔리드리벳과 교환할 수 있는 유일한 블라인드리벳(blind rivet)이다.

(5) 와이어드로 체리 로크 리벳(Wiredraw Cherry-lock Rivets)

그림 5-29에 나타난 것과 같이 크기, 재질, 그리고 강도 등에서 폭넓게 선택할 수 있다. 이 체결부품은 특히 밀폐작용(Sealing)과 매우 두꺼운 판재의 체결에 적합하다.

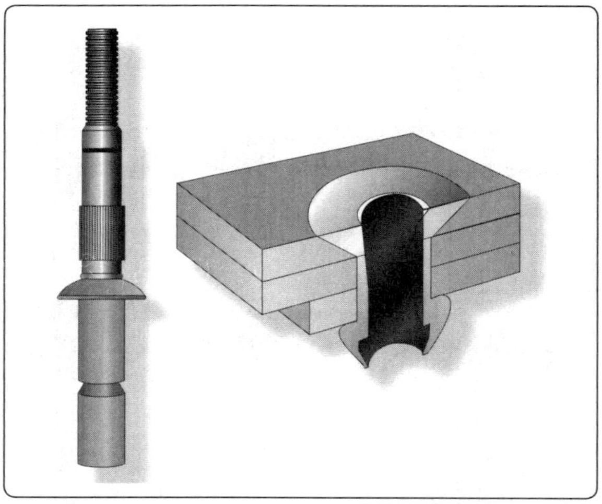

[그림 5-29] 와이어드로 체리 로크 리벳(Wiredraw cherry-lock rivet)

(6) 허크 기계고정 리벳(Huck Mechanical Locked Rivets)

셀프 플러깅(기계 고정) 리벳은 2개 부분으로 제조된다. 즉, 원추형의 오목한 곳에 고정 칼라를 담고 있는 머리와 생크 부분, 생크 안을 통과하는 톱니 모양의 스템 부분이다. 마찰고정리벳(Friction Lock Rivet)과는 다르게, 기계고정리벳(Mechanical Lock Rivet)은 리벳의 머리 부분에 스템을 확실하게 고정할 수 있는 고정 칼라를 갖추고 있다. 이 칼라는 리벳장착 시 고정위치에 안착된다.

#### 5.6.3.2 재질(Material)

셀프 플러깅(기계적인 고정) 리벳의 생크, 즉 슬리브(슬리브)는 2017과 5056 알루미늄합금, 모넬 또는 스테인리스강으로 제조한다.

셀프 플러깅 리벳에서 기계고정형은 마찰고정형과 똑같이 사용되며, 추가로 더 큰 스템 고정능력 때문에 진동이 심한 곳에 적합하다.

마찰 고정리벳에서처럼 기계 고정리벳의 선택에서도 일반적인 요구사항은 충족시켜야 한다. 체결하고자 하는 부품의 재질 성분에 따라 리벳슬리브(rivet sleeve)의 재질을 결정한다. 예를 들어, 대부분 알루미늄합금에는 2017 알루미늄합금 리벳을 사용하고, 마그네슘에는 5056 알루미늄합금 리벳이 사용된다.

그림 5-30에는 전형적인 기계 고정 블라인드리벳의 장착 순서를 나타내었다. 형태와 기능은 블라인드리벳의 종류에 따라 약간씩 차이가 있으므로 구체적인 내용은 제조사의 지시를 따라야 한다.

#### 5.6.3.3 머리 모양(Head Style)

그림 5-31에 나타난 것과 같이, 셀프 플러깅(기계 고정) 블라인드리벳은 장착 요구조건에 따라 몇 가지 머리모양이 이용되고 있다.

(1) 리벳 생크지름(Diameters)

생크지름은 1/32인치 단위로 증가하며, 규격번호의 첫 번째 대시 번호로 식별한다. 즉, -3은 생크지름이 3/32인치임을 나타내고, -4는 지름이 1/8인치임을 의미한다. 규격번호와 일치하는 크기와 1/64인치 오

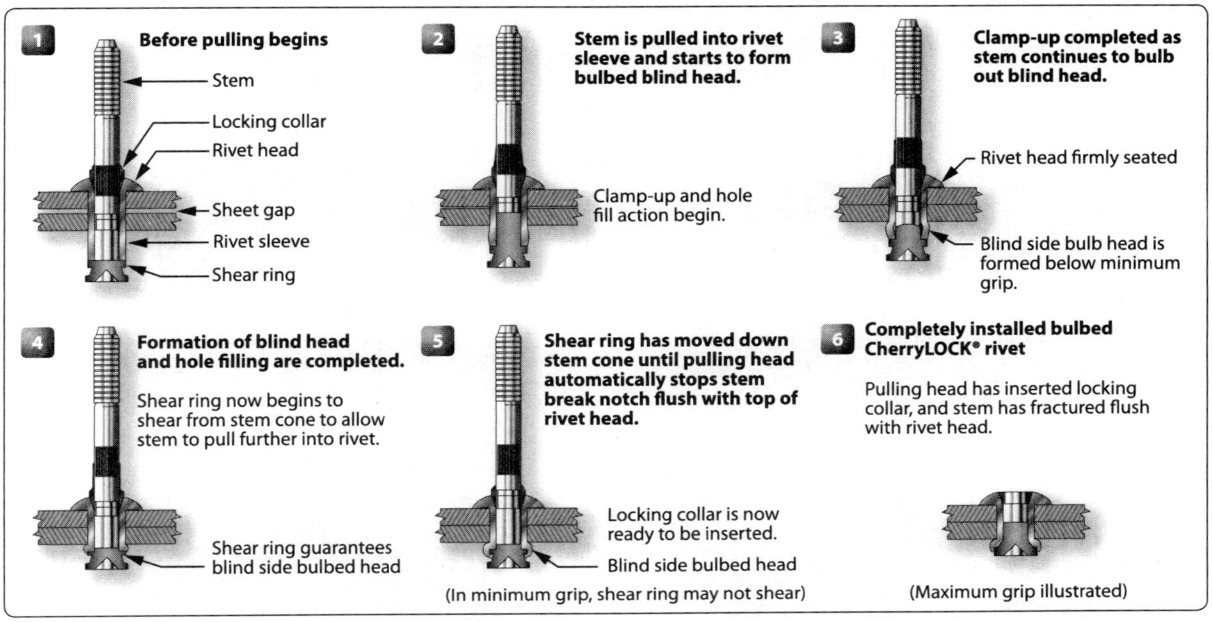


[그림 5-30] 체리 로크 리벳 설치(Cherry-lock rivet installation)

버사이즈 지름(oversize diameter)을 사용할 수 있다.

(2) 그립 길이(Grip Length)

그림 5-32에 나타난 것과 같이, 그립 길이는 리벳 체결하고자 하는 전체 판재 최대두께에 따라 결정되며, 1/16인치 단위씩 증가한다. 이것은 일반적으로 두 번째 대시 번호(Dash Number)를 통해 표시한다. 별도로 표시하지 않았다면, 대부분 블라인드리벳은 리벳 머리에 최대 그립길이를 표시하며, 1/16인치 단위의 전체 그립범위(Total Grip Range)를 갖는다.

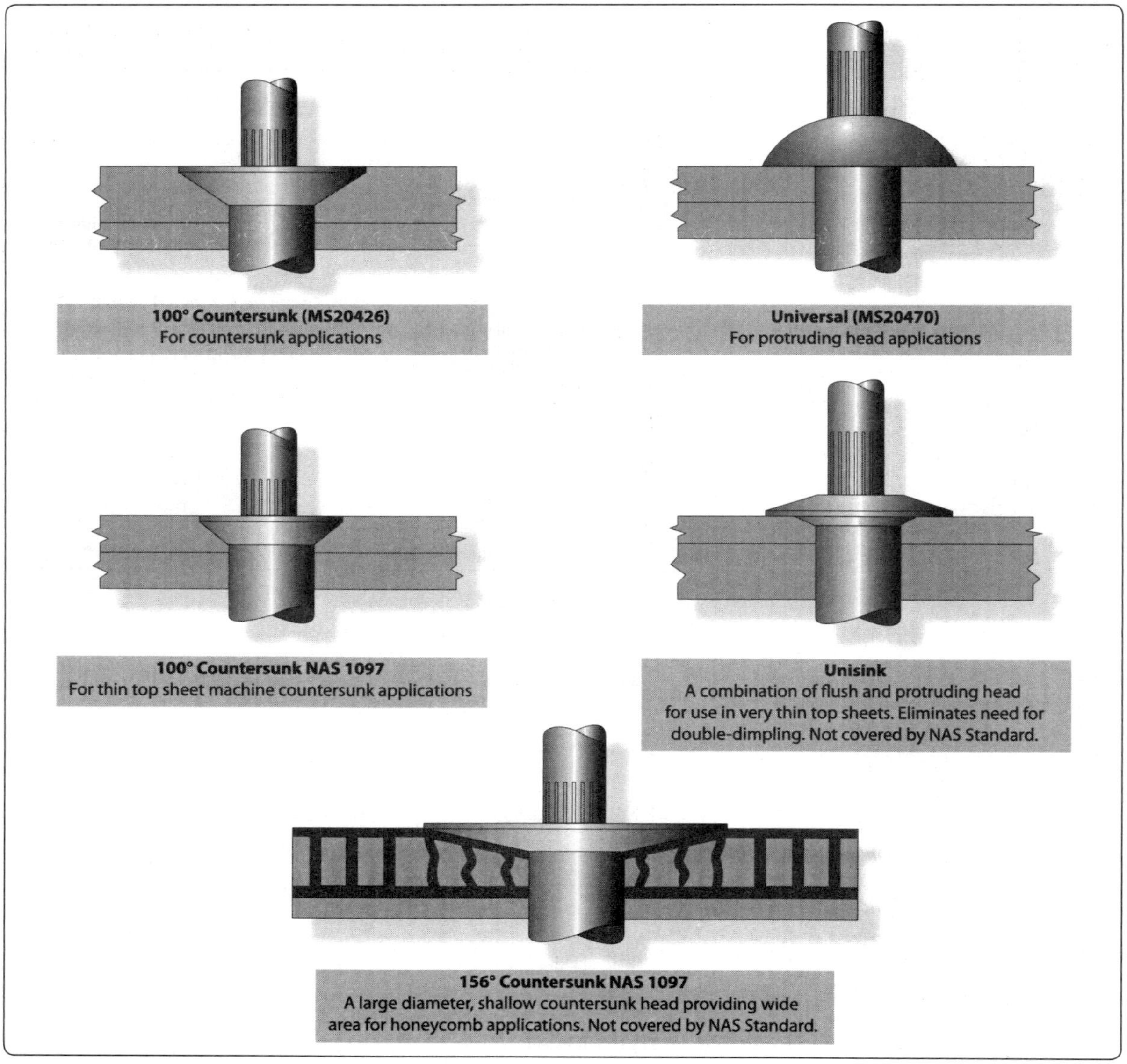


[그림 5-31] 체리 고정리벳의 머리모양(Cherry-lock rivet heads)

체결에 적합한 리벳의 그립길이를 결정하기 위해, 블라인드리벳제조사에서 제공하는 그립게이지(Grip Selection Gauge)로 체결하고자 하는 부품의 두께를 측정한다. 그립게이지의 적절한 사용방법은 그림 5-33과 같다.

그림 5-34에 나타난 것과 같이, 리벳을 체결하고자 하는 부품의 두께는 리벳 생크의 전체길이를 결정한다. 일반적인으로, 리벳 생크 길이는 부품의 두께보다 약 3/64인치에서 1/8인치 이상 길어야 한다.

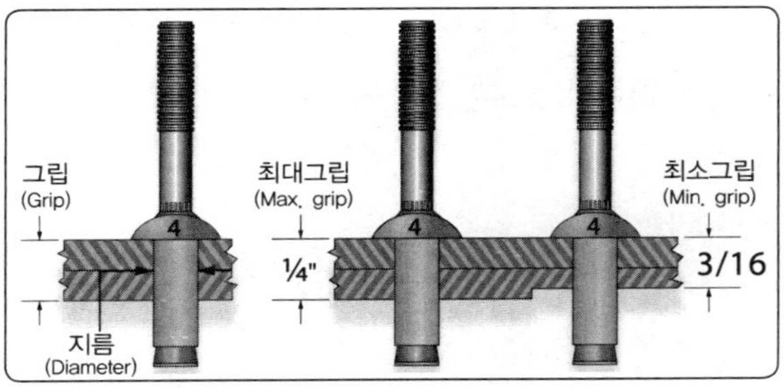


[그림 5-32] 일반적인 그립(grip) 길이

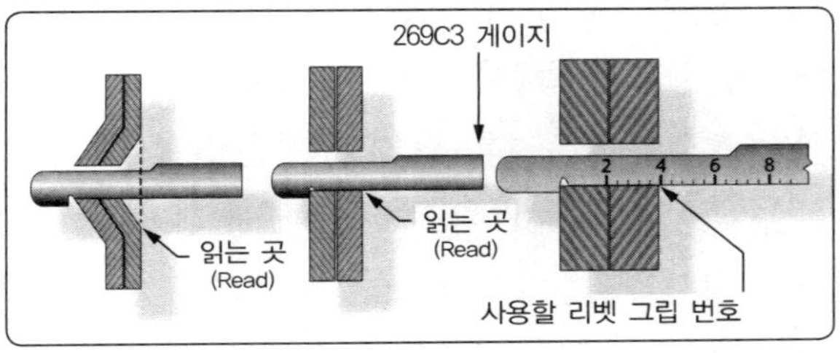


[그림 5-33] 그립 게이지(Grip gage) 사용

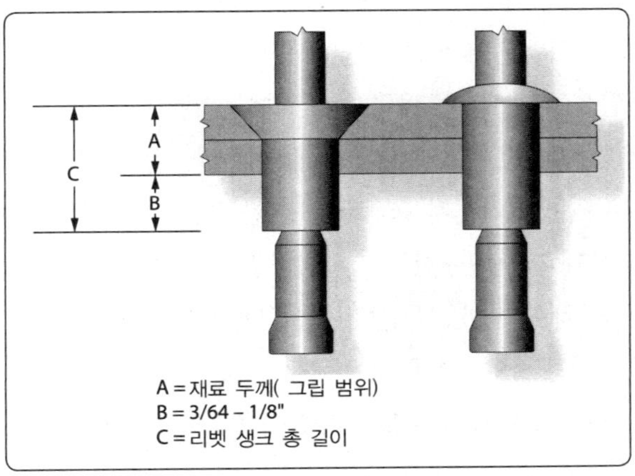


[그림 5-34] 리벳 길이의 결정

[표 5-18] 허크(Huck) 제조회사 코드(codes)

**허크 제조회사** (Huck Manufacturing Company)

**9SP-B A 6 3**

| | |
|---|---|
| 9SP-B | **머리모양**(Head Style)<br>9SP-B = brazier or universal head<br>9SP-100 = 100° countersunk head |
| A | **생크의 재질 구성**(Material composition of shank)<br>A = 2017 aluminum alloy<br>B = 5056 aluminum alloy<br>R = mild steel |
| 6 | **생크 지름 : 1/32 인치 단위**(Shank diameter in 32nds of an inch:)<br>4 = ⅛"　6 = 3/16"<br>5 = 5/32"　8 = ¼" |
| 3 | 그립(체결부품의 두께)의 길이 : 1/16 인치 단위 |

[표 5-19] 올림픽(Olympic) 스크루 및 리벳 회사 코드

**올림픽 스크루 및 리벳 회사**(Olympic Screw and Rivet Corporation)

**RV 2 0 0 4 2**

| | |
|---|---|
| RV | **제조회사**(Manufacturer)<br>Olympic Screw and Rivet Corporation |
| 2 | **리벳 종류**(Rivet type)<br>2 = self plugging (friction lock)<br>5 = hollow pull through |
| 0 | **생크의 재질 구성**(Material composition of shank)<br>0 = 2017 aluminum alloy<br>5 = 5056 aluminum alloy<br>7 = mild steel |
| 0 | **머리모양**(Head style)<br>0 = universal head<br>1 = 100° countersunk |
| 4 | **생크 지름 : 1/32 인치 단위**(Shank diameter in 32nds of an inch:)<br>4 = ⅛"　6 = 3/16"<br>5 = 5/32"　8 = ¼" |
| 2 | 그립의 길이 : 1/16 인치 단위(Grip range in 16ths of an inch) |

## 5.6.4 리벳의 식별(Rivet Identification)

셀프 플러깅(마찰고정) 리벳을 제조하는 각각의 회사는 부품의 두께에 따라, 장착에 적합한 리벳의 그립 범위를 선택할 수 있도록 사용자에게 도움을 주기 위해 코드 번호(Code Number)를 부여한다. 부가적으로, MS 규격번호는 식별 목적으로 사용된다. 표 5-18에서부터 표 5-21까지에는 각각의 대표적인 셀프 플러깅(마찰고정) 리벳에 대한 부품번호의 예를 나타내었다.

[표 5-20] 국방 표준(Military standard) 번호 코드

| 국방 표준 번호(Military Standard Number) | |
|---|---|
| **MS 20600 B 4 K 2** | |
| MS | **국방 표준**(Military standard) |
| 20600 | **리벳의 종류 및 머리모양**(Type of rivet and head style:)<br>20600 = self-plugging (friction lock) protruding head<br>20600 = self-plugging (friction lock) 100° countersunk head |
| B | **슬리브의 재질 구성**(Material composition of sleeve:)<br>AD = 2117 aluminum alloy<br>B = 5056 aluminum alloy |
| 4 | **생크 지름 : 1/32 인치 단위**(Shank diameter in 32nds of an inch:)<br>4 = ⅛"  6 = 3/16"<br>5 = 5/32"  8 = ¼" |
| K | **스템의 종류**(Type of stem:)<br>K = knot head stem<br>W = serrated stem |
| 2 | 그립(체결부품의 두께)의 길이 : 1/16 인치 단위 |

[표 5-21] 타운센드 회사(Townsend company), 체리 리벳 분류 코드

| 타운센드 회사(Townsend company), 체리 리벳 분류 | |
|---|---|
| **CR 163 6 6** | |
| CR | **체리 리벳**(Cherry rivet) |
| 163 | **시리즈 번호**(Series number)<br>Designates rivet material, type of rivet, and head style<br>(163 = 2117 aluminum alloy, self-plugging (friction lock) rivet, protruding head) |
| 6 | **생크 지름 : 1/32 인치 단위**(Shank diameter in 32nds of an inch:)<br>4 = ⅛"  6 = 3/16"<br>5 = 5/32"  8 = ¼" |
| 6 | **그립**(체결부품의 두께)**의 길이**(Grip range (material thickness):)<br>Knob stem in 32nds of an inch; serrated stem in 16ths of an inch |

## 5.6.5 특수 파스너 (Special Shear and Bearing Load Fastener)

많은 특수파스너(special fastener)는 경량으로 고강도를 만들어내고, 전통적인 AN 볼트와 너트를 대신하여 사용할 수 있다. AN 볼트를 너트로 잠글 때, 볼트는 늘어나서 가늘어지고, 따라서 볼트는 더 이상 구멍에 밀착되지 않는다. 특수파스너는 압착되는 칼라에 의해 고정하기 때문에 이런 헐거운 결합이 생기지 않는다. 파스너는 장착 시에 볼트에서처럼 인장하중이 작용하지 않는다. 또한, 특수파스너는 경량항공기에 광범위하게 사용한다. 항상 항공기 제작사의 요구사항을 따라야만 한다.

### 5.6.5.1 핀 리벳(Pin Rivets)

핀 리벳, 즉 고전단 리벳(hi-shear rivet)은 특수리벳으로 분류되지만 그러나 블라인드 형은 아니기 때문에 리벳 체결을 위해서는 부품의 양쪽으로 접근할 수 있어야 한다. 같은 지름의 볼트와 같은 전단강도를 갖는 핀 리벳은 볼트 무게의 약 40%에 불과하고, 볼트, 너트, 와셔를 조합해서 장착하는 데 소요되는 시간보다도 약 1/5 정도면 체결이 가능하다. 핀 리벳은 솔리드생크리벳보다 약 3배 정도 강하다.

핀 리벳은 본질적으로 나사산이 없는 볼트이다. 그림 5-35와 같이, 핀의 한쪽 끝에는 머리가 있고 다른 쪽에는 원주방향으로 홈이 파여 있다. 금속칼라를 이 홈 위에 압착시켜 고착시킨다. 핀 리벳은 다양한 재질로 제조되지만, 반드시 전단하중만이 작용하는 곳에 사용해야 한다. 이 핀 리벳은 그립길이가 생크지름보다 적은 곳에 사용해서는 절대로 안 된다.

핀 리벳에 대한 개개의 리벳 지름과 그립길이는 부품번호에 표시한다. 대표적인 부품번호에 대한 분석은 다음과 같다.

Code Number NAS177-14-17

NAS = 국제항공표준규격(National Aircraft Standard)
177 = 100° 접시머리(countersunk head) 리벳
or 178 = 납작머리(flathead) 리벳
14 = 리벳의 지름 : 1/32 인치 단위
17 = 그립의 최대 길이 : 1/16 인치 단위

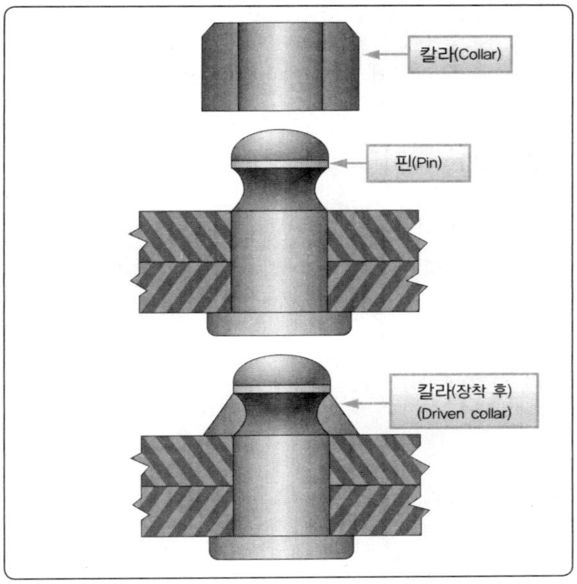


[그림 5-35] 고전단 리벳(hi-shear rivet)

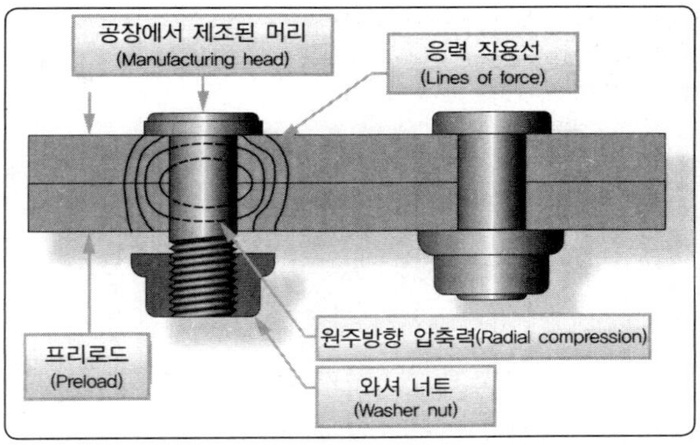


[그림 5-36] 테이퍼 로크(Taper-Lock) 특수 패스너(fasteners)

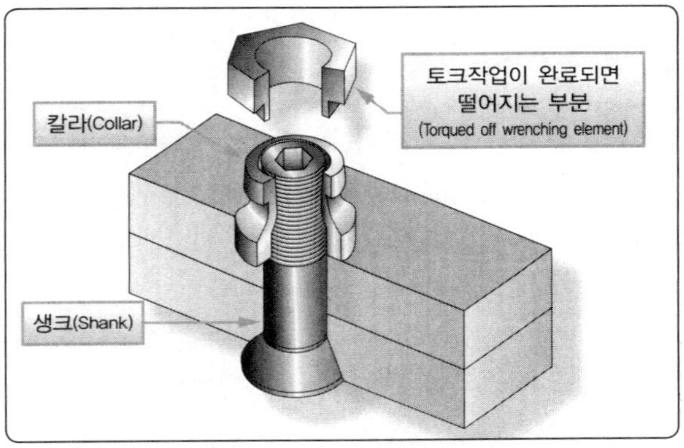


[그림 5-37] 하이 토크 특수 패스너(Hi-Tigue special fasteners)

### 5.6.5.2 테이퍼 로크(Taper-Lok)

그림 5-36과 같이, 가장 강한 특수파스너인 테이퍼 로크(Taper-Lock)는 항공기 주 구조계통에 사용한다. 테이퍼 로크 테이퍼형태 때문에 구멍의 내벽에 밀착된다.

테이퍼 로크는 구멍을 완전히 꽉 채우도록 설계하였는데, 리벳과 다르게 생크는 변형되지 않으면서 구멍을 꽉 채운다. 대신에 와셔머리너트(washer head nut)는 테이퍼 형태의 구멍 벽에 대하여 대단히 큰 힘으로 금속을 압착한다. 이것이 압착되면 생크 주위에 원주방향 압축력과 수직방향 압축력이 함께 만들어지며, 이 힘의 조합에 의해 다른 어떤 파스너보다 높은 강도를 발생시킨다.

### 5.6.5.3 하이 토크(Hi-Tigue)

하이토크 특수파스너는 파스너의 생크 아래쪽을 둘러싼 비드(Bead)를 갖고 있다. 접합 강도를 증가시키는 비드는 그것이 채워진 구멍에 프리로드(pre-load)가 발생한다. 체결하면, 비드는 구멍의 옆벽에 압력을 가하고, 주변을 강화시키는 원주방향 힘이 발생한다. 프리로드가 작용하고 있기 때문에, 접합부분이 일정한 순환 작용에 의해 냉간가공 되고 결국 고장이 발생하는 것을 막아준다.

그림 5-37과 같이, 하이 토크 파스너는 알루미늄(aluminum), 티타늄(titanium), 스테인리스강합금(stainless steel alloy) 등으로 만든다. 칼라(Collar)는 밀봉형(Sealing type)과 비밀봉형(Non-sealing type) 두 가지 종류가 있으며, 호환되는 금속으로 만든다. 하이 로크(Hi-Lock)처럼, 이 하이 토크도 알렌 렌치

(Allen Wrench)와 박스 엔드 렌치(Box-end Wrench)를 이용하여 장착할 수 있다.

### 5.6.5.4 종속 파스너(captive fastener)

종속 파스너는 엔진나셀(engine nacelle), 점검 판(Inspection Panel), 기타 빠르고 쉽게 접근할 필요가 있는 곳을 신속하게 분리하기 위해 사용한다. 종속 파스너는 그것이 설치된 곳에서 스터드(stud)는 회전시킬 수 있지만, 그러나 종속 파스너는 그것이 잡고 있는 부품으로부터 풀리더라도 떨어져 나가지 않는다.

### 5.6.5.5 턴-로크 파스너(Turn-lock Fasteners)

턴-로크(Turn-lock) 파스너는 항공기의 점검패널, 문(Door), 기타 분리할 수 있는 판넬(Panel)을 부착하기 위해 사용된다. 턴-로크 파스너는 또한 빠른 개방, 빠른 동작, 응력 패널(stressed panel) 파스너라고도 부른다. 이들 파스너의 우수한 특징은 검사와 정비를 위해 점검패널(Access Panel)을 쉽고 빠르게 분리하는 것이 가능하다는 것이다.

턴-로크 파스너는 여러 가지 종류가 있는데 제조사의 상품명을 따서 부르고 있다. 일반적인 것에는 주스(Dzus) 파스너, 캠 로크(Cam-loc) 파스너, 에어 로크(Air-loc) 파스너 등이 사용되고 있다.

(1) 주스파스너(dzus fastener)

주스파스너는 스터드(Stud), 그로밋(Grommet), 그리고 스프링(spring)으로 구성된다. 그림 5-38에는 장착된 주스파스너와 구성품에 대하여 설명하였다.

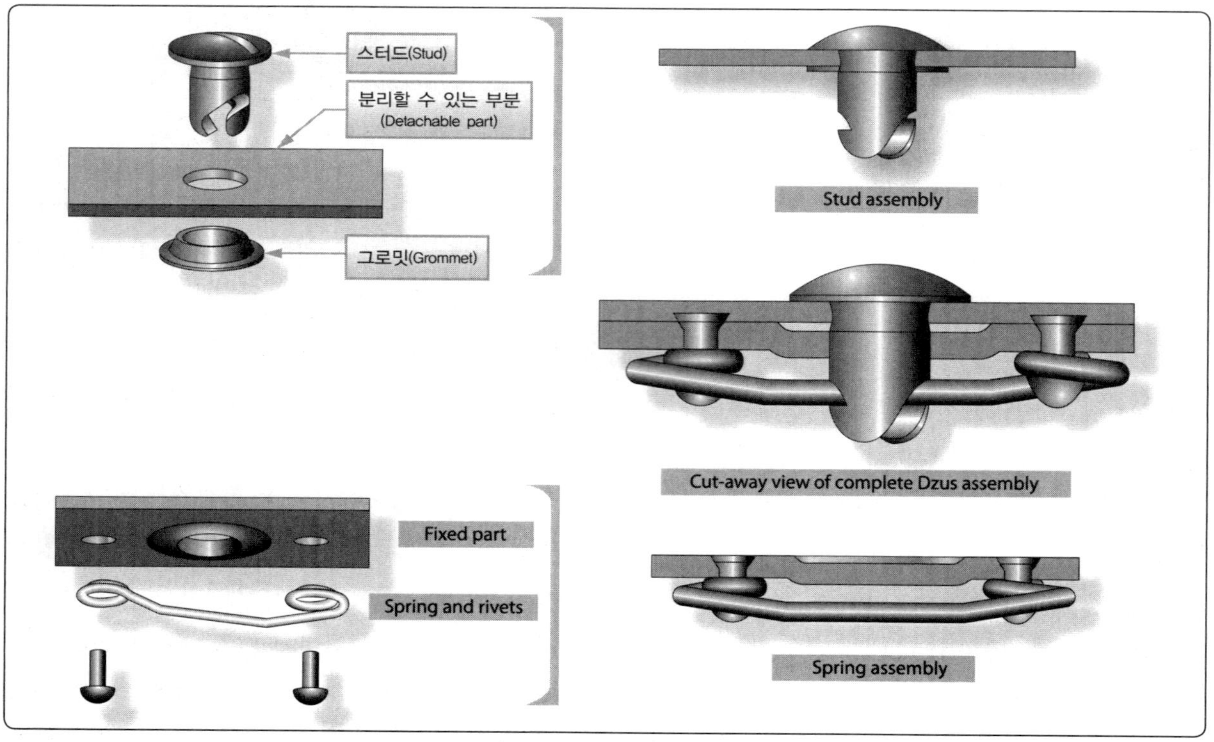


[그림 5-38] 주스 파스너(Dzus fastener)

그로밋(Grommet)은 알루미늄 또는 알루미늄합금 재질로 만든다. 그것은 스터드를 잡아주는 역할을 한다. 만약 정상적인 제품을 구입할 수 없다면, 그로밋은 1100 알루미늄 튜브로 제조할 수도 있다.

스프링은 부식을 방지하기 위해 카드뮴 도금된 강으로 만든다. 스프링의 탄성은 스터드와 결합되었을 때, 스터드를 고정시키거나 붙잡아주는 역할을 한다.

스터드(Stud)는 강으로 제조하고 카드뮴도금 처리한다. 스터드는 세 가지 머리모양이 있는데, 나비형(Wing), 플러시형(Flush), 타원형(Oval) 등이다. 그림 5-39와 같이, 스터드의 머리에 몸통지름, 길이, 머리형을 표시함으로써 식별하거나 구분한다. 지름은 항상 1/16인치 단위로 나타낸다. 스터드의 길이는 1/100인치 단위로 나타내며, 스터드 머리에서부터 스프링구멍 아래까지의 거리이다.

스터드를 1/4바퀴 정도 시계방향으로 회전시키면 파스너는 잠기고, 반시계방향으로 회전시키면 풀린다. 주스 키(Dzus Key) 또는 특수 지상용 스크루드라이버(screwdriver)를 이용하여 파스너를 잠그거나 풀어준다.

(2) 캠 로크 파스너(Camloc Fasteners)

캠 로크 파스너는 다양한 모양으로 설계되고 만들어진다. 가장 널리 사용되는 것으로는 일선정비용으로 2600, 2700, 40S51, 4002 계열이고, 중정비용(Heavy-duty Line)으로 응력판넬형(stressed panel type) 파스너가 있다. 후자는 구조하중을 받치고 있는 응력 판넬에 사용한다.

그림 5-40과 같이, 캠 로크 파스너는 항공기 카울링(Cowling)과 페어링(Fairing)을 장착할 때 사용한다. 캠 로크 파스너는 스터드 어셈블리(stud assembly, 그로밋(Grommet), 리셉터클(receptacle)의 세 부분으로 구성된다. 리셉터클은 고정형과 유동형의 두 가지 형태가 이용된다.

스터드와 그로밋은 장탈이 가능한 부분에 장착하며, 리셉터클은 항공기의 구조물에 리벳으로 체결한다.

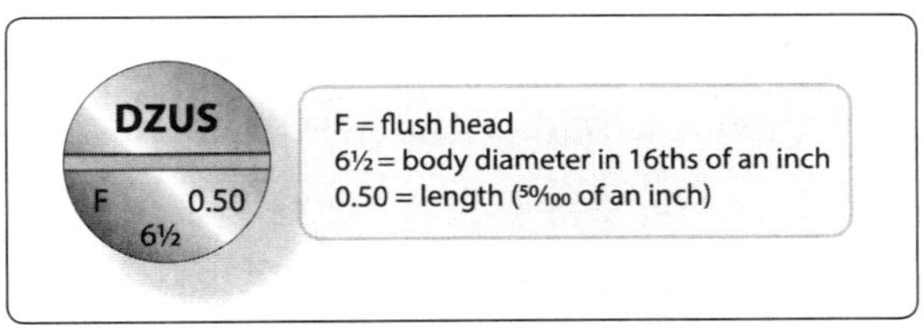


[그림 5-39] 주스 파스너의 식별(Dzus identification)

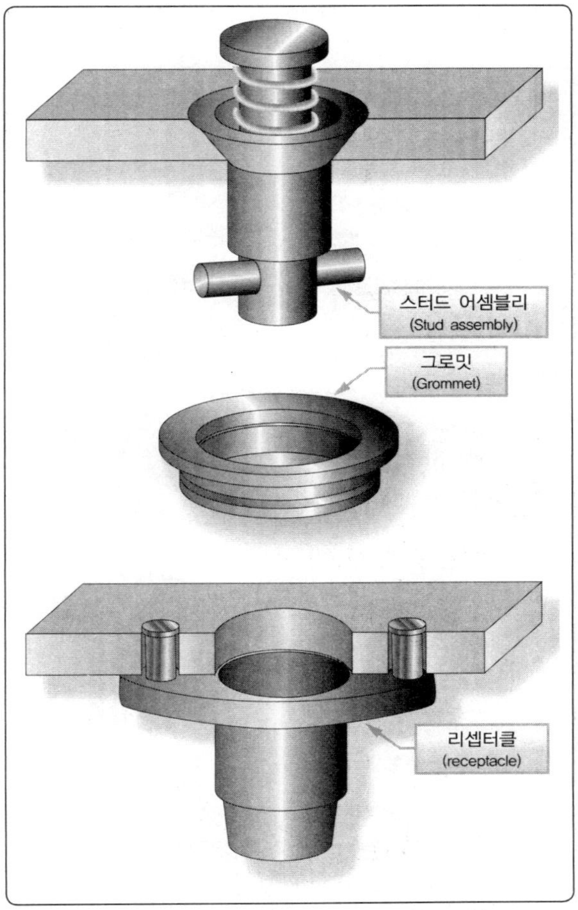


[그림 5-40] 캠 로크 파스너(Camloc fastener)

스터드와 그로밋은 장착 위치와 부품의 두께에 따라, 평형, 오목형(Dimpled), 접시머리형, 또는 카운터보어 홀(counter-bored hole) 중 한 가지로 장착한다.

스터드를 1/4바퀴 정도 시계방향으로 회전시키면 파스너는 잠기고, 반시계방향으로 회전시키면 풀린다.

(3) 에어 로크 파스너(air-loc fastener)

그림 5-41과 같이, 에어 로크 파스너는 스터드, 크로스 핀(Cross Pin), 그리고 스터드 리셉터클(receptacle)의 세 부분으로 구성된다. 스터드는 강으로 제조하고 과도한 마모를 방지하기 위해 표면을 담금질하였다. 스터드 구멍은 크로스 핀의 압착식 조립을 위해 구멍을 넓혔다.

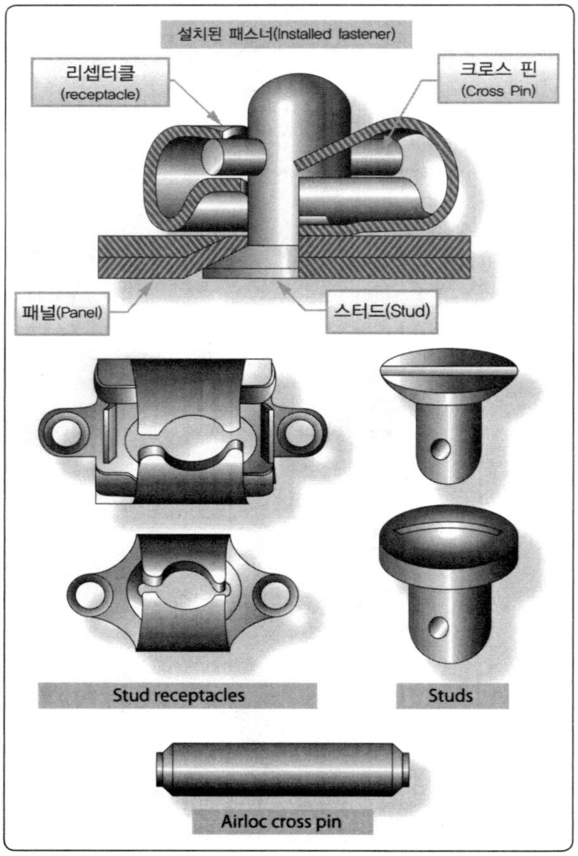


[그림 5-41] 에어 로크 파스너(Air-Loc fastener)

장착할 스터드의 정확한 길이를 결정하기 위해서는 에어록 파스너로 부착시키고자 하는 부품의 전체 두께를 알아야만 한다. 각각의 스터드로 안전하게 부착시킬 수 있는 부품의 전체 두께를 스터드의 머리에 새겨 넣었으며, 0.040, 0.070, 0.190인치 등 1/1,000인치 단위로 표시한다. 스터드는 플러시(Flush)형, 타원(Oval)형, 나비형(Wing type)의 세 종류로 제조한다.

그림 5-41과 같이, 크로스 핀은 크롬바나듐강(chrome-vanadium steel)으로 제조하며 최대강도, 내마모성, 지지력을 증가시키기 위해 열처리하였다. 이 크로스 핀을 재사용해서는 안 되며, 스터드와 분리한 경우는 새 핀으로 교체해야 한다.

에어록 파스너에 대한 리셉터클은 고정형과 유동형의 두 가지 종류로 제조한다. 크기는 No.2, No.5, 그리고 No.7과 같이 숫자로 분류한다. 이 에어록 파스너는 리셉터클의 리벳구멍 중심 사이의 거리에 따라 분류한다. 즉, No.2는 3/4인치, No.5는 1인치, No.7은 1⅜인치 등이다. 리셉터클은 고탄소강을 열처리해서 제조한다.

## 5.6.6 항공기용 스크루(Aircraft Screws)

스크루는 항공기에 가장 일반적으로 사용되는 나사식 체결장치(fastening device)이다. 이 스크루는 일반적으로 낮은 강도의 재질로 만들어지기 때문에 볼트와는 많이 다르다. 스크루는 등급 2 나사산인 헐거운 끼워 맞춤(loose-fitting)으로 장착되고, 머리 모양은 스크루드라이버 또는 렌치(Wrench)에 맞물리도록 만들었다. 명확히 구분되는 그립길이나 나사산이 없는 부분을 갖고 있는 스크루도 일부 있지만 대부분 스크루는 전체 길이에 걸쳐 나사산이 나 있다.

구조용 스크루의 몇몇 종류는 단지 머리에서만 표준 구조용 볼트와 다를 뿐 그것의 재질은 똑같고, 명확한 그립길이를 가지고 있다. AN525 와셔머리스크루와 NAS220~NAS227 계열 스크루가 이에 해당한다.

일반적으로 사용하는 스크루는 세 그룹으로 분류한다.

(1) 볼트와 같은 크기와 강도를 갖는 구조용 스크루(structural screw)
(2) 일반적인 수리에서 사용되는 종류로서 대부분의 기계용 스크루(machine screw)
(3) 가벼운 부품의 부착에 사용되는 자동 태핑 스크루(Self-taping screw)

이 외에 드라이브 스크루(drive screw)는 실제로 스크루라기보다는 못에 해당한다. 이것은 나무망치나 쇠망치로 금속 부품에 때려 박아서 체결하며, 또한 머리에는 스크루드라이버와 맞물리는 홈을 만들지 않았다.

#### 5.6.6.1 구조용 스크루(Structural Screws)

합금강으로 만들어진 구조용 스크루는 적당히 열처리하였고, 구조용 볼트 대용으로도 사용할 수 있다. 이 스크루는 NAS204~NAS235까지와 AN509와 AN525 계열에 해당한다. 이 스크루는 명확한 그립을 가지고 있으며 같은 크기의 볼트와 같은 전단강도를 갖는다. 생크의 공차는 AN 육각머리볼트와 비슷하고, 나사산은 NF계열이다. 구조용 스크루는 둥근(round)머리, 브레지어(brazier)머리, 접시머리(countersunk head)로 제조한다. (+)머리 스크루는 필립(Phillip) 또는 리드 앤 프린스(Reed & Prince) 스크루드라이버를 이용해서 체결한다. AN509(100°) 접시머리 스크루는 매끄러운 표면이 요구되는 곳의 접시머리구멍에 사용한다.

AN525 와셔머리(washer-head) 구조용 스크루는 돌출된 머리가 허용되는 곳에 사용한다. 와셔머리 스크루는 큰 접촉 면적을 제공한다.

#### 5.6.6.2 기계용 스크루(Machine Screws)

그림 5-42와 같이, 기계용 스크루는 보통 접시머리, 둥근머리, 와셔머리 등이 있다. 이 스크루는 다목적용 스크루이며 저탄소강, 황동, 내식강, 알루미늄합금 등으로 제조된다.

AN515, AN520 둥근머리 스크루는 머리에 (-) 또는 (+) 홈을 갖는다. AN515 스크루는 거친 나사를 가지며, AN520은 가는 나사를 갖는다.

접시머리 기계용 스크루 중에 AN505와 AN510은 82° 로 되어 있고, AN507은 100° 로 되어 있다. AN505와 AN510은 재질과 용도에 있어서 AN515와 AN520 둥근머리에 상당한다.

AN500~AN503까지의 둥근납작머리(fillister-head) 스크루는 다목적용 스크루이며 가벼운 기계장치에서 고정나사로 사용한다. 이것은 기어 박스 덮개(Gearbox Cover Plate)와 같은 알루미늄주조 부품의 장착에 사용할 수 있다.

AN500과 AN501 스크루는 저탄소강, 내식강, 그리고 황동 등의 재질로 만든다. AN500은 거친나사(coarse thread)로 되어 있지만, AN501은 가는 나사(fine thread)로 되어 있다. 이 스크루는 확실한 그립길이를 갖고 있지 않다. No.6 이상의 스크루는 풀림방지를 위한 구멍을 머리에 뚫어 놓았다.

AN502와 AN503 둥근납작머리 스크루는 열처리된 합금강으로 만들며, 약간의 그립이 있고, 가는 나사와 거친 나사 모두를 적용되고 있다. 이 스크루는 고강도가 요구되는 곳의 캡 스크루(cap-screw)로 사용한다. 거친 나사 스크루는 연질의 알루미늄합금과 마그네슘합금 주조 부품 고정을 위해 사용한다.

### 5.6.6.3 자동 태핑 스크루(Self-tapping Screws)

그림 5-43과 같이, AN504와 AN506은 기계용 자동 태핑 스크루이다. AN504 스크루는 둥근머리이고, AN506 스크루는 82° 접시머리이다. 이 스크루는 주물로 된 부품에 명패와 같이 강도를 고려하지 않아도 되는 부품을 체결하고자 할 때 적합하며, 스크루 스스로가 나사산(thread)을 만들며 체결된다.

파커 카론(Parker-Kalon) Z-형 판재(sheet) 금속스크루(metal screw)와 같이, AN530과 AN531 자동 태핑 판재 금속스크루의 끝은 뭉툭하다. 이것은 리벳 작업을 위해 판재를 임시로 결합시키는 데 사용하며, 비구조용 부재의 영구조립에 사용한다. 이 자동 태핑 스크루는 표준 스크루, 너트, 볼트 혹은 리벳 등과 교체해서 사용하면 안 된다.

### 5.6.6.4 드라이브 스크루(Drive Screw)

AN535 드라이브 스크루는 파커 카론 U 타입(Parker-Kalon U 종류)과 같다. 이 스크루는 주조제품에 명패를 부착하기 위해 혹은 튜브 형 구조에서 부식방지용으로 배수 구멍을 밀폐시키기 위한 캡 스크루로 사용하는 납작 머리 자동태핑 스크루이다. 한번 장착하고 나면 다시 장탈해서는 안 된다.

### 5.6.6.5 식별과 기호(Identification and Coding)

스크루를 식별하기 위한 기호체계는 볼트에 적용되는 것과 비슷하다. AN 스크루와 NAS 스크루가 있는

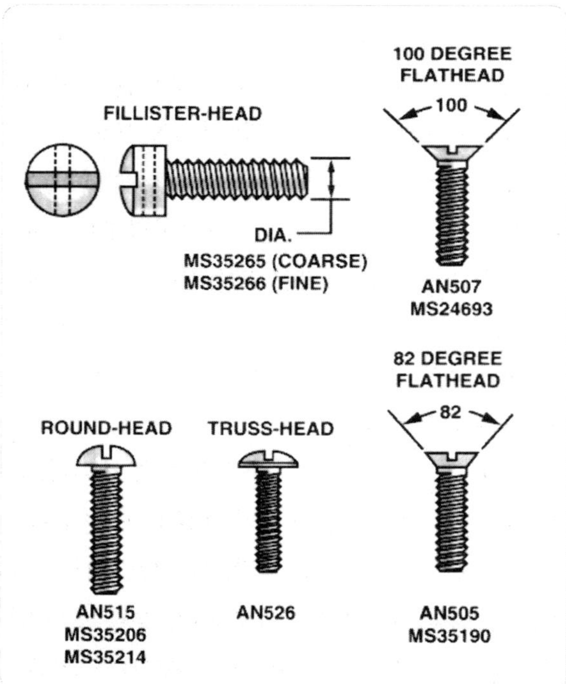


[그림 5-42] 기계용 스크루(Machine screws)

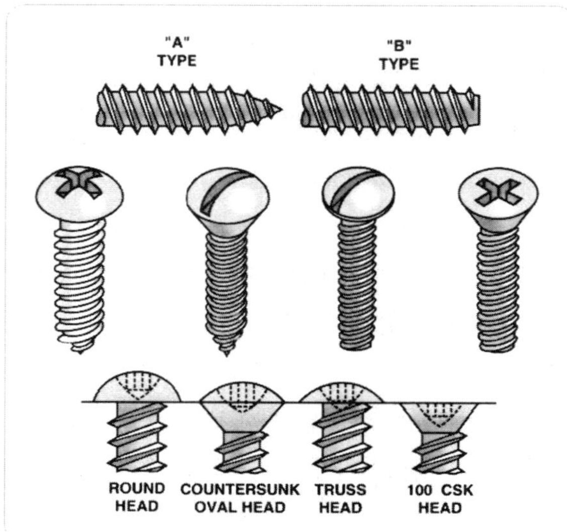


[그림 5-43] 자동 태핑 스크루(Self-tapping screws)

데, NAS 스크루는 구조용 스크루이다. 부품번호 510, 515, 550 등은 둥근머리, 납작 머리, 와셔머리 등과 같이 분류한다. 문자와 숫자는 재질성분, 길이, 두께를 나타낸다. 다음은 AN 코드 번호와 NAS 코드 번호에 대한 예이다.

Code Number AN501B-416-7

| | |
|---|---|
| AN = | 미공군-해군(Air Force-Navy) 표준 규격 |
| 501 = | 둥근머리, 고운 나사산 |
| B = | 청동 |
| 416 = | 지름 4/16인치 |
| 7 = | 길이 7/16인치 |

"B" 대신 문자 "D"를 쓰면 재질이 2017-T 알루미늄합금이라는 것을 의미한다. 문자 "C"는 내식강을 표시한다. 재질 코드 기호 앞에 오는 문자 "DH"는 머리에 안전결선을 위한 구멍이 뚫려 있다는 것을 나타낸다.

Code Number NAS144DH-22

| | |
|---|---|
| NAS = | 국제항공표준규격(National Aircraft Standard) |
| 144 = | 머리모양; 지름과 나사산 - 281/4 내부랜칭 볼트 |
| DH = | 머리에 구멍 뚫림 |
| 22 = | 스크루의 길이 : 1/16 인치 단위 - 3/8 인치 |

기본적인 NAS 번호로 부품을 식별한다. 뒤에 오는 문자와 대시 번호는 다른 크기, 도금재료, 드릴링 작업방법 등을 분류한다. 대시 번호와 뒤에 붙는 문자가 표준이 되는 것은 아니다. 자세한 것은 표준서의 NAS 부분을 참고할 필요가 있다.

### 5.6.7 리벳고정 너트 플레이트 (Riveted and Rivetless Nutplates)

스크루 또는 볼트 장착을 위해 뒤쪽으로 접근하는 것이 불가능할 때, 볼트를 잡아주기 위한 너트를 리벳, 또는 다른 어떤 방법으로 판넬(Panel)에 직접 고정한 너트 플레이트(Nutplate)를 사용한다. 이런 방법은 항공기에서 대단히 유용하게 사용된다.

#### 5.6.7.1 너트 플레이트(Nutplate)

항공기에서 리벳으로 제자리에 고정시킬 수 있도록 만든 너트를 너트 플레이트라고 부른다. 이것은 너트를 붙잡지 않고도 볼트와 스크루를 조이는 것이 가능하도록 해 준다. 너트 플레이트는 점검 판넬이나 점검 도어 등을 쉽게 장탈 또는 장착할 수 있도록 하기 위해 영구적으로 설치한다. 여러 개의 스크루를 판넬에 설치하고자 할 때는 판넬의 장착이 쉽도록 유동형 앵커너트(anchor nut)를 사용한다. 유동형 앵커너트는 항공기 외피에 리벳으로 설치한 작은 브라켓(Bracket) 안에 고정된다. 스크루가 일직선으로 맞물리는 것이 용이하도록 너트는 조금씩 자유롭게 움직일 수 있다. 간편한 제작을 위해, 때로는 집단 앵커너트가 점검 판넬에 사용되기도 한다. 집단 앵커너트는 너트가 쉽게 스크루와 일치되도록 하기 위해 채널 안에서 움직이는 것이 가능하다.

자동고정너트 플레이트는 몇 가지 표준규격으로 만들어지고, 몇 가지 모양과 크기가 있다. 그림 5-44에는 비금속 인서트를 삽입한 너트 플레이트(MS21078)와 경량의 순금속 너트 플레이트(MS21047)를 보여준다. 또한 만약 너트 플레이트의 강도 보강이 요구된다면 리벳으로 3곳을 결합하면 된다.

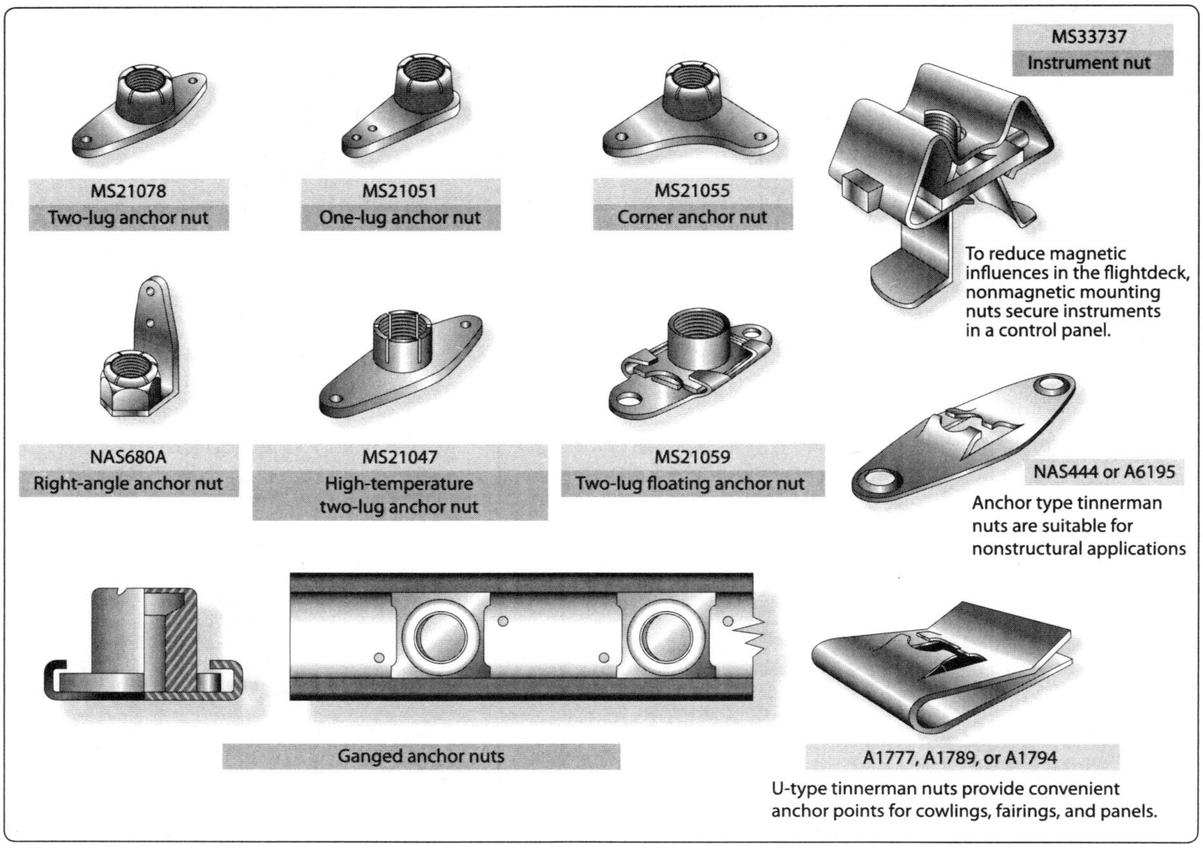


[그림 5-44] 다양한 너트 플레이트(Various nutplates)

### 5.6.7.2 리브너트(Rivnuts)

리브너트는 속이 빈 블라인드 리벳(blind rivet)의 일종으로 6053 알루미늄합금으로 만들며, 구멍 안쪽에는 나사산을 내었다. 리브너트는 부품의 보이지 않는 쪽을 향해서 집어넣고 특수공구를 머리에 장착한 다음 작업하므로 혼자서도 장착할 수 있다. 리브너트(Rivnet)는 내부에 나사산이 있고 특수 공구는 이 나사산과 맞물려서 리벳구멍에 삽입된다. 특수 공구를 부품에 직각이 되도록 잡고, 핸들을 시계방향으로 돌리면 리벳은 압착된다. 리벳이 안착되고 충분히 압착되기 위해서는 빽빽한 저항력이 느껴질 때까지 핸들을 계속 회전시킨다.

초기에는 리브너트를 너트 플레이트로 사용하였으며 날개 앞전(leading edge)에 제빙 부츠(Deicer Boots)를 부착하기 위해 사용하였다. 리브너트는 2차구조물인 브라켓(Bracket), 페어링(Fairing), 계기(Instrument), 또는 방음 재료, 기타 액세서리(accessory) 부착 등에 리벳처럼 사용한다.

리브너트는 두 가지 머리모양으로 제조되는데, 하나는 납작 머리에 개방형과 밀폐형이 있고, 다른 하나는 접시머리에 개방형과 밀폐형이 있다. 얇은 접시머리를 제외한 모든 리브너트는 머리의 회전을 방지하기 위해 작게 돌출된 키(Key)를 머리에 끼워 리브너트의 회전을 방지한다. 키로 된 리브 너트는 너트 플레이트로 사용되고, 반면에 키가 없는 리브 너트는 토크 하중이 작용하지 않는 곳에 블라인드리벳 수리작업에 사용된다.

접시머리모양의 리브 너트는 2가지 머리각도로 만들어지는데, 머리 두께가 0.048인치와 0.063인치인 100° 리브 너트, 그리고 머리 두께가 0.063인치인 115° 리브 너트이다. 이 머리모양은 3가지 치수로 만들어지는데, 6-32, 8-32, 10-32 등이다. 이 숫자는 리브 너트 안쪽에 있는 나사산의 기계용 스크루 크기를 나타낸다. 6-32 치수에 대해 생크의 실제 바깥지름은 3/16인치이고, 8-32 치수에 대해서는 7/32인치, 10-32 치수에 대해서는 1/4인치임을 의미한다.

개방형 리브 너트가 일반적으로 사용되고 있으며, 리브너트를 사용해야 할 때 우선적으로 권고된다. 그러나 여압을 필요로 하는 부분에는 밀폐형 리브너트를 사용해야 한다.

리브 너트는 6단계 그립범위(grip range)로 제조한다. 최소 그립길이는 평 머리로 나타내고, 그다음 크기의 그립길이는 머리에 하나의 성형 기호(*)를 표시한다. 계속해서 단계적으로 그립길이가 증가할 때마다 하나씩 추가되며, 최대 그립길이가 되면 총 5개의 성형 기호(*)를 표시한다.

표 5-22와 같이, 일부 부품번호코드는 "6", "8", 또는 "10", "Dash", 그리고 2~3개 이상의 숫자로 표시한다. 일부에서, 대시는 문자 "K" 또는 "KB"로 대체되기도 한다. 첫 번째 숫자는 나사산의 기계용 스크루 치수를 나타내고, 마지막에 있는 2~3개의 숫자는 1/1,000인치 단위로 측정한 최대그립길이를 나타낸다. 부품번호 사이의 대시(Dash)는 리브 너트가 개방형이고 키가 없음을 의미하고, 그 자리에 문자 "B"가 오면 개방형이고 키(Key)가 있음을 나타내며, 문자 'KB'가 오면

[표 5-22] 리브 너트(Rivnut) 데이터 차트

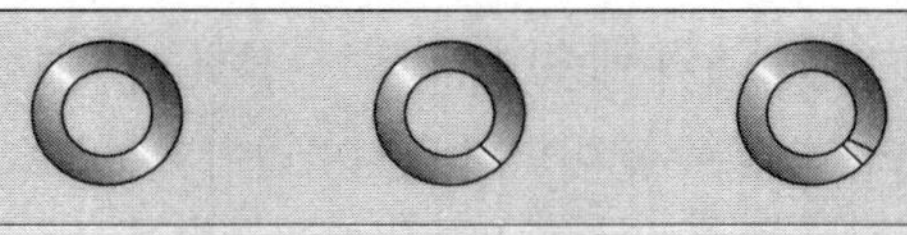

| Flat — 0.32 Head Thickness | | |
|---|---|---|
| 6-45 | 6-75 | 6-100 |
| 8-45 | 8-75 | 8-100 |
| 10-45 | 10-75 | 10-100 |
| 6B45 | 6B75 | 6B100 |
| 8B45 | 8B75 | 8B100 |
| 10B45 | 10B75 | 10B100 |
| 6K45 | 6K75 | 6K100 |
| 8K45 | 8K75 | 8K100 |
| 10K45 | 10K75 | 10K100 |
| 6KB45 | 6KB75 | 6KB100 |
| 8KB45 | 8KB75 | 8KB100 |
| 10KB45 | 10KB75 | 10KB100 |
| **100° — 0.48 Head Thickness** | | |
| 6-91 | 6-121 | 6-146 |
| 8-91 | 8-121 | 8-146 |
| 10-91 | 10-121 | 10-146 |
| 6B91 | 6B121 | 6B146 |
| 8B91 | 8B121 | 8B146 |
| 10B91 | 10B121 | 10B146 |
| **100° — 0.63 Head Thickness** | | |
| 6-106 | 6-136 | 6-161 |
| 8-106 | 8-136 | 8-161 |
| 10-106 | 10-136 | 10-161 |
| 6B106 | 6B136 | 6B161 |
| 8B106 | 8B136 | 8B161 |
| 10B106 | 10B136 | 10B161 |
| 6K106 | 6K136 | 6K161 |
| 8K106 | 8K136 | 8K161 |
| 10K106 | 10K136 | 10K161 |
| 6KB106 | 6KB136 | 6KB161 |
| 8KB106 | 8KB136 | 8KB161 |
| 10KB106 | 10KB136 | 10KB161 |

밀폐형이고 키가 있음을 나타낸다. 만약에 마지막 2~3개의 숫자가 5의 배수이면, 리브너트는 납작머리이고, 만약 5의 배수가 아니면 접시머리이다.

다음은 부품번호 코드의 예이다.

Code Number 10KB106

| | |
|---|---|
| 10 = | 그립길이 |
| KB = | 밀폐형 및 키(key) 있음 |
| 106 = | 스크루 및 나사산 크기 |

### 5.6.7.3 딜 로크 스크루와 딜 로크 리벳 (Dill Lok-Skrus and Dill Lok-Rivets)

그림 5-45와 같이, 딜 로크 스크루와 딜 로크 리벳은 상품명으로 내부에 나사산이 있는 리벳이다. 이것은 페어링(Fairing), 필렛(Fillets), 점검도어 커버(Access Door Cover), 문과 창틀(window frame), 바닥 판넬(Floor Panel) 등과 같이 뒤쪽이 잘 보이지 않는 곳에 부품 장착을 위해 사용한다. 로크 스크루와 로크 리벳은 외형과 사용에 있어서 리브 너트와 비슷하지만, 이것은 2개 부분으로 되어 있고 배럴(Barrel)을 뒤쪽에서 끼우기 위해 보이지 않는 뒤 쪽에 여유 공간이 필요하다.

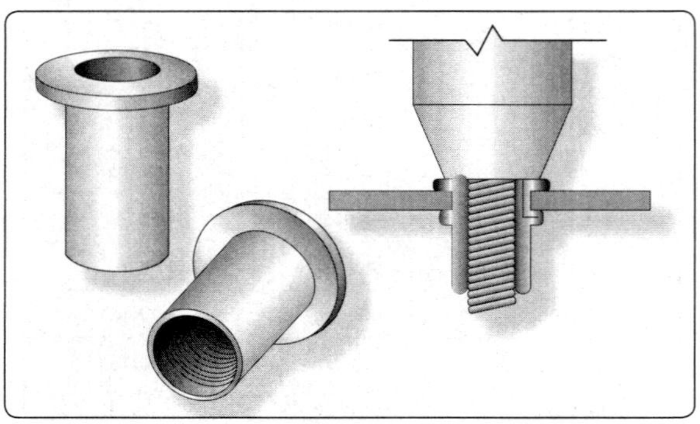

[그림 5-45] 내부 나사산 리벳(Internally threaded rivet)

딜 로크 리벳와 딜 로크 스크루는 구조적으로 서로 비슷하지만, 딜 로크 스크루는 내부에 보기품(accessory) 장착 스크루와 결합되는 암 나사산이 있고, 딜 로크 리벳은 나사산이 없어 오직 리벳처럼 사용할 수 있다. 딜 로크 스크루와 딜 로크 리벳은 모두 같은 방법으로 장착한다.

딜 로크 스크루의 주요 부품은 배럴, 머리, 장착스크루 등이다. 배럴은 알루미늄합금으로 만들고 밀폐형 또는 개방형으로 되어 있다. 머리는 알루미늄합금 또는 강으로 만들고, 장착스크루는 강으로 만든다. 강 부품은 모두 카드뮴 도금하였고, 알루미늄부품은 모두 양극산화 처리하여 부식에 잘 견디도록 하였다. 장착되었을 때, 장착 스크루에 의해 배럴은 머리 위로 강하게 압착되고 뒤 쪽의 금속에 밀착된다. 납작머리와 접시머리로 2가지 머리모양이 있다. 딜 로크 스크루는 7-32, 8-32, 10-32 또는 10-24 스크루에 맞는 암 나사산을 내고, 지름은 6-32 스크루에 대해 0.230인치부터, 10-32 스크루에 대해 0.292인치까지 다양하다. 그립 범위는 0.010~0.225인치까지이다.

### 5.6.7.4 더치 리벳(Deutsch Rivet)

더치 리벳은 최근 항공기에 사용되는 고강도 블라인드리벳(blind rivet)이다. 이것은 75,000psi의 최대 전단강도를 가지며, 혼자서도 장착할 수 있다. 그림 5-46과 같이, 더치 리벳(deutsch rivet)은 2개 부분으로 구성되는데, 스테인리스강 슬리브와 경화강으로 된 드라이브 핀(drive pin)이다. 핀과 슬리브는 오일과 부식방지재로 덮여 있다.

더치 리벳(deutsch rivet)은 3/16, 1/4, 또는 3/8인치의 지름으로 제조한다. 이 리벳의 그립길이는 3/16~1인치까지이다. 리벳을 장착할 때 그립길이에서 약간

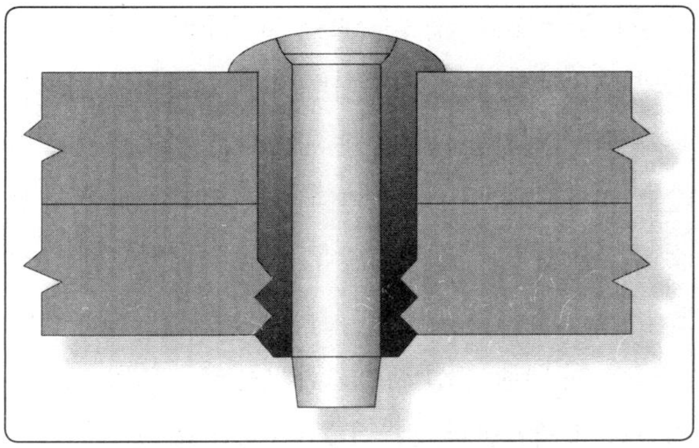

[그림 5-46] 더치 리벳(Deutsch Rivet)

의 변형은 허용되는데, 예를 들어, 3/16인치의 그립길이인 리벳은 부품의 전체 두께가 0.198~0.228인치인 경우에 사용할 수 있다.

더치 리벳 작업할 때, 쇠망치 또는 공기압 리벳건(pneumatic rivet gun)과 납작머리 리벳세트(flat-head set)가 필요하다. 리벳을 장착구멍에 끼운 다음 드라이브 핀을 슬리브 안으로 집어넣고 강하게 두드린다. 핀이 슬리브 안으로 들어가면서 슬리브를 바깥쪽으로 밀어내려는 압력을 가한다. 이 압력에 의해 슬리브와 체결 부품사이에 강한 마찰력이 발생하여 고착된다. 드라이브 핀 상부에 있는 돌기는 몇 번 두드림에 의해 리벳 성형머리(Shop Head) 안으로 밀려서 고정시킨다.

#### 5.6.7.5 기밀용 너트 플레이트(Sealing Nutplates)

항공기에서 여압을 필요로 하는 곳이나 연료 셀(fuel cell)에는 기밀용 너트 플레이트를 사용한다. 만약 기밀용 너트 플레이트에 체결하고자 하는 볼트 또는 스크루가 너무 짧으면, 고정시키기 위한 나사산의 결합이 충분하지 않으며, 너무 길면, 너트 플레이트의 반대쪽으로 뚫고 나가면서 기밀을 손상시킬 수 있기 때문에 정확한 길이의 볼트 또는 스크루를 사용해야만 한다. 일반적으로 완벽한 기밀을 위해 밀폐제(sealant)를 너트 플레이트와 함께 사용한다. 사용하고자 하는 조건에 맞는 밀폐제는 제조사의 지시명세서(manufacturer's specification)를 확인해야 한다.

### 5.6.8 구멍의 수리와 수리용 하드웨어 (Hole Repair and Hole Repair Hardware)

많은 블라인드파스너는 수리나 교환을 할 때, 원래의 파스너를 장탈하기 위한 드릴작업에서 약간 넓어지기 때문에, 이 넓어진 구멍을 수용하기 위해 조금 큰 지름으로 교환한다. 리벳 또는 볼트를 사용할 때, 구멍이 늘어났는지 또는 경사지지는 않았는지 검사하는 것이 필요하다.

리벳구멍이나 볼트구멍이 부정확하게 뚫리는 것을 줄이기 위해, 처음에는 약간 작은 드릴비트(drill bit)를 사용하고, 그다음에 다시 정확한 지름으로 확대한다. 파스너 장착을 위한 구멍을 준비하는 마지막 단계는 아주 큰 드릴비트나 특수한 디버링 공구(De-burring Tool)를 사용하여 구멍 끝의 까칠한 버(burr)를 제거해야 한다. 이 작업은 또한 이전에 부착된 파스너를 빼내는 드릴작업 할 때도 효과적이다. 만약 드릴비트가 리벳, 볼트 또는 스크루의 중심에 정확하게 일치하지 않을 때, 구멍을 일치시키고자 한다면 더 크게 늘려야 하겠지만, 작은 드릴비트를 사용하면 이를 방지할 수 있다. 파스너를 제거할 때, 우선 머리에만 구멍을 뚫은 다음 남아있는 링(Ring)과 스템을 적절한 지름의 핀펀치(pin punch)로 밀어내면 제거된다. 만약 부정확하게 뚫린 구멍이 있다면, 원래 조건에 맞는 파스너의 지름보다 한 치수 큰 지름으로 구멍을 다시 뚫거나, 또는 아크레스(Acres) 파스너 슬리브를 사용하여 구멍을 수리한다.

### 5.6.8.1 아크레스 파스너 슬리브를 이용한 손상된 구멍의 수리 (Repair of Damaged Holes with Acres Fastener Sleeves)

아크레스 파스너 슬리브는 끝이 나팔꽃 모양으로 벌어진 얇은 두께의 튜브형 부품(Tubular Element)이다. 이 슬리브는 표준볼트나 리벳과 같은 종류의 파스너를 체결하기 위한 구멍에 장착한다. 기존의 파스너 구멍은 슬리브를 장착하기 위해 1/64인치 더 큰 구멍을 뚫는다. 슬리브 길이는 1/16인치 단위로 제조된다. 내용 수정 또한 구멍 안에 슬리브 접합에 필요한 접착제 또는 밀폐제를 바를 수 있는 장소를 제공하기도 한다.

(1) 장점과 제한사항(Advantages and Limitations)

손상된 구멍에 슬리브를 장착할 때, 부식이나 다른 손상을 제거하기 위해 1/64인치 더 큰 구멍을 뚫어서 사용한다. 더 커진 구멍에 슬리브를 장착하여 수리함으로써 원래 지름의 파스너 사용이 가능하게 된다. 슬리브는 부식이 발생할 경우 부품을 쉽게 교환할 수 있는 곳으로 이질금속간의 부식(Galvanic corrosion)이 잘 발생할 수 있는 곳에 사용할 수 있다. 구멍의 확장은 부품의 실제 단면적을 감소시키므로, 절대적으로 요구되지 않는 곳이라면 사용하지 말아야 한다.

항공기, 엔진(engine) 또는 그 부품(component)의 손상된 구멍을 아크레스 슬리브로 수리하기 전에 항공기 제조사의 지침을 충분히 검토하여야 한다.

(2) 식별(Identification)

그림 5-47A와 같이, 슬리브(Sleeve)는 슬리브의 종류과 유형, 재료 코드(material Code), 파스너 생크지름(shank diameter), 슬리브에 대한 표면마감 코드문자와 그립 탱(Tang) 등을 나타내는 표준 코드 번호를 통해 식별한다. 슬리브의 종류와 재료는 기본 코드 번호로 표시된다. 첫 번째 번호는 장착된 파스너에 대한 슬리브의 지름을 의미하고 두 번째 대시번호는 슬리브의 그립 길이를 의미한다. 요구되는 슬리브의 길이는 장착에 의해 결정되고 초과되는 슬리브의 길이는 절단해서 제거한다. JK5512A-05N-10은 알루미늄합금의 100° 작은 윤곽머리(low profile head) 슬리브이다. 표면가공하지 않은 상태에서 지름은 5/32인치고 길이는 5/8인치이다.

(3) 구멍 가공(Hole Preparation)

그림 5-47B에는 표준 또는 억지끼워맞춤 구멍(close fit hole)에 대한 드릴번호(drill number)를 나타냈다. 드릴작업 후 슬리브를 장착하기 전에 모든 부식이 제거되었는지 구멍을 검사한다. 구멍은 또한 정확한 모양과 까칠한 부분이 없어야 한다. 접시머리형(countersink) 슬리브가 체결되는 구멍은 표면과 일치되도록 슬리브를 수용하기 위해 카운터싱크(countersink) 작업을 해야 한다.

(4) 장착(Installation)

정확한 종류와 지름의 슬리브를 선정한 후, 6501 슬리브 절단 공구를 사용하여 최종 장착 길이를 맞춘다. 그림 5-47B에는 슬리브 절단절차를 나타냈다. 슬리브는 구멍에 접착제로 접합하거나 그냥 결합하게 된다. 구멍에 슬리브를 접합할 때는 MIL-S-8802A1/2 밀폐제(sealant)를 사용한다. 필요하다면 원래 치수 파스너와 토크(Torque)를 다시 적용한다.

[그림 5-47A] 아크레스 슬리브 식별(Acres sleeve identification)

| Acres Sleeve | Type | Basic Part Number |
|---|---|---|
| 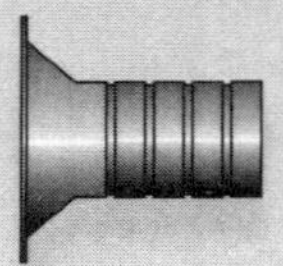 | 100°<br>509 tension head plus flange | JK5610 |
| 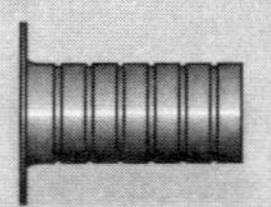 | Protruding head (shear) | JK5511 |
|  | 100°<br>Low profile head | JK5512 |
|  | 100°<br>Standard profile head<br>(509 type) | JK5516 |
| 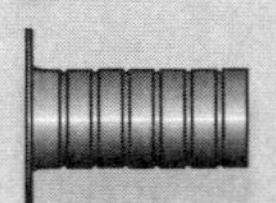 | Protruding head (tension) | JK5517 |
| 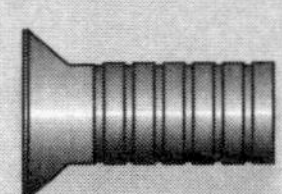 | 100°<br>Oversize tension head<br>(1/64 oversize bolt) | JK5533 |

**Part Number Breakdown**

**JK5511 A 04 N 08 L**

JK5511 | Basic part number

A | Material code 1

04 | Fastener shank diameter in 32nds

N | Surface finish
N = No finish
C = Chemical film per MIL-C-554

08 | Length in sixteenth inch increments
(Required installation length by breaking off at proper groove)

L | "L" at end of part number indicates cetyl alcohol lubricant

| Material | Material Code |
|---|---|
| 5052 Aluminum alloy ½ hard | A |
| 6061 Aluminum alloy (T6 condition) | B |
| A286 Stainless steel (passivate) | C |

| Sleeve Part Number | Bolt Size | 2 Sleeve Length |
|---|---|---|
| JK5511()04()()<br>JK5512()04()()<br>JK5516()04()()<br>JK5517()04()() | ⅛ | 8 |
| JK5511()45()()<br>JK5512<br>JK5516()45()()<br>JK5517()45()() | #6 | 8 |
| JK5511()05()()<br>JK5512()05()()<br>JK5516()05()()<br>JK5517()05()() | 5/32 | 10 |
| JK5511()55()()<br>JK5512()55()()<br>JK5516()55()()<br>JK5517()55()()<br>JK5610()55()() | #8 | 10 |
| JK5511()06()()<br>JK5512()06()()<br>JK5516()06()()<br>JK5517()06()()<br>JK5610()06()() | #10 | 12 |
| JK5511()08()()<br>JK5512()08()()<br>JK5516()08()()<br>JK5517()08()()<br>JK5610()08()() | ¼ | 16 |
| JK5511()10()()<br>JK5512()10()()<br>JK5516()10()()<br>JK5517()10()()<br>JK5610()10()() | 5/16 | 16 |
| JK5511()12()()<br>JK5512()12()()<br>JK5516()12()()<br>JK5517()12()()<br>JK5610()12()() | ⅜ | 16 |

**Acres Sleeve for 1/64 Oversize Bolt**

| Sleeve Part Number | Bolt Size | 2 Sleeve Length |
|---|---|---|
| JK5533()06()() | 13/64 | 12 |
| JK5533()08()() | 17/64 | 16 |
| JK5533()10()() | 21/64 | 16 |
| JK5533()12()() | 25/64 | 16 |

**NOTES:**

1 Acres sleeve, JK5533 1/64 oversize available in A286 steel only

2 Acres sleeve length in sixteenth-inch increments

[그림 5-47B] 아크레스 슬리브 식별(Acres sleeve identification)

**Hole Preparation for 1/64 Oversize Bolt**

| Bolt Size | Drill Number | Drill Diameter |
|---|---|---|
| 13/64 | 7/32 | 0.2187 |
| 17/64 | 9/32 | 0.2812 |
| 21/64 | 11/32 | 0.3437 |
| 25/64 | 13/32 | 0.4062 |

**Hole Preparation**

| Bolt Size | Standard Fit | | Close Fit | |
|---|---|---|---|---|
| | Drill Number | Drill Diameter | Drill Number | Drill Diameter |
| 1/8 | 9/64 | 0.1406 | 28 | 0.1405 |
| #6 | 23 | 0.1540 | 24 | 0.1520 |
| 5/32 | 11/64 | 0.1719 | 18 | 0.1695 |
| #8 | 15 | 0.1800 | 16 | 0.1770 |
| #10 | 5 | 0.2055 | 6 | 0.2040 |
| ¼ | 14 | 0.2660 | 17/64 | 0.2656 |
| 5/16 | 21/64 | 0.3281 | | |
| 3/8 | 25/64 | 0.3908 | | |

**Installation Procedure**

A. Drill out corrosion or damage to existing hole to 1/64 oversize.
B. Select proper type and length acres sleeve for existing fastener.
C. Bond sleeve in structure hole with MIL-S-8802 class A ½ sealant.

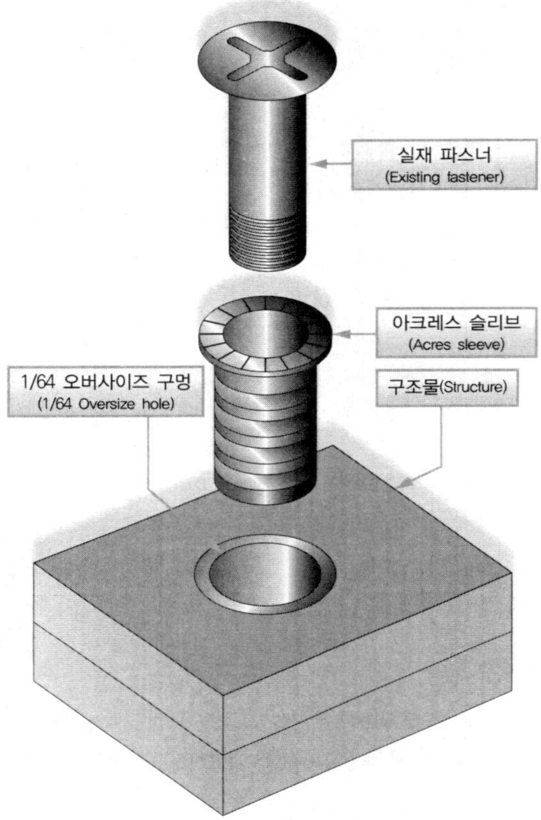


**Acres sleeve installation**

(5) 슬리브의 제거(Sleeve Removal)

구멍에 접합하지 않은 슬리브는 슬리브의 바깥지름과 같은 지름의 천공 핀(drift pin)으로 슬리브를 추출하거나, 슬리브를 송곳으로 변형시켜 제거한다.

접합된 슬리브도 이 방법으로 제거할 수 있지만, 구조물 구멍이 손상되지 않도록 조심해야 한다. 만약 이 방법을 적용할 수 없다면, 장착 드릴 크기보다 0.004~0.008인치 작은 드릴로 슬리브에 구멍을 뚫는다. 드릴작업 후 남아있는 슬리브는 핀 펀치를 이용하여 제거하고, 밀폐제(sealant)는 용제(adhesive solvent)를 발라서 제거한다.

## 5.6.9 조종케이블과 터미널 (Control Cables and Terminals)

케이블은 1차 비행조종계통(primary flight control system)에 가장 널리 사용되는 연결매체이다. 케이블 형태의 연결매체는 엔진제어계통, 착륙장치의 비상 풀림계통 등 항공기 전체에 걸쳐 여러 가지 계통에서 사용된다.

케이블조종 장치는 다른 종류와 비교해서 다음과 같은 몇 가지 장점을 갖는다. 강하고 경량이다. 케이블의 유연성(flexibility) 때문에 조종력을 전달하는 케이블의 방향전환이 쉽다. 항공기 케이블은 높은 기계적 효율을 갖고 있으며 유격이 없기 때문에 정밀한 조종을 방해하는 반동(backlash)현상이 없다. 케이블조종 장치는 또한 다음과 같은 단점도 있다. 케이블의 장력은 신장과 온도 변화를 고려하여 수시로 조정되어야만 한다. 항공기 조종케이블은 탄소강이나 스테인리스강으로 제조된다.

(1) 케이블의 구성(Cable Construction)

케이블의 기본부품은 와이어(wire)이다. 와이어의 지름은 케이블의 전체 지름을 결정한다. 여러 줄의 와이어를 나선형으로 꼬아서 한 가닥(Strand)을 만든다. 이 가닥들을 중심의 직선가닥 주위로 꼬아서 케이블을 완성한다.

케이블 호칭은 가닥(Strand)의 수와 각각의 가닥을 구성하는 와이어(wire)의 수에 근거한다. 가장 일반적인 항공기 케이블은 7×7과 7×19 이다.

그림 5-48과 같이, 7×7 케이블은 7개의 와이어를 꼬아서 한 가닥을 만들고 다시 이 가닥 7개를 꼬아서 하나의 케이블을 완성한다. 이들 가닥 중 6개는 중심 가닥을 둘러싸고 꼬여진다. 이것은 가요성(flexibility) 케이블이며 트림탭 조종장치(trim tab control), 엔진 제어장치(engine control) 등 2차 조종계통과 계기조절계통에 사용한다.

그림 5-48과 같이, 7×19 케이블은 19개의 와이어를 꼬아서 한 가닥으로 만들고 다시 이것을 7가닥 꼬아서 케이블을 완성한다. 이 케이블은 초가요성이며 1차 조종계통과 풀리(pulley)를 통한 작동이 빈번한 곳에 사용한다.

항공기 조종케이블(control cable)의 지름은 1/16 인치부터 3/8인치 범위로서 다양하다. 지름은 그림 5-48과 같이 측정한다.

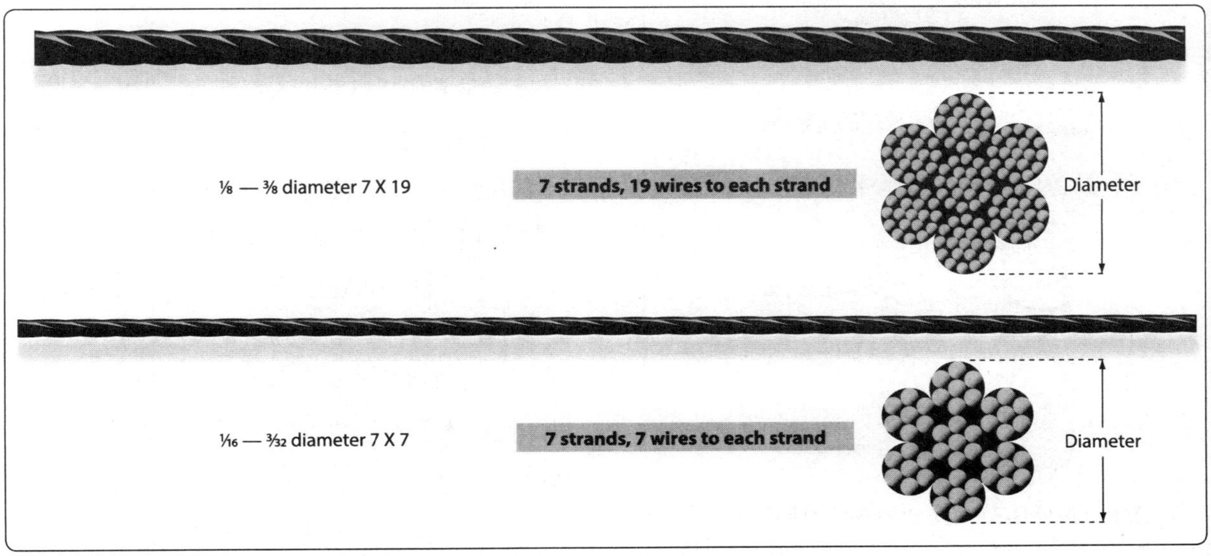


[그림 5-48] 조종 케이블의 단면(Cable cross sections)

(2) 케이블 피팅(Cable Fittings)

케이블은 터미널(Terminal), 딤블(thimble), 부싱(Bushing), 그리고 U자형 샤클(shackle)과 같은 여러 종류의 피팅(Fitting)과 함께 조립된다. 터미널 피팅은 일반적으로 스웨이징 방법(Swaged-type)으로 케이블과 연결된다. 터미널 피팅은 나사 단자(threaded End), 포크 단자(Fork End), 아이 단자(Eye End), 단일생크 볼 단자(Single-shank Ball End), 이중생크 볼 단자(Double-shank Ball End) 등이 사용되고 있다. 나사단자, 포크단자, 아이 단자 터미널은 계통에서 턴버클(Turnbuckle), 밸 크랭크(Bell-crank), 또는 기타 구성품에 케이블을 연결하기 위해 사용된다. 볼 단자 터미널은 공간이 협소한 곳에서 쿼드런트(Quadrant)에 케이블을 연결하기 위해 사용된다. 그림 5-49에는 터미널 피팅의 여러 가지 종류를 나타내고 있다.

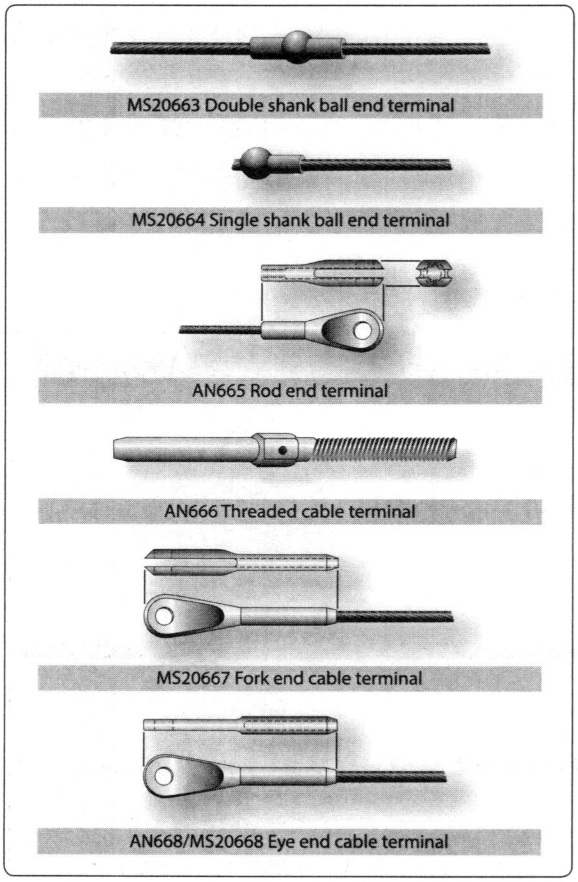


[그림 5-49] 터미널 피팅(terminal fittings)의 종류

딤블(Thimble), 부싱, 샤클 피팅(Shackle Fitting)은 제작과 보급이 제한되고 있으며, 케이블의 긴급한 교체가 필요할 때는 일부 다른 종류의 터미널 피팅으로 대체하여 사용하기도 한다.

(3) 턴버클(Turnbuckles)

그림 5-50과 같이, 턴버클은 나사산을 낸 2개의 터미널(Terminal)과 나사산을 낸 배럴(Barrel)로 구성된 기계용 스크루 장치이다.

턴버클은 케이블 길이를 미세하게 조절하고 이를 통해 케이블장력(cable tension)을 조정하는 케이블 연결장치이다. 터미널 중 하나는 오른나사이고 다른 하나는 왼나사이다. 배럴의 내부 양쪽 끝에는 오른나사와 왼나사가 각각 나있다. 왼나사로 된 배럴 쪽에는 외부에 홈(groove)이나 마디(knurl)를 새겨서 왼나사임을 식별할 수 있도록 하였다.

조종계통에서 턴버클을 장착할 때, 터미널 양쪽의 나사산이 같은 회전수만큼 배럴 안으로 들어갈 수 있도록 회전시켜야만 한다. 또한, 모든 턴버클 배럴의 양쪽에서 터미널의 나사산이 3개 이상 노출되지 않도록 배럴 안으로 터미널을 충분히 잠그는 것이 대단히 중요하다.

턴버클이 적절히 조정된 후에는 안전결선을 해야 한다. 안전결선을 하는 방법은 이 단원의 뒤쪽에 설명하였다.

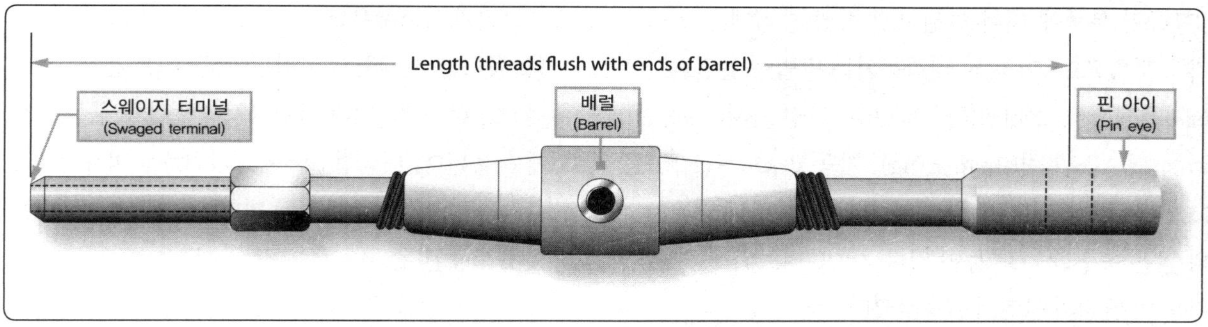


[그림 5-50] 일반적인 턴버클(turnbuckle) 어셈블리

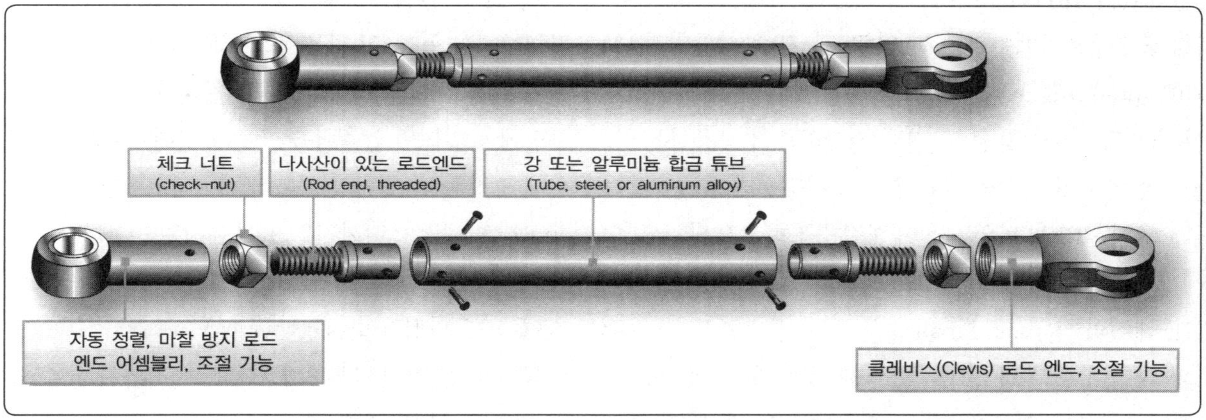


[그림 5-51] 푸시 풀 튜브 어셈블리(Push-pull tube assembly)

(4) 푸시 풀 튜브 조종계통(Push-pull Tube Linkage)

푸시 풀 로드(Push-pull rod)는 기계적으로 동작되는 계통의 여러 분야에서 연결매체로 사용된다. 이 종류의 연결매체는 장력의 변화가 없으며, 하나의 로드를 통하여 압축력과 인장력을 전달하는 것이 모두 가능하다는 특징이 있다.

그림 5-51과 같이, 푸시풀로드는 길이를 조절할 수 있는 피팅, 알루미늄합금이나 강으로 된 튜브(tube), 양쪽 끝에 있는 체크너트(check-nut) 등으로 구성된다. 체크너트는 튜브의 길이를 정확하게 조절한 다음 피팅이 회전하지 않도록 고정시키는 역할을 한다. 푸시 풀 튜브는 일반적으로 압축하중에 의한 진동과 굽힘을 방지하기 위해 짧게 만든다.

## 5.6.10 안전고정작업 방법 (Safetying Methods)

안전고정 작업은 볼트, 너트, 스크루, 핀, 또는 기타 체결부품이 진동으로 인하여 느슨해지지 않도록 모든 부품을 고정시키는 절차이다. 항공기에 적용되는 안전고정 작업을 하는 방법과 절차를 정확하게 아는 것은 항공기 정비와 검사를 수행하는 데 있어서 반드시 필요하다.

항공기 부품에 대한 안전고정 작업 방법에는 여러 가지가 있으며, 가장 널리 사용되는 방법은 안전결선(safety wire), 코터핀(cotter pin), 고정 와셔(Lock-washer), 스냅 링(Snap-ring), 자동고정너트(self-locking nut), 팔(Pal) 너트, 그리고 잼 너트(Jam-nut)와 같은 특수한 너트 등이 있다. 이 중 너트와 와셔 일부는 이 단원의 앞에서 설명하였다.

### 5.6.10.1 핀(Pins)

항공기 구조부에는 테이퍼 핀(Taper Pin), 납작머리 핀(flathead pin), 코터핀(cotter pin) 등 3가지 종류의 핀이 대표적으로 사용된다. 핀은 전단하중이 작용하는 곳의 안전고정 작업을 하기 위해서 사용된다. 항공기 구조부에 롤(Roll) 핀의 사용이 점점 증가하고 있다.

(1) 테이퍼 핀(Taper Pins)

평 테이퍼 핀과 나사산이 있는 테이퍼 핀(AN385와 AN386)은 전단하중을 전달하는 접합부분에서 유격이 없어야 하는 곳에 사용한다. 평 테이퍼 핀은 구멍이 뚫려 있고 보통 와이어로 안전고정 작업을 한다. 나사산이 있는 테이퍼 핀은 테이퍼 핀 와셔(AN975)와 전단너트 또는 자동고정너트를 같이 사용하고 코터핀 또는 안전클립(Safety Clip)으로 안전작업 한다.

(2) 납작머리 핀(Flathead Pin)

일명 클레비스핀(clevis pin)이라고도 하는 납작머리 핀(MS20392)은 타이로드(Tie-rod) 터미널과 지속적인 동작이 필요치 않은 2차 조종계통에 사용된다. 만약 코터핀이 빠지더라도 핀은 그곳에서 계속 남아있도록 머리가 위쪽을 향하도록 장착한다.

(3) 코터핀(Cotter Pins)

카드뮴도금 저탄소강 코터핀(AN380)은 볼트, 스크루, 너트, 다른 핀, 기타 안전고정 작업을 요구하는 장소에 사용된다. 내식강 코터핀(AN381)은 비자성체가 요구되는 장소, 또는 부식에 대한 저항력이 요구되는 장소에 사용된다.

(4) 롤 핀(Roll-pins)

경사진 모서리를 가지고 있는 롤 핀은 끝으로 눌러서 고정하는 핀이다. 이 핀은 튜브 모양이고 튜브 전체 길이에 걸쳐 홈이 파여 있다. 핀은 수공구로 장착하며, 구멍에 삽입되면 압축력을 받는다. 핀은 이 압축력에 의해 고정되며, 천공 펀치(drift punch)나 핀펀치(pin punch)로 제거할 때까지 그곳에 유지된다.

### 5.6.10.2 안전결선(safety wiring)

안전결선은 어떤 다른 방법으로 안전작업을 할 수 없는 캡(cap) 나사, 스터드, 너트, 볼트머리, 그리고 턴버클 배럴(Turnbuckle Barre) 등을 안전공정 작업 할 수 있는 가장 확실하고 만족스러운 방법이다. 안전결선은 와이어의 장력으로 풀리려고 하는 경향을 막아주는 방식이며, 2개 이상의 부품을 와이어로 서로 연결하는 방법이다.

(1) 너트, 볼트, 스크루(Nuts, Bolts, and Screws)

너트, 볼트, 그리고 스크루에 대한 안전고정 작업은 단선식(single-wire method) 또는 복선식(double-twist method)으로 결선한다. 복선식은 가장 일반적인 안전결선 방법이다. 단선식은 기하학적으로 밀폐된 좁은 공간에 밀집되어 있는 작은 스크루, 전기 계통의 부품, 그리고 복선식으로 결선하기에는 대단히 곤란한 곳에서 사용된다.

그림 5-52는 여러 가지 너트, 볼트, 그리고 스크루에 적용된 대표적인 안전결선 방법에 대한 그림이다. 그림 5-52를 살펴보면 다음과 같다.

① 보기 1, 2, 그리고 5의 그림은 볼트, 스크루, 사각머리플러그, 그리고 이와 유사한 부품끼리 한 그룹으로 안전결선 하는 올바른 방법을 나타낸다.
② 보기 3의 그림은 몇 개의 구성요소를 연속해서 결선하는 방법을 나타낸다.
③ 보기 4의 그림은 캐슬너트(castellated nut)와 스터드(Stud)를 결선하는 올바른 방법을 나타낸다. 너트 주위로 감지 않았다.
④ 보기 6과 7의 그림은 하우징(housing)이나 러그(Lug) 등의 주변 구조물과 결선하는 방법을 나타낸다.
⑤ 보기 8의 그림은 기하학적으로 폐쇄된 공간 안에 밀집해서 배치된 몇 개의 구성요소를 단선식으로 결선하는 올바른 방법을 나타낸다.

머리에 구멍이 있는 볼트, 스크루, 또는 다른 부품이 함께 모여 있을 때, 그것을 개별적으로 안전결선하는 것보다는 연속으로 하는 것이 더욱 편리하다. 함께 안전결선하게 되는 너트, 볼트, 또는 스크루의 수는 상황에 따라 다르다. 예를 들어, 넓은 간격으로 있는 볼트를 복선식으로 안전결선 할 때, 연속으로 할 수 있는 최대 수는 3개이다. 밀접한 간격으로 있는 볼트를 안전결선 할 때, 연속으로 안전결선 할 수 있는 와이어의 최대 길이는 24인치이다. 와이어는 만약 볼트나 스크루가 풀어지려할 때, 와이어에 가해진 힘이 조이려는 방향으로 향하도록 배열시킨다.

안전결선 하고자 하는 부품은 안전결선 작업을 시도하기 전에 규정된 토크 범위 내에서 구멍이 적당한 위치에 오도록 조절한다. 안전작업 와이어구멍을 적당한 위치로 맞추기 위해 과도하게 조이거나 토크(Torque) 작업이 완료된 너트를 풀어서는 절대로 안 된다.

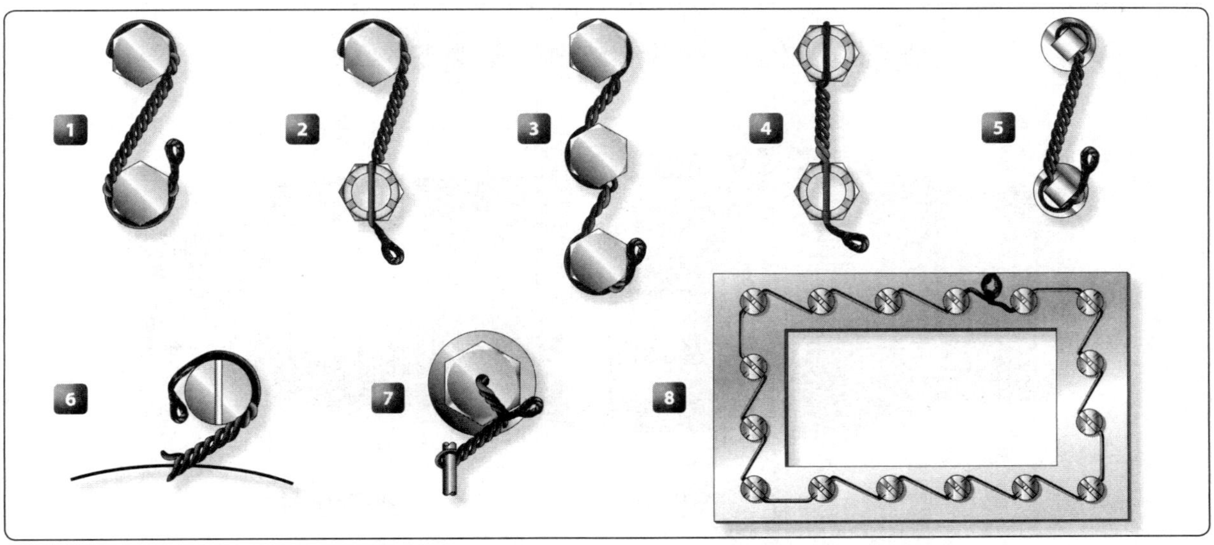


[그림 5-52] 안전결선(Safety wiring) 방법

(2) 오일 캡, 드레인 콕 및 밸브(Oil Caps, Drain Cocks, and Valves)

그림 5-53에는 이 부품에 대한 안전결선 방법을 나타냈다. 오일 캡(oil cap)의 경우, 와이어를 인접한 필리스터(fillister) 스크루에 고정시켰다.

이런 방법은 개별적으로 안전결선 해야 하는 다른 부품에도 적용된다. 보통 이런 부품 주변에는 안전결선을 편리하게 하도록 고정할 수 있는 고리나 구멍이 준비되어 있다. 그런 장치가 없을 때는 인접한 구조물의 적당한 부분에 안전작업을 위한 와이어를 고정시킨다.

(3) 전기 커넥터(Electrical Connecters)

심한 진동상태에서는 커넥터(connector)의 결합너

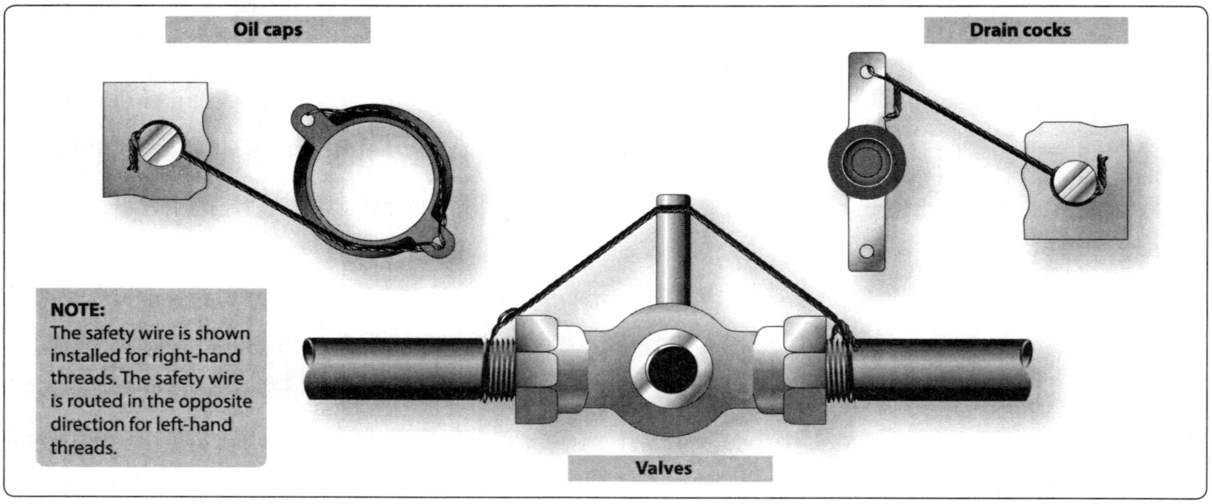


[그림 5-53] 오일 캡(oil caps), 드레인 콕(drain cocks) 및 밸브(valves)의 안전결선

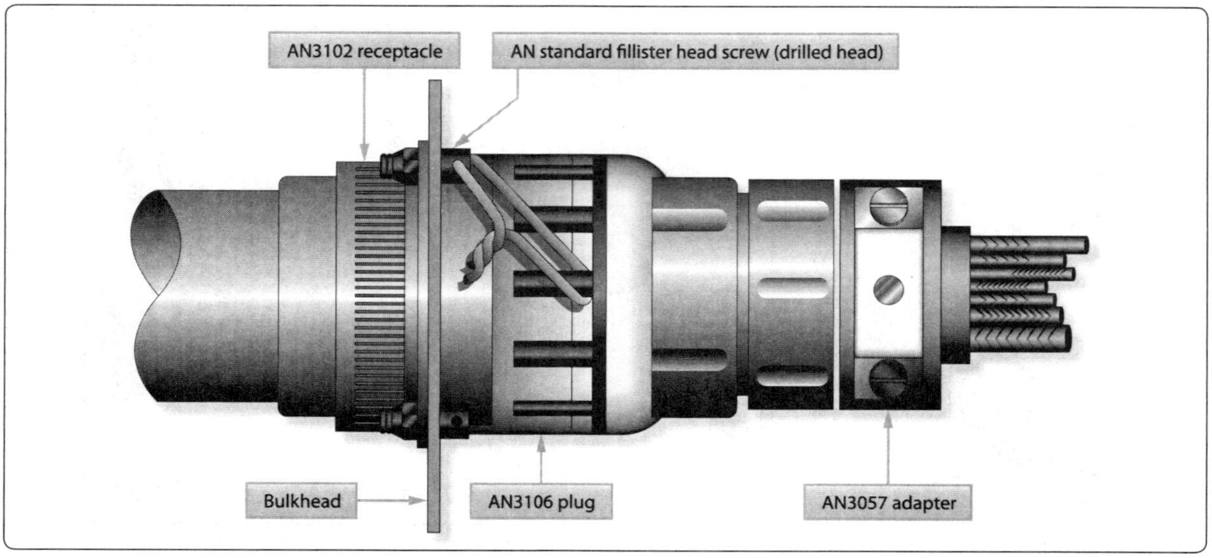


[그림 5-54] 전선 플러그 커넥터(plug connectors)의 안전 결선

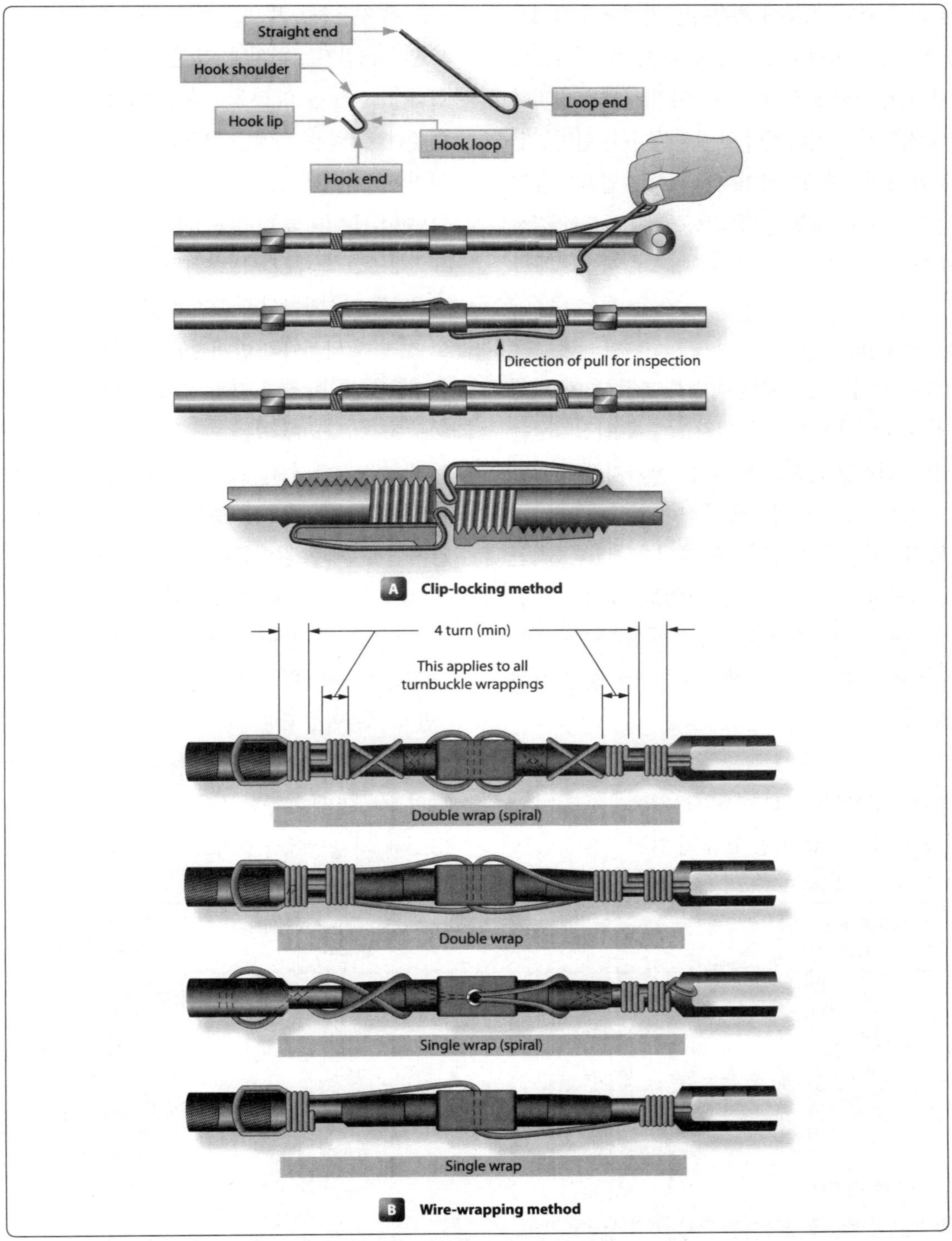


[그림 5-55] 턴버클(Turnbuckles) 안전결선

트가 풀리게 되고, 진동이 계속되면 커넥터가 빠져서 분리되게 된다. 이런 현상이 발생하면, 회로(circuit)는 차단된다. 그림 5-54와 같이, 이런 사고를 방지하기 위한 적절한 방지대책이 안전결선이다. 안전결선은 가능한 짧아야 하고, 와이어에 의한 견인력이 플러그에 있는 너트를 조이는 방향으로 작용하도록 결선해야 한다.

(4) 턴버클(Turnbuckles)

턴버클은 케이블의 장력을 적당히 조절한 후, 진동 등의 원인에 의하여 다시 풀리지 않도록 안전결선을 해야 한다. 턴버클 안전결선을 하는 몇 가지 방법이 있는데, 여기서는 2가지 방법에 대해서만 설명한다. 그림 5-55의 A와 B에서 이 방법을 보여주고 있다. 최신의 항공기에서는 클립에 의한 고정(Clip-locking) 방법을 사용하고 있다. 아직도 구형의 항공기에는 와이어를 이용해서 안전결선을 해야 하는 턴버클을 사용하고 있다.

(가) 복선식 결선방법(Double-wrap Method)

턴버클의 안전고정 작업에 대해 안전결선(safety wire)을 사용하는 방법 중에서, 비록 단선식 결선방법도 만족스럽기는 하지만, 복선식 결선 방법을 더 선호한다. 그림 5-55의 B에는 복선식 안전결선 방법을 보여준다. 그림 5-56에는 적당한 길이로 절단한 2개의 와이어를 사용하고 있다.

와이어를 턴버클 배럴에 있는 구멍을 통과시켜 길이의 1/2 정도 끼우고 서로 반대방향으로 구부린다. 그 다음 두 번째 와이어도 배럴에 있는 구멍을 통과시키고 첫 번째 와이어와 반대방향으로 배럴을 따라서 구부린다. 와이어 끝을 다시 케이블 아이(Eye) 또는 케이블 포크(Fork)에 있는 구멍을 통과시켜서 배럴이 있는 방향을 향해서 구부린다. 구멍을 통과한 와이어 하나의 와이어를 먼저 생크와 함께 모든 와이어를 겹쳐 감싸면서 4바퀴 감아준다. 첫 번째 와이어를 절단하고 계속 연이어서 두 번째 와이어도 4회 감아준다. 남은 와이어는 절단해서 제거한다. 턴버클의 반대쪽 끝도 같은 절차를 반복한다.

만약 스웨이징 터미널(swaged terminal)에 있는 구멍이 두 와이어가 모두 통과할 정도로 크지 않다면, 하나의 와이어만을 통과시키고 나머지 와이어와 생크(Shank)의 중앙에서 겹치도록 꼬아준 다음 생크 주위

| Cable size (inch) | Type of Wrap | Diameter of Safety Wire (inch) | Material (Annealed Condition) |
|---|---|---|---|
| 1/16 | Single | 0.020 | Stainless steel |
| 3/32 | Single | 0.040 | Copper, brass[1] |
| 1/8 | Single | 0.040 | Stainless steel |
| 1/8 | Double | 0.040 | Copper, brass[1] |
| 1/8 | Single | 0.057 | Copper, brass[1] |
| 5/32 and greater | Single | 0.057 | Stainless steel |

[1]Galvanized or tinned steel, or soft iron wires are also acceptable.

[그림 5-56] 턴버클 안전결선 가이드(Turnbuckle safetying guide)

로 각각 4번씩 감아준다. 남은 와이어는 절단해서 제거한다.

(나) 단선식 결선 방법(Single-wrap Method)

다음에 설명하는 단선식 결선 방법은 수용할 수 있는 방법이기는 하지만 복선식 결선방법과는 같지 않다.

하나의 와이어를 케이블 아이(eye)나 포크(fork) 또는 스웨이징 터미널에 있는 구멍에 끼운다. 끝에 해당하는 두 와이어가 서로 턴버클 배럴을 두 번 교차하도록 턴버클 배럴의 처음 반쪽 주위에 서로 반대방향이 되도록 나선형으로 감는다. 양쪽 끝의 와이어를 배럴 중앙에 있는 구멍 안에서 교차하도록 서로 반대방향으로 구멍에 끼운다. 다시 턴버클의 남은 반에 와이어를 두 번 교차하도록 두 와이어의 끝을 나선형으로 감는다. 그다음 하나의 와이어 끝을 케이블 아이나 포크 또는 스웨이징 터미널에 있는 구멍에 끼운다. 서로 만난 두 와이어의 끝을 생크 중앙에서 꼰 다음 생크 주위로 각각 적어도 4바퀴 이상 돌아갈 수 있도록 감고 남은 와이어는 절단한다.

위 방법에 대한 대체방법으로 턴버클의 중앙의 구멍을 거쳐 하나의 와이어를 통과시킨 다음 서로 반대방향의 끝으로 와이어를 구부린다. 그다음에 케이블 아이 또는 포크, 또는 스웨이징 터미널에 있는 구멍에 각각의 와이어 끝을 통과시킨다. 통과한 와이어를 생크 주위로 적어도 4바퀴이상 감는다. 여분의 와이어를 절단하여 제거한다. 안전고정 작업을 한 후, 턴버클 배럴 밖으로 터미널의 나사산이 3개 이상 노출되어서는 안 된다.

#### 5.6.10.3 일반적인 안전결선 방법 (General Safety Wiring Rules)

안전고정을 위한 안전결선 할 때는 다음의 일반적인 규칙을 준수해야 한다.

(1) 안전결선의 끝마무리로는 1/4~1/2인치 길이에 3~6번 꼬임으로 된 피그 테일(Pigtail)을 만들어야 한다. 이 피그 테일은 다른 어떤 것들과의 걸림을 방지하기 위하여 뒤쪽이나 아래쪽으로 구부려야 한다.

(2) 한 번 사용한 안전결선용 와이어는 재사용해서는 안 된다.

(3) 캐슬 너트(castellated nut)를 안전결선으로 고정할 때, 다른 지시가 명시되지 않았다면, 규정된 토크 범위의 낮은 쪽 값으로 너트를 조인다. 필요한 경우 홈과 구멍이 일치할 때까지 조금만 더 조인다.

(4) 정상적인 취급 또는 진동에 의해서 와이어가 끊어질 수 있는 인장하중 상태가 아니라면, 모든 안전결선은 장착완료 후, 팽팽하게 유지되어야 한다.

(5) 와이어에 의해 가해지는 모든 인장력이 너트나 볼트를 조이는 방향으로 작용하도록 결선되어야 한다.

(6) 꼬임은 단단하고 균일해야 하며, 너트 사이의 와이어를 과도하게 꼬지 않아야 하며, 가능한 팽팽한 상태가 유지되어야 한다.

(7) 안전결선의 끝은 항상 꼬여있어야 하고 머리 주위의 와이어 고리가 밑으로 내려져 있어야 한다. 와이어 고리가 볼트머리 위로 올라와서 느슨하게 풀어지지 않도록 장착되어 있어야 한다.

### 5.6.10.4 코터핀의 안전작업(Cotter Pin Safetying)

그림 5-57에서는 코터핀 장착상태를 보여준다. 캐슬 너트(castellated nut)는 코터핀 장착을 위해 구멍이 뚫린 볼트와 함께 사용한다. 코터핀은 아주 약간의 마찰작용으로 구멍에 알맞게 체결되어야 한다. 다음은 코터핀 안전작업에 대한 일반적인 규칙이다.

(1) 볼트 위로 구부러진 가닥은 볼트지름을 초과해서는 안 된다. 만약 필요하다면 절단한다.

(2) 아래쪽으로 구부러진 가닥은 와셔의 표면에 닿지 않는 범위에서 가능한 길어야 한다. 만약 필요하다면 절단한다.

(3) 만약 필요하다면 차선방법(optional method)으로 볼트를 감싸듯 옆으로 돌리는 방법을 사용하며, 이 경우 가닥의 끝이 너트의 옆쪽 끝선보다 바깥쪽으로 뻗어나가면 안 된다.

(4) 모든 가닥은 적당한 곡률로 구부려져야 한다. 너무 급격한 굽힘은 끊어지기 쉽다. 고무망치(mallet) 등으로 가볍게 두드려서 구부리는 것이 가장 좋은 방법이다.

### 5.6.10.5 스냅 링(Snap-rings)

스냅 링(Snap-ring)은 용수철과 같은 탄성을 갖도록 열처리한 금속으로 만든, 단면이 둥글거나 평평한 링이다. 이 용수철과 같은 탄성은 홈에 단단히 안착되어 링이 빠지지 않도록 잡아준다. 외부 스냅 링(External-type)은 축이나 실린더의 바깥쪽에 있는 홈(groove)에 고정되도록 설계되었고, 안전결선으로 고정한다. 그림 5-58에서는 외부 스냅 링의 안전결선 작업을 보여준다. 내부 스냅 링(Internal-type)은 실린더 등의 안쪽에 있는 홈에 고정되며, 안전결선 작업을 하지 않는다. 특수한 종류의 스냅 링 플라이어로 스냅 링을 장탈 또는 장착할 수 있도록 링의 끝에 구멍이 뚫려 있다. 스냅 링은 모양과 탄성력이 유지되는 한 재사용할 수 있다.

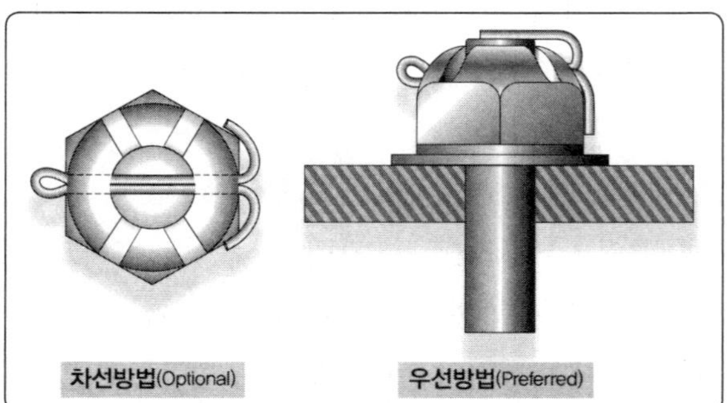


[그림 5-57] 코터핀(Cotter pin) 장착 방법

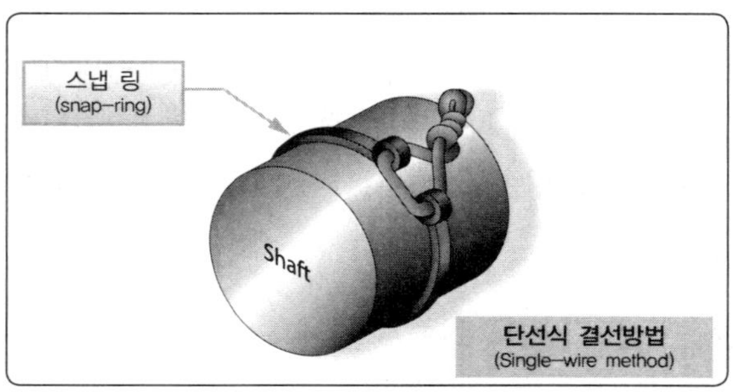


[그림 5-58] 안전결선이 설치된 외부형 스냅링 (External-type snap-ring)

# 06 항공기 세척과 부식 방지처리

## Aircraft Cleaning and Corrosion Control

# 6 항공기 세척과 부식 방지처리

Aircraft Cleaning and Corrosion Control

## 6.1 부식방지처리(Corrosion Control)

항공기 구조물(structure)의 대부분은 금속(metal)으로 만들어지며, 이러한 구조물에 가장 서서히 진행되는 형태의 손상은 부식(corrosion)이다. 금속이 제조되는 순간부터, 금속을 둘러싼 환경의 유해한 영향으로부터 보호되어야 한다.

보호하는 방법으로는 기본 금속에 특정요소를 첨가하여 내식성 합금을 만들거나 화학적 산화피막, 금속 또는 페인트를 이용한 표면 코팅 등이 적용된다. 항공기를 사용하는 동안, 점성 윤활제나 방습제 등과 같은 수분을 차단할 수 있는 방법을 적용하기도 한다.

주로 복합재료로 제작된 기체의 도입으로 부식에 관한 항공기의 세심한 모니터링에 대한 부담은 많이 감소하였다. 기체 자체는 부식의 영향을 받지 않을 수 있지만, 기체 내의 금속 구성 요소와 부속품을 사용하면 항공기 검사 시 항공기 정비사는 부식의 여부를 신중하게 확인해야한다.

이 장에서는 항공기 부식과 관련된 문제에 대한 개요를 설명한다. 이 주제에 대한 자세한 내용은 연방항공청(FAA; Federal Aviation Administration) 자문회람(AC) 43-4, 항공기 부식 방지에 대한 최신자료를 참조해야한다.

금속 부식은 화학적 또는 전기화학적 침식에 의한 금속의 열화 현상이다. 이러한 유형의 손상은 표면뿐만 아니라 내부에서도 발생할 수 있다. 이 열화현상을 나무가 썩는 것과 마찬가지로 금속의 매끄러운 표면을 변화시키고, 내부를 약화시키거나, 인접한 부품을 손상시키거나 결합을 느슨하게 할 수 있다.

염분을 함유한 물이나 수증기는 대기 중의 산소와 결

[그림 6-1] 수상비행기 운영(Seaplane operations)

합하여 항공기 부식의 주요 근원이 된다. 해양 환경 또는 대기에 부식성이 있는 산업 가스를 포함하는 지역에서 운항하는 항공기는 특히 부식에 취약하다. [그림 6-1]

만약 부식을 방치할 경우 항공기의 구조적 손상을 일으킬 수 있다. 부식의 유형은 금속에 따라 다르다. 알루미늄합금과 마그네슘합금의 표면에는 피팅(Pitting)부식 또는 에칭(Etching)부식 형태로 나타나며, 회색 또는 흰색의 가루로 된 부산물이 발생한다. 구리와 구리합금 재료는 녹색의 부산물이 형성되며, 철 금속에서는 일반적으로 녹이라 불리는 적갈색 부산물이 형성된다. 이 부분의 부산물들을 제거하면 움푹 파이거나 긁힌 것처럼 보일 수 있는데 그 부식의 흔적이 크지 않으면 금속의 강도에 영향을 주지 않을 수 있지만, 특히 부품에 큰 하중이 작용할 경우 균열발생의 취약 부분이 될 수 있다. 일부 부식은 코팅 표면 안쪽과 금속 사이에서 발생하여 부품이 파손될 때까지 확산되기도 한다.

### 6.1.1 부식에 영향을 미치는 요인 (Factors Affecting Corrosion)

많은 요인들이 금속 부식의 유형, 속도, 원인 및 심각성에 영향을 미친다. 금속 부식과 부식 속도에 영향을 미치는 요인은 다음과 같다.

1. 금속의 종류
2. 열처리 및 조직(Grain)의 변화
3. 부식성이 서로 다른 금속의 존재
4. 양극 및 음극 표면 부분(갈바니 부식에서)
5. 온도
6. 전해액(센 물, 바닷물, 배터리액 등)의 유무
7. 산소의 가용성
8. 생물학적 유기체의 존재
9. 부식 금속에 대한 기계적 응력
10. 부식성 환경에 노출되는 시간
11. 항공기 금속표면의 납/흑연의 긁힌 자국

#### 6.1.1.1 순수한 금속(Pure Metals)

항공기 구조재료는 대부분 순수한 금속상태로 사용하지 않고 다른 금속과 조합한 합금상태로 만들어서 사용한다. 내식성이 취약한 지역이나 금속과 금속간의 경계에서는 부식이 발생할 가능성이 높다. 금속의 부식에 대한 저항성은 그 범위가 넓다. 마그네슘이나 알루미늄과 같은 활성 금속(전자를 쉽게 잃는 금속)은 쉽게 부식된다. 금이나 은과 같은 귀금속(전자를 쉽게 잃지 않는 금속)은 쉽게 부식되지 않는다.

#### 6.1.1.2 기후(Climate)

항공기가 운영되고 정비가 이루어지는 환경 조건은 부식 특성에 큰 영향을 미친다. 주로 해양 환경(바닷물과 소금기가 많은 공기에 노출됨)에서 습기가 많은 공기는 건조한 기후에서 모든 작업을 수행할 경우보다 항공기에 훨씬 더 해롭다. 고온 다습한 기후에서는 전기화학적 침식 속도가 증가하기 때문에 온도를 고려하는 것이 중요하다.

#### 6.1.1.3 지리적 위치(Geographical Location)

어떤 비행경로나 운항 기지를 운항하는 항공기는 다른 항공기보다 부식 조건에 더 노출되기도 한다. 항공기의 운용 환경은 부식의 심각성에 따라 가벼운 정도, 중간, 심각한 상태로 분류할 수 있다. 특정 지역에서

표 6-1. 금속의 부식(Corrosion of metals)

| 합금 종류 | 취약한 부식 유형 | 부식의 형태(부산물) |
|---|---|---|
| 마그네슘 | 피팅부식 | 표면에 흰색 분말로 생긴 덩어리 및 흰색 반점 등 |
| 저합금강(4,000–8,000계열) | 표면 산화, 피팅부식, 입자간 부식 | 적갈색 산화물 (녹) |
| 알루미늄 | 표면 피팅, 입자 간 박리 박리 응력 – 부식 및 피로 균열 및 프레팅 | 회백색 분말 |
| 티타늄 | 내식성이 높음. 염소 처리 용제에 장기간 또는 반복적으로 접촉할 경우 고온에서 금속의 구조적 특성이 저하될 수 있음 | 저온에서는 눈에 띄는 부식 현상 없음. 700°F(370°C) 이상에서 착색된 표면 산화물 발생 |
| 카드뮴 | 균일한 표면 부식, 철강 재료의 보호를 위한 도금재료로 사용 | 흰 가루 퇴적물부터 갈색 또는 검은색의 표면 얼룩까지 발생 |
| 스테인리스강(300–400계열) | 균열 부식, 해양 환경에서의 일부 피팅부식, 입자간 부식(300계통), 표면 부식(400계통) | 거친 표면, 때때로 균일 한 적갈색 얼룩 |
| 인코넬, 모넬(니켈 합금) | 일반적으로 내식성이 우수하며, 바닷물에서 피팅 부식에 취약함 | 녹색분말 침전물 |
| 황동, 청동(구리합금) | 표면 및 입자간 부식 | 청색 또는 청녹색 분말 침전물 |
| 크롬(도금) | 피팀부식(도금에서 구멍이 뚫리면 강의 부식을 촉진) | 눈에 띄는 부식 현상 없음. 부식 및 부풀어 오름으로 인한 도금피막의 기포 발생 |
| 은(Silver) | 유황과 만나면 변색 | 흑갈색 피막 |
| 금(Gold) | 높은 내식성 | 퇴적물이 표면의 광택을 어둡게 함 |
| 주석(Tin) | 결정입자(고분자 위스커)의 성장 | 바늘 모양의 위스커 침전물 발생 |

부식 심각성은 공기 중의 매연가스, 활주로와 유도로에 사용되는 화학물질, 얼음 형성, 습도, 온도, 부식성 환경에서 발생하는 바람 등을 포함한 많은 요인에 의해 증가할 수 있다. 권장되는 청소, 검사, 윤활 및 보존을 위한 주기는 부식의 심각성이 가벼운 구역에 위치할 경우 매 90일, 중간 구역은 매 45일, 심각한 구역은 매 15일이다.

#### 6.1.1.4 오염 물질(Foreign Material)

부식성 침식의 시작과 확산에 영향을 미치는 요인 중에 제어 가능한 것에는 금속 표면에 달라붙는 이물질들이 있다. 이러한 이물질에는 다음과 같은 물질들이 포함된다.

① 흙 또는 대기 중의 먼지

② 오일, 구리스 그리고 엔진 배기 부산물

③ 소금물과 염분 습기의 응결
④ 흘러넘친 배터리 용액이나 부식성 세척액
⑤ 용접과 납땜 플럭스(flux) 잔여물

#### 6.1.1.5 미생물(Micro-organisms)

슬라임(Slimes), 곰팡이, 균류 그리고 다른 살아있는 유기체들은 축축한 표면에서 자랄 수 있다. 일단 자라게 되면 이 지역은 축축한 상태가 유지되어 부식 가능성이 높아진다.

#### 6.1.1.6 제조 공정(Manufacturing Processes)

가공, 성형, 용접 또는 열처리와 같은 제조 공정은 항공기 부품에 응력을 남길 수 있다. 잔류 응력은 응력 부식 임계값을 초과 할 때, 부식 환경에서 균열을 일으킬 수 있다.

항공기를 깨끗하게 유지하는 것이 매우 중요하다. 항공기를 얼마나 자주 그리고 어느 정도 청소해야하는지는 지리적 위치, 항공기 모델, 운용 유형 등을 비롯한 여러 요인에 따라 다르다.

### 6.1.2 부식의 형태(Types of Corrosion)

대부분의 특정 형태를 다루는 부식의 일반적인 분류에는 직접 화학침식과 전기 화학침식이 있다. 두 가지 유형의 부식에서 금속은 산화물, 수산화물 또는 황산염과 같은 금속 화합물로 변화한다. 부식 과정에서 금속은 침식되거나 산화되는 양극 변화를 겪으며, 부식성 물질은 감소되고 음극 변화를 겪는 것으로 간주된다. 부식과정에서는 두 가지 변화가 동시에 일어난다.

#### 6.1.2.1 직접 화학침식(Direct Chemical Attack)

그림 6-2에서 보여준 것과 같이, 직접 화학침식 또는 순수한 화학적 부식은 부식성 액체 또는 가스 물질에 직접 노출되었을 때 발생하는 침식 형태이다. 전기 화학침식과는 달리, 직접 화학침식에서의 변화는 동일한 지점에서 동시에 일어나는 것이다. 항공기에서 직접 화학침식의 원인이 되는 대부분의 일반적인 부식성 물질은 엎질러진 배터리 용액, 부적당한 세척, 용접, 땜납 또는 납땜 접합부에 존재하는 잔여 용제 그리고 고여 있는 부식성 세척용액 등이다. 용접, 땜납 또는 납땜에 사용되는 많은 종류의 용제는 부식성이고, 그것은 사용되는 금속 또는 합금을 화학적으로 침식시킨다. 그러므로 이러한 접합 작업 후 곧바로 금속

[그림 6-2] 배터리 실의 직접 화학침식
(Direct chemical attack in a battery compartment)

표면으로부터 잔여의 점착물을 제거하는 것은 대단히 중요하다. 잔여 점착물들은 성질상 흡수성을 가지고 있으며 이러한 흡수성은 습기를 흡수하고, 주의 깊게 관리 되지 않으면 침식 등 부식의 원인이 되기 쉽다.

농축된 형태의 부식성 세척용액은 반드시 마개를 닫고 가능한 항공기로부터 멀리 떨어져서 보관하여야 한다. 부식 제거에 사용되는 일부 세척용액은 그들 자체가 잠재적인 부식성 물질이기 때문에 항공기에 사용된 후 완전하게 제거될 수 있도록 주의 깊은 관리가 필요하며 세척제의 선택 시 부식의 위험성이 낮은 용제를 선택하여 사용하도록 한다.

### 6.1.2.2 전기화학침식(Electrochemical Attack)

부식이란 금속을 화학적 또는 전기화학적 작용에 의해 침식하여 금속 화합물로 다시 변환하는 자연적인 현상이다. 전기화학적 부식이 발생하기 위해서는 다음의 네 가지 조건이 충족되어야 한다. [그림 6-3]

1. 부식될 수 있는 금속(양극)
2. 부식의 경향이 적은 이종 전도성 물질(음극)
3. 연속 전도성 액체 경로 (전해액)의 존재
4. 양극과 음극 사이의 전기적 접촉(보통 리벳, 볼트, 부식과 같은 금속과 금속 접촉 형태)

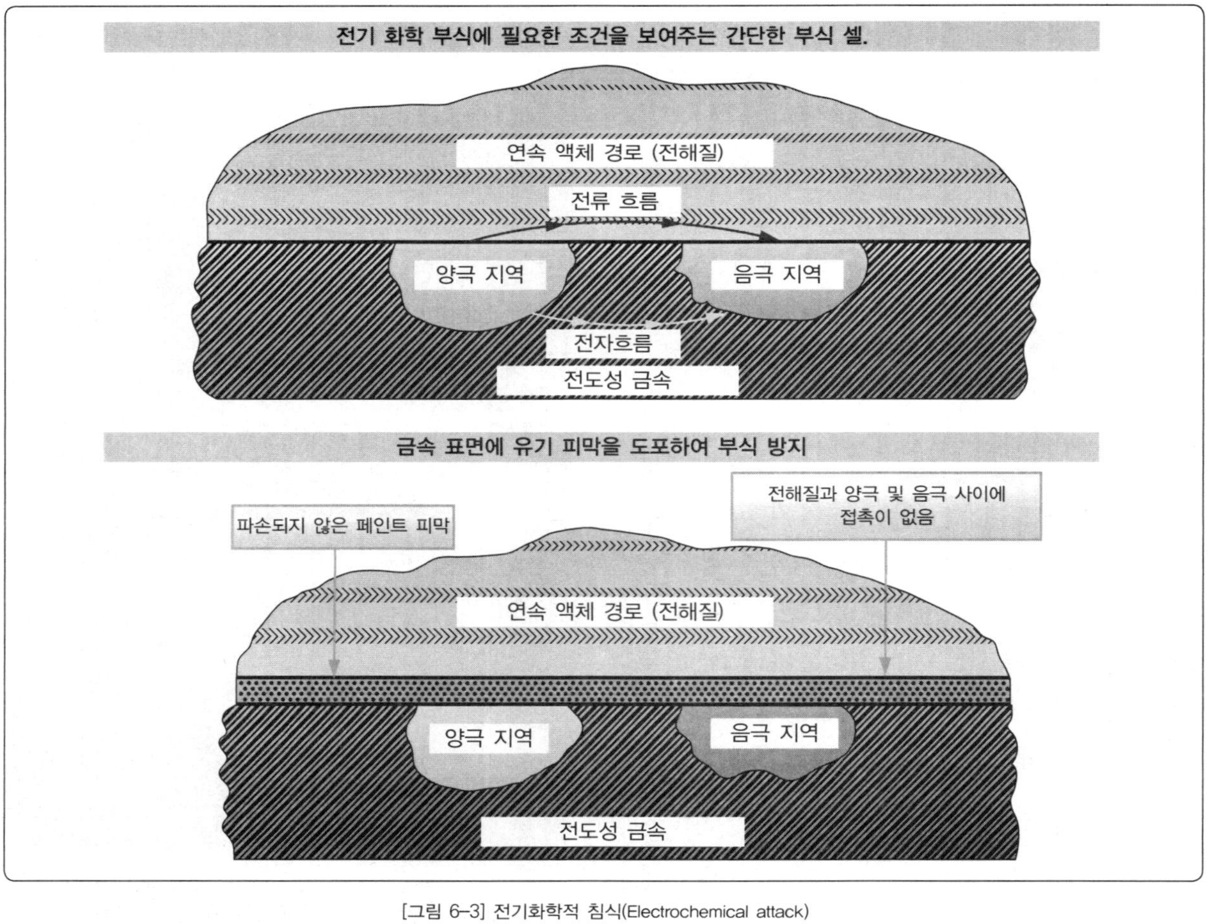


[그림 6-3] 전기화학적 침식(Electrochemical attack)

이러한 조건 중 하나를 제거하면 전기화학적 부식을 방지할 수 있다.

참고: 페인트는 부식의 초기 단계를 막아줄 수 있다. 부식물이 원래 금속보다 더 많은 부피를 차지하기 때문에 도장 표면의 부풀어 오른 기포, 떨어져 나감, 칩, 혹과 같은 불규칙성이 있는지 자주 검사해야 한다.

전기화학적 침식은 전기 도금, 양극산화처리 또는 건조 셀 배터리에서 발생하는 전기적 반응과 비유될 수 있다. 이 부식성 침식에서의 반응은 미세한 전류를 전도할 수 있는 매개체(일반적으로 물)를 필요로 한다. 금속이 부식성 물질과 접촉하고 전자가 흐르는 액체나 기체 경로가 형성되면 산화 작용에 의해 금속이 침식되면서 부식이 시작된다. [그림 6-3] 침식 중 부식성 물질의 양은 감소하고, 교체하거나 제거하지 않을 경우 금속이 완전히 중화될 때까지 반응할 수 있다. 동일한 금속 표면의 다른 영역은 다양한 수준의 전위를 가지며, 소금물과 같은 전도체에 의해 연결될 경우 일련의 부식 셀을 형성하며 부식이 진행될 것이다.

모든 금속과 합금은 전기적으로 활성화되며 주어진 화학적 환경에서 특정한 전위를 가진다. 이러한 전위는 흔히 금속의 고귀성(nobility)이라고 불린다. 표 6-2와 같이 금속의 고귀성이 낮을수록 부식되기 쉽다. 항공기 구조물에 사용하기 위한 금속은 강도, 중량, 내식성, 작업 가능성 및 비용이 구조인 요구와 균형을 이루도록 절충하여 선택한다.

합금 성분들은 또한 일반적으로 서로 다른 특정 전위를 가지고 있다. 합금 표면이 전도성의 부식성 매체에 노출되면, 활성도가 높은 금속은 양극이 되고 활성도가 낮은 금속은 음극이 되어 부식 조건을 성립하게 된다. 이것들은 국소적인 셀이라고 하며, 두 금속 사이의 전위차가 클수록 적절한 조건이 형성되면 부식성

[표 6-2] 금속과 합금의 갈바니 계열
(The galvanic series of metals and alloys)

부식 가능성이 가장 높은 금속
(양극)
(Metal most likely to corrode (anodic))

Magnesium
Magnesium alloy
Zinc

Aluminum (1,100)
Cadmium
Aluminum 2,024-T4
Steel or iron
Cast iron
Chromium-iron (active)
Ni-Resist cast iron

Type 304 stainless steel (active)
Type 316 stainless steel (active)

Lead-tin solder
Lead
Tin

Nickel (active)
Inconel nickel-chromium alloy (active)
Hastelloy alloy C (active)

Brass
Copper
Bronze
Copper-nickel alloy
Monel nickel-copper alloy

Silver solder
Nickel (passive)
Inconel nickel-chromium alloy (passive)

Chromium-iron (passive)
Type 304 stainless steel (passive)
Type 316 stainless steel (passive)
Hastelloy alloy C (passive)

Silver
Titanium
Graphite
Gold
Platinum

부식 가능성이 가장 적은 금속
(음극)
(Metal least likely to corrode (cathodic))

침식의 심각성이 커진다.

이러한 부식 반응의 조건은 전도성 유체 및 전위차가 있는 금속의 존재이다. 정기적인 청소 및 표면 처리로 부식성 매체를 제거하여 미세한 전기 회로를 제거한다면 부식은 발생하지 않는다. 이것이 효과적인 부식 방지의 기본이 된다.

### 6.1.3 부식의 유형(Forms of Corrosion)

부식은 그 금속의 종류, 크기, 모양, 대기조건과 부식을 유발하는 원인물질의 존재 여부에 따라서 다양한 형태로 나타나며, 이 장에서는 기체구조에서 찾아볼 수 있는 가장 일반적인 형태의 부식을 살펴보도록 한다.

#### 6.1.3.1 표면부식(Surface Corrosion)

그림 6-4에서 보여준 것과 같이, 표면부식은 직접 화학침식 또는 전기화학침식에 의해서 형성되며 가루 모양의 부식 생성물로 확인 가능하고, 표면의 거칠어짐, 긁힘, 패임 등의 형태로 나타난다. 하지만 때로는 표면의 코팅 부분 아래쪽에서 발생하기도 하며 이런 경우에는 거칠어짐이나 가루모양의 형태로 확인하기 어렵기도 하다.

#### 6.1.3.2 필리폼 부식(Filiform Corrosion)

필리폼 부식은 유기물 코팅을 한 금속 표면에서 발생하는 특별한 형태의 산소 농축 셀이다. 이 부식은 페인트 피막 아래에 있는 특유의 벌레가 지나간 것과 같은 흔적으로 알 수 있다. 그림 6-5와 같이 폴리우레탄 도색은 특히 필리폼 부식에 취약하다. 필리폼은 공기의 상대습도가 78-90% 사이이고, 표면이 약간 산성일

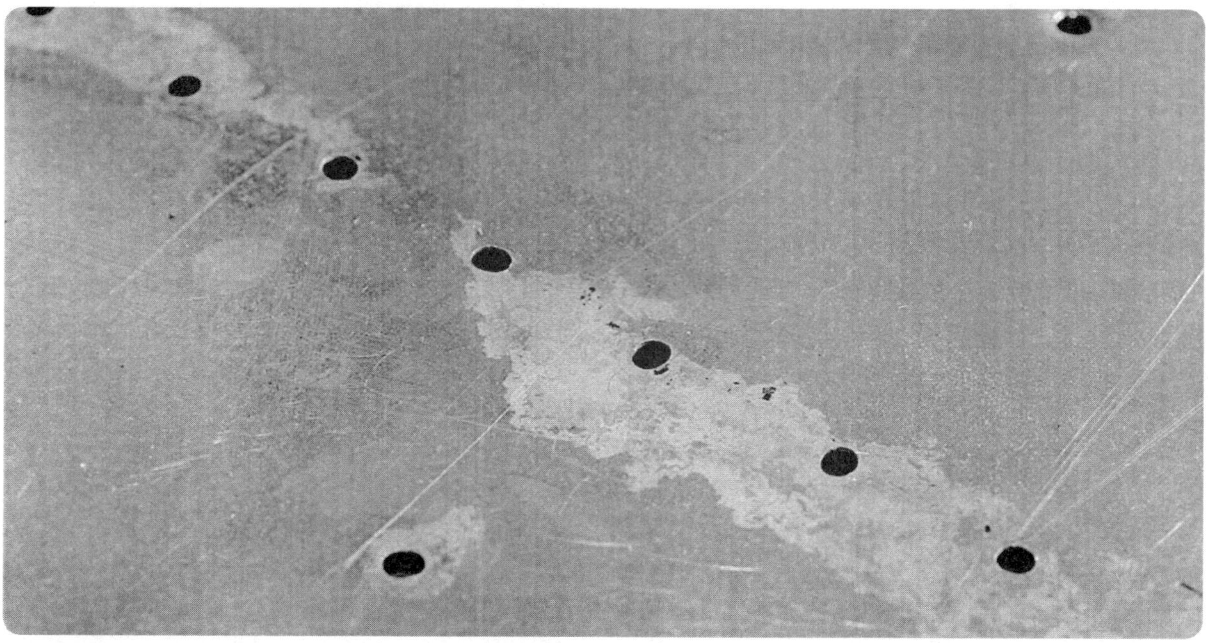

[그림 6-4] 표면부식(Surface Corrosion)

때 잘 발생한다. 이 부식은 보통 철과 알루미늄 표면을 침식한다. 철에서는 이 흔적들이 서로 교차하지 않지만 알루미늄에는 서로 교차하기도 하기 때문에 그 피해가 점점 더 심해진다. 부식을 제거하지 않고 처리한 부분에 보호 마감처리를 할 경우 부식은 특히 파스너(fastener) 주변이나 심(seam) 주변에서 입자간 부식으로 이어질 수 있다.

필리폼 부식은 휴대용 블라스팅(blasting) 장비를 이용하여 유리구슬 연마재를 고속 분사하여 연마하거나 사포를 이용하여 제거할 수 있다. 습도가 70% 미만인 환경에 항공기를 보관하고, 산소 및 수증기에 대한 확산률이 낮은 코팅 시스템을 사용하고, 항공기 세척을 통해 표면으로부터 산성 오염물질을 제거하면 필리폼 부식을 방지할 수 있다.

#### 6.1.3.3 피팅 부식(Pitting Corrosion)

피팅 부식은 가장 파괴적이고 강렬한 부식 형태 중 하나이다. 이 부식은 모든 금속에서 발생할 수 있지만 알루미늄이나 마그네슘 합금과 같은 보호 산화피막을 형성하는 금속에서 가장 흔하다. 먼지와 유사하게 표면을 얼룩지게 하는 흰색 또는 회색의 분말 침전물이 처음 눈에 띈다. 침전물을 제거하면 표면에 작은 구멍이나 움푹 파인 자국이 보인다. 이러한 작은 표면 손상은 구조 부재 내부 깊숙이 침투하여 표면 외형에 비례하여 완전히 손상될 수 있다. [그림 6-6]

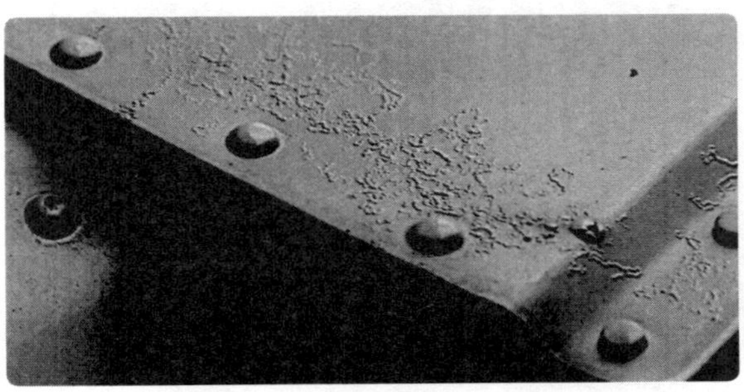

[그림 6-5] 필리폼 부식(Filiform Corrosion)

#### 6.1.3.4 이질 금속 간 부식 (Dissimilar Metal Corrosion)

부식 조건에 있는 상태에서 이질 금속 부품 사이의

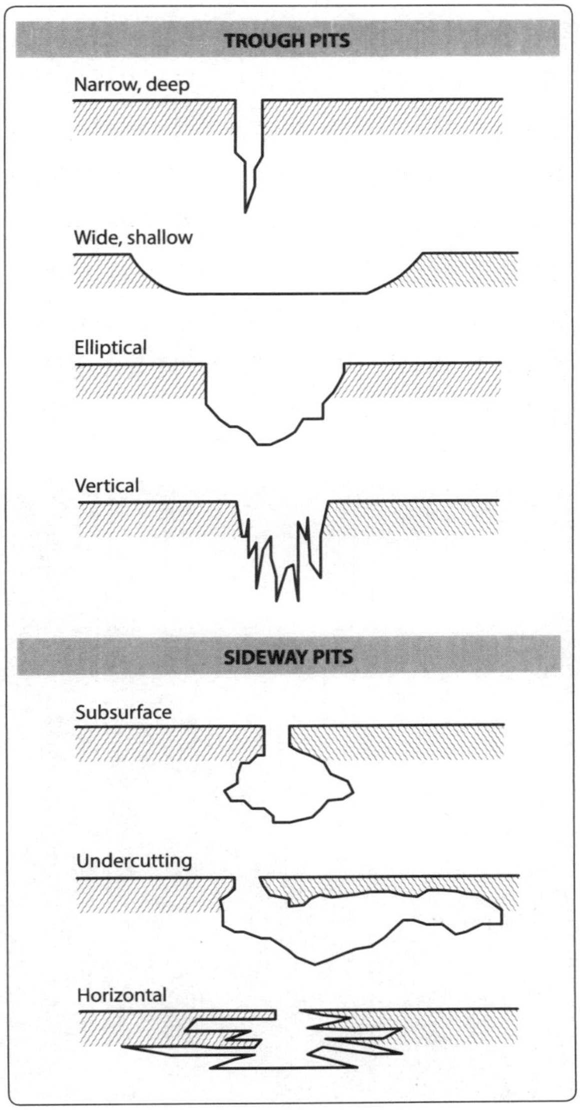


[그림 6-6] 피팅 부식의 유형(Types of pitting corrosion )

접촉은 광범위하게 움푹 파인 손상이 발생할 수 있다. 표면 부식이 일어날 수도 있고 일어나지 않을 수도 있지만, 전기 도금과 달리 갈바니 작용은 표면 사이의 절연이 파괴되거나 생략된 접촉 지점 또는 접촉 영역에서 발생한다. 이런 전기 화학적 침식은 많은 경우, 보이지 않는 곳에서 진행되기 때문에 구조적 결함이 발생하기 전에 이를 감지하는 것이 어려우므로 매우 심각한 상황에 처할 수 있다.[그림 6-7]

또한 기계적 방법에 의한 금속 표면의 오염은 이질 금속 간 부식을 유발할 수 있다. 강철 수세미나 강철 와이어 브러시와 같은 철제 세척 제품을 알루미늄이나 마그네슘 제품 세척에 부적절하게 사용하면 작은 강철 조각이 세척되는 금속으로 들어가 이질 금속 간 부식을 일으키고 인접 표면을 손상시킬 수 있다. 한 종류의 금속 세척에 사용했던 패드가 다른 금속 세척에 다시 사용되지 않도록 주의 깊게 모니터링 해야 한다.

#### 6.1.3.5 농축 셀 부식(Concentration Cell Corrosion)

농축 셀 부식(틈새 부식이라고도 함)은 금속과 금속 접합부의 금속 부식, 접합된 금속이 동일하더라도 접합부 가장자리의 부식 또는 이물질로 덮인 금속 표면의 점 부식이다. 일반적인 농축 셀 부식의 종류는 금속이온농축 셀, 산소농축 셀, 액티브-패시브 셀(Active-Passive Cells) 3가지이다.

#### 금속 이온 농도 셀(Metal Ion Concentration Cells)

용액은 물과 접촉하는 금속의 이온과 물로 구성될 수 있다. 일반적으로 고농도의 금속 이온이 용액이 정체된 페이징(faying) 표면 아래에 존재하며 페이징 표면에 의해 생성되는 틈새 근처에 낮은 금속 이온이 존재한다. 그림 6-8과 같이 두 지점 사이에는 전위차가 존재한다. 즉, 금속 이온의 낮은 농도와 접촉하는 금속 부위는 양극이 되어 부식된다. 금속 이온의 높은 농도

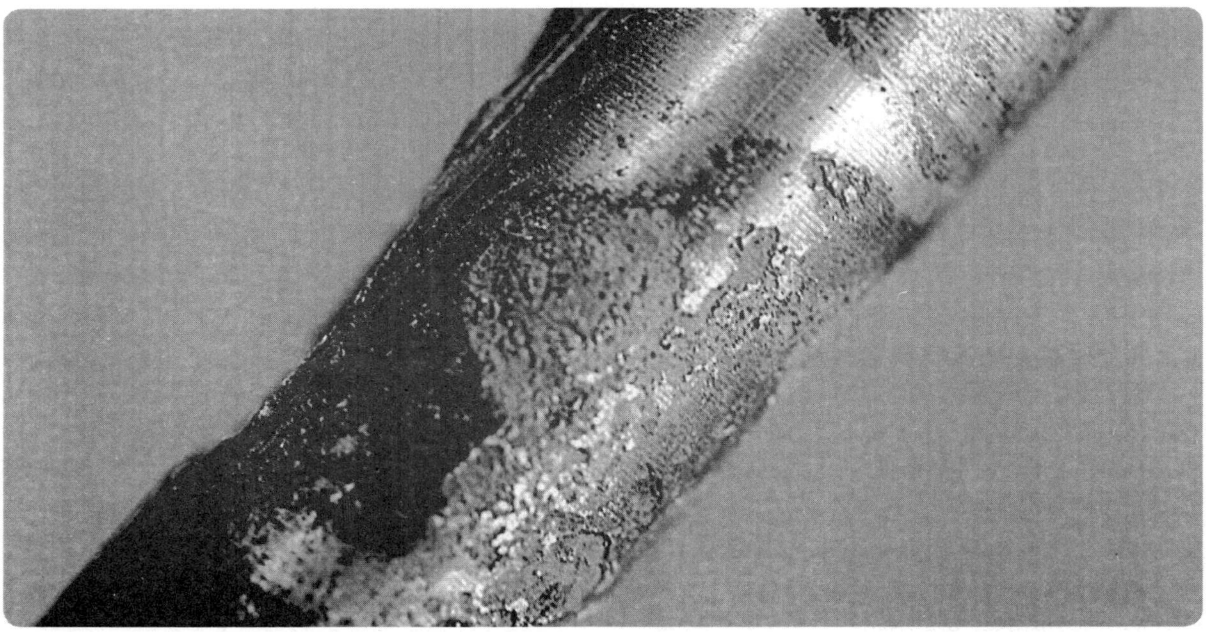

[그림 6-7] 이질 금속 간 부식(Dissimilar metal corrosion)

와 접촉하는 금속 부위는 음극을 띄며 부식의 징후를 보이지 않는다.

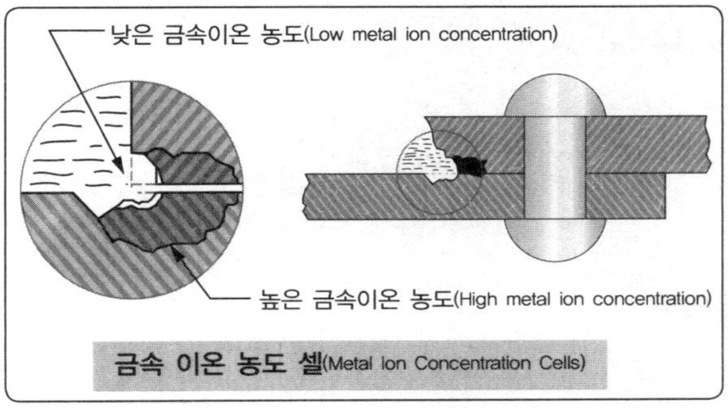


[그림 6-8] 금속 이온 농도 셀(Metal ion concentration cell)

### 산소 농도 셀(Oxygen Concentration Cells)

금속 표면에 접촉하는 용액은 보통 용해된 산소를 포함한다. 공기 중의 산소가 용액 내로 확산되지 않는 임의의 지점에서 산소 셀이 발생하여, 두 지점 사이의 산소 농도 차이가 발생한다. 산소 농도 셀의 일반적인 위치는 개스킷, 목재, 고무 및 기타 금속 표면에 접촉하는 물질 아래에 있다.

부식은 산소 농도가 낮은 영역(양극)에서 발생한다. 스테인리스강과 같은 합금은 특히 이러한 유형의 농축 셀 부식에 취약하다. [그림 6-9]

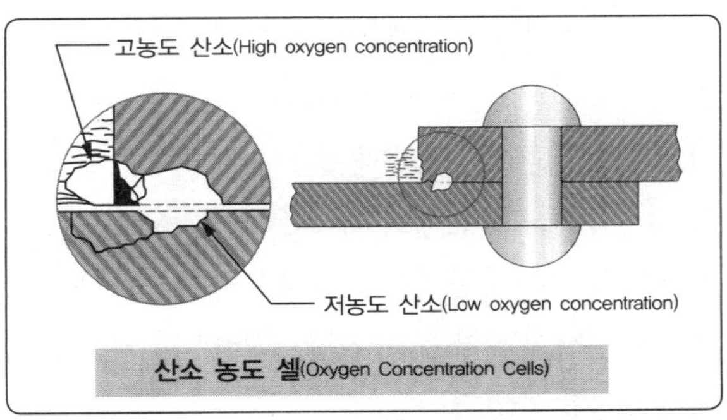


[그림 6-9] 산소 농도 셀(Oxygen Concentration Cells)

### 액티브-패시브 셀(Active-Passive Cells)

단단히 달라붙는 패시브 피막에 의존하는 금속, 보통 부식 방지용 산화물에 의존하는 금속은 액티브-패시브 셀에 의해 급속한 부식성 침식을 받기 쉽다. 부식 작용은 보통 산소 농도 셀에서 시작된다. 패시브 피막이 먼지 입자에 의해 손상되면 활성 금속이 부식성 침식에 노출된다. 패시브 피막의 넓은 영역과 활성 금속의 작은 영역 사이에 전위차가 발생하여 빠르게 피팅(pitting) 부식이 발생한다. [그림 6-10]

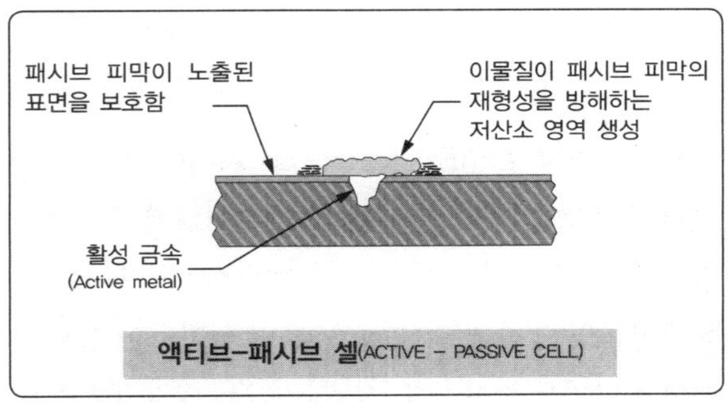


[그림 6-10] 액티브-패시브 셀(Active-Passive Cells)

### 6.1.3.6 입자간 부식(Intergranular Corrosion)

이러한 유형의 부식은 합금의 입자 경계를 따르는 침식이며, 일반적으로 합금조직의 균일성이 결여되어 발생한다. 알루미늄 합금 및 일부 스테인리스강은 이런 전기 화학적 침식에 취약하다. [그림 6-11] 균일성 결여는 가열 및 냉각 등 재료의 제조 과정에서 합금의 변화로 인해 발생한다. 2014 및 7075와 같은 고강도 알루미늄 합금은 부적절하게 열처리되고 부식 환경에 노출되면 입자간 부식에 더 취약하다. 입자 간 부식은 부식 발생 초기 단계에서 검출해 내기가 어렵다. 스파(Spar)와 같은 압출 성형된 부재들은 이러한 입자 간 부식에 취약하다. 초음파검사와 와전류탐상검사는 입자 간 부식을 검출해 내는 데 효과적이다.

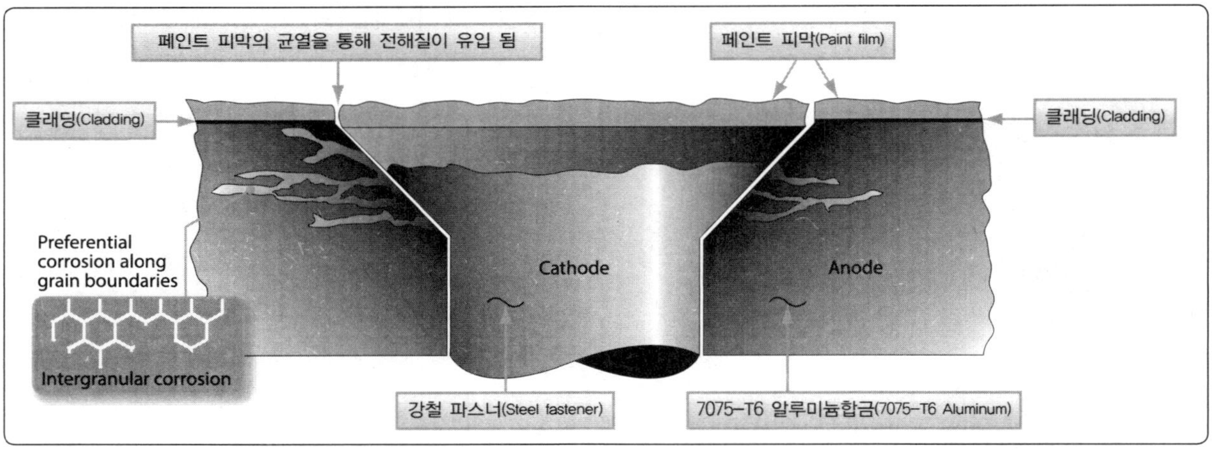


[그림 6-11] 강철 파스너에 인접한 7075-T6 알루미늄합금의 입자간 부식(Inter-granular corrosion)

### 6.1.3.7 박리부식(Exfoliation Corrosion)

박리부식은 입자간 부식이 계속 진행되면 발생하는 형태로서, 표면 바로 아래 입자경계에서 발생하는 부식생성물의 팽창에 의해 금속 표면 입자들이 들떠서 떨어져 나가는 손상이다. 그림 6-12는 입자간 부식의 가시적인 사진으로, 보통 압출부재의 입자 두께가 얇은 부위에서 많이 볼 수 있다. 이런 종류의 부식은 초기 단계에서는 검출하기 어렵다.

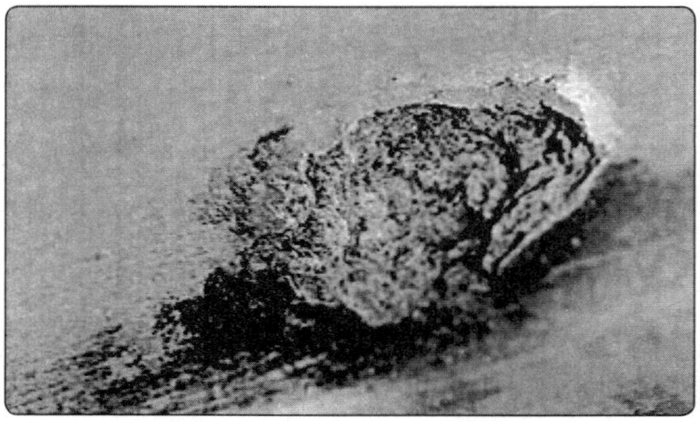

[그림 6-12] 박리 부식(Exfoliation Corrosion)

### 6.1.3.8 응력 부식/균열(Stress-Corrosion/Cracking )

이러한 형태의 부식은 화학적 환경에 해가 되는 일정한 응력 또는 주기적인 응력에 의해 발생한다. 응력은 내부 또는 외부 하중에 의해 발생할 수 있다. [그림 6-13] 냉간가공이나 또는 고온에서 불균일한 냉각에 의해 구조물에 내부 응력이 쌓일 수 있다. 대부분의 제조업체는 응력 해소작업으로 이러한 과정을 따른다. 그럼에도 불구하고 때로는 응력이 남아 있다. 리벳작업, 용접, 볼트 체결, 클램프, 프레스작업 등에 의해 일부 구조로 유입될 수도 있다. 약간의 불일치가 발생하거나 파스너를 과하게 체결하면 내부 응력이 발생한다. 응력 부식은 설계 안전계수를 넘어서 손상되기 전에는 인식하기 어렵기 때문에 내부 응력은 설계 응력보다 더 중요하다. 금속 내에서의 응력 수준은 각 지점마다 다르다. 항복 강도 근처의 응력은 응력 부식 균열을 촉진하게 된다. 그렇지만, 고장은 더 낮은 응력에서 발생할 수 있다.

특정 합금에 대한 응력 부식 균열을 일으키는 특정 환경이 확인되었다.

1. 소금 용액과 바닷물은 고강도, 열처리한 강철 및 알루미늄 합금의 응력 부식 균열을 유발한다.
2. 메틸알코올-염산 용액은 일부 티타늄 합금의 응력 부식 균열을 유발한다.
3. 마그네슘 합금은 습한 공기에서 응력 부식될 수 있다.

보호 코팅, 응력 제거 열처리, 부식 방지제 사용 또는 환경 제어를 통해 응력 부식을 줄일 수 있다. 금속 표면에 숏 피닝( Shot peening)작업을 하면 표면에 압축 응력을 발생시켜 응력 부식 균열에 대한 저항을 증가시키며, 따라서 임계 응력 수준이 높아진다.

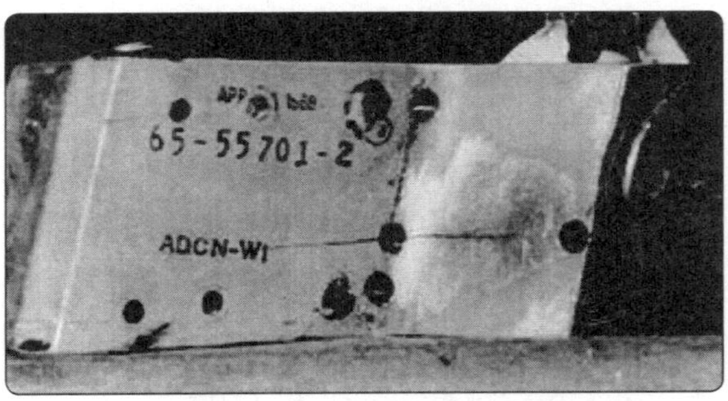


[그림 6-13] 응력 부식(Stress Corrosion)

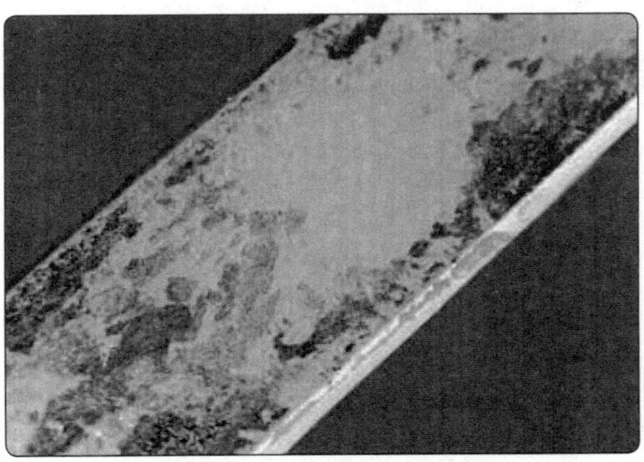

[그림 6-14] 마찰 부식(Fretting Corrosion)

### 6.1.3.9 마찰 부식(Fretting Corrosion)

마찰부식(fretting corrosion)은 두 금속 간의 접합면에서 미세한 부딪힘이 지속 되는 상대운동에 의하여 발생하며 부식성의 침식에 의해 손상되는 형태로 나타난다. 마찰 부식은 표면의 점식(pitting)과 가늘게 쪼개진 파편이 발생되는 특징을 가지고 있다. 그림 6-14와 같이, 2개 표면의 상대운동은 제한된 영역에서 마모가 발생하며 수분의 침투는 마찰 부식의 진행을 빠르게 한다. 베어링의 접촉면과 같이 접촉면이 작고 날카로운 형태인 경우 깊은 홈 또는 압축력에 의해 움푹 들어간 형태로 닳아 해지게 되며 마찰 부식의 형태가 나타난다. 마찰 부식의 가장 일반적인 예는 엔진 카울링 및 날개 외피에서 발견되는 들떠있는 리벳이다. 마찰 부식은 전해질과 무관한 부식 현상의 하나이며, 실제로 수분은 부식 진행을 반응을 억제하는 효과가 있다. 들떠있는 리벳은 리벳 주위에 마찰 부식 흔적으로 검은 색 고리를 띠기도 한다.

### 6.1.3.10 피로 부식(Fatigue Corrosion)

피로 부식은 주기적 응력과 부식성 환경의 조합에 의해 발생한다. 작용하는 응력이 금속의 피로 한계 이하라면, 정상적인 금속은 무한 사이클의 응력을 견딜 수 있다. 피로 한계를 초과하면 금속은 결국 균열이 발생하고 피로로 인해 파괴된다. 그러나 주기적 응력을 받는 부품 또는 구조가 부식성 환경에 노출 될 경우 고장에 대한 응력 수준은 상당히 감소하게 된다. 따라서 설계 피로 응력 이하의 응력 수준에서 고장이 발생할 수 있다.

피로 부식 진행은 2단계로 이루어진다. 1단계에서 부식과 순환 응력의 조합은 부식 환경이 완전히 제거하더라도 순환 응력에 의해 파단이 발생할 정도까지 균열이 형성되는 단계이다. 2단계는 기본적으로 균열의 전파에 의해 고장이 진행되는 피로 단계이다. 그것은 주로 응력집중효과와 금속의 물리적 특성에 의해 조절된다. 피로 부식으로 인한 금속 부품의 파손은 일반적으로 부식정도가 심하지 않더라도 부식되지 않은 부품의 피로 한계보다 훨씬 낮은 응력 수준에서 발생한다.

#### 6.1.3.11 갈바니 부식(Galvanic Corrosion)

갈바니 부식은 두 개의 이종 금속이 전해액이 있는 곳에서 전기적으로 접촉될 때 발생한다. [그림 6-15] 부식이 발생하는 속도는 활성도의 차이에 따라 달라진다. 활성도의 차이가 클수록 부식 속도가 빨라진다. 갈바니 부식 속도도 접촉부위의 크기에 따라 다르다. 부식성 금속의 표면적이 활성도가 낮은 금속의 표면적보다 작으면 부식은 빠르고 심하다. 부식성 금속이 활성도가 낮은 금속보다 크면 부식은 느리고 심하지 않다.

### 6.1.4 일반적인 부식제 (Common Corrosive Agents)

금속의 부식을 일으키는 물질을 부식제라고 한다. 가장 일반적인 부식제는 산, 알칼리 및 염이다. 이러한 물질에 대한 가장 일반적인 매개물인 두 가지, 공기와 물도 부식제로 작용할 수 있다.

- 산–중간 정도의 강산은 기체에 사용되는 대부분의 합금을 심하게 부식시킨다. 가장 심각한 것은 황산(배터리 전해액), 할로겐 산(염산, 불화수소 및 브롬화수소), 아산화질소 화합물 및 인간과 동물의 배설물에 포함된 유기산이다.

[그림 6-15] 갈바니 부식(Galvanic Corrosion)

- 알칼리–알칼리는 산만큼의 부식성을 가지지 않는다. 알루미늄과 마그네슘 합금은 용액에 부식 억제제가 포함되어 있지 않으면 많은 알칼리성 용액에 의해 부식되기 쉽다. 특히 알루미늄에 부식성이 있는 물질은 세척소다(washing soda), 칼륨(목재) 및 석회(시멘트 먼지)이다. 그러나 알칼리성인 암모니아는 알루미늄 합금이 그에 대한 내성이 우수하기 때문에 그들로부터 제외된다.
- 소금 — 대부분의 소금 용액은 좋은 전해질이며 부식성 침식을 촉진 할 수 있다. 일부 스테인리스 합금강은 염 용액의 공격에 강하지만 알루미늄 합금, 마그네슘 합금 및 기타 강은 매우 취약하다. 항공기 기체구조를 염분 또는 그 용액에 노출시키는 것은 매우 바람직하지 못하다.
- 공기–주요 공기 부식제는 산소와 공기 중 수분입니다. 부식은 종종 금속에 대한 산소와 수분의 직접적인 작용으로 발생하며, 추가적인 수분의 존재는 종종 철 합금에 대한 부식성 침식을 가속화시킨다. 그러나 대기에는 다른 부식성 가스 및 산업 오염 물질, 특히 바닷물 분무가 포함될 수도 있다.
- 물–물의 부식성은 물에 용해된 미네랄, 유기 불순

물 및 용해된 가스(특히 산소)의 종류와 양에 따라 다르다. 부식성을 결정하는 물의 특징 중 하나는 전류를 전도하는 전해질 역할을 하는 전도성이다. 수온이나 속도와 같은 물리적 요인도 부식성에 직접적인 영향을 미친다.

### 6.1.5 부식의 예방관리 (Preventive Maintenance)

항공기의 내식성을 개선하기 위해 많은 방법들이 적용되는데, 재료의 개선, 표면처리, 절연, 그리고 마감처리 등이 포함된다. 이러한 방법들을 통해 구조부재의 신뢰성을 높이는 것뿐만 아니라 항공기 정비비의 경감을 목표로 한다. 이러한 개선활동에도 불구하고, 부식과 부식의 관리는 지속적인 예방정비를 필요로 하는 피할 수 없는 과제이다. 이러한 부식의 예방 관리 절차에 활용되는 화학제품에 관한 정보는 물질안전보건자료(MSDS, material safety data sheet)를 참고하여야 한다.

부식방지는 다음의 기능들을 포함한다.

(1) 적합한 세척
(2) 철저한 주기적인 윤활
(3) 부식과 파손에 대한 정밀한 검사
(4) 부식의 신속한 처리와 손상된 페인트(Paint) 부분의 손질
(5) 항공기 하부에 장착된 드레인 홀(Drain Hole)의 청결유지
(6) 연료 탱크의 섬프 드레인(Sump Drain)
(7) 오염원에 노출된 취약 부분의 세척
(8) 수분 침투 예방을 위한 항공기 Sealing 상태 유지와 적절한 환기 유지
(9) 주기된(parked) 항공기에 보호용 덮개(Cover) 사용
(10) 악천후 시 물로부터 항공기 밀봉 및 따뜻하고 화창한 날 적절한 환기
(11) 물의 침투 방지를 위해 열화되거나 손상된 개스킷 또는 밀폐제의 교체
(12) 제작사 및 FAA에 대한 재료 또는 설계 결함에 대한 정확한 기록 유지 및 보고
(13) 적절한 재료, 장비, 기술 출판물 및 인력에 대한 적절한 교육

장기 저장 상태에 들어간 항공기의 경우 오랫동안 부식 예방 절차를 수행하지 않으면 항공기를 비행 가능한 상태로 환원시키기는 어려울 것이다. 이처럼 정기적으로 부식 발생 취약 부분은 일상점검의 형태를 적용하여 주기적인 부식 방지 절차의 수행이 요구된다.

### 6.1.6 점검(Inspection)

부식에 대한 검사는 일상적인 업무이며, 지속적으로 수행되어야 하는 업무로서, 부식이 발견되면 심각한 문제로 인식해야 한다. 이에 대한 지속적인 관리가 이루어지지 않으면 복구하는 데 더 많은 비용이 투입되어야 하는 문제로 확대될 수 있다. 부식 발생을 예방하기 위한 절차는 항공기 기체와 엔진을 포함하며 보통 구역 검사(Zonal Inspection)로 운영된다.

모든 부식 검사는 검사할 부위를 철저히 세척하는 것에서부터 시작한다. 이 지역에 대한 일반적인 육안 검사는 손전등, 검사 거울, 5~10배율의 확대경을 사용한다. 육안 검사는 가장 널리 사용되는 검사방법으로

부식의 검출과 평가를 위한 효과적인 방법이다. 육안 검사는 눈을 사용하여 항공기 표면을 직접 보거나 부식을 감지한다. 촉감을 이용하는 것도 부식을 감지하는 효과적인 검사 방법이다. 육안 검사 중에 사용되는 다른 도구로는 거울, 광학 현미경 및 깊이 게이지 등이 있다.

때때로 점검 영역이 구조 부재, 장비 설비에 의해 가려져서 육안으로 점검하기가 곤란할 수 있다. 점검 패널이나 인접 장비를 제거하고, 필요에 따라 주변을 청소하고, 손상된 밀폐제나 페인트를 제거함으로서 적절한 검사 환경을 확보해야 한다. 거울, 보어스코프 등은 직접 안 보이는 곳을 검사하는 수단으로 유용하다.

육안 검사 외에도 침투검사, 자력검사, 와전류 검사, 반사선검사, 초음파검사 등과 같은 비파괴 검사(NDI) 방법이 있다. 이러한 자격을 갖춘 NDI검사원만이 수행해야 한다. 정기적인 검사 외에도, 매일 점검하고 취약한 부위를 세척하거나 보수해야 한다.

## 6.1.7 부식발생이 쉬운 부분 (Corrosion Prone Areas)

민간항공기의 주방(Gelly), 화장실(Lavatory), 화물실(Cargo compartment) 그리고 군용항공기의 로켓, 기관포, 미사일 발사대 근접 부분 등을 포함하는 대부분의 항공기에서 부식이 발생하기 쉬운 부분에 대하여 정비 교범을 참고로 항공기 형식별 특성을 포함하여 관리하여야 한다.

### 6.1.7.1 배기구 부분(Exhaust Trail Areas)

그림 6-16과 같이 제트엔진이나 왕복엔진 모두 배기구 부분은 부식에 취약한 부분이며 배기가스 축적

[그림 6-16] 배기구 부분(Exhaust Trail Areas)

물로 인한 강한 부식 위험에 노출되어 있다. 갭(Gap), 심(Seam), 힌지(Hinge), 배기관(Exhaust Pipe) 또는 노즐(Nozzle) 등이 포함되며 부식을 예방하기 위한 관심을 가져야 할 부분이다. 이러한 부분들은 구석구석 세밀한 점검을 위해서 점검창을 분리 한 후 점검하여야 정확한 점검이 이루어질 수 있다. 배기구로부터 떨어져 있는 꼬리 쪽 동체 부분에 쌓인 배기가스 축적물들은 점검절차에서 제외되기 쉬우나 부식은 서서히 진행되어 큰 결함으로 나타날 수 있다는 사실을 기억하고 점검을 소홀하게 하지 않아야 한다.

### 6.1.7.2 축전지 격실과 통기구 주변 (Battery Compartments and Battery Vent Openings)

부식 방지를 위한 처리와 페인트 도포 작업과 수분 침투 예방을 위한 기밀(Sealing), 환기(Ventilation)의 개선에도 불구하고 배터리 장착 공간은 전해액의 누액과 증발로 인한 가스의 영향으로 항상 부식의 위험이 존재한다. 전해액의 피해를 예방하기 위해서 주기적인 배터리 장착 공간의 세척과 중화 작업이 필요하다.

#### 6.1.7.3 항공기 바닥 부분(Bilge Area)

항공기 바닥 부분은 유압유, 물, 오염물질 등이 자연스럽게 모여드는 공간이며 세심한 관리가 요구되는 부분으로 심각한 항공기 표면의 파단으로 이어질 수 있는 부식의 취약 부분이다. 기체 구조의 스트링거, 링, 프레임 그리고 스킨이 결합되는 부분으로 화학적 피막, 프라이머 그리고 부식방지 용액이 추가적으로 도포 등 관리가 필요하다. 또한 하부에 마련된 드레인 홀이 막히지 않도록 오염물 제거 등의 관리가 추가되어야 한다.

#### 6.1.7.4 화장실, 식당 및 갤리 (Lavatories, Buffets, and Galleys)

이러한 구역, 특히 화장실, 싱크대 및 유출된 음식물 찌꺼기가 묻을 수 있는 구역은 깨끗하게 유지되지 않으면 부식발생의 잠재적인 지역이다. 일부 오염 물질 자체가 부식되지 않더라도 수분을 끌어 들여서 부식성 침식을 일으킨다. 갤리와 화장실 아래에 있는 바닥 구역을 주의해서 감시해야 한다. 이 부분을 자주 청소하고 보호 밀폐제와 페인트 도장을 유지해야 한다.

#### 6.1.7.5 바퀴실과 착륙장치 (Wheel Well and Landing Gear)

항공기가 지상 활주 중에 기름때 묻은 오염 물질과 돌멩이 등 외부 물질과의 충돌, 진흙, 물 그리고 염분 등에 가장 취약한 부분으로 부식 방지를 위한 특별한 관리가 요구된다. 복잡한 구성물들의 연결, 유압, 연료, 구리스 등 오염 물질로 인한 페인트의 벗겨짐 등으로 갖가지 형태의 부식의 위험성에 노출되어 있으므로 주기적인 세척관리 프로그램이 적용되고 있으며, 세척 작업 후 잔류 세척제가 남지 않도록 세심한 주의가 필요하다. 또, 브레이크에 발생하는 열과 반응할 수 있기 때문에 착륙장치에는 부식 방지제의 사용이 허용되지 않으며 다음에 열거하는 부분들을 주의 깊게 점검하여야 한다.

(1) 마그네슘 휠, 볼트 헤드(Bolt Head)
(2) 튜브(Tube), B-너트(B-Nut), 클램프(Clamp)와 튜브 확인을 위해 붙인 데칼 아래 부분
(3) 노출된 위치 표시등(Position Indicator), 스위치(Switch) 기타 전자장비
(4) 수분이 침투하기 쉬운 구조부, 외부 표면의 갈라진 틈새
(5) 바퀴 축 내부(Axle interiors)
(6) 스트럿(struts), 올레오(oleos), 암(arms), 링크(links) 및 결합 하드웨어(볼트, 핀 등)의 노출된 표면

#### 6.1.7.6 수분 고임 부분(Water Entrapment Area)

항공기 설계 시부터 항공기 하부에 발생된 수분이 배출될 수 있도록 드레인 홀을 뚫어 놓았으며, 이 드레인

[그림 6-17] 랜딩 기어 구역은 다른 구역보다 더 자주 청소하고 점검해야 한다.

홀은 주기적으로 점검해야 한다. 적절한 점검 절차의 수행은 모여든 찌꺼기, 오염물질 등으로 구멍이 막히는 현상을 방지함으로써 항공기 하부 취약 부분에 발생할 수 있는 부식의 영향을 제거할 수 있다.

### 6.1.7.7 엔진 입구, 쿨링 에어 벤트 부분 (Engine Front Area and Cooling Air Vents)

엔진 흡입구 부분은 비행중 공기의 충돌, 활주 중 작은 자갈 등과의 충돌 그리고 오염 물질들로 인하여 지속적인 침식의 위험에 노출되어 있다. 주기적인 점검을 필요로 한다.

### 6.1.7.8 날개 플랩과 스포일러의 숨은 부분 (Wing Flap And Spoiler Recesses)

수분과 오염물질들이 플랩이나 스포일러 등과 같은 가동부품의 숨은 공간에 쌓이면서 부식 발생의 원인을 제공하는데, 가동면이 접혀있는 상태에서는 오염물질과 부식 발생의 결함 발견이 어려워 잠재적인 부식의 발생지역으로 남아 있다. 이러한 숨은 공간은 가동면을 전개 시킨 후 세밀한 점검을 수행하는 절차를 가지고 있어야 한다.

### 6.1.7.9 외부 표면(External Skin Area)

항공기 외부 표면의 부식 검사와 정비는 다른 부분들보다 쉽게 생각할 수 있는데, 제작 상태에서 시간이 지나면서 발생하는 페인트의 벗겨짐, 수리를 위한 작업을 수행하면서 발생하는 드릴가공, 리벳작업 절차를 정비교범에 맞게 수행하지 않는 다면 이러한 부분을 통하여 부식의 발생 가능성이 존재한다. 그림 6-18과 그림 6-19와 같이 피아노형 힌지의 핀과 알루미늄 힌지의 이질 금속간의 접촉에 의한 부식이 발생할 수 있기 때문에 주의 깊은 점검이 요구되며 적절한 윤활제의 사용을 통하여 부식 방지 처리를 하여야 한다. 점용접을 활용하여 접합 한 외피의 부식은 판재 사이로 부식을 원인 물질이 침투하여 발생하는 것으로 발생된 부식으로 인하여 좌굴로 발전해서 점용접 부분이 갈라지는 결과를 초래할 수 있다. 초기 단계에서 점용접 부분을 점검할 때 직선 자를 활용하여 쉽게 결함을 발견할 수 있으며, 발견된 부분의 부식 증가를 제거하기 위해서 수분 침투를 억제할 수 있는 방부제와 밀폐제의 화합물로 채우는 방법을 적용한다.

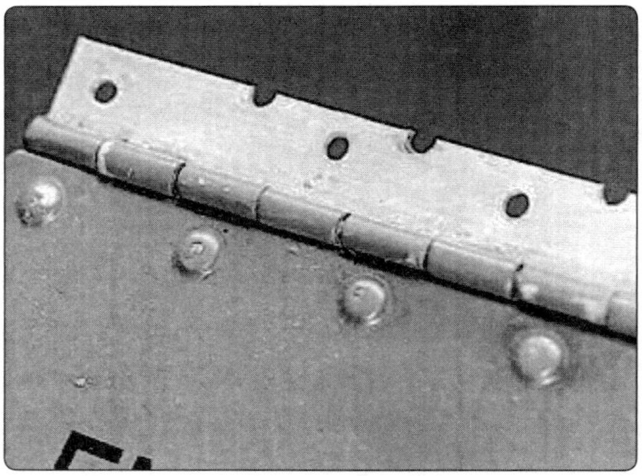

[그림 6-18] 피아노형 힌지(Piano hinge)

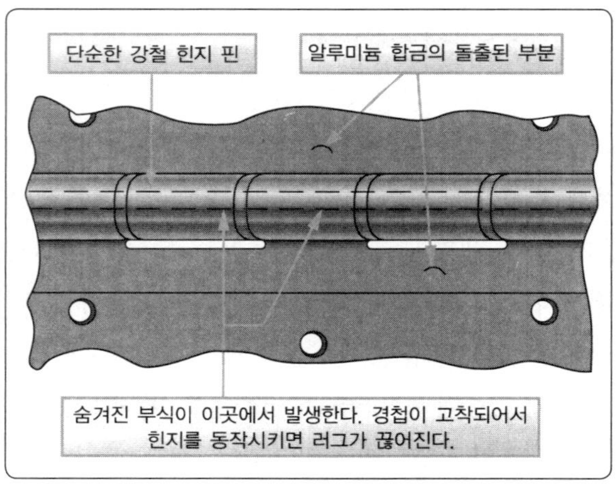


[그림 6-19] 힌지 부식 위치(Hinge corrosion points)

#### 6.1.7.10 전자 및 전기장비실 (Electronic and Electrical Compartments)

램 에어 또는 압축기 블리드 공기로 냉각되는 전자 및 전기장비실은 엔진 및 액세서리 냉각 환기구 및 엔진 입구 영역과 동일한 조건이 적용된다. 노출 정도는 적지 만 밀폐된 공간에서 물이 생성되는 것을 방지하기 위해 적은 양의 공기가 통과하고 특수한 설계 기능이 통합되어 있기 때문에 여전히 주의를 기울여야하는 지역이다. 회로 차단기, 접점 및 스위치는 습기 및 부식성 침식에 매우 민감하므로 설계상 허용되는 한 철저히 이러한 조건을 검사해야한다. 설치 상태에서 설계기능이 이러한 항목의 검사를 방해하는 경우 다른 구성품을 제거한 후 검사를 수행한다.

#### 6.1.7.11 그 밖의 영역(Miscellaneous Trouble Area)

헬리콥터의 로터 허브와 기어박스는 철강부품 표면, 수많은 외부 작동 부분품들과 이질 금속의 접촉면이 노출되어 있으며 이들 노출 부분들은 빈번한 검사가 요구된다. 주기적인 점검, 적절한 방부제 및 윤활제의 사용이 부식 방지를 위한 방법이다.

내식강이나 탄소강으로 만들어진 조종케이블은 매 주기 점검 시 부식 발생의 여부를 점검하여야 한다. 점검 방법은 솔벤트에 적신 천을 활용하여 케이블 외부를 세척한 후 검사한다. 오일에 적신 부직포 또는 연질의 와이어 브러쉬로 외면부식 요소를 제거하고 케이블을 방부 처리하여 사용한다. 내부까지 부식이 진행한 케이블은 교환해야 한다.

### 6.1.8 부식 제거(Corrosion Removal)

일반적으로 완벽한 부식방지 처리는 다음 사항을 포함한다.

(1) 부식이 발생한 부분의 세척과 긁어내는 작업
(2) 최대한 부식 생성물을 제거하는 작업
(3) 패인 곳, 갈라진 틈에 숨어 있는 생성물의 제거와 중화 작업
(4) 부식 생성물이 제거된 부분의 보호 작업
(5) 부식 방지 코팅 또는 페인트 작업

#### 6.1.8.1 세척과 페인트 제거 (Surface Cleaning and Paint Removal)

부식 제거 작업 시에는 침식이 발생된 부분뿐만 아니라 부식이 의심되는 부분까지 보호막을 제거하여야 한다. 부식 생성물의 완전한 제거를 위해서는 부식 발생 부분에 존재하는 그리스, 오일, 오염물과 방부제를 깨끗하게 제거해야 한다. 이러한 세척 작업은 부식 손상부위 전체가 드러날 수 있도록 하며 정확한 판정 작업을 할 수 있도록 한다.

세척 작업에 사용하고자 하는 세척제의 종류는 제거하고자 하는 부식 물질의 종류에 따라서 선택되는데, 최근 환경오염에 대한 걱정으로 인하여 수용성 물질과 중독성이 없는 세척 화합물의 사용이 선호되고 있다. 폭넓게 사용되는 수용성 세척제는 대부분 세척 작업에 사용할 수 있다. 항공기 구조에 최소한의 영향을 주면서 페인트를 벗겨 낼 수 있는 친환경 제거제가 사용된다.

넓은 지역에 화학적 페인트 제거 작업을 수행할 경우 가능하면 그늘진 옥외에서 적절한 환기를 확보하고 실시하여야 한다. 이때 항공기의 Tire, Fabric 또는 Acrylic을 포함한 합성 고무 표면에 페인트 제거 용액이 묻지 않도록 최대한 주의해야 한다. 그리고 제거제

는 항공기에 적용된 밀폐제의 기능을 약화시킬 수 있고 방수 및 가스 누출을 막기 위한 이음매의 손상을 유발할 수 있기 때문에 숙달된 작업 능력이 요구된다. 이때 제거된 부산물들이 중간 중간에 위치한 드레인 홀을 막지 않도록 주의 깊게 살펴봐야 한다. 페인트 제거제는 독성을 포함하고 있으며 피부와 눈 모두에 위험한 성분을 함유하고 있으므로 작업자를 보호하기 위해 고무장갑, 보안경 등 보호구를 반드시 착용하도록 한다. 일반적인 페인트 제거작업의 절차는 다음과 같다.

(1)벗겨 내고자 하는 전체 영역에 페인트 붓을 활용하여 1/32~1/16[inch]의 두께로 페인트 제거제를 바른다. 이때 사용한 붓은 다른 목적으로 재사용해서는 안 된다.

(2) 페인트 제거제를 도포한 후 충분한 시간 동안 표면에 남아 있도록 유지하면 페인트가 부분부분 부풀어 오르게 되는데 온도와 습도 등 그날의 환경에 따라서 10분에서 수 시간 동안 유지되는 것이 요구되기도 한다. 효과를 높이기 위하여 뻣뻣한 붓에 제거제를 발라 표면을 세게 문지르면서 도포한다.

(3) 페인트가 남아 있는 부분은 반복해서 뻣뻣한 붓으로 제거제를 도포하도록 하고, 잘 벗겨지지 않는 부분은 비금속 재질의 스크레퍼를 활용하여 제거한다. 연마용 수세미를 활용하면 깨끗하게 제거할 수 있다.

(4) 물, 빗자루, 붓과 연마용 부직포 패드로 부드러워진 페인트를 제거하고, 분무기 사용이 가능할 경우 저압이나 중압으로 물을 직접 분사하면서 페인트를 문지르면서 제거한다. 만약 증기 세척 장비를 사용할 경우 넓은 지역에서 실시하여야 한다.

#### 6.1.8.2 부식 제거된 영역의 유선형화 또는 조합 (Fairing or Blending Reworked Areas)

부식제거 작업으로 인한 모든 함몰부분은 유선형화하거나 주변 표면과 조합시켜야한다. 유선형화 작업은 다음과 같이 수행한다.

1. 손상된 부분에서 거친 가장자리와 모든 부식을 제거한다. 모든 디쉬-아웃(dish outs)은 날개와 수평 안정판에서는 스팬 방향(spanwise), 동체에서 세로방향, 수직 안정판에서 수직방향을 주축으로 타원형으로 형성되어야 한다.

2. 중요하고 응력이 심한 부분에서는 부식 생성물 제거한 후 남아있는 모든 파인손상부분은 응력 부식 균열을 유발할 수 있는 응력집중을 방지하기 위해 주변과 조합되어야한다. [그림 6-20] 중요하지 않은 구조에서는 연마재 블라스팅(고압 분사)을 통해 부식 생성물을 제거한 후에 남은 손상부분에 대한 조합작업은 필요치 않다. 이는 불필요한 금속 제거를 초래하기 때문이다.

길이 대 깊이의 비율을 20 : 1이 되도록 부드럽게 조합된 디쉬-아웃(dish outs)을 형성하여 파인손상부위 재거 작업한다. [그림 6-21] 간격이 좁고 여러 개의 파인손상이 있는 영역에서는 표면의 불규칙성이나 물결 모양의 흔적을 최소화하기 위해 매개물을 잘 제거해

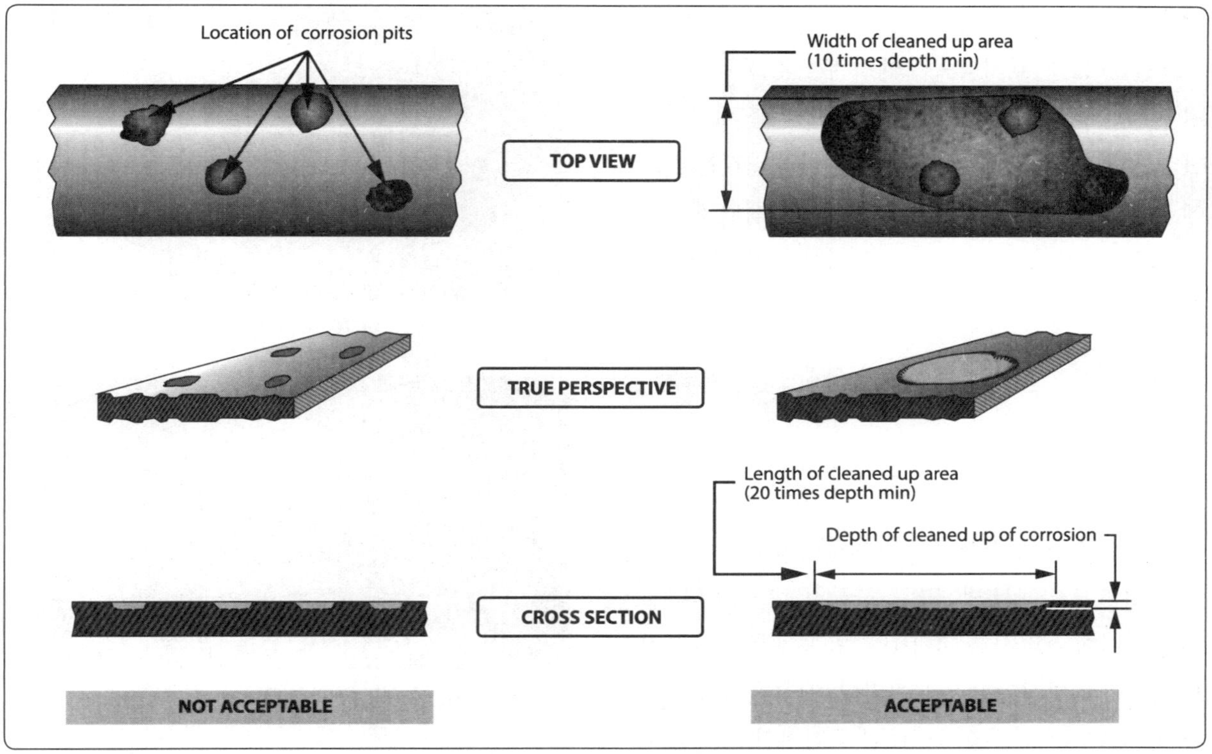


[그림 6-20] 조합(Blending) 또는 조합 부식 손상

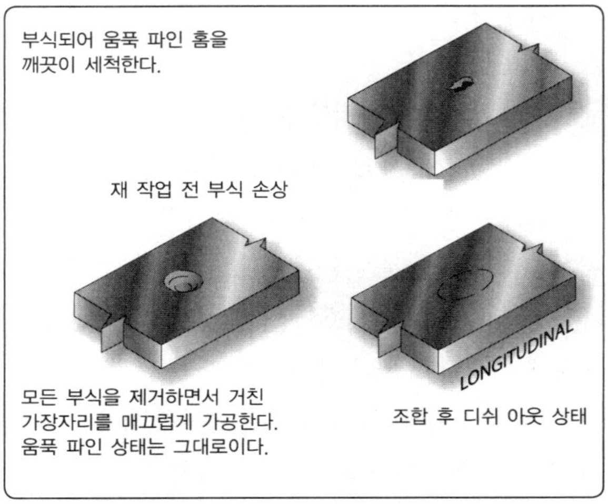


[그림 6-21] 단일 파인 손상 부식에 대한 조합(Blend of corrosion)

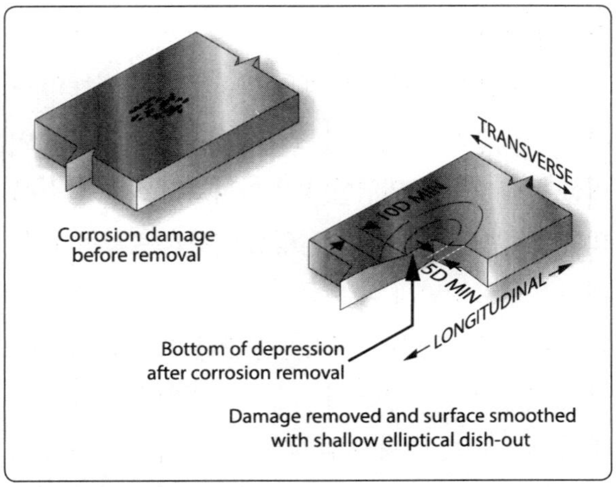


[그림 6-22] 부식된 부위에 있는 여러 개의 파인 손상에 대한 조합

야한다.

[그림 6-22] 알루미늄 구조에서 부식을 조합시키기 전에 강철 너트 플레이트 및 강철 파스너를 제거해야 한다. 알루미늄에 침투된 강철 또는 구리 입자는 나주에 부식의 원인이 될 수 있기 때문이다. 부식의 재발을 방지하기 위해 조합 중에 모든 부식성 물질을 제거해야한다.

### 6.1.9 철금속의 부식 (Corrosion of Ferrous Metals)

부식의 가장 일반적인 종류는 철금속의 표면에 공기와의 접촉에 의해서 발생되는 산화철, 즉 녹이다. 일부 금속산화물은 산화 피막 내부의 모재를 보호하기도 하지만 일반적인 녹은 보호막이 아니다. 녹의 존재는 공기로부터 수분을 끌어당겨 추가적인 부식의 촉매제 역할을 한다. 만약 부식성 침식을 완전히 제거하기를 원한다면 모든 강철제 표면으로부터 녹을 제거하여야 한다.

그림 6-23과 같이 녹은 제일 먼저 볼트나 너트의 나사산 등 보호되지 않는 하드웨어에 주로 나타나며 이러한 녹의 발생이 위험한 것은 아니고 또한 주요 부품의 구조 강도에 즉각적인 악영향을 주지는 않는다. 녹 찌꺼기들은 주변의 다른 금속 부품들 부식의 원인이 되고 부식을 촉진시키는 역할을 한다. 이렇듯 녹은 심각한 부식의 가능성을 나타내고 정비의 필요성을 강하게 대변하며, 장비의 일반적인 상태를 말해주는 지표가 되기도 한다. 페인트가 벗겨지거나 부품의 기계적인 손상이 발생한 상태에서 공기 중에 노출되면 아주 작은 녹이라 할지라도 잠재적인 위험 요소이며 적극적인 정비 작업으로 제거되어야 한다.

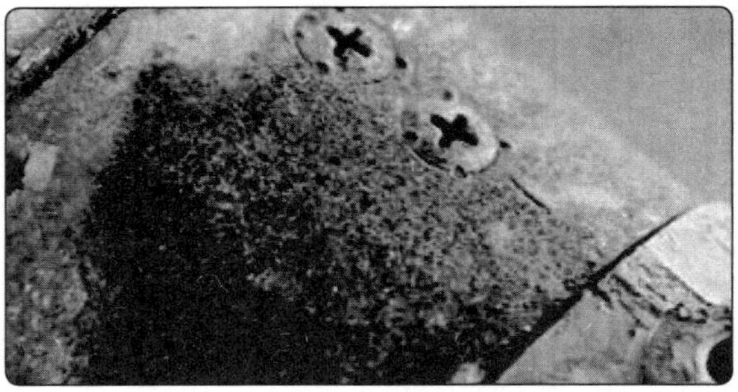

[그림 6-23] 녹(Rust)

[그림 6-24] 구조 부재에서의 녹((Rust on structural components)

그림 6-24처럼 가능한 빨리 점검과 부식 여부의 판단에 따라 즉각적으로 구조 부품으로부터 녹을 제거하여야 한다.

#### 6.1.9.1 철금속의 기계적 부식제거 (Mechanical Removal of Iron Rust)

철 금속의 부식을 제어하는 가장 좋은 방법은 기계적으로 부식 생성물을 완전하게 제거하고 부식 방지제를 활용한 표면의 보호막을 복원시키는 방법이다. 심하게 부식된 철 금속의 표면을 제외하고는 연마지와 연마제, 와이어 브러쉬 등을 활용하여 제거할 수 있다. 그러나 연마제를 사용하여 제거한 뒤, 홈과 가느다란 틈에 남겨진 녹 부산물들을 전부 제거할 수 없으며 연마제와 기계적인 연마 작업만으로 모든 부식 생성물을 제거하는 것은 불가능하다. 일반적인 연마의

[그림 6-25] 부직포 연마 패드(Non-woven abrasive pads)

방법으로 부품의 녹을 제거하고 세척한 상태라면 더욱 쉽게 부식이 재발생할 수 있다. 그림 6-25와 같은 부직포 수세미는 표면 녹 제거를 더욱 다양한 방법으로 선택할 수 있게 해준다. 수세미는 전동 공구와 함께 사용되거나 수작업에 단독으로 사용될 수 있고 철을 함유한 부품의 부식을 제거하기 위해 오일과 함께 사용하기도 한다.

#### 6.1.9.2 녹의 화학적 제거 (Chemical Removal of Rust)

최근 환경 문제에 대한 관심이 고조됨에 따라, 비가성의 화학적 녹 제거 방법의 중요성이 증가하고 있다. 모재를 화학적인 변화 없이 산화철을 적극적으로 제거시키는 다양한 상업용 제거제들의 선택을 고려하게 되었다. 통상적으로 모든 녹을 완전히 제거하는 것은 거의 불가능하므로, 철 금속 제품의 녹을 제거하기 위해 부품을 장탈해서 녹을 제거하는 방법을 활용해야 한다. 부식성의 녹 제거제를 사용할 때 비철금속으로부터 격리시키는 것이 필요하며, 적절한 치수를 검사해야 한다.

#### 6.1.9.3 강철의 화학적 표면 처리 (Chemical Surface Treatment of Steel)

인산염을 활용한 녹의 발생을 보호막으로 변환시키는 방법이 입증되었고, 상용화된 화학 물질 중 사용으로 인한 공차가 심각하지 않고 잔여 물질의 세척과 중화가 가능한 녹 제거 제품이 있다. 이러한 녹 제거 제품은 철 금속 부품이 장착된 상태에서 사용하는 것은 아니며 장착된 상태로 화학적인 억제제의 사용은 상당한 위험을 초래한다. 이러한 제품을 일상적인 환경에서 사용하는 것은 부식성 물질의 잔류와 조절되지 못한 침식의 위험성이 크기 때문에 사용하지 않는 것보다 못한 결과를 가져 올 수 있다.

#### 6.1.9.4 고응력강 부품의 부식 제거 (Removal of Corrosion from Highly Stressed Steel Parts)

큰 응력이 가해진 철 금속 부품의 표면에 존재하는 부식은 잠재적인 위험 요소이며 부식 생성물의 조심스러운 제거가 요구된다. 표면의 긁힘이나 가열에 의한 표면 구조의 변화는 그 부품의 급격한 파손의 원인이 될 수 있다. 부식 생성물은 가는 미세입자 산화알루미늄과 같은 부드러운 연마지 또는 연마제를 사용하여 조심스러운 공정으로 제거되어야 한다. 연마용 수세미도 활용할 수 있으며, 철 금속 제품의 연마 작업 시에는 가열되지 않도록 주의해서 작업하여야 하며, 작업 후에는 보호용 페인트 작업으로 마무리하여야 한다.

### 6.1.10 알루미늄과 그 합금의 부식 (Corrosion of Aluminum and Aluminum Alloy)

알루미늄 표면에 발생하는 부식은 흰색의 생성물이

발생하고 일반적으로 원래의 모재보다 부피가 늘어나는 형상으로 나타나기 때문에 쉽게 발견할 수 있으며 부식 발생 초기에도 에칭(Etching), 떨어져 나간 부분, 거칠어진 표면 등으로 나타난다.

NOTE 알루미늄 합금은 일반적으로 0.001~0.0025[inch] 두께의 매끄러운 표면 산화 현상이 나타나는데 이러한 현상은 심각하게 다루는 부식들과는 다른 성질의 것이며, 표면의 코팅 처리는 부식 발생원인 물질의 침투를 막아주는 방어벽을 만들어 준다.

알루미늄의 일반적인 표면 부식은 비교적 속도가 느리지만, 침투한 염분 성분의 존재는 그 발생 속도를 빠르게 조장한다. 좀 더 심각한 부식은 보통 구조강도의 극심한 손실이 전개되기 전에 발생한다.

알루미늄 합금의 부식 중에서 심각하게 다루어져야 할 세 가지 형태는 알루미늄 튜브의 벽에 발생하는 핏타입(Pit-Type)부식, 지속적인 응력 발생으로 인한 재료의 응력부식균열(Stress-Corrosion Cracking) 그리고 알루미늄 합금의 특성을 벗어난 부적절한 열처리로 인한 입자 간 부식(Inter-Granular Attack)이다.

알루미늄의 부식은 항공기에서 발생하는 다양한 구조재료의 부식과 비교할 때 발생된 부식을 효과적으로 관리할 수 있다. 일반적인 부식방지 처리는 부식 생성물을 최대한 기계적 방법으로 제거하고 화학적 용제를 활용한 잔류 부식 생성물을 제거한 다음 부식 방지제를 도포 등의 순서로 복원이 진행된다.

#### 6.1.10.1 페인트칠 하지 않은 표면의 처리 (Treatment of Unpainted Aluminum Surface)

순수 알루미늄은 강도 증가를 위해 만들어진 알루미늄합금에 비해 상당히 큰 내 식성(Corrosion-Resistance)을 갖는다. 부식방지에 이러한 장점을 이용하기 위하여 알루미늄합금 표면에 순수 알루미늄을 접착, 코팅 처리한다. 순수 알루미늄으로 보호 처리된 표면은 부식에 양호한 저항성을 가지며, 이를 알크레드(Alclad)라 부른다. 순수 알루미늄으로 코팅된 표면은 광택이 있다. 이러한 알크레드 표면은 세척 시에 손상되지 않도록 주의해야 한다. 내부의 알루미늄합금이 노출되지 않도록 세심한 관리가 필요하다.

알크레드 알루미늄합금의 부식 처리 방법은 다음 순서와 같다.

(1) 부드럽고 절절한 세척제를 활용하여 알루미늄 표면의 기름기나 이물질을 제거한다. 세척제를 선택할 때는 알루미늄 판재의 접합부 사이에 잔류하여 부식의 원인으로 작용할 수 있기 때문에 신중하게 선택하여야 하며, 중성Ph 제품을 사용할 것을 권장한다.

(2) 고운 연마제 또는 금속 광택제를 활용해 부식 발생 부분을 손으로 닦아낸다. 알크레드 처리된 항공기 표면 광택 생성을 위해 만들어진 금속 광택제를 사용할 때에는 양극산화피막(Anodized Film) 처리된 부분에 사용하는 것은 금지해야 한다. 금속광택제의 연마제는 양극 처리된 피막을 제거하기에 충분한 연마성을 가지고 있다. 금속광택제는 효과적으로 부식 얼룩을 제거하고, 알크레드 표면에 페인트 처리를 하지 않고 반짝거리는 윤이 난 상태로 사용 가능하도록 하는 데 효과적이다.

(3) 부식 방지제를 활용하여 표면 부식을 처리한

다. 부식 방지제는 중크롬산나트륨(Sodium Dichromate)와 크롬 3산화물(Chromium Trioxide)를 사용하며 5~20분 동안 부식 발생 부분에 도포한 상태에서 화학 작용이 일어나도록 노출시킨 후 방지제를 제거한 후 깨끗한 수건으로 닦아낸다.

(4) 방수 왁스로 표면에 광택과 보호막 코팅을 만들어 준다.

페인트칠을 하는 알루미늄 표면은 더욱 강한 화학물질을 활용한 세척 절차에 노출될 수 있고, 내부 표면의 부식방지처리는 페인트칠을 하기 전에 가능하며 일반적인 적용 절차는 다음과 같다.

(1) 일반적인 세척 방법에 따라서 부식방지처리 전에 오물과 구리스 찌꺼기 등을 세심하게 제거한다.

(2) 부식방지처리를 적용할 부분에 페인트가 남아 있다면 페인트 리무버(Paint Remover)를 활용하여 제거한다.

(3) 크롬산(Chromic Acid)과 유산(Sulphuric Acid)의 10[%] 용액으로 외부 표면의 부식발생 부분을 처리한다. 걸레 또는 브러쉬로 용액을 바른 후 부식 발생 부분을 세게 문지른다. 뻣뻣한 브러쉬를 활용하면 대부분의 부식물들을 분해시키거나 제거할 수 있고 갈라진 틈이나 숨겨진 부분까지 용제를 침투시켜서 쉽게 제거할 수 있다. 적어도 5분 동안 크롬산이 작용할 수 있도록 유지한 후 물로 씻어 내리거나 젖은 수건으로 여분의 용제를 제거한다.

(4) 이렇게 처리된 표면은 건조시키고 항공기의 제작서 절차에 따라 보호막을 복원시킨 후 페인트칠을 한다.

#### 6.1.10.2 양극산화처리 (Treatment of Anodized Surface)

앞에서 기술한 것처럼 양극산화처리는 알루미늄합금의 일반적인 표면처리 방법 중의 하나이며 양극산화 처리된 부분의 손상은 다시 화학적인 방법으로 복원시킬 수 있다. 수리를 할 경우 해당된 부분 이외의 산화 피막이 손상되지 않도록 주의가 필요하며, 철제 섬유, 와이어 브러쉬 또는 연마제를 사용하지 말아야 한다. 보통 연마용 수세미는 일반적으로 부식된 양극산화 처리된 표면의 세척에 사용되는 도구로서 알루미늄 섬유, 와이어 브러쉬 등을 대체한다. 인접한 보호 피막의 불필요한 손상을 막기 위해 세척 작업도 주의 깊게 수행하여야 하며 보호피막이 유지되도록 가능한 방법을 취해야 한다.

#### 6.1.10.3 열처리된 알루미늄합금의 입자 간 부식 처리 (Treatment of Inter-granular Corrosion in Heat-treated Aluminum Alloy Surface)

앞에서 언급한 것처럼 입자간 부식은 불출분하거나 부적당한 열처리된 합금의 결정 경계에 발생한 부식이다. 입자간 부식의 심각한 형태는 그림 6-12처럼 금속의 층간 부풀어 오름과 같은 기포현상이 발생한다. 세밀한 세척 절차는 입자간 부식 발생부분에 필수적인 절차이다. 부식 생성물과 눈에 보이는 얇은 층으로 갈라진 금속 층의 기계적인 제거는 부식의 정도와 구조 강도의 평가를 위해 제거되어야 하며 부식의 깊이와 제거의 한계는 정비교범을 적용한다.

### 6.1.11 마그네슘 합금의 부식 (Corrosion of Magnesium Alloy)

마그네슘 합금은 항공기 구조물에 사용되는 금속 재료 중에서 화학적으로 가장 활동적인 재질이며 보호도 어려운 금속이다. 보호막의 훼손은 구조손상을 피하기 위해 신속하고 완벽한 복구 작업이 필요하다. 마그네슘 부식은 부식 생성물이 원래의 마그네슘 금속보다 부피가 몇 배 크게 나타나는 특징으로 인해 초기 단계에 쉽게 부식의 발생여부를 알 수 있는 유형이다. 그림 6-26과 같이 마그네슘 부식의 시작은 페인트의 부풀어 오름과 마그네슘 표면의 흰색 반점으로 나타나며 눈(Snow)과 같은 결정과 흰색 콧수염 모양의 부식으로 빠르게 진행된다. 이러한 마그네슘 합금의 부식 처리는 부식 생성물의 제거, 약품 처리를 통한 표면 코팅의 부분적인 복원과 보호막의 재적용을 포함한다.

[그림 6-26] 마그네슘 부식(Magnesium corrosion)

#### 6.1.11.1 마그네슘 판재와 단조품의 부식처리 (Treatment of Wrought Magnesium Sheet and Forging)

마그네슘 판재의 부식은 보통 패널 가장자리 주위, 와셔의 아래, 전단, 드릴 홀 작업과 충격 등에 의한 물리적으로 손상된 지역에서 발생한다. 만약 외판이 쉽게 장 탈이 가능하다면 떼어내어 완벽한 수리작업을 실시하도록 한다. 보호막 역할의 와셔가 사용되었다면 스크루는 그 와셔의 아랫부분의 마그네슘 부분의 부식 제거를 위해 충분하게 풀어야 한다. 부식생성물의 완전한 기계적인 제거는 가능한 충분하게 수행되어야 한다. 뻣뻣한 브러쉬, 연마용 수세미를 포함한 비금속성의 세척 도구를 활용해야 하며, 어떠한 경우라도 철제 공구, 알루미늄 공구, 철, 청동 등과 같은 다른 금속에 사용된 연마용 수세미는 마그네슘을 세척하는 데 사용하지 말아야 한다. 이러한 경우 마그네슘 합금 표면에 포착된 오염 물질은 초기의 부식성 침식보다 더 큰 부식 발생의 원인이 될 수 있다. 부식이 발생한 마그네슘의 일반적인 처리 방법은 다음과 같다.

(1) 처리하고자 하는 부분의 페인트를 제거하고 세척한다.

(2) 뻣뻣한 브러쉬 또는 연마용 수세미를 사용하여 제거할 수 있는 만큼 부식 생성물을 제거한다. 이때 철제 브러쉬, 연마제 또는 절단 공구를 사용하면 안 된다.

(3) 황산(Sulfuric Acid)을 첨가한 크롬산 용액으로

부식된 부분을 처리하고, 크롬산 용액으로 적셔진 상태에서 파인 홈 부분 등의 이물질을 비금속제 브러쉬로 제거한다.

(4) 5~20분 동안 크롬산 용액에 노출 시킨 후 페인트의 들뜬 현상 등이 일어나지 않도록 깨끗하고 축축한 수건으로 잔류물을 제거한다.

(5) 표면이 건조 된 후 바로 페인트칠을 한다.

#### 6.1.11.2 마그네슘 주조물의 처리 (Treatment of Installed Magnesium Casting)

일반적으로 마그네슘 주조물은 마그네슘 판제보다 더 다공성 형태를 가지고 있으며 부식 발생이 쉬운 경향이 있다. 그러나 엔진 케이스, 밸 크랭크, 피팅(Fitting) 그리고 다양한 덮개 또는 판재에 사용되는 마그네슘 주조물에 발생하는 부식의 처리 방법은 앞서 제시한 마그네슘의 일반적 처리방법이 적용된다.

주조물에 위험한 부식이 발생하면 가장 빠른 처리 방법은 침투 물질을 제거하는 것이다. 만약 엔진 케이스가 밤새도록 소금물에 잠겨 있었다면, 이 케이스는 염분이 내부까지 침투되어 있을 것이고, 이럴 경우 가능한 케이스를 전부 분해한 후 효과적인 부식방지처리를 수행하여야 할 것이다. 일반적인 처리 절차는 앞서 이야기한 마그네슘 판재의 부식방지처리 절차를 따르도록 한다.

만약 주조물로부터 과도한 부식 발생물의 제거가 이루어질 경우 제작사의 기준에 맞는 점검 절차가 수행되어야 하며 구조 강도의 적합성을 점검하여야 한다. 특정한 구조수리 매뉴얼에는 주요 구조부재의 공차한계가 포함되며, 안전에 대한 의문이 있을 때 참고하도록 한다.

### 6.1.12 티타늄과 그 합금의 부식처리 (Treatment of Titanium and Titanium Alloy)

티타늄 합금의 부식은 일반적으로 발견해내기 어렵다. 원래의 티타늄 합금은 내식성이 강하지만 고온에서 염분 부착물에 노출 될 경우, 금속물의 불순물이 있을 경우 부식이 발생하게 된다. 세척 작업에서 티타늄 합금의 부식 제거를 위해 철사(Steel Wire), 철 스크레퍼(Iron Scraper) 또는 철 브러쉬는 사용이 금지된다.

티타늄 합금의 세척이 필요할 경우 알루미늄 광택제, 부드러운 연마제를 활용해서 손으로 연마작업을 할 수 있으며, 섬유 브러쉬를 사용할 경우 중크롬산나트륨의 적용 후에 허용할 수 있다. 여분의 용액 제거를 위해서 마른 천을 활용하여 표면을 닦아내야 하고 이때 물 사용은 피해야 한다.

### 6.1.13 이질 금속간의 접촉 방지 (Protection of Dissimilar Metal Contacts)

금속들은 서로 다른 금속과의 접촉을 통해 부식이 발생할 수 있다. 이러한 현상은 대개 전기적 부식 또는 이질 금속간의 부식으로 알려져 있다. 서로 다른 비보호 금속(Bare Metal)의 접촉은 습기가 존재할 때 전해 작용을 만들어 낸다. 만약 습기가 소금 성분이 있을 경우 전해 작용은 가속된다.

이질 금속끼리의 접촉 결과는 한쪽 또는 양쪽 금속의 산화에 의해 부식이 일어난다. 표 6-3은 보호를 위해 분리되어야 하는 재료의 조합을 나타내며, 분리시키는 재료로는 금속의 종류에 따라 금속 프라이머, 알루

[표 6-3] 전해질 부식(electrolytic corrosions)을 유발하는 이종 금속 접촉

| 접촉하는 금속 (Contacting Metals) | 알루미늄 합금 | 카드뮴 플레이트 | 아연 플레이트 | 탄소 합금강 | 납 | 주석 도금 | 구리 합금 | 니켈 합금 | 티타늄 합금 | 크롬 플레이트 | 내식강 | 마그네슘 합금 |
|---|---|---|---|---|---|---|---|---|---|---|---|---|
| (Aluminum alloy) 알루미늄 합금 | | | | | | | | | | | | |
| (Cadmium plate) 카드뮴 플레이트 | | | | | | | | | | | | |
| (Zinc plate) 아연 플레이트 | | | | | | | | | | | | |
| (Carbon and alloy steels) 탄소 합금강 | | | | | | | | | | | | |
| (Lead) 납 | | | | | | | | | | | | |
| (Tin coating) 주석 도금 | | | | | | | | | | | | |
| (Copper and alloys) 구리 합금 | | | | | | | | | | | | |
| (Nickel and alloys) 니켈 합금 | | | | | | | | | | | | |
| (Titanium and alloys) 티타늄 합금 | | | | | | | | | | | | |
| (Chromium plate) 크롬 플레이트 | | | | | | | | | | | | |
| (Corrosion resisting steel) 내식강 | | | | | | | | | | | | |
| (Magnesium alloys) 마그네슘 합금 | | | | | | | | | | | | |

주황색 영역은 이질 금속 접촉을 나타낸다

미늄 테이프, 와셔, 그리스 또는 밀폐제가 사용된다.

#### 6.1.13.1 마그네슘이 포함되지 않는 접촉부 (Contacts not involving Magnesium)

마그네슘을 포함하지 않는 모든 접합부분은 보통의 요구사항에 추가하여 최소한 두 번의 크롬산 아연(Zinc Chromate) 또는 에폭시 프라이머(Epoxy Primer)에 의 해 보호된다. 프라이머는 브러쉬 또는 스프레이로 바르고 6시간 동안 공기로 건조한다.

#### 6.1.13.2 마그네슘이 포함된 접촉부 (Contacts involving Magnesium)

마그네슘 합금이 포함된 곳에서 이종금속 접촉부분의 부식 방지를 위해 각각의 표면을 다음과 같이 격리시킨다.

적어도 크롬산 아연 또는 에폭시 프라이머를 두 번 코팅한다. 그런 다음 두께가 0.003[inch]인 점착테이프를 다시 오므라들지 않도록 잡아당기지 않은 상태에서 바른다. 테이프의 두께가 부품의 조립에 방해가 될 때, 즉 상대운동이 존재하는 곳 또는 250[°F] 이상의 사용온도가 예상되는 곳에는 테이프를 사용하지 말고 최소 세 번의 프라이머를 발라준다.

### 6.1.14 부식의 한계(Corrosion Limits)

부식은 아무리 미미하더라도 손상이다. 부식에 의한 손상은 네 가지 형태로 분류된다.

(1) 무시할 수 있는 손상
(2) 패치 수리가 가능한 손상
(3) 삽입물로 수리가 가능한 손상
(4) 부품의 교체를 필요로 하는 손상

무시할 수 있는 손상이라는 용어는 수리가 필요 없는 손상을 의미하지 않고 적절한 세척, 부식방지처리 및 페인트 작업이 요구된다. 일반적으로 가벼운 손상은 표면의 보호막에 상처를 남기거나 금속을 침식하기 시작하는 부식을 말한다. 패치 수리가 가능한 손상과 삽입물로 수리가 가능한 손상은 부식이 확대된 손상을 말하며 구조수리 매뉴얼(Structure Repair Manual)에 따라 수리한다. 이렇듯 수리가 가능한 손상의 범위를 벗어난 경우 부품 또는 구조물을 교체하여야 한다.

## 6.1.15 부식 방지에 사용되는 재료와 절차 (Processes and Materials used in Corrosion Control)

### 6.1.15.1 마감처리(Metal Finishing)

항공기 부품은 언제나 제작사에서 표면 마감 방법이 제시된다. 주목적은 내식성을 제공하기 위한 것이지만 내마모성을 증가시키거나 페인트가 잘 달라붙도록 하는 목적도 가지고 있다. 대부분의 경우 여러 가지 제한 요소 등으로 의해 현장에서는 원래와 같은 마무리로 복원시키기는 어렵다. 다양한 마감처리 방법의 종류에 대한 지식, 부분적인 복구 방법과 그 필요성을 알고 있다면 현장에서 효과적으로 부식방지작업을 할 수 있을 것이다.

### 6.1.15.2 표면 처리(Surface Preparation)

철제 부품에 대한 표면 처리는 오염물, 오일, 그리스, 산화물 그리고 습기 등 모든 흔적을 제거하기 위한 세척작업을 포함하고 있다. 세척처리작업은 금속 표면의 마지막 마무리 작업 사이에 효과적인 표면 처리를 위하여 필요하며 기계적 세척과 화학적 세척으로 구분한다. 기계적 세척은 다음과 같은 방법이 사용되는데, 와이어 브러쉬, 모래 분사(Sandblasting) 또는 증기분사(Vapor Blasting) 방법이다.

화학적 세척 방법은 모재가 세척 작업에 의해 벗겨지지 않기 때문에 기계적인 방법에 우선하여 선호된다. 현재 사용되는 여러 가지 화학적인 과정이 있고 재료, 이물질의 종류에 따라 세척액이 좌우된다.

철 부품은 도금 전에 산화물, 녹 또는 다른 이물질을 제거하기 위해 묽은 산성 용액으로 닦는다. 일반적으로 염산(Muriatic Acid) 용액 또는 황산 용액이 사용된다. 산성세척 용액은 세라믹 용기에 보관하고 보통 증기코일로 가열한다. 산성세척 후 전기도금 시키지 않는 부품은 산성세척 용액으로부터 산성을 중화시키기 위해 석회욕조에 담근다.

전기 세척(Electro-Cleaning)은 그리스, 오일 또는 유기물질을 제거하기 위해 사용되며 화학 세척의 또 다른 방법이다. 전기 세척 과정에서 금속을 특수한 습윤제, 억제제 등이 함유된 뜨거운 알칼리인(Alkaline) 용액에 매달고 전기도금에서 사용되는 것과 유사한 방법으로 전기를 흘려보낸다. 알루미늄과 마그네슘 부품 또한 전기 세척 방법이 일부 사용된다.

연마제를 사용하는 고압분사 세척 방법은 얇은 알루미늄 판재 특히 알크레드에는 적합하지 않으며, 알루미늄 또는 내식성 금속의 연마제로 철가루(Steel Grit)를 사용하지 않는다.

금속표면의 마무리는 연한 가죽으로 닦기, 착색, 연마 등이 주로 사용된다. 연한 가죽으로 닦는 연마 작업은 전기도금을 위해 금속표면을 준비할 때 사용되고 이 세 가지 방법은 금속표면의 광택 작업의 마무리를 필요로 할 때 사용된다.

## 6.1.16 화학적 처리(Chemical Treatments)

### 6.1.16.1 양극산화처리(Anodizing)

양극산화처리 즉 아노다이징(Anodizing)은 도금하지 않은 알루미늄 표면의 가장 일반적인 표면 처리 방법으로 Mil-C-5541E 또는 AMS-C-5541에 의거해서 특별하게 설계된 시설물에서 수행한다. 알루미늄 산화피막을 형성하기 위해서 알루미늄합금 판재 또는 주조물은 전해조(Electrolytic Bath) 안에 넣고 (+)극을 연결한다. 알루미늄의 산화는 자연적으로 표면 보호 기능을 가지고 있으며, 아노다이징은 그 피막의 두께와 밀도를 증가시키는 역할을 한다. 사용 중에 산화피막이 손상되면 부분적인 표면 처리를 통해 복원할 수 있다. 항공정비사는 부식 제거를 위해 세척할 경우 산화 피막이 함께 제거되지 않도록 주의해야 한다.

양극산화 처리된 피막의 코팅은 훌륭한 부식 방지 기능을 제공한다. 피막 코팅은 부드럽고 쉽게 긁힐 수 있기 때문에 프라이머를 칠하기 전까지는 조심스럽게 다루어야 한다. 알루미늄 섬유, 알루미늄 산화물을 포함한 나일론 띠, 연마 수세미 또는 섬유 털 브러쉬는 아노다이징 처리된 표면의 세척을 위해 사용되며, 철제 와이어 브러쉬, 철 섬유 등의 사용은 금지해야 한다. 반면에 아노다이징 처리된 표면은 다른 알루미늄의 마무리 작업과 동일한 방법을 적용한다. 추가적으로 아노다이징 처리가 마무리되면 프라이머와 페인트 작업을 바로 진행해야 한다. 양극산화 처리된 표면은 낮은 전도성 특징을 갖고 있으며, 본딩(Bonding)의 연결이 필요할 경우 양극산화 피막을 제거하고 접착시켜야 한다. 알크레드 표면에 페인트 도색이 필요할 경우 알크레드 표면에 양극산화 처리를 하고 페인트칠 작업을 함으로써 도료가 잘 달라붙도록 한다.

### 6.1.16.2 알로다이징(Alodizing)

알로다이징은 내식성과 페인트 접착성을 향상시키기 위한 간단한 화학처리 방법이며, 이러한 편리성으로 인해 항공기 정비현장에서 아노다이징을 대체하고 있다.

절차는 산성 또는 알칼리성 세척제로 세척하는 전처리 작업이 필요하다. 전처리 작업에 사용된 세척제는 10~15초 동안 깨끗한 물로 헹궈줘야 한다. 완전히 헹구고 난 후 알로다인(Alodine®)용액에 담그거나 분무기로 뿌리거나 붓으로 바른다. 얇고 두꺼운 코팅의 정도는 구리 성분이 포함되지 않은 합금의 약한 무지개 빛깔에서부터 구리 성분이 포함된 합금에서 올리브 그린 색까지의 범위로 나타난다. 알로다인 용액은 처음 15~30초 동안 냉수 또는 온수에 헹구고 추가 10~15초 동안 디옥시레이트 욕조(Deoxylyte® Bath)에서 헹군다. 이 Bath는 알칼리성을 중화시키고 얇은 알로다인 표면을 만들고 건조하기 위한 목적으로 사용된다.

### 6.1.16.3 화학적 표면 처리와 억제제 (Chemical Surface Treatment and Inhibitors)

앞에서 설명한 바와 같이, 알루미늄 합금과 마그네슘 합금은 다양한 방법의 표면처리를 통해 기본적으로 보호된다. 철 금속은 제작 작업동안 표면 처리가 된다. 대부분 표면 코팅 처리는 현장에서 실용적이지 못한 절차에 따라서만 복구할 수 있다. 그러나 보호막이 손상되어 부식이 발생된 부분은 다시 마무리 작업을 하기 전에 몇 가지 처리 절차를 필요로 한다.

표면처리용 화학제품의 용기에 붙여진 표식에는 그 성분이 가지고 있는 독성과 가연성에 대한 경고사항을 설명한다. 그러나 그 표식에는 혼합 금지 물질과 혼합할 경우 발생할 수 있는 위험에 대한 설명까지는 하지 못하고 있다. 또한 물질안전보건자료(MSDS, Material Safety Data Sheet)를 참고하여야 한다. 예를 들어 표면처리에 사용되는 일부 화학제품은 만약 부주의로 페인트 희석제와 섞는다면 격력 하게 반응할 것이다. 화학적인 표면처리제는 매우 주의 깊게 취급해야 하고 정확한 혼합 방법을 적용해야 한다.

#### 6.1.16.4 크롬산 억제제(Chromic Acid Inhibitor)

소량의 황산에 의해 활성화된 10% 크롬산 용액은 노출되거나 부식된 알루미늄 표면을 처리하는데 특히 효과적이다. 크롬산 용액은 또한 마그네슘의 부식을 처리할 때도 사용된다. 이러한 부식방지처리는 포호피막을 복원시키는 데 도움이 된다. 부식처리는 가능한 곧바로 페인트 마무리 절차가 수행되어야 하고, 크롬산 처리가 수행된 당일을 넘기지 말아야 한다. 3산화크롬은 강력한 산화제로서 상당히 강한 산성이다. 이것은 유기용제나 다른 인화물질로부터 멀리 떨어뜨려서 보관해야 한다. 크롬산을 처리하는 데 사용했던 걸레는 완전한 세탁을 하거나 폐기한다.

#### 6.1.16.5 중크롬산나트륨 (Sodium Dichromate Solution)

알루미늄의 표면 처리를 위한 보다 낮은 활성화 화학 혼합물은 중크롬산나트륨과 크롬산 용액이다. 이 혼합물은 크롬산 억제제 보다 금속표면을 적게 부식시킨다.

#### 6.1.16.6 화학물질의 표면 처리 (Chemical Surface Treatment)

손상되거나 부식된 알루미늄 표면의 현장 처리를 위해 몇 가지 상용 활성화된 크롬산 혼합물을 규격 MIL-C-5541에 따라 사용할 수 있다. 건조 후 발생할

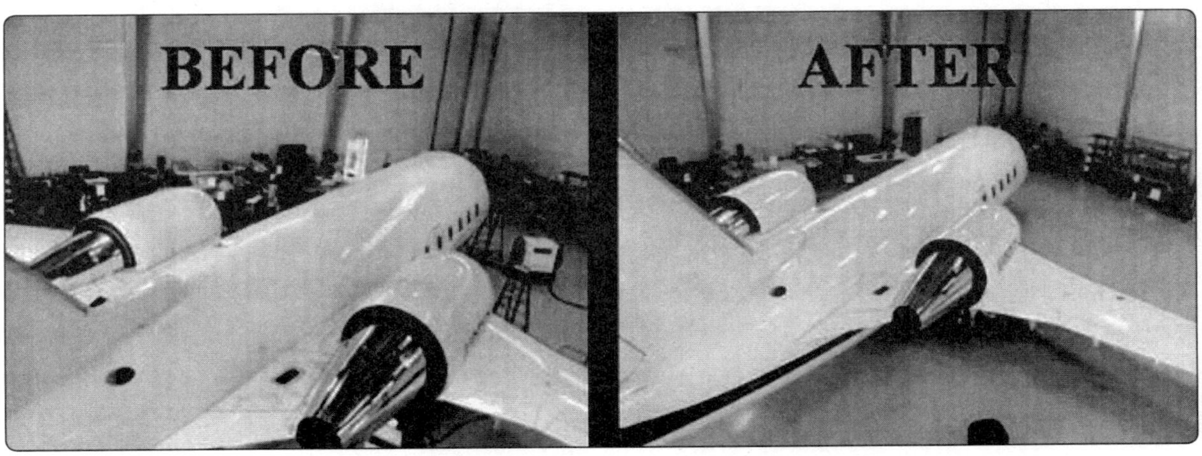


[그림 6-27] 보호 페인트칠은 부식을 방지하는 가장 효과적인 방법이다.

수 있는 화재 위험을 방지하기 위해 사용했던 스폰지나 천을 철저히 헹구도록 주의해야 한다.

### 6.1.17 부식방지 도색 작업 (Protective Paint Finishes)

양호하고 완전한 페인트 마감은 금속 표면과 부식성 매체 사이에서 가장 효과적인 차단막이다. [그림 6-27] 가장 일반적인 마감 처리제에는 촉매 처리 된 폴리우레탄 에나멜, 수성 폴리우레탄 에나멜 및 2 액형 에폭시 페인트가 포함된다. 휘발성 유기 화합물(VOC)의 배출에 관한 새로운 규정이 시행됨에 따라 수성 페인트 계열의 사용이 증가하고 있다. 또한, 천 외피 항공기를 위한 질산염 및 부티레이트 도프 마감도 여전히 이용 가능하다. 또한, 특수 재료의 다양한 조합과 함께 높은 가시성 형광 재료가 사용될 수도 있다. 금속 선단에는 비 침식 방지 코팅이 있으며 엔진 케이스와 휠에는 여러 가지 에나멜 마감 처리가 되어 있다.

## 6.2 항공기 세척(Aircraft Cleaning)

항공기를 청소하고 깨끗한 상태로 유지하는 것은 매우 중요하다. 항공정비사의 시각에서 볼 때, 항공기 세척은 항공기 정비의 정기적인 부분으로 인식해야 한다. 항공기를 깨끗하게 유지하면 보다 정확한 검사 결과를 얻을 수 있으며, 심지어 조종사가 결함발생이 임박한 구성품을 발견할 수도 있다. 착륙장치 피팅의 균열이 진흙이나 그리스로 덮혀 있으면 쉽게 간과될 수 있다. 외피의 오염은 갈라진 균열을 숨길 수 있으며, 먼지나 오염물질은 힌지 피팅을 심하게 마모시키는 원인이 되기도 한다. 만약 항공기 동체 표면에 오염물질이 남아있다면 추가적인 무게 증가가 발생하고 비행속도를 감소시킬 것이다. 항공기 내부의 먼지들은 짜증스럽고 위험한 요소로 작용할 수 있다. 결정적인 순간에 그 먼지가 조종사의 눈 안으로 들어가면 조그마한 먼지 조각이지만 큰 사고를 유발할 수 있다. 가동부에 축적된 오염물과 그리스들로 만들어진 오염덩어리들은 가동부의 과도한 마모의 원인이 될 수 있다. 소금물은 노출된 금속에 심각한 부식 작용을 일으킬 수 있기 때문에 발견 즉시 제거하여야 한다.

항공기 세척에 사용되도록 허가된 다양한 세척제들이 있지만, 세척제는 제거하고자 하는 물질의 종류, 항공기의 내부 또는 외부 세척 등 다양한 환경에서 사용하고자 하는 목적이 달라질 수 있기 때문에 어떤 세척제로 한정짓기에는 비현실적이다. 일반적으로 항공기에 사용되는 세척제는 솔벤트, 비누 그리고 합성세제 등이 있다. 이들은 정비교범에서 제시하는 것들을 사용하여야 한다. 세척제는 경성세척제, 중성세척제로 구분하고 있다. 비누, 합성세제는 경성 세척제로 사용되고, 솔벤트와 이멀젼 유형 세척제(Emulsion Type Cleaner)는 중성 세척제로 사용된다. 비독성이며 불가연성인 경성 세척제는 가능한 언제든지 사용되어야 한다. 앞에서 언급한 것처럼 효과적인 헹굼이 가능하고 중화시킬 수 있는 세척제가 사용되어야 한다. 알카라인 세척제(Alkaline Cleaner)는 리벳 작업된 판금 또는 점 용접된 판금의 겹쳐 이어진 부분에서 부식 원인이 되게 한다.

### 6.2.1 외부세척(Exterior Cleaning)

항공기 외부 세척 방법은 크게 세 가지가 있다.

(1) 습식 세척

(2) 건식 세척

(3) 연마

연마는 수동연마와 기계연마로 더 세분화 할 수 있다. 더럽혀진 형태와 크기 그리고 최후에 요구되는 형세에 따라 사용하고자 하는 세척 방법을 결정한다. 습식 세척은 오일, 그리스 또는 탄소부착물 그리고 부식과 산화피막을 제외한 대부분의 오물을 제거한다. 세척 화합물은 보통 고압의 물 헹굼이 사용되고 분사 또는 밀걸레를 사용한다. 알칼리인, 유제 세척제는 습식 방법에서 사용된다. 건식 세척은 특별히 액체의 사용이 필요하지 않거나 먼지 오염물의 작은 축적을 제거하기 위해 사용한다. 이 방법은 특히 엔진 배기장치 부분에 있는 탄소, 그리스 또는 오일의 부착물을 제거하는 것에는 적합하지 않다. 건식 세척을 위해서는 스프레이, 밀걸레, 천 등이 활용된다.

연마는 항공기의 페인트칠했거나 또는 페인트칠하지 않은 표면에 광택을 복원시켜 주며, 보통 표면 세척이 종료된 후 수행한다. 또한 연마는 산화와 부식을 제거하는 방법으로도 사용된다. 광택제는 여러 가지 형태와 연마의 정도에 따라 이용 가능하며 그 적용은 정비교범을 따라 사용하는 것이 중요하다. 항공기 세척은 항공기 표면이 뜨거울 때 수행하면 표면에 얼룩이 남을 수 있으므로 가능하면 그늘진 곳에서 수행하도록 한다. 결함을 발생시키거나 수분이 침투할 수 있는 부분은 덮개를 장착하고 세척작업을 수행해야 하며, 특히 피토우관(Pitot Static Port) 부분은 더욱 주의해야한다.

무광의 페인트로 마무리된 레이더 돔, 조종석의 앞부분 등은 필요 이상으로 세척하지 말아야 하며, 뻣뻣한 브러쉬나 거친 걸레로 문지르면 안 된다. 부드러운 스펀지나 성기게 짠 면직물을 이용해서 손으로 문지르는 방법이 허용된다. 기름이나 배기가스의 오염물질로 얼룩진 부분은 석유를 원료로 하는 솔벤트로 제거하고 표면에서 건조되는 것을 방지하기 위해 세척 후에는 곧바로 표면 헹굼 절차를 수행한다.

플라스틱 표면에 비누와 물을 적용하기 전에 염분 부착물을 용해시키기 위해 깨끗한 물로 플라스틱 표면을 씻어내서 먼지 입자를 제거한다. 플라스틱 표면은 되도록 손으로 비누와 물을 제거하도록 한다. 깨끗한 물로 헹구어 내고 섀미가죽 플라스틱 윈드쉴드에 사용되도록 설계된 합성물질의 수건 또는 탈지면으로 건조시킨다. 부드럽고 약한 표면에 대해서는 긁힌 자국을 발생시킬 뿐만 아니라 표면에 먼지 입자를 끌어당기는 정전기가 발생하기 때문에 플라스틱을 마른 걸레로 닦아서는 안 된다. 먼지뿐만 아니라 전하는 깨끗하고 축축한 섀미가죽으로 가볍게 두드리거나 서서히 빨아들임으로써 제거한다. 플라스틱 표면을 훼손하는 연마제 또는 다른 물질을 사용하지 않는다. 비누와 물에 젖은 섬유로 서서히 문질러 오일과 그리스를 제거한다. 플라스틱을 연화시키고 잔금이 발생하게 하는 원인이 되기 때문에 아세톤, 벤젠, 4염화탄소(Carbon Tetrachloride), 락카, 시너, 창문 세척제, 가솔린, 소화액 또는 제빙액을 플라스틱에 사용해서는 안 된다. 항공기 윈도우와 윈드쉴드에서는 플라스틱 광택제를 적용함으로써 깨끗하게 마무리한다. 이 광택은 작은 표면의 긁힌 자국을 제거할 수 있고 윈도우 표면에 축적되는 정전기를 방지하는 데 도움이 될 것이다. 항공기 타이어에는 오일, 유압유, 그리스 그리고 연료는 순한 비눗물로 씻어 낸다. 세척작업 동안에 씻겨 내려갈 의심이 되는 그리스 피팅, 힌지 등에는 해당하는 윤활유를 보급해 준다.

### 6.2.2 내부 세척(Interior Cleaning)

깨끗한 항공기의 내부를 유지하는 것은 깨끗한 외부 표면을 유지하는 것처럼 중요하다. 부식은 세척작업이 어떤 특정 부분까지는 접근하기 어렵기 때문에 내부 구조물에 심각할 정도로 형성될 수 있다. 부주의하게 떨어뜨리거나 방치된 너트, 볼트, 와이어 조각들이 습기와 이종금속이 결합하여 전기적 부식이 발생 가능하다.

항공기 안쪽에서 구조물 작업을 수행할 때 가능하면 곧바로 모든 금속 부스러기를 제거하도록 한다. 좀 더 쉽게 청소할 수 있고 접근하기 힘든 곳으로 금속 부스러기 등이 숨어들어가는 것을 방지하기 위해 부스러기가 떨어질 부근에 천을 깔아 두고 작업하면 효과적이다. 진공청소기를 사용하면 객실과 조종석의 실내 먼지와 오물들을 손쉽게 제거할 수 있다.

항공기 내부를 세척하는 동안에 심각한 문제가 존재한다. 다음은 국제소방협회(NFPA ; National Fire Protection Association) 고시(Bulletin) #410F, 항공기 객실 청소 작업에서 발췌한 내용이다.

"문제점을 이해하기 위한 기본은 항공기 객실내부가 좁은 공간으로 구성된다는 사실이다. 이러한 공간은 솔벤트나 연소가능한 성분의 세척제 사용으로 공기와 연소가능성분 혼합가스의 배출이 안 되는 위험요소가 존재한다. 같은 공간에서 진행 중인, 전기적인 작업, 마찰 또는 정전기 발생 등 잠재적인 점화의 가능성이 존재한다." 따라서 가능하면 화재와 폭발의 위험요소를 최소화하기 위해 내부 세척작업을 수행할 때에는 불연성 세척제를 사용해야 한다.

#### 6.2.2.1 항공기 객실의 세척 지역 (The principal areas of aircraft cabins)

정기적인 세척을 필요로 하는 항공기 객실의 관심 지역은 다음과 같다.

(1) 객실 부분
좌석, 사이드 패널, 헤드 라이너, 오버헤드 랙, 커튼, 창문, 도어, 장식 패널 등

(2) 조종석 부분
계기 패널, 컨트롤 패데스털(Control Pedestal), 글레어 실드(Glare Shield), 바닥재, 비행 조종 장치, 전기케이블 등

(3) 화장실과 갤리
변기, 쓰레기통, 캐비닛, 세면대, 거울, 오븐 등

#### 6.2.2.2 불연성 객실 세척제와 솔벤트 (Nonflammable Aircraft Cabin Cleaning Agent and Solvents)

(1) 세제와 비누(Detergents and Soaps)

객실의 천, 헤드 라이너, 바닥재, 창문, 기타 물에 의해 손상되지 않는 유사한 표면과 관련된 대부분의 항공기 청소 작업에 광범위하게 적용된다. 화염 확산 특성을 감소시키기 위해 이러한 물질을 처리하기 위해 사용될 수 있는 수용성/난연성 염의 침출을 방지하기 위한 관리가 종종 필요하다. 난연성 염이 함유 된 물이

시트 및 시트 레일의 알루미늄 프레임 워크(aluminum framework)에 닿으면 부식이 발생할 수 있다. 따라서 세척할 때 필요한 만큼의 수분만을 조심스럽게 사용해야 한다.

(2) 알카라인 세척제(Alkaline Cleaners)

알카라인 세척제의 대부분은 수용성 물질로서 화재 위험 특성을 가지고 있지 않다. 알카라인 세척제는 본래 가지고 있는 세정제로서의 특성으로부터 기인한 약간의 추가 제한을 제외하면 세제나 비누처럼 동일한 방식으로 천, 헤드라인, 바닥재 등에 사용할 수 있다. 그러나 세척의 효과를 높일 수 있지만 일부 천이나 플라스틱의 성능을 약화시키는 결과를 초래하게 된다.

(3) 산성 용제(Acid Solutions)

일부 산성 용제는 세척제로 사용하는 것이 가능하다. 산성 용제는 일반적으로 탄소 덩어리 또는 부식성의 얼룩을 제거하기 위해 만들어진 용제이다. 수성 용제(Water-Base Solution)이므로 인화점은 없지만 일부 천, 플라스틱 또는 표면의 손상을 방지하는 것뿐만 아니라 피부와 의복을 보호하는 데 각별한 주의해야 한다.

(4) 탈취 또는 소독제(Deodorizing or Disinfecting Agents)

항공기 객실의 탈취 또는 소독에 주로 사용하는 다수의 약품은 불연성(Nonflammable)이다. 대부분 약품들은 스프레이(에어로졸)형으로 설계되었으며 불연성 가압가스를 가지고 있지만, 일부는 가연성 충전가스를 함유하고 있으므로 주의해서 확인하는 것이 중요하다.

(5) 연마재(Abrasive)

연마재는 화재의 위험성이 없으며, 불연성의 연마재는 표면의 광택이나 페인트칠한 부분을 회복하는 데 이용할 수 있다.

(6) 드라이클리닝 용제(Dry-Cleaning Agents)

퍼클로로 에틸렌(Perchlor ethylene)과 트리클로로 에틸렌(Trichlor ethylene)은 상온에서 사용되는 불연성 드라이크리닝제의 예이다. 이들 물질들은 사용 시에 주의를 요하는 유독성 위험요소를 가지고 있으며 일부 장소에서는 환경법의 적용으로 인해 사용이 금지되거나 엄격하게 제한된다. 같은 방법으로, 수용성 물질은 해로울 수 있다. 난연 처리 된 재료는 이러한 드라이 클리닝 제의 적용으로 인해 악영향을 받을 수 있습니다.

### 6.2.2.3 연소성 물질 (Flammable and Combustible Agents)

(1) 고 인화점 솔벤트(High Flash Point Solvents)

"스토다드 용제"로 처음 개발되어 현재 여러 회사에서 다양한 상표명으로 판매되고 있는 특수 정제 석유제품은 가솔린에 가까운 용제 특성을 가지고 있지만, 일반적으로 사용되는 케로신(Kerosene)과 유사한 화재 위험 특성을 가지고 있다. 이 중 대부분은 비교적 낮은 수준의 유독성을 가지고 있으며, 100 ℉에서 140 ℉까지의 인화점을 갖는 안정적인 제품이다.

(2) 저 인화점 솔벤트(Low Flash Point Solvents)

인화점이 100℉ 이하인 클래스 I 가연성 물질은 항공기 세척이나 재가공을 위해 사용하면 안 된다. 이 클래스에 속하는 일반적인 물질들은 아세톤, 항공용 가솔린, 메틸에틸케톤(MEK; Methyl Ethyl Ketone), 나프타, 공업용 톨루엔(Toluol) 등이다. 어쩔 수 없이 가연성 물질을 사용해야 하는 경우에는 고 인화서 솔벤트를 사용하여야 한다.

(3) 혼합 용제(Mixed Liquids)

일부 상업용 용제는 여러 나프타 중 하나와 염소 처리된 물질을 혼합한 것과 같이 증발율이 다른 액체를 혼합한 것이다. 증발 속도가 다르면 독성 및 화재 위험 관점에서 문제가 발생할 수 있다. 이런 혼합물은 이 위험에 대한 완전한 지식과 적절한 예방 조치를 취해 보관 및 취급하지 않는 한 사용해서는 안 된다.

#### 6.2.2.4 용기 저장(Container Control)

가연성 물질은 인가된 저장 용기 또는 적절한 인식표를 부착한 안전한 저장 용기에서만 취급해야 한다.

#### 6.2.2.5 화재 예방 절차(Fire Prevention Precautions)

항공기 세척 작업 또는 광택 작업이 진행되는 곳에서 가연성(Flammable) 또는 연소성(Combustible) 물질을 사용하는 곳에서는 다음의 일반적인 안전 지침이 권고 된다.

(1) 항공기 객실은 가연성 증기의 축적을 방지하기 위해 항상 충분한 환기를 제공해야 한다. 이러한 조건을 만들기 위해 객실 도어는 자연 환기를 최대한 얻기 위해 열어두도록 한다. 그러나 자연 환기가 확보되지 않는 곳에는 인가된 기계적인  환기시설을 갖추어야 한다. 사용되는 지점으로부터 5feet 지점에서 측정한 가연성 증기의 축적이 사용 중인 증기의 가연성 최저 한계의 25%를 초과하는 경우 진행 중인 작동을 긴급 수정해야 한다.

(2) 가연성 물질의 위험이 있는 지역으로 화염 또는 불꽃을 발생시키는 장비를 접근시켜야 하는 경우에는 작동을 정지시켜야 하고 증기가 발생하는 동안에는 작동시키지 말아야 한다.

(3) 객실 내에서 사용하는 이동용 전동 장비는 미국 전기공사규정에 의해 규정된 클래스 I, 그룹 D, 위험 장소에서 사용하도록 승인된 형식이어야만 한다.

(4) 객실 세척이 진행 되는 동안 객실 조명과 전기 계통의 구성품 스위치는 작동하지 말아야 한다.

(5) 가연성 액체가 있거나 세척, 광택 작업이 진행되는 도중에는 항공기 도어의 눈에 띄는 장소에 적절한 위험 표시를 부착해야 한다.

#### 6.2.2.6 화재 예방을 위한 권고 (Fire Protection Recommendations)

가연성 물질을 사용하여 항공기 세척 및 광택 작업을 진행 중인 때에는 아래의 일반적인 화재 예방을 위한 안전 지침을 준수해야 한다.

(1) 기상조건이 허락된다면 항공기의 세척 및 광택 작업을 수행할 때에는 항공기를 격납고 외부에 주기하도록 한다. 이러한 절차는 자연적인 환기의 추가적인 공급을 위함이며 항공기에 화재 발생 시 쉽게 접근할 수 있기 때문이다.

(2) 격납고 외부에서 항공기 객실의 세척 또는 광택

작업이 수행되고 있을 때에는 항공기 입구에 공항 소방대가 출동하기 전까지 사용 가능한 20-B급 이동용 소화기를 비치해야 하고 객실까지 접근 가능한 가변식 물 분사 장치를 비치하는 것을 권고한다. 이전 권고사항을 대체하는 경우에는 A급 소화기 또는 B급 소화기를 항공기 객실 도어 부근에 비치하도록 한다.

NOTE 1 다목적 ABC급 소화기는 알루미늄 부식의 문제가 발생하는 곳에서는 사용하면 안 된다.

NOTE 2 항공기 제작 또는 정비 작업 중에 사용되는 이동용 화재 감지 및 제어 장비들은 항공기를 보호하기 위해 개발, 시험 및 장착된다. 운영자는 소화기의 항공기 객실 세척 및 광택 작업을 수행하기 전에 사용가능 여부를 확인하여야 한다.

(3) 격납고 안에서 항공기 하부 세척 및 광택 작업을 수행할 때에는 격납고에 자동 소화 장치를 구비하고 있어야 한다.

### 6.2.3 동력장치 세척 (Powerplants Cleaning)

동력장치의 세척은 중요한 작업이며, 철저하게 수행해야 한다. 공랭식 엔진의 그리스와 오염 물질의 축적은 엔진 주위를 흐르는 공기의 냉각 효과를 방해하며 결함 발생 부분의 균열 및 결함을 감추는 역할을 한다.

엔진 세척 작업을 할 경우에는 가능하면 카울을 열어놓거나 장탈하고 수행해야 한다. 우선 엔진 상부에서부터 아래로 케로신 또는 솔벤트 스프레이를 이용하여 엔진과 액세서리를 씻어 내리며, 효과적인 세척작업을 위해 뻣뻣한 붓을 활용하기도 한다.

로터 깃과 프로펠러를 세척하기 위해 깨끗한 물, 비누 그리고 승인된 세척용 솔벤트를 활용한다. 에칭(Etching) 작업을 제외하고 가성의 물질은 프로펠러에 사용하면 안 된다. 물 분사, 빗물 또는 공중의 부유물들은 프로펠러가 회전하는 동안 프로펠러 깃의 앞전 부분을 때린다. 만약 적절한 예방 절차가 취해지지 않는다면 이곳에서 부식이 발생하고 급속하게 진행되어 패임 현상이 발생할 것이다. 패인 곳은 앞전 부분이 부드러운 곡면이 만들어질 때까지 줄 작업으로 가공하는 사이 결함 부위의 사이즈가 커진다.

철재 프로펠러 깃은 알루미늄합금 깃보다 갈려나가는 현상과 부식에 대해 더 큰 저항력을 갖는다. 철재 프로펠러 깃은 매 비행 후 윤활유로 잘 닦아 주고 관리해 준다면 오랫동안 동일하게 매끄러운 표면을 유지한다. 산화의 위험이 있는 오일이 철재 프로펠러 깃에 발생한 균열(Crack)에 남아 있을 수 있기 때문에 주기적인 점검이 필요하고 이러한 결함은 쉽게 발견된다. 안전성을 고려해서 오일을 도포한 표면을 유지하는 것은 균열을 더욱 확실하게 구분할 수 있게 만든다. 프로펠러 허브는 균열과 다른 결함을 발견하기 위해 주기적으로 점검해야 한다. 허브가 깨끗하게 관리되지 않는다면 결함은 쉽게 발견할 수 없을 것이다. 철제 허브는 비누와 깨끗한 물 그리고 인가된 클리닝 솔벤트를 헝겊 또는 브러쉬를 사용해 발라준다. 도금 처리된 부분의 긁힘과 손상을 막기 위해 연마제와 공구의 사용은 피하도록 한다.

고 광택이 요구되는 특별한 경우, 품질이 좋은 광택제의 사용을 권고한다. 광택 작업이 완료됨과 동시에 즉각적으로 잔여 광택제는 확실하게 제거되어야 하고 프로펠러 깃은 깨끗하게 닦은 후 엔진 오일을 발라 코팅시켜 준다. 프로펠러 부품들의 세척 후에는 남아있는 세척제를 즉시 완벽하게 제거해야 한다.

### 6.2.4 솔벤트 세척제(Solvent Cleaners)

일반적으로 항공기 세척에 사용하는 솔벤트 세척제는 폭발의 위험성과 특별 예방조치를 피하기 위해서는 105°F보다 높은 인화점을 가지고 있어야 한다. 염소계 솔벤트 세척제는 불연성의 특성이 요구되며 세척제를 사용할 때 유독성과 주의사항은 주의 깊게 살펴봐야 한다. 사염화탄소(Carbon Tetrachloride)의 사용은 피해야 한다. 각각의 솔벤트에 대한 물질안전보건자료가 제공되어야 한다.

솔벤트와 세척액은 환경 친화적으로 제작되었다고는 하지만 피부, 내부 장기와 신경계통에 유해한 영향을 발생시킬 수 있다. 특히 MEK(Methyl Ethyl Ketone)와 아세톤 같이 활성이 강한 솔벤트는 호흡기에 치명적일 수 있고 피부를 통해 흡수 되었을 때도 해로울 수 있다. MEK 사용 시 장갑, 방독면 그리고 보호면을 포함하는 보호 장비를 착용하여야 한다.

#### 6.2.4.1 드라이클리닝 솔벤트 (Dry-Cleaning Solvent)

스토다드 솔벤트(Stoddard solvent)는 항공기 세척을 위해 사용되는 가장 일반적인 석유계 솔벤트이다. 스토다드 솔벤트의 인화점은 105°F보다 약간 높고 그리스, 오일을 제거하는 데 적합하다. 드라이클리닝 솔벤트는 다방면의 클리닝 목적을 위해 사용할 때 석유계 솔벤트보다 성능 면에서 우수하지만 등유와 마찬가지로 증발시 약간의 잔여물이 남아 있어 최종 페인트 도색을 방해 할 수 있다.

#### 6.2.4.2 지방족과 방향족 나프타 (Aliphatic and Aromatic Naphtha)

지방족 나프타는 페인트 칠 전에 세척된 표면을 닦는 것을 권장한다. 또한 지방족 나프타는 아크릴과 고무를 세척하는 데도 사용할 수 있지만 거의 80°F에서 발화할 수 있기 때문에 조심해서 사용해야 한다. 방향족 나프타는 지방족 물질과 혼동해서는 안 된다. 방향족 나프타는 독성이 강하고 아크릴과 고무 제품의 성능을 떨어뜨리기 때문에 적절한 관리와 함께 사용해야 한다.

#### 6.2.4.3 안전 솔벤트(Safety Solvent)

일반적인 세척 및 그리스 제거에는 안전 용제인 트리클로로에탄(Trichloroethane)이 사용된다. 일반적인 환경에서 안전 솔벤트는 불연성이며, 4염화탄소를 대체하는 목적으로 사용된다. 염소계 용제를 사용할 때 필요한 안전 예방 조치를 준수해야한다. 장기간 사용하면 일부 사람에게 피부염을 유발할 수 있다.

#### 6.2.4.4 메틸 에틸 케톤(MEK, Methyl Ethyl Ketone)

MEK는 좁은 면적의 페인트 제거 작업과 금속 표면의 세척에 사용할 수 있다. MEK는 약 24°F의 인화점으로 대단히 활성이 강한 세척제이다. 흡입할 경우 매우 독성이 강하기 때문에 안전 주의사항을 반드시 지켜야 한다. 최근에는 더 안전하고 환경 친화적인 종류의 솔벤트로 대체되고 있다.

#### 6.2.4.5 등유(Kerosene)

케로신은 단단한 방식 처리된 코팅을 제거하기 위해 에멀젼 세척제와 혼합해서 사용한다. 일반적인 솔벤트 세척에도 사용하지만 보호용제를 이용해서 세척하거나 코팅 처리가 수반되어야 한다. 케로신은 드라이 클리닝 세척제만큼 빨리 증발하지 않으며, 세척된 표면에 인지할 수 있을 만큼의 부식을 유발할 수 있는 피막을 남긴다. 케로신 피막은 안전 세척제, 수용성 용제 또는 세제 혼합물로 제거하여야 한다.

#### 6.2.4.6 산소계통을 위한 세척제 (Cleaning Compound for Oxygen System)

산소계통의 세척용 화합물은 물 없는 에틸알코올 또는 이소프로필(항산화액) 알코올이다. 조종사의 마스크와 라인처럼 산소계통에서 접근하기 쉬운 부품의 세척에 사용된다. 이 용액은 산소탱크 또는 조절기 안으로 유입되어서는 안 된다. 산소장비를 세척 할 때에는 오일 피막을 남기는 어떤 종류의 솔벤트도 사용해서는 안 되며, 산소장비를 위한 세척은 제작사의 사용설명서를 따라야 한다.

### 6.2.5 에멀젼 세척제(Emulsion Cleaners)

Solvent Emulsion Compound와 Water Emulsion Compound는 일반적인 항공기 세척에 사용된다. Solvent Emulsion Compound는 카본, 구리스, 오일 또는 타르 같은 심한 부착물의 제거에 특히 유용하다. 적절한 절차를 따라 사용하면 페인트와 마감 처리에 영향을 주지 않는다.

#### 6.2.5.1 Water Emulsion Cleaners

물 에멀젼 세척제(Water Emulsion Cleaners)는 규격 MIL-C-22543A 에 의해 사용 가능한 물질로서 페인트 되어 있거나 페인트 처리가 되어 있지 않은 두 곳 모두에 사용 가능하다. 물 에멀젼 세척제는 아크릴 세척에 안전하게 사용가능하며, 형광성의 페인트를 칠한 표면의 세척에도 사용가능하다. 이러한 특성이 사용가능한 물질에는 상관없지만 확신하지 못하는 곳에 사용할 때에는 조심스럽게 샘플 테스트 절차를 수행하는 것이 안전하다.

#### 6.2.5.2 Solvent Emulsion Cleaners

솔벤트 에멀젼 세척제(Solvent Emulsion Cleaner) 중 하나인 비 페놀(Non-phenolics) 용제는 페인트를 연화시키지 않고 안전하게 사용할 수 있다. 반복사용하게 되면 아크릴 니트로 셀룰로오스 래커(Acrylic Nitrocellulose Lacquer)가 연화될 수 있다. 그러나 솔벤트 에멀젼 세척제는 부식방지 코팅을 부드럽게 그리고 부풀어 오르게 만드는 데는 효과적이다. 분해가 잘 안 되는 부식방지 코팅은 여러 번 반복해서 처리하면 된다.

또 다른 종류의 솔벤트 에멀젼 세척제는 방부제 코팅을 부드럽게 하고 리프팅에 효과적이다. 페놀계열은 고무, 플라스틱, 비금속재질의 물질 주위에서 신중하게 사용해야 한다. 페놀베이스 세척제로 작업 할 때는 고무장갑과 보안경을 착용하여야 한다.

### 6.2.6 비누와 세정제 세척제 (Soaps and Detergent Cleaners)

가벼운 세척 용도로 이용할 수 있는 여러 가지 재료가 있다. 이 절에서는 몇 가지 일반적인 세척제에 대해 설명한다.

#### 6.2.6.1 항공기 표면 세척제 (Cleaning Compound, Aircraft Surfaces)

규격 MIL-C-5410 Type I, Type II 물질들은 페인트 처리된 항공기 표면, 페인트 처리되지 않은 항공기 표면 두 종류의 표면에 발생한 약한 오염, 중간 오염의 제거, 운용 중 발생한 피막, 오일 또는 그리스 등 일반적인 세척을 위해 사용된다. Type I, II 물질들은 선, 가죽 그리고 투명 플라스틱을 포함한 모든 표면에 안전하게 이용된다. 무광택 마무리 처리된 부분은 필요 이상으로 세척하지 말아야 하며, 뻣뻣한 브러쉬로 문질러서는 안 된다.

#### 6.2.6.2 비 이온성 세제 (Nonionic Detergent Cleaners)

비 이온성 세제는 수용성, 유용성(Oil-soluble) 둘 중 하나이다. 유용성의 세제는 두꺼운 부식방지 처리 코팅을 연화시켜 제거하는 데 사용하기 위해 드라이클리닝 솔벤트의 3~5% 용액으로 사용하는 것이 효과적이다. 이 혼합물의 성능은 앞에서 설명한 용제유화 세척제과 유사하다.

### 6.2.7 기계적 세척제 (Mechanical Cleaning Materials)

기계적 세척 물질은 마무리 작업과 표면의 손상을 원치 않는다면 제시된 방향에 따라 신중하게 사용되어야 한다.

#### 6.2.7.1 연마제(Mild Abrasive Materials)

이 절에서는 다양한 물질에 대하여 자세한 사용 절차를 설명하지 못한다. 특별한 세척 작업을 위해 물질을 선택함에 있어 도움이 되도록 사용 가능, 불가능 여부를 포함하고 있다.

3M에서 생산된 일반 상표명이 스카치-브라이트(Scotch-Bright™)인 수세미는 약한 연마가 필요한 부식 생선물의 제거를 위한 저렴한 물질로서 항공정비사에게 제공된다. 이 수세미는 한 번 사용한 수세미를 다른 성분의 금속에 재사용하지 않는다면 대부분의 금속에 사용할 수 있고, 부식이 발생되었을 때 첫 번째로 선택된다. 이 수세미의 폭 넓은 형태는 젖은 스트립퍼와 함께 사용될 때 페인트를 제거하는 데 사용 가능하다.

분말 형태의 경석(Pumice)은 알루미늄 표면을 세척하는 데 사용할 수 있고 유사한 부드러운 연마재도 사용된다.

포화시킨 면 충전물질은 배기가스 잔류물을 제거하는데, 부식된 알루미늄 표면을 연마하는 데 사용된다. 추가적으로 포화시킨 면 충전물질은 금속표면에 높은 반사율을 갖도록 만들기 위해 이용된다. 알루미늄 금속의 광택제는 고광택을 얻고, 장기간 지속될 수 있는 광택을 얻기 위해서 사용된다. 광택제는 산화 피막을 제거시킬 수 있기 때문에 양극산화처리(Anodized) 된 표면에 사용해서는 안 된다.

알루미늄 울(Wool)의 세 가지 등급, 거친 등급, 중간 등급 그리고 고운 등급으로 나뉘며 알루미늄 표면의 일반적인 세척 작업에 사용된다. 포화시킨 나일론 충전 물질은 부식 생성물의 제거와 눌러 붙은 페인트 피막 제거, 터치업 페인트 칠 전 페인트 마감에 존재하는 흠을 제거하는 물질로서 알루미늄 울보다 우위에 있다.

락카 연마 화합 물질은 엔진 배기가스 찌꺼기와 작은 산화물을 제거하기 위해 사용될 수 있다. 보호막이 얇게 벗겨진 리벳 헤드 또는 벅테일을 과도하게 문지르는 것을 피해야 한다.

#### 6.2.7.2 연마지(Abrasive Papers)

항공기 표면에 사용되는 연마지는 유지되고 있는 보호막 안과 깨끗하게 관리되고 있는 모재 안에 침범할 수 있는 날카롭거나 바늘 같은 모양의 연마제가 포함되지 않아야 한다. 연마제는 깨끗하게 처리된 물질을 부식시키지 말아야 한다. 300[grit] 또는 그보다 고운 산화알루미늄 페이퍼는 다양한 형태에 사용 가능하고 대부분의 표면에 안전하게 사용 가능하다. 연방규격(Federal Specification) P-C-451 Type I, Class 2 물질은 $1\frac{1}{2}$ ~ 2 [inch] 폭으로 이용할 수 있다. 특히 알루미늄 또는 마그네슘에 연마지 즉 탄화규소(Carborundum/Silicon Carbide) 페이퍼의 사용을 피한다. 탄화규소의 결정구조는 개개의 결정들이 침투할 정도로 예리하고 심지어는 강재 표면까지도 침투할 정도로 단단하다. 알루미늄 또는 마그네슘에 금강사로 만든 사포(Emery Paper) 또는 크로커스 천(Crocus Cloth)을 사용하는 것은 산화철의 침투에 의해 금속의 심각한 부식을 유발할 수 있다.

### 6.2.8 화학 세척제(Chemical Cleaners)

케미컬 세척제는 조립된 항공기를 세척하는 때에 심사숙고해서 사용해야 한다. 겹쳐지는 부분과 갈라진 틈에 스며든 부식성의 물질은 신속성과 유효성에 대한 어떠한 장점도 의미 없게 만든다. 사용된 물질은 제거하기 쉬워야 하고 비교적 중성을 유지하여야 한다. 사용 후 모든 잔류물들의 제거를 강조한다. 크롬산 또는 중크롬산염(Dichromate) 처리와 같은 화학표면처리로부터 가소성 염류는 페인트 코팅을 용해시키고 부풀음을 조장할 것이다.

#### 6.2.8.1 시트르 인산(Phosphoric-citric Acid)

알루미늄 표면의 세척을 위해 인-시트릭산 혼합물(Type I)을 사용할 수 있으며, 패키지(package)로 사용할 수 있다. Type II는 경유 또는 물로 희석시킨 농축액이며 피부 접촉을 피하기 위해 고무장갑과 보안경을 착용해야 한다. 산성 물질로 인한 화상은 베이킹소다(Sodium Bicarbonate) 혼합액으로 처리한 다음 충분한 물로 중화시킨다.

# 07 유체 라인과 체결기구

## Fluid Lines & Fittings

# 7 유체 라인과 체결기구

Fluid Lines & Fittings

항공기 유체 라인은 일반적으로 금속 튜브 또는 유연성 호스로 만든다. 금속 배관(강성 유체 라인이라고도 함)은 움직임이 없는 분야에 사용되며, 길고 비교적 직선구간을 연결할 때 사용한다. 금속 튜브는 항공기의 연료, 오일, 냉매, 산소, 계기 및 유압 라인에 널리 사용된다. 유연성 호스는 일반적으로 움직이는 부품이나 진동이 많이 발생하는 곳에 사용한다.

때로는 손상된 항공기 유체 라인은 교환이나 수리가 필요하다. 튜브를 교환하는 것만으로 수리할 수 있는 경우가 많지만, 교환할 수 없는 경우에는 필요한 부품을 제작해야 한다. 교환용 튜브는 원래의 튜브와 동일한 크기 및 동일한 재질이어야 한다. 모든 튜브는 최초 설치하기 전에 압력시험을 거쳐야 하며, 정상 작동압력의 몇 배를 견디도록 설계되어야 한다. 만약 튜브가 터지거나 갈라졌다면 일반적으로 과도한 진동, 부정확한 장착, 다른 물체와의 충돌 등에 의한 손상의 결과이므로 모든 배관의 손상은 세심하게 검사해서 손상의 원인을 찾아내야 한다.

## 7.1 경성 유체 라인(Rigid Fluid Lines)

### 7.1.1 배관의 재질(Tubing Materials)

(1) 구리(Copper)

항공의 초기에는 구리튜브가 항공유체 분야에 광범위하게 사용되었다. 현대 항공기에서는 알루미늄합금, 내식강 또는 티타늄튜브가 구리튜브를 대체하였다.

(2) 알루미늄합금 배관(Aluminum Alloy Tubing)

1100H14(1/2-hard) 또는 3003H14(1/2-hard) 재질로 만든 배관은 계기 라인과 환기용 라인 등과 같이 압력이 낮거나 무시할 수 있는 일반적인 분야에 사용된다. 2024-T3, 5052-O 그리고 6061-T6 알루미늄 합금재질로 만들어진 배관은 1,000~1,500[psi]의 유압 및 공압 계통 그리고 연료계통, 오일 계통과 같은 저압과 중압의 일반적인 부분에 사용된다.

(3) 강(Steel)

풀림 처리된 CRES 304, CRES 321 또는 CRES 304-1/8-hard의 내식강으로 만들어진 배관은 착륙장치, 플랩, 브레이크의 작동을 위한 부분이나 화재 발생이 가능한 지역, 3,000[psi] 이상의 고압 유압계통에서 널리 사용된다. 내식강의 높은 인장강도는 더 얇은 두께의 튜브를 사용할 수 있게 하였다. 결과적으로 두꺼운 알루미늄 합금 튜브를 장착하는 것과 비교해서 그다지 무겁지 않게 되었다. 강철 튜브는 외부물질에 의한 손상(FOD, Foreign Object Damage)의 위험이 있는 곳, 착륙장치, 바퀴실(Wheel Well) 부분 등에 사용한다. 비록 강관에 대한 규격 표식은 다를지라도 각각의 표식에는 보통 제작사 이름이나 상표, SAE(Society of

Automative Engineers) 번호 그리고 금속의 물리적 조건 등이 포함된다.

(4) 티타늄(Titanium 3AL-2.5V)

티타늄 3AL-2.5V 배관 및 피팅(Fitting)은 1,500 psi 이상의 압력에 대해 운송용 항공기 및 고성능 항공기 유압 시스템에 광범위하게 사용된다. 티타늄은 강관보다 50% 가볍지만 강도는 30% 더 강하다. 티타늄 배관은 크라이오핏(Cryofit) 피팅과 스웨이지(Swaged) 피팅을 함께 사용한다.

그러나 티타늄과 티타늄합금은 산소와 반응하므로 티타늄 배관은 산소계통에는 사용하지 않는다. 만약 새로이 형성된 티타늄 표면이 기체 산소에 노출되면 저압에서 자연 연소가 발생할 수 있다.

### 7.1.2 재료의 식별(Material Identification)

항공기 튜브를 수리하기 전에 튜브 재질을 정확하게 확인해야 한다. 알루미늄 합금, 강 또는 티타늄 튜브는 기본 배관 재료로 사용되는 경우 눈으로 쉽게 구분할 수 있다. 그러나 재료가 탄소강이나 스테인리스강 또는 1100, 3003, 5052-O, 6061-T6이거나 2024-T3 알루미늄 합금을 구분하는 것은 어렵다. 기존에 장착된 튜브에 사용된 재질의 정확한 확인을 위해 튜브에 표시된 식별 기호와 교환 장착되는 튜브의 식별 기호를 비교해야한다. 대형 알루미늄 합금 튜브는 합금의 식별 기호가 튜브 표면에 스탬프로 표시되어 있다. 소형 알루미늄 튜브는 튜브 표면에 식별 기호를 스탬프로 표시하기도 하지만, 튜브의 양 끝단 또는 튜브의 중간 위치에 폭이 4인치이하인 색 띠로 표시하는 것이 일반적이다. 두 가지 색 띠로 구성되는 경우 색 띠의 폭 절반씩을 나눠서 표시한다. 만약 식별이 어렵거나 불가능하다면, 경도시험을 통해 재질을 판별하는 것이 필요하다.[표 7-1]

[표 7-1] 알루미늄 합금 튜브 식별에 사용되는 색상 코드

| 알루미늄 합금 번호 | 식별 색 띠 |
|---|---|
| 1100 | White |
| 3003 | Green |
| 2014 | Gray |
| 2024 | Red |
| 5052 | Purple |
| 6053 | Black |
| 6061 | Blue and Yellow |
| 7075 | Brown and Yellow |

### 7.1.3 크기(Sizes)

금속 튜브의 크기는 바깥지름을 1/16인치 단위의 분수로 표시한다. 따라서 No.6 튜브는 6/16인치 또는 3/8인치 튜브이고 No.8 튜브는 8/16인치 또는 1/2인치로 튜브이다. 튜브 지름은 모든 강성 튜브에 인쇄되어 있다. 다른 분류 또는 식별 방법이외에도 다양한 두께의 튜브가 제작된다. 따라서 튜브를 장착할 때는 재질과 바깥지름뿐만 아니라 튜브의 두께를 아는 것이 매우 중요하다. 튜브의 두께는 1/1000인치 단위를 소수로 튜브 표면에 인쇄된다. 튜브의 안지름을 알기 위해서는 바깥지름으로부터 벽두께의 2배를 빼면 된다. 예를 들어 벽 두께가 0.063인치인 No.10 튜브는 0.625-2X0.063=0.499인치의 안지름을 갖는다.

### 7.1.4 금속 튜브 라인의 제작 (Fabrication of Metal Tube Lines)

손상된 배관 및 유체 라인은 가능하면 항상 새 부품

으로 교체하는 것이 원칙이지만, 때로는 수리가 필요할 때가 있다. 유체 도관의 외부 표면에 긁힘, 벗겨짐, 가벼운 부식 등은 무시할 수 있는 것으로 간주되며, 이런 손상은 연마공구 또는 알루미늄 울(Wool)로 매끄럽게 처리할 수 있다. 이런 방법으로 수리할 수 있는 손상정도의 한계는 본 장의 "금속 튜브 라인의 수리"에 설명되어 있다. 유압 튜브 어셈블리가 교체해야 하는 경우, 피팅은 재사용이 가능하고 수리 작업에는 다음 사항만이 포함된다.

튜브 성형은 절단(Cutting), 구부림(Bending), 플레어(Flaring) 및 비딩(Beading) 등 4가지 절차로 구성된다. 만약 배관이 작고 연한 재료로 만들어졌다면 이 튜브는 장착되는 동안에 손으로 굽힘 성형할 수 있지만, 튜브의 지름 1/4인치 이상이면 공구를 사용해야한다.

#### 7.1.4.1 튜브 절단(Tube Cutting)

튜브를 절단할 때에는 버(burrs)가 없도록 매끄럽게 하고, 절단면을 직각이 되도록 자르는 것이 중요하다.

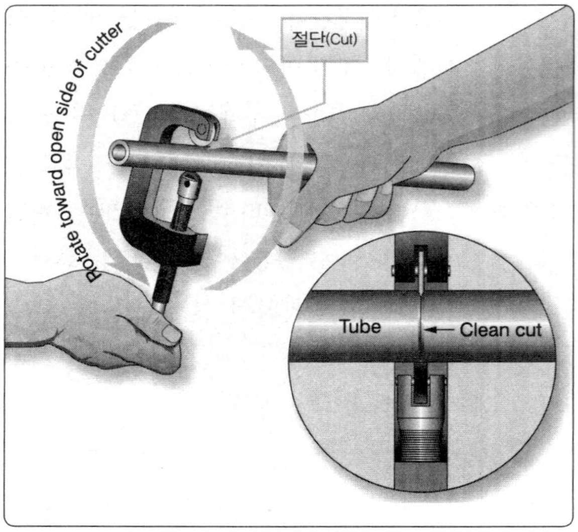


[그림 7-1] 튜브 절단

튜브의 절단은 전용 튜브 커터(cutter) 또는 파이프 커터를 이용하거나 쇠톱, 기계톱, 연마용 절단기 등으로 절단하는 방법이 있다. 튜브 커터는 구리, 알루미늄 또는 알루미늄합금과 같은 부드러운 금속튜브의 절단에 사용한다. 그림 7-1은 튜브 커터의 올바른 사용법을 보여준다. 버(burrs)가 없이 절단되는 특수한 튜브 커터는 알루미늄 6061-T6, 내식강 또는 티타늄 튜브를 절단하는 데 사용할 수 있다.

튜브를 절단할 때는 굽힘 작업 시 발생하는 변화를 고려하여 교체하고자 하는 튜브보다 약 10%정도 더 여유있게 절단해야 한다. 튜브를 절단할 때는 절단하고자 하는 지점에 커팅 날을 위치시키고 조절손잡이를 돌려 적절한 압력을 가하면서 튜브 커터를 회전시킨다. 너무 강한 압력을 가하면 튜브가 찌그러들거나 많

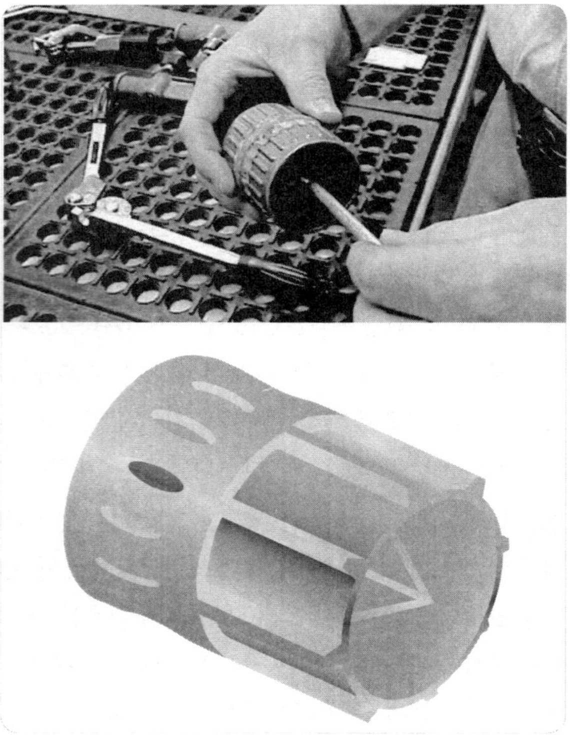

[그림 7-2] 디버링 공구(De-burring tool)

[표 7-2] 튜브 지름 및 굽힘 공구의 종류에 따른 표준 굽힘 반지름

A- Hand B-Portable hand benders C-Production bender

| Type Bender | AB | AB | B | B | B | BC | B | BC | B | BC | C | BC | C |
|---|---|---|---|---|---|---|---|---|---|---|---|---|---|
| Tube OD | ⅛" | 3⁄16" | ¼" | 5⁄16" | ⅜" | ⅜" | 7⁄16" | ½" | ½" | ⅝" | ⅝" | ¾" | ¾" |
| Standard Bend | ⅜" | 7⁄16" | 9⁄16" | 11⁄16" | 11⁄16" | 15⁄16" | 1⅜" | 1½" | 1¼" | 2" | 1½" | 2½" | 1¾" |

| Type Bender | C | B | C | C | C | C | C | C | C | C | C | C | C |
|---|---|---|---|---|---|---|---|---|---|---|---|---|---|
| Tube OD | ⅞" | 1" | 1" | 1⅛" | 1¼" | 1⅜" | 1⅜" | 1½" | 1½" | 1¾" | 2" | 2½" | 3" |
| Standard Bend | 2" | 3½" | 3" | 3½" | 3¾" | 5" | 6" | 5" | 6" | 7" | 8" | 10" | 12" |

은 버가 발생하는 원인이 된다. 튜브를 절단한 후 튜브 안쪽과 바깥쪽에 발생한 버를 조심스럽게 제거한다.

그림 7-2와 같은 디버링 공구(De-burring Tool)를 이용하여 버를 제거한다. 이 디버링 공구는 회전시키는 것만으로 안쪽과 바깥쪽 버를 제거할 수 있다.

디버링(deburring) 작업을 할 때 튜브 끝 부분 두께가 얇아지거나 작은 손상이 발생하지 않도록 조심해야 한다. 이렇게 발생한 작은 손상과 같은 결함은 플레어 균열이나 결함이 발생하여 누설의 원인이 될 수 있다. 매끄럽고 직각인 절단면으로 만들기 위해 고운 줄을 사용하면 효과적이다. 만약 튜브 커터를 이용할 수 없거나, 재질이 강한 튜브를 절단해야 할 때는 1인치당 32개 이상의 톱니를 갖는 쇠톱으로 절단한다. 튜브를 쇠톱으로 절단하는 경우 작업하는 동안에 발생할 수 있는 가공경화를 줄일 수 있다. 쇠톱 작업 후 튜브 절단면의 직각 상태 유지와 부드럽게 가공하기 위해 줄 작업을 실시한다.

작은 지름의 튜브를 절단할 때 쉽게 고정하는 방법으로는 튜브를 플레어링 공구에 물리고 이를 바이스에 고정하면 효과적이다. 이 때 플레어링 공구로부터 약 1/2인치 정도 떨어진 곳을 절단한다. 이렇게 하면 톱질할 때 발생하는 진동을 최소화하고 톱 손잡이가 튜브에 충돌하면서 발생하는 손상을 예방한다.

#### 7.1.4.2 튜브 굽힘 작업(Tube Bending)

튜브 굽힘 작업의 목표는 납작하게 하지 않고 부드러운 굴곡을 유지하면서 원하는 각도로 구부리는 것이다. 튜브 지름이 1/4인치 미만인 튜브는 굽힘 공구(Bending Tool)를 사용하지 않고 손으로 굽힘 가공을 할 수 있다. 지름이 1/4인치 이상인 튜브는 일반적으로 튜브 벤더(tube bender) 또는 굽힘 기계(bending machine)를 사용한다. 표 7-2는 튜브 지름 및 굽힘 공구의 종류에 따른 튜브 굽힘 가공을 위한 표준 굽힘 반지름을 보여준다.

그림 7-3은 수동 튜브 벤더를 사용하여 튜브를 구부리는 과정을 나타낸 것이다. 그림과 같이 우선 왼손으로 튜브 밴더의 고정핸들을 잡고 슬라이드 바를 위로 젖힌다. 측정된 끝(시작부분)이 폼 블록의 왼쪽으로 가도록 튜브 벤더 홈(Groove)에 튜브를 끼우고 후크에 걸친다. 슬라이드 바의 0점과 블록의 0점을 일치시킨다. 스프링 백(Spring Back))을 고려하면서 원하는 각도까지 부드럽게 한 번에 굽힌다. 슬라이드 바의 0점과 블록의 원하는 각도가 일치하는지를 확인한다.

수동 튜브 벤더는 튜브 지름에 맞춰서 다양한 크기로 제작되므로 원하는 튜브 지름에 맞는 벤더를 선택해야 한다. 다양한 크기의 수동 튜브 벤더를 보여준다. 일반적으로 벤더에는 해당하는 튜브 크기가 표시되어 있다. [그림 7—4]

[그림 7-3] 튜브 절곡 작업

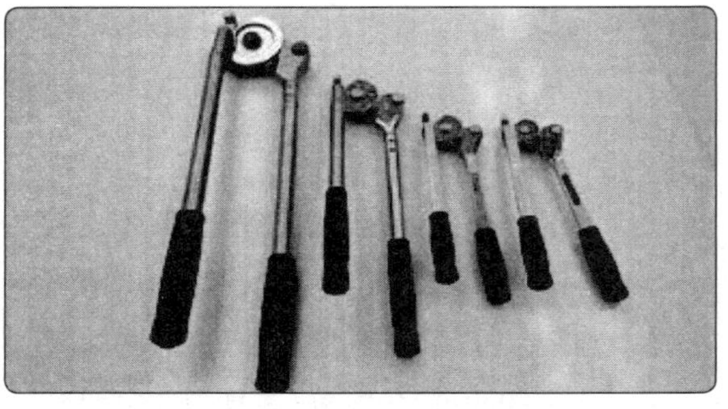

[그림 7-4] 다양한 크기의 수동 튜브 벤더

[그림 7-5] 벤더에 표시된 튜브 크기

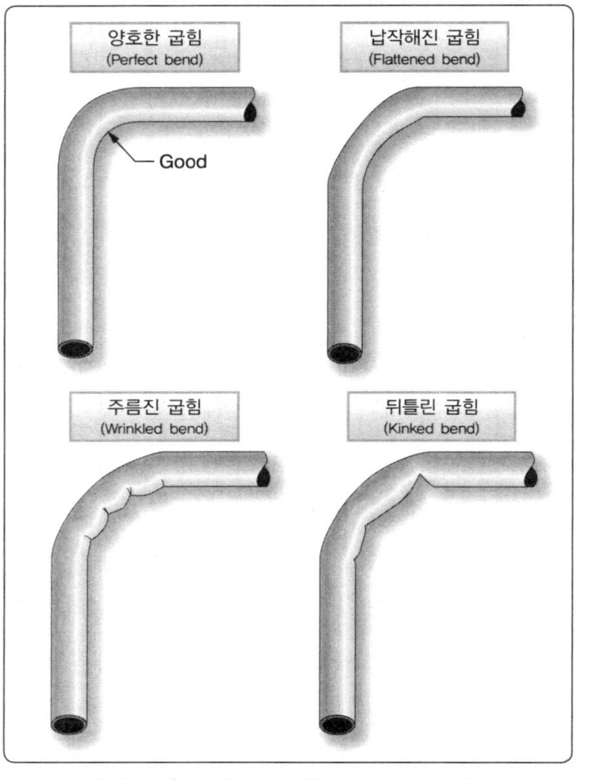


[그림 7-6] 양호한 튜브 굽힘과 잘못된 튜브 굽힘

굽힘 가공을 할 때에는 튜브가 납작하게 되거나 비틀림 또는 주름이 잡히는 것을 방지하기 위해 조심스럽게 구부린다. 굽힘 작업 시 경미하게 납작해지는 것은 허용되지만, 납작해진 부분이 본래 바깥지름의 75%보다 작아서는 안 된다. 튜브가 납작하게 변형되고 비틀리거나 주름진 상태로 장착되어서는 안 된다. 주름진 상태는 얇은 두께의 튜브를 벤더 없이 굽힘 가공하거나 또는 크기가 맞지 않는 벤더를 사용해서 굽힘 가공할 때 발생할 수 있다. 규정보다 납작하게 가공된 튜브는 피로 파괴의 원인이 될 수 있다. 그림 7-6은 양호하게 가공된 튜브와 불량하게 가공된 튜브들을 보여준다.

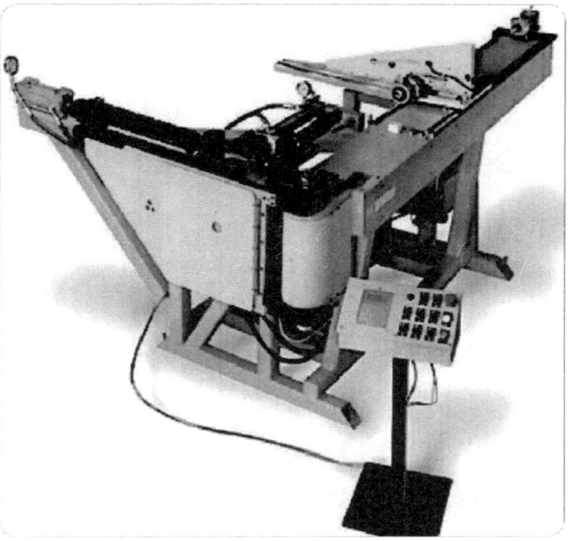

[그림 7-7] CNC 튜브 밴딩 머신

그림 7-7은 모든 크기의 튜브에 사용할 수 있는 밴딩 머신(Tube Bending Machines)는 일반적으로 대단위 정비반이나 공장에서 사용한다. 이런 밴딩 머신으로 지름이 큰 튜브나 단단한 재료의 튜브에 대한 굽힘 가공이 가능하다. CNC 튜브 밴딩 머신은 이런 기계장치 중 한 가지이다. 원래의 생산용 튜브 벤더는 ~인치 외경의 튜브를 가공할 수 있다. 더 큰 사이즈의 굽힘 가공은 굽힘 기계로 가능하고 사용방법은 수동 벤더와 비슷하다. 튜브의 굽힘 반지름이 바뀌면 적합한 반지름 블록(Radius Block)을 선택해서 조립한다. 보통 굽힘 반지름은 반지름 블록에 표시되어 있다.

#### 7.1.4.3 일반적인 튜브 굽힘 작업 절차 (General tube bending procedure)

튜브 굽힘 작업절차는 튜브(Tube)의 재질, 크기 및 피팅(Fitting) 종류에 따라 조금씩 차이가 있으나 일반적으로 아래의 기본 작업절차를 따른다.

(1) 도면의 내용을 충분히 이해한다.
(2) 설계 도면에 따라 절곡위치와 절단위치를 표시한다.
(3) 튜브 커터를 이용하여 튜브를 절단한다.
(4) 디버링 공구 또는 T형 리머를 이용하여 절단된 튜브의 안쪽과 바깥쪽을 디버링(Deburring) 한다.
(5) 튜브(Tube) 절곡(Bending)한다.(스프링 백을 고려하여 1~3°까지 보정)

※ 수작업 튜브 벤더(Tube bender)를 이용한 튜브 절곡(Tube Bending)

① 1단계 : 슬라이드 바(Slide bar)를 위로 들어 올린다.
② 2단계 : 튜브를 훅크 바(Hook Bar)에 걸치면서 레디어스 블록(Radius block)에 끼운다.
③ 3단계 : 굽힘이 시작되는 지점과 레디어스 블록(Radius block)의 0점을 일치시킨다.
④ 4단계 : 튜브(Tube) 위로 슬라이드 바(Slide bar)를 내려 고정한다.
⑤ 5단계 : 요구되는 절곡(Bending) 각도로 튜브를 절곡한다.
⑥ 6단계 : 슬라이드 바를 들어 올리고 난 후 성형된 튜브(Tube)를 장탈 한다.
⑦ 7단계 : 성형한 튜브의 각도, 평평한 정도 찌힘 등을 점검하고 이상이 없으면 다음 절곡을 진행한다.
⑧ 8단계 : 모든 절곡이 완료되면 최종 길이에 맞춰 절단한다.
⑨ 9단계 : 절단면을 디버링(Deburring)하고 마무리 작업한다.

(6) 튜브의 크기에 따라 싱글 플레어(Single flare) 또는 더블 플레어(Double flare) 작업한다.

① 튜브 끝단의 진원도, 직각, 청결함 등을 점검한다.
② 튜브 내부와 외부의 거친 면을 제거하기 위해 디버링(Deburring)한다.
③ 튜브에 피팅 너트와 슬리브를 끼어 넣는다.
④ 그립 다이(Grip Die)의 적당한 크기의 구멍에 튜브를 끼우고 그립 다이면 위로 튜브의 끝단이 1/64인치 정도 올라오도록 위치시킨다.
⑤ 튜브 끝단 위에 플랜저(Plunger)의 중심을 맞추고 그립 다이에 튜브(Tube)를 고정시키기 위해 요크 셋 스크루(Yoke Setscrew)를 잠근다.
⑥ 플랜저(Plunger) 핸들을 돌려서 압착한다.
⑦ 플레어가 완료되면 플랜저(Plunger) 핸들을 풀고 요크 셋 스크류(Set screw)를 느슨하게 하고 그립 다이에서 튜브(Tube)를 장탈한다.
⑧ 균열이 없는지 확인하고 크기를 점검한다.
주: 싱글 플레어(Single flare)의 외경은 슬리브(Sleeve)의 끝단보다 1/16인치 확장시켜야 하나, 슬리브(Sleeve)의 가장 큰 직경보다 커서는 안 된다.

(7) 튜브 피팅을 연결한다.
(8) 압력 보증 시험(Proof Pressure Test)한다.
(9) 튜브를 세척하고 부식보호 처리한다.
(10) 튜브 및 튜브 어셈블리의 식별 표식(Identification Marking) 부착한다.

**보기문제 1**

6061-T6 알루미늄 합금 튜브의 바깥지름이 1/2인치이고 굽힘 반지름이 $1\frac{1}{2}$인치일 때 다음 [그림 7-8] 및 [그림 7-10]과 같이 튜브를 절곡하고자 한다.

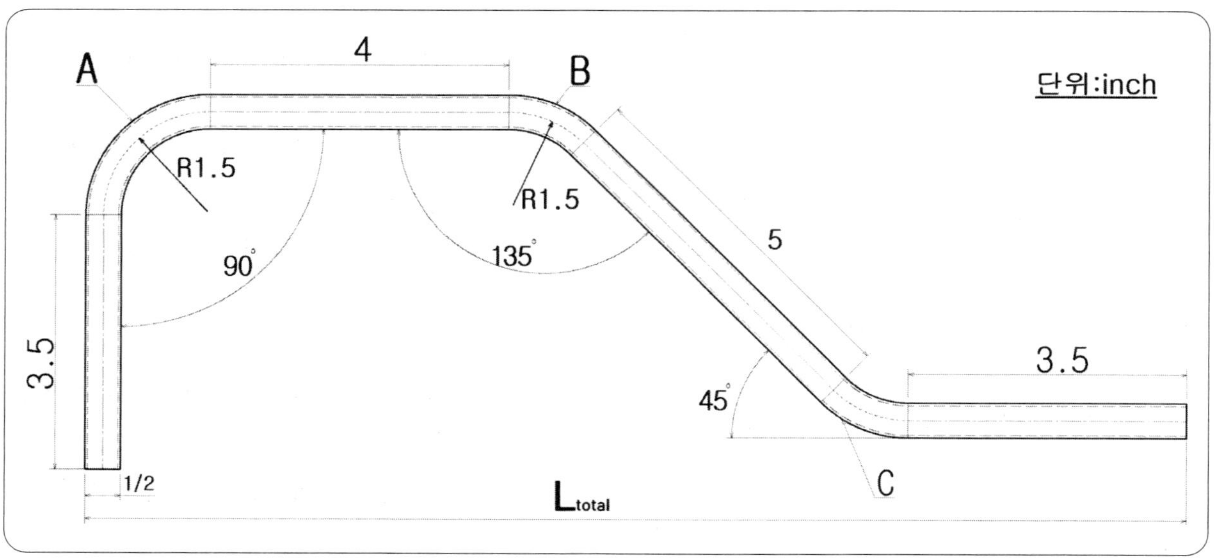


[그림 7-8] 튜브 굽힘 작업(Tube bending) 예제1

(1) 굽힘 허용량 $BA_A$ 및 $BA_B$를 계산하시오.
(2) 세트백 $SB_A$ 및 $SB_B$를 계산하시오.
(3) 절곡전의 총길이(L)를 계산하시오.
(4) 절곡후의 총길이($L_{total}$)를 계산하시오.
(5) 그림과 같이 절곡작업을 실시하고 결합여부를 점검하시오.

## 문제풀이 1

Case Ⅰ; 굽힘 반지름(R)이 튜브의 중심선까지 지시된 경우

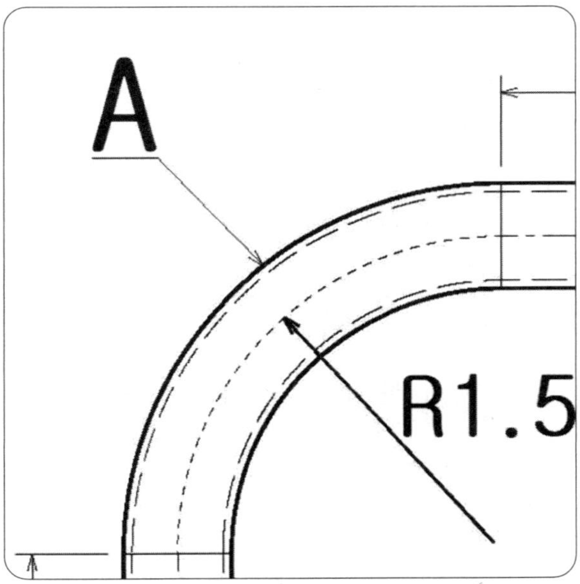


[그림 7-9] 튜브의 중심선까지 지시된 굽힘 반지름(R)

(1) 굽힘 허용량(BA; Bend Allowance)

a. $BA_A = (\frac{\Theta}{360^o} \times 2\pi R)$

$= (\frac{90^o}{360^o} \times 2 \times \pi \times 1.5)$

$= 2.356''$

∴ $BA_A$ : 2.356inch

b. $BA_B = (\frac{\Theta}{360^o} \times 2\pi R)$

$= (\frac{45^o}{360^o} \times 2 \times \pi \times 1.5)$

$= 1.178''$

∴ $BA_B$ : 1.178inch

(2) 세트 백(SB; Set Back)

a. $SB_A = (R + \frac{1}{2}D) \times \tan(\frac{\Theta}{2})$

$= (1.5 + \frac{1}{2} \times 0.5) \times \tan(\frac{90^o}{2})$

$= 1.75''$

∴ $SB_A$ : 1.75inch

b. $SB_B = (R + \frac{1}{2}D) \times \tan(\frac{\Theta}{2})$

$= (1.5 + \frac{1}{2} \times 0.5) \times \tan(\frac{45^o}{2})$

$= 0.725''$

∴ $SB_B$ : 0.725inch

(3) 절곡전의 튜브 총길이; L

$L = 3.5'' + BA_A + 4'' + BA_B + 5'' + BA_B + 3.5''$

$= 3.5'' + 2.356'' + 4'' + 1.178'' + 5''$

$+ 1.178'' + 3.5'' = 20.712''$

∴ L : 20.712inch

(4) 절곡후의 튜브 총길이; $L_{total}$

$L = SB_A + 4'' + SB_B + (SB_B + 5'' + SB_B)$

$\times Cos45 + SB_B + 3.5''$

$= 1.75'' + 4'' + 0.725'' + (0.725'' + 5'' + 0.725'')$

$\times Cos45 + 0.725 + 3.5''$

$\cong 15.26''$

∴ L : 15.26inch

Case Ⅱ; 굽힘 반지름(R)이 튜브의 안지름까지 지시된 경우

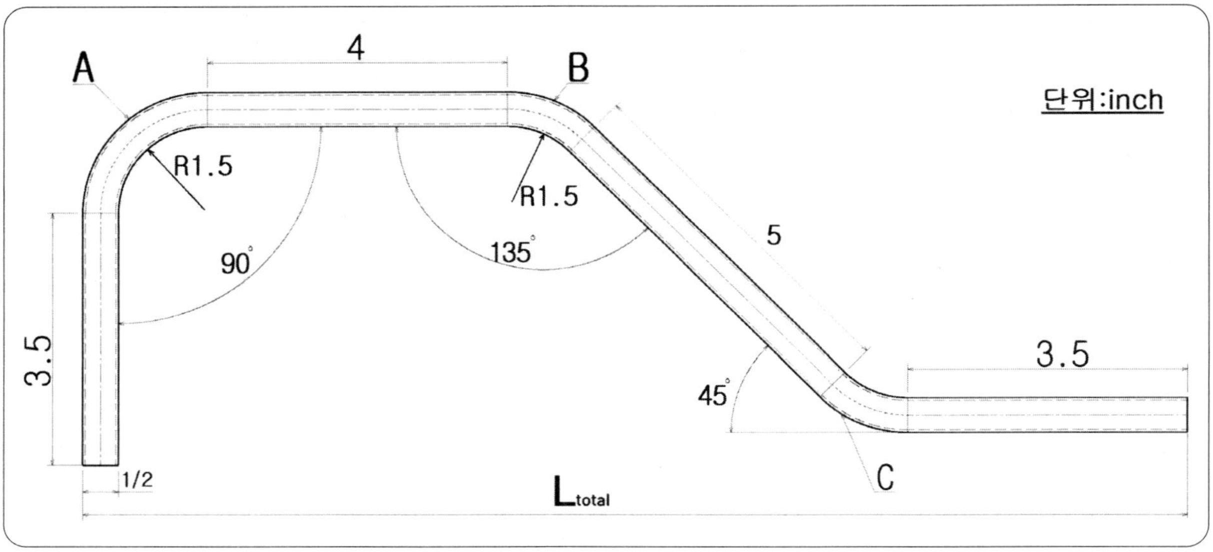


[그림 7-10] 튜브 굽힘 작업(Tube bending) 예제2

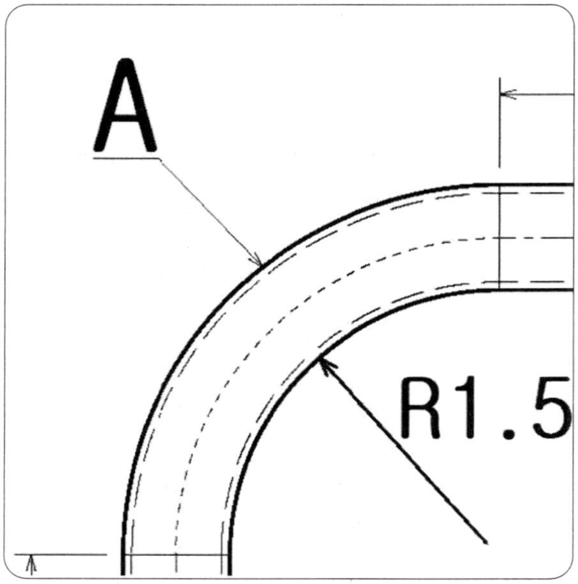


[그림 7-11] 튜브의 안지름까지 지시된 굽힘 반지름(R)

(1) 굽힘 허용량(BA; Bend Allowance)

a. $BA_A = [\frac{\Theta}{360^o} \times 2\pi(R+\frac{D}{2})]$

$= [\frac{90^o}{360^o} \times 2 \times \pi \times (1.5 + \frac{0.5}{2})]$

$= 2.749''$

$\therefore$ $BA_A$ : 2.749inch

b. $BA_B = [\frac{\Theta}{360^o} \times 2\pi(R+\frac{D}{2})]$

$= [\frac{45^o}{360^o} \times 2 \times \pi \times (1.5 + \frac{0.5}{2})]$

$= 1.374''$

$\therefore$ $BA_B$ : 1.374inch

(2) 세트 백(SB; Set Back)

a. $SB_A = (R+D) \times \tan(\frac{\Theta}{2})$

$= (1.5+0.5) \times \tan(\frac{90^o}{2})$

$= 2''$

$\therefore$ $SB_A$ : 2inch

b. $SB_B = (R+D) \times \tan(\frac{\Theta}{2})$

$= (1.5+0.5) \times \tan(\frac{45^o}{2})$

$= 0.828''$

$\therefore$ $SB_B$ : 0.828inch

(3) 절곡전의 총길이; L

$$L = 3.5''+BA_A+4''+BA_B+5''+BA_B+3.5''$$
$$= 3.5''+2.749''+4''+1.374''+5''+1.374'' + 3.5''$$
$$= 21.497''$$

$\therefore$ L : 21.497inch

(4) 절곡후의 튜브 총길이; $L_{total}$

$$L = SB_A + 4'' + SB_B + (SB_B + 5'' + SB_B) \times Cos45 + SB_B + 3.5''$$
$$= 2'' + 4'' + 0.828'' + (0.828'' + 5'' + 0.828'') \times Cos45 + 0.828 + 3.5''$$
$$\cong 15.86''$$

$\therefore$ L : 15.86inch

### 7.1.5 대체 굽힘 방법 (Alternative Bending Methods)

핸드 벤더 또는 산업용 튜브 벤더가 특정한 굽힘 가공 작업에 이용할 수 없거나 또는 적합하지 않을 때는 가용합금이나 건조 모래로 된 충전제를 튜브 내부에 충분히 넣고 굽힘 가공하면 양호한 결과를 얻을 수 있다. 이 방법을 적용할 때 튜브의 길이는 좀 더 여유롭게 절단하는 것이 필요하다. 여유 길이는 양쪽 끝에 나무로 만들어진 플러그를 삽입하기 위한 것이다. 튜브 끝 부분은 납작하게 하거나 금속 디스크를 용접해서 막을 수 있다. 한 쪽 끝을 막은 후 곱고 건조한 모래로 튜브내부를 단단히 채운 후 플러그로 막는다. 양쪽 끝의 플러그는 굽힘 가공하는 동안 바깥으로 밀려나지 않도록 단단하게 채워야 한다. 양쪽 끝을 막은 후 명시된 반경으로 모양을 갖추기 위해 성형 블록 위에서 배관을 구부린다. 충전제 방법의 대체 방법으로 가용합금이 모래 대신에 사용되기도 한다. 이 방법에서 160℉에서 녹인 가용합금을 온수 속에서 부어 넣는다. 충전된 튜브는 냉각되도록 물에서 꺼내고 포밍 블록 주변을 손으로 구부리거나 튜브 벤더로 구부린다. 굽힘 가공을 마치면 다시 뜨거운 물속에서 충전물이 녹도록 만든 후 튜브로부터 제거한다. 어떤 방법을 사용하든지 내부의 충전제가 완전히 제거되었는지 확인해야 한다. 튜브를 장착할 때는 계통 내부로 이물질이 유입되었는지를 보아스코프 장비(Borescope) 등으로 육안 검사한다. 가용합금 충전제는 오염원으로부터 차단해서 보관하도록 한다. 가용합금 충전제는 필요할 때 언제든지 다시 녹여 재사용이 가능하다. 튜브의 내부에서 충전제가 녹았다가 달라붙는 현상을 방지하기 위해서 앞에서 설명된 방법을 제외하고 다른 방법으로 절대 열을 가하지 말아야 한다.

#### 7.1.5.1 튜브 플레어링(Tube Flaring)

일반적으로 항공기 배관에 사용되는 플레어(Flare)

로는 그림 7-12과 같이 단일 플레어(Single Flare)와 이중 플레어(Double Flare) 두 가지 종류가 있다. 이 플레어들은 빈번하게 높은 압력을 받게 된다. 따라서 튜브에 만들어진 플레어는 적절한 형태로 제작되어야 하며, 그렇지 못할 경우에는 플레어가 망가지거나 압력 누설이 발생한다. 플레어를 너무 작게 만들면 누설이 발생하거나 분리될 위험이 있으며, 너무 크게 만들 경우 피팅과 너트의 체결을 방해기 때문에 누설이 발생할 수 있다. 비뚤어진 플레어는 절단할 때 직각으로 자르지 못한 경우 발생한다. 이처럼 플레어가 정상적으로 만들어지지 않을 경우 추가적인 토크를 준다고 해도 문제가 해결되지는 않는다. 튜브와 플레어는 균열, 움푹 파임, 긁힘 등 결점이 없어야 한다.

그림 7-13와 같이 항공기 배관에 사용되는 플레어 공구는 35~37°의 플레어를 만들기 위한 암수 다이(die) 세트이다. 45°의 플레어를 만들기 위한 자동차용 플레어 공구를 사용해서는 안 된다.

그림 7-14과 같은 수동형 단일 플레어 공구는 튜브 플레어 가공에 사용된다. 수동형 플레어 공구는 플레어링 블록(flaring block) 또는 그립 다이(grip die), 요크(yoke) 및 플레어링 핀(flaring pin)으로 구성된다. 플레어링 블록은 여러 가지 튜브 지름에 맞는 구멍이 형성되는 두 개의 막대가 힌지로 연결되어 있다. 플레어링 블록의 구멍들은 튜브에 만들어지는 플레어의 바깥 면과 맞물리는 끝부분이 카운터 성크(Countersunk) 처리가 되어있다. 요크는 튜브의 플레어를 만드는 끝 부분을 덮는 플레어링 핀의 중앙부

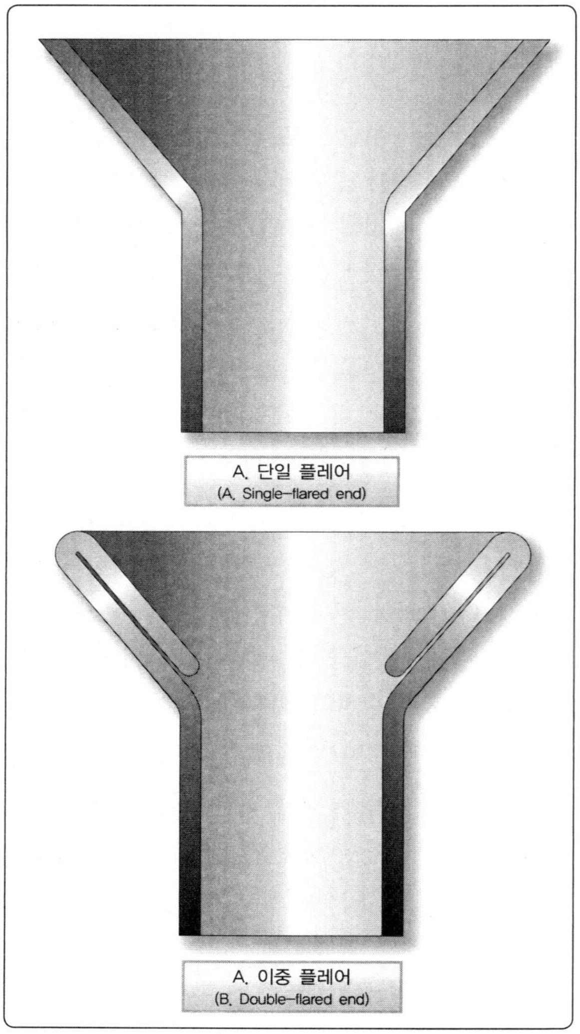


[그림7-12] 단일 및 이중 플레어 튜브 엔드의 절단 뷰

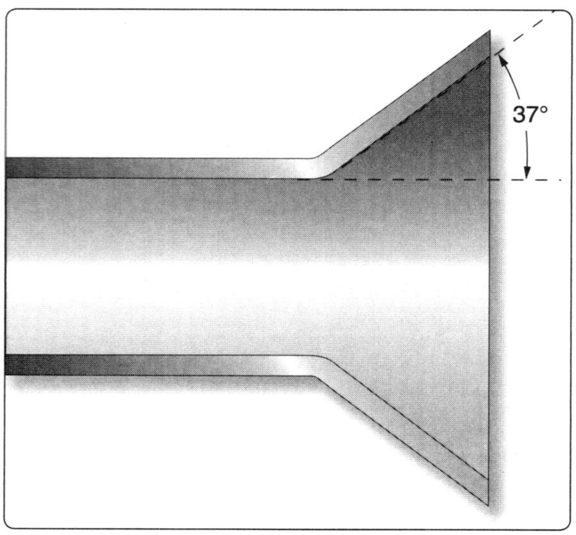


[그림7-13] 플레어(37°)

[그림 7-14] 수동형 단일 플레어 공구

역할을 한다. 충격식(Impact Type)과 압착식(Rolling Type) 두 종류의 플레어 공구가 튜브에 플레어를 만들어 주는 데 사용된다.

### 7.1.6 압착식 플레어 공구의 사용법 (Instruction for Rolling-Type Flaring Tools)

압착식 플레어 공구는 황동, 알루미늄 그리고 연한 구리 재질 튜브의 플레어링 제작에 제한적으로 사용하며, 티타늄이나 내식강 튜브에는 사용하면 안 된다. 튜브를 절단할 때는 직각으로 절단하고 거칠거칠한 버(burrs)를 제거하도록 한다. 튜브에 피팅 너트와 슬리브를 방향이 맞도록 끼워 넣는다. 다이 홀더(Die Holder) 안에 슬라이딩 부품을 고정시키는 클램프 스크루(Clamping Screw)를 풀어준다. 스크루를 풀어주면 다이 홀더와 슬라이딩 부품이 느슨해진다. 튜브 끝이 그립 다이 윗면과 일치하도록 맞물리면 적절한 크기의 플레어가 만들어진다. 플레어를 만들 튜브의 지름에 맞는 그립 다이에 튜브를 끼워 넣는다. 클램프 스크루를 잠기는 방향으로 단단히 조인다. 요크를 그립 다이 윗부분의 튜브 중심에 오도록 일치시킨 다음 압착시키는 방향으로 약간의 저항감이 느껴질 때까지 핸들을 계속 돌려준다. 적절한 저항감이 느껴질 때까지 돌려주어야 튜브 두께가 납작해지지 않고 알맞게 완성된 플레어를 얻을 수 있다. 다양한 종류의 압착식 플레어 공구가 있으며 종류별로 사용 방법의 다르기 때문에 공구 사용 전에는 사용법을 반드시 확인해야만 한다.

### 7.1.7 이중 플레어링(Double Flaring)

이중 플레어링은 3/8인치 이하의 연질 알루미늄합금 튜브에 사용된다. 이중 플레어는 두께가 얇은 튜브에서 작동 압력에 의한 플레어의 손상과 균열을 방지하기 위해 사용한다. 이중 플레어는 싱글 플레어보다 더 매끄럽고 둥글게 성형되기 때문에 기밀 효과가 우수하고 토크의 전단효과에 더 잘 견딘다.[그림 7-15]

#### 7.1.7.1 이중 플레어 제작 절차 (Double Flaring Instructions)

플레어가 만들어지는 튜브의 안쪽과 바깥쪽 모두 거칠게 남은 버를 제거한다. 튜브가 손상되었다면 그 부분을 절단하여 제거한다. 황동, 구리와 알루미늄 합금 등은 풀림 처리를 해야 하는 경우 연한 붉은 빛을 띨 때까지 가열한 다음 찬 물로 빠르게 냉각시킨다. 두 개의 클램프 스크루를 풀어 플레어링 공구를 열어준다. 튜브의 지름에 맞는 플레어 홀을 선택하고 튜브를 결합한다. 튜브를 어댑터 인서트 어께 부분의 두께와 같은 높이만큼 플레어링 바 위로 나오도록 고정한다. 클램핑 스크루를 조여서 튜브를 단단히 고정한다. 알맞은 크기의 어댑터 파일럿(Pilot)을 튜브 구멍에 끼운

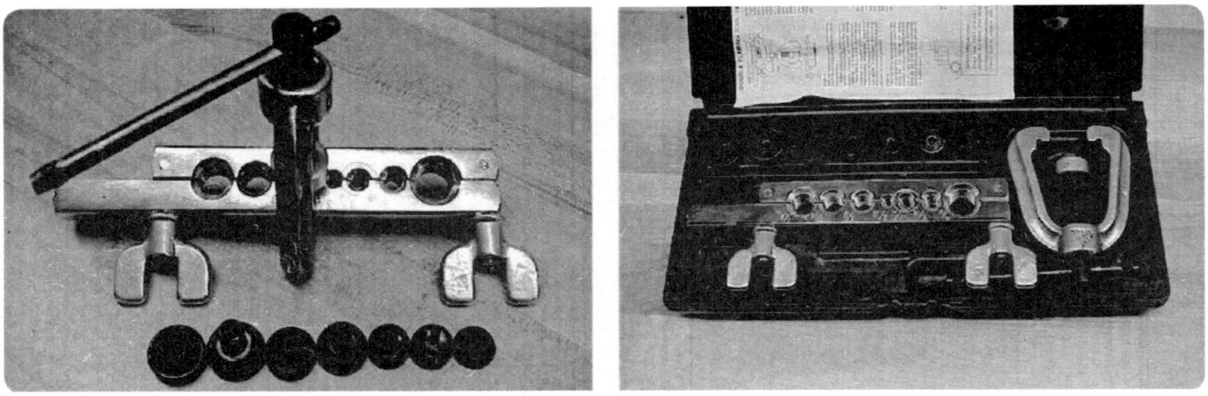

[그림 7-15] 이중 플레어 공구(Double flare tool)

다. 플레어링 바의 어댑터 인서트 중심과 요크의 콘이 정렬되도록 요크를 조립한다. 조립이 완료된 플레어링 바의 한쪽 끝을 탁상바이스에 물려서 고정한다. 어댑터 인서트의 어깨 부분이 플레어 바에 닿을 때까지 아래쪽으로 요크의 콘을 전진시킨다. 이렇게 하면 튜브의 끝이 항아리처럼 둥글게 성형된다. 그다음 요크 콘을 조금 풀고 어댑터를 제거한다. 다시 튜브의 끝 부분에 요크 콘을 일치시킨 후 아래로 합착한다. 이렇게 하면 튜브의 균열이나 찢어짐 없이 정확한 이중 플레어가 형성된다. 플레어 두께가 얇아지는 것을 방지하기 위해 너무 강하게 압착하지는 말아야 한다.

### 7.1.7.2 피팅(Fitting)

강성 튜브는 항공기 부품(예 : 브레이크 실린더 등), 다른 강성 튜브 또는 연성 호스 등에 연결될 수 있다. 항공기 부품 또는 다른 튜브와 연결하는 경우, 튜브의 플레어를 필요로 하거나 또는 플레어를 필요로 하지 않는 피팅을 이용한다. 호스를 튜브와 연결할 경우, 호스가 튜브로부터 빠지지 않고 단단히 고정될 수 있도록 튜브 끝에 비드(Bead)를 만들기도 한다.

### 7.1.7.3 플레어리스 피팅(Flareless Fittings)

플레어리스 티팅을 사용하면 튜브 플레어링은 생략되지만 새로운 플레어리스 튜브 어셈블리를 설치하기 전에 프리세팅(Presetting)이라는 다른 작업이 필요하다. 플레어리스 튜브 어셈블리는 장착 절차 전에 알맞은 크기의 프리세트 공구를 이용해서 프리세팅을 실시해야 한다. 그림 7-16은 프리세트 절차를 설명한다.

**Step 1** 정확한 길이로 직각이 되도록 튜브를 절단한다. 튜브의 안쪽과 바깥쪽에 형성된 버(Bur)를 제거한다. 튜브에 너트를 끼우고 그 다음 슬리브를 끼운 후 피팅과 너트의 나사산을 유압 오일로 윤활한다.

**Step 2** 피팅을 바이스에 고정시킨 후 피팅 안에 튜브를 단단하고 수직이 되도록 고정시킨다. (튜브는 피팅의 아래 부분과 밀착되어야 한다.) 슬리브 그립의 끝 부분이 튜브를 잡을 때까지 너트를 조인다. 이때를 결정하기 위해 너트를 조이는 동안 튜브를 전후 방향으로 조금씩 돌려본다. 튜브가 더 이상 돌아가지 않을 때 너트를 조일 준비상태가 된 것이다.

**Step 3** 최종 조임은 튜브 종류와 크기에 따라 달라진다. 알루미늄 합금 튜브의 경우 지름이 최대 1/2인치까지는 너트를 1~$1\frac{1}{6}$ 바퀴 돌려서 조인다. 또한 강관이나 지름이 1/2인치를 넘는 알루미늄 합금 튜브의 경우는 $1\frac{1}{6}$~$1\frac{1}{2}$ 바퀴를 조인다.

슬리브를 프리세팅 한 후 튜브를 피팅에서 분리하고 다음 사항을 점검한다. 튜브는 슬리브 파이롯보다 밖으로 3/32~1/8인치 나와 있어야 한다. 그렇지 않으면 분출되는 현상이 발생한다. 슬리브 파이롯은 튜브와 밀착되거나, 알루미늄 합금 튜브의 경우 최대 0.005인치, 철재 튜브의 경우 최대 0.015인치의 유격이 허락된다. 슬리브 컷에서 튜브가 약간 변형되는 것은 허용된다. 회전을 제외한 슬리브 파이롯의 움직임은 허용되지 않는다.

### 7.1.7.4 비딩(Beading)

튜브는 수동 비딩 공구, 기계식 비딩 롤러 또는 그립 다이(Grip dies) 등을 이용해서 비드를 만들 수 있다. 비딩 방법은 튜브의 재질, 튜브의 두께 그리고 지름에 따라 달라진다. 수동 비딩 공구는 1/4 ~ 1 인치 지름의 튜브에 사용된다. 그림 7-17과 같이 비드는 적절한 롤러가 부착된 비더 프레임(Beader Frame)을 이용하여 성형한다. 비드를 만드는 동안 롤러 사이의 마찰을 줄이기 위해서 튜브 내부와 외부에 오일로 윤활한다.

비더 프레임의 크기는 비드를 만들 수 있는 튜브의 지름이 롤러에 1/16인치 단위로 표시되어 있다.

각각 튜브 크기에 맞게 내부에 끼워지는 별도의 롤러가 필요하며, 비딩 시 올바른 부품을 사용할 수 있도록 주의해야 한다. 수동 비딩 공구는 롤러가 회전하는 동안 간간히 손잡이로 조여진다는 점에서 튜브 커터와

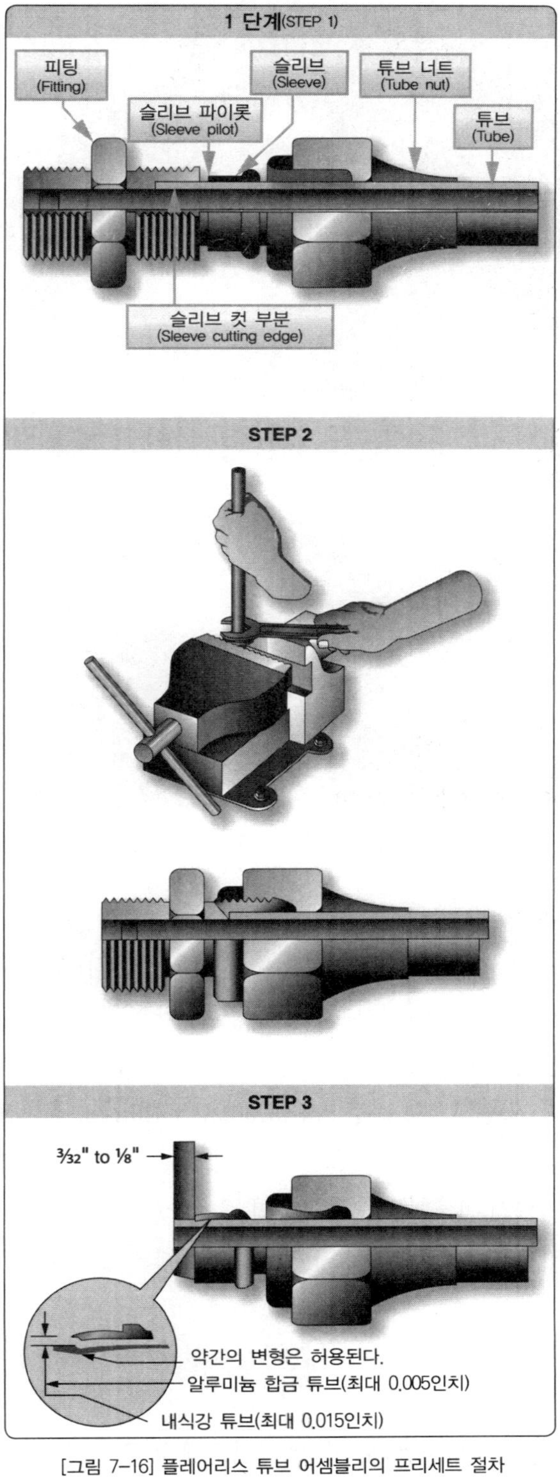


[그림 7-16] 플레어리스 튜브 어셈블리의 프리세트 절차

[그림 7-17] 수동 비딩 공구를 이용한 절차 ; (1)튜브 절단 (2)디버링 (3)윤활 (4) 손잡이를 서서히 조이면서 돌려 비드를 완성한다.

유사하다.

튜브 비딩 공구에는 작은 바이스(튜브 홀더)가 세트로 함께 사용된다. 다양한 비딩 공구와 기계장치가 사용되기도 하지만 수동 비딩 공구가 가장 많이 사용된다. 일반적으로 비딩 머신(beading machines)은 특별한 롤러가 제공되지 않는 한 인치이상 큰 지름의 튜브 비딩에 사용하도록 제한하며, 그립-다이(Grip-Die) 방법은 작은 지름의 튜브에 제한적으로 사용된다.

### 7.1.8 유체 라인의 식별(Fluid Line Identification)

항공기에 사용되는 유체 라인은 색상 코드, 문자 그리고 기하학적인 기호로 구성된 표식에 의해 식별할 수 있다. 이 표식은 각 유체 라인의 기능, 내용 및 주요한 위험 요소를 식별해 준다. 그림 7-18은 그 계통의 종류와 내부의 유체 종류를 식별하는 데 사용되는 다양한 색상 코드와 기호를 보여주고 있다.

그림 7-19(A)처럼 유체 라인은 대부분의 경우 폭이 1인치인 테이프 또는 데칼(decal)을 붙여서 표시한다. 지름이 4인치 이상 큰 튜브, 기름에 노출되는 튜브, 뜨거운 튜브 또는 차가운 튜브에는 그림 7-19(B)와 같이 태그를 붙여서 표시하도록 한다. 엔진 흡입구 쪽으로 빨려 들어 갈 수 있는 공간에 위치한 튜브에는 데칼이나 테이프 대신에 페인트로 표시하기도 한다. [그림

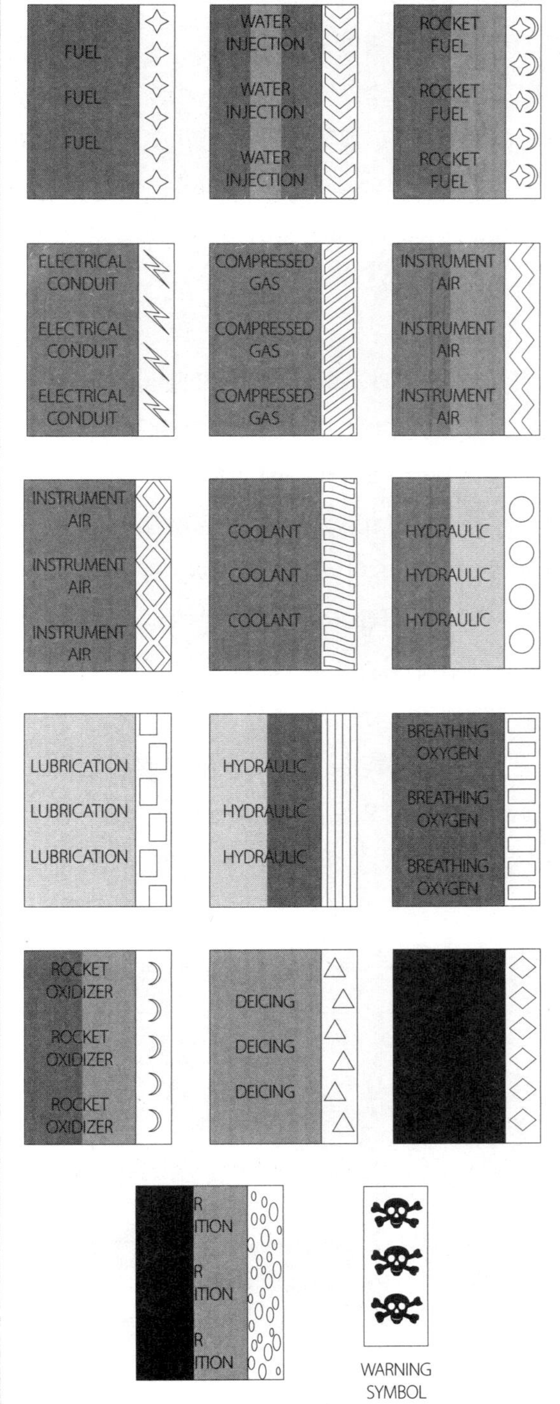


[그림 7-18] 항공기 유체 라인은 식별

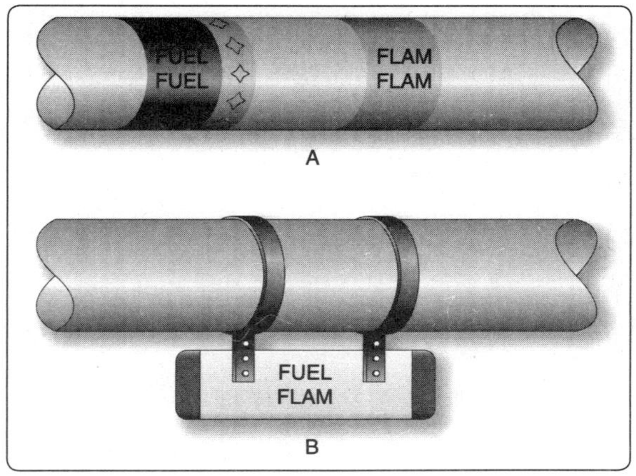


[그림 7-19] 유체 라인 식별 사용

7-19] 위에 언급한 표시 외에도 추가하여 계통 내의 특별한 기능(예를 들면 드레인, 벤트, 압력 또는 리턴 등)에 관한 특정 라인을 문자를 통해 추가로 식별할 수 있다. 연료를 공급하는 튜브에는 FLAM, 유독물질을 포함하는 튜브에는 TOXIC, 산소, 질소 또는 프레온과 같은 물리적으로 위험한 물질을 포함 할 경우 PHDAN 으로 표시한다.

항공기나 엔진 제작사는 유체 라인의 식별 표식에 대한 최초 설치 책임이 있지만 항공정비사는 그 표식을 유지 관리할 책임이 있다. 일반적으로 테이프와 데칼은 튜브 라인의 양쪽 끝에 배치하며. 튜브가 지나가는 각 구역에 적어도 하나씩 배치한다. 또한 테이프나 데칼은 튜브 라인 내에서 밸브, 조절기, 필터 또는 액세서리와 가까운 곳에 배치한다. 페인트나 태그가 사용되는 장소에도 해당 요구조건이 동일하게 적용된다.

### 7.1.9 유체 라인 끝 부분의 피팅 (Fluid Line End Fittings)

종류와 용도에 따라 피팅에는 파이프 나사산과 기계 나사산이 있다. 파이프 나사산 규격은 통상적으로 배관에 사용되는 것과 같이 내측과 외측 모두 점점 가늘어지는 테이퍼를 갖는다. 외부 나사산은 수나사산으로 부르고 내부 나사산은 암나사산이라 부른다. 2개의 피팅이 수나사산과 암나사산이 결합될 때 나사산의 테이퍼가 밀폐기능을 갖는다. 파이프 나사산의 일부는 고압에 의한 누설을 방지하거나 눌러 붙는 것을 방지하기 위한 특화된 윤활제를 적용하는 것이 허용된다. 나사산에 윤활제를 적용할 때 윤활제가 계통 내로 유입되거나 그 계통을 오염시키지 않도록 주의해야 한다. 산소계통의 튜브에는 특별하게 지정된 윤활제를 제외하고는 일반적인 윤활제를 사용해서는 안 된다. 산소는 석유제품과 반응하여 발화할 수 있다.

기계 나사산은 거친 나사산으로 밀폐기능이 없으며 일반적인 너트와 볼트에 사용되는 것과 비슷하다. 이 유형의 피팅은 벌크헤드 등을 통해 부착하는 경우에만 사용한다. 플레어 된 튜브, 압착 와셔 또는 합성 실(Synthetic Seal) 등과 함께 사용하여 계통의 유체가 새어나오지 않도록 해야 한다. 이 피팅의 크기는 튜브 바깥지름과 같은 1/16인치 단위의 데시번호(Dash-Number)로 표시된다.

### 7.1.9.1 벌크헤드 피팅(Universal Bulkhead fittings)

유체 라인이 벌크헤드를 통과할 때 벌크헤드에서 튜브의 안전이 요구되며 이를 위해 피팅이 사용된다. 벌크헤드를 통과하는 튜브 피팅의 끝은 다른 튜브 피팅의 끝 부분보다 길며, 이곳은 락크 너트를 이용하여 피팅을 벌크헤드에 고정할 수 있게 한다.

피팅은 하나의 튜브를 다른 튜브나 계통 구성품에 열결시켜 준다. 피팅은 (1) 비드 및 클램프, (2) 플레어 피팅, (3) 플레어리스 피팅, (4) 영구 피팅(Permaswake™, Permalite™, Cyrofit™)의 4가지 유형이 있다. 일반적으로 계통에 작용하는 압력과 사용되는 재질은 커넥터를 선택하는 결정적인 요소이다.

비드와 호스 클램프가 요구되는 비드 타입 피팅은 냉각유 계통, 진공 계통과 같은 저압 또는 중압 계통에만 사용한다. 플레어 피팅, 플레어리스 피팅 및 영구용 피팅은 압력에 관계없이 모든 계통에서 커넥터로 사용할 수 있다.

### 7.1.9.2 AN 규격 플레어 피팅(AN Flared Fittings)

플레어 튜브 피팅은 슬리브와 너트로 구성된다. [그림 7-20] 너트가 슬리브 위에 일치된 후 조여지면, 슬리브와 튜브 플레어가 피팅에 단단히 밀착되면서 기밀이 형성한다. 이 유형의 피팅과 함께 사용되는 튜브는 조립 전에 플레어링되어 있어야 한다. 수나사 피팅은 플레어의 안쪽 면과 같은 각도를 가진 원뿔모양의 표면을 갖는다. 슬리브는 튜브를 지지해서 진동이 플레어 끝 부분에 집중되지 않도록 하고, 가해지는 전단작용을 더 넓은 지역으로 분산시켜 강도를 증가시킨다.

이종금속 간 부식을 방지하기 위해 가능하면 서로 다른 합금으로 된 피팅의 조합은 피해야 한다. 모든 피팅 조립과 마찬가지로 설치 중 피팅을 조일 때 조립의 용

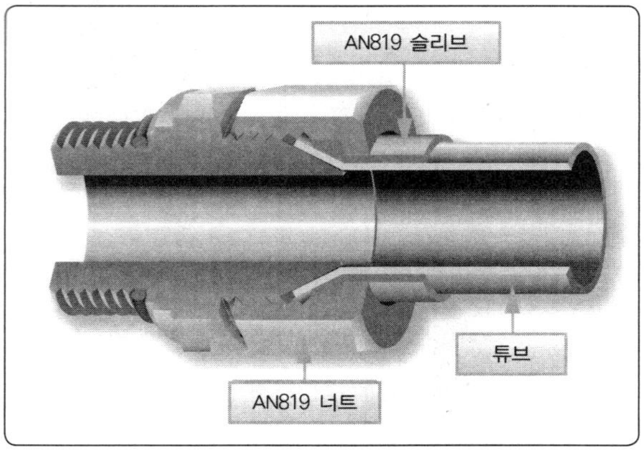


[그림 7-20] 플레어 튜브 피팅(Flared tube fitting)

## AN744 to AN932

Material:

Aluminum alloy ........................................(code D)
Steel ........................................(code, absence of letter)
Brass ........................................(code B)
Aluminum bronze ........................................(code Z–for AN819 sleeve)

Size:

The dash number following the AN number indicates the size of the tubing (or hose) for which the fitting is made in 16ths of an inch. This size measures the outer diameter of tubing and the inner diameter of hose. Fittings that have pipe threads are coded by a dash number, indicating the pipe size in 8ths of an inch. The material code letter, as noted above, follows the dash number.

[그림 7-21] AN 표준 피팅

이성, 정렬 및 적절한 윤활이 보장되어야 한다. 표준 AN규격 피팅은 검정 또는 파랑색으로 식별한다. 모든 AN 철제 피팅은 검정을 착색하고 알루미늄 피팅은 파랑색으로 착색하며, 알루미늄 청동 피팅은 카드뮴 도금이 되어있어 외관상 자연스럽다. 그림 7-21은 AN 피팅의 샘플을 보여준다. 표 7-3은 피팅의 크기, 토크 값 그리고 굽힘 반지름 등의 추가적인 정보를 나타낸다.

AN 플레어 피팅은 MS 플레어리스 피팅과 다르며 상호 교환이 불가능하다. 플레어리스 피팅은 끝부분이 직선인 반면 플레어 피팅은 원뿔형이기 때문에 쉽게 구분할 수 있다. [그림 7-22]

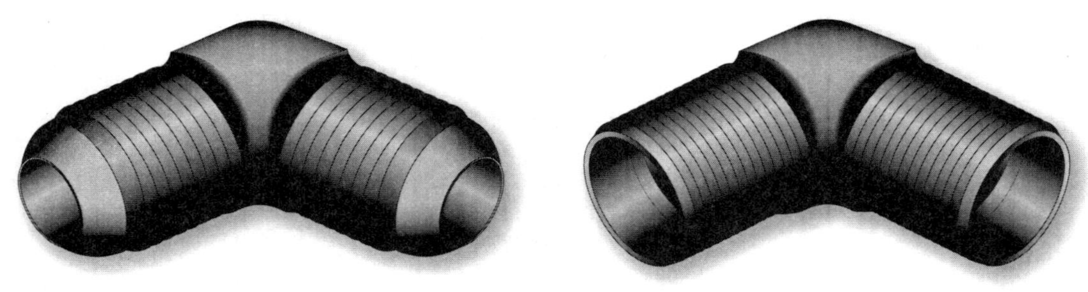

[그림 7-22] AN 플레어 피팅(좌)은 MS 플레어리스 피팅(우)

[표 7-3] AN 플레어 피팅에 대한 정보

| Tubing Outer Diameter (inches) | Fitting Bolt or Nut Size | Aluminum Alloy Tubing, Bolt, Fitting, or Nut Torque (in–lb) | Steel Tubing, Bolt Fitting, or Nut Torque (in–lb) | Hose End Fittings and Hose Assemblies | | Minimum Bend Radii (inches) | |
|---|---|---|---|---|---|---|---|
| | | | | MS28740 or Equivalent End Fitting | | Alum. Alloy 1100-H14 5052-0 | Steel |
| | | | | Minimum | Maximum | | |
| 1⅛ | -2 | 20–30 | | | | ⅜ | |
| 3/16 | -3 | 30–40 | 90–100 | 70 | 120 | 7/16 | 21/32 |
| ¼ | -4 | 40–65 | 135–150 | 100 | 250 | 9/16 | ⅞ |
| 5/16 | -5 | 60–85 | 180–200 | 210 | 420 | ¾ | 1⅛ |
| ⅜ | -6 | 75–125 | 270–300 | 300 | 480 | 15/16 | 1 5/16 |
| ½ | -8 | 150–250 | 450–500 | 500 | 850 | 1¼ | 1¾ |
| ⅝ | -10 | 200–350 | 650–700 | 700 | 1,150 | 1½ | 2 3/16 |
| ¾ | -12 | 300–500 | 900–1,000 | | | 1¾ | 2⅝ |
| ⅞ | -14 | 500–600 | 1,000–1,100 | | | | |
| 1 | -16 | 500–700 | 1,200–1,400 | | | 3 | 3½ |
| 1¼ | -20 | 600–900 | 1,200–1,400 | | | 3¾ | 4⅜ |
| 1½ | -24 | 600–900 | 1,500–1,800 | | | 5 | 5¼ |
| 1¾ | -28 | 850–1,050 | | | | 7 | 6⅛ |
| 2 | -32 | 950–1,150 | | | | 8 | 7 |

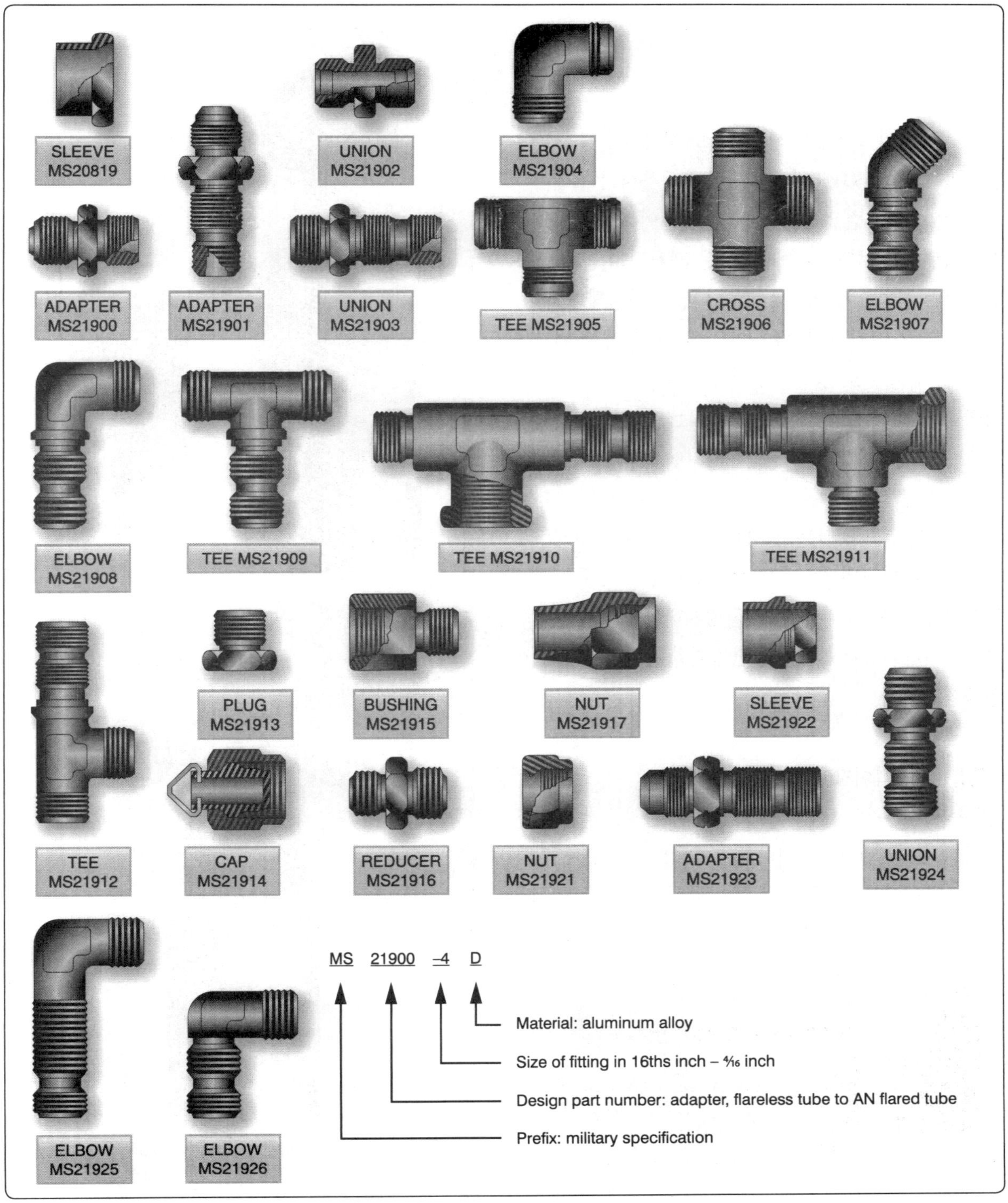


[그림 7-23] MS 플레어리스 피팅(MS Flareless Fittings)의 종류

### 7.1.10 MS 플레어리스 피팅 (MS Flareless Fittings)

MS 플레어리스 피팅은 진동이나 움직임이 심하고 높은 압력을 받는 3000[psi] 유압계통에 사용하기 위해서 개발되었다. [그림 7-24] 이유형의 플레어리스 피팅을 사용하면 모든 튜브의 플레어링은 제거되며, 강하고 안전하며 신뢰할 수 있는 튜브의 연결이 가능하다. 그림 7-24과 같이 플레어리스 피팅은 바디, 슬리브, 너트 등 3가지 부품으로 구성된다. 바디의 내부적인 설계에 따라 바디와 너트가 결합될 때 슬리브가 튜브의 외벽을 압착하면서 물리도록 성형된다. 바디 안에 있는 카운터 보어 숄더(Counter Bore-Shoulder)는 알루미늄 피팅은 45°, 강철 커넥터는 15°의 반대방향 각도로 설계된다. 이 반대 방향의 각도는 튜브가 조여졌을 때 튜브의 안쪽 방향으로 찌그러지는 것을 방지하고 바디 카운터 보어(Body Counterbore)의 주변에 대하여 부분적인 기밀을 제공한다.

#### 7.1.10.1 스웨이지 피팅(Swaged Fittings)

운송용 항공기의 유압 튜브의 연결과 수리를 위한 일반적인 수리 시스템은 퍼마스웨이지(Permaswage™ )

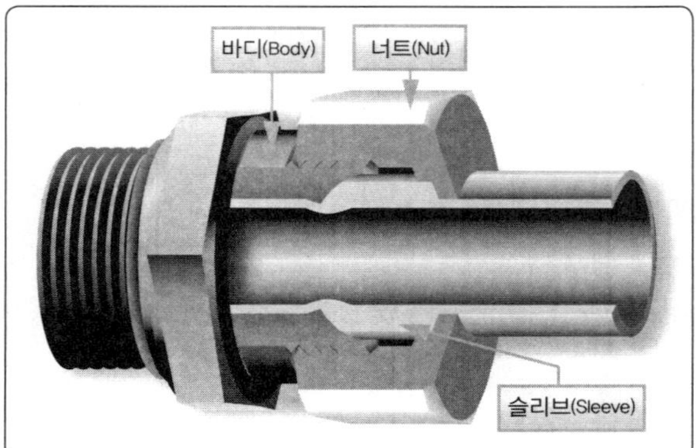

[그림 7-24] MS 플레어리스 피팅(MS Flareless Fittings)

[그림 7-25] 스웨이지 피팅 궁구(Swaged fitting tooling)

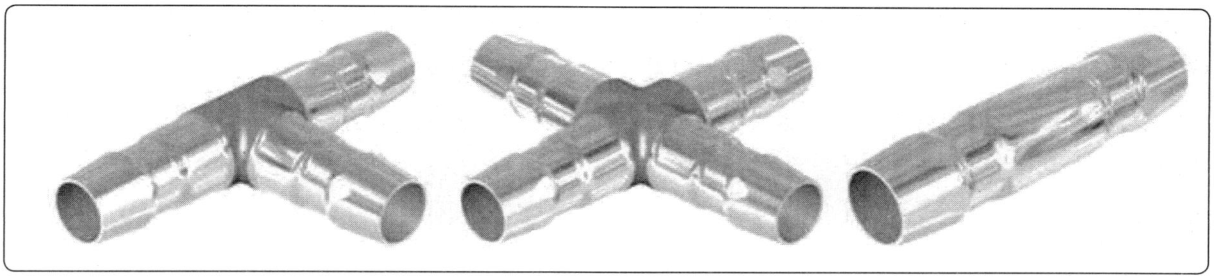

[그림 7-26] 퍼마스웨이지(Permaswage™ ) 피팅

[그림 7-27] 퍼멀릿(Permalite™) 피팅

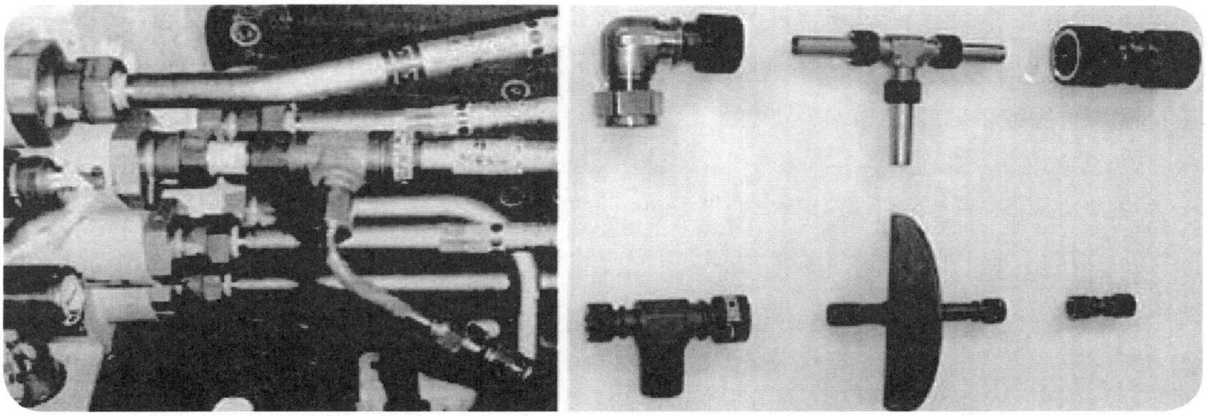

[그림 7-28] 퍼멀릿(Permalite™) 피팅

피팅을 사용한다. 스웨이지 피팅은 실질적으로 정비가 필요 없는 영구적인 연결을 생성한다. 일반적으로 스웨이지 피팅은 빈번하게 분리할 필요가 없는 유압계통의 튜브 연결에 사용하며 티타늄이나 내식강 튜브와 함께 사용된다. 스웨이징 공구는 그림 7-25처럼 좁은 공간에서도 사용할 수 있도록 작은 크기로 만들며 휴대용 유압식으로 작동된다. 이렇게 만들어진 스웨이지 피팅은 피팅을 분리해야 하는 경우 튜브 커터를 이용해서 잘라내야 한다. 특별한 장착 공구가 휴대용 키트로 이용할 수 있다. 스웨이지 피팅을 장착하기 위해서는 언제나 제작사의 지침에 따라 사용해야 한다. 일반적인 Permaswage™ 피팅은 그림 9-26과 같다.

퍼멀릿(Permalite™) 피팅은 최근 개발된 스웨이지 피팅 중 한가지이다. 퍼멀릿 피팅은 축방향 스웨이징에 의해 튜브가 기계적으로 장착되는 방식이다. 그림 7-27처럼 피팅 몸체를 따라 회전하는 링의 움직임은 새는 것을 방지하기 위한 결합부분을 갖는 튜브의 변형을 초래한다.

#### 7.1.10.2 크리요핏 피팅(Cryofit Fittings)

많은 운송용 항공기의 유압계통 튜브 중 일상적인 분리가 요구되지 않는 곳에 크리요핏 피팅이 많이 사용된다.[그림 7-29] 크리요핏 피팅은 저온 슬리브가 있는 표준형 피팅이다. 슬리브는 3 % 더 작게 제조되고 액체질소에 냉동되면 튜브 라인보다 5 % 더 크게 팽창한다. 장착 과정에서 크리요핏 피팅을 액화 질소로부터 건져낸 후 연결하고자 하는 튜브에 삽입하면, 상온으로 되돌아가는 10~15초 동안 3%작은 원래 크기로 수축하면서 튜브를 압착해서 기밀이 유지되도록 만들어진다. 크리요핏 피팅은 유압계통 튜브의 교환 없이 스웨이지하는 것만으로 피팅을 교체할 수 있는 여지를 남겨 두었지만 튜브에서 슬리브를 잘라내는 방법으로만 분리할 수 있는 단점을 가지고 있다. 크리요핏 피팅은 티타늄 튜브와 함께 자주 사용된다. 이러한 형상기억 합금 기술은 피팅, 플레어 피팅 및 플레어리스 피팅에 사용된다.

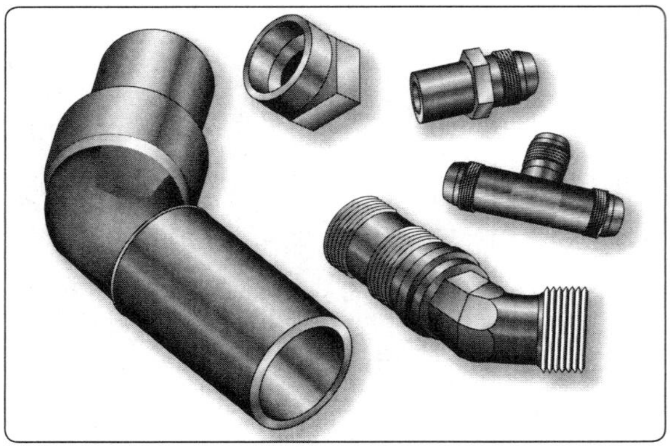

[그림 7-29] 크리요핏 피팅(Cryofit Fittings)

### 7.1.11 경성 튜브의 장착과 검사 (Rigid Tubing Installation and Inspection)

항공기에 튜브 어셈블리를 장착하기 전에 튜브를 주의 깊게 검사해야 한다. 찌그러지거나 긁힌 부분이 없어야 하고, 모든 너트와 슬리브는 부드럽게 접촉면과 맞물려야 하고 튜브에 제작된 플레어에 의해 단단히 장착되는지를 면밀히 확인한다. 튜브 어셈블리는 깨끗하게 관리되어야 하고 외부 물질 오염으로부터 차단되어야 한다.

#### 7.1.11.1 연결과 토크(Connection and Torque)

피팅 또는 플레어의 접촉면에 어떠한 화학물질도 바르지 말아야 한다. 화학물질을 바르면 피팅과 플레어가 맞물리면서 생성되는 밀폐기능을 방해하게 될 것이다. 피팅을 고정시키기 전에 튜브 어셈블리의 정렬상태를 확인해야 한다. 너트를 장착하기 위해 튜브를 잡아당기지 말아야 한다. 그림 7-30은 플레어 튜브 어셈블리의 정상적인 장착과 비정상적 장착에 대한 사례를 보여주고 있다. 너트를 장착할 때 적용하는 적정 토크값은 표 7-3에서 확인할 수 있다. 기억해야 할 것은 이 토크값들은 플레어 피팅에 한정해서 적용되어야 한다는 점이다. 튜브 어셈블리를 장착할 때는 항상 정확한 토크값으로 피팅을 장착해야 한다. 과도한 토크를 적용하는 것은 피팅에 손상을 주거나 튜브 플레어의 파손을 유발하고, 피팅 너트 또는 슬리브를 파손할 것이다. 부족한 토크 작업은 어셈블리의 유격으로 인한 계통 압력을 떨어뜨리는 유압유의 누설(Leak)과 같이 매

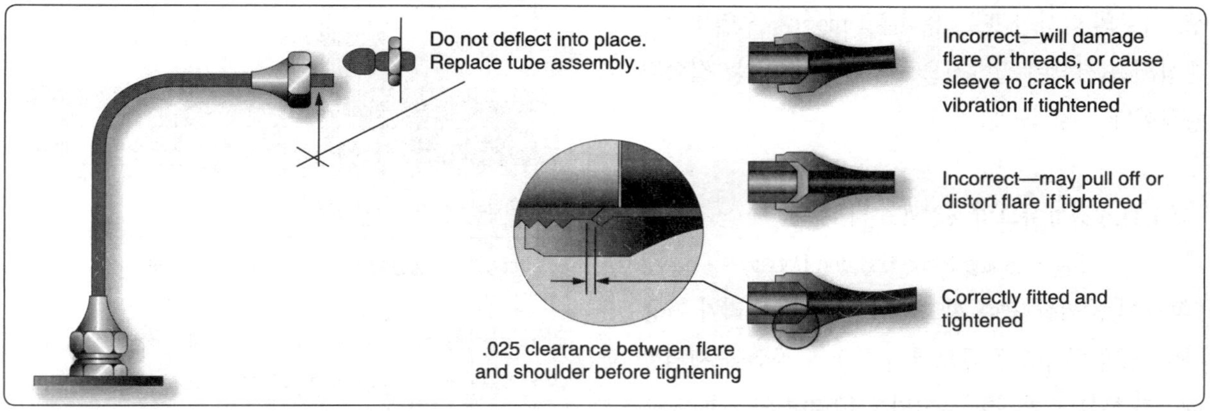


[그림 7-30] 플레어 튜브 어셈블리의 정상적인 장착과 비정상적 장착에 대한 사례

우 심각 현상을 유발시킬 수 있다. 토크렌치의 사용과 규정된 토크값은 오버 토크나 언더 토크를 예방할 수 있다. 튜브 피팅 어셈블리가 정확하게 장착되었다면 반복해서 여러 번 장탈과 장착을 반복해도 신뢰할 수 있다.

### 7.1.11.2 플레어래스 튜브의 장착 (Flareless Tube Installation)

회전 저항이 증가하여 더 이상 돌릴 수 없을 때까지 너트를 손으로 돌려준다. 더 이상 손으로 조일 수 없을 때 렌치를 사용하며, 밑바닥에 닿는 징후에 주의하면서 조인다. 너트가 밑바닥에 닿기 시작하는 곳에서부터 마무리 조임 작업을 시작하는 것이 중요하다. 마무리 조임 작업으로 렌치를 사용해서 너트를 1/6 바퀴 돌린다. 너트를 조일 때 커넥터가 따라 돌지 않도록 렌치를 사용해서 고정해야 한다. 튜브 어셈블리가 장착된 후 계통은 압력을 가해 테스트해야 한다. 연결 부분에서 압력이 누설되면 1/6 바퀴 더 잠그는 것은 허용되지만 총 1/3바퀴를 넘어서는 안 된다. 총 1/3바퀴 조여 준 후에도 누설 현상이 계속되면 어셈블리를 분리하고 오염물질이 접촉부에 존재하는지, 깨지거나 긁힌 결함이 존재하는지 또는 과도한 토크로 인해 결함이 발생했는지 등을 점검한다. 몇몇 항공기 제작사에서는 플레어리스 피팅에도 적정 토크 값을 적용하는 절차를 매뉴얼에 포함시키기도 하였다.

다음의 참고(Note), 주의(Caution), 결함(Faults) 사항은 강성 튜브(Rigid Tube)의 체결에 적용된다.

**NOTE** 플레어리스 튜브의 너트를 과도하게 조이면 튜브 안쪽의 슬리브의 날이 튜브의 벽을 깊숙이 파고 들어가게 되어, 항공기의 정상 비행 시 발생하는 진동에 의해 전단 될 수 있는 강도까지 튜브가 약해진다. 만약 점검 후 결함이 발생되지 않으면 튜브를 재조립하고 압력을 걸어 검사하는 절차를 반복하라.

**CAUTION** 너트를 1/3이상 회전시켜 조이지 말라(육각 너트의 평면 2개). 이는 슬리브와 너트를 영구적으로 손상시키지 않고 피팅을 조일 수 있는 최대값이다.

**Common Faults** 너트 나사산에 의해 플레어가 비틀리거나, 슬리브에 균열의 발생, 플레어가 갈라지거나 또는 분리됨, 플레어 안쪽 면에 긁힘 또는 마모가 발생, 너트의 나사산 또는 유니온(Union)이 오염되거나 손상되는 결함이 일반적으로 발생할 수 있는 결함의 양상이다.

### 7.1.11.3 경성 튜브의 점검과 수리 (Rigid Tubing Inspection and Repair)

튜브에 발생한 약한 찌그러짐, 긁힘은 수리가 가능하다. 알루미늄합금 튜브의 구부러진 곡면을 제외한 나머지 부분에 발생한 두께의 1/10 미만의 찍힘 또는 긁힘은 수공구를 활용해 연마함으로서 수리가 가능하다. 튜브 재료의 경도(Hard)에 의한 리미트(Limit)는 알루미늄합금 튜브에 비해 얇은 두께를 가진 내식강이나 티타늄 튜브가 더 강하며 항공기 제작사에 의해 결정된다. 항공기 매뉴얼에서는 손상 제한 값을 제시한다. 튜브 제작 시 발생한 자국, 갈라진 틈 또는 분리된 결함이 있는 튜브는 교환된다. 플레어에 발생한 균열 또는 기형은 사용이 허용되지 않는다. 튜브의 구부러진 곡면을 제외한 나머지 부분에 발생한 튜브 지름에 대한 20% 미만의 찌그러짐(Dent)은 허용된다. 총알(Bullet) 모양의 수리용 공구에 케이블을 매달아 튜브를 관통하게 하거나 기다란 로드를 이용해서 작은 구슬을 밀어 넣어 튜브의 찌그러짐을 제거한다. 작은 구슬은 볼 베어링(Ball Bearing) 또는 쇠구슬이나 경금속(Hard-metal) 구슬이다. 그림 7-31과 같이 연성 재질의 알루미늄합금 튜브의 경우 딱딱한 목재 구슬이나 작은 구슬을 사용한다. 심하게 손상된 튜브는 교환되어야 한다. 그러나 튜브는 손상된 부분을 잘라내고 동일 재질, 크기의 튜브를 삽입하여 수리되기도 한다. 손상되지 않은 양쪽 끝 부분을 플레어 작업을 하고 유니온, 슬리브 그리고 튜브 너트를 사용하여 연결 작업을 한다. 알루미늄 6061-T6, 내식강 304-1/8h 그리고 티타늄 3AL-2.5V 튜브는 스웨이지 피팅으로 수리가 가능하다. 그림 7-32와 같이 손상된 튜브의 길이가 짧다면 튜브에 삽입하는 대신에 수리용 유니온을 사용해서 수리가 가능하다. 손상된 튜브를 수리할 때 거칠거칠한 면과 잔류물 제거에 세심한 주의를 기울여야 한다. 일정기간 사용하지 않고 분리된 튜브는 금속, 목재, 고무 또는 플라스틱 플러그나 캡을 이용해서 밀폐시켜 관리한다.

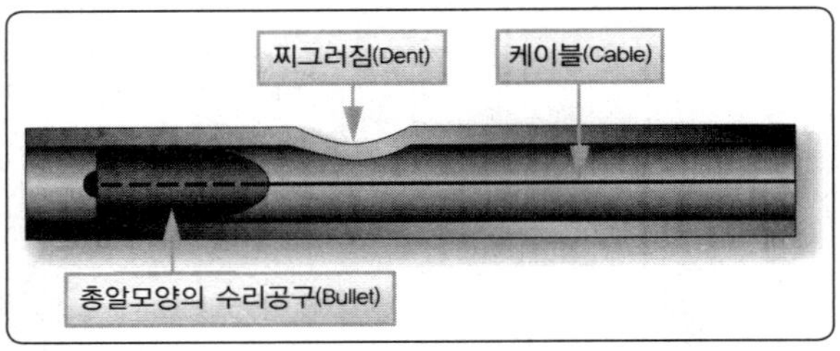


[그림 7-31] 총알모양의 수리공구를 사용하여 찌그러짐 수리

휘어짐이 가능한 연결 어셈블리를 사용해서 저압 튜브를 수리할 때에는 클램프 밴드의 겹쳐 물림 또는 인접한 부품과 클램프 고정 스크루의 접촉 등을 방지하기 위해 클램프의 위치를 신중하게 결정하여야 한다. 만약 이러한 부품 간의 접촉이 발생한다면 호스에서 클램프의 위치를 다시 조정해야 한다. 그림 7-33은 연성 유체 연결 어셈블리의 디자인을 설명하고 비틀림각(Offset)과 최대허용각도를 설명하고 있다.

경성 튜브를 교체할 때, 새로운 튜브는 기존에 장착되어 있던 튜브의 배치와 동일해야 한다. 손상되거나 마모된 어셈블리는 장탈 후 더 손상되거나 형태의 변형이 일어나지 않게 주의하고 새로운 부품 제작을 위한 성형 탬플릿(forming template)으로 활용한다. 만약 장탈한 튜브를 성형 탬플릿으로 활용할 수 없는 상태라면 철사를 손으로 구부려 필요한 모양의 성형 탬플릿을 만든다. 그리고 철사로 만든 성형 탬플릿을 따

| Type of Failure | Repair Method |
|---|---|
| 1. Pin hole leak or circumferential crack in tubing.<br>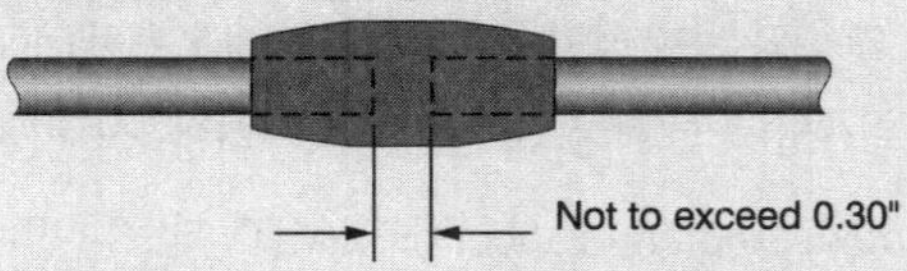 | a. Make 1 or 2 cuts, as necessary, to remove damaged section. If 2 cuts are required, the distance between them shall not exceed 0.30". If distance is more than 0.30", go to repair method 2.<br>b. Swage 1 tube-to-tube union in tube section under repair. |
| 2. Longitudinal crack in tubing (crack length in excess of 0.30").<br>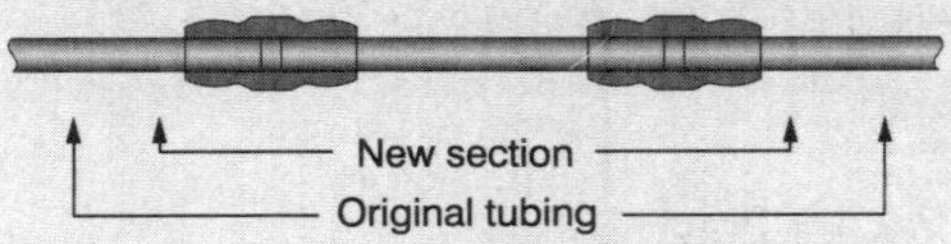 | a. Make 2 cuts to enable removal of damaged section.<br>b. Remove damaged section and duplicate.<br>c. Swage replacement section into tubing under repair using 2 tube-to-tube unions. |
| 3. Leaking tee or elbow (permanent tube connection type).<br>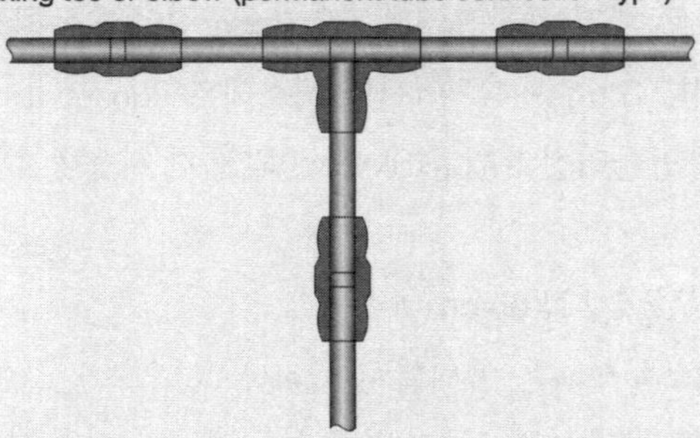 | a. Cut out defective tee or elbow.<br>b. Duplicate tubing sections for each branch.<br>c. Swage splice sections to tee or elbow.<br>d. Connect each splice section to tubing under repair using a tube-to-tube union. |
| 4. Leaking flared, flareless, or lipseal end fittings.<br>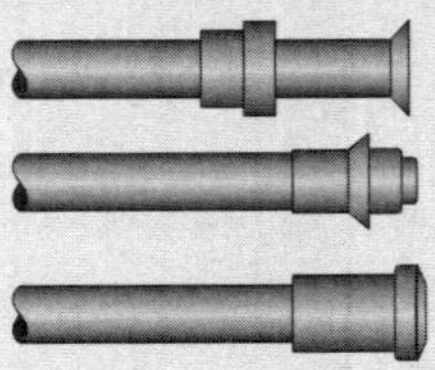 | a. Cut tubing to remove defective fitting.<br>b. Swage appropriate end fitting to tube end.<br>c. Connect new end fitting to mating connection, torquing nut as required. |

[그림 7-32] 퍼마스웨이지(Permaswage™ ) 피팅을 이용한 수리

라 튜브를 굽힘 가공한다. 절대로 굽힘이 요구되지 않는 방향으로 가공하지 않도록 주의한다. 장착할 튜브는 절단하거나 플레어 가공을 할 수 없고, 튜브는 굽힘 없이 장착되고 기계적인 변형으로부터 자유롭게 유지되기 위해서 정확하게 제작되어야 한다. 튜브는 온도의 변화에서 오는 튜브의 수축과 팽창 및 진동을 허용할 수 있도록 하는 기능을 위해서 굽힘이 필요하다. 만약 튜브 지름이 1/4인치 이하일 경우, 손으로 굽힘 가공이 가능한 심하지 않은 굽힘은 허용된다. 튜브가 기계장치로 가공되었다면 뚜렷한 굽힘은 직선으로 조립되지 않도록 만들어져야 한다. 플레어의 검사와 조립 과정에서 슬리브와 너트가 헐겁게 유지되어야 하기 때문에 피팅으로부터 정확한 거리만큼 떨어져서 굽힘 가공이 이루어져야 한다. 모든 경우에 새로운 튜브는

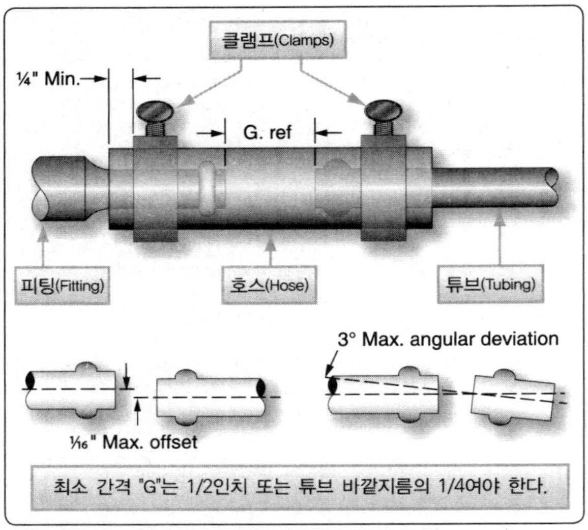


[그림 7-33] 연성 유체 연결 어셈블리
(Flexible fluid connection assembly)

커플링 너트를 이용해서 어셈블리의 정렬을 확인할 때 튜브가 잡아당겨 지거나 뒤틀림이 발생하지 않도록 장착 전에 정확하게 가공되어야 한다.

## 7.2 연성 호스 유체 라인 (Flexible Hose Fluid Lines)

연성 호스는 움직이는 부분에 장착된 부품과 고정된 부품을 연결할 때, 진동이 심한 곳, 유연성이 많이 요구되는 항공기 배관에 사용한다. 또한 연성 호스는 금속 튜브를 연결하는 커넥터로도 사용되고 있다.

### 7.2.1 호스의 재질과 구조 (Hose Materials and Construction)

순수한 고무는 연성 유체 라인을 구성하는 재료로 사용할 수 없다. 요구되는 강도, 내구성, 가동성에서 요구되는 조건을 충족시키기 위해 순수한 고무 대신 합성고무를 사용한다. 연성 호스를 제작할 때 일반적으로 활용되는 합성고무 Buna-N, 네오프렌(neoprene), 부틸(Butyl), 에틸렌 프로필렌 디엔 러버(ethylene propylene diene rubber/EPDM)과 테프론(Teflon) 등을 사용한다. 테프론이 자기 자신의 카테고리 안에 존재하고 나머지는 합성고무로 구분한다.

#### 7.2.1.1 Buna-N

Buna-N은 석유 제품에 훌륭한 저항성을 갖는 합성고무 재질이다. Buna-N은 Buna-S와 혼동해서는 안 된다. Buna-N은 인산염 에스테르(Phosphate Ester)로 만들어진 유압유(Skydrol)와 함께 사용할 수 없다.

#### 7.2.1.2 Neoprene

Neoprene은 아세틸렌(Acetylene)으로 만들어진 합성고무로서 Buna-N 만큼 석유 제품에 대한 저항성이 좋지는 않지만 마멸 특성은 Buna-N보다 더 양호하다. Neoprene도 인산염 에스테르(Phosphate Ester)로 만들어진 유압유(Skydrol)와 함께 사용할 수 없다.

#### 7.2.1.3 Butyl

Butyl은 석유 원료로 만들어진 합성고무로서 인산염 에스테르(Phosphate Ester)로 만들어진 유압유(Skydrol)와 사용하기에 적합하다. Butyl은 석유 제품과 함께 사용하지 말아야 한다.

연성 고무호스는 이음매 없는 합성 고무층인 내부 튜브를 보강하는 면 브레이드 및 철사 브레이드로 덮인 부분과 고무를 함침시킨 면 브레이드의 외부 층으로 구성된다. 이렇게 만들어진 연성 고무호스는 연료, 오일, 냉매 및 유압계통에 사용하는 것이 적합하다. 호

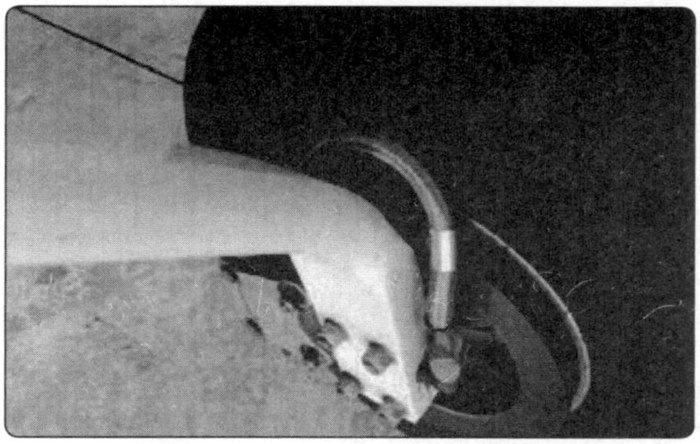

[그림 7-34] 스테인리스 브레이드로 덮인 연성 호스

스의 종류는 정상작동 조건에서 견딜 수 있도록 설계된 압력의 크기에 따라 등급이 분류된다.

- 저압 호스 : 250[psi] 이하의 압력에서 사용가능하며, 직물 보강제로 구성되어 있다.
- 중압 호스 : 3000[psi]까지의 압력에서 사용가능하며, 하나의 철사 층으로 보강되어 있고, 작은 크기의 호스는 3000[psi]까지 사용 가능하며 큰 크기의 호스는 1500[psi]까지 사용 가능하다.
- 고압 호스 : 모든 크기의 호스는 3000[psi]까지 사용 가능하다.

### 7.2.1.4 Hose Identification

호스의 식별을 위한 표시는 그림 7-35와 같이 문자, 라인(Line), 숫자가 호스 표면에 인쇄되어 있다. 대부분 유압 호스는 호스의 종류, 제작사 제작년월일, 압력 및 온도한계 등이 표시되어 있다. 이러한 표시는 호스의 꼬임 상태를 판단하기 쉽도록 강조된 컬러의 문자와 숫자가 9인치 간격으로 반복적으로 인쇄되어 있다. 이와 같은 식별 표시는 대체물을 추천하거나 같은 규격의 호스로 교환할 때 도움을 준다. 일반적으로 인

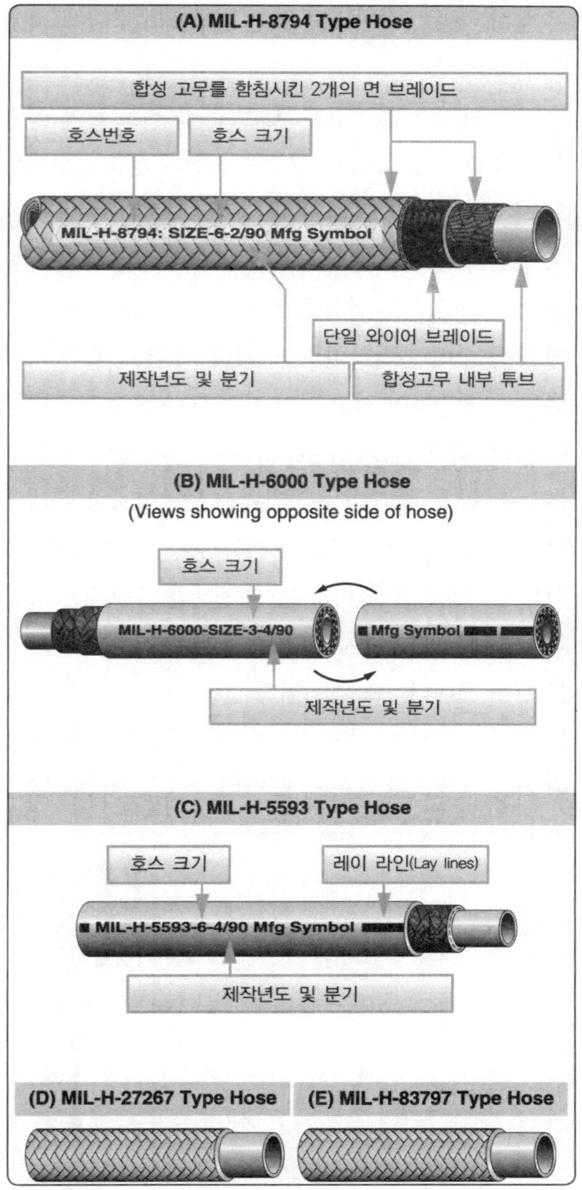


[그림 7-35] 호스 식별 표시(Hose identification markings)

산염 에스테르(Phosphate Ester)계 유압유에 사용하기 적합한 호스는 'Skydrol Use'라고 표현된다. 어떤 경우에는 여러 종류의 호스가 같은 용도에 모두 적합할 수도 있다. 그러므로 정확한 호스의 선택을 위해서

는 항상 항공기 정비 교범 또는 부품 교범을 참고하여야 한다.

테프론(Teflon™)은 테트라플루오로에틸렌(Tetrafluoroethylene)이라고 불리는 듀폰(Dupont)사의 상품명이다. 테프론은 −65~450℉까지의 사용 온도 범위가 넓으며 거의 대부분의 물질이나 약품과 호환된다. 테프론은 점성물질이 달라붙지는 않기 때문에 흐름에 대한 저항이 거의 없다. 또한 고무와 비교했을 때 팽창률이 적고 저장 기간과 사용 수명의 제한이 없다. 테프론 호스는 유연하며, 현재 항공기와 같은 높은 작동 온도와 높은 압력을 충족하도록 설계되었다. 일반적으로 테프론 호스는 고무호스와 같은 방법으로 사용할 수 있다. 테프론 호스는 요구되는 모양과 크기로 압출 성형하며 호스의 외부는 강도와 보호를 위해 스테인리스 와이어가 덮여있다. 테프론 호스는 항공기에 사용되는 연료, 합성 오일, 알코올, 냉각수 또는 솔벤트와 같은 용제 어떤 것에도 영향을 받지

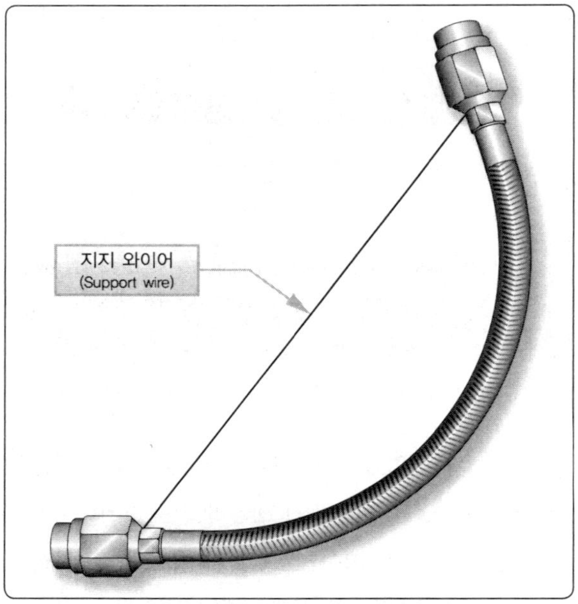


[그림 7-36] 미리 성형된 호스의 취급 방법

않는다. 테프론 호스는 사실상 제한 없는 저장기간, 광범위한 사용 가능 온도 범위, 그리고 유압유, 연료, 오일, 냉각수, 물, 알코올과 같은 광범위한 사용처 등의 장점을 갖고 있다. 중압에 사용되는 테프론 호스 어셈블리는 간혹 장애물을 피할 목적, 짧은 길이의 호스로 연결하기 위한 성형 방법이 사용된다. 성형방법은 특별한 엘보(Elbows)의 필요성을 제거할 때 사용되며 성형된 테프론 호스의 사용은 무게와 공간을 절약할 수 있다. 성형된 테프론 호스는 똑바로 잡아당겨서 사용하면 안 된다. 그림 7-36과 같이 정비를 위해 장탈한 테프론 호스는 변형을 방지하기 위해 지지 와이어를 사용해야 한다.

### 7.2.2 연성 호스의 검사 (Flexible Hose Inspection)

각각의 점검 주기에 따라서 호스와 호스 어셈블리의 기능저하 등 상태 점검을 해야 한다. 누출, 튜브 안쪽 면의 고무 또는 보강층의 분리, 균열, 경화, 유연성의 감소, 과도한 '저온유동(Cold Flow)' 등이 나타나면 기능이 저하되었다는 신호이며, 교체해야 하는 원인이 된다. 저온유동은 호스 클램프 또는 지지물의 압력에 의해 호스에 만들어진 영구적인 눌린 자국으로 알 수 있다.

스웨이지로 처리된 피팅을 포함하고 있는 연성 호스에 결함(Failure)이 발생하였을 때 전체 어셈블리를 교체해야 하며, 정확한 크기와 길이의 새 호스를 확보하고 제작사에서 완성된 피팅으로 마무리한다. 재사용이 가능한 엔드 피팅을 장착한 호스에 결함이 발생하였을 때는 조립 절차를 수행하는 데 필요한 제작사에서 제공하는 적정 공구를 활용하여 교환 튜브를 조립

할 수 있다.

### 7.2.3 연성 호스의 조립과 교체 (Fabrication and Replacement of Flexible Hose)

그림 7-37과 같이 호스 어셈블리를 만들려면 적절한 크기의 호스와 엔드 피팅(End Fitting)을 선택하여야 한다. 연성 호스를 위한 MS타입 엔드 피팅은 사용가능하다고 확인되면 분리해서 재사용할 수 있다. 피팅의 안지름은 장착될 호스의 안지름과 같은 크기여야 한다.

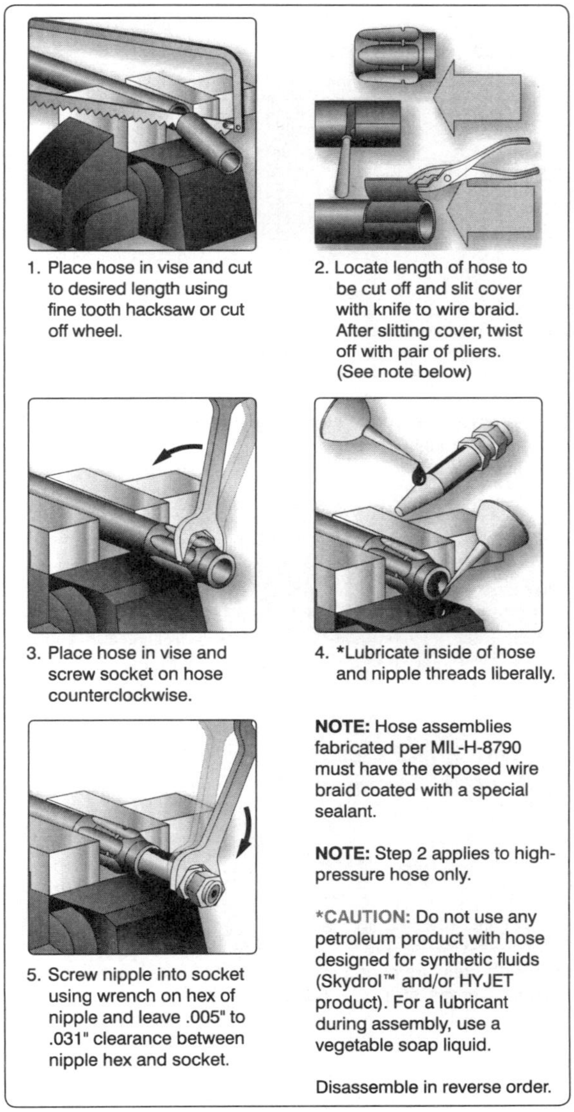


[그림 7-37] 연성 호스에 MS 피팅 조립과정

#### 7.2.3.1 연성 호스의 테스트(Flexible Hose Testing)

모든 연성 호스는 어셈블리 조립 후 호스 안쪽에 압력을 가해서 압력 테스트를 수행하여야만 한다. 압력 테스트에 사용되는 매질은 액체 또는 기체이다. 예를 들면 유압, 연료, 오일 계통은 보통 유압유 또는 물을 사용하여 테스트한다. 반면에 공기 또는 계기의 압력 라인은 건조한 공기, 오일이 없는 공기 또는 질소를 이용해서 테스트한다. 액체를 매질로 사용하는 테스트를 수행할 경우 캡 또는 플러그를 사용하여 막기 전에 어셈블리로부터 안쪽에 포함된 공기를 제거하여야 한다. 가스를 이용해서 호스를 테스트할 경우에는 수조 안에서 처리하도록 한다. 언제나 특정한 호스 어셈블리의 테스트를 수행할 경우 표 7-4와 같은 제작사의 시험절차 지침서를 따라야 한다.

연성 호스가 수리 되었거나 존재하는 하드웨어와 새로운 호스 재료에 의해 오버홀 된 경우 항공기에 호스

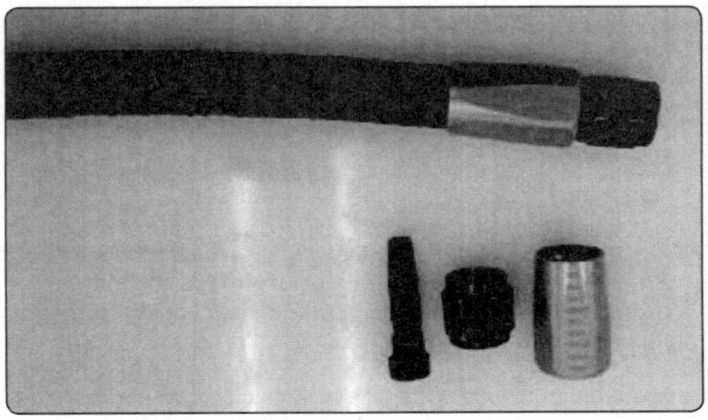

[그림 7-38] MS형 앤드 피팅

[표 7-4] 항공기 호스의 사양

| Single Wire Braid Fabric Covered | | | | | | | |
|---|---|---|---|---|---|---|---|
| MIL. Part No. | Tube Size OD (inches) | Hose Size ID (inches) | Hose Size OD (inches) | Recomm. Operating Pressure (PSI) | Min. Burst Pressure (PSI) | Max. Proof Pressure (PSI) | Min. Bend Radius (inches) |
| MIL-H-8794-3-L | 3/16 | 1/8 | .45 | 3,000 | 12,000 | 6,000 | 3.00 |
| MIL-H-8794-4-L | 1/4 | 3/16 | .52 | 3,000 | 12,000 | 6,000 | 3.00 |
| MIL-H-8794-5-L | 5/16 | 1/4 | .58 | 3,000 | 10,000 | 5,000 | 3.38 |
| MIL-H-8794-6-L | 3/8 | 5/16 | .67 | 2,000 | 9,000 | 4,500 | 4.00 |
| MIL-H-8794-8-L | 1/2 | 13/32 | .77 | 2,000 | 8,000 | 4,000 | 4.63 |
| MIL-H-8794-10-L | 5/8 | 1/2 | .92 | 1,750 | 7,000 | 3,500 | 5.50 |
| MIL-H-8794-12-L | 3/4 | 5/8 | 1.08 | 1,750 | 6,000 | 3,000 | 6.50 |
| MIL-H-8794-16-L | 1 | 7/8 | 1.23 | 800 | 3,200 | 1,600 | 7.38 |
| MIL-H-8794-20-L | 1 1/4 | 1 1/8 | 1.50 | 600 | 2,500 | 1,250 | 9.00 |
| MIL-H-8794-24-L | 1 1/2 | 1 3/8 | 1.75 | 500 | 2,000 | 1,000 | 11.00 |
| MIL-H-8794-32-L | 2 | 1 13/16 | 2.22 | 350 | 1,400 | 700 | 13.25 |
| MIL-H-8794-40-L | 2 1/2 | 2 3/8 | 2.88 | 200 | 1,000 | 300 | 24.00 |
| MIL-H-8794-48-L | 3 | 3 | 3.56 | 200 | 800 | 300 | 33.00 |

**Construction:** Seamless synthetic rubber inner tube reinforced with one fiber braid, one braid of high tensile steel wire and covered with an oil resistant rubber impregnated fiber braid.

**Identification:** Hose is identified by specification number, size number, quarter year and year, hose manufacturer's identification.

**Uses:** Hose is approved for use in aircraft hydraulic, pneumatic, coolant, fuel, and oil systems.

**Operating Temperatures:**
Sizes 3 through 12: − 65 °F to + 250 °F
Sizes 16 through 48: − 40 °F to + 275 °F

**Note:** Maximum temperatures and pressures should not be used simultaneously.

| Multiple Wire Braid Rubber Covered | | | | | | | |
|---|---|---|---|---|---|---|---|
| MIL. Part No. | Tube Size OD (inches) | Hose Size ID (inches) | Hose Size OD (inches) | Recomm. Operating Pressure (PSI) | Min. Burst Pressure (PSI) | Max. Proof Pressure (PSI) | Min. Bend Radius (inches) |
| MIL-H-8788- 4-L | 1/4 | 7/32 | .63 | 3,000 | 16,000 | 8,000 | 3.00 |
| MIL-H-8788- 5-L | 5/16 | 9/32 | .70 | 3,000 | 14,000 | 7,000 | 3.38 |
| MIL-H-8788- 6-L | 3/8 | 11/32 | .77 | 3,000 | 14,000 | 7,000 | 5.00 |
| MIL-H-8788- 8-L | 1/2 | 7/16 | .86 | 3,000 | 14,000 | 7,500 | 5.75 |
| MIL-H-8788-10-L | 5/8 | 9/16 | 1.03 | 3,000 | 12,000 | 6,000 | 6.50 |
| MIL-H-8788-12-L | 3/4 | 11/16 | 1.22 | 3,000 | 12,000 | 6,000 | 7.75 |
| MIL-H-8788-16-L | 1 | 7/8 | 1.50 | 3,000 | 10,000 | 5,000 | 9.63 |

**Construction:** Seamless synthetic rubber inner tube reinforced with one fiber braid, two or more steel wire braids, and covered with synthetic rubber cover (for gas applications request perforated cover).

**Identification:** Hose is identified by specification number, size number, quarter year and year, hose manufacturer's identification.

**Uses:** High pressure hydraulic, pneumatic, coolant, fuel and oil.
**Operating Temperatures:** − 65 °F to + 200 °F

가 장착되기 전에 적어도 1.5배 높은 계통 압력으로 내압시험을 수행하는 것을 추천한다. 그림 7-39는 연성 호스 시험을 위해 사용되는 유압 호스 시험 장비이다. 새 호스는 항공기에 장착한 후 계통압력을 활용하여 작동 점검을 할 수 있다.

### 7.2.4 크기 표시법(Size Designations)

호스는 호스의 크기와 관련된 대시 번호(Dash Number)로 지정된다. 대시 번호는 호스의 옆면에 인쇄되어 있고, 호스와 호환되는 튜브의 크기를 나타낸다. 대시 번호는 호스의 안지름이나 바깥지름을 표시하는 것은 아니다. 호스의 대시 번호가 튜브의 대시 번호와 일치할 때 정확한 크기의 호스가 사용되고 있음을 의미하는 것이다. 대시 번호는 표 7-4에서 확인 가능하다.

### 7.2.5 호스 피팅(Hose Fittings)

그림 7-40과 같이 연성 호스는 스웨이지 피팅 또는

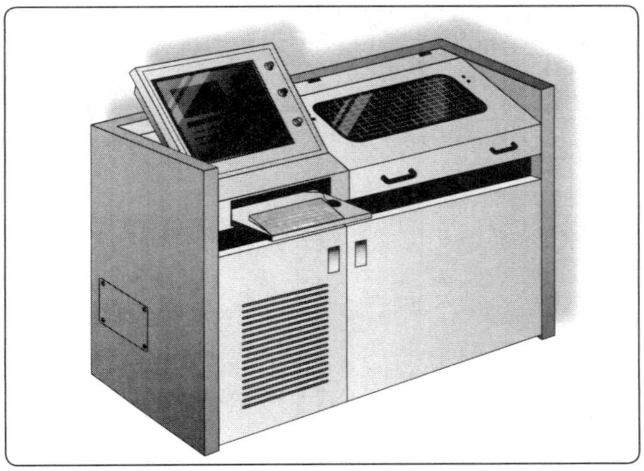

[그림 7-39] 유압 호스 파열시험 스탠드
(Hydraulic hose burst test stand)

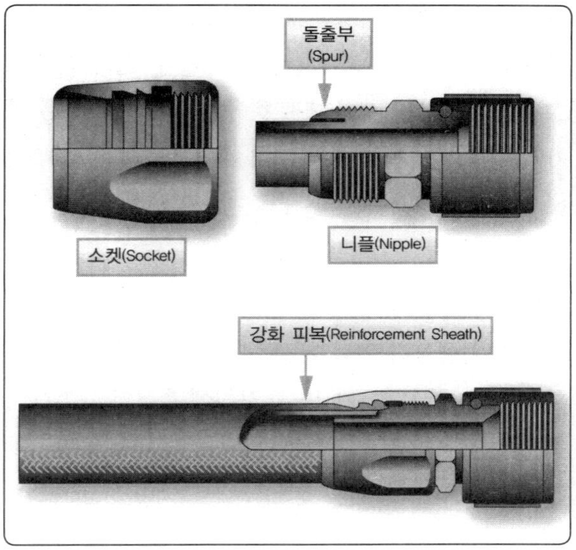


[그림 7-40] 중간 압력 호스에 재사용 가능한 피팅

분리형 피팅을 장착할 수 있으며, 비드나 호스 클램프와 함께 사용할 수 있다. 스웨이지 피팅이 장착된 호스의 경우 제작사에서 정확한 길이로 제작되며, 일반적으로 정비사는 조립할 수 없다. 이 호스 피팅은 제작사에 의해 스웨이지 및 테스트를 거치고 표준 피팅을 장착한다. 연성 호스에 사용하는 분리형 피팅은 손상이 없다면 재사용이 가능하지만 결함이 있어 사용할 수 없다면 새 제품으로 교환해서 사용하여야 한다.

### 7.2.6 연성 호스 어셈블리의 장착 (Installation of Hose Assemblies)

#### 7.2.6.1 느슨함(Slack)

호스 어셈블리는 일반적으로 호스에 기계적인 하중(Load)이 작용하는 경우 장착하면 안 된다. 연성 호스를 장착할 때는 압력을 가하고 발생할 수 있는 길이 변화를 보상하기 위해 튜브 총길이의 5~8%에 해당하는 여유길이를 제공해야 한다. 연성 호스에 압력이 가해지면 길이는 수축하고 지름은 확장한다. 모든 연성 호스를 과도한 열기로부터 보호하기 위하여 영향을 받지 않도록 튜브 위치를 조정하거나 튜브 주변에 방열판을 설치한다.[그림 7-41]

### 7.2.6.2 휨(Flex)

호스 어셈블리가 심한 진동 또는 굴곡에 노출될 경우, 강성 피팅(Rigid Fitting) 사이에 충분한 느슨함이 있어야 한다. 앤드 피팅에서 굴곡이 발생하지 않도록 호스를 장착해야 한다. 호스는 엔드 피팅으로부터 적어도 호스 지름의 2배 정도는 직선을 이루고 있어야 한다. 호스의 굴곡을 제한하거나 방해하는 클램프를 이 지역에 설치하는 것은 피해야 한다.

### 7.2.6.3 꼬임(Twisting)

호스의 파열 가능성을 피하거나 장착된 너트의 풀림을 방지하기 위해 호스는 꼬임 현상 없이 장착해야만 한다. 한쪽 끝 또는 양쪽 끝에 회전 연결부(Swivel)를 사용한다면 꼬임 스트레스를 경감시킬 수 있을 것이다. 꼬임은 호스의 표면에 길이방향으로 표시된 식별 스트라이프(identification stripe)의 상태를 보고

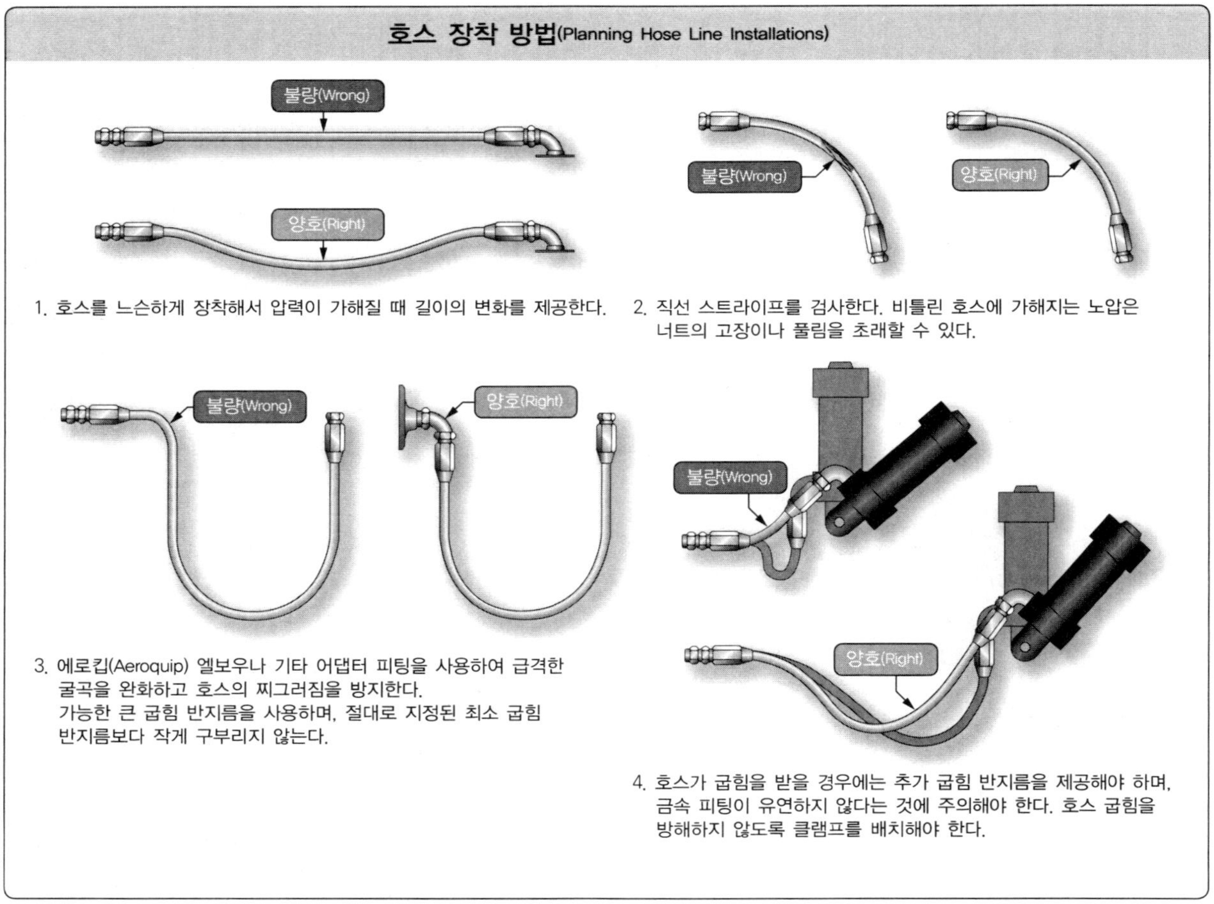


[그림 7-41] 연성 호스의 장착

확인할 수 있다. 이 식별 스트라이프는 호스 주위로 휘감겨서는 안 된다.

#### 7.2.6.4 굽힘(Bending)

그림 7-41과 같이 호스 어셈블리에서 급격한 굽힘을 피하기 위해 엘 보우 피팅, 엘 보우형 엔드 피팅이 있는 호스 또는 적당한 굽힘 반지름을 사용해야 한다. 급격한 굽힘은 휘어지는 호스의 파열 압력을 호스의 정격 값 이하로 상당히 감소시킨다.

#### 7.2.6.5 간격(Clearance)

호스 어셈블리는 모든 작동 조건에서 다른 튜브, 장비와 인접한 구조물에 닿지 않아야 한다. 연성 호스는 작동 조건에서 조금은 유동적으로 움직일 수 있도록 장착되어 있으며 적어도 24인치마다 클램프 등과 같은 지지대를 장착하여 고정시켜야 한다. 가능하다면 좀 더 촘촘하게 고정시키는 것을 권고한다. 또한 연성 호스는 두 개의 피팅 사이가 팽팽하게 잡아당겨져서 장착되면 결코 안 된다. 만약 클램프가 적정 값으로 조여졌음에도 불구하고 연결 부위가 정확하게 장착되지 않는 경우 부품을 교환한다. 이것은 처음 장착할 때 적용되는 조건이며 풀린 클램프에 적용되지는 않는다. 사용되는 중간에 풀려진 클램프를 다시 조이려면 다음 절차를 따른다.

[표 7-5] 호스 클램프의 조임

| 초기 설치만 해당 | 웜 스크루형 클램프 (인치당 10개 나사산) | 클램프-방사형 및 기타 유형 (인치당 28개 나사산) |
|---|---|---|
| 자체 실링 호스 약15in-lb | 손가락으로 꽉 조인 후 2바퀴 완전한 회전 | 손가락으로 꽉 조인 후 $2\frac{1}{2}$ 바퀴 완전한 회전 |
| 다른 모든 항공기 호스 약 25in-lb | 손가락으로 꽉 조인 후 $1\frac{1}{4}$ 바퀴 완전한 회전 | 손가락으로 꽉 조인 후 2바퀴 완전한 회전 |

자체 실링이 되지 않는 호스(Non-Self Sealing Hose)는 클램프 스크루가 손으로 조여지지 않는 경우, 누출의 증거가 없는 경우 그대로 두고, 만약 누출의 흔적이 나타난다면 1/4 바퀴 더 조여 준다.

자체 실링 호스(Self Sealing Hose)는 표 7-5와 같이 만약 손가락으로 단단히 조인 것보다 느슨하다면 가능한 손으로 꽉 조이고 추가로 1/4 바퀴 더 조인다.

### 7.2.7 호스 클램프(Hose Clamp)

호스의 연결부위를 정확하게 장착하기 위해서 그리고 호스의 클램프가 손상되거나 잘려나가는 것을 방지하기 위해서 호스 클램프 장착 절차를 주의 깊게 준수해야 한다. 토크 리미팅 렌치(Torque Limiting Wrench)의 사용이 가능할 때는 그것을 사용하라. 이 토크 리미팅 렌치는 15~25[in-lb]의 교정 범위 안에서 사용 가능하다. 토크 리미팅 렌치가 없을 경우에는 손으로 조여 주고 1/4 바퀴 더 조여 주는 장착 방법을 활용한다. 호스 클램프의 구조와 디자인의 변화로 인하여 표 7-5와 같은 대략의 토크 값이 주어진다. 따라서 표 7-5의 값은 손으로 조여 주고 1/4 바퀴 더 조여 주는 방법으로 장착하는 것도 좋은 방법이다. 호스 연결부에는 "Cold Flow"이나 설정 과정이 적용되므로 설치 후 며칠 동안은 후속 조임 점검을 실시해야 한다.

지지용 클램프는 동체 구조 부분이나 엔진 구성품의 다양한 튜브를 안정적으로 지지하기 위하여 사용된다. 지지용 클램프의 다양한 종류가 이러한 목적으로 사용된다. 가장 일반적으로 사용되는 클램프는 그림 7-42와 같은 고무 쿠션 클램프(Rubber-Cushioned)와 평면(Plain) 클램프이다. 고무 쿠션 클램프는 진동의 영향을 받는 라인을 고정하는데 사용되며, 쿠션은 마찰을 방지하는 기능을 한다. 반면 평면 클램프는 진동이 발생하지 않는 영역의 튜브를 고정하는 데 사용한다.

Skydrol™, 유압유 또는 연료에 의한 악화가 예상되는 지역에서는 Teflon™ 쿠션 클램프를 사용한다. 그러나 탄성이 떨어지기 때문에 다른 쿠션 소재에 비해 진동감쇠 효과는 크지 않다.

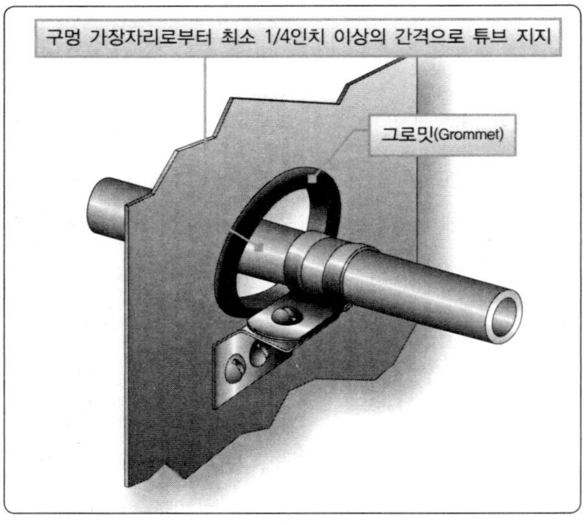


[그림 7-42] 고무 쿠션 클램프(Rubber-cushioned clamp)

접합된 클램프를 사용하여 연료, 유압유, 오일 등과 같은 금속 튜브를 고정한다. 접합되지 않은 클램프는 오직 배선(Wiring)을 고정시키기 위한 목적으로만 사용해야 한다. 튜브에서 본딩 클램프가 장착되는 부분의 아노다이징이나 페인트를 벗겨내야 한다. 또 정확한 크기의 클램프를 사용해야만 한다. 튜브의 바깥지름보다 작은 지지용 클립 또는 클램프는 호스를 통해 흐르는 유체의 흐름에 저항을 준다. 모든 유체 튜브 라인은 정해진 간격으로 지지되어야 한다. 강철 튜브 지지대 사이의 최대 거리는 표 7-6에 나와 있다.

[표 7-6] 유체 튜브를 지지하는 클램프 사이의 최대 거리

| 튜브의 바깥지름 (인치) | 클램프 사이의 최대 거리(인치) | |
|---|---|---|
| | 알루미늄 합금 튜브 | 강 튜브 |
| 1/8 | 9½ | 11½ |
| 3/16 | 12 | 14 |
| 1/4 | 13½ | 16 |
| 5/16 | 15 | 18 |
| 3/8 | 16½ | 20 |
| 1/2 | 19 | 23 |
| 5/8 | 22 | 25½ |
| 3/4 | 24 | 27½ |
| 1 | 26½ | 30 |

# 08 수공구와 측정기기

Aircraft Structures

8.1 일반적인 사용법
8.2 메탈 커팅 툴
8.3 탭과 다이
8.4 설계와 측정 공구

# 8 수공구와 측정기기

## Hand Tools and Measuring Devices

본 장에서는 항공정비사가 사용하는 수 공구에 대한 일반적 사용법, 안전 유의사항을 기술한다. 항공정비사는 정비작업의 폭이 넓어질수록 많은 특수공구나 측정공구를 사용하여야 한다. 대형 운송용 항공기는 더 복잡하고 깊이가 있는 정비작업이 필요하고, 이 작업을 할 때는 다양한 수공구나 측정 장비를 사용한다.

이 장에서는 항공정비 작업에 사용되는 가장 일반적인 수공구와 측정 기구를 사용할 때 필요한 기본 지식에 대하여 설명한다. 여기에서 제공되는 정보는 개인의 건전한 판단이나 필요에 따른 추가 훈련으로 대체할 수 없는 기본적인 사항이다. 독창성과 지혜로움이 이 기본 규칙에 더해질 수는 있지만, 기술된 기본적 내용을 대체할 수는 없다. 항공 정비작업 중 사용되는 수공구와 측정기기의 사용상의 안전을 위하여 필히 알고 있어야만 하는 기본 지식을 기술하였기 때문이다. 이 기본 지식을 바탕으로 한 응용능력은 여러분의 몫이다. 공구의 사용은 다양하지만, 안전한 사용법, 관리 및 저장 방법에 대한 좋은 관행은 유지되어야 한다.

### 8.1 범용공구(General Purpose Tools)

#### 8.1.1 헤머와 맬릿(Hammers and Mallets)

헤머는 머리의 재질과 무게에 따라 구분된다. 금속성의 강한 머리 재질의 헤머와 나무, 놋쇠, 납, 생가죽, 단단한 고무 또는 플라스틱 등의 부드러운 재질의 헤드를 가진 헤머를 사용한다. 연성 헤드 헤머는 손상되기 쉬운 연성 금속 또는 성형 작업에 사용한다. 헤드 재질이 연성인 헤머는 펀치 헤드, 볼트 또는 못을 때리는 데 사용할 수 없다. 그림 11-1은 정비작업에 사용하는 해머들 이다.

히코리, 생가죽 또는 고무 재질 헤드의 헤머를 맬릿이라 한다. 얇은 금속 판재의 끝부분의 급격한 구김 또는 찍힘 등이 발생하지 않도록 가공하는데 편리하다. 나무로 만든 정을 때릴 경우는 항상 나무 맬릿을 사용한다. 손잡이가 단단히 조여져 있는지 확인한다. 해머로 타격을 가할 때는 팔뚝을 손잡이의 연장선으로 사

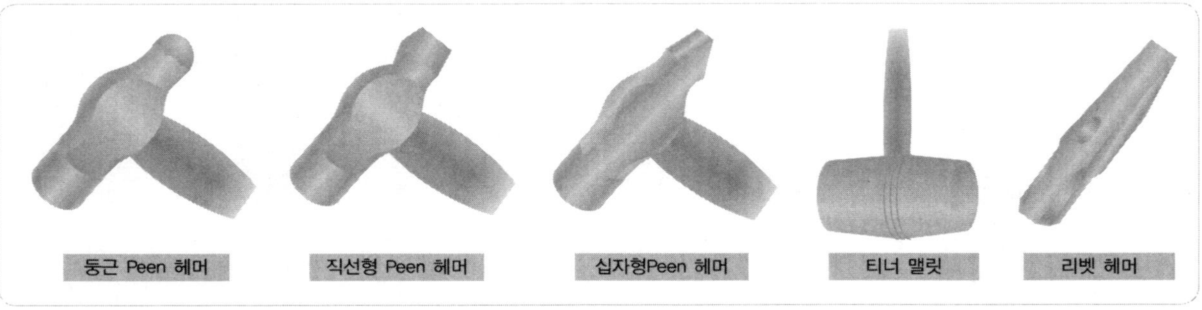


[그림 8-1] 헤머의 종류

용한다. 손목이 아니라 팔꿈치를 구부려 헤머를 휘두른다. 금속 해머를 사용할 때는 안전 안경이나 고글 사용을 권장한다. 헤머와 맬릿의 머리 부분은 작업 시 가공물의 손상을 방지하기 위해 찌그러지거나 패인 부분이 없이 고른 면을 유지하도록 한다.

### 8.1.2 스크루드라이버(Screwdrivers)

그림 8-2와 같이, 스크루드라이버는 모양, 블레이드 유형, 및 블레이드 길이에 따라 구분된다. 이 공구의 목적은 나사, 스크루, 볼트 등을 풀거나 조이는 것이다. 일반 드라이버를 사용할 때는 회전해야 하는 나사에 블레이드가 잘 맞는 가장 큰 드라이버를 선택해야 한다. 일반 드라이버는 적어도 나사 슬롯의 75%를 채우고, 조이거나 풀어야 한다. 스크루드라이버 블레이드의 크기가 적정하지 않으면 사용 시 미끄러짐이 발생하고 스크루 헤드의 손상이나 인접한 구조물 부분의 손상을 유발한다. 스크루 추출기를 사용해야 할 정도로 손상이 심각할 수도 있다.

공용 스크루드라이버(Common Screw Driver)는 슬롯형 헤드 나사 또는 고정 장치가 있는 경우에 사용한다. 고정 장치 예로는 항공기 카울링을 고정하는 데 사용되는 캠락 스타일의 장치를 들 수 있다.

그림 8-2에서 필립스(Phillips)와 리드엔프린스(Reed & Prince) 오목머리 스크루를 볼 수 있다. 필립스와 리드엔프린스 스크루드라이버의 끝 부분은 뾰족하게 가공되어있다. 필립스 스크루는 십자 모양의 머리 중간 부분이 좀 더 큰 모양을 갖고 있으며 필립스 스크루드라이버의 끝 부분이 뭉뚝하게 마무리 되어 있다.  필립스 스크루드라이버는 리드엔프린스 스크루드라이버와 호환으로 사용할 수 없다.

스크루드라이버를 잘못 사용하면 스크루드라이버와 스크루헤드가 손상된다. 오목머리 헤드 스크루를 돌릴 때는 올바른 크기의 적정 헤드 스크루 드라이버를 사용해야한다. 가장 일반적으로 사용되는 십자 스크루드라이버는 No.1, No.2 필립스 드라이버이다.

수직 공간이 제한된 경우 오프셋 스크루드라이버를 사용한다. 오프셋 스크루드라이버는 양쪽 끝이 생크 손잡이(Shank Handle)에 90° 구부러진 상태로 제작된다. 다른 쪽 끝을 사용함으로써 작업공간이 제한되어 있어도 대부분의 스크루를 풀거나 조일 수 있다. 오프셋 스크루드라이버는 표준 헤드나사와 오목머리 나사용으로 제작된다. 직각 스크루드라이버도 사용할 수 있으며, 비좁은 곳에서 작업할 때 필수 공구이다.

스크루드라이버를 정이나 끌 대용으로 사용하면 안 된다. 또한, 전기 스파크가 발생하여 드라이버 끝부분이 녹아내릴 수도 있으므로 스크루드라이버를 전기 회로의 점검용으로 사용하면 안 된다.

스크루드라이버를 작은 부품 위에서 사용할 때는 항상 바이스에 부품을 고정시키고 사용한다. 손으로 부품을 고정시키면 작업 도중 드라이버가 미끄러지면서 심각한 부상을 유발할 수 있다.

그림 8-3은 팁 교환이 가능한 스크루드라이버로 보통 '10 in 1' 스크루드라이버라고 하며, 팁이 닳았을 때 쉽게 교환할 수 있어 경제적이다. 팁 모양은 일자형, 십자형, 사각형, 6각 별 모양(Torx) 등이 있다.

무선 전동 스크루 드라이버는 항공기 기체에 사용되는 다수의 스크루를 제거하기에 유용하다. 전동스크루드라이버를 사용할 때에는 마치 준비운동을 하듯 미리 작동시켜 토크를 확인하여야 한다.

[그림 8-2] 스크루드라이버

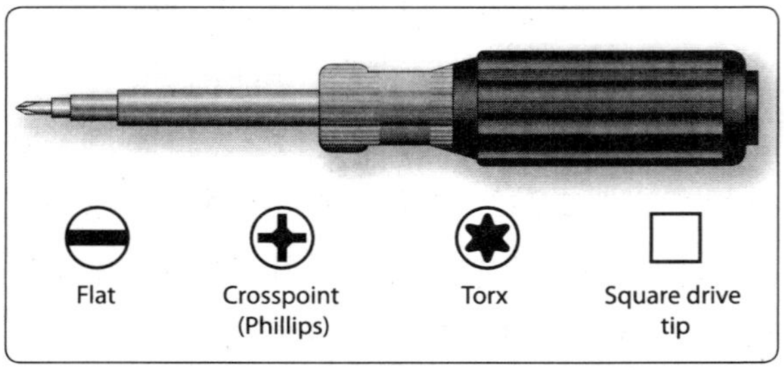


[그림 8-3] 팁 교환 가능한 스크루드라이버

스크루를 장착하고자 할 때 너무 세게 토크가 조절되면 스크루드라이버 팁이 스크루 머리 부분에서 헛돌아 손상을 입히게 된다. 나사산이 통과하는 너트플레이트 또는 너트와 스크루를 장착할 때에는 전동 스크루드라이버로 곧바로 장착하는 것을 피하고 손으로 먼저 나사산이 자리를 잡은 후 동작시키도록 한다. 탈착식 팁 드라이버가 장착된 무선 파워 드릴을 사용하여 스크루의 장착이나 장착하는 것은 권장할 수 없다. 드릴에는 슬립 클러치가 설치되어 있지 않기 때문이다.

### 8.1.3 플라이어와 플라이어 형태 절단 공구 (Pliers and Plier type Cutting Tools)

지렛대의 원리를 이용해서 악력(握力)을 배가시키는 작업용 공구이다. 판 · 둥근 봉 외에 작은 것을 집는 데 사용한다. 조(Jaws)가 둥글게 된 것과 네모진 것이 있으며, 이것으로 집고 구부리는 데도 사용한다. 선재(線材)의 절단도 할 수 있는 커팅플라이어도 있다. 항공정비 작업에서 사용되는 플라이어는 조의 모양에 따라, 다아고날 커터(Diagonal Cutter), 덕크빌 플라이어(Duckbill plier), 니들노즈 플라이어(Needlenose Plier), 라운드 노즈 플라이어(Roundnose Plier)가 있다. (그림 8-4).

플라이어의 크기는 전체 길이로 나타내며, 보통 5 ~ 12[inch] 플라이어가 사용한다.

다이어고날 커터(Diagonal Cutter)는 보통 커팅 플라이어라고 불리며, 조에 예리한 각도의 칼날이 가공되어있어 조가 맞물리며 절단 작업을 할 수 있다. 커터는 와이어, 리벳, 코터핀 그리고 작은 크기의 스크루 절단에 쓰이며, 안전결선의 와이어 장착 또는 제거 작업에 유용하다.

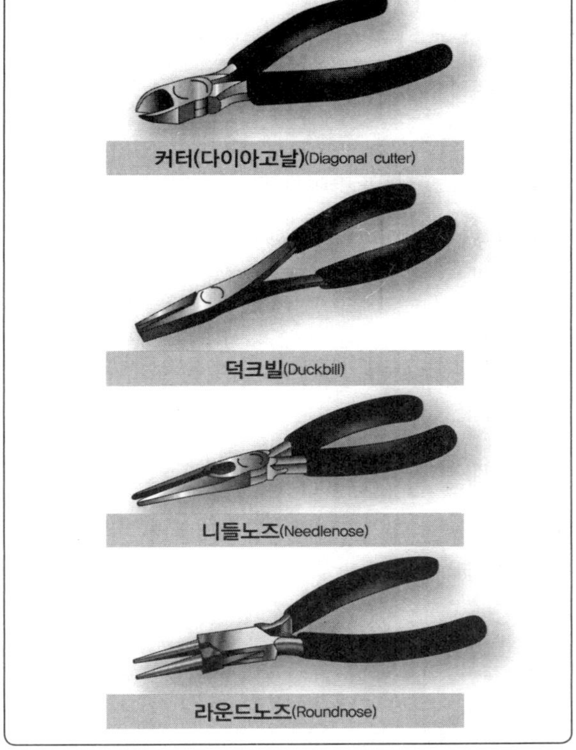


[그림 8-4] 플라이어(Fliers)

덕크빌 플라이어는 길고 평평한 모양으로 마치 오리 주둥이를 닮았으며 특별히 와이어의 안전결선 작업 시 꼬임을 만들기에 적합하다.

끝이 뾰족한 니들노즈 플라이어는 다양한 길이의 반원형 조가 있으며, 좁은 지역에서 물체를 잡고 조절하는 작업에 쓰인다.

끝이 둥근 라운드노즈 플라이어는 보통 금속 클림핑에 사용한다. 이 플라이어는 조를 너무 세게 작동하면 제품 표면에 흔적이나 손상을 일으키므로 보통 피복이 덧 씌워진다. 거친 작업에는 적합하지 않다.

플라이어를 사용할 때 준수할 규칙은 다음 2가지이다.

(1) 플라이어의 능력을 넘어서는 작업에는 사용하지 말아야 한다. 특히 롱노즈 플라이어는 노즈 끝이 손상되고 부러지거나 움직임이 헐거우면 사용하지 마라.

(2) 너트를 돌리는 작업에 플라이어를 하지 말아야 한다. 이러한 순간적인 작업으로 인하여 수년을 쓰는 너트에 심한 손상을 줄 수 있다.

### 8.1.4 펀치(Punches)

펀치는 막대 모양으로 된 공구의 총칭이다. 종류에는 판금가공의 천공 펀치, 드로잉 펀치, 단조용 펀치 등이 있다. 구멍의 중심이나 금긋기선의 교차점에 작은 점(펀치마크)을 찍는 데 사용한다. 원을 그릴 수 있는 중심점을 잡고, 드릴링 홀을 뚫기 위한 위치 표시, 판재 제작을 위한 홀 위치 표시, 구멍의 위치를 옮기는 패턴이 있는 홀 위치 복사와 손상된 리벳이나 볼트 제거에도 사용한다. 펀치는 속이 비어있는 형태와 속이 꽉 찬(Solid) 두 가지 형식이 사용한다. 솔리드 타입 펀치는 그림 8-5와 같이 펀치의 끝부분의 모양에 따라 다양하다.

센터 펀치는 드릴 작업을 위해 재료에 중심 마크를 하는 펀치이다. 센터 펀치는 재료에 움푹 팬(Dimple) 모양이 생길 정도의 과도한 힘을 주거나 재료의 반대편이 튀어나올 정도의 힘을 주어 사용하여서는 안 된다. 센터 펀치는 프릭 펀치 보다 무겁고 끝 부분도 더 예리하게 가공되어 60°의 각도로 가공되어 있다.

프릭 펀치(Prick Punch)를 세게 두드리면 펀치가 휘거나, 작업하고 있는 재료에 손상을 입힐 수 있으므로 너무 세게 두드리면 안된다. 프릭 펀치는 금속 위에 펀치마크를 하는 데 사용한다. 이 펀치는 종이 도면의 치

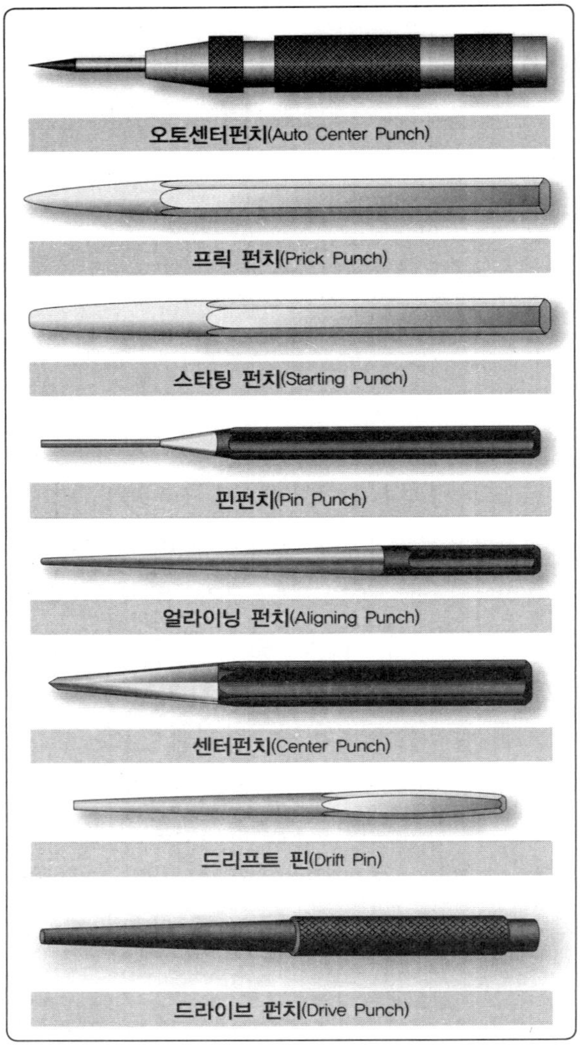


[그림 8-5] 펀치의 종류

수를 금속 표면에 직접 옮기는데에도 쓰인다. 이렇게 하려면 먼저 종이 도면을 금속 재료 위에 놓고, 윤곽을 그리고, 주요 지점에 펀치를 대고 작은 헤머로 가볍게 두드려 재료표면에 펀치마크를 한다.

드라이브 펀치(Drive Punch)는 테이퍼가 져 있다. 구멍에 물려있는 손상된 리벳, 핀 또는 볼트를 제거하는데 사용되며 끝 부분인 플레이트의 모양도 평평한 면이다. 드라이브 펀치의 크기는 평평한 면의 폭으로 표시되며 보통 1/8 ~ 1/4[inch]가 많이 사용한다.

드리프트 핀 펀치(Drift Pin Punch)는 드라이브 펀치와 같은 목적으로 쓰인다. 드리프트 핀 펀치는 몸체에 테이퍼가 없다. 드라이브 핀 펀치의 크기는 페이스의 직경을 1/32[inch]단위로 표시하며, 보통 1/16 ~ 3/8[inch] 범위이다.

실제 사용 시 핀 또는 볼트를 제거하기 위해서는 먼저 드라이브 펀치를 활용해서 펀치의 면이 구멍에 접촉하는 시점까지 밀어 넣는다. 그 후 드리프트 핀 펀치를 활용해서 핀이나 볼트를 구멍의 밖으로 밀어낸다. 다루기 어려운 핀은 구리, 황동 또는 알루미늄 판재를 핀 위에 올려두고 핀이 움직이기 시작할 때까지 해머로 두드린다.

프릭 펀치 또는 센터 펀치를 구멍에서 부품을 제거하기 위해 사용할 경우 부품을 넓게 퍼지게 하거나 벽과 밀착되게 만드는 현상이 발생하기 때문에 사용하지 말아야한다.

구멍 복사용 펀치(Transfer Punch)는 보통 4[inch] 길이로 만들어져 있다. 펀치의 포인트는 테이퍼 져 있으며 템플릿에 위치한 드릴 구멍에 맞추기 위해서 짧은 길이의 직선 모양으로 만들어져 있다. 구멍 복사용 펀치의 끝 부분은 프릭 펀치와 비슷하다. 이름에서 알 수 있듯이 재료에 형틀이나 패턴을 복사하기 위해 사용한다.

### 8.1.5 렌치(Wrench)

렌치의 의미는 비틀다라는 의미로, 볼트 · 너트나 파이프 등을 조이거나 풀 때 사용하는 공구를 말하며, 소킷 렌치, 몽키 렌치, 파이프 렌치, 스패너 등이 있다.

항공기 정비에 많이 사용되는 렌치는 오픈엔드, 박스엔드, 소켓, 조절식, 래칫 및 특수 렌치로 분류된다.

렌치는 미국에서 부르는 명칭이고, 영국에서는 스페너(Spanner)라 고 한다.

앨런 렌치는 사용빈도는 낮지만, 머리 부분이 움푹 들어간 특수한 나사의 결속에 사용한다. 렌치를 만드는 데 사용되는 금속은 크롬-바나듐 강으로, 대단히 강한 합금강이다. 알렌 렌치는 6각 렌치라고도 부른다. 단면이 6각으로 되어 있어 볼트의 머리가 정6각형의 오목하게 되어 있는 볼트에 사용하는 렌치이며, 소켓형, L형, T형이 있다. 각형 모두 크기는 소켓 렌치와 같이 볼트 크기로 되어있다.

한쪽 끝이나 양쪽 끝에 조가 열려 있는 렌치를 오픈엔드 렌치라고 한다. 견고하고 조정 불가능하며 턱이 손잡이에 평행하거나 90°까지의 각도로 되어있다. 대부분은 15°의 각도로 설정된다. 렌치는 너트, 볼트 헤드 또는 다른 물체를 비트는 작용을 할 수 있다.

박스엔드 렌치는 좁은 공간에서 유용하게 사용한다. 보통 박스렌치라고 불리고 너트나 볼트를 온전하게 감싸도록 만들어져있다. 실제로 아주 잘 만들어진 박스렌치는 15° 각도보다 작은 공간에서도 움직임이 가능하도록 12각으로 제작된다. 그림 8-6에서 보면, 12각으로 가공된 렌치의 점 A는 점 B보다 헤드와 렌치 핸들의 중심선에 더 가깝고, 또한 너트 C의 중심선에도 가깝다. 점 C는 너트의 중심이다 렌치를 너트 C에 삽입하고 역회전시켜 자리를 잡는다면, 점 A는 측면 X가 아닌 측면 Y의 중심에 있게 된다. 점선은 렌치 핸들의 중심선이다. 이것은 렌치 핸들과 15° 각의 차이로 돌려져 제작되어 있기 때문이다.

박스엔드 렌치가 너트를 풀거나 잠글 때 적당하지만, 너트가 풀린 후 볼트로 부터 너트를 빼 내는 시간

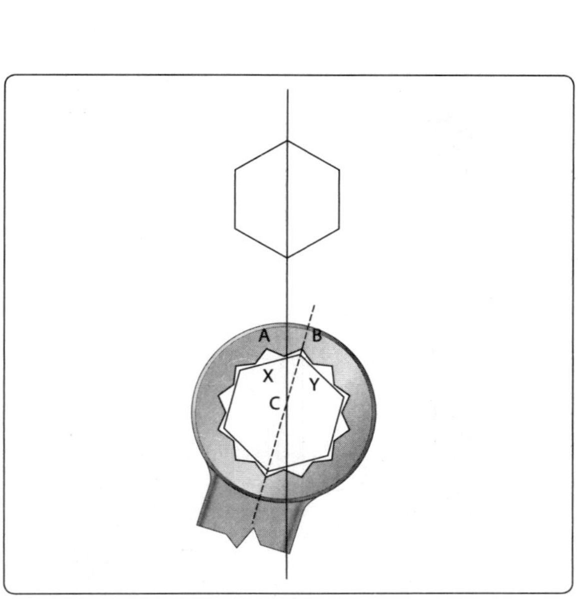


[그림 8-6] 박스엔드 렌치 사용

이 필요하다. 렌치를 회전시키기 위한 충분한 공간이 확보될 때에만 신속하게 빼낼 수 있다.

너트의 잠김이 풀리고 나면, 박스엔드 렌치보다 오픈엔드 렌치가 더 효과적이므로 콤비네이션 렌치(Combination Wrench)가 활용된다. 콤비네이션 렌치는 같은 크기의 렌치가 한쪽은 오픈엔드, 다른 한쪽은 박스엔드 렌치로 만들어져 있다. 볼트에서 너트를 장탈하는 방법은 앞으로 뒤로 왕복운동 할 수 있는 라쳇 박스엔드 렌치를 사용하는 것이다. 그림 8-7은 콤비네이션 렌치, 박스엔드 렌치, 라쳇팅 렌치들 이다.

소켓 렌치(Socket Wrench)는 두 부분으로 만든다. 볼트 또는 너트의 꼭대기 부분을 감싸는 소켓과 소켓이 장착되는 핸들이다. 어떠한 위치와 공간에서도 유용하게 사용할 수 있도록 여러 가지 형태의 핸들, 익스텐션, 어댑터가 있다. 소켓은 고정형 핸들 또는 분리형 핸들과 함께 만든다. 고정형 핸들과 함께 만들어진 소켓 렌치는 보통 기계의 부품처럼 제공된다. 소켓은 너트 또는 볼트 헤드에 고정되도록 4각, 6각 또는 12

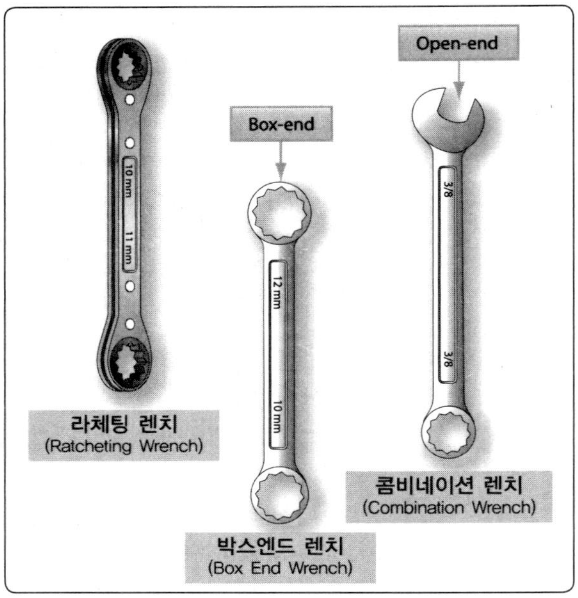


[그림 8-7] 렌치(Wrench)

각의 정다면체로 만든다. 소켓과 분리 가능한 핸들은 세트로 제공되고, T, 라쳇, 스크루드라이버 그립, 스피드 핸들과 함께 조합하여 사용한다.

소켓 렌치 핸들은 소켓 헤드에 있는 4각의 홈과 결합될 수 있는 4각 러그(Lug)를 한쪽 끝 부분에 가지고 있고, 약한 스프링 로디드 포펫(Spring Loaded Poppet)에 의해 결합된다. (그림 8-8)

조정 렌치(Adjustable Wrench)는 조(jaw)의 폭을 자유로이 조정하여 사용할 수 있는 공구이며, 볼트 · 너트의 풀거나 조이는 작업에 사용한다. 조정 렌치의 모양은 조와 자루의 중심선 경사각도가 15°인 것과 23°인 것이 있다. 조정 렌치의 호칭 치수는 조의 최대 열리는 양으로 결정되기 때문에 볼트의 크기에 따라서 선택 한다. 호칭치수가 큰 조정 렌치로 작은 볼트를 죄는 것은 가능하나 볼트가 비틀려 부러질 염려가 있으므로 볼트 크기에 맞는 조정 렌치를 선택하여야 한다.

조정 렌치는 오픈엔드 렌치로 디자인되어 있으며 부드러운 조를 갖고 있는 다루기 편리한 공구다. 하나의 조는 고정되어 있고 다른 하나는 회전 스크루로 움직이는 스파이럴 스크루 웜에 의해 조절할 수 있다. 조의 폭은 0 ~ 1/2[inch] 또는 그 이상으로 변형 변환 가능하다. 핸들의 오픈 각도는 조정렌치에서 22.5° 이다. 조정 렌치 하나가 오픈 엔드 렌치 여러 개의 역할을 할 수 있지만, 표준 오픈엔드 렌치, 박스 엔드 렌치, 소켓 렌치를 대체되지는 않는다. 조정렌치를 사용할 경우 항상 손잡이를 잡아당기는 방향으로 사용해야 한다.

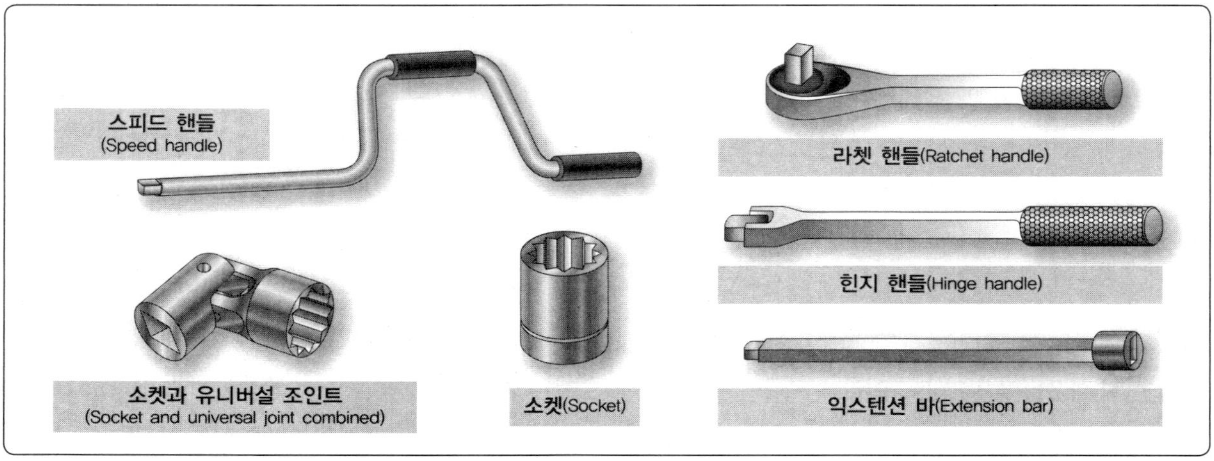


[그림 8-8] 소켓, 핸들 셋, 스피드 핸들

패스너의 머리가 망가지거나 그 가능성을 최소화하기 위하여 볼트나 너트를 잠그고 풀때에는 조심스럽게 맞물려 작업하도록 한다.

### 8.1.6 특수 렌치(Special Wrench)

그림 8-9와 그림 8-10과 같이 특수렌치에는 크로우 풋(Crow Foot), 플레어너트(Flare Nut), 스패너(Spanner), 토크(Torque), 알렌렌치(Allen Wrech) 등이다. 크로우 풋 렌치는 다른 공구로 접근이 불가능한 곳에 장착된 스터드 또는 볼트에서 너트를 장탈하기 위해 접근이 필요한 부분에 일반적으로 사용되는 렌치이다. 플레어 너트 렌치는 박스엔드 렌치의 형태로 한쪽 끝이 잘려서 오픈되어있는 렌치이다. 이렇게 오픈된 부분은 연료, 유압, 그리고, 산소계통의 튜브에 장착되는 B-너트에 사용한다.

플레어 너트 렌치의 마운트에는 크로우 풋 렌치처럼 표준 사각 어댑터가 있어 토크렌치와 조합하여 사용할 수 있다.

훅 스패너는 외경부분에 잘라내어 만들어진 홈(notch)이 있는 너트에 사용한다. 너트에 위치한 홈들 중 하나에 고정하는 훅(Hook)이 구부러진 암에 있다. 이 훅은 홈 하나에 고정되고 핸들의 일부가 너트를 돌릴 방향으로 접촉하도록 위치시킨다. 어떤 훅 스패너 렌치는 너트 직경의 변화에 따라 조절 가능한 것도 있다. U자 모양의 훅 스패너는 스크루 플러그의 면에 있

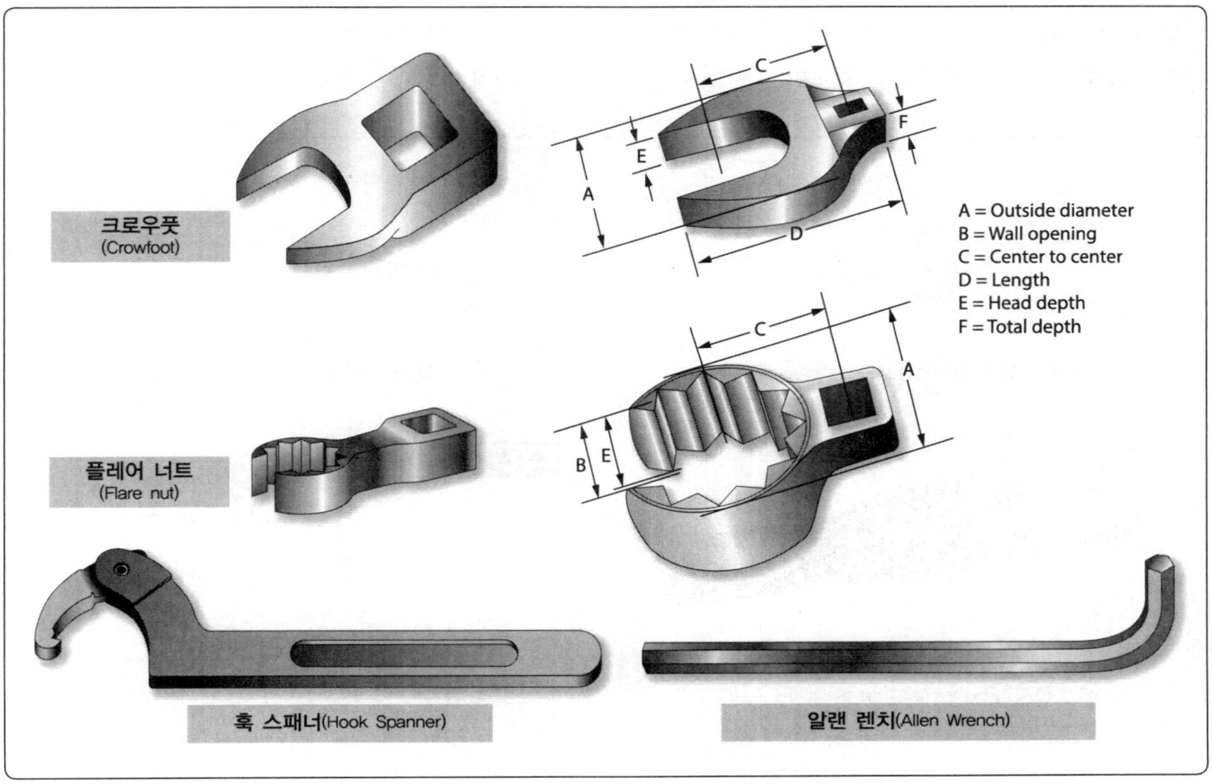


[그림 8-9] 특수 용도 렌치

는 홈에 맞도록 두 개의 러그를 가지고 있다. 핀 스패너는 러그 부분에 너트 끝부분에 있는 둥근 구멍 속에 맞는 핀이 있다. 페이스 핀 스패너는 러그 대신에 핀을 갖고 있다는 점을 제외하면 U-모양 스패너와 비슷하다.

대부분의 헤드가 없는 세트스크루는 알렌렌치에 의해 장착, 장탈 되어야 하는 알렌타입 6각 머리 모양이다. 알렌렌치는 L-자 모양의 여섯 면을 갖는 육각 기둥형태로 핸드 라쳇 모양의 어댑터에 장착하여 사용한다. 알렌렌치의 크기 범위는 세트스크루의 육각 홈에 맞도록 3/64 ~ 1/2[inch] 단위로 되어있다.

### 8.1.7 토크렌치(Torque Wrench)

토크렌치는 토크를 측정하는 정밀 측정 공구이므로 정밀도 유지를 위하여 주기적인 검사와 교정을 받는다. 너트나 볼트를 장착할 때 규정된 압력을 적용하여야만 하는 경우가 있다. 이러한 경우, 반드시 토크 렌치를 사용한다. 토크렌치는 토크 값을 지시하는 핸들, 어뎁터, 그리고 장착부로 구성된다.

토크 렌치는 볼트, 너트 또는 스크루에 적용된 비틀림 값 또는 회전력을 측정한다. 사용 전, 매번 바늘이 굽어졌는지, 금이 갔는지, 유리가 깨졌는지, 핸들이 헐렁거리는지, 손상된 부분이 있는지를 점검하고, 또한, 교정이 되었는지도 점검하여야 한다.

토크렌치의 교정 주기는 6개월 또는 12개월이다.

일반적으로 가장 많이 사용되는 토크 렌치는 디플랙팅 빔형(Deflecting Beam), 다이얼 지시형(Dial Indicating), 마이크로미터 세팅형(Micrometer Setting Type)이다.

비틀림 빔 형, 다이얼 게이지형 토크 렌치를 사용할 경우 렌치 핸들에 장착된 다이얼 또는 스케일에서 육

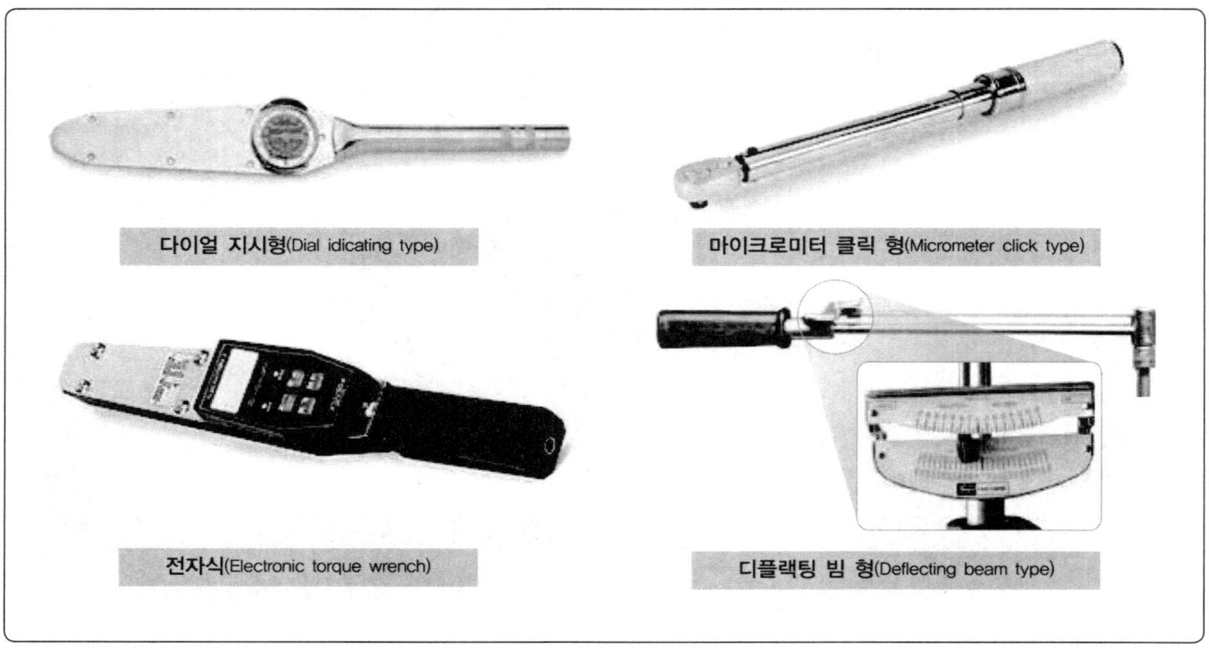


[그림 8-10] 토크 렌치

안으로 토크 확인이 가능하다. 마이크로미터 세팅 토크렌치는 요구되는 토크값을 미리 세팅한다. 세팅된 토크값에 도달했을 때 딸깍 거리는 충격음을 느낄 수 있다.

### 8.1.8 스트랩 렌치(Strap Wrench)

스트랩 렌치는 항공 정비작업에 아주 귀중한 공구이다. 튜브, 호스, 피팅, 둥글거나 불규칙한 모양의 부품들은 용도에 따라 적절히 기능할 수 있는 만큼의 충분한 강도를 가지면서도 가능하면 가볍게 제작된다. 플라이어나 다른 집는 공구(Gripping Tool)를 오용하면 대상 부품을 쉽게 손상시킬 수 있다. 좁은 공간에서 부품을 잡아주는 그립이 필요하거나, 손쉽게 제거하기 위해 회전시키는 것이 필요하다면 플라스틱으로 쌓인 천으로 만들어진 스트렙 렌치를 사용한다.

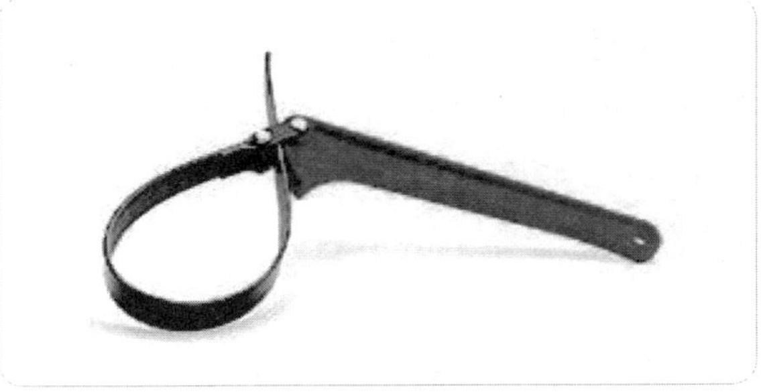

[그림 8-11] 스트랩 렌치(Strap wrench)

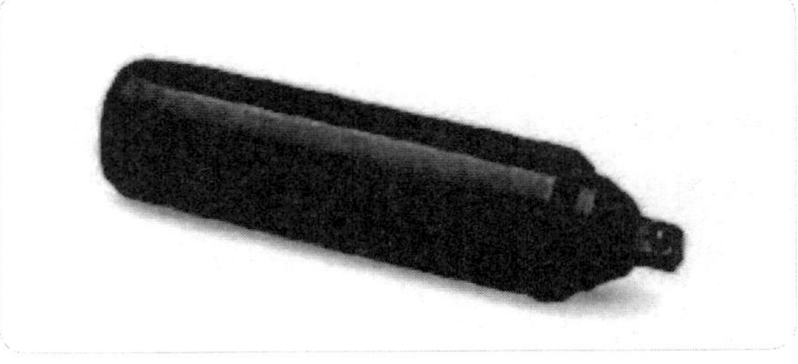

[그림 8-12] 충격식 드라이버(Impact driver)

### 8.1.9 충격식 드라이버(Impact Driver)

맬릿으로 타격을 하면 회전력이 발생하여 고착된 볼트를 풀거나 조일 때 임팩트 드라이버를 사용한다. 임팩트 드라이버의 움직이는 부분은 다양한 종류의 비트와 소켓을 수용할 수 있다.

## 8.2 메탈 커팅 툴(Metal Cutting Tools)

### 8.2.1 손 가위(Hand Snips)

사용 상황에 따라 다양한 가위들이 사용한다. 직선형(Straight), 커브형(Curved), 호크스빌 형(Hawksbill) 가위와 항공용 가위(Aviation Snips)가 보편적으로 사용한다. 직선형 가위는 곡면의 외부를 자르거나, 사각 전단(Squaring Shear)으로 자르기에는 거리가 크지 않은 경우 직선으로 자를 때 사용한다.

다른 타입의 가위는 곡면의 내부를 자를 때 사용한다. 가위로 두꺼운 판재를 자르면 안된다. 열처리된 알루미늄 합금과 스테인리스 강을 자르는 작업에 항

그림 8-13 전형적 가위(Typical Snips)

공용 가위를 사용할 수 있다. 항공 가위는 매우 작은 원이나, 외곽선을 불규칙하게 자를 수 있도록 절단면에 작은 이빨이 있다. 손잡이는 0.051[inch] 두께의 판재를 자르는 것이 가능하도록 지렛대 형식의 손잡이로 만들어져 있으며, 왼 가위와 오른 가위의 두 종류가 사용한다.

항공용 가위는 쇠톱과 달리 절단 시에 어떤 재료도 떨어져 나오게 하지는 않지만 절단면 주위에 미세한 균열이 발생하므로, 레이아웃 선에서 약1/32" 더 크게 절단하고, 줄로 레이아웃 선까지 갈아 내야 한다.

### 8.2.2 쇠톱(Hacksaws)

보편적인 쇠톱은 톱날(Blade), 프레임(Frame), 손잡이(Handle)의 세 부분으로 구성된다. 그림 8-14와 같이, 손잡이는 두 가지 종류가 있다.

쇠톱의 블레이드는 양쪽 끝에 홀을 가지고 있는데 이 홀들은 프레임에 장착된 핀에 고정된다. 쇠톱의 프레임에 블레이드를 장착할 때에, 몸의 바깥쪽으로 밀 때 절삭이 되도록, 손잡이에서 전방 쪽으로 톱날 이빨

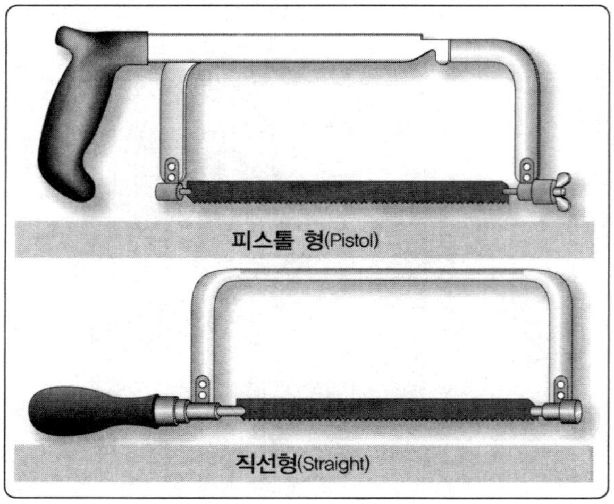


그림 8-14 쇠톱(Hacksaws)

(Tooth)의 방향이 가도록 장착한다. 블레이드는 고품질의 공구강 또는 텅스텐강으로 만들어지고 길이는 6 ~ 16[inch]이며, 가장 일반적으로는 10[inch]가 사용한다. 하드 블레이드와 플랙시블 블레이드로 가 있고, 플랙시블 블레이드는 이빨 부분만 강화 처리되어 있다. 블레이드의 선택 방법은 작업에 필요한 올바른 타입과 피치(Pitch)를 선택하는 것이다. 하드블레이드는 황동, 공구강, 주철 그리고 두꺼운 재료의 절단에 적합하고 플랙시블 블레이드는 속이 비어있는 튜브와 두께가 얇은 재료의 절단에 알맞다.

블레이드의 피치는 인치당 톱니의 숫자로 구분하며, 1[inch]당 14, 18, 24 그리고 32개의 톱니를 갖는 피치가 있다. 14개의 톱니를 갖는 블레이드는 기계강, 냉간 압연강, 구조강을 절단할 때 사용한다. 18개의 톱니를 갖는 블레이드는 알루미늄, 베어링 메탈, 공구강 그리고 주조강의 절단에 선택된다. 24개의 톱니를 갖는 블레이드는 두꺼운 두께의 튜브, 파이프 황동, 구리 그리고 앵글강(Angle Steel)의 절단에 선택된다. 32개의 톱니를 갖는 블레이드는 얇은 두께의 튜브, 판재의 절단에 선택된다. 쇠톱을 사용할 때에는 아래의 절차를 준수해야 한다.

(1) 작업에 알맞은 블레이드를 선택한다.
(2) 블레이드를 프레임에 장착할 때 톱날의 톱니 방향이 손잡이로부터 먼 쪽으로 향하도록 장착한다.
(3) 프레임에 장착 후 블레이드가 구부러지거나 움직이지 않도록 팽팽함을 조절한다.
(4) 가능한 한 최대한 많은 수의 톱니가 접촉하고, 가능한 많은 지지하는 면을 제공할 수 있도록 바이스에 작업물을 고정한다.

(5) 톱니가 부러지지 않도록 줄의 모서리를 이용해서 재료의 표면에 시작점을 표시한다. 이러한 절차는 정확한 곳에서 톱질이 시작되도록 하기 위함이다.

(6) 모든 작업 시간 동안에 최소한 톱니 두 개 이상이 작업물에 접촉하도록 각도를 유지하면서 톱을 붙잡는다.

(7) 처음 몇 번의 스트로크 후 프레임이 허용하는 최대 거리로 스트로크를 유지한다. 이것은 블레이드가 열 받는 것을 방지한다. 각각의 톱니가 최소한의 금속을 제거 할 수 있도록 앞으로 미는 스트로크에 충분한 힘을 적용한다. 스트로크는 분당 40~50회 일정한 간격으로 실시한다.

(8) 절단 작업이 마무리되면 블레이드로부터 금속 조각을 제거하고 블레이드의 텐션을 제거하며 정해진 장소에 쇠톱을 원 위치시킨다.

### 8.2.3 정(Chisels)

그림 8-15의 여러종류의 정은, 자신보다 약한 재질의 금속을 대상으로 절단하거나 깎아내는데 사용할 수 있는 경강(Hard Steel)을 절단하는 공구이다. 정은 제한된 공간 내에서, 볼트에 장착된 상태에서 망가진 너트 또는 달라붙은 금속을 떼어내거나 리벳을 제거하는데 사용할 수 있다.

플랫 콜드 정(Flat Cold Chisels)의 크기는 절단면의 폭에 의해 결정된다. 정의 길이는 다양하더라도 5 ~ 8[inch]를 넘지 않을 것이다. 정은 보통 경화되고 뜨임 처리된 8각 면을 가진 기둥 형태로 만든다. 칼날 부분은 약간 볼록하게 구부러진 형태로 만들어지는데, 이는 절단 작업 때 가장 큰 충격을 중앙 부분이 담당해야 하고 상대적으로 약한 끝 부분을 보호하기 위한 이유에서 볼록한 형태로 만든다. 와이어(Wire), 스트랩 아이언(Strap Iron), 작은 바(Small Bar) 또는 로드(Rods)의 절단에 일반적으로 60 ~ 70° 각도의 커팅 앵글을 사용한다. 정을 사용할 때에는 한 손으로 정을 단단히 잡아야 하고, 다른 손의 볼 핀 해머로 정 헤드를

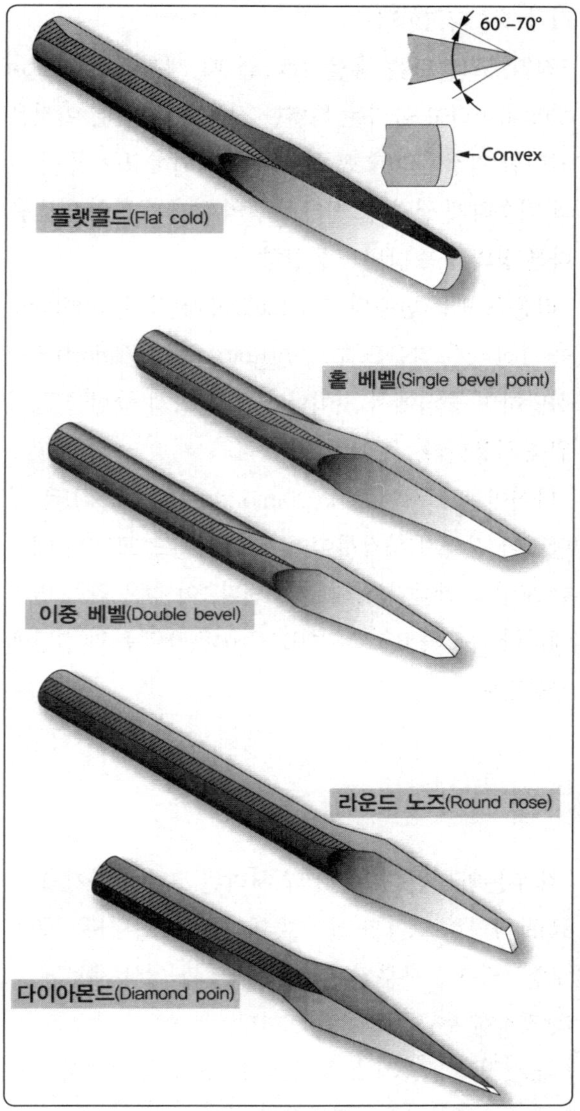

[그림 8-15] 정(Chisels)

직각으로 타격한다.

직각 코너 또는 홈을 잘라낼 때 케이프 정(Cape Chisel)이라고 불리는 특별한 정을 사용한다. 이것은 커팅한 가장자리가 뾰족한 것을 제외하고는 플랫 정과 비슷하게 생겼다. 케이프 정의 사용 각도와 방법은 다른 정의 사용 방법과 동일하다.

라운드 또는 반원의 그루브(Groove)와 필렛(Fillets)을 가진 곳은 라운드 노즈 정(Round Nose Chisel)으로 절단하며 중심에서 벗어난 드릴을 다시 중심을 잡기 위해 사용한다.

다이아몬드 포인트 정(Diamond Point Chisel)은 절단면이 경사진 사각형이며, 다이아몬드 모양의 예리한 모양을 만들기 위해 갈아 낸다. 이 정은 안쪽 면의 예리한 각도와 B-그루브(B-Grooves) 부분의 절단에 사용한다.

### 8.2.4 줄(Files)

대부분의 줄은 경화, 뜨임 처리된 고급 공구강을 재료로 다양한 모양과 크기로 만든다. 줄은 사용 목적, 모양, 크기로 구분된다. 해당 작업과 대상 재료에 따라 적정한 눈금의 줄을 선택한다.

줄은 직각 모양의 끝 부분, 굽은 구석, 금속에서 나오는 Burrs와 Slivers, 평평하지 않은 가장자리 다듬기, 구멍이나 홈 다듬기, 거친 끝 부분을 매끄럽게 다듬는 작업 등에 사용한다. 그림 8-16은 줄의 각 부분 명칭이다.

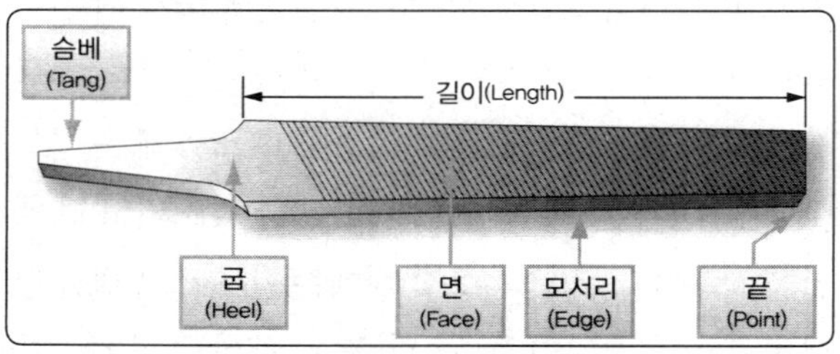


[그림 8-16] 줄의 각부 명칭

줄의 3가지 모양 특징:

(1) 길이 : 슴베(Tang)가 제외된 길이
(2) 줄눈의 거침과 관계된 참고하기 위한 이름 또는 종류,
(3) 줄눈의 숫자 줄에는 보통 홑날과 겹날의 두 종류의 줄눈이 있다. 홑날은 줄면에 길이방향으로 65°~85° 각도로 한쪽 방향으로 새겨져 있다.

절삭되는 양은 절삭면의 거칠음의 정도에 따라 결정된다.

겹날은 대각선 방향으로 두줄의 줄눈이 새겨져 있다. 일반적인 작업에 활용할 목적으로 첫째 줄눈은 40°~45° 각도이고, 통상 첫째 줄눈을 오버컷(Over Cut), 둘 째 줄눈을 업컷(Up Cut)이라고 한다. 업컷은 줄눈이 다소 가늘며 오버컷보다 깊지 않다.

#### 8.2.4.1 줄의 취급과 사용(File Care and Use)

줄은 3가지 기준으로 분류한다.

(1) 길이: 탱(Tang)을 제외한 끝(Point)에서 굽(Heel)까지의 길이
(2) 모양: 원형, 삼각형, 사각형 등 단면의 모양
(3) 사용목적: 줄눈의 모양과 거칠기에 따른 작업 종류

#### 8.2.4.2 가장 일반적으로 사용되는 줄 (Most Common used Files)

(1) 손 줄(Hand Files) – 폭이 테이퍼져 있고 두께가

일정하다. 손 줄은 곡면 부분의 줄 작업을 위해 부드러운 끝 부분을 가지고 있다. 손 줄은 평평한 표면의 마무리 작업과 유사한 작업을 위해 더블 컷 줄눈이 사용한다.

(2) 평 줄(Flat Files) – 평 줄은 팁 쪽으로 두께와 폭이 약간의 테이퍼를 형성하고 있다. 평 줄은 표면뿐만 아니라 양 쪽 옆면도 줄눈이 만들어져 있으며 가장 일반적으로 사용되는 줄이다. 표면은 더블 컷으로 줄눈

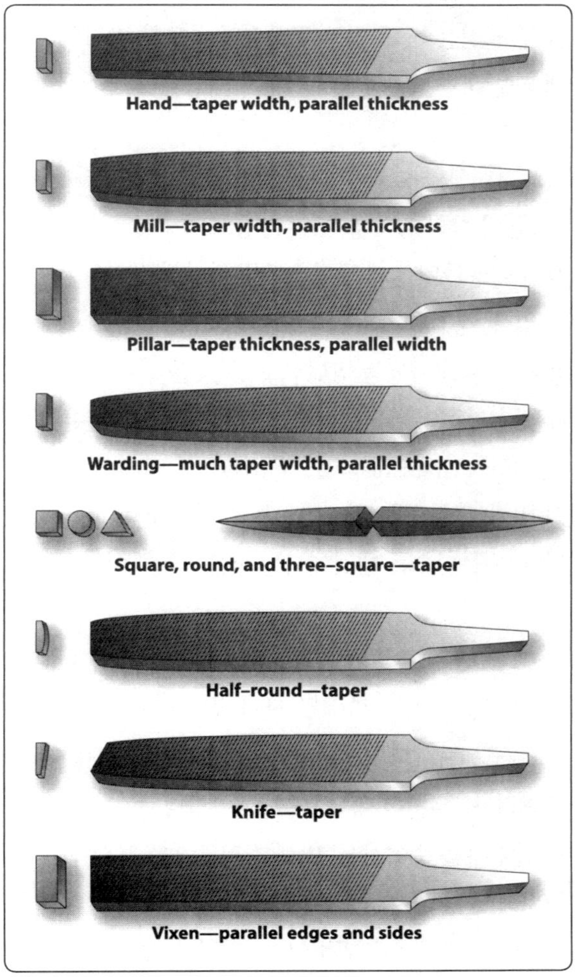


[그림 8-17] 줄의 유형(Types of Files)

이 만들어져 있고 옆면은 싱글 컷으로 줄눈이 만들어져 있다.

(3) 갈아내는 줄(Mill Files) – 줄 몸길이의 1/3 정도되는 부분에서 팁 쪽으로 두께와 폭에 약간의 테이퍼가 형성되어 있으며 대개는 홑 줄로 가공되어있다. 연질금속의 줄 작업에 사용한다.

(4) 각 줄(Square Files) – 각 줄은 각지거나 뭉툭한 모양을 하고 있고 더블 컷으로 만들어져있다. 각 줄은 보통 홈이나 키를 만드는 작업에 사용되며 표면 가공에 사용한다.

(5) 둥근줄 또는 쥐 꼬리 줄(Round or Rattail files) – 원형 단면으로 제작된 표면에 싱글 컷이나 더블 컷으로 줄눈이 가공되어 있다. 보통 오목한 표면의 가공 또는 오픈된 작업 면에서의 곡면 가공 등에 사용한다. 싱글 컷으로 줄눈이 가공되어 있고 다양한 종류의 길이로 제작된다.

(6) 삼각형 줄, 삼각줄(Triangular and Three Square Files)삼각형 줄의 단면 모양은 삼각형을 이루고 있다.

삼각형 줄의 줄눈은 싱글 컷으로 만들어져 있고 톱니사이의 골(Gullet)을 가공하는 데 사용된다. 삼각줄은 더블 컷으로 가공되어 있으며 내부 각 작업에 사용되며 탭 작업과 컷터 작업 시 귀퉁이 마무리 작업에 사용된다.

(7) 반원줄(Half–Round Files)

반원줄은 곡면, 평면 양쪽 모두 줄눈이 만들어져 있으며 이 줄눈은 싱글 컷이나 더블 컷으로 만들어져 있

다. 반원줄의 모양은 다른 줄들을 사용한 작업이 불만족스러울 경우 사용 가능하다.

(8) 리드 플로트 줄(Lead Float Files)
특별히 연질 금속을 위해 디자인된 줄로서 싱글 컷으로 줄눈이 가공되어 있고 다양한 종류의 길이로 제작된다.

(9) 워딩 줄(Warding File) – 단면이 직사각형이고 폭이 테이퍼져 있으며 다른 줄들이 사용될 수 없는 곳의 좁은 공간에 사용한다.

(10) 칼 줄(Knife File) – 면의 끝이 칼날 모양으로 만들어져 있으며 형틀 제작 작업 등 예각의 가공에 사용한다.

(11) 나무 줄(Wood File) – 단면 일부가 평면 이거나 반원형으로 만들어진 줄로서 거친 이를 가지고 있으며 특별하게 목재를 대상으로 사용하도록 디자인되었다.

(12) 빅센(Vixen-curved tooth files) – Curved-Tooth Files은 급한 가공과 부드러운 마무리 작업을 위한 목재 또는 연질의 금속 가공에 사용하도록 디자인되었다. 거칠게 가공된 줄눈은 주철, 연철, 구리, 동, 알루미늄, 나무, 슬레이트(Slate), 마블(Marble), 섬유, 고무 그리고 다양한 재질의 작업에 사용한다. 세밀하게 가공된 줄눈은 철, 주철, 인청동(Phosphor Bronze), 백색 동 등 단단한 금속의 가공에 효과적이다. 다듬질 줄(Smooth Cut)은 소량의 금속을 제거하고 양질의 표면을 얻는데 사용한다.

[줄 작업 권고 사항]

(1) 왕복 줄 작업(Crossfiling)
줄을 사용하기 전에 줄 몸체의 탱(Tang) 부분에 손잡이를 정확하게 장착해야 한다. 줄을 안전하게 사용하기 위해 필요한 기본 절차이다. 줄을 작업물의 끝 방향으로 가로질러 움직일 때는 길이 방향의 손잡이 위로 엄지손가락을 올려놓고 나머지 손가락으로 손잡이를 감아쥐고 손바닥이 손잡이에 잘 맞도록 움켜쥔다. 그리고 엄지손가락과 처음 두 손가락으로 줄의 팁 부분을 감싸 잡는다. 줄의 비정상적인 마모를 방지하기 위해 되돌아오는 행정에서는 누르는 압력을 제거한다.

(2) 나비모양 줄 작업(Drawfiling)
가끔씩 줄의 양쪽 끝 부분을 잡고 가공물을 가로질러 작업 대상물의 길이 방향으로 움직여서 작업하는 경우가 있다. 적절하게 작업 되었을 때 같은 종류의 줄을 사용할 경우 교차되는 방법으로 줄 작업을 할 경우 더욱 세밀한 가공이 된다. 나비 모양 줄질에서 줄눈은 전단 효과(Shearing Effect)를 제공한다. 줄이 움직이는 라인에 대하여 줄을 잡는 각도는 줄의 종류에 따라 달라진다. 되돌아오는 행정에서는 힘을 제거하여야 한다.

(3) 곡면 줄 작업(Rounding Corners)
곡면을 가공하기 위한 줄 작업 방법은 곡면의 반지름과 폭에 의해 결정된다. 만약 표면이 협소하거나 단지 표면의 한 부분이 곡면으로 되어 있다면 약 45° 각도로 앞부분을 숙여서 첫 번째 스트로크를 시작해라. 흔들의자 운동을 이용하여 곡면의 언덕에 해당하는 부분에서 스크로크를 멈추어라. 이러한 방법은 줄의 전체 길이를 사용하는 것이 허용된다.

(4) 이물질 제거 작업(Removing burred and Slivered Edge)

실제적으로 매번 판재 절단작업을 수행할 때 면 절단면에 거칠거칠한 것(Burr)과 작은 조각(Sliver)이 남게 된다. 이러한 원치 않는 조각들은 부품을 조립 할 때 손상시키거나 긁힘을 방지하기 위해, 사람이 다치는 것을 피하기 위해 제거되어야만 한다. Burrs와 Slivers는 부품의 정확한 결합을 방해하기 때문에 습관적으로 가공물로부터 항상 제거되어야 한다.

선반 줄 작업은 선반에서 회전하는 가공물에 대하여 잡아주는 것이 필요하다. 줄은 휘지 않고 딱딱한 또는 고정되는 것이 아니라 작업에 따른 수평의 움직임 또는 약간의 들림으로 지속적으로 움직여 주어야 한다. 표준형 갈아주는 줄(Standard Mill File)은 이러한 작업에 사용될 수 있다. 그러나 롱 앵글 선반 줄(Long Angle Lathe File)은 많은 클리너 제거와 자동 세척 작용이 있다.

#### 8.2.4.3 줄의 취급 관리(Care of Files)

(1) 수행되어질 작업과 재질에 맞는 줄을 선택하여야 한다.
(2) 줄은 서로 닿지 않도록 분리하거나 선반에 걸어서 보관하여야 한다.
(3) 줄을 건조한 곳에 보관하여야 한다. 녹은 줄눈을 부식시키고 무디게 한다.
(4) 줄을 깨끗하게 유지하여야 한다. 몇 번의 작업 후에는 줄의 끝 부분을 가볍게 두드려 줄눈 사이에 있는 이물질을 제거하도록 한다. 줄을 깨끗하게 유지하기 위하여 줄 솔(File Card)을 사용해라. 더러운 줄은 다른 금속을 오염시킬 수 있는데 한 개의 줄을 여러 재질의 금속 표면에 사용할 때 발생할 수 있다.

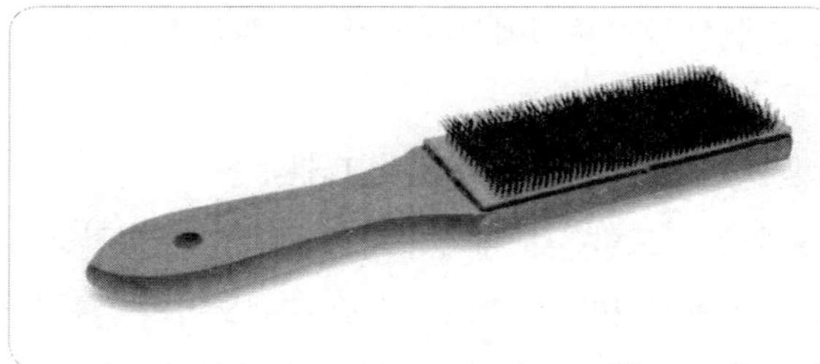

[그림 8-18] File card

줄의 줄눈 사이에 남아있는 금속의 조각은 줄 작업의 대상물에 깊은 긁힘을 만들 수 있다. 줄을 가볍게 두드리는 것으로 제거되지 않고 깊숙이 박혀있는 금속 조각은 줄 솔이나 와이어 브러쉬로 제거한다. 그림 8-18과 같은 솔이나 브러쉬를 줄눈을 가로질러 문지르면 강모는 줄눈 사이의 골을 지나며 조각들이 제거된다.

### 8.2.5 드릴(Drills)

트위스트 드릴을 회전시키거나 잡아주기 위해 4가지 형태의 휴대용 드릴이 항공정비 작업에 사용한다. 직경이 1/4[inch] 이하의 드릴 포인트가 핸드 드릴로 사용될 수 있다. 핸드 드릴을 보통 드릴을 '에그 비터(Egg Beater)'라고 부른다. 브레스트 드릴(Breast Drill)은 핸드 드릴보다 큰 크기의 트위스트 드릴을 고정할 수 있도록 만들어져 있다. 드릴의 절삭 강도를 증가시키기 위해 몸무게를 실어서 작업할 수 있도록 추가적인 가슴받이(Breastplate)가 드릴 끝의 위쪽에 장착되어 있다.

전기, 공기압 드릴은 대부분의 다양한 형태와 크기가 있다. 전기 드릴의 스파크로 불이나 폭발의 위험성으로 가연성 물질 주변에서는 공기압 드릴을 사용한다.

### 8.2.5.1 트위스트 드릴(Twist Drills)

트위스트 드릴은 모재에 구멍을 뚫기 위해 회전하는 모떼기 공구이다. 트위스트 드릴은 원통형의 강화 강 몸체의 길이 방향으로 나선형 홈 가공이 되어있고 홈의 끝부분에 원뿔형 절단면을 갖고 있다. 트위스트 드릴은 탄소강 또는 고속도합금강으로 만든다. 탄소강 트위스트 드릴은 일반적인 작업 수행에 사용되며 비교적 가격이 저렴하다. 좀 더 가격이 높은 고속도합금강 트위스트 드릴은 스테인리스 스틸과 같은 고강도 재료 작업에 사용한다.

트위스트 드릴은 1개~4개의 나선형 홈이 있다. 2개의 나선형 홈이 있는 트위스트 드릴은 일반적인 용도의 구멍 뚫기 작업에 사용되고, 3개~4개의 나선형 홈이 있는 트위스트 드릴은 작은 구멍의 중공을 만들거나 홀 크기를 키우는 공구이다.(그림 8-19). 드릴 생크는 핸드드릴 또는 파워드릴의 척에 맞물리는 트위스트 드릴의 끝 부분이다. 핸드 드릴에 사용되는 생크는 직선생크와 사각기둥 또는 비트 스탁 생크가 있다. 직선생크는 일반적으로 핸드드릴, 브레스트, 이동용 전기드릴, 공기압 드릴에 사용한다. 그림 8-20과 같은 테이퍼드 생크는 일반적으로 기계 작업장의 드릴 프레스에 사용한다. 드릴의 핵심을 이루는 금속 기둥을 몸체라고 한다. 몸체는 가공되는 구멍과 드릴 사이의 마찰을 감소시키기 위한 여유 간격을 가지고 있으며 구멍보다 약간 작은 크기로 만든다.

드릴 포인트 가공 면의 각도가 립 클리어런스 앵글(Lip Clearance Angle)이다. 표준형 드릴은 철, 주철

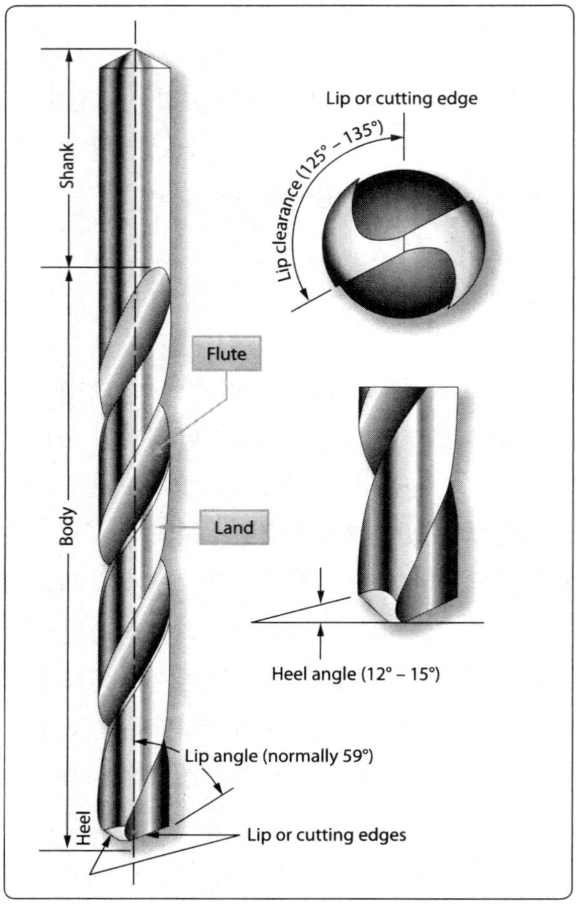


[그림 8-19] 트위스트 드릴

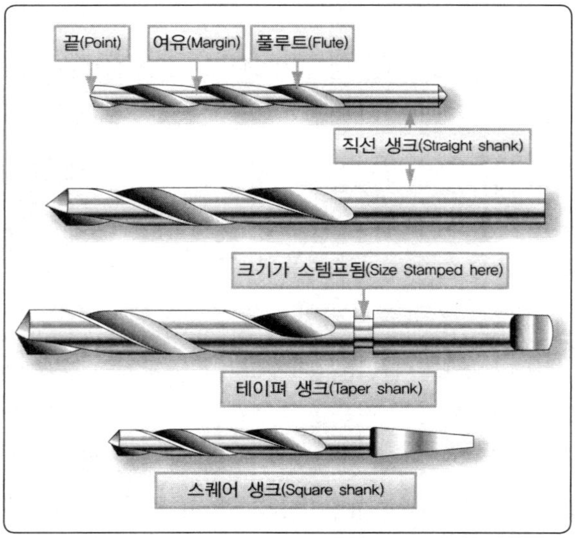


[그림 8-20] 드릴(Drills)

[표8-1] Drill sizes

| Millimeter | Decimal Equivalent | Fractional | Number | Millimeter | Decimal Equivalent | Fractional | Number | Millimeter | Decimal Equivalent | Fractional | Number | Millimeter | Decimal Equivalent | Fractional | Number |
|---|---|---|---|---|---|---|---|---|---|---|---|---|---|---|---|
| 0.1 | 0.0039 | | | — | 0.0410 | | 59 | 2.2 | 0.0866 | | | — | 0.1470 | | 26 |
| 0.15 | 0.0059 | | | 1.05 | 0.0413 | | | 2.25 | 0.0885 | | | 3.75 | 0.1476 | | |
| 0.2 | 0.0079 | | | — | 0.0420 | | 58 | — | 0.0890 | | 43 | — | 0.1495 | | 25 |
| 0.25 | 0.0098 | | | — | 0.0430 | | 57 | 2.3 | 0.0905 | | | 3.8 | 0.1496 | | |
| 0.3 | 0.0118 | | | 1.1 | 0.0433 | | | 2.35 | 0.0925 | | | — | 0.1520 | | 24 |
| — | 0.0135 | | 80 | 1.15 | 0.0452 | | | — | 0.0935 | | 42 | 3.9 | 0.1535 | | |
| 0.35 | 0.0138 | | | — | 0.0465 | | 56 | 2.38 | 0.0937 | 3/32 | — | — | 0.1540 | | 23 |
| — | 0.0145 | | 79 | 1.19 | 0.0469 | 3/64 | — | 2.4 | 0.0945 | | | 3.97 | 0.1562 | 5/32 | — |
| 0.39 | 0.0156 | 1/64 | — | 1.2 | 0.0472 | | | — | 0.0960 | | 41 | — | 0.1570 | | 22 |
| 0.4 | 0.0157 | | | 1.25 | 0.0492 | | | 2.45 | 0.0964 | | | 4.0 | 0.1575 | | |
| — | 0.0160 | | 78 | 1.3 | 0.0512 | | | — | 0.0980 | | 40 | — | 0.1590 | | 21 |
| 0.45 | 0.0177 | | | — | 0.0520 | | 55 | 2.5 | 0.0984 | | | — | 0.1610 | | 20 |
| — | 0.0180 | | 77 | 1.35 | 0.0531 | | | — | 0.0995 | | 39 | 4.1 | 0.1614 | | |
| 0.5 | 0.0197 | | | — | 0.0550 | | 54 | — | 0.1015 | | 38 | 4.2 | 0.1654 | | |
| — | 0.0200 | | 76 | 1.4 | 0.0551 | | | 2.6 | 0.1024 | | | — | 0.1660 | | 19 |
| — | 0.0210 | | 75 | 1.45 | 0.0570 | | | — | 0.1040 | | 37 | 4.25 | 0.1673 | | |
| 0.55 | 0.0217 | | | 1.5 | 0.0591 | | | 2.7 | 0.1063 | | | 4.3 | 0.1693 | | |
| — | 0.0225 | | 74 | — | 0.0595 | | 53 | — | 0.1065 | | 36 | — | 0.1695 | | 18 |
| 0.6 | 0.0236 | | | 1.55 | 0.0610 | | | 2.75 | 0.1082 | | | 4.37 | 0.1719 | 11/64 | — |
| — | 0.0240 | | 73 | 1.59 | 0.0625 | 1/16 | — | 2.78 | 0.1094 | 7/64 | — | — | 0.1730 | | 17 |
| — | 0.0250 | | 72 | 1.6 | 0.0629 | | | — | 0.1100 | | 35 | 4.4 | 0.1732 | | |
| 0.65 | 0.0256 | | | — | 0.0635 | | 52 | 2.8 | 0.1102 | | | — | 0.1770 | | 16 |
| — | 0.0260 | | 71 | 1.65 | 0.0649 | | | — | 0.1110 | | 34 | 4.5 | 0.1771 | | |
| — | 0.0280 | | 70 | 1.7 | 0.0669 | | | — | 0.1130 | | 33 | — | 0.1800 | | 15 |
| 0.7 | 0.0276 | | | — | 0.0670 | | 51 | 2.9 | 0.1141 | | | 4.6 | 0.1811 | | |
| — | 0.0292 | | 69 | 1.75 | 0.0689 | | | — | 0.1160 | | 32 | — | 0.1820 | | 14 |
| 0.75 | 0.0295 | | | — | 0.7000 | | 50 | 3.0 | 0.1181 | | | 4.7 | 0.1850 | | 13 |
| — | 0.0310 | | 68 | 1.8 | 0.0709 | | | — | 0.1200 | | 31 | 4.75 | 0.1870 | | |
| 0.79 | 0.0312 | 1/32 | — | 1.85 | 0.0728 | | | 3.1 | 0.1220 | | | 4.76 | 0.1875 | 3/16 | — |
| 0.8 | 0.0315 | | | — | 0.0730 | | 49 | 3.18 | 0.1250 | 1/8 | — | 4.8 | 0.1890 | | 12 |
| — | 0.0320 | | 67 | 1.9 | 0.0748 | | | 3.2 | 0.1260 | | | — | 0.1910 | | 11 |
| — | 0.0330 | | 66 | — | 0.0760 | | 48 | 3.25 | 0.1279 | | | 4.9 | 0.1929 | | |
| 0.85 | 0.0335 | | | 1.95 | 0.0767 | | | — | 0.1285 | | 30 | — | 0.1935 | | 10 |
| — | 0.0350 | | 65 | 1.98 | 0.0781 | 5/64 | — | 3.3 | 0.1299 | | | — | 0.1960 | | 9 |
| 0.9 | 0.0354 | | | — | 0.0785 | | 47 | 3.4 | 0.1338 | | | 5.0 | 0.1968 | | |
| — | 0.0360 | | 64 | 2.0 | 0.0787 | | | — | 0.1360 | | 29 | — | 0.1990 | | 8 |
| — | 0.0370 | | 63 | 2.05 | 0.0807 | | | 3.5 | 0.1378 | | | 5.1 | 0.2008 | | |
| 0.95 | 0.0374 | | | — | 0.0810 | | 46 | — | 0.1405 | | 28 | — | 0.2010 | | 7 |
| — | 0.0380 | | 62 | — | 0.0820 | | 45 | 3.57 | 0.1406 | 9/64 | | 5.16 | 0.2031 | 13/64 | — |
| — | 0.0390 | | 61 | 2.1 | 0.0827 | | | 3.6 | 0.1417 | | | — | 0.2040 | | 6 |
| 1.0 | 0.0394 | | | 2.15 | 0.0846 | | | — | 0.1440 | | 27 | 5.2 | 0.2047 | | |
| — | 0.0400 | | 60 | — | 0.0860 | | 44 | 3.7 | 0.1457 | | — | — | 0.2055 | | 5 |

[표8-1] Drill sizes

| Millimeter | Decimal Equivalent | Fractional | Number | Millimeter | Decimal Equivalent | Fractional | Number | Millimeter | Decimal Equivalent | Fractional | Number | Millimeter | Decimal Equivalent | Fractional |
|---|---|---|---|---|---|---|---|---|---|---|---|---|---|---|
| 5.25 | 0.2067 | | | 7.25 | 0.2854 | | | 9.5 | 0.3740 | | | 16.5 | 0.6496 | |
| 5.3 | 0.2086 | | | 7.3 | 0.2874 | | | 9.53 | 0.3750 | 3/8 | — | 16.67 | 0.6562 | 21/32 |
| — | 0.2090 | | 4 | — | 0.2900 | | L | — | 0.3770 | | V | 17.0 | 0.6693 | |
| 5.4 | 0.2126 | | | 7.4 | 0.2913 | | | 9.6 | 0.3780 | | | 17.06 | 0.6719 | 43/64 |
| — | 0.2130 | | | — | 0.2950 | | M | 9.7 | 0.3819 | | | 17.46 | 0.6875 | 11/16 |
| 5.5 | 0.2165 | | | 7.5 | 0.2953 | | | 9.75 | 0.3838 | | | 17.5 | 0.6890 | |
| 5.56 | 0.2187 | 7/32 | — | 7.54 | 0.2968 | 19/64 | — | 9.8 | 0.3858 | | | 17.86 | 0.7031 | 45/64 |
| 5.6 | 0.2205 | | | 7.6 | 0.2992 | | | — | 0.3860 | | W | 18.0 | 0.7087 | |
| — | 0.2210 | | 2 | — | 0.3020 | | N | 9.9 | 0.3898 | | | 18.26 | 0.7187 | 23/32 |
| 5.7 | 0.2244 | | | 7.7 | 0.3031 | | | 9.92 | 0.3906 | 25/64 | — | 18.5 | 0.7283 | |
| 5.75 | 0.2263 | | | 7.75 | 0.3051 | | | 10.0 | 0.3937 | | | 18.65 | 0.7344 | 47/64 |
| — | 0.2280 | | 1 | 7.8 | 0.3071 | | | | 0.3970 | | X | 19.0 | 0.7480 | |
| 5.8 | 0.2283 | | | 7.9 | 0.3110 | | | — | 0.4040 | | Y | 19.05 | 0.7500 | 3/4 |
| 5.9 | 0.2323 | | | 7.94 | 0.3125 | 5/16 | — | 10.32 | 0.4062 | 13/32 | — | 19.45 | 0.7656 | 49/64 |
| — | 0.2340 | | A | 8.0 | 0.3150 | | | — | 0.4130 | | Z | 19.5 | 0.7677 | |
| 5.95 | 0.2344 | 15/64 | — | — | 0.3160 | | O | 10.5 | 0.4134 | | | 19.84 | 0.7812 | 25/32 |
| 6.0 | 0.2362 | | | 8.1 | 0.3189 | | | 10.72 | 0.4219 | 27/64 | | 20.0 | 0.7874 | |
| — | 0.2380 | | B | 8.2 | 0.3228 | | | 11.0 | 0.4330 | | | 20.24 | 0.7969 | 51/64 |
| 6.1 | 0.2401 | | | — | 0.3230 | | P | 11.11 | 0.4375 | 7/16 | | 20.5 | 0.8071 | |
| — | 0.2420 | | C | 8.25 | 0.3248 | | | 11.5 | 0.4528 | | | 20.64 | 0.8125 | 13/16 |
| 6.2 | 0.2441 | | | 8.3 | 0.3268 | | | 11.51 | 0.4531 | 29/64 | | 21.0 | 0.8268 | |
| 6.25 | 0.2460 | | D | 8.33 | 0.3281 | 21/64 | — | 11.91 | 0.4687 | 15/32 | | 21.03 | 0.8281 | 53/64 |
| 6.3 | 0.2480 | | | 8.4 | 0.3307 | | | 12.0 | 0.4724 | | | 21.43 | 0.8437 | 27/32 |
| 6.35 | 0.2500 | 1/4 | E | — | 0.3320 | | Q | 12.30 | 0.4843 | 31/64 | | 21.5 | 0.8465 | |
| 6.4 | 0.2520 | | | 8.5 | 0.3346 | | | 12.5 | 0.4921 | | | 21.83 | 0.8594 | 55/64 |
| 6.5 | 0.2559 | | | 8.6 | 0.3386 | | | 12.7 | 0.5000 | 1/2 | | 22.0 | 0.8661 | |
| — | 0.2570 | | F | — | 0.3390 | | R | 13.0 | 0.5118 | | | 22.23 | 0.8750 | 7/8 |
| 6.6 | 0.2598 | | | 8.7 | 0.3425 | | | 13.10 | 0.5156 | 33/64 | | 22.5 | 0.8858 | |
| — | 0.2610 | | G | 8.73 | 0.3437 | 11/32 | — | 13.49 | 0.5312 | 17/32 | | 22.62 | 0.8906 | 57/64 |
| 6.7 | 0.2638 | | | 8.75 | 0.3445 | | | 13.5 | 0.5315 | | | 23.0 | 0.9055 | |
| 6.75 | 0.2657 | 17/64 | — | 8.8 | 0.3465 | | | 13.89 | 0.5469 | 35/64 | | 23.02 | 0.9062 | 29/32 |
| 6.75 | 0.2657 | | | — | 0.3480 | | S | 14.0 | 0.5512 | | | 23.42 | 0.9219 | 59/64 |
| — | 0.2660 | | H | 8.9 | 0.3504 | | | 14.29 | 0.5625 | 9/16 | | 23.5 | 0.9252 | |
| 6.8 | 0.2677 | | | 9.0 | 0.3543 | | | 14.5 | 0.5709 | | | 23.81 | 0.9375 | 15/16 |
| 6.9 | 0.2716 | | | — | 0.3580 | | T | 14.68 | 0.5781 | 37/64 | | 24.0 | 0.9449 | |
| — | 0.2720 | | I | 9.1 | 0.3583 | | | 15.0 | 0.5906 | | | 24.21 | 0.9531 | 61/64 |
| 7.0 | 0.2756 | | | 9.13 | 0.3594 | 23/64 | — | 15.08 | 0.5937 | 19/32 | | 24.5 | 0.9646 | |
| — | 0.2770 | | J | 9.2 | 0.3622 | | | 15.48 | 0.6094 | 39/32 | | 24.61 | 0.9687 | 31/32 |
| 7.1 | 0.2795 | | | 9.25 | 0.3641 | | | 15.5 | 0.6102 | | | 25.0 | 0.9843 | |
| — | 0.2811 | | K | 9.3 | 0.3661 | | | 15.88 | 0.6250 | 5/8 | | 25.03 | 0.9844 | 63/64 |
| 7.14 | 0.2812 | 9/32 | — | — | 0.3680 | | U | 16.0 | 0.6299 | | | 25.4 | 1.0000 | 1 |
| 7.2 | 0.2835 | | | 9.4 | 0.3701 | | | 16.27 | 0.6406 | 41/64 | | | | |

가공에 사용되며, 드릴 축으로부터 59°의 각도를 갖고 있다. 연성 재료의 빠른 회전을 요하는 드릴에는 좀 더 날카로운 각도의 드릴이 사용한다.

트위스트 드릴의 직경은 분수, 문자, 숫자의 세 가지 방법 중 하나로 구분된다. 분수로 구분하는 방법은 1/16[inch], 1/32[inch], 1/64[inch]로 구분한다.

분수로 구분하는 방법 보다 좀 더 정밀한 방법으로 문자로 구분하는 방법이 있는데 A(0.234[inch]) ~ Z(0.413[inch])로 구분한다.

이보다 더 정밀한 구분법은 숫자로 표기하는 방법으로 No.80(0.0314[inch]) ~ No.1(0.228[inch])로 구분한다. 표 8-1은 드릴 크기의 표이다. 트위스트 드릴의 무뎌짐은 정도는 각도의 날카로움으로 판단된다. 대부분의 드릴작업은 118°의 각도(반쪽은 59°)를 갖고있는 트위스트 드릴로 만족스럽게 실시된다. 반면 연성 재질의 드릴 작업에는 90°의 절삭 각도가 효과적이다.

그림 8-21는 트위스트 드릴의 절삭 면 가공 절차이다.

(1) 연마하는 동안 편하게 작업 할 수 있도록 적당한 높이에 손을 지지할 수 있도록 지지대를 높이를 조절한다.
(2) 오른쪽이나 왼쪽 손의 엄지와 검지 손가락 사이에 드릴을 고정시키고 다른 손으로 생크 가까운 부분의 드릴 바디를 붙잡는다.
(3) 연마 휠의 절삭면에 59°각도로 유지하고 지지대에 손을 올려놓는다. 이때 드릴의 생크 끝 부분을 조금 낮춘다.
(4) 연마 휠에 드릴의 절삭면을 서서히 접촉시킨다. 시계방향으로 절삭면을 비틀어 주면서 드릴 생크를 점차적으로 낮추어 준다. 드릴의 절삭면(Heel)

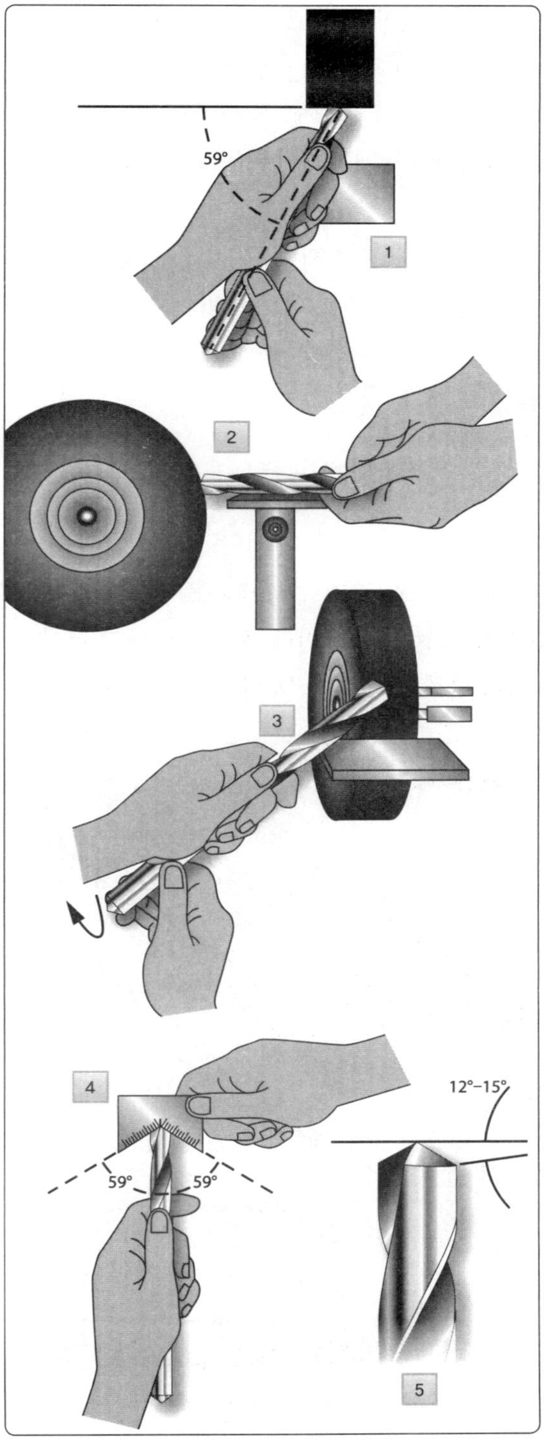

[그림 8-21]드릴 가는 순서

이 도달할 때 까지 연마 휠 면을 향해 힘을 유지한다.

(5) 립의 길이가 같은지 그리고 59° 각도가 맞는지를 판단하기 위해 게이지 활용해 결과를 점검한다.

이러한 방법을 대신해서 트위스트 드릴 그라인더도 사용 가능하고, 추가적으로 트위스트 드릴의 날카로움을 지속적으로 유지할 수 있는 벤치 그라인더가 장착되기도 한다.

### 8.2.6 리머(Reamers)

리머는 정확한 크기로 홀(Hole)을 확장시키고 부드럽게 가공하는데 사용한다. 핸드 리머는 탭 렌치나 그와 비슷한 손잡이로 회전시킬 수 있도록 생크 끝 부분에 사각형 모양의 연결 부분이 있다. 그림8-22는 다양한 종류의 리머들이다.

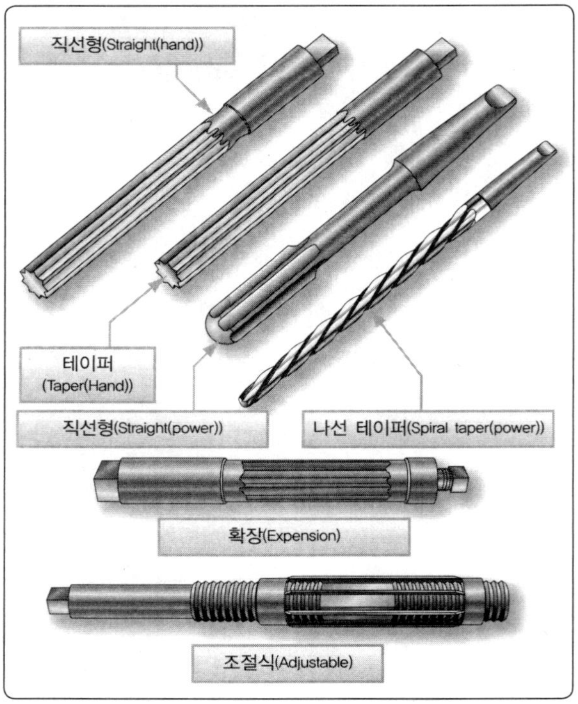


그림 8-22 리머(Reamers)

정확한 크기로 리밍되기 위한 구멍은 0.003 ~ 0.007[inch] 작은 크기로 드릴 작업되어야 한다. 0.007[inch] 이상의 절삭은 리머에 너무 많은 힘을 가하게 되기 때문에 시도하지 말아야 한다. 리머는 탄소공구강이나 고속도강으로 만든다. 고속도강의 절단면은 탄소공구강의 절단면보다 쉽게 손상되지만 첫번째 손상된 부분이 있다 하더라도 계속해서 사용할 수 있어 고속도강 리머가 일반적으로 탄소공구강 리머보다 더 오래 사용할 수 있다.

리머의 절삭면은 손상이 발생하는 부분에 경화 처리되어야 하며 절삭면이 떨어져 나가는 것을 방지하기 위해 조심스럽게 다루어져야 한다. 구멍을 리밍할 때 리머는 절삭 방향으로만 회전시켜야 한다. 리머를 절삭 방향의 반대 방향으로 회전시키면서 구멍에서 다시 뒤로 빼내지 마라. 리머를 구멍 벽을 긁거나 표시가 나지 않도록 떨림을 방지하면서 일정하고 고르게 회전시켜라.

리머는 표준 크기 내에서 어떤 것이라도 사용가능하다. 직선형 홈을 갖는 리머는 나선형 홈을 갖는 리머보다 비싸다. 하지만 나선형 홈을 갖는 리머가 흔들리는 경향이 더 적다. 두 종류 모두 리밍의 시작을 돕기 위해 리머 끝이 짧게 테이퍼 져 있다. 리머의 밑 부분은 테이퍼가 없고 막힌 구멍의 리밍 작업을 완료에 사용한다.

일반적으로 확장형 리머(Expansion Reamer)가 가장 실용적이다. 1/32[inch]의 증가율로 직경이 증가해서 1/4 ~ 1[inch]의 표준 크기로 구성된다.

손으로 작동하거나 기계로 작동 되는 테이퍼 리머는 테이퍼진 구멍이나 움푹 팬 곳을 매끄럽게 가공하는

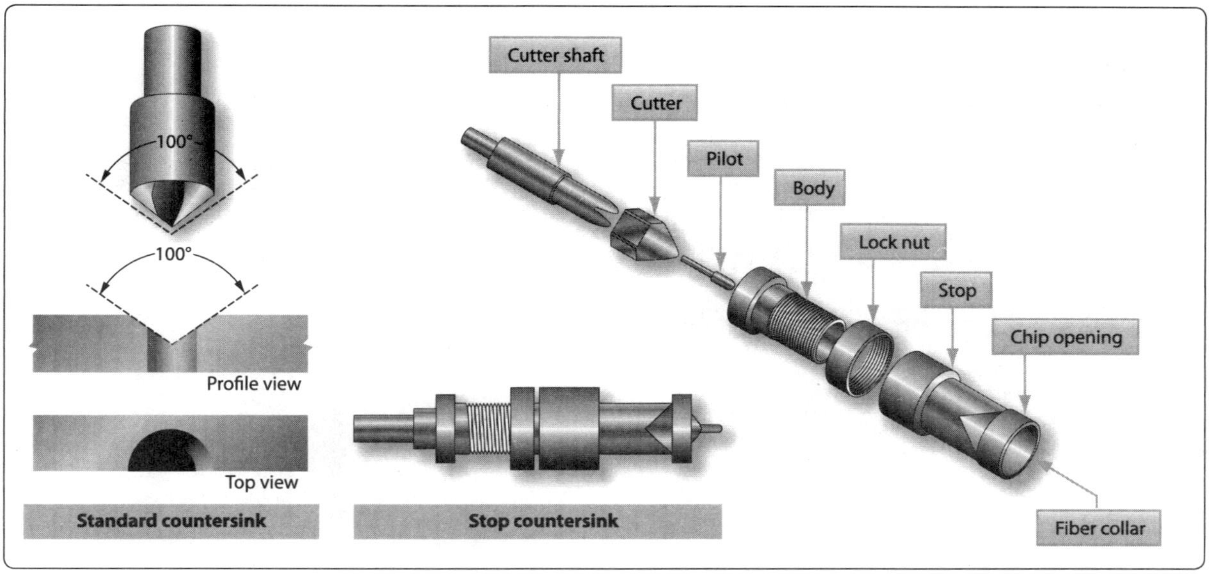


[그림 8-24] 카운터싱크(Countersinks)

데 사용한다.

### 8.2.7 카운터싱크(Countersink)

카운터싱크는 재료의 표면에 리벳이나 스크루가 평평하게 세트될 수 있도록 구멍 주변을 뒤집어 놓은 원뿔(Cone) 모양으로 깎아내는 공구이다. 카운터싱크는 다양한 스크루 헤드와 카운터 싱크 리벳의 각도를 고려하여 다양한 각도로 만든다.

그림 8-24의 표준 카운터싱크 각도는 100°이다.

카운터싱크를 사용할 때 리벳이나 스크루 헤드가 만나는 플러시 조인트 부분의 강도를 떨어뜨리기 때문에 모재 표면을 과도하게 깎아내지 않도록 주의해야 한다.

## 8.3 탭과 다이(Taps and Dies)

탭은 구멍의 안쪽에 나사산을 내기 위해 사용한다. 다이는 원주에 나사산을 내기위한 것이다. 탭과 다이는 담금질된 강철로 만들어지고 정확한 크기로 나사산을 깎을 수가 있다. 표준형 탭과 다이로 절삭할 수 있는 나사산은 National Coarse, National Fine, National Extra Fine, National Pipe의 4 종류이다. 그림8-25의 수동 탭은 나사산의 시리즈와 각각의 직경을 위한 3개의 탭 세트가 공급된다. 각각의 세트는 테이퍼 탭, 플러그 탭, 바터밍탭(Bottoming Tap)이다. 한 세트 안에 있는 세 개의 탭은 동일한 직경과 단면을 갖고 있고 테이퍼의 정도만다르다.

테이퍼 탭은 6 ~ 7개의 나사산에 테이퍼가 져 있기 때문에 탭 작업의 시작 때 사용한다. 테이퍼 탭은 테이퍼 윗부분이 절삭 될 때 나사산이 완벽하게 절삭된다. 테이퍼 탭은 얇은 부분을 통과해서 연장되는 구멍을

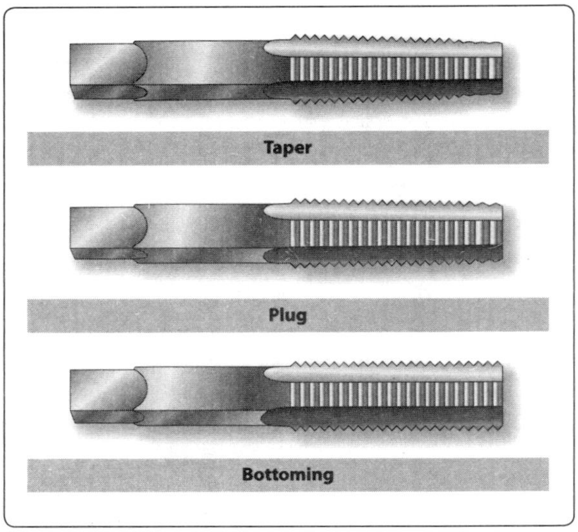


[그림 8-25] 핸드 탭(Hand taps)

[그림 8-26] 다이의 종류(Types of die)

탭핑할 때 필요한 유일한 탭이다. 플러그 탭은 두꺼운 기둥 안의 구멍을 탭핑할 때 테이퍼 탭을 돕는 역할을 한다. 바터밍 탭은 테이퍼가 지지 않고 막혀있는 구멍의 밑 부분의 전체 나사산을 만드는데 사용한다.

다이는 조절이 가능한 스플릿 다이(Adjustable Round Split Dies)와 플레인 라운드 스플릿 다이(Plain Round Split Dies)로 구분된다. 조절이 가능한 스플릿 다이는 약간 펼쳐져 있는 다이를 조일 수 있는 스크루를 가지고 있다. 다이의 조절에 의해서 직경과 나사산의 접합이 조절될 수 이 조절될 수 있다.

솔리드 다이는 조절할 수 없다. 그러므로 나사산 접합의 다양성은 솔리드 유형 다이에서는 얻을 수 없다. 탭과 다이를 회전시키기 위한 많은 종류의 렌치가 있다. T-핸들, 조절형 탭 렌치, 라운드 스플릿 다이를 위한 다이스탁(Diestock) 등이 있다. 그림 8-26 과8-27을 참고하라.

조절 스크루

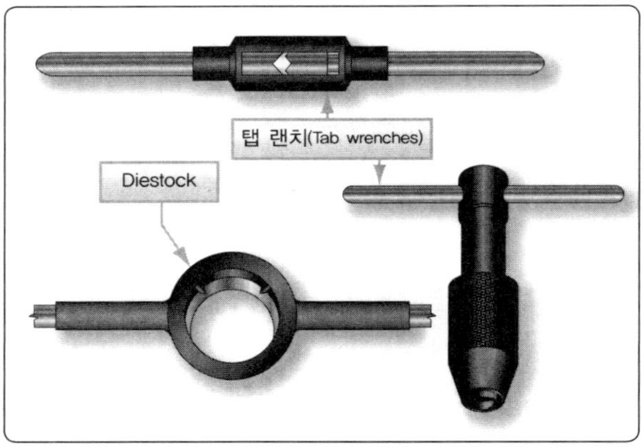


[그림 8-27] Die-Stock 과 탭 렌치(Tab wrenches)

그림 8-28, 그림 8-29 그리고, 그림 8-30은 나사산, 치수, Fit Class, 종류 등에 대한 정보를 보여준다.

[그림 8-2] National Screw thread sizes

| National Coarse Thread Series Medium Fit Class 3 (NC) | | | | | National Fine Thread Series Medium Fit Class 3 (NF) | | | | |
|---|---|---|---|---|---|---|---|---|---|
| Size and Threads | Diameter of Body for Thread | Body Drill | Tap Drill: Preferred Diameter of Hole | Tap Drill: Nearest Standard Drill Size | Size and Threads | Diameter of Body for Thread | Body Drill | Tap Drill: Preferred Diameter of Hole | Tap Drill: Nearest Standard Drill Size |
| | | | | | 0-80 | 0.060 | 52 | 0.0472 | 3/64" |
| 1-64 | 0.073 | 47 | 0.0575 | #53 | 1-72 | 0.073 | 47 | 0.0591 | #53 |
| 2-56 | 0.086 | 42 | 0.0682 | #51 | 2-64 | 0.086 | 42 | 0.0700 | #50 |
| 3-48 | 0.099 | 37 | 0.078 | 5/64 | 3-56 | 0.099 | 37 | 0.0810 | #46 |
| 4-40 | 0.112 | 31 | 0.0866 | #44 | 4-48 | 0.112 | 31 | 0.0911 | #42 |
| 5-40 | 0.125 | 29 | 0.0995 | #39 | 5-44 | 0.125 | 25 | 0.1024 | #38 |
| 6-32 | 0.138 | 27 | 0.1063 | #36 | 6-40 | 0.138 | 27 | 0.113 | #33 |
| 8-32 | 0.164 | 18 | 0.1324 | #29 | 8-36 | 0.164 | 18 | 0.136 | #29 |
| 10-24 | 0.190 | 10 | 0.1472 | #26 | 10-32 | 0.190 | 10 | 0.159 | #21 |
| 12-24 | 0.216 | 2 | 0.1732 | #17 | 12-28 | 0.216 | 2 | 0.180 | #15 |
| ¼-20 | 0.250 | ¼ | 0.1990 | #8 | ¼-28 | 0.250 | F | 0.213 | #3 |
| 5/16-18 | 0.3125 | 5/16 | 0.2559 | #F | 5/16-24 | 0.3125 | 5/16 | 0.2703 | I |
| ⅜-16 | 0.375 | ⅜ | 0.3110 | 5/16" | ⅜-24 | 0.375 | ⅜ | 0.332 | Q |
| 7/16-14 | 0.4375 | 7/16 | 0.3642 | U | 7/16-20 | 0.4375 | 7/16 | 0.386 | W |
| ½-13 | 0.500 | ½ | 0.4219 | 27/64" | ½-20 | 0.500 | ½ | 0.449 | 7/16" |
| 9/16-12 | 0.5625 | 9/16 | 0.4776 | 31/64" | 9/16-18 | 0.5625 | 9/16 | 0.506 | ½" |
| ⅝-11 | 0.625 | ⅝ | 0.5315 | 17/64" | ⅝-18 | 0.625 | ⅝ | 0.568 | 9/16" |
| ¾-10 | 0.750 | ¾ | 0.6480 | 41/64" | ¾-16 | 0.750 | ¾ | 0.6688 | 11/16" |
| ⅞-9 | 0.875 | ⅞ | 0.7307 | 49/64" | ⅞-14 | 0.875 | ⅞ | 0.7822 | 51/64" |
| 1-8 | 1.000 | 1.0 | 0.8376 | ⅞" | 1-14 | 1.000 | 1.0 | 0.9072 | 49/64" |

[그림 8-3] National pipe thread dimensions and tap drill sizes.

| Nominal Size Inches | Number of Threads Per Inch | Pitch Diameter: A (inches) | Pitch Diameter: B (inches) | Size and Threads: L2 (inches) | Size and Threads: L1 (inches) | Pipe OD (inches) | Depth of Thread (inches) | Tap Drill for Pipe Threads: Minor Diameter Small End of Pipe | Tap Drill for Pipe Threads: Size Drill |
|---|---|---|---|---|---|---|---|---|---|
| ⅛ | 27 | 0.36351 | 0.37476 | 0.2638 | 0.180 | 0.405 | 0.02963 | 0.33388 | R |
| ¼ | 18 | 0.47739 | 0.48989 | 0.4018 | 0.200 | 0.540 | 0.04444 | 0.43294 | 7/16 |
| ⅜ | 18 | 0.61201 | 0.62701 | 0.4078 | 0.240 | 0.675 | 0.04444 | 0.56757 | 37/64 |
| ½ | 14 | 0.75843 | 0.77843 | 0.5337 | 0.320 | 0.840 | 0.05714 | 0.70129 | 23/32 |
| ¾ | 14 | 0.96768 | 0.98887 | 0.5457 | 0.339 | 1.050 | 0.5714 | 0.91054 | 59/64 |
| 1 | 11 ½ | 1.21363 | 1.23863 | 0.6828 | 0.400 | 1.315 | 0.06957 | 1.14407 | 1 5/32 |
| 1 ¼ | 11 ½ | 1.55713 | 1.58338 | 0.7068 | 0.420 | 1.660 | 0.06957 | 1.48757 | 1 ½ |
| 1 ½ | 11 ½ | 1.79609 | 1.82234 | 0.7235 | 0.420 | 1.900 | 0.06957 | 1.72652 | 1 47/64 |
| 2 | 11 ½ | 2.26902 | 2.29627 | 0.7565 | 0.436 | 2.375 | 0.06957 | 2.19946 | 1 7/32 |
| 2 ½ | 8 | 2.71953 | 2.76216 | 1.1375 | 0.682 | 2.875 | 0.10000 | 2.61953 | 2 ⅝ |
| 3 | 8 | 3.34062 | 3.8850 | 1.2000 | 0.766 | 3.500 | 0.10000 | 3.24063 | 3 ¼ |
| 3 ½ | 8 | 3.83750 | 3.88881 | 1.2500 | 0.821 | 4.000 | 0.10000 | 3.73750 | 3 ¾ |
| 4 | 8 | 4.33438 | 4.38712 | 1.3000 | 0.844 | 4.500 | 0.10000 | 4.23438 | 4 ¼ |

[그림 8-4] 드릴 속도(Drill speeds)

| Diameter of Drill | Soft Metals 300 FPM | Plastic and Hard Rubber 200 FPM | Annealed Cast Iron 140 FPM | Mild Steel 100 FPM | Malleable Iron 90 FPM | Hard Cast Iron 80 FPM | Tool or Hard Steel 60 FPM | Alloy Steel Cast Steel 40 FPM |
|---|---|---|---|---|---|---|---|---|
| 1/16 (No. 53 – 80) | 18,320 | 12,217 | 8,554 | 6,111 | 5,500 | 4,889 | 3,667 | 2,445 |
| 3/32 (No. 42 – 52) | 12,212 | 8,142 | 5,702 | 4,071 | 3,666 | 3,258 | 2,442 | 1,649 |
| 1/8 (No. 31– 41) | 9,160 | 6,112 | 4,278 | 3,056 | 2,750 | 2,445 | 1,833 | 1,222 |
| 5/32 (No. 23 – 30) | 7,328 | 4,888 | 3,420 | 2,444 | 2,198 | 1,954 | 1,465 | 977 |
| 3/16 (No. 13 – 22) | 6,106 | 4,075 | 2,852 | 2,037 | 1,833 | 1,630 | 1,222 | 815 |
| 7/32 (No. 1– 12) | 5,234 | 3,490 | 444 | 1,745 | 1,575 | 1,396 | 1,047 | 698 |
| 1/4 (A – F) | 4,575 | 3,055 | 2,139 | 1,527 | 1,375 | 1,222 | 917 | 611 |
| 9/32 (G – K) | 4,071 | 2,715 | 1,900 | 1,356 | 1,222 | 1,084 | 814 | 542 |
| 5/16 (L – N) | 3,660 | 2,445 | 1,711 | 1,222 | 1,100 | 978 | 7,333 | 489 |
| 11/32 (O – R) | 3,330 | 2,220 | 1,554 | 1,110 | 1,000 | 888 | 666 | 444 |
| 3/8 (S – U) | 3,050 | 2,037 | 1,426 | 1,018 | 917 | 815 | 611 | 407 |
| 13/32 (V – Z) | 2,818 | 1,878 | 1,316 | 939 | 846 | 752 | 563 | 376 |
| 7/16 | 2,614 | 1,746 | 1,222 | 873 | 786 | 698 | 524 | 349 |
| 15/32 | 2,442 | 1,628 | 1,140 | 814 | 732 | 652 | 488 | 326 |
| 1/2 | 2,287 | 1,528 | 1,070 | 764 | 688 | 611 | 458 | 306 |
| 9/16 | 2,035 | 1,357 | 950 | 678 | 611 | 543 | 407 | 271 |
| 3/8 | 1,830 | 1,222 | 856 | 611 | 550 | 489 | 367 | 244 |
| 11/16 | 1,665 | 1,110 | 777 | 555 | 500 | 444 | 333 | 222 |
| 3/4 | 1,525 | 1,018 | 713 | 509 | 458 | 407 | 306 | 204 |

## 8.4 설계와 측정 공구 (Layout and Measuring Tools)

설계와 측정 장비는 정밀한 공구이다. 이러한 장비들은 주의 깊게 제조되었으며 정확하게 표기되었으며 아주 정밀한 부품들로 만들어졌다. 설계와 측정 공구들이 사용될 때 떨어지거나 굽힘 또는 긁힘이 발생하지 않도록 주의해야 한다. 완성된 생산물은 측정된 것 또는 설계보다 더 정밀하지 않다. 그러므로 이러한 측정 공구를 읽는 방법, 사용법 그리고 그 공구를 다루는 법을 이해하는 것은 매우 중요하다.

### 8.4.1 자(Rules)

자는 강철로 만들고 휘지 않는 것(Rigid)과 휘는 것(Flexible) 두 종류가 있다. 휘어지는 강철 자는 구부러질 것이다. 쉽게 부러질 수 있기 때문에 고의로 구부리지 말아야 한다. 항공기 정비 작업에 사용되는 가장 일반적인 단위는 인치[inch] 단위이다. 인치[inch]는 상분수 또는 분수에 의해서 적은 크기로 나눠진다. 분수로 나누는 방법은 1[inch]를 같은 양으로 나누는 것으로, 2등분(1/2), 4등분(1/4), 8등분(1/8), 16등분(1/16), 32등분(1/32), 64등분(1/64)로 표현된다.

1[inch]를 분수로 나누어 소수점으로 표현하는 것으로, 예를 들어 1/8[inch]는 0.0125[inch](one hundred twenty-five ten-thousandths of an inch)로 표현된다.

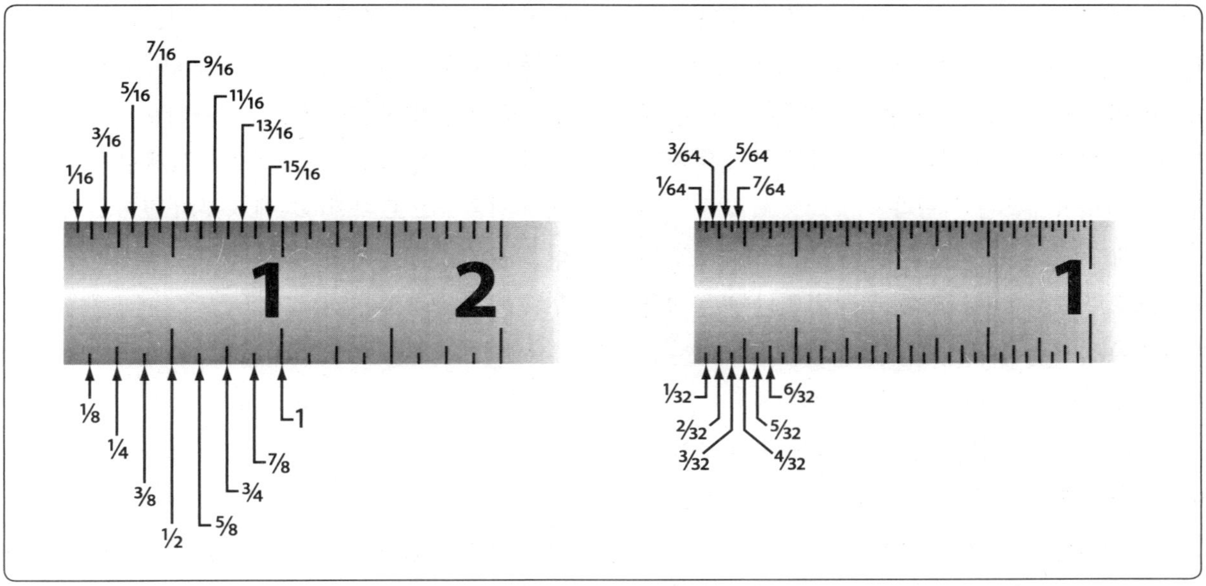


그림 8-27 자(Rules)

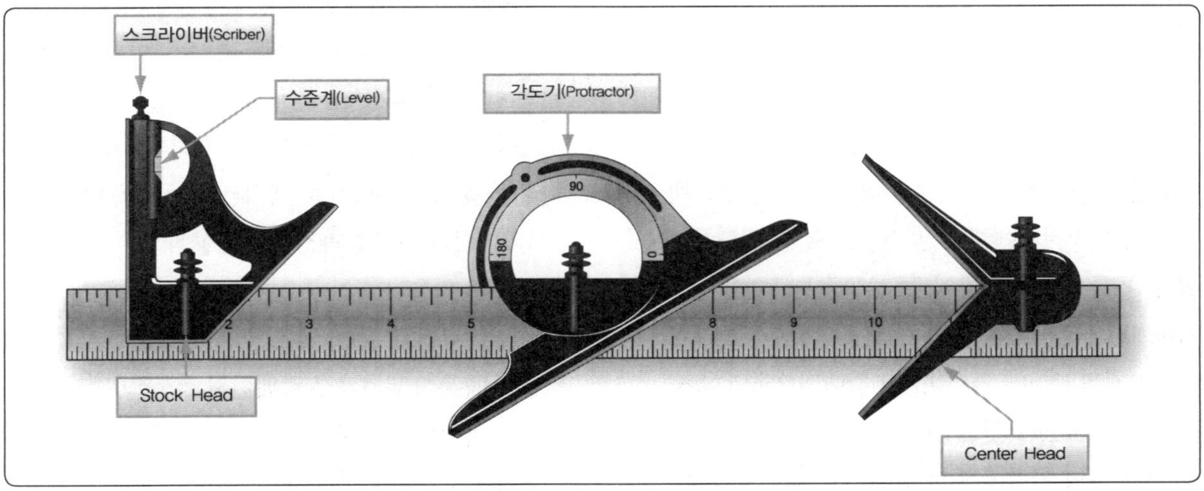


그림 8-28 컴비네이션 세트(Comination set)

그림 8-31과 같이 자는 두 가지 기본적인 스타일로 만든다. 먼저 상분수로 나누어지거나 표시된 것, 또 분수 또는 1[inch]를 1/100로 나눈 값으로 나누어지거나 표시된 것 두 가지로 만들어 진다. 자는 정밀측정 공구 또는 직선자로 사용되어진다

## 8.4.2 콤비네이션 세트(Combination Sets)

그림 8-28의 콤비네이션 세트는 이름이 의미하는 것처럼 이것은 다양한 사용법을 갖은 공구이다. 이것은 통상의 삼각자와 같은 목적으로 사용될 수 있지만 헤드가 날개를 따라 미끄러지는 것과 요구되는 어떠

한 장소에 장착될 수 있다는 점에서 삼각자와 다르다. 직각 또는 주축대와 함께 조합된 수준계(Level)와 스크라이버(Scriber)가 있다. 헤드가 날개위에 있는 센트럴 그루브 또는 스케일은 미끄러진다. 이것은 자로부터 분리되어 사용될 수 있다.

스탁 헤드에 있는 스피릿 레벨은 물체 조각의 표면을 직각으로 만드는데 편리하며, 동시에 하나 또는 다른 부분의 수직 또는 수평을 여부를 말 해준다. 헤드는 단독으로 간단한 수평계로 사용될 수 있다.

스퀘어 헤드와 날개의 조합은 45°각도의 선 긋기 게이지, 깊이 게이지, 또는 높이 게이지로 로 사용될 수 있다. 편리한 스크라이버(Scriber)는 작은 황동 부싱(Brass Bushing)에 의해 헤드에 마찰력에 의해 고정되어있다.

### 8.4.3 금 긋기 공구(Scriber)

금 긋기 공구는 작가에게 제공되는 연필이나 펜 같이 항공기 정비사에게 같은 역할을 할 수 있도록 제공된다. 통상적으로 금 긋기 공구는 금속 표면에 선을 표시하거나 긁는데 사용한다. 금 긋기 공구는 금속으로 만들어져 있으며 4 ~ 12[inch]길이의 2개의 바늘 촉(Needle points)을 갖고 있다. 그림 8-33처럼 한쪽 바늘 촉은 구멍 안쪽에 닿아 표시가 가능하도록 90° 구부려져 있다.

금 긋기 공구를 사용하기 전 바늘 촉의 뾰족한 정도를 검사하여야 한다. 금 긋기 작업을 하는 곳에서 금속 위에 수평자가 평평하게 위치하도록 한다. 금 긋기 공구를 연필을 쥐듯이 잡고 공구가 움직이게 될 진행 방향으로 약간 기울인다. 금 긋기 공구의 바늘 촉을 수평자의 가이드 엣지(Guide Edge)에 가깝게 유지한다. 그어진 선은 눈으로 확인하기에 충분히 깊게 표시 되어야 하지만 표시를 위한 목적 이상으로 깊게는 긋지 않도록 한다.

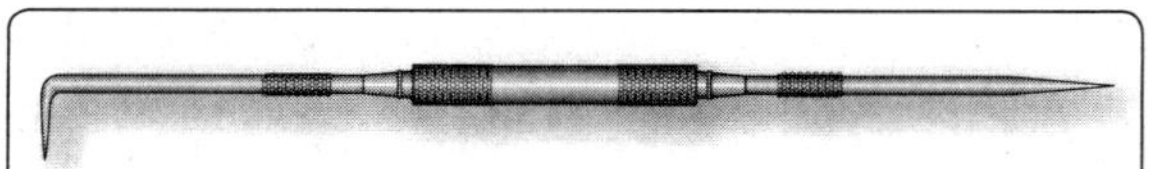

그림 8-29 스크라이버(Scriber)

### 8.4.4 디바이더와 연필 콤파스 (Divider and Pencil Compasses)

디바이더와 콤파스는 두 개의 다리로 피벗(Pivot)에 의해 조립되어 있다. 디바이더와 콤파스는 가공물에 자(Rule)로부터 측정된 값을 옮겨 주고, 원이나 원호(Arc)를 그어주기 위해 사용한다. 연필 콤파스는 바늘 침에 한 개의 테이퍼진 다리를 갖고 있다. 다른 한 다리는 삽입된 연필심이나 연필을 갖고 있다. 디바이더는 바늘 촉에 테이퍼진 두 개의 다리를 갖고 있다.

디바이더나 연필 콤파스를 사용할 때 따라야 할 제안된 절차는 다음과 같다.

(1) 바늘 촉이 날카로운 상태인지 검사한다.
(2) 디바이더나 콤파스를 세트하기 위해 금 긋기 자 위에 있는 눈금에 한 개의 다리 바늘 촉으로 디바이더나 콤파스를 지지한다.
(3) 엄지손가락이나 집게손가락으로 원하는 치수가 될 때 까지 자의 눈금위에 다른 다리의 바늘 촉이 위치 할 때 까지 디바이더나 콤파스의 다리를 조절한 후 조절 나사를 돌려준다.
(4) 디바이더나 콤파스가 회전하려는 방향 쪽으로 약간 기울여서 다리가 미끄러지려는 경향을 막는다.

(5) 종이 설계도면 위에서 원이나 원호를 묘사하기 위해서 연필 콤파스를 사용한다. 디바이더는 연필 콤파스보다 더 정확하기 때문에 정밀한 치수를 옮기는데 사용한다.

### 8.4.5 켈리퍼스(Calipers)

켈리퍼스는 직경이나 길이를 측정하거나 길이나 크기를 비교하는데 사용한다. 일반적으로 내측 켈리퍼스, 외측 켈리퍼스 그리고 기어 툴 켈리퍼스(Gear Tool Calipers)와 같은 외다리 켈리퍼스(Hermaphrodite Calipers) 등 3 가지 종류의 켈리퍼스가 있다. (그림 8-30)

외측 켈리퍼스는 예를 들어 둥근 기둥의 한 부분의 직경과 같은 외측의 크기를 측정하는데 사용한다. 내측 켈리퍼스는 구멍의 지름과 같은 내부의 직경, 두 개면의 길이, 홈의 폭 등 비슷한 것들을 측정하기 위해 바깥쪽으로 구부려진 다리를 갖고 있다. 외다리 켈리퍼스는 일반적으로 설계 작업에서 치수를 표시하는데 사용한다. 외다리 켈리퍼스는 정밀측정이 필요한 곳에 사용하여서는 안 된다.

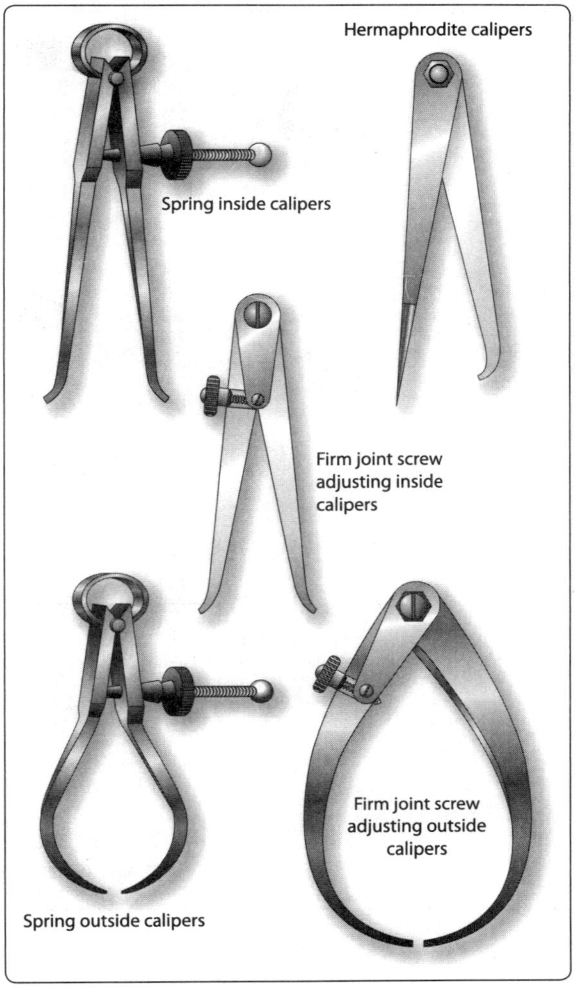


[그림 8-30] 캘리퍼스

### 8.4.6 마이크로미터 캘리퍼스 (Micrometer Calipers)

각각 특별한 목적으로 사용하기 위해 디자인된 외측 마이크로미터, 내측 마이크로미터, 깊이 측정 마이크로미터 그리고, 나사산 마이크로미터 등 네 가지 종류의 마이크로미터 켈리퍼스가 있다. 마이크로미터는 0~1/2[inch], 0~1[inch], 1~2[inch], 2~3[inch], 3~4[inch], 4~5[inch] 또는 5~6[inch] 등 다양한 크기중에서 선택하여 사용한다. 몸체에 치수의 표시가 새겨져 있는 마이크로미터에 추가해서 LCD 창이 장착된 마이크로미터도 보편적으로 사용한다.

항공정비에서는 외측 마이크로미터를 더 자주 사용한다. 그림 8-31과 같은 외측 마이크로미터는 축의 외경, 판재의 두께, 드릴의 직경 측정 등에 사용한다.

스틸 자를 이용해서 측정할 수 있는 가장 작은 값은 분수로 표현하면 1/64[inch]와 소수로 0.00[inch] 단위로 표현된다. 이러한 값 보다 더 작은 1/1000 또는

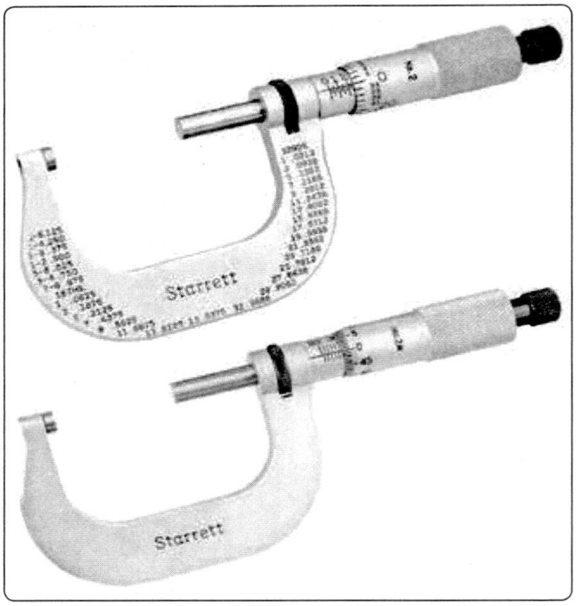

그림 8-31 외측 마이크로미터
(Outside Micrometer)

1/10000의 값을 측정 하려고하면 마이크로미터를 활용한다. 분수 값으로 주어진 치수를 마이크로미터로 측정하였다면 분수 값은 동등한 값의 소수점 값으로 환산한다. 마이크로미터 읽는 방법은 동일하다.

### 8.4.7 마이크로미터의 구성품 (Micrometer Parts)

그림 8-32 와 같이 마이크로미터의 구성품은 프레임(Frame), 배럴(Barrel) 그리고, 엔빌(Anvil)이다. 마이크로미터의 움직이는 부품은 팀블(Thimble)과 스핀들(Spindle)이다. 팀블은 배럴의 내부에 나사산으로 만들어진 부분을 따라 움직이는 스핀들을 회전시킨다. 팀블을 회전시키면 측정물의 크기를 측정할 수 있는 공간을 엔빌과 스핀들 끝 부분의 간격이 만든다. 측정물의 크기는 배럴과 팀블 위에 새겨진 눈금으로 지시된다.

그림 8-32 외측 마이크로미터 구성품(Outside micrometer parts)

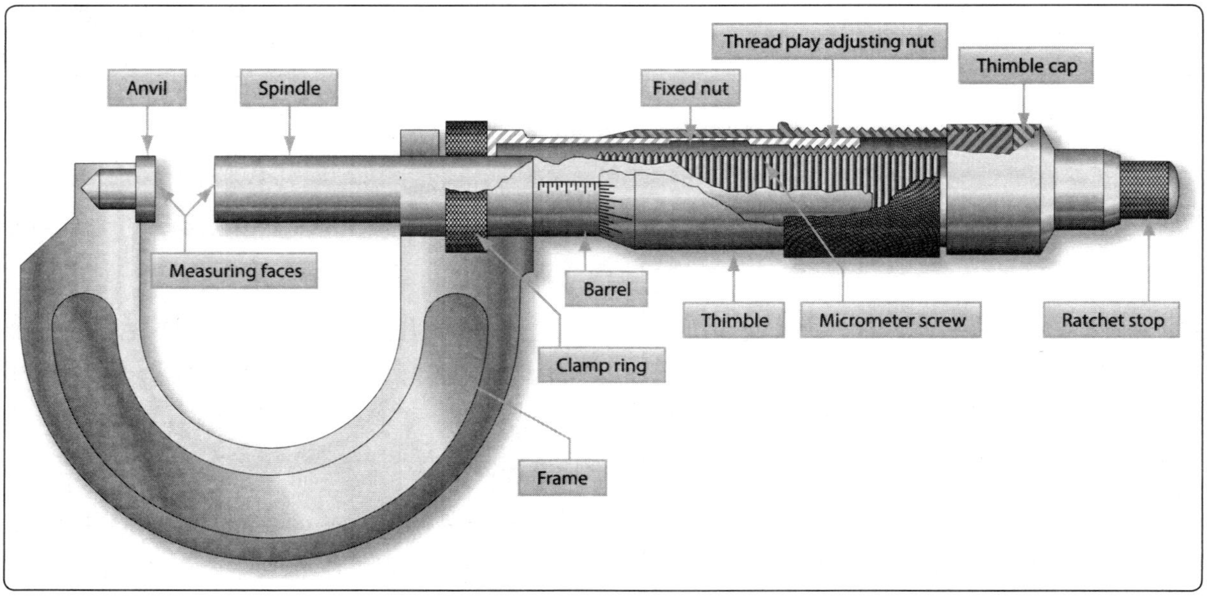

### 8.4.8 마이크로미터 읽기 (Reading a Micrometer)

그림 8-33과 같이 배럴에 표시된 선 위의 1, 2, 3, 4 등의 값은 10등분된 수자를 표시하거나 각각 0.100[inch], 0.200[inch], 0.300[inch], 0.400[inch]를 지시한다.

10등분된 1, 2, 3, 4 등 각 숫자의 사이는 각각 0.025[inch] 씩 4등분되어있다. 팀블이 팀블위에 새겨진 0에서 시작해서 같은 0으로 돌아오게 완전하게 한 바퀴 회전시키면 팀블은 배럴을 따라서 0.025[inch]로 분할된 1칸을 이동한다.

팀블의 경사면(Bevel Edge)은 25개의 같은 크기의 눈금으로 나뉘어져있으며, 팀블이 한 바퀴회전 하면 배럴의 하나의 0.025[inch] 눈금에서 다음 번 0.025[inch]로 배럴을 따라 팀블이 한 칸 이동한다. 이것은 팀블 위의 각각의 눈금이 1/1000[inch] 또는 0.001[inch]로 나뉘어 있음을 설명한다. 팀블의 눈금은 읽기에 편리하도록 0, 5, 10, 15, 20 등 매 5칸 간격으로 표시되어있다. 팀블이 한 바퀴 돌아서 팀블의 치수가 25가 될 때 스핀들이 0.025[inch] 이동하고 팀블의 왼쪽 끝 경사면 부분이 배럴 위의 수평선을 지나간다.

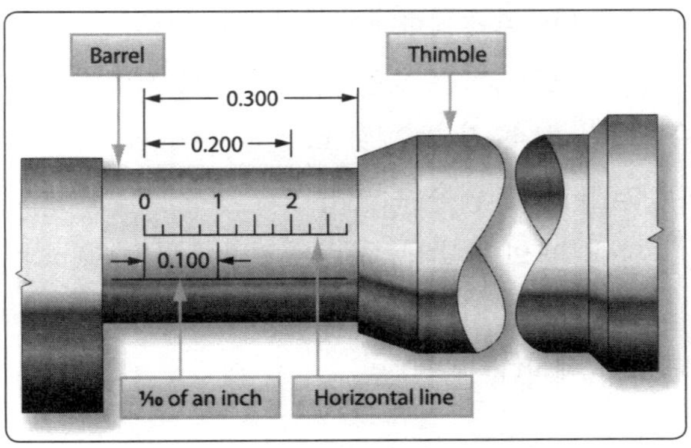


[그림 8-33] 마이크로미터 측정 (Micrometer measurements)

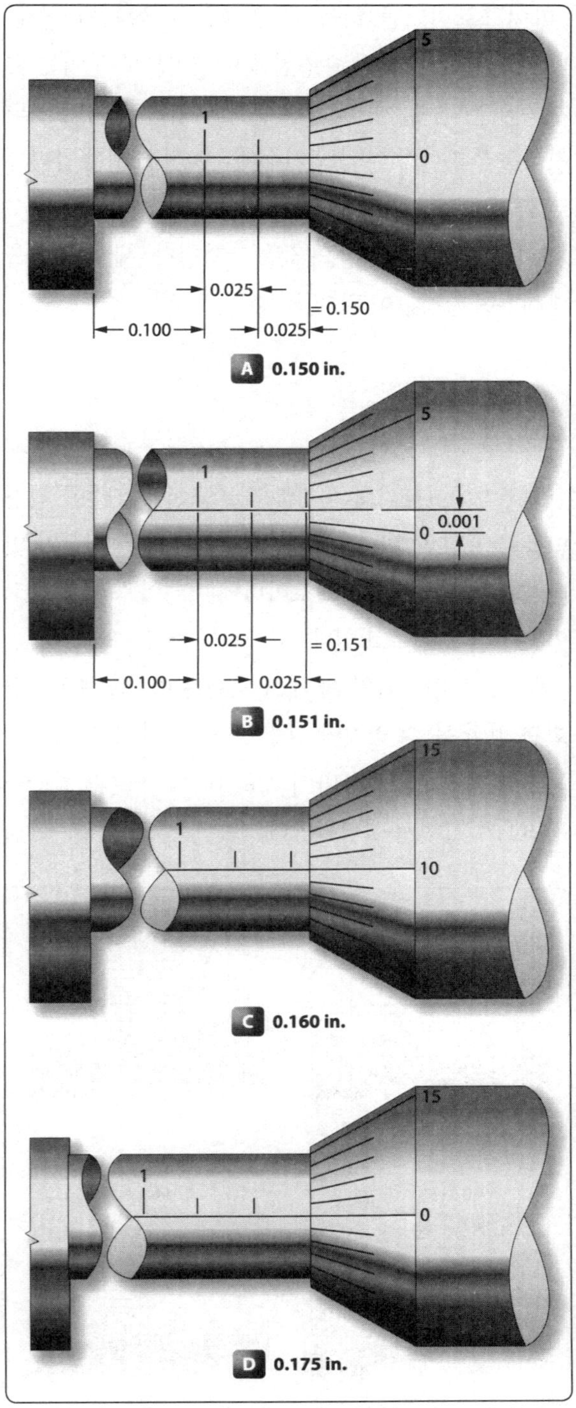


[그림 8-34] 마이크로미터 읽기

마이크로미터를 읽을 때는 그림 8-34처럼 첫째, 1/10[inch]로 나눠진 수평선에 마지막으로 보이는 숫자를 읽는다. 둘째, 읽혀진 숫자와 팀블 사이 배럴의 길이를 추가한다(눈금의 개수에 0.025[inch]를 곱함으로 확인가능). 셋째, 팀블 경사면의 치수와 배럴의 수치 선이 일치하는 부분의 값을 추가한다. 세 개의 값을 더해주면 측정값이 된다.

### 8.4.9 버니어 눈금(Vernier Scale)

어떤 마이크로미터는 팀블의 눈금선에 분수를 직접 읽을 수 있도록 버니어 눈금을 갖추고 있는 경우가 있다. 그림 8-35는 마이크로미터에 버니어 눈금을 갖고 있는 예를 보여주고 있다.

마이크로미터 위의 세 개의 치수는 마이크로미터의 회전 없이 볼 수 없지만 그림 8-34는 세 개의 치수를 동시에 볼 수 있도록 마이크로미터의 배럴과 팀블을 평면으로 그려서 설명하였다.

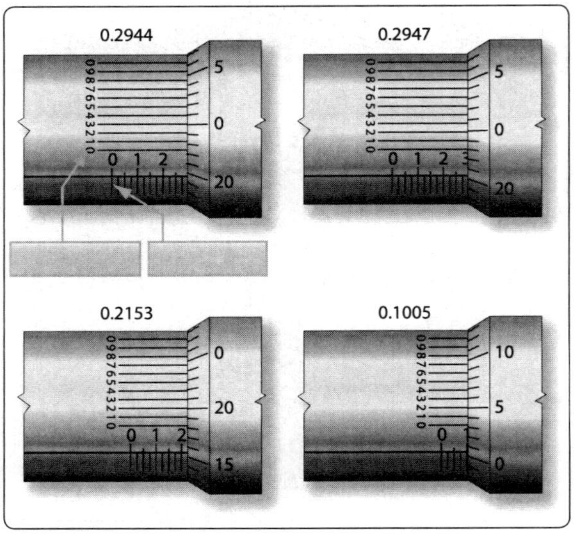


그림 8-35 버니어스케일 읽기
(Vernier scale reading)

그림 8-35에서는 배럴 치수는 수평 치수 아래, 팀블의 치수는 오른쪽에 수직 그리고 버니어 치수는 긴 수평선으로 표현하였다.

마이크로미터를 읽을 때 관계된 치수의 값을 기억하기 좋은 방법은 [inch] 당 40개의 나사산으로 만들어진 리드 스크루에 의해서 배럴 치수 눈금이 0.025[inch]로 만들어진다는 것이다. 다음으로 팀블 치수가 0.025[inch]를 25개의 눈금으로 나누어, 각각의 눈금이 0.001[inch]를 나타낸다. 그리고 버니어 치수는 0.001[inch]를 10개의 눈금으로 나누어, 각각의 눈금이 0.0001[inch]를 나타낸다. 다양한 눈금의 값을 기억하기 쉽게 배럴에 치수를 새겨두었다. 배럴에서 읽은 값에 팀블은 눈금을 더해 주고 마지막으로 버니어 눈금을 더해 마지막 값을 읽는다. 버니어 눈금선은 항상 팀블 치수선과 일치하는 값을 읽어준다.

그림 8-35의 첫 번째 그림에서 배럴은 0.275[inch]를 읽고, 팀블은 0.019[inch]를 지난 값으로 읽는다. 팀블의 치수 1과 버니어 치수 4가 정확하게 일치하고 있다. 그래서 읽은 값은 0.2944[inch]가 된다.

그림 8-35의 두 번째 그림에서 배럴은 0.275[inch]를 읽고, 팀블은 0.019[inch]를 지났지만 0.020[inch]에 도달하지 못한 값으로 읽는다. 버니어 치수 7은 팀블의 선 하나와 정확하게 일치하는데, 이로서 팀블 치수를 0.0197[inch]로 읽는다. 팀블의 값 0.0197[inch]를 배럴 치수 값 0.275[inch]와 더하면 최종 값 0.2947[inch]를 읽을 수 있다.

그림 8-35의 세 번째, 네 번째 그림은 1/10000[inch] 값을 정확하게 읽기 위한 버니어 치수의 사용을 필요로 하는 예이다.

### 8.4.10 마이크로미터의 사용 (Using a Micrometer)

마이크로미터는 조심스럽게 다루어져야 한다. 만약, 마이크로미터를 떨어뜨리면 정확도에 영구적인 영향을 미치게 될 것이다. 엔빌과 스핀들의 끝부분에서 발생한 지속적인 밀림으로 인하여 각각의 표면이 닳는다. 스핀들이 너무 과도하게 조여지면 프레임의 영구적인 변형과 부정확한 측정의 결과를 가져올 것이다.

마이크로미터를 이용해서 하나의 작업물을 측정하기 위해 편안한 손으로 두 개의 손가락으로 마이크로미터의 프레임을 고정한다. 엄지와 검지 손가락이 팀블을 회전하기 위함이다.

그림 8-36 다이얼 인디케이터(Dial indicator)

그림 8-36은 마이크로미터의 변이를 측정하는 다이얼 게이지이다. 다이얼 게이지는 정밀하게 가공된 프로브가 회전 지시침에 기계적으로 연결되어 측정면의 변이를 1/1000[inch]로 보여주거나 LCD 창에 나타낸다.

다이얼 인디케이터 사용의 대표적 예는 축의 굽힘이나 튀어나온 정도를 측정하는 것이다. 만약 굽힘이 의심된다면 그 부품은 기계 가공된 한 쌍의 V-블록위에 올려져 회전시킬 수 있다. 다이얼인디케이터가 테이블 스탠드에 기계적으로 고정되어 있고 인디케이터의 프로브가 측정물의 표면에 가볍게 접촉하도록 위치시킨다. 다이얼의 바깥쪽 링을 바늘이 '0'을 가리킬 때 까지 회전시켜 Zero 세트 시킨다.

측정물을 V-블록 위에서 회전시키면서 굽힘 정도나 튀어나온 정도를 다이얼에 있는 바늘의 흔들림으로 확인한다. 흔들림의 정도가 측정물의 튀어나온 정도가 된다.

또 다른 다이얼 인디케이터 일반적인 사용법은 브레이크 디스크처럼 회전 부품의 휨을 점검하는 것이다. 경우에 따라 브레이크가 항공기에 장착된 상태에서 구조부의 움직이지 않는 부분에 다이얼 인디케이터의 베이스를 고정하고 수행한다.

어떤 경우에든 인디케이터의 움직임에 의한 측정 오류를 유발하지 않도록 안전하게 장착하여야 한다.

### 8.4.11 슬라이드 켈리퍼스(Slide Calipers)

슬라이드 켈리퍼스는 금속 자 보다 정밀한 측정을 제공하기 때문에 물체의 길이 측정을 위해 자주 사용한다. 정밀한 측정은 슬라이드 켈리퍼스의 특별하게 만들어진 턱(Jaws)으로 인해 가능하며 내측, 외측 치수를 측정할 수 있다. 슬라이드 켈리퍼스의 이름에서 알 수 있듯이 켈리퍼스의 턱은 측정 치수를 따라 슬라이딩하며 측정물의 내측, 외측에 턱이 접촉할 때 측정된다. 그림 8-37과 같이 측정 치수는 켈리퍼스의 몸체 위에 위치한 스케일이나 LCD 창의 수치를 읽는다. 막힌 구멍의 깊이 측정을 위한 깊이 게이지를 갖춘 슬라이드 켈리퍼스도 있다.

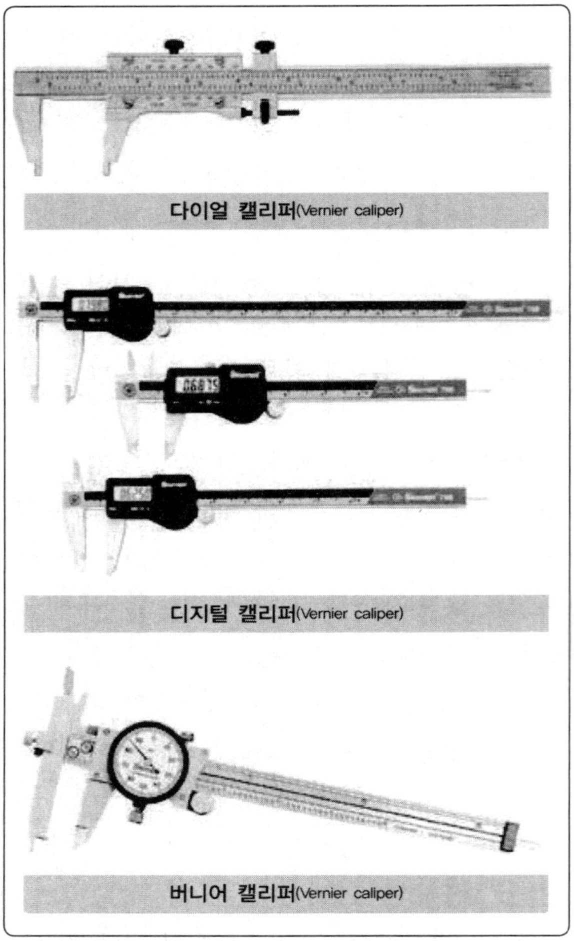


[그림 8-37] 전자식과 다이얼식 슬라이드 켈리퍼스
(Electronic and dial indicator slide calipers)

# 09

# 안전, 지상취급과 서비스작업

## Safety, Ground Operation & Servicing

# 9 안전, 지상취급과 서비스 작업

## Safety, Ground Operation & Servicing

항공기 주변은 물론 이동지역 내에는 각종 조업장비 및 차량들의 통행과 작동으로 인적, 물적 피해를 가져올 수 있는 위험요소들이 상존하고 있다. 이러한 위험요소들을 완전히 제거하는 것은 현실적으로 어렵겠지만 모든 지상조업이 정해진 안전절차에 따라 수행된다면 잠재적인 위험을 최소화할 수 있을 것이다.

항공정비사는 지상에서 항공기를 다루고, 운영하는데 대부분의 시간을 보낸다고 해도 과언이 아니다. 이를 위해 정비사는 지상지원 장비의 작동방법뿐만 아니라 항공기의 정비, 유도 및 엔진작동 등에 요구되는 안전수칙과 더불어 지상지원 장비에 대한 안전수칙 등도 숙지하여야 한다.

본 장에서 소개하는 내용들은 항공기를 안전하게 정비하고, 운영하기 위한 안전에 대한 일반적인 사항들을 소개하는 것으로서 항공기 제작사에서 제공된 정비교범이 우선되어야 함을 밝혀둔다.

### 9.1 작업장 안전(Shop Safety)

안전하고 효율적인 정비를 위해서는 격납고(hangar), 작업장(shop) 및 격납고 주변의 주기장 등을 깨끗하게 정리하고 유지하는 것이 반드시 필요하다. 그러므로 항공기 정비작업 시에는 작업장의 정리정돈과 청결에 최선을 다하여야 한다.

교대근무 시 퇴근조는 개인공구뿐만 아니라 공구통, 작업대, 정비 스탠드, 호스(hose), 전기 코드 및 호이스트(hoist) 등이 제대로 분리되고, 적절히 보관되었는지 확인하여야 한다.

위험표시는 위험한 장비 또는 위험상태를 식별할 수 있도록 눈에 잘 띄게 게시하여야 한다. 또한 구급용품과 방화설비의 위치를 쉽게 찾을 수 있도록 안내 표지를 게시하여야 한다.

격납고에는 안전통로, 보행자 인도 및 소방도로 등을 페인트로 표시하여야 한다. 이것은 작업에 관련이 없는 보행자가 작업영역 밖으로 이동할 수 있도록 함으로써 사고를 미연에 방지하기 위한 안전조치이다.

안전은 모든 사람의 직무이며, 의사소통은 모든 사람의 안전을 보장하는 열쇠이다. 그러므로 정비사와 관리자는 자신의 안전과 자기 주변의 다른 작업자의 안전을 위해 주의를 기울여야 한다. 만약 불안전한 행동을 보이는 사람이 있다면, 안전하게 행동할 수 있도록 적극적으로 의사소통을 실시하여야 한다.

#### 9.1.1 전기안전(Electrical Safety)

##### 9.1.1.1 생리적 안전(Physiological Safety)

전기장치를 이용하여 작업하는 것은 신체적으로 감전의 위험을 가지고 있다. 그것은 전기가 인간의 신체에 접촉되어 감전이 되면, 중화상을 입을 수 있으며, 추가로 신경계통이 영향을 받아서 위험해지거나 또는 사망에 이를 수 있다.

그러므로 정비사는 전기의 원리에 대한 실용적인 지식을 통하여 안전한 작업과 손상방지를 위하여 전기를 안전하게 다룰 수 있는 능력을 갖추어야 한다.

적절한 안전보호 장구의 착용 또는 사용은 정신적인 안정감을 줄 뿐만 아니라 사용자를 육체적으로도 보호해 줄 수 있다. 고무장갑, 보안경, 고무매트(rubber met) 또는 접지안전매트(grounded safety mat) 등의 보호 장구 착용 및 사용은 전기관련 작업을 수행하거나 전기장치를 사용하는 정비사의 정신적인 안전에 기여한다.

전기안전에 영향을 주는 두 가지 요소로서는 전기에 대한 두려움과 자만심이 있다. 이들 두 가지 요소는 전기관련 사고의 주요한 원인이다. 전기장치에 대한 적당한 관심과 자신감은 필요한 것인 반면에 지나친 맹신이나 너무 자신감 넘치는 자만 등의 극단적인 행위는 치명적이 될 수 있다.

전기를 소홀히 다루는 것은 전기에 대한 지식의 부족에서 기인된다. 전기장치와 전기의 원리에 대한 지식이 없이 작업하는 사람은 전기장치를 안전하게 다루지 못하게 된다.

지나친 자신감을 의미하는 자만심은 사고를 부르며, 전기의 위험성을 고려하지 않고 작업하는 정비사는 감전의 위험에 노출될 수 있다.

#### 9.1.1.2 화재안전(Fire Safety)

전기를 발전하거나 송전할 때에는 언제나 전류는 흐르게 되는데 이때 열이 발생하게 된다. 전류가 더 많이 흐르면 흐를수록, 더 많은 열이 발생한다. 이 열이 너무 높아졌을 때, 과도한 전류와 과도한 열을 일으키는 단락(shorting)의 원인이 되어 전선에 있는 보호피막과 다른 전기장치를 녹일 수 있다.

전기화재를 방지하기 위해서는 전기 작업장 또는 전기장치 주변을 청결하게 유지하여야 하며, 불필요한 모든 가연성물질은 제거하여야 한다.

모든 전원코드, 전선 및 라인(line)은 꼬임(kink)과 구부러짐(bend)이 없는지 확인하여야 한다. 전선이나 코드(cord)는 사람이 다니는 통로 또는 다른 장비가 이동하는 통로에 절대로 놓아두어서는 안 된다. 전원코드 내에서 몇 가닥의 전선이 끊어지게 되면, 나머지 전선을 거쳐 지나가는 전류는 더욱 증가하게 되어 전선에 과도한 부하로 인하여 절연 피막보다 더 많은 열을 발생시켜서 화재를 유발시킬 수 있다.

전기장치의 상태를 면밀하게 관찰하여 손상된 장비는 수리하거나 교체하여야 한다.

### 9.1.2 고압가스 안전 (Safety around Compressed Gases)

그림 9-1의 질소 통 세트와 같이 안전하게 관리되고 있는 고압공기는 전기와 같은 훌륭한 도구이다. 다음은 고압가스 취급 시 주의사항이다.

- 공기호스(air hose)는 끊어지거나 닳은 곳은 없는지 주기적으로 검사하여야 하며, 문제가 있는 호스(hose)는 곧바로 교체하여야 한다.
- 호스 연결은 누설이 없는 상태로 유지하여야 한다.
- 수분이 응축되어 발생하는 물을 배출하기 위한 장치를 설치하여야 하며, 주기적으로 물을 배출시켜야 한다.
- 페인트(paint)를 분무를 위해 사용되는 공기는 기름이나 물 등이 제거될 수 있도록 여과되어야 한다.
- 절대로 손이나 작업복의 오염물질을 털어내기 위

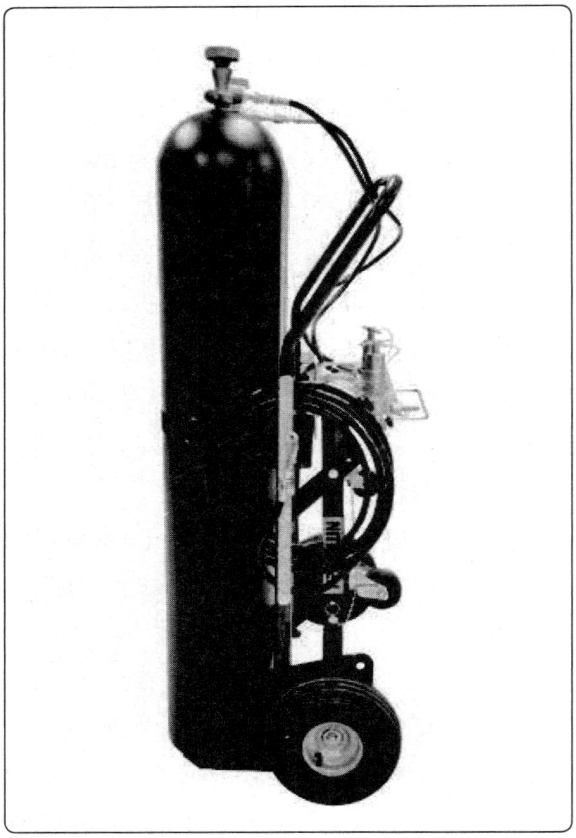

[그림 9-1] 전형적인 질소 통(nitrogen bottle)

하여 고압공기를 사용해서는 안 된다.

- 피부에 이물질이 박힐 수 있다.
- 절대로 다른 사람의 지역으로 고압공기를 분사해서는 안 된다.
- 작업이 종료되면 공기호스는 곧게 펴서 감아주고, 적절하게 보관하여야 한다.

고압가스에 의한 대부분의 사고는 항공기 타이어(tire)를 장착할 때 발생한다. 인명피해를 줄이기 위해서는 무거운 항공기 타이어를 장착하거나 장탈할 때에는 타이어 달리(tire dolly)와 같은 적절한 승강 장치나 장착장치를 사용하여야 한다.

일부 항공기의 경우, 휠(wheel)에서 타이어를 팽창시킬 때, 항상 타이어 안전대(tire cage guard)를 사용하는 경우가 있다. 인명피해의 가능성 때문에 고압력 타이어의 과도한 팽창을 방지하기 위하여 세심한 주의를 기울여야 한다. 타이어의 과팽창을 방지하기 위해서는 고압가스 통에 있는 압력조절기를 사용하여야 하며, 항공기에 장착된 타이어의 압력을 조절할 때에는 타이어 케이지(tire cage)를 사용할 필요는 없다.

### 9.1.3 위험물 안전 (Safety around Hazardous Materials)

항공기 정비작업현장에서는 항공기를 정비하고 부품을 수리하는 과정에서 다양하고 많은 화학물질을 취급한다.

화학물질의 대부분은 유해하고, 위험성이 있다는 것을 알면서도 이들을 잘 모르는 상태에서 취급 · 사용함으로써 중독과 화재 · 폭발 등이 발생해 사회적으로 문제를 유발하고, 인명과 재산을 잃는 경우가 많다.

이와 같은 문제를 사전에 예방하기 위해 1996년 7월 1일부터 우리나라 산업안전보건법에서 MSDS제도를 도입 · 시행하고 있었다. 그러나 화학물질에 대한 분류 및 표지가 국제적으로 일치되지 않아 발생할 수 있는 유통 과정의 혼란을 예방하기 위하여 UN에서 권고한 지침(Globally Harmonized System of Classification and Labelling of Chemicals)을 국내의 관련 제도에 반영하여 2013년 7월 1일부터 전면 시행하고 있다. 이에 따라 화학물질의 유해성 · 위험성 분류기준 및 경고표시(그림문자)도 그림 9-2와 같이 국제적인 기준으로 변경되었다.

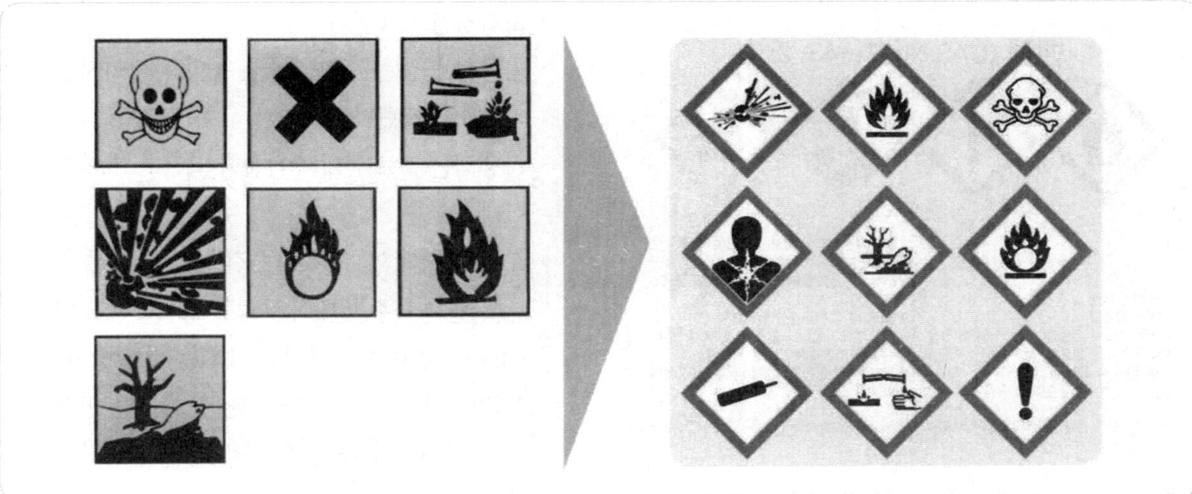

[그림 9-2] 화학물질의 유해성 · 위험성 분류기준 및 경고표시 (출처: 한국산업안전보건공단)

MSDS는 Material Safety Data Sheet의 약어로 우리말로는 '물질안전보건자료'라고 한다. 즉, MSDS란 화학물질의 유해, 위험성, 구성성분의 명칭 및 함유량, 응급조치요령, 취급방법 등을 설명해 주는 자료(Material Safety Data Sheet: MSDS)를 말한다. 우리가 의약품을 구입하면 그 성분 및 함량, 효능, 부작용 등을 알려주는 설명서가 있듯이 화학제품의 안전한 사용을 위한 정보자료가 바로 MSDS라 할 수 있다[그림 9-3].

화학물질을 취급하는 작업장에서는 화학물질별로 한글로 작성된 MSDS를 구비하여 작업자가 쉽게 볼

[그림 9-3] MSDS 의미 (출처: 한국산업안전보건공단)

수 있는 장소에 게시하거나 비치하여야 하며, MSDS를 참고하여 화학물질을 취급하는 작업공정별로 관리요령을 게시하여야 한다. 또한, 작업장에서 사용하는 화학물질을 담은 용기 및 포장에는 경고표지를 부착하여야 하며, 경고표지에 들어갈 내용은 그림 9-4와 같이 명칭, 그림문자, 신호어, 유해 · 위험문구, 예방조치 문구 및 공급자 정보 등이 포함되어야 한다.

아울러, 화학물질을 취급하는 작업자는 사용하는 화학물질에 대하여 취급하기 전에 해당 화학물질의 유해성 · 위험성, 취급상의 주의사항, 적절한 보호구 및 사고발생시 대처방법 등에 대한 MSDS 교육을 반드시 이수하여야 하고, 화학물질을 소분용기에 덜어서 사용하는 경우 소분용기에 경고표지를 부착하여야 하며, 작업공정별 관리요령을 준수하면서 작업하여야 한다. 또한, 화학물질을 취급하기 전에 MSDS에서 제시한 적절한 개인보호구를 착용하여야 하고, 화학물질 취급으로 건강이상이 발생하는 경우에는 사업주에게 즉시 보고하여 조치를 받아야 한다.

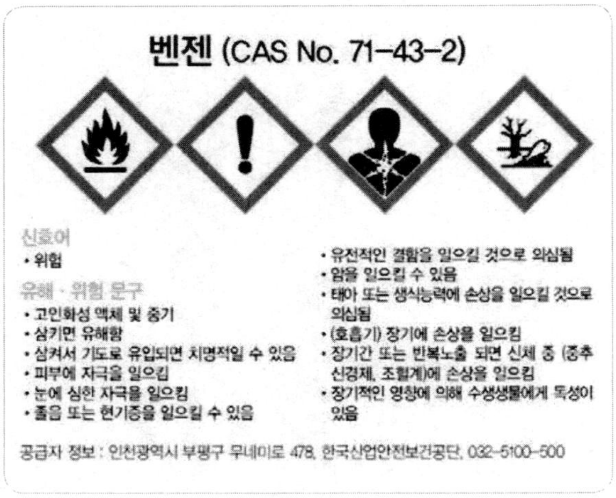


[그림 9-4] 경고표지 사례 (출처: 한국산업안전보건공단)

### 9.1.4 공작기계 안전 (Safety around Machine Tools)

일부 작업장에서 사용하는 선반(lathe), 드릴(drill press), 연삭기(grinder) 및 밀링(milling) 등의 공작기계에 의하여 발생하는 사고는 일반 작업장에서 발생하는 불안전한 작업에 의한 사고보다 적지만 기계의 가동부분에 접촉하여 발생하는 상해는 불구로 만들거나 치명적일 수 있으므로 작업자는 작업 시 항상 주의하여야 한다.

#### 9.1.4.1 드릴작업(Drilling)

드릴작업은 구멍을 뚫거나 넓히는 작업으로서 발생하는 대부분 상해는 신체가 드릴(drill)이나 스핀들(spindle)과 접촉되어 일어난다. 또한 드릴이 부러지거나 튕겨 나와서 상해를 입는 경우가 있으며, 헐거운 의복이 기계에 감겨 들어가서 작업자가 중상을 입는 수도 있다. 다음의 예방책은 상해를 줄여줄 수 있다.

- 보안경을 착용한다.
- 가공할 물품은 구멍을 뚫는 동안 움직이지 않도록 적절히 고정한다.
- 사용되는 재료에 대해 적절한 회전수(rpm)를 설정한다.
- 드릴 절삭면의 길이보다 깊은 구멍을 뚫을 때에는 드릴을 자주 빼내어 구멍을 청소하여 드릴이 칩(chip)에 걸려 움직이지 않게 되는 것을 방지한다.
- 드릴이 박혀서 움직이지 아니할 때에는 먼저 드릴을 정지시켜야 하며, 드릴을 빨리 멈추려고 회전 중인 척(chuck)을 손으로 잡아서는 안 된다.
- 작업이 끝나면 깨끗하게 청소하여야 한다.

#### 9.1.4.2 선반작업(Lathing)

선반은 재료를 회전시켜 고정된 절삭공구로 형성을 하는 기계이다. 선박작업은 원통형(cylinder)의 내경과 외경을 절삭 가공하는 작업으로서 가공할 때 깎여진 쇳조각이 튀거나 연속하여 나선형으로 나오는 쇳조각이 팔이나 신체에 감기는 위험성이 있다. 다음의 예방책은 상해를 줄여줄 수 있다.

- 보안경을 착용한다.
- 절삭공구(cutting tool)는 예리하게 갈아서 사용한다.
- 선반의 고정상태 및 가공물의 설치 조임 상태를 확인한다.
- 손으로 척(chuck)을 멈추는 시도는 하지 않는다.
- 선반에 공구를 놓지 않는다. 선반 작동 중에 공구가 튕겨나갈 수 있다.
- 가공물을 측정할 때에는 선반작동을 멈춘다.
- 절삭 작업 시 반드시 냉각액을 사용해야 한다.

- 회전 절삭 중 칩(Chip)을 제거할 때는 손으로 제거하지 말고 제거용 공구를 사용한다.

### 9.1.4.3 밀링작업(Milling)

밀링머신(milling machine)은 회전하는 절삭공구에 가공물을 이송하여 원하는 형상으로 가공하는 공작기계이며, 이때 절삭공구를 밀링 커터라고 한다.

다음의 예방책은 상해를 줄여줄 수 있다.

- 보안경을 착용한다.
- 작업을 시작하기 전에 기계가 깨끗하고 쇳조각, 흠집, 쇳가루가 없는가를 확인한다.
- 재료는 심(shim), 블록(block) 및 클램프(clamp)를 사용하여 고정시킨다.
- 작업에 적당한 직경의 커터(cutter)인가를 확인하여 주의 깊게 선택하여야 하며 지나치게 큰 커터를 사용하는 것은 피한다.
- 재료를 절삭 중에 기계의 속도와 이송(feed) 비율을 변경하여서는 안 된다.
- 회전하는 커터(cutter) 밑으로 재료를 되돌아 나오게 할 때에는 그 전에 테이블(table)을 낮게 한다.
- 재료를 고정시키는 클램프(clamp)나 볼트(bolt)가 축이나 커터(cutter)에 닿지 않을 정도의 낮은 위치에 있는가를 확인한다.

### 9.1.4.4 연삭작업(Grinding)

연삭기(grinder)는 숫돌바퀴를 고속으로 회전시켜 일감의 원통 면이나 평면을 극히 소량으로 절삭하는 정밀 공작기계이다. 연삭기는 작업자가 연마작업 중 손이 말려들어가게 하거나 연삭 분진이 들어가 다치게 하는 경우가 있으며, 숫돌이 깨어지면 아주 큰 부상을 입게 된다. 연마작업에는 많은 위험성이 있으므로 설정된 안전기준을 엄격하게 지키는 것이 작업자에 대한 상해, 장비 및 자재에 대한 손해를 방지할 수 있다.

다음의 예방책은 상해를 줄여줄 수 있다.

- 비록 연삭기(grinder)가 연삭분진이 튀어나오는 것을 방지하기 위하여 숫돌 전면에 깨지지 않는 투명의 실드(shield)가 설치되었다 하더라도 보안경을 착용한다.
- 사용하기 전에 숫돌에 결함이 없는지 검사한다.
- 측면을 사용하는 것을 목적으로 하는 것 이외의 숫돌은 측면을 사용하지 않는다.
- 플랜지(flange)는 직경 및 접촉폭 등 구조규격이 적합하여야 하며, 직경은 최소한 숫돌지름의 1/3 이상이 되어야 한다.
- 작업 중에 숫돌이 깨어졌을 때 파편이 튀어 나가지 않도록 숫돌의 2/3를 덮을 수 있는 견고한 금속제 커버(cover)를 설치한다.

### 9.1.4.5 용접작업(Welding)

용접작업(welding)은 지정된 장소에서만 수행되어야 한다. 용접하고자 하는 부품은 가급적 항공기로부터 장탈하여 용접 작업장에서 이루어지도록 하여야 한다.

용접 작업장은 적절한 테이블(table), 환기시설, 공구 보관소 및 화재예방과 소화 장비 등이 갖추어져 있어야 한다.

항공기에서의 용접은 가급적 외부에서 수행되어야 하는데, 격납고(hangar) 안에서 수행할 경우에는 다음과 같은 안전수칙을 준수하여야 한다.

- 용접하는 동안에는 연료탱크를 열지 말아야 하며, 연료계통의 작업은 중단되어야 한다.
- 용접하는 동안 페인트 작업은 중단되어야 한다.
- 용접하는 동안 35피트[feet] 이내에 다른 항공기가 있지 않아야 한다.
- 용접작업 주변에 가연성물질은 없어야 한다.
- 용접 자격이 있는 작업자만이 용접작업을 수행하여야 한다.
- 용접작업 주변은 밧줄을 쳐서 외부로부터 차단하고, 용접작업 중임을 표시하여야 한다.
- 적정한 소화 장비를 비치하여야 한다.
- 용접작업 주변에서 화재감시를 훈련시켜야 한다.
- 비상시 즉시 항공기를 대피시킬 수 있도록 장애가 될 수 있는 것을 제거하고 당해 항공기에 견인 트랙터(tow tractor)를 연결하고 운전자를 승차시켜 놓아야 한다. 이 때 항공기의 파킹 브레이크(parking brake)는 풀어놓는다. 또한, 격납고 문(hangar door)은 열려져 있어야 한다.

## 9.2 운항정비 안전(Flight Line Safety)

### 9.2.1 청력보호(Hearing Protection)

비행대기선(flight line)은 위험에 노출되어 있는 지역으로서 운항정비사는 주변을 지속적으로 경계하면서 작업을 수행하여야 한다.

운항정비지역에서 소음은 수많은 곳에서 들어온다. 항공기 소음은 여러 소음의 근원 중 하나이며, 보조동력장치(Auxiliary Power Unit), 연료트럭, 수화물 취급 장비 등에서 발생하는 소음들이 있다. 대다수 음향은 여러 가지 파장으로 이루어져 있으며, 이러한 파장이 함께 섞여서 발생하는 소음은 계류장(ramp)과 비행대기선(flight line)에서 작업하는 운항정비사의 청력을 상실하게 하는 원인이 될 수 있다.

소음수준을 안전한 수준으로 감소시키기 힘든 경우, 개인의 청력보호를 위해 여러 가지 보호구를 사용하여야 한다. 또한, 공압 드릴, 리벳 건(rivet gun) 등과 같은 큰 소음을 유발하는 공구나 기계류를 사용하여 작업할 때에도 보호구를 착용해야 한다.

청력보호 장구 유형에는 소모성 및 재사용 가능 귀마개, 맞춤(custom-fitted) 귀마개, 귀 덮개(ear muff) 등이 있다. 특히, 귀 덮개는 귀마개보다 높은 수준의 일관된 차음 효과를 얻을 수 있고 같은 크기의 귀 덮개를 대부분 작업자들이 사용할 수 있다. 귀에 염증이 있는 경우에도 사용할 수 있으며 크기가 커서 사용 여부를 확인하기가 쉽다.

### 9.2.2 외부 이물질에 의한 손상 (Foreign Object Damage(FOD)

이물질에 의한 손상(FOD, foreign object damage)은 항공기, 사람, 장비 등에서 떨어진 물체에 의해 일으키는 손상을 말한다. 이러한 떨어진 물체는 활주로에서 깨진 콘크리트 조각에서부터 작업장에서 사용하는 걸레(shop towel), 안전결선(safety wire)까지 다양하다.

FOD를 방지하기 위해서는 계류장(Ramp)과 운영지역을 깨끗하게 유지하여야 한다. 또한 공구관리 프로그램을 갖추고, 사용하고 남은 하드웨어(hardware), 걸레 및 기타 소모품들을 보관할 수 있는 별도의 저장 공간을 마련해야 한다.

최신의 가스터빈엔진(gas turbine engine)은 엔진 흡입력에 의하여 바닥에 떨어진 이물질들을 빨아들이며, 엔진 배기가스 또한 엔진 후방으로 이물질들을 먼 거리까지 다른 물체에 손상을 줄 만큼 강력하게 불어낸다.

FOD 프로그램의 중요성은 엔진 및 부분품 등의 손상에 따른 비용발생뿐만 아니라 사람의 생명까지도 위협하므로 지나친 강조가 아닐 수 없다. 그러므로 정비사는 터빈엔진(turbine engine)의 공기흡입구(intake) 주변에 공구와 기타 물품들을 방치하지 않도록 주의하여야 한다.

### 9.2.3 비행기 안전(Safety around Airplanes)

이전에 설명한 것과 같이 프로펠러의 위험성을 인식하는 것은 매우 중요하다. 활주(taxiing) 중인 항공기의 조종사가 정비사를 비롯한 사람들을 보고 피해갈 것이라는 생각은 착각이다. 그러므로 정비사는 계류장에 있을 때는 조종사를 잘 볼 수 있는 위치에 있어야 한다.

터빈엔진의 공기흡입구와 배기부분 또한 매우 위험한 지역이므로 항공기가 작동 중인 부근에서는 절대로 금연하여야 하며, 인화성 물질을 소지해서도 안 된다. 항공기 외피(skin)에 유해한 액체류의 누설 흔적은 없는지 확인하여야 한다. 항공기 주변에서 지상 장비를 작동할 때에는 항공기와의 간격을 적절히 유지하고 장비가 항공기 쪽으로 굴러가지 않도록 고정하여야 한다. 항공기 기동지역에 있는 모든 물품은 외부에 노출되지 않게 적당하게 보관되어야 한다.

### 9.2.4 헬리콥터 안전(Safety around Helicopters)

헬리콥터(helicopter)는 형식에 따라 다르다. 그러므로 정비사는 헬리콥터의 손상과 부상을 방지하기 위하여 서로 다른 헬리콥터의 특성을 숙지하여야 한다. 블레이드(blade)가 회전하고 있는 상태에서 회전날개 중심대(rotor head)와 날개깃(blade)의 수평 확인을 위하여 헬리콥터에 접근하게 되는데 이때 다음사항을 준수하여야 한다.

- 조종사(pilot)가 볼 수 있는 시야에서 헬리콥터에 접근한다.
- 블레이드를 칠 수 있는 높은 물체는 헬리콥터에 절대로 접근하지 않는다. 이것은 블레이드 손상과 인명상해의 원인이 될 수 있다.
- 단식 회전날개(single-rotor) 헬리콥터에서는 절대로 후방에서 접근하지 않는다. 꼬리회전날개(tail rotor)는 작동 시에는 눈에 잘 띄지 않는다.
- 헬리콥터의 한쪽에서 다른 반대쪽으로 이동할 때에는 절대로 꼬리(tail)쪽으로 돌아가면 안 되며, 반드시 헬리콥터의 기수(nose) 주위로 돌아가야 한다.
- 헬리콥터(helicopter) 회전날개(rotor)의 탄성 베어링의 장착 상태는 정비매뉴얼에 따라 적절한 방법으로 점검하여야 한다. 잘못된 방법을 적용할 경우에는 베어링을 손상시킬 수 있다.

### 9.2.5 화재안전(Fire Safety)

항공기와 장비품등을 정비할 때 열을 발산하는 공구와 장비, 가연성액체와 폭발성액체 및 가스뿐만 아니라 불꽃(spark)을 일으킬 수 있는 전동공구(electrical tool) 등을 사용하는 이유로 화재발생 가능성이 높다. 이러한 화재발생을 방지하기 위해서는 화재의 근원을 찾아내고 화재를 진압하기 위한 대책을 갖추어야 한다.

화재안전의 열쇠는 화재를 일으키는 것이 무엇인지, 어떻게 예방할 것인지, 그리고 어떻게 소화할 것인지에 대한 지식을 갖는 것이다. 이러한 지식은 현장 안전교육 등을 통하여 정비사에게 주입시키고, 화재진압 훈련 등을 통하여 숙달되게 하여야 한다.

격납고, 작업장 및 항공기 계류지역 등에서의 화재진압 훈련 등은 공항 소방대 또는 인근지역 소방서의 협조를 얻어서 실시할 수 있다.

## 9.3 화재예방(Fire Protection)

### 9.3.1 화재 발생요소(Requirements for Fire to occur)

화재가 발생하기 위해서는 열(heat), 연료(가연물), 및 산소(oxygen) 등 3가지 조건이 필요하다. (1) 열은 가연물과 접촉하게 되면 가연성 증기를 생성하고 발화를 위한 필요한 에너지를 제공하여 화재를 발생시키고 (2) 가연물(fuel)은 산소(oxygen)와 결합하여 열을 내며 연소하게 되며, (3) 산소(oxygen)는 지속적인 연소가 이루어지도록 화재를 촉진하게 한다. 그림 9-5와 같이이들 세 가지 요소 중 어느 하나를 제거하면 화재는 발생하지 않으며, 화재 또한 진압할 수 있다.

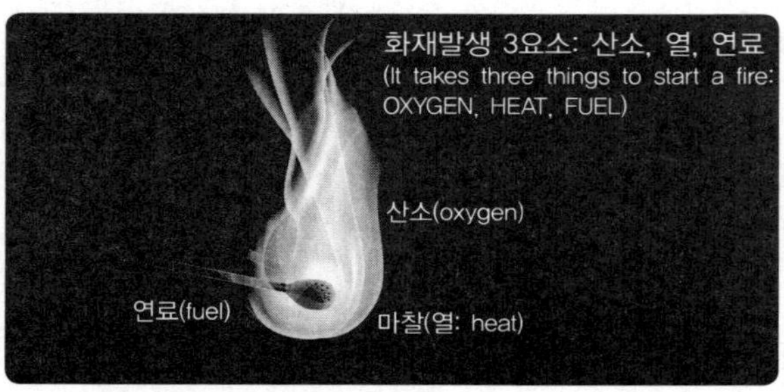


[그림 9-5] 화재의 3요소

### 9.3.2 화재의 분류(Classification of Fires)

상용목적으로 국제화재방지협회(NFPA, national fire protection association)에서는 A급(Class A), B급(Class B) 및 C급(Class C)으로 세 가지 기본적인 유형으로 화재를 분류하였다.

(1) A급 화재(Class A Fires)

A급 화재는 연소 후 재를 남기는 화재로서 나무, 섬유 및 종이 등과 같은 인화성물질에서 발생하는 화재이다.

(2) B급 화재(Class B Fires)

B급 화재는 가연성액체 또는 인화성액체인 그리스(grease), 솔벤트(solvent), 페인트(paint) 등의 가연성석유제품에서 발생하는 화재이다.

(3) C급 화재(Class C Fires)

C급 화재는 전기에 의한 화재로서 전선 및 전기장치 등에서 발생하는 화재이다.

정비사가 숙지하여야 하는 네 번째 화재 유형은 D급 화재(Class D Fire)로서 활성금속에 의한 화재로 정의된다. D급 화재는 A급, B급 및 C급 화재에 의해서 발생하기 때문에 국제화재방지협회는 화재의 기본적인 유형 및 범주에는 포함시키지 않았다.

일반적으로 D급 화재는 마그네슘(magnesium) 또는 항공기 휠(wheel)과 제동장치에 연루되거나 작업장에서 부적절한 용접작업 등에 의해 발생한다.

이러한 유형의 화재들은 항공기 정비를 수행하거나 작동 중에 언제라도 발생할 수 있으므로 화재의 유형에 적합한 소화기에 대하여 이해할 필요가 있다.

### 9.3.3 소화기의 종류(Types and Operation of Shop and Flight Line Fire Extinguishers)

물소화기(water extinguisher)는 A급 화재에 가장 적합하다. 물은 연소에 필요한 산소를 차단하고, 가연물을 냉각시킨다.

대부분 석유제품은 물에 뜨기 때문에 B급 화재에 물소화기 사용은 바람직하지 않다.

전기적인 화재에 물소화기를 사용할 경우에는 세심한 주의가 요구된다. 화재지역의 모든 전원은 제거 및 차단시켜야 하며, 축전기(capacitor), 코일(coil) 등의 잔류전기에 의한 감전의 위험성을 주의하여야 한다.

D급 화재에 물소화기를 사용해서는 절대로 안 된다. 금속은 매우 높은 고온에서 연소하므로 물의 냉각효과는 금속의 폭발을 유발할 수 있다.

물소화기의 조작방식은 수동펌프의 연속동작에 의한 수동식, 탄산가스 펌프를 사용하는 가압식과 용기 자체에 공기 또는 압축가스가 축압되어 있는 축압식 등이 있다.

그림 9-6과 같은 이산화탄소소화기(CO2, carbon dioxide, extinguisher)는 가스의 질식작용에 의하여 소화되기 때문에 A급, B급 및 C급 화재에 사용한다. 또한 물 소화기처럼 이산화탄소는 가연물을 냉각시킨다.

D급 화재에는 이산화탄소 소화기를 절대로 사용해서는 안 된다. 물소화기처럼 이산화탄소(CO2)의 냉각효과는 고온금속의 폭발을 유발하기 때문이다.

CO2 소화기를 사용할 때에는 소화기의 모든 부분이 심하게 냉각되며, 사용 후에도 냉각상태가 유지되므로 동상과 같은 냉해(cold injury)를 예방하기 위하여 보호 장구를 착용하거나 예방책을 강구하여야 한다.

협소한 밀폐된 공간에서 CO2 소화기를 작동할 때에는 세심한 주의가 요구된다. 연소에 필요한 산소를 차단할 뿐만 아니라 산소의 농도를 저하시키므로 사용자의 질식 우려가 있기 때문이다. 일반적으로 CO2 소화기는 용기 내에 자체가스압력으로 분출할 수 있는

[그림 9-6] 이산화탄소 소화기
(Carbon dioxide fire extinguisher)

소화기이다. 자체분출방법을 이용한다. 이것은 CO2를 자체분출 할 수 있는 충분한 압력을 갖고 있다는 것을 의미한다.

할로겐화탄화수소(halogenated hydrocarbon) 소화기는 B급과 C급 화재에 가장 효과적이다. 일부 A급 화재와 D급 화재에도 사용할 수 있지만 효과적이지는 못하다.

할로겐 화합물은 냉매, 세정제, 발포제, 분사추진제, 용재 및 소화제로서 널리 사용되고는 있다. 단점으로는 일부 할로겐화합물이 오존층을 파괴를 하고 지구온난화를 촉진을 하는 물질로서 알려지게 되면서 지구환경을 보호를 하려는 국제협약, 즉 오존층을 파괴를 하는 물질에 관한 몬트리올 협정서에 의해서 규제물질로서 판명이 되어 선진국은 1994년 이후, 개발도상국의 경우 2003년부터 생산 및 사용을 중지하였으며, 일부 생산 및 사용을 유예하고 있다. 그러나 할로겐 소화약제의 경우 동등 이상의 소화효과 및 안전성이 확보가 된 소화약제가 개발되어 있지 않아 이 할론 소화기를 유효하게 사용을 하는 것이 필요하게 되며, 이미 설치가 된 경우 대기 중에 함부로 방사가 되지 않도록 하는 것이 매우 중요하다.

분말소화기는 B급 화재와 C급 화재에도 사용 가능하지만 D급 화재에 가장 효과적이다. 중탄산칼륨, 나트륨, 인산염 등을 화학적으로 특수 처리하여 분말 형태로 소화 용기에 넣어 가압 상태에서 보관되어 있으므로 소화기 사용 후 잔류분말이 민감한 전자 장비 등에 손상을 줄 수 있기 때문에 금속화재를 제외한 항공기 사용에는 권고되지 않는다.

### 9.3.4 소화기의 검사 (Inspection of Fire Extinguishers)

소화기는 주기적으로 점검표를 활용하여 점검하여야 하며, 점검표가 없는 경우에는 최소한 다음과 같은 사항들을 점검하여야 한다.

- 화재유형에 적합한 소화기가 적정한 장소에 비치되어 있는지
- 안전 씨일(safety Seal)이 파손되지 않았는지
- 모든 외부 오물과 녹은 제거되었는지
- 게이지 또는 계기가 작동 가능한 범위를 지시하는지
- 적정한 무게를 유지하고 있는지
- 노즐(nozzle)에는 막힘이 없는지
- 손상(damage) 등이 없는지

공항소방서(fire department) 또는 인근지역의 소방서를 통해 소화기 점검표를 구할 수 있으며, 소화기의 수리 및 교체 등에 대해서도 자문을 받을 수 있다.

### 9.3.5 소화기 식별 (Identifying Fire Extinguishers)

소화기는 화재의 등급에 따라 적합함을 인증하기 위하여 표식이 되어 있어야 한다. 그림 9-7과 같은 표식들은 소화기와 소화기가 위치되어 있는 부근의 눈에 잘 띄는 곳에 부착되어야 한다. 특히 소화기 보관 장소의 표식과 실제 소화기의 표식과 동일한지 주의를 기울여야 한다. 즉, 소화기의 위치에 B급 화재로 표식이 되어있다면 실제 소화기도 B급 화재에 적정한 것인지 확인하여야 한다.

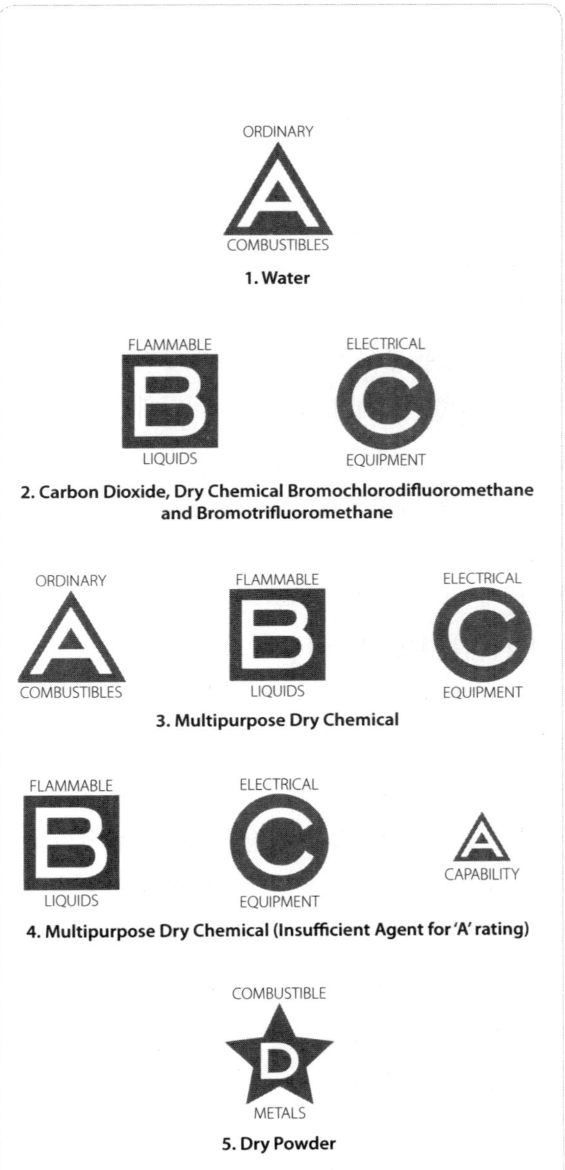


[그림 9-7] 일반적인 소화기 표식 (extinguisher markings)

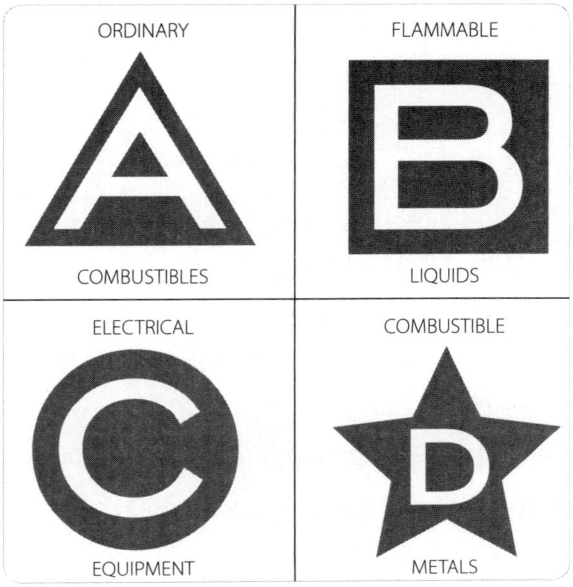


[그림 9-8] 소화기 유형별 위치식별(Identification of fire extinguisher type location)

표식은 데칼(Decal)과 같은 전사인쇄(decalcomania) 또는 페인팅(painting) 같은 방법으로 만들어지는데 인식이 용이하여야 하며, 부착되는 장소에 따라 내구성도 있어야 한다. 예를 들어, 옥외에 부착하는 표식은 격납고 또는 사무실내에 부착되는 표식보다 더 큰 내구성이 요구된다.

소화기 표식의 위치는 소화기 곡면의 정면에 있는 표찰 위 또는 아래에 부착되어야 한다. 표식은 충분히 커야하고 쉽게 눈에 띄는 형태로서 최소 3피트의 거리에서 보통 시력으로 식별할 수 있어야 한다.

### 9.3.6 소화기 사용(Using Fire Extinguishers)

소화기를 사용하기 전에 화재등급에 적합한지 확인하여야 한다. 대부분 소화기는 안전핀(pin)을 뽑고 손잡이(handle)를 움켜주면 소화액이 분사된다. 화점에서 8피트 정도 떨어져서 손잡이를 움켜쥐고 화재가 소화될 때까지 좌우로 쓸어주듯이 소화액을 분사한다.

## 9.4 계류절차(Tie-down Procedures)

### 9.4.1 항공기 계류를 위한 준비 (Preparation of Aircraft)

항공기는 갑작스러운 강풍으로부터 파손을 방지하기 위하여 매 비행종료 후에는 계류시켜야 한다. 항공기의 주기와 계류시킬 방향은 예상되는 풍향에 의해 결정된다.

항공기는 주기구역(parking area)의 고정 계류지점의 위치에 따라 가능한 정풍으로 향하게 하여야 한다. 그림 9-9와 같이 항공기 계류의 공간은 날개 끝 간격을 유지하여야 한다. 항공기 계류위치가 정해지면 전후 위치에서 전륜(nose-wheel) 또는 후륜(tail-wheel)을 고정시켜야 한다.

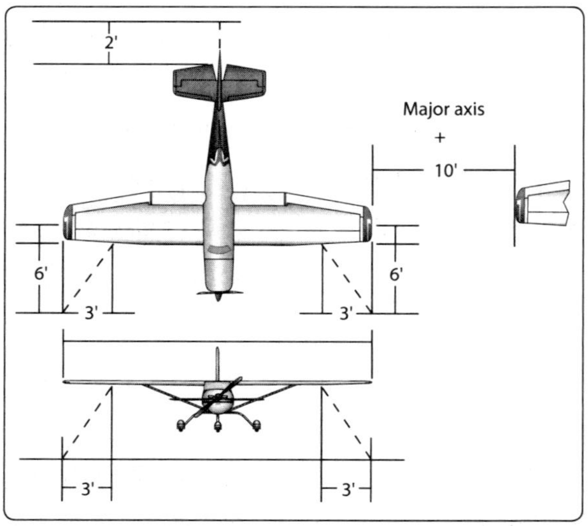


[그림 9-9] 계류간격 다이어그램(Diagram)

## 9.5 육상기 계류절차 (Tie-down Procedures for Land Planes)

### 9.5.1 경량항공기 고정 (Securing Light Aircraft)

경량항공기는 대부분 고정을 목적으로 하는 경우 항공기의 계류고리(tie-down ring)에 로프(rope)로 묶어주는 방법을 많이 사용한다. 로프가 더 이상 느슨해지지 않는 점까지 미끄러질 경우 버팀대를 구부릴 수도 있기 때문에 양력 버팀대(lift strut)에 묶어서는 안된다. 마닐라 로프(manila rope)는 젖으면 수축되기 때문에 약 1인치 정도 유격이 있게 느슨하게 묶어야 한다. 그러나 너무 느슨하면 항공기를 갑작스럽게 움직이게 하는 원인이 된다.

계류 로프(tie-down rope)는 매듭을 지어 고정한다. 그림 9-10과 같이 보우라인 (bowline)매듭과 같은 미끄럼방지매듭(anti-slip knot)은 빠르게 묶고 쉽게 풀어낼 수 있는 방식이다. 계류장치(tie-down fitting)가 없는 항공기는 제작사의 지침에 따라 고정시켜야 한다. 고익 단엽기(high wing monoplane)에서는 버팀대(strut)의 바깥 쪽 끝에 묶어야 하고, 제작자가 장치하지 않았을 경우에는 구조 강도가 허용된다면 적당한 고리장치를 설치하여야 한다.

### 9.5.2 대형항공기 고정(Securing Heavy Aircraft)

대형 항공기의 일반적인 계류절차는 로프 또는 케이블 계류(cable tie-down)방식을 쓰고 있다. 이러한 계류방법들은 예상되는 기상조건에 의해 결정된다.

대부분 대형 항공기는 항공기를 고정시킬 때 조종면이 움직이지 않도록 서로 맞물리게 하거나 또는 고정

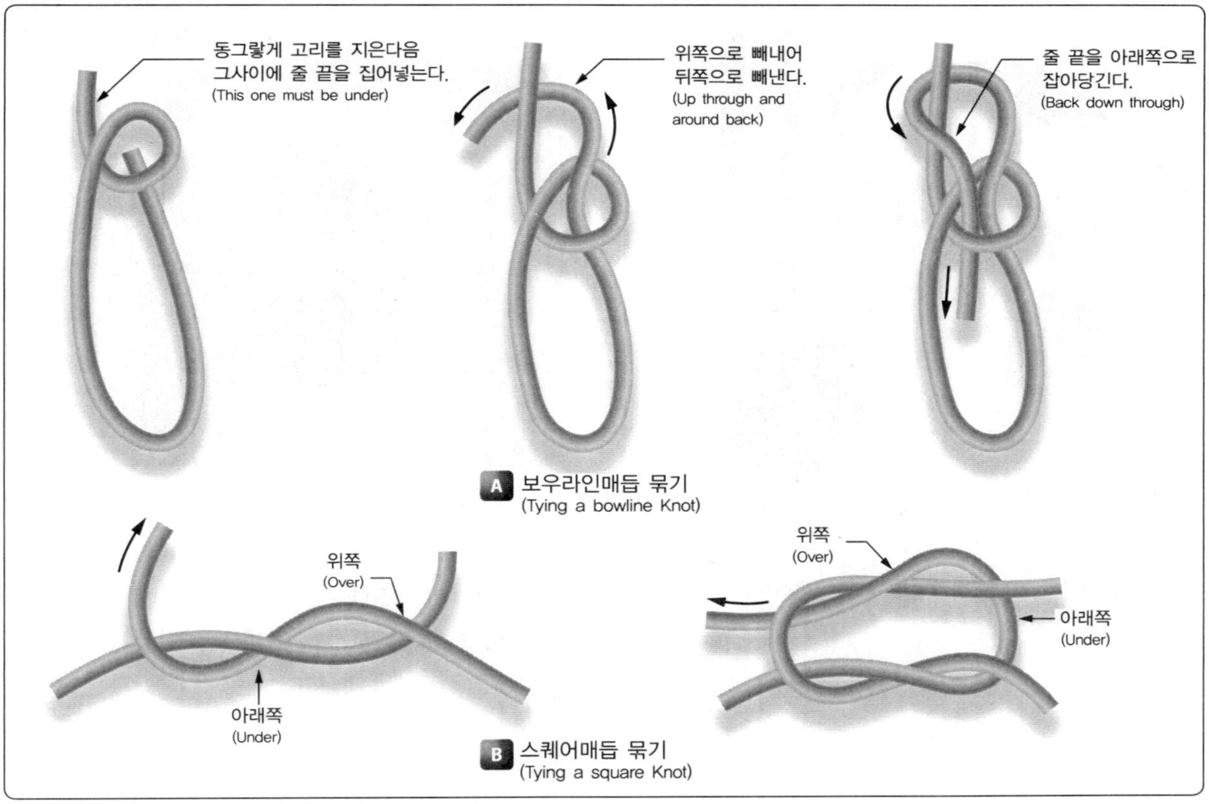


[그림 9-10] 항공기 타이 다운(tie-down)에 일반적으로 사용되는 매듭

장치를 사용한다. 조종면을 고정시키는 방법은 항공기 형식에 따라 다르므로 고정장치의 장착이나 서로 맞물리게 하는 절차에 대해서는 제작사 매뉴얼을 참조하여야 한다. 태풍이 예상될 경우에는 조종면의 손상을 방지하기 위하여 배튼(batten)을 장착하기도 한다. 그림 9-11은 4곳의 대형항공기 계류지점을 보여주고 있다.

일반적인 대형 항공기의 계류절차는 다음과 같다.

(1) 가능하면 비행기의 기수는 언제나 바람이 부는 방향으로 향하게 한다.

(2) 조종면을 고정하고, 모든 커버(Cover)와 가드(Guard)를 장착한다.

(3) 그림 9-12와 같이 모든 바퀴의 전·후방에 고임목(chock)을 고인다.

(4) 비행기 계류 루프(tie-down loop)와 계류앵커(tie-down anchor) 또는 계류말뚝(tie-down stake)에 계류 릴(tie-down reel)을 부착시킨다. 일시적인 계류일 경우에도 계류말뚝을 사용한다. 만약 계류 릴이 없을 경우에는, 1/4인치 와이어케이블(wire cable) 또는 1/2인치 마닐라선(manila line)을 사용한다.

[그림 9-11] 일반적인 계류지점(tie-down points)

## 9.5.3 수상기 계류절차 (Tie-down Procedures for Seaplanes)

수상비행기(seaplane)는 날씨가 좋으면 부표(buoy)에 묶어 놓거나 선착장(dock)에 계류할 수 있다. 기상에 따라 발생되는 파도는 선착장에 계류되어 있는 수상비행기를 갑자기 아래위로 움직이고, 요동치게 하면서 항공기 파손을 일으킬 수 있다.

갑작스런 태풍경보로 항공기를 태풍권역 밖으로 이동시키지 못한 경우에는 항공기를 침몰시키거나 항공기 일부분이 물에 잠길 수 있다. 그러므로 항공기는 앵커(anchor)에 안전하게 묶어놓아야 하며, 육지에 계류된 수상비행기는 항공기 아래쪽을 묶어주고 추가로 플로트(float)에 물을 채워서 태풍에 대비하여야 한다.

악천후가 지속되는 경우에는 가급적 물에서 수상비행기를 건져내어 육상비행기와 동일한 방식으로 계류

[그림 9-12] 바퀴(wheels) 전후방 고임목 설치

시켜야 한다. 육지에 계류시키는 것이 불가능할 경우에는 바람과 파도로부터 격리된 지역에 정박시켜야 한다.

## 9.5.4 설상기 계류절차 (Tie-down Procedures for Ski Planes)

설상기(ski plane)는 계류 장치들을 활용할 수 있다면 육상비행기와 동일한 방식으로 계류할 수 있다.

스키가 장비된 비행기는 데드맨(dead-man)이라고 부르는 장치를 이용하여 빙설에 고정할 수 있다. 데드맨은 로프에 묶여 눈(snow) 또는 얼음고랑에 묻는 파이프 및 통나무 조각등과 같은 주변에 있는 물품들이다. 고랑을 눈으로 덮을 때 로프의 끝단이 젖지 않도록 주의하여야 한다. 가능하면 고랑에 물을 부어주고 물이 얼었을 때 얼지 않은 로프의 끝으로 항공기를 묶어준다.

스키가 장비된 항공기의 운영자는 때로는 스키 주변을 부드러운 눈으로 덮어주고 물을 뿌려 스키를 얼어

붙게 한다. 이러한 방법은 폭풍으로부터 항공기 손상을 방지하는 데 있어서 통상적인 계류절차보다 더욱 효과적이다. 그러나 항공기를 이동시킬 때에는 스키가 지면에 계속 얼어붙어있지 않은지 주의를 기울여 확인하여야 한다.

### 9.5.5 회전익항공기 계류절차 (Tie-down Procedures for Helicopters)

다른 항공기와 마찬가지로 헬리콥터는 태풍 등으로부터 발생할 수 있는 구조적 손상을 방지하기 위하여 고정시켜야 한다.

헬리콥터는 가급적 격납고에 정치되어야 한다. 만약 옥외에 정치될 경우에는 단단히 계류되어야 한다. 계류된 헬리콥터는 약 65[mph]의 풍속에서도 견딜 수 있다. 헬리콥터는 돌풍(tornado)이나 폭풍(hurricane)이 예상될 경우에는 안전한 지역으로 이동시켜야 한다. 또한, 날아다니는 물체나 주변의 나무에서 부러져서 떨어지는 큰 가지 등에 의해 손상되지 않도록 장애물이 없는 장소에 계류시켜야 한다.

옥외에 헬리콥터가 주기된 상태에서 폭풍이 예상된다면 주 회전날개 블레이드(main rotor blade)를 결박시켜야 한다. 헬리콥터 유형별 상세한 고정 및 계류절차는 해당 제작사의 정비교범에서 찾아 볼 수 있다. 그림 9-13과 같이 헬리콥터를 계류하는 방법은 기상상태, 지상에서의 주기되는 시간, 주기장소 및 항공기 특성에 따라 다르다. 헬리콥터를 고정시키는 장치에는 고임목(wheel chock), 조종 잠금장치(control lock), 계류로프(rope tie-down), 계류덮개(mooring cover), 끝단 씌우게(tip sock), 계류 어셈블리(tie-down assembly), 주기 제동장치(parking brake) 및

[그림 9-13] 헬리콥터 계류(mooring)

회전날개 제동장치(rotor brake) 등이 사용된다.

일반적인 계류절차는 다음과 같다.

- 최대풍속 또는 돌풍(gust)이 예상되는 방향으로 헬리콥터를 향하게 한다.
- 헬리콥터는 타 항공기로부터 로터 스팬(rotor span)거리보다도 약간 더 멀리 거리를 두고 배치한다.
- 바퀴가 있는 헬리콥터는 바퀴의 전 · 후방에 고임목을 고인다.
- 스키드(skid)를 장비하고 있는 헬리콥터는 지상이동바퀴(ground handling wheel)를 접어 넣어 헬리콥터가 스키드 위에 얹혀 있도록 낮추고, 바퀴위치 자물쇠(wheel position lock-pin)를 장착하거나 지상이동바퀴를 떼어놓는다. 지상이동바퀴는 항공기 안쪽에 고정시키거나 격납고 안 또는 저장소에 고정하여 보관하여야 한다.

그림 9-14와 같이 헬리콥터 제작사에 의해 규정된 것처럼 회전날개를 동체에 일직선으로 맞추고, 결박 어셈블리(tie-down assembly)를 장착한다. 습한 날씨

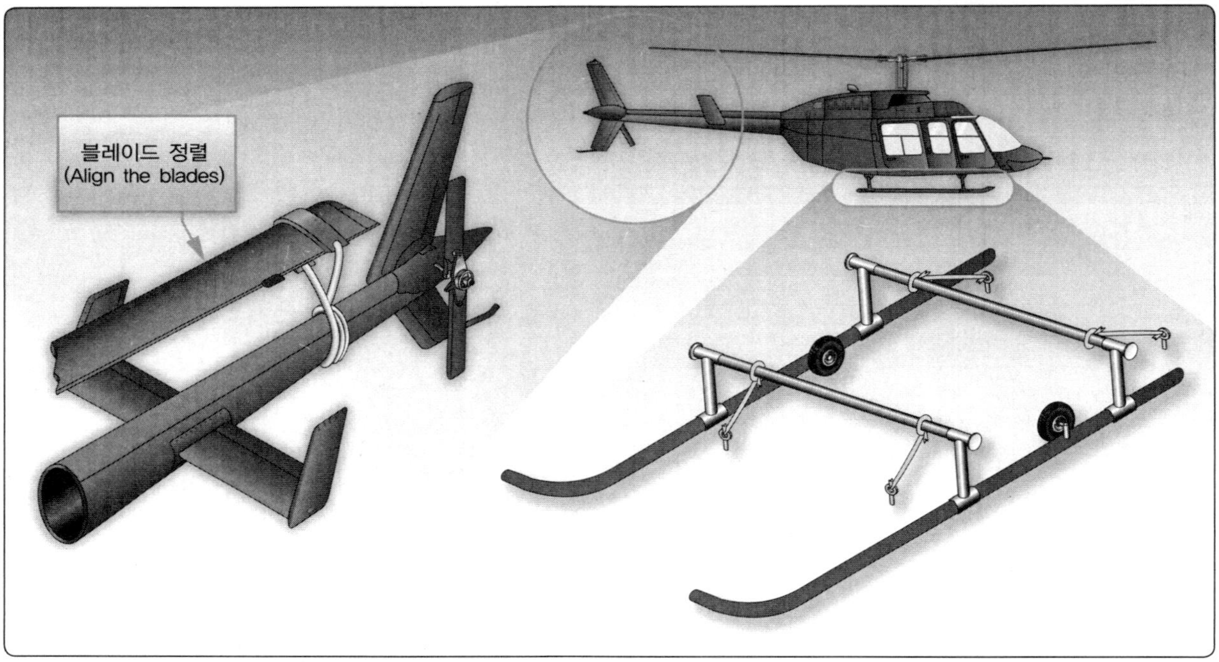


[그림 9-14] 헬리콥터 블레이드(blades) 및 동체 고정(Securing)

에는 결박 띠(tie strap)가 수축되어 항공기 또는 회전 날개장치에 지나친 응력을 일으키는 원인이 될 수 있으므로 약간 느슨하게 해주어야 한다.

계류로프 또는 케이블(cable)을 착륙장치의 크로스튜브(cross tube) 전방과 후방에 묶고, 지상말뚝(ground stake)이나 계류 고리(tie-down ring)에 고정시킨다.

### 9.5.6 체중이동형 항공기 고정절차 (Procedures for Securing Weight-shift Control Aircraft)

체중이동형 항공기(weight-shift control aircraft)는 동력과 비 동력 등 많은 유형이 있다. 이러한 유형의 항공기는 바람에 의해 쉽게 손상된다. 미풍(light-wind)에서는 일반적인 항공기와 같이 유사한 방식으로 날개를 고정시킬 수 있지만 태풍(high-wind)에서는 날개에서 기둥(Mast)을 분리하여 날개를 지면 위에 고정시켜야 한다. 또한, 이러한 형태의 항공기는 부분적으로 분해하거나 격납고 안으로 이동시켜서 바람에 의한 손상을 예방하여야 한다.

### 9.5.7 낙하산 고정절차 (Procedures for Securing Parachutes)

동력 낙하산(powered parachutes)은 바람에서 공기를 채우고 좌석과 엔진을 끌어내어 낙하하는 것을 방지하기 위하여 가방에 낙하산이 포장되어 있어야 한다. 또한 엔진과 좌석은 필요 시 고정할 수 있다.

## 9.6 항공기 지상이동 (Ground Movement of Aircraft)

### 9.6.1 엔진시동과 작동 (Engine Starting and Operation)

본 장에서 소개하는 왕복(reciprocating), 터보프롭(turboprop), 터보팬(turbofan) 및 보조동력장치(auxiliary power unit)에 대한 시동절차는 학습을 위한 일반적인 절차로서 특정엔진에 대한 시동절차는 해당엔진의 제작사 매뉴얼에 따라야 한다.

항공기 엔진 시동 전 준비사항은 다음과 같다.

- 항공기의 위치는 냉각을 위해 엔진 주변으로 공기가 적절하게 흐를 수 있도록 바람이 부는 방향으로 향하게 한다.
- 프로펠러 후류공기 또는 제트배기가스로 인하여 재산피해 또는 신체적 상해의 가능성은 없는지 확인한다.
- 시동을 위하여 외부전원(external electrical power)이 사용될 경우 시동완료 후 안전하게 분리되고, 전체적인 시동단계에 충분한지를 확인한다.

어떠한 경우라도 시동절차를 수행하는 동안에는 적절한 소화기를 준비하고, 적정한 위치에 화재감시원을 배치하여야 한다. 화재감시원은 항공기 시동에 관련된 사람이어야 하며, 소화기 용량은 최소 5[lb] 이상의 CO2 소화기이어야 한다. 감시원의 적정한 위치는 엔진외부 측면부근으로서 조종사(pilot)와 교감할 수 있고, 시동 중 문제발생 징조를 감시할 수 있도록 엔진/항공기를 잘 관찰할 수 있는 곳이어야 한다. 터빈 엔진 항공기의 경우에는 엔진입구 부근에 사람, 도구 또는 파편(debris) 등의 FOD가 없도록 해야 한다.

이러한 시동 전 절차는 모든 항공기 동력장치에 적용되며, 자세한 시동절차와 엔진정지절차에 대해서는 제작사의 점검표에 따라야 한다.

### 9.6.2 왕복엔진시동 (Reciprocating Engines Starting)

다음은 왕복엔진의 일반적인 시동절차이다. 그러나 실제 왕복엔진은 많은 유형이 있으며, 유형마다 시동절차가 많이 다르다. 그러므로 해당 왕복엔진 제작사의 매뉴얼을 참조하여야 한다.

왕복엔진은 사용되는 오일(oil)의 등급(grade)에 따라 엔진을 예열하거나 오일희석(oil dilution)을 하지 않아도 저온에서 시동이 가능하다.

항공기를 보호하기 위해 날개(wing), 꼬리(tail), 조종석(cockpit), 바퀴(wheel) 등에 씌워진 덮개들은 엔진을 시동하기 전에 제거하여야 한다. 전기시동기(electric starter)를 구비한 엔진을 시동할 때에는 가급적 외부전원을 사용하여야 한다. 이것은 항공기 배터리의 과도한 부담을 줄여준다. 모든 불필요한 전기장치는 발전기(generator)가 항공기 파워버스(power bus)에 전력을 공급할 때까지 꺼져 있어야 한다.

30분 이상 정지되어 있던 성형엔진(radial engine)을 시동할 때에는 시동하기 전에 점화 스위치(Ignition Switch)가 "Off"에 있는지 확인하고, 프로펠러를 손으로 3~4회 정도 돌려서 유압폐쇄(hydraulic lock) 현상이 있는지 점검한다. 어떠한 액체라도 실린더 내에 존재할 경우에는 프로펠러를 회전시키기 위해 요구되는 비정상적인 작용력이 발생되거나 회전 시에 갑자기 프로펠러 멈춤 등으로 나타난다. 유압폐쇄가 감지되었을 경우에는 프로펠러를 강제로 돌리지 말아야 한다. 폐쇄(lock)가 발생되었을 경우에는 크랭크축(crankshaft)에 과도한 힘이 작용하여 커넥팅 로드(connecting rod)를 구부리거나 부러뜨릴 수 있다.

폐쇄를 제거하기 위해서는 아래쪽 실린더의 전방 또는 후방 중 하나의 점화플러그(spark plug)를 장탈하고 프로펠러를 회전시켜야 한다. 유압폐쇄를 제거하기 위하여 프로펠러를 정상회전의 반대방향으로 회전시키지 말아야 한다. 이는 액체를 실린더로부터 흡기관(intake pipe)으로 보낼 수 있기 때문이다. 이렇게 되면 액체가 다시 실린더로 유입되어 다음 시동 시에 완전하게 또는 부분적으로 폐쇄현상이 일어날 수 있다.

다음은 엔진을 시동하기 위한 절차이다.

- 항공기에 보조연료펌프(auxiliary fuel pump)가 있다면 이를 작동시켜라.
- 시동된 엔진과 기화기(Carburetor)의 조합을 위해 혼합비조종(mixture control)을 권고된 위치에 놓는다. 일반적인 규정에 따르면 혼합비조종의 위치는 연료분사식(Fuel Injection)은 "Idle Cutoff" 위치이며, 부자식 기화기(Float-type Carburetor)는 "Full Rich" 위치에 있어야 한다. 대부분 경량항공기의 혼합비조종은 중간 위치(intermediate position)가 없는 풀 로드(Pull Rod)로 되어 있다. 이러한 조절은 계기판(Instrument Panel)쪽으로 완전히 밀어주었을 때, 혼합기(mixture)는 "Full Rich" 위치로 배치된다. 반대로 조절로드(Control Rod)를 완전히 바깥쪽으로 잡아당기면 기화기는 "Idle Cutoff" 또는 "Full Lean" 위치가 된다. 엔진 작동자는 요구되는 혼합기 설정을 위해 이들 2개의 위치 사이에 표시가 없는 중간위치를 선택할 수 있다.
- 1,000~1,200 rpm으로 회전할 수 있는 위치로 스로틀(throttle)을 열어라("Closed" 위치에서 약 1/8~1/2 인치).
- 역화(backfire)가 발생하였을 경우에는 손상 또는 화재를 방지하기 위해 예열 또는 기화기 공기 조절(Carburetor Air Control)을 "Cold" 위치에 놓아라. 이러한 보조가열장치(auxiliary heating device)는 엔진이 데워진(warm up) 후에 사용되어야 하는데 연료의 기화(vaporization)를 촉진시키고, 점화플러그의 오염과 얼음생성(ice formation)을 방지하며, 흡입계통(induction system)의 결빙을 제거해 준다.
- 항공기에 장치된 유형에 따라 시동 사이클 중에 프라이머 스위치(primer switch)를 간헐적으로 "ON" 시키거나 프라이밍 펌프를 1~3회 정도 저어서 가솔린을 주입하라. 날씨가 추우면 추울수록, 프라이밍(priming)은 더욱 필요하다.
- 적어도 프로펠러를 완전히 2바퀴 이상 회전시킨 후에 시동기를 작동시키고 점화스위치를 ON 시켜라. 유도 바이브레이터(Induction Vibrator)가 장착된 엔진의 경우에는 점화 스위치를 "Both" 위치로 돌려주고, 시동 스위치를 "Start" 위치로 돌려주면 시동기가 작동된다. 엔진이 시동된 후, 시동기 스위치는 "Both" 위치로 놓아준다. 임펄스 커플링 마그네토(Impulse Coupling Magneto)를 사용하는 엔진을 시동할 때에는 "Left" 위치로 점화스위치를 돌려라. 시동스위치가 "Start" 위치에 있는 상태에서 엔진이 시동되면 시동스위치(Start Switch)는 해제된다. 시동기로 1분 이상 엔진을 가

동시키지 말아야 한다. 재시동을 시도할 경우에는 시동기 냉각을 위하여 3~5분간 기다려야 한다. 이러한 듀티 사이클(duty cycle)을 준수하지 않으면 시동기는 과열로 인하여 타버릴 수도 있다.

- 엔진이 원활하게 작동되면 혼합비조종을 "Full Rich" 위치로 놓고, 오일압력(oil pressure)을 점검하라.

엔진의 작동상태를 감시하기(monitoring) 위한 계기로는 rpm에 대한 회전계(Tachometer), 매니폴드압력계(manifold pressure gauge), 오일압력계(oil pressure gauge), 오일온도계(oil temperature gauge), 실린더헤드온도계(cylinder head temperature gauge), 배기가스온도계(exhaust gas temperature gauge) 및 연료유량계(fuel flow gauge) 등이 있다.

### 9.6.3 수동식 시동 엔진 (Hand Cranking Engines)

자체 시동기(Self-starter)가 없는 항공기에서는 프로펠러를 손으로 돌려서 엔진을 시동하여야 한다. 프로펠러를 돌리는 사람은 "Fuel on, switch off, throttle closed, brakes on"이라고 외친다. 엔진을 조작하는 사람은 이러한 항목들을 확인하고 스위치를 "ON" 시킨다. 엔진 조작자는 "contact"를 복명복창하고 스위치를 "ON"시켜야 한다. 스위치를 "ON"시킨 후에 "contact"를 외쳐서는 절대로 안 된다.

프로펠러를 회전시킬 때 다음과 같은 몇 가지 간단한 주의사항을 통하여 수동 엔진시동에서 발생할 수 있는 사고(accident)를 방지할 수 있다.

프로펠러에 손을 댈 때에는 항상 점화스위치가 "ON" 상태라고 가정하라. 마그네토(magneto)를 작동하는 스위치는 점화를 중지시키기 위해 전류를 끊는 원리로 되어 있지만 결함이 있는 경우라면, 스위치가 "OFF" 위치라도 마그네토일차회로(magneto primary circuit)에 전류를 흐르게 할 수 있으며, 이러한 상황은 스위치가 OFF 되어도 엔진을 시동하게 한다.

지면이 견고한지를 확인하라. 미끄러운 풀이나 진흙, 그리스(grease) 또는 노출된 자갈 등으로 인하여 프로펠러 안쪽 또는 밑으로 넘어질 위험성이 있다. 엔진이 작동되고 있지 않더라도 신체의 어느 부분도 프로펠러의 회전반경 안에 있어서는 안 된다.

프로펠러를 회전할 때 발이 프로펠러로부터 멀리 떨어져 나갈 수 있도록 가까이 서라. 가동 시키자마자 멀리 떠나는 것은 제동장치고장에 대한 방비책이 된다.

프로펠러에 쏠려 넘어질 위치에 서지 마라. 엔진이 시동될 때 신체의 중심을 잃어 프로펠러 쪽으로 넘어질 수 있는 위험을 초래한다.

프로펠러를 회전함에 있어 항상 프로펠러를 손바닥으로 밀어 아래쪽으로 동작키고 손가락으로 프로펠러를 잡지마라. 이는 "kickback" 발생 시 손가락을 다치게 하거나 신체를 프로펠러 반경으로 들어가게 할지도 모르기 때문이다.

시동 중 엔진이 점화된 후에 스로틀을 과도하게 열고 간헐적인 프라이밍(priming)을 시도하면 역화(backfiring)의 주요 원인이 된다. 계속적으로 프라이밍을 하는 동안 스로틀을 천천히 열면 최초의 농후한 혼합비를 원활한 작동을 통하여 최적의 출력혼합기(best power mixture)로 감소시킬 수 있다. 과농 혼합비에서 엔진작동을 하면 작동이 원활치는 않으나 역화는 일으키지 않는다.

프라이밍 펌프(priming pump)를 사용하는 엔진을 시동시킬 때는 엔진이 점화가 될 때 혼합기 조절(mixture control)을 "FULL RICH" 위치로 이동시켜야 한다(혼합기 조절이 "FULL RICH" 위치에 놓여 있지 않는 경우). 엔진이 즉시 시동되지 않으면 즉시 혼합기조절을 "IDLE CUTOFF" 위치로 귀환시켜야 한다. 이러한 절차를 실패하면 기화기의 연료 흡입구에 과도한 연료가 흘러들어가 화재를 발생시킬 수도 있다.

엔진이 시동기로 회전될 때까지는 프라이밍을 하지 말아야 한다. 이는 화재를 초래하거나 실린더 및 피스톤의 파손뿐만 아니라 유압폐쇄에 의한 엔진고장을 일으킬 수도 있다. 부적절하게 엔진이 연료로 차거나 프라이밍 되었을 때는 점화스위치를 끄고 스로틀을 "FULL OPEN" 위치로 이동시켜야 한다. 엔진으로부터 과도한 연료를 제거하려면 엔진을 손 또는 시동기로 회전시켜야 한다. 엔진을 회전시키는 데 과도한 힘이 들 때는 즉시 회전을 중지하여야 하며, 엔진을 회전시키는 데 과도한 힘을 가하지 말아야 한다. 의심이 갈 때에는 아래쪽 실린더의 점화플러그를 장탈한다. 만약 과부화가 걸릴 경우에는 아래쪽 실린더의 흡입관을 탈거할 수도 있다. 중대형 항공기에서 프라이밍에 의한 엔진파손 가능성을 감소시키기 위해서는 엔진 과급기에 드레인 밸브(drain valve)가 결함 또는 고착되었는가를 수시로 점검하여야 한다.

엔진이 시동되자마자 오일압력계를 보아야 한다. 오일 압력이 30초 이내에 오르지 않으면 엔진을 끄고 고장탐구를 실시하여야 한다. 오일압력이 정상으로 지시하면 엔진의 난기운전을 위하여 항공기 제작회사가 규정하는 rpm으로 스로틀을 조정한다. 난기운전 rpm은 보통 1000~1300 rpm 범위이다.

대부분의 항공기 왕복엔진은 공랭식으로서 적절한 냉각은 항공기 전진속도에 의해 유지되므로 엔진을 지상에서 운전할 때는 특별한 주의가 요구된다.

모든 지상 작동 중에는 프로펠러를 저 피치(low pitch)로 하여 엔진을 작동시키고, 카울링(cowling)은 최대냉각이 되도록 열어야 하며, 엔진을 바람방향으로 향하게 하여야 한다. 엔진계기는 항시 주의 깊게 관찰하여야 한다. 엔진의 난기운전을 위하여 카울 플랩(cowl flaps)을 닫지 말아야 한다. 카울 플랩을 닫으면 점화 하니스(ignition Harness)가 과열되기 쉽다. 엔진을 난기 운전할 때는 손상위험이 있는 요원, 지상설비 및 장비를 주시하여야 하며, 타 항공기는 프로펠러의 영향 내에 있어서는 안 된다.

### 9.6.4 엔진화재 진화(Extinguishing Engine Fires)

어떠한 경우라도 화재감시원은 항공기 엔진이 시동되고 있는 동안에는 CO2 소화기 옆에서 대기하여야 한다. 화재감시원은 화재가 발생하면 화재진압을 위하여 엔진 공기흡입구를 향하여 CO2를 분사할 수 있도록 엔진 흡입계통(induction system)에 대하여 잘 알고 있어야 한다. 또한 화재는 실린더에서 점화되고 있는 액체연료에서부터 엔진 배기계통(exhaust system)에 이르기까지 다양하게 일어날 수 있으므로 엔진이 정상적으로 회전되고 있을 때에도 분사될 수 있어야 한다.

엔진화재가 시동 중에 발생되었을 경우에는 엔진시동을 계속하여 불꽃을 불어내도록 하여야 한다. 만약 엔진이 시동은 걸리지 않고 화재가 지속된다면 시동을 중지한다. 화재감시원은 이용할 수 있는 장비를 사용하여 화재를 진화시켜야 하며, 시동 중 대기상태에서 항상 안전사항을 관찰하여야 한다.

### 9.6.5 터보프롭 엔진 시동 (Turboprop Engines Staring)

일부 터빈엔진의 시동은 세 가지 단계로 순차적으로 이루어진다. 시동기는 엔진을 통과하는 공기흐름을 공급하기 위해 주 압축기(main compressor)를 돌려준다. 공기흐름이 충분한 속도에 도달하면 점화플러그가 작동하여 연료를 연소하기 위한 강한 불꽃(spark)을 일으킨다. 엔진이 가속되어 자력으로 돌아갈 수 있는 속도에 도달하게 되면 시동기는 분리된다.

엔진을 시동하기 전에 항공기 보호를 위해 씌워진 각종 덮개(Cover)들을 제거하고, 엔진배기(engine exhaust) 부분에 연료 또는 오일이 새어나오지 않았는지 주의 깊게 검사한다. 엔진의 모든 접근부와 엔진 조종 장치는 정밀한 육안검사를 실시하고, 이어서 모든 검사 창(inspection plate)과 점검 창(access plate)들이 잘 고정되어 있는지 나셀부분(nacelle area)을 검사한다. 섬프(sump)를 점검하여 물이 고여 있는지 확인한다. 공기흡입구(air intake) 부분의 일반적인 상태와 이물질 유무를 점검한다. 압축기에 손이 닿으면 손으로 블레이드(blade)를 돌려서 자유롭게 회전(free rotation)되는지 확인한다.

다음은 전형적인 터보프롭엔진 시동절차이다. 그러나 실제 터보프롭엔진은 많은 유형이 있으며, 유형마다 시동절차가 많이 다르므로 이 절차를 실제의 엔진 시동에 적용해서는 안 된다. 이 절차는 대표적인 절차로서 시동절차와 방법을 학습하기 위한 교재로 제공되는 것이므로 실제 터보프롭엔진을 시동할 경우에는 해당 엔진 제작사의 매뉴얼에 있는 세부절차를 참조하여야 한다.

터보프롭엔진은 보통 고정터빈(fixed turbine) 또는 자유터빈(free turbine)이다. 프로펠러는 엔진이 시동될 때 프로펠러를 돌려주는 고정터빈의 엔진에 직접 연결된다. 이것은 시동 중에 반드시 극복해야 할 큰 저항을 준다. 만약 프로펠러가 "Start" 위치에 있지 않다면, 큰 부하로 인하여 시동이 어려워질 수 있다. 이것 때문에 프로펠러는 엔진이 정지된 상태에서는 플랫피치(flat pitch)에 있으며, 시동 중에도 플랫피치를 유지하게 된다.

자유터빈엔진(free turbine engine)은 프로펠러로 연결되는 가스발생기(gas generator)와 동력터빈(power turbine) 사이에 기계적인 연결이 되어있지 않다. 이러한 유형의 엔진에서는 프로펠러는 시동 중에는 페더링 위치(feather position)로 유지되며, 오로지 가스 발생기가 가속될 때 회전하기 시작한다.

터빈엔진에 관련된 계기장치는 터빈엔진의 형식에 따라 다르다. 그림 9-15는 터보프롭엔진의 일반적인 계기를 보여주고 있는데, 오일압력(oil pressure), 오일온도(oil temperature), 터빈온도(inter-turbine temperature) 및 연료유량(fuel flow) 등이다. 또한, 가스발생장치속도(gas generator speed), 프로펠러속도(propeller speed), 프로펠러에 의해 만들어지는 토크(torque)를 측정하기 위한 계기들이 사용된다. 그림 9-16과 같이 전형적인 터보프롭엔진은 엔진조종을 위하여 동력레버, 프로펠러레버 및 컨디션레버(condition lever) 등을 세트(set)로 사용한다.

터빈엔진을 시동할 때 첫 번째 단계는 시동기를 위한 적당한 동력원(source of power)을 제공하는 것이다. 소형 터빈엔진의 시동기는 전기전원으로 엔진을 회전시키는 전동기(electric motor)를 사용한다. 그러나 대형엔진은 더욱 강력한 시동기를 필요로 하는데, 전동기는 전류흐름과 무게로 인하여 사용이 제한

[그림 9-15] 터보프롭 계기(turboprop instruments)

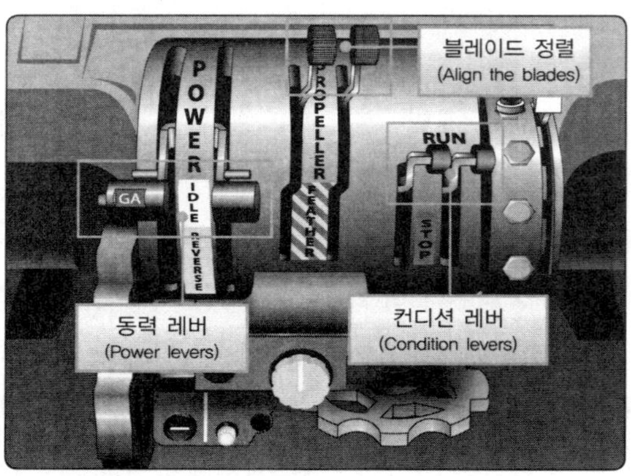


[그림 9-16] 터보프롭 항공기의 엔진컨트롤
(Engine controls)

됨에 따라 가벼우면서도 시동에 충분한 동력을 만들어낼 수 있는 공기터빈시동기(air turbine starter)를 사용하고 있다. 공기터빈시동기를 작동하기 위한 공기 공급은 항공기에 탑재된 보조동력장치(auxiliary power unit), 외부 지상동력장치 및 엔진 크로스 브리드(engine cross-bleed)로부터 공급된다. 일부 극소수의 경우, 저압의 대 용적탱크(large volume tank)에서 엔진 시동을 위한 공기를 공급받기도 한다. 대부분 소형 터보프롭엔진의 시동기는 시동기와 발전기의 겸용인 시동기/발전기(starter/generator)를 사용한다.

엔진 시동 중에는 항상 다음 사항을 유의하여야 한다.

- 항상 시동기 듀티 사이클(duty cycle)을 준수하라. 그렇지 않으면 시동기가 과열되어 손상될 수 있다.
- 시동을 시도하기 전에 공기압 또는 전력량이 충분한지 확인하라.
- 터빈입구온도(turbine inlet temperature : residual temperature)가 제작사에서 명시된 규정값 이상이라면 지상시동을 수행하지 마라.
- 엔진의 연료펌프에 낮은 압력으로 연료를 공급하라.

### 9.6.6 터보프롭 시동절차 (Turboprop Starting Procedures)

지상에서의 엔진시동절차는 다음과 같이 수행한다.

- 항공기 승압펌프(boost pump)를 작동하라.

- 동력레버가 "Start" 위치에 있는지 확인하라.
- 시동스위치를 "Start" 위치에 놓아라. 엔진이 회전하기 시작할 것이다.
- 점화 스위치를 ON 시켜라. 일부 엔진에서는 연료레버(fuel lever)에 의해서 점화가 되기도 한다.
- 컨디션 레버(condition lever)를 "ON" 위치로 이동시켜 연료가 공급되게 하라.
- 배기온도 엔진 감시등(Engine Light)을 관찰하라. 배기온도의 한계를 초과하는 경우에는 시동을 중지하여야 한다.
- 오일압력과 오일온도를 점검하라.
- 진이 자력으로 회전할 수 있는 속도에 도달되면 시동기를 분리하라.
- 엔진이 완속운전(Idle)까지 가속되는지 관찰하라.
- 규정된 최소오일온도에 도달될 때까지 "Start" 위치에서 동력레버를 유지하라.
- 지상 전원공급 장치가 사용되었다면 분리하라.

만약 시동 중에 다음과 같은 현상이 발생되면 즉시 연료와 점화를 차단하여 시동을 중지하고, 원인조사를 실시하여 발견된 사항을 기록하라.

- 터빈 입구온도가 최대 규정치를 초과하면 최고온도를 기록한다.
- 프로펠러가 회전하기 시작하여 안정된 rpm까지의 가속시간(acceleration time)이 규정된 시간을 초과하면 그 시간을 기록한다.
- 5,000[rpm]에서 감속기어(reduction gear) 동력계통(Power Unit)에서 오일압력 상승징후가 없을 때
- 화염(정상적인 농후혼합 조작이 아닌 경우에 배기관에서 화염이 육안으로 보일 때) 혹은 과도한 연기가 최초의 발화기관 동안에 관찰 되었을 경우
- 엔진이 4,500[rpm] 또는 최대 모터링(Maximum Motoring) rpm에서 점화에 실패했거나 RPM이 감소하기 시작하는 경우
- 비정상적인 진동(vibration)이 나타나거나 압축기 서지(compressor Surge)현상이 발생하는 경우(역화 현상 발생)
- 화재 경고 벨(Fire Warning Bell)이 울릴 경우(엔진의 화재 또는 과열이 원인)

### 9.6.7 Turbofan Engines

왕복엔진 항공기와는 달리 터빈으로 구동되는 항공기는 결함이 의심되어 고장탐구를 하는 경우를 제외하고는 비행 전에 시운전(run-up)을 필요로 하지 않는다.

시동 전에 모든 보호덮개(protective cover)와 공기 흡입구 덕트 덮개(air intake duct cover)는 제거하여야 한다. 냉각효율을 증가시키고 원활한 시동과 바람직한 엔진 성능을 얻기 위해서 가급적 항공기는 바람 부는 쪽으로 향하게 하여야 한다. 특히 엔진을 트림(trimmed)하는 경우에는 항공기 기수를 바람 방향으로 향하게 하는 것이 매우 중요하다.

항공기 주변의 시운전(run-up)구역은 사람뿐만 아니라 장비들이 깨끗이 치워져야 한다. 그림 9-17은 터보팬엔진의 흡입구(intake)와 배기부분(exhaust)의 위험지역을 보여주고 있다. 시운전 지역은 너트(nut), 볼트(bolt), 암석(rock), 걸레(shop towel) 또는 다른 떨어진 조각 등의 FOD와 같은 모든 물건들은 깨끗이 치워져야 한다. 대부분 인명에 관련된 중대사고(serious accident)는 터빈엔진의 공기 흡입구 부근에서 발생한다. 그러므로 터빈 항공기를 시동할 때에는 세심한 주

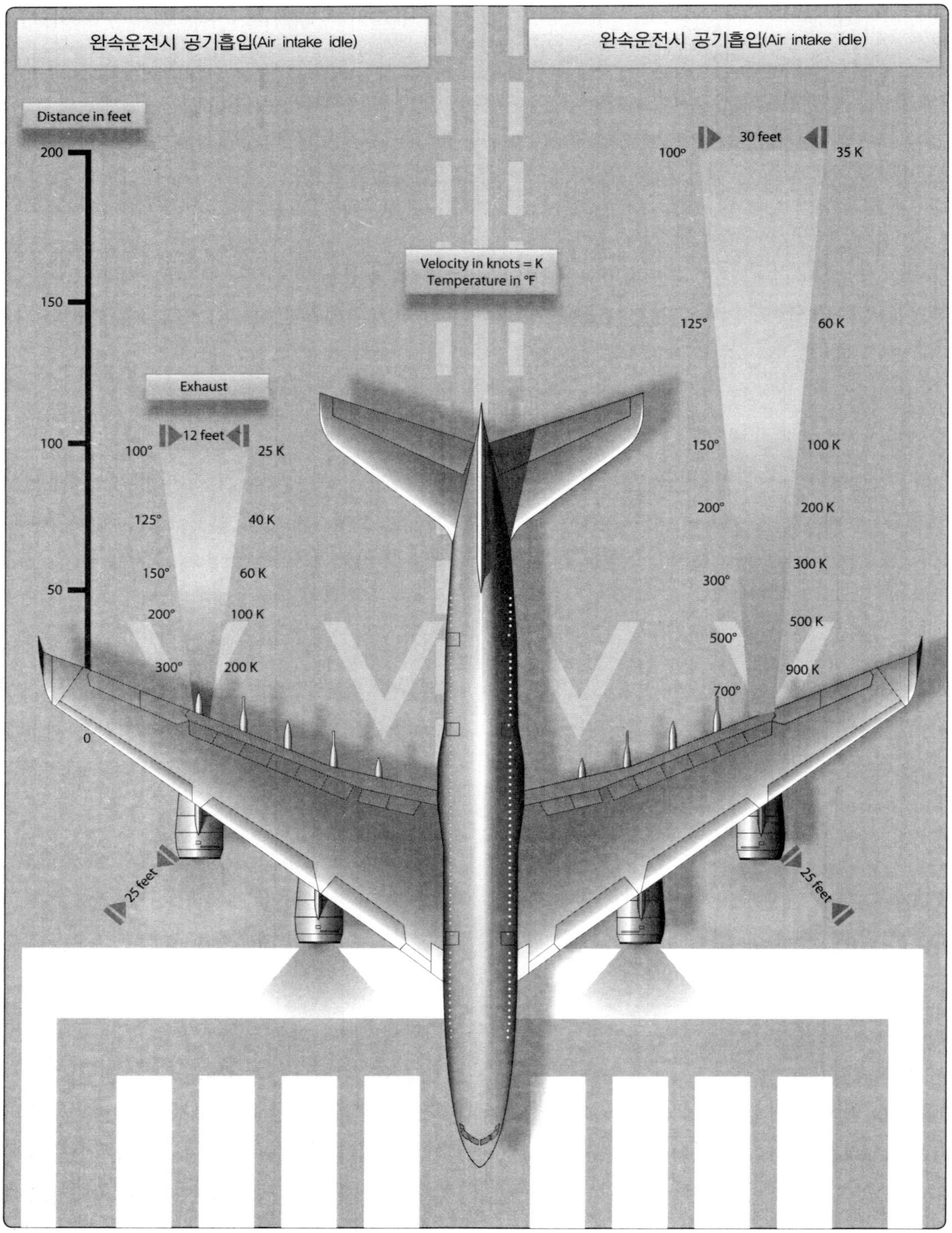


[그림 9-17] 엔진 흡입 및 배기(Engine intake and exhaust) 위험 영역

의가 필요하다.

항공기 연료섬프(fuel sump)에 물이나 얼음이 있는지 점검하고, 엔진 공기 흡입구의 일반적인 상태와 이물질이 있는지 검사한다. 팬 블레이드(fan blade), 전방 압축기 블레이드(forward compressor blade) 및 압축기 입구 안내 베인(inlet guide vane)에 찍힘(nick)이나 기타 손상이 없는지 육안검사를 실시한다. 가급적 손으로 팬 블레이드를 돌려봐서 걸림이 없이 자유롭게 회전하는지 팬 블레이드를 점검한다. 모든 엔진조종(engine control)계통을 작동해봐야 하며, 엔진 계기와 경고 등(warning light)도 제대로 작동되는지 점검하여야 한다.

### 9.6.8 터보 팬 엔진 시동 (Starting a Turbofan Engine)

다음은 대부분의 터빈엔진에 대한 전형적인 시동절차이다. 여기서 언급되는 절차는 전형적인 터빈엔진의 시동절차로서 학습을 위한 지침일 뿐이며, 실제의 엔진시동 절차는 엔진 형식에 따라 많은 차이가 있음으로 해당 엔진 형식의 제작사 매뉴얼의 세부절차에 따라야 한다.

대부분의 터보팬엔진은 공기터빈시동기(air-turbine starter) 또는 전기시동기(electrical starter)로 시동된다. 공기터빈시동기는 앞에서 설명한 것과 같이 외부 공급원으로부터 제공되는 압축공기를 이용한다.

연료는 시동레버(start lever)를 “Idle/Start” 위치로 이동하거나 연료차단밸브(fuel shutoff valve)를 열어줌으로써 들어오게 된다. 공기터빈시동기가 작동하고, 연료가 공급되면 규정된 시간 내에 엔진이 시동되어야 한다. 규정된 시간을 초과하는 경우에는 엔진에 어떤 고장이 있다는 것을 나타내는 것으로서 시동을 즉시 중단하여야 한다.

대부분의 터보팬 엔진조종은 그림 9-18과 같이 동력레버(power lever), 역 추력레버(reversing lever) 및 시동레버(start lever)에 의해서 이루어진다. 최근의 새로운 항공기는 연료스위치가 시동레버를 대체하기도 한다. 터보팬엔진은 또한 속도(총 rpm의 백분율), 배기가스온도(exhaust gas temperature), 연료유량(fuel flow), 오일압력(oil pressure)과 오일온도(oil temperature) 등의 일반적인 계기들을 사용한다. 분출되는 추력(thrust)을 측정하는 계기는 엔진압력비(engine pressure ratio)로서 엔진의 입구압력(inlet pressure)과 출구압력(outlet pressure)의 비율(ratio)을 측정한다.

다음 절차는 터보팬 엔진의 시동순서를 보여주기 위한 일반적인 지침이다.

- 동력레버를 “Idle” 위치에 놓아라.
- 연료 승압펌프 스위치(fuel boost pump switch)를 “ON”시켜라.
- 연료 입구압력 지시계가 읽혀지면 연료가 엔진연료펌프입구로 들어가고 있음을 나타내는 것이다.
- 엔진 시동기 스위치를 “ON”시키고, 엔진이 회전하기 시작하면 오일압력이 상승하는가를 확인하라.
- 점화 스위치를 “ON”시켜라. 이것은 보통 시동레버를 “ON” 위치 쪽으로 밀면 레버에 연결된 마이크로 스위치(Micro Switch)가 점화를 켜준다.
- 시동레버를 “Idle” 또는 “Start” 위치로 밀면 엔진으로 연료흐름이 시작된다.
- 점화가 되어 엔진시동이 되고 있다는 것은 배기가

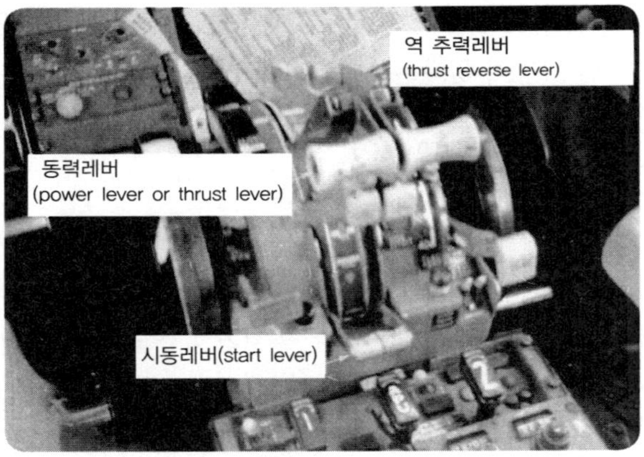


[그림 9-18] 터보 팬 엔진 컨트롤 레버
(Turbofan engine control levers)

스온도의 상승으로 확인할 수 있다.

- 이중 스풀(Two-spool) 엔진일 경우에는 팬(Fan) 또는 N1 회전을 점검하라.
- 오일압력이 적절한지 점검하라.
- 적절한 속도에서 엔진시동기스위치를 "Off"하라. 최근의 항공기는 자동적으로 시동기가 떨어진다.
- 엔진이 완속 위치(Idle Position)에서 안정되면 엔진 작동한계가 초과되는 것이 없는지 확인하라.

## 9.6.9 보조동력장치(Auxiliary Power Unit(APUs))

일반적으로 APU는 항공기가 지상에 있는 동안 엔진을 시동하고, 객실(cabin)의 냉 · 난방을 위한 압축공기와 전원을 공급하는 소형 터빈엔진이다. 일반적인 APU의 작동은 간단하다. 스위치를 ON하고 시동위치로 올리면 자동으로 시동이 된다. 시동 중에는 배기가스온도는 감시되어야 한다. APU는 부하가 걸리지 않은 상태에서는 완속운전(Idle) rpm이 100[%]로 유지된다. 엔진이 적절한 작동 rpm에 도달되었을 때 객실의 냉 · 난방과 전원이 사용될 수 있다. 일반적으로 주 엔진(main engine)을 시동하기 위해 사용된다.

## 9.6.10 불안정한 터빈엔진 시동 (Unsatisfactory Turbine Engine Starts)

### 9.6.10.1 과열시동(Hot Start)

과열시동은 엔진이 시동되면서 배기가스온도가 규정된 한계치를 초과할 때 발생한다. 과열시동의 원인은 일반적으로 연소실로 들어가는 연료 · 공기혼합기(fuel/air mixture)가 과도하게 농후한 경우로서 연료가 너무 많이 들어가거나 충분하지 않은 공기흐름 때문이다. 이때는 연료를 즉시 차단하여 엔진을 정지시켜야 한다.

### 9.6.10.2 부실 또는 결핍시동(False or Hung Start)

부실시동(false start) 또는 결핍시동(hung start)은 엔진이 정상적으로 시동은 되는데 정상 시동 rpm으로 증가하지 않고 rpm이 정상보다 낮은 범위로 쳐지는 현상이다. 이러한 현상은 시동기에 공급되는 동력이 불충분하거나 엔진이 자체가속을 시작하기 전에 시동기가 분리되었기 때문이다. 이러한 경우에도 엔진은 즉시 정지시켜야 한다.

### 9.6.10.3 엔진 시동실패(Engine will not Start)

엔진이 규정된 제한시간 내에 시동되지 않는 경우를 말한다. 주요 원인들로는 엔진으로 들어가는 연료의 부족, 점화계통의 익사이터 고장, 전력이 불충분하거나 전혀 공급되지 않는 경우 또는 부정확한 연료혼합기 등을 들 수 있다. 시동실패의 경우에도 엔진은 정지되어야 한다.

모든 불안정한 시동상태에서는 연료와 점화계통은

차단되어야 한다. 엔진에 잔류된 연료를 제거하기 위하여 약 15초 동안 압축기 모터링을 실시하여야 한다. 엔진을 모터링 할 수 없는 경우에는 재시동을 시도하기 전에 30초간 연료유출 기간을 두어야 한다.

### 9.6.11 항공기 견인(Towing of Aircraft)

그림 9-19와 같이 공항, 비행대기선(flight line) 및 격납고(hangar)로 대형 항공기를 이동시킬 때에는 일반적으로 "Tug"라고 부르는 견인트랙터(tow tractor)를 사용하여 견인한다. 소형 항공기의 경우에는 짧은 거리를 이동할 때에는 손으로 밀어서 이동하기도 한다. 또한, 비행대기선 부근에서 항공기의 유도는 반드시 유자격자에 의해 이루어야 한다.

항공기를 견인할 때 무모하게 서두르거나 소홀하게 수행할 경우에는 항공기를 손상시키거나 사람을 다치게 할 수 있다. 다음 사항은 항공기 견인에 대한 일반적인 절차로서 개략적인 내용을 소개하고 있음으로 각각의 항공기 모델에 적합한 상세한 견인절차는 제작사 매뉴얼에 따라야 한다.

[그림 9-19] 견인 트랙터(tow tractor)

항공기를 견인하기 전에 토우 바(tow bar)가 고장 나거나 고리가 벗겨졌을 경우 제동장치(Brake)를 작동할 수 있도록 유자격자를 조종석(cockpit)에 배치하여야 한다. 이러한 조치는 항공기를 정지시켜 항공기 손상 등의 사고를 방지를 할 수 있다.

그림 9-20은 일반적인 토우 바로서 일부 유형은 여러 형태의 견인작업에 사용될 수 있다. 이러한 대부분의 토우 바는 항공기를 끌어당기기 위해 충분한 인장강도(tensile strength)를 갖도록 설계되어 있지만 비틀림 하중(torsional load)이나 뒤틀림하중(twisting load)은 고려되어 있지 않다. 대부분 토우 바는 항공기에 연결하거나 분리하여 이동할 수 있도록 소형 바퀴(Wheel)를 가지고 있다. 토우 바를 항공기에 연결하여 항공기를 움직이기 전에 손상 또는 연결 장치 등에 이상이 없는지 검사를 실시하여야 한다.

대부분 토우 바는 여러 유형의 항공기를 공통적으로 사용할 수 있도록 설계되어 있지만 일부 특별하게 제작된 토우 바는 특정한 항공기만 사용될 수 있도록 되어 있다. 이러한 토우 바는 일반적으로 항공기 제작사(aircraft manufacturer)에 의해 설계되고 조립된다. 항공기를 견인할 때에는 견인차(towing vehicle)는 규정된 속도를 준수하고, 감시자를 배치하여 사주경계를 하도록 하여야 한다. 항공기를 정지시킬 때에는 견인차의 제동장치에만 의존해서 항공기를 멈추어서는 안 된다. 조종석의 감시자는 견인차와 조화롭게 항공기 제동장치(brake)를 병행하여 사용하여야 한다. 그림 9-21은 전형적인 소형 항공기 견인트랙터(tow tractor) 또는 견인 예인기(tow tug)를 보여준다.

토우 바의 연결은 항공기 형식에 따라 다르다. 후륜(tail-wheel)이 장착된 항공기는 일반적으로 주 착륙장치(main landing gear)에 토우 바를 연결하여 전

[그림 9-20] 대형 항공기의 토우 바(tow bar)

방으로 견인한다. 대부분의 경우 후륜 축(tail-wheel axle)에 토우 바를 연결하여 항공기를 거꾸로 견인하는 것도 허용된다. 후륜 항공기의 견인 시에는 꼬리바퀴 잠금 기계장치의 파손을 방지하기 위하여 후륜의 잠금장치를 풀어주어야 한다.

전륜형 착륙장치(tricycle landing gear)가 장착된 항공기는 일반적으로 전륜 축(nose-wheel axle)에 토우 바를 연결하여 전방으로 견인한다. 또한 견인 브라이들(towing bridle) 또는 특별히 설계된 견인 바를 주 착륙장치의 견인 러그(towing lug)에 연결하여 전방 또는 후방으로 견인하기도 한다. 이러한 방식의 견인은 항공기의 방향조종을 위해 앞바퀴에 조향 바(steering bar)를 부착하여야 한다.

다음의 견인 및 주기(parking) 절차는 전형적인 유형으로서 하나의 예를 든 것이며, 모든 유형에 적합한 것은 아니다. 그러므로 항공기 지상조업요원은 견인 항공기의 유형에 맞는 절차와 항공기 지상조업을 통제

[그림 9-21] 전형적인 소형 항공기 견인트랙터(tow tractor)

하는 현지의 운영기준을 충분히 숙지하여야 하며, 오직 유자격자만이 항공기 견인 팀(towing team)을 지휘해야 한다.

견인차(towing vehicle) 운전자는 안전한 방식으로 차량을 운전하고, 감시자의 비상정지 지시에 따라야 한다.

견인 감독자는 날개 감시자(wing walker)를 배치하여야 한다. 날개 감시자는 항공기의 경로에 있는 장해물로부터 적절한 여유 공간을 확보할 수 있는 위치에서 각 날개 끝에 배치되어야 한다. 후방 감시자(tail walker)는 급회전이 요구되거나 항공기가 후방으로 진행할 경우에 배치한다.

유자격자가 조종실의 좌석에 앉아서 항공기 견인을 감시하고 필요시 제동장치를 작동한다. 때에 따라 또 다른 유자격자를 배치하여 항공기 유압 계통의 압력을 감시하게 하기도 한다.

견인작업 감독자는 조향할 수 있는 앞바퀴를 갖춘 항공기에서 잠금 시저스(locking scissors)가 견인을 위한 충분한 회전 고리라는 것을 검증해야 한다. 잠금장치는 견인 바가 항공기에서 제거된 후 원래상태로 돌려져야 한다. 항공기에 배치된 사람은 견인 바가 항공기에 부착되어 있을 때 앞바퀴를 조향시키거나 돌려서는 안 된다.

여하한 일이 있어도 항공기의 앞바퀴와 견인차 사이에서 걷거나 타고 가는 행위는 어느 누구든지 허락해서는 안 될 뿐만 아니라 이동하는 항공기의 외부에 올라타거나 또는 견인차에 타서도 안 된다. 안전을 위하여 이동하는 항공기 또는 견인차에 타거나 내리는 것은 절대 용납될 수 없다.

항공기의 견인속도는 감시 팀원들의 보행속도를 초과하면 안 된다. 항공기의 엔진은 항공기가 견인이 완료되어 자리를 잡을 때까지 작동시키지 않는다.

항공기 제동계통은 견인작업 전에 점검되어야 한다. 제동장치에 결함이 있는 항공기는 오직 제동장치의 수리를 위해 견인되어야 하며, 비상시를 대비하여 고임목(chock)을 든 사람이 따라가야 한다. 고임목은 견인작업 중에 발생하는 긴급한 상황에서 즉각적으로 이용될 수 있어야 한다.

견인작업 중에 발생 가능한 사람의 상해와 항공기 손상을 피하기 위해, 출입구(entrance door)는 닫아야 하며, 사다리는 접어 넣고, 기어다운 잠금(gear down-lock)이 장치되어야 한다.

어떤 항공기라도 견인하기 전에 모든 타이어와 착륙장치 버팀대(landing gear strut)가 적당하게 팽창되었는지 점검한다(착륙장치 버팀대의 팽창은 오버홀 또는 보관 시 제거한다).

항공기를 움직일 때 급출발 급제동을 하지 않는다. 안전성을 증가시키기 위해 항공기 제동장치는 긴급한 경우를 제외하고 견인하는 동안에 절대로 작동시키지 말아야 하고, 위급신호는 견인 팀원 중 단 한 사람만이 하도록 하여야 한다.

항공기는 반드시 지정된 장소에만 주기시켜야 한다. 일반적으로 주기된 항공기 열 사이에 간격은 화재발생 같은 긴급한 상황에서 긴급 차량들이 즉각 출동할 수 있을 뿐만 아니라 장비나 자재의 이동이 자유로울 만큼 충분히 넓어야 한다.

고임목(wheel chock)은 반드시 주기된 항공기의 주 착륙장치의 앞쪽과 뒤쪽에 고여야 한다.

항공기가 주기되면, 내부 또는 외부의 조종 잠금장치를 사용해야 한다.

활주로(runway) 또는 유도로(taxiway)를 횡단하여 항공기를 이동시킬 때에는 공항관제탑(airport control tower)과 교신하여 승인을 받은 후 이동한다.

항공기를 접지시키지 않고 격납고에 주기해서는 안 된다.

### 9.6.12 항공기 유도(Taxiing Aircraft)

항공기가 착륙하여 주기장으로 들어올 때는 항공기 조종사에게 정확한 유도를 제공해야 한다. 최근에 개항하는 신공항들은 대부분 시각주기유도시스템(Visual Docking Guidance System: VDGS)이 설치되어 있어 인력에 의한 수신호를 사용하고 있지 않는 경우가 많다. 그러나 아직도 많은 공항에서는 수신호에 의한 항공기 유도가 이루어지고 있고 VDGS가 설치된 공항이라 해도 비상상황에는 수신호에 의해 항공기를 유도해야 할 경우가 발생할 수 있으므로 국제민간항공기구(ICAO)의 표준 유도신호 동작을 정확히 숙지하고 있어야 한다.

일반적인 통념상 승인된 조종사와 자격 있는 항공정비사만이 항공기를 시동, 시운전 및 유도(taxi)할 수 있다. 모든 유도조작은 해당지역의 규정에 준하여 수행되어야만 한다. 그림 9-22는 항공기를 유도 조종하기 위해 관제탑(control tower)에서 사용하는 표준유도 등화신호(standard taxi light signal)를 보여주고 있다. 다음 절에서 유도신호(taxi signal)에 대한 상세한 지침을 살펴보기로 한다.

[표 9-1] 표준유도 등화신호(Standard taxi light signals)

| 등화 | 의미 |
|---|---|
| 녹색 점멸 | 착륙구역을 가로질러 유도로 방향으로 진행 |
| 적색 연속 | 정지 |
| 적색 점멸 | 착륙구역이나 유도로로부터 벗어나고 주변 항공기에 주의 |
| 백색 점멸 | 관제지시에 따라 기동지역을 벗어날 것 |
| 적색과 녹색 교차 | 극도의 주의를 기울일 것 |

### 9.6.13 유도신호(Taxi Signals)

많은 지상사고가 유도 중인 항공기에서 부적절한 테크닉으로 일어났다. 엔진이 정지될 때까지는 조종사가 항공기에 대해 궁극적으로 책임이 있다 할지라도 유도원(taxi signalman)은 비행대기선(flight line) 주위에서 조종사를 도와 줄 수도 있는 것이다. 일부 항공

[그림 9-22] 유도원(The taxi signalman)

기의 형태에서는 지상이라고는 하지만 조종사의 시계를 방해한다. 조종사는 바퀴가까이 또는 날개 밑의 장애물을 볼 수 없으며, 항공기 뒤쪽에 무엇이 있다는 조그만 생각도 가질 수 없다. 결과적으로 조종사는 유도원에 의존하여 방향을 잡는다. 그림 9-22에서는 손바닥이 서로 마주보게 하여 양팔을 머리 위쪽으로 충분히 뻗어서 항공기의 유도를 위해 준비가 되었음을 표시하고 있는 유도원을 보여준다.

유도원의 표준위치는 항공기의 왼쪽 날개 끝 선상에서 약간 전방에 위치한다. 그림 9-23과 같이 유도원이 항공기와 마주볼 때 항공기의 기수(nose)는 그의 왼쪽에 있어야 한다. 유도원은 조종사가 잘 볼 수 있도록 날개 끝 전방으로 충분히 떨어져 있어야 한다. 그다음 조종사가 모든 신호를 볼 수 있는지를 확실하게 시험해보고 조종사와 눈이 마주치면 조종사는 신호를 볼 수 있게 되는 것이다.

다음은 국제민간항공기구와 우리나라 항공법 시행규칙 별표 29에 있는 표준항공기유도신호(standard aircraft taxing signal)이다. 유도원은 항공기의 조종사가 유도업무 담당자임을 알 수 있는 복장을 해야 하며, 주간에는 일광형광색 봉, 유도 봉 또는 유도장갑을 이용하고, 야간 또는 저 시정 상태에서는 발광유도봉을 이용하여 신호를 하여야 한다.

유도신호는 조종사가 잘 볼 수 있도록 조명 봉을 손에 들고 고정익항공기의 경우에는 항공기의 왼쪽에서 조종사가 가장 잘 볼 수 있는 위치에서, 헬리콥터는 조종사가 유도원을 가장 잘 볼 수 있는 위치에서 조종사와 마주 보며 실시한다. 또한, 유도원은 다음의 신호를 사용하기 전에 항공기를 유도하려는 지역 내에 항공기와 충돌할 만한 물체가 있는지를 확인해야 한다.

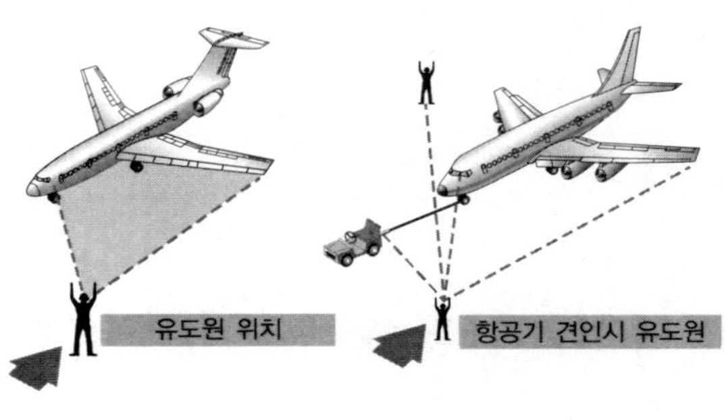


[그림 9-23] 유도원(taxi signalman)의 위치

**1. 항공기 안내(Wingwalker)**

오른손의 막대를 위쪽을 향하게 한 채 머리 위로 들어 올리고, 왼손의 막대를 아래로 향하게 하면서 몸쪽으로 붙인다.

- 날개감시자(Wing walkers)가 항공기 입출항 시 조종사/유도사/견인차 운전자 등에게 보내는 신호

**2. 출입문의 확인**

양손의 막대를 위로 향하게 한 채 양팔을 쭉 펴서 머리 위로 올린다.

- 항공기가 입항할 때 입항 Gate를 조종사에게 알려주기 위한 동작

**3. 다음 유도원에게 이동 또는 관제기관으로부터 지시 받은 지역으로의 이동**

양쪽 팔을 위로 올렸다가 내려 팔을 몸의 측면 바깥쪽으로 쭉 편 후 다음 유도원의 방향 또는 이동구역 방향으로 막대를 가리킨다.

**4. 직진**

팔꿈치를 구부려 막대를 가슴 높이에서 머리 높이까지 위아래로 움직인다.

- 항공기의 진행을 직진으로 유도하기 위한 동작으로 항공기 Nose Tire가 유도 Line 위를 정확히 주행하고 있을 경우에 보내는 신호

**5. 좌회전(조종사 기준)**

오른팔과 막대를 몸쪽 측면으로 직각으로 세운 뒤 왼손으로 직진신호를 한다. 신호동작의 속도는 항공기의 회전속도를 알려준다.

- 항공기 Nose Tire가 유도 Line을 벗어날 경우 조종사가 바라보는 방향을 기준으로 좌측 방향으로 진행하라는 신호

**6. 우회전(조종사 기준)**

왼팔과 막대를 몸쪽 측면으로 직각으로 세운 뒤 오른손으로 직진신호를 한다. 신호동작의 속도는 항공기의 회전속도를 알려준다.

- 6과 반대인 우측 방향으로 진행을 유도하는 신호이며 이때 움직이는 팔의 각도가 클수록 회전각도를 크게 주라는 신호

**7. 정지**

막대를 쥔 양쪽 팔을 몸쪽 측면에서 직각으로 뻗은 뒤 천천히 두 막대가 교차할 때까지 머리 위로 움직인다.

- 정상적으로 Stand에 진입한 후 정지 신호

**8. 비상정지**

빠르게 양쪽 팔과 막대를 머리 위로 뻗었다가 막대를 교차시킨다.

- 항공기 진입 중 주변에 장애물과의 접촉이 우려되거나 다른 위험요인 인지될 경우 보내는 긴급정지 신호. 화살표와 같이 반복적이고 빠르게 신호를 보내야 한다.

**9. 브레이크 정렬**

손바닥을 편 상태로 어깨 높이로 들어 올린다. 운항승무원을 응시한 채 주먹을 쥔다. 승무원으로부터 인지신호(엄지손가락을 올리는 신호)를 받기 전까지는 움직여서는 안 된다.

**10. 브레이크 풀기**

주먹을 쥐고 어깨 높이로 올린다. 운항승무원을 응시한 채 손을 편다. 승무원으로부터 인지신호(엄지손가락을 올리는 신호)를 받기 전까지는 움직여서는 안 된다.

**11. 고임목 삽입**

팔과 막대를 머리 위로 쭉 뻗는다. 막대가 서로 닿을 때까지 안쪽으로 막대를 움직인다. 비행승무원에게 인지표시를 반드시 수신하도록 한다.

**12. 고임목 제거**

팔과 막대를 머리 위로 쭉 뻗는다. 막대를 바깥쪽으로 움직인다. 비행승무원에게 인가받기 전까지 초크를 제거해서는 안 된다.

**13. 엔진시동 걸기**

오른팔을 머리 높이로 들면서 막대는 위를 향한다. 막대로 원 모양을 그리기 시작하면서 동시에 왼팔을 머리 높이로 들고 엔진시동 걸 위치를 가리킨다.

**14. 엔진 정지**

막대를 쥔 팔을 어깨 높이로 들어올려 왼쪽 어깨 위로 위치시킨 뒤 막대를 오른쪽 · 왼쪽 어깨로 목을 가로질러 움직인다.

**15. 서행**

허리부터 무릎 사이에서 위 아래로 막대를 움직이면서 뻗은 팔을 가볍게 툭툭 치는 동작으로 아래로 움직인다.

- 항공기의 속도를 줄여 서서히 진입하라는 신호

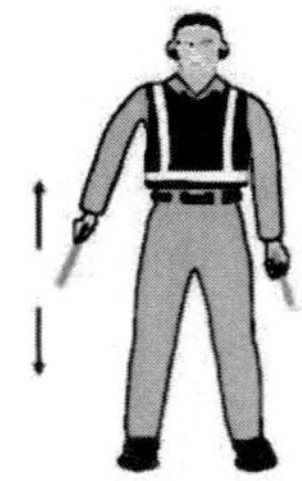

### 16. 한쪽 엔진의 출력 감소

손바닥이 지면을 향하게 하여 두 팔을 내린 후, 출력을 감소시키려는 쪽의 손을 위아래로 흔든다.

### 17. 후진

몸 앞 쪽의 허리높이에서 양팔을 앞쪽으로 빙글빙글 회전시킨다. 후진을 정지시키기 위해서는 신호 7 및 8을 사용한다.

### 18. 후진하면서 선회(후미 우측)

왼팔은 아래쪽을 가리키며 오른팔은 머리 위로 수직으로 세웠다가 옆으로 수평 위치까지 내리는 동작을 반복한다.

### 19. 후진하면서 선회(후미 좌측)

오른팔은 아래쪽을 가리키며 왼팔은 머리 위로 수직으로 세웠다가 옆으로 수평 위치까지 내리는 동작을 반복한다.

### 20. 긍정(Affirmative)/ 모든 것이 정상임(All Clear)

오른팔을 머리높이로 들면서 막대를 위로 향한다. 손 모양은 엄지손가락을 치켜세운다. 왼쪽 팔은 무릎 옆쪽으로 붙인다.

***21. 공중정지(Hover)**

양 팔과 막대를 90° 측면으로 편다.

***22. 상승**

팔과 막대를 측면 수직으로 쭉 펴고 손바닥을 위로 향하면서 손을 위쪽으로 움직인다. 움직임의 속도는 상승률을 나타낸다.

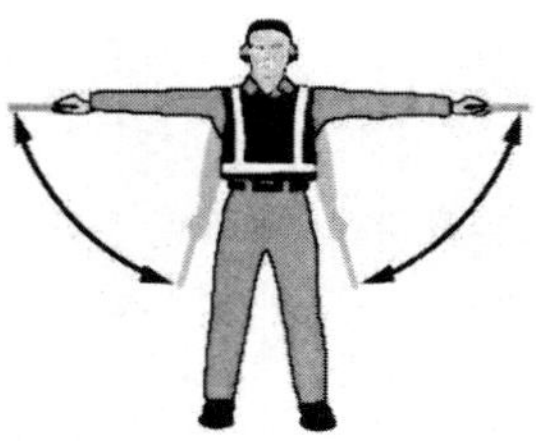

***23. 하강**

팔과 막대를 측면 수직으로 쭉 펴고 손바닥을 아래로 향하면서 손을 아래로 움직인다. 움직임의 속도는 강하율을 나타낸다.

***24. 왼쪽으로 수평이동(조종사 기준)**

팔을 오른쪽 측면 수직으로 뻗는다. 빗자루를 쓰는 동작으로 같은 방향으로 다른 쪽 팔을 이동시킨다.

***25. 오른쪽으로 수평이동(조종사 기준)**

팔을 왼쪽 측면 수직으로 뻗는다. 빗자루를 쓰는 동작으로 같은 방향으로 다른 쪽 팔을 이동시킨다.

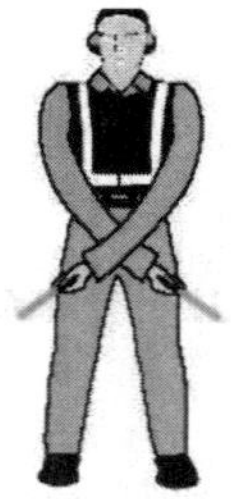

***26. 착륙**

몸의 앞쪽에서 막대를 쥔 양팔을 아래쪽으로 교차시킨다.

**27. 화재**

화재지역을 왼손으로 가리키면서 동시에 어깨와 무릎 사이의 높이에서 부채질 동작으로 오른손을 이동시킨다.

야간 – 막대를 사용하여 동일하게 움직인다.

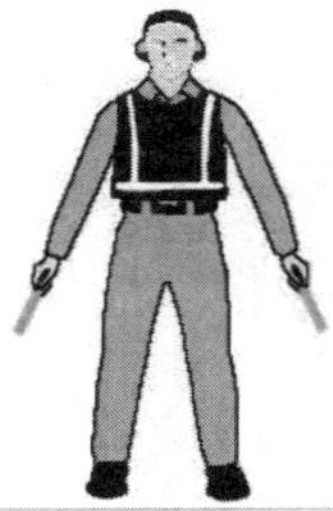

**28. 위치대기(stand–by)**

양팔과 막대를 측면에서 45° 아래로 뻗는다. 항공기의 다음 이동이 허가될 때까지 움직이지 않는다.

**29. 항공기 출발**

오른손 또는 막대로 경례하는 신호를 한다. 항공기의 지상이동(taxi)이 시작될 때까지 비행승무원을 응시한다.

**30. 조종장치를 손대지 말 것(기술적 · 업무적 통신신호)**

머리 위로 오른팔을 뻗고 주먹을 쥐거나 막대를 수평방향으로 쥔다. 왼팔은 무릎 옆에 붙인다.

### 31. 지상 전원공급 연결(기술적 · 업무적 통신신호)

머리 위로 팔을 뻗어 왼손을 수평으로 손바닥이 보이도록 하고, 오른손의 손가락 끝이 왼손에 닿게 하여 "T"자 형태를 취한다. 밤에는 광채가 나는 막대 "T"를 사용할 수 있다.

### 32. 지상 전원공급 차단(기술적 · 업무적 통신신호)

신호 25와 같이 한 후 오른손이 왼손에서 떨어지도록 한다. 비행승무원이 인가할 때까지 전원공급을 차단해서는 안 된다. 밤에는 광채가 나는 막대 "T"를 사용할 수 있다.

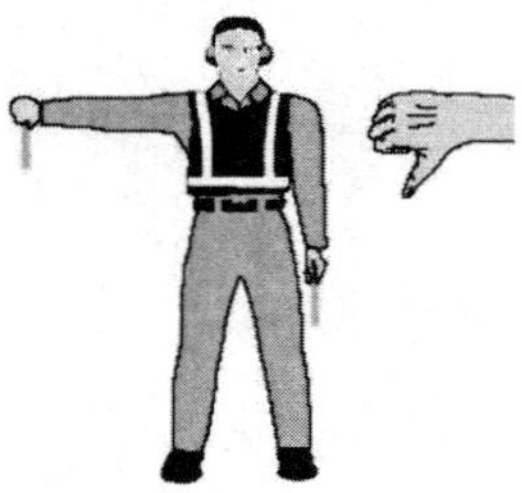

### 33. 부정(기술적 · 업무적 통신신호)

오른팔을 어깨에서부터 90°로 곧게 뻗어 고정시키고, 막대를 지상 쪽으로 향하게 하거나 엄지손가락을 아래로 향하게 표시한다. 왼손은 무릎 옆에 붙인다.

### 34. 인터폰을 통한 통신의 구축(기술적 · 업무적 통신신호)

몸에서부터 90°로 양팔을 뻗은 후, 양손이 두 귀를 컵 모양으로 가리도록 한다.

### 35. 계단 열기 · 닫기

오른팔을 측면에 붙이고 왼팔을 45° 머리 위로 올린다. 오른팔을 왼쪽 어깨 위쪽으로 쓸어 올리는 동작을 한다.

비고:
- 항공기 유도원이 배트, 조명 유도봉 또는 횃불을 드는 경우에도 관련 신호의 의미는 같다.
- 항공기의 엔진번호는 항공기를 마주 보고 있는 유도원의 위치를 기준으로 오른쪽에서부터 왼쪽으로 번호를 붙인다.
- "*"가 표시된 신호는 헬리콥터에 적용한다.
- 주간에 시정이 양호한 경우에는 조명막대의 대체 도구로 밝은 형광색의 유도봉이나 유도장갑을 사용할 수 있다.

유도원은 유도신호를 완전 명료하게 수행할 수 있을 때까지 익혀야만 한다. 신호를 받고 있는 조종사는 항상 일정한 거리를 유지하면서 어려운 각도에서는 자주 밖을 내다보며, 아래를 살펴야 한다. 따라서 신호원의 손은 확실히 구별되어야 하고, 신호는 불분명한 신호의 위험보다는 차라리 좀 과장되는 편이 나을 것이다. 만약 신호가 미심쩍거나 조종사가 신호에 따르지 않는 것으로 보일 경우에는 "정지" 신호를 한 다음 일련의 신호를 다시 시작해야 한다.

신호원은 항상 항공기가 주기되고자 하는 대략적인 범주를 조종사에게 알려주도록 노력해야 한다. 신호원은 뒷걸음질할 때에는 프로펠러에 부딪치거나 또는 고임목(chock), 소화기, 계류라인(tie-down line) 및 기타 장해물에 걸려 넘어지기 않도록 자주 뒤를 돌아보아야 한다.

그림 9-24와 같이 야간에는 발광 유도봉을 사용하여 유도신호를 한다. 야간신호는 정지신호를 제외하고 주간신호와 같은 방식으로 한다. 야간에 사용되는 정지신호(stop signal)는 "긴급정지(emergency stop)" 신호로서 머리의 앞쪽에서 위로 발광 유도봉을 교차하여 "X"를 그려 표시한다.

[그림 9-24] 발광 유도봉을 사용한 야간유도

## 9.7 항공기 서비싱(Servicing Aircraft)

### 9.7.1 항공기 공기/질소, 오일 및 유압유 보급 (Servicing Aircraft Air/Nitrogen, Oil, and Fluids)

항공기 액체류를 점검하거나 보급하는 것은 중요한 정비직무 중의 하나로서 상세한 보급절차와 장비에 대해서는 항공기정비매뉴얼을 참고하여야 한다. 항공기 엔진오일은 일반적으로 계량봉(dipstick) 또는 관측 게이지(sight gauge)로 점검한다. 오일 양의 수준은 스틱(stick)의 눈금이나 관측게이지 주위의 표시로 측정할 수 있다. 왕복엔진은 엔진이 작동하지 않을 때 점검하면 되지만 터빈엔진은 엔진이 정지되자마자 곧바로 점검하여야 한다. 건식섬프계통(dry sump oil system)은 오일탱크에서 엔진의 기어 케이스(gear case) 로 스며들어가는 경향이 있다. 이러한 오일은 엔진이 시동되거나 작동될 때까지는 관측봉(dipstick)에 나타나지 않으며, 이러한 상태에서 오일을 보급하게 되면 과도한 오일이 보급되게 한다. 오일탱크는 절대로 과보충 되어서는 안 된다. 오일은 엔진을 거쳐 순환되면서 뜨거워지면서 팽창하고 공기와 혼합되는 과정에서 거품이 일어서 팽창되기 때문이다. 오일탱크에서 여분의 팽창공간은 거품과 팽창을 허용하여 넘쳐흐르는 것을 방지한다. 또한 엔진에 적합한 해당 형식의 오일을 보급하여야 한다. 유압유(hydraulic fluid), 연료 및 오일이 피복이나 피부에 묻었을 경우에는 화재위험과 건강을 위하여 가급적 곧바로 닦아내야 한다.

유압유를 보급할 때에는 올바른 유압유인지 확인하여야 하며, 용기(container) 또는 색깔(color)로 판별할 수 있다. 일부 유압유 저장통(reservoir)은 공기로 가압되어 있으므로 유압유를 보급하기 전에 반드시 공기를 빼주어야 한다. 보급하는 동안에는 오염되지 않도록 노력해야 한다. 또한 유압필터(hydraulic filter)를 교환할 경우에는 여과기(filter)를 장탈하기 전에 유압계통의 작동이 중지되어 압력이 제거되었는지 확인하여야 한다. 필터를 교환한 후에 유압유의 양이 많이 감소되었다면, 공기를 제거시켜서 계통의 누출(leak)을 점검한다. 타이어 또는 버팀대(strut)에 고압질소(high-pressure nitrogen)를 보충할 때에는 정비사는 주의를 기울이며 정비작업을 수행하여야 한다. 충전호스(filling hose)를 연결하기 전에 주변을 깨끗이 하고 과충전이 되지 않도록 한다.

## 9.7.2 지상 지원 장비(Ground Support Equipment)

### 9.7.2.1 전기지상동력장치 (Electric Ground Power Units)

지상지원 전력보조 동력장치(Ground Support Electrical Auxiliary Power Unit)는 크기와 형태가 매우 다양하다. 그러나 일반적으로 이들 장치는 견인식(towed item), 고정식(stationary item) 그리고 자체추진식(self-propelled item)으로 분류된다. 일부 장치는 격납고용으로 격납고 내에서 정비할 때 사용되기도 하고, 어떤 장치는 게이트 지역(gate area)에 배치하여 사용하거나 또는 비행대기선에서 사용할 수 있도록 항공기에서 항공기로 이동이 가능하도록 설계되어 있다.

고정식은 시설에 들어와 있는 전력을 받아 동력을 만들어 낸다. 이동식 동력장치, 즉 GPU는 일반적으로 동력을 생산하기 위해 발전기를 돌려주는 엔진을 탑재하고 있다. 일부의 소형장치는 직렬 배터리를 사용하기도 한다.

견인식 동력장치도 크기와 허용 가능한 동력범위에서 있어서 여러 가지가 있다.

가장 작은 장치로는 경항공기 시동에 사용되는 대용량의(high-capacity) 배터리가 있다.

이들 장치는 보통 바퀴나 스키드(Skid)에 장착되어 있고, 적당한 플러그 장치에 연결되는 대단히 긴 전선을 구비하고 있다.

좀 더 큰 장치는 발전기를 구비하고 있으며, 출력전력 범위가 넓은 것이 특징이다. 이러한 동력장치는 일

[그림 9-25] 이동식 전기동력장치
(A mobile electrical power unit)

반적으로 터빈항공기 엔진을 시동하기 위한 정 전류(constant-current), 가변전압(variable-voltage) 직류전력(DC Electrical Power)을 공급하거나 왕복엔진 항공기를 시동하기 위한 정전압(constant-voltage) 직류(DC)를 공급하도록 설계되어 있다. 이와 같은 대형 견인식 동력장치는 아주 무겁고 관성이 크기 때문에 제한된 속도로 견인하여야 하며, 급선회는 피하여야 한다. 그림 9-25는 대형 동력장치를 보여주고 있다.

자체추진식(self-propelled) 동력장치는 보통의 견인식 장치보다 고가이며, 대부분의 경우 더 넓은 범위의 출력전압과 주파수(frequency)를 공급한다. 예를 들면, 그림 9-26과 같은 고정식 동력장치는 5분 동안 연속적으로 115/200[V], 3[Ø], 400[Hz] 교류전력(AC Power)뿐만 아니라 가변의 직류전력(DC Power)을 공급할 수 있다

[그림 9-26] 고정식 전기동력장치
(A stationary electrical power unit)

지상 전기 동력장치(Ground Electrical Power Unit)를 사용할 경우에는 제동장치의 고장으로 항공기와 충돌하거나 주변에 있는 물건들과의 충돌을 방지하기 위해 장치의 위치를 정하는 것이 매우 중요하다. 또한, 지상 전력장치는 보급(servicing)하고 있는 항공기와 충분한 보급선(service cable) 거리간격만큼 떨어져서 계류시켜야 한다.

항공기에 동력장치의 케이블을 연결할 때에는 모든 전기취급상의 안전사항을 숙지하여야 하며, 주입 게이블이 항공기에 연결되어 있거나 발전기계통이 작동 중일 때는 동력장치를 움직여서는 안 된다.

### 9.7.2.2 유압 지상동력장치 (Hydraulic Ground Power Units).

그림 9-27과 같이 이동식 유압시험대(portable Hydraulic Test Stand)는 여러 가지 크기와 가격대로 제조되고 있다. 일부는 제한된 작동범위를 갖고 있는 반면에 어떤 것은 고정된 공장시험대(Fixed Shop Test Stand)가 할 수 있는 모든 계통의 시험을 수행할 수 있다. 때때로 유압 뮬(Hydraulic Mule)이라고 부르는 유압동력장치(Hydraulic Power Unit)는 항공기 정비를 수행할 때 항공기 계통을 작동시키기 위해 유압을 공급하며, 다음과 같은 기능을 갖고 있다.

- 항공기 유압계통의 배출(drain)

[그림 9-27] 이동식 유압동력장치
(A portable hydraulic power unit)

- 항공기 계통 유압유(Hydraulic Fluid)의 여과작용
- 항공기 계통에 유압유를 보충(refill)
- 항공기 유압계통의 작동 및 누설점검

이와 같은 형식의 이동식 유압시험장치(Hydraulic Test Unit)는 보통 전기 동력장치이다. 이러한 장치는 3,000[psi]까지의 가변압력에 의해서 0에서 약 24[gallon/min]까지 다양한 양의 액체를 공급할 수 있는 유압계통에 사용한다.

유압동력장치는 3,000[psi] 이상의 고압으로 작동되기 때문에 세심한 주의가 필요하다. 3,000[psi]에서의 누출 흐름은 날카로운 칼날같이 사물을 절단시킬 수 있다. 그러므로 유압동력장치의 라인(line)에 절단(cut), 마모(fray) 또는 어떤 다른 손상이 없는지 검사하고 꼬임(kink)과 비틀림(twist)이 없이 사용하여야 하며, 사용이 끝나면 가급적 릴(Reel)에 감아서 깨끗하고 건조하게 그리고 오염이 없도록 보관하여야 한다.

[그림 9-28] 항공기 공압 시동장비(Aircraft air start unit)

### 9.7.2.3 지상지원 공기장치 (Ground Support Air Units)

그림 9-28과 같은 공기 카트(Air Cart)는 엔진의 공압식 시동기를 작동시키고, 지상에서 항공기를 가열시키거나 냉각시키기 위해 사용될 수 있는 50[psi] 용량 정도의 저압공기를 공급해준다. 일반적으로 공기 카트는 항공기 계통을 동작하거나 엔진을 시동하는 APU와 유사하다.

### 9.7.2.4 지상 공기가열 및 공기조절 장치 (Ground Air Heating and Air Conditioning)

대부분 공항 게이트(Airport Gate)는 냉·난방 시설을 갖추고 있다. 이러한 냉·난방 장치는 항공기의 환기계통(ventilation system)에 대형 호스로 연결하여 사용하는 영구적인 설비이다. 또한, 이동식 가열장치(heating unit)와 공기조화장치(air-conditioning unit)는 안락한 객실온도(cabin temperature)를 유지하기 위해 공기공급 덕트(air supply duct)에 연결할 수 있도록 항공기에 가깝게 이동시킬 수 있다.

### 9.7.3 산소 보급 장비 (Oxygen Servicing Equipment)

어떠한 항공기라도 산소를 보급하기 전에 적합한 보급 장비를 결정하기 위해 해당 항공기 정비매뉴얼을 참조하여야 한다.

항공기에 기체산소를 보급하기 위해서는 2인이 요구된다. 한 사람은 보급 장비의 조절밸브(Control Valve)에 위치하여야 하고, 또 다른 한 사람은 항공기 산소계통의 압력을 관찰할 수 있는 곳에 위치하여야 한다. 또한, 비상시를 대비하여 두 사람 사이에 통신이 요구된다.

항공기의 급유(fueling), 배유(de-fueling) 또는 점화의 근원이 될 수 있는 정비작업을 수행하는 동안에는 산소보급을 하여서는 안 되며, 항공기의 산소보급은 격납고 외부에서 이루어야 한다.

항공기에서 사용되는 산소는 두 가지 유형으로서 기체산소와 액체산소로 구분된다. 항공기에 장치되어 있는 장비의 유형에 따라 사용되는 산소의 유형이 결정된다. 기체산소는 대형 강재실린더(steel cylinder)에 저장되지만, 일반적으로 LOX라고 부르는 액체산소(liquid oxygen)는 액체산소 변환기(liquid oxygen converter)에서 사용할 수 있는 가스(gas)로 변환되어 저장된다.

산소(oxygen)는 상업용으로서 비행사(aviator)의 호흡용(breathing), 공업용(industrial) 및 의료용(medical) 등 세 가지 유형으로 분류된다. 항공기 호흡용 산소계통(Breathing Oxygen System)에 사용되는 산소는 미 연방규정(Federal Specification BB-0-925A, Grade A)에 부합하는 "Aviator's Breathing Oxygen" 표시(Mark)가 있는 산소 또는 동등품이 사용되어야 한다. 공업용 산소는 조종사, 승무원 및 승객 등이 병에 걸릴 수 있는 불순물이 함유되어 있으며, 의료용 산소는 비록 순수하지만, 수분이 함유되어 있어서 산소가 필요한 고고도의 냉온(cold temperature)에서 결빙이 될 수 있다.

### 9.7.4 산소의 잠재적 위험(Oxygen Hazards)

기체산소는 화학적으로 안정되고 불연성이지만, 인화성물질은 산소가 농후한 대기층에서 신속하게 발화되며, 연소가 더욱 활발해진다. 이외에도 산소는 오일(oil), 그리스(grease), 또는 역청물질(bituminous material)과 결합하여 압축 또는 충격에 고도로 민감한 폭발성혼합물(explosive mixture)을 형성한다. 산소용기(oxygen container), 밸브 또는 배관(plumbing)에 물리적 손상이나 파손은 생명이나 재산손실에 악영향을 줄 수 있는 폭발을 초래할 수 있다. 산소를 취급함에 있어서 최상의 기준은 청결하게 취급하는 것이며, 반드시 유자격자와 인가된 사람만이 산소계통을 취급하여야 한다.

심각한 화재위험성에 추가하여 액체산소가 피부와 접촉될 경우 저온특성(비등점 -297°F)으로 인하여 심한 "화상"(동상)을 입을 수 있다.

## 9.8 항공기 연료보급(Fuel Servicing of Aircraft)

### 9.8.1 연료의 종류와 식별 (Types of Fuel and Identification)

일반적으로 사용되고 있는 항공연료(aviation

fuel)는 AVGAS라고 부르는 항공용가솔린(aviation gasoline)과 JET A 연료라고 알려진 터빈연료(turbine fuel) 2가지를 사용하고 있다.

항공용가솔린(AVGAS)은 왕복엔진 항공기에 사용된다. 최근에 널리 사용되고 있는 연료는 80/87, 100/130 및 100LL(Low Lead) 등 세 가지 등급이 있다. 네 번째 등급인 115/145는 대형 왕복엔진 항공기에서 제한적으로 일부 사용되고 있다. 2개의 숫자는 특정 연료의 옥탄가로서 희박혼합(lean mixture)과 농후혼합(rich mixture)의 등급지수를 나타낸다. 즉, 80/87 항공용 가솔린의 경우, 80은 희박혼합 등급지수이고 87은 농후혼합(rich mixture) 등급지수를 의미한다. 항공용 가솔린의 등급혼돈을 피하기 위하여 일반적으로 80, 100, 100ll 또는 115로 식별한다. 또한, 항공용 가솔린은 색상부호(color code)에 의해 확인된다. 그림 9-30과 같이 연료의 색깔은 배관(piping)과 주유장비(fueling equipment)에 있는 색상 띠(color band)와 일치되어야 한다.

[표 9-2] 항공 가솔린(Aviation gasoline) 색상과 등급기준

| 색상 | 등급 |
|---|---|
| 적색 | 80 |
| 청색 | 100 |
| 녹색 | 100LL |
| 자주색 | 115 |

터빈연료(turbine fuel)/제트연료(jet fuel)는 터보제트엔진(turbojet engine)과 터보샤프트엔진(turbo-shaft engine)에 동력을 공급하기 위해 사용된다. 터빈연료는 일반적으로 케로신(kerosene)이 주성분인 JET-A와 JET A-1 그리고 케로신(kerosene)에 항공용 가솔린이 첨가된 JET B 등 세 가지 종류가 있다. 제트연료는 배관(Piping)과 주유장비(Fueling Equipment)에 검정색(Black Color)으로 식별되고 있지만 실제 제트연료의 색깔은 맑거나 밀짚 빛깔(straw)을 띄고 있다.

항공용 가솔린과 터빈연료는 절대로 혼유 되어서는 안 된다. 항공용 가솔린에 제트연료가 첨가되면 엔진 출력이 감소되고, 이상폭발(detonation)의 원인이 되어 엔진의 손상과 수명감소를 초래할 수 있다. 제트연료에 항공용 가솔린이 첨가되는 것은 허용되지만 터빈엔진에 납 침전물(lead deposit) 축적되어 엔진의 사용수명(service life)이 단축되는 원인이 될 수 있다.

### 9.8.2 오염관리(Contamination Control)

연료에는 어떠한 오염도 존재해서는 안 된다. 항공연료에서 발견되는 오염의 유형은 물(water), 고형물(Solid) 및 미생물성장(microbial growth) 등이 있다.

항공연료의 오염은 엔진고장 또는 수명감소로 이어지기 때문에 오염관리는 매우 중요하다. 오염을 제어하는 최선의 방법은 연료계통으로 오염물질이 유입되는 것을 방지하는 것이다. 오염의 일부 형태는 연료계통 내부에서 생기기도 한다.

여과기(filter), 분리기(separator) 및 스크린(screen) 등의 어떠한 방법을 동원해서라도 오염을 제거하여 한다.

항공연료에 함유되어 있는 물(water)은 일반적으로 두 가지 형태로서 물에 용해된 증기(vapor)와 자유수(free water)이다.

용해된 물은 온도가 떨어져서 자유수(free water)로 될 때까지는 큰 문제는 아니지만 얼음결정(ice crystal)

이 형성되어 여과기(filter) 또는 다른 작은 오리피스(Orifice)를 막히게 하는 문제를 일으킬 수 있다.

자유수는 물 슬러그(water slug) 또는 떠다니는 물로 나타날 수 있다. 물 슬러그는 농축된 물로서 항공기 급유 후 배출되는 물 같은 것이다.

떠다니는 물은 작은 물방울들로 눈에 잘 띄지는 않지만, 연료가 투명하게 보이지는 않으며, 시간이 지나면 침전되게 된다.

고형오염물질(solid contaminant)은 연료에 녹아들지 않는 것들로서 녹(rust), 오물(dirt), 모래(sand), 개스킷 재질, 실 보푸라기 및 걸레조각 등이다. 연료조종(fuel control)장치를 비롯한 연료관련 기계장치들의 정밀한 공차는 인간의 머리카락 직경의 1/20보다 더 작은 입자에 의해 손상되거나 막힐 수 있다.

미생물학적인성장(microbiological growth)은 제트연료에서 문제점이다. 제트연료에 함유된 자유수(free water)에는 다양한 미생물의 개체가 생존하고 있다. 어떤 것은 흙속에 살지만 이들 유기체 중 일부 변종은 공기 중에 떠다니므로 항공기가 연료를 채울 때마다 이러한 유기체들이 쉽게 유입될 수 있게 된다.

연료에 함유된 미생물의 성장에 좋은 환경은 따뜻한 온도와 물에 함유되어 있는 산화철(iron oxide)과 무기산염(mineral salt)의 존재이다.

미생물(micro-organism)의 영향은 다음과 같다.

① 여과기(filter), 분리기(Separator) 또는 연료조종(fuel control) 장치를 막히게 할 수 있는 점액 또는 찌꺼기의 형성
② 연료의 유화(emulsification)
③ 연료탱크의 구조물을 침식시킬 수 있는 부식성의 화합물 생성. 습식날개탱크(wet wing tank)의 경우, 탱크는 항공기 구조물의 일부이며, 악취를 발생하기도 한다.

미생물성장을 방지하기 위한 최선의 방법은 연료에서 수분을 제거하는 것이다.

### 9.8.3 급유 시 위험요인(Fueling Hazards)

항공연료의 휘발성은 동력비행(powered flight)이 시작된 이래로 비행사(aviator)와 항공 엔진설계자(engine designer)를 괴롭히는 화재위험을 만들어낸다. 휘발성(volatility)은 비교적 저온에서 가스로 변환되는 것으로서 액체 상태에서는 항공연료는 연소되지 않을 것이나, 액체연료가 증기상태(vapor state) 또는 기체상태(gaseous state)로 변환되면 항공기에 유용한 동력을 공급할 뿐만 아니라 동시에 화재 위험에 직면하게 된다.

정전기는 임의의 두 물체(기체, 액체 또는 고체)의 접촉으로 두 물체 간에 전하가 교환되어 양과 음의 전기를 띄는 현상을 말하며, 모든 비전도성 물체에 상당히 높은 전압의 전기 에너지가 축적된다. 일반적으로 항공기에서 발생되는 정전기는 비행 중이나 활주 중일 때와는 달리 계류 중에는 항공기 외부로의 정전기 방출이 약해져 정전기 발생 부위에 축적된 상태로 존재하게 되고 특히 습도가 적은 추운 겨울철에는 높은 정전압을 띄게 된다.

케로신 유형의 터빈엔진 연료는 항공 가솔린에 비해 비중이 높고 발화점이 넓기 때문에 다른 연료에 비해 급유 중 연료와 호스 간의 마찰에 의해 발생하는 정전기의 양이 많으며, 이것은 또한 연료공급 속도에 비례하여 더욱 커지게 되므로 이로 인하여 발생한 정전기

는 항공기에 축적되어 항공기는 양(positive)의 전기적 특성을 띠게 된다.

만약 연료보급 중 연료공급 호스와 항공기의 연료주입 연결 부위에서 연료가 누설되어 이것이 기화되는 경우에는 항공기 축적된 정전기가 작업자의 몸을 통하여 방전되며 발생한 불꽃이 연료증기에 점화하게 된다.

연료 증기의 흡입은 해로우므로 주의하여야 하며, 의복과 피부에 묻은 연료는 즉시 닦아내야 한다.

### 9.8.4 급유절차(Fueling Procedures)

항공기의 적절한 급유(fueling)는 소유자와 작동자의 책임이다. 그러나 이것은 정확한 유형의 연료와 안전한 급유절차를 적용하여 급유를 수행하는 사람에게는 관계되지 않는다.

항공기 급유에는 두 가지 기본적인 절차가 있다. 경항공기는 날개 위에서 연료를 급유한다. 이러한 방법은 연료호스를 사용하여 날개상부의 주유구(fueling port)를 통해 연료를 보급한다. 대형 항공기에서 사용되는 방법은 단일지점(single point) 급유장치이다. 이러한 형태의 급유장치는 한 지점에서 모든 연료탱크를 채우기 위해 날개 하부의 전연부( leading edge)에 있는 리셉터클(receptacle)을 이용한다. 이러한 방법은 항공기 급유시간을 줄여주고, 오염을 감소시키며, 연료를 발화시키는 정전기를 줄여준다. 대부분 가압급유장치(pressure fueling system)는 가압급유호스(pressure fueling hose), 제어 패널(control Panel) 그리고 한 사람이 항공기의 일부 또는 모든 연료탱크에 연료를 급유 또는 배유(defuel) 작업을 가능하게 하는 게이지(Gauge)로 구성된다. 각각의 탱크는 미리 설정된 수준(level)으로 채워지게 된다. 이러한 절차들이 그림 9-29와 그림 9-30에 나타나 있다.

급유하기(fueling) 전에 다음 사항들을 점검해야 한다.

- 항공기의 모든 전기 계통(electrical system)과 레이더(radar)를 포함한 전자장치(electronic device)가 꺼졌는지(turn off) 확인하라.
- 작업복 주머니에는 아무것도 넣지 마라. 연료탱크로 떨어뜨릴 수 있다.
- 급유작업에 인화성물질을 소지하지 않았는지 확인하라. 순간적인 방심이 사고를 불러온다.
- 적절한 형식과 등급의 연료인지 확인하라. 항공용 가솔린과 제트연료를 혼유해서는 안 된다.
- 모든 섬프(sump)가 배출되었는지 확인하라.
- 보안경을 착용하라. 보안경만큼 중요하지는 않지만, 고무장갑(rubber gloves)과 앞치마(apron)와 같은 보호 장구는 넘치거나 튀어 오르는 연료로부터 피부를 보호할 수 있다.
- 연료를 보급하고 있는 항공기 방향으로 다른 항공기의 후류에 의해 불순물들이 날아올 경우에는 연료보급을 중단하라. 바람에 날아온 오물(dirt), 먼지(dust) 및 기타 오염물은 열려져 있는 연료탱크로 유입되어 탱크를 오염시킬 수 있다.
- 5[mile] 이내에서 번개가 칠 때에는 연료보급을 하지 마라.
- 지상레이더(ground radar)가 500[feet] 이내에서 작동할 경우에는 연료보급을 하지 마라.

다음은 이동식급유장치(mobile fueling equipment)를 사용 시 주의사항이다.

- 항공기에 주의 깊게 접근하라. 비상시 철수 등을

[그림 9-29] 오버 윙 방식(over-wing method)의 항공기 급유

고려하여 후진하지 않고 빠르게 출발할 수 있도록 연료트럭을 배치한다.

- 연료트럭의 핸드 브레이크(Hand Brake) 당기고, 흔들림을 방지하기 위해 차륜에 고임목을 고여라.
- 항공기를 접지시키고, 연료트럭을 접지시킨 다음 항공기와 연료트럭을 함께 접지시키거나 또는 접속시켜라. 이러한 3점 접지는 연료트럭에 있는 3개의 분리된 접지선(ground wire) 또는 "Y" 케이블

[그림 9-30] 대형 항공기의 단일 포인트 급유 스테이션(Single point refueling station)

을 이용하여 이루어지게 된다.

- 접지가 금속 또는 항공기에 적절한 접지 점(ground point)에 접촉되어 있는지 확인하라. 엔진배기장치(engine exhaust) 또는 프로펠러(propeller)를 접지 점으로 이용하지 않는다. 프로펠러에 손상을 줄 수 있으며, 엔진과 기체 사이에 긍정적인 접속을 보장할 수 없기 때문이다.
- 노즐(nozzle)을 항공기에 접지한 후, 연료탱크를 열어라.
- 넘친 연료 또는 노즐(nozzle), 호스(hose), 또는 접지선의 부주의한 취급으로 발생할 수 있는 손상으로부터 항공기 날개와 관련 부품을 보호하라.
- 항공기를 떠나기 전에 연료마개(fuel cap)가 잘 닫혔는지 점검하라.
- 역순으로 접지선을 장탈하라. 만약 항공기가 비행에 바로 투입되거나 이동하지 않는다면 항공기 접지선은 장착된 상태로 놓아둘 수 있다.

급유 피트(Pit) 또는 캐비닛(Cabinet)으로 급유할 때에도 연료트럭 급유와 동일한 절차를 따른다. 피트 또는 캐비닛은 장치의 접지 필요성을 제거하기 위하여 영구적인 접지로 설계되어 있다. 그러나 항공기는 반드시 접지되어야 하며, 그다음에 장비는 이동식장치(mobile equipment)처럼 항공기에 접지되어야 한다.

### 9.8.5 배유(Defueling)

배유 절차(defueling procedure)는 항공기 형식에 따라 다르기 때문에 배유하기 전에 세부적인 절차와 주의사항에 대해 정비매뉴얼 또는 서비스매뉴얼을 참조하여야 한다.

배유는 연료를 중력 또는 펌프로 탱크 외부로 배출할 수 있다. 중력방법이 사용될 때에는 연료를 모으는 방법을 갖추는 것이 필요하다. 펌프방법이 사용될 때에는 탱크를 손상시키지 않도록 주의해야 하고, 배출된 연료는 좋은 연료와 혼합되지 않아야 한다.

배유할 때 일반적인 예방책은 다음과 같다.

- 항공기와 배유장치를 접지시킨다.

- 전기와 전자장치를 끈다.
- 정확한 유형의 소화기를 비치한다.
- 보안경을 착용한다.

# 10
# 검사개념과 기법
## Inspection Concepts and Techniques

# 10 검사개념과 기법

## Inspection Concepts and Techniques

검사는 검사하는 항목의 상태가 일정 기준에 적합한지 확인하는 정비 행위를 말한다. 일반 육안 검사는 외부로 노출된 광범위한 부분을 개략적으로 육안 검사하는 것을 말한다. 상세 육안 검사는 구체적으로 정해진 특정 부분에 접근하여 집중적으로 육안 검사하는 것을 말한다. 전등을 이용하여 비정상 상태 또는 결함 흔적을 찾아내며, 필요에 따라 거울, 확대경 등의 보조 도구를 사용하기도 한다. 특수 상세 검사는 비파괴 검사와 같은 특수 작업이나 대용량 확대경 등 검사 장비의 사용이 요구되며, 경우에 따라서는 분해를 하기도 한다. 검사는 정비사, 조종사 또는 객실승무원에 의해 작성되는 보고서와 주기적인 계획에 따라, 항공기가 비행할 수 있는 최적 상태로 항상 유지되도록 체계적이고 반복적으로 수행한다. 정비프로그램의 요체는 철저하고도 반복되는 이 검사체계이다. 일정한 규칙이 없고, 질서정연하지 않은 검사로는 고장이나 결함을 발견할 수 없고, 검사의 일부를 간단히 하거나 생략하면, 수리 시간이 크게 소요되는 결함으로 발전되어 항공기 정비 체계 전체의 비효율성과 결국에는 감항성에 영향을 주게 된다. 정기적 계획검사 및 예방정비가 감항성을 확보한다는 것은 증명되어 있는 사실이다. 만약, 과도한 마모나 사소한 결함을 조기에 발견하여 교정한다면 항공기의 비행 중에 발생하는 결함이나 고장이 상당 부분 감소된다. 검사의 중요성과 검사기록의 활용에 의한 감항성 확보는 아무리 강조를 해도 지나친 것이 아니다. 기체와 엔진 검사는 비행 전 검사로부터 세부검사에 이르기까지 매우 다양하게 수행된다. 검사 일정계획은 누적되는 비행시간, 비행사이클, 작동일수를 기준으로 한다. 검사주기는 항공기의 형식, 운용환경에 따라 다르다. 검사주기는 기체 및 엔진 제작회사의 지침을 반드시 참조하여야 한다. 규정된 주기에 따라 검사주기 종료 시점에 가까운 시기에 검사를 수행한다. 어떤 경우에는, 비행할 수 있는 시간이나 횟수를 제한하기도 한다. 시간적으로 작동한계가 정해져 있는 항공기 부품은 사용시간 한계 이내에 교환한다. 항공법은 항공기의 전반적인 상태를 판정할 목적으로, 일반적으로 항공기의 운용형식(감항유별)에 따라 규정된 시간 간격에 모든 민간 항공기를 검사하도록 규정하고 있다. 어떤 항공기는 적어도 매 12개월마다 검사를 받아야 하는 반면, 또 어떤 항공기에 대해서는 매 100 비행시간 후 검사를 받도록 요구하고 있다. 또 다른 예로, 항공기는 날짜 또는 비행시간을 경과하면 전반적인 항공기 검사를 위하여 설정된 검사체계에 따라 검사를 받게 되어 있다. 검사 수행을 위한 특정 검사 요구량과 규칙을 결정하려면 여러 가지 운용형식으로 되어 있는 항공기 검사 및 정비 요구량을 기술하고 있는 항공법에 의해 승인된 정비규정을 준수하여야 한다.

## 10.1 기본적 검사(Basic Inspection)

### 10.1.1 기법과 실무(Techniques/Practices)

검사를 시작하기 전에 검사할 부위의 모든 외형판((Plates), 접근창(Access Door), 페어링(Fairing)및 카울링(Cowling)을 열거나 탈거하고, 구조물을 청소한다. 외형판 및 카울링을 열 때와 주변을 청소하기 전에 오일 또는 기타 유압유 누설 여부를 확인한다.

### 10.1.2. 준비(Preparations)

검사 대상 항공기의 기술 도서, 각종 지침이나 정보를 검사를 실시하기 전에 검토한다. 항공일지(Flight & Maintenance Logbook)의 정비이력도 검토한다. 검사를 수행할 때는 항상 체크리스트를 사용하여 잊어버리거나 빠뜨리는 항목이 없는지를 확인한다. 기술도서, 검사지침이나 정보는 서면 또는 전자도서로 이용할 수 있어야 한다. 이러한 간행물은 항공기 제작회사와 엔진 제작회사, 장비품 제작회사 및 감항 당국이 제공한다.

## 10.2 항공기 일지(Aircraft Logs)

항공기 운항을 위해 항공사가 항공 감항 당국으로부터 발급받은 증명서를 운항증명서(Air Operator Certificate)라고 하며, 이를 소지한 회사는 항공기 일지를 작성하여 보존해야 한다. 항공기 일지에는 탑재용과 지상비치용이 있다.

(1) 탑재용 항공일지(Flight & Maintenance Logbook)는 항공기를 운항할 때에 반드시 탑재하여야 하며, 표지 및 경력표, 비행 및 주요 정비일지, 정비 이월 기록부를 포함한다. 항공안전법적으로 탑재용 항공일지에는 기체일지(Airframe logs)가 포함되어 있다.

(2) 지상비치용 항공기 일지는 장비품 일지로, 발동기일지(Engine Logs), 프로펠러 일지(Propeller Logs), 장비품 일지(Component Log/Record)로 구분할 수 있다.

항공일지 크기와 형태는 항공사별로 다르다. 비행시간이 많은 항공기는 여러 권의 항공일지를 가지게 되고 영구 보존해야 한다. 탑재용 항공일지는 항공기에 관한 모든 데이터가 기록되어 있다. 항공기 상태, 검사일자, 기체, 엔진, 그리고 프로펠러의 사용시간과 사이클이 기록된다. 항공기, 엔진, 장비품의 정비이력이 기록되고, 감항성 개선 지시(AD), 제작회사에서 발행하는 정비회보(SB)의 수행 사실도 기록된다. 검사원은 감항성을 인정하는 인증문을 쓰고 서명하거나 검사인을 날인하여 완료한다. 이 인증 문구는 누가 그것을 읽든 확실하게 이해할 수 있는 글씨체로 ICAO 인정 공용언어로 쓴다. 높은 품질의 항공일지는 항공기의 가치를 높인다.

## 10.3 점검항목표(Checklists)

검사를 수행하기 때 항상 체크리스트를 사용한다. 체크리스트는 항공기 운용자가 작성한 것이거나 제작회사가 제공한 것 또는 다른 공급원에 의해 제공된 것일 수도 있지만, 다음 사항을 포함하고 있어야 한다.

### 10.3.1 동체부문(Fuselage and Hull Group)

(1) 우포(Fabric)와 외피(skin): 퇴화(Deterioration), 뒤틀림(Distortion), 결함 징후, 체결기구(Fitting)의 결함 또는 불안정한 부착 상태
(2) 계통과 장비품: 장착 상태, 결함, 양호한 작동 상태
(3) 공기주머니(Envelop gas bags), 평형용탱크(Ballast tank), 그리고 관련 부품 상태

### 10.3.2 기내부문(Cabin and Cockpit Group)

(1) 일반적인 청결 상태, 기내용품(Loose equipments)의 고정상태
(2) 좌석 및 안전벨트: 상태와 안전성(Security)
(3) 창문과 방풍창(Window & Windshield): 퇴화, 파손 여부
(4) 계기류: 장착 상태, 표기 상태, 그리고, 가능할 경우 작동상태
(5) 비행조종장치와 엔진제어장치: 장착상태, 작동상태
(6) 축전지(Battery): 장착 상태, 충전 상태
(7) 제 계통: 장착 상태, 외부적 결함, 장착부위 이완 여부

### 10.3.3 엔진과 그 격실 부문 (Engine and Nacelle Group)

(1) 엔진계통(Engine system): 오일, 연료 또는 유압유의 누설 여부 및 누설의 근원
(2) 스터드(Stud) 및 너트(Nut): 토크(Torque) 값의 적정성, 분명한 결함
(3) 엔진내부: 실린더 압축비, 실린더 내부 상태와 공차 점검, 배기가스온도, 압축기와 터빈 내부 상태, 스크린과 드레인 플러그(Drain Plug)에서 금속입자 등 이 물질 존재 여부
(4) 엔진 장착대(Engine mount): 균열, 장착상태의 이완, 엔진과 장착대 사이 이완 여부
(5) 방진구( Flexible vibration dampener): 장착 상태 및 퇴화 여부
(6) 엔진제어(Engine control): 결함, 작동상태, 행정, 안전장치
(7) 관(Line), 호스(Hose), 그리고 클램프(Clamp): 누설 여부
(8) 배기통(Exhaust stack): 균열, 결함, 장착 상태
(9) 액세서리(Accessory):: 장착상태의 안전성
(10) 전 계통: 장착상태. 일반적인 상태와 결함 여부
(11) 방풍판(Cowling): 균열 및 결함 여부
(12) 지상 시운전과 기능점검: 모든 동력장치의 조종장치와 계통의 정확한 반응, 모든 계기의 작동상태, 지시상태

### 10.3.4 착륙장치(Landing Gear Group)

(1) 전 부품: 장착상태와 안전성
(2) 완충장치: 작동유액(Oleo fluid)의 충전 수준

(Level)
(3) 연동장치, 버팀대(Truss), 구성부재(Members): 마모 상태, 피로, 뒤틀림
(4) 작동 및 잠금 기계장치(Retracting & Locking Mechanism): 작동상태
(5) 유압유 배관 및 호스: 누설 여부
(6) 전기계통: 전선의 접촉손상(Chafing)과 스위치의 작동 상태
(7) 바퀴(Wheel): 균열, 결함. 베어링 상태
(8) 타이어: 마모 상태, 절단 상태
(9) 제동장치(Brake): 적정한 조정
(10)부양기(Float)와 스키(Ski): 장착 상태, 결함상태

### 10.3.5 날개 및 동체 중앙부 (Wing and Center Section)

(1) 모든 장비품: 장착 상태와 안전성
(2) 우포(Fabric)와 외피: 퇴화, 뒤틀림, 결함 징후, 체결기구의 결함, 부착 상태
(3) 내부구조(Internal structure): 스파, 리브, 압축재의 균열, 굴곡, 부착상태
(4) 가동 면(Movable surface): 손상, 결함, 우포 또는 외피 부착 상태, 행정의 적정성
(5) 조종 장치(Control mechanism): 움직임, 정합(Alignment), 장착 상태
(6) 조종 강삭(Control cable): 장력, 절단, 마모, 페어리드와 도르래 등 경로 검사

### 10.3.6 후방 동체 부문(Empennage Group)

(1) 고정 날개 표면: 손상, 결함, 패스너등 결합 부품의 풀림, 또는 장착상태
(2) 가동조종면(Movable control surface): 손상, 결함, 패스너 등의 풀림, 외피의 비틀림
(3) 우포 및 외피: 도피제(Coating)나 도색제(Paint)의 벗겨진 상태, 찢어진 곳, 절단, 결함, 뒤틀림. 퇴화

### 10.3.7 프로펠라(Propeller Group)

(1) 프로펠러 장치(propeller assembly): 균열, 찍힘(nick), 구부러짐(bend), 오일 누설
(2) 볼트: 조임치(torque value), 안전결선(safety wire) 상태
(3) 방빙장치: 작동상태, 결함
(4) 조종메커니즘(Control Mechanism): 작동상태, 장착상태, 행정거리

### 10.3.8 통신 및 항법 장비 (Communication and Navigation Group)

(1) 통신 라디오 및 전자 장비: 장착 및 작동 상태, 보안
(2) 배선 과 배관: 경로의 적정성. 장착 안전성, 결함
(3) 부품간접속선(bonding wire)과 전선의 차폐(shielded conductor): 장착 상태
(4) 안테나: 장착상태, 작동점검

### 10.3.9 기타

(1) 구급용구: 일반적인 상태와 보관의 적정성. 제작사 권고에 의한 검사

(2) 낙하산: 제작사 권고에 의한 검사.
(3) 자동비행시스템: 일반적인 상태, 장착의 안전성, 작동상태

## 10.4 간행물(Publications)

항공 간행물은 항공기와 관련 장비품의 운용과 정비에 있어서 항공정비사를 안내하는 정보의 원천이다. 이들의 적절한 이용으로 효율적인 항공기 작동과 정비를 도모할 수 있다. 항공기 및 항공기술 정보나 간행물은 감항당국이 제공하는 항공관계법령이나 규칙, AD, AC 등과 항공기나 장비품 제작회사가 제공하는 SB와 매뉴얼과 카탈로그가 있다. 그리고, 항공기, 엔진과 프로펠라 설계명세서가 있다.

### 10.4.1 제작회사의 SB/SI (Manufacturer's Service Bulletins/Instructions)

SB/SI는 기체 제작사, 엔진 제작사, 그리고 장비품 제작사에서 발행하는 권고적인 기술지시이다. 운영중인 항공기, 기관, 장비품의 신뢰성 향상을 목적으로 감항 당국의 승인 아래 발행하는 점검, 수리, 개조의 절차를 포함하는 기술 지시 문서이다.

이 지시에는 (1) 발행 목적, (2) 대상 기체, 엔진, 장비품 (3) 서비스, 조정, 개조 또는 검사 지침과 (4) 필요한 부품의 공급원, (5) 작업 소요 인시수(Manhour) 등이 기술되어 있다.

### 10.4.2 MM(Maintenance Manual)

제작회사 MM에는 항공기에 설치된 모든 시스템과 장비품의 정비에 대한 완전한 지침이 수록되어 있다. 장비품과 부품, 계통이 항공기에 장착되어 있는동안 정비할 내용이 기술되어 있으며, 오버홀 지침은 오버홀 매뉴얼에 기술되어 있다. MM에는 다음 사항이 기술되어 있다.

(1) 시스템 설명(즉, 전기, 유압, 연료, 조종)
(2) 윤활유, 유압유의 종류와 작업 주기
(3) 제 계통에 적용할 수 있는 압력, 전기 부하
(4) 항공기의 적정 기능에 필요한 허용오차 및 조정 방법
(5) 평형(Leveling), 잭업(Raising), 견인 방법
(6) 조종면의 균형 잡기(방법)
(7) 1차 구조재와 2차 구조재의 식별
(8) 항공기 운항에 필요한 검사 빈도와 범위
(9) 특별히 적용되는 수리방법
(10) X-ray, 초음파탐상검사, 자분탐상검사에 필요한 특별한 검사 기법
(11) 특수공구 목록

### 10.4.3 OM(Overhaul Manual )

OM은 항공기에서 장탈된 장비품이나 부품에 대해 수행하는 정상적인 수리작업을 포함하여, 서술적인 오버홀 작업 정보와 상세한 단계별 오버홀 지침이 기술되어 있다. 오버홀이 오히려 비경제적인 스위치, 계전기(Relay) 같은 간단하고 고가가 아닌 부품은 오버홀 매뉴얼에 포함되지 않는다.

### 10.4.4 SRM(Structural Repair Manual)

SRM은 항공기 1, 2차 구조물을 수리하기 위한 해당 구조물의 제작사 정보와 특별한 수리지침을 기술하고 있다. 외피, 프레임, 리브, 스트링어 등의 수리 방법이 기술되어 있다. 필요 자재, 대체 자재, 특이한 수리 기법도 제시되어 있다.

### 10.4.5 부품도해목록 (Illustrated Parts Catalog, IPC)

IPC에는 분해 순서로 항공기 구조와 장비품의 내역을 기술하고 있다. 항공기 제작사에 의해서 제작된 모든 부품과 장비품에 대한 펼친 그림과 상세 단면도 등이 제시되어 있다.

### 10.4.6 WDM(Wiring Diagram Manual)

WDM은 항공기에 설치된 장비품의 배선과 장착(Hook-Up) 다이어그램, 도면 및 목록이 기술되어 있다. ATA iSPec 2200 규격에 따라 구성되어 있다.

### 10.4.7 항공법규 및 시행규칙과 정비규정

항공법규 및 시행규칙은 항공 운항의 안전과 규율 있는 행위를 마련하기 위한 법률이다. 항공정비사의 특권과 한계를 정한 법과 규칙, 규정이다. 항공기에서 수행되는 모든 정비는 항공관계법에 따라야 하므로 이에 대한 지식은 정비 수행에 있어 대단히 중요한 것이다. 항공기 정비와 검사 프로그램도 이 항공안전법에 의해 정비규정으로 감항당국이 승인한 것이다.

### 10.4.8 AD(Airworthiness Directives)

감항당국의 주된 안전 직능으로 항공기, 엔진, 프로펠러에서 발견되는 위험 요소의 수정을 요구하고, 그러한 상황이 같은 설계의 다른 항공기에도 존재하거나 전개될 것에 대비하여 시정조치를 요구하는 것이다. 설계결함, 제작결함, 정비결함이나 그 밖의 다른 원인으로 항공기에 불안전한 상태가 존재하게 된다. AD는 이러한 불안전한 상태의 수정을 요구하는 것으로, 감항당국의 행정 명령이다. 항공기 제작회사의 감항당국 및 항공기 운용회사의 감항당국 등이 발행하는 문서로, 위험 요소가 발견된 항공기, 엔진, 장비품의 계속 사용을 위하여 필요한 점검 및 조치, 운용상의 제한 조건 등을 포함하는 강제적 기술지시 문서를 말한다.

AD는 항공기의 소유자를 포함하여 불안전한 상황과 관련이 있는 인원에게 정보를 주고, 항공기가 계속 운항할 수 있는 필요한 조치 사항을 규정한다. AD는 법적으로 특별한 면제가 되는 경우를 제외하고 따라야 하므로 2가지 범주로 구분되는데, (1) 접수 즉시 곧바로 긴급 수행을 요구하는 위급한 것과 (2) 일정 기간 내에 수행을 요하는 긴급한 것이 있다.

AD는 일회 수행으로 종료되는 것과 일정 주기(시간, 사이클, 기간)로 반복적으로 검사를 수행하는 것이 있다. AD의 내용은 해당 항공기, 엔진, 프로펠러, 기기의 형식과 일련번호가 기술되어 있다. 또한, 수행 시기, 기간, 개요, 수행절차, 수행방법도 기술된다.

### 10.4.9 형식증명자료 (Type Certificate Data Sheets, TC)

TC는 형식설계를 기술하고 적용된 법적 제한 사항이 기술되어 있다. 특정 모델 항공기의 제한 사항과 정보를 담고 있다. 항공정비사가 TC에서 얻을 수 있는 정보는 개략적으로 다음과 같다.

(1) 형식증명 항공기에 사용된 모든 엔진의 모델
(2) 최소 연료 등급
(3) 매니폴드압력, 회전수, 마력 등 엔진 최대연속정격, 이륙정격
(4) 프로펠러 제작사, 모델, 사용한계, 프로펠라와 프로펠러 · 엔진(Propeller–engine)의 운용한계 및 제한 사항
(5) 대기속도(Airspeed)
(6) 최대탑재하중 상태에서 무게중심과 그 위치범위를 표기하고, 감항유별이 수송(T)인 항공기는 날개의 평균공력시위(MAC, Mean Aerodynamic Chord)의 백분율(%)로 표기한다.
(7) 자중무게중심(Empty weight center of gravity) 범위
(8) 기준점의 위치
(9) 평형정보(Leveling means)
(10) 최대중량(Maximum weight)
(11) 좌석 수와 모멘트, 거리(Arm)
(12) 오일과 연료탑재량
(13) 조종날개면의 움직임
(14) 검사에 필요한 장비
(15) 형식증명을 위한 필요한 추가적 특별한 장비
(16) 필요한 플래카드 자료

필수검사를 수행할 때 항공기와 항공기의 모든 주요 항목이 TCDS 정의되어 있는 상태인지 확인할 필요가 있다. 검사원은 항공기와 장착된 모든 장비품이 TCDS과 일치하는지 확인해야 한다. 이것을 적합성 검사라고 하며 항공기가 원래 인증된 규격으로 있는지 검증한다.

때때로, TCDS에서 지정되지 않은 사항으로 변경하는 경우에는 STC(Supplmentary Type Certificate)를 받아야 한다. STC는 항공기의 영구 기록의 일부이며 해당 항공기의 일지의 일부로 유지되어야 한다. 형식증명에 대한 자세한 사항은 표준 교재 시리즈"항공법규"와 "본서 제4장 무게와 평형"을 참조하라.

## 10.5 일상검사/필수검사 (Routine/Required Inspections)

항공안전법에 의한 정비규정의 검사프로그램에 따라 항공기에 대한 검사가 수행된다. 항공기검사 운영 유형에 따라 특정한 간격으로 수행된다. 민간항공기 조종사는 해당 항공기의 감항성을 확인할 책임이 있으므로, 각 비행 전에 항공기를 점검한다. 정비사는 매 비행 전과 후에 항공기를 점검한다. 항공정비사는 최소한 12개월 이내에 1회 이상 상세검사를 수행한다. 100시간 주기 검사도 수행한다. 검사란, 항공기의 기체 구조 및 장착된 모든 부품, 장비품의 상태와 기능이 정상인지를 확인하는 정비 행위로 점검과 유사한 의미로 사용된다.

비행 전 또는 비행 후에 항공기 운항을 목적으로 수행되는 점검, 액체 및 기체류의 보급, 비행할 때에 발생한 결함 교정 등과 같이 기본적으로 수행하는 정비

행위를 기본 점검 또는 운항 정비라고 한다. 다른 경우, 캘린더 또는 비행 기간에 걸쳐 항공기에 대한 전체 검사를 제공하기 위해 설정된 시스템에 따라 항공기를 검사할 수 있다. 여기에는 단계 유형 검사가 포함된다.

### 10.5.1 비행 전/후 검사 (Preflight/Post-flight Inspections)

조종사는 항공기를 운항할 때 POH(Pilot's Operating Handbook)의 체크리스트에 따라 비행전 검사를 한다. 이 체크리스트에는 조종사가 항공기 주위를 걸어가면서 눈으로 항공기의 일반적 상태를 검사하는, 일명 "Work-around" 점검을 포함한다. 조종사는 비행에 필요한 연료, 오일 등이 적정한지를 확인해야 한다. 감항성 유지 여부를 확인을 위해 탑재되어있는 감항성 관련 증명서 확인과, 항공일지의 정비기록도 검토한다. 또한, 매 비행을 완료한 후에는 운항 중에 발생한 고장이나 결함 등을 정비사에게 제공하여 정비사의 비행 후 점검에서 다음 비행 준비를 위한 수리나 보급 작업이 이루어지도록 해야 한다. 정비사는 비행 전, 후 점검 첵크리스트에 의해 항공기의 감항성을 확인하여, 조종사에게 인계한다.

### 10.5.2 연간 검사/ 100시간 주기 검사 (Annual/100-hour Inspections)

"항공안전법"에 의거하여 감항 당국의 승인을 받은 항공사의 "정비규정과 정비조직절차메뉴얼의 검사를 규정한 내용"과 "운항기술기준"의 "항공기 정비" 부분에 규율된 정비방식에 따라 검사주기, 검사범위, 검사요목이 규율된다. 연간주기 검사와 100시간 주기 검사의 범위와 요목도 결정된다. 정비방식에 대한 감항당국 승인에 대한 자세한 사항은 표준 교재 시리즈 "항공법규"를 참조하라.

침고로 미국은 "Federal Aviation Regulations Part 43, Apedndix D의 "Scope and Detail of Items(as Applicable to the Particular Aircraft) To Be Included in Annual and 100-Hour Inspections"에 의해 100시간 검사및 연간검사 적용 항공기에 대한 상세 검사항목과 검사범위를 규율하고 있다. 한 가지 차이점은 검사를 수행하기 위해 공인된 사람을 필요로 한다. 100시간 검사는 항공정비사 면허를 가진 정비사가 수행할 수 있지만, 연간검사는 검사 권한을 위임받은 유자격 항공정비사가 별도로 확인해야 한다. 점검 주기는 국가에 따라 차이가 있지만, 정비기지로의 비행을 위해 10% 정도의 여유를 준다.

### 10.5.3 단계적 검사(Progressive Inspections)

단계적 검사 역시 감항 당국의 승인을 받은 정비규정에 규율되며, 연간검사의 범위와 요목은 매우 집중적이고 방대하여 상당한 정비 시간이 소요되므로 항공기가 장기간 운항에서 제외되어야 한다. 이를 방지하기 위해 분할하여 수행하기도 한다. 특히, 대형항공기는 검사프로그램에 따라 단계적으로 일정 부분에 대해 단기간에 검사를 수행한다.

검사의 범위를 4~6개의 단계(Phase)로 나누어 수행하는 것이다. 모든 단계가 완료되면 검사의 1사이클이 완료되도록 프로그래밍한다. 단계적 검사의 장점은 검사를 비행이 없는 야간에 완성하고 주간에 비행하여 수입을 늘릴 수도 있다는 것이다. 단계적 검사는 엔진오일 교환과 같은 일상 점검항목부터 비행조종 케이블 검사와 같은 상세검사도 포함된다. 일상점검 요목은 매 검사단계마다 수행하고, 상세한 검사는 항공기의 특정 부분의 상세 점검에 초점을 맞춘다. 단계적 검사의 1 사이클은 12개월 이내에 완료되어야 한다. 만약 모든 검사가 12개월 이내에 완결되지 않는다면, 나머지 단계의 검사는 첫 번째 단계가 완결되었을 때로부터 열두 번 째 달의 마지막 일 이전에 완료한다. 단계적 검사계획은 항공기를 등록한 감항 당국에 신청하여 정비프로그램으로 승인을 받는다.

참고로, 미국은 FAR Part91, Section 91.409(d)에 단계적 검사에 대한 절차를 규율하고 있다.

### 10.5.4 연속적 검사(Continuous Inspections)

연속적인 검사계획은 대형 항공기 또는 가스터빈 엔진을 장착한 항공기에 적용하는 것을 제외하고, 단계적 검사계획과 유사하지만 조금 더 복잡하다. 단계적 검사계획과 같이 감항 당국의 승인을 필요로 한다. 운항 형태와 적용되는 법적 요구 사항에 따라 조사하여 승인한다. 상업적 운항 항공기에 대한 정비프로그램은 승인된 AOC의 Operation Specifications에 자세하게 기술되어 있다. 항공사는 일상적 검사와 상세검사 모두를 포함하는 지속적 감항성 유지 프로그램(Continuous Airworthiness Maintenance Program)을 운용한다.

정시점검("Letter Check"라고 부른다)은 A점검, B점검, C점검, D점검과 ISI,. CAL 점검이 있다. A점검은 최소의 포괄적인 것이고, 수행 점검 빈도가 많다. 반면에 D점검은 주요 장비품의 분해 , 장탈, 오버홀, 계통과 장비품의 검사를 수반하는 매우 종합적인 점검이다. D점검은 항공기의 사용수명 기간 동안에 3~6회 정도 밖에 수행되지 않는다. 정시점검은 운항 정비 기간에 축적된 불량상태의 수리 및 운항 저해의 가능성이 많은 기능적인 모든 계통의 예방정비 및 감항성을 확인하는 것이다. 각 정시점검에 속한 정비요목은 정해진 주기 내에 수행 완료하여야 한다. 날짜 점검(CAL: CALendar check) A에서 D 정비 단계에 속하지 않는 정비 요목으로, 고유의 비행시간, 비행 횟수 또는 날짜 주기를 가지고 개별적으로 정해진 주기에 반복적으로 실시한다.

표10-1은 "A" 점검을 300 Flight Hours 주기로 수행하고, "C" 점검을 3,000 Flight Hours 주기로 수행하는 항공기의 정비계획표이다. "C" 점검과 관련된 "A" 점검을 동시에 수행하므로 점검카드(Task Cards)를 결합시켜야 할 필요도 있을 수 있다. 예를 들면, 어떤 "A" 점검의 경우 작동 시험을 하는 반면, "C" 점검에서는 같은 계통에 대해 기능 시험을 할 수도 있다. MM 이나 점검카드에는 각 Test 별로 상세한 지침이 있다. 양쪽을 다 수행하는 경우, 어떤 부분에 있어서는 이중 작업을 하는 경우가 발생할 수 있다. 이런 경우, 점검카드의 중복작업을 피할 수 있도록 처음부터 변경시키거나 현장에서 변경하여 실시할 수 있다. "C" 점검 역시 1C, 2C, 3C, 4C 등으로 분할하여 실시할 수 있다.

### 10.5.5 고도계, 송수신기 검사 (Altimeter and Transponder Inspections)

계기비행으로 운항하는 항공기는 본 계통의 주기점검, 즉 기능시험완료일을 포함하여 24개월을 초과하지 않은 고도계와 정압계통을 각각 갖추어야 한다. 항공교통관제와 통신용 송수신기를 장착한 항공기는 역시 이전의 24개월 주기 검사를 필한 송수신기를 갖추

[표 10-1] 점검계획표
A check : Every 300 FH, C check : Every 3,000 FH

| Check | 300 | 600 | 900 | 1200 | 1500 | 1800 | 2100 | 2400 | 2700 | 3000 | 3300 |
|---|---|---|---|---|---|---|---|---|---|---|---|
| 1A | X | X | X | X | X | X | X | X | X | X | X |
| 2A |  | X |  | X |  | X |  | X |  | X |  |
| 3A |  |  | X |  |  | X |  |  | X |  |  |
| 4A |  |  |  | X |  |  |  | X |  |  |  |
| 5A |  |  |  |  | X |  |  |  |  | X |  |
| C |  |  |  |  |  |  |  |  |  | X |  |

어야 한다. 이 점검 모두는 유자격자에 의해 수행되어야 한다.

## 10.6 항공기 계통 분류(ATA iSpec 2200)

정비 정보가 항공기 정비 매뉴얼과 같은 표준화된 방법으로 기술되도록 미국항공운송협회(ATA, air transport association of america)는 제작사 기술 자료에 대한 규격서를 발행하였다. 원래의 규격서는 ATA Spec 100이었고 결국에는 ATA Spec 2100이 전자 문서로서 개발되었다. 이들 두 가지 규격서는 ATA iSpec 2200이라고 부르는 하나의 문서로 통합 발전되었다. 이 표준화의 결과로서, 정비사는 제작사에 관계없이 항상 항공기 정비 메뉴얼의 동일한 부분에서 특정한 계통에 관한 정보를 찾을 수 있다. 예를 들어 만약 어떤 항공기에서 전기계통에 관한 정비 방법을 찾는다면, 항상 24장에서 찾는 것이다. 각각의 주요한 계통에서 이 체계는 몇 개의 차하위 계통으로 내려가는 형태로 배열하고 있다.

### 10.6.1 경착륙 또는 중량 초과 착륙 검사 (Hard or Overweight Landing Inspection)

모든 항공기가 ATA iSpec220에서 규정된 계통을 다 갖추고 있지는 않다. 소형 항공기는 훨씬 적은 계통만을 가지고 있다. ATA 100 체계는 항공기 일반(Aircraft General)은 00 ~ 16장과 96장으로 분류되어 있다. 이중 감항성 한계(Aiworthiness Limitations), 05장은 시간 한계와 정비점검(Time Limits/Maintenance Checks)이 기술되어 있다. 항공기 시스템(Airframe Systems)은 20장 Standard Practices ~ 49장 APU에, 항공기 구조부(Structures)는 50장 CARGO AND ACCESSORY COMPARTMENTS ~ 57장 WINGS, 프로펠라는 60장 ~ 67장, 동력장치(Powerplant)는 71장 Powerplant ~ 84장 PROPULSION AUGMENTAION에 수록한다.

표10-2는 A4A iSPec 2200 표이다. ATA 21은 Subsystem No.가 표기되어 있지만, 그 이외의 Chapter는 생략되어 있다. 해당 항공기 MM을 참고하라. ATA 100 중 항공사를 위해 표준화한 것으로, A4A : Airlines for America를 의미한다.

[표 10-2] A4A iSpec 2200

| Systems | Sub-systems | Title | Systems | Sub-systems | Title |
|---|---|---|---|---|---|
| 05 | | TIME LIMITS/MAINTENANCE CHECK | 48 | | IN FLIGHT FUEL DISPENSING |
| 06 | | DIMENSIONS & AREAS | 49 | | AIRBORNE AUXILIARY POWER |
| 07 | | LIFTING & SHORING | 50 | | CARGO & ACCESSORY COMPARTMENTS |
| 08 | | LEVELING & WEIGHING | 51 | | STANDARD PRACTICE & STRUCTURES - GENERAL |
| 09 | | TOWING & TAXIING | 52 | | DOORS |
| 10 | | PARKING, MOORING, STORAGE & RETURN TO SERVICE | 55 | | STABILIZERS |
| 11 | | PLACARDS & MARKINGS | 56 | | WINDOWS |
| 12 | | SERVICING | 57 | | WINGS |
| 18 | | VIBRATION & NOISE ANALYSIS (HELICOPTER ONLY) | 60 | | STANDARD PRACTICE - PROPELLER/ROTOR |
| 20 | | STANDARD PRACTICE-AIRFRAME | 61 | | PROPELLERS/PROPULSORS |
| 21 | | AIR CONDITIONING | 62 | | MAIN ROTORS |
| | 00 | General | 63 | | MAIN ROTOR DRIVES |
| | 10 | Compression | 64 | | TAIL ROTOR |
| | 20 | Distribution | 65 | | TAIL ROTOR DRIVE |
| | 30 | Pressurization Control | 66 | | FOLDING BLADES/PYLON |
| | 40 | Heating | 67 | | ROTORS FLIGHT CONTROL |
| | 50 | Cooling | 71 | | POWERPLANT |
| | 60 | Temperature Control | 72 | | ENGINE - TURBINE/TURBOPROP, DUCTED FAN/UN-DUCTED FAN |
| | 70 | Moisture/Air Contaminate Control | 72 | | ENGINE - RECIPROCATING |
| 22 | | AUTO FLIGHT | 73 | | ENGINE FUEL AND CONTROL |
| 23 | | COMMUNICATIONS | 74 | | IGNITION |
| 24 | | ELECTRICAL POWER | 75 | | BLEED AIR |
| 25 | | EQUIPMENT/FURNISHINGS | 76 | | ENGINE CONTROLS |
| 26 | | FIRE PROTECTION | 77 | | ENGINE INDICATING |
| 27 | | FLIGHT CONTROLS | 78 | | ENGINE EXHAUST |
| 28 | | FUEL | 79 | | ENGINE OIL |
| 29 | | HYDRAULIC POWER | 80 | | STARTING |
| 30 | | ICE AND RAIN PROTECTION | 81 | | TURBINES (RECIPROCATING ENG) |
| 31 | | INDICATING/RECORDING SYSTEMS | 82 | | WATER INJECTION |
| 32 | | LANDING GEAR | 83 | | ACCESSORY GEAR BOXES (ENGINE DRIVEN) |
| 33 | | LIGHTS | 84 | | PROPULSION AUGMENTATION |
| 34 | | NAVIGATION | 85 | | FUEL CELL SYSTEMS |
| 35 | | OXYGEN | 91 | | ACCESSORY GEAR BOXES (ENGINE DRIVEN) |
| 36 | | PNEUMATIC | 97 | | WIRING REPORTING |

| Systems | Sub-systems | Title | Systems | Sub-systems | Title |
|---|---|---|---|---|---|
| 37 | | VACUUM/PRESSURE | 115 | | FLIGHT SIMULATOR SYSTEMS |
| 38 | | WATER WASTE | 116 | | FLIGHT SIMULATOR CUING SYSTEMS |
| 39 | | ELECTRICAL/ELECTRONIC PANELS & MULTIPURPOSE COMPONENTS | · MILITARY CHAPTERS | | |
| 40 | | MULTI-SYSTEM | 92 | | ELECTRICAL POWER MULTIPLEXING |
| 41 | | WATER BALLAST | 93 | | SURVEILLANCE |
| 42 | | INTEGRATED MODULAR AVIONICS | 94 | | WEAPON SYSTEM |
| 44 | | CABIN SYSTEMS | 95 | | CREW ESCAPE AND SAFETY |
| 45 | | ON-BOARD MAINTENANCE SYSTEMS | 96 | | MISSILES, DRONES AND TELEMETRY |
| 46 | | INFORMATION SYSTEMS | 98 | | METEOROLOGICAL & ATMOSPHERIC RESEARCH |
| 47 | | INERT GAS SYSTEM | 99 | | ELECTRONIC WARFARE SYSTEMS |

## 10.7 특별검사(Special Inspections)

항공기 사용 기간 중 과부하 중량상태로 착륙하거나 비행 중에는 심한 난류에 접하는 경우가 발생한다. 여러 가지 이유로 난폭하게 착륙하여, 항공기 구조에 어떠한 손상이 발생할 수도 있다. 항공기 구조가 손상되었는지 판정하기 위하여 절차에 따라 특별검사를 한다. 특별검사 항목별로 제시된 절차는 일반적인 것으로 항공정비사가 검사하여야 할 영역이 무엇인지 숙지하게 하는 데 목적이 있다. 이 항목들이 모든 검사 내용을 포함하고 있다고 볼 수는 없다. 특별검사의 어느 하나를 수행할 때는 항상 항공기 정비메뉴얼에 있는 세부 절차를 확인하여 그에 따라야 한다.

### 10.7.1 경착륙 또는 중량 초과 착륙 검사 (Hard or Overweight Landing Inspection)

착륙에 의해 유발되는 구조적 응력은 당시의 총중량뿐만 아니라 수직속도에 의한 충격의 크기에 따라 달라진다. 그러나, 접지 시의 수직속도를 평가하기 어렵기 때문에 구조재의 파손을 일으킬 정도로 아주 심각하였는지의 여부를 판단하기 어렵다. 이와 같은 이유로, 특별검사는 최대설계착륙중량을 초과하는 중량으로 착륙을 한 후나, 난폭한 착륙(Rough Landing)을 한 후에 수행한다.

날개 표피의 주름은 착륙 중 과부하가 가해졌다는 것을 가장 쉽게 나타내주는 표시이다. 쉽게 탐지 할 수 있는 또 하나의 표시는 리벳 이음부에 따라 연료가 누설되는 것이다. 기타 파손이 가능한 장소는 스파 웨브, 격벽, 나셀 외피 및 날개와 동체의 스트링어이다. 이러한 곳에 악영향을 받지 않았다면, 중대한 손상이 일어나지 않았다고 생각해도 무방하다. 손상이 감지되면 더 광범위한 검사 및 정렬 점검이 필요하다.

### 10.7.2 심한 난류 조우 검사 (Severe Turbulence Inspection, Over "G")

항공기가 심한 돌풍을 만나면, 났을 때 날개에 작용하는 공기력(Air Load)은 항공기 무게를 지탱하는 정상적 익면하중을 초과하게 된다. 돌풍은 항공기를 가속하지만, 항공기의 관성력은 이 변화에 저항력으로 작용하여, 심할 경우에는 그 유도응력이 구조적 파손을 일으킬 수 있다. 심한 난류 층을 비행한 후에는 특별검사를 하여야 한다.

상하 날개 표면에 과도한 좌굴 현상이나 영구 변형된 주름이 발생하였다면, 몇 개의 리벳을 장탈하여 테스트해 본다. 심한 전단력을 받지 않았나를 판정하는 것이다. 점검 창이나 기타 접근 경로를 통해서, 동체로부터 날개 끝까지 모든 스파 웨브를 검사하여야 한다. 좌굴, 주름 상태 및 전단력을 받는 부착 부위를 검사한다.

나셀과 나셀 외피 주위, 특히 날개 전연부에서의 좌굴 상태를 검사한다. 연료 누설을 검사한다. 어떤 규모 이상의 연료 누설은 밀폐 작업한 실란트가 파괴되었거나, 연결부를 터지게 한 과부하를 받은 상태를 나타내는 것이다.

심한 난류를 받는 동안 착륙장치를 내렸다면 주위 표면에 대하여 이완된 리벳, 균열 또는 좌굴 상태 여부를 주의 깊게 검사한다. 휠웰 바퀴집(Wheel Well) 내부는 격심한 돌풍으로 손상받은 표시가 있을 수 있다.

미익 외피에 대하여 주름상태나 좌굴 또는 전단을 받은 부착부위가 있는지 검사한다. 동체와 꼬리 날개의 부착 부위를 검사한다.

위의 제반 검사는 주요 영역에 해당하는 것이다. 위에 기술한 영역의 어느 곳이라도 과도한 손상이 발견되면 모든 손상파손을 탐지할 때까지 검사를 계속하여야 한다.

### 10.7.3 낙뢰(Lightening Strike)에 대한 검사

항공기가 낙뢰를 맞는 것은 극히 드문 것이라고 할지라도, 타격이 일어났다면, 손상 정도를 결정하기 위해 매우 조심스럽게 검사해야 한다. 번개가 항공기를 때릴 경우에 전류는 구조물을 통해 전도되어 일정 위치에서 방전되도록 설계되어 있다. 일차적으로 항공기의 정전기 방전 장치, 또는 정교한 Null Field 방전 장치이다. 알루미늄, 철과 같은 전도성이 양호한 전도체를 거쳐 나갈 때는 이 물체에 손상을 거의 주지 않지만, 파이버글라스 재질의 레이돔, 엔진 카울, 형상판(Fairing), 유리 또는 플라스틱 재질 윈도우, 또는 전기적 본딩이 없는 복합재료 구조와 같은 비금속 구조물을 거칠 때는, 그 구조물에 탄 흔적이나 그 이상의 중대한 손상을 입힐 수 있다.

구조물에 대한 육안검사를 하여, 영향을 받은 구조물, 전기 방전대(Elecical Bonding Strap), 정전기방전장치들의 변성, 침식, 그을린 흔적에 대해 검사한다.

### 10.7.4 조류충돌(Bird Strike) 검사

비행 중 항공기가 새를 맞으면 항공기 외부를 1차 검사한다. 1차 검사에서 구조적 손상이 확인되면 항공기 내부 구조도 검사한다. 조류 충돌 구역의 유압, 공기압 및 기타 시스템을 검사한다.

### 10.7.5 화재에 의한 손상(Fire Damage) 검사

화재 또는 뜨거운 열을 받은 적이 있는 항공기 구조물의 검사는 만약 명백한 손상 이 존재한다면 비교적 간단히 수리 또는 교체를 할수 있다. 한다. 명백한 손상이 없다 하더라도 항공기의 구조적 완결성은 지속적으로 검사하는 것이 좋다. 항공기 구조상 금속재질 부품들은 제조 시에 열처리 과정을 거쳤지만, 정상 운항 시에 마주치지 않는 고열에의 노출은 구조물의 설계기준 강도를 심각하게 저해할 수 있다.

육안검사를 통과하였지만, 계속 의심이 가는 알루미늄 구조물의 강도와 감항성은 전도율 시험기를 사용하여 시험하는 것이 좋다. 이것은 일종의 와전류를 사용하는 장치이며 비파괴검사 부분에서 기술하겠다. 금속의 강도는 경도에 관계되기 때문에, 강재 구조물에서 가능한 손상은 로크웰 경도 시험기와 같은 경도 시험기를 사용하여 판정한다.

### 10.7.6 침수에 의한 손상(Flood Damage) 검사

침수 손상된 항공기는 담수인지 또는 염수인지 그리고 침수 기간을 고려하여 검사한다. 전체적으로 물속에 잠긴 부품은 완전하게 분해하여 철저하게 세척하여 건조시키고 부식 방지제 처리를 한다. 특히 객실 내부 카페트, 의자, 사이드 판넬, 계기는 교체하게 된다. 물은 부식을 조장하는 전해액처럼 작용하기 때문에, 물과 염분은 모두 제거되어야 한다.

### 10.7.7 해상 비행기(Seaplanes)

해상 비행기는 부식을 가속시키는 환경에서 운영되기 때문에, 부식상태를 조심스럽게 검사해야 한다. 만곡부위(Bilge area)에 유압유, 물, 오염물질, 드릴칩 등의 존재 유무를 검사한다. 해상비행기는 가끔 고속에서 거친 물결에 의해 과도한 응력을 받기 때문에, 느슨해진 리벳, 파스너의 늘어남과 구부러짐, 외피의 균열을 검사하고, 부주 장착 체결기구(Float attach fitting)의 손상, 그리고 전체의 구조에서 일반적인 닳는 현상과 찢어진 곳에 대해 검사한다.

[그림 10-1] 로크웰 경도 시험기

### 10.7.8 사용사업 항공기 (Aerial Application Aircraft)

다른 항공기와 차이가 있는 이들 항공기를 검사하게

만드는 두 가지의 기본적인 요소는 사용된 화학제품의 부식성과 비행로이다. 부식 손상의 영향이 정상적인 사용의 경우보다 더 짧은 기간에 탐지된다. 화학성분은 직물을 유연하게 하고 직물 테이프를 느슨하게 한다. 금속 재질 항공기는 매년 도색제를 벗겨내고, 세척하고, 그리고 다시 도색제를 칠하고 부식 처리하는 것이 필요하다. 날개의 전연부는 보호 피막 처리나 테이핑이 필요하다. 하드웨어는 더욱 자주 교체된다. 자주 사용하는 항공기는 잔디 활주로 등에서 하루 50회 이상 이륙, 착륙하므로을 사용 사이클 과다로 인해 피로 파괴 현상이 가속된다. 따라서 착륙장치와 관련된 부품은 검사를 더 자주한다. 또한, 저고도 비행을 하므로 공기필터의 교환 시기도 앞당겨야 한다.

## 10.8 특별 비행 허가 (Special Flight Permits)

기한이 지난 검사, 손상, 사용시간 한계 품목의 교체시간 한계의 만료 등으로 현 상태에서는 감항성 조건은 만족시키지 못하지만, 안전한 비행 능력이 있는 항공기의 이동에 대한 비행허가를 발행한다. 종종 페리허가라고도 하는데 다음과 같은 목적으로 발행된다.

1) 수리, 개조, 또는 정비를 수행하고자 하는 기지 또는 저장 장소로의 비행
2) 항공기를 인도 또는 수출 목적의 비행
3) 신조 항공기의 비행 시험
4) 태풍 등 자연재해를 피해 항공기를 피난하기 위한 비행
5) 신조 항공기의 인수자 시범 비행

특별비행 허가 신청이나 승인에 대해서는 항공안전법 및 시행규칙의 시험비행 관련 조항을 참조하라.

## 10.9 비파괴검사 (Nondestructive Inspection/Testing)

이제까지 항공기 검사에 관한 일반적인 정보를 제공하였다. 이 장의 나머지는 특별한 검사 장비를 사용하는 비파괴 검사 방법을 다룬다.

비파괴검사란 재료나 제품의 원형과 기능을 전혀 변화시키지 않고도 성질, 상태, 내부구조 등을 알아내는 모든 검사를 말한다. 이 검사 방법은 재료의 물리적 성질 즉, 햇빛, 열, 방사선, 음파, 전기와 자기 에너지 등을 검사체에 적용하여, 적용된 에너지의 성질 및 특성 등이 변화하는 양을 적정한 적한 변환 장비로 측정함으로서, 조직 이상이나 결함의 존재를 확인하는 것이다.

비파괴검사는 사용되는 에너지의 종류와 변환 장치에 따라 여러 종류가 있지만, 비파괴검사의 전 과정을 살펴보면 다음과 같은 기본요소를 가지고 있다.

(1) 적절한 에너지를 시험부에 적용하는 단계이다.
(2) 적용된 에너지는 시험부에 존재하는 결함 등이나 조직의 변화 상태와 상호작용을 하여 에너지의 질과 양에 변화가 일어나게 된다.
(3) 에너지의 질과 양의 변화가 발생하면 적절한 감도를 가진 변환자(Transformer)를 사용해 적용된 에너지의 질과 양의 변화를 검출한다.
(4) 변환자가 검출한 신호를 시험 결과의 해석 및 평가에 유용한 형태로 바꾸어 기록 또는 표시하도록

한다. 이 검사 결과를 해석하고 판정함으로써 비파괴검사 과정이 종결된다.

비파괴검사로 체계에 의해 측정하고 평가할 수 있는 특성들은 다음과 같다.

(1) 검사체 내부의 결함검사
(2) 검사체의 구조
(3) 크기 및 도량
(4) 물리적, 기계적 특성
(5) 화학적 분석 및 조성
(6) 응력 및 외력에 따른 반응 등이다.

비파괴검사 방법 중 일부는 간단하여 전문지식이 거의 필요하지 않은 반면, 일부 방법은 매우 정교하여 고도의 훈련을 받고, 특별 인증을 받은 사람이 수행하여야 한다.

### 10.9.1 훈련, 자격 및 인증

항공기 제작자나 감항당국은 NDI 방법과 절차를 명시한다. 이러한 요건은 제작자 검사 메뉴얼, 정비 매뉴얼, 오버홀 매뉴얼, AD, SSID, 또는 SB에 명시되어 있다. NDI 요원의 지식, 기술 및 경험에 의해 NDI 성공 여부가 결정된다. 와전류 검사, X선 검사, 초음파 검사와 같은 검사결과의 검출 및 해석을 하는 검사자는 감항당국이나 기타 관련 정부 부처 또는 산업계로부터 자격을 취득하고, 인증을 받아야 한다. 검사자는 검사 대상 소재 특유의 잠재적 불연속 유형을 알고 있어야 하며, 부품의 구조적 건전성에 미치는 영향을 알고 있어야 한다. 우리나라는 항공사별 정비규정에 비파괴검사 요원의 자격 및 인증요건에 관한 규정을 두고 있으며, 미국의 경우 비파괴 검사자의 자격 및 인증요건은 다음 문서에 있다.

(1) MIL-STD-410, Nondestructive Testing Personnel Qualification and Certification,
(2) A4A iSPec 2200, Guidelines for Training and Qualifying Personnel in NDT Methods.
(3) FAA AC 43.13-1, Chapter 5, Acceptable Methods, Techniques, and Practices —Aircraft Inspection and Repair.

### 10.9.2 비파괴검사의 장단점

그림 10-3에는 일반적인 NDI 방법의 장단점을 기술하였다. 제작자나 감항당국이 특정한 NDI 방법을 지정하지 않은 경우에, 적정한 검사 방법을 평가하는 지침으로 사용할 수 있다.

### 10.9.3 일반적 기법(Genaral Techniques)

비파괴검사를 수행하기 전에도 검사의 형태 별로 필요한 사전 준비 절차 및 단계가 있다. 검사 부위를 세척한다든지, 어떤 부품은 항공기 또는 엔진으로부터 탈거하여 검사해야 한다. 도색제나 보호코팅을 벗겨내는 것도 필요하다. 검사 장비와 검사절차에 대한 완벽한 이해가 필요하고 검사장비의 검·교정도 확인되어야 한다.

#### 10.9.3.1 육안검사(Visual Inspection)

육안검사는 주로 표면의 흠을 찾아내는 데 이용된다. 이 검사로는 균열이나 표면의 불규칙한 결함, 층의 분리와 표면이 부푼 결함 등을 찾아낼 수 있다. 육안검사에는 손전등, 확대경, 거울 등 검사 보조 장비를 이용할 수도 있다. 일부 결함은 표면 아래에 있거나, 확대경이나 인간의 눈으로도 결함을 탐지할 수 없을 만큼 작은 경우도 있다.

확대경등 도구를 사용하지 않는 경우를 일반 육안검사라하고, 도구를 사용하는 경우를 상세 육안 검사라 한다.

[표 10-3] 비파괴검사의 장단점

| 방법 | 장 점 | 단 점 |
|---|---|---|
| Visual | · 저 비용<br>· 휴대 간편.<br>· 즉각적 결과 확인<br>· 최소의 훈련<br>· 최소의 용품 | · 표면 결함(Discontinuities)만 탐지<br>· 일반적으로 큰 결함 탐지<br>· 긁힘(scratches)을 결함으로 판정 |
| Penetrant Dye | · 휴대 가능<br>· 저비용<br>· 매우 작은 결함도 검출<br>· 30분 이내 검사 완료<br>· 최소한의 검사 기능 | · 표면 결함만 탐지<br>· 거칠거나 다공성 표면의 시험은 곤란<br>· 검사 부품의 마감재 및 실란트 제거 등 준비 필요<br>· 높은 청결도 필요<br>· 필요한 결과에 대한 직접적인 육안 감지 |
| Magnetic Particle | · 휴대할 수도 있다.<br>· 저비용<br>· 작은 결함도 검출<br>· 즉각적 결과 확인<br>· 중간 정도의 검사 기능<br>· 표면 결함만 탐지<br>· 상대적으로 빠른 검사 | · 거친 표면은 시험에 방해가 된다.<br>· 부품 준비 필요(마감재및 실란트 제거 등)<br>· Semi-directional requiring general orientation of field to discontinuity<br>· 강자성 부품에 적용.<br>· 시험 후 부품 탈자 작업 |
| Eddy Current | · 휴대 가능<br>· 표면과 표면결함 검사<br>· 적정 검사 시간<br>· 즉각적 결과 확인<br>· 작은 결함도 탐지<br>· 굵기에도 민감함<br>· Can detect many variables | · Probe가 검사 표면에 접근 할 수 있어야 한다<br>· 거친 표면은 시험에 방해가 된다.<br>· 전기 전도성 검사체에 적용<br>· 검사 기능 및 훈련 필요하다<br>· 넓은 구역은 검사 시간 소요 |
| Ultrasonic | · 휴대 가능<br>· 저비용<br>· 작은 결함도 검출<br>· 즉각적 결과 확인<br>· 검사체 준비가 거의 필요 없다.<br>· 검사 물체와 두께가 광범위 | · Probe가 검사 표면에 접근 할 수 있어야 한다<br>· 거친 표면은 시험에 방해가 된다.<br>· Highly sensitive to sound beam discontinuity orientation)<br>· 고도의 결함 검출 및 해석 능력과 경험이 필요<br>· 결함의 깊이는 나타나지 않는다 |
| X-Ray Radiography | · 표면 및 내부 결함 감지<br>· 숨겨진 곳도 검사할 수 있음<br>· 영구적 기록 획득<br>· 검사체 준비가 최소 | · 방사선 안전 위험<br>· 고비용, 느린 프로세스<br>· Highly directional, sensitive to flaw orientation<br>· 고도의 결함 검출 및 해석 능력과 경험이 필요<br>· 결함의 깊이는 나타나지 않는다 |
| Isotope Radiography | · 휴대 가능<br>· X-ray 보다 낮은 비용<br>· 표면 및 내부 결함 감지<br>· 숨겨진 곳도 검사할 수 있음<br>· 영구적 기록 획득<br>· 검사체 준비가 최소 | · 동위원소 안전 위험<br>· 방사선 동위원소 취급 관련 법 준수<br>· Highly directional, sensitive to flaw orientation<br>· 고도의 결함 검출 및 해석 능력과 경험이 필요<br>· 결함의 깊이는 나타나지 않는다 |

#### 10.9.3.1.1 표면 균열

손전등으로 표면 균열을 검사할 때는 플래쉬 빔을 검사 표면에 5도에서 45도 각도로 비추어 반사광선에 의한 시선을 방해하지 않도록 한다. [그림 10-2]와 같이 반사광선 보다 시선이 위에 위치하여야 한다. 광선을 균열에 직각으로 유도하고 그 길이를 추적하여 발견된 균열의 범위를 결정한다. 10배 정도의 확대경을 사용하여 균열 의심 부위를 확인한다. 이 방법이 적정하지 않은 경우에는 침투탐상 검사, 자분탐상 검사, 와전류 검사 등과 같은 NDI 기법을 사용하여 균열을 검사하라.

#### 10.9.3.1.2 내시경 검사(Borescope Inspection)

이 검사도 근본적으로 육안검사이다. 내시경은 정밀한 광학 기계로 광원을 가지고 있다. 내시경의 종류는 다양하며, 직접 눈으로 확인할 수 없는 기체의 구조부나 엔진의 내부 등을 검사하는 데 효과적이다. 이 장치는 렌즈의 초점 거리를 조절하여 상을 선명하게 볼 수 있고, 조절 핸들을 이용, 대물렌즈의 방향을 상하좌우로 조절함으로써 검사 구역의 모든 곳을 검사할 수 있다.

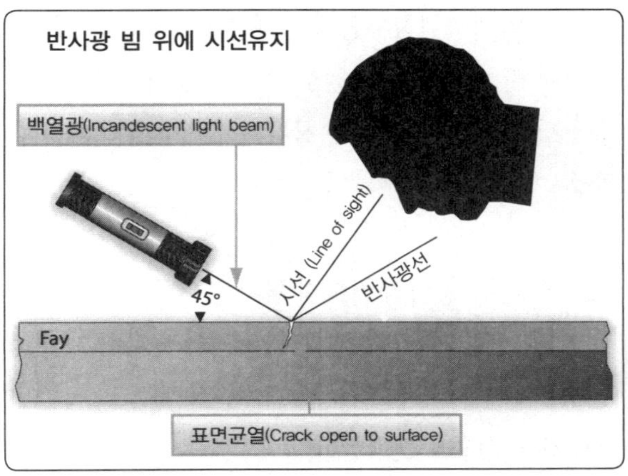


[그림 10-2] 플래쉬를 이용한 표면균열 검사

내시경으로서 검사될 수 있는 예로서는 왕복엔진 실린더 내부이다. 내시경은 손상된 피스톤, 실린더 벽, 또는 밸브 상태를 보기 위해 점화플러그 장착용 구멍을 통하여 삽입한다. 터빈엔진의 경우 점화 플러그 장착 구멍과 검사용 플러그 구멍을 경유하여 터빈엔진의 연소실이나 압축기와 터빈 내부를 검사할 수 있다.

내시경은 두 가지 기본적인 형태가 있는데 그림 10-3과 같이 구석진 곳 주위를 볼 수 있게 끝이 조그만 거울로 된 작은 직경의 테 리지드 형태와 유연한 파이버 옵틱 형태가 있다. 대부분 내시경 장비는 조명이 내장되어 있고, 검사 영상을 녹화할 수 있는 컴퓨터 또는 비디오 모니터를 구비하고 있다.

### 10.9.4 액체침투검사 (Liquid Penetrant Inspection)

액체침투검사는 표면에 존재하는 불연속을 검출하는 비파괴 검사 방법이다. 액체침투에 사용되는 침투액은 낮은 표면장력과 높은 모세관 현상의 특성이 있어 검사체에 적용하면 표면의 불연속성 즉 미세한 등에 쉽게 침투하게 된다. 모세관 현상으로 침투액이 불연속부로 침투하게 되고, 침투하지 못한 침투액을 제

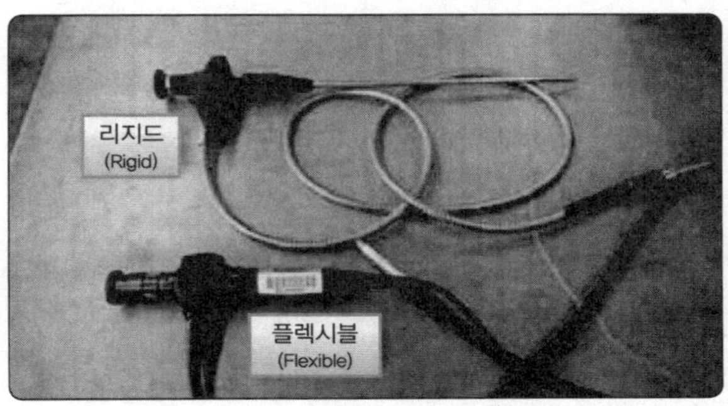


[그림 10-3]내시경(Rigid and flexible borescopes)

거한 후 현상액을 적용하면 불연속부에 들어있는 침투액이 현상액 위로 흡착되어 침투액이 침투되어 있는 부위를 나타내게 되어 불연속부의 위치 및 크기를 알 수 있다.

침투검사는 부품 표면에 노출되어 있는 결함에 대한 비파괴시험이다. 그것은 알루미늄, 마그네슘, 황동, 구리, 주철, 스테인리스강, 그리고 티타늄과 같은 금속 부품에 사용한다. 세라믹, 플라스틱, Molded Rubber, 유리등에도 사용한다. 침투검사는 표면균열 또는 다공성 결함을 탐지할 수 있다. 이러한 결함은 피로균열, 수축균열, 수축기공, 연마된 표면, 열처리 균열, 갈라진 틈, 단조 랩(laps) 겹침, 그리고 파열에 의해 일어나게 된다. 또한, 침투검사로 결합된 금속 사이에 접합 불량을 표시해 준다. 침투검사의 주요 단점은 결함이 표면에까지 열려야 한다는 것이다. 이러한 이유로서, 검사할 부품이 자성체이면 자분탐상검사 방법을 사용한다.

### 10.9.4.1 침투검사액의 특성 (Characteristics of Penetrant)

액체침투검사는 검사체에 침투액을 적용하여 표면 불연속부에 침투된 침투액 위에 현상액을 적용하여 탐상하는 방법으로 침투액, 현상액, 유화제가 있다.

(1) 침투액: 액체침투검사에서 가장 중요한 역할을 하는 것이 침투액이다. 침투액란 균열과 같은 표면까지 열린 미세한 균열에도 침투가 되어야 하는 재료다. 침투액의 종류는 수세성 침투액, 후유화성 침투액, 용제제거성 침투액이 있다.

(2) 현상제: 현상액란 결함 속에 적용된 침투액과 작용해서 육안으로 볼 수 있게 명암도를 증가시켜 결함의 관찰을 쉽게 하는 작용을 하며, 현상제은 미세한 분말로 구성되어 침투액이 적용되고 과잉 침투액이 제거된 후에 검사체 표면에 도포한다. 종류로는 건식현상제, 비수용성 습식현상제, 습식현상제가 있다.

(3) 유화제: 유화제는 침투력이 낮은 특성 때문에 결함 속으로 쉽게 침투하지 못하므로 불연속부에 있는 침투제는 쉽게 세척이 안 된다. 수세성 침투제에는 유화제가 섞여 있으므로 별도의 유화제 적용이 필요치 않으나, 침투제에 유화제가 섞여있지 않은 경우 과잉 침투제의 세척을 위해서는 유화처리가 필요하다.

### 10.9.4.2 액체침투검사 종류 및 검사단계

(1) 침투제의 관찰 방법 (형광물질 포함여부) 및 세척 방법에 따라 분류한다. 형광액체침투검사(TYPE 1)은 자외선등(Black light)이 필요하다. 염색액체침투검사(TYPE 2)는 적색염료를 포함하고 있는 침투제를 사용하는 방법으로 자연광에서 관찰하면 흰색의 현상제 위에 적색의 결함 모양을 관찰할 수 있다. 형광액체침투의 경우 염색액체침투법에 비해 감도는 매우 높은 반면 암실 및 자외선 등의 검사 장비가 있어야 하고 전원 등이 필요한 단점이 있다. 침투제 세척방법에 따라 수세성, 후유화성, 용제 제거성 액체침투검사로 나눈다.

(2) 액체침투방법의 기본적 처리 순서

검사체 표면 세척 → 침투액의 도포 → 유화제 또는 세제로서 침투액 제거 → 건조 → 현상액 도포 → 검사 결과 해석 순으로 진행한다.

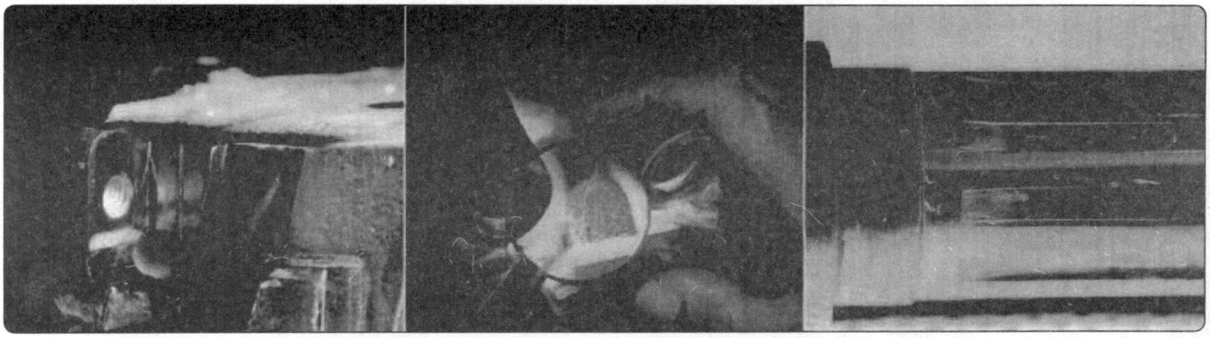

[그림 10-4] 염색액체침투검사

### 10.9.4.3 결과의 판독(Interpretation of Results)

액체침투검사에 있어서 판독은 비교적 간단하다. 액체침투검사에 의해 나타나는 지시는 표면에 있는 실제 불연속에 의한 것과 실제 결함과는 관계없는 다른 원인에 의한 것으로 구분할 수 있다. 실제 불연속에 의한 지시 모양은 1) 선형지시로 길이가 폭의 3배 이상 되는 지시를 말하며, 균열, 단조, 겹침, 긁힘 등에 의해 나타난다. 2) 둥근형태의 지시는 일반적으로 길이가 폭의 3배 이내가 되는 지시를 말하며, 주로 기공 및 Pin-Hole에 나타나며 깊이가 있는 균열의 경우에도 침투제가 빨려 나오면서 확산하여 둥근 형태로 나타나는 수가 있다.

이러한 결함 발견을 쉽게하기 위해서 다음 사항을 충분히 고려하라.

(1) 침투액이 결함을 채울 수 있도록 충분한 시간을 주는 것은 중요하다. 결함은 내부로 침투액이 들어가도록 깨끗이 세척하여 내부에 오염물질이 없어야 한다.
(2) 현상 이전에 세척 또는 린스 과정에서 침투액이 표면과 결함 내부에서 제거될 가능성에 유의하라.
(3) 내부가 깨끗한 균열은 발견하기 쉽다.
(4) 결함이 작을수록 침투시간은 길다. 미세한 균열과 같은 틈은 침투액 침투시간이 충분해야 한다.
(5) 검사체가 자기에 민감한 물질이면 자분탐상검사 방법으로 검사하라.
(6) 현상액은 백색이고, 진홍색 표시는 표면결점이 있는 곳이다.
(7) 형광침투검사인 경우, 결함은 자외선 등을 비추면 밝은 결함은 연두색, 이외 지역은 진한 남보라색으로 나타난다.
(8) 결함 표시를 크기 및 원인 판정도 가능하다.

표시의 크기, 또는 침투액의 축적은 결함의 크기로 나타난다. 명도는 그것의 깊이 값이다. 깊이 갈라진 균열은 더 많은 침투액이 들어가므로 넓고, 크게 빛나게 된다. 아주 미세한 열린 구멍은 적은 양의 침투액으로 가는 선과 같이 나타나게 될 것이다.[그림 10-4]

### 10.9.4.4 오판을 부르는 False Indications

침투검사는 비교적 쉽고, 정확한 비파괴검사 방법이다. 그러나 검사체 자체의 불연속성을 균열로 판정할 수도 있다. 원인은 검사체의 구조 특성을 모르거나,

작업절차 특히 세척을 정확히 하지 않아 발생한다. 예를 들어, 항공기 타이어의 휠과 샤프트가 압입(Press Fit) 결합이라면, 침투액은 접합선에 침투하여 이 선을 균열로 오판을 할 수가 있다. 균열의 모양이 매우 규칙적인 경우는 검사체 구조적인 면에서 균열인지 여부를 신중히 판단해야 한다. 그리고 세척이 충분하지 않았다면, 침투액을 완전히 제거하고 건조 후에 재검사한다.

## 10.9.5 와전류검사(Eddy Current Inspection)

와전류검사는 코일을 이용하여 도체에 시간적으로 변화하는 자계(교류)를 걸면 도체에 발생한 와전류가 결함 등에 의해 변화하는 것을 이용하여 결함을 검출하는 비파괴시험 방법이다. 이 검사방법은 구조재, 터빈 축, Vane, 날개 외피, 휠의 볼트 구멍, 점화 플러그 보어 등의 열화 균열에 효과적이다. 또한 화염, 과도한 열로 변형된 알루미늄 항공기의 수리를 위한 결함 탐지에도 사용된다. 와전류 지시 값은 동일 금속이 서로 다른 경도를 가질 때 나타난다. 손상이 있는 곳의 와전류 값과 손상 없는 곳에서의 와전류 값을 비교 측정한다. 이 값의 차이는 경도 차이를 나타낸다. 항공기 제작 공정에서는 와전류를 주조, 압출, 기계공작, 단조, 사출 부품을 검사하는 데 활용된다.[그림 10-5].

### 10.9.5.1 기본 원리(Basic Principles)

교류가 코일을 거쳐 지나갈 때 반대 극성 전압을 유도하고 초기의 전류 방향에 반대되는 자기장을 조성한다. 만약 자기장이 전기적 전도체를 거쳐 지나가는 방향으로 코일이 놓여 있다면, 전도체 내부에 와전류가 유도된다. 와전류는 초기의 전류 흐름에서 초기의 자계 반대방향의 자계를 만들어낸다. 와전류에 시료의 자화율은 코일을 통과하는 전류흐름에 따라 결정된다. 이 반대의 자계의 크기와 상은 시료의 저항과 투과율에 따른다. 그것은 시험재료의 여러 가지 물리적인 특성을 결정할 수 있도록 해준다. 초기의 자계 결과로서 와전류 자계의 상호작용은 휘스톤 브리지(Wheatstone Bridge) 전자 회로이다.

[그림 10-5] 와전류 탐상 검사

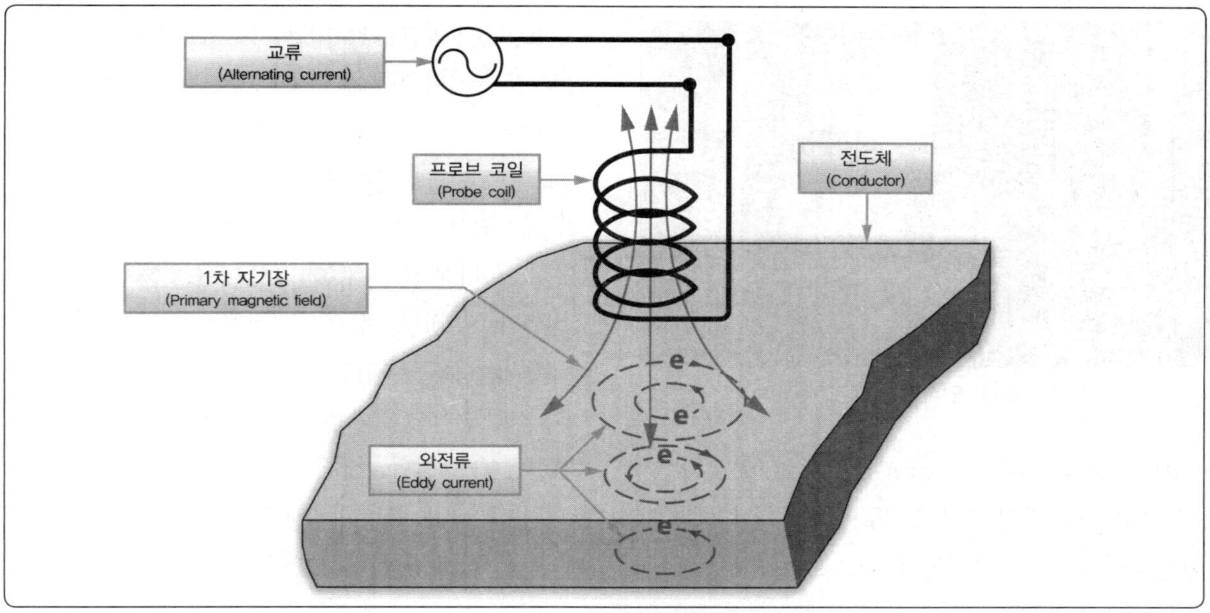


[그림 10-6] 와전류 생성

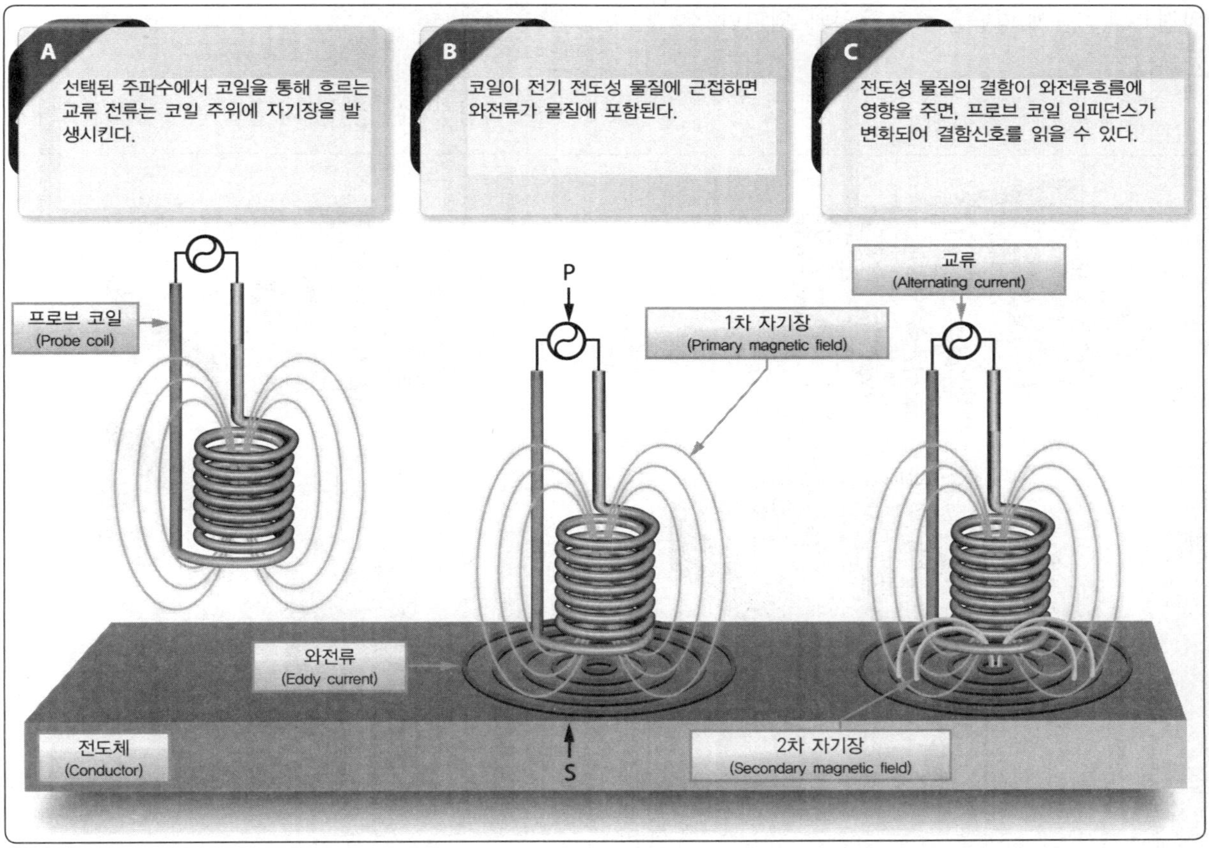


[그림 10-7] 와전류 탐지

[그림 10-8] 임피던스 플레인 시험

#### 10.9.5.2 작동 원리(Principls of Operations)

그림 10-6과 같이 프로브 코일에 교류가 흐르면 시험 물체에 와전류가 유도된다.

그림 10-7과 같이 시험 물체의 마모나 두께 변화는 와전류의 흐름에 영향을 주고 코일의 임피던스가 변화한다.

#### 10.9.5.3 와전류 기기(Eddy Current Instruments )

와전류 시험 기구는 매우 다양하다. 계측기의 기본 기능은 와전류 발생, 수신 및 지시의 기능을 수행한다. 계측기 출력장치에 시각, 청각, 저장 자료가 디스플레이되고, 컴퓨터 저장을 위해 전송도 가능하다. 그림 10-8의 와전류 계측기의 임피던스 플레인 시험 사진이다. 이 정밀측정기기는 정기적으로 교정을 한다. 교정기준 표준은 시험할 품목과 동일한 재료로 만들고, 표준 물체의 결함은 이미 알고 있는 것이다.

그림 10-9 시험물체 표면에 발생한 균열의 사례다.

그림 10-10은 표면 바로 아래에 있는 균열의 사례다.

그림 10-11은 구조부재에서 발생한 부식의 사례다.

### 10.9.6 초음파 검사(Ultrasonic Inspection)

초음파탐상기는 검사체의 한쪽 면에서 접근하여 검

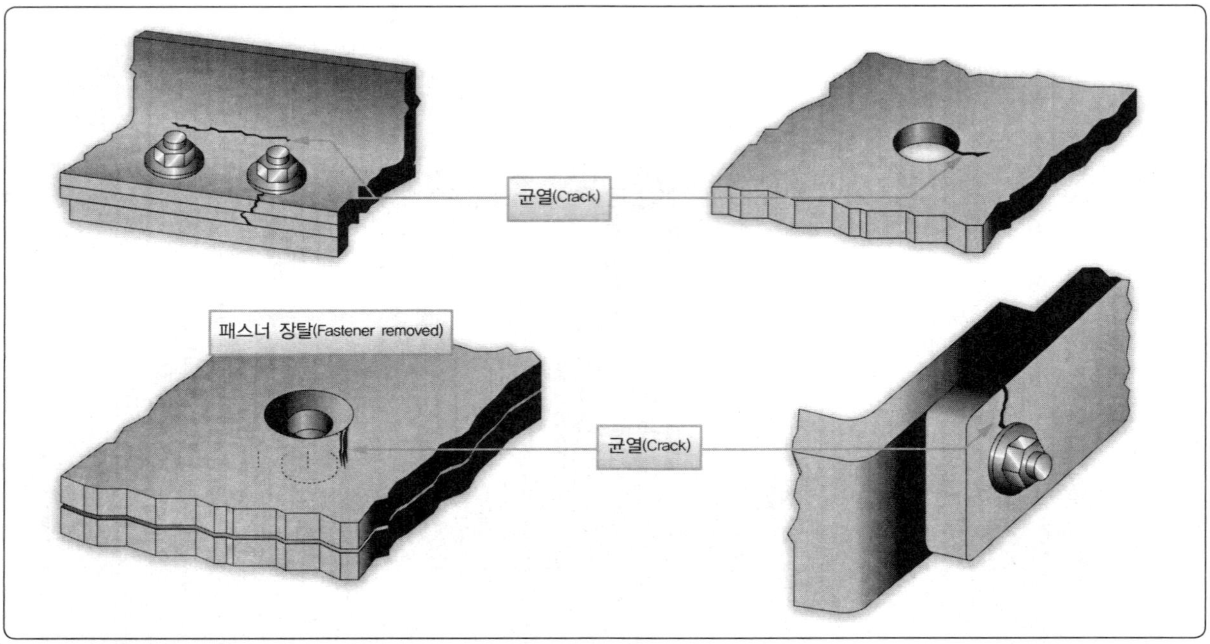


[그림 10-9] 표면 균열 예

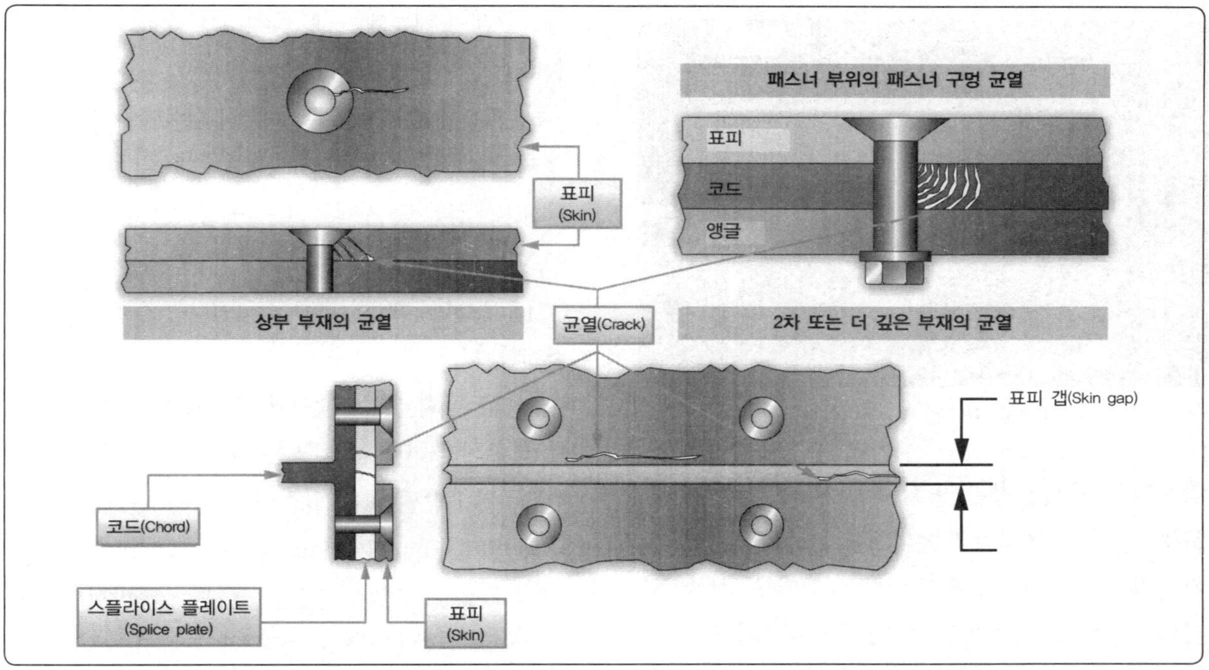


[그림 10-10] 표면 바로 아래의 균열

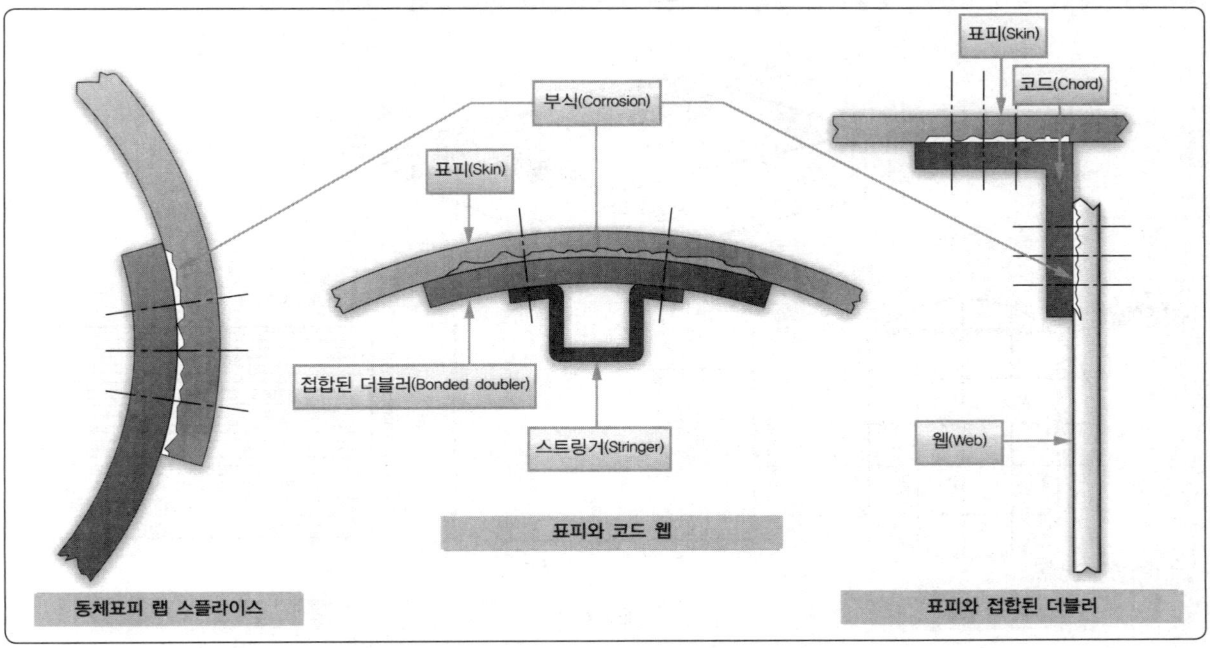


[그림 10-11] 구조부재에 발견된 부식

[그림 10-12] 초음파 검사

사체에 초음파를 전달하여 내부에 존재하는 불연속으로부터 반사한 초음파의 에너지량, 초음파의 진행 시간 등을 분석하여 불연속의 위치 및 크기를 정확히 알아내는 방법이다. 그림 10-12와 같이 전면과 후면, 내부/외부 상태의 표시는 화면에 수직 신호로 나타난다. 디스플레이 패턴에는 "A" 스캔, "B" 스캔, "C" 스캔이 있다. [그림 10-13]

초음파탐지 장비로 모든 종류의 재료에서 결함 위치를 파악할 수 있다. X선으로는 볼 수 없을 정도로 미세한 균열, 점검 및 공백을 초음파 검사로 확인할 수 있다. 본서에서는 시험대상 표면에 접촉매질(Couplant, Coupling Medium)을 바르고 시험하는 접촉성 시험을 소개한다.

초음파 시험 계측기는 검사할 재료의 한 표면으로 접촉해야 하며 직선 또는 일정 각도로 검사할 수 있다. 검사방법은 (1)펄스반사법(Pulse Echo) (2)투과법(Through Transmission), 그리고 (3)공진법(Resonance)이 있다. 그림 10-14는 펄스반사법과 투과법으로 결함 탐지하고 있다.

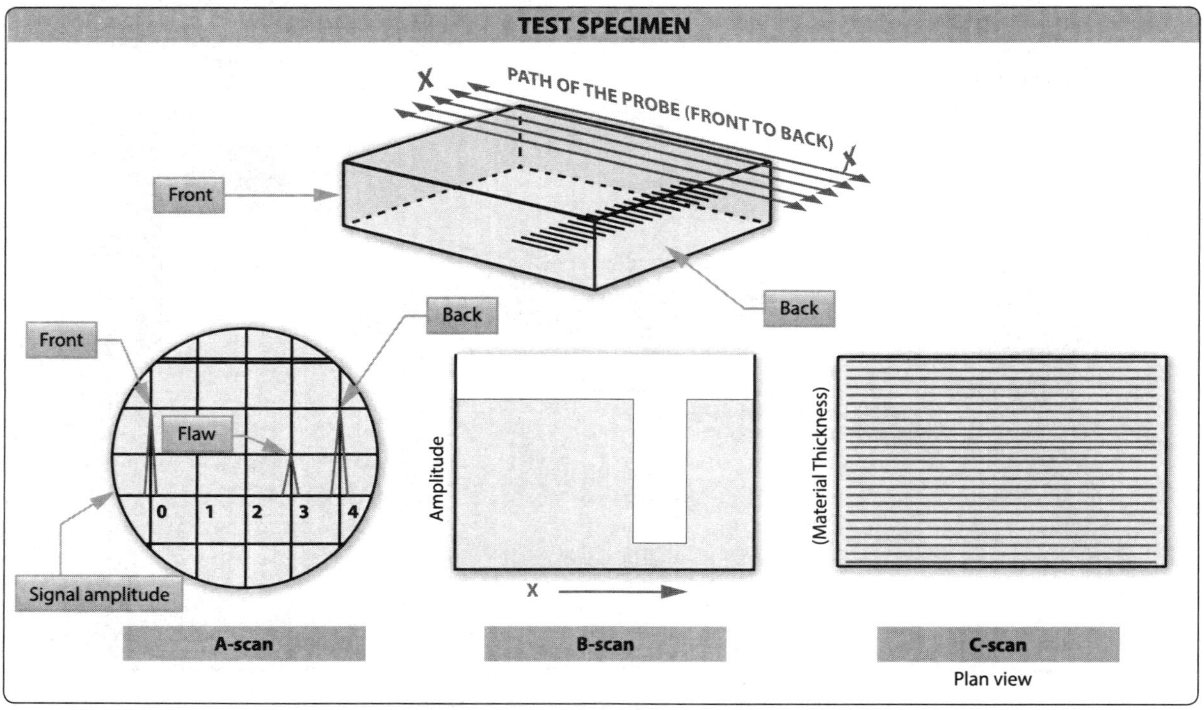


[그림 10-13] 구조부재의 부식 디스플레이 패턴

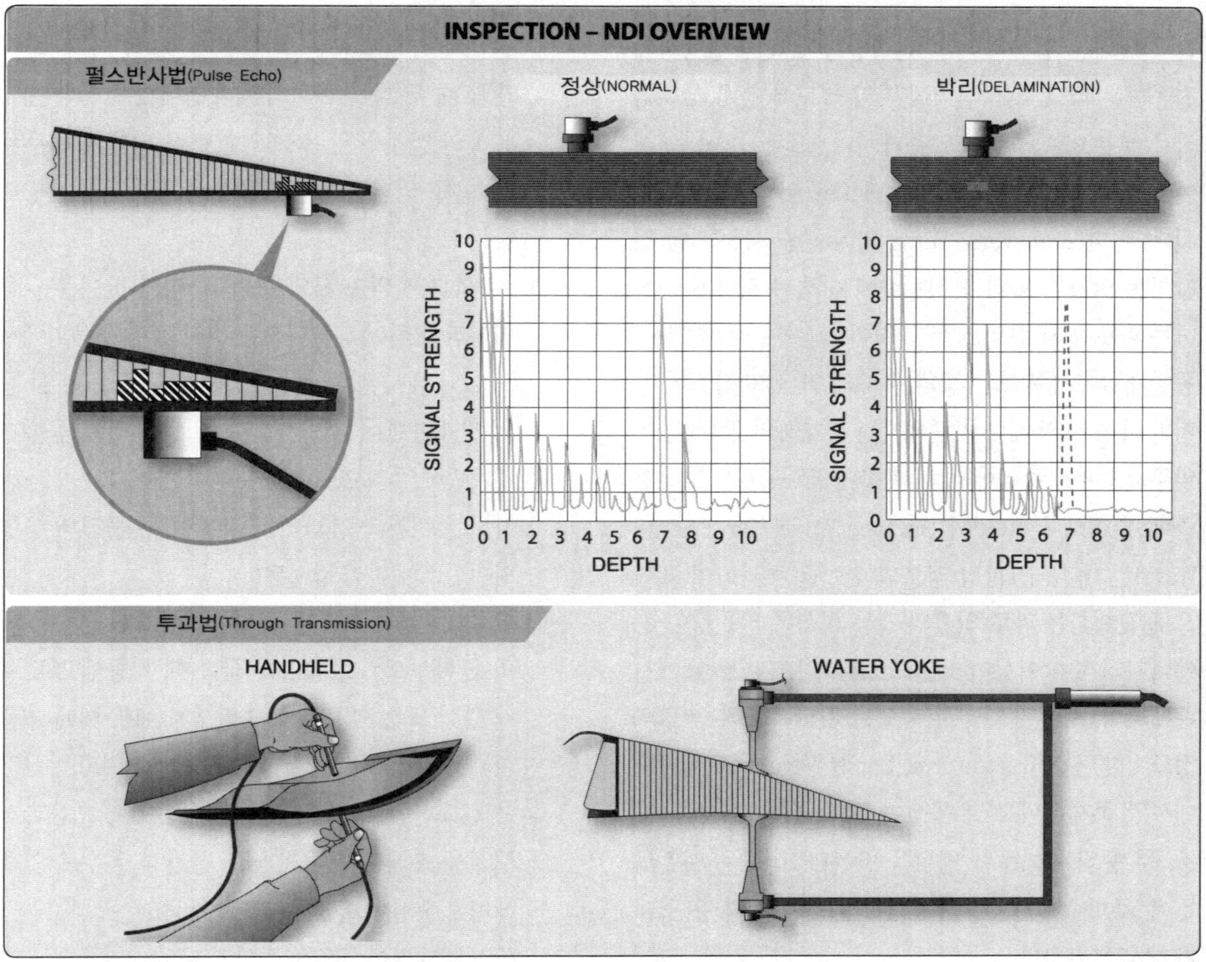


[그림 10-14] 펄스반사법과 투과법으로 결함 탐지

## 초음파란?

(1) 초음파의 특성

물체를 구성하고 있는 입자에 진동을 가하면 진동이 퍼져 나가는데 이것이 파이다. 주파수는 1초 동안에 진동하는 수로 단위는 Hz이다. 초음파는 대략 20KHz~1GHz이고, 금속재료 시험에 쓰이는 초음파는 약 1~5 MHz이다. 초음파의 속도는 재질의 밀도 및 탄성율에 따라 다르다. 초음파는 지향성이 좋고, 동일 매질에서는 속도가 일정하다. 온도변화에 대해 속도가 거의 일정하지만, 경계면이나 불연속면에서는 반사를 한다. 항공정비에 있어서는 결함검출, 두께측정, 부식측정 등에 쓰인다.

(2) 초음파의 종류

종파(Longitudinal Wave, Compressive Wave)는 파

를 전달하는 입자가 파의 진행방향에 대해 평행하게 진동하는 파로 파의 진행에 따라 밀도가 높은 부분과 작은 부분으로 구성된 압축파이다. 고체, 기체, 액체에 모두 존재하며 공기에서는 340m/sec 속도로 진행된다, 횡파(Transverse Wave, Shear Wave)는 파를 전달하는 입자가 파의 진행방향에 대해 수직하게 진동하는 파로 입자 간의 강한 인력이 작용하여야 하므로, 동일재질에서 속도는 종파 속도의 약 50% 정도이다. 횡파 특성 상 액체나 기체에서는 존재하지 않는다. 동일주파수에서 종파에 비해 파장이 짧아 작은 결함 검출에 유효하다. 표면파(Surface Wave, Ray-Leigh Wave)는 매질의 1파장 정도의 깊이를 투과하여 표면으로 진행하는 파로 입자의 진동 형식은 타원형이다. 에너지의 50% 이상이 표면으로부터 1/4 파장 내에서 존재한다. 동일재질에서 속도는 횡파속도의 약 90% 정도이다. 판파(Plate Wave, Lamb Wave)는 고체박판에서만 존재하며 전달 특성이 밀도, 금속의 탄성, 구조, 두께 및 주파수에 영향을 받는다. 속도는 재질의 두께, 주파수, 파의 형태에 따라 달라지고, 진동 형태가 매우 복잡하다.

(3) 파의 진행 특성

① 파는 굴절과 파형변이가 있다. 속도가 다른 두 재질 사이의 경계면에 음파를 경사지게 입사시키면, 음파의 일부분은 반사하고 나머지는 투과한다. 반사파의 반사각은 입사각과 항상 동일하며, 투과된 파는 입사방향에 대해 그 방향을 바꾸어 진행되는데, 이를 굴절이라 한다.

② 음향 임피던스(Acoustic Impedance): 재질에 초음파를 송신하였을 경우 초음파 에너지의 일부만 전달되고, 대부분은 한 물질에서 다른 물질로 진행할 때 두 다른 물질의 경계면에서 반사하는데, 음파의 반사량은 음향 임피던스 비율에 좌우된다. 음향 임피던스란 재질이 음파의 진행을 방해하는 특성이다.

③ 수직입사시의 반사와 통과: 소리가 산에 부딪혀 메아리가 되어 되돌아오는 것과 같이 초음파에서도 이와 유사한 현상이 발생하여 공기, 또는 물 등의 경계면에서 잘 반사한다. 일반적으로, 음파가 경계면에 수직으로 입사할 때 음파는 그곳에서 반사하는 성분과 통과하는 성분이 두 물질의 음향 임피던스에 따라 결정된다.

④ 회절 및 감쇠: 초음파의 또 다른 중요한 성질은 파의 굽힘성으로 초음파가 금속 내 기공에 부딪힐 때 간섭 또는 회절 현상이 발생하는데, 이때 초음파 에너지의 일부는 결함 주위로 굽어지고 반사량은 감소하는데 이런 현상이 회절이다. 초음파가 재질을 통해 진행하게 되면 산란과 흡수로 인해 에너지 손실이 발생한다.

산란은 재질이 균일하지 않기 때문에 발생되는 현상이며, 재질 내부 기공과 같은 음향 임피던스 값이 달라지는 경계면이나 재질을 구성하고 있는 입자의 경계면에서 발생한다.

초음파가 진행하면서 초음파 에너지의 일부가 열로 바뀌어 흡수되면서 감쇠가 발생한다.

초음파 탐상을 할 때에는 감쇠 요인을 고려하여 보정해 준다.

⑤ 데시벨(db): 음압비, 전압비, 에코우 높이 비를 대수적으로 표시하는 단위이다.

#### 10.9.6.1 펄스반사법(Pulse Echo)

그림 10-15와 같이 결함(flaw)은 반사되는 초음파의 크기와 시간차(속도)를 측정하여 검출된다. 각각의 송신펄스는 검사체 내부에서 반사되어 오실로스코프의 스크린에 반점 형태로 나타나며, 반점은 초당 50~5,000회 정도로 화면의 왼쪽에서 오른쪽으로 스쳐 지나가게 된다. 송, 수신 사이클의 속도로 인해 오실로스코프에 나타나는 영상은 정지된 것처럼 인식된다.

그림 10-16과 같이, 탐침으로 소사(Sweep)이 시작되면 Rate Generator가 RF pulser를 여자시켜, 전기적 펄스를 방출한다. Transducer는 이 펄스를 초음파로 전환한다. Transducer와 시료의 접촉이 바르게 되었다면, 초음파는 내부의 결함면과 시료의 반대쪽 표면에서 반사된다. 송신 펄스와 반사된 펄스와의 시간차를 측정하고, Transducer로 수신된 반사 펄스는 증폭기를 거쳐 CRT 스크린에 나타난다.

그림 10-17은 초음파를 비스듬히 예각으로 검사체로 투사시킨 경우이다. 방출된 초음파는 검사체의 표면, 가장자리와 결함에서 계속적으로 반사된다. 수직법에서, 초기 펄스와 첫 번째 반사파의 스크린상의 수평거리는 검사체의 두께인 반면에 예각법에서는 탐침

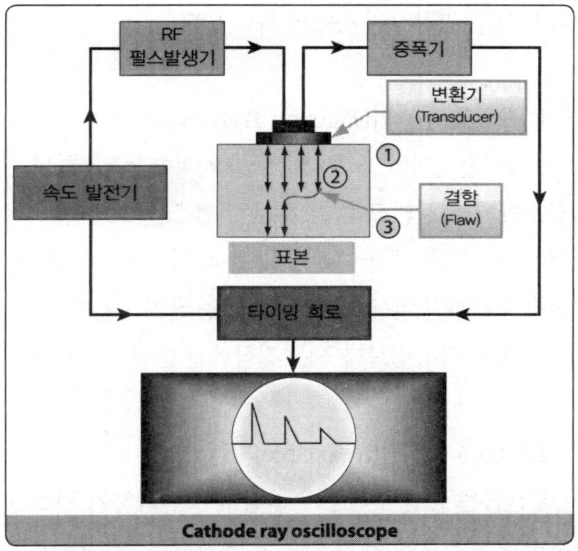


[그림 10-15] 펄스반사 블록다아아그램

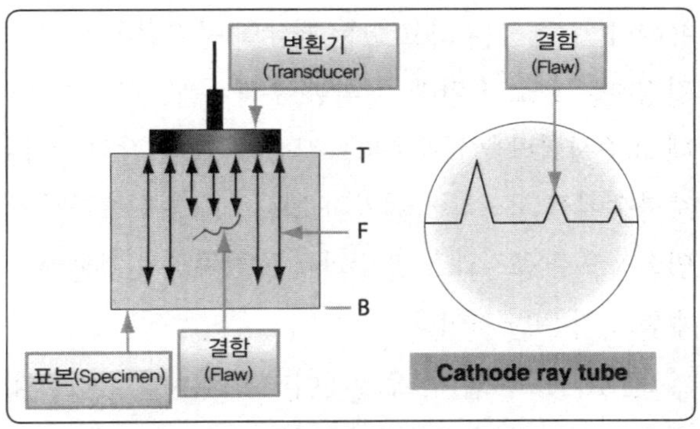


[그림 10-16] 결함 펄스 디스플레이

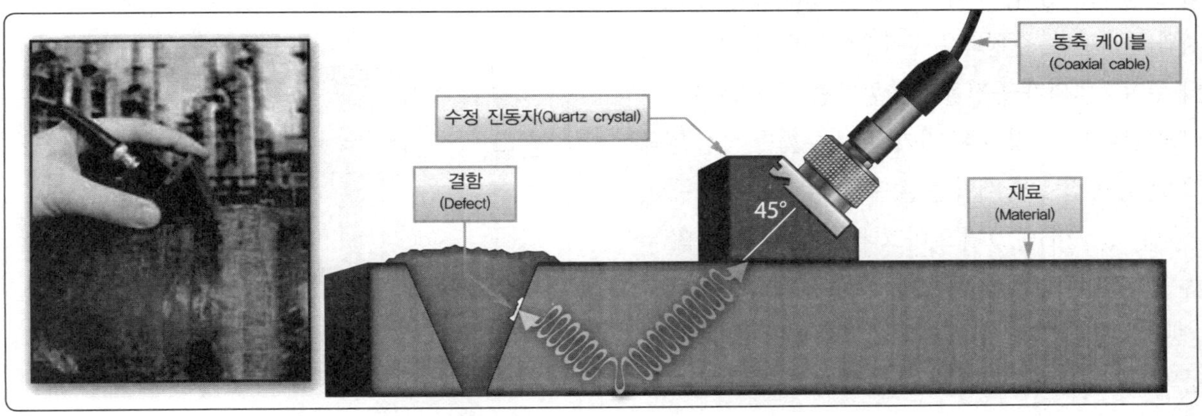


[그림 10-17] 45° 예각으로 탐지

과 반대쪽 가장자리 사이에 폭이 된다.

#### 10.9.6.2. 투과법(Through Transmission)

투과법은 2개의 Transducer를 사용하는데, 하나는 펄스를 발생시키고 다른 하나는 펄스를 수신하기 위해 반대쪽 표면에 놓여진다. 초음파 경로에서의 은 불연속은 분열은 흠(결함)으로 스크린에 지시된다. 투과법은 펄스 반사법보다 작은 결함에는 민감하지 않다.

#### 10.9.6.3 공진법(Resonance)

공진법은 송신 주파수가 끊임없이 변화하는 펄스반사법과 달리 검사체의 양쪽이 매끄럽고 평행하고 뒤쪽이 접근하기가 어려울 때 또는 두께 측정을 위해 사용된다. 시험하는 되고 있는 재료의 공진점은 두께를 결정하는 요소가 된다. 정확한 주파수를 설정하기 위해 표준시험편을 활용한다. 그림 10-18과 같이, 기본주파수에서 시작하여 점차적으로 주파수를 증가시켜 연속적으로 공진과 소멸 주파수를 기록하여 기본주파수를 찾기 위한 것이다.

그림 10-19와 같이, 오실레이터회로는 발진기 주파수를 변화시키는 캐파시터(Motor driven Capacitor)를 포함하고 있다. 주파수 변화는 CRT의 수평적 소사와 동조된다. 수평축은 주파수범위를 나타낸다. 만약 주파수범위가 공진을 포함한다면, 회로는 수직으로 배열된다. 교정이 된 자가 있어 두께를 직접 읽을 수 있다. 공진 두께 계기는 강, 주철, 황동, 니켈, 구리, 은, 납, 알루미늄, 그리고 마그네슘과 같은 금속의 두께를 측정할 수 있다.

탱크, 배관, 날개 외피, 그리고 다른 구조물 또는 제품의 부식 또는 닳아해진 위치를 검출할 수 있다. 다이얼식 장치는 0.025~3in. 두께 측정에 아주 좋은 신뢰

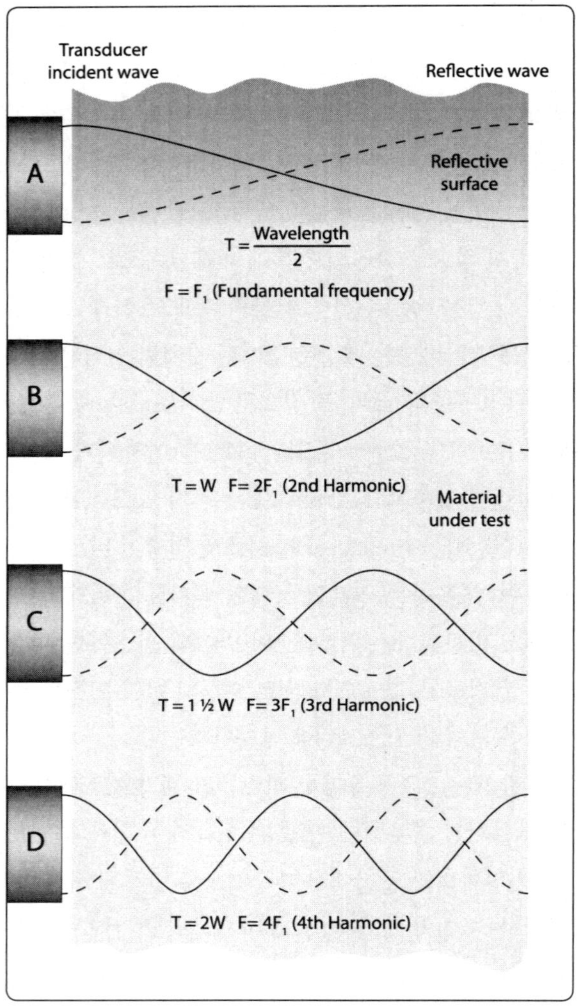


[그림 10-18] 금속판의 초음파 공명

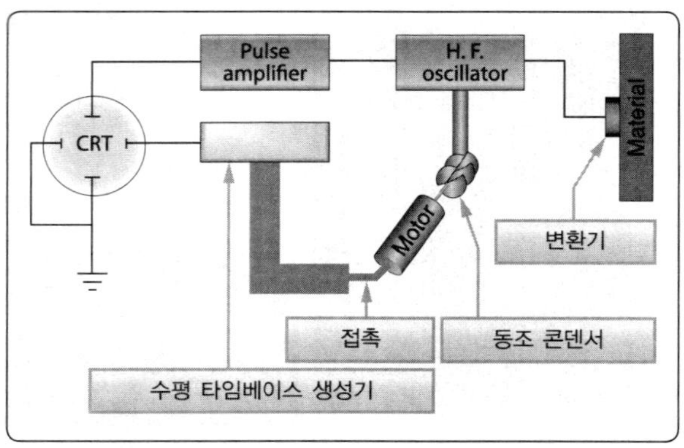


[그림 10-19] 공진법에 의한 두께 측정

도를 갖고 있다.

그림 10-20과 같이, 초음파검사는 활용 분야가 다양하지만 검사 방법과 검사장비 사용에 익숙한 숙련된 기술자가 필요하다.

### 10.9.6.4 초음파 기구(Ultrasonic Instruments)

휴대용 배터리 구동 초음파 기기는 항공기 구조부의 현장 점검에 사용된다. 이 기기는 초음파 펄스를 발생시키고, 복귀하는 에코 펄스를 검출·증폭하며, 검출된 신호를 CRT 또는 이와 유사한 디스플레이 기기에 표시한다. 압전 Transducer는 항공기 구조 검사에 가장 일반적으로 사용되는 파형인 세로 또는 전단파를 생성한다.

#### 10.9.6.4.1 탐상기

초음파 탐상기기는 탐상 목적 및 방법에 따라 여러 가지 종류로 분류되며, 비파괴검사에 가장 널리 사용되는 장비는 탐상기이다.

(1) 탐상감도 조정기: 증폭기 또는 감쇠기가 있으며, 파의 진폭 크기를 조정하는 데 사용

(2) 탐상범위 조정기: Sweep length 조정기는 펄스 사이의 간격을 조정하는 데 사용하며, Sweep delay 조정기는 펄스 사이의 간격을 고정시킨 상태에서 좌우로 이동시키는 데 사용

그림 10-20. 복합 구조물의 초음파 검사

#### 10.9.6.4.2 탐침(Probe)

(1) 압전효과 (Piezoelectric Effect)

Transducer는 에너지를 다른 형태의 에너지로 변환시키는 장치이다. 탐침에 내장된 Transducer에 전압을 걸어주면 Transducer가 팽창 및 수축되는 기계적 변형이 생겨 이 변형이 진동의 형태로 나타나 초음파가 되고, 반대로 초음파가 이 Transducer에 닿으면 기계적인 진동에 의해 전압이 발생하게 되어 이 전압이 탐상기의 스크린에 나타나게 된다. 이와 같이 전기적인 에너지를 기계적인 에너지로, 또는 반대로 기계적인 에너지를 전기적인 에너지로 바꾸어주는 현상을 압전효과라 한다.

(2) Transducer 재질: 압전 특성을 갖는 많은 재질 중에서 비파괴 검사목적으로 많이 사용되는 것은 수정, 세라믹, 황산리튬 등이다.

(3) 구조: 탐침은 초음파를 발생시키는 Transducer, 내부 잡음을 흡수하는 흡음재 및 연결회로 및 보호막,

케이스 등으로 구성되어 있다

#### 10.9.6.4.3 교정용 기준 표준(Reference Standards)

초음파 계측기 교정을 위해 필요한 표준이다. 이 표준은 검사 대상 부품과 관련된 초음파 반응 패턴을 제공하고, 검사 민감도를 설정할 목적으로 사용한다. 따라서, 시험 대상물체의 구조가 유사하여, 초음파 반응 패턴도 거의 같다.

#### 10.9.6.4.4 접촉 매질(Couplants)

초음파 검사는 Transducer와 접촉하는 부분으로 제한된다. 초음파 에너지는 공기를 통해 이동하지 않기 때문에 Transducer를 시험 피스와 결합하기 위해 Couplant 층이 필요하다. 대표적인 커플로 물, 글리세린, 모터 오일, 그리스를 들 수 있다.

## 10.10. 접합구조물의 검사 (Inspection of Bonded Structure)

초음파 검사는 항공기 연결 구조부의 검사와 수리에 유용하다. 그러나, 다양한 형태의 복합재료 구조가 항공기에 사용되면서 초음파 검사 방법에 의한 결함 탐지가 복잡하게 되었다.

접합구조물의 검사에 있어 다음과 같은 변수가 나타난 것이다.

(1) 상면(Top Skin) 원자재와 두께가 다양하다.
(2) 접착제의 종류와 두께가 다르다.
(3) 접합구조의 내부 구조에는 사용되는 코어의 재료, 셀 크기, 두께, 접착제 등이 다르다.
(4) 접합 구조의 상면과 하면에만 접근할 수 있다.

접합과 적층 구조에서 나타나는 결함은 다음 5가지 유형이다.

(1) 외피와 접합재 사이의 분리나 공동(空洞, Voids)
(2) 코어와 접합재 사이의 분리나 공동
(3) 적층 사이의 공동
(4) Foam 형 접합재의 공동, 접합재와 밀폐제 사이의 분리
(5) 코어에 수분 침투

### 10.10.1 음향방출검사 (Acoustic Emission Inspection)

물체에 외력을 가하면 전위가 움직여 어느 점에서 수렴하거나, 소성변형이 일어나게 되고 더 큰 힘을 받으면 균열이 발생한다. 전자의 경우 외부로 방출되는 에너지는 작고 연속적이다. 후자의 경우는 변위 개방으로 큰 응력파가 방출되는데 주파수 범위가 50KHz~10MHz 정도의 초음파로 방출되므로 이를 검출함으로써 내부의 변화를 검출하고 파괴를 예지할 수 있다. 기체구조에 응력을 가하면 균열과 부식된 부위에서도 음파를 방사한다. 음향방출시험은 한 번의 시험으로 구조물의 결함과 그 위치를 검출할 수 있다는 점에서 다른 비파괴검사 보다 더 많은 장점을 갖고 있다. 항공기 구조물의 복잡성으로 항공기에 음향방출시험의 적용은 시험 기법과 시험결과 해석의 정교함이 필요하게 되었다.

### 10.10.2 자분탐상검사 (Magnetic Particle Inspection)

자분탐상검사는 자성체로 된 검사체의 표면 및 표면 바로 밑의 결함을 자장을 걸어 자화시킨 후 자분을 적용하고, 누설자장으로 인해 형성된 자분 지시를 관찰하여 결함의 크기, 위치 및 형상 등을 검출하는 방법이다. 이 방법은 비자성체에 적용할 수는 없다. 철강 재료 등 강자성체를 자화하게 되면 많은 자속을 발생한다. 자속은 자기의 흐름으로 나타나며 강자성체 중에서 자속은 쉽게 흐르지만 비자성체 중에서 자속은 흐르기 어렵다. 자속이 흐르는 길에 결함이 있으면 자속이 흐르기 어려워진다. 그러므로 자속은 결함이 가로막게 되면 피해 가려는 모양으로 넓게 흐른다. 자분을 뿌릴 경우 검사체의 표면에 자속을 가로지르는 결함이 있다면 누설자속에 들어간 자분은 자화되어 자극을 나타내는 작은 자석이 되며 자분 서로가 얽혀 결함부의 자극에 흡착한다. 빠르게 회전하고, 왕복운동, 진동에 노출되고, 대단히 큰 응력을 받는 항공기 부품에서의 작은 결점은 종종 이 부품의 완전한 파손 원인이 되기도 한다. 자분탐상검사는 표면 위쪽에 또는 그 가까이에 위치한 결함의 신속한 탐지에 신뢰할 수 있는 방법이다.

#### 10.10.2.1 결함 지시의 현상 (Development of Indications)

자화된 물질의 불연속(결함)이 표면까지 개방되고 이를 지시하는 매질(媒質), 즉 자성을 띤 물질을 표면에 적용할 수 있을 때, 누설자속에 들어간 매질인 자분은 자화되어 자극을 나타내는 작은 자석이 되며 자분 서로가 얽혀 결함 부위의 자극에 흡착하게 된다. 부품에 있는 자기(磁氣)로 인해 표면에 뿌려진 자분은 결함 부위에 결함의 윤곽 형태로 점착하여 남게 된다. 부품 표면으로 개방되지 않은 경우도 동일한 현상이 일어나지만, 이 경우는 누설자속의 양이 적으므로 자분의 응집이 적다. 결함이 표면보다 훨씬 아래쪽에 존재하면, 누설자속 양은 거의 없어 자분의 응집 현상도 나타나지 않는다. 그림 10-21과 그림 10-22를 참고하라.

#### 10.10.2.2 노출된 결함의 형태 (Types of Discontinuities Disclosed)

자분탐상시험으로 불연속 형태인 균열, 갈라진 틈(Seam), 층(Lap과 Cold shut 형태) 함유물, 쪼개진 금, 찢어진 곳, 관의 파열, 기공을 검출할 수 있다.

균열, 쪼개진 금, 터짐, 찢어진 곳, 갈라진 틈, 기공, 관의 분리 현상은 금속의 파열로 형성된다. 금속의 층은 제조 공정이나 열처리에서 형성된 주름이다. 함유

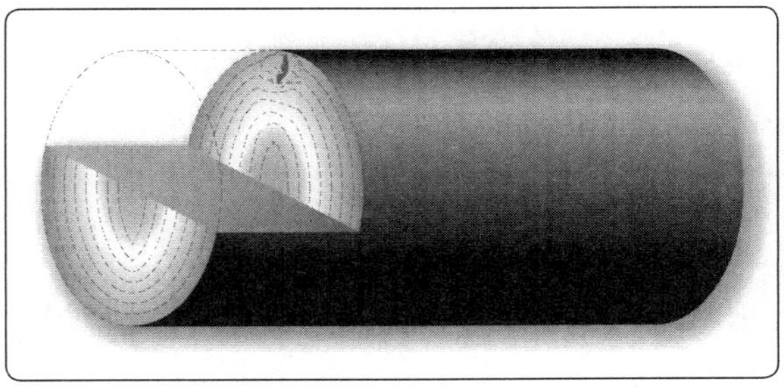

그림 10-21 횡방향 불연속의 누설 자속

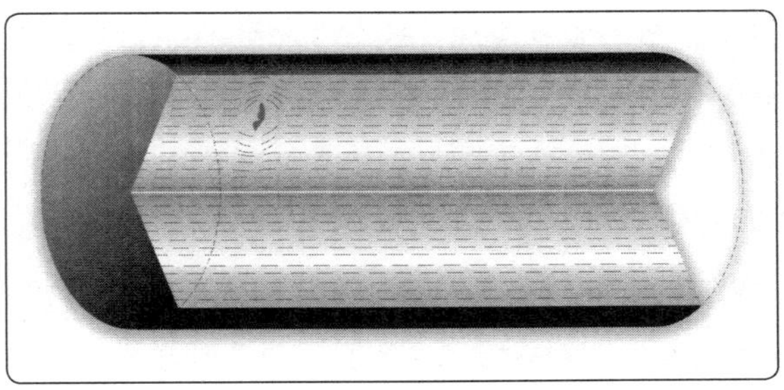

그림 10-22 종방향 불연속의 자속 누설

물은 금속제조 열처리 시에 들어간 불순물에 의해 형성된 이물질이다. 함유물은 금속구조의 입자간 결합이나 용접을 방해하여 금속구조의 연속성을 방해하는 결함이다.

#### 10.10.2.3 준비 및 전처리 (Preparation of Parts for Testing)

윤활유, 엔진오일, 오염물질은 부품을 시험하기 전에 모두 제거한다. 검사체의 오염물질에는 자성을 띤 미립자가 있어 결함과 무관한 지시를 조성할 수 있고, 자분의 결함 형태의 형성을 방해하므로 세척이 중요하다. 특히, 건식 자분으로 탐지할 때에는 세척을 완벽하게 하여야 정확한 검사 결과를 얻을 수 있다. 내부통로 기공이나 오일 구멍 등 표면에 개방된 구멍은 파라핀과 같은 마찰을 일으키지 않는 물질로 막아야 한다.

카드뮴, 구리, 주석, 아연 코팅은 너무 두껍거나 얇은 곳을 제외하고 자분탐상검사에 영향이 없다. 크롬 도금, 니켈 도금은 일반적으로 모재 표면의 균열의 표시에 간섭이 없지만, 함유물에 의한 불연속은 나타난다. 니켈 도금이 크롬 도금보다 강자성체이다.

#### 10.10.2.4 자속방향 효과(Effect of Flux Direction)

부품의 결점을 찾는 데 효과적이려면 자력선과 결점은 수직을 이뤄야 한다. 결점은 부품의 축에 어떤 각을 이루기 때문에 하나 이상의 자속을 유도시켜야 한다. 원형자화와 선형자화라는 두 가지 자화 작업이 필요하다. 그림 10-23은 자속 방향 효과를 보여준다.

검사체에 전극을 접촉시켜 직접 통전하거나, 링, 튜브와 같은 부품 안에 전도체를 위치시켜 통전시키면 원형자장이 형성된다. 원형자화는 부품 내부에 동심원의 자기장을 유도하는 방법이다. 이 방법은 부품의 축에 평행하게 연속하는 결점의 위치를 찾는 방법이다.

그림 10-24는 크랭크샤프트의 원형자화를 보여준다. 선형자화는 코일에 전류를 통전시키면 자속이 직선으로 이루어지는 것을 이용한 방법으로, 자기장은 부품의 장축 방향과 평행하게 형성된다. 전류로 여자된 솔레노이드에 부품을 놓아 유도자기장을 이용하는 것이다.

그림 10-25와 같이, 긴 부품의 선형자화에서, 솔레노이드는 부품 자화를 위해 부품의 종축을 따라 이동시켜야 한다. 대형 또는 복잡한 시험체의 국부적 검사에 활용되고 있다.

#### 10.10.2.5 자속밀도의 효과(Effect of Flux Density)

자분탐상검사의 유효성은 부품 표면의 자속밀도 또는 전계강도에 따른다. 부품의 자속밀도가 증가되면 누설자속이 증가하고, 이에 따라 자분이 결함 부위에 잘 형성되므로 시험감도 역시 증가한다. 그러나 자속밀도가 과도하면, 검사체 자체의 금속구조(입자구조)도 지시하여 결함과 무관한 지시가 나타난다. 그러므로 모든 가능한 해로운 불연속 상태(결함)이 나타날 정도의 자속밀도만 사용하는 것이 필요하다.

#### 10.10.2.6 자화방법(Magnetizing Methods)

자화는 다음 사항을 고려하여 적정한 방법을 선택한다.

- 자장의 방향은 예상 결함 방향과 직각을 이루도록 한다.
- 자장의 방향은 검사면과 평행하도록 한다.
- 검사 면을 손상시킬 우려가 있으면 직접 통전하지 않는다.

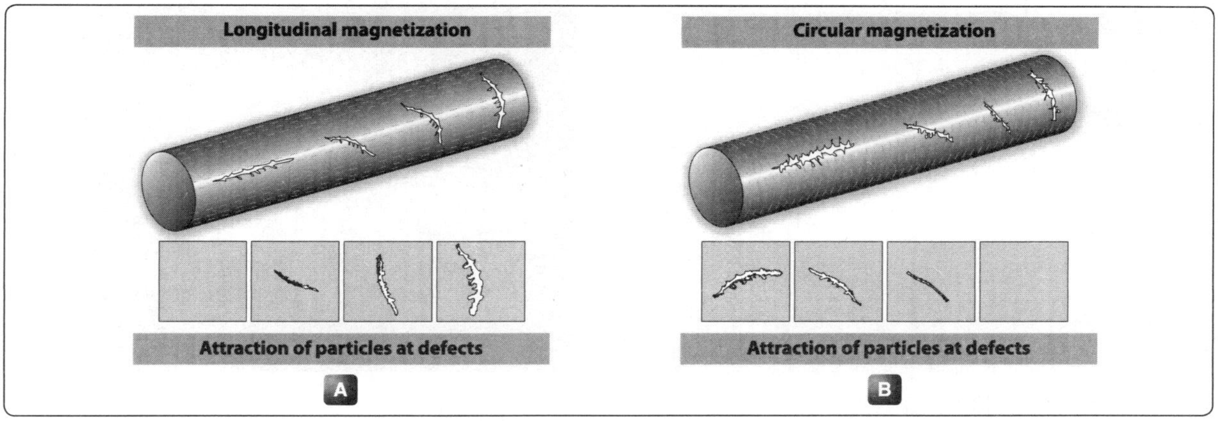


[그림 10-23] 자속 방향 효과

[그림 10-24] 크랭크샤프트의 원형자화

[그림 10-25] 캠샤프트의 선형자화

• 자화방법 및 자화 전류값, 자화시간

자화를 위한 전류의 통전 시간은 전류를 통과시키는 방법에 따라 연속법과 잔류자기법이 있다. 검사체의 자성 특성과 부품의 모양에 따라 선택한다.

연속검사법에서, 부품의 자화가 연속적으로 이루어지고 있는 동안, 즉 자속밀도가 최대로 유지되는 동안 자분이 적용된다. 이 방법은 실제로 원형자화 절차와 선형자화 절차 모두에 이용하게 된다. 연속법이 연소법이 검사체 표면 바로 밑에 있는 결함 검출에 효과적이어서 항공기 부품 검사에 활용된다. 부품을 자화력을 제거한 후의 잔류자기를 이용하는 방법이 잔류자기 검사 절차이다.

### 10.10.2.7 지시의 식별(Identification of Indications)

실험 결과 나타난 지시 특성에 대한 정확한 평가는 매우 중요하다. 하지만, 나타난 지시만 관찰하면 올바른 평가를 하기가 어렵다. 지시의 특성으로써는 윤곽의 형태, 형성된 모양, 폭, 선명도 등이다. 표면에 노출된 균열은 쉽게 구별할 수 있다. 피로균열, 열처리

균열, 용접과 주물에 있어서의 수축균열, 그리고 연마 균열 등이 표면에 노출된 균열이다. 그림 10-18은 피로균열의 예이다.

### 10.10.3 형광자분검사(Magnaglo Inspection)

이 검사는 형광 미립자 용액을 사용하고 자외선(Black Light)을 비추어 검사한다. 검사 효율이 결함 내부에 침투한 형광 침투액의 효과로 아주 높다. 이 방법은 기어, 나사가 난 부품, 엔진 부품의 결점 검출에 효과적이다. 사용되는 적갈색 액체가 형광자분이다. 검사 후, 부품은 자성을 없애야 하고, 세척용제로 헹구어준다. 그림 10-27은 형광 미립자 용액에 담근 후 블랙라이트를 비춘 상태이다.

#### 10.10.3.1 자화장비(Magnetizing Equipment)

(1) 고정식 장치

그림 10-28은 고정식 일반 범용 자화 시험 장비이다. 이 장치는 습식연속자화와 잔류자화절차 모두 수행할 수 있고 직류(直流)를 사용하여 자화시키다. 동력원은 내장 축전지에 의한 직류 또는 교류를 정류한 직류를 사용한다. 고정된 헤드와 이동식 헤드가 있고 직류가 연결된다. 이 2개의 헤드 사이에 검사체를 거치할 수 있는데, 이동식 헤드가 가하는 힘은 고정식헤드의 스프링 탄성에 전달되어 검사체가 고정된다.

전동 모터로 구동되는 이동식 헤드는 세로방향으로 가이드를 따라 움직인다. 스프링은 움직이지 않게 되는 것을 피하도록 이동식 헤드가 충분히 이동하여 전기적 접촉이 확실하게 유지되도록 검사체 끝 부분에 압력을 가한다.

[그림 10-26] 쇼크업소버 하단부 피팅 피로균열

고정된 헤드가 있는 플런저 스위치는 스프링이 적절하게 압축되면 이동식 헤드의 운동회로의 전기적 운동 회로에 공급되는 전기를 차단한다. 자기화회로는 앞쪽의 푸쉬 버튼을 눌러 접속하는 데 0.5초의 시간차가 있다. 자화전류의 강도는 레오스타트(Rheostat)에 의해 수동으로 필요 값을 설정하거나, 레오스타트 차단회로 스위치(Rheostat Short-circuiting Switch)로 장치의 용량에 따라 증가시키게 된다.

선형자화는 솔레노이드에 의하여 이루어지며, 이동식 헤드와 같은 가이드 선로에서 운동하며 스위치에 의해 전기적 회로와 연결된다. 현탁액은 노즐을 통해 검사체에 적용되고, 검사체에서 떨어진 현탁액은 집

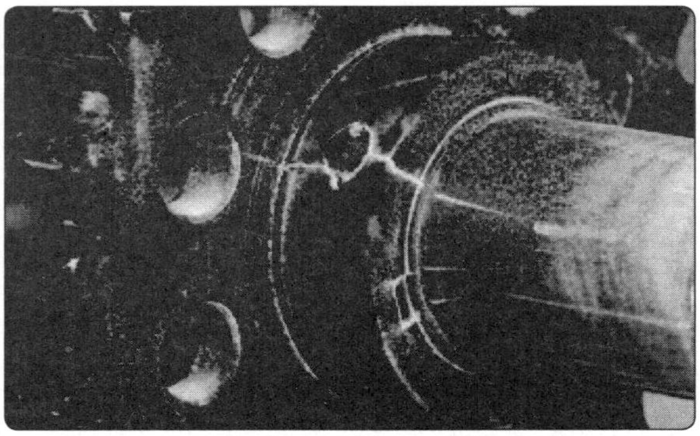

[그림 10-27] 형광자분검사

[그림 10-28] 자화장비 고정식

수 팬 안에 있는 비금속 그릴을 경유하여 모이게 된다. 순환펌프에 의해 배수조로 회귀한다.

(2) 이동식 장치(Portable General Purpose Unit)

이 장치는 고정식 장치가 없는 장소 또는 항공기에서 장탈하지 않는 항공기 구조부재에서 검사를 수행하기 위한 장비이다. 착륙장치의 균열 검사, 엔진 장착대 마운트 균열 검사에 아주 유용하게 쓰인다. 그림 10-29와 같이, 이 장치는 오직 자화전류와 비자화전류의 공급원이다. 200V, 60㎐ 교류로 작동되며 필요시 직류를 공급하기 위한 정류기가 내장되어 있다. 자화전류는 플렉시블 케이블을 통해서 공급된다.

케이블 터미널은 그림 10-30과 같이 프로드(prod, 침) 또는 클램프로 되어 있다. 원형자화는 침 또는 클램프를 사용하여 조성된다. 선형자화는 검사체 주위에 케이블을 감아 조성한다. 자화전류 강도는 8점식 탭 스위치로 제어되고, 자화 시간은 고정식 장치와 같이 자동적으로 조절된다. 이 장치는 탈자 장치로도 사용 가능하며, 고전류, 저전압 교류가 공급된다. 이 교

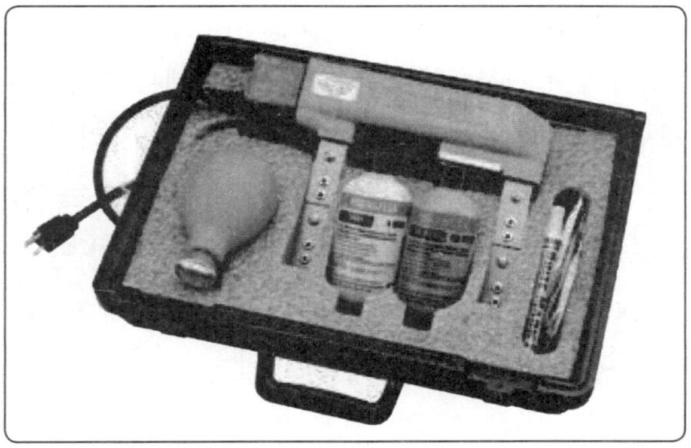

[그림 10-29] 자화장비- 이동식

류는 부품을 통과하면서 점차적으로 감류기에 의해 감소된다. 평평한 면 형태의 대형 구조물을 시험하는 경우 침이 사용된다. 검사체는 장치에 고정하고 현탁액을 국부적으로 뿌려 시험하는데 이 액체는 탱크로 회수한다. 침은 시험되고 있는 표면에 단단히 고정시킨다. 고전류는 접촉 부위를 태울 수도 있으므로 주의한다.

### 10.10.3.2 지시매질(Indicating Mediums)

자분탐상검사에 이용할 수 있는 매질은 습식과 건식이다. 이 매질의 역할은 검사체의 결함을 지시하는 것이다. 검사체 표면에 이 매질에 의해 형성되는 특별한 지시는 중요하므로 일반적으로 습식에서는 검정색과 빨간색이고 건식에서는 검정, 빨강, 회색이다. 매질은 높은 투자율(high-permeability, 高透磁率)과 낮은 보자성(low-retentivity, 保磁性)을 가져야 한다. 높은 투자율은 자기에너지의 최소가 불연속으로 인한 누설자속이 매질을 응집시키는 것을 확실하게 하며, 낮은 보자성은 자석의 미립자의 움직임이 그들 자체를 자화하여 서로 끌어당기는 미립자에 의해 방해되지 않도록 한다.

#### 10.10.3.3 탈자(Demagnetizing)

검사 후에 잔류하는 영구자기를 부품에서 제거하는 작업이 탈자이다. 작동 기구에 남아 있는 자력은 줄밥, 연마, 칩 등을 끌어 당겨 작업 시에 결함을 초래할 수도 있어 탈자를 확실하게 해야 한다. 탈자가 안 된 부품에 미립자가 축척된다면 이 작동기구의 베어링이나 가공하는 물체에 스코어링과 같은 결함을 유발한다. 기체 부품은 그러한 미립자의 축척으로 계기에 영향을 미치지 않도록 탈자 시켜야 한다. 항공기 부품에 대한 탈자 방법은 부품에 계속하여 자력선의 방향을 변경하면서, 동시에 자력의 세기도 점차적으로 감소시키는 방법이 주로 사용된다.

#### 10.10.3.4 표준 탈자 방법 (Standard Demagnetizing Practice)

표준적 탈자 방법으로 교류 솔레노이드 코일을 사용한다. 부품이 솔레노이드의 교번자장(交番磁場)에서 멀어지면 부품의 잔류 자기는 점차 감소한다. 탈자할 물체와 근사한 크기의 탈자기 탈자장치가 사용되어져야 한다. 탈자가 쉽지 않은 부품은 2~4번 이장치의 안팎을 천천히 지나가게 해야 하고, 동시에 여러 방향으로 회전시켜야 한다. 자력 제거에 효과적 절차는 자장의 강도에 떨어져서 부품을 천천히 움직이는 것이다. 탈자장치로부터 1~2[feet] 까지 이격하여 머무르도록 한다. 탈자장치에는 전류 제거를 천천히 하여 부품이 다시 자력을 갖지 않도록 한다. 이동식 장치에서의 탈자는 부품에 교류를 가하여 점차적으로 전류값이 0이 될 때 충분히 탈자하는 것이다.

#### 10.10.3.5 방사선 사진(Radiographic)

물체에 침투하여 불연속(discontinuity)을 나타내는 독특한 능력으로 X-선과 감마선이 재질 구성, 비금속 제품의 방사선 검사에 적용된다.

그림 10-31과 같이, 투과성 방사선은 검사체에 투사되고 필름에 잠재적 상을 감광시킨다. 필름을 현상하면 방사선 사진, 뢴트겐 사진이 된다. 이러한 검사방

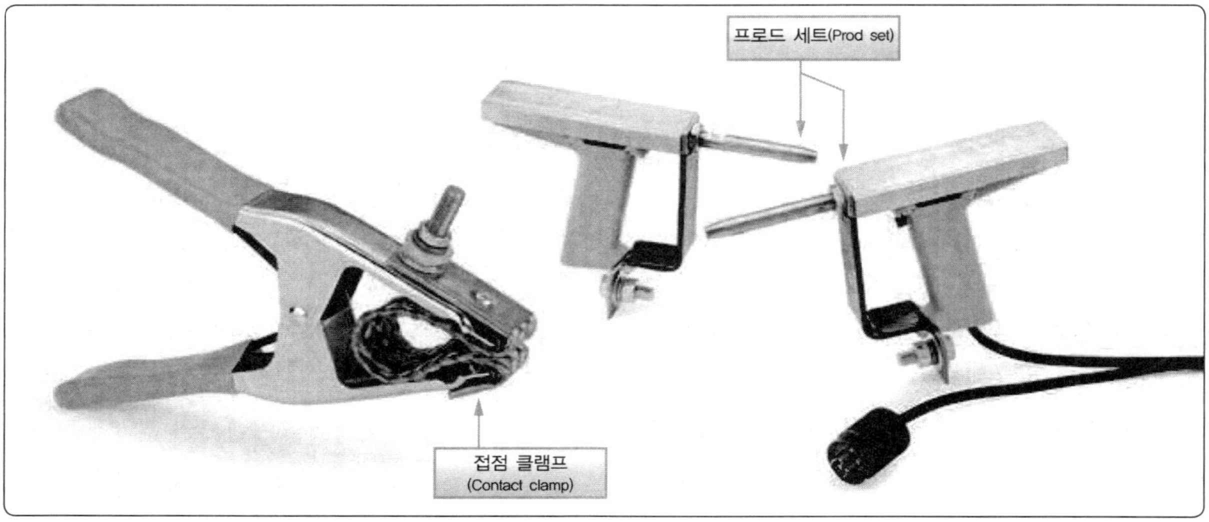


[그림 10-30] MPI 도구 액세서리

법은 기체구조와 엔진을 점검하는 신속하고도 확실한 방법이다.

### 10.10.4 방사선투과검사 (Radiographic Inspection)

방사선 투과검사는 병원에서 X-Ray 검사로 우리 몸속의 이상 유무를 검사하는 것과 같이 금속이나 기타 재질에 대하여 방사선 및 필름을 이용하여 내부에 존재하는 불연속(결함)을 검출하는 데 적용되고 있는 비파괴검사 방법이다. 이 기술은 최소의 분해나 분해 없이 기체구조와 엔진에서 흠결의 위치를 알아내기 위해 사용된다. 의심되는 부분을 장탈, 분해, 도색제 벗기기 등이 필요한 여타 비파괴검사방법과 크게 다른 것이다. 방사선 위험으로 인하여, 집중적인 훈련을 받고, 자격 있는 방사선촬영기사 방사선 발생장치를 동작시킬 수가 있다. 세 가지 주요 단계는 (1) 준비와 검사할 물체를 방사선에 노출 (2) 필름의 처리(현상) (3) 방사선 사진의 해석이다.

#### 10.10.4.1 준비와 노출(Preparation and Exposure)

방사선 노출 정도를 결정하는 요인은 다음과 같다.

(1) 재료 두께와 밀도
(2) 물체의 모양과 크기
(3) 탐지하고자 하는 결점의 종류
(4) 방사선 발생 기계장치의 특성
(5) 노출 거리
(6) 노출 각
(7) 필름 특성
(8) 증감지(intensifying screen)의 종류

장치의 정격 전압, 크기, 휴대성, 조작의 용이성, 노출 특성은 완전하게 이해하고 있어야 한다. 유사 물체

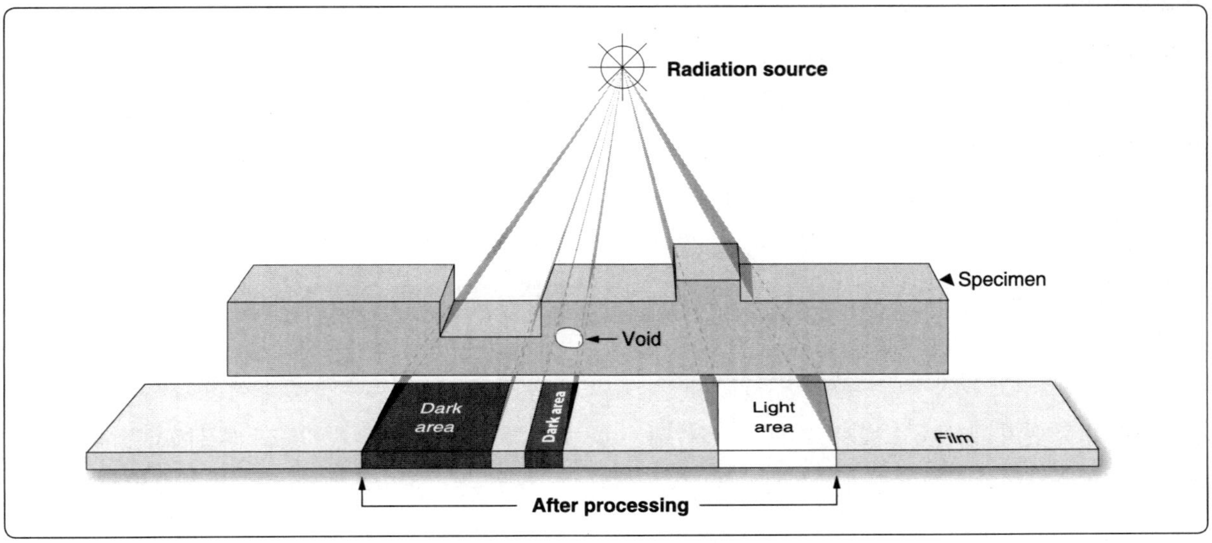


[그림 10-31] 방사선 사진

에서의 촬영 경험은 전체 노출의 결정에서 매우 유익한 기술이다. 노출일지 또는 기록은 방사선 사진에 대한 길잡이로서 특별한 자료가 된다.

#### 10.10.4.2 필름현상(Film Processing)

X-ray에 노출된 필름의 감광상태는 현상액, 화학용액, 산과 그리고 정착액(fixing bath) 적용, 뒤이어 깨끗한 물 세정을 연속하여 거치면 현상이 된다.

#### 10.10.4.3 방사선사진 해석 (Radiographic Interpretation)

품질보증 측면에서 볼 때, 방사선 사진의 해석은 이 검사 방법의 중요한 국면이다. 판단 실수가 비참한 결과를 만들어낼 수 있기 때문이다. 이 과정에서 구조물 또는 부품의 사용에 적합한지 부적합한지를 판단하기 때문이다. 간과하거나, 이해하지 못하거나, 또는 부적절하게 판단하는 믿을 없는 상황이나 결점은 방사선촬영의 목적과 노력을 소멸시킬 수 있고, 항공기의 구조적 완전무결성을 위태롭게 하기 때문이다. 부적절한 해석에 근거하여 부품 또는 구조물을 합격시키는 사실에서 파생되는 위험, 즉 안전장애의 발생 원인이 될 수 있기 때문이다. 해석은 매우 다양하고 복잡한 것이다. 이 장에서는 오직 일부 공통된 결점의 설명을 포함하는 방사선 사진 해석의 기본적인 사항만을 기술한다. 경험적으로 방사선 사진 해석은 작업한 검사체 근처에서 실물을 보면서 해석하는 것이 직접 비교할 수도 있고, 그리고 표면 상태, 두께, 변동과 같은 징후를 판단할 수 있기 때문이다. 방사선 사진 분석을 할 때 고려해야 할 요인은 다음과 같다.

흠이나 결함은 기본적인 3가지가 있는데, 빈 공간, 함유물, 치수 불규칙이다. 치수의 불규칙성은 방사선 촬영에서는 정확하지 않기 때문에 제외한다. 빈 공간과 함유물은 이차원 평면에서 삼차원 구체에 이르기까지 여러 가지 형태로서 방사선사진에 나타난다. 공동( cavity)은 삼차원의 구체와 같이 보이게 되지만, 균열, 찢어진 곳, 또는 쇳물 맞닿는 선은 대부분 이차원의 평면과 닮아있다. 수축, 산화 내재물(oxide inclusion), 다공성(porosity) 등과 같은 다른 형태의 흠은 이들 두 가지의 극단적인 형태 중 하나이다.

흠의 결합구조를 분석하는 것이 중요하다. 예를 들어, 균열과 같은 흠에서, 그 끝은 기공과 같은 흠에서보다도 훨씬 선명하게 나타난다. 또한 재료강도는 흠 모양에 의해 악영향을 받는다. 날카로운 첨단이 있는 흠은 국부적 응력집중의 출처를 입증한다. 둥그런 흠은 재료강도에의 영향은 적다. 규격서, 참고표준서는 불합격의 원인이 되는 균열, 쇳물 맞닿는 선 등과 같은 흠이 명문화되어 있다.

재료의 강도와 흠의 크기에 영향을 받는다. 금속 장비품은 어떤 하중에 안전계수를 더하여 견디도록 설계되었다. 흠이 포함되어 있다 해서 장비품의 표면적을 줄이면 부품을 약화시키고 안전계수가 감소된다. 때때로 일부 흠은 안전계수를 이유로 장비품에서 허용되는데, 이 경우에 있어서, 해석하는 사람은 디자이너에 의해 명시된 공차 또는 완전하지 못함의 정도를 결정해야 한다. 날카로운 첨단의 작은 흠이 이것 없는 큰 흠만큼 나쁜 것일 수 있기 때문에 신중히 고려해야 한다. 흠 분석에 있어 또 하나 고려할 것은 위치이다. 금속 장비품은 사용수명 중에 여러 가지 다양한 힘을 받는다. 힘의 분포는 장비품과 부품에서 동일하지 않고, 어떤 중요한 곳은 오히려 더 큰 응력을 받게 된다. 필름을 해석할 때 이 부위는 특별히 주의한다. 흠 위치의 또 다른 측면은 서로 인접되어 있는 불연속이 응력

집중의 출처로서 잠재적으로 작용하는 것이다.

함유물은 물체에 내재되고 있는 물질의 조성이다. 이러한 흠은 방사선 사진에 찍힌 것보다 더 크거나, 또는 작은 밀도를 가진 것일 수도 있다. 이물질을 함유한 흠은 부식의 근원이 될 수 있다.

#### 10.10.4.4 방사선 위험(Radiation Hazards)

방사선에 피폭되면 인체에 장해가 생긴다는 것은 잘 알고 있는 사실이다. 따라서 방사선을 취급할 때에는 세심한 주의를 해야 한다. X-선 발생장치는 전원을 끄면, X-선이 발생하지 않지만 감마선원은 방사선 방출을 중지할 수 없기 때문에 방사선 안전관리에 특히 신중을 기하지 않으면 안 된다.

X-ray 장치와 방사성동위원소로부터 나온 방사선에 피폭된 살아 있는 세포 조직은 파괴된다. 이러한 사실은 장비 사용 시에 적절한 보호 조치를 필히 해야 함을 의미한다. 방사선 발생장치 사용자는 항상 X-ray Beam의 바깥쪽에 있어야 한다. 방사선이 지나가는 모든 물질은 변화된다. 이것은 살아있는 세포조직에서도 마찬가지이다. 방사선이 신체의 분자에 부딪칠 때, 단지 소수의 전자를 몰아내는 거에 지나지 않지만, 그 양이 초과하면 돌이킬 수 없는 해를 입을 수 있다. 복잡한 조직이 방사선에 노출되었을 때, 손상의 정도는 변화된 신체 세포에 따른다. 방사선이 침투된 신체의 중심에 있는 심장 · 뇌 등의 생명 유지에 절대 필요한 기관은 대부분 해치게 된다. 피부는 보통 방사선의 대부분을 흡수하고 방사선에 가장 빠른 반응을 나타낸다.

만약, 전체의 신체가 방사선의 아주 많은 조사량에 노출되면 죽음에 이를 수도 있다. 방사선의 병리학적 영향의 형태와 심각도는 심가도는 한꺼번에 받는 방사선의 양과 노출된 전체 신체의 비율에 따른다. 작은 조사량은 짧은 기간 동안에 혈액장애와 소화기장애의 원인이 될 수 있다. 더 많이 조사되면 백혈병과 암, 피부 손상, 탈모도 될 수가 있다. 방사선 안전장치에 대해서는 본서 정비안전 관련 부분을 숙지하기 바란다.

## 10.11 복합재료의 검사 (Inspection of Composites)

복합재료구조의 검사는 내부 복합재료 층(ply)의 분리, 코어와 중심과 외피의 접착 이완(debonding), 습기와 부식 등에 의한 적층 분리(delamination)에 대해 검사한다. 초음파 시험, 음향방출시험, 그리고 방사선 검사가 항공기 제작사의 권고에 따라 사용한다. 복합재료 구조의 시험에 사용되는 가장 간단한 방법이 두드려 보는 탭 시험(Tap Test)이다.

### 10.11.1 탭 시험(Tap Testing)

Coin Test라고도 부르는 이 시험 방법은 얇은 층으로 갈라지는 적층 분리 또는 접착 부분 이완의 존재 여부를 검사하는 데 폭 넓게 사용된다. 시험절차는 무게 2온스의 가벼운 헤머, 동전, 또는 다른 적당한 공구로 표면을 가볍게 두드려 불량이 있는 곳과 없는 곳의 소리를 듣고 판단한다. 소기가 소리가 다르거나 무음 지역은 결함 존재 우려가 있는 부분이다. 이 방법은 두께 0.08" 이하의 비교적 얇은 외피에 있는 결점을 찾아낼 때 효과적이다. 벌집 모양 구조에서는 양면 모두를 시험해야 하며, 한쪽만 검사하면 반대쪽의 접착 이완과 같은 결함을 찾지 못한다.

### 10.11.2 전기적 전도율 (Electrical Conductivity)

복합재료 구조는 본질적으로 전기적인 전도성이 없다. 전기적 전도성이 저속 항공기에서는 문제점이 없으나, 고속, 고성능 제트 항공기에서는 전도성을 가진 복합재료 구조물 즉, 알루미늄을 여러 가지 방법으로 구조물 내에 삽입하여 전도성을 가진 구조로 만들어 사용한다. 알루미늄을 Wire mesh, 스크린, Foil 형태로 복합재료 적층 사이에 끼워 넣는다. 복합재료 구조를 수리하였다면 이 전도 경로가 복원되었는지 검사를 해야 한다. 수리 시에 전도 물질이 포함되어야 하고, 교환된 전도체도 전도성이 복원되었는지 검사를 한다. 전기전도율은 저항측정기로 점검하면 된다.

### 10.11.3. 열상 검사(Thermography)

이 검사는 복사 전자기 열 에너지를 사용하여 결점을 검출하는 방법으로, 얇은 복합구조물에 사용되는 NDI 기법이다. 열원은 가열 등이나 히터 담요이다. 열 검사(熱 檢査)의 기본원리는 열이 시험물체로 부터 또는 시험물체를 통해 흐를 때 표면 온도를 측정하거나 매핑하는 것이다. 정상적이고 결함이 없는 영역과 결함이 있는 영역 사이의 열전도율 차이가 존재하므로 이를 거사하는 것이다. 결함이 없는 부위는 결함이 있는 부위보다 열을 효율적으로 전도하기 때문에 흡수되거나 반사되는 열의 양이 복합재료 구조의 접합 품질을 나타낸다.

가장 널리 사용되는 열상 검사 기법은 적외선(IR) 감지 시스템을 사용하여 온도 분포를 측정한다. 이러한 유형의 검사는 표면, 구성품 또는 어셈블리의 접촉이 없는 신속한 단면의 온도 스캔을 제공할 수 있다. IR 카메라를 활용한다.

## 10.12 용접 검사(Inspection of Welds)

이 장의 용접에 대한 논의는 시각적 방법으로 완성된 용접부의 품질을 판단하는 데 국한한다. 용접이란 접합하고자 하는 2개 이상의 물체나 재료의 접합 부분

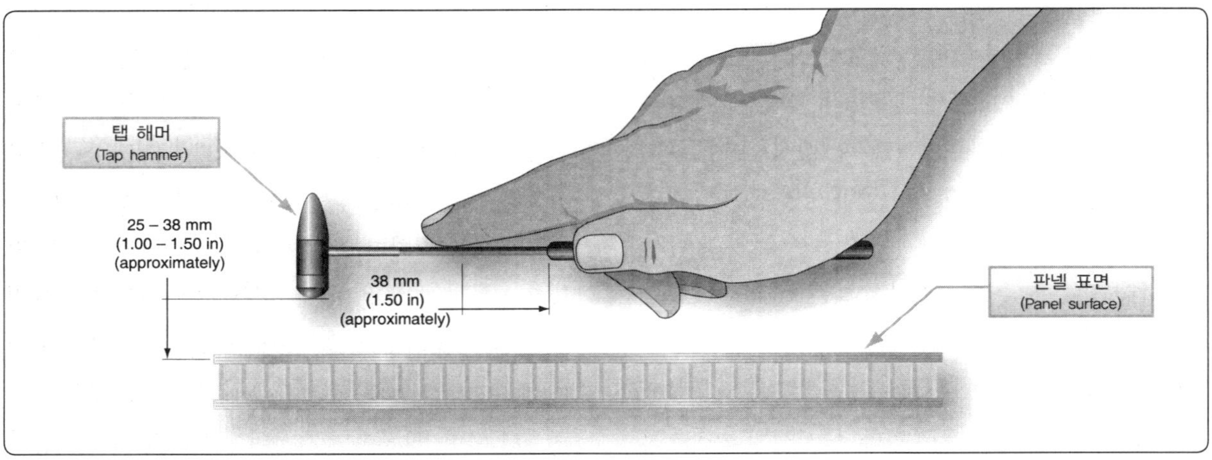


[그림 10-32] 해머로 하는 탭 테스트

사이에 용융된 용가재를 첨가하여 접합시키는 것이다. 용접 작업은 작업 공정을 줄일 수 있으며, 이음 효율을 향상시킬 수 있다. 또, 주물의 파손부 등의 보수와 수리가 쉽고, 이종 재료의 접합이 가능하다. 그러나 열로 인하여 제품의 변형과 잔류 응력이 발생할 수 있고, 품질 검사가 곤란하며, 작업 안전에 유의하여야 한다.

용접부 검사에는 방사선 검사, 초음파 검사, 자분 검사, 형광 검사 등이 널리 사용된다. 용접 결함부위 검사에는 파면검사, 마크로 조직검사, 천공검사, 음향검사와 같은 방법도 이용되고 있다. 여기서는 주로 시각적인 용접 품질에 대한 검사를 설명한다. 용접한 부위의 외관은 용접 품질 판정의 중요한 길잡이 역할을 한다. 적절한 이음용접 부위는 모재보다 더 강하다.

용입의 길이는 용해의 깊이이다. 용입은 모재의 두께, 용접봉의 크기, 용접작업 등에 영향을 받는다. 맞대기 용접에서, 비드의 크기는 모재 두께의 100%이어야 한다. T형 용접에서, 비드 크기는 두께의 25~25%이다.(그림 10-33)

(1) 균열

균열은 용접부에 생기는 것과 모재의 변질부에 생기는 것이 있다. 용착 금속 내에 생기는 것은 용접부 중앙을 용접선에 따라 생기든가 용접선과 어떤 각도로 나타난다. 그리고 모재의 변질부에 생기는 균열은 재료의 경화, 적열취성 등에서 생긴다.

(2) 변형 및 잔류응력

용접할 때 모재와 용착금속은 열을 받아 팽창하고 냉각하면 수축하여 모재는 변형한다. 용접부에 변형이 일어나지 않도록 모재를 고정하고 용접하면 모재의 내부에 응력이 생기는데 이것을 구속응력이라 하고, 자유로운 상태에서도 용접에 의한 응력이 생기는데 이것을 잔류응력이라 한다.

(3) Under Cut

모재 용접부의 일부가 지나치게 용해되든가 또는 녹아서 홈 또는 오목한 부분이 생기는데, 이것을 언더컷이라고 한다. 용접 표면에 노치 효과를 생기게 하여 용접부의 강도가 떨어지고, 용재(Slag)가 남는 경우가 많다.

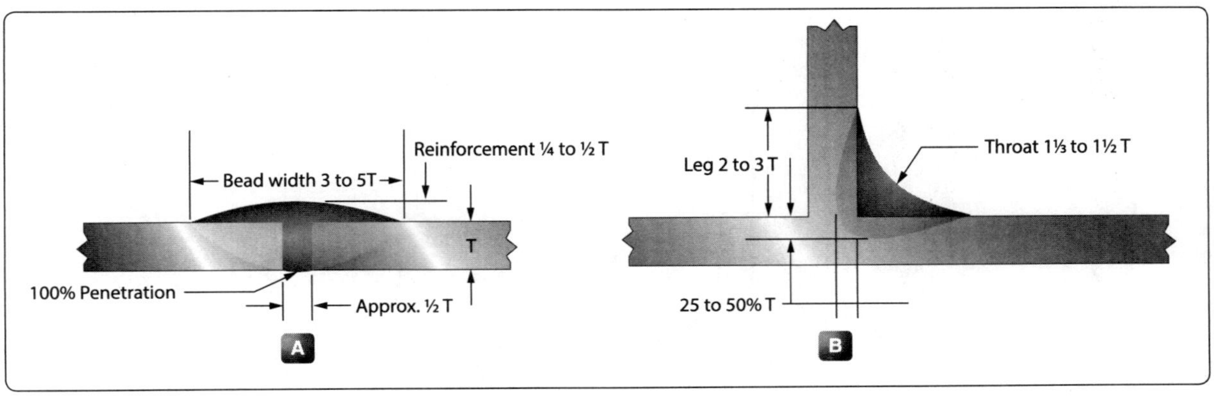


[그림 10-33] A: Butt 용접 B: Fillet 용접

(4) Overlap

운봉이 불량하여 용접봉 용융점이 모재 용융점보다 낮을 때에는 용입부에 과잉 용착금속이 남게 되는 현상이다.

(5) Blow Hole

용착금속 내부에 기공이 생긴 것을 말하며, 구상 또는 원주상으로 존재한다. 이것은 용착금속의 탈산이 불충분하여 응고할 때 탄산가스로 생긴 것과 수분이 함유된 용제를 사용하였을 때 수소가스 등이 발생 원인이다.

(6) Fish Eye

용착 금속을 인장시험이나 벤딩 시험한 시편 파단면에 0.5~3.2mm 정도 크기의 타원형 결함으로 기공이나 불순물로 둘러싸인 반점 형태의 결함으로 물고기의 눈과 같아 fish eye 또는 은점이라고 한다. 저수소 용접봉을 사용하면 이것을 방지할 수 있다.

(7) 선상조직

용접할 때 생기는 특이조직으로서 보통 냉각 속도보다 빠를 때 나타나기 쉽다. 이 조직은 약하고 기계적 성질이 불량하므로 이것을 방지하기 위해서는 급랭을 피하고, 크레이트 및 비이드의 층을 제거하고 저수소 용접봉을 사용해야 한다.

그림 10-34의 A는 너무 빨리 용접할 때 나타난다. 과도한 양의 열 또는 산화불꽃에 의해 발생된다. 용접이 횡단면을 만들었다면, 기공, 다공성, 용재 혼입 등이 있다. B는 형성된 비드가 부적절하다. Cold Lap은 불충분한 열로 용접봉이나 모재가 충분히 녹지 않은 상태에서 용착된 상태이다. C는 과도한 양의 아세틸렌 사용으로, 용접봉이나 모재가 녹은 상태에서 끓게 되어 작업 말미에 크레이터를 따라 융기 상태를 남기게 된다. 절단면을 보면 기공과 다공성이 보인다.

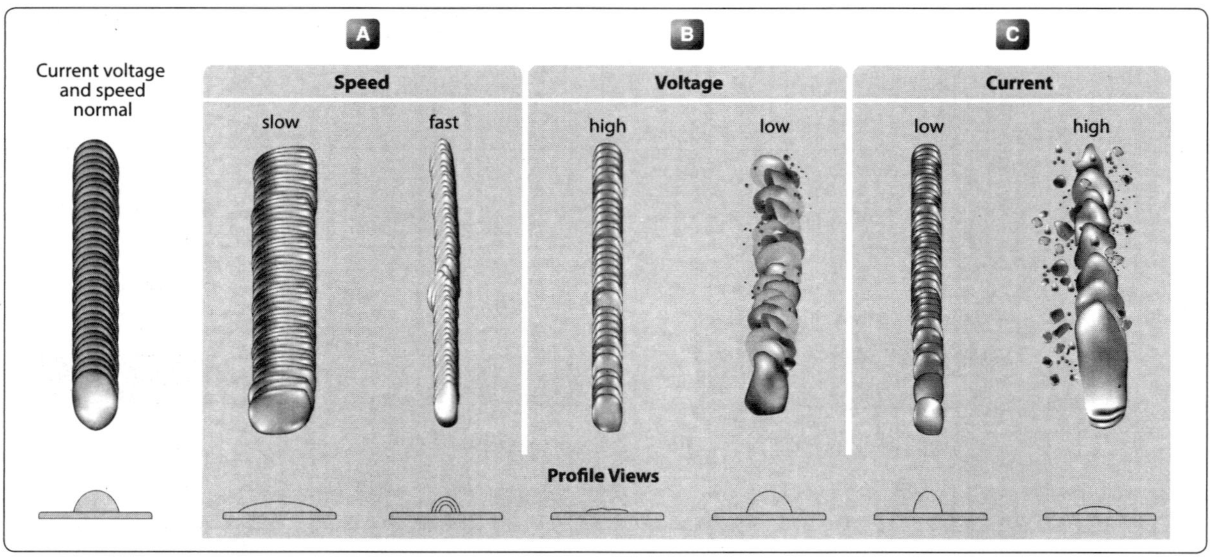


[그림 10-34] 불량 용접의 예 : 너무 빠름(A), 부적절한 침투 및 냉간 랩(B), 불규칙한 모서리 및 상당한 편차 (C).

참고문헌

1. FAA-H-8083-30, AMT Handbook General, 2018

2. 항공우주용어사전, 이강희 최연철, 비행연구원, 2014.2

# 11 인적요인

Human Factors

# 11 인적요인

Human Factors

## 11.1 인적요인의 개요

### 11.1.1 인적요인의 중요성 (Importance of Human Factors)

미래의 항공기 안전에 가장 큰 영향을 미치는 것은 기술의 향상뿐만 아니라 인적 오류를 인식하고 예방하도록 직원을 교육하는 것이다. 사고 관련 자료를 분석한 결과 모든 항공 사고의 약 75-80 %가 인적오류로 인한 사고로 나타났다. 이러한 사고 중 약 12 %는 정비와 직접적인 관련이 있었다.

조종사 오류는 즉각적이고 가시적으로 나타나지만 정비오류는 조종사의 오류와는 달리 잠재되어 있다가 치명적인 결함으로 이어져서 사고발생에 결정적인 영향을 미칠 수 있다는 것을 명심하여야 한다.

일반적으로 부적절한 행위와 연관된 인적요인에 초점을 맞추려는 경향이 있지만, 그림 11-1과 같이 인적요인은 적절한 행위와 부적절한 행위에 모두 존재한다는 것을 유의하여야 한다. 부적절한 행위는 일반적으로 인적오류를 초래하기 때문에 인적오류에 대한 개념을 명확히 이해할 필요가 있다.

인적오류는 부적절하게 작업을 수행하여 시스템을 손상시킬 수 있는 의도하지 않은 행동으로서 다음과 같이 세 가지 유형이 있다.

① 생략(Omission) : 행동 또는 작업을 수행하지 않음

② 수행(Commission) : 작업을 잘못 수행함.

③ 불필요한 직무수행(Extraneous) : 권한이 없는 작업을 수행

또한, 인적오류로 인해 다음과 같은 결과를 초래할 수 있다.

① 결과가 미미하거나 없음

② 장비/하드웨어 손상

③ 개인 상해

④ 대형사고

항공정비에서 피로, 자만심 및 스트레스 등의 인간의 상태(human conditions)는 매우 중요하다. 이러한 상태들을 일반적으로 인적요인이라고 말한다. 인적요인은 대부분 항공사고에 직접적인원인으로 작용하

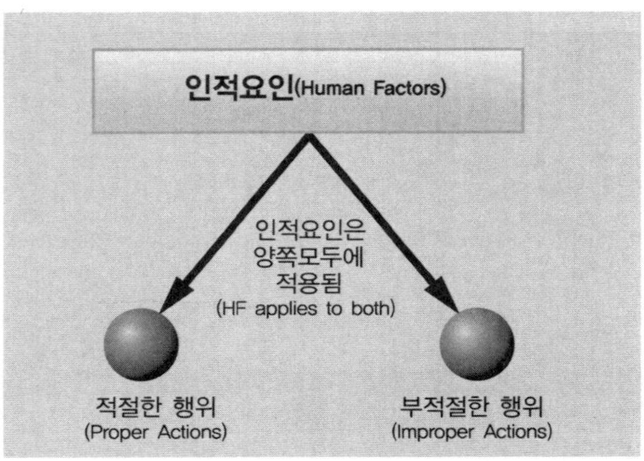


[그림 11-1] 인적요인의 적절한 행위와 부적절한 행위

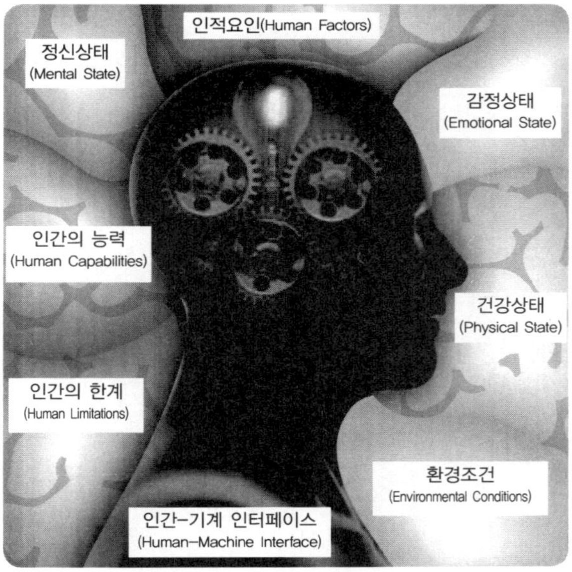


[그림 11-2] 항공정비에서 인적요인과 인간의 정서는 매우 중요한다.

거나 간접적인 기여요인으로 작용한다. 보편적으로 정비오류의 80%가 인적요인에 의해 발생한다고 해도 과언이 아니다. 이러한 오류를 유발 할 수 있는 인적요인을 소홀히 할 경우에는 사건의 발생으로 작업자의 부상과 작업지연뿐만 아니라 심지어는 대형 사고의 원인이 될 수 있다.

### 11.1.2 항공정비에서의 인적요인

항공 안전은 정비와 깊은 연관이 있다. 항공기 정비가 제대로 수행되지 않으면, 항공기 사고와 준사고로 이어지게 된다. 정비오류(maintenance errors) 사례로는 부품의 부적절한 장착, 부품 누락 및 필요한 점검

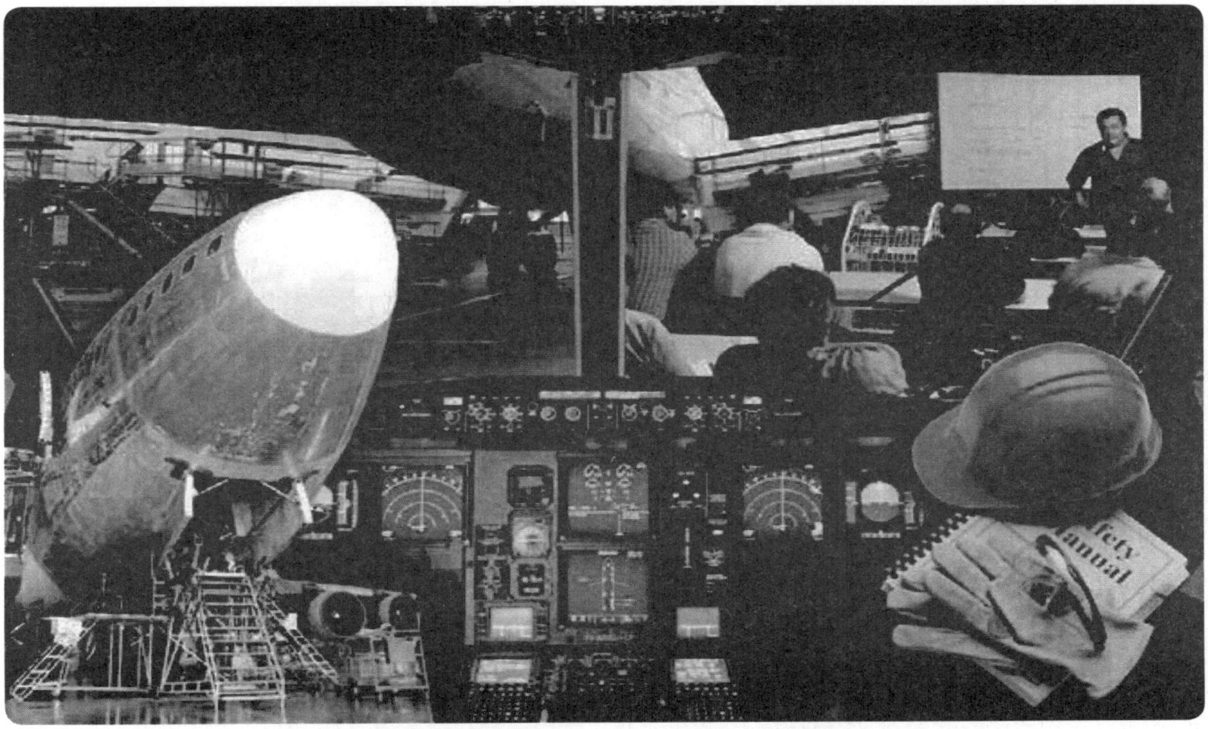

[그림 11-3] 항공정비사는 복잡한 작업환경으로 인하여 많은 인적요인에 직면하게 된다.

[그림 11-4] 항공정비사의 정비작업 문서화

을 수행하지 않은 경우 등을 들 수 있는데, 항공 안전에 영향을 미치는 많은 다른 위협요인들에 비해 항공정비사의 실수는 밝혀내기가 매우 어렵다. 일반적으로 정비오류는 바로 나타나지 않으며, 오랜 동안 항공기의 안전한 운영에 영향을 미치면서 계속해서 잠재되어 있기 때문이다.

그림 11-3과 같이 항공정비사들은 항공에서는 보기 드문 인적요인에 직면하게 된다. 즉, 항공정비사는 늦은 시간이나 이른 새벽에 높은 플랫폼 또는 열악한 온도와 습도 등의 제한된 공간에서 작업을 한다. 이러한 작업은 육체적으로 몹시 힘들 뿐만 아니라 세심한 주의 집중이 요구된다. 항공정비 직무특성상 항공정비사들은 일반적으로 작업을 수행하는 시간보다 작업을 준비하는 과정에서 더 많은 시간을 할애하고 있다. 즉, 그림 11-4와 같이 모든 정비작업의 문서화는 매우 중요한 일이므로 항공정비사들은 작업한 내용을 정비일지에 기록하는 데 많은 시간을 필요로 하는 것이다.

인적요인에 대한 인식은 작업자와 항공기 안전을 지속적으로 보장하는 환경을 만들어주고, 더욱 주의 깊고 책임 있는 작업을 수행하게 함으로써 품질향상을 기대할 수 있다. 더욱 확실하게는 사소한 실수를 줄이는 것은 비용과 납기지연을 감소시키고, 부상으로 인한 작업 중단을 감소하게 하며, 품질불량으로 인한 하자보증의 감소와 정비오류로 인한 중대 사건, 사고 등의 감소로 인하여 주목할 만한 이득을 얻을 수 있는 것이다. 본 장에서는 다양한 인적요인 중에서 항공정비에 관련된 부분들에 대해서 논의하고자 한다. 대부분 일반적인 인적요인들은 문제를 유발할 수 있는 위험요인들을 제거하거나 완화시키는 방법들을 소개하고 있다.

### 11.1.3 인적요인의 정의

인적요인이라는 단어는 항공운송 산업에서 기계적 결함보다는 인적오류에 의한 문제가 심각하다는 것을 깨달으면서 급속도로 대중적인 관심이 집중되었으며, 대부분 항공사고와 준사고의 근간을 이루고 있다. 인적요인학(Human factors science) 또는 인적요인기술(Human factors technologies)은 심리학(psychology), 공학(engineering), 산업디자인(industrial design), 통계학(statistics), 운영분석(operations research) 및 인체 측정학(anthropometry) 등의 여러 학문 분야에 걸친 종합적인 분야이다. 인적요인은 인간능력의 속성을 이해하는 과학을 포괄하는 용어로서 설계와 개발에 적용하고, 시스템과 서비스의 구축에 응용하여 정비작업 환경에 인적요인 원리의 성공적인 적용을 보장하는 기술(art)이다.

이러한 정의들을 살펴보면 첫째, 인간 과학의 체계적 적용으로 사람과 그들의 활동 간의 관계를 최적화시키고 시스템 공학의 틀 안에서 통합시키는 기술이라고 정의할 수 있다. 두 번째의 정의는 인간-기계 시스템 조작의 맥락에서 작업관련 과제를 어떻게 수행

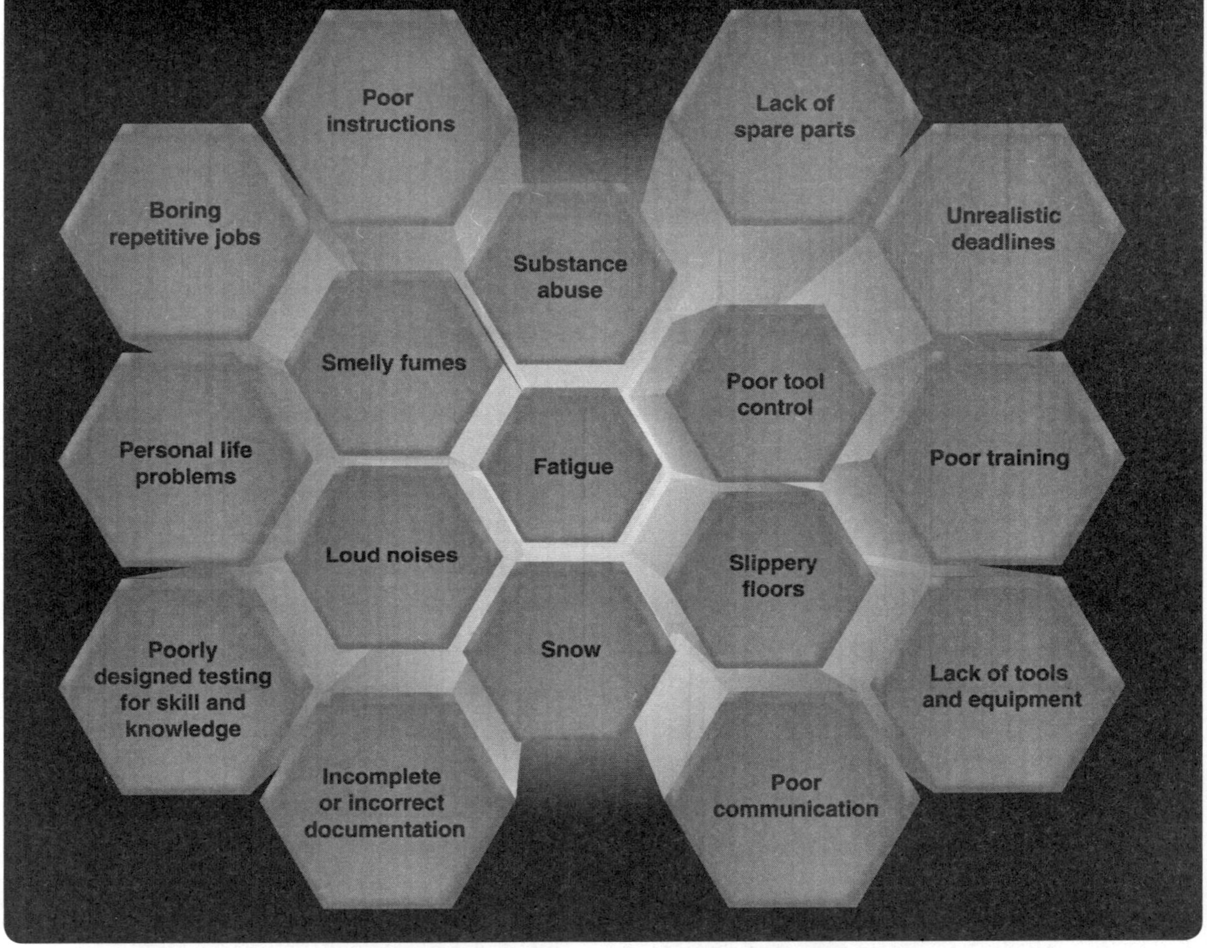


[그림 11-5] 항공정비사에게 영향을 미치는 인적요인 리스트(list)

하는가와 행동적, 비행동적 변인들이 수행에 어떻게 영향을 미치는가를 연구하는 것으로서 이 정의에는 공학심리학적인 의미를 많이 함축하고 있다고 볼 수 있다. 국제 민간항공기구(ICAO)의 사고방지 매뉴얼에 의하면 인적요인이란 항공기 사고, 준사고, 사고방지와 관련된 인간관계 및 인간능력을 총칭하는 것으로 정의하고 있다. 한편 인적요인과 인간공학의 편람(Handbook of H/F & Ergonomics)에 의하면 안전성, 효율성 및 편리성을 위해서 사람의 능력과 한계에 관한 지식을 생산품, 도구, 기계, 직무, 조직 그리고 시스템을 설계하는 데 사용하는 것이라고 규정하고 있다.

항공정비작업의 성과에 영향을 줄 수 있는 인적요인은 광범위하지만, 결국은 항공정비 분야에서 이러한 구체적인 목표는 항공안전과 정비효율을 추구하는 것이다.

그림 11-5는 항공정비사들에게 영향을 미치는 인적 요인의 일부를 보여주고 있다. 대부분의 경우 3~4개의 요인들이 결합되면 심각한 사고 또는 준사고에 기여하는 요인으로 작용하게 된다.

### 11.1.4 인적요인의 구성

인적 요인은 많은 학문분야로 구성되어 있다. 본 장에서는 그림 11-6과 같이 임상심리학, 실험심리학, 인체측정학, 컴퓨터과학, 인지과학, 안전공학, 의학, 조직심리학, 교육심리학 및 산업공학 등의 10개 분야에 대하여 소개하고자 한다.

인적 요인에 대한 연구와 응용은 특정한 상태 또는 상황에 영향을 받는 방법을 수정하거나 변경하는 것만으로 간단하게 해결되는 것이 아니므로 복잡하다고 할 수 있다. 항공정비인적요인의 연구목적은 항공기 정비와 검사에서 인적능력(human performance)에 영향을 미치는 요소들을 확인하고 최적화시키는 것이다. 시작은 정비사에 맞춰지지만 점차적으로 전체 엔지니어링 및 기술 조직으로 확대된다. 연구는 영향을 미치는 인적요인과 어떻게 사람들이 더 효율적으로 일할 수 있으며, 작업능력을 유지시킬 수 있는지에 대한 이해를 돕는 많은 학문분야의 복합을 통하여 최적화된다.

여러 학문분야의 이해를 통하여 서로 다른 상황 또는 인간행동(human behaviors)에 적용시킴으로써, 잠재적인 인적요인들이 문제로 발전되거나 사건 혹은 사고를 발생시키는 연결고리를 만들기 전에 정확하게 인지할 수 있다.

#### 11.1.4.1 임상 심리학(clinical psychology)

임상심리학(clinical psychology)은 인간에 대한 이해를 통해 개인이 겪고 있는 정신장애나 심리적 문제를 평가하고 치료하는 것을 목적으로 하는 학문으로서 주로 개인의 정신적 웰빙에 초점을 맞추고 있다. 임상 심리학은 불리한 상황에 대한 대처, 자기비하, 동료 간의 갈등 등에 대한 스트레스를 극복할 수 있도록 도움을 준다.

#### 11.1.4.2 실험 심리학(Experimental Psychology)

실험 심리학이란 실험이라는 방법을 활용하여 인간의 행동과 행동과정에 기저하는 심리적인 특성에 대해 연구하는 학문이다. 이러한 행동과정은 학습, 감각, 지각, 인적능력, 의지, 기억, 언어, 생각 및 의사소통뿐만 아니라 식습관, 독서 및 문제해결 등과 같은 행동에 기저하는 생리적(physiological) 과정도 포함된다. 업무 정책과 절차의 효율성을 테스트하기 위한 노력의 일환으로서 실험적인 연구는 성능, 생산성과 결함을 측정하는 데 도움을 준다.

#### 11.1.4.3 인체 측정학(Anthropometrics)

인체 측정학은 인체의 형태 및 기능을 계측하여 그 계측치에 의해 인체의 여러 가지 성질을 수량적으로 밝히려고 하는 학문이다. 이는 항공정비사들이 작업하고 있는 환경과 공간 등을 감안할 때 항공정비에서는 필수적인 분야이다. 예를 들면, 항공기의 협소한 수리공간을 2m의 신장에 100kg이 넘는 정비사의 신체에 적합한 공간으로 요구할 수도 있다. 다른 예는 장비 및 공구의 크기와 무게이다. 남자와 여자는 일반적으로 두 개의 서로 다른 키와 몸무게의 스펙트럼을 가지고 있다. 비록 둘 다 동등하게 높은 수준의 효율성으

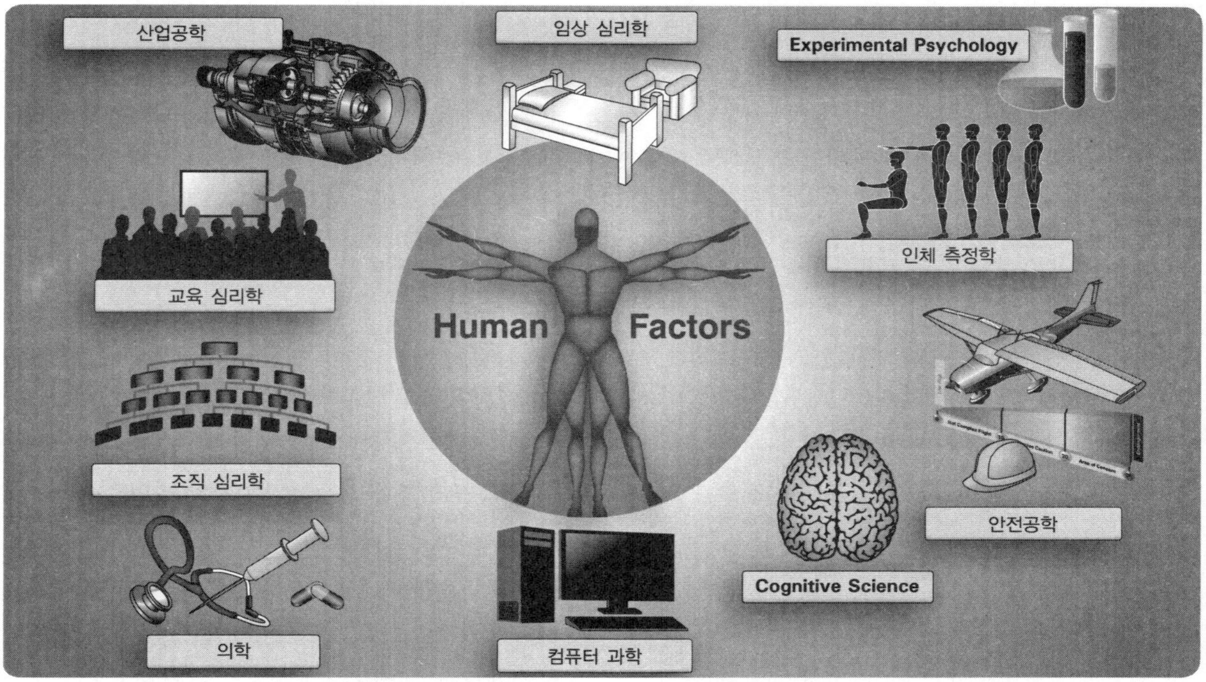


[그림 11-6] 인적요인 분야(Human factor disciplines)

로 업무를 수행할 수 있을지라도 누군가는 자기의 신체 사이즈에 딱 맞는 기계와 장비를 이용하여 더 효율적으로 일을 수행하는 반면에 누군가는 신체 사이즈에 부적합한 장비로 인하여 작업효율이 떨어지거나 부상의 위험을 안고 있을지도 모른다. 즉, 평균적인 설계는 모든 사람에게 알맞지 않으며, 다양한 신체치수의 사람을 고용한 경우에는 더욱 바람직하지 않다.

#### 11.1.4.4 컴퓨터 과학(Computer Science)

컴퓨터 과학은 정보화 사회에서 컴퓨터의 하드웨어와 소프트웨어 그리고 통신 및 네트워크를 연구하여, 컴퓨터 시스템과 컴퓨터와 관련된 여러 기술을 개발하여 익히고 이를 각 분야에 응용함을 목적으로 연구하는 분야이다. 컴퓨터가 항공정비와 어떤 관련이 있는지는 아주 간단하게 알 수 있다. 이전에 언급한 바와 같이 항공정비사는 수행한 작업들에 대해서 문서화하는 데 많은 시간을 보낸다. 그러므로 편안하고 안정적인 컴퓨터 작업 공간을 갖는다는 것은 매우 중요하다. 또한, 소프트웨어 프로그램과 컴퓨터를 기반으로 하는 시험장비(test equipment)는 전문가 수준의 컴퓨터 사용능력이 아니더라도 쉽게 배우고 사용할 수 있을 정도로 설계되어야 한다.

#### 11.1.4.5 인지과학(Cognitive Science)

인지과학은 인간의 마음에서 정보처리 과정이 어떻게 이루어지는가에 대해 다양한 분야의 학제 간 연결을 통해 통합적으로 연구하는 분야로서 인간의 마음이나 컴퓨터가 모두 정보 처리 체계로서 컴퓨터에 정보가 입력되면 적절한 처리 과정을 거쳐 결과가 출력되는 것과 유사하게, 인간도 감각 기관(예: 시각, 청각 등)을 통해 자극이 입력되면 사고 과정을 거쳐 행동으로 나타난다는 정보처리적 접근 방법 등이 포함된다. 그것은 낮은 수준의 학습과 결정기구에서부터 높은 수준의 논리와 계획까지의 여러 단계의 분석들에 걸쳐 이어진다. 항공정비사는 결함해소를 위하여 지속적으로 고장탐구를 수행하여야 하며, 빠르게 결함을 수정하여야 하므로 문제해결 능력이 뛰어나야 한다. 이러한 일련의 직무는 과중한 스트레스를 유발할 수 있다. 인지과학 분야는 과중한 스트레스가 만들어지는 상황에서 어떻게 하면 작업에 집중하여 작업능력에 영향을 주지 않는지를 정비사들이 이해하도록 도움을 준다.

#### 11.1.4.6 안전공학(Safety Engineering)

안전공학은 재해 발생의 원인, 경과 및 재해 방지의 대책에 관한 지식 체계 및 그 기술적 응용을 말하며, 재해를 방지함으로써 사람의 생명, 건강 및 재산을 보호하는 목적을 가지고 있다. 이상적인 안전 엔지니어는 시스템의 초기설계 단계에서 예상되는 결함들을 발췌하고 분석하여 기존의 사양에 안전요건들을 반영하여 시스템을 안전하게 개선시켜준다. 모두가 안전한 환경에서 작업하는 것이 당연한 것처럼 항공정비에서도 안전은 아무리 강조해도 지나치지 않다. 안전공학은 항공정비 시설의 설계, 유독물질의 저장소, 중량물을 들어 올리는 장비 및 미끄러지거나 발을 헛디뎌서 떨어지지 않게 보호해주는 바닥 등의 설계에 크게 기여하고 있다. 산업노동환경에서는 고용노동부의 가이드라인이 중요하다.

#### 11.1.4.7 의학(Medical Science)

의학은 과학이자 치료 기술이다. 그것은 건강을 유지하는 것을 포함한 건강관리 실천의 다양성을 망라하며, 예방과 질병의 관리로 건강을 회복시킨다. 체질과 육체의 건강은 아주 중요하며, 인적요인에 직접적으로 밀접한 연관성을 가지고 있다. 사람들은 형태와 크기가 서로 다를 뿐만 아니라 특정 상황에서 신체적인 생리현상, 신체적 구조 및 생체 역학에 따라 아주 다른 반응을 보이기 때문이다.

#### 11.1.4.8 조직 심리학(Organizational Psychology)

조직 심리학은 심리학의 제반 원리들을 기업, 산업체 및 공공기관 등을 포함하는 모든 형태의 조직체에 적용하는 학문으로 조직 내에서 일하는 사람들의 직무만족, 작업동기, 의사결정, 직장동료간의 갈등, 조직 구성원간의 의사소통, 직장생활적응, 노사 간의 갈등 등과 같이 현대 산업체에서 조직 내의 인력의 질을 높이기 위한 효율적인 인사선발, 인사고과 및 교육훈련 등과 조직의 효율을 증진시키기 위한 조직개발과 작업환경의 개선방안 등을 다룬다.

조직 심리학을 이해하는 것은 항공정비감독자가 작업환경과 생산성을 강화할 수 있는 다음과 같은 내용들을 학습하는 데 도움을 준다.

- 훌륭한 안전기록을 가진 직원에 대한 표창과 보상
- 안전하게 작업을 수행할 수 있도록 독려
- 올바르게 직무를 다 함께 수행할 수 있도록 작업팀과 그룹의 단일화
- 모든 직원들의 동등한 대우

#### 11.1.4.9 교육 심리학(Educational Psychology)

교육심리학은 교육의 목표를 효과적으로 달성하기 위해서 교육현상을 연구대상으로 하여 이에 필요한

이론과 실천적 방법을 연구하는 분야로서 사람이 어떻게 학습하는지 연구하고 모든 연령층의 사람들을 교육하기 위한 방법과 자료를 설계한다. 모든 사람은 학습을 통하여 배우고 익히는 정도에 차이가 있으며, 속도도 다르다. 그러므로 감독자들은 대단히 폭넓은 학습스타일을 고려하여 지시를 다르게 하여야 한다.

#### 11.1.4.10 산업공학(Industrial Engineering)

산업공학은 인간, 재료, 설비 및 에너지로 구성되는 종합적 시스템을 설계, 개선 및 설치하는 일이다. 감독자는 적당하게 초과할 수 있는 타당한 작업 기준을 세우는 것이 중요하다. 비현실적인 작업 기준은 실수를 유발하는 불필요한 스트레스 요인들을 만들어 낸다. 그것은 또한 효율적인 설비 배치를 통해 유익한 작업 공간을 마련하는 것이다. 깨끗하고 깔끔한 환경은 작업성과를 증진시킨다.

인적요인에 도움이 되는 산업공학의 또 다른 측면은 작업성과에 대한 통계적 분석이다. 작업성과의 구체적인 자료는 작업이 끝났을 때 좋거나 나쁜 기여요인들을 찾아낼 수 있게 해준다.

## 11.2 인적 요인의 역사

1487년경에 레오나르도 다빈치(Leonardo DiVinci)는 인체측정학의 연구를 시작하였다. 그림 11-7의 '비트루비안 맨(Vitruvian Man)'은 레오나르도 다빈치의 가장 유명한 드로잉으로 '원과 사각형 속의 인간'으로도 불리며, 인체측정을 위한 가이드라인을 제시하는 최초의 소스 중의 하나로 묘사되고 있다. 비슷한 시기에 그는 또한 새의 비행에 대한 연구를 시작했다. 그는 팔에 단순하게 날개를 장착해서 날기에는 인간은 너무 무겁고 강하지 않다는 것을 완전히 파악했다. 그래서 그는 그림 11-8과 같이 비행사가 널빤지 위에 눕도록 하고, 수동 레버, 발 페달 및 도르래(pulley)등을 이

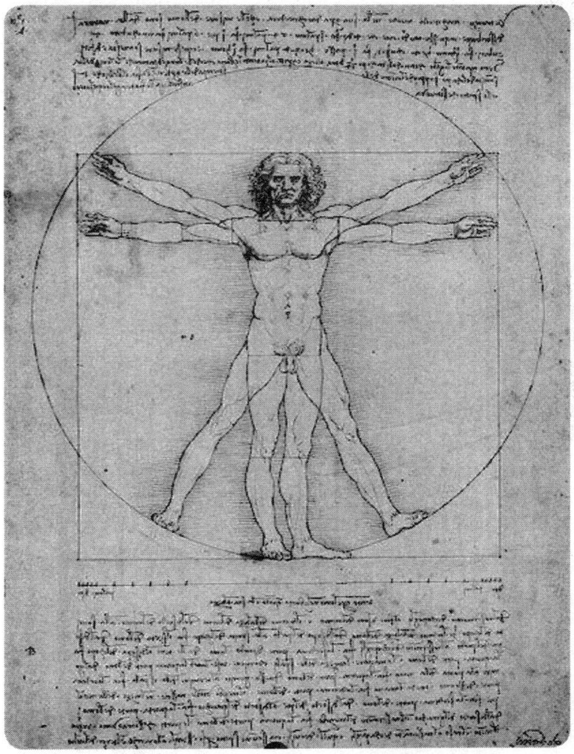

[그림 11-7] 레오나르도 다빈치의 비트루비안 맨(Vitruvian Man)

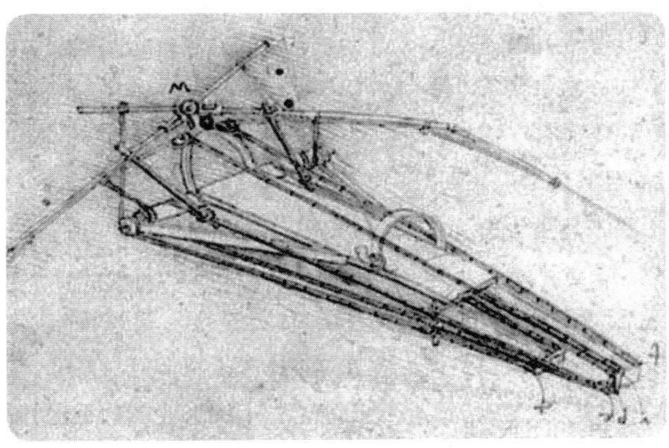

[그림 11-8] 레오나르도 다빈치의 인력 비행장치

[그림 11-9] 프랭크 길브레스(FrankLillian Gilbreth), 산업공학자

[그림 11-10] 릴리안 길브레스(Lillian Gilbreth), 산업공학자

용하여 얇은 막으로 형성된 두 개의 큰 날개를 움직이는 장치를 스케치하였다.

1900년대 초반, 산업공학자인 프랭크(Frank)와 길브레스(Lillian Gilbreth)는 의학에서 인간의 오류를 줄이기 위해 노력했다[그림 11-9와 11-10]. 그들은 수술실에서의 대화를 복명복창 개념으로 발전시켰다. 예를 들어, 의사가 "메스"라고 말하면, 간호사는 "메스"라고 복창하고 의사에게 메스를 건네준다. 이를 질의-응답시스템(challenge-response system)이라 불렀다.

무슨 도구가 필요한지 큰 소리로 말하는 것은 의사에게 필요한 도구가 아니라면 그들이 스스로 바로잡을 기회를 의사에게 제공하는 것을 강화시킨다. 이러한 언어적 프로토콜은 오늘날 항공 분야에서 사용된다. 조종사들은 조종사들이 항공교통관제에 의한 지시사항을 정확하게 수신하였다는 것을 확인하기 위하여 지시사항이나 관제승인에 대하여 복창(read back)을 실시함으로써 정보가 틀렸을 경우 항공교통관제에서 바로잡을 수 있는 기회를 준다. 프랭크(Frank)와 길브레스(Lillian Gilbreth)는 또한 피로에 대한 조사로도 유명하다.

오빌(Orville)과 윌버 라이트(Wilbur Wright)는 1900년부터 그들의 첫 동력 비행이 있었던 1903년까지 시행했던 글라이더 테스트를 통해 조종사로서 가져야 할 인적요인을 고려한 기술들을 개발한 개척자이다. 또한, 라이트 형제는 고정익 항공기를 조종할 수 있게 만든 최초의 사람들이었다. 항공기 제작 초기부터 라이트 형제는 신뢰성 있는 조종술을 비행 문제 해결의 열쇠로 보았다. 이로 인해 발명한 것이 라이트 형제의 3축 조종인데, 이 비행 조종 시스템은 조종사로 하여금 항공기를 효과적으로 조종하고 균형을 잡을 수

[그림 11-11] 1903년 12월 17일, 이륙에 성공한 라이트 형제의 라이트 플라이어(Wright Flyer)

있게 해 주었다. 마침내 1903년 12월 17일, 라이트 형제는 그들이 개발한 라이트 플라이어(Wright Flyer)로 이륙에 성공하여 시속 43km의 강한 맞바람을 받으며 비행에 성공했다. 오빌이 비행한 첫 비행에서 12초 동안 37m 비행했고, 속도는 약 시속 10.9km이었다. 이 첫 비행이 우리가 자주 보는 라이트 형제의 첫 비행 장면이다. [그림 11-11]. 잇따른 두 차례의 비행에서 53m, 그리고 61m의 비행을 각각 윌버와 오빌이 수행했다. 고도는 약 3m 정도였다.

그들은 후에 비행 중 엔진동력을 조절할 수 있는 장치를 개발하였으며, 받음각 감지기(angle of attack sensor)와 조종사의 부하를 줄여주기 위한 조종간을 추가하였다. 1908~1909년 중에 미국과 유럽에서의 라이트 형제의 시범비행은 비행조종의 새로운 시대의 서막을 세계에 알렸다.

### 11.2.1 정비인적요인의 진화

항공정비는 지난 수년 동안 많은 변화를 겪어왔다. 이전의 항공기 모델에는 없던 첨단소재와 동력장치 그리고 전기전자 시스템을 갖춘 Airbus 380과 같은 초대형 항공기(Super-Large Aircraft)의 출현으로 인하여 정비사들은 새로운 시스템, 장비 및 절차 등을 학습하고 정비작업을 수행하여야 한다.

항공기 제작기술뿐만 아니라 항공기를 정비하기 위한 기술도 날로 발전하고 있지만, 한 가지 변하지 않는 사실은 대부분 항공기 정비작업은 사람에 의해서 행해지고 있다는 사실이다.

1988년 미국 Aloha 항공의 B737 항공기 사고 이후 항공정비 분야의 인적요인에 대하여 관심을 갖기 시작한 이래 미국, 영국, 캐나다에서는 항공정비 분야의 인적요인에 대하여 꾸준한 연구를 하여왔고, 보잉사 등의 산업계에서도 항공정비 오류를 판별할 수 있는 MEDA(Maintenance Error Decision Aid) 등을 개발하여 이를 현업에 적용하여 많은 성과들을 보고 있다.

항공인적요인에 대한 대부분 연구들은 전통적으로 항공기를 직접 운항하는 운항승무원과 관제분야에 집중되어 있다. 이는 정비와 검사 과실은 다수 사고 안에서 원인이 되는 하나의 요인으로 취급됨에 따라 정비부문에 대한 연구는 운항부문에 비해 미약한 현실이다. 그러나 항공안전은 조종사뿐만 아니라, 항공운항을 안내하는 항공관제사와 설계된 항공기를 정비하는 정비사의 3박자가 조화를 이룰 때 이룩된다는 것은 명백한 사실이다.

필립스(Phillips, 1994)는 미국에서 발생한 모든 항공사고들의 18%는 정비요인이 기여요인으로 작용한 것으로 기고하고 있다. 또한, 최근의 국제항공운송협회의 안전보고서(IATA Safety Report, 2013)에 따르면 2009~2013년에 발생한 항공사고의 29%가 정비요인과 연관되어 있는 것으로 보고하고 있다.

영국항공청(CAA, 2003)에서는 항공정비 분야의 인적요인을 정비사의 건강상태, 시력, 청력 및 피로와 스트레스 등에 연관된 인적 요인과 날씨, 온도, 습도 및 소음 등과 같은 환경적 요인 그리고 의사소통, 작업 교대, 정비작업절차등과 관련된 절차와 조직적 요인으로 분류하여 광범위하게 소개하고 있다.

## 11.3 페어모델(The Pear Model)

인적요인과 관련된 학문적이고 실천적인 개념들은 방대하다. 하지만 정작 중요한 것은 인적요인에 대한 이런 다양한 정보들을 항공정비 분야에 적합하고 실용적으로 적용시키는 것이다. 이러한 관점에서 PEAR 모델은 다음과 같은 4가지 요소를 통하여 항공정비 분야에 적합한 인적요인 프로그램을 보여준다.

- 작업자(People who do the job)
- 작업환경(Environment in which they work)
- 작업자 행동(Actions they perform)
- 작업에 필요한 자원(Resources necessary to complete a job)

### 11.3.1 People(작업자)

항공정비에서의 인적요인 프로그램은 그림 11-12와 같이 작업자의 신체적, 생리학적, 심리학적, 심리사회학적인 면에 초점을 맞추고 있다. 즉, 개인별 신체적 한계, 정신 상태, 인지 능력 및 기타 타인과의 상호작용에 영향을 주는 조건 등이 고려된다. 대부분의 인적요인 프로그램의 경우 현재의 인원을 중심으로 설계되어 있으며 모든 작업자에게 동일한 수준의 체력, 신체 사이즈, 인내력, 경험, 동기나 기준을 적용시키는 것은 불가능하다. 신체 사이즈, 체력, 연령, 시력 등 개개인의 신체적 특징을 고려하여 그에 적합한 업무가 주어져야 하며 좋은 인적요인 프로그램에서는 이러한 인간의 한계 및 제약조건을 고려하여 각 작업자별 업무가 계획된다.

인적요인을 업무 계획에 적용시킬 때 간과해서는 안될 부분은 바로 정기적인 휴식이다. 작업자는 다양한 작업 조건 속에서 신체적, 정신적 피로를 느낀다. 적당한 휴식 시간은 업무로부터의 긴장감을 완화시켜

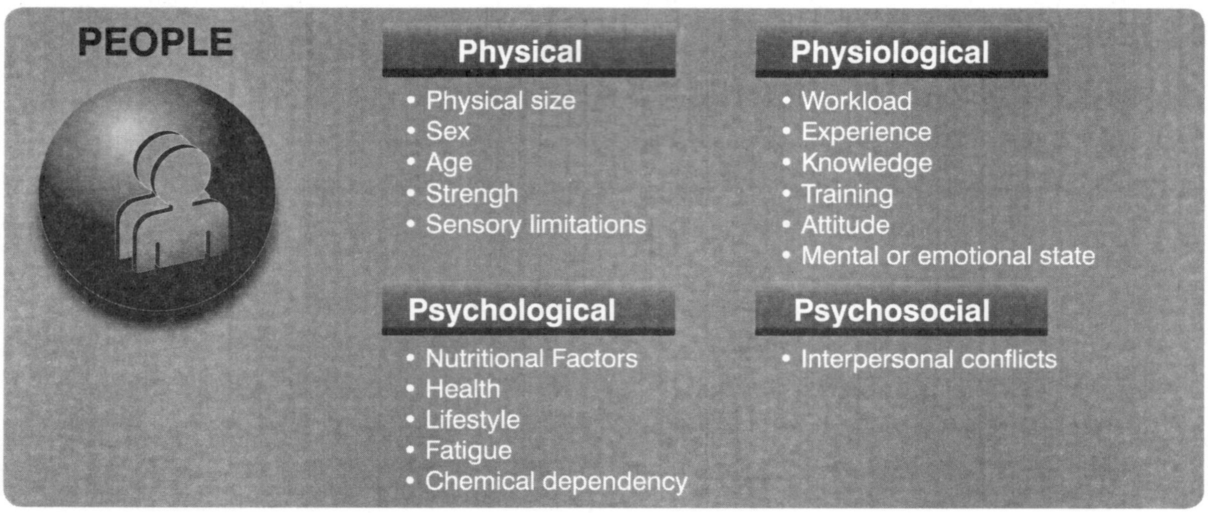


[그림 11-12] 작업을 수행하는 사람(작업자)

능력 대비 지나친 부하가 걸리지 않도록 도와준다.

작업환경(PEAR의 두 번째 요소)와도 결부되는 작업자(특히 고령 작업자)에 대한 고려사항은 작업장의 적절한 조명시설이다. 매년 청력 측정 및 시력 측정을 실시함으로써 최적의 신체적 성능을 유지하고 있음을 재확인해야 한다.

개인에게 세심한 주의를 기울여야 할 부분은 신체적 능력뿐만이 아니다. 성공적인 인적요인 프로그램은 개개인의 생리학적, 심리학적인 측면까지 고려한다.

기업은 직원의 신체적, 정신적 건강을 증진시키는 데 최선을 다해야 하며, 이를 위해 건강 관련 교육 프로그램을 제공하는 것도 한 가지 좋은 방법이 될 수 있다. 몇몇 기업들은 건강식, 건강음료를 직원들에게 제공함으로써 병가 횟수 감소 및 생산성 제고의 일석이조의 효과를 얻었다. 또한 흡연이나 음주 등 약물의존과 관련된 건강 프로그램을 통해서도 직원의 건강 증진을 도모하고 있다.

People(작업자) 관련 또 다른 사항은 팀워크와 의사소통이다. 안전하고 효율적인 기업은 작업자, 감독자, 경영자 간 의사소통과 협력을 극대화하는 데 주력한다. 예를 들어, 시스템 개선이나 낭비제거, 지속 안전 보장에 대한 좋은 방법을 생각해 낸 작업자에게 적절한 보상 조치를 해줌으로써 안전에 대한 활발한 의사소통 문화를 조성할 수 있다.

### 11.3.2 Environment(물리적, 조직적 환경)

항공정비의 환경에는 계류장, 격납고, 수리 작업장과 같은 물리적 환경과 기업 내의 조직적 환경으로 나누어지는데 인적요인 프로그램은 그림 11-13과 같이 두 가지 환경 모두가 고려되어야 한다.

#### 11.3.2.1 물리적 환경

물리적 환경은 온도, 습도, 조도, 소음관리, 청결도, 작업장 설계 등으로서 이는 뚜렷이 구분될 수 있다. 먼저 기업은 물리적 환경의 상태를 잘 파악해야 한다. 따라서 그들이 물리적 환경에 잘 적응할 수 있도록 지원하거나 필요 시 구성원 모두의 협조를 통해 그들에 맞게 작업장 환경을 바꾸어야 한다. 이동식 냉 난방기, 조명, 의복, 작업장 및 업무계획의 경우 PEAR의 마지막 요소인 Resource(자원)와도 직결된다.

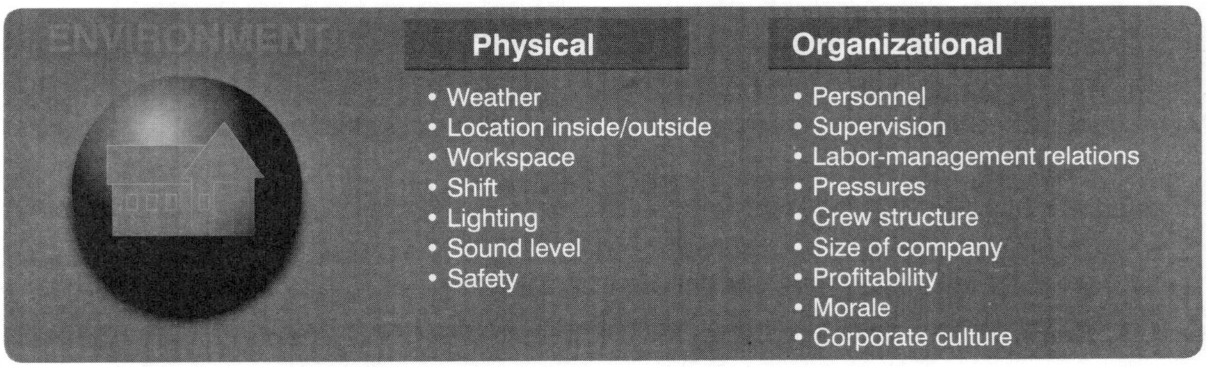


[그림 11-13] 작업환경(Environment in which they work)

### 11.3.2.2 조직적 환경

무형적인 환경으로 조직을 들 수 있다. 조직 환경의 중요한 전형적 구성 요소로는 협동심, 의사소통, 공유가치, 상호존중, 기업문화를 들 수 있다. 조직 환경의 발전은 리더십, 조직원 간 활발한 의사소통 그리고 기업의 안전, 이익 등과 관련된 공유 목표를 통해 이뤄진다. 가장 바람직한 조직 환경의 모습은 기업이 구성원들을 지도하고 지원하여 조직 내 안전 문화를 육성하는 것이다. 이 짧은 글에서 조직 환경에 대한 뚜렷한 해결책을 제시할 수는 없지만 PEAR 모델의 다른 요소도 그렇듯이, Environment(환경) 요소 하나하나가 인적요인의 결정적 요소가 될 수 있음을 잊지 말아야 한다.

## 11.3.3 Actions (행동)

성공적인 인적요인 프로그램은 효율적이고 안전하게 작업을 완수하기 위해 행해지는 모든 작업자의 행동을 세밀하게 분석한다. 이러한 소위, 작업분석(JTA: Job Task Analysis)은 각 작업수행에 필요한 지식, 기술 및 자세를 파악하기 위한 전형적인 인적요인 연구 방법이다. 이를 통해 한 작업에 필요한 지침서, 도구, 기타 제 자원을 파악할 수 있으며, 모든 작업자가 적절한 교육을 이수하였는지, 각 작업장이 작업에 필요한 시설 및 기타 자원을 구비하였는지의 여부도 검증할 수 있다. 실제로 많은 감항당국들이 항공사의 기본 정비 매뉴얼 및 교육 계획의 기초로서 작업분석을 요구하고 있다. 작업 카드(Job Card) 및 기술 도서와 관련된 다양한 인적요인 사항도 Actions의 범위에 해당한다. 자신이 취해야 할 Action에 대한 명료한 이해와 관련 자료를 통해 작업자는 자신이 가지고 있는 지침서와 점검표(Checklist)가 정확하고 유용한 것임을 재확인 할 수 있다 [그림 11-14].

## 11.3.4 Resources (자원)

PEAR 모델의 마지막 요소는 그림 11-15와 같이 Resources, 즉 자원이다. 자원은 앞에서 다룬 다른 PEAR 요소와 독립적으로 구분시키기 어렵다. 일반적으로 People(작업자), Environment(환경), Actions(행동)이 곧 Resources(자원)을 결정한다. 승강기, 공구, 시험 장비장치, 컴퓨터, 기술 도서 등과 같이 대부분은 유형적 자원이지만 작업자의 인원 및 자질, 할당된 작업 시간 그리고 작업자, 감독자, 관련 제작사 간 커뮤니케이션 활성화 정도 등과 같이 무형적 자원도 고

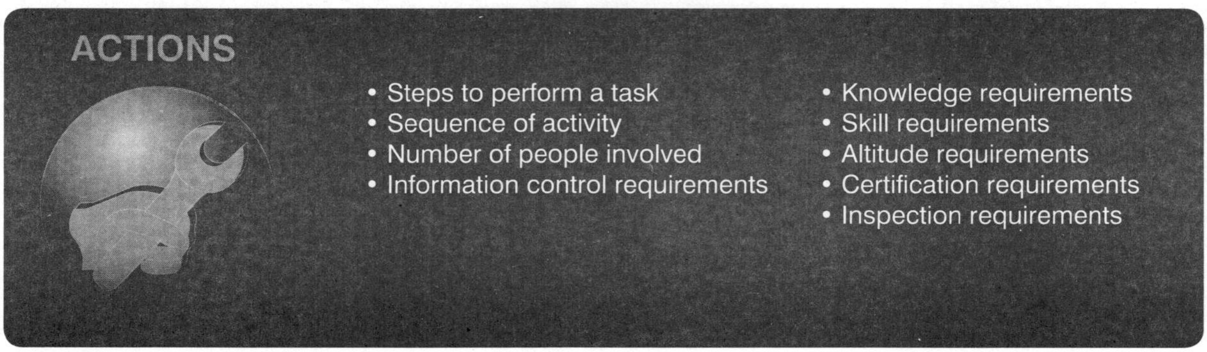


[그림 11-14] 작업자 행동(Actions they perform)

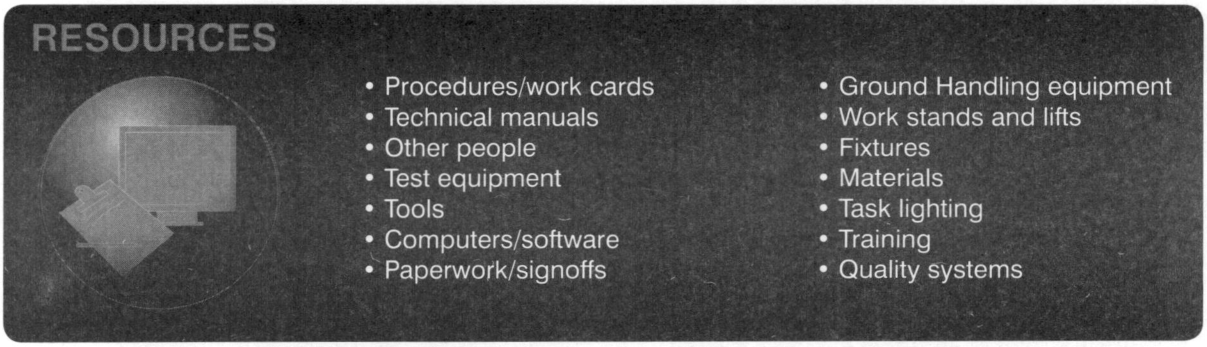


[그림 11-15] 작업에 필요한 자원(Resources necessary to complete a job)

려해야 한다. 자원은 다양한 관점에서 검토되어야 한다. 즉, 보호복, 휴대폰, 리벳과 같이 작업자가 작업을 수행하는 데 필요한 모든 것이 자원이 될 수 있다. PEAR 모델에서 자원의 중요성은 현재 파악된 자원 외에 안전 문화를 증진시키는 데 필요한 또 다른 자원이 있는지 확인하는 데 있다.

## 11.4 인적요인 도구(Human Factors Tool)

### 11.4.1 정비오류판별기법 (Maintenance Error Decision Aid : MEDA)

정비오류판별기법(MEDA)은 정비관련 사고조사에 사용되는 주요 인적요인 도구 중의 하나로서 오류는 일련의 요인 또는 사고로 인해 발생한다는 아이디어를 기반으로 항공기 제작사인 보잉(Boeing)사에서 개발하였다.

MEDA를 사용하여 사고를 조사하는 목적은 단순히 실수(오류)를 유발한 항공정비사를 비난하기 위한 것이 아니라 오류가 발생된 근본원인을 밝혀서 사고를 예방하는 것이다.

전통적인 오류조사는 오류를 유발한 직원을 찾아내기 위한 것이었다. 이러한 조사는 오류나 사고에 기여한 실제 요인들은 변하지 않고 그대로 유지되어 실수가 재발하게 된다. 이러한 "비난과 훈련" 주기를 깨기 위해 MEDA 조사관은 오류를 일으킨 직원 대신 오류에 기여한 요인을 찾는 법을 배워야 한다. MEDA의 개념은 다음 세 가지 원칙을 기반으로 하고 있다.

- 직원에 대한 신뢰(즉, 정비사는 항상 최선을 다하고자 하며 고의로 실수 하지 않는다.)
- 다양한 요인의 기여(오류를 유발하는 요인은 한 가지가 아니다.)
- 결함 제어가능성(대부분의 오류 유발요인은 관리될 수 있다.)

회사는 이러한 원칙을 기꺼이 수용할 경우에만 MEDA 프로세스가 효과적으로 구현되어 정비조직에 존재하는 오류의 기여요인들을 식별하고, 향후 오류를 회피하는 두 가지 목표를 달성 할 수 있다. Boeing은 영국항공, 콘티넨탈 항공, 유나이티드 항공, 정비사 노동조합 및 미연방항공청(FAA) 등과 협력하여 다음과 같은 5단계의 MEDA 프로세스를 만들었다.

① 사건(Event) : 정비조직은 조사를 실시할 이벤트를 선택
② 판단(Decision) : 정비결함과 관련이 있는 사건인가? 대답이 예이면 MEDA 조사 진행
③ 조사(Investigation) : 상태, 경위, 원인, 그리고 가능한 경우 예방정책도 기록
④ 예방 전략(Preventive Strategies) : 유사한 결함의 재발방지를 위한 예방 전략 수립
⑤ 개선사항 반영(Feedback) : MEDA 프로세스에 의해 정비시스템이 변화된 것을 모든 정비사에게 전파

MEDA는 단기적이 아닌 장기전략으로 적용하여야 하며, 작업자의 기존 책임과 업무량이 유지되도록 하여야 한다. 특히 MEDA로 인해 추가 업무가 가중되리라는 방어의식은 부정적인 요소이므로, 잘 훈련된 구성원이 있는 전담조직이 필요하며, 회항, 비행 중 엔진정지 같은 심각한 사건을 우선 적용하는 경우, 조사의 강도가 높아지고, 불이익을 수반하는 것이 필연적이다. 결국, 작업자는 MEDA Process에 소극적으로 참여하게 된다. 따라서 잠재적이고 빈번한 유발요인을 시스템적으로 방지하는 것에 초점을 두는 것이 의미 있는 개선으로 귀결된다.

### 11.4.2 SHEL 모델(Model)

에드워드(Edward, 1972)는 조종사와 항공기 사이에 상호 작용하는 개별적이거나 집단적인 요소를 체계적으로 보여주는 SHEL 모델이라는 다이아그램을 그림 11-16과 같이 고안하였으며, 호킨스(Hawkins, 1975)는 에드워드가 고안한 SHEL모델을 수정하여 새로운 SHELL모델을 제시하였다.

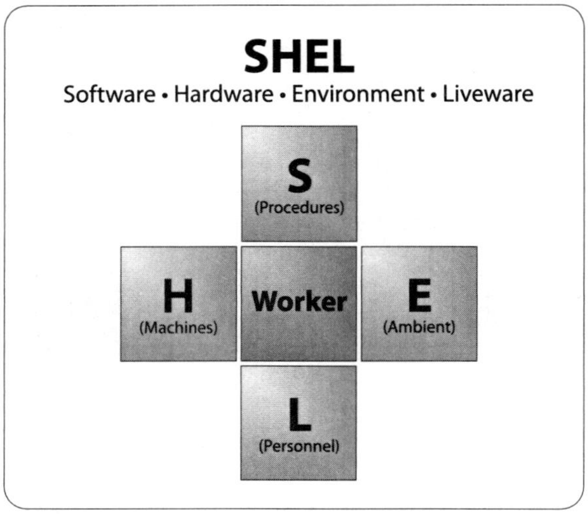


그림 11-16. SHEL 모델

'S'는 소프트웨어(Software)의 약자로 항공기 정비에 관련된 법, 규정, 절차, 각종 매뉴얼, 작업 카드(job card), 점검표(check list) 및 교육훈련 등을 의미한다. 즉, 중앙의 항공정비사와 소프트웨어의 관계를 의미한다.

'E'는 환경(Environment)으로서 정비작업과 관련된 주변 환경으로서 날씨, 기온 등은 물론 작업장 내 조명, 습도, 온도, 소음 등 물리적인 환경들도 포함된다. 'H'는 하드웨어(Hardware)로서 항공기 정비를 위한 격납고를 비롯한 각종 시설, 장비 및 공구 등의 설계 적절성 및 인체 적합성 등을 의미한다. 아래쪽의 'L'은 함께 작업을 수행하는 동료 정비사를 비롯하여 조종사 및 지상 조업자등 항공기 정비업무와 직 · 간접적으로 관련되는 사람들과의 성격, 의사소통, 리더십, 팀워크 및 대인관계 등을 의미한다.

### 11.4.3 스위스 치즈 모델 (The Swiss Cheese Model)

영국의 심리학자 제임스 리즌(James Reason)은 치즈의 숙성과정에서 구멍이 숭숭 뚫린 특징에서 이름을 따서 스위스 치즈모델이라는 이론을 만들었다.

사고의 원인과 결과에 관한 많은 이론들이 있지만 항공사고의 원인분석에 사용되는 프로그램들의 근간이 되는 모델 중의 하나로서 사고는 모든 장벽의 구멍이 뚫려서 정렬되었을 때 발생한다는 것을 보여주고 있다.

사고로 이어지게 하는 실패는 잠재적 실패(Latent Failures)와 행동적 실패(Active Failures)로 두 가지로 구분된다. 행동적 실패는 효과가 즉각적으로 나타난다. 예를 들면 정비사가 리프팅 잭(lifting jacks)을 잘못 배치하여 항공기가 리프팅 잭 중 하나에서 미끄러져서 항공기에 손상을 주는 경우이다. 이 경우 항공기 잭(jacks)은 인가된 지상 지원 장비품이며 올바르게 정비되어있는 상태이다.

잠재적인 실패는 인간의 행동이나 결정에 대한 결과들은 오랜 세월이 경과되어 드러나기 때문에 오랜 시간이 걸릴 수 있다. 잠재적 실패의 예를 들면 인가되지 않은 잭을 사용하여 항공기가 조인트에서 미끄러져 빠져 나오는 경우이다. 이 경우 올바른 지상 지원 장비(GSE)를 구매할 자금이 승인되지 않았기 때문에 인가되지 않은 잭을 사용하고 있기 때문이다.

## 11.5 인적오류(Human Error)

인적오류는 어떤 기계, 시스템 등에 의해 기대되는 기능을 발휘하지 못하고 부적절하게 반응하여 효율성, 안전성, 성과 등을 감소시키는 인간의 결정이나 행동으로 정의된다.

본질적인 오류자체는 큰 문제는 없지만, 항공정비에서 만들어진 오류가 또 다른 부정적인 요인과 결합하게 되면 엄청난 문제를 유발할 수 있다. 즉, 단순히 하나의 요인에 의해 사고가 발생하는 경우는 드물고 대부분 다양한 요인이 복합되어 사고가 발생한다. 오류를 회피하기 위한 훈련, 위험평가, 안전점검 등은 제한되어서는 안 되며, 오히려 항공정비사의 선발 단계에서 직무 적성에 적합한 작업자를 선발하여 적재적소에 배치하고, 시스템 이해를 위한 올바른 훈련을 실시하여야 한다. 아울러, 시스템과 관련한 모든 개인이 오류를 일으키지 않도록 동기 부여와 조직 문화를 수립하여야 하며, 직무 분석을 통해 오류 발생을 막고 위협적 요인이 확인된 오류를 방지하기 위한 효과적인 시스템을 수립하는 시스템의 인간 공학적 설계가 필요하다. 그러나 어떤 경우에도 오류관리에 있어 가장 중요한 사실은 수정 및 관리 가능한 직접적인 원인에 초점을 두어 관리하는 것이다[그림 11-17].

[그림 11-17] 안전 인식은 인적 오류의 위험을 예측하고 완화하는 데 도움이 된다.

### 11.5.1 오류의 유형(Types of Errors)

#### 11.5.1.1 의도하지 않은 오류(Unintentional Error)

의도하지 않은 오류는 고의가 아닌 정확성으로부터의 일탈이다. 이는 어설픈 추리, 경솔함, 부족한 지식으로 인한 행동, 의견, 판단 등의 실수들이 포함된다. 예를 들어 항공정비사가 작업카드(job card)에 명시된 토크 값을 읽으면서 무심코 26을 62로 바꾸어서 토크를 수행하는 경우가 있다. 정비사는 이러한 실수가 만들어지는 것을 알아채지 못하고 무심코 토크를 수행한다. 의도하지 않은 실수(mistake) 중의 또 다른 예로는 특정한 수리나 직무를 수행하는 데 잘못된 작업카드를 가지고 작업을 수행하는 경우이다. 즉, 실수라 할지라도 의도한 실수는 아니라는 것이다.

#### 11.5.1.2 의도적인 오류(Intentional Error)

항공정비에서 의도적인 오류는 위반으로 고려되어야 한다. 알면서 의도적으로 잘못된 방법을 선택했다면 그것은 안전한 작업방법, 절차, 기준 또는 규정에서 벗어난 위반이다.

### 11.5.2 오류의 종류(Kinds of Errors)

오류는 활동적인 오류(active error)와 잠재적인 오류(latent error)로 구분할 수 있다. 활동적인 오류는 오류가 발생하면 눈에 띠는 명백한 사건으로 나타나는 특정한 개인의 활동이라면 잠재적인 오류는 누군가에게 영향을 미칠 때까지 잠복해있거나 발견되지 않는 오류로서 조직의 문제로 볼 수 있다. 예를 들어 항공정비사가 부러진 사다리를 이용하여 작업하다가 떨어져서 부상을 당한 경우를 들 수 있다. 여기서 활동적인 오류는 정비사가 사다리에서 떨어진 것이며, 잠재적인 오류는 부러진 사다리로서 누군가가 교체했어야 한다는 것이다.

## 11.6 더티 도즌(The "Dirty Dozen")

1980년대 후반과 1990년대 초반에 대다수의 정비와 관련된 항공사고와 준사고가  집중됨에 따라 캐나다 감항당국(Transport Canada)에서는 효율적이고 안전한 작업수행을 저해하는 정비오류를 유발할 수 있는 12개의 인적요인들을 밝혀냈다. 더티 도즌(dirty dozen)의 12가지 요인은 항공정비 분야의 인적오류를 논함에 있어 항공 산업에서 아주 유용하게 활용할 수 있는 도구이다.

더티 도즌의 인적요인들의 내용을 이해하는 것도 중요하지만 더티 도즌에 의해 만들어지는 오류들을 어떻게 회피하거나 제거할 것인지를 아는 것이 더욱 중요하다. 이를 통해, 항공정비사는 오류와 사건을 일으킬 수 있는 조직, 작업그룹 및 개인적인 요인들 간의 상호작용에 대한 이해를 통하여 미래에 발생할 수 있는 사건, 사고들을 사전에 예방하고 관리하는 방법을 터득할 수 있는 것이다.

### 11.6.1 의사소통의 결여 (Lack of Communication)

의사소통의 결여는 그림 11-18과 같이 부적절한 정비결함을 유발할 수 있는 핵심적인 인적요인 중 하나이다. 의사소통은 항공정비사와 주변의 많은 사람들(관리자, 조종사, 부품 공급자, 항공기 서비스제공자)

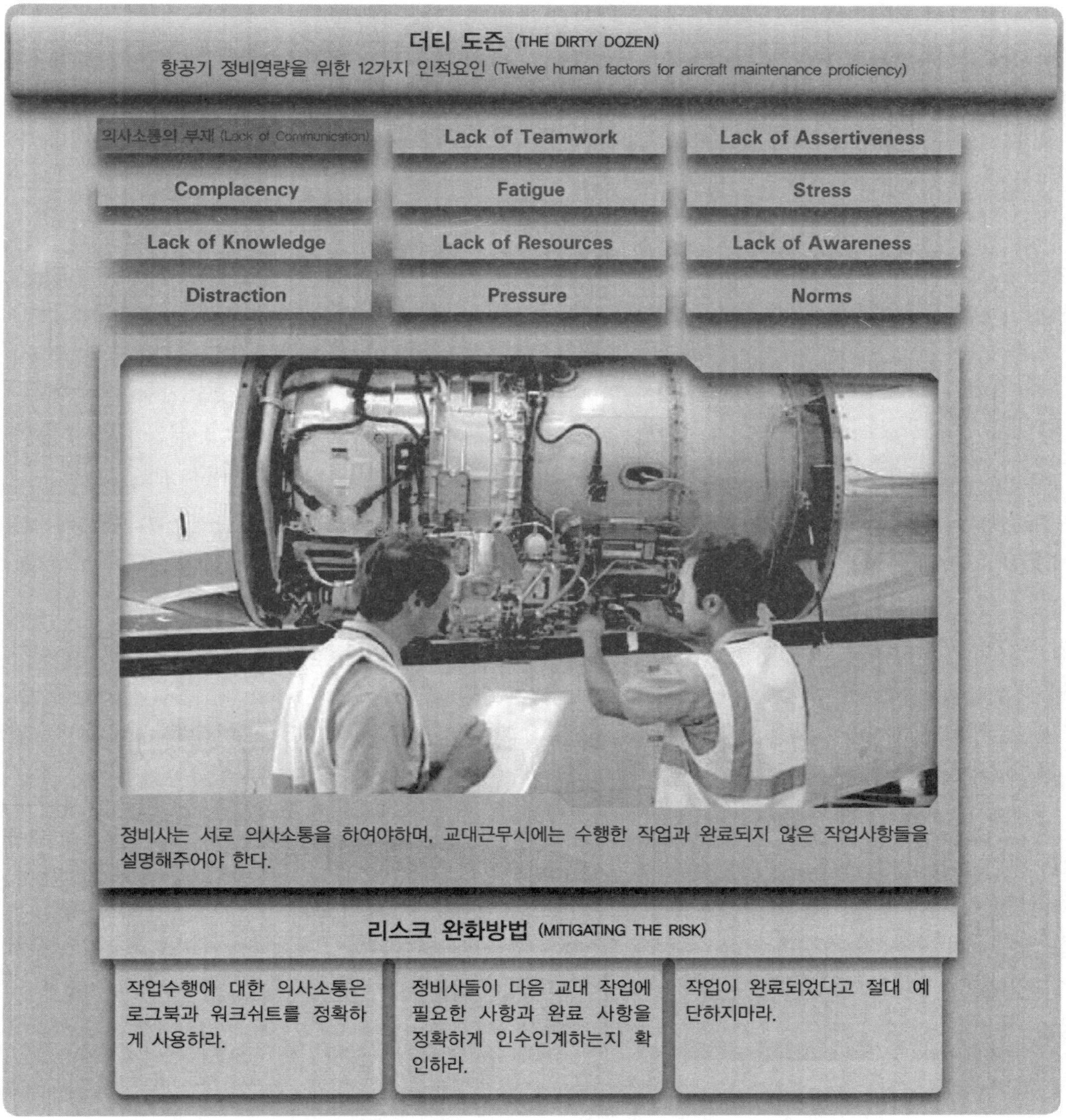


[그림 11-18] 의사소통의 부재(Lack of communication)

간에 일어난다. 서로 대화를 하다 보면 오해와 누락이 발생하는 것은 당연하다고 할 수 있지만, 그러나 정비사들 간의 의사소통의 부재는 정비오류를 발생시켜서 대형 항공사고를 초래할 수 있으므로 항공정비사들

간의 의사소통은 대단히 중요하다고 할 수 있다. 이러한 의사소통은 한 명 이상 여러 명의 정비사가 항공기에서 작업을 수행할 경우에 특별하게 해당한다.

그것은 어떠한 단계도 생략하지 않고 모든 작업을 마칠 수 있도록 정확하고 완벽한 정보교환이 관건이다. 직무에 관련된 지식과 이론은 대충 알아서는 안 되며, 명확하게 이해하여야 한다. 또한, 정비절차의 각 단계는 마치 한 명이 작업한 것처럼 공인된 지침에 따라 실행되어야 한다.

의사소통이 부족하여 문제를 유발하는 공통적인 시나리오는 교대근무 중에 발생한다. 근무교대로 인해 정비작업이 완료되지 않았을 경우에는 근무시간 중 수행한 정비작업에 대한 전반적인 현황과 완료 시키지 못하고 인계하는 정비작업 사항을 다음 교대 근무자에게 인계하여야 한다. 이러한 인수인계는 문서로 이루어져야 한다. 또한, 중단되었던 정비작업을 다시 수행하는 교대 근무자는 정비작업을 착수하기 전에 인수한 작업공정의 한 단계 앞에 이미 완료된 공정이 정확히 수행되었는지 반드시 점검하여야 한다.

작업의 인수자와 인계자 사이에서 구두 또는 문서에 의한 의사소통 없이 작업을 지속하는 것을 방지하는 것이 매우 중요하다. 작업은 항상 인가된 문서에 의한 절차에 따라서 수행되어야 하며, 한 단계의 작업이 수행되면 서명하고, 확인검사가 완료된 후에 다음 단계의 작업을 수행하여야 한다. 결론적으로 정비사들은 효율적인 의사소통을 통하여 안전한 항공기 운영에 초점을 둔 보다 훌륭한 시스템의 일부분으로서 역할을 다 하여야 한다.

### 11.6.2 자만심(Complacency)

그림 11-19와 같이 자만심은 전형적으로 경력이 쌓이면서 생기는 항공정비 인적요인 중의 하나이다. 정비사는 자기의 지식과 경험을 과신하여 자기 만족감과 잘못된 자신감을 불러일으킬 수 있다. 반복되는 업무 특히 검사항목 같은 경우에는 정비사들이 결함이 발견되지 않는 검사 직무를 수없이 수행하다 보면 검사항목을 빼먹거나 건너뛸 수도 있다. 즉, 중요하지 않은 검사항목이라고 자위적으로 해석하는 것이다. 하지만, 드물지언정 결함은 존재하고 있을지도 모르기 때문에 발견되지도 않고, 수정되지 않은 결함은 사건이나 사고를 유발할 수 있다. 반복적으로 수행되는 일상적인 직무는 정비사로 하여금 요구되는 직무를 대충해도 된다는 마음을 갖게 한다. 정비사가 작업문서 없이 자위적으로 작업을 수행하거나 작업을 수행하지도 않았으면서 작업문서에 서명하는 것은 자만심이 존재한다는 신호이다. 모든 정비검사와 수리는 문서화 되어 승인된 정비절차에 따라야 한다. 적절한 문서업무를 수행하는 것은 작업 항목을 주목하게 되고, 작업의 중요성을 깨닫게 한다.

자만심에 대처하기 위해서는 정비사는 처음에 검사한 항목에서 결함을 찾겠다는 각오를 다지는 자아훈련을 하여야 한다. 정비사는 수행하고 있는 직무에 정신을 집중하여야 한다. 모든 검사항목은 동일한 중요도로 취급하여야 하며, 검사가 되지 않은 항목의 경우에는 절대 허용해서는 안 된다. 또한, 정비사는 수행하지 않은 작업에 대해서는 절대로 서명해서는 안 되며, 문서에 서명하기 전에는 반드시 항목을 읽어보고, 작업이 제대로 수행되었는지를 확인하여야 한다.

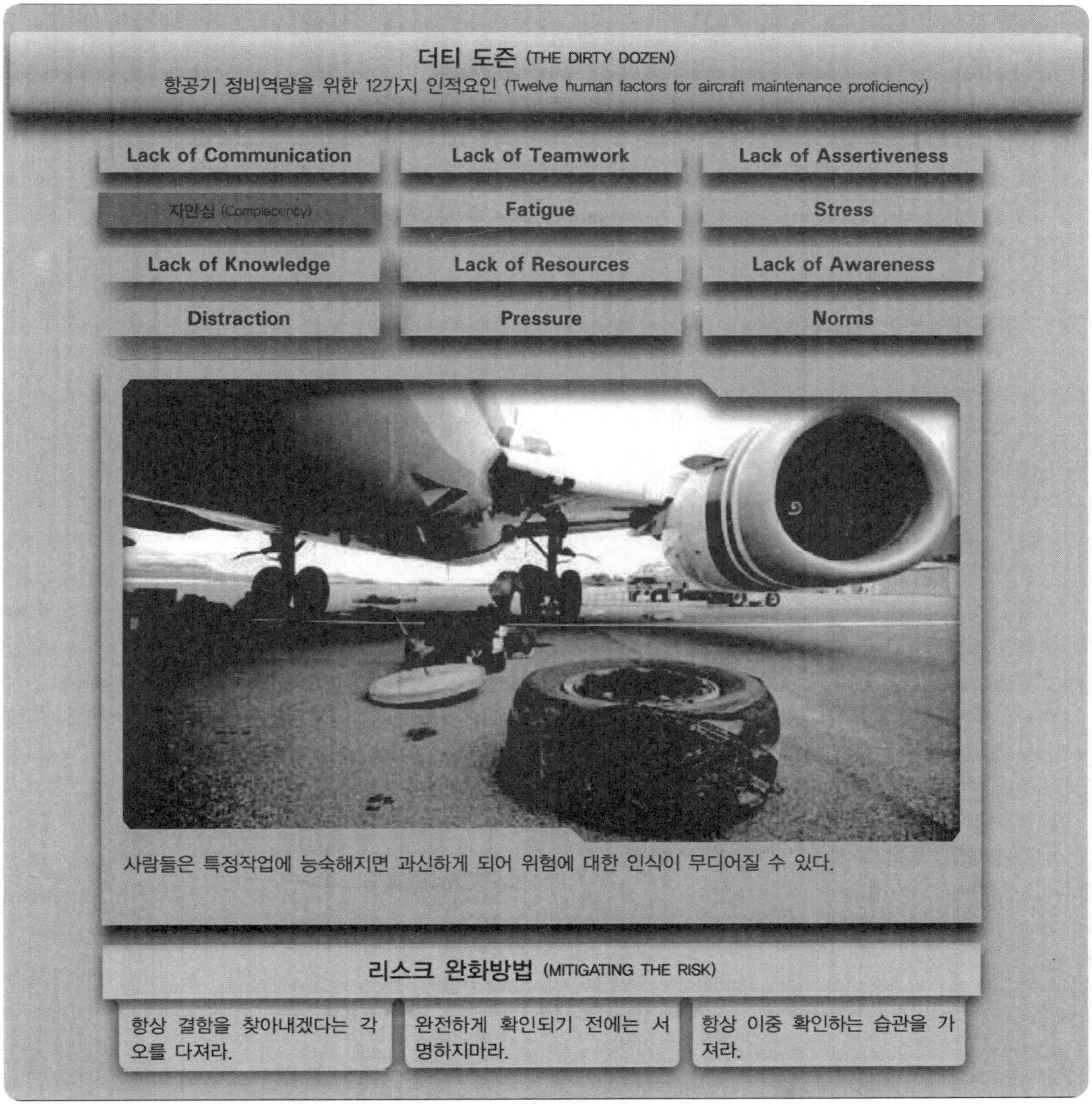


[그림 11-19] 자만심(Complacency)

### 11.6.3 지식의 결여(Lack of Knowledge)

그림 11-20과 같이 항공기 정비를 수행할 때 지식의 결여는 비극적인 재앙을 불러올 수 있는 불완전한 수리를 초래할 수 있다. 감항성 있는 정비를 수행하기 위해서는 항공기 기종간의 기술적인 차이에 대한 지식을 가져야 하며, 단일기종이라도 최신의 기술과 절차로 항상 갱신하여야 한다. 모든 정비는 반드시 승인

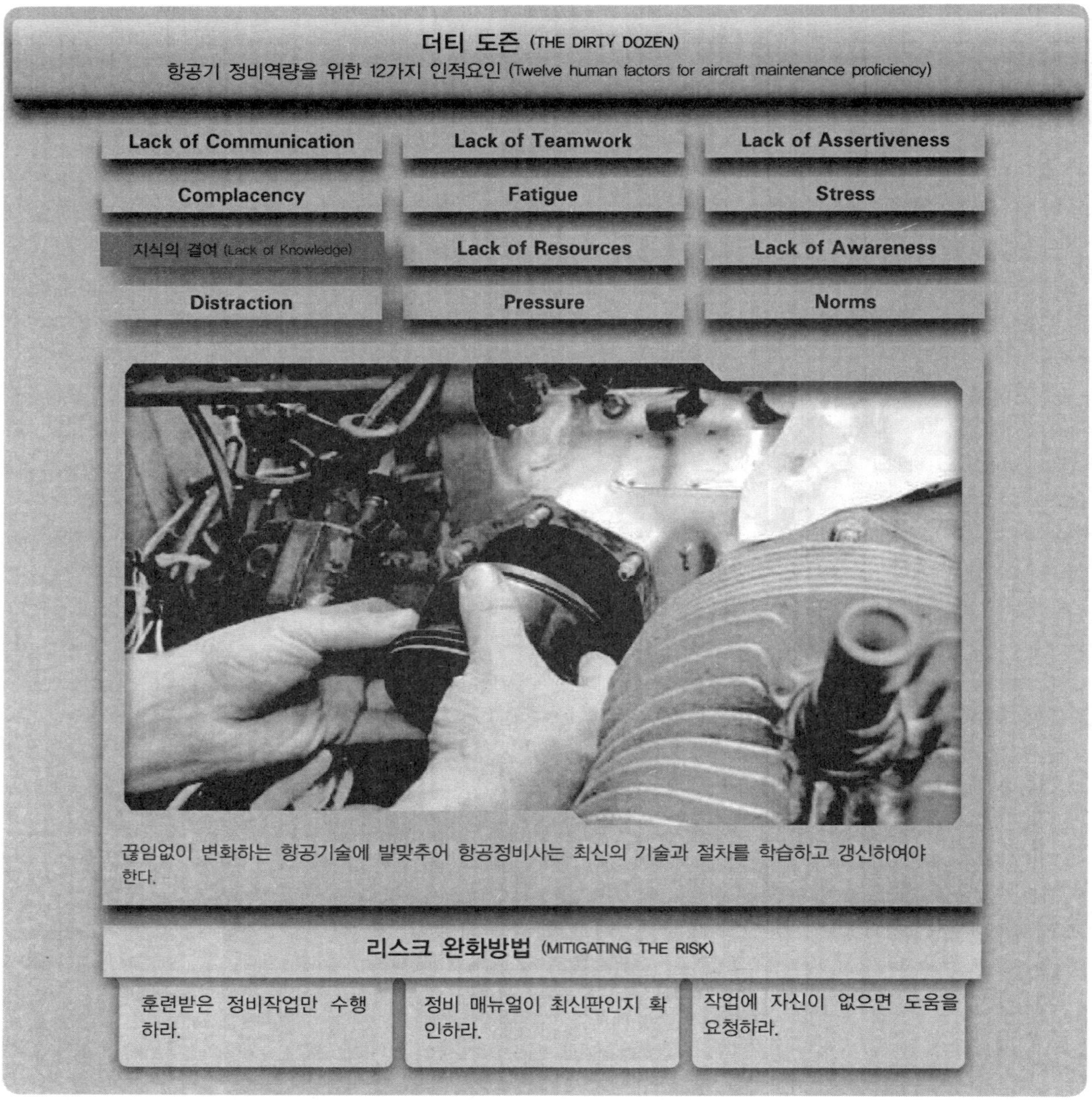


[그림 11-20] 지식의 결여(Lack of knowledge)

된 지침에 따라 명시된 기준으로 수행되어야 한다. 이러한 지침들은 공학과 항공기 장비의 운영에서 얻어진 지식을 기반으로 한다. 정비사는 최신자료를 사용하여야 하며, 절차에 명시된 대로 각 단계를 따라야 한다. 정비사는 또한, 기종에 따라 설계와 정비절차가 다르다는 것을 인식하여야 하며, 다양한 유형의 기종

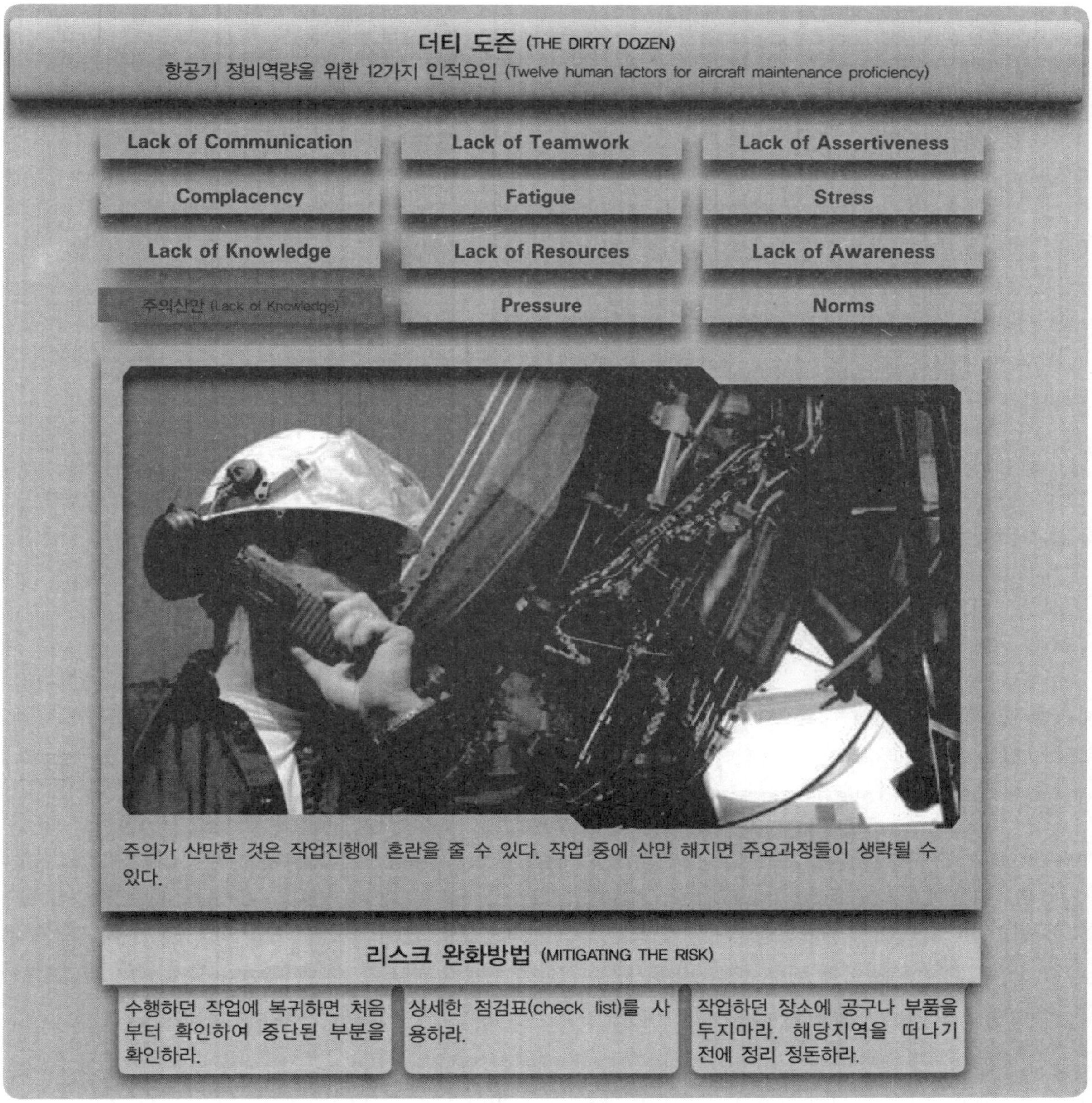


[그림 11-21] 주의산만(Distraction)

교육을 통해 지식을 습득하는 것이 중요하다.

불확실할 경우에는 해당 기종의 경험을 가진 정비사와 의논하여야 한다. 의논할 만한 정비사가 마땅하지 않거나 의논결과 절차와 맞지 않는다면 현지에 상주하고 있는 제작사의 기술고문에게 의뢰하여야 한다. 정비진행을 미루는 것은 부적절하게 작업하여 사고를 일으키는 것보다는 훨씬 낫다.

### 11.6.4 주의산만(Distraction)

항공기에서 정비를 수행하면서 그림 11-21와 같이 주의가 산만한 것은 작업진행에 혼란을 줄 수 있다. 작업을 다시 시작할 경우에는 주의가 필요한 세세한 부분을 빠트릴 수 있으며, 이러한 정비관련 오류의 15%가 주의산만에 의해 발생하는 것으로 추정하고 있다.

주의산만은 사실상 심리적이거나 물리적인 것으로서 항공기나 격납고 안에서 작업할 때 일어날 수 있다. 그들은 또한, 독립된 작업환경을 가진 정비사의 마음가짐에서 일어날 수 있다. 휴대전화 통화나 새로운 항공기를 격납고에 밀어 넣는 단순한 일들이 정비사가 직무에 집중하는 것을 방해할 수 있다. 작업을 수행하는 동안에 정비사의 주의를 흐트러뜨리는 드러나지 않는 문제들로서 괴로운 가정환경이나 재정적인 문제 또는 다른 개인적인 문제들은 효율적이지 못한 정비성과를 만들게 한다. 작업자의 배경에 상관없이, 다양한 주의산만은 항공기를 정비하는 과정 중에 발생할 수 있다. 정비사는 특정한 작업을 수행하다가 다른 작업으로 주의를 전환할 때 인식하여야 하며, 지속적으로 정확하게 작업을 수행할 수 있도록 하여야 한다. 좋은 습관은 하나가 산만할 때 작업과정의 세 단계 전으로 돌아가서 그 지점에서 작업을 다시 시작하는 것이다. 상세하게 단계별로 작성된 절차의 사용과 단계별로 작업이 완료될 때마다 서명하는 것도 도움을 준다.

정비사가 산만함으로 인하여 작업에서 이탈할 때 누군가에 의해서 작업이 재개될 수 있으므로 미결된 작업에 대해서는 표시(marking)하거나 꼬리표(tag)를 붙여야 한다. 장착이 완료되지 않은 경우에는 모든 커넥터(connector)를 분리하고 눈에 잘 보이게 놓아두어야 한다. 커넥터가 연결되어 있으면 작업이 완료되었다고 오해할 수도 있기 때문이다. 마찬가지로, 정비절차의 단계가 완료되면 즉시 와이어(wire)를 고정하거나 필요시에는 파스너(fastener)에 토크를 수행한다. 이러한 마무리 작업들을 절차에 반영하여 나타나게 할 수 있다.

### 11.6.5 팀워크의 결여(Lack of Teamwork)

그림 11-22와 같이 팀워크의 결여는 항공정비오류에 영향을 미칠 수 있다. 의사소통의 결여와 밀접한 팀워크는 많은 상황에서 항공정비에 필수적이다. 정비사 간에 지식을 공유하고, 정비의 기능을 조정하며, 교대 근무 시 작업의 인수인계 등을 비롯하여 고장탐구를 위한 운항승무원과의 시험비행 등은 바람직한 팀워크를 통해 훌륭한 결과를 얻을 수 있다. 작업장에서 안전을 개선하기 위해서는 행동에 있어서 모든 사람의 이해와 동의가 된 팀워크가 필요하다. 기어를 작동하거나 다른 작동점검 등은 팀의 모든 구성원이 함께 일하는 것이다. 다양한 정비사들은 하나의 결과를 보장하기 위한 노력에 기여한다. 그들은 의사소통하고 그들이 업무를 수행함에 있어 또 다른 것들을 살펴본다. 의견 일치는 항목이 감항성이 있는지 없는지를 형성한다.

정비사는 근본적으로 감항성과 관련된 항공기의 물리적 특성을 다루며, 나머지 다른 사람들은 자신의 역할과 팀으로서 전반적인 회사의 직능을 수행한다. 팀은 조직의 모든 사람들이 공동의 목표를 향해 얼마나 잘하느냐에 따라 목표를 달성하거나 잃기도 한다. 정비 분야에서 팀워크의 결여는 모든 업무를 더욱 어렵

[그림 11-22] 팀워크의 결여(Lack of teamwork)

게 만들며, 항공기의 감항성에 영향을 주는 오류를 발생시킬 수 있다.

### 11.6.6 피로(Fatigue)

그림 11-23과 같이 피로는 사고를 초래하는 정비오류에 기여하는 주요한 인적요인이다. 피로는 심리적

**더티 도즌** (THE DIRTY DOZEN)

항공기 정비역량을 위한 12가지 인적요인 (Twelve human factors for aircraft maintenance proficiency)

| | | |
|---|---|---|
| Lack of Communication | Lack of Teamwork | Lack of Assertiveness |
| Complacency | **피로 (Fatigue)** | Stress |
| Lack of Knowledge | Lack of Resources | Lack of Awareness |
| Distraction | Pressure | Norms |

피로는 민첩성을 감소시키며, 때로는 수행하고 있는 직무에 집중하고 주의를 끌 수 있는 개인의 능력을 감소시키므로 정비작업 수행시 매우 위험할 수 있다.

**리스크 완화방법** (MITIGATING THE RISK)

| | | |
|---|---|---|
| 피로증상이 있는지 자신과 동료들을 살펴보라. | 지쳤을 때는 복잡한 작업은 포기하라. | 건강하게 잘 먹고, 운동을 하며 규칙적인 수면 패턴을 유지하면 피로를 예방할 수 있다. |

[그림 11-23] 피로(Fatigue)

이거나 물리적으로 나타날 수 있다. 또한 감정적 피로도 존재하는데 정신적으로나 신체적 활동에 영향을 준다. 사람이 인지능력, 의사결정, 반응 속도, 협동, 속도, 체력 및 균형이 저하되거나 장애가 발생할 때 이러한 현상을 피로라고 말한다. 피로는 민첩성을 감소시키며, 때로는 수행하고 있는 직무에 집중하고 주의를 끌 수 있는 개인의 능력을 감소시킨다.

피로의 증상은 단기기억에 문제를 일으켜서 처해진

상황을 인식하지 못하여 중요한 문제는 간과하고 중요하지 않은 문제에 집착하게 한다. 피로한 사람은 쉽게 주의가 산만해지거나 주의를 돌리는 것이 거의 불가능하며, 비정상적인 기분의 두드러진 변화를 경험할 수도 있다. 피로는 실수를 증가시키고, 잘못된 판단과 결정 또는 아예 결정을 내리지 못하는 결과를 초래할 수 있다. 피로한 사람은 자기를 비하할 수도 있다.

권태(Tiredness)는 피로의 증상이다. 하지만, 때로는 피곤한 사람이 또렷한 정신으로 업무에 빠져드는 기분을 느낄 때도 있다. 피로의 주된 원인은 수면부족으로서 약물이나 알코올의 도움 없이 충분한 숙면을 취하는 것은 피로를 방지하기 위해서 인간에게는 매우 필수적이다. 피로는 또한 스트레스와 과도한 업무로 인하여 생길 수 있다. 또한, 사람의 정신과 신체 상태는 자연적으로 그날의 다양한 행동의 단계에 따라 순환한다. 즉, 사람은 아침에 일어나면 체온이나 혈압이 상승해 활동할 수 있는 반면 저녁부터 밤까지는 체온이나 혈압이 낮아져 휴식하는 체제가 된다. 이러한 생체리듬을 그림 11-24와 같이 서커디안 리듬(circadian rhythm)이라고 한다. 서커디안 리듬을 거스르는 행위는 사람을 힘들게 할 수 있다. 사람은 극단의 상태에 이르기 전까지는 자신의 피로감을 느끼지 못할지도 모른다. 이는 다른 사람이나 직무수행 결과를 통해 알게 되는데, 사람의 생명이 달린 높은 수준의 숙련이 요구되는 항공정비에서는 각별히 위험하다. 특히, 피로한 상태에서 혼자 작업하는 것은 더욱 위험하다.

피로의 가장 좋은 해결책은 규칙적으로 충분한 수면을 취하는 것이다. 정비사는 수면의 양과 질을 인식하고 있어야 한다. 부족한 수면으로 인하여 발생하는 정비 작업 중의 오류는 위험이나 작업 중단을 불러오는 것은 당연하다.

피로에 대한 처방들이 나와 있는데 효과성 측면에서 수명을 단축시킬 수도 있고, 어떤 처방은 피로를 더욱 악화시킬지도 모른다. 가장 흔한 피로에 대한 처방으

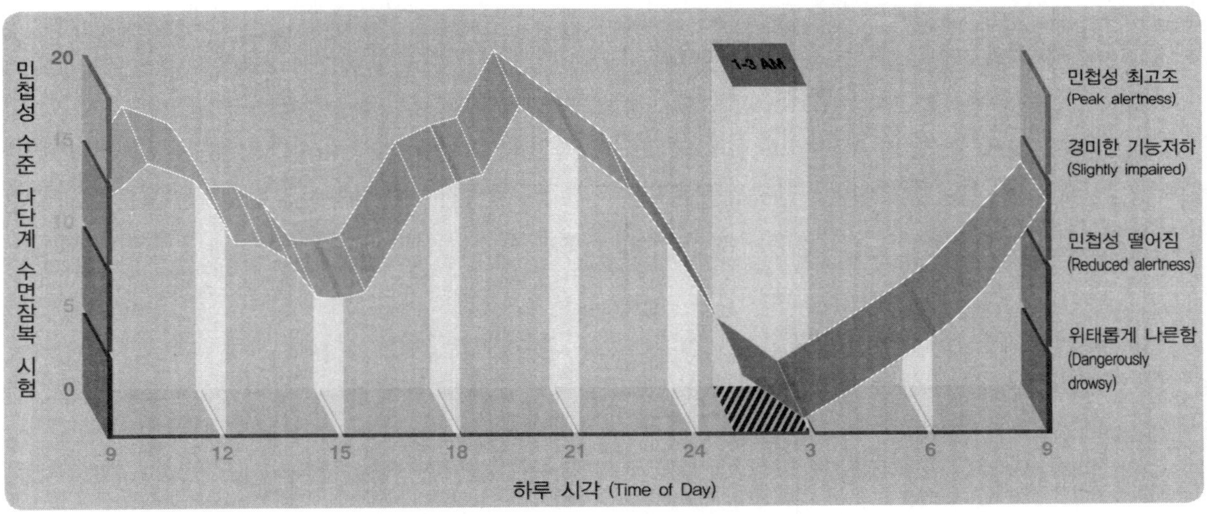

[그림 11-24] 서커디안 리듬(circadian rhythm)

로서 카페인이 있으며, 부비강염 약인 슈도에페드린(Pseudoephedrine)과 암페타민(amphetamines)도 사용된다. 일시적으로 반사 신경과 사고를 촉진하여 단기적인 효과를 볼 수 있지만, 피로는 계속 남아있게 되며, 과다한 복용은 부정적인 영향을 미칠 수 있다.

피로에 의해 발생되는 문제들을 완화하기 위한 대책은 스스로 또는 다른 사람을 통해 피로의 증상을 찾는 것이다. 검사원의 확인이 필요하지 않은 작업이라도 스스로 자기작업을 점검하여야 하며, 서커디안 리듬이 바닥인 상태에서는 복잡한 업무는 피해야 한다. 매일 규칙적인 수면과 운동을 실시하여야 하며, 피로를 회피하기 위하여 8~9시간의 수면을 취하는 것이 바람직하다.

항공사 특성상 주로 낮에 항공기가 운영되므로 항공정비사는 대부분 야간에 정비작업을 수행하기 때문에 교대근무가 요구된다. 전술한 바와 같이, 다른 작업자와 교대근무 중에는 의사소통의 결여로 인한 오류를 일으킬 수 있는 문제를 안고 있으며, 나 홀로 교대근무 역시 작업능력을 저하시키는 피로의 원인이 되며, 또한 오류를 만들어낸다. 교대근무자는 본의 아니게 서커디안 리듬이 낮을 때 일할 수밖에 없으며, 또한 일하지 않을 때 수면을 취하기는 더욱 어렵다. 더욱이 정기적인 야간근무는 사람의 몸을 환경적으로 더욱 예민하게 만들어서 작업성과, 근무의욕 및 안전성을 저하시킬 뿐만 아니라 신체적인 건강에도 영향을 미친다.

이러한 모든 것들은 정비업무의 질을 떨어뜨리는 위험한 상황을 초래할 수 있다. 항공분야에서 정비사들의 교대근무는 당연한 것이며, 피로 방지는 직무의 일부분이라는 것을 인식하여야 한다. 또한, 관리자 및 작업자 모두 교대근무 형태에서 나타나는 문제점들을 올바로 인식하고 최소한의 수면관리라도 적절하게 이행한다면 피로로 인한 인적오류를 줄일 수 있을 것이다.

### 11.6.7 제자원의 부족(Lack of Resources)

그림 11-25와 같이 제자원의 부족은 부품 등을 비롯한 제자원의 수급과 지원이 원활하지 못해서 작업자로 하여금 직무를 제대로 수행할 수 없도록 만드는 것이다. 품질이 낮은 부품 또한 완벽한 정비업무 수행에 저해요인이 된다. 항공정비는 항공기 운항을 지속하기 위하여 적정한 도구와 부품을 필요로 한다. 정비작업을 안전하게 수행하는 데 필요한 특정자원의 부족은 치명적이든 치명적이지 않던 간에 모든 사고의 원인이 된다. 예를 들어 평상시에는 기능적으로 불필요한 시스템이라고 생각하고 항공기를 운항시켰을 경우에 비상시에는 큰 문제를 발생시킬 수 있다.

부품은 적절하게 작업하기 위해 필요한 자원일 뿐만 아니라 자주 교환되는 부품들도 중요한 문제가 된다. 항공정비사들은 검사의 초기단계에서 부품이 필요할 수도 있는 의심되는 부분이나 작업을 점검함으로써 사전대책을 세울 수 있다. 지상대기 항공기(Aircraft on ground: AOG)는 부품 등이 없어서 항공기 운항이 중단되어있는 심각한 문제를 나타내는 항공정비용어이다. 일반적으로, 항공기의 운항지연 및 취소를 방지하기 위하여 신속한 부품의 확보가 요구된다. AOG가 발생하였을 때에는 항공기를 운항에 투입하기 위하여 필요한 모든 항공자재나 예비부품을 긴급으로 지원해야 한다. AOG 공급자들은 유자격자를 통하여 항공기가 운항할 수 있는 상태로 수리하기 위한 부품들을 확인하여 신속하게 보내준다. AOG는 또한 외지에서 서비스에 투입되지 못하고 있는 항공기에 대한 부품이나 자재를 긴급하게 수송하는 것으로도 설명된다.

항공기가 AOG 상태이고 필요한 자재를 구할 수 없을 경우가 발생한다면, 사람이 부품을 가지고 항공기가 정치되어 있는 곳으로 운전하고, 비행하고, 항해해야만 했을 것이다. 그러나 일반적인 문제는 조직 내의 AOG 데스크 그 다음에는 제작사의 AOG 데스크로 최종적으로는 경쟁 항공사의 AOG 데스크를 통해 단계적으로 확대된다. 모든 대형항공사는 구매, 위험물 운

[그림 11-25] 제자원의 부족(Lack of resources)

송 및 부품제조와 획득과정을 훈련받은 인원들로 구성된 연중무휴 24시간 운영되는 AOG 데스크를 가지고 있다.

조직 내에서 정비사가 작업에 적합한 도구(tool)를 가지고 작업하는 것은 부품이 필요할 때 적절한 부품을 갖고 있는 것만큼이나 중요하다. 적합한 도구를 가지고 있다는 것은 임의적으로 아무렇게나 사용해도 된다는 의미가 아니다. 예를 들어 항공기를 운항에 투입하기 전에 무게평형 작업이 요구되는 새로운 인테리어 항공기를 받아서 항공기 운항투입 계획 이틀 전에 잭(jack)과 항공기 사이에 전자식 로드 셀(electronic load cells)을 적절한 위치에 놓지 않고, 항공기 무게를 측정한 사례를 들 수 있다. 장비를 적절한 위치에 놓지 않아, 로드 셀의 하나가 미끄러지면서 잭 포인트(jack point)가 항공기 스파(spar)에 손상을 입혀서 과도한 처리비용이 발생한 경우이다. 작업을 수행하는 데 있어서 올바른 도구의 사용은 항상 필요하다. 도구가 파손되었거나, 교정이 되어있지 않거나, 누락되어 있다면 가능한 빨리 필요한 수리, 교정 및 원상복구 등의 조치를 취하여야 한다.

기술문서(Technical documentation)는 항공정비에서 문제를 일으킬 수 있는 또 다른 중요한 자원이다. 작업에 활용하거나 고장탐구와 수리방법 등을 찾으려고 하면, 매뉴얼이나 다이어그램 등을 이용할 수 없어 찾을 수가 없는 경우가 있다

정보를 이용할 수 없는 경우에는 감독자에게 요청하거나, 제작사 기술고문 또는 해당 항공기 제작사의 기술도서 발행부서에 이야기해야 한다. 대부분 매뉴얼은 지속적으로 개정되고 있는데 조직이 매뉴얼 개정을 확인하지 않는다면, 더 이상 문서의 수정이 이루어지지 않는다. 발행부서와 제작사의 기술지원 같은 자

- 언제 어디서 이벤트가 발생하였는가?
- 결함 전에 어떤 징후가 있었는가?
- 시스템이 서지(surge) 또는 떨림(flicker)가 있었는가?
- 시스템 주기는 얼마나 되는가?
- 송신 또는 수신 범위는 얼마였는가?
- 리트랙션(retraction) 또는 익스텐션(extensions)시간은?
- 항공기나 헤드셋에서 소음이 있었는가?
- 시스템 조종시 진동이나 뻑뻑함이 있었는가?
- 비정상적인 트림이 요구되었는가?
- 제어가 쉽거나 어려웠는가?
- 연기나 매연이 있었는가?
- 전류나 또는 전압이 손실되었는가?

[그림 11-26] 정비사가 정비문제를 해결하고 이해하기 위해 운항승무원에게 요청할 수 있는 질문

원은 이용가능 하여야 하며, 문제를 무시하기보다는 해결하여야만 한다.

정비부서의 또 다른 소중한 자원은 운항승무원들을 신뢰하는 것이다. 조직은 운항승무원과 정비사간의 개방적인 의사소통을 장려해야만 한다. 결함이 있는 부품 또는 문제를 다룰 때 운항승무원으로부터 유용한 정보를 받을 수 있다. 그림 11-26은 운항승무원들이 문제해결에 도움을 주고 정비문제를 이해할 수 있는 질문들을 보여주고 있다.

작업을 수행하는 동안 적절한 자원들이 사용가능할 때, 작업이 더욱 효율적으로 수행되고, 작업이 처음부터 정확하게 이루어지면서 정비의 향상을 기대할 수 있다. 조직은 이용가능한 모든 자원을 사용할 수 있

**더티 도즌** (THE DIRTY DOZEN)

항공기 정비역량을 위한 12가지 인적요인 (Twelve human factors for aircraft maintenance proficiency)

| | | |
|---|---|---|
| Lack of Communication | Lack of Teamwork | Lack of Assertiveness |
| Complacency | Fatigue | Stress |
| Lack of Knowledge | Lack of Resources | Lack of Awareness |
| Distraction | 압박 (Pressure) | Norms |

항공에서는 제시간에 수리를 완료하려는 압박이 존재한다. 정비사들이 서두르지 않고 궁극적인 목표인 안전한 방법으로 정확하게 적시에 작업이 완료될 수 있도록 시간압박을 주어서는 안된다.

**리스크 완화방법** (MITIGATING THE RISK)

| | | |
|---|---|---|
| 자발적인 압박이 유발되지 않도록 하라. | 수리를 서두르지 않고 완료하는데 시간이 더 필요하다면 대화하라. | 시간적인 문제가 있다면 추가적인 도움을 요청하라. |

[그림 11-27] 압박(Pressure)

도록 학습시켜야 하며, 적절한 자원을 이용할 수 없다면, 적기에 사용할 수 있도록 만들어야 한다. 이러한 노력들은 결국에는 시간과 돈을 절약하고, 감항성이 있는 항공기를 만들어내는 조직이 되게 한다.

### 11.6.8 압박(Pressure)

그림 11-27과 같이 항공정비작업은 실수나 사소한 결함을 허용하지 않으면서 신속하게 작업을 수행해야 하는 지속적인 압박을 받는 환경에서 이루어진다. 불행하게도 이러한 작업압박의 유형은 작업을 올바르게 수행하려는 정비 작업자의 능력에 영향을 줄 수 있다. 항공사는 엄격한 재무구조를 가지고 있을 뿐만 아니라 꽉 찬 운항스케줄로 인하여 정비사로 하여금 항공기 운항 스케줄에 맞추기 위하여 항공기의 결함을 빠르게 확인하고 수리해야 한다는 압박감을 갖게 한다. 가장 중요한 것은 항공기 정비는 항공을 교통수단으로 이용하는 모든 사람들의 총체적인 안전을 책임진다는 것이다.

조직은 항공기 정비사들에게 시간압박을 주고 있다는 것을 인식하고 정비사들이 서두르지 않고 궁극적인 목표인 안전한 방법으로 정확하게 적시에 작업이 완료될 수 있도록 모든 작업시간을 정비사에게 맡겨야 한다. 시간을 이유로 품질과 안전을 희생하는 것을 용납해서는 안 된다. 또한, 항공정비사들은 시간압박이 판단을 흐리게 하고, 불필요한 실수를 만드는 원인이 된다는 것을 스스로 인식하는 것이 필요하다.

자발적인 압박(Self-induced pressures)은 자기 일이 아닌 경우에도 주인의식을 갖는 것이다. 자발적인 압박을 대처하기 위한 노력의 일환으로 정비사들은 수리를 하는데 시간적인 제약으로 중압감을 느낀다면 도움을 요청해야만 한다. 또 다른 방법은 누군가가 올바르게 모든 정비작업이 완성되는지를 전적으로 보증할 수 있도록 수리를 점검해야 한다는 것이다.

끝으로 수리하는 데 안전을 위협할 수 있는 시간적인 제약이 주어진다면 조직의 경영층에 건의하여 다른 방법을 모색하기 위한 공개적인 논의를 하도록 하여야 한다.

### 11.6.9 자기주장의 결여 (Lack of Assertiveness)

그림 11-28과 같이 자기주장(Assertiveness)은 자신의 감정, 의견, 신념 및 긍정적인 요구사항을 표현하는 능력으로서 공격적인(aggressive)것과는 다르다. 항공정비사는 항공정비를 수행할 때에는 때로 단호하게 행동하는 것이 중요하다. 단호하지 못한 행동은 궁극적으로 자신의 삶을 남에게 맡기는 것이다.

다음의 예시들은 자기주장의 결여를 어떻게 대처할 수 있는지를 보여주고 있다.

1. 문제의 상황을 상사와 감독자에게 직접 전달하라.
   예) "반장님, 수리해야 될 게 계속 밀려드는데 어떻게 해야 할지 걱정입니다."
2. 결과가 어떻게 될지 설명하라.
   예) "우리가 만약 계속한다면, 그 결과는 부품이 조만간에 파손될 것입니다."
3. 문제해결 방안을 제시하라.
   예) "우리는 다른 방법을 강구하지 않으면 이 방법으로 계속할 수밖에 없습니다."
4. 항상 피드백을 요청하고, 다른 의견을 받아들여라.
   예) "반장님은 어떻게 생각하십니까?"

동료나 관리자에 자기주장을 펼 때는 한 번에 여러 문제를 가지고 논쟁하지 말고, 한 번에 한 가지 문제에 대해서만 다루어야 한다. 그것은 또한 주장을 뒷받침할 수 있는 문서와 사실이 매우 중요한다. 잘못된 것이라고 생각하는 것을 당당하게 말하지 못하는 자기주장의 결여는 치명적인 사고를 불러온다. 이는 동료 간에 훌륭한 소통을 촉진하고, 감독자 및 관리자와의 개방적인 관계를 가짐으로써 쉽게 바뀔 수 있다. 정비 관리자들은 관리하고 있는 사람들의 행동유형에 친근해져야 하며, 그들의 재능, 경험 및 지혜를 활용하는 것을 체득하여야 한다.

직원들이 행동유형을 깨닫고, 자기 자신의 행동을 이해함으로써, 그들은 무의식적으로 자신의 문제가 무엇이고 어떻게 적응해나가야 하는지를 알게 된다. 단호한 행동은 개별로 자연스럽게 능숙할 수는 없지만, 효과를 달성하기 위한 중요한 기술(skill)이다. 항공정비사들은 감독자와 관리자가 정비사들의 원활한 직무수행을 지원할 수 있도록 일종의 피드백을 해주어야 한다.

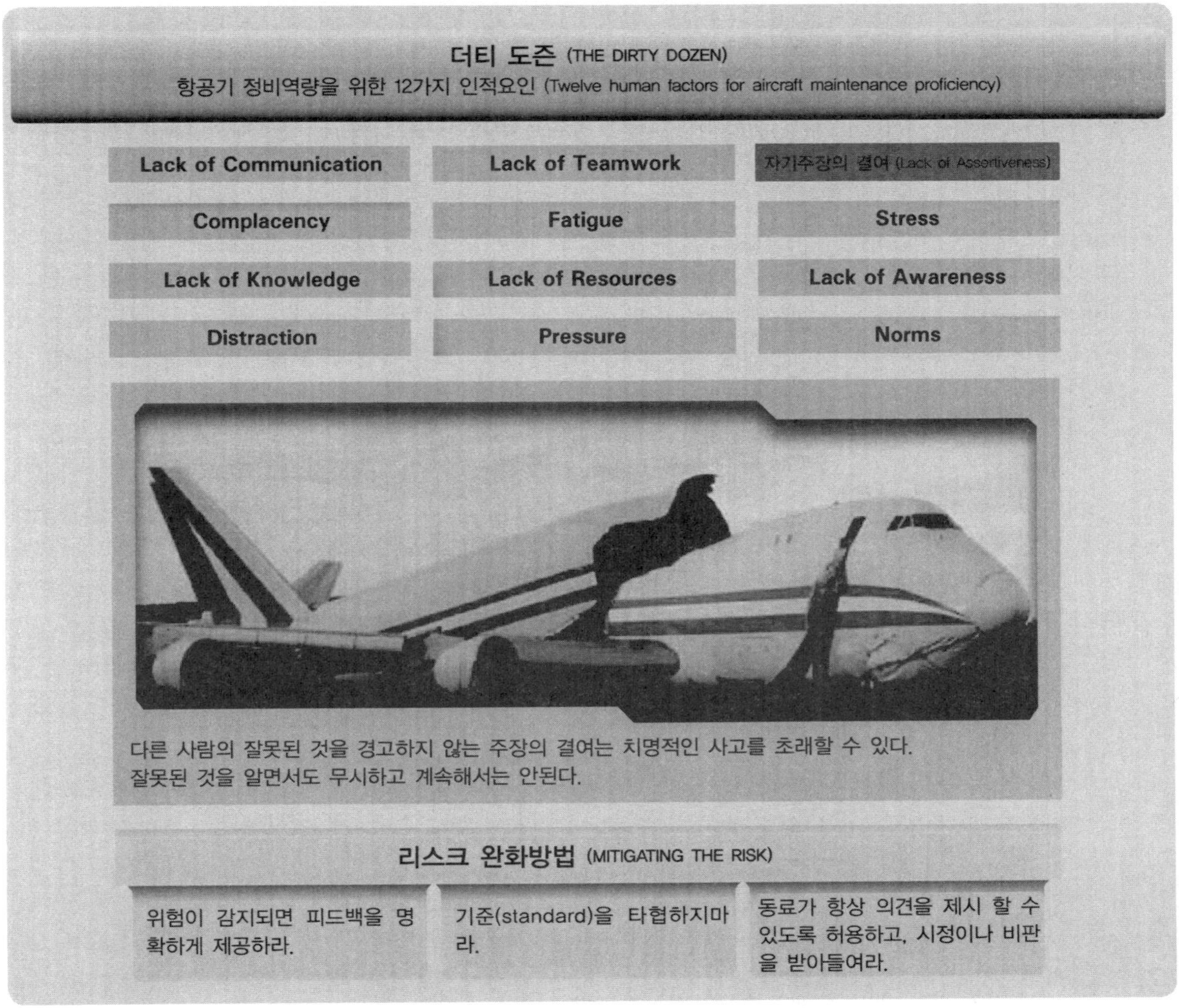


[그림 11-28] 자기주장의 결여(Lack of assertiveness)

## 11.6.10 스트레스(Stress)

그림 11-29와 같이 항공정비직무는 여러 가지 요인들로 인해 스트레스를 많이 받는다. 항공기는 실용적면서 항공사의 수익을 창출하기 위하여 비행하여야만 하는데, 이는 비행지연과 취소를 피하기 위해 짧은 시간 안에 정비가 행해져야만 한다는 것을 의미한다. 급변하는 신기술들을 따라가기 위해서 최신의 장비에 대한 지속적인 훈련을 받아야만 하는 것도 스트레스를 가중시킬 수 있다. 또 다른 스트레스 요인들로는 야간근무, 비좁은 공간에서의 작업, 정확한 수리를 위한 자원의 부족 및 긴 근무시간 등이 있다. 그러나 항공정

**더티 도즌 (THE DIRTY DOZEN)**
항공기 정비역량을 위한 12가지 인적요인 (Twelve human factors for aircraft maintenance proficiency)

| | | |
|---|---|---|
| Lack of Communication | Lack of Teamwork | Lack of Assertiveness |
| Complacency | Fatigue | 스트레스 (Stress) |
| Lack of Knowledge | Lack of Resources | Lack of Awareness |
| Distraction | Pressure | Norms |

스트레스는 사람의 요구에 대한 잠재의식적 반응이다.

**리스크 완화방법 (MITIGATING THE RISK)**

| | | |
|---|---|---|
| 스트레스를 받으면 잠시 휴식을 취하라. | 동료와 상의하고 작업을 모니터하도록 요청하라. | 건강한 식습관, 운동 및 충분한 휴식은 스트레스 수준을 줄일 수 있다. |

[그림 11-29] 스트레스(Stress)

비의 결정적인 스트레스는 정비작업이 정확하게 수행되지 않으면 비극적인 결과를 낳을 수 있다는 것을 안다는 것이다.

스트레스에 대한 반응과 대처는 사람마다 다르다. 예를 들어, 빡빡한 일정에 맞추어 일하는 것이 어떤 사람에게는 스트레스 요인이 될 수 있지만 또 다른 사람은 정상적인 것일 수 있다. 스트레스의 원인은 스트레스 요인과 관련이 있으며, 물리적, 심리적 그리고 생리적인 스트레스 요인으로 분류된다.

#### 11.6.10.1 물리적 스트레스 요인(Physical Stressors)

물리적 스트레스 요인은 개인의 작업부하에 따라 더해지며, 작업 환경을 불편하게 만든다.

- 온도(Temperature): 격납고 내부의 높은 온도는 몸을 뜨겁게 하여 땀과 심장박동을 증가시킨다. 반면에 낮은 온도는 몸의 면역력과 저항력이 떨어져서 감기에 걸리기 쉽다.
- 소음(Noise): 인근의 항공기 이 · 착륙으로 인해 소음수준이 높은 격납고는 정비사의 주의와 집중을 어렵게 할 수 있다.
- 조명(Lighting): 작업장의 어두운 조명은 기술 자료와 매뉴얼을 읽기 힘들게 만든다. 마찬가지로 어두운 조명으로 항공기 기내에서 작업하는 것은 무언가를 놓치거나 부적절하게 수리하는 경향을 증가시킨다.
- 협소한 공간(Confined spaces): 좁은 작업 공간은 정비사를 장기간 비정상적인 자세로 만들어서 올바른 작업수행을 아주 어렵게 한다.

#### 11.6.10.2 심리적인 스트레스 요인 (Psychological Stressors)

심리적 스트레스 요인은 가족의 사망이나 질병, 직무에 대한 걱정, 가족, 동료, 상사와의 원만하지 않은 대인 관계 및 재정적인 근심 등과 같은 정서적 요인과 관련이 있다.

- 직무관련 스트레스 요인: 정비작업을 수행하는 동안 수리 또는 관련된 일을 제 시간에 마쳐야 한다는 초조와 불안 등의 지나친 우려는 작업의 성능과 속도를 저해할 수 있다.
- 재정적인 문제: 임박한 파산, 경기침제, 대출, 저당 등은 스트레스 요인이 될 수 있는 재정적인 문제에 대한 몇 가지 예이다.
- 부부 사이의 문제: 이혼과 갈등관계는 제대로 작업을 수행하는 능력을 방해할 수 있다.
- 대인관계의 문제: 오해 또는 경쟁 및 중상모략 등으로 인한 상사와 동료들과의 문제는 적대적인 작업 환경의 원인이 될 수 있다.

#### 11.6.10.3 생리적인 스트레스 요인 (Physiological Stressors)

생리적인 스트레스 요인들은 피로, 허약한 몸 상태, 배고픔 및 질병을 포함한다.

- 허약한 몸 상태: 아프거나 건강이 좋지 않을 때 일하려고 노력하는 것은 질병을 이기기 위한 더 많은 에너지가 소모되기 때문에 보다 적은 에너지로 필수적인 직무를 수행하게 된다.
- 적절한 식사: 충분한 식사를 하지 않거나, 영양가 없는 음식은 낮은 에너지를 발생시키고, 두통 및

떨림과 같은 증상을 유발할 수 있다.

- 수면 부족: 피로한 정비사는 오랜 시간 동안 기준에 맞춰 작업하는 것이 불가능 하여 수리를 대충하고 누락시키는 중요한 실수를 할 수 있다.
- 모순된 교대근무계획: 신체의 생물학적 주기(circadian cycle)에 있어서 수면 패턴을 바꾸는 것은 작업수행 능력을 저하시킬 수 있다.

사람들은 다양한 방법으로 스트레스에 대처한다. 전문가들은 제일 먼저 스트레스 유발요인들과 스트레스

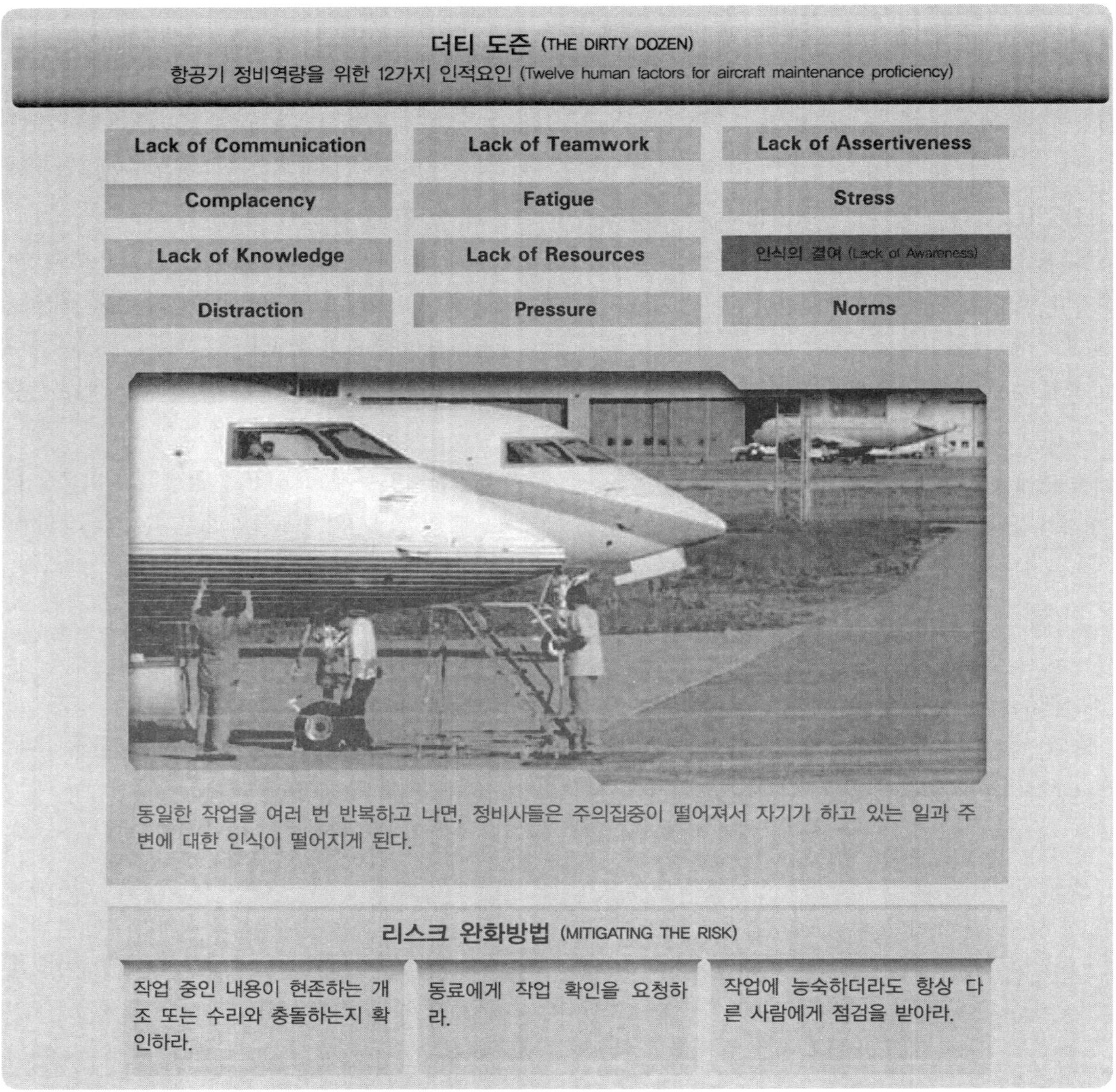


[그림 11-30] 인식의 결여(Lack of awareness)

에 노출된 후 나타나는 증상을 확인하라고 말한다. 기타사항으로는 적절한 휴식과 운동, 건강한 식단, 제한적인 음주 및 금연 등과 같은 건강한 라이프스타일을 개발하고 유지할 것을 권고하고 있다.

### 11.6.11 인식의 결여(Lack of Awareness)

그림 11-30과 같이 인식의 결여는 모든 행동의 결과를 인지하는 것을 실패하거나 통찰력이 부족한 것으로 정의된다. 항공정비에서는 반복적으로 동일한 정

**더티 도즌** (THE DIRTY DOZEN)

항공기 정비역량을 위한 12가지 인적요인 (Twelve human factors for aircraft maintenance proficiency)

| | | |
|---|---|---|
| Lack of Communication | Lack of Teamwork | Lack of Assertiveness |
| Complacency | Fatigue | Stress |
| Lack of Knowledge | Lack of Resources | Lack of Awareness |
| Distraction | Pressure | 관행 (Norms) |

관행은 오랜 전부터 해오는 대로 관례에 따라서 일반적으로 행하는 일의 방식으로서 대부분 조직에 의해 따르거나 묵인되는 불문율 같은 것이다. 부정적인 관행은 확립된 안전기준을 떨어뜨려서 사고를 유발시킬 수 있다.

**리스크 완화방법** (MITIGATING THE RISK)

| | | |
|---|---|---|
| 모든 사람이 동일한 표준을 준수하는지 확인하라. | 정상적인 것처럼 보이지만 그렇지 않다는 것을 명심하라. | 쉽게 달성할 수 있는 방법은 표준이 아닐 수도 있다. |

[그림 11-31] 관행(Norms)

비작업을 수행하는 것은 드문 일이 아니다. 동일한 작업을 여러 번 반복하고 나면, 정비사들은 주의집중이 떨어져서 자기가 하고 있는 일과 주변에 대한 인식이 떨어지게 된다. 그러므로 매번 작업을 완료할 때마다 처음 작업하는 것처럼 마음가짐을 가져야 한다.

### 11.6.12 관행(Norms)

그림 11-31과 같이 관행은 오랜 전부터 해오는 대로 관례에 따라서 일반적으로 행하는 일의 방식으로서 대부분 조직에 의해 따르거나 묵인되는 불문율 같은 것이다. 부정적인 관행은 확립된 안전기준을 떨어뜨려서 사고를 유발시킬 수 있다.

관행은 통상적으로 애매모호한 해결책을 가진 문제들을 해결하기 위해 발전되었다. 애매모호한 상황에 직면했을 때, 개인은 자신의 반응을 형성하기 위해 주변의 다른 사람의 행동을 따라하게 된다. 이러한 과정이 계속되면 집단적인 관행이 생겨나고 고착되게 된다. 새로운 신입자는 아주 드물게 고착된 집단관행을 따르지 않으려고 더티 도즌 항공기 정비역량을 위한 12가지 인적요인 시도하지만 대부분 잘못된 관행을 답습하게 된다.

일부 관행들은 비생산적이거나 집단의 생산성을 저하시킬 정도로 불안하다. 항공 정비작업을 기억에 의존해서 작업하거나 절차를 따르지 않고, 손쉬운 방법으로 작업하는 행위 등은 불안전한 관행의 사례들이다. 신입자들은 오래된 그룹의 멤버들보다 이러한 불안전한 관행을 더 잘 식별할 수 있다. 다른 한편, 신입자들의 신뢰성은 자신의 집단에 동화되는 것에 좌우된다. 신입자의 동화는 집단관행의 묵인에 따라 달라진다. 모두는 불건전한 관행에 대하여 신입자들의 통찰력을 인식하고, 관행을 바꾸는 것에 대해 긍정적인 태도를 가져야 한다. 신입자들이 집단구조에 동화되었을 때, 마침내 그들은 다른 사람들과 신뢰를 구축할 수 있다. 이러한 과정 속에서 신입자들은 집단 내에서

[그림 11-32] 착륙장치의 고정 핀(Lock pins)

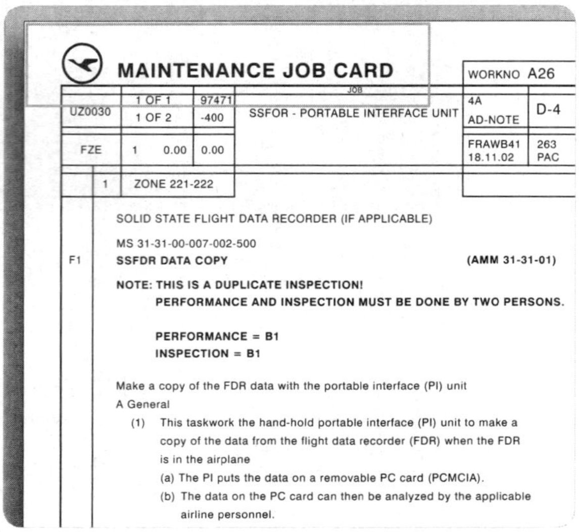

MAINTENANCE JOB CARD

| | | | JOB | WORKNO A26 | |
|---|---|---|---|---|---|
| UZ0030 | 1 OF 1<br>1 OF 2 | 97471<br>-400 | SSFOR - PORTABLE INTERFACE UNIT | 4A<br>AD-NOTE | D-4 |
| FZE | 1 0.00 | 0.00 | | FRAWB41<br>18.11.02 | 263<br>PAC |
| 1 | ZONE 221-222 | | | | |

SOLID STATE FLIGHT DATA RECORDER (IF APPLICABLE)

MS 31-31-00-007-002-500

F1 **SSFDR DATA COPY** **(AMM 31-31-01)**

**NOTE: THIS IS A DUPLICATE INSPECTION!**
**PERFORMANCE AND INSPECTION MUST BE DONE BY TWO PERSONS.**

**PERFORMANCE = B1**
**INSPECTION = B1**

Make a copy of the FDR data with the portable interface (PI) unit

A General

(1) This taskwork the hand-hold portable interface (PI) unit to make a copy of the data from the flight data recorder (FDR) when the FDR is in the airplane

(a) The PI puts the data on a removable PC card (PCMCIA).

(b) The data on the PC card can then be analyzed by the applicable airline personnel.

[그림 11-33] 정비작업카드(maintenance job card) 샘플

변화를 시도할 수도 있지만 유감스럽게도, 이러한 행동을 취하는 것은 어려우며, 신입자의 믿음은 집단의 인지에 크게 의존하게 된다.

관행들은 항공정비의 더티 도즌(dirty dozen) 중의 하나로 확인되어 왔으며, 일화적인 증거의 대다수는 현장(line)에서 불안전한 관행들이 벌어지고 있다는 것이다.

불안전한 관행들의 영향은 회의 시간을 수용하는 것을 결정하는 것과 같은 상대적으로 가벼운 것에서부터 불완전한 정비작업을 서명하는 것과 같은 본질적으로 불안전한 것에까지 다양하다. 어떤 행동들은 표준작업절차(SOP)에 관계없이 집단에 의해서 수용되어 관행이 될 수 있다. 그러므로 감독자는 모든 사람이 동일한 표준을 준수하는지 확인하고 불안전한 관행을 용납해서는 안 된다. 또한, 항공정비사들은 일상적으로 따라하는 불안전한 관행보다는 절차에 따라 작업하는 자신을 자랑스럽게 여겨야 할 것이다.

## 11.7 일반적인 정비오류 사례

가장 빈번하게 발생하는 정비 사고를 유발하는 요인들을 찾아내기 위한 노력의 일환으로 영국 민간 항공국(CAA)은 항공정비운영 측면에서 정비에 대한 심층적인 연구를 실시하였으며, 대표적인 정비오류들을 다음과 같이 발표하였다.

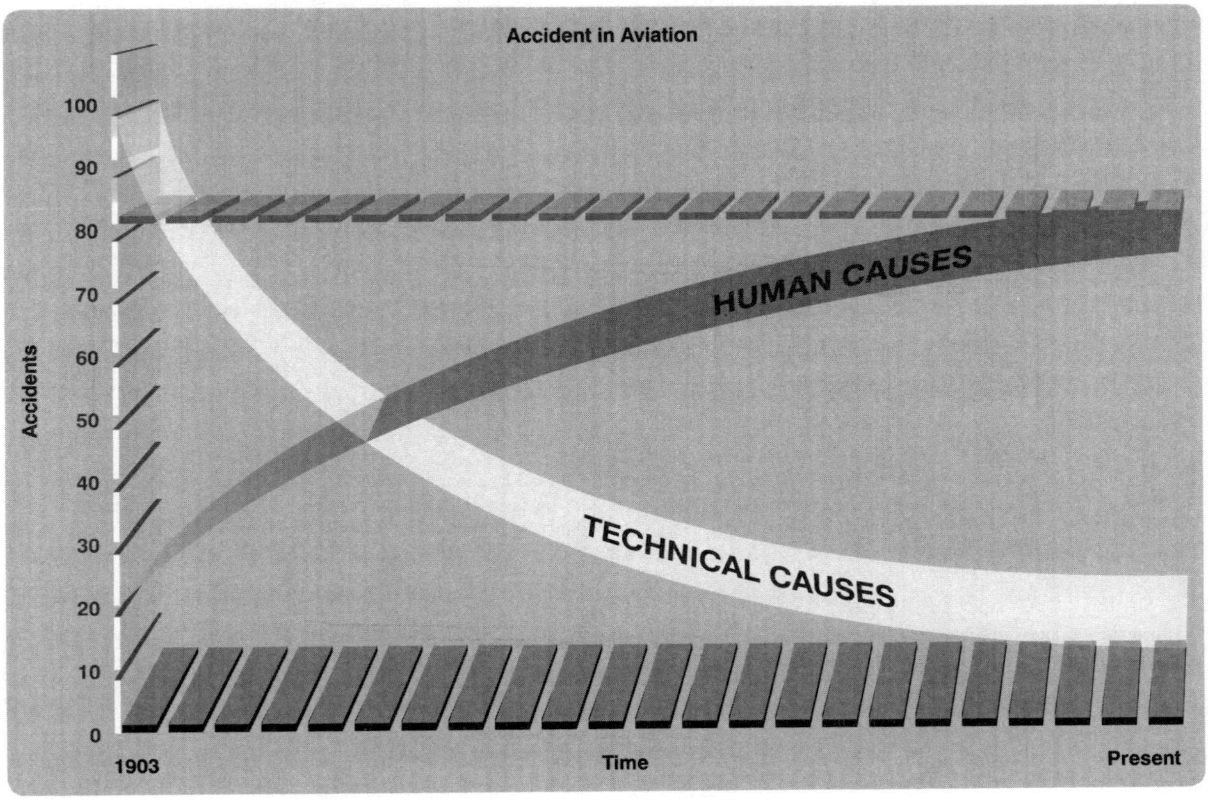


[그림 11-34] 모든 항공 사고의 80 %가 인적 요소에 의해 발생하는 것을 보여주는 통계 그래프

**INCIDENT**

August 26, 1993, an Excalibur Airways Airbus 320 took off from London-Gatwick Airport (LGW) and exhibited an undemanded roll to the right on takeoff, a condition which persisted until the aircraft landed back at LGW 37 minutes later. Control of the aircraft required significant left sidestick at all times and the flight control system was degraded by the loss of spoiler control.

**CAUSE**

Technicians familiar with Boeing 757 flap change procedures lacked the knowledge required to correctly lock out the spoilers on the Airbus during the flap change work that was done the day before the flight. Turnover to technicians on the next shift compounded the problem. No mention of incorrect spoiler lockout procedure was given since it was assumed that the 320 was like the 757. The flap change was operationally checked, but the spoiler remained locked out incorrectly and was not detected by the flight crew during standard functional checks. The lack of knowledge on Airbus procedures was considered a primary cause of this incident.

**INCIDENT**

April 26, 2001, an Emery Worldwide Airlines DC-8-71F left main landing gear would not extend for landing.

**CAUSE**

Probable cause was failure of maintenance to install the correct hydraulic landing gear extension component and the failure of inspection to comply with post-maintenance test procedures. No injuries.

**ACCIDENT**

On May 25, 2002, China Airlines Flight 611 Boeing 747 broke into pieces in mid-air and crashed, killing all 225 people on board.

**CAUSE**

The accident was the result of metal fatigue caused by inadequate maintenance after a previous incident.

**ACCIDENT**

On August 26, 2003, a Colgan Air Beech 1900D crashed just after takeoff from Hyannis, Massachusetts. Both pilots were killed.

**CAUSE**

The improper replacement of the forward elevator trim cable and subsequent inadequate functional check of the maintenance performed that resulted in a reversal of the elevator trim system and a loss of control in flight. Factors were the flight crew's failure to follow the checklist procedures and the aircraft manufacturer's erroneous depiction of the elevator trim drum in the maintenance manual.

**ACCIDENT**

On September 28, 2007, American Airlines Flight 1400 DC-9 experienced an in-flight engine fire during departure climb from Lambert St. Louis International Airport (STL). During the return to STL, the nose landing gear failed to extend, and the flight crew executed a go-around, during which the crew extended the nose gear using the emergency procedure. The flight crew conducted an emergency landing, and the 2 flight crewmembers, 3 flight attendants, and 138 passengers deplaned on the runway. No occupant injuries were reported, but the airplane sustained substantial damage from the fire.

**CAUSE**

American Airlines' maintenance personnel's use of an inappropriate manual engine-start procedure, which led to the uncommanded opening of the left engine air turbine starter valve, and a subsequent left engine fire.

[그림 11-35] 정비관련 사고/준사고 및 원인 리스트

- 부품(components)의 부정확한 장착
- 잘못된 부분품(parts)의 조립
- 전기적인 배선의 불일치
- 공구와 부품 분실
- 불충분한 윤활
- 점검창(Access Panels), 페어링(Fairings) 및 엔진 덮개(Cowling) 등을 단단히 잠그지 않음
- 연료 또는 오일 마개와 연료 패널(panel)들을 잠그지 않음
- 출발 전에 기어 고정 핀(Lock pin)을 장탈하지 않음 [그림 11-32]

위에서 언급된 정비오류들은 그림 11-33과 같은 정비작업 카드를 사용하여 절차대로 작업을 수행한다면 회피할 수 있으며, 작업시간에 구애받지 말고 매번 작업카드를 가지고 성실하고 정확하게 작업을 완성시켰던 처음과 같은 자세로 임해야 한다.

역사적으로, 그림 11-34와 같이 모든 사고의 20%는 기계 고장에 의해 발생되었고, 80%는 인적 요인에 의해 발생되었다. 초기에는 인적요인에 대한 관심이 조종사 집단에 집중되어 있었으나 최근에는 정비사의 훈련영역으로 확대되고 있다. 항공 준사고의 심층적인 검토를 통하여 사건의 연결고리로 알려진 인적 오류의 연속이 사고가 발생되기까지 만들어지는 것이 허용되었다는 것을 발견해냈다. 사건의 연결고리(chain of events)에서 정비단계에서 끊어졌다면, 사고로 이어질 가능성은 현저하게 줄어들었을 것이다.

그림 11-35는 정비와 연관된 사건/사고들이다. "더티 도즌(Dirty Dozen"의 요인들이 사고의 원인 또는 기여요인으로 얼마나 많이 작용했는지 쉽게 확인할 수 있다.

## 참 고 문 헌

1. 교통안전공단, 항공안전 저해요소의 관리, 항공교통안전시리즈 12, 교통안전공단, 1997.
2. 김천용, 항공인적요인, 노드미디어, 2019.
3. 김천용, 항공정비인적요인 개론, 노드미디어, 2012.
4. 최상복, 산업안전대사전, 도서출판 골드, 2004.
5. 산업안전보건공단, 혼합물질에 대한 GHS MSDS 제도 안내, 고용노동부, 2013.
6. CAA, "Work Hours of Aircraft Maintenance Personnel", Civil Aviation Authority, UK, 2002.
7. CAA, Aviation Maintenance Human Factors, CAP716, Safety Regulation Group, Civil Aviation Authority, UK, 2003.
8. FAA, Aviation Maintenance Technician Handbook–General, Chapter 14, Human Factors, U.S. Department of Transportation. 2011.
9. Dupont, G., The dirty dozen errors in aviation maintenance, In Meeting Proceedings 11th Federal Aviation Administration Meeting on Human Factors Issues in Aircraft Maintenance and Inspection: Human Error in Aviation Maintenance, pp.45–49, Washington, DC. 1997.
10. William Rankin, Contributing Factors to Maintenance and Inspection Related Accidents, Maintenance Human Factors Training Seminar, Co–Sponsored by COSCAP–NA, KCASA, and Boeing, Seoul, Korea, 2005.

## ◆ 개정집필위원

* 표시는 대표 집필자임

김천용(세한대학교 항공정비학과)
최세종(한서대학교 항공융합학부)
채창호(중원대학교 항공정비학과) *
김맹곤(중원대학교 항공정비학과)
박희관(초당대학교 항공정비학과)
김건중(초당대학교 항공정비학과)
하영태(호원대학교 국방기술학부)
이형진(청주대학교 항공기계학과)
최병필(경남도립남해대학 항공정비학부)
손창근(세한대학교 항공정비학과)

## ◆ 감수위원

* 표시는 대표 연구 · 감수진임

김근수(세한대학교)
박기범(대한항공)
이종희(세한대학교) *
황효정(세한대학교)
김사웅(세한대학교)
권병국(아세아항공전문학교)

## ◆ 기획 및 관리

* 표시는 연구 책임자임

**국토교통부**

김상수(항공안전정책과장)
차시현(항공안전정책과)
강경범(항공안전정책과)
김은진(항공안전정책과)
홍덕곤(항공기술과)

**세한대학교 산학협력단**

김천용(항공정비학과장) *
장광일(항공정비학과)
조민수(항공정비학과)
류용정(항공정비학과)

## ◆ 편집 및 디자인

**노드미디어**

주소 | 서울특별시 용산구 한강대로341 대한빌딩 206호
TEL | 02-754-1867 FAX | 02-753-1867
등록번호 | 제302-2008-000043호


개정판 항공정비사 표준교재 **항공정비 일반**

**발행일** | 초판 2020년 3월
**발행처** | 국토교통부 항공안전정책과(세종특별자치시 도움6로 11)
**TEL** | 044-201-4311 **FAX** | 044-201-5632 **홈페이지** | www.molit.go.kr
ISBN 978-89-6541-484-1 93550
**인쇄처** | 도서출판 진영사 032-505-4207